国家级一流本科课程建设教材

有机化学

（第二版）

刘志莲　刘思全　主编

科学出版社

北京

内 容 简 介

本书以官能团结构为顺序，以各类有机化合物的命名、结构、光谱性质、物理性质、化学性质及制备为主要内容，对相关教学内容精心组织。按照有机化学的教学特点，突出结构与性质的关系、结构与反应机理的内在联系。

本书主要内容分为四个部分：第一部分主要涉及常见有机化合物的结构、性质和主要制备方法，包括烃、卤代烃、醇、酚、醚、醛、酮、羧酸及其衍生物、含氮有机化合物、杂环化合物、糖类等；第二部分为立体化学；第三部分为有机波谱分析；第四部分为周环反应及有机合成路线设计。

本书利用杂化轨道理论、分子轨道理论及电子效应、空间效应等解释有机反应的基本规律，注重理论与实践结合。每章后附有习题，结合与本书配套的《有机化学学习指导》，有利于读者对有机化学相关内容的理解和掌握。

本书可作为高等学校化学、应用化学、化学工程与工艺等专业的本科生教材，也可供材料科学、生物工程等相关专业的学生根据教学要求有选择地使用。

图书在版编目（CIP）数据

有机化学 / 刘志莲，刘思全主编. —2版. — 北京 ：科学出版社，2024. 11.
(国家级一流本科课程建设教材). — ISBN 978-7-03-080262-0

Ⅰ. 062

中国国家版本馆 CIP 数据核字第 2024EQ3105 号

责任编辑：丁　里 / 责任校对：杨　赛
责任印制：赵　博 / 封面设计：无极书装

科学出版社 出版
北京东黄城根北街 16 号
邮政编码：100717
http://www.sciencep.com
涿州市般润文化传播有限公司印刷
科学出版社发行　各地新华书店经销
*
2015 年 11 月第　一　版　　开本：787 × 1092　1/16
2024 年 11 月第　二　版　　印张：27 3/4
2025 年 8 月第十一次印刷　　字数：728 000

定价：89.00 元

（如有印装质量问题，我社负责调换）

第二版前言

本书第一版于2015年11月出版，在8年多的使用过程中得到了广大读者和诸多专家同行的认可与好评。其间，济南大学“有机化学”课程被评为首批国家级线上线下混合式一流课程、山东省线上一流课程和山东省普通本科教育课程思政示范课程。教育是国之大计、党之大计。党的二十大报告提出了“深入实施科教兴国战略”“落实立德树人根本任务”“推进教育数字化”等要求，以适应现代化人才培养需求。另外，2017年中国化学会发布了《有机化合物命名原则（2017）》，对有机化合物命名原则进行了调整。为此，编者对本书第一版进行了修订。本次修订全面反映了济南大学近年来有机化学课程建设和教学改革的成果，主要做了以下几方面的工作：

（1）更正了第一版中的疏漏和错误，增补了一些细节。

（2）根据《有机化合物命名原则（2017）》，全面更新了各章节有机化合物的命名。同时为了承上启下，将《有机化学命名原则（1980）》在电子资源中呈现，读者可扫描各章节命名位置处的二维码阅读。

（3）为契合时代发展，本书增加了电子资源，包括教学视频、拓展阅读资料、命名习题答案（2017版）（与本书配套的《有机化学学习指导》包含了1980版命名与其他习题答案）等，旨在提高读者的学习兴趣，开阔视野。

（4）为了方便读者充分了解各章节学习目标和主要内容，突出目标导向，提升学习效果，在每章开始的位置增加了本章学习目标导图与知识地图的电子资源。

（5）与本书配套的“有机化学”在线课程为山东省线上一流课程，读者可通过“智慧树”或“学银在线”平台加入课程学习相关内容。

本次再版由刘志莲负责整体修订、统稿工作和电子资源制作。在修订过程中，得到了刘思全、崔玉、杨小凤等老师以及济南大学教务处和化学化工学院的大力支持和帮助，在此表示衷心的感谢。

在修订过程中，虽然进行了反复通读修改，但由于编者水平有限，书中疏漏之处在所难免，恳请广大读者批评指正。

编　者

2023年11月

第一版前言

近年来，有关高等学校有机化学的教学改革不断深入，培养学生分析、解决问题的能力成为面向 21 世纪培养创新型人才的迫切需求。编者根据工科有机化学的教学特点，在多年使用的自编讲义基础上，参考国内外使用的主流有机化学教材及相关文献，编写了本书。本书全面反映了济南大学近年来有机化学教学课程体系及教学内容改革的成果。

本书以不同官能团的有机化合物结构与性质为主线，注重有机化学基础知识的教学。以有机分子结构分析为基础，详细介绍结构与性质的内在联系，同时注重介绍各类有机化合物的实验室合成手段，培养学生分析、解决问题的能力。

本书参考国内外广泛使用的教材，把基础有机化学的内容分为四部分：第一部分主要介绍常见有机化合物的结构、光谱性质、物理化学性质和主要实验室合成方法；第二部分介绍立体化学的相关内容；第三部分介绍有机波谱分析，重点介绍了红外光谱、核磁共振波谱在有机分子结构解析中的应用；第四部分对有机协同反应及有机合成路线设计的相关知识做了介绍。本书结合配套的学习指导，旨在促进学生对有机化学基础知识的理解和掌握，培养学生对相关领域问题的分析、解决能力。

本书共 18 章，编写大纲由刘思全拟订。第 1～3 章由崔玉编写，第 4～6 章由郑鲁沂编写，第 8 章由田忠贞编写，第 9～10 章由杨小凤编写，第 11 章由李曦峰编写，第 13～14 章由刘志莲编写，其余各章由刘思全编写。全书由刘思全统稿、定稿。

本书在编写过程中得到课题组李伟铭、谷春晓等同志的大力支持和帮助，在此表示衷心的感谢。

由于编者水平有限，书中疏漏之处在所难免，欢迎读者批评指正。

编　者

2015 年 3 月

缩写与符号

IUPAC	国际纯粹与应用化学联合会	*i*	对称中心
Me	甲基	C_n	对称轴
Et	乙基	*R*	左旋
Pr	丙基	*S*	右旋
Bu	正丁基	H_0	外加磁场强度
i-Bu	异丁基	PFT	脉冲傅里叶变换
s-Bu	仲丁基	δ	化学位移值
t-Bu	叔丁基	*J*	偶合常数
R—	烷基	α	旋光度
Ar	芳基	FI	场电离
Ph	苯基	FD	场解吸
Bz	苄基	FAB	快原子轰击
n-	正	CI	化学电离源
i-	异	EI	电子轰击电离
neo	新	S_N2	双分子亲核取代反应
sec-（或 *s*-）	二级	S_N1	单分子亲核取代反应
tert-（或 *t*-）	三级	E1	单分子消除反应
m-	间位	E2	双分子消除反应
o-	邻位	FMO	前线轨道
p-	对位	HOMO	最高占有分子轨道
cis-	顺	LUMO	最低空轨道
trans-	反	BaP	苯并芘
a	直立键	DEM	丙二酸二乙酯
e	平伏键	DMF	*N*, *N*-二甲基甲酰胺
–C	吸电子共轭效应	DMSO	二甲基亚砜
+C	给电子共轭效应	HMPA	六甲基磷酰胺
–I	吸电子诱导效应	NBS	*N*-溴代丁二酰亚胺
+I	给电子诱导效应	TBAB	四丁基溴化铵
“+”“*d*”	右旋体	TEBA	三乙基苯甲基氯化铵
“–”“*l*”	左旋体	THF	四氢呋喃
σ	对称面	TMS	四甲基硅烷

目　　录

第1章　绪　　论

扫一扫　　1-1　绪论 目标导图+知识地图

有机化学是一门非常重要的学科，它与人类生活有着密切的关系。人类生存的三大基础物质——脂肪、蛋白质和糖类化合物都是有机化合物，而这些化合物在体内通过有机化学反应转化为人体所需要的各种营养物质；煤、石油和天然气——人类赖以生存的能源是有机化合物；人们身上穿的各种样式的服装，脸上、手上涂抹的各种化妆品，日常生活中的各种食品添加剂，脚上穿的各种运动鞋、塑料鞋等，其主要成分也都是有机化合物；能为病人治疗疾病、解除痛苦的各种药物，绝大多数也是有机化合物。生产和制造这些有机化合物又离不开必要的有机化学反应。因此，可以说人类生存一刻也离不开有机化合物和有机化学。

1.1　有机化学的发展史

扫一扫　　1-2　有机化学和有机化合物

有机化合物在生活和生产中应用已久。据我国《周礼》记载，当时已设专官管理染色、制酒和制醋；周朝时已使用胶；汉朝时发明了造纸术；《神农本草经》中载有几百种重要药物，其中大部分是植物，这是已知世界上最早的一部中药学著作。

“有机化学”一词于1806年首次由瑞典的贝采利乌斯（Berzelius）提出，当时是作为无机化学的对立物而命名的。19世纪初期几乎所有化学家都相信，由于生物体内存在所谓的“生命力”，因此只有在生物体内才能存在有机物，有机物是不可能在实验室里用无机物来合成的。1824年，德国化学家维勒（Wöhler）将氰水解制得了草酸；1828年，他在无意中用加热的方法又使氰酸铵转化成了尿素。氰和氰酸铵都是无机物，而草酸和尿素都是有机物。维勒的实验给予“生命力”学说第一次冲击。此后，乙酸、油脂等有机化合物相继被人工合成出来，“生命力”学说才逐渐被人们抛弃，有机化学进入了合成时代。

有机化学的历史大致可以分为三个时期：

（1）萌芽时期，从19世纪初到提出价键概念之前。这一时期已经分离出许多有机物，也制备出一些衍生物，并对它们作了某些定性的描述。当时的主要问题是如何表示有机物分子中各原子间的关系，以及建立有机化学的体系。法国化学家拉瓦锡（Lavoisier）发现，有机物燃烧后生成二氧化碳和水，他的工作为有机物的定量分析奠定了基础。1830年，德国化学家李比希（Liebig）发展了碳氢分析法；1883年，法国化学家杜马（Dumas）建立了氮分析法。这些有机物定量分析方法的建立，使化学家能够得出一种有机化合物的实验式。1848年，德国化学家葛美林（Gmelin）将有机化合物定义为含碳的化合物，将有机化学定义为研究碳的化学。当然，这一定义也包括了一些含碳的无机化合物，如二氧化碳、碳酸盐等。

(2)经典有机化学时期，从1858年价键学说的建立到1916年价键电子理论的引入。1858年，德国化学家凯库勒(Kekulé)等提出碳是四价的概念，并第一次用一条短线“—”表示“键”。凯库勒还提出在一个分子中碳原子可以相互结合，且碳原子之间不仅可以单键结合，还可以双键或三键结合。此外，凯库勒还提出了苯的结构。这些工作奠定了有机化合物的结构基础。

早在1848年，法国科学家巴斯德(Pasteur)就发现了酒石酸的旋光异构现象。1874年，荷兰化学家范特霍夫(van't Hoff)和法国化学家勒贝尔(Le Bel)分别独立地提出了碳价四面体学说，即碳原子占据四面体的中心，它的4个价键指向四面体的4个顶点。这一学说揭示了有机物旋光异构现象的原因，也奠定了有机立体化学的基础，推动了有机化学的发展。后来，德国化学家肖莱马(Schorlemmer)提出碳的四个价键除各自相连外，其余都与氢相连，于是有了烃的概念，而其他含碳化合物都是其他元素取代烃中的氢衍生而来的，因此将烃及其衍生物定义为有机化合物，有机化学则定义为研究烃及其衍生物的化学，这一概念一直沿用至今。

在这一时期，有机物结构的测定以及反应和分类方面都取得了很大的进展。但价键还只是化学家在实践中得出的一种概念，有关价键的本质问题还没有得到解决。

(3)现代有机化学时期。1916年，美国化学家路易斯(Lewis)等在物理学家发现电子并阐明原子结构的基础上，提出了价键的电子理论。他们认为，各原子外层电子的相互作用是使原子结合在一起的原因。相互作用的外层电子如果从一个原子转移到另一个原子，则形成离子键；两个原子如果共用外层电子，则形成共价键。通过电子的转移或共用，相互作用原子的外层电子都获得稀有气体的电子构型。这样，价键图像中用于表示价键的“—”实际上就是两个原子共用的一对电子。价键电子理论的运用为经典的价键图像表示法赋予了明确的物理意义。

1927年以后，德国物理学家海特勒(Heitler)等用量子力学的方法处理分子结构的问题，建立了价键理论，为化学键提出了一个数学模型。后来，美国化学家米利肯(Mulliken)用分子轨道理论处理分子结构，其结果与价键电子理论所得的结果大体一致，由于计算比较简便，解决了许多此前不能解决的问题。但对于复杂的有机物分子，要得到波函数的精确解是很困难的，德国物理化学家休克尔(Hückel)创立了一种近似解法，被后来的有机化学家广泛采用。20世纪60年代，在大量有机合成反应经验的基础上，美国化学家伍德沃德(Woodward)和美国有机化学家霍夫曼(Hofmann)认识到化学反应与分子轨道的关系，他们研究了电环化反应、σ键迁移重排和环加成反应等一系列反应，提出了分子轨道对称守恒原理。日本科学家福井谦一也提出了前线轨道理论。这些理论奠定了有机协同反应的理论基础。

这一时期的主要成就还有取代基效应、线性自由能关系、构象分析等。

自从1828年合成尿素以来，有机化学的发展日新月异，其发展速度越来越快。近两个世纪来，有机化学学科的发展揭示了构成物质世界的有机化合物分子中原子键合的本质以及有机分子转化的规律，设计、合成了大量具有特定性能的有机分子；它也为相关学科(如材料科学、生命科学、环境科学等)的发展提供了理论、技术和材料。有机化学是一系列相关工业的基础，在能源、信息、材料、人口与健康、环境、国防计划的实施中，在为推动科技发展和社会进步、提高人类生活质量、改善人类生存环境的努力中，已经并将继续显示它的高度开创性和解决重大问题的巨大能力。

此外，有机化学还是一门极具创新性的学科。在有机化学的发展中，它的理论和方法也得到长足的进步。建立在现代物理学（特别是量子力学）和物理化学基础上的物理有机化学，在定量地研究有机化合物的结构、反应活性和反应机理等方面所取得的成果，不仅指导着有机合成化学，而且对生命科学的发展也有重大意义。有机合成化学在高选择性反应方面的研究，特别是不对称催化方法的发展，使得更多具有高生理活性、结构新颖分子的合成成为可能。金属有机化学和元素有机化学为有机合成化学提供了高选择性的反应试剂和催化剂，以及各种特殊材料及其加工方法。有机化学以其特有的分离、结构测定、合成等手段，已经成为人类认识自然、改造自然的具有非凡能动性和创造力的利器。近年来，计算机技术的引入使有机化学在结构测定、分子设计和合成设计上如虎添翼，发展更为迅速。同时，组合化学的发展不仅为有机合成提出了一个新的研究内容，也使高通量的自动化合成有机化合物成为现实。

21 世纪，有机化学面临新的发展机遇。一方面，随着有机化学本身的发展及新的分析技术、物理方法以及生物学方法的不断涌现，人类在了解有机化合物的性能、反应及合成方面将有更新的认识和研究手段；另一方面，材料科学和生命科学的发展，以及人类对环境和能源新的要求，都对有机化学提出新的课题和挑战。

1.2 共价键知识简介

扫一扫 1-3 共价键

1.2.1 共价键的基础知识

1. 价键理论

基于原子是由一个中心带正电的原子核及一群环绕在核周围的带负电的核外电子所组成，路易斯提出了共价键的概念。他解释原子的电子可以配对成键（共价键），使原子能够形成一种稳定的具有稀有气体核外电子结构的电子构型。

以氯化氢为例，H 原子与 Cl 原子外层都有一个未成对电子

$$\mathrm{H}\cdot+\cdot\underset{\cdot\cdot}{\overset{\cdot\cdot}{\mathrm{Cl}}}: \longrightarrow \mathrm{H}:\underset{\cdot\cdot}{\overset{\cdot\cdot}{\mathrm{Cl}}}:$$

形成氯化氢分子时，氢原子并没有将它的外层电子交给氯原子，而是两个原子共用一对外层电子均达到稳定结构。该共用电子对可用一条短线表示（如 H—Cl）。

成键的两个原子都具有未成键的电子，且自旋相反，能通过配对获得最外层电子以达到稳定构型，形成共价键，成键的电子只定域于成键的两个原子之间。共价键也可看成是成键原子的原子轨道重叠的结果，两个原子的原子轨道重叠越多，形成的共价键就越牢固。例如，碳原子和氢原子结合成甲烷分子时，各出一个电子配对成共用电子对，形成四个 C—H 键。

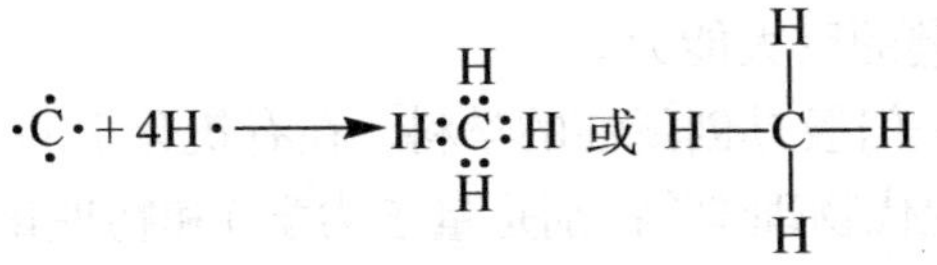

如果两个原子各有两个或三个未成对电子形成共价键，则为双键或三键。例如：

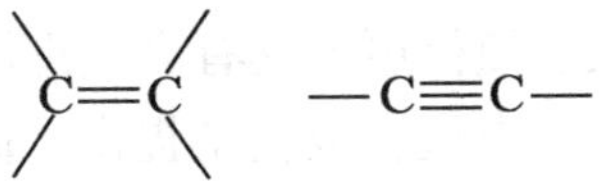

碳碳双键　　碳碳三键

共价键的特征如下：

（1）饱和性。一般情况下，原子的价键数目等于未成键的电子数，当某原子未成键的一个电子与另一原子的一个电子配对之后，就不能再与第三个电子配对了，这就是共价键的饱和性。

（2）方向性。共价键是原子轨道重叠而形成的，重叠程度的大小决定了共价键的稳定性。除 s 轨道是球形外，其他原子轨道在空间都有其固定的延展方向，成键时，轨道沿最大重叠的方向结合形成稳定的共价键，故共价键有方向性，并且共价键的方向决定了分子的构型。

2. 杂化轨道理论

碳原子最外层只有 2 个未成对电子，甲烷分子中的碳原子却与 4 个氢原子形成了 4 个等同的共价键，鲍林（Pauling）提出的杂化轨道理论对此现象作了解释。

中心原子能量相近的不同轨道在外界的影响下发生“混合”，形成数量相等、能量完全相同的新轨道。这种混合平均化的过程称为原子轨道的杂化，形成的新的原子轨道称为杂化轨道。

杂化轨道在角度分布上比单纯的原子轨道更集中，重叠程度也更大，更有利于成键；参加杂化的原子轨道数目与形成的杂化轨道数目相等；不同类型的杂化轨道，其空间取向不同（此为杂化轨道的空间取向，不是化合物的结构）。

例如，碳原子外层电子排布 $2s^2 2p_x^1 2p_y^1$，其中 2s 轨道的 1 个电子获得能量跃迁到 2p 轨道，形成 $2s^1 2p_x^1 2p_y^1 2p_z^1$，这 4 个轨道杂化形成 4 个能量相同的 sp^3 杂化轨道（图 1-1），每个 sp^3 杂化轨道上各有 1 个电子，故甲烷分子中碳与 4 个氢形成 4 个等同的共价键。

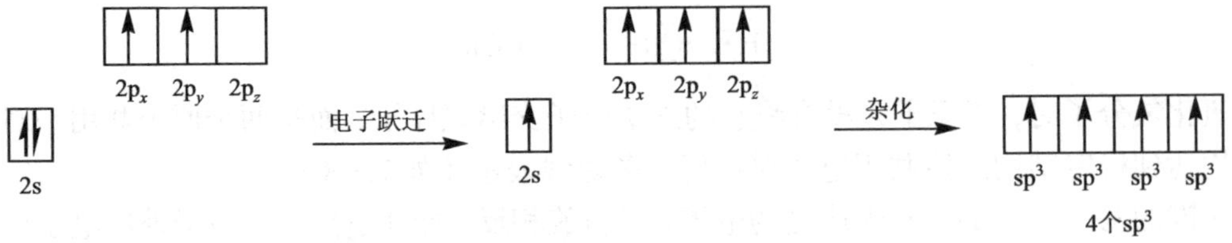

图 1-1　碳原子 sp^3 杂化轨道形成过程

3. 分子轨道理论

量子化学所说的分子轨道并不是指分子本身运动的轨道，而是指分子中每个电子的运动状态。分子轨道理论的基本要点如下：

（1）在分子中，电子不再从属于某一个原子，而属于整个分子；每个电子的运动状态即分子轨道，用波函数 ψ 表示。

（2）分子轨道由原子轨道线性组合而成，组合前后的轨道数目和轨道的总能量相等。例如，两个原子轨道组成两个分子轨道，其中一个分子轨道是由两个原子轨道的波函数相加组成，另一个分子轨道是由两个原子轨道的波函数相减组成。

ψ_1 与 ψ_2 分别表示两个分子轨道的波函数，ϕ_1 与 ϕ_2 分别表示两个原子轨道的波函数。

在分子轨道 ψ_1 中，两个原子轨道的波函数符号相同，即波相相同，它们之间的作用犹如波峰与波峰相遇时相互加强，如图 1-2 所示。

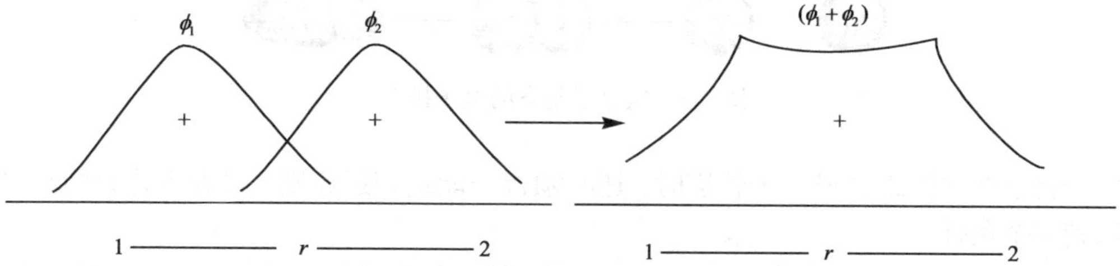

图 1-2 波相相同的波（或波函数）之间的相互作用

在分子轨道 ψ_2 中，两个原子轨道的波函数符号不同，即波相不同，它们之间的作用犹如波峰与波谷相遇时相互减弱，波峰与波谷相遇处出现节点，如图 1-3 所示。

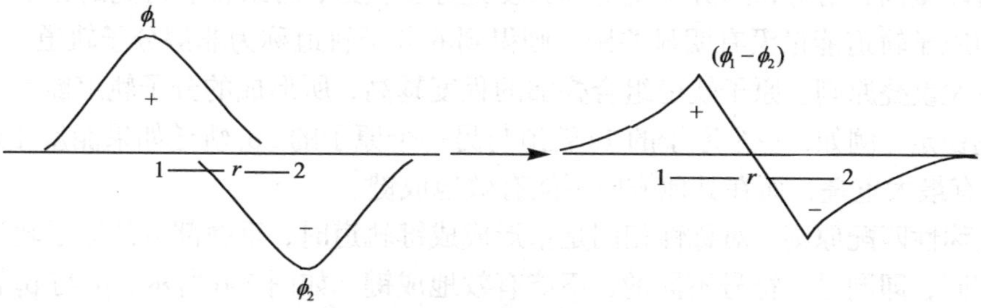

图 1-3 波相不同的波（或波函数）之间的相互作用

两个分子轨道波函数的平方，即分子轨道电子云密度分布，如图 1-4 所示。

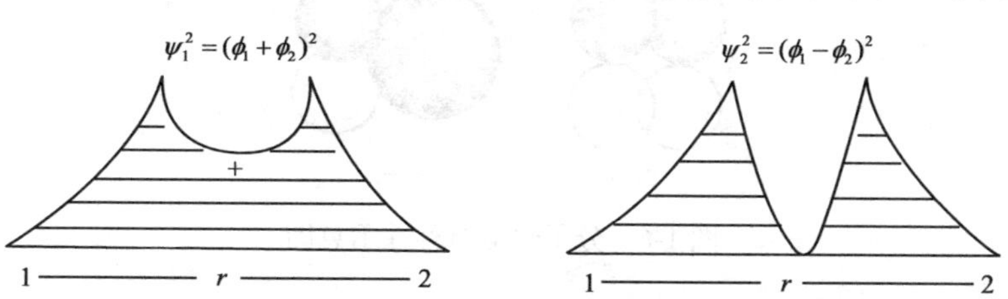

图 1-4 分子轨道的电子云密度分布（对称轴的）图

从图 1-4 可以看出，分子轨道 ψ_1 在核间的电子云密度很大，该轨道称为成键轨道；分子轨道 ψ_2 在核间的电子云密度很小，该轨道称为反键轨道。

根据理论计算，成键轨道的能量较两个原子轨道的能量低，反键轨道的能量较两个原子轨道的能量高。

（3）电子在分子轨道中排布时，遵守能量最低原理、泡利（Pauli）不相容原理和洪德（Hund）规则。根据泡利不相容原理及能量最低原理，能量较低的分子轨道即成键轨道。例如，氢分子中两个 1s 电子，占据成键轨道且自旋反平行，而反键轨道是空的。图 1-5 为氢分子基态的电子排布。

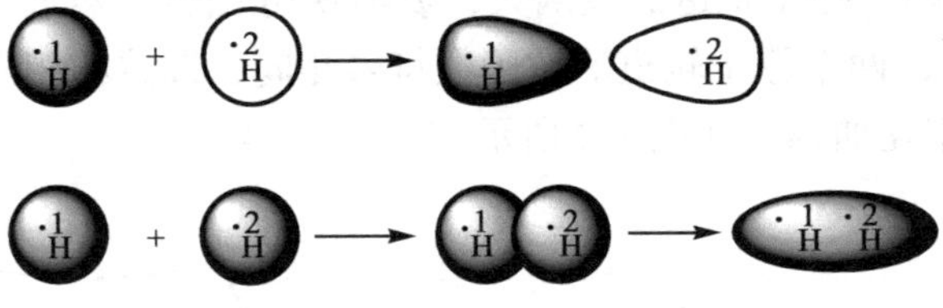

图 1-5　氢分子基态的电子排布

原子轨道在线性组合成分子轨道时，还必须遵守能量相近原则、最大重叠原则和对称性匹配原则三个条件。

（1）能量相近原则。组成分子轨道的两个原子轨道能量比较接近，这样才能有效地成键。例如，O_2分子中，一个 O 原子的 2s 轨道只能与另一个 O 原子中能量相近的 2s 轨道组合，而不能与能量相差较大的 1s 轨道组合。若组合后得到的分子轨道的能量比组合前的原子轨道能量低，则得到的分子轨道称为成键分子轨道；若组合后得到的分子轨道的能量比组合前的原子轨道能量高，则得到的分子轨道称为反键分子轨道；若组合后得到的分子轨道的能量与组合前的原子轨道能量没有明显差别，则得到的分子轨道称为非键分子轨道。

（2）最大重叠原则。原子轨道组合叠加的程度越高，所形成的分子轨道能量越低，形成的分子就越稳定。例如，一个原子的 1s 轨道与另一个原子的 $2p_x$ 轨道如果能量相近，可以在 x 键轴方向有最大重叠，而在其他方向不能有效地成键。

（3）对称性匹配原则。对称性相同是指形成成键轨道时，重叠部分的原子轨道的波函数正、负号相同，即同号。符号不同的，不能有效地成键。如图 1-6 所示，p_y 与 p_y 轨道符号相同，能有效地成键，组成分子轨道；而 s 轨道与 p_y 轨道虽有部分重叠，但因其中一部分符号相同，一部分符号不同，两部分正好互相抵消，所以不能有效地成键。

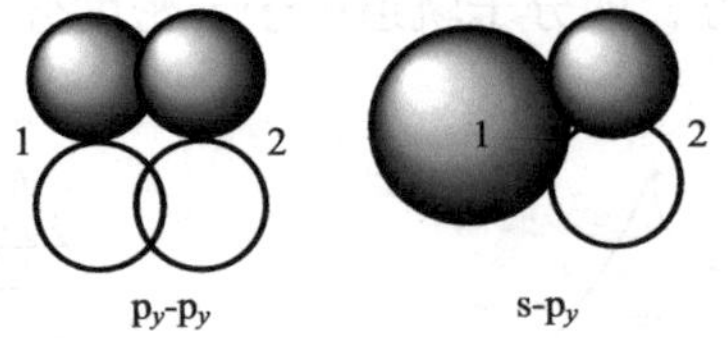

图 1-6　分子轨道对称性示意图

4. 键参数

化学键的性质可以通过表征键的性质的某些物理量来定量描述，这些物理量称为键参数，如键长、键角、键能、偶极矩等。

（1）键长。成键的两个原子核之间的距离称为键长，单位常用 pm 表示。

键长通常与成键原子的性质以及成键类型紧密相关。一般来说，原子半径小的原子间形成的共价键的键长较短。对于两个相同原子的成键，一般单键键长最长，双键次之，三键最短。表1-1列出常见共价键的键长。

表1-1　常见共价键的键长

键	键长/pm	键	键长/pm
C—H	109	C=C（烯烃）	134
C—C（烷烃）	154	C=O	122
C—Cl	176	C≡C	120
C—Br	194	C=N	130
C—I	214	C≡N	116
N—H	103	C—N	147
O—H	97		

另外，键长还与成键原子杂化轨道的状态有关，杂化轨道中s轨道的成分越高，键长越短。例如，通常C(sp^3)—H键的键长为109 pm，C(sp^2)—H键的键长为107 pm，而C(sp)—H键的键长只有106 pm。同一类型的共价键的键长在不同的化合物中可能稍有差别，因为构成共价键的原子在分子中不是孤立的，而是互相影响的。表1-2列出不同化合物中C—C键的键长。

表1-2　不同化合物中C—C键的键长

类型	化合物	键长/pm
sp^3-sp^3	H_3C—↓—CH_3	153
sp^3-sp^2	H_3C—↓—$CH{=}CH_2$	151
sp^2-sp^2	$H_2C{=}CH$—↓—$CH{=}CH_2$	147
sp^3-sp	H_3C—↓—$C{\equiv}CH$	146
sp-sp^2	$HC{\equiv}C$—↓—$CH{=}CH_2$	143
sp-sp	$HC{\equiv}C$—↓—$C{\equiv}CH$	137

（2）键角。二价以上的原子与其他原子成键时，两个共价键之间的夹角称为键角。

键角是由共价键的方向性决定的，反映了分子的空间结构。键角的大小与中心原子的性质直接相关，还和与中心原子成键的原子的性质有一定的关系。例如，甲烷（CH_4）分子中的∠HCH为109.5°。而在其他烷烃分子中，由于碳原子连接的情况不同，互相影响的结果使其分子中的∠HCH也稍有变化。例如，丙烷分子中∠C—CH_2—C为112°。

（3）键能。键能通常指在标准状态下从气态分子变为气态原子时，每种化学键所需能量的平均值，单位常用 kJ · mol^{-1} 表示。

对于双原子分子，键能就是键的解离能。键的解离能是指一个化学键断裂时需要的能量。解离能对于同一个键可以有不同的数值，而键能是这些数值的平均值。例如，依次断开 CH_4 中四个 C—H 键的解离能分别是 425 kJ · mol^{-1}、470 kJ · mol^{-1}、415 kJ · mol^{-1}、335 kJ · mol^{-1}，它们的平均值才等于 C—H 键的键能（411 kJ · mol^{-1}）。常见共价键的键能见表 1-3。

表 1-3　常见共价键的键能

键	键能/(kJ · mol^{-1})	键	键能/(kJ · mol^{-1})
C—H	415.3	C≡N	889.5
C—C	345.6	C—F	485.3
C═C	610	C—Cl	338.9
C≡C	835.1	C—Br	284.5
C—O	357.7	C—I	217.6
C═O（醛）	736.4	C—B	372.4
C═O（酮）	748.9	C—S	272
C—N	304.6	H—H	436
C═N	615	N—H	390.8
N—N	163.2	F—H	564.8
N═N	418.4	Cl—Cl	242.5
N≡N	944.7	Cl—H	431
N—O	200.8	Br—Br	188.3
O—H	462.8	Br—H	368.2
S—H	347.3	I—I	150.6
S—O	497.9	I—H	298.7
F—F	154.8		

键能是化学键强度的主要标志之一，在一定程度上反映了键的稳定性，是决定物质化学性质的重要因素；相同类型的化学键，通常键能越大，键越稳定。

（4）偶极矩。偶极矩是衡量化学键极性大小的物理量，是矢量，单位是德拜（deb）或库仑 · 米（C · m）（1 deb=3.335×10^{-30} C · m）。

当电负性不同的两种原子形成共价键时，电子云靠近电负性较大的原子一边，使它带有微负电荷（或称为部分负电荷），用 δ–表示；电负性较小的原子则带有微正电荷（或称为部分正电荷），用 δ+表示，这样的共价键称为极性共价键。例如，C—Cl 键的成键电子偏向于氯原子，使该键为极性共价键，有一定的偶极矩。偶极矩是一个矢量，一般用一个箭头加竖线（┼➤）表示，箭头指向带微负电荷一端。一般来说，两种元素的电负性值相差 0.6～1.7 时形成极性共价键。表 1-4 为一些共价键的偶极矩。

表 1-4　一些共价键的偶极矩

键	偶极矩/(10^{-30}C · m)	键	偶极矩/(10^{-30}C · m)	键	偶极矩/(10^{-30}C · m)
C—H	1.33	Cl—H	3.60	C—Cl	2.30
N—H	4.37	Br—H	2.60	C—Br	2.20
O—H	5.04	I—H	1.27	C—I	2.00
S—H	2.27	O—C	2.47		

分子的极性是它所含各共价键极性的矢量和。

双原子分子中，两个原子间的偶极矩即分子的偶极矩；多原子分子中，所有键的偶极矩的矢量和即分子的偶极矩。例如，四氯化碳是对称分子，各键偶极矩矢量和为零，分子没有极性。

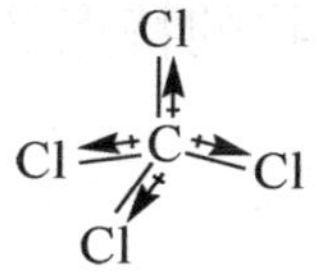

甲烷也是如此，分子没有极性。氯甲烷分子中偶极矩未被抵消，有偶极矩，为极性分子。

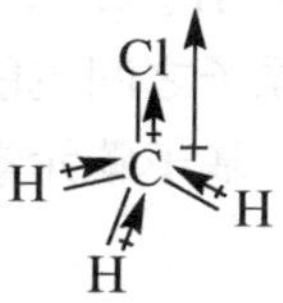

因此，键的偶极矩与分子的偶极矩是不同的，要把两者严格区分开。一些分子的偶极矩见表 1-5。

表 1-5　一些分子的偶极矩

分子	偶极矩/(10^{-30}C · m)	分子	偶极矩/(10^{-30}C · m)	分子	偶极矩/(10^{-30}C · m)
H_2	0	CH_3Cl	6.24	CH_3CH_2OH	5.64
NH_3	4.87	CH_2Cl_2	5.34	CH_3OCH_3	4.34
H_2O	6.14	$CHCl_3$	3.40	CH_3CHO	8.97
CO_2	0	CCl_4	0	CH_3COCH_3	9.60
CH_4	0	CH_3OH	5.67	HCOOH	4.70

1.2.2　共价键的断裂

1. 均裂

键断裂时成键的一对电子平均分给两个原子或基团，这种断裂方式称为均裂。例如：

$$R:L \xrightarrow{\text{均裂}} R\cdot + L\cdot$$

均裂时生成的原子或基团带有一个孤立的单电子，用黑点表示，称为自由基(free radical，或称游离基)，它是电中性的，如 $H_3C\cdot$ 称为甲基自由基。自由基多数只有瞬间寿命，是活性中间体的一种。这类反应一般在光、热或自由基引发剂的作用下进行。这种分子经过均裂而发生的反应称为自由基反应（free radical reaction）。

2. 异裂

键断裂时原来一对成键电子为某一原子或基团所占有，这种断裂方式称为异裂。例如：

$$R:L \xrightarrow{\text{异裂}} R^{+}+L:^{-}$$

$$R:L \xrightarrow{\text{异裂}} R:^{-}+L^{+}$$

异裂生成正离子（cation）和负离子（anion），反应往往在酸、碱或极性物质（如极性溶剂）催化下进行，一般离子也只有瞬间寿命，也是活性中间体的一种。这种经过异裂生成离子的反应称为离子型反应（ionic reaction）。

1.3　有机化合物的特点及同分异构现象

1.3.1　有机化合物的特点

碳是有机化合物的基本元素，碳原子最外层有 4 个电子，不易失去或获得电子而形成阳离子或阴离子，碳原子通常通过共价键与 H、O、S、N、P 等形成共价化合物；每个碳原子可与其他原子形成 4 个共价键，而且碳原子之间也能以共价键结合；碳原子之间不仅可以形成单键，还可以形成稳定的双键或三键。基于碳元素的这些结构特点，有机化合物数目非常庞大，同时有机化合物具有以下特点：

（1）分子组成复杂。以维生素 B_{12} 为例，分子式为 $C_{63}H_{88}CoN_{14}O_{14}P$。目前已知的有机化合物超过 1000 万种，而且还在增加。这是因为有机化合物存在同分异构现象。

（2）易燃。绝大多数有机化合物可以燃烧，燃烧后主要产物是二氧化碳和水，同时放出大量热。

（3）熔、沸点低。许多有机化合物室温下呈气态或液态，常温下呈固态的有机化合物，其熔点通常也很低。

（4）难溶于水。绝大多数有机化合物难溶于水而易溶于有机溶剂，如乙醇、乙醚、氯仿、丙酮、苯等。

（5）有机化学反应复杂、反应速率较慢，副产物较多。一般来说，无机化学反应是离子反应，往往瞬间就能完成；有机化学反应多为分子间反应，反应速率较慢，而且往往有可能在分子的几个部位发生反应，结果较为复杂，即常伴有副反应发生，因此降低了主要产物的产率，很少能达到完全反应。当温度、压力、催化剂等反应条件改变时，产物也不同。

由于反应复杂，在书写有机反应方程式时常采用箭头，而不用等号。一般只写出主要的反应及其产物，有的还需要在箭头上表示出反应的必要条件，反应方程式一般并不严格要求配平，只是在计算理论产率时对主反应才要求配平。

上述有机化合物的特性都是与典型无机化合物相比较而言的，不是它的绝对标志。例如，四氯化碳不仅不易燃烧，还可以用作灭火剂。

1.3.2　同分异构现象

有机化合物有一种特别的现象。例如，乙醇（CH_3CH_2OH）和甲醚（CH_3OCH_3）的分子

式均为 C_2H_6O，即分子式相同，但分子结构不同，这种现象称为同分异构现象。同分异构现象是有机化合物极为普遍而且重要的现象，所以通常不能只用分子式表示有机化合物，还需用构造式或结构式。此部分在今后的学习中会详细讨论。

1.4　有机化合物的分类

有机化合物的分类对于研究有机化合物的命名、结构、性质有着重要的意义。有机化合物的分类主要有两种：一种是按碳架分类；另一种是按官能团分类。现分别介绍如下。

1.4.1　按碳架分类

1. 开链化合物

碳碳以单键相连成链，其他键均与氢相连的为饱和碳氢化合物（饱和烃），称为烷烃；碳链中有双键、三键等的不饱和碳氢化合物（不饱和烃）称为烯烃或炔烃；碳也可以与其他原子如 O、N、S 等成键。以上均为脂肪族化合物。例如：

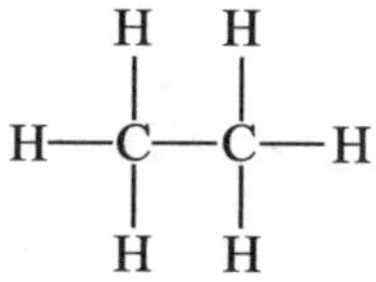
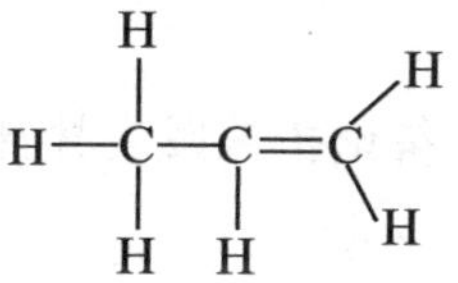
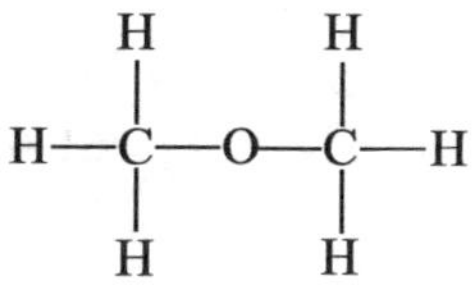

2. 环状化合物

环状化合物可分为脂肪环、芳香环和杂环等。

（1）脂肪环化合物。碳碳连接成环，环内也可有双键、三键。例如：

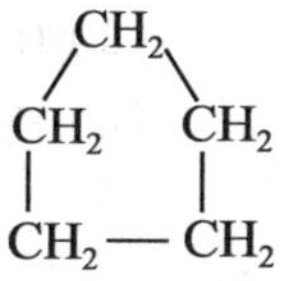
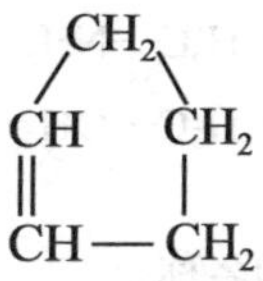

（2）芳香环化合物。碳碳连接成环，环内具有交替的单键和双键，这类结构最重要的是六碳环——苯，它的特殊结构决定了它的特殊性质，这种性质称为“芳香性”，芳香环碳氢化合物称为芳香烃。例如：

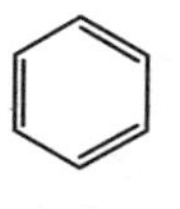
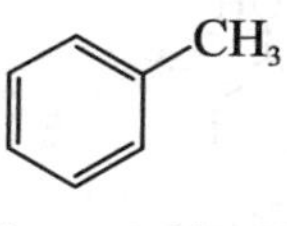

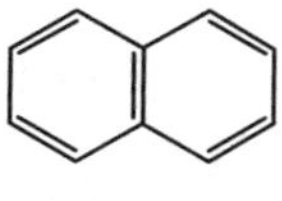

（3）杂环化合物。环内含有氧、氮、硫等杂原子。例如：

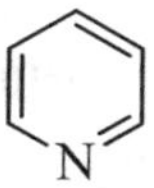

1.4.2　按官能团分类

碳氢化合物上的氢被各种不同原子或基团取代后的化合物可看成是碳氢化合物的衍生物，它们具有不同性质，这些基团称为官能团。含有相同官能团的化合物或多或少具有相同的性质。因此，根据不同官能团又可将有机化合物分为若干类。一些重要的官能团列于表 1-6。

表 1-6　一些重要官能团的结构和名称

官能团	名称	官能团	名称	
$>C=C<$	双键	—X（—F、—Cl、—Br、—I）	卤原子（卤基）	
$—C\equiv C—$	三键	—SH	巯基	
—OH	羟基	$—NH_2$	伯胺基	
$>C=O$	羰基	R—NH—R	仲胺基	氨基
$\mathrm{H}{>}C=O$	醛基	$\mathrm{R_3N}$	叔胺基	
$\mathrm{R_2}{>}C=O$	酮基	—CN	氰基	
$—\overset{O}{\overset{\|}{C}}—OH$	羧基	$—NO_2$	硝基	
R—O—R	醚基	$—SO_3H$	磺酸基	

扫一扫　1-4　绪论拓展阅读材料

习　题

1. 典型有机化合物和典型无机化合物性质有什么不同？
2. 用 $\delta+/\delta-$ 符号对下列化合物的极性作出判断。

（1）$H_3C—Br$　（2）$H_3C—NH_2$　（3）$H_3C—Li$

（4）$H_2N—H$　（5）$H_3C—OH$　（6）$H_3C—MgBr$

3. 区别键的解离能和键能两个概念。
4. 指出下列各化合物所包含官能团的名称。

（1）$CH_3CH═CHCH_2CH_3$　（2）$HC\equiv CCH_2CH_3$

（3）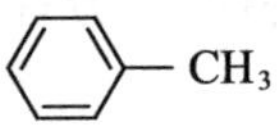　（4）CH_3CH_2Cl

（5）CH_3CH_2OH　（6）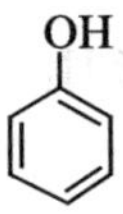

（7）$CH_3CH_2OCH_2CH_3$　（8）CH_3CHO

（9）$CH_3—\overset{O}{\overset{\|}{C}}—CH_3$　（10）CH_3CH_2COOH

（11）$CH_3CH_2COOCH_2CH_3$　（12）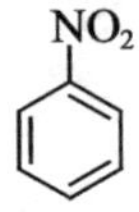

（13）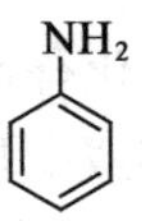

第 2 章 烷 烃

扫一扫　　2-1　烷烃 目标导图+知识地图

烃（hydrocarbon）是仅由碳和氢两种元素组成的有机化合物，也称为碳氢化合物。烃分为开链烃和环状烃两大类，包含烷烃、烯烃、炔烃、环烃及芳香烃，是许多其他有机化合物的基体。

烷烃又称石蜡烃，是饱和烃，其整体构造仅由 C—C 键与 C—H 键构成，也是最简单的有机化合物。烷烃又可细分为链状烷烃与环状烷烃。

烷烃广泛存在于自然界中，在太阳系许多星球的大气层中烷烃也占有较大的比例，如天王星（约 2.3%）、土卫六（约 5%），但在大多数星球（如地球、火星、土星等）上分布较少。地球上烷烃的来源主要是石油和天然气，它们不仅可以作为燃料，更是化学工业的重要原料。

本章将讨论饱和链烃，即烷烃。

2.1　烷烃的同分异构

2.1.1　烷烃的同系列

烷烃的分子式可以用通式 C_nH_{2n+2} 表示（n 表示碳原子数目）。最简单的烷烃是甲烷，分子式为 CH_4。其他烷烃有乙烷 C_2H_6、丙烷 C_3H_8、丁烷 C_4H_{10} 等。烷烃中相邻两个烷烃在组成上相差 CH_2，不相邻的则相差两个或多个 CH_2。像烷烃这样，凡是有同一个通式，结构和化学性质相似，物理性质随着碳原子数的增加而有规律地变化的化合物系列称为同系列（homologous series）。同系列中的化合物互称为同系物（homolog），相邻同系物在组成上相差的 CH_2 称为系列差。

2.1.2　烷烃的同分异构现象

同分异构现象（isomerism）是指分子式相同、结构不同的现象。

在烷烃同系列中，甲烷、乙烷、丙烷只有 1 种结合方式，丁烷有 2 种结合方式，其构造式见式（ⅰ）和式（ⅱ）。

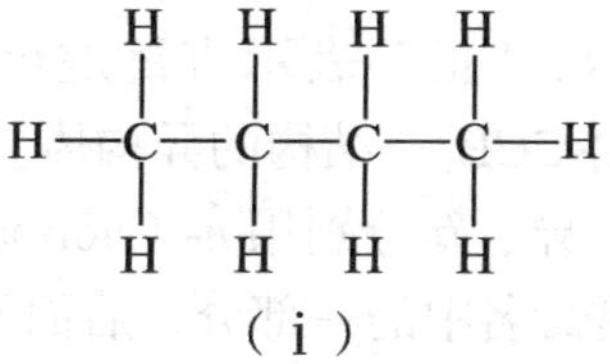

（ⅰ）

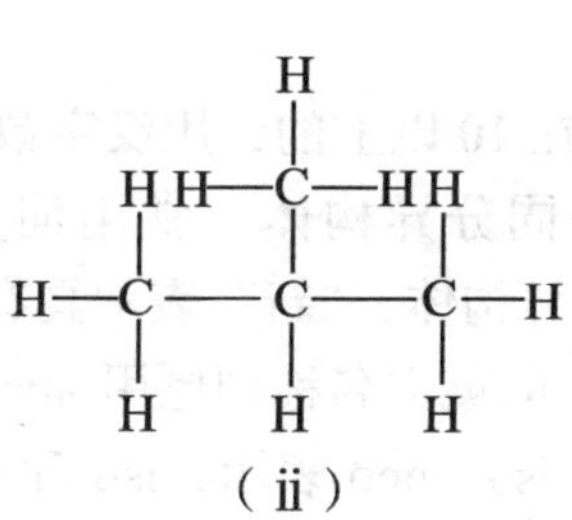

（ⅱ）

式（ⅰ）中四个碳原子互相结合成一条碳链，没有支链（侧链），称为正丁烷。式（ⅱ）除三个碳原子结合成一条碳链（主链）外，还有由一个碳原子构成的支链，称为异丁烷。两种丁烷分子虽然分子式相同，但分子中碳原子的排列方式不同。分子中各原子的连接方式和连接顺序称为构造。由于分子中各原子的连接方式和连接顺序不同产生的异构现象，称为构造异构（constitutional isomerism）。烷烃的构造异构实质上是碳链构造的不同而产生的，因此又称为碳链异构。

可见，同分异构体所含的原子种类和数目都相同，但彼此连接的方式不同。

书写构造式时，为了方便起见，还可使用简化的式子（如结构简式、碳干式、键线式等）表示。结构简式省去所有的键线，如式（ⅰ）写成 $CH_3CH_2CH_2CH_3$ 或 $CH_3(CH_2)_2CH_3$；碳干式省去所有的氢原子，如式（ⅰ）写成 C—C—C—C；键线式是最简单的表示法，它省去所有的碳和氢原子，用锯齿形状的角和端点代表碳原子，键线表示碳原子的结合次序，如式（ⅰ）写成 。

2.2　烷烃的命名

有机化合物种类繁多，同分异构现象非常普遍，因此有机化合物命名是有机化学的一项重要内容。有机化合物的命名主要有普通命名法（习惯命名法）和由国际纯粹与应用化学联合会（International Union of Pure and Applied Chemistry，IUPAC）颁布的系统命名法。目前有机化合物最常用的命名法是系统命名法。中文的系统命名法是中国化学会在英文系统命名法的基础上，结合汉字的特点于 1960 年制定的，1980 年根据 1979 年英文版进行了修订。2017 年，中国化学会有机化合物命名审定委员会发布《有机化合物命名原则（2017）》，其中改动较大的是取代基列出顺序。2017 版修订建议按取代基英文名称的字母顺序在前缀中依次排列，这与 IUPAC 英文命名法一致。而 1980 版《有机化学命名原则》则按取代基优先次序规则中的大小，自小至大依次排列。本书的命名方法遵从 2017 版命名原则。同时为了承上启下，将 1980 版命名规则在电子资源中呈现。

扫一扫　　2-2　烷烃的命名（1980 版）

2.2.1　普通命名法

分子中所含有的碳原子数后加“烷”字，就是简单烷烃的名称。

（1）碳原子数在 10 以下的，从 1～10 依次用甲、乙、丙、丁、戊、己、庚、辛、壬、癸表示。

（2）碳原子数在 10 以上的，用汉字数字表示，如十五烷。

（3）为了区分同分异构体，常用词头表示，“正”表示直链烷烃，“异”表示具有 $(CH_3)_2CH$—结构的异构体，“新”表示具有 $(CH_3)_3CCH_2$—结构的异构体。

烷烃（alkane）的英文名称词尾用-ane。正、异、新分别用 *n*-（normal 的第一个字母，*n* 后面有一横短线）、iso、neo 表示，iso 和 neo 是命名中的一部分，后面不用短横线。表 2-1

列出一些烷烃的中英文名称。

表 2-1 一些烷烃的中英文名称

烷烃	中文名	英文名	烷烃	中文名	英文名
CH_4	甲烷	methane	$(CH_3)_2CHCH_2CH_3$	异戊烷	isopentane
CH_3CH_3	乙烷	ethane	$(CH_3)_2CH(CH_2)_2CH_3$	异己烷	isohexane
$CH_3CH_2CH_3$	丙烷	propane	$(CH_3)_4C$	新戊烷	neopentane
$CH_3CH_2CH_2CH_3$	丁烷	butane	$(CH_3)_3CCH_2CH_3$	新己烷	neohexane
$CH_3(CH_2)_5CH_3$	正庚烷	*n*-heptane	$CH_3(CH_2)_9CH_3$	正十一烷	*n*-undecane
$CH_3(CH_2)_6CH_3$	正辛烷	*n*-octane	$CH_3(CH_2)_{10}CH_3$	正十二烷	*n*-dodecane
$CH_3(CH_2)_7CH_3$	正壬烷	*n*-nonane	$CH_3(CH_2)_{11}CH_3$	正十三烷	*n*-tridecane
$CH_3(CH_2)_8CH_3$	正癸烷	*n*-decane	$CH_3(CH_2)_{18}CH_3$	正二十烷	*n*-eicosane
$(CH_3)_2CHCH_3$	异丁烷	isobutane			

用正、异、新可区分具有五个碳原子以下的同分异构体，如六个碳原子化合物就有五个同分异构体，除用正、异、新表示其中三个外，还有两个无法区分，故此命名法只适用于简单的烷烃。

2.2.2 系统命名法

1. 碳、氢原子类型

烷烃中的各个碳原子按照与它直接相连的其他碳原子的个数，可分为伯、仲、叔、季碳原子。

伯碳原子又称一级碳原子（primary carbon），以 1° C 表示，与 1 个碳原子直接相连；仲碳原子又称二级碳原子（secondary carbon），以 2° C 表示，与 2 个碳原子直接相连；叔碳原子又称三级碳原子（tertiary carbon），以 3° C 表示，与 3 个碳原子直接相连；季碳原子又称四级碳原子（quaternary carbon），以 4° C 表示，与 4 个碳子直接相连。例如：

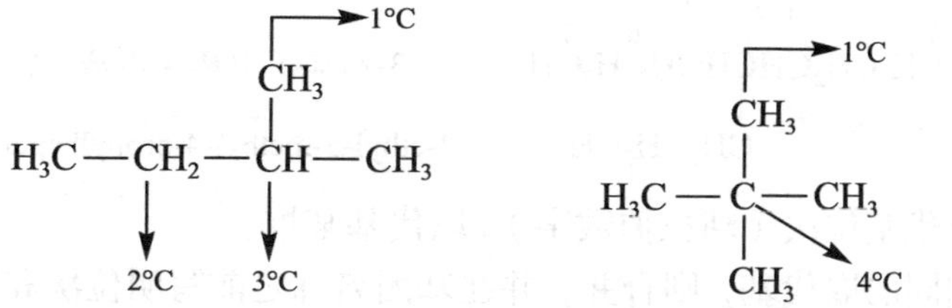

伯、仲、叔碳原子上的氢原子（季碳原子上无氢原子）分别称为伯氢原子（1° H)、仲氢原子（2° H)、叔氢原子（3° H)。不同类型氢原子的相对反应活性不同。

英文命名时，二级用词头 *sec*-(或 *s*-)、三级用词头 *tert*-(或 *t*-)表示，小写，后面有一短横线。

2. 烷基

烷烃分子从形式上去掉一个氢原子而剩下的原子团称为烷基（alkyl），常用 R—表示。

这里“基”有一价的含义。

将烷烃命名中的“烷”字换成“基”字就是烷基的命名。例如，甲烷去掉一个氢得到甲基（CH_3—），正丙烷去掉一个氢为正丙基（$CH_3CH_2CH_2$—）。相应的英文只需将词尾“ane”改为“yl”。此外，二价的烷基称为亚基。一些常见烷基的名称见表 2-2。

表 2-2　一些常见烷基的名称

烷基	中文名	英文名（简写）	烷基	中文名	英文名（简写）
$—CH_3$	甲基	methyl (Me)	$—CH_2CH(CH_3)_2$	异丁基	isobutyl (*i*-Bu)
$—CH_2CH_3$	乙基	ethyl (Et)	$—CH(CH_3)CH_2CH_3$	仲丁基	*sec*-butyl (*s*-Bu)
$—CH_2CH_2CH_3$	丙基	propyl (Pr)	$—C(CH_3)_3$	叔丁基	*tert*-butyl (*t*-Bu)
$—CH(CH_3)_2$	异丙基	isopropyl (*i*-Pr)	$—CH_2(CH_2)_3CH_3$	正戊基	*n*-pentyl
$—(CH_2)_3CH_3$	正丁基	butyl (Bu)	$—CH_2CH_2CH(CH_3)_2$	异戊基	isopentyl
$—CH_2—$	甲叉基	methanediyl			

3. 烷烃的系统命名规则

（1）选主链。选择最长碳链作为主链（母体）称为“某烷”（“某”指主链碳原子数目）。较短的碳链作为支链，看作取代基。如果最长碳链不止一条时，则选择取代基数目最多的一条为主链。例如：

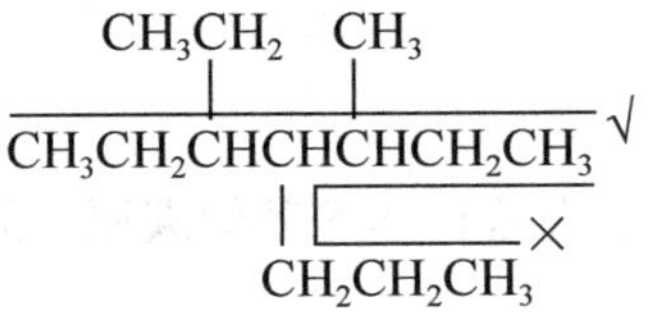

（2）编号。从最接近取代基的一端开始，将主链碳原子依次用阿拉伯数字标出，使取代基位次最小。如果有几个不同的取代基，取代基（或原子）列出顺序按其名称第一个字母的字母顺序排列，iso 与 neo 参加顺序排列，而 *n*-、*sec*-、*tert*-不参加顺序排列。例如：

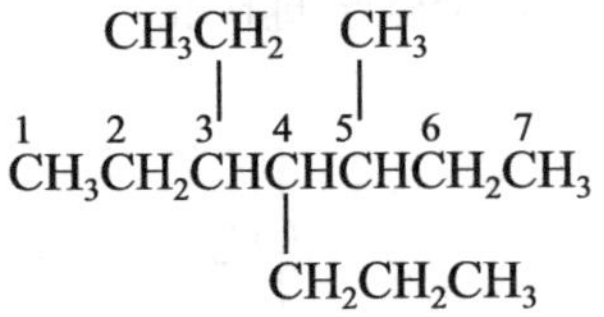

3-乙基-5-甲基-4-丙基庚烷

3-ethyl-5-methyl-4-propylheptane

（3）命名。取代基位次（阿拉伯数字）-取代基某烷。

如果有几个相同的取代基，则合并，并在基团名称之前写明位次和数目，数目需用汉字二、三、……表示，取代基位次用“,”隔开。在英文名称中，二、三、四、五、六数字相应用词头 di、tri、tetra、penta、hexa 表示，不参加取代基顺序排列。

支链上如果还有取代基，则从主链相连的碳原子开始，将支链的碳原子依次编号，支链上取代基的位置就由这个编号表示。将这个取代基的位号写在支链位号的后面和支链名称的前面。例如：

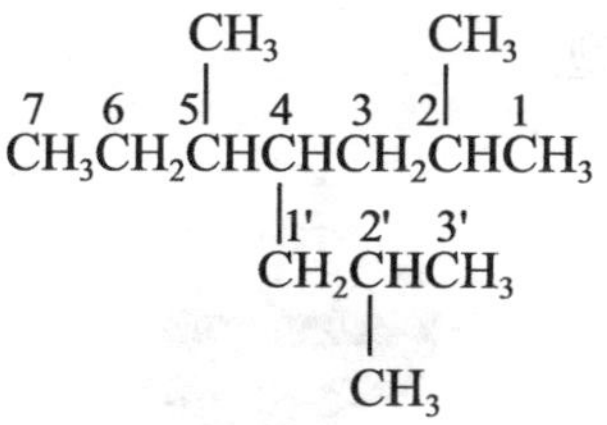

2, 5-二甲基-4-(2-甲丙基)庚烷

2, 5-dimethyl-4-(2-methylpropyl)heptane

如果两条碳链数和取代基数都相同，则选择含取代基位次组最低的碳链为主链，简称“取代基位次组最低原则”。例如：

取代基位次组(2,5,6)

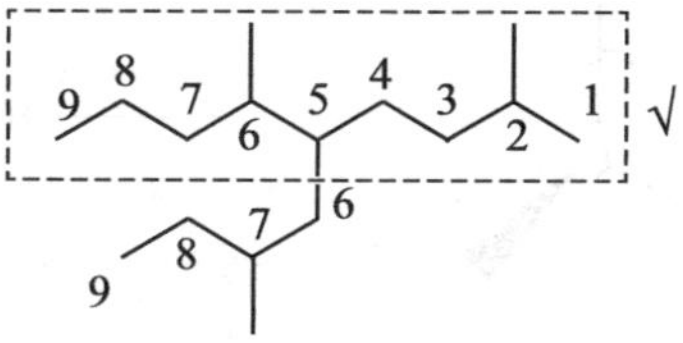

取代基位次组(2,5,7)

为了清楚，书写化合物名称时，要注意阿拉伯数字之间需用逗号“,”隔开，阿拉伯数字与汉字之间需用短线“-”相连。

2.3 烷烃的构型

构型（configuration）是指具有一定构造的分子中原子在空间的排列状况。

2.3.1 甲烷的结构

1874 年，荷兰化学家范特霍夫（1901 年诺贝尔化学奖获得者）和法国化学家勒贝尔几乎同时提出碳共价键正四面体的概念。他们根据大量实证材料，认为与碳原子相连的四个原子或原子团不在一个平面上，而是在空间分布成四面体。碳原子位于四面体的中心，四个原子或原子团在四面体的顶点。由碳原子向四个顶点所作连线就是碳的四个价键的分布。甲烷分子的构型是正四面体，如图 2-1：（ⅰ）是碳原子和四个氢原子结合的模型；（ⅱ）代表碳原子的四个 sp^3 杂化轨道和四个氢的 1s 轨道形成甲烷的情形；（ⅲ）是甲烷的楔形透视式；（ⅳ）是球棍模型（凯库勒模型）。

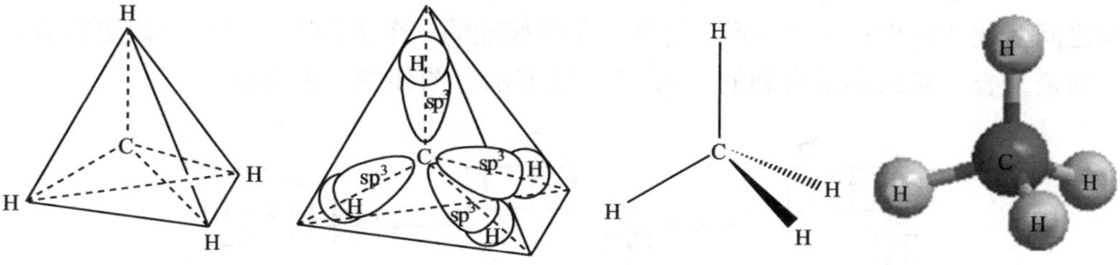

(i) (ii) (iii) (iv)

图 2-1 甲烷分子的模型

根据现代物理实验方法测定结果显示，四个碳氢键的键长都是 109 pm，键角为 109.5°。

图 2-2 是另一种斯陶特（Stuart）模型，它是按照各种原子半径和键与键之间的长度及角度比例设计出来的。其中，（ⅰ）是饱和碳原子按照一定的角度切去了四面，（ⅱ）是氢原

子，(ⅲ) 是一个碳原子和四个氢原子组成的甲烷模型。

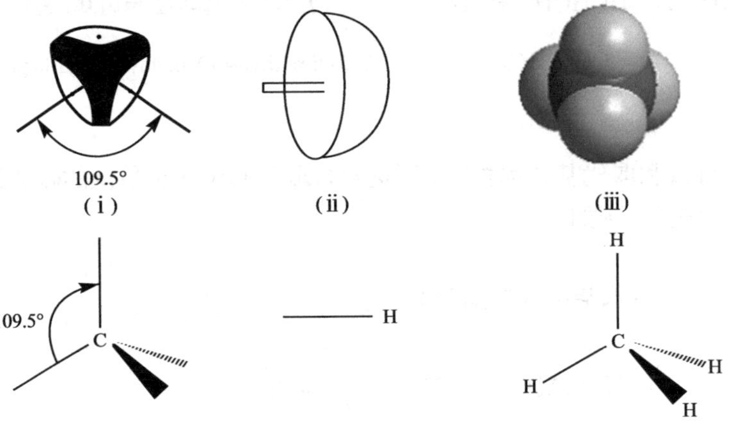

图 2-2　C、H 原子及甲烷分子的斯陶特模型

2.3.2　碳原子的 sp^3 杂化

碳原子在基态的电子排布是 $1s^22s^2 2p_x^1 2p_y^1$，其中 2p 轨道的两个电子是未成键的价电子。按照未成键电子的数目，碳原子应当是二价，然而实际上有机化合物分子中的碳原子一般都是四价。

原子轨道杂化理论设想碳原子在形成烷烃时，碳原子的 2s 轨道中的一个电子获得能量跃迁到 2p 轨道上，使碳原子具有 4 个未成键的价电子，这样碳原子就形成了四价。但是这 4 个原子轨道中 1 个是 s 轨道，3 个是 p 轨道，它们不仅在空间伸展方向上不同，而且能量也有差别，不能解释甲烷分子的构型是正四面体的事实。为了解决这个新的矛盾，杂化理论又设想，在甲烷分子中，碳原子的 4 个成键轨道并不是纯粹的 2s、$2p_x$、$2p_y$、$2p_z$ 原子轨道，而是重新组成能量相等的 4 个新轨道，像这样重新组合成新轨道的过程称为杂化（hybridization）。

由 1 个 s 轨道和 3 个 p 轨道杂化形成的 4 个能量相等的新轨道称为 sp^3 杂化轨道（hybrid orbital），这种杂化方式称为 sp^3 杂化，每个 sp^3 杂化轨道的形状都不同于 s 轨道及 p 轨道，它相当于 1/4 s 成分和 3/4 p 成分，它们的空间取向是指向正四面体的顶点，sp^3 杂化轨道的对称轴之间互成 109.5°；每个 sp^3 杂化轨道在对称轴的一个方向上，这样可以更有效地与其他原子轨道重叠，对成键是有利的。sp^3 杂化轨道示意图如图 2-3 所示。

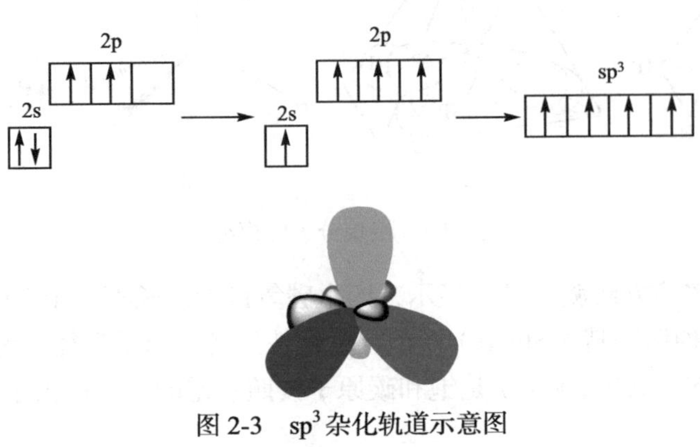

图 2-3　sp^3 杂化轨道示意图

2.3.3　烷烃分子的形成

烷烃分子中的碳原子都是 sp^3 杂化的。两个碳原子间各以 1 个 sp^3 杂化轨道重叠形成 C—C 键，碳原子与氢原子间以 sp^3 杂化轨道与氢原子 1s 轨道重叠形成 C—H 键。这种键均称为 σ 键，其特征是电子云沿键轴方向近似于圆柱形对称分布，成键的两个原子可以围绕键轴自由旋转。由于 sp^3 杂化轨道的几何构型为正四面体，轨道对称轴夹角为 109.5°，这就决定了烷烃分子中碳原子的排列不是直线形的。乙烷分子的形成如图 2-4 所示。

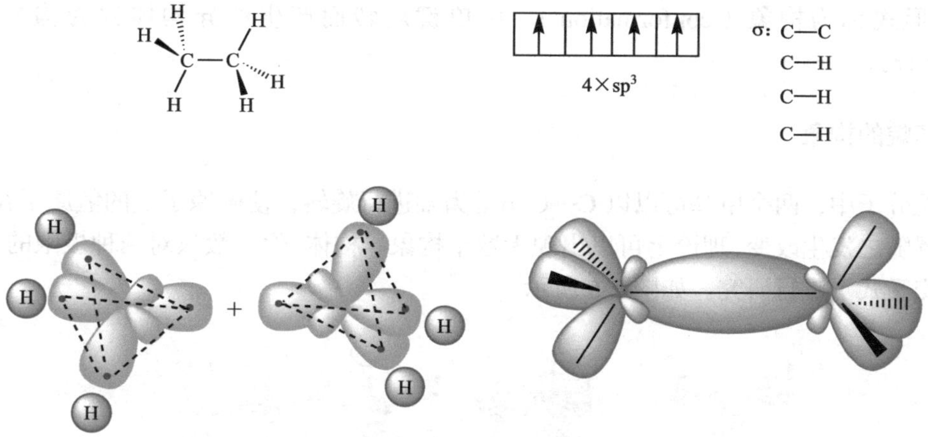

图 2-4　乙烷分子形成示意图

2.3.4　分子立体结构的表示方法

烷烃碳原子都是 sp^3 杂化轨道，键角 109.5°，C—C 键平均键长为 154 pm。烷烃均具有接近正四面体的结构。有机化合物具有三维立体形状，常用以下几种方式表示：

（1）楔形式（伞形式）。眼睛垂直于 C—C（H）键轴方向，实线表示在纸平面上的键，虚线表示伸向纸平面后方的键，楔形线表示伸向纸平面前方的键。例如，甲烷的楔形式

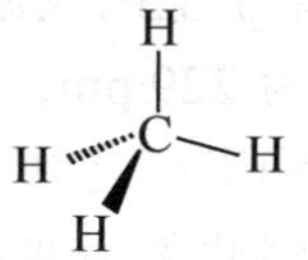

（2）锯架式（透视式）。从 C—C 键轴 45°方向看，所有键均用实线表示。例如，乙烷的锯架式

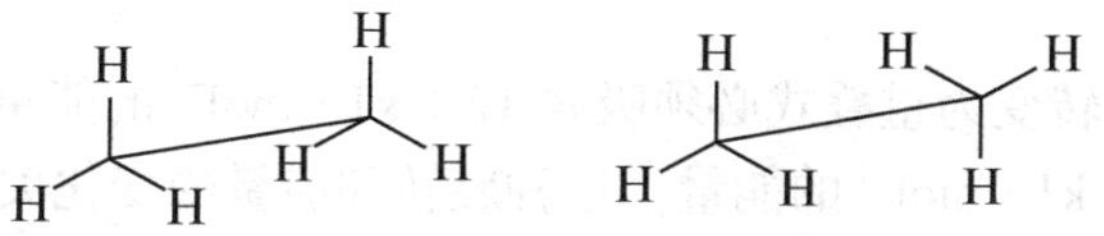

（3）纽曼投影式。将分子的凯库勒模型放在纸面上，沿 C—C 键的轴线投影，以  表示前面的碳原子及其键，以  表示后面的碳原子及其键。例如，乙烷的纽曼投影式

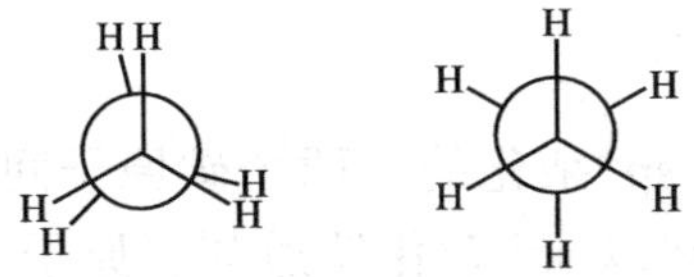

2.4　烷烃的构象

由于碳碳单键可以“自由”旋转，分子中原子或基团在空间产生不同的排列，这种特定的排列形式称为构象（conformation）。由单键旋转而产生的异构体称为构象异构体（conformer）。

2.4.1　乙烷的构象

乙烷分子中，两个甲基可以以 C—C σ键为轴进行旋转，使碳原子上的氢原子在空间的相对位置随之发生改变，理论上可以出现无数个构象异构体，但一般只对两种极限的构象（重叠式和交叉式）进行研究，如图 2-5 所示。

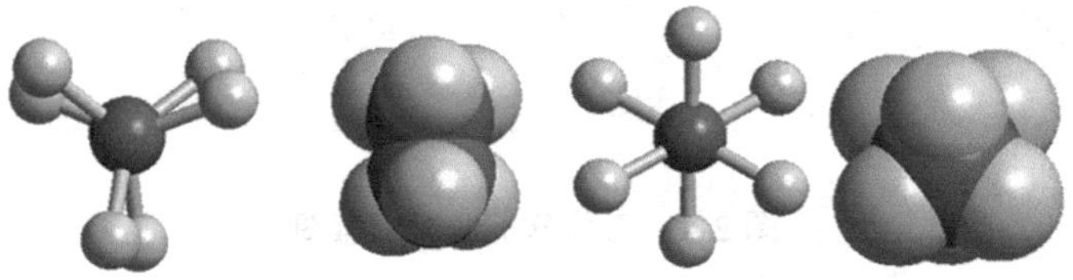

(a) 重叠式　　(b) 交叉式

图 2-5　乙烷分子的两种极限构象

图 2-5（a）中两个碳原子上的三对氢原子彼此重叠，由 H—C—C—H 组成的二面角为 0°，称为重叠式（eclipsed）构象；若将一个碳旋转 60°，此时 H—C—C—H 二面角为 60°，彼此重叠的氢变成交叉式[图 2-5（b）]，称为交叉式（staggered）构象。

在乙烷的重叠式构象中，两个碳原子上的氢原子彼此重叠，它们之间有排斥力。根据计算，两个重叠的氢核之间的距离为 229 pm，而氢原子的范德华半径为 120 pm，两个氢核之间距离小于两个氢原子范德华半径之和（240 pm），因此有排斥力，这种排斥力是不直接相连的原子间的作用力，因此称为非键连的相互作用。分子处于这种构象，从能量上考虑是最不稳定的。反之，在乙烷的交叉式构象中，两个碳原子连接的氢距离最远。根据计算，两个氢核之间的距离为 250 pm，分子处于这种构象是最稳定的，为优势构象。

乙烷分子由交叉式转变为重叠式必须吸收 12.1 kJ · mol^{-1} 的能量；反之，由重叠式转变为交叉式时会放出 12.1 kJ · mol^{-1} 的能量，这种旋转和能量的变化关系如图 2-6 所示。

图 2-6 中曲线上的一个点代表一种构象及其势能，位于曲线上最低的一点，即波谷处，势能最低，它所代表的构象最稳定，即交叉式构象。分子在稳定构象中的时间最长，只要离开谷底一点就意味着势能升高，分子就会变得不稳定。乙烷分子的其他构象，从能量上讲都介于重叠式与交叉式之间。分子在可能条件下总是尽量以最稳定的形式存在，

但并不意味着分子的构象是固定不变的，而是随时都在变化，故在室温下不能分离这些构象异构体。

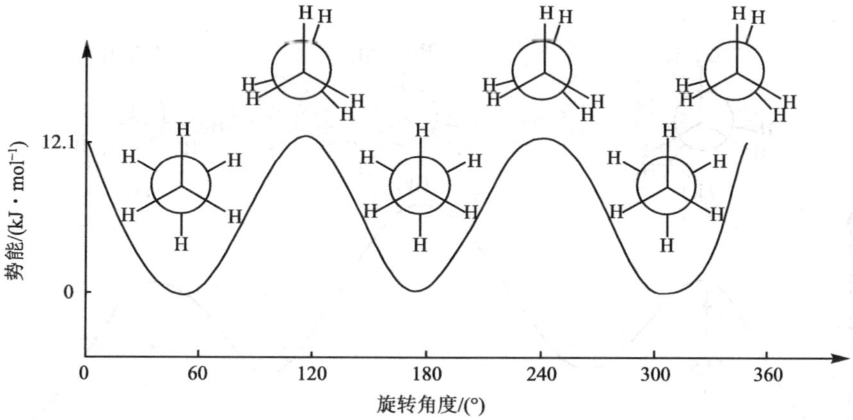

图 2-6 乙烷分子各种构象的势能关系

乙烷构象的几种表示方法：

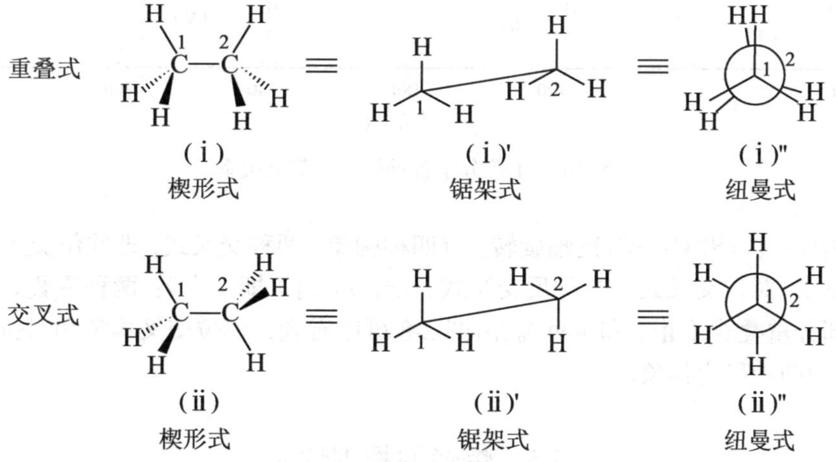

2.4.2 丁烷的构象

为了讨论丁烷的构象，将 C_1 和 C_4 作甲基，即把丁烷看成 1, 2-二甲基乙烷，如图 2-7 所示。在围绕 C_2—C_3 单键旋转时，情况就比乙烷复杂了。

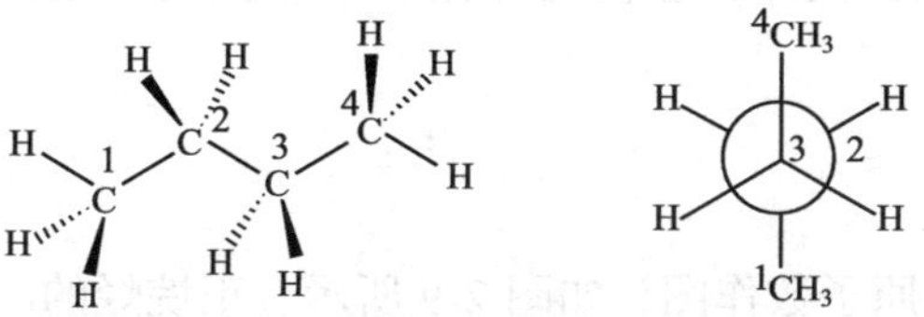

图 2-7 丁烷分子的最稳定构象

图 2-7 中是正丁烷的最稳定构象，四个碳原子在一个平面上，相邻碳原子上的氢原子都处于最远的交叉式位置，如果将图 2-8（ⅰ）中 C_2 沿 C_2—C_3 键轴旋转 360°，则如图 2-8 所示。

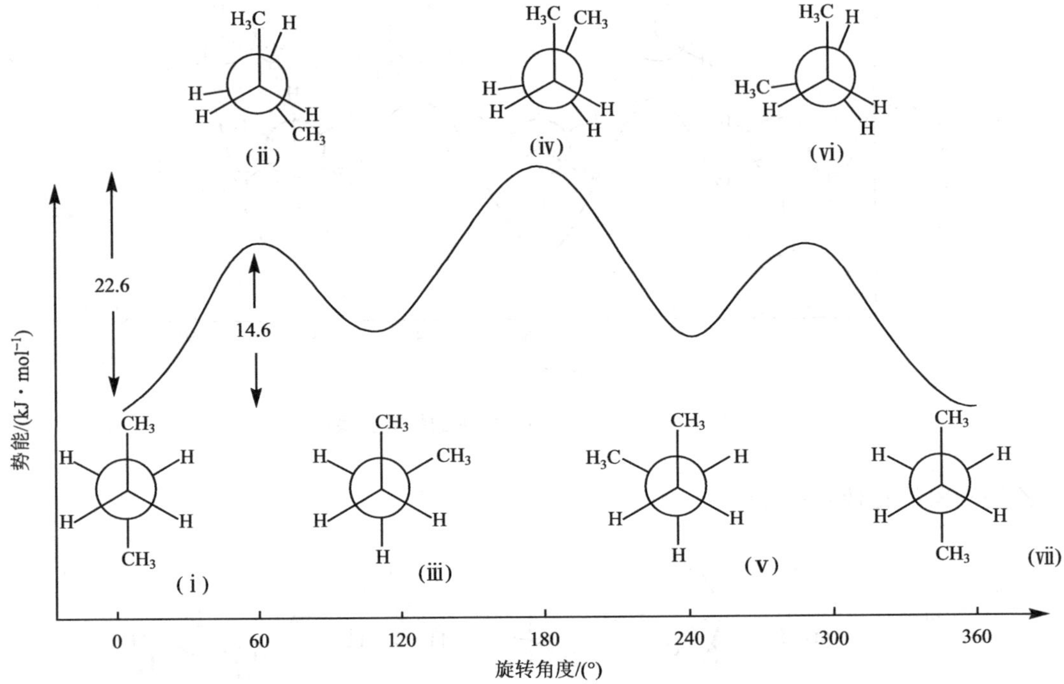

图 2-8　丁烷分子各种构象的势能关系

图 2-8 中，（ⅰ）沿 C_2—C_3 键轴旋转，有四种构象：两种交叉式，即邻位交叉式（gauche）（ⅲ）和（ⅴ），对位交叉式（或称反交叉式，anti）（ⅶ）即（ⅰ）；两种重叠式，即全重叠式（ⅳ），部分重叠式（ⅱ）和（ⅵ）。由图 2-8 可以看到，邻位交叉构象和对位交叉构象代表势能较低的两种稳定构象。

2.5　烷烃的物理性质

2.5.1　烷烃的物理状态

在室温下，含有 1～4 个碳原子的烷烃为气体；含有 5～16 个碳原子的为液体；从含有 17 个碳原子的正烷烃开始为固体，但直至含有 60 个碳原子的正烷烃（熔点 99℃），其熔点都不超过 100℃。

2.5.2　烷烃的沸点

将正烷烃的沸点对碳原子数作图，如图 2-9 所示。正烷烃的沸点随着相对分子质量的增加而升高，但不是简单的直线关系，每增加一个 CH_2 所引起的沸点升高是逐渐减小的。故低级烷烃比较容易分离，高级烷烃的分离则困难得多。

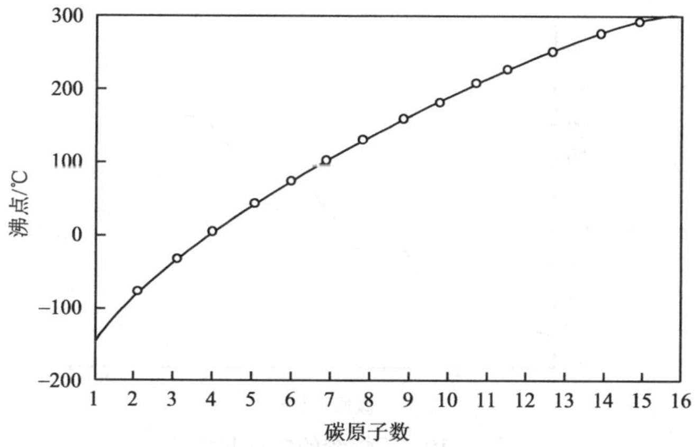

图 2-9　正烷烃的沸点曲线

液体沸点的高低取决于分子间引力的大小，分子间引力越大，使其沸腾就必须提供更多的能量，沸点就越高，而分子间引力的大小取决于分子结构。分子间的引力称为范德华力，范德华力包括静电引力、诱导力（德拜力）和色散力。正烷烃分子的相对分子质量越大，即碳原子数越多，电子个数就越多，色散力当然也就越大，因此正烷烃的沸点随着碳原子数的增多而升高。色散力只有近距离内才能有效地产生作用，随着距离的增大而减弱。在含支链的烷烃分子中由于支链的阻碍，分子间靠近的程度不如正烷烃，因此正烷烃的沸点高于它的异构体。戊烷同分异构体的沸点见表 2-3。

表 2-3　戊烷同分异构体的沸点

名称	结构	沸点/℃
正戊烷	$CH_3(CH_2)_3CH_3$	36
异戊烷	$(CH_3)_2CHCH_2CH_3$	28
新戊烷	$(CH_3)_4C$	10

2.5.3　烷烃的熔点

固体分子的熔点也随相对分子质量增加而升高，除与分子质量大小及分子间作用力有关外，还与分子在晶格中的排列有关，分子对称性高，排列比较整齐，分子间引力大，熔点就高。

在正烷烃中，含奇数碳原子的烷烃，其熔点升高较含偶数碳原子的少，如图 2-10 所示。在共价化合物晶体晶格中的质点是分子，偶数碳原子的烷烃具有较高的对称性，凡对称性高的物体必然紧密排列，分子也是如此，紧密的排列必然导致分子间的作用力加强。在偶数碳原子烷烃分子中，碳链之间的排列比奇数的紧密，分子间的色散力作用较大。因此，含偶数碳原子的烷烃熔点比奇数的升高多一些。

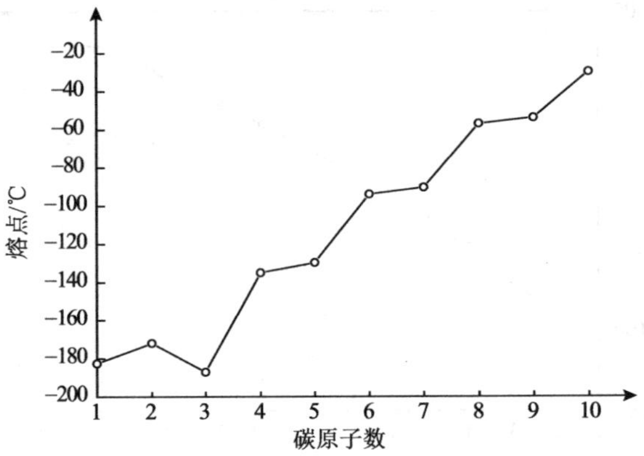

图 2-10　正烷烃的熔点曲线

2.5.4　烷烃的溶解度

烷烃溶于非极性溶剂（如四氯化碳、烃类化合物等），不溶于极性溶剂（如水）。例如，石蜡和汽油两者结构非常相似，分子间的引力也相似，能很好地溶解。这是“相似相溶”经验规律的实例之一。烷烃本身也是一种溶剂，如石油醚就是含碳数较低的几种烷烃的混合物，是实验室常用的有机溶剂。

2.5.5　烷烃的相对密度

烷烃的相对密度随相对分子质量增加而增大，这也是分子间相互作用的结果，相对密度增加到一定数值后，相对分子质量增加引起的相对密度变化很小。表 2-4 列出一些正烷烃的物理常数。

表 2-4　一些正烷烃的物理常数

名称	分子式	熔点/℃	沸点/℃	密度/($g\cdot cm^{-3}$)
甲烷	CH_4	−182.6	−161.7	
乙烷	C_2H_6	−172.0	−88.6	
丙烷	C_3H_8	−187.1	−42.2	
丁烷	C_4H_{10}	−135.0	−0.5	
戊烷	C_5H_{12}	−129.7	36.1	0.6264
己烷	C_6H_{14}	−94.0	68.7	0.6594
庚烷	C_7H_{16}	−90.5	98.4	0.6837
辛烷	C_8H_{18}	−56.8	125.6	0.7028
壬烷	C_9H_{20}	−53.7	150.7	0.7179
癸烷	$C_{10}H_{22}$	−29.7	174.0	0.7298
十一烷	$C_{11}H_{24}$	−25.6	195.8	0.7404
十二烷	$C_{12}H_{26}$	−9.6	216.3	0.7493
十三烷	$C_{13}H_{28}$	−6.0	230	0.7568
十四烷	$C_{14}H_{30}$	−5.5	251	0.7636
十五烷	$C_{15}H_{32}$	10	268	0.7688

续表

名称	分子式	熔点/℃	沸点/℃	密度/(g · cm^{-3})
十六烷	$C_{16}H_{34}$	−18.1	280	0.7749
十七烷	$C_{17}H_{36}$	22.0	303	0.7767
十八烷	$C_{18}H_{38}$	28.0	308	0.7767
十九烷	$C_{19}H_{40}$	32	330	0.7776
二十烷	$C_{20}H_{42}$	36.4		0.7777

2.6　烷烃的化学性质

扫一扫　2-3　烷烃的物理和化学性质

烷烃分子中，C—C 键和 C—H 键都是结合比较牢固的共价键（键能较大），需要较高的能量才能使其断裂。另外，碳和氢的电负性差别很小，烷烃的σ键电子不易偏向某一原子，整个分子中电子分布均匀，分子均无极性，极化度也小。因此，烷烃在一般条件下不易受试剂进攻，化学性质比较稳定，与大多数试剂（如强酸、强碱、强氧化剂、强还原剂及金属钠等）都不发生反应。但是，烷烃在光、热或引发剂作用下，可发生共价键均裂的自由基反应。

2.6.1　烷烃的氧化反应

1. 燃烧

烷烃在空气中燃烧，生成二氧化碳和水，并放出大量的热。

1）燃烧热

标准状态（298 K，0.1 MPa）下，1 mol 纯烷烃完全燃烧生成二氧化碳和水时放出的热量称为燃烧热（heat of combustion），用 $\Delta H_c^\ominus$ 表示，$\Delta H_c^\ominus$ 表示标准状态下的焓变。

$$C_nH_{2n+2} + \left(\frac{3n+1}{2}\right)O_2 \longrightarrow nCO_2 + (n+1)H_2O$$

$$\Delta H_c^\ominus = \Delta H_{生成物}^\ominus - \Delta H_{反应物}^\ominus$$

燃烧热是重要的热化学数据，可以很精确地测量得到，所有燃烧反应均是放热的，故 $\Delta H_c^\ominus$ 是负值。表 2-5 列出一些烷烃在标准状态时的燃烧热。

表 2-5　一些烷烃在标准状态时的燃烧热

化合物	$\Delta H_c^\ominus$ /(kJ · mol^{-1})	化合物	$\Delta H_c^\ominus$ /(kJ · mol^{-1})
甲烷	−890.3	2-甲基丙烷	−2860.8
乙烷	−1559.8	戊烷	−3536.2
丙烷	−2219.9	己烷	−4195.6
丁烷	−2878.2		

烷烃异构体中，每增加一个 CH_2，平均燃烧热增加 658.6 kJ · mol^{-1} 左右，直链烷烃的燃烧热最大，支链越多，燃烧热越小，其焓值越小，越稳定。

2）应用

燃烧反应是十分重要的反应，燃烧过程中放出大量的热，从而使烷烃成为可被利用的重要能源，无论气体或液体烷烃均可用作燃料。气体烷烃（或液体烷烃气化成极细的雾状物）与空气或氧气混合会形成爆炸性混合物，当火焰或火花出现时，立即发生燃烧反应，在极短的时间内放出大量的热但不能迅速消散，同时所产生的二氧化碳和水蒸气突然膨胀，从而造成剧烈的爆炸现象，这就是众所周知的矿井瓦斯爆炸的原因。在空气中混有甲烷，尤其是甲烷和氧气的比例接近 1：2 时，爆炸极为剧烈。

以上瞬间燃烧或爆炸现象在内燃机的汽缸中得到应用：汽油和空气混合，在汽缸中发生瞬间燃烧，生成大量的热，由于压力突然增加，产生机械能。这种燃烧通常是不完全的，特别在 O_2 不很充足的情况下，会生成大量 CO 造成空气污染，如汽车的废气中含有约 5% 的 CO。

燃烧反应的机理非常复杂，但无疑也是自由基反应。形成自由基需要相当高的活化能，故在一定温度下才能发生燃烧反应。

2. 部分氧化

烷烃在室温下一般不与氧化剂反应，与空气中的氧也不发生反应，但在高温高压或催化剂作用下，可以使其发生部分氧化，生成各种含氧化合物，如醇、醛、酮或羧酸。目前重要的成功实例为丁烷在 170～200℃和 7 MPa 压力下，用空气氧化生产乙酸。

高级烷烃[如石蜡（C_{20}～C_{30} 的烷烃）]氧化成高级脂肪酸也已工业化。由此得到脂肪酸的混合物，可用来代替动植物油脂制造肥皂，节省大量的食用油脂。

2.6.2 烷烃的热裂反应

热裂是将烷烃在隔绝氧的条件下加热到 400℃以上，使 C—C 键和 C—H 键断裂，生成较小的分子的过程。

例如，丙烷在一定条件下热裂，两个 C—H 键断裂生成丙烯和氢气，或者 C—C 键断裂生成乙烯和甲烷，因此丙烷热裂产物是丙烯、乙烯、甲烷和氢气。

烷烃在 800～1000℃的热裂产物主要是乙烯，其次为丙烯、丁烯、丁二烯和氢气。乙烯是重要的化工原料，如将石油热裂生产乙烯、丙烯时，热裂的温度必须为 800～1000℃，接触时间在 0.6 s 以下。若要生产乙炔，则应提供更高的温度。

热裂反应相当复杂，在热裂的同时，还有部分小分子烃又转变为较大分子的烃，有些甚至比原来的烃分子更大。

另一种是使用催化剂（如铂、硅酸铝、氧化铝）促使裂解，称为催化热裂。反应在较低的温度和压力下进行。催化热裂的目的是生产高辛烷值汽油。

2.6.3 烷烃的卤代反应

在光照或高温下，烷烃的氢原子可被卤素取代生成卤代烃，并放出卤化氢。这种取代反应称为卤代（halogenation）反应。

卤素中只有氟能与烷烃自动发生反应，甚至在−80℃时也能反应。氟与烷烃的反应非常剧烈，而且是一个难以控制的破坏性反应，生成碳和氟化氢，一般没有应用上的价值。

$$C_nH_{2n+2} + (n+1)F_2 \xrightarrow{\triangle} nC + (2n+2)HF$$

卤代反应主要是氯代与溴代，比较有实用意义的是氯代，碘不易发生碘代反应。卤素对烷烃进行卤代的相对活性为 $F_2 > Cl_2 > Br_2 > I_2$。

在光照或高温下，烷烃与氯气易发生反应，有时甚至发生爆炸。例如，甲烷和氯气在光或热的作用下生成氯甲烷和氯化氢，在强光照射下能发生剧烈反应，甚至发生爆炸生成氯化氢和碳。

$$C_nH_{2n+2} + (n+1)Cl_2 \xrightarrow{\triangle} nC + (2n+2)HCl$$

甲烷的氯代反应较难停留在一氯甲烷阶段。因为生成的氯甲烷还会继续被氯代，生成二氯甲烷、三氯甲烷和四氯化碳，往往生成 4 种产物的混合物，工业上将这种混合物作为溶剂使用。

$$CH_4 \xrightarrow[300\sim400℃]{Cl_2} CH_3Cl \xrightarrow[\triangle]{Cl_2} CH_2Cl_2 \xrightarrow[\triangle]{Cl_2} CHCl_3 \xrightarrow[\triangle]{Cl_2} CCl_4$$

但是，通过控制一定的反应条件和原料的用量比，可使其中一种氯代烷成为主要产物。例如，用极过量的甲烷，则反应几乎完全限制在一氯代反应阶段（400～450℃，甲烷：氯气=10：1）。由于甲烷的沸点为−164℃，一氯甲烷的沸点为−242℃，两者相差很大，因此容易分离出来。又如，在 400℃左右，甲烷：氯气=0.263：1 时，则主要生成四氯化碳。

2.6.4　烷烃卤代反应历程

扫一扫　2-4　烷烃的卤代反应历程

反应历程（也称反应机理）是指反应物到产物经过的途径和过程，是根据大量实验事实作出的理论假设。

甲烷发生氯代反应的事实是：①在室温暗处不发生反应；②高于 250℃发生反应；③在室温有光的作用下能发生反应；④用光引发反应，吸收一个光子就能产生几千个氯甲烷分子；⑤若有氧或一些能捕捉自由基的杂质存在，反应有一个诱导期，诱导期时间长短与存在这些杂质的多少有关。根据以上事实，提出这个反应的反应历程是自由基型的链反应（free-radical chain reaction）。所有链反应均经链引发、链增长（或称链传递）、链终止三个阶段。

链引发（chain initiation）：氯分子吸收光或热后发生均裂，产生两个带孤立（不成对）电子的氯原子，也称为氯自由基（chlorine radical），见式（1）。

$$Cl_2 \xrightarrow{\text{光或热}} 2Cl\cdot \qquad (1)$$

链增长（chain propagation）：氯自由基很活泼，具有强烈地获取一个电子形成八隅体电子层结构的倾向。因此，它一经产生，在与甲烷分子碰撞过程中，会夺取甲烷分子中的一个氢原子，形成氯化氢和另一个新的自由基，即甲基自由基（methyl radical），见式（2）。甲基自由基与氯原子一样，非常活泼，它的碳原子为了形成稳定结构，从氯分子中夺取一个氯原子，结果生成氯甲烷和另一个新的氯自由基，见式（3）。

$$Cl\cdot + CH_4 \longrightarrow CH_3\cdot + HCl \quad (2)$$

$$CH_3\cdot + Cl_2 \longrightarrow CH_3Cl + Cl\cdot \quad (3)$$

$$CH_3Cl + Cl\cdot \longrightarrow CH_2Cl\cdot + HCl \quad (4)$$

$$CH_2Cl\cdot + Cl_2 \longrightarrow CH_2Cl_2 + Cl\cdot \quad (5)$$

这里应注意：从反应（2）中消耗掉的氯自由基，在反应（3）中又重新生成了新的氯自由基。这个新生成的氯自由基当然可以再从一氯甲烷中夺取另一氢原子而生成氯甲基自由基，见式（4）。氯甲基自由基与氯分子作用又可生成一个新的氯自由基，见式（5）。这样周而复始，反复不断地反应，理论上可将所有甲烷分子中的氢全部夺去。

链终止（chain termination）：事实上，连锁反应不可能永久传递下去，当自由基互相结合或与惰性物质结合而失去活性时，这个连续的反应就终止了，见式（6）～式（8）。

$$Cl\cdot + Cl\cdot \longrightarrow Cl_2 \quad (6)$$

$$CH_3\cdot + CH_3\cdot \longrightarrow CH_3CH_3 \quad (7)$$

$$Cl\cdot + CH_3\cdot \longrightarrow CH_3Cl \quad (8)$$

若有氧（包括空气）或一些能捕捉自由基的杂质存在，杂质可以与自由基结合，形成稳定的自由基，几乎使反应停止，待杂质消耗完后，自由基链反应立即开始，这就是自由基反应出现诱导期的原因。一种物质，即使少量存在，也能使反应减慢或停止，这种物质称为阻抑剂。上述氧和杂质就起这种阻抑的作用，这是自由基反应的特征。

甲烷氯化的反应热如下所示：

$$Cl_2 \longrightarrow 2Cl\cdot \qquad \Delta H = +242.7\,kJ\cdot mol^{-1} \quad (9)$$

$$Cl\cdot + CH_4 \longrightarrow CH_3\cdot + HCl \qquad \Delta H = +7.5\,kJ\cdot mol^{-1} \quad (10)$$

$$CH_3\cdot + Cl_2 \longrightarrow CH_3Cl + Cl\cdot \qquad \Delta H = -112.9\,kJ\cdot mol^{-1} \quad (11)$$

式（9）中 Cl_2 需要吸收 242.7 kJ · mol^{-1} 的能量形成氯自由基 $Cl\cdot$，引发 CH_4 反应；式（10）是吸热反应，需吸收 7.5 kJ · mol^{-1} 的能量使 CH_4 与 $Cl\cdot$ 反应生成 $CH_3\cdot$ 和 HCl；式（11）是放热反应，$CH_3\cdot$ 与 Cl_2 反应生成 CH_3Cl 与 $Cl\cdot$，放热 112.9 kJ · mol^{-1}。实验表明，若要使式（10）反应发生，必须供给 16.7 kJ · mol^{-1} 的能量，才能跨过势能最高点，形成 $CH_3\cdot$ 和 HCl。为了使反应发生而必须提供的最低限度的能量称为活化能（activation energy，简称 E_a）。如图 2-11 所示，此势能最高点的结构是[Cl···H···CH_3]，称为过渡态（transition state）。此过渡态为旧键欲断未断，新键欲形成却未形成的状态。

这里要注意活化能与反应热（ΔH）之间没有直接联系，不能从 ΔH 预测过渡态活化能的大小。ΔH 是产物与反应物的焓差，在一般情况下，近似等于热力学能差，它可以从反应

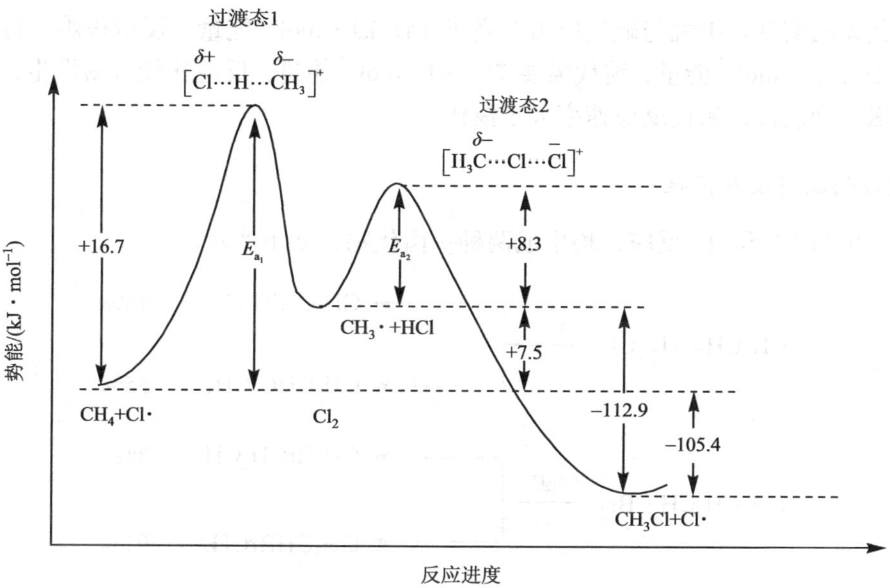

图 2-11　氯自由基与甲烷反应势能

中键能的改变近似地计算出来。而活化能则是过渡态与反应物的热力学能差，除少数反应的活化能可以从理论上估算外，一般只能通过温度和反应速率的关系由实验测得。决定反应速率的是活化能 E_a，而不是两个能谷的高度差 ΔH 。即使放热反应仍需一定的活化能。例如，反应式（11）放热 112.9 kJ · mol^{-1}，但反应发生仍需吸热 8.3 kJ · mol^{-1}，形成[CH_3···Cl···Cl]过渡态 2。综合分析可知：过渡态 1 所需能量高于过渡态 2，故该反应式（10）是最慢的一步，是甲烷氯代反应的速控步。

2.6.5　影响卤代反应的因素

1. 卤素的相对反应活性

烷烃是生产卤代烷的重要原料。氯、溴与烷烃反应生成一卤和多卤代烷，氟与烷烃反应剧烈，难以控制，而碘通常不反应。

X· + CH_3—H	⟶ CH_3· + H—X	ΔH/(kJ · mol^{-1})	E_a/(kJ · mol^{-1})
F　439.3	568.2	−128.9	+4.2
Cl	431.8	+7.5	+16.7
Br	366.1	+73.2	+75.3
I	298.3	+141	>+141

从上面可以看出，甲烷与氟反应尽管是放热反应，仍需吸收 4.2 kJ · mol^{-1} 能量（E_a），反应一旦发生，生成大量的热难以移走，就会破坏生成的氟甲烷，从而得到碳与氟化氢，因

此直接氟代无法实现。甲烷与碘反应需要高于 141 kJ · mol^{-1} 能量，反应很难进行。甲烷氯代只需要 16.7 kJ · mol^{-1} 能量，溴代需要 75.3 kJ · mol^{-1} 能量，反应比较容易发生，故卤代反应主要是氯代和溴代，氯代反应速率大于溴代。

2. 烷烃的相对反应活性

丙烷分别与 Cl_2 和 Br_2 反应，均生成两种一卤代物，如下所示。

$$CH_3CH_2CH_3+Cl_2 \xrightarrow{\text{光照}} CH_2ClCH_2CH_3\ (45\%) + CH_3CHClCH_3\ (55\%)$$

$$CH_3CH_2CH_3+Br_2 \xrightarrow{\text{光照}} CH_2BrCH_2CH_3\ (3\%) + CH_3CHBrCH_3\ (97\%)$$

在丙烷分子中有 6 个伯氢，2 个仲氢，理论上丙烷氯代的两种产物产率之比应为 6∶2=3∶1，在高温（>450℃）氯代时，确实如此。但在室温光照时，这两种产物产率之比却为 45∶55，显然仲氢与伯氢反应活性不同。丙烷溴代反应仲氢和伯氢的相对活性为 82∶1。

实验结果表明，在室温氯代反应中，叔、仲、伯氢的相对活性为 5∶4∶1；在溴代反应中，叔、仲、伯氢的相对活性为 1600∶82∶1。总之，烷烃的卤代反应，不同类型氢的相对活性为三级氢>二级氢>一级氢。

如何理解这一活性顺序呢？由于卤代反应中烷烃 C—H 键发生均裂，氢原子与卤素自由基结合生成卤化氢，烷烃则形成烷基自由基，故烷基自由基形成的难易程度反映了烷烃中各类氢原子被卤代的反应活性。

同一类型的键（C—H）发生均裂时，键的解离能越小，即 C—H 键断裂所需的能量越低，则自由基越容易生成，生成的自由基热力学能也较低，更加稳定。从这些反应的 Δ*H* 值（表 2-6）可以看出，形成各种类型的自由基所需要的能量按下列顺序减少：$CH_3\cdot > CH_3CH_2\cdot > (CH_3)_2CH\cdot > (CH_3)_3C\cdot$，烷基自由基的稳定性顺序为 $CH_3\cdot < CH_3CH_2\cdot < (CH_3)_2CH\cdot < (CH_3)_3C\cdot$，越稳定的自由基越容易产生，反应越容易进行。

表 2-6　不同自由基的反应热 Δ*H*

自由基	$CH_3\cdot$	$CH_3CH_2\cdot$	$(CH_3)_2CH\cdot$	$(CH_3)_3C\cdot$
Δ*H*/(kJ · mol^{-1})	435.1	410	397.5	380.7

烷烃的卤代反应是自由基取代反应，决定反应速率的关键步骤是产生烷基自由基这一步，这就回答了为什么烷烃分子中各种不同类型的氢的反应活泼性会有以上的差异。上述氯代、溴代反应对氢的选择性往往在温度不太高时有用，如果温度超过 450℃，因为有足够高的能量，反应就没有选择性，此时反应结果往往只与氢原子的个数有关。

2.7　烷烃的制备

烷烃的工业来源主要是石油和天然气，天然气的主要成分是甲烷，石油则由不同的碳氢化合物混合组成，其主要成分是烷烃。烷烃的制备在实验室规模上一般价值不大，但特殊情况下需要制备某些烷烃类化合物时主要通过以下几种方法。

2.7.1　偶联反应

卤代烃（一般是伯卤代烃）在金属钠的存在下发生偶联反应，生成烷烃。

$$\text{R—X} \xrightarrow{\text{Na}} \text{R—R}$$

生成的烷烃比反应物卤代烃增加了一倍的碳原子，仲卤代烃和叔卤代烃因为容易发生副反应而没有合成的价值。该反应只能制备对称的烷烃。

如果制备非对称的烷烃（R—R′），则常用科里-豪斯（Corey-House）反应，即二烷基铜锂与卤代烃的偶联反应，方程式如下：

$$\text{R}_2\text{CuLi} + \text{R'X} \longrightarrow \text{R—R'}$$

上述反应中 R 可以是伯、仲、叔碳原子，但 R′X 一般为伯卤代烃。

2.7.2　科尔比法

科尔比（Kolbe）法是将高浓度的羧酸钠盐或钾盐溶液进行电解，在阴极产生烷烃。

$$\text{RCOOK(Na)} \xrightarrow{-e^-} \text{R}$$

扫一扫　2-5　烷烃拓展阅读材料

习　题

1. 写出下列每个烷烃的结构式。
   （1）新戊烷　（2）异丁烷
   （3）异戊烷　（4）3, 4, 5-三甲基-4-丙基庚烷
2. 用系统命名法命名下列各化合物。

（1）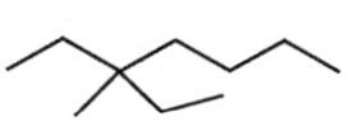　（2）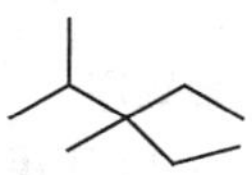　（3）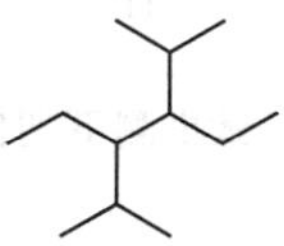

（4）$CH_3CHCH(CH_2CH_3)CH_2CH(CH_3)CH_3$（即 $CH_3\underset{CH_3}{CH}\overset{CH_2CH_3}{CH}CH_2\underset{CH_3}{CH}CH_3$）

（5）$(C_2H_5)_2CHCH(C_2H_5)CH_2\underset{CH(CH_3)_2}{CH}CH_2CH_3$

（6）$CH_3CH(CH_2CH_3)CH_2C(CH_3)_2CH(CH_2CH_3)CH_3$

3. 用纽曼投影式写出 1, 2-二溴乙烷最稳定及最不稳定的构象，并写出该构象的名称。

4. 将下列投影式改为透视式，透视式改为投影式。

（1）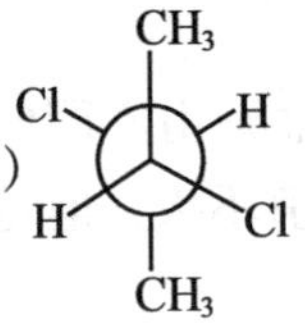

（2）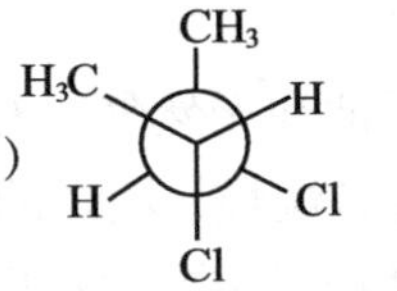

（3）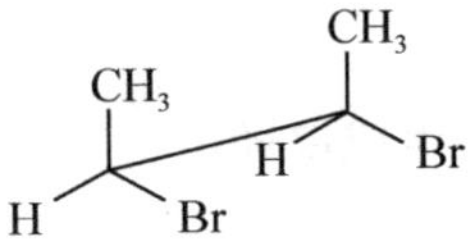

（4）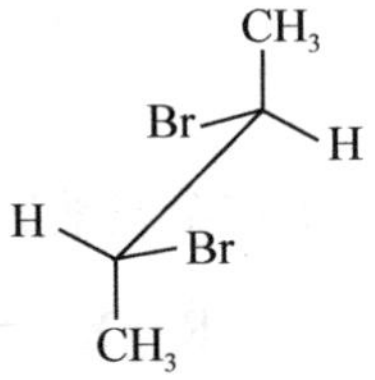

5. 下面各对化合物哪一对是等同的？不等同的异构体属于哪种异构体？

（1）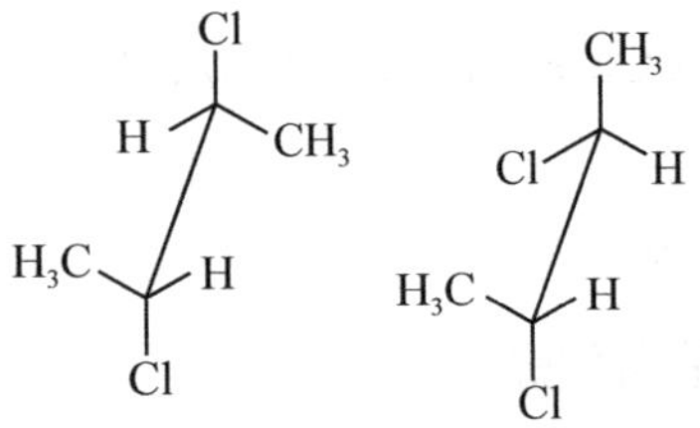

（2）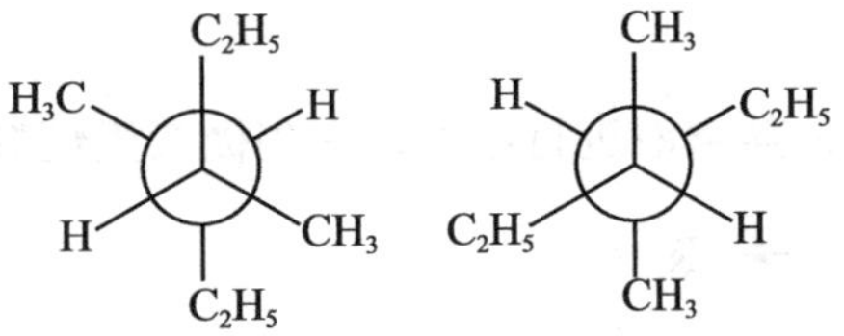

（3）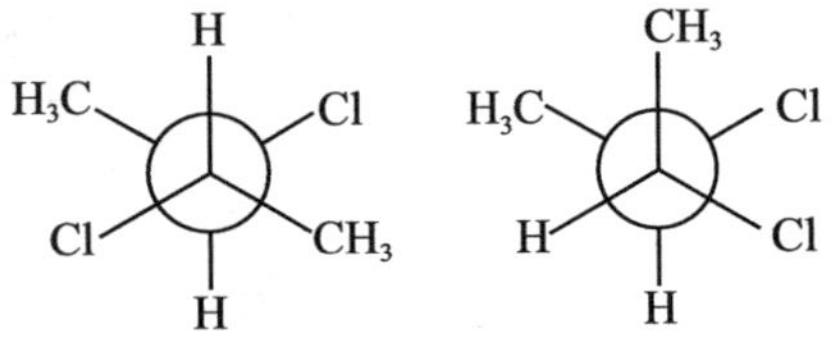

（4）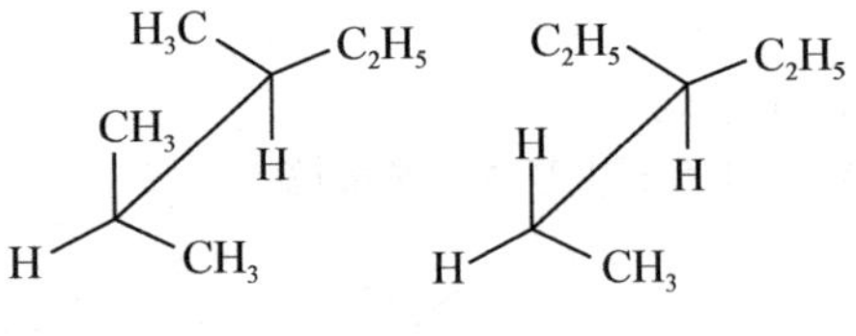

6. 不参阅物理常数表，试推测下列化合物沸点高低的一般顺序。

（1）2, 3-二甲基戊烷　（2）正庚烷

（3）2-甲基庚烷　（4）正戊烷

（5）2-甲基己烷

7. 已知烷烃的相对分子质量为 72，根据氯代反应产物的不同，试推测各烷烃的构造，并写出其构造式。

（1）一氯代产物只能有一种　（2）一氯代产物可以有三种

（3）一氯代产物可以有四种　（4）二氯代产物只可能有两种

8. 等物质的量的乙烷和新戊烷的混合物与少量的氯反应，得到的乙基氯和新戊基氯的物质的量比是 1∶2.3。

试比较乙烷和新戊烷中伯氢的相对活性。

9. 异戊烷氯代时产生四种可能的异构体，它们的相对含量如下：

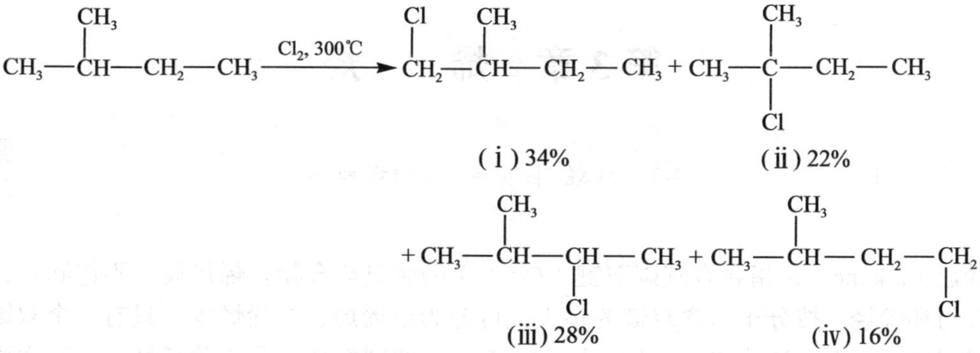

上述的反应结果与碳自由基的稳定性为3°>2°>1°>$CH_3\cdot$ 是否矛盾？解释之。

10. 哪一种或哪几种相对分子质量为 86 的烷烃有：（1）两个一溴代产物；（2）三个一溴代产物；（3）四个一溴代产物；（4）五个一溴代产物？

11. 将下列自由基按稳定性大小排序。

扫一扫　　2-6　烷烃命名习题答案（2017 版）

第3章 烯 烃

扫一扫　　3-1 烯烃 目标导图+知识地图

烯烃（alkene）是指含有碳碳双键（C═C）的碳氢化合物。烯烃属于不饱和烃，分为链烯烃与环烯烃。按分子内含双键的多少又可分为单烯烃、二烯烃等。只有一个双键的简单烯烃组成了一个由通式 C_nH_{2n}（其中 $n\geqslant 2$）代表的同系物，称为单烯烃。本章主要学习单烯烃。

3.1 烯烃的结构

3.1.1 乙烯的结构

乙烯是最简单的烯烃，分子式为 C_2H_4，构造式为 $CH_2{=\!=}CH_2$，乙烯分子含有一个碳碳双键。现代物理方法证明，乙烯分子的所有原子在同一平面上，每个碳原子只与三个原子相连，其键角为 121.6°和 116.7°（图 3-1）。键角之间的这种差别是键的不等同性引起的，即碳碳双键并不是由两个单键构成。其键长比乙烷中的 C—C σ键 154 pm 短，为 134 pm。

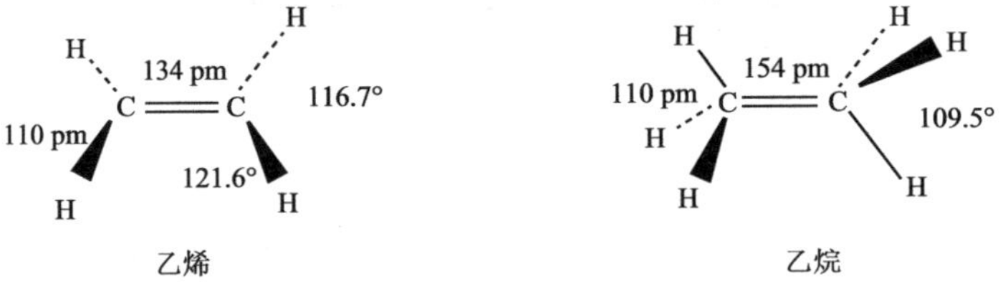

图 3-1　乙烯、乙烷的键长与键角

3.1.2 碳原子的 sp^2 杂化

甲烷分子中，碳原子的四个成键轨道并不是纯粹的 2s、$2p_x$、$2p_y$、$2p_z$ 原子轨道，而是发生 sp^3 杂化重新组成能量相等的四个新轨道。烯烃碳原子成键时，碳原子以另一种原子轨道杂化方式进行杂化，即由一个 s 轨道和两个 p 轨道进行杂化，这种杂化方式称为 sp^2 杂化，组成三个等同的杂化轨道，称为 sp^2 杂化轨道，且这三个杂化轨道对称轴在同一平面上，彼此成 120°。两个碳原子上仍各保留一个电子在 p 轨道上，且 p 轨道与三个 sp^2 杂化轨道平面垂直，两个 p 轨道相互平行时，体系的能量较低，只有在这种情形下两个 p 轨道才能最大限度地重叠，形成 π 键，如图 3-2 所示。

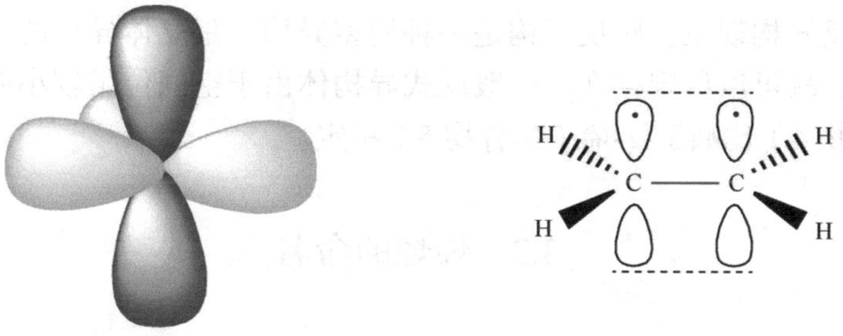

(a)　　(b)

图 3-2　sp^2 杂化后碳的轨道（a）及乙烯的结构（b）

3.1.3　π 键的特点

1. π 键旋转受阻

π 键没有对称轴，因此以双键相连的两个碳原子之间不能自由旋转。

2. π 键的稳定性

由于 π 键是两个 p 轨道侧面重叠而成的，重叠程度比 σ 键小得多，因此 π 键不如 σ 键稳定，容易断裂。由于 π 键的电子云不像 σ 键电子云那样集中在两个原子核连线上，而是分散在上下两部分，故原子核对 π 电子的束缚力较小。因此，π 键具有较大的流动性，容易受外界电场（如外来试剂进攻时）的影响，电子云比较容易极化，发生反应。

3.1.4　烯烃的同分异构

烯烃的结构特点是：双键碳原子为 sp^2 杂化的碳原子，这样的两个碳原子各用一个 sp^2 杂化轨道结合形成一个碳碳 σ 键，其余两个 sp^2 杂化轨道分别与碳原子（或氢原子）结合形成 C—C、C—H σ 键，两个碳原子 p 轨道的相互重叠形成 π 键。

由于烯烃含有 π 键，π 键不能自由旋转，烯烃的同分异构现象较烷烃复杂得多，除有碳链异构外，还有双键位置不同引起的位置异构，以及双键两侧的基团在空间的位置不同引起的异构，称为顺反异构。因此，烯烃异构体的数目比相应的烷烃多。

例如，丁烯有四个异构体：

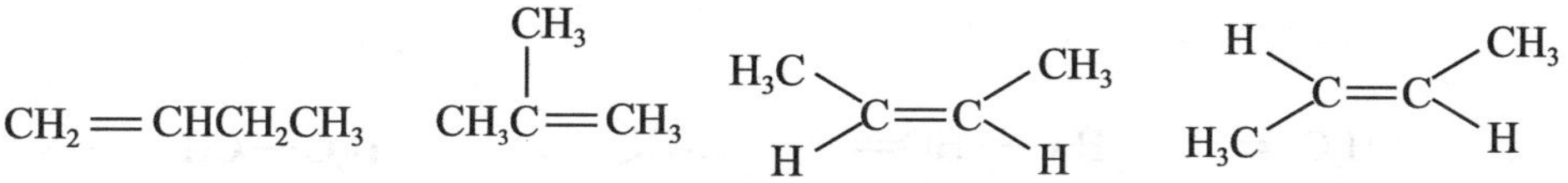

1　　2　　3　　4

化合物 2 和化合物 3 是碳链异构。化合物 1 和化合物 2 是因为官能团在碳链中的位置不同而产生的异构，称为官能团位置异构（posotion isomerism）。

结合在双键两个碳原子上的两个相同原子（如 H）在双键同一侧（如化合物 3），这种结构称为顺式。如果这两个相同原子处在双键两侧（如化合物 4），称为反式。这种异构现象的产生是由于组成双键的两个碳原子不能相对自由旋转，当碳碳双键的两个碳原子上所连的两个原子或基团不同时，就会因为它们在碳碳双键两边的排布不同，形成不同的几何构型，这一现象称为顺反异构现象。顺反异构是一种构型异构，是立体异构的一种。顺、反异构体不易互相转化，故可以稳定存在。一般反式异构体由于空间位阻较小而比顺式稳定，如反丁-2-烯（化合物 4）比顺丁-2-烯（化合物 5）稳定。

3.2　烯烃的命名

扫一扫　　3-2　烯烃的命名（1980 版）

3.2.1　普通命名法

简单的烯烃可以像烷烃那样命名：

$CH_2{=}CH_2$	$CH_3CH{=}CH_2$	$CH_2{=}C(CH_3)_2$
乙烯（ethene）	丙烯（propene）	异丁烯（isobutene）

英文命名时将烷烃的词尾 ane 改成 ene 即可。

3.2.2　系统命名法

1. 烯基

烯烃去掉一个氢原子称为烯基（alkenyl），烯基的编号从带有自由价的碳原子开始，烯基的英文名称用词尾“enyl”代替烷基的词尾“yl”。例如：

$CH_2{=}CH—$	$CH_3CH{=}CH—$	$CH_2{=}CHCH_2—$
乙烯基（ethenyl）	丙-1-烯基（丙烯基） （prop-1-enyl）	丙-2-烯基（烯丙基） （prop-2-enyl）
$CH_3CH_2CH{=}CH—$	$CH_3CH{=}CHCH_2—$	$CH_2{=}CHCH_2CH_2—$
丁-1-烯基（but-1-enyl）	丁-2-烯基（but-2-enyl）	丁-3-烯基（but-3-enyl）

取代基以两个单键连接分子骨架的同一碳原子（双键）时，该取代基称为“亚基”；取代基以两个单键分别连接分子骨架的两个原子时，该取代基称为“叉基”。例如：

$H_2C{=}$	$H_3C—HC{=}$	$H_2C<$	$H_3C—\overset{\vert}{\underset{\vert}{C}}H$
甲亚基 （methylidene）	乙亚基 （ethylidene）	甲叉基 （methanediyl）	乙-1,1-叉基 （ethane-1,1-diyl）

2. 烯烃的系统命名法

（1）选主链。找出最长的碳链作为主链。当碳碳双键含在主链中时，按主链中所含碳原子数将该化合物命名为某烯。例如，主链含有四个碳原子，即称为丁烯。十个碳以上用汉字数字再加上碳字，如十二碳烯。当碳碳双键不含在主链中时，则含碳碳双键部分按取代基命名。例如：

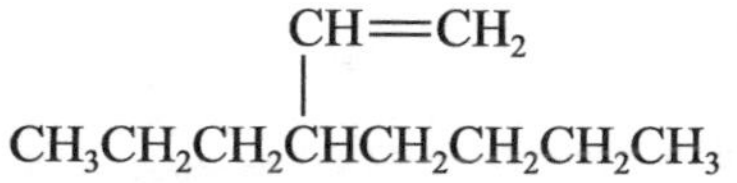

4-乙烯基辛烷
4-ethenyloctane

（2）编号。从最靠近双键的一端起，将主链碳原子依次编号。

（3）命名。取代基位次、数目、名称写在母体名称之前。注意双键位次写较小的一个。1-烯烃中的“1”往往省去，所以单烯烃的名称前面没有数字者即为 1-烯烃。英文命名时将某烷的词尾 ane 改为 ene，即为某烯的名称。

$CH_3CH_2CH{=}CH_2$	$CH_3CH{=}CHCH_3$	$(CH_3)_3CCH{=}CH_2$
丁-1-烯（but-1-ene）	丁-2-烯（but-2-ene）	3, 3-二甲基丁烯（3, 3-dimethylbutene）

3. 顺反异构体的命名

当碳碳双键两个碳原子上的相同原子或基团处于双键同一侧时，称为顺式；反之，称为反式。

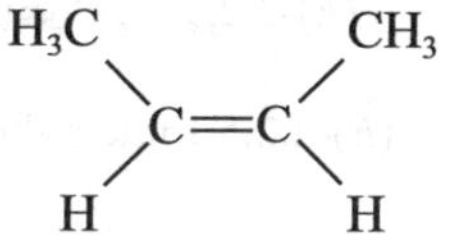

顺丁-2-烯

cis-but-2-ene

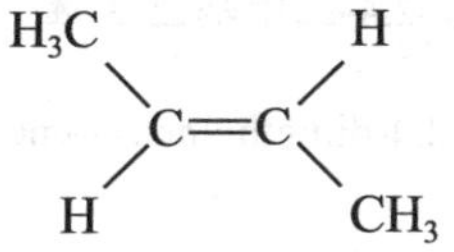

反丁-2-烯

trans-but-2-ene

但当碳碳双键两个碳原子上没有相同的原子或基团时，则无法用顺、反表示其构型。必须按照 IUPAC 命名法，采用 *Z*-（德文，Zusammen，同一边）或 *E*-（德文，Entgegen，相反）表示其构型的不同。

为了表示分子的某些立体化学关系，需要确定有关原子或基团的排列次序，这种方法称为顺序规则（sequence rule）。顺序规则主要内容如下：

（1）将单原子取代基按原子序数大小排列，原子序数大的顺序在前，原子序数小的顺序在后，同位素中质量大的顺序在前。有机化合物中常见元素的顺序如下：

$$I>Br>Cl>S>P>F>O>N>C>D>H>:$$

（2）如果两个多原子基团的第一个原子相同，则比较与它相连的其他原子。比较时，按原子序数排列，先比较最大的；若相同，再按顺序比较居中的、最小的。例如，—CH_2Cl 与—CHF_2，第一个均为碳原子，再按顺序比较与碳相连的其他原子，在—CH_2Cl 中为—C（Cl，H，H），在—CHF_2 中为—C（F，F，H），Cl 比 F 大，故—CH_2Cl 顺序在前。如果有些基团仍相同，则沿取代链逐一相比。

（3）有双键或三键的基团，可认为连有两个或三个相同的原子。例如：

$—HC{=}CH_2$ 相当于 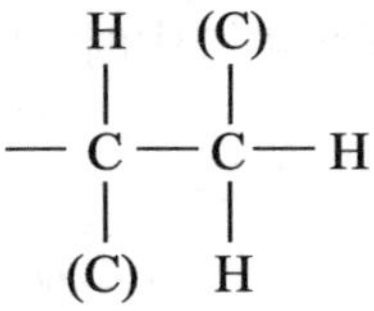　　$—C{\equiv}CH$ 相当于 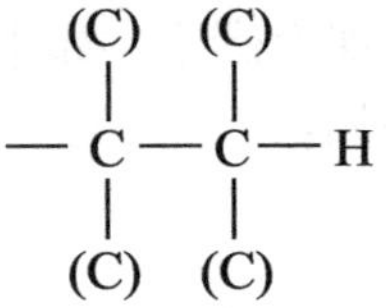

由此可以推得下列基团的优先次序应为

$$—C{\equiv}CH > —CH{=}CH_2 > —CH_2—CH_3$$

用 *Z*、*E* 表示构型，即按顺序规则，先将双键两侧碳原子连接的原子（原子团）分别排序，如果顺序在前的基团处于同侧（a>b，c>d），则该烯烃构型为 *Z* 型，否则为 *E* 型。

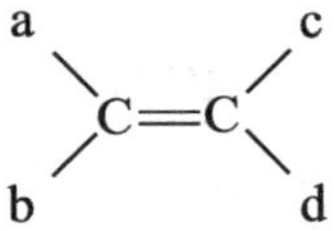

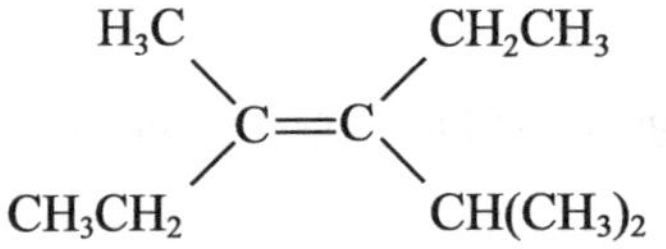

(*Z*)-3-乙基-2,4-二甲基己-3-烯

(*Z*)-3-ethyl-2,4-dimethylhex-3-ene

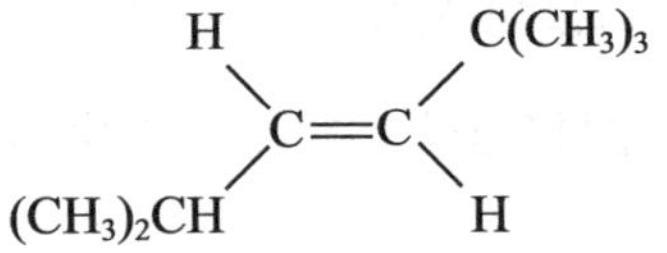

(*E*)-2,2,5-三甲基己-3-烯

(*E*)-2,2,5-trimethylhex-3-ene

3.3　烯烃的物理性质

烯烃的物理性质与烷烃相似，随着碳原子数的增加而递变。通常室温下，2～4 个碳原子的烯烃为气体，5～18 个碳原子的烯烃为液体，19 个碳原子以上的烯烃为固体。它们的沸点、熔点和相对密度都随相对分子质量的增加而增大，但相对密度都小于 1。直链烯烃的沸点随着相对分子质量的增加而升高，同碳数直链烯烃的沸点比相应支链烯烃的沸点高，相同碳架的烯烃，双键由链端移向链中间，沸点、熔点都有所升高。烯烃不溶于水，易溶于有机溶剂。乙烯稍带甜味，液态烯烃有汽油的气味。一些常见烯烃的物理常数见表 3-1。

表 3-1　一些常见烯烃的物理常数

名称	结构式	熔点/℃	沸点/℃
乙烯	$CH_2{=}CH_2$	−169	−103.7
丙烯	$CH_3CH{=}CH_2$	−185.2	−47.4
丁-1-烯	$CH_2{=}CHCH_2CH_3$	−185.3	−6.3
顺丁-2-烯	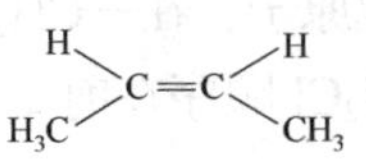	−138.9	3.7
反丁-2-烯	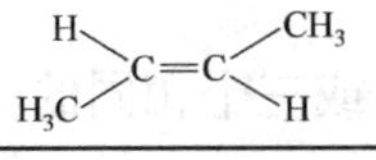	−105.5	0.9

续表

名称	结构式	熔点/℃	沸点/℃
甲基丙烯	$CH_2{=\!=}C(CH_3)_2$	−140.3	−6.9
戊-1-烯	$CH_2{=\!=}CH(CH_2)_2CH_3$	−138	30
己-1-烯	$CH_2{=\!=}CH(CH_2)_3CH_3$	−139.8	63.3
十八碳-1-烯	$CH_2{=\!=}CH(CH_2)_{15}CH_3$	17.5	179（15 mmHg）

3.4　烯烃的化学性质

物质的结构决定其性质，烯烃碳碳双键中的 π 键成为这类化合物的反应中心，π 键是 p 轨道侧面重叠而成的，重叠的程度比 σ 键小得多，所以 π 键不如 σ 键稳定，比较容易断裂，断开后形成两个更强的 σ 键，这样的反应称为加成反应（addition reaction）。烯烃中双键的存在使其化学性质与烷烃不同，它比较活泼，可与很多试剂发生化学反应。

3.4.1　亲电加成反应

由于烯烃双键的形状及其电子云分布特点，烯烃容易给出电子，也就是容易受缺电子试剂进攻。这些缺电子的试剂（如正离子）、易被极化的双原子分子（如卤素 $X^{\delta+}$—$X^{\delta-}$）和路易斯酸等都是亲电试剂（electrophilic reagent），亲电试剂与能给电子的烯烃双键反应，称为亲电加成反应（electrophilic addition reaction）。烯烃的亲电加成反应主要有以下几种。

1. 与卤素加成

氟太活泼，反应非常剧烈，放出大量的热，使烯烃分解，因此反应需在特殊条件下进行。碘与烯烃不容易进行离子型加成，因此烯烃与卤素的加成主要是溴和氯的加成，反应式如下：

$$CH_2{=\!=}CH_2 + Cl_2 \longrightarrow ClCH_2CH_2Cl$$

$$CH_2{=\!=}CH_2 + Br_2 \longrightarrow BrCH_2CH_2Br$$

氯与乙烯加成生成的 1, 2-二氯乙烷是很好的溶剂，也是重要的工业原料。溴的四氯化碳溶液与烯烃反应时，溴的颜色消失，实验室常利用这个反应检验烯烃。

卤素的活泼性顺序为氟＞氯＞溴＞碘。

碘与烯烃一般不发生反应，但氯化碘（ICl）或溴化碘（IBr）比较活泼，可定量地与碳碳双键发生反应。因此，利用这个反应，可以测定石油或脂肪中不饱和化合物的含量。不饱和程度一般用碘值表示。碘值的定义是 100 g 汽油或脂肪所吸收的碘量（g）。

2. 与酸的加成

无机酸和强的有机酸都较易与烯烃发生加成反应，而弱的有机酸（如乙酸、醇等）只有在强酸催化下才能发生加成反应。烯烃的水合也需要强酸催化。反应式如下：

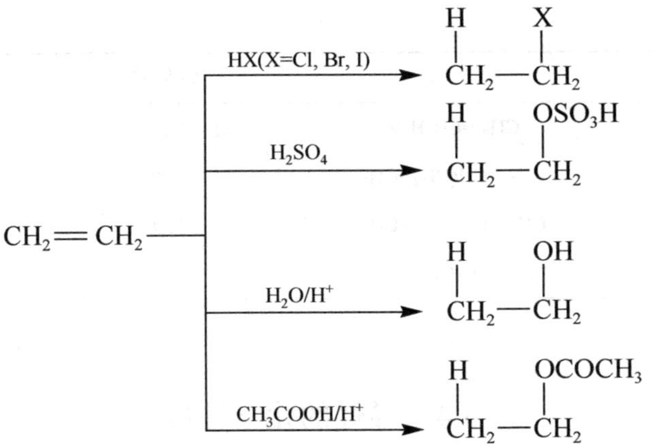

1）与卤化氢的加成

烯烃与卤化氢的加成一般用中等极性的溶剂（如乙酸），它既可溶解烯烃，又可溶解卤化氢。体系中要避免有水，因为水与烯烃在酸性条件下也能发生加成反应。

卤化氢的反应活性与其酸性强度成正比：HI＞HBr＞HCl。加成反应如下所示：

卤化氢与不对称烯烃加成时，产物有两种可能：

$$CH_3CH{=}CH_2 + HX \longrightarrow CH_3\overset{X}{\overset{|}{C}}HCH_3 \qquad (1)$$

$$CH_3CH{=}CH_2 + HX \longrightarrow CH_3CH_2CH_2X \qquad (2)$$

历程（1）中正离子（亲电试剂）加成到含氢较多的双键碳原子上，负离子加成到含氢较少的双键碳原子上，历程（2）加成取向相反。大量的实验证实，反应主要以历程（1）的加成路线进行。这个规律称为马尔科夫尼科夫（Markovnikov）规则，简称马氏规则。马氏规则是指卤化氢等极性试剂与不对称烯烃的亲电加成反应，酸中的氢原子加在含氢较多的双键碳原子上，卤素或其他原子及基团加在含氢较少的双键碳原子上。当上述反应取向有可能产生几个异构体时，主要生成一个产物的反应称为区域选择性反应（regiospecific reaction）。

2）与硫酸的加成

硫酸与烯烃在冷时（0℃左右）加成形成硫酸氢酯，硫酸氢酯在水存在时加热，水解得醇，此法是烯烃间接水合制备醇的一种方法。在工业上，乙醇、异丙醇及叔丁醇的制备是将相应的烯烃通入不同浓度的硫酸中（若为液态烯烃，则与酸一起搅拌），即得硫酸氢酯的澄清溶液，然后用水稀释、加热，即水解为醇。

$$CH_2{=}CH_2 \xrightarrow{98\%\ H_2SO_4} \underset{\text{硫酸氢乙酯}}{CH_3CH_2OSO_2OH} \xrightarrow[90℃]{H_2O} CH_3CH_2OH$$

$$CH_3CH{=}CH_2 \xrightarrow{80\%\ H_2SO_4} \underset{\text{硫酸氢异丙酯}}{CH_3\overset{OSO_2OH}{\overset{|}{C}}HCH_3} \xrightarrow[\triangle]{H_2O} \underset{\text{异丙醇}}{CH_3\overset{OH}{\overset{|}{C}}HCH_3}$$

$$(CH_3)_2C{=}CH_2 \xrightarrow{60\%\ H_2SO_4} \underset{\text{硫酸氢叔丁酯}}{(CH_3)_3COSO_2OH} \xrightarrow{H_2O} \underset{\text{叔丁醇}}{(CH_3)_3COH}$$

不对称烯烃加成时遵循马氏规则，如上述丙烯和异丁烯的反应。

3）与次卤酸的加成

氯或溴在中性或碱性稀水溶液中可与烯烃发生加成反应。卤素与水作用生成次卤酸，但因氧原子的电负性较强，分子极化成 $HO^{\delta-}—X^{\delta+}$，这里正性基团（亲电试剂）是 $X^{\delta+}$而不是 H^+，与烯烃加成后生成卤代醇。

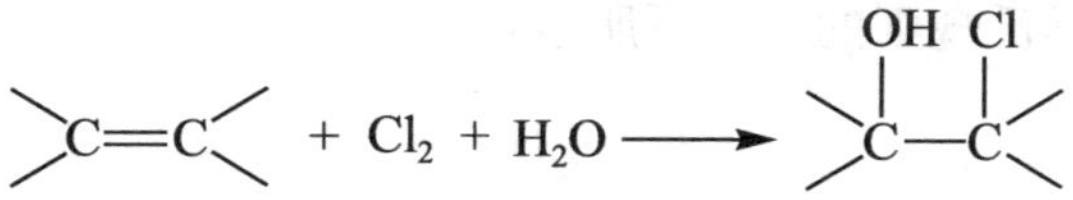

不对称烯烃与卤素及水作用，卤原子主要加到含氢多的双键碳原子上。例如：

$$CH_3CH{=}CH_2 \xrightarrow[H_2O]{Cl_2} CH_3CH(OH)CH_2Cl$$

卤代醇是化工原料，可制造多种重要产品。我国虽利用此法生产环氧化物、甘油等，但这种方法产率低，设备腐蚀严重。

3. 与乙硼烷的加成（硼氢化-氧化反应）

由 B—H 键对烯烃双键进行加成的反应称为硼氢化（hydroboration）反应。

乙硼烷为气体，无色、有毒，在空气中能自燃。由于乙硼烷是一种在空气中能自燃的气体，一般不预先制好，而是将氟化硼的乙醚溶液加到硼氢化钠与烯烃的混合物中，生成的 B_2H_6 即与烯烃发生反应。反应式如下：

$$4BF_3 + 3NaBH_4 \longrightarrow \underset{\text{乙硼烷}}{2B_2H_6} + 3NaBF_4$$

乙硼烷共有 12 个电子，其中 8 个电子形成 4 个 B—H 键，在一个平面上，平面上下有两个三中心两电子键，如下所示：

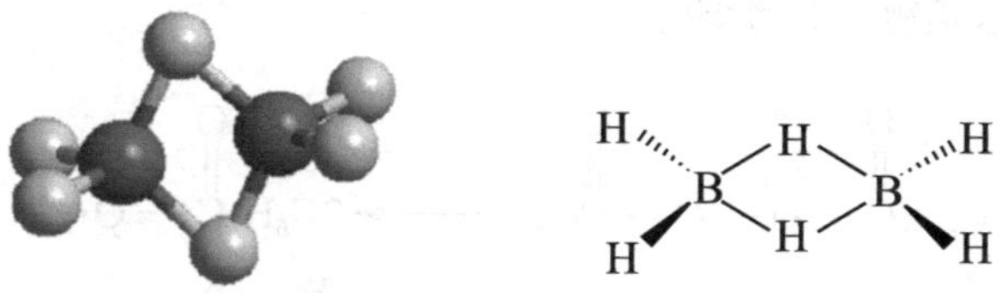

两个硼原子间以“氢桥”连接后形成三中心两电子的缺电子体系。由于硼有空轨道，可接受电子。乙硼烷与不对称烯烃反应时，硼原子作为正性基团（缺电子），加到含氢较多的双键碳原子上，而 H 作为负性基团，加到含氢较少的碳原子上。

这个反应分三步进行，但反应非常迅速，只能分出最终产物三烷基硼烷：

$$2RCH{=}CH_2 \xrightarrow{B_2H_6} \underset{\text{一烷基硼烷}}{2RCH_2CH_2BH_2} \xrightarrow{2RCH{=}CH_2} \underset{\text{二烷基硼烷}}{2(RCH_2CH_2)_2BH}$$

$$\xrightarrow{2RCH{=}CH_2} \underset{\text{三烷基硼烷}}{2(RCH_2CH_2)_3B}$$

若烯烃取代基的空间位阻很大，可以分离得到一烷基硼烷、二烷基硼烷。

三烷基硼烷在碱性溶液中与过氧化氢反应生成醇，这一步与硼氢化步骤合在一起，总称为硼氢化-氧化反应，将烯烃转化为醇。它与烯烃水合不同的是，前者加成的方向是反马氏规则的，而后者是遵守马氏规则的，如下所示：

$$(CH_3)_2C{=}CHCH_3 \xrightarrow{B_2H_6} (CH_3)_2CH\overset{BH_2}{\overset{|}{C}}HCH_3 \xrightarrow{H_2O_2,\ OH^-} (CH_3)_2CH\overset{OH}{\overset{|}{C}}HCH_3$$

$$(CH_3)_2C{=}CHCH_3 \xrightarrow{H_2SO_4} (CH_3)_2\overset{OSO_2OH}{\overset{|}{C}}CH_2CH_3 \xrightarrow{H_2O} (CH_3)_2\overset{OH}{\overset{|}{C}}CH_2CH_3$$

若用末端烯烃（又称为 α-烯烃）硼氢化-氧化，可以得到一级醇：

$$RCH{=}CH_2 \xrightarrow{B_2H_6} (RCH_2CH_2)_3B \xrightarrow{H_2O_2,\ OH^-} RCH_2CH_2OH$$

用此法合成一级醇，产率高。

3.4.2　自由基加成反应

溴化氢在光照或过氧化物的作用下与丙烯反应，生成 1-溴丙烷：

$$CH_3CH{=}CH_2 \xrightarrow[\text{过氧化物}]{HBr} CH_3CH_2CH_2Br$$

产物反马氏加成，是过氧化物使试剂生成自由基引起的，故文献上常称为过氧化物效应。自由基加成是一个链反应。过氧化物实际上是引发剂，用量很少。它经历了链引发、链增长、链终止阶段。

首先过氧化物，如过氧化二苯甲酰，受热分解为苯甲酰氧自由基或苯自由基，促进溴化氢分解为溴自由基，这是链引发阶段。

$$C_6H_5\overset{O}{\overset{\|}{C}}{-}O{-}O{-}\overset{O}{\overset{\|}{C}}C_6H_5 \longrightarrow 2C_6H_5\overset{O}{\overset{\|}{C}}{-}\ddot{\underset{\cdot\cdot}{O}}\cdot$$

$$C_6H_5\overset{O}{\overset{\|}{C}}{-}\ddot{\underset{\cdot\cdot}{O}}\cdot + HBr \longrightarrow C_6H_5COOH + Br\cdot$$

溴自由基与不对称烯烃加成后生成一个新的自由基，这个新自由基与另一分子溴化氢反应而生成产物一卤代烷和一个新的溴自由基，这是链增长阶段。

$$CH_3CH{=}CH_2 + Br\cdot \longrightarrow CH_3CHBrCH_2\cdot \quad (\text{i})$$

$$CH_3CH{=}CH_2 + Br\cdot \longrightarrow CH_3\dot{C}HCH_2Br \quad (\text{ii})$$

$$CH_3\dot{C}HCH_2Br + HBr \longrightarrow CH_3CH_2CH_2Br + Br\cdot \quad (\text{iii})$$

在这个链增长阶段中，溴自由基加成也有两个取向，以生成稳定自由基（ⅱ）为主要取向，因此生成的产物与亲电加成产物不同，即反马氏规则产物。

只有溴化氢与烯烃在过氧化物存在或光照下才生成反马氏规则的产物，HCl 和 HI 都不发生上述自由基加成。氯化氢中的氢氯键比氢溴键强得多，需要较高的活化能才能使氯化氢分解成氯自由基，这就阻碍了链反应的发生，因此氯化氢不能进行自由基加成反应。碘化氢需要的解离能不大，但碘原子与双键加成要求提供较高的活化能，而碘原子较易自相结合成碘。

3.4.3　催化加氢反应

1. 催化加氢

烯烃与氢发生加成反应生成烷烃，并放出一定的热。但是烯烃与氢的加成反应很难进行，需要很高的活化能。使用催化剂可以降低活化能，使反应容易进行，适用于氢化的催化剂有铂、钯、铑、钌、镍，这些分散的金属态的催化剂均不溶于有机溶剂，一般称为异相催化剂。现在发展了一些可溶于有机溶剂中的催化剂，称为均相催化剂，如氯化铑与三苯基膦的络合物$[(C_6H_5)_3P]_3RhCl$，称为威尔金森（Wilkinson）催化剂。这种催化剂除能溶于有机溶剂外，还可避免前者使烯烃重排分解的缺点。

除镍外，工业上常用的氢化催化剂还有铁、铬、钴、铜，这些金属活性较低，需要在高温、高压的强烈条件下使用，其中铜铬催化剂$[CuO\cdot CuCrO_4]$是一种较便宜的氢化催化剂，但需在 30 MPa 高压下使用。

实验室常用的异相催化剂有氧化铂、氧化钯、兰尼（Raney）镍，催化活性为 Pt>Pd>Ni，前两者在反应器中由氢还原为极细的铂、钯粉直接使用，可在常压至 0.4 MPa、0～100℃的条件下使用，在制备时可加入活性炭或 $CaCO_3$、$BaSO_4$、Al_2O_3 等作为载体，有不同用途。兰尼镍的制法是将镍铝合金与 NaOH 一起加热处理：

$$\text{镍铝合金} \xrightarrow{NaOH} Ni + NaAlO_2 + H_2$$

反应后，将 $NaAlO_2$ 用水洗去，然后泡在无水乙醇中保存待用，此时镍表面上吸附氢很活泼，可在室温或加热、常压或加压下，用镍上吸附的氢或在通氢气情况下进行反应。一般认为烯烃加氢反应是在催化剂表面进行的。当烯烃和氢气被吸附在分散很细的金属的巨大表面时，氢分子的 H—H 键削弱，氢几乎以原子状态吸附在催化剂表面，同时烯烃中的 π 键也被削弱，从而大大降低了氢化反应所需要的活化能。氢原子与烯烃双键的碳原子结合生成烷烃，氢是在烯烃被吸附的一侧加成，即顺式加成。由于催化剂表面对烷烃的吸附能力小于烯烃，烷烃一旦生成，便立即从催化剂表面解吸出来，如下所示：

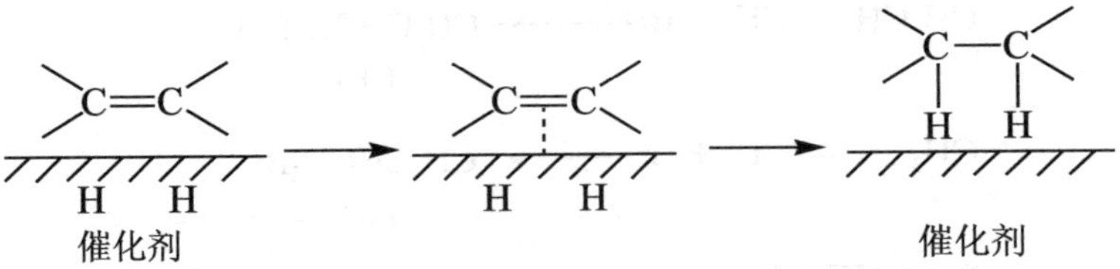

2. 氢化热

烯烃催化氢化反应是放热反应，每催化氢化一个双键约放出 125.5 kJ · mol^{-1} 能量，称为氢化热。一般情况下，分子的氢化热越小，分子热力学能越低，分子越稳定。因此，可以通过测定不同烯烃的氢化热，比较烯烃的稳定性。例如，丁-2-烯的催化氢化反应如下：

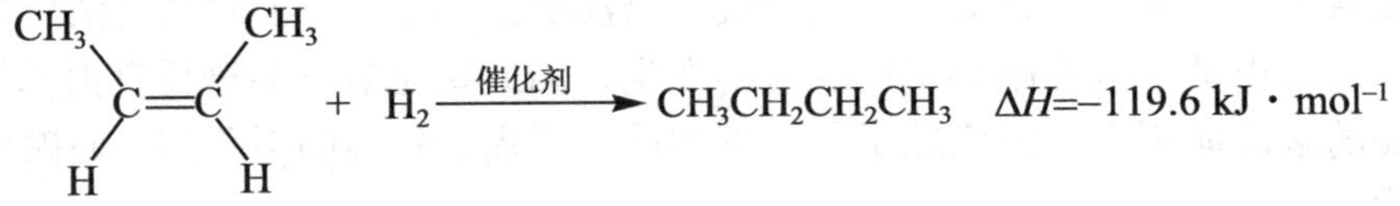

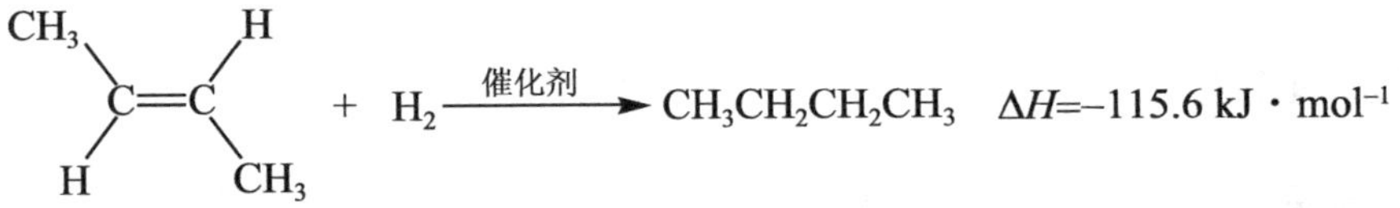

反丁-2-烯比顺丁-2-烯少放出 4.0 kJ · mol^{-1} 能量，放出的氢化热越少，意味着热力学能越低，分子越稳定，因此反丁-2-烯更稳定。

通常烯烃上的取代基越大、取代基数目越多，烯烃越不容易被吸附在催化剂的表面，加氢反应也就越不容易进行。因此，加氢反应速率一般为

$$R_2C{=}CR_2 < R_2C{=}CHR < RCH{=}CHR < RCH{=}CH_2 < CH_2{=}CH_2$$

即连接在双键碳原子上的烷基数目越多的烯烃越稳定。这样，就可以在含有不同取代基的烯烃混合物中进行有选择的氢化。

3.4.4 氧化反应

1. 烯烃与高锰酸钾、四氧化锇反应

将高锰酸钾稀溶液滴加到烯烃中，高锰酸钾溶液的紫色褪去，这是鉴定烯烃的方法。反应产物与反应条件有关，如果在低温（约 5℃）反应，则得到顺式加成的邻二醇，以环己烯为例说明。

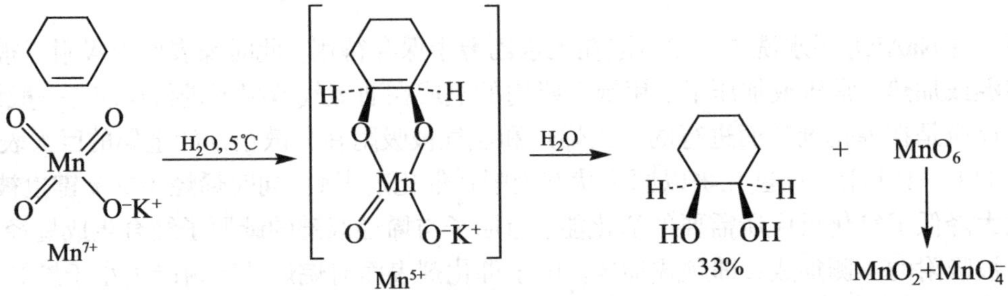

顺环己-1,2-二醇

该反应可制备顺-1,2-二醇,但由于生成的二元醇可以进一步被氧化,反应条件不易控制,产率低。如果用 OsO_4 代替高锰酸钾，产率提高，生成顺式产物。但 OsO_4 价格高且有毒。

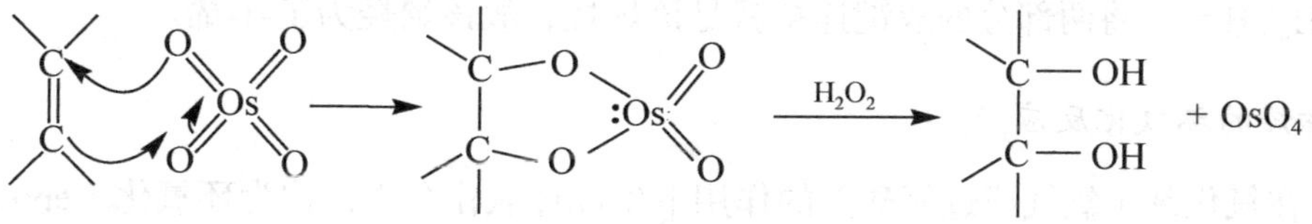

如果在酸性溶液中氧化，反应进行得更快，得到碳链断裂的氧化产物。氧化后 $CH_2{=}$ 变成 CO_2，$RCH{=}$ 变成羧酸（RCOOH），$R_2C{=}$ 变成酮（$R_2C{=}O$）。例如：

$$CH_3CH_2CH{=}CH_2 \xrightarrow[H^+]{KMnO_4} CH_3CH_2COOH + CO_2 + H_2O$$

可通过反应产物的结构推导原烯烃的结构，即把产物酸、酮的氧去掉，剩余部分以双键的形式相接，则得原烯烃的结构。例如：

$$? \xrightarrow{KMnO_4} CH_3\overset{O}{\overset{\|}{C}}CH_3 + CH_3CH_2COOH$$

则反应物烯烃为

$$CH_3\overset{CH_3}{\overset{|}{C}}{=}CHCH_2CH_3$$

2. 烯烃的臭氧化反应

烯烃在惰性溶剂（如 CCl_4）中、低温下通入臭氧，可发生加成反应，生成臭氧化物（ozonide），该反应称为臭氧化（ozonolysis）反应。臭氧化合物具有爆炸性，因此反应过程中不必将其从溶液中分离出来，可以直接在溶液中水解，生成醛、酮和过氧化氢。由于过氧化氢是氧化剂，为了防止醛、酮被进一步氧化，通常加入还原剂（如 Zn/H_2O），得到的水解产物是醛或酮。也可用 Pd/C 处理，使 H_2O_2 还原为 H_2，同时得到醛或酮。如果用氢化铝锂（$LiAlH_4$）或硼氢化钠（$NaBH_4$）还原可得到醇。

由于双键的臭氧化可以定量地进行，选择性又强，故臭氧化反应常用来研究烯烃的结构。根据臭氧化物的还原水解产物，可以反推烯烃的双键位置。

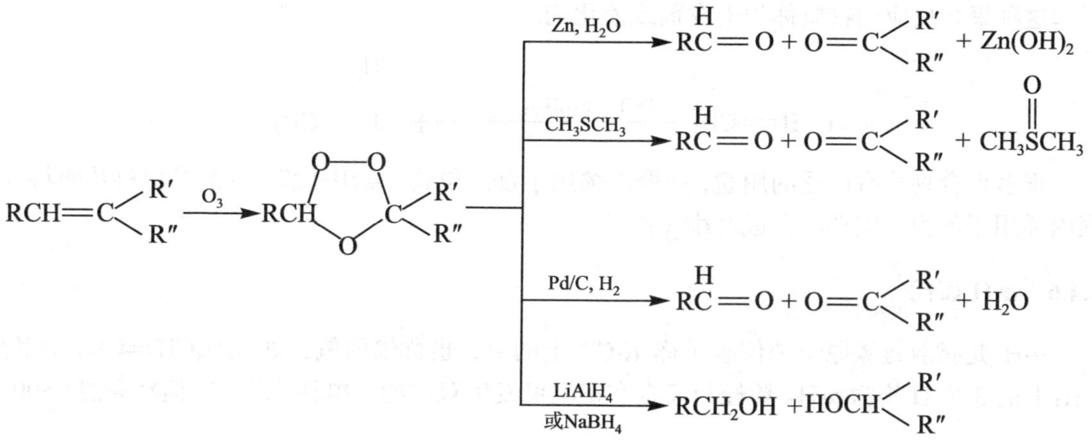

例如，某烯烃经臭氧化还原水解的产物为甲醛和丙醛，试推测该烯烃的结构。

还原水解产物之一为甲醛，说明烯烃分子中有 CH_2═，另一种为丙醛，说明烯烃分子中有 CH_3CH_2CH═，将两部分的双键连接就是该烯烃，故该烯烃为丁-1-烯。

3. 烯烃的环氧化反应

烯烃在氧化剂（氧气或过氧酸）的作用下生成环氧化合物，称为环氧化（epoxidation）反应。例如：

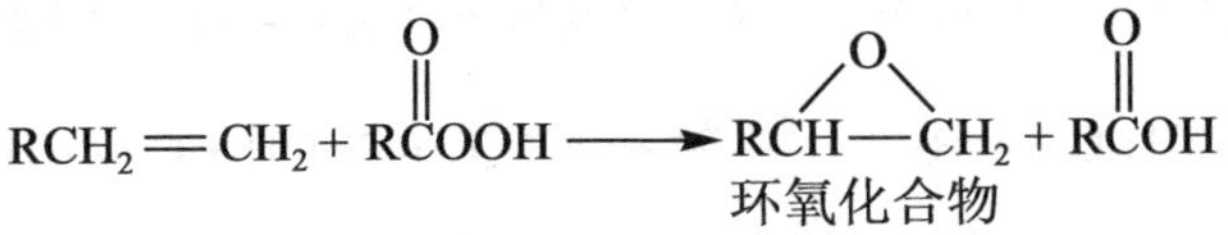

环氧化合物

环氧化合物中最重要的化合物是环氧乙烷，是乙烯在银催化下被空气中的氧气直接氧化为环氧乙烷，这是工业上生产环氧乙烷的方法。环氧乙烷用于制备乙二醇、合成洗涤剂、乳化剂及塑料等。

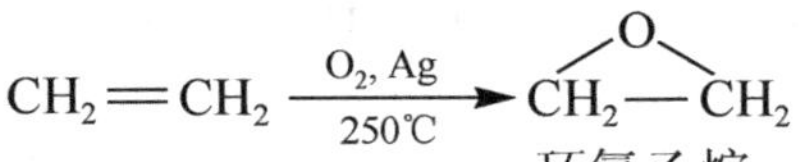

环氧乙烷

实验室中常用有机过氧酸作为环氧化试剂，如过氧乙酸（CH_3CO_3H）、过氧苯甲酸（$C_6H_5CO_3H$）、三氟过氧乙酸（F_3CCO_3H）等。

3.4.5　聚合反应

聚合（polymerization）反应是烯烃的一种重要反应。在催化剂或引发剂的作用下，将烯烃双键打开，并按一定方式将相当数量的烯烃分子连接成一个长链形大分子，反应式如下：

$$n\mathrm{RCH{=}CH_2} \longrightarrow \mathrm{-\!\!\left[\!-\underset{}{\overset{R}{\overset{|}{C}}}H-CH_2-\right]_{n}\!\!-}$$

生成的产物称为聚合物（polymer），反应中的烯烃分子称为单体（monomer）。现代有机合成工业中常用的重要单体有乙烯、丙烯、异丁烯、氯乙烯、苯乙烯、乙酸乙烯酯、丙烯腈等。引起这种聚合反应的物质称为引发剂或催化剂。

$$n\mathrm{CH_3CH{=}CH_2} \xrightarrow{\mathrm{TiCl_4\text{-}Al(C_2H_5)_3}} \mathrm{-\!\!\left[\!-\overset{CH_3}{\overset{|}{C}}H-CH_2-\right]_{n}\!\!-}$$

很多聚合物均有广泛的用途，如聚乙烯用于食品包装、食用薄膜、电绝缘材料及塑料等；聚丙烯用于薄膜、塑料、合成纤维（丙纶）等。

3.4.6　*α*-H 卤代

α-H 是指双键碳原子邻位碳（称 *α*-C）上的氢，也称烯丙氢，如 CH_3CH═CH_2 中甲基 CH_3 上的 3 个 H 均为 *α*-H。烯烃与卤素在室温可发生双键的亲电加成反应，但在高温（500～

600℃）下，则在双键的 α 位发生自由基取代反应。

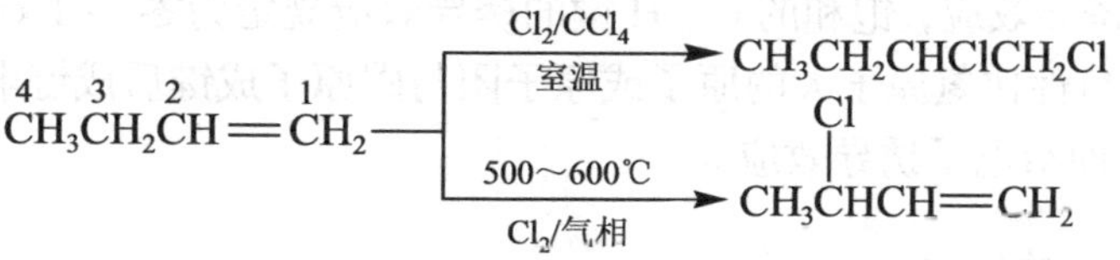

为什么烯烃在低温下与 Cl_2/CCl_4 发生亲电加成反应，而在高温下却发生卤代反应？原因是当低于 250℃时，外界提供的能量不足以使 C—H 键发生均裂，因此反应的主要方向是 π 键的异裂，即发生亲电加成反应；但是随着反应温度的升高，外界提供的能量足以使 C—H 键发生均裂，取代反应逐渐增加，当加热到 500～600℃时，生成 α-卤代产物。由此可见，反应条件的变化足以引起反应历程的变化。

丁-1-烯分子中有三种氢，第一种是与不饱和双键碳直接相连的氢，称为乙烯氢，即 C_1 和 C_2 上的氢；第二种是不饱和双键邻位碳原子上的 α-H，即 C_3 上的氢；第三种是伯氢，即 C_4 上的氢。

为什么烯烃的高温卤代反应主要发生在 α-H 上？因为 C—H 键解离能的大小顺序为 $C_3 < C_4 < C_1, C_2$。

乙烯氢的解离能之所以大，是因为结合这个 H 的碳原子采取 sp^2 杂化。一般来说，s 轨道和 p 轨道杂化时，s 轨道成分比例越大，键长越短，则键的解离能越大。

如果希望在实验室内较低的温度下进行烯烃的 α-H 卤代反应，常用的试剂是溴代试剂 *N*-溴代丁二酰亚胺（*N*-bromosuccinimide），简称 NBS，结构式如下：

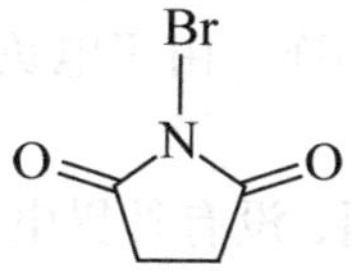

3.5　烯烃的亲电加成反应历程

扫一扫　3-3　烯烃的亲电加成反应

3.5.1　诱导效应

1. 诱导效应的定义

诱导效应（induction effect）是指在有机化合物中，由于电负性不同的取代基的影响，整个分子中成键电子云按取代基团的电负性所决定的方向发生偏移。

例如，$CH_3CH_2CH_2CH_2CH_2Cl$，由极性键（C—Cl）形成的电场，使第二个碳原子也带有部分正电荷（δδ+），第三个碳原子带有更少的正电荷（δδδ+）。

$$CH_3 \rightarrow CH_2 \rightarrow CH_2 \rightarrow CH_2 \rightarrow CH_2 \rightarrow Cl$$

这种影响的特征是沿着碳链传递，诱导效应是一种短程的电子效应，随着链的增长而迅速减弱或消失。经过三个原子以后，影响就极弱了，超过五个原子便没有了。

一般用 I 表示诱导效应，饱和的 C—H 键的诱导效应规定为零。–I 效应即吸电子诱导效应，表示当一个电负性比氢原子大的原子或原子团与碳原子成键后成键电子云偏离碳原子；反之就是+I 效应，即给电子诱导效应。

2. 影响诱导效应的因素

具有–I 效应的原子或原子团的相对强度与其电负性有关，电负性大的基团，其–I 效应的强度相应也大，如卤素（—X）、硝基（$—NO_2$）、烷氧基（—OR）、羧基（—COOH）等。

就–I 效应而言，各种基团的大小情况如下：

（1）同主族随原子序数增大，–I 效应减小，如—F＞—Cl＞—Br＞—I。

（2）同周期随原子序数增大，–I 效应增大，如—F＞—OH＞$—NH_2$＞$—CH_3$。

（3）对不同杂化状态的碳原子来说，s 成分越多，原子核对成键电子云的束缚力就越大，吸电子能力越强，–I 效应越大，如

$$—C{\equiv}CH > —CH{=}CH_2 > —CH_2CH_3$$

具有+I 效应的原子团主要是烷基，其相对强度如下：

$$—C(CH_3)_3 > —CH(CH_3)_2 > —CH_2CH_3 > —CH_3$$

烷基只有与不饱和碳相连时才呈现+I 效应，并且烷基间的+I 效应差别较小，烷基的诱导效应的方向取决于烷基与什么样的原子或原子团相连，即当与电负性比烷基大的原子或原子团相连时，则为给电子诱导效应。

例如，丙烯分子中的甲基与 π 键相连，由于电负性 $C(sp^3)<C(sp^2)$，因此甲基具有+I 效应，使 π 键电子云发生偏移。

诱导效应是一种分子内的静电作用，没有外界电场的影响也存在，它与键的极性密切相关，是一种永久性的效应，称为静态诱导效应。但在化学反应中，分子的反应中心如果受到极性试剂（外界电场）的进攻，则成键电子云分布将受试剂电场的影响而发生变化。这种改变与外界电场强度及键的极化能力有关。分子在试剂电场影响下所发生的诱导极化是一种暂时现象，只有在发生化学反应的瞬间才表现出来，这种诱导效应称为动态诱导效应。

诱导效应影响有机化合物的物理特征和化学反应，这将在后面的章节中学习。

3.5.2 反应历程

1. 烯烃与溴加成——溴鎓离子中间体历程

将干燥的乙烯通入溴的无水四氯化碳溶液（置于玻璃容器）中不易发生反应，若置于涂有石蜡的玻璃容器中更难反应，但当加入极少量的水时，就发生反应使溴的颜色褪去。这说明溴与乙烯的加成反应受极性物质［如水、玻璃（弱碱性）］的影响，实际上就是乙烯双键受极性物质的诱导，使 π 电子云发生极化，一个双键碳原子带微正电荷（$\delta+$）。

同样，Br_2 接近双键时，在 π 电子的影响下也发生极化：$Br^{\delta+}—Br^{\delta-}$，极化的溴和乙烯分子又是如何进行反应的？实验证明，若将乙烯通入溴水及氯化钠溶液中，所得产物是 1, 2-二溴乙烷、1-溴-2-氯乙烷和 2-溴乙醇的混合物，没有 1, 2-二氯乙烷。

这个事实说明乙烯与溴加成时，两个溴原子不是同时加到双键上，而是分两步进行。若是一步进行的话，则两个溴原子应同时一步加到双键上去，那么 Cl^- 和 OH^- 就不可能加上去，产物应仅为 1, 2-二溴乙烷，而不可能有 1-溴-2-氯乙烷和 2-溴乙醇。

既然反应分两步进行，那么首先进攻烯烃双键的是正离子还是负离子？实验发现，烯烃与氯化钠水溶液不反应，说明 Cl^- 不可能参加第一步反应，因此首先进攻烯烃双键的很可能是正离子。

从理论上来说，由于带微正电荷的溴原子比带微负电荷的溴原子更不稳定，因此带微正电荷的溴原子（$Br^{\delta+}$）首先向带微负电荷的碳原子（$C^{\delta-}$）进攻，形成环状溴正离子，称为溴鎓离子中间体，这一步是决定反应速率的一步。溴负离子从反面进攻溴鎓离子（空间位阻小），生成二溴乙烷。由于两个溴原子分别从 π 键的两侧加成，因此称为反式加成，如下所示：

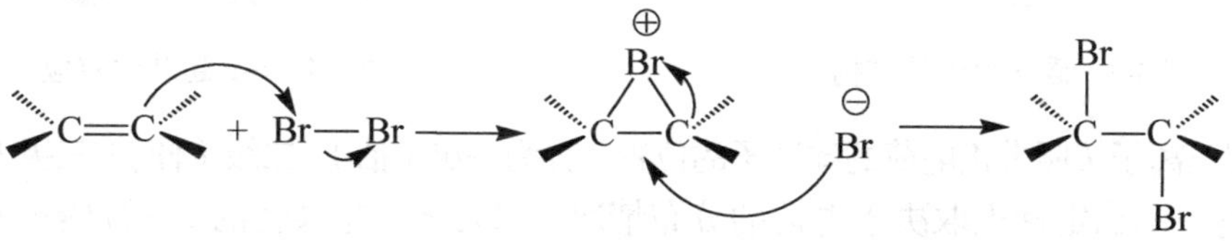

在含氯化钠的溴水中，除 Br^- 外还有 Cl^- 和 OH^-，均可与溴鎓离子反应，故生成 1-溴-2-氯乙烷和 2-溴乙醇就顺理成章了。

2. 烯烃与酸加成——碳正离子中间体历程

烯烃与各种酸的加成也分为两步，决定反应速率的第一步是 H^+ 加到烯烃双键上，生成碳正离子（carbocation），该碳正离子不稳定，立即加上带负电荷的试剂完成第二步反应。

$$CH_2{=}CH_2 + HBr \underset{}{\overset{慢}{\rightleftharpoons}} \overset{+}{C}H_2CH_3 \xrightarrow{快} CH_2BrCH_3$$

与溴化反应不同的是，第一步没有生成环状正离子，因而第二步 X^- 既可以从反面进攻，又可以从正面进攻。

丙烯与 HCl 发生亲电加成反应会生成以下两种碳正离子：

$$CH_3CH{=}CH_2 + HCl \longrightarrow CH_3\overset{+}{C}HCH_3 \quad (\text{i})$$

$$CH_3CH{=}CH_2 + HCl \longrightarrow CH_3CH_2\overset{+}{C}H_2 \quad (\text{ii})$$

根据马氏规则，（ⅰ）稳定，即 H 加到含 H 多的双键碳上，为什么？

1）从诱导效应来解释

丙烯中甲基的给电子诱导效应（+I）使双键含氢原子较少的碳原子带微正电荷（δ+），双键含氢原子较多的碳原子则带微负电荷（δ–）。加成时，酸的 H^+ 首先加到带微负电荷的双键碳原子上，生成碳正离子（ⅰ），然后酸的 Cl^- 才加到含氢原子较少的碳原子上，实际上是加到碳正离子上，得到产物 $CH_3CHClCH_3$。

2）从活泼中间体碳正离子的稳定性来解释

丙烯与氯化氢加成，生成碳正离子是反应的速控步。一个带电体系的稳定性取决于所带电荷的分布情况，电荷越分散，体系越稳定。因此，加成的方向取决于这两个碳正离子的相对稳定程度，稳定的碳正离子在反应中较易形成。

碳正离子是活泼中间体，其中心碳原子以 sp^2 杂化轨道与三个原子或基团结合，形成的三个 σ 键与中心碳原子共平面，还有一个空的 2p 轨道垂直于这个平面（图 3-3）。

与碳正离子相连的烷基的 C—H σ 键可以与此空 2p 轨道有一定程度的相互交盖。碳正离子有空轨道，空轨道具有接受电子的能力，这就使相连烷基的 C—H σ 键的电子可以离域到空的 2p 轨道上。碳正离子中心碳原子的正电荷得到分散，体系趋于稳定，这种离域作用称为 σ-p 超共轭效应，如图 3-4 所示。

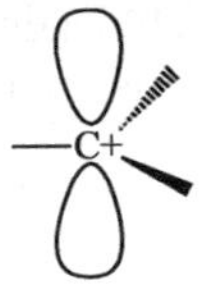

图 3-3　碳正离子的结构

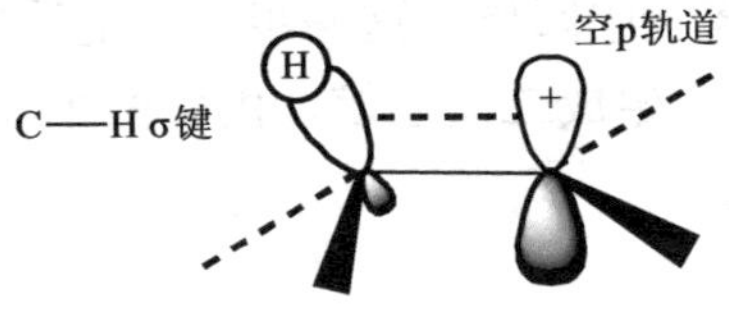

图 3-4　σ-p 超共轭效应

烷基碳正离子按照带正电荷的碳原子的位置，分为一级（伯）、二级（仲）、三级（叔）三类。

碳正离子的稳定性也取决于电荷的分布情况。参加 σ-p 超共轭的 C—H 键的数目越多，则正电荷越容易分散，碳正离子也就越稳定，越容易生成。在叔丁基碳正离子中，具有 σ-p 超共轭效应的 C—H 键有 9 个，在异丙基碳正离子中有 6 个，在乙基碳正离子中有 3 个，在甲基碳正离子中为零。不难看出，带正电荷的碳原子上所连烷基越多，正电荷越分散，因而也越稳定。因此，碳正离子的相对稳定性为

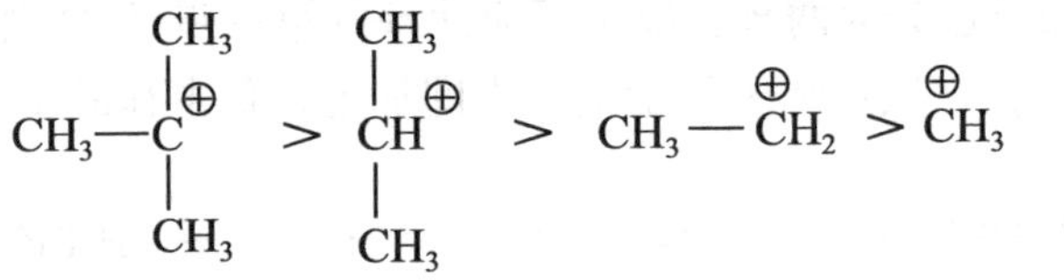

9个C—H　6个C—H　3个C—H　没有C—H

由此可见，丙烯与氯化氢加成，先生成较稳定的异丙基碳正离子（ⅰ），进而生成 2-氯丙烷，即符合马氏规则。

3）从过渡态来解释

从碳正离子的稳定性讨论反应的难易也只是从中间体的能量高低来考虑，而更确切地说，应该从形成不同碳正离子的过渡态所需要的活化能来解释反应的相对速率，因为反应速率是由活化能大小决定的。应进一步比较形成上述仲碳正离子和伯碳正离子的过渡态的稳定性。

考虑丙烯与氯化氢的加成反应的过渡态结构时，从下面的反应式可以看出在反应物中，正电荷全部集中在 H^+ 上；在中间体中，正电荷在碳原子上；而在过渡态中，C—H 键是部分地形成而 π 键是部分地断裂，结果是正电荷分散于氢和碳之间（用 δ+表示）。丙烯和氢离子加成可以形成两种不同的过渡态：

在过渡态（ⅰ）中，甲基在这里表现为供电性，分散了碳上的部分正电荷（δ+），从而稳定了过渡态。而在过渡态（ⅱ）中，碳上的部分正电荷得不到分散，因此不如过渡态（ⅰ）稳定。因为过渡态（ⅰ）比较稳定，反应所需活化能相对较低，形成速率快，所以丙烯与卤化氢的加成产物以 2-卤丙烷为主。图 3-5 列出了丙烯和氢离子形成两种过

渡态的势能曲线。

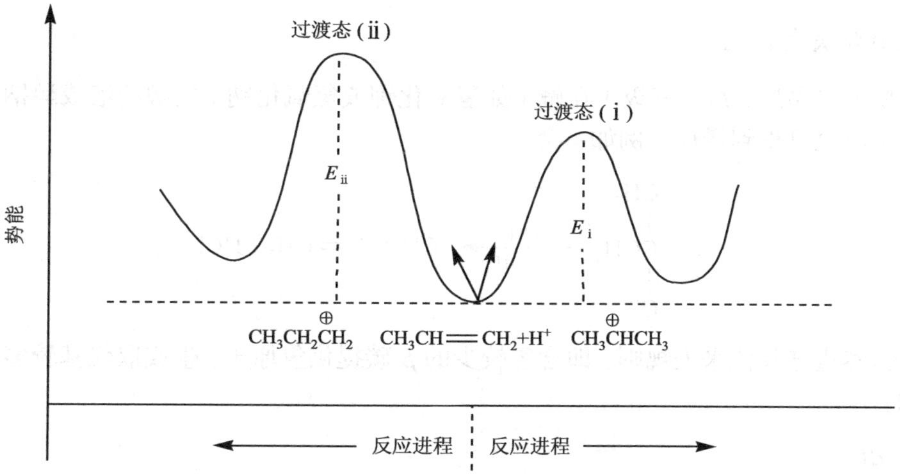

图3-5 丙烯和氢离子形成两种过渡态的势能曲线

3.6 烯烃的制备

3.6.1 烯烃的实验室制法

1. 醇失水

实验室中常用醇和酸（硫酸、磷酸等）一起加热，醇分子中的羟基与 β-H（连有—OH 的碳原子为 α-C，与 α-C 相连的碳原子为 β-C，β-C 上的 H 为 β-H）一起消除生成烯烃，这类反应称为 β-消除反应。这是最早的合成 C═C 键的方法。例如：

$$CH_3CH_2OH \xrightarrow[170℃]{98\%\ H_2SO_4} CH_2=CH_2 + H_2O$$

$$CH_3\underset{}{\overset{OH}{\overset{|}{C}}}HCH_2CH_2CH_3 \xrightarrow[95℃]{62\%\ H_2SO_4} CH_3CH_2CH=CHCH_3 + \underset{少量}{CH_3CH_2CH_2CH=CH_2} + H_2O$$

$$CH_3CH_2\underset{\underset{OH}{|}}{\overset{\overset{CH_3}{|}}{C}}CH_3 \xrightarrow[90℃]{48\%\ H_2SO_4} (CH_3)_2C=CHCH_3 + \underset{少量}{CH_3CH_2\overset{\overset{CH_3}{|}}{C}=CH_2} + H_2O$$

如果化合物有多个 β-碳原子，那么消除哪一个 β-C 上的氢？

札依采夫（Zaitsev）规则是含氢较少的 β-C 提供氢原子。因为这样可以形成双键碳上取代基较多的稳定烯烃。

副反应：醇失水可以生成烯，也可以失水生成醚，与反应条件有关。例如，乙醇在酸催化下，170℃时主要生成烯，140℃时主要生成醚，因此需要注意反应条件。

$$C_2H_5OC_2H_5 \xleftarrow[140℃]{H^+} C_2H_5OH \xrightarrow[170℃]{H^+} CH_2{=}CH_2$$

2. 卤代烷失卤化氢

卤代烷（主要是二级、三级）在碱（如氢氧化钾或氢氧化钠）的醇溶液或醇钠、氨基钠等作用下反应也可得到烯烃。例如：

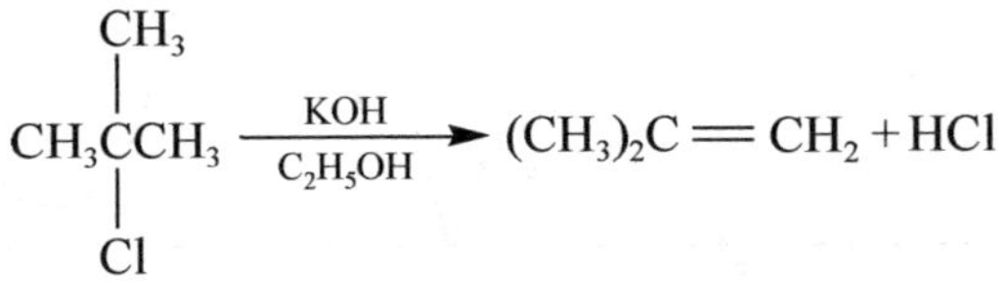

反应依然遵守札依采夫规则，即含氢较少的 β-碳提供氢原子，生成取代基较多的稳定烯烃。例如：

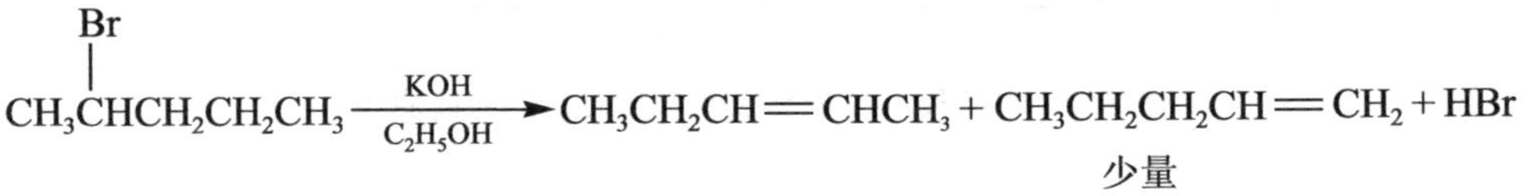

3. 邻二卤代烷失卤素

邻二卤代烷在金属锌或镁作用下，可失去卤原子生成烯烃，反应式如下：

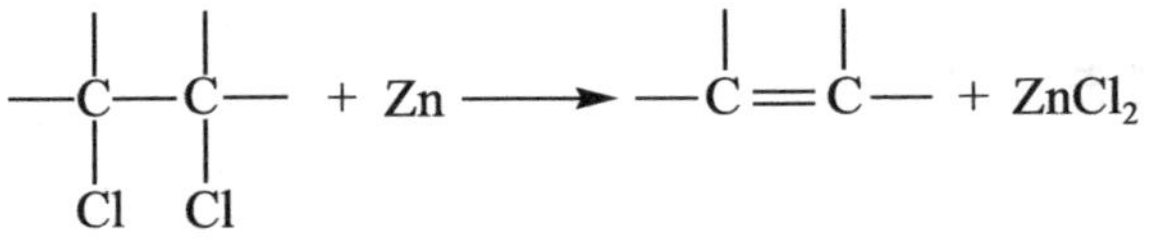

$$CH_3CHBrCHBrCH_3 \xrightarrow{Zn} CH_3CH{=}CHCH_3$$

由于邻二卤代物都是烯烃加卤素制得的，因此该反应的合成意义不大。不过，用碘化物和邻二卤代烷作用，可较容易地消除卤原子而生成烯，如果需要保护碳碳双键或提纯烯烃，即可先用溴加成，生成邻二溴代物，待反应后将产物与碘化物反应，使碳碳双键重新出现。这种对某些官能团进行保护的反应在有机合成中是很重要的。因此，对一个反应如何灵活应用是学习中常需考虑的问题。

3.6.2　烯烃的工业制法

低级烯烃都是化学工业的重要原料，过去它们主要从石油炼制过程中分离得到。随着石油化工的迅速发展，现在低级烯烃主要是通过石油的各种馏分裂解和原油直接裂解获得。

1. 石油的组成

原油是黏稠的油状液体，有臭味，通常为棕褐色或暗绿色。石油的组成很复杂且极不一致，随着产地不同而异，就是在同一油区，由于油井位置的不同，所采油层的不同，其性质和组成也有所差别。

石油的基本成分是烃类，还含有非烃类和高分子化合物。烃类中含烷烃、环烷烃、芳香烃等，这些是石油加工利用的主要对象。非烃类部分主要是烃的含氧、氮或硫的衍生物，其中含硫化合物对石油的加工过程和产品的质量都会造成不良的影响。

关于石油的分类，一般是以化学组成作为分类的基础。根据 250℃以下馏分和渣油的组成，可将石油分为下列三类：含烷烃为主的石油，蒸馏后渣油的主要成分为石蜡，称为石蜡基或烷烃基石油；含环烷烃特别多的石油，蒸馏后渣油的主要成分为土沥青，称为沥青基石油；渣油中兼有石蜡和沥青的称为混合基石油。

2. 石油的炼制

从油田开采出来的石油俗称原油，一般不能直接使用，根据生产需要把原油进行加工，才能得到各种产品。炼制石油的主要工艺流程如下。

1）石油的一次加工

将原油用蒸馏的方法分离成轻重不同馏分的过程常称为原油常、减压蒸馏。首先通过预处理脱除原油中的水和盐，然后在常压下蒸馏出汽油、煤油（或喷气燃料）、柴油等轻质馏分油（相对分子质量较小的烷烃和烯烃，沸点＜350℃），蒸馏塔底残余为常压渣油（重油）。常压渣油在常压下如超过 300℃，会导致高沸点烃分解，影响润滑油的质量，而且还会出现结焦，损坏设备。故要再通过减压蒸馏，得到重质馏分油（相对分子质量较大的烃，沸点 370～540℃）作为润滑油料、裂化原料，塔底残余为减压渣油。原油各馏分的直接用途见表 3-2。

表 3-2 原油各馏分的直接用途

馏分沸点范围	馏分名称	主要用途	烃中的碳原子
低于 20℃	液化石油气	常用来制作塑料或作为燃料	C_1～C_4
20～200℃	汽油	常用作机动车油、溶剂	C_5～C_{12}
175～275℃	煤油	常用作柴油发动机的燃料	C_{12}～C_{16}
250～400℃	柴油	常用作柴油发动机的燃料	C_{15}～C_{16}
20～200℃	润滑油	常用作润滑剂	C_{16}～C_{18}
高于 350℃	石蜡	常用作各种化工原料	C_{20} 以上
高于 350℃	沥青	主要用于铺路	

2）石油的二次加工

石油经过蒸馏后，只能得到 20%～40%的轻质馏分油。为了从石油中获取更多的轻质油，提高油品质量、增加产品的品种，需要对石油进行二次加工，即将重质馏分油和渣油在高温或催化剂的作用下裂化生产裂化气和轻质油。热裂化是在 500℃以上高温下进行的，但产品质量不太好。而催化裂化是采用氧化铝、氧化硅作为催化剂，反应温度较低（400～500℃）。催化剂促进了裂化、异构化和芳构化反应，生成带有支链的烷烃、烯烃和芳香烃等，提高了汽油的产量和质量（汽油产率可达 60%左右）。

近年来研制开发了各种分子筛催化剂，具有高得多的活性和选择性，有力地推动了催化裂化技术的发展。加氢裂化是在加热、高压和催化剂存在下，重质油发生裂化，使轻质油产率更高、质量更好。

石油二次加工还包括重整和石油产品的精制。重整很重要，相关内容将在芳香烃部分介绍。

3）石油的三次加工

石油的三次加工是指以石油炼制的副产物气体烃（炼厂气）为原料，通过石油烃烷基化、异构化和烯烃叠合等过程制取油品组分（如高辛烷值的汽油组分等）和石油化工原料。

3. 石油化工

石油化工是以石油或天然气为原料生产基本有机化工原料和无机化工原料。以石油为原料，经过加工后得到三烯、三苯、一炔、一萘（乙烯、丙烯、丁二烯、苯、甲苯、二甲苯、乙炔和萘）八种最基本的有机原料（石油化工一级产品）。这些最基本的有机原料经过一系列加工，可制得乙醇、丙酮、苯酚等化工原料（石油化工二级产品），再将这些化工原料合成各种产品，如三大合成材料等（石油化工三级产品）。因此，石油化工已成为现代有机合成工业的基础。

1）石油的裂解

石油炼制的目的是获得多种石油产品，主要是解决能源问题，特别是提高汽油的质量，同时获得基本有机合成的原料。例如，从炼厂气或裂化气中获得了三烯，从裂解焦油和重整油中获得了三苯等。而石油裂解的主要目的不再是提高汽油的产量和质量，而是获得化工原料。炼厂气或裂化气中除三烯外还有不少烷烃（C_1～C_5），石油炼制过程中还有一些不合用的如低辛烷值的汽油或石脑油，以及在某一阶段某一种过剩的产品。无论哪种石油产品，气态的或液态的，都可以用作裂解原料，在700～900℃甚至1000℃以上的高温下裂解，长链烷烃碳碳键和部分碳氢键断裂，生成各种不饱和烃的混合物，根据控制条件不同，裂解产物主要是烯烃，其次是芳香烃和炔烃。

20世纪50年代开始，烃类裂解已成为制取乙烯最主要的方法，目前世界上大型乙烯生产装置都是建立在烃类裂解技术的基础上。有关乙烯生产技术开发研究的主要目标是如何扩大裂解原料（如采用价格较低的重质烃原料），以及获得最大的乙烯产率和付出最少的能量。自从烃类裂解制乙烯的大型工业装置诞生后，石油化工即从依附于石油炼制工业的从属地位上升为独立的新兴工业，并迅速在化学工业中占据主导地位。

2）裂解气的分离

裂解产品很复杂，如果不进行分离，很难直接加以利用，特别是生产高分子化合物要求纯度很高，不分离是不行的。

以生产烯烃为目的的裂解方法产生的裂解气主要含有氢气、甲烷（简称甲烷-氢），乙烯、乙烷和少量乙炔（C_2馏分），丙烯、丙烷（C_3馏分），丁烯、丁二烯、丁烷（C_4馏分），以及少量的戊烯类、戊烷（C_5馏分）。此外，还含有少量硫化物气体和少量水蒸气。以生产炔烃为目的的裂解方法产生的裂解气，其成分和上面提到的大致相同，只是含量差别较大，乙炔含量增多，C_3、C_4、C_5馏分减少。如果采用部分氧化法，则还含有一氧化碳和二氧化碳。

裂解产品的分离方法主要是裂解气深冷分离。其原理是在加压（3～4 MPa）和–100℃低温下（用液态乙烯作冷冻剂），使裂解气中的烃大部分液化，然后利用各种烃的沸点不同，将它们逐一分开。裂解气中C_5馏分的沸点最高，在3～4 MPa下首先液化分离出来；氢和甲烷的沸点最低，在–100℃下也不液化，而C_2、C_3及C_4在此温度下则液化。氢和甲烷与C_2、C_3及C_4组分的沸点差别较大，通过精馏就可将它们逐一分开，得到纯度为99.5%以上的乙烯。

4. 环境友好的石油产品

环境和能源是关系到我国21世纪可持续发展的重要战略问题。众所周知，造成大气污染的一个重要因素是交通燃料——汽油和柴油的质量。为了保护生态环境和人体健康，需要不断开发、生产和使用高质量的汽油、柴油及润滑油等“环境友好产品”。我国已规定2000年1月1日起停止生产、销售和使用车用含铅汽油，新配方汽油要求限制汽油的蒸气压、芳香烃和烯烃的含量，还要求在汽油中加入含氧化合物，如甲基叔丁基醚等，以减少由汽车尾气中的一氧化碳、氮氧化合物及烃类等引发的臭氧和光化学烟雾对空气的污染。柴油是另一种重要的石油炼制产品，对环境友好的柴油，要求硫和芳香烃含量低。对环境友好的石油产品的质量要求推动了石油炼制技术的绿色化，目前我国正积极开发汽油选择性加氢脱硫、加氢脱硫异构化、柴油深度脱硫脱芳等清洁燃料生产技术，成功开发了用于生产清洁燃料的催化剂、助剂和渣油清净剂等。

扫一扫 3-4 烯烃拓展阅读材料

习 题

1. 用系统命名法命名下列化合物，对顺反异构体用 Z、E 命名。

（1）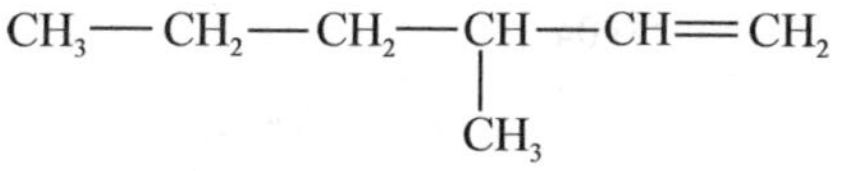

（2）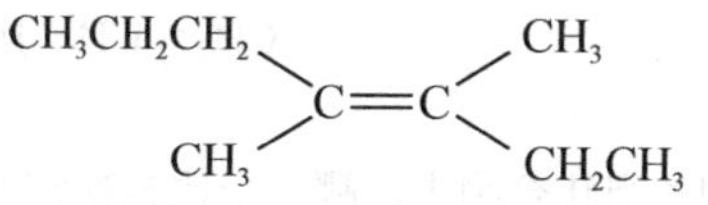

（3）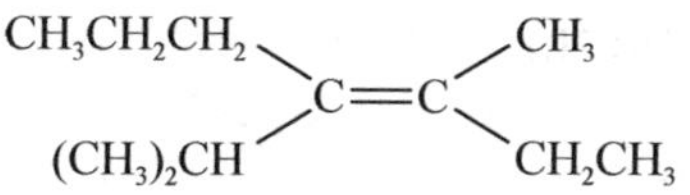

（4）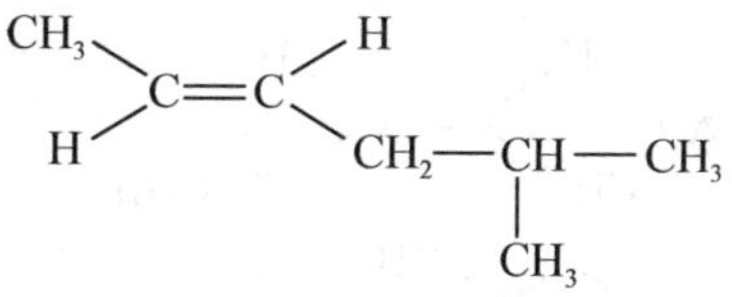

（5）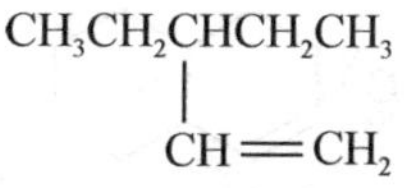

（6）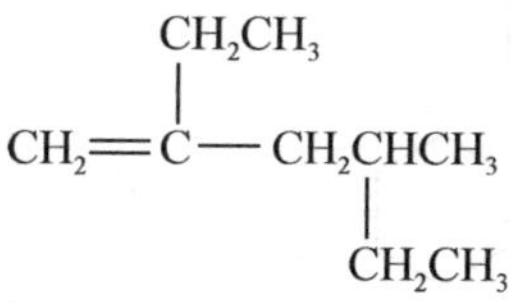

2. 写出下列化合物的结构式，如命名有错误，予以更正。

（1）2, 4-二甲基戊-2-烯 （2）丁-3-烯
（3）3, 3, 5-三甲基庚-1-烯 （4）2-乙基戊-1-烯
（5）异丁烯 （6）3, 4-二甲基戊-4-烯
（7）反 3, 4-二甲基己-3-烯 （8）2-甲基-3-丙基戊-2-烯

3. 完成下列反应式。

（1）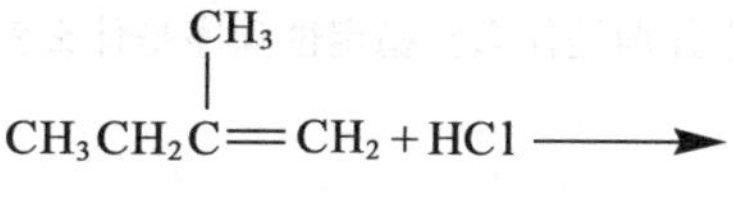

（2）$CF_3CH{=}CH_2 + HCl \longrightarrow$

（3）$(CH_3)_2C{=}CH_2 + Br_2 \xrightarrow[\text{水溶液}]{NaCl}$

（4）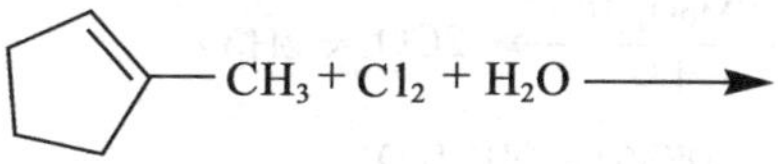

（5）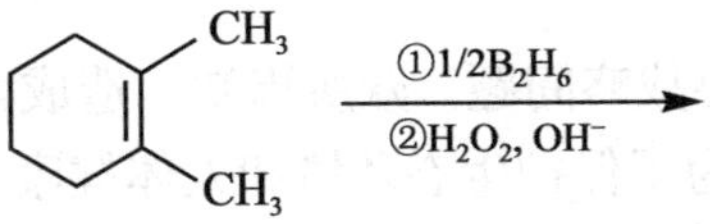

（6）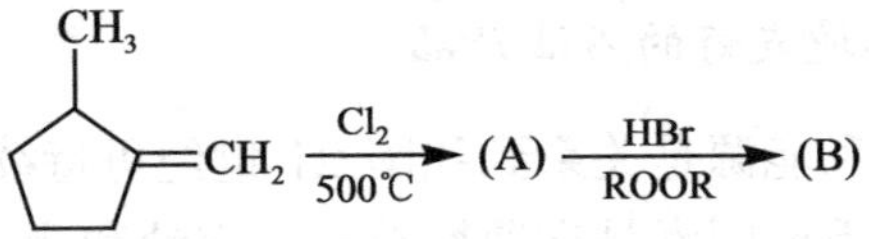

（7）

（8）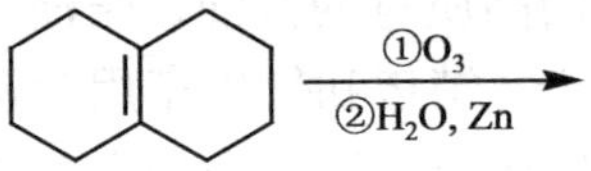

（9）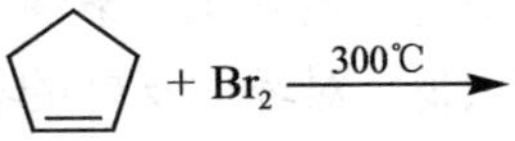

（10）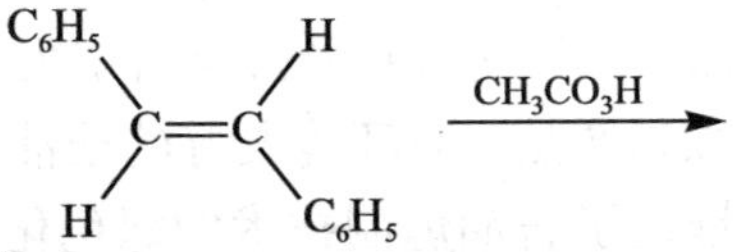

4. 写出 3-乙基戊-2-烯与下列试剂作用的主要产物的结构。

（1）HOBr　　（2）稀、冷 $KMnO_4$

（3）①O_3；②Zn 粉，H_2O　　（4）CH_3COOOH

5. 下列数据说明了什么问题？如何解释？

烯烃及其衍生物	烯烃加溴的速率比
$(CH_3)_2C=C(CH_3)_2$	14
$(CH_3)_2C=CH-CH_3$	10.4
$(CH_3)_2C=CH_2$	5.53
$CH_3CH=CH_2$	2.03
$CH_2=CH_2$	1.00
$CH_2=CH-Br$	0.04

6. 在下列各组化合物中，哪一个比较稳定？为什么？

（1）（A）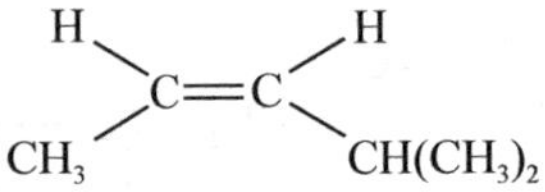　（B）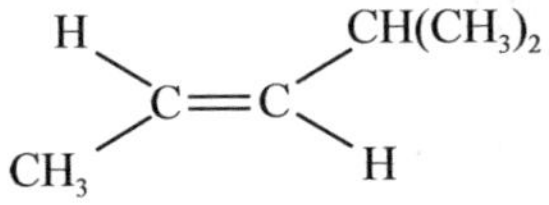

（2）（A）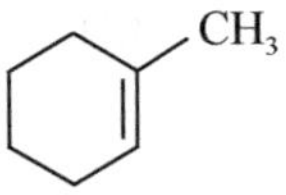　（B）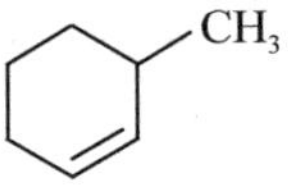

（3）（A）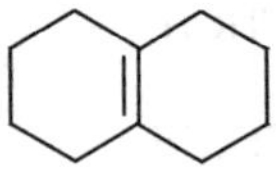　（B）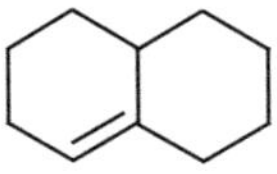　（C）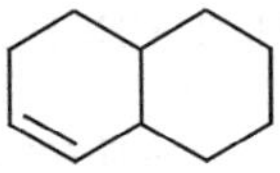

（4）（A）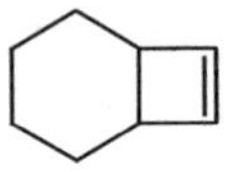　（B）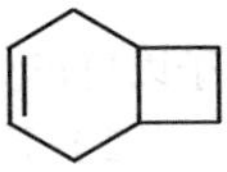

（5）（A）　（B）　（C）

（6）（A）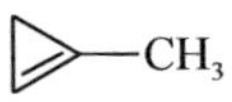　（B）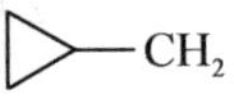

7. 乙烯、丙烯、异丁烯在酸催化下与水加成，生成的活性中间体分别是什么？稳定性顺序是什么？

8. 试写出下列反应物的构造式。

（1）$C_2H_4 \xrightarrow[H_2O]{KMnO_4,\ H^+} 2CO_2 + 2H_2O$

（2）$C_6H_{12} \xrightarrow[②H^+]{①KMnO_4,\ OH^-,\ H_2O} (CH_3)_2CHCOOH + CH_3COOH$

（3）$C_6H_{12} \xrightarrow[\text{②}H^+]{\text{①}KMnO_4,\ OH^-,\ H_2O} (CH_3)_2CO + C_2H_5COOH$

（4）$C_6H_{10} \xrightarrow[\text{②}H^+]{\text{①}KMnO_4,\ OH^-,\ H_2O} 2CH_3CH_2COOH$

（5）$C_8H_{12} \xrightarrow[H_2O]{KMnO_4,\ H^+} (CH_3)_2CO + HOOCCH_2CH_2COOH + CO_2 + H_2O$

9. 试写出经臭氧化、锌粉水解后生成下列产物的烯烃的结构。

（1）CH_3CH_2CHO 和 $HCHO$

（2）$CH_3CH_2\underset{\underset{O}{\|}}{C}CH_3$ 和 CH_3CHO

（3）乙醛、丙酮和丙二醛

10. 裂化汽油中含有烯烃，用什么方法能除去烯烃？

11. 试举出两种区别烷烃和烯烃的化学方法。

12. 用指定的原料制备下列化合物，试剂可以任选。

（1）$CH_3CH{=\!=}CH_2 \longrightarrow CH_3CH_2CH_2Br$

（2）$CH_3CH_2CH_2CH_2OH \longrightarrow CH_3CH_2\underset{\underset{Br}{|}}{C}ClCH_3$

（3）$(CH_3)_2CHCHBrCH_3 \longrightarrow (CH_3)_2\underset{\underset{OH}{|}}{C}CHBrCH_3$

13. 某烯烃 A 经催化加氢得到 2-甲基丁烷。加 HCl 可得 2-氯-2-甲基丁烷。如经臭氧化并在锌粉存在下水解，可得丙酮和乙醛。写出该烯烃的构造式及各步反应式。

14. 试用生成碳正离子的难易解释下列反应。

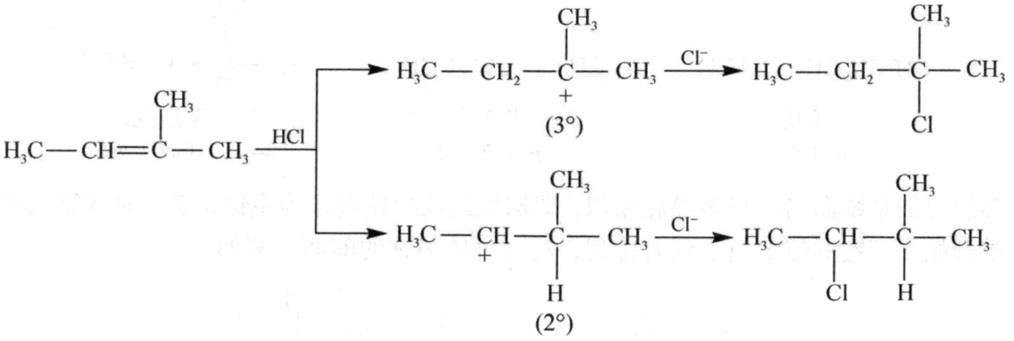

15. 某化合物 A 的分子式为 C_7H_{14}，经酸性高锰酸钾溶液氧化后生成两个化合物 B 和 C。A 经臭氧化、还原水解也得相同产物 B 和 C。试写出 A 的构造式。

扫一扫　3-5　烯烃命名习题答案（2017 版）

第 4 章　炔烃、二烯烃

扫一扫　　4-1　炔烃、二烯烃 目标导图+知识地图

炔烃是含碳碳三键（—C≡C—）的不饱和烃类化合物，开链单炔烃的通式为 C_nH_{2n-2}，与含相同碳原子个数的二烯烃互为同分异构体。

4.1　炔烃的命名和结构

扫一扫　　4-2　炔烃、二烯烃的命名（1980 版）

4.1.1　炔烃的命名

单炔烃的系统命名法和烯烃相似：

（1）取最长的碳链作为主链。若主链中包含三键，按主链中所含碳原子数命名为“某炔”。主链多于十个碳原子时用汉字数字表示碳原子个数，称为某碳炔，如十二碳炔。若三键包含在支链中，则含碳碳三键的部分按取代基命名。

（2）编号从靠近三键的一端开始。

（3）标明三键位次时只写编号较小的一个，放在炔烃名称的前面。炔烃的英文词尾为 yne。

$CH_3CH_2CH_2C\equiv CH$　　$CH_3CH_2C\equiv CCH_3$　　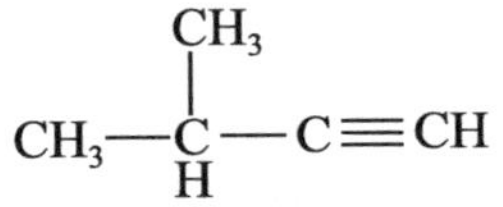

戊-1-炔　　戊-2-炔　　3-甲基丁-1-炔

pent-1-yne　　pent-2-yne　　3-methylbut-1-yne

多炔烃的系统命名法与多烯烃相似，即选取最长的碳链作为主链，编号时从靠三键较近的一端开始，三键的位置由小到大排列，写在母体名称的前面。例如：

$CH_3C\equiv CCH_2CH_2C\equiv CH$　　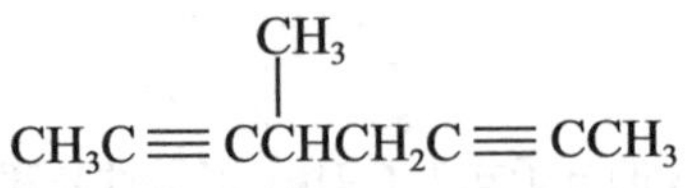

庚-1, 5-二炔　　4-甲基辛-2, 6-二炔

hepta-1, 5-diyne　　4-methylocta-2, 6-diyne

主链中同时含有双键和三键的烃称为“烯炔”。从靠近不饱和键的一端开始编号。当双键和三键处于相同的位次选择时，优先给双键最低编号。书写时烯在前，炔在后。例如：

$CH_3CH{=}CHC{\equiv}CH$
戊-3-烯-1-炔
pent-3-en-1-yne

$CH_3C{\equiv}CCH{=}CH_2$
戊-1-烯-3-炔
pent-1-en-3-yne

$CH{\equiv}CCH_2CH{=}CH_2$
戊-1-烯-4-炔
pent-1-en-4-yne

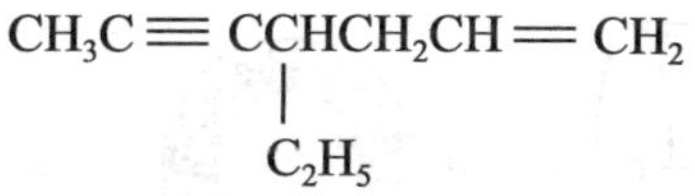
4-乙基庚-1-烯-5-炔
4-ethylhept-1-en-5-yne

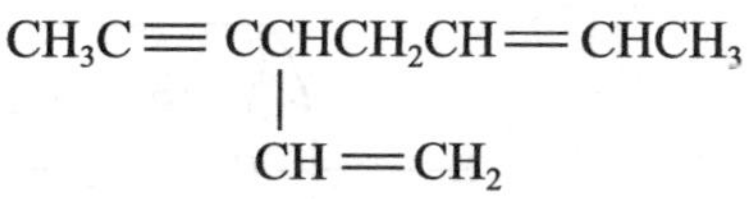
5-乙烯基辛-2-烯-6-炔
5-ethenyloct-2-en-6-yne

常见炔基有

$HC{\equiv}C—$	$CH_3C{\equiv}C—$	$HC{\equiv}CCH_2—$
乙炔基	丙-1-炔基（丙炔基）	丙-2-炔基（炔丙基）
enthynyl	prop-1-ynyl	prop-2-ynyl

4.1.2　炔烃的结构

1. 乙炔的结构

最简单的炔烃是乙炔，构造式为 H—C≡C—H。现代物理实验方法证明乙炔是直线形分子，即两个碳原子和两个氢原子在一条直线上。乙炔分子的凯库勒模型和斯陶特模型如图 4-1 所示。

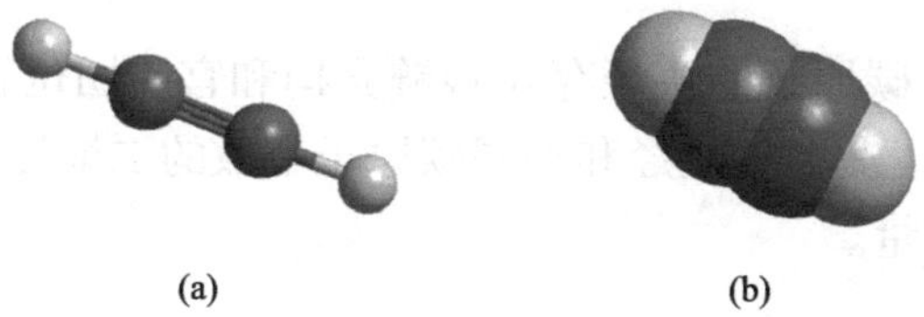

图 4-1　乙炔分子的凯库勒模型（a）和斯陶特模型（b）

杂化轨道理论设想两个三键碳采取 sp 杂化，形成两个等同的 sp 杂化轨道，其对称轴在一条直线上，每个轨道上有一个电子。两个三键碳原子各用一个 sp 杂化轨道沿对称轴方向重叠形成一个 C—C σ 键，另一个 sp 杂化轨道分别与氢原子的 s 轨道重叠形成两个 C—H σ 键，如图 4-2 所示。

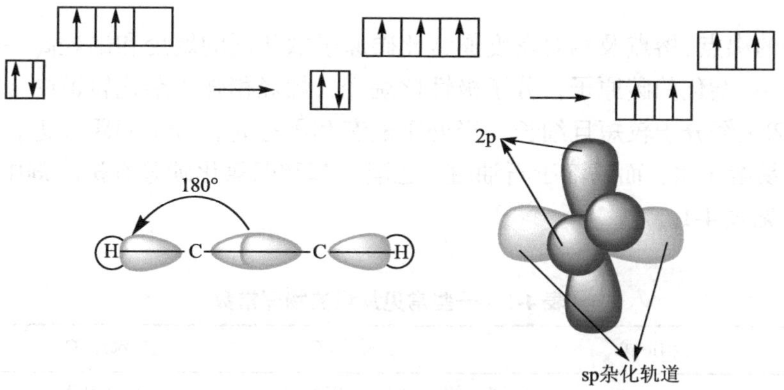

图 4-2　sp 杂化和杂化轨道

每个碳原子还有两个对称轴相互垂直的 p 轨道，两个碳原子对称轴平行的 p 轨道从侧面交叠形成两个相互垂直的 π 键。需要注意的是，两个 π 键的电子云并不是四个瓣，而是围绕 C—C σ 键的圆筒形，因此碳碳三键由一个 σ 键和两个 π 键组成，如图 4-3 所示。

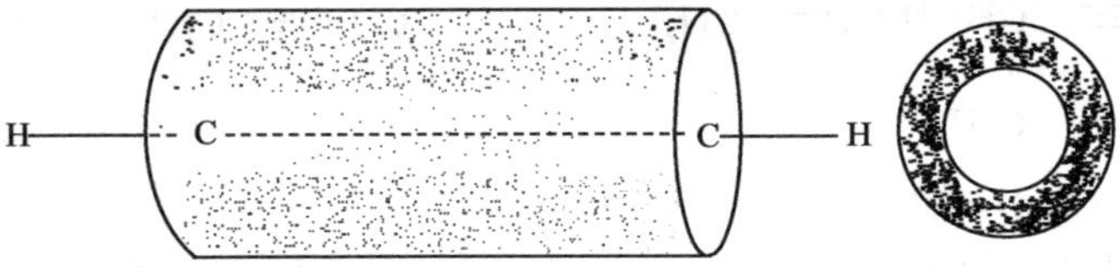

图 4-3　乙烯中的 π 键和 π 电子云

乙烷、乙烯和乙炔的键长如下所示：

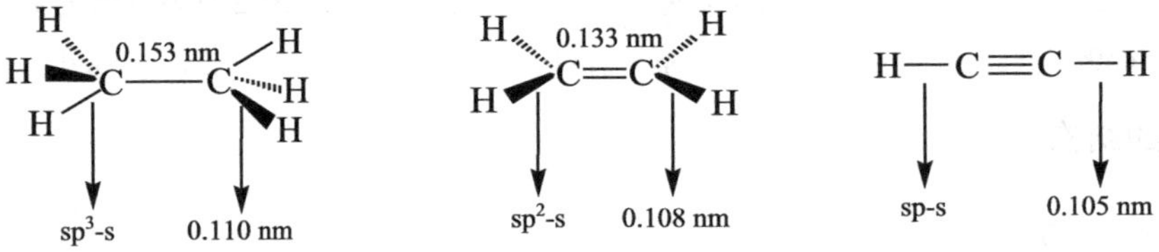

所列键长数值不同说明：①随碳原子不饱和度的增加，两个成键碳原子之间的电子云密度也增大，碳原子间的距离越来越近，因此键长越来越短；②烃中 C—H 键的键长并非常数。

2. 炔烃的同分异构

含有四个或四个以上碳原子的炔烃存在碳链异构和官能团位置异构。炔烃为直线形构型，所以不存在顺反异构。另外，炔烃和相同碳原子个数的二烯烃互为同分异构体，这也增加了炔烃的同分异构体数量。

$CH_3CH_2CH_2C\equiv CH$	$CH_3CH_2C\equiv CCH_3$	$CH_3-CH(CH_3)-C\equiv CCH_3$
戊-1-炔	戊-2-炔	3-甲基丁-1-炔
pent-1-yne	pent-2-yne	3-methylbut-1-yne

4.2　炔烃的物理性质

简单炔烃的沸点、熔点及相对密度通常比碳原子数相同的烷烃和烯烃高一些。这是由于：①炔烃分子含 sp 杂化的碳原子，分子极性比烷烃、烯烃稍强（杂化轨道中 s 成分越多，电负性越强）；②炔烃分子较短且细长，当处于液态和固态时，分子间距离近，分子间范德华力强。炔烃不易溶于水，而易溶于石油醚、乙醚、苯和四氯化碳等有机溶剂中。一些常见炔烃的物理常数见表 4-1。

表 4-1　一些常见炔烃的物理常数

化合物	构造式	熔点/℃	沸点/℃	相对密度
乙炔	HC≡CH	−82（在压力下）	−82（升华）	

续表

化合物	构造式	熔点/℃	沸点/℃	相对密度
丙炔	$HC\equiv CCH_3$	−102.5	−23	
丁-1-炔	$HC\equiv CCH_2CH_3$	−122	8	
戊-1-炔	$HC\equiv C(CH_2)_2CH_3$	−98	40	0.695
己-1-炔	$HC\equiv C(CH_2)_3CH_3$	−124	71	0.719
庚-1-炔	$HC\equiv C(CH_2)_4CH_3$	−80	100	0.733
辛-1-炔	$HC\equiv C(CH_2)_5CH_3$	−70	126	0.747
丁-2-炔	$CH_3C\equiv CCH_3$	−24	27	0.694
戊-2-炔	$CH_3C\equiv CCH_2CH_3$	−101	56	0.714
己-2-炔	$CH_3C\equiv C(CH_2)_2CH_3$	−88	84	0.730
己-3-炔	$CH_3CH_2C\equiv CCH_2CH_3$	−105	81	0.725

4.3　炔烃的化学性质

扫一扫　4-3　炔烃的化学性质

4.3.1　炔氢的活泼性

1. 炔氢的酸性

化合物的酸性强弱可以用 pK_a 来判断，pK_a 越小，酸性越强。通常化合物 A—H 的酸性与 A 的电负性是一致的，A 的电负性越大，A—H 的酸性越强。烃中 C—H 键的异裂可以看作是酸性电离，所以烃又可称为含碳酸。但碳的电负性较小，烃作为酸，酸性极弱。烃与其他化合物的酸性强弱见表 4-2。

表 4-2　烃与其他化合物的 pK_a 值

化合物	构造式	pK_a（近似值）
乙烷（烷烃）	CH_3CH_3	≈50
乙烯（烯烃）	$CH_2{=}CH_2$	≈40
氨	NH_3	35
乙炔（末端炔烃）	$HC\equiv CH$	25
乙醇	CH_3CH_2OH	16
水	H_2O	15.7

从表 4-2 中可以看出，酸性强弱顺序为末端炔烃＞烯烃＞烷烃。这主要是碳原子的杂化

方式不同引起的。碳原子的电负性随杂化轨道中 s 成分的增加而增大（表 4-3），因此末端炔烃中≡C—H 的酸性明显比烯烃中═CH—H 和烷烃中—C—H 的酸性强。

表 4-3　碳原子的杂化与电负性

碳原子的杂化状态	s 成分/%	电负性
sp^3	25	2.48
sp^2	33.3	2.73
sp	50	3.29

2. 炔化物的生成

由于炔氢有弱酸性，因此乙炔和末端炔烃可以与强碱反应生成金属炔化物。例如：

$$2Na + 2NH_3 \xrightarrow[\text{液氨}]{Fe^{3+}} 2NaNH_2 + H_2$$

$$HC\equiv CH + NaNH_2 \xrightarrow{\text{液氨}} \underset{\text{乙炔一钠}}{HC\equiv CNa} + NH_3$$

$$HC\equiv CNa + NaNH_2 \xrightarrow{\text{液氨}} \underset{\text{乙炔二钠}}{NaC\equiv CNa} + NH_3$$

$$RC\equiv CH + NaNH_2 \xrightarrow{\text{液氨}} \underset{\text{炔化钠}}{RC\equiv CNa} + NH_3$$

上面生成的炔化钠一方面属于弱酸强碱盐，具有强碱性，遇水很快水解为炔烃和氢氧化钠；另一方面也是强的亲核试剂，可以与卤代烃等发生反应，用于合成炔烃的同系物及增长碳链。例如：

$$HC\equiv CNa + CH_3CH_2CH_2Br \xrightarrow[\text{液氨}]{NaNH_2} HC\equiv C—CH_2CH_2CH_3$$

$$CH_3CH_2C\equiv CNa + CH_3CH_2Br \xrightarrow[\text{液氨}]{NaNH_2} CH_3CH_2C\equiv C—CH_2CH_3$$

HC≡CH 和 RC≡CH 能与银氨溶液反应析出白色炔化银沉淀，或者与亚铜氨溶液反应析出红棕色炔化亚铜沉淀，据此可以鉴别具有—C≡C—H 结构的炔烃。

$$HC\equiv CH + 2Ag(NH_3)_2NO_3 \longrightarrow \underset{\text{乙炔银}}{AgC\equiv CAg}\downarrow + 2NH_4NO_3 + 2NH_3$$

$$CH_3CH_2C\equiv CH + Ag(NH_3)_2NO_3 \longrightarrow \underset{\text{丁炔银}}{CH_3CH_2C\equiv CAg}\downarrow + NH_4NO_3 + NH_3$$

$$HC\equiv CH + 2Cu(NH_3)_2Cl \longrightarrow \underset{\text{乙炔亚铜}}{CuC\equiv CCu}\downarrow + 2NH_4Cl + 2NH_3$$

上述金属炔化物干燥后经受热或撞击会发生强烈爆炸，因此反应结束时应加入稀酸使炔化物分解。例如：

$$CH_3CH_2C\equiv CAg + HNO_3 \longrightarrow CH_3CH_2C\equiv CH + AgNO_3$$

上述反应也可以用于末端炔烃的分离提纯。

4.3.2　炔烃的还原氢化反应

1. 催化加氢

在催化剂 Pt、Pd 或 Ni 的作用下，1 mol 炔烃与 2 mol 氢气反应生成烷烃。炔烃先与 1 mol 氢气反应生成烯烃，烯烃再与 1 mol 氢反应生成烷烃，但中间产物烯烃很难分离得到。例如：

$$CH_3CH_2C\equiv CH + 2H_2 \xrightarrow{\text{Pt, Pd或Ni}} CH_3CH_2CH_2CH_3$$

但炔烃在林德拉催化剂（Lindlar catalyst，一种选择性催化氢化催化剂，由钯吸附在碳酸钙或硫酸钡上并加入少量抑制剂乙酸铅或喹啉制得。常用的有 Pd-$CaCO_3$-PbO/$PbAc_2$ 与 Pd-$BaSO_4$-喹啉两种）作用下催化氢化时，只与 1 mol 氢气反应生成烯烃，且氢气对三键进行顺式加成，生成顺式烯烃。例如：

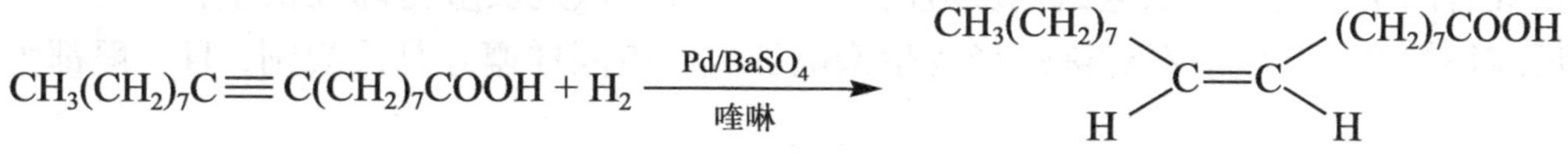

硬脂炔酸　　　　油酸

用 P-2 催化剂（Ni_2B，乙酸镍在乙醇溶液中用硼氢化钠还原而得）同样可以将炔烃催化氢化为顺式烯烃。例如：

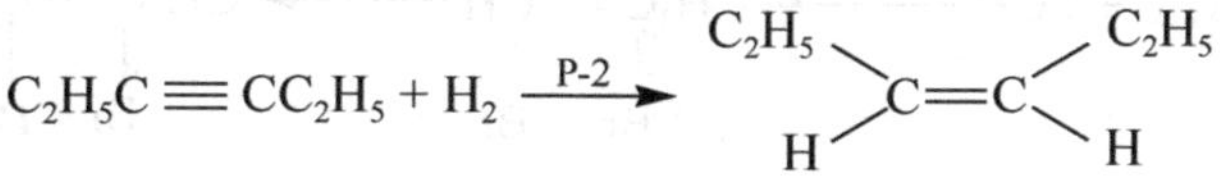

2. 碱金属和液氨还原

炔烃在液氨中用金属钠或锂还原，主要产物为反式烯烃。例如：

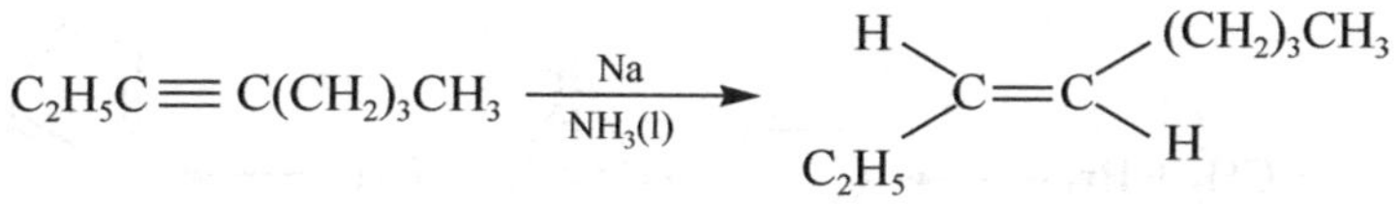

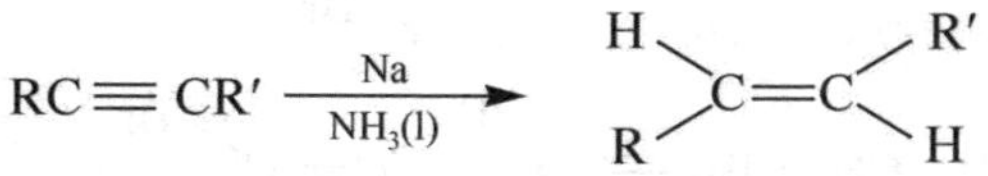

反应过程如下：

（1）Na 与液氨形成 Na^+和 e^-（NH_3）的蓝色溶液。

$$Na + NH_3 \longrightarrow Na^+ + e^-(NH_3)$$

（2）炔烃加入此溶液，得电子形成自由基负离子，自由基负离子夺取氨中的质子形成乙烯型自由基。

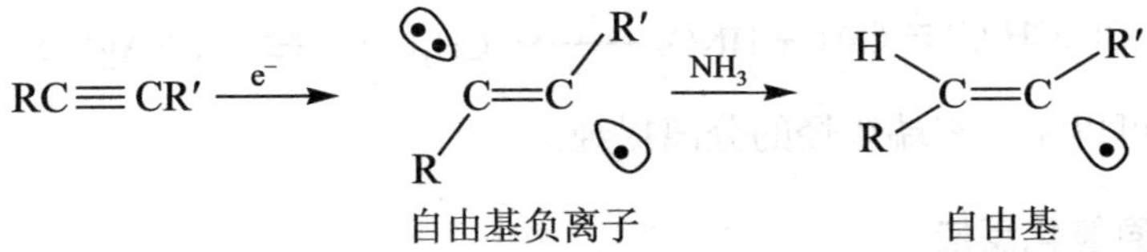

（3）自由基从溶液中得电子形成负离子，再夺取氨中的一个质子形成反式烯烃。

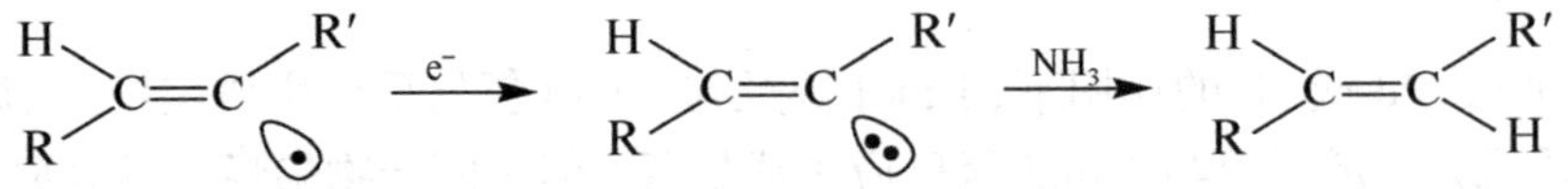

4.3.3 炔烃的亲电加成反应

炔烃有 π 键，与烯烃相似，同样与 X_2、HX、H_2O 等发生亲电加成反应。但由于 sp 杂化碳原子的电负性比 sp^2 杂化碳原子的电负性大，且碳碳三键的键长比碳碳双键的键长短，使三键碳原子的原子核对电子的束缚力较大，尽管三键比双键多一对 π 电子，却不容易给出电子与亲电试剂结合，因此炔烃的亲电加成反应比烯烃慢。

炔烃有两个 π 键，与亲电试剂反应时，先与一分子试剂反应得烯烃衍生物，再与一分子试剂反应得烷烃衍生物。不对称炔烃发生亲电加成反应同样遵守马氏规则，且一般都为反式加成。

1. 与 X_2 加成

炔烃与 X_2（Cl、Br）的加成反应分两步进行，先加一分子 X_2 生成二卤代烯烃，再加一分子 X_2 生成四卤代烷烃。例如：

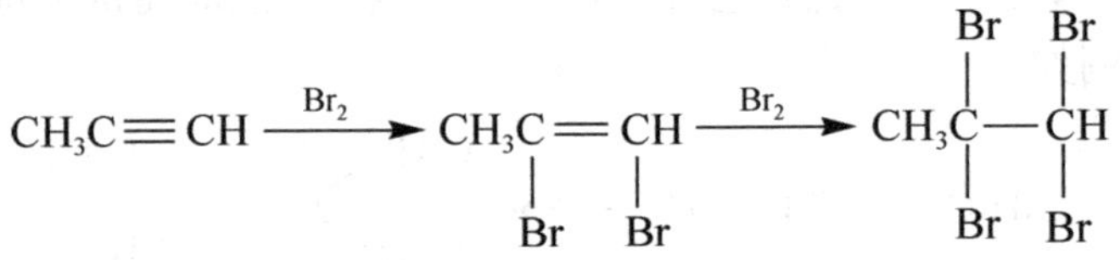

用 Br_2 的 CCl_4 溶液反应，Br_2 的红棕色慢慢褪去，可定性鉴别炔烃。

如果控制加入 1 mol 卤素进行加成，主要产物为反式二卤代烯烃。反应历程与烯烃和卤素的加成相似。例如：

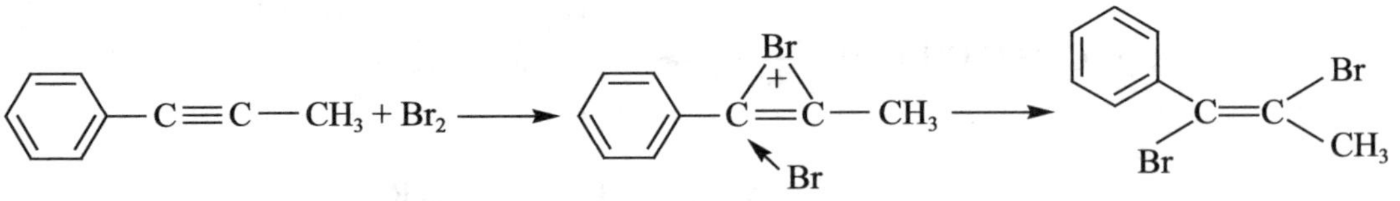

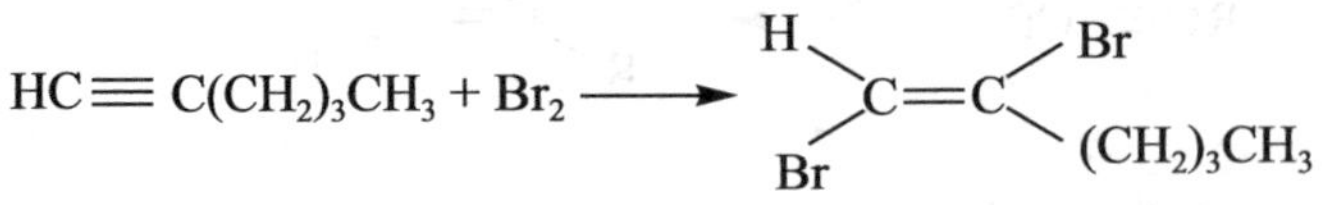

分子中同时存在非共轭的双键和三键时，与 Br_2 反应时双键首先发生加成反应。例如：

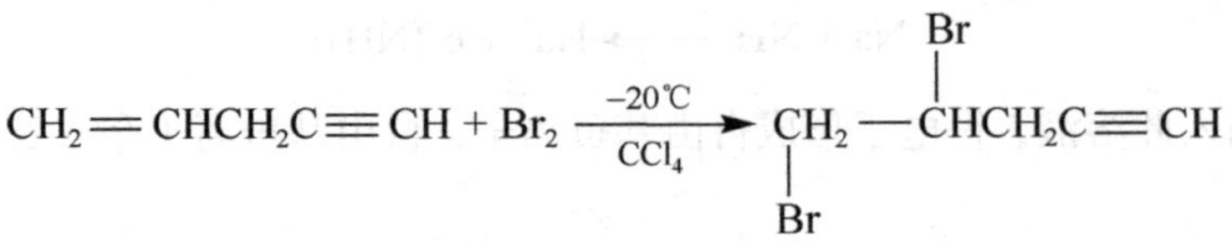

2. 与 HX 加成

炔烃与 HX 加成也分两步进行，先与 1 mol HX 加成生成卤代烯烃，再与 1 mol HX 加成生成二卤代烷烃。卤代烯烃中卤素原子使双键的反应活性降低，因此控制合适的条件，可使反应只生成卤代烯烃。例如：

$$HC\equiv CH + HCl \xrightarrow[150\sim160℃]{HgCl_2} CH_2=CHCl \xrightarrow[150\sim160℃]{HgCl_2} CH_3—CHCl_2$$

非末端炔烃（R—C≡C—R′）与 1 mol HX 加成主要是反式加成产物。例如：

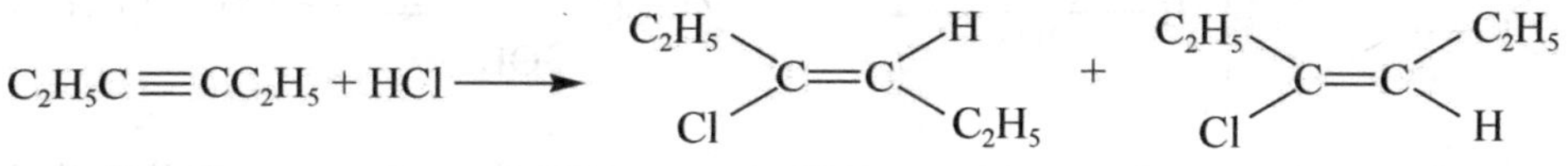

99%　　1%

末端炔烃（R—C≡C—H）与 HX 加成时遵循马氏规则。例如：

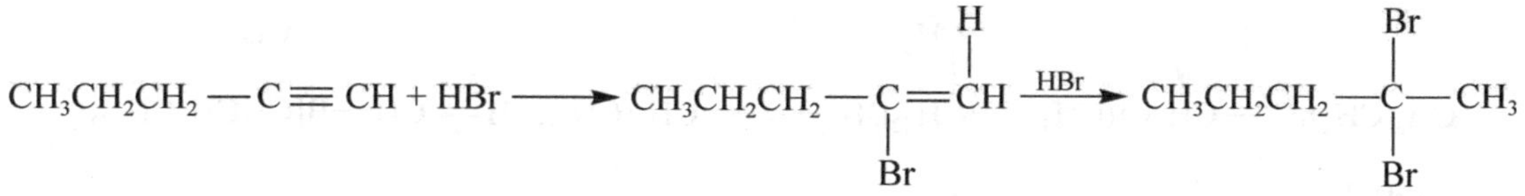

需要注意的是，炔烃与 HBr 在有过氧化物存在下的加成也与烯烃相似，存在过氧化物效应，主要生成反马氏加成产物，反应过程为自由基加成历程。

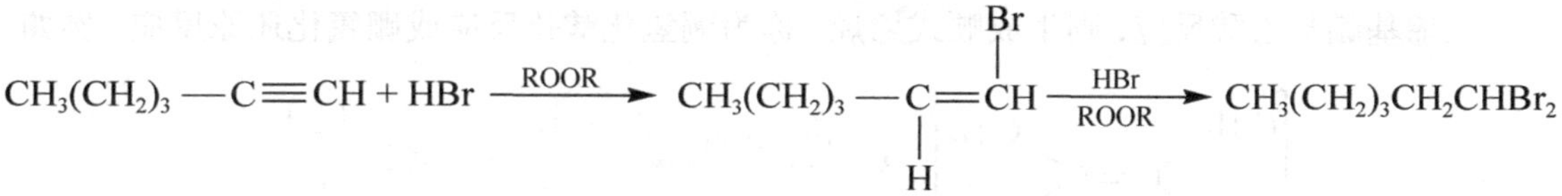

3. 与 H_2O 加成

炔烃与 H_2O 加成需要在硫酸和汞盐的催化下进行。反应首先得到烯醇式，烯醇式不稳定，迅速发生互变异构，转化为酮式。例如：

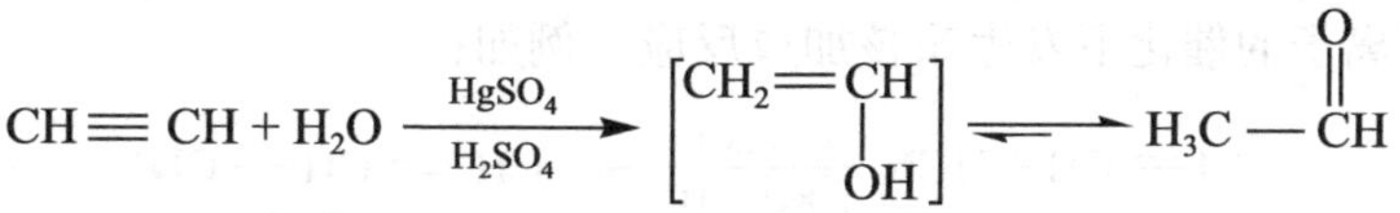

乙烯醇　　乙醛

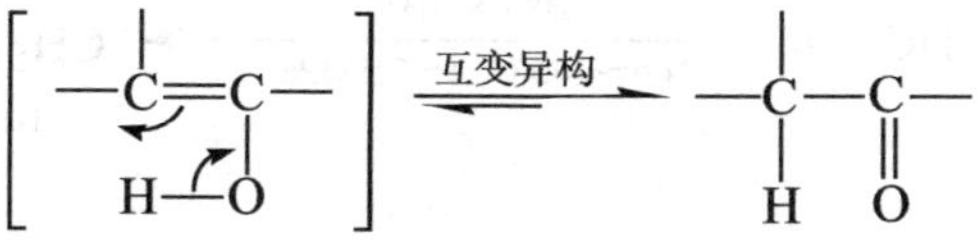

炔烃与 H_2O 的加成同样符合马氏规则。因此，除乙炔与 H_2O 的加成产物是乙醛外，其他炔烃与 H_2O 的加成产物都是酮，其中末端炔烃与 H_2O 的加成产物为甲基酮，非末端炔烃与 H_2O 的加成产物通常是两种酮的混合物。

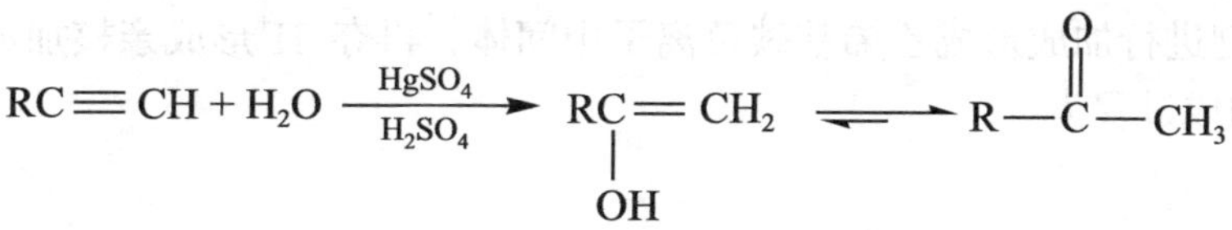

4. 硼氢化反应

炔烃与乙硼烷反应生成三烯基硼。反应遵循马氏规则，末端炔烃发生反应时，缺电子的B加到含氢的三键碳上，H加到不含氢的三键碳上。与烯烃相似，反应为顺式加成。

三烯基硼在碱性条件下用 H_2O_2 氧化，先生成烯醇式，再异构化为羰基化合物，总称为硼氢化氧化反应。例如：

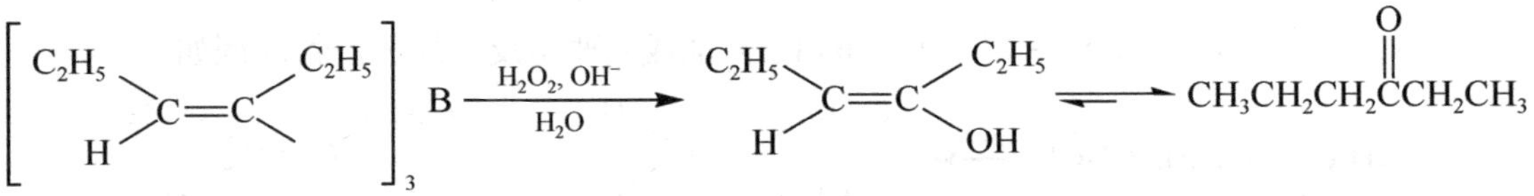

为防止同碳二硼化物［$RCH(BH_2)_2$］的生成，可采用空间位阻大的二取代硼作为硼氢化试剂。

$$CH_3(CH_2)_5C{\equiv}CH + [(CH_3)_2CHCH(CH_3)]_2BH \longrightarrow CH_3(CH_2)_5CH{=}CH{-}B[CH(CH_3)CH(CH_3)_2]_2$$

$$\xrightarrow[H_2O]{H_2O_2,\ OH^-} CH_3(CH_2)_5CH{=}CH(OH) \rightleftharpoons CH_3(CH_2)_5CH_2CHO$$

三烯基硼与乙酸反应，则生成顺式烯烃，称为硼氢化酸化反应或硼氢化还原反应。例如：

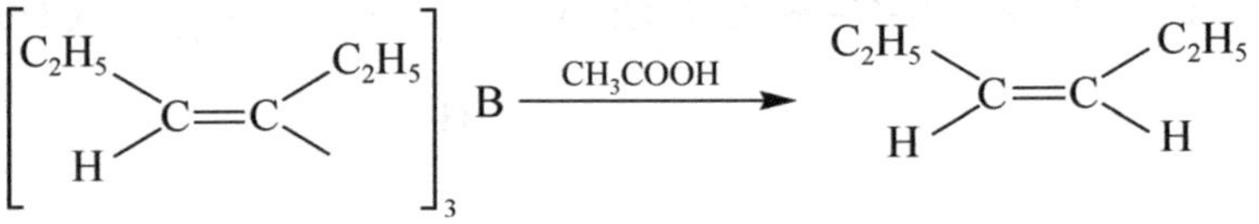

4.3.4 炔烃的亲核加成反应

炔烃与烯烃化学性质的另一明显区别表现为，乙炔和末端炔烃能与氢氰酸、醇、羧酸等在强碱性和金属离子的催化下发生亲核加成反应。例如：

$$CH{\equiv}CH + HCN \xrightarrow[80\sim90^\circ C]{CuCl} CH_2{=}CH{-}CN$$

丙烯腈

$$CH{\equiv}CH + HOCH_3 \xrightarrow[160\sim165^\circ C,\ 2\sim2.5MPa]{20\%\ KOH} CH_2{=}CH{-}OCH_3$$

甲基乙烯基醚

$$CH{\equiv}CH + CH_3COOH \xrightarrow{(CH_3CO_2)_2Zn} CH_2{=}CHOC(=O)CH_3$$

乙酸乙烯酯

以上三个反应在产物中引入了乙烯基，又称为乙烯基化反应。反应历程是亲核试剂中的负离子先与三键进行加成形成乙烯基碳负离子中间体，再夺 H^+ 形成亲核加成产物。例如，乙炔与 HCN 加成过程为

$$HC\equiv CH + CN^- \longrightarrow H\bar{C}=CH-CN \xrightarrow{H^+} CH_2=CH-CN$$

因此，末端炔烃发生亲核加成反应时，亲核试剂中带负电的部分加到不含氢的三键碳上，H^+加到含氢的三键碳上。例如：

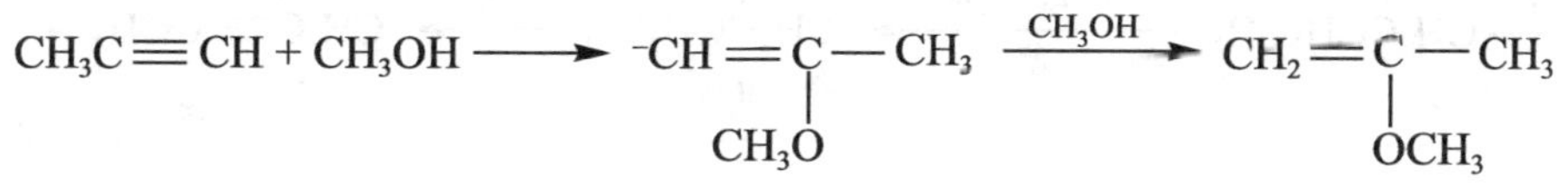

4.3.5 炔烃的氧化反应

炔烃易被氧化剂氧化。用 $KMnO_4$ 在强烈条件下氧化时，非末端炔烃生成羧酸（盐），末端炔烃生成羧酸（盐）、二氧化碳等产物。反应后，高锰酸钾的紫红色褪去，生成棕褐色的二氧化锰沉淀，此反应可用来定性鉴别炔烃。

$$3HC\equiv CH + 10KMnO_4 + 2H_2O \longrightarrow 6CO_2\uparrow + 10KOH + 10MnO_2\downarrow$$

$$RC\equiv CR' \xrightarrow[H^+]{KMnO_4} RCOOH + R'COOH$$

$$RC\equiv CH \xrightarrow[H^+]{KMnO_4} RCOOH + CO_2$$

炔烃与臭氧反应，也生成臭氧化物，用水分解生成 α-二酮和过氧化氢，过氧化氢将 α-二酮氧化成羧酸。

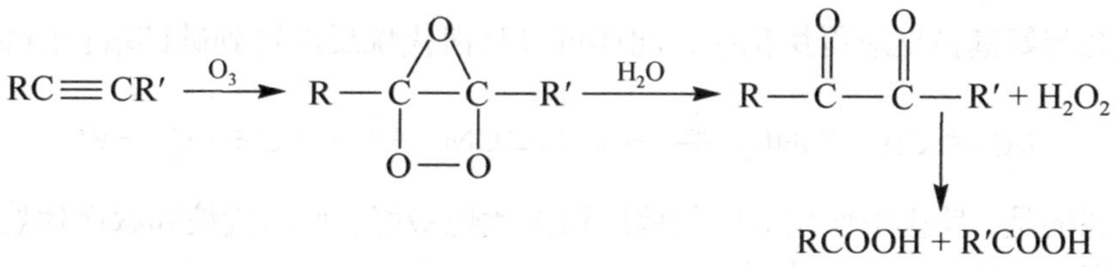

由氧化反应所得羧酸的结构可推测原炔烃的结构。

4.4 炔烃的合成

4.4.1 二卤代烷脱卤化氢

邻二卤代烷或偕二卤代烷在碱性条件下脱去两分子卤化氢得炔烃。反应先脱去一分子卤化氢生成卤代烯烃，这步反应相对容易。但卤代烯烃再脱去一分子卤化氢较难，需在强碱性条件（如热的 KOH 或 $NaNH_2$）下才能反应，因此常用的碱性条件是热的 KOH 或 NaOH 的醇溶液和 $NaNH_2$。

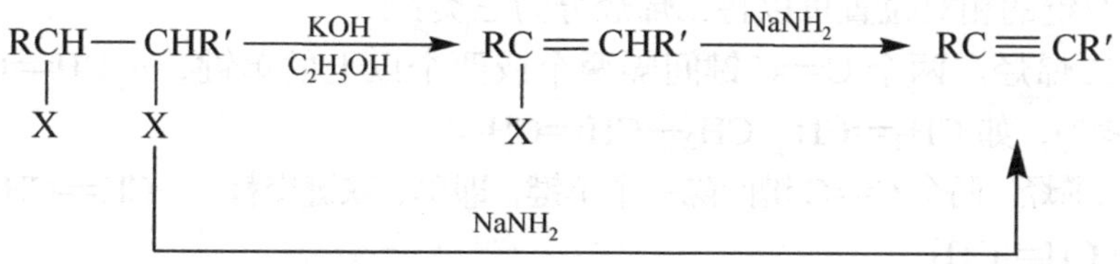

邻二卤代烷可由烯烃与卤素发生亲电加成反应得到，偕二卤代烷可以由酮与五氯化磷反应得到，产物不需要分离，直接加热即可得炔烃。例如：

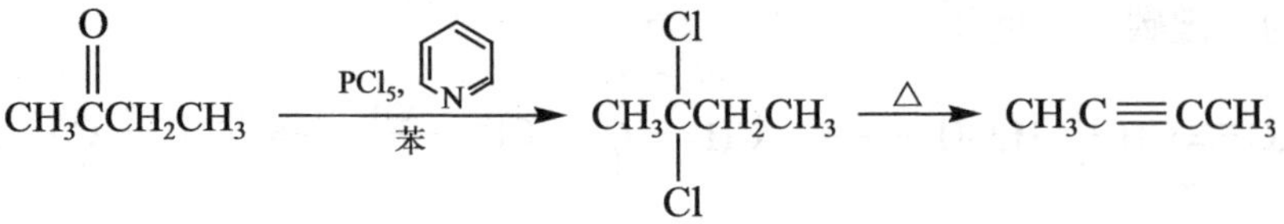

4.4.2　炔化物的烷基化

乙炔与氨基钠反应可以得到乙炔一钠，这样得到的乙炔碳负离子可作为亲核试剂与卤代烷反应，形成新的 C—C 键，生成碳链增长的一取代乙炔。

$$HC\equiv CH + NaNH_2 \xrightarrow{\text{液氨}} HC\equiv CNa \xrightarrow{RX} HC\equiv C—R$$

乙炔与氨基钠反应也可得乙炔二钠，乙炔二钠可与两分子卤代烷反应生成二取代乙炔，两分子卤代烷可以相同，也可以不同，但卤代烷不同时，需要分步反应。

$$HC\equiv CH + NaNH_2 \xrightarrow{\text{液氨}} NaC\equiv CNa \xrightarrow{2RX} R—C\equiv C—R$$

$$HC\equiv CH + NaNH_2 \xrightarrow{\text{液氨}} HC\equiv CNa \longrightarrow HC\equiv C—R$$

$$\xrightarrow[\text{液氨}]{NaNH_2} NaC\equiv C—R \xrightarrow{R'X} R'—C\equiv C—R$$

末端炔烃与氨基钠反应得炔化钠，同样可以与卤代烷反应得到碳链增长的炔烃。

$$RC\equiv CH + NaNH_2 \xrightarrow{\text{液氨}} RC\equiv CNa \xrightarrow{R'X} RC\equiv C—R'$$

需要注意的是，反应中所用的卤代烷以伯卤代烷最好，仲卤代烷和叔卤代烷易发生消除反应生成烯烃，不能用于此合成反应。

4.5　二　烯　烃

二烯烃又称双烯烃，是含两个 C=C 键的不饱和烃类化合物，通式为 C_nH_{2n-2}，与含相同碳原子个数的炔烃互为同分异构体。

4.5.1　二烯烃的分类和命名

1. 二烯烃的分类

根据两个双键的相对位置可以将二烯烃分为三类：

（1）孤立二烯烃。两个 C=C 键间隔两个或两个以上的单键，—CH=CH—$(CH_2)_n$—CH=CH—($n\geqslant 2$)，如 CH_2=CH—CH_2—CH=CH_2。

（2）共轭二烯烃。两个 C=C 键间隔一个单键，即单、双键交替，—CH=CH—CH=CH—，如 CH_2=CH—CH=CH_2。

（3）累积二烯烃（聚集二烯烃）。两个 C═C 键连在同一个碳原子上，—CH═C═CH—，如 CH_2═C═CH_2。

2. 二烯烃的命名

二烯烃的命名与烯烃相似，选取最长的碳链为主链。不同之处在于，母体含有两个双键称为二烯烃（英文名称后缀为-diene）。从靠近双键的一端开始编号，双键的数目用汉字表示，位次用阿拉伯数字表示。例如：

$$CH_2{=}C(CH_3)CH{=}CH_2$$

2-甲基丁-1, 3-二烯
2-methylbuta-1, 3-diene

$$CH_2{=}CHCH{=}CHCH{=}CH_2$$

己-1, 3, 5-三烯
hexa-1, 3, 5-triene

若存在顺反异构，则用 *Z*/*E* 命名法，两端离双键等距时，从构型为 *Z* 的一端开始编号。例如：

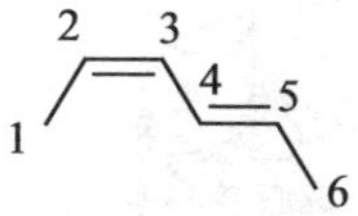

(2*Z*, 4*E*)-己-2, 4-二烯
(2*Z*, 4*E*)-hexa-2, 4-diene

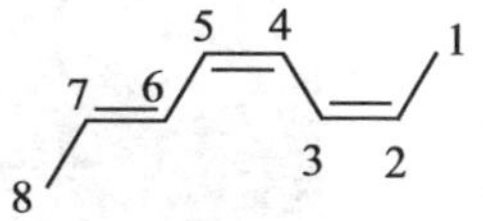

(2*Z*, 4*Z*, 6*E*)-辛-2, 4, 6-三烯
(2*Z*, 4*Z*, 6*E*)-octa-2, 4, 6-triene

4.5.2　二烯烃的结构

1. 丙二烯的结构

丙二烯（CH_2═C═CH_2）是最简单的累积二烯烃，分子式为 C_3H_4，无色气体。

丙二烯的三个不饱和碳原子在一条直线上，中间的碳原子为 sp 杂化，两端的碳原子为 sp^2 杂化。

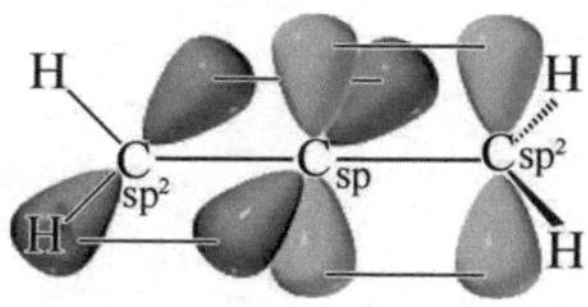

中间碳原子的两个相互垂直的 p 轨道分别与两个相邻碳原子的 p 轨道互相重叠，形成相互垂直的两个 π 键。两端碳原子各自键合的两个氢原子所在平面也互相垂直。

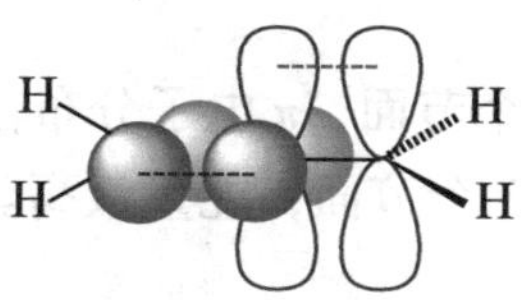

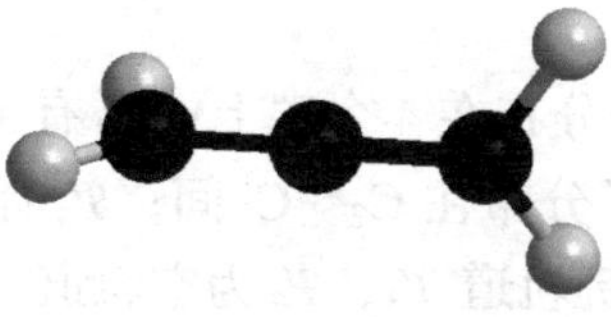

2. 丁-1, 3-二烯的结构

共轭二烯烃的结构和性质都表现出与单烯烃不同的特性。

最简单的共轭二烯烃是丁-1, 3-二烯，分子式为 C_4H_6，无色气体，是制造合成橡胶、合成树脂、尼龙等的原料。经现代物理方法测得其物理数据为

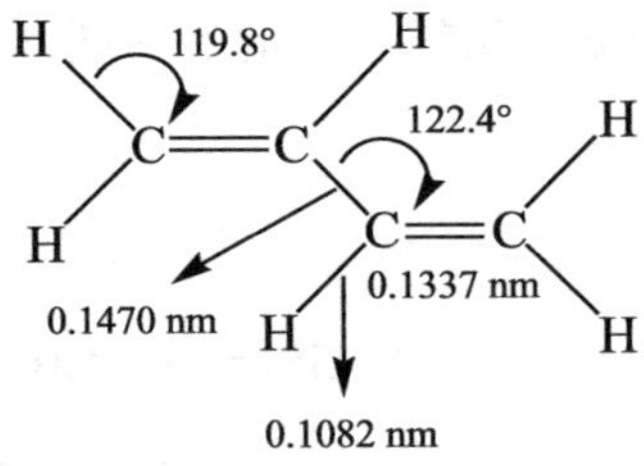

因此，丁-1, 3-二烯的四个碳原子都为 sp^2 杂化，形成的三条 C—C σ 键和六条 C—H σ 键在同一平面上，即所有的原子在同一平面上。每个碳原子还有一个 p 轨道垂直于这个平面，对称轴相互平行从侧面交叠形成 π_4^4 的离域 π 键。

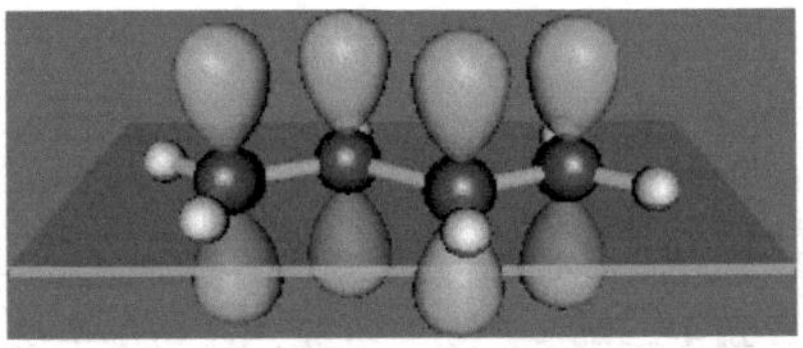

丁-1, 3-二烯的离域 π 键也可以用分子轨道理论说明。如图 4-4 所示，丁-1, 3-二烯的 4 个 p 轨道线性组合为 4 个 π 电子分子轨道，其中 Ψ_1、Ψ_2 为成键轨道，Ψ_3、Ψ_4 为反键轨道。

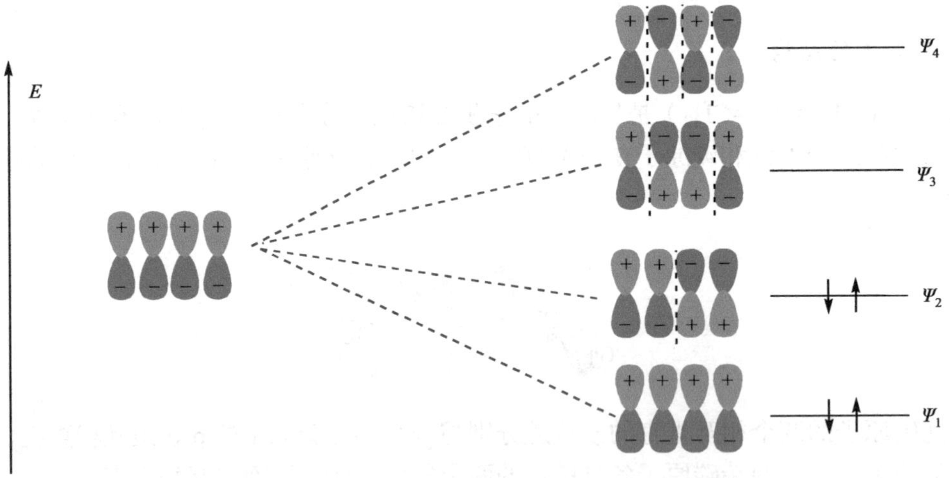

图 4-4　丁-1, 3-二烯的离域 π 键分子轨道示意图

Ψ_1 无节面，π 电子分布在 4 个碳上；Ψ_2 有 1 个节面，π 电子分布在 C_1～C_2、C_3～C_4 间；Ψ_3 有 2 个节面，π 电子分布在 C_2～C_3 间；Ψ_4 有 3 个节面，能量最高。基态时，π 电子在成键轨道 Ψ_1、Ψ_2 中，反键轨道 Ψ_3、Ψ_4 为空轨道。

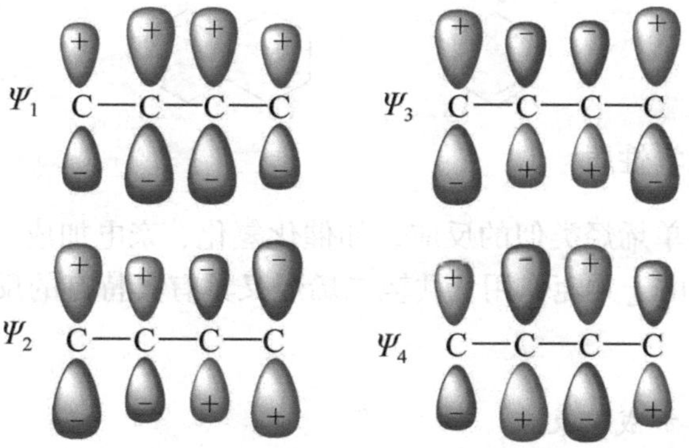

在 Ψ_1 轨道中，π 电子不再局限于两个原子间，而是分布在所有成键原子上，这种现象称为电子离域，形成的键称为离域键。因此，C_2—C_3 键也具有 π 键的性质。

在 Ψ_2 轨道中，C_2～C_3 间有一节面，C_2—C_3 键的 π 键性质减弱，而 C_1—C_2、C_3—C_4 键的 π 键性质加强。因此，三个 C—C 键虽然都具有 π 键的性质，但 C_2—C_3 键的 π 键性质弱一些。

离域键的存在使分子的键长发生平均化，丁-1, 3-二烯的键长数据即可反映这一现象。

离域键的存在也使分子的稳定性增大，这可从氢化热数据看出，见表 4-4。

表 4-4　几种烯烃的氢化热

化合物	构造式	氢化热/(kJ · mol^{-1})
丙烯	CH_2=$CHCH_3$	126
丁-1, 3-二烯	CH_2=CHCH=CH_2	239
戊-1, 4-二烯	CH_2=$CHCH_2CH$=CH_2	254
戊-1, 3-二烯	CH_2=CHCH=$CHCH_3$	226
丙二烯	CH_2=C=CH_2	295

因此，二烯烃的稳定性顺序为共轭二烯烃＞孤立二烯烃＞累积二烯烃。

戊-1, 3-二烯氢化热的理论值预计为 125.5 kJ · mol^{-1}×2=251 kJ · mol^{-1}，实测值为 226 kJ · mol^{-1}，两者差值为 25 kJ · mol^{-1}，说明戊-1, 3-二烯具有较低的能量，稳定性比非共轭二烯烃大。氢化热理论值与实测值的差值称为共轭能。

3. 共轭二烯烃的构象

丁-1, 3-二烯的 C_2—C_3 键可以旋转产生多种构象，其中两种较稳定的构象为

s-顺丁-1, 3-二烯　　*s*-反丁-1, 3-二烯

s 表示单键（single），*s*-顺式表示两个双键在 C_2—C_3 键的同一侧，*s*-反式表示两个双键在 C_2—C_3 键的两侧。反式构象热力学能较低，相对于顺式构象稳定，室温下两者迅速转换，形成动态平衡。

环状的共轭二烯烃的构象一般是固定的。

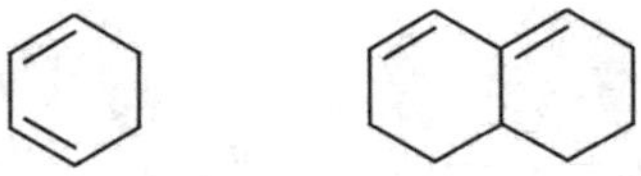

4.5.3 共轭二烯烃的化学性质

共轭二烯烃具有与单烯烃类似的反应，如催化氢化、亲电加成、自由基加成、α-H 卤代反应、氧化反应等。但由于共轭作用，共轭二烯烃又具有其特有的反应，如共轭加成、第尔斯-阿尔德反应等。

1. 共轭加成（1, 4-加成）反应

共轭二烯烃与卤素、氢卤酸等亲电试剂反应时，不仅可得 1, 2-加成产物，还可得 1, 4-加成产物。例如：

$$\overset{1}{C}H_2{=}\overset{2}{C}H{-}\overset{3}{C}H{=}\overset{4}{C}H_2 \xrightarrow{Br_2} BrCH_2{-}CH{=}CH{-}CH_2Br + BrCH_2{-}\underset{\displaystyle Br}{\underset{|}{C}H}{-}CH{=}CH_2$$

	1, 4-加成	1, 2-加成
–15℃	46%	54%
60℃	90%	10%

$$\overset{1}{C}H_2{=}\overset{2}{C}H{-}\overset{3}{C}H{=}\overset{4}{C}H_2 \xrightarrow{HBr} CH_3{-}CH{=}CH{-}CH_2Br + CH_3{-}\underset{\displaystyle Br}{\underset{|}{C}H}{-}CH{=}CH_2$$

	1, 4-加成	1, 2-加成
–80℃	20%	80%
20℃	80%	20%

亲电试剂加到 C_1 和 C_2 上，称为 1, 2-加成；亲电试剂加到 C_1 和 C_4 上（共轭体系的两端），双键移至 C_2 和 C_3 间，称为 1, 4-加成，又称共轭加成。

之所以得到两种产物是因为共轭二烯烃中的一个双键先与亲电试剂反应得到稳定的烯丙基碳正离子。例如：

$$\overset{4}{C}H_2{=}\overset{3}{C}H{-}\overset{2}{C}H{=}\overset{1}{C}H_2 \xrightarrow{H^+} \underset{4}{C}H_2{=}\underset{3}{C}H{-}\underset{2}{\overset{+}{C}H}{-}\underset{\displaystyle H}{\underset{|}{C}H_2}$$

由于共轭体系内极性交替存在，正电荷主要集中在 C_2 和 C_4 上，负离子加到 C_2 上得 1, 2-加成产物，负离子加到 C_4 上得 1, 4-加成产物。例如：

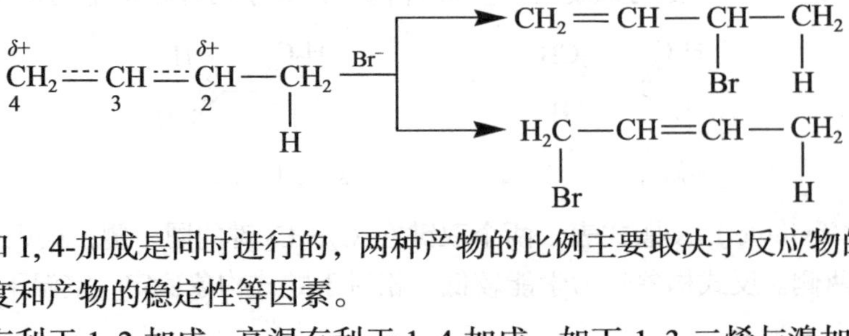

1, 2-加成和 1, 4-加成是同时进行的，两种产物的比例主要取决于反应物的性质、溶剂的性质、反应温度和产物的稳定性等因素。

一般低温有利于 1, 2-加成，高温有利于 1, 4-加成，如丁-1, 3-二烯与溴加成的反应进程–能量曲线如图 4-5 所示。

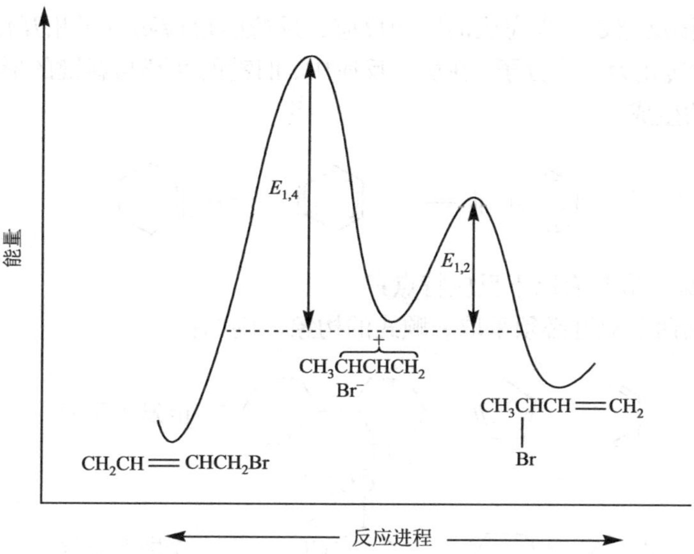

图 4-5 丁-1, 3-二烯与溴加成的反应进程-能量曲线

由图 4-5 可知，1, 2-加成反应的活化能比 1, 4-加成反应的活化能低，因此低温时 1, 2-加成反应速率快，1, 2-加成产物产率高。但 1, 4-加成产物比 1, 2-加成产物稳定，随着温度的升高，1, 2-加成产物生成速率加快，但解离速率也加快，而 1, 4-加成产物虽然生成速率较慢，但解离速率更慢，一旦生成就会保存下来，因此 1, 4-加成产物就占优势了。

一种反应能向多种产物方向转变，在反应未达平衡前利用反应速率来控制产物比例称为速率控制或动力学控制；利用产物间平衡来控制产物比例称为平衡控制或热力学控制。速率控制可通过降低反应温度或缩短反应时间；平衡控制可通过升高反应温度或延长反应时间，从而达到反应的平衡点。

反应在极性溶剂中主要发生 1, 4-加成反应，在非极性溶剂中主要发生 1, 2-加成反应。例如：

$$CH_2{=}CH{-}CH{=}CH_2 + Br_2 \longrightarrow \underset{Br}{CH_2}{-}CH{=}CH{-}\underset{Br}{CH_2}$$

溶剂	极性增加 ↓	1, 4-加成产物增加 ↓
正己烷		38%
氯仿		63%

2. 第尔斯-阿尔德反应

第尔斯-阿尔德（Diels-Alder）反应又称双烯合成反应，是德国化学家第尔斯（Diels）和阿尔德（Alder）在 1928 年研究丁-1, 3-二烯与顺丁烯二酸酐的反应时发现的一类反应，是指共轭二烯烃（双烯体）与含有烯键或炔键的化合物（亲双烯体）作用生成六元环状化合物的反应。

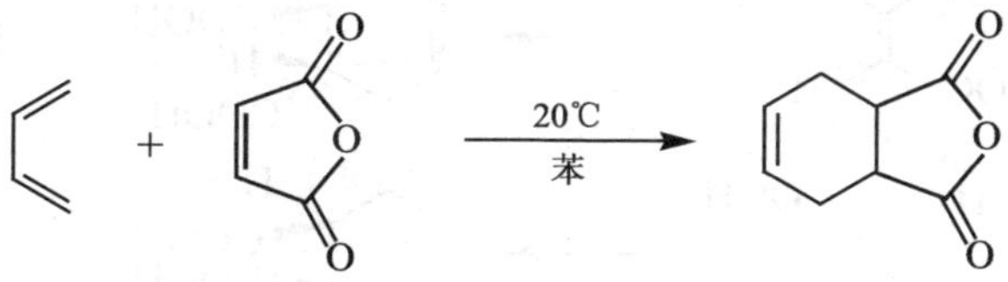

双烯体 亲双烯体

第尔斯-阿尔德反应是一步完成的协同反应，反应时反应物分子相互作用先形成一个环状过渡态，再逐渐转化为产物分子。在协同反应中，旧键的断裂与新键的形成是同时进行的，没有活泼中间体的生成。

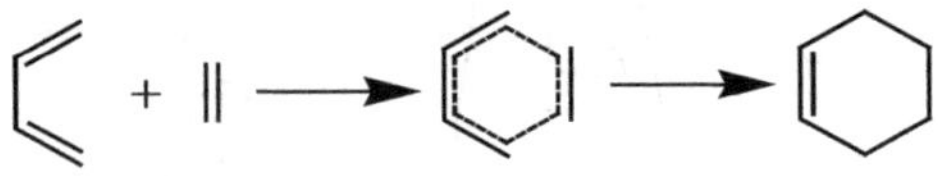

第尔斯-阿尔德反应具有以下反应特点：

（1）双烯体的两个双键必须采取 *s*-顺式的构象。例如：

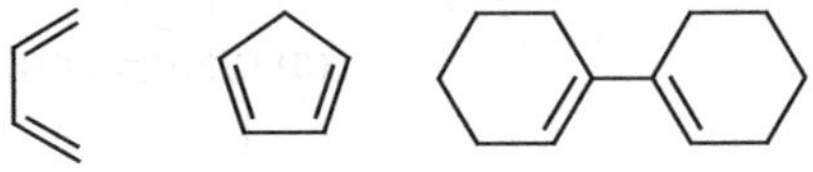

能发生反应

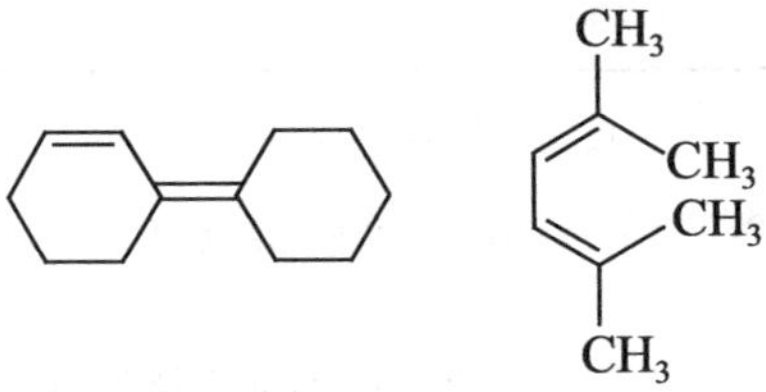

不能发生反应

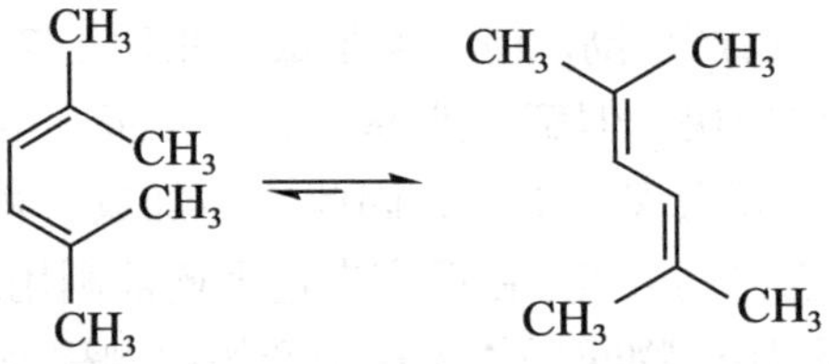

(*s*-顺式构象不稳定，以 *s*-反式构象存在)

（2）双烯体上连有给电子取代基，亲双烯体上连有吸电子取代基时，有利于反应的发生。例如：

双烯体：

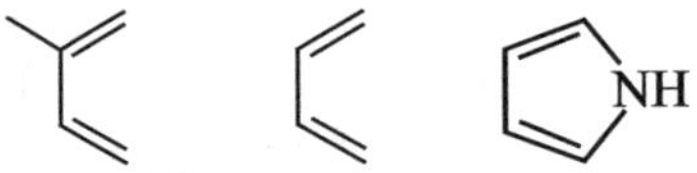

亲双烯体：

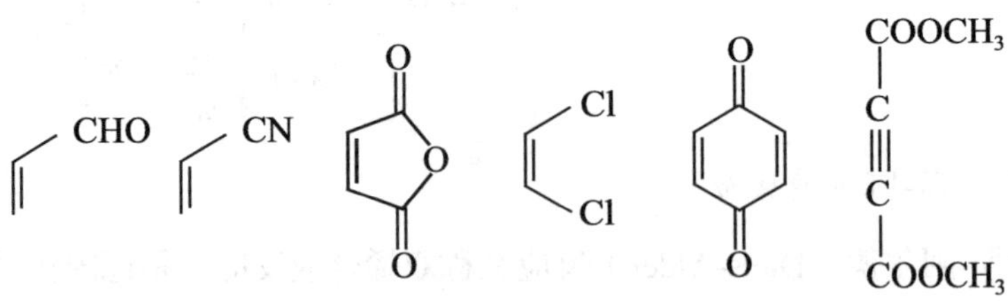

（3）反应是立体专一的顺式加成反应。例如：

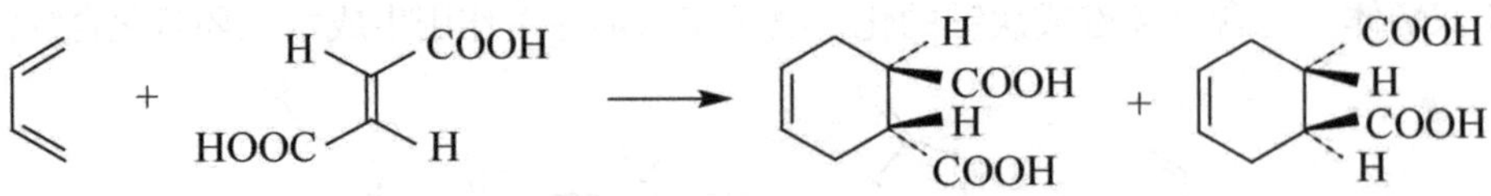

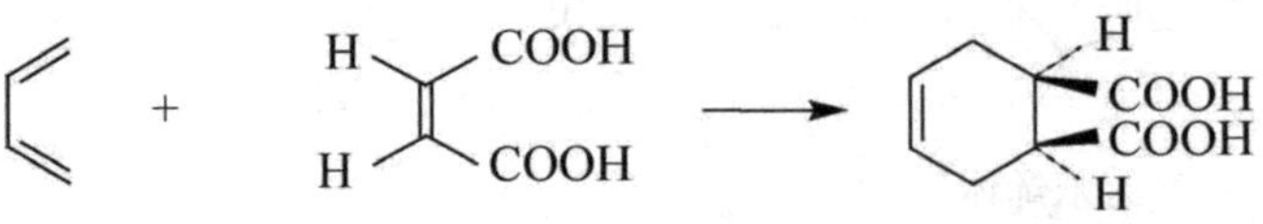

（4）反应具有区域选择性，当双烯体和亲双烯体上都有取代基时，所得产物以两个取代基处于邻位或对位的产物为主。例如：

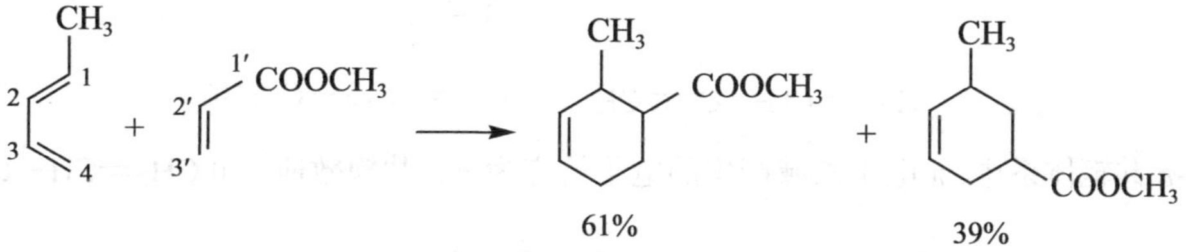

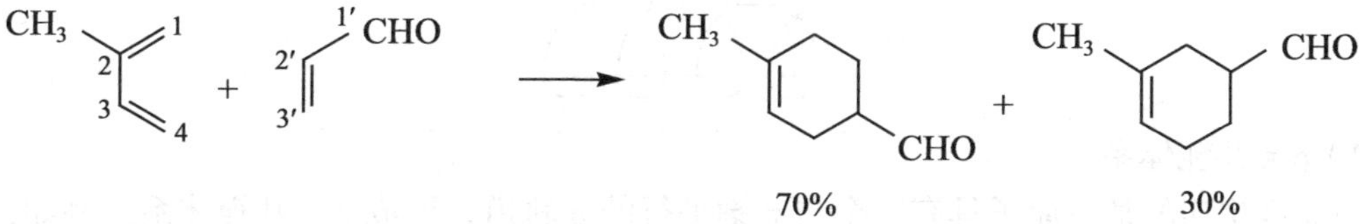

（5）反应是一个可逆反应。例如：

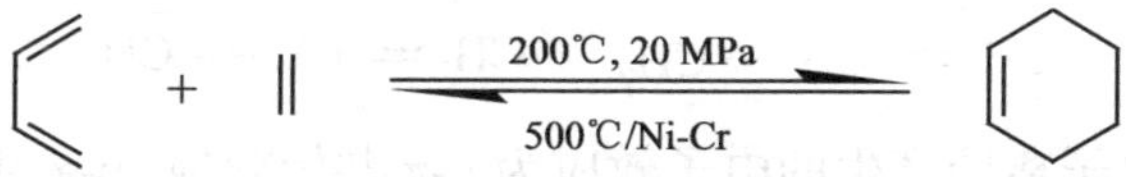

一般成环反应温度较低，分解反应温度较高。这种可逆反应在合成上可作为提纯双烯化合物的一种方法，也可用来制备少量不易保存的双烯体。

第尔斯-阿尔德反应是一个非常重要的合成六元环的有机反应。

4.5.4 共轭效应

扫一扫　　4-4 共轭效应

1. 共轭体系和共轭效应

共轭体系（conjugated system）是指单重键交替的体系。共轭效应（conjugated effect，用 C 表示）是指在共轭体系中由于 π 电子或 p 电子的分布发生变化而处于离域状态的一种电子效应。

共轭效应产生的必要条件是：①共轭体系中各个 σ 键在同一平面内；②参加共轭的 p 轨道互相平行。如果共平面性受到破坏，则 p 轨道的相互平行发生偏离，减少了它们之间的重叠，共轭效应就随之减弱，或者消失。

共轭效应的存在使共轭体系的键长平均化，体系能量降低，折射率比非共轭体系高。

2. 共轭体系的类型

根据参与共轭的原子数和轨道的不同，共轭体系分为 π-π 共轭体系和 p-π 共轭体系。

1）π-π 共轭体系

分子中双键（或三键）与单键相互交替排列的体系，即 π-π 共轭体系。例如：

$H_2C{=}CH{-}CH{=}CH_2$ 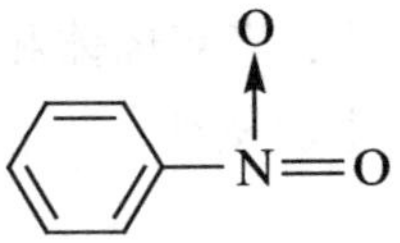

$H_2C{=}CH{-}C{\equiv}CH$　　$H_2C{=}CH{-}C{\equiv}N$

π-π 共轭体系中，π 电子离域产生的电子效应为 π-π 共轭效应，如 $CH_2{=}CH{-}CH{=}CH_2$。

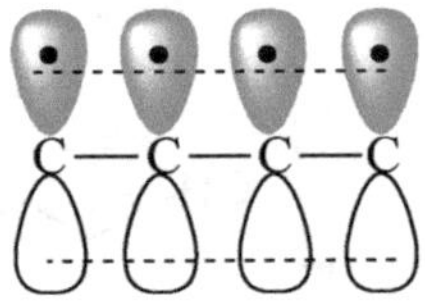

2）p-π 共轭体系

与 π 键相连的某一原子具有一个与 π 键平行的 p 轨道，形成 p-π 共轭体系。例如：

$CH_2{=}CH{-}\ddot{Cl}$　　$CH_2{=}CH{-}\dot{C}H_2$

$CH_2{=}CH{-}\overset{-}{C}H_2$　　$CH_2{=}CH{-}\overset{+}{C}H_2$

p-π 共轭体系中，电子离域产生的电子效应为 p-π 共轭效应。p-π 共轭体系又分为多电子、缺电子与等电子 p-π 共轭三种类型。

共轭的电子数多于共轭体系的原子数，称为多电子 p-π 共轭。例如：

$CH_2{=}CH{-}\ddot{Cl}$ 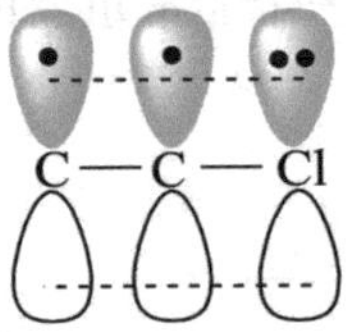

如果与 π 键共轭的 p 轨道是一个缺电子的空轨道，则共轭的电子数少于共轭体系的原子数，称为缺电子 p-π 共轭。例如：

$CH_2{=}CH{-}\overset{+}{C}H_2$ 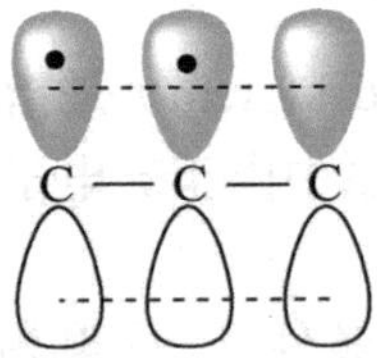

共轭的电子数与共轭体系的原子数相等，称为等电子 p-π 共轭。例如：

$CH_2{=}CH{-}\dot{C}H_2$ 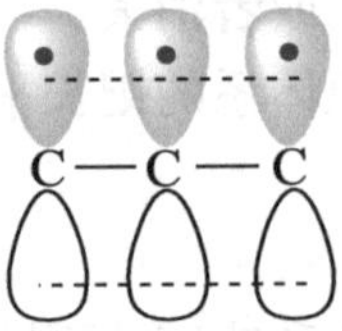

3. 共轭效应的传递

共轭效应通过共轭 π 键传递，可以传递得很远，一般不随共轭链的增加而逐渐消失或减弱。共轭体系一端受到电场的影响时，在共轭链上部分正电荷和部分负电荷交替出现，即极性交替现象。

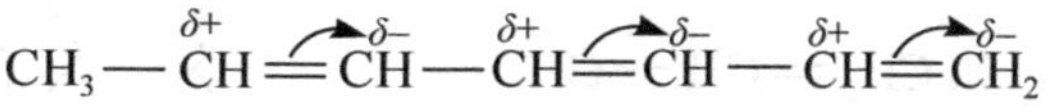

4. 共轭效应的方向和强度

共轭效应有吸电子共轭效应（–C）和给电子共轭效应（+C）。

1）吸电子共轭效应

π-π 共轭体系，π 电子云向电负性强的原子偏移，呈现吸电子共轭效应。例如：

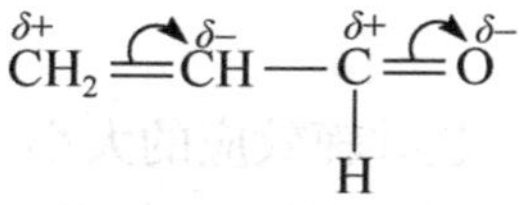

同周期元素，原子的电负性越强，则吸电子效应越强。例如：

$$=\!O > =\!NR > =\!CR_2$$

同主族元素，随着原子序数增加，π 键的重叠程度变小，吸电子效应逐渐减弱。例如：

$$=\!O > =\!S$$

2）给电子共轭效应

p-π 共轭体系，p 电子总是向不饱和的 π 键转移，呈现给电子共轭效应。例如：

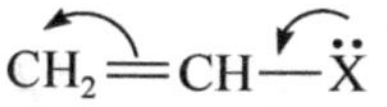

同主族元素，随着原子序数增加，原子半径逐渐增大，外层 p 轨道渐渐变大，与碳原子的 π 轨道重叠变得困难，形成 p-π 共轭的能力减弱，因此给电子共轭效应逐渐减弱。例如：

$$-\ddot{F} > -\ddot{Cl} > -\ddot{Br} > -\ddot{I}$$

$$-\ddot{O}R > -\ddot{S}R > -\ddot{Se}R > -\ddot{Te}R$$

$$-\ddot{O} > -\ddot{S} > -\ddot{Se} > -\ddot{Te}$$

同周期元素，随着元素电负性增大，原子核对外层未共用电子对的吸引力增强，使电子对参与共轭的能力逐渐减弱，因此给电子共轭效应逐渐减弱。例如：

$$-\ddot{N}R_2 > -\ddot{O}R > -\ddot{F}$$

上面讨论的共轭效应是在静止条件下，由原子的电负性或原子的电子对引起的共轭效应称为静态共轭效应，是共轭体系的内在性质。若在外电场的作用下，共轭体系产生的共轭电子沿共轭链 $\delta-$、$\delta+$交替传递的现象称为动态共轭效应，是在外电场影响下所表现的暂时效应。

5. 超共轭效应

当 C—H σ 键与 π 键或 p 轨道处于共轭位置时产生的 C—H σ 电子离域的现象称为超共轭效应。

σ-π超共轭，如 $CH_2=CH-CH_3$

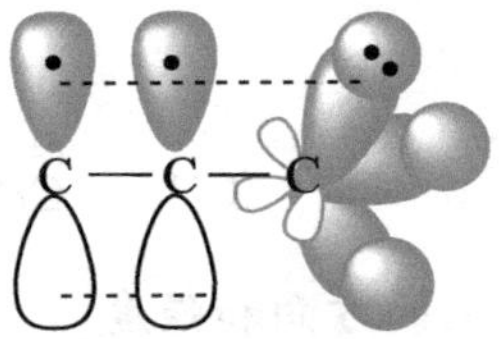

σ-p超共轭，如 $CH_3-\overset{+}{C}(CH_3)-CH_3$

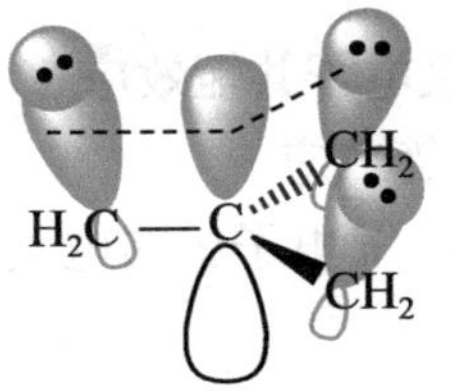

超共轭效应比共轭效应弱得多。超共轭效应的大小与 π 轨道或 p 轨道相邻碳上的 C—H 键的个数有关，C—H 键越多，超共轭效应越大。因此，基团超共轭效应的大小次序为

$$—CH_3 > —CH_2R > —CHR_2 > —CR_3$$

扫一扫　4-5 炔烃、二烯烃拓展阅读材料

习　题

1. 用系统命名法命名下列化合物。

（1）$(CH_3)_3C-C\equiv C-CH_2CH_3$　（2）$CH\equiv CCH_2Br$

（3）$CH_2=CH-C\equiv CH$　（4）$CH_2=CHCH_2CH_2C\equiv CH$

（5）$CH_3-CH(Cl)-C\equiv CCH_2CH_3$　（6）$CH_3C\equiv C-C(CH=CH_2)=CHCH_2CH_3$

2. 用简便的化学方法鉴别：

（1）2-甲基丁烷，3-甲基丁-1-烯，3-甲基丁-1-炔。

（2）戊-1-炔，戊-2-炔。

3. 写出 C_6H_{10} 的所有炔烃异构体的构造式，并用系统命名法命名。

4. 完成下列反应式。

（1）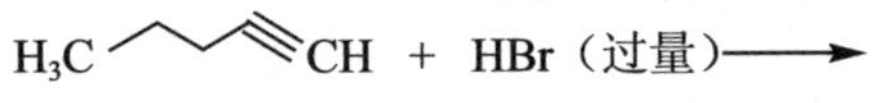

（2）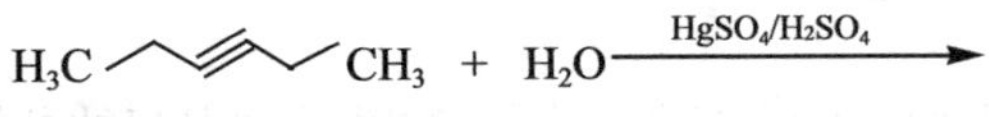

（3）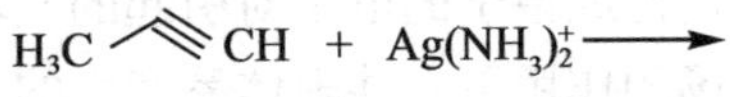

（4）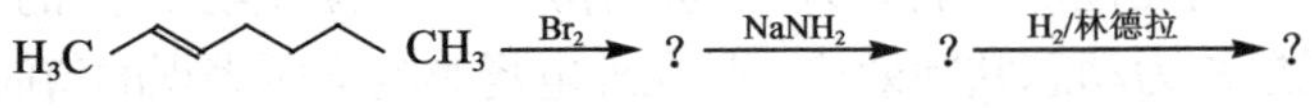

（5）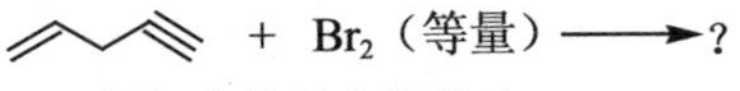

5. 戊-1, 3-二烯氢化热的实测值为 226 $kJ \cdot mol^{-1}$，与戊-1, 4-二烯相比，它的共轭能为多少？

6. 给出下列反应的试剂和反应条件。

（1）戊-1-炔 ⟶ 戊烷　（2）己-3-炔 ⟶ 顺己-3-烯　（3）戊-2-炔 ⟶ 反戊-2-烯

7. 用乙炔或丙炔为主要原料，合成下列化合物。

（1）$CH_3CHBrCH_3$　（2）$CH_3CBr_2CH_3$

（3）$CH_3\underset{\underset{O}{\|}}{C}CH_3$　（4）$CH_2=CH-\underset{\underset{O}{\|}}{C}-CH_3$

（5）己烷　（6）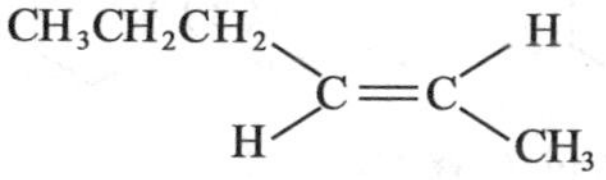

（7）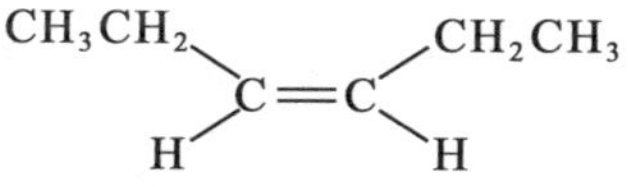

8. 由指定原料合成下列化合物。

（1）由乙炔合成己-3-炔

（2）由己-1-炔合成正己醛

（3）由乙炔和丙炔合成丙基乙烯基醚

9. 有（A）和（B）两个化合物，它们互为构造异构体，都能使溴的四氯化碳溶液褪色。（A）与 $Ag(NH_3)_2NO_3$ 反应生成白色沉淀，用 $KMnO_4$ 溶液氧化生成丙酸（CH_3CH_2COOH）和二氧化碳；（B）不与 $Ag(NH_3)_2NO_3$ 反应，而用 $KMnO_4$ 溶液氧化只生成一种羧酸。试写出（A）和（B）的构造式及各步反应式。

10. 某化合物的分子式为 C_6H_{10}，能与两分子溴加成而不能与氧化亚铜的氨溶液发生反应。在汞盐的硫酸溶液存在下，能与水反应得到 4-甲基戊-2-酮和 2-甲基戊-3-酮的混合物。试写出 C_6H_{10} 的构造式。

11. 某化合物（A），分子式为 C_5H_8，在液氨中与金属钠作用后，再与 1-溴丙烷作用，生成分子式为 C_8H_{14} 的化合物（B）。用高锰酸钾氧化（B）得到分子式为 $C_4H_8O_2$ 的两种不同的羧酸（C）和（D）。（A）在硫酸汞存在下与稀硫酸作用，可得到分子式为 $C_5H_{10}O$ 的酮（E）。试写出（A）～（E）的构造式及各步反应式。

12. 下列各组化合物分别与 HBr 进行亲电加成反应，哪个更容易？试按反应活性大小排序。

（1）$CH_3CH=CHCH_3$，$CH_2=CH-CH=CH_2$，$CH_3CH=CH-CH=CH_2$，$CH_2=\overset{\overset{CH_3}{|}}{C}-\overset{\overset{CH_3}{|}}{C}=CH_2$

（2）丁-1, 3-二烯，丁-2-烯，丁-2-炔

13. 某化合物（A）和（B）含碳 88.89%，氢 11.11%。这两种化合物都能使溴的 CCl_4 溶液褪色。（A）与 $AgNO_3$ 的氨溶液作用生成沉淀，氧化（A）得 CO_2 及丙酸 CH_3CH_2COOH。（B）不与 $AgNO_3$ 的氨溶液作用，氧化得 CO_2 及草酸 HOOC—COOH。试写出化合物（A）和（B）的结构式。

14. 将下列碳正离子按稳定性由大到小排序。

（1）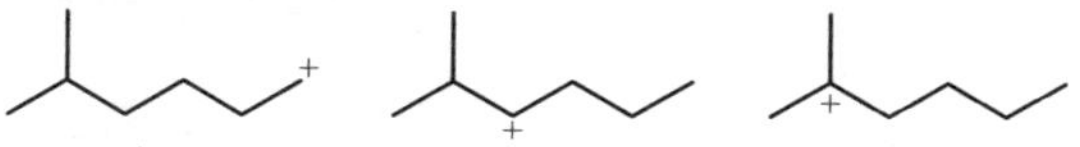

（2）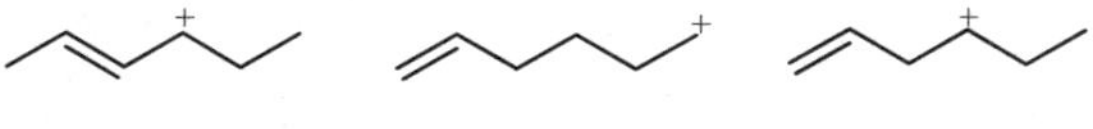

（3）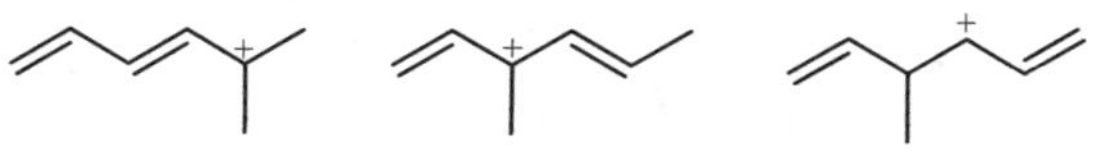

15. 某二烯烃和一分子 Br_2 加成的结果生成 2, 5-二溴己-3-烯，该二烯烃经臭氧分解而生成两分子 CH_3CHO 和一分子 OHC—CHO。

（1）写出某二烯烃的构造式。

（2）若上述的二溴加成产物再加一分子溴，得到的产物是什么？

16. 某化合物的相对分子质量为 82，1 mol 该化合物可吸收 2 mol H_2，当它和 $Ag(NH_3)_2^+$溶液作用时，没有沉淀生成，当它吸收 1 mol H_2时，产物为 2, 3-二甲基丁-1-烯。该化合物的构造式是什么？

17. 指出下列化合物可由哪些原料通过双烯合成反应制备。

（1）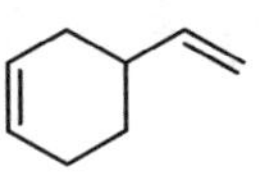　（2）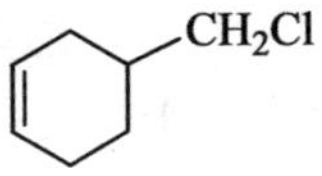　（3）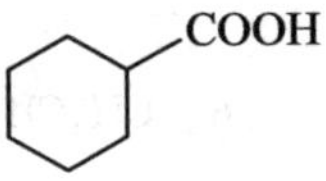　（4）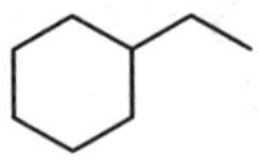

18. 什么是平衡控制？什么是速率控制？解释下列事实：

（1）丁-1, 3-二烯和 HBr 加成时，1, 2-加成比 1, 4-加成快。

（2）丁-1, 3-二烯和 HBr 加成时，1, 4-加成比 1, 2-加成产物稳定。

扫一扫　4-6　炔烃、二烯烃命名习题答案（2017 版）

第 5 章 脂 环 烃

扫一扫 5-1 脂环烃 目标导图+知识地图

碳原子相互连接形成闭合的碳环且其化学性质与脂肪烃（开链烃）相似的烃类化合物称为脂环烃，包括环烷烃、环烯烃、环炔烃等。单环烷烃的通式为 C_nH_{2n}，与单烯烃为同分异构体，本章主要介绍单环烷烃的结构与性质。

5.1 脂环烃的分类及命名

5.1.1 脂环烃的分类

脂环烃可根据环中有无不饱和键分为：环烷烃、环烯烃、环炔烃。

脂环烃也可根据所含碳环的个数分为：单环烃、二环烃、多环烃。

其中，单环烷烃（C_nH_{2n}）可根据成环碳原子的个数分为：小环化合物（n=3、4）、普通环化合物（n=5～7）、中环化合物（n=8～11）、大环化合物（n≥12）。

扫一扫 5-2 脂环烃的命名（1980 版）

5.1.2 脂环烃的命名

1. 单环脂环烃的命名

单环脂环烃的命名与开链烃基本相同，需要在母体前加一“环”字。

单环烷烃的命名步骤：

（1）没有取代基的环烷烃，命名时只需在相应的烷烃名称前加“环”。例如：

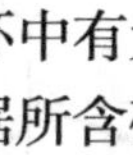

环丙烷
cyclopropane

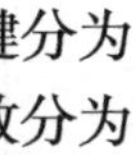

环丁烷
cyclobutane

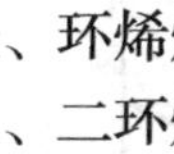

环戊烷
cyclopentane

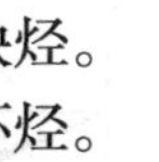

环己烷
cyclohexane

（2）有取代基的环烷烃，当取代基比较简单时，以环作为母体；取代基为较长的碳链时，以环作为取代基，作为烷烃的衍生物命名。例如：

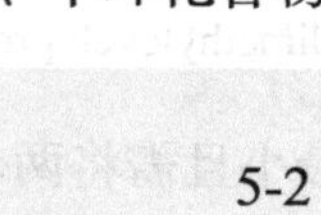

甲基环戊烷
methylcyclohexane

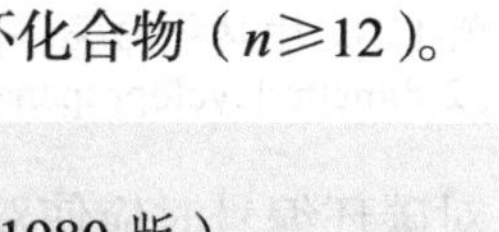

4-环丙基辛烷
4-cyclopropyl octane

（3）以环为母体且环上有两个或两个以上取代基时，对碳环编号时首先要符合最低系列原则，使取代基的编号尽可能小。如果依此仍不能确定，应按照取代基英文名称的字母顺序给靠前的取代基较小的编号。取代基的名称写在环烷烃的前面。例如：

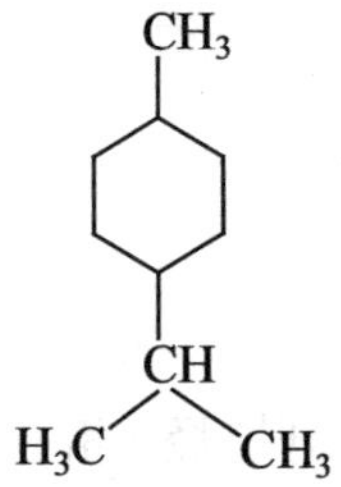

1-异丙基-4-甲基环己烷

1-isopropyl-4-methylcyclohexane

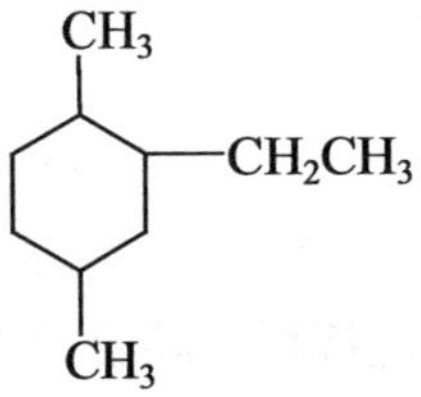

2-乙基-1,4-二甲基环己烷

2-ethyl-1,4-dimenthylcyclohexane

（4）由于成环碳原子的单键不能自由旋转，当环上有两个取代基时则存在顺反异构体。确定顺反的原则是：两个取代基在环平面的同一侧为顺（*cis*），在环平面的两侧为反（*trans*）。

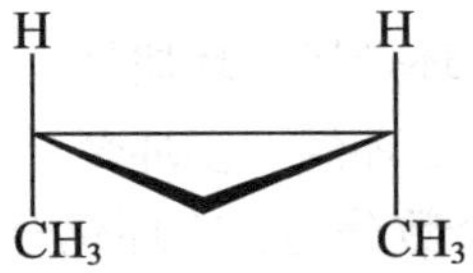

顺-1,2-二甲基环丙烷
cis-1, 2-dimethylcyclopropane

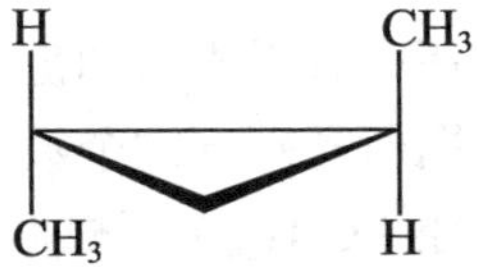

反-1,2-二甲基环丙烷
trans-1, 2-dimethylcyclopropane

环烯烃命名时，对碳环编号时应使双键碳原子的编号最小且需将两个双键碳原子都包含在内。例如：

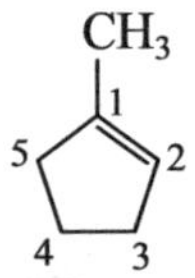

1-甲基环戊烯
1-methylcyclopentene

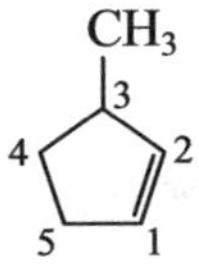

3-甲基环戊烯
3-methylcyclopentene

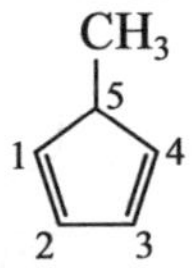

5-甲基环戊-1, 3-二烯
5-methylcyclopenta-1, 3-diene

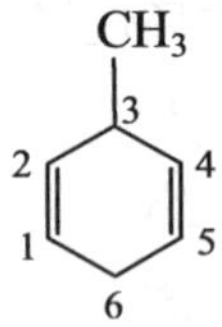

3-甲基环己-1, 4-二烯
3-methylcyclohexa-1, 4-diene

2. 桥环烃的命名

共用两个或多个碳原子的多环烃称为桥环烃。环与环间相连接的碳原子称为桥头碳，桥头碳之间可以是碳链，也可以是一个键，称为桥。将桥环烃完全变为开链化合物时要断裂碳链，环数等于断成开链烃的最少断裂次数，如断两次称为二环（或双环），断三次称为三环。

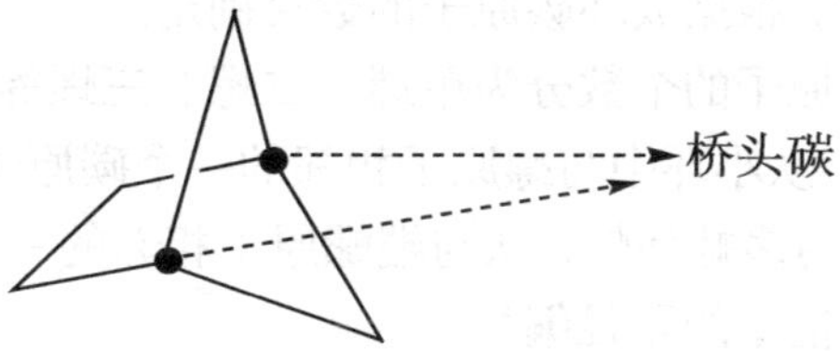

桥环烃的命名步骤：

（1）确定母体烃的名称。根据成环碳原子的数目而定。

（2）确定环数。

（3）确定主环。碳原子数最多的环为主环。

（4）确定主桥。主环内最长的桥是主桥，其他的桥是次桥。

（5）编号。从主环主桥的一个桥头碳开始，先编最长桥到另一个桥头碳，再编次长桥到起点桥头碳，依此类推。

（6）写出桥环烃的名称，格式为环数+带有数字的方括号+母体烃名称。方括号内的数字是各桥除桥头碳外的碳原子数目，由大到小列出，数字之间用圆点隔开。无碳原子的桥称为键桥，用 0 表示。

（7）若环上有取代基或双键，要使取代基或双键的编号尽可能小，命名时，先写出取代基或双键的位置、数目，放在母体前面。例如：

二环[3.2.1]辛烷
bicyclo[3.2.1]octane

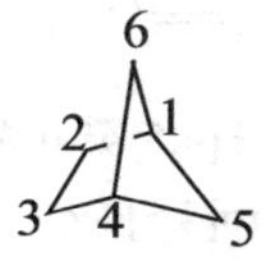

二环[2.1.1]己烷
bicyclo[2.1.1]hexane

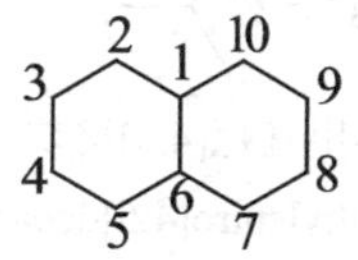

二环[4.4.0]癸烷
bicyclo[4.4.0]decane

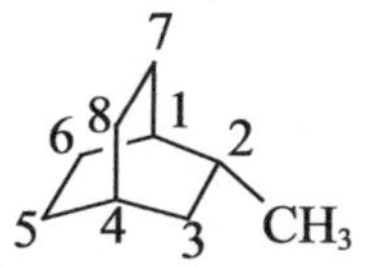

2-甲基二环[2.2.2]辛烷
2-methylbicyclo[2.2.2]octane

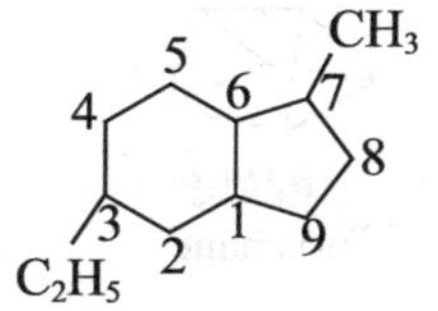

3-乙基-7-甲基二环[4.3.0]壬烷
3-ethyl-7-methylbicyclo[4.3.0]nonane

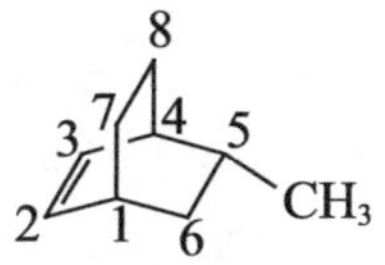

5-甲基二环[2.2.2]辛-2-烯
5-methylbicyclo[2.2.2]oct-2-ene

3. 螺环烃的命名

单环之间共用一个碳原子的多环烃称为螺环烃。共用的碳原子称为螺原子。

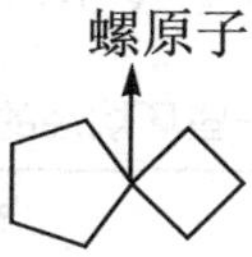

螺环烃的命名步骤：

（1）确定母体烃的名称。根据成环碳原子的数目确定。

（2）确定螺数。根据螺原子的个数分为单螺、二螺、三螺等。

（3）编号。对单螺环烃，从小环中与螺原子相邻的一个碳原子开始，经过小环到螺原子，再沿大环至所有环碳原子；对多螺环烃，从与端螺原子相邻的一个碳原子开始，沿多环的边使所有的螺原子位号都尽可能小的路径编号。

（4）写出螺环烃名称，格式为螺数+带有数字的方括号+母体烃的名称。对单螺环烃，方括号内的数字是除螺原子以外的每环碳原子个数，先小后大列出；对多螺环烃，则顺着环的编号次序，用数字表明螺原子之间的碳原子数目，依次写在方括号内。

（5）若环上有取代基或双键，要使取代基或双键的编号尽可能小，命名时，先写出取代基或双键的位置、数目，放在母体前面。例如：

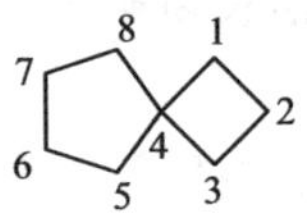

螺[3.4]辛烷

spiro[3.4]octane

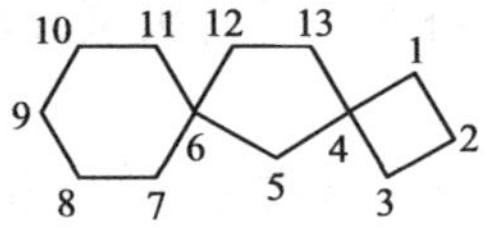

二螺[3.1.5.2]十三烷

bispiro[3.1.5.2]tridecane

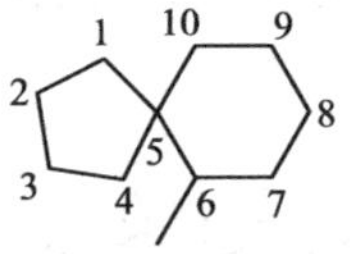

6-甲基螺[4.5]癸烷

6-methylspiro[4.5]decane

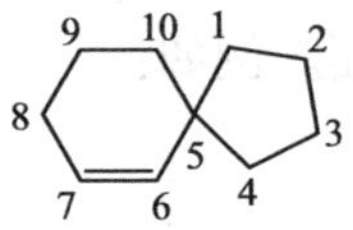

螺[4.5]癸-6-烯

spiro[4.5]dec-6-ene

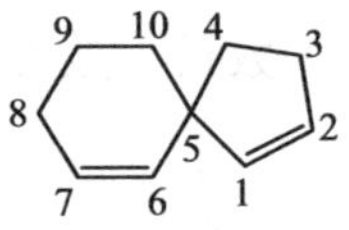

螺[4.5]癸-1, 6-二烯

spiro[4.5]deca-1, 6-diene

一些结构复杂的脂环烃常用俗名。例如：

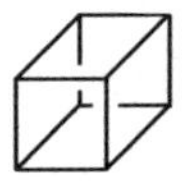

立方烷

cubane

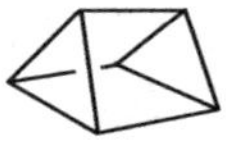

棱晶烷

prismane

金刚烷

adamantane

5.2　脂环烃的性质

环烷烃的分子排列比烷烃紧密，因此沸点、熔点、相对密度均比烷烃高。常温常压下，环丙烷和环丁烷为气体，环戊烷到环十一烷为液体，环十二烷以上为固体。环烷烃不溶于水，易溶于有机溶剂。一些环烷烃的物理常数见表 5-1。

表 5-1　一些环烷烃的物理常数

化合物	熔点/℃	沸点/℃	相对密度 d_4^{20}
环丙烷	−126.7	−32.7	$0.720^{(-79/4)}$
环丁烷	−50	12	$0.720^{(5/4)}$

续表

化合物	熔点/℃	沸点/℃	相对密度 d_4^{20}
环戊烷	−93.9	49.2	0.7457
环己烷	6.5	80.7	0.7785
环庚烷	−12	118.5	0.8098
环辛烷	14.3	149	0.8349
甲基环戊烷	−142.4	71.8	0.7486
甲基环己烷	−126.6	100.9	0.7694

5.2.1　环烷烃的反应

大环、中环化合物的化学性质与烷烃相似。普通环和小环化合物的性质对比如下。

1. 取代反应

环烷烃与卤素在光照或加热条件下的卤代反应属于自由基取代反应，反应的活性和环的大小无关。

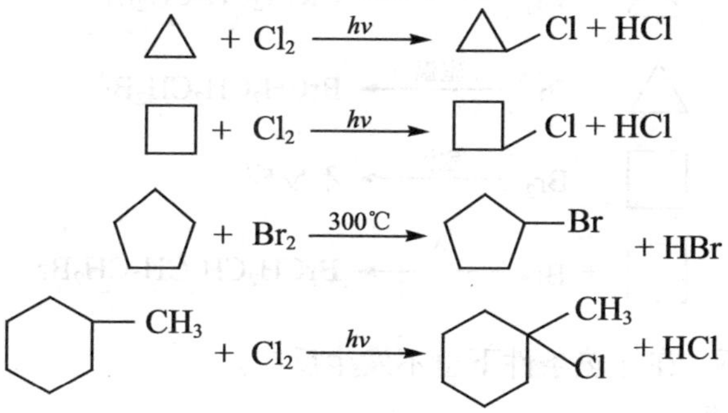

2. 氧化反应

在室温下环烷烃难以被氧化，与一般的氧化剂（如酸性高锰酸钾等）不发生反应。例如：

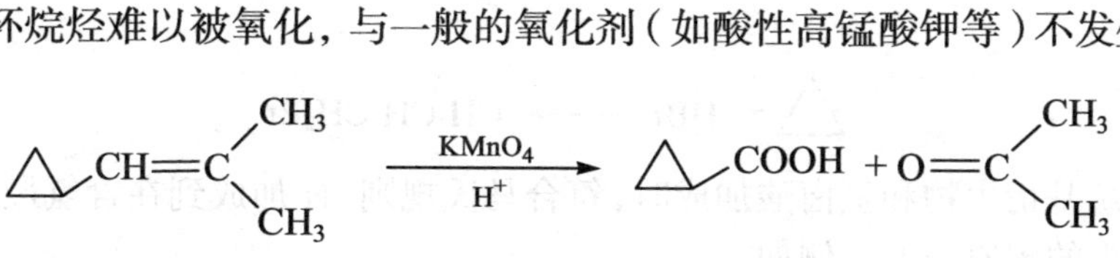

因此，可用高锰酸钾溶液区别烯烃和环丙烷衍生物。

但在加热条件下与强氧化剂作用，或者在催化剂存在下用空气氧化，可生成各种氧化产物。例如：

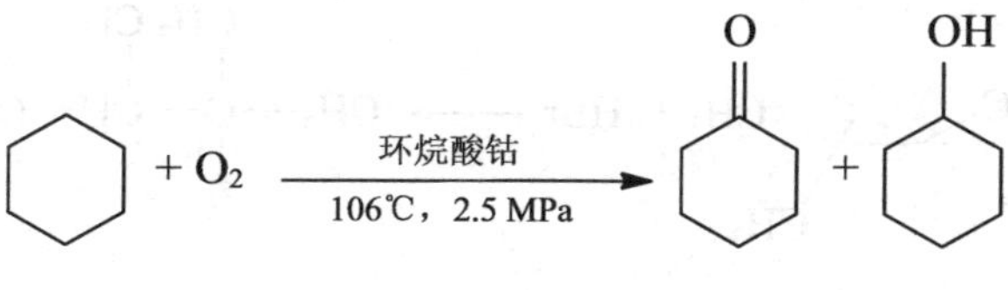

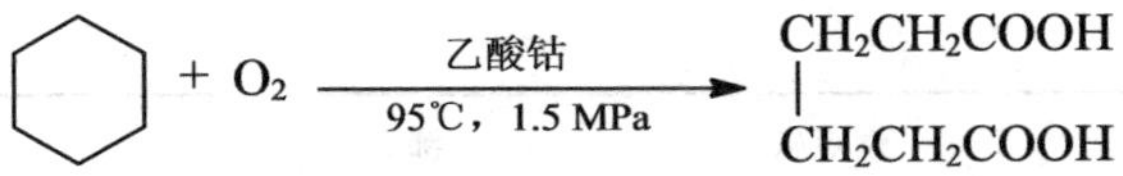

3. 加成反应

对于环丙烷和环丁烷，由于 C—C 键电子云未达最大重叠，C—C 键的键能较小，表现出与烯烃相似的化学活泼性，易与一些试剂发生加成反应，开环生成开链化合物。

1）催化加氢

环丙烷和环丁烷在 Ni 催化下与氢加成，环破裂生成烷烃，环戊烷要用活性更高的 Pt 催化剂，在较高的温度下才能加氢变成烷烃，环已烷则很难发生加氢反应。

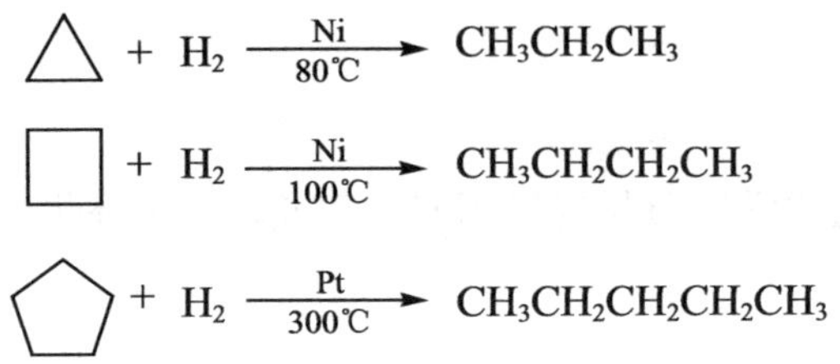

2）与卤素的加成

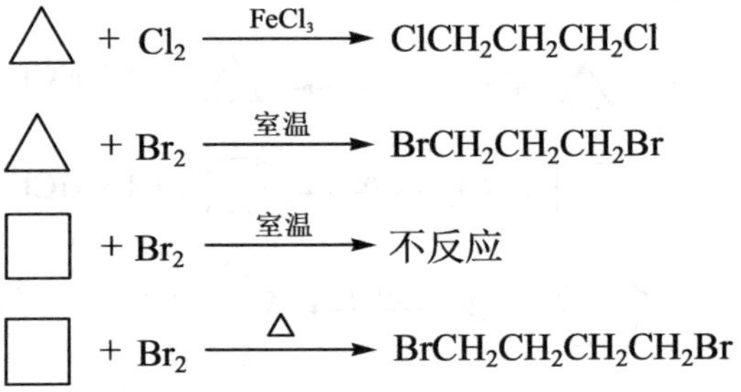

环戊烷和更大的环，在加热条件下也不发生反应。

3）与卤化氢的加成

环丙烷与 HX 在室温下能发生加成反应，开环生成卤代烷，环戊烷和更大的环则不发生此类反应。

环丙烷的烷基衍生物和氢卤酸加成时，符合马氏规则，H 加成到在含氢最多的碳原子上，X 加在含氢最少的碳原子上。例如：

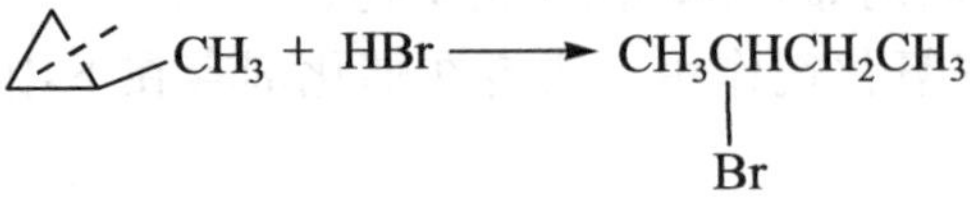

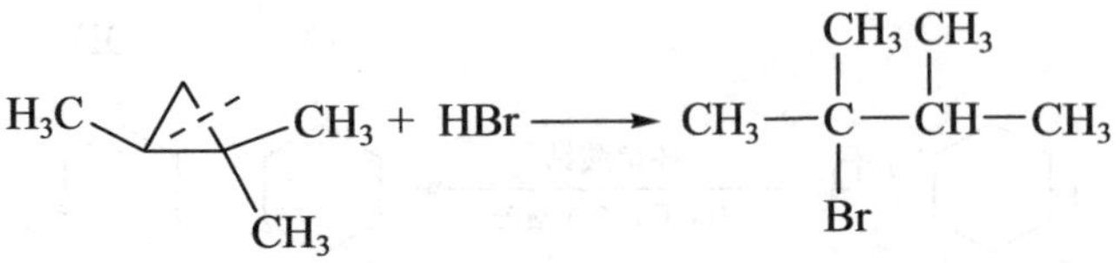

由以上反应可看出，加成反应的活性与环的大小有关，反应活性大小顺序为

三元环＞四元环＞五、六元环

5.2.2 环烯烃的反应

环烯烃也具有和开链烯烃相似的化学性质，能发生亲电加成反应、氧化反应、α-卤代反应等。例如：

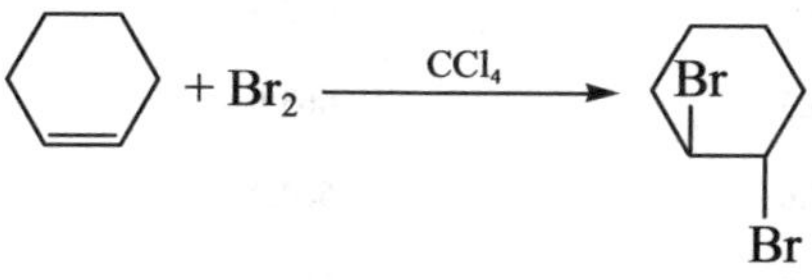

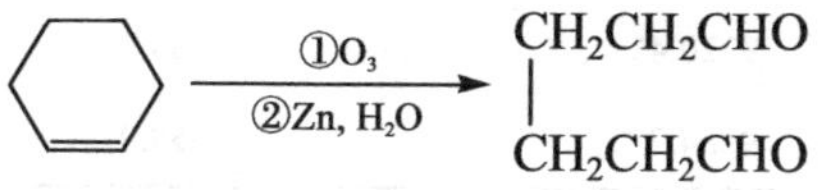

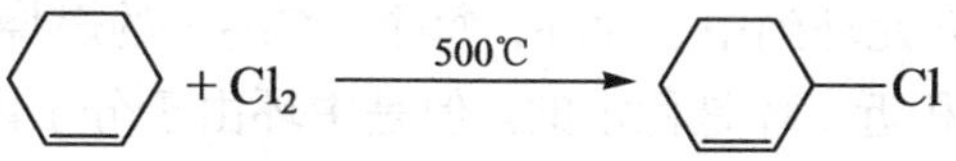

5.3 脂环烃的结构及稳定性

从环烷烃的化学性质可以看出，环丙烷最不稳定，环丁烷次之，环戊烷比较稳定，环己烷以上的大环都稳定，这反映了环的稳定性与环的结构有着密切的联系。为了解释各种环的稳定性，德国化学家拜耳（Baeyer）于 1885 年提出了张力学说。张力学说提出碳原子成环后，所有成环的碳原子都处在同一平面上，形成正多边形，当碳原子的键角偏离 109.5°时，会产生一种恢复正常键角的力量，这种力称为张力，又称为角张力。偏转角度的计算公式为

$$偏转角度=（109.5°-内角）/2$$

偏转角度越大，角张力就越大。

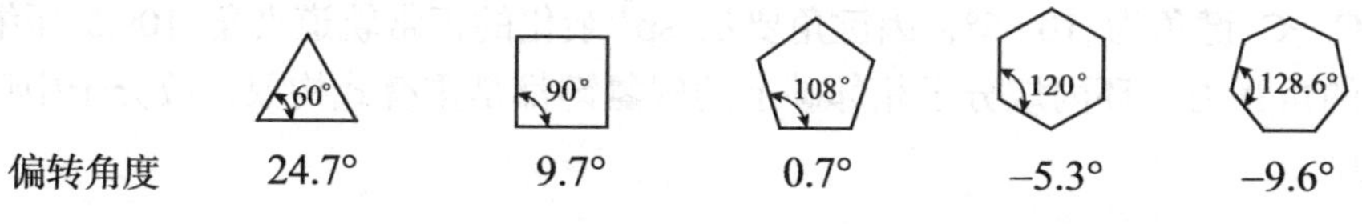

从偏转角度来看，五元环应最稳定，大于或小于五元环都将越来越不稳定。但实际上，五元环、六元环和更大的环形化合物都是稳定的。这说明张力学说存在缺陷。

除角张力外，环中还存在扭转张力。扭转张力是指相邻碳的 C—H 键互相处于重叠式构象时，有恢复成交叉式的趋向而产生的作用力。

1930 年，用热力学方法研究张力能，精确测量环烷烃的燃烧热（燃烧热指 1 mol 烷烃完全燃烧生成 CO_2 和水时放出的热）。每个—CH_2—的燃烧热是相同的，为 658.6 kJ · mol^{-1}，如果测量值大于此数值，说明热力学能高。环烷烃燃烧热的实测数据见表 5-2。

表 5-2　环烷烃的燃烧热

化合物	碳原子数	燃烧热/(kJ · mol^{-1})	CH_2 的燃烧热/(kJ · mol^{-1})	与标准的差值/(kJ · mol^{-1})
环丙烷	3	2091.2	697.1	115.5
环丁烷	4	2744.3	686.2	110.4
环戊烷	5	3320.0	664.0	27.0
环己烷	6	3951.8	658.6	0
环庚烷	7	4636.7	662.3	25.9
环辛烷	8	5310.3	663.6	40.0
环壬烷	9	5981.0	664.4	52.2
环癸烷	10	6635.8	663.6	50.0
环十四烷	14	9220.4	658.6	0
环十五烷	15	9884.7	659.0	6.0

从表 5-2 可看出，从五元环到中、大环，每个—CH_2—的燃烧热都接近 658.6 kJ · mol^{-1}，说明环的热力学能与烷烃相近，环是稳定的。但是中环由于分子内氢原子间距离较近，彼此间斥力较大，环能量较高，因此稳定性比大环稍差。近年来制备了许多大环化合物，经 X 射线分析，分子呈皱折形，碳原子不在同一平面内，碳原子键的键角接近 109.5°，由两条平行碳链组成无张力环。环二十二烷的结构如下所示：

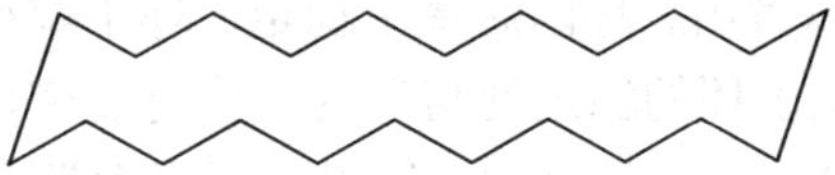

环二十二烷

5.3.1　环丙烷的结构

环丙烷是含三个碳原子的环，只能是平面构型。在环丙烷分子中，电子云的重叠不能沿着 sp^3 轨道的对称轴重叠，只能偏离键轴一定的角度以弯曲键侧面重叠，形成弯曲键（又称香蕉键），其 C—C—C 键角为 105.5°，因键角要从 sp^3 杂化的正常轨道夹角 109.5°压缩到 105.5°，故有一定的角张力。环丙烷分子相邻碳上的碳氢键都是重叠式构象，故分子中还存在较大的扭转张力。

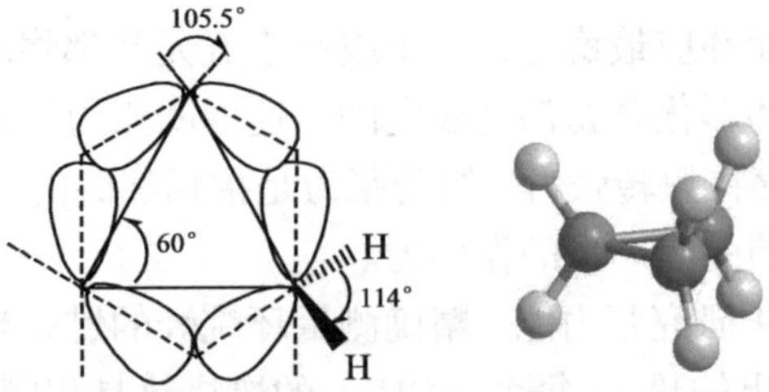

环丙烷分子中角张力和扭转张力的存在使得环丙烷分子不稳定，易开环发生加成反应。

5.3.2　环丁烷的构象

环丁烷分子中四个碳原子不在同一平面，以折叠式构象（又称蝶式构象）存在，环丁烷的这种非平面结构可以减少相邻碳上 C—H 键的重叠，使扭转张力减小。环丁烷分子中 C—C—C 键角为 111.5°，角张力也比环丙烷的小。

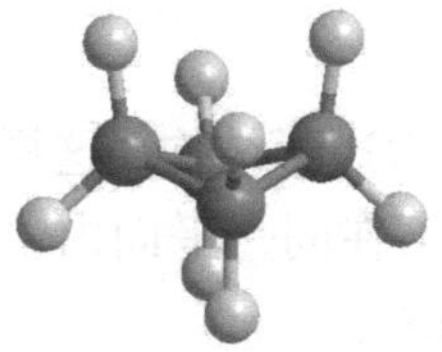

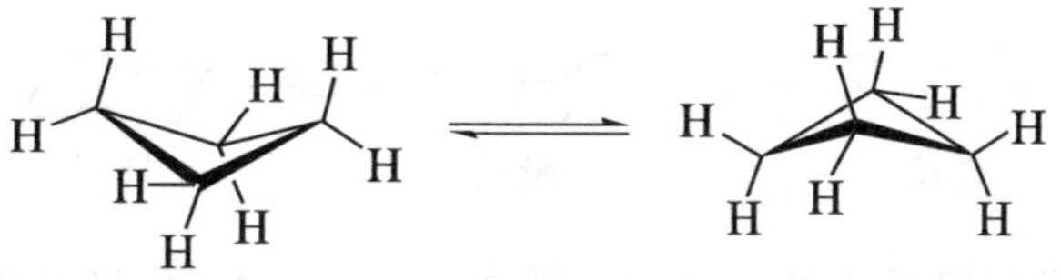

环丁烷可以通过平面式构象由一种折叠式构象转成另一种折叠式构象，处于动态平衡中。环丁烷分子中同样存在张力，但比环丙烷的小，因此环丁烷比环丙烷稳定。

5.3.3　环戊烷的构象

环戊烷分子若为平面结构，则 C—C—C 键角为 108°，角张力很小，但相邻碳的 C—H 键都是重叠式构象，存在较大的扭转张力。因此，环戊烷是非平面结构，存在信封式和半椅式两种极限构象，两构象间能量相差很小，不断相互转换。

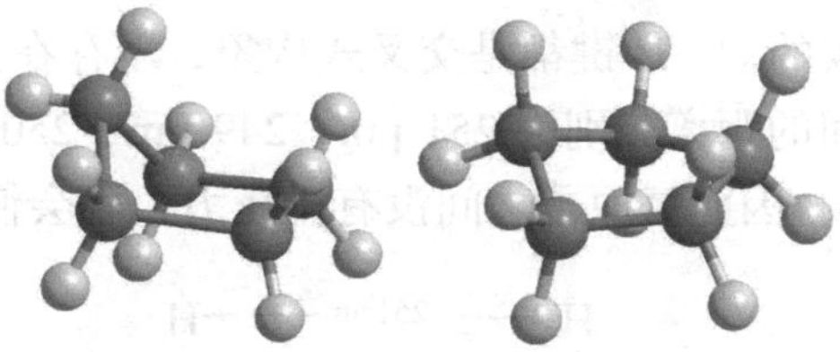

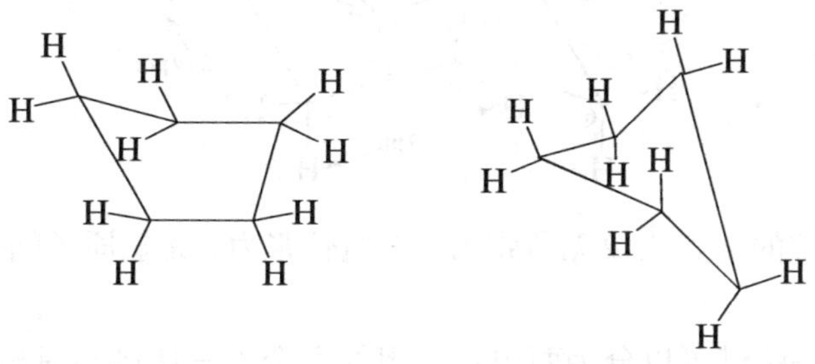

信封式　　半椅式

这种构象的环张力很小，因此环戊烷的化学性质稳定。

5.3.4 环己烷和取代环己烷的构象

扫一扫　5-3 环己烷的构象

1. 环己烷的构象

环己烷不是平面键角为120°的正六边形结构，这样的结构既有角张力又有扭转张力，很不稳定。因此，环己烷的六个碳原子不在同一平面内，C—C—C 键角保持 109.5°，没有角张力。环己烷有椅式和船式两种极限构象。

椅式　　船式　　椅式

椅式构象的锯架式和纽曼式如下所示。其中，1、2、4、5 四个碳原子在同一平面内，碳原子 3、6 分别在这一平面的上方和下方，像一把椅子，故称为椅式。

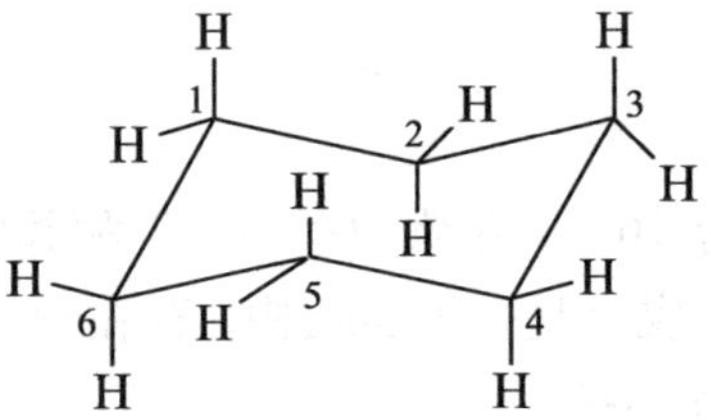

锯架式

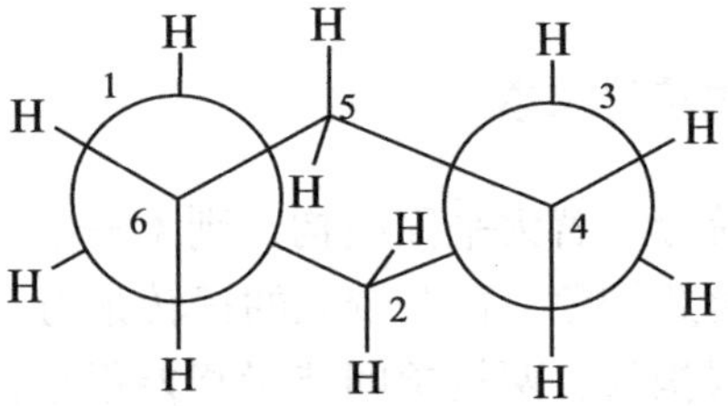

纽曼式

在这种构象中，相邻碳的 C—H 键都是交叉式构象，不存在扭转张力。

椅式构象中氢原子之间的距离分别为 251 pm、249 pm、250 pm，均大于两个氢原子的范德华半径之和（240 pm），因此氢原子之间没有排斥力，不会使体系热力学能增加。

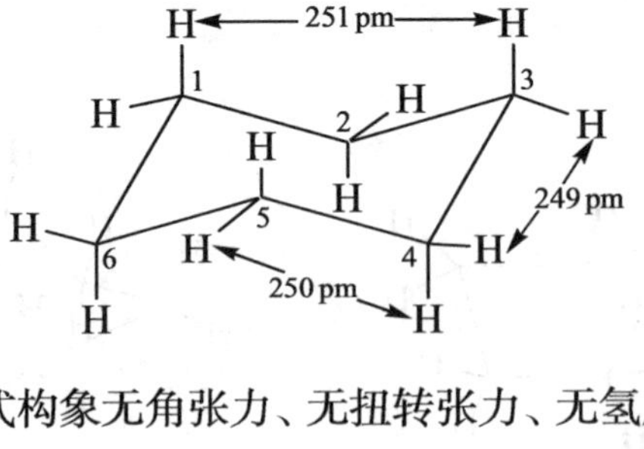

综上所述，环己烷的椅式构象无角张力、无扭转张力、无氢原子间排斥力，是无张力环，非常稳定。

椅式构象中，C—H 键可以分为两组：一组的六个 C—H 键与对称轴平行，称为直立键或 a（axial）键，三个朝上，三个朝下，相邻则一上一下；另一组的六个 C—H 键指向环外，与 a 键形成 109.5°的夹角，称为平伏键或 e（equatorial）键。

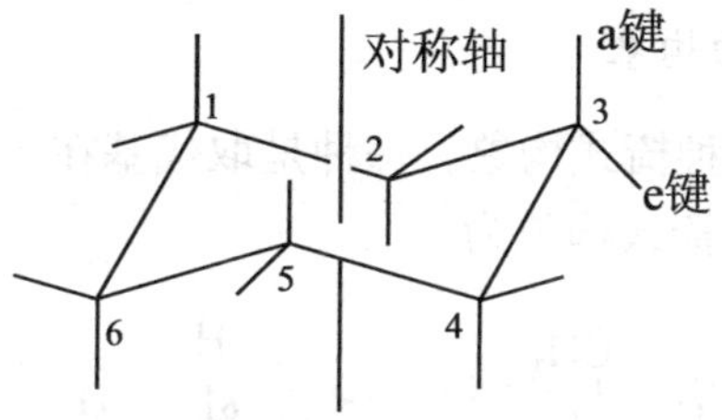

环己烷中的C—C键可在环不破裂的范围内旋转，使一种椅式构象转变为另一种椅式构象，这种构象互变称为转环作用。在转环过程中，原来的a键全都变成e键，原来的e键全都变成a键，但朝向不变。室温下，就能迅速转环，每秒10^4～10^5次。

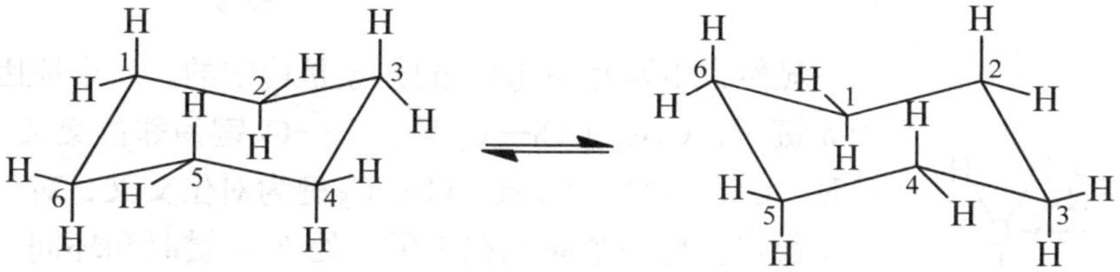

船式构象的锯架式和纽曼式如下所示。其中，1、2、4、5 四个碳原子在同一平面内，但碳原子3、6都在这一平面的上方，像一条小船，故称为船式。

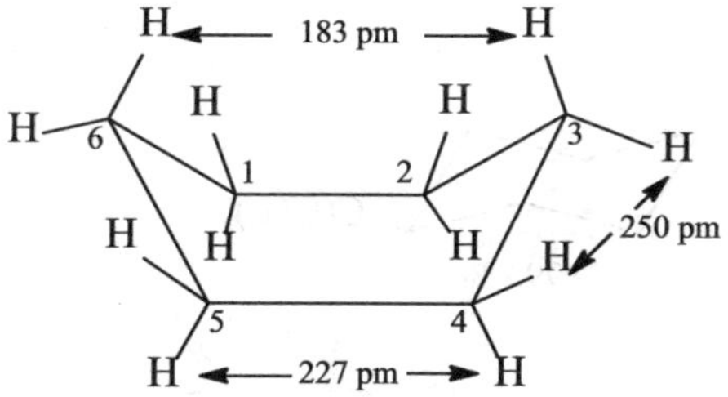

锯架式

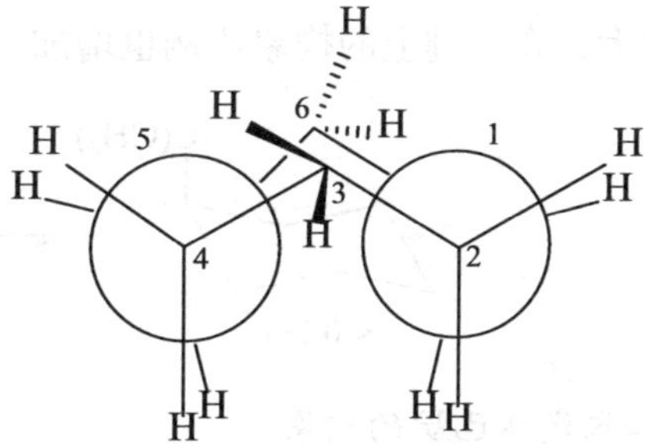

纽曼式

在船式构象中，C_1～C_2和C_4～C_5间的C—H键都是重叠式构象，存在较大的扭转张力。氢原子之间的距离分别为183 pm、250 pm、227 pm，C_3—H和C_6—H的间距及C_4—H和C_5—H的间距均小于两个氢原子的半径之和，氢原子之间存在较大的排斥力，使体系热力学能增加。

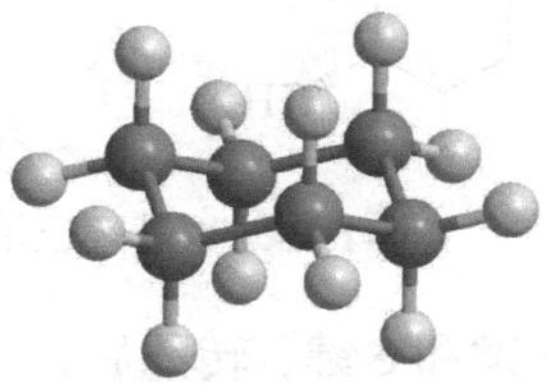

椅式构象

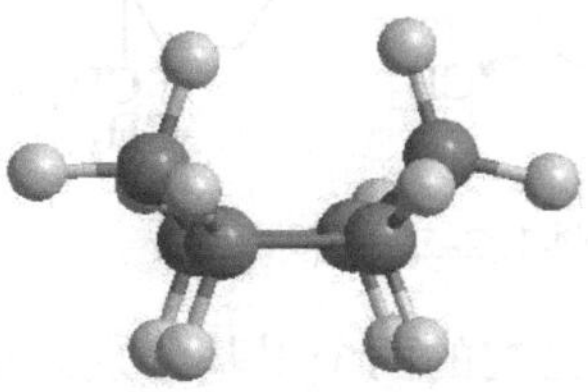

船式构象

因此，环己烷的船式构象的热力学能比椅式构象高（约为30 kJ · mol^{-1}），椅式构象为最稳定构象。在一般情况下，环己烷主要以椅式构象存在。室温下，环己烷椅式与船式两种构象之比约为10 000：1。

2. 一（单）取代环己烷的构象

一（单）取代环己烷有两种椅式构象，一种是取代基在 a 键上，另一种是取代基在 e 键上。以甲基环己烷为例，两种椅式构象为

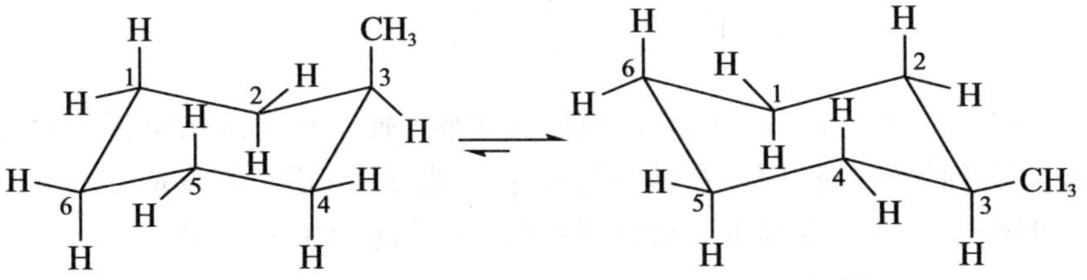

5%　　95%

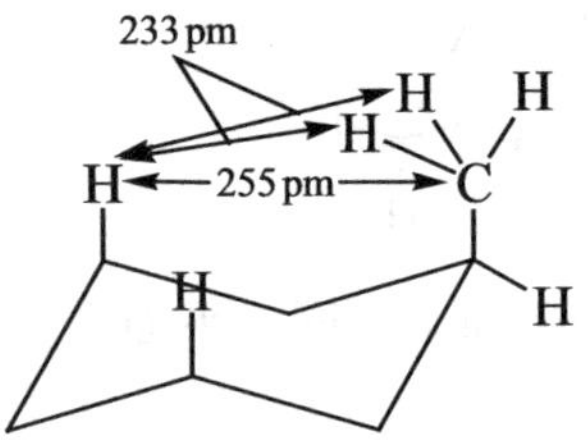

显然，甲基在 e 键上的构象是稳定的。一个原因在于甲基处于 a 键时，CH_3 与 C_1—C_2 键、C_4—C_5 键为邻位交叉，甲基处于 e 键时，CH_3 与 C_1—C_2 键、C_4—C_5 键为对位交叉，对位交叉比邻位交叉稳定。另一个原因在于甲基处于 a 键时和环同一边相邻的两个 a 键氢原子距离较近，存在较大的斥力，这种斥力称为范德华张力。

一取代环己烷中，取代基占据 e 键的构象更稳定。随着取代基团的增大，在 e 键上的构象比例也增加。例如：

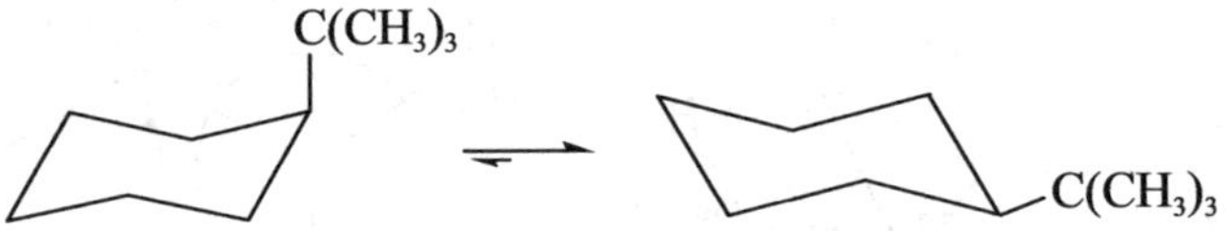

<0.1%　　>99.9%

3. 二取代环己烷的构象

二取代环己烷有 1, 2-、1, 3-、1, 4-三种取代位置，还有顺反异构。

1）1, 2-二取代环己烷

1, 2-二取代环己烷的两个取代基相同时，顺式、反式的平面结构可表示为

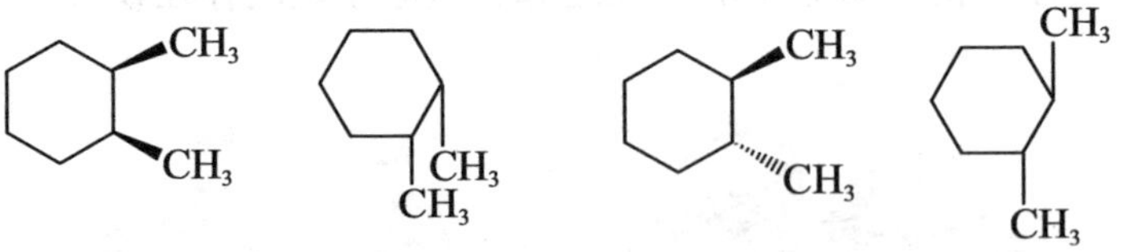

顺-1, 2-二甲基环己烷　　反-1, 2-二甲基环己烷

顺-1, 2-二甲基环己烷的两个甲基分别处于 a 键和 e 键，转环后，仍位于 e 键和 a 键，为 ae 到 ea 的转换，两构象相同。

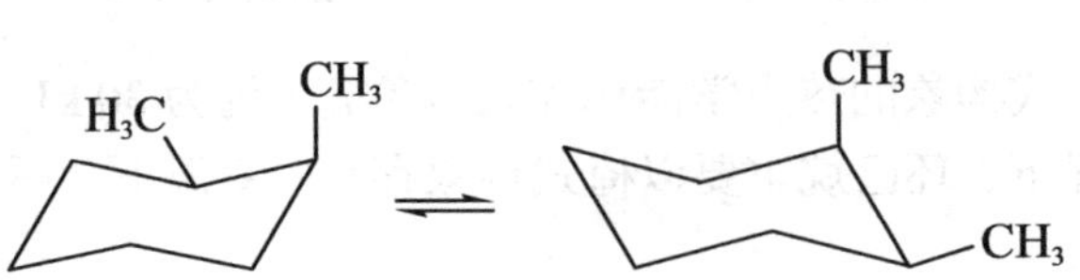

反-1, 2-二甲基环己烷的两个甲基或者都处于 a 键，或者都处于 e 键，为 aa 到 ee 的转换，显然甲基处于 ee 键时的构象能量最低，为稳定构象。

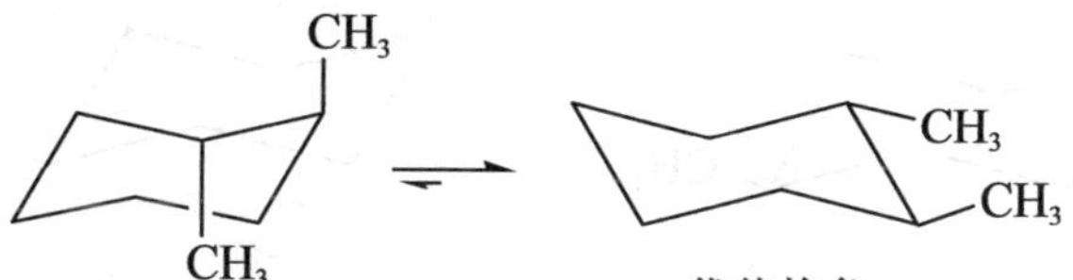

优势构象

1, 2-二取代环己烷的两个取代基不同时，以 1-叔丁基-2-甲基环己烷为例。顺-1-叔丁基-2-甲基环己烷，叔丁基处于 e 键时的构象为稳定构象。反-1-叔丁基-2-甲基环己烷，甲基和叔丁基都处于 e 键时的构象为稳定构象。

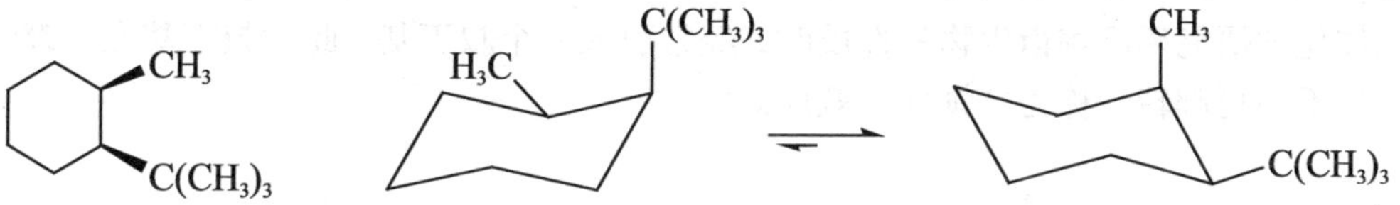

顺-1-叔丁基-2-甲基环己烷 优势构象

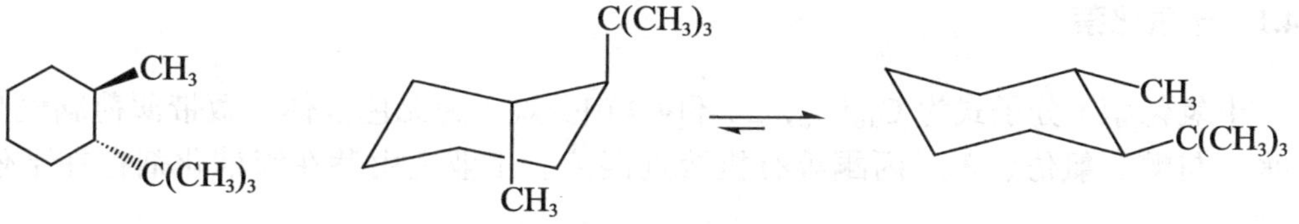

反-1-叔丁基-2-甲基环己烷 优势构象

从以上分析可得出，稳定的构象是 e 键上取代基最多的构象，当取代基不同时，大的取代基在 e 键上的构象最稳定。

2）1, 3-二取代环己烷

顺-1, 3-二取代环己烷的构象通过转环作用时，两个取代基为 aa 和 ee 间的转换，取代基都处于 e 键时的构象为稳定构象。反-1, 3-二取代环己烷的构象通过转环作用时，两个取代基为 ae 和 ea 间的转换，取代基相同时，两构象相同，取代基不同时，大的取代基处于 e 键的构象为稳定构象。

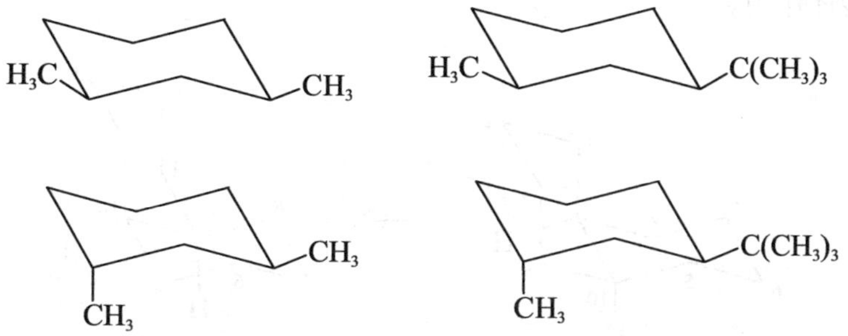

3）1, 4-二取代环己烷

1, 4-二取代环己烷与 1, 2-二取代环己烷的情况类似。顺式为 ae 和 ea 间的转换，反式为

aa 和 ee 间的转换。

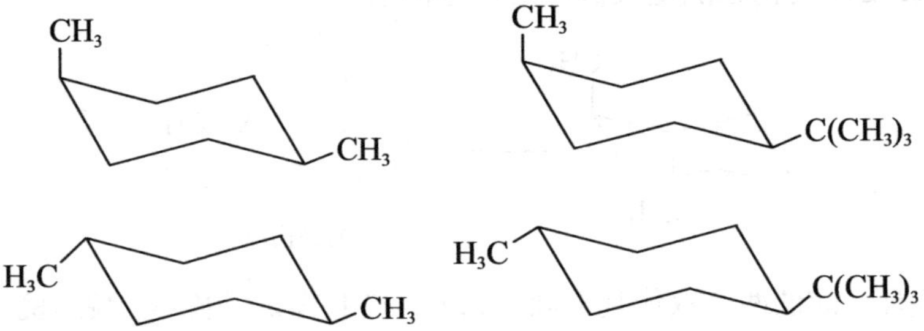

如果取代基多于两个，e 键上取代基最多的构象最稳定，若取代基不同时，大的取代基尽可能多地在 e 键上的构象最稳定。

立体化学研究环己烷衍生物的性质时，经常引入一个叔丁基，此时叔丁基在 e 键的构象稳定，环不易再翻转，称为“锁住”效应。

5.4 多 环 烃

5.4.1 十氢化萘

十氢化萘（分子式为 $C_{10}H_{18}$，二环[4.4.0]癸烷）为无色液体，微带薄荷脑气味，不溶于水，与醇、氯仿、苯、丙酮等有机溶剂混溶。工业上由萘在镍催化剂存在下催化加氢得到。

十氢化萘有顺、反两种异构体，顺十氢化萘的两个桥头氢原子位于环平面的同一侧，反十氢化萘的两个桥头氢原子位于环平面的两侧。平面结构可表示为

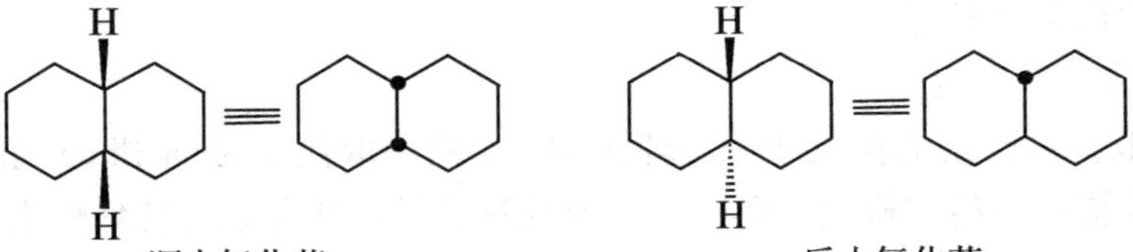

顺十氢化萘　　反十氢化萘

顺十氢化萘的两个六元环都以椅式存在，两个桥头氢分别位于 a 键和 e 键，其构象存在类似环己烷的转环作用。

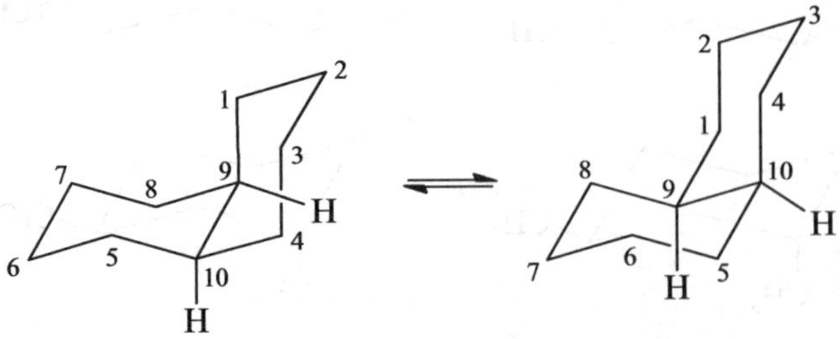

反十氢化萘的两个六元环也都以椅式存在，但两个桥头氢都位于 a 键，若发生转环作用，

则相邻两个碳原子上的 a 键为 180°，会导致环的破裂，因此反十氢化萘的构象稳定。同样，反十氢化萘的稳定性大于顺十氢化萘。

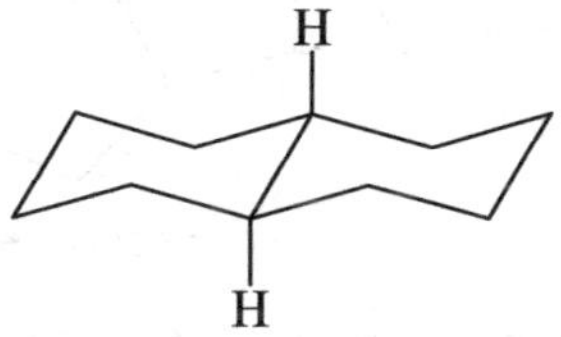

5.4.2 菲烷

菲烷分子中有三个六元环结构，存在多种构型异构体，根据椅式构象比船式构象稳定的规律，可推测反，反，反-异构体和顺，反，反-异构体中六元环都采取椅式构象。

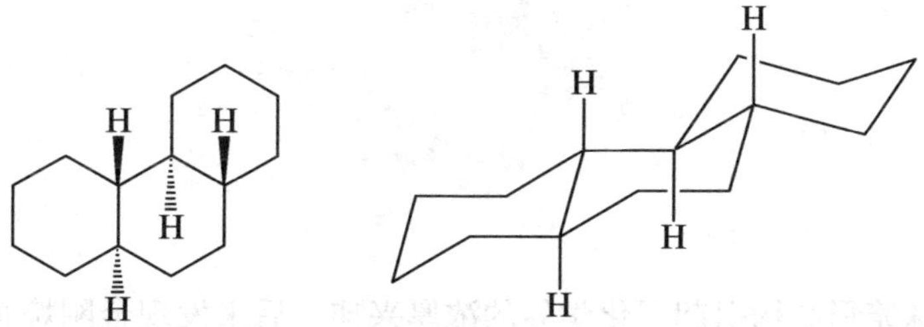

反，反，反-异构体的构象

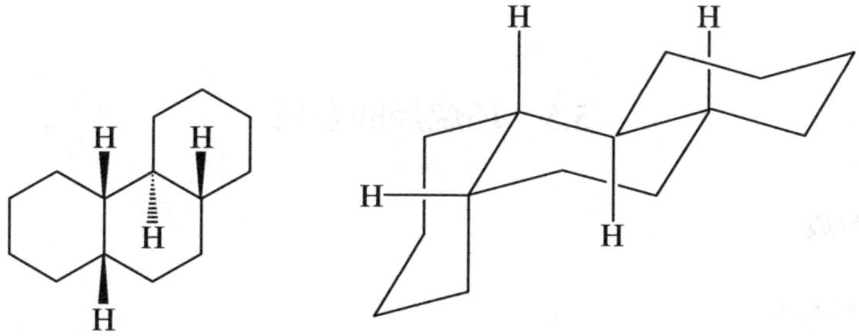

顺，反，反-异构体的构象

但其中一个反，顺，反-异构体由于几何原因，中间的六元环为船式构象。

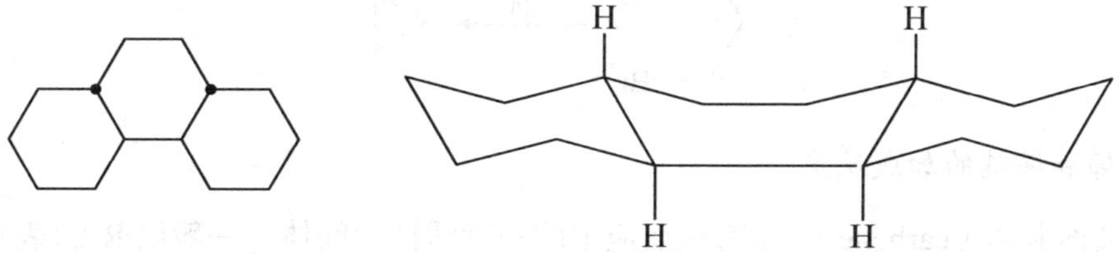

5.4.3 金刚烷

金刚烷（分子式为 $C_{10}H_{16}$，三环[3.3.1.1^{3,7}]癸烷）为无色晶体，天然存在于石油中。溶于有机溶剂，不溶于水，有芳香气味，化学性质稳定。金刚烷可由二聚环戊二烯催化氢化得四氢化二聚环戊二烯，然后在无水氯化铝存在下异构化制得。

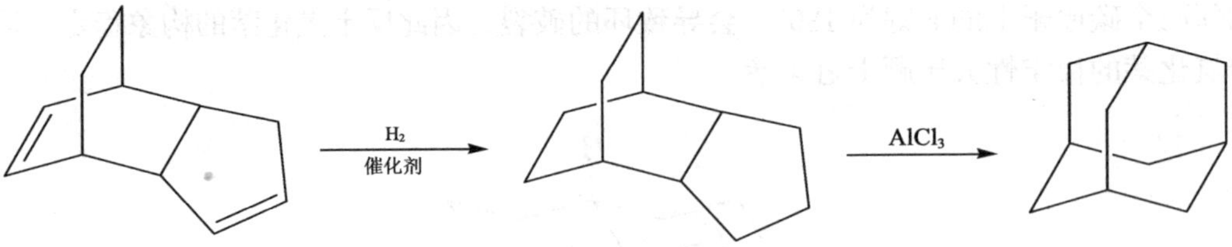

二聚环戊二烯　　　　四氢化二聚环戊二烯　　　　金刚烷

金刚烷是由四个椅式六元环形成的一个立体笼形结构的烃，碳骨架结构和金刚石的碳骨架结构相同，故得名。它的结构高度对称，分子接近球形，在晶格中能紧密堆积。

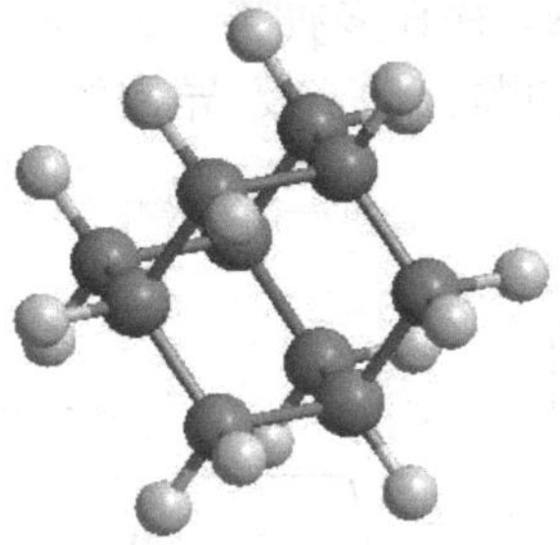

金刚烷的特殊笼形结构引起了化学界的浓厚兴趣，后来发现金刚烷胺有抗病毒活性，更得到了药学界的格外关注。现在围绕金刚烷的研究已经形成了一门独立的学科——金刚烷化学。

5.5 环烷烃的合成

5.5.1 三元环的合成

1. 分子内偶联反应

1, 3-二卤代烷在锌或钠的作用下发生偶联反应可得环丙烷。例如：

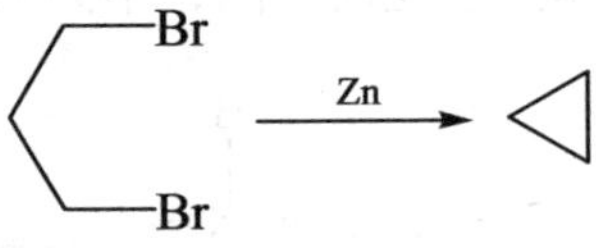

2. 碳烯和烯键的加成反应

碳烯又称卡宾（carbene），是有机反应中的一种活性中间体，一般以 R_2C:表示。卡宾可通过重氮化合物加热，或多卤代烃发生 α-消除反应等反应制得。

$$CH_2N_2 \xrightarrow{h\nu} :CH_2 \qquad CHCl_3 \xrightarrow{\text{碱}} :CCl_2$$

卡宾或二氯卡宾与碳碳双键发生加成反应得到环丙烷及其衍生物。例如：

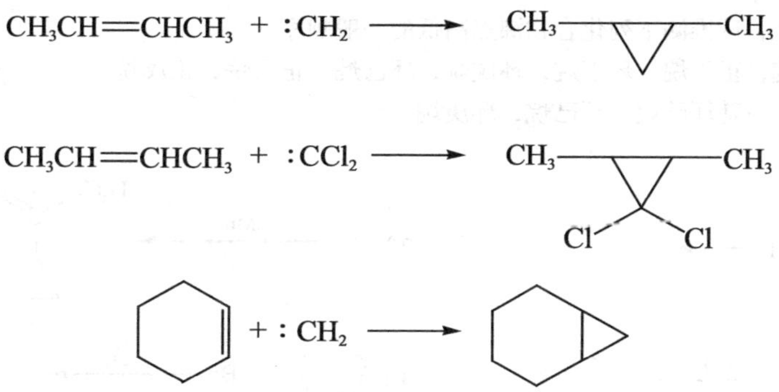

利用分子内的亲核取代反应等方法也可得到三元环。

5.5.2 六元环的合成

六元环化合物可通过第尔斯-阿尔德反应得到。例如：

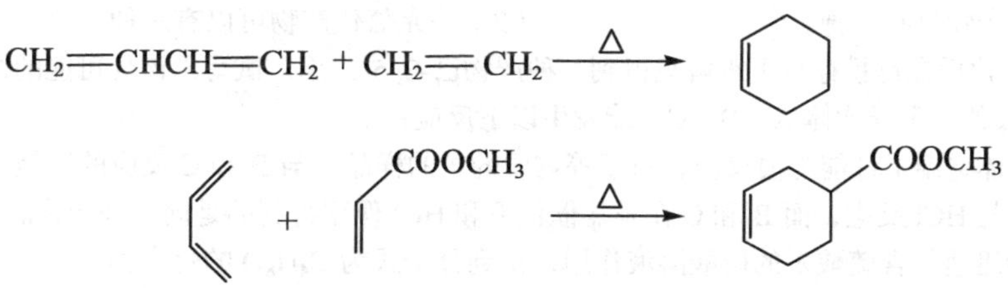

通过其他反应，如分子内的羟醛缩合反应、分子内的酯缩合反应等，也能得到六元环化合物。

扫一扫　　5-4 脂环烃拓展阅读材料

习　题

1. 写出分子式为 C_5H_{10} 的环烷烃的所有异构体（包括顺反异构体）的结构式，并命名。
2. 用系统命名法命名下列化合物。

（1）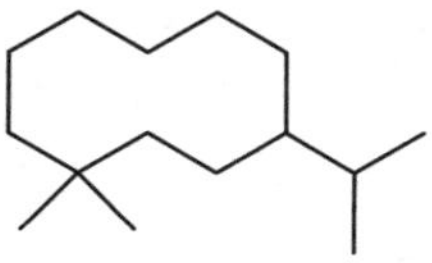　（2）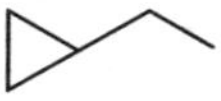　（3）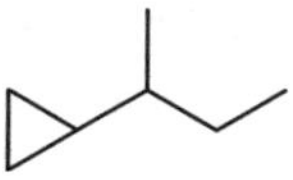

（4）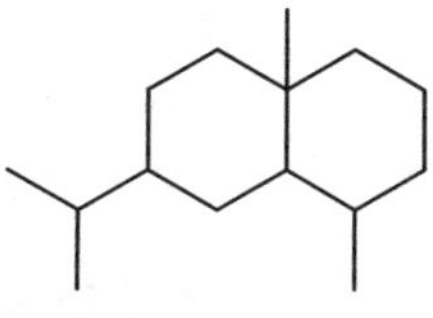　（5）

（6）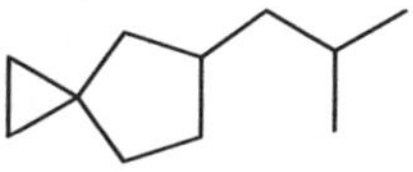

3. 写出下列各对二甲基环己烷可能的椅式构象，并比较各异构体的稳定性，说明原因。
   （1）顺-1, 2-，反-1, 2-　　（2）顺-1, 3-，反-1, 3-　　（3）顺-1, 4-，反-1, 4-
4. 如果将船式和椅式均考虑在环己烷的构象中，则甲基环己烷有几个构象异构体？其中哪一个最稳定？哪一个最不稳定？为什么？

5. 不查阅物理常数表，试推测下列化合物沸点高低的一般顺序。

（1）丙烷，环丙烷，正丁烷，环丁烷，环戊烷，环己烷，正己烷，正戊烷。

（2）甲基环戊烷，甲基环己烷，环己烷，环庚烷。

6. 完成下列反应式。

（1）

（2）? 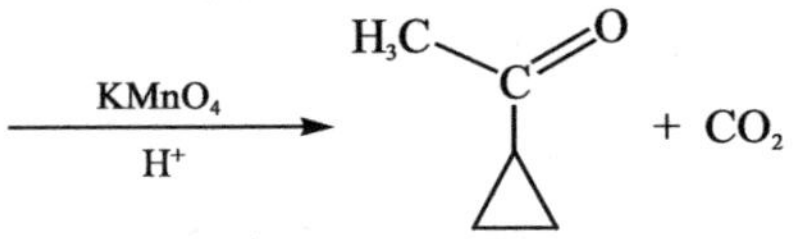

（3）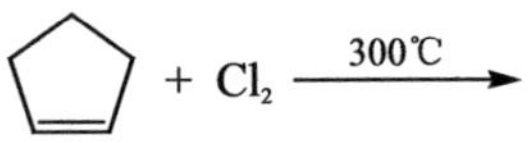

（4）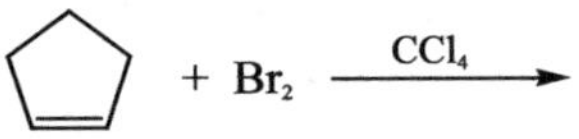

（5）

（6）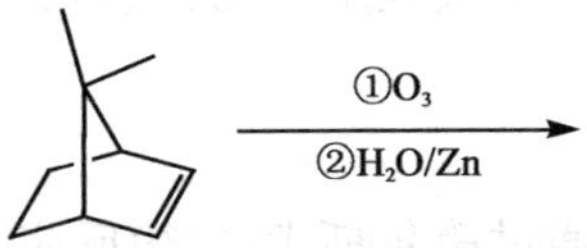

7. 已知环烷烃的分子式为 C_5H_{10}，根据氯化反应产物的不同，试推测各环烷烃的构造式。

（1）一元氯代产物只有一种。　　（2）一元氯代产物可以有三种。

8. 某烃 A 经臭氧化后在锌粉存在下水解只得到一种产物己-2, 5-二酮，试写出该烃可能的结构式。

9. 分子式为 C_4H_6 的三个异构体 A、B、C，能发生以下反应：

（1）三个异构体室温下都能与溴反应，对于等物质的量的样品，与 B 和 C 反应的溴是 A 的两倍。

（2）三者都能与 HCl 反应，而 B 和 C 在汞盐催化下和 HCl 作用得到的是同一种产物。

（3）B 和 C 能迅速与含硫酸汞的硫酸溶液作用，得到分子式为 C_4H_8O 的化合物。

（4）B 能与硝酸银氨溶液作用生成白色沉淀。

试推测化合物 A、B 和 C 的结构，并写出有关反应式。

扫一扫　　5-5　脂环烃命名习题答案（2017 版）

第6章 芳 香 烃

扫一扫　6-1 芳香烃 目标导图+知识地图

芳香族碳氢化合物称为芳香烃，简称芳烃。芳香族化合物最初是指从植物胶中得到的具有芳香气味的物质。后研究发现这类化合物基本含有苯环，因此最初将苯和含有苯环的化合物称为芳香化合物。随着研究的深入，人们发现一些不含苯环的环状化合物同样具有芳香性，因此将具有芳香特性的化合物称为芳香化合物。

芳香烃按其结构可分类如下：

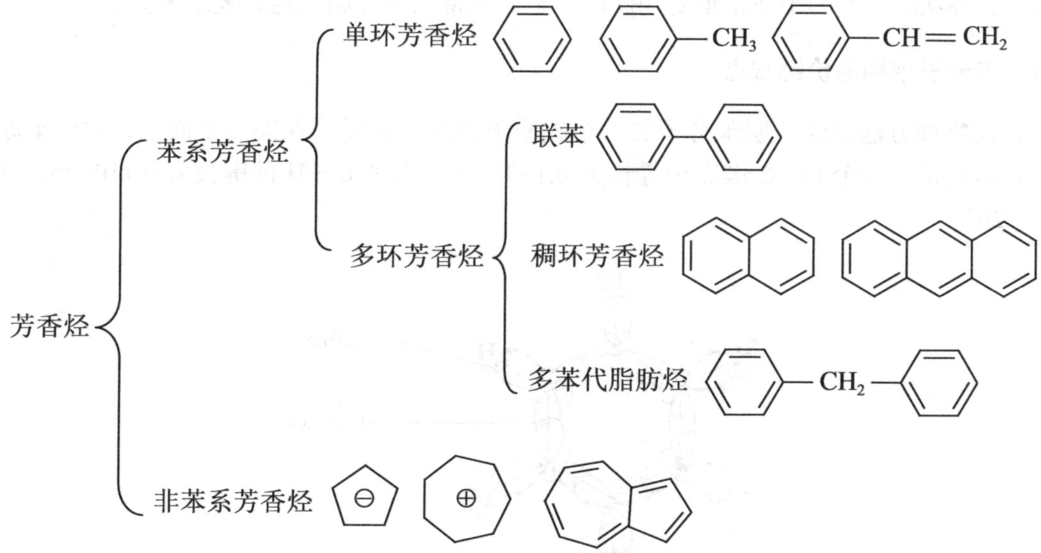

6.1 苯 的 结 构

苯是有机化学工业基本原料之一。1825 年，英国物理学家和化学家法拉第（Faraday）通过分离煤焦油首先发现了苯。1834 年，德国科学家米希尔里希（Mitscherlich）将此液体命名为苯。随后，苯的相对分子质量和分子式也由化学家相继确定，但是如何确定苯的结构式却成为一个难题。

6.1.1 凯库勒式

苯的分子式为 C_6H_6，碳氢比为 1∶1，表明苯具有高度的不饱和性，但它又不具有典型的不饱和化合物（如烯烃、炔烃等）应具有的易发生加成反应的性质。1857 年，德国化学家凯库勒提出碳四价学说，1858 年，他在分析了大量的实验事实后提出苯分子是六个碳原子连接成环且单、双键交替的平面结构，每个碳上连有一个氢原子。

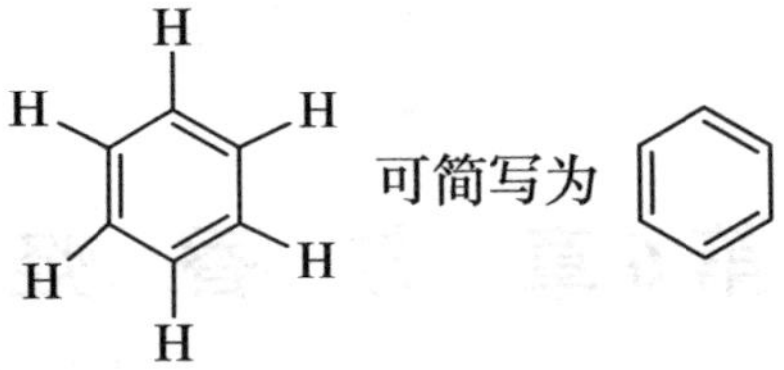

凯库勒的设想成功说明了苯的六个碳原子是相同的，六个氢原子也是相同的，苯的一元取代物只有一种，但不能说明苯的邻位二元取代物只有一种。为解释这一问题，凯库勒于 1865 年提出摆动双键学说，假设苯分子可以在下面两种结构间快速转化，这样就分辨不出单、双键的区别。但凯库勒结构仍无法解释苯环的特殊稳定性——难加成和难氧化。

现在已经证明凯库勒的摆动双键并不存在，苯分子也不是单、双键交替的体系，但凯库勒的六元环状结构是一个非常重要的假设，至今仍常用凯库勒结构式表示苯分子。

6.1.2　苯分子结构的价键观点

近代物理方法已经证明苯分子的六个碳原子和六个氢原子在同一平面上，六个碳原子组成正六边形，六个 C—C 键完全等长为 0.1397 nm，六个 C—H 键键长为 0.110 nm，键角都是 120°。

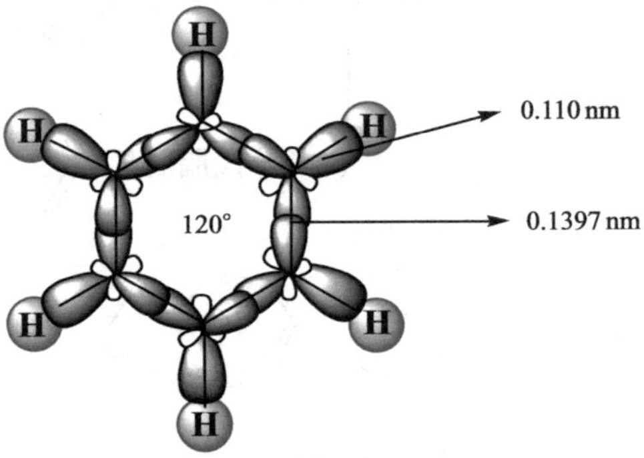

杂化轨道理论认为，苯分子中的六个碳原子都是 sp^2 杂化，碳原子彼此间沿 sp^2 杂化轨道对称轴方向交叠形成六个 $C(sp^2)$—$C(sp^2)$ σ 键，组成正六边形，每个碳原子各以一个 sp^2 杂化轨道与氢原子的 s 轨道交叠形成六个 $C(sp^2)$—H(1s) σ 键。由于碳原子是 sp^2 杂化，因此键角是 120°，六个碳原子和六个氢原子在同一平面上，每个碳原子还有一个 p 轨道，垂直于这个平面，对称轴互相平行，从侧面互相交叠形成一个闭合的大 π 键，p 轨道彼此间的交叠程度完全相同，导致六个 C—C 键完全等长，没有单、双键之分。

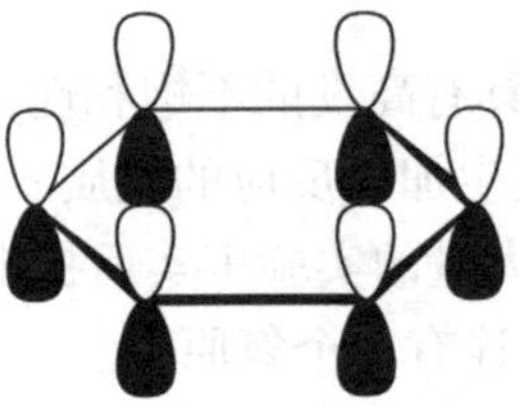

6.1.3　苯的分子轨道模型

分子轨道理论认为没有参加杂化的六个 2p 轨道重新线性组合成六个 π 分子轨道，其中三个是成键轨道 ψ_1、ψ_2、ψ_3，三个是反键轨道 ψ_4、ψ_5、ψ_6。苯的 π 分子轨道能级示意图如图 6-1 所示。

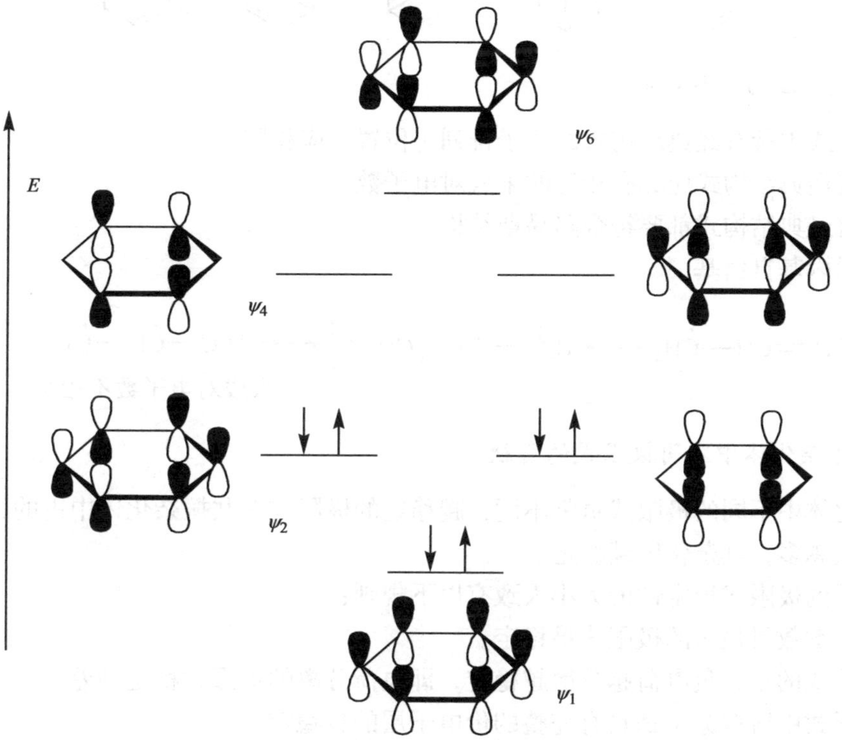

图 6-1　苯的 π 分子轨道能级示意图

在三个成键轨道中，ψ_1 没有节面，能量最低，ψ_2、ψ_3 各有一个节面，能量相等，但比 ψ_1 能量高。在三个反键轨道中，ψ_4、ψ_5 各有两个节面，能量相等，ψ_6 有三个节面，能量最高。

基态时，六个 π 电子都在成键轨道上，因此苯分子的大 π 键是三个成键轨道叠加而成的。叠加的结果是 π 电子云在苯环上下对称均匀分布，因此苯分子中每一个碳碳键都具有 π 键的性质，碳碳键长完全相同。

6.1.4　苯结构的共振论解释

共振论认为苯的结构主要是两个凯库勒式共振得到的共振杂化体。

共振论是鲍林在 20 世纪 30 年代提出的一种分子结构理论。共振论的基本思想是当一个分子、离子或自由基的结构可用一个以上的经典结构式表达时，就存在共振。这些经典结构式均不是这一分子、离子或自由基的真实结构，其真实结构为所有经典结构式的共振杂化体。这样的经典结构式称为共振式或极限式。这个杂化体既不是极限式的混合物，也不是它们的

互变平衡体系，而是一个具有具体结构的单一体，它不能用任何一个极限式代替。目前尚未找到一个合适的结构式来表达这种杂化体，所以用一些极限式来表达它。

例如，苯的真实结构可以由多个经典结构式的共振而形成的共振杂化体来表达。

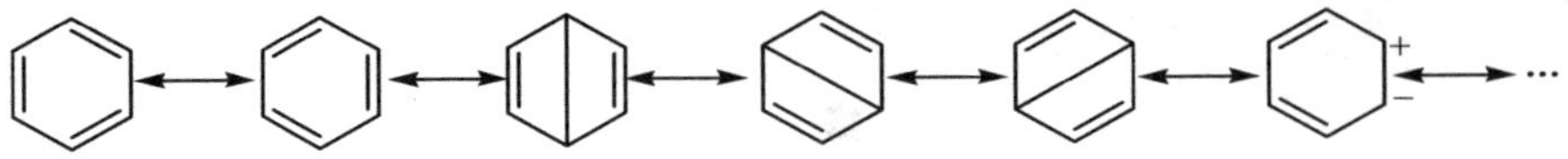

1. 共振式写法的一些规定

（1）共振式中所有经典结构式的原子排列（位置）应相同。

（2）所有经典结构式应具有相等的未成对电子数。

（3）所有经典结构式都要符合路易斯结构。

例如，烯丙基自由基

$$CH_2{=}CH{-}\dot{C}H_2 \longleftrightarrow H_2\dot{C}{-}CH{=}CH_2 \not\longleftrightarrow H_2\dot{C}{-}\dot{C}H{-}\dot{C}H_2$$

未成对电子数不相等

2. 对共振杂化体中不同极限式的贡献

共振杂化体中不同的极限式贡献不同，越稳定的极限式在共振杂化体中占的比例越大。稳定的极限式越多，其杂化体越稳定。

同一分子的极限式稳定性的大小大致有以下规则：

（1）共价键数目最多的极限式最稳定。

（2）极限式的正、负电荷越分散越稳定，即电荷分离的极限式稳定性差。

（3）极限式中所有原子都具有完整的价电子层的较稳定。

（4）负电荷在电负性大的原子上的极限式较稳定。

例如，丁-1-烯：

$$\underset{\text{I}}{CH_2{=}CH{-}CH_2CH_3} \longleftrightarrow \underset{\text{II}}{\overset{-}{C}H_2{-}\overset{+}{C}H{-}CH_2CH_3} \longleftrightarrow \underset{\text{III}}{\overset{+}{C}H_2{-}\overset{-}{C}H{-}CH_2CH_3}$$

极限式Ⅰ共价键数目最多，最稳定，对共振杂化体贡献最大；极限式Ⅱ比极限式Ⅲ稳定，对共振杂化体也有一些贡献。

在苯的极限式中稳定的Ⅰ和Ⅱ占的比例最大，Ⅲ、Ⅳ、Ⅴ都是键长和键角变形较大的脂环烃，在共振杂化体中占的比例较小。

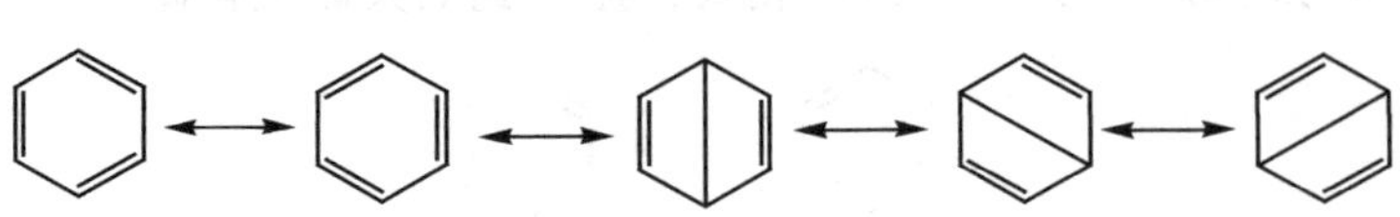

Ⅰ　　Ⅱ　　Ⅲ　　Ⅳ　　Ⅴ

6.1.5　苯的氢化热与稳定性

氢化热是化合物催化加氢时所放出的热量，氢化热小，说明化合物热力学能低，比较稳定。下面用实验所得氢化热数据（表6-1）说明苯分子的特殊稳定性。

表6-1　环己烯、环己-1, 3-二烯和苯的氢化热

化合物	构造式	氢化热理论值/(kJ·mol^{-1})	氢化热实验值/(kJ·mol^{-1})
环己烯		119.5	119.5
环己-1, 3-二烯		239.0	231.6
苯		358.5	208.2

环己-1, 3-二烯分子中有 π-π 共轭，因此氢化热比理论值略小，二者的差值称为离域能（或共轭能），离域能越大，分子体系能量越低，分子越稳定。苯的离域能为(358.5−208.2) kJ·mol^{-1}= 150.3 kJ·mol^{-1}，说明苯分子很稳定。这是苯分子中存在闭合的共轭体系，π电子的高度离域造成的。

6.1.6　苯的结构表示方法

目前广泛使用的是凯库勒式。也有用六边形加一个圆圈来表示，圆圈表示苯环中的π电子云为一个整体。缺点是无法表示环上的p电子数，有时甚至造成误解。

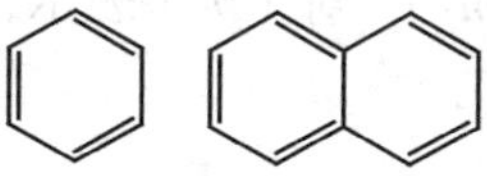

凯库勒式——价键式

分子轨道离域式

6.2　单环芳香烃的异构现象和命名

扫一扫　6-2　芳香烃的命名（1980版）

最简单的单环芳香烃是苯，其他单环芳香烃可看作是苯上的氢被一个或多个烃基取代。

6.2.1　一烃基取代苯的异构和命名

一烃基取代苯只存在烃基侧链的异构。例如，取代基为—C_3H_7时，有正丙苯和异丙苯两种异构体。

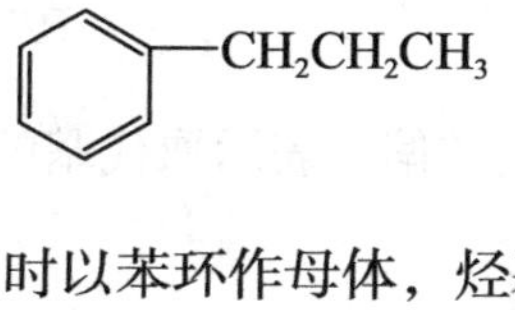

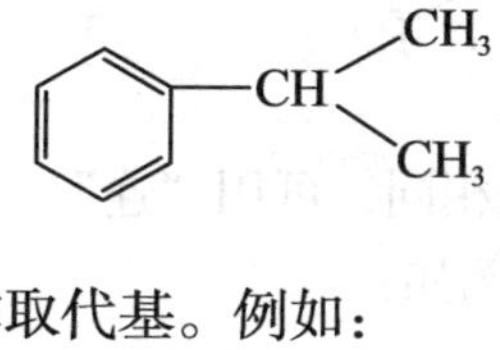

简单的烃基苯命名时以苯环作母体，烃基作取代基。例如：

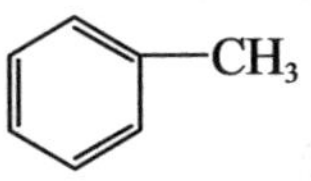

甲苯
toluene

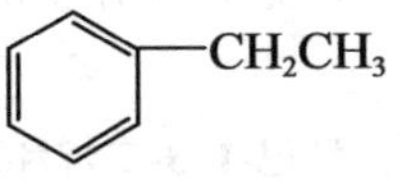

乙苯
ethylbenzene

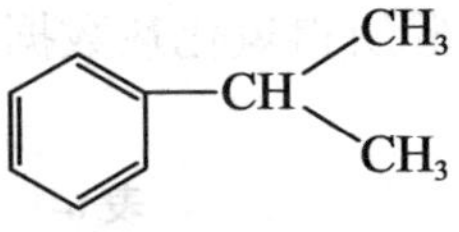

异丙苯
cumene

烃基较复杂或有不饱和键时，把链烃当作母体，苯环作为取代基。例如：

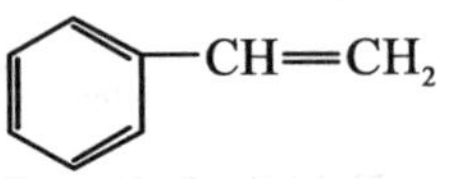

苯乙烯
styrene

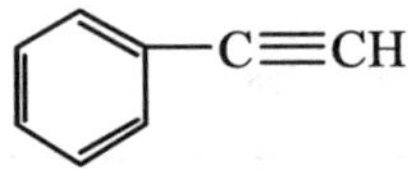

苯乙炔
phenylacetylene

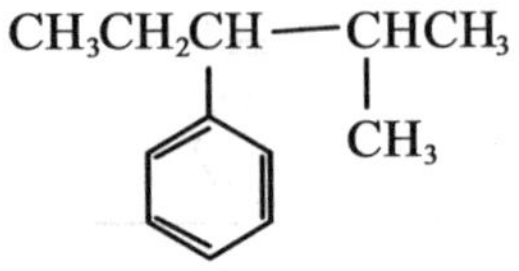

2-甲基-3-苯基戊烷
2-methyl-3-phenylpentane

6.2.2　二烃基取代苯的异构和命名

两个取代基在苯环上的相对位置有三种，因此二烃基取代苯有三种异构体。

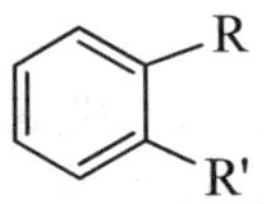

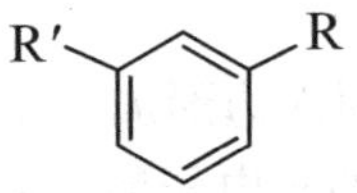

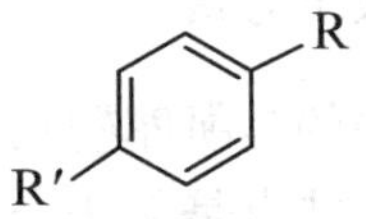

命名时，取代基的位置可以用邻（*o*-）、间（*m*-）、对（*p*-）表示，也可以用阿拉伯数字1, 2-、1, 3-、1, 4-标出。例如：

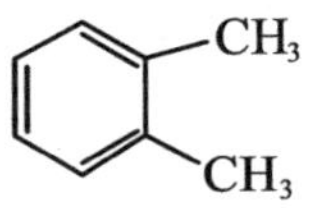

邻二甲苯
1, 2-二甲苯
o-xylene

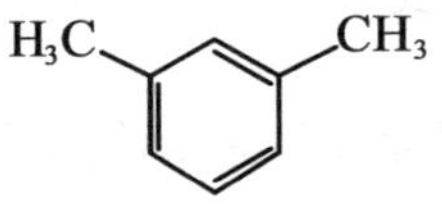

间二甲苯
1, 3-二甲苯
m-xylene

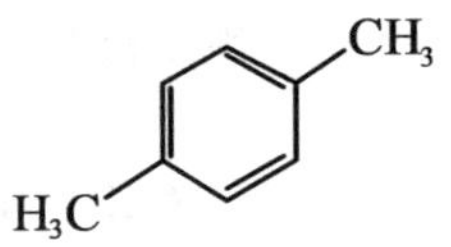

对二甲苯
1, 4-二甲苯
p-xylene

6.2.3　多烃基取代苯的异构和命名

三个取代基在苯环上的相对位置有三种，因此三烃基取代苯有三种异构体。

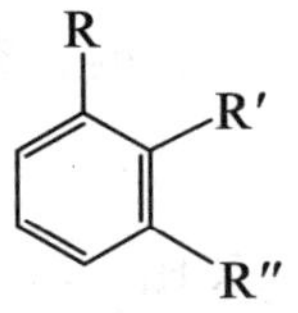

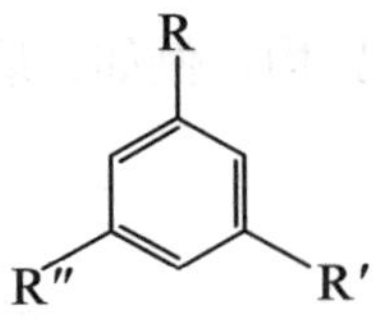

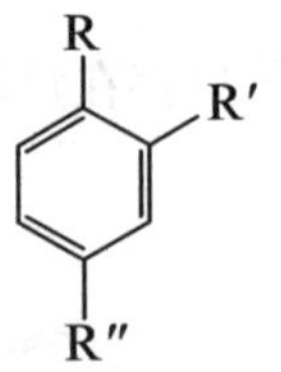

命名时若三个烃基相同，可用“连”、“均”、“偏”表示取代基的位置，或者用1, 2, 3-、1, 3, 5-、1, 2, 4-标出。例如：

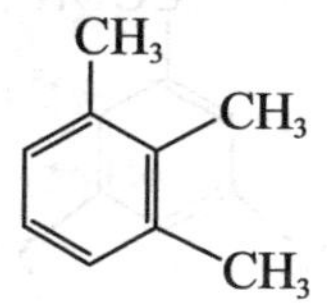

连三甲苯
1, 2, 3-三甲苯
1, 2, 3-trimethylbenzene

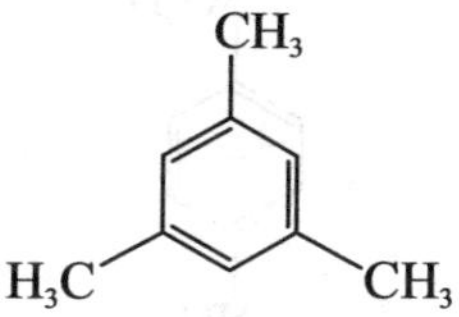

均三甲苯
1, 3, 5-三甲苯
1, 3, 5-trimethylbenzene

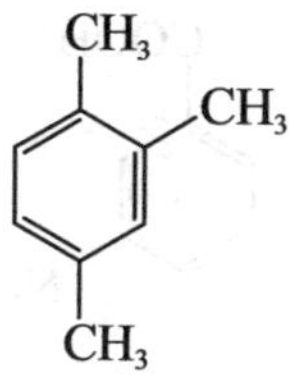

偏三甲苯
1, 2, 4-三甲苯
1, 2, 4-trimethylbenzene

烃基不同时，对苯环进行编号，编号时使字母顺序靠前的基团的位次尽可能小。

芳香烃去掉一个氢剩下的原子团称为芳基，用 Ar 表示。常见的芳基有苯基 C_6H_5—，用 Ph（phenyl）表示；苄基 $C_6H_5CH_2$—，用 Bz（benzyl）表示。

6.2.4 芳香烃衍生物的命名

取代基若为硝基或卤素，应以苯环为母体命名。例如：

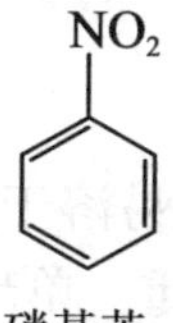

硝基苯
nitrobenzene

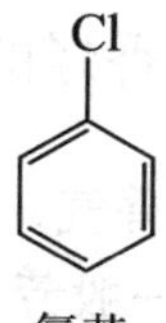

氯苯
chlorobenzene

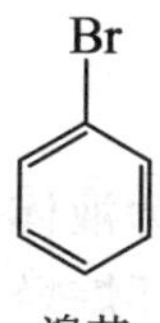

溴苯
bromobenzene

取代基为氨基、羟基、醛基、羧基、磺酸基时，将其各看成一类化合物。例如：

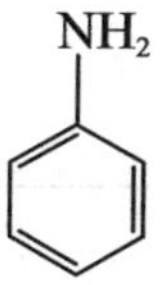

苯胺
aniline

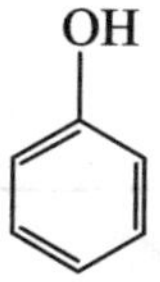

苯酚
phenol

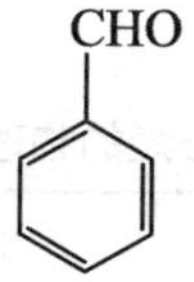

苯甲醛
benzaldehyde

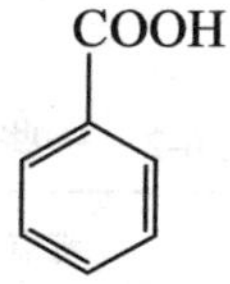

苯甲酸
benzoic acid

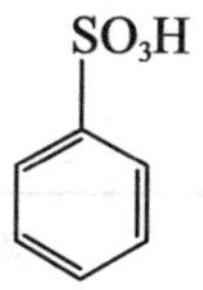

苯磺酸
benzenesulfonic acid

苯环上有两种以上取代基时，常见的官能团次序为—COOH＞—SO_3H＞—COOR＞—COX＞—$CONH_2$＞—CN＞—CHO＞—COR＞—OH＞—NH_2＞—OR＞—R＞—X＞—NO_2＞—NO。次序大的官能团与苯环一起作为母体，次序小的官能团作为取代基，其中—X、—NO_2、—NO 在命名时总是作为取代基，并按照取代基英文首字母排序。

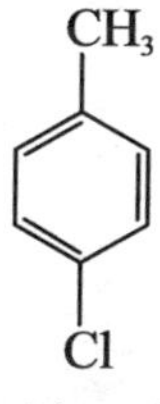

对氯甲苯
4-chlorotoluene

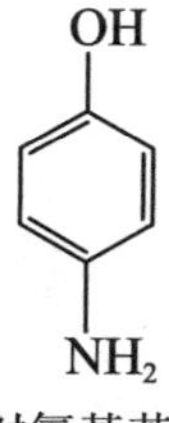

对氨基苯酚
4-aminophenol

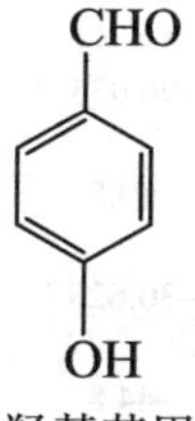

对羟基苯甲醛
4-hydroxy benzaldehyde

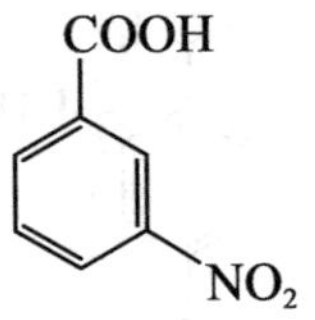

间硝基苯甲酸
3-nitro benzoic acid

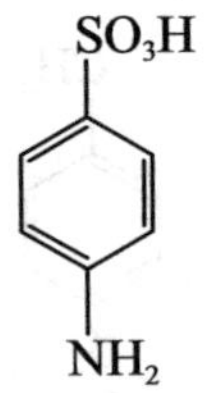

对氨基苯磺酸
4-amino benzenesulfonic acid

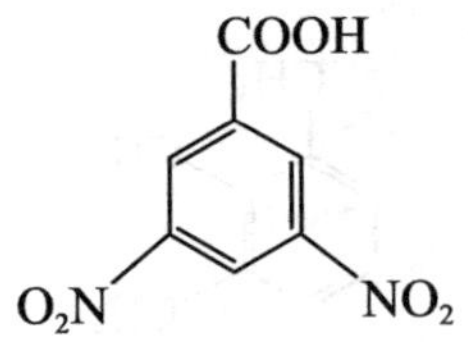

3, 5-二硝基苯甲酸
3, 5-dinitrobenzoic acid

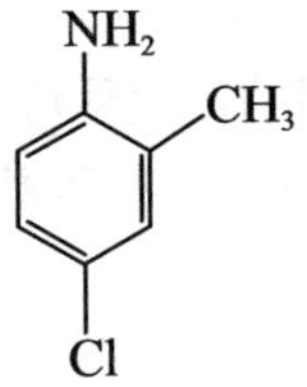

4-氯-2-甲基苯胺
4-chloro-2-methylaniline

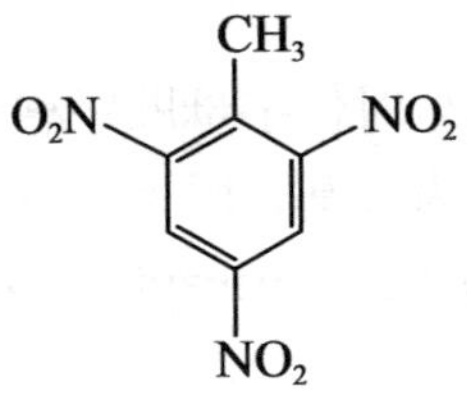

2,4,6-三硝基甲苯（TNT）
2,4,6-trinitrotoluene

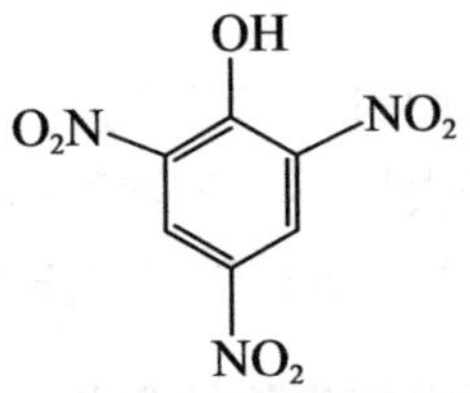

2,4,6-三硝基苯酚（苦味酸）
2,4,6-trinitrophenol

6.3　单环芳香烃的物理性质

单环芳香烃多数为液体，具有特殊的香气，不溶于水，易溶于有机溶剂。相对密度和折射率都比链烃和环烷烃、环烯烃高，一般芳香烃均比水重。单环芳香烃的蒸气有毒，尤其是苯，人和动物吸入或皮肤接触大量苯，会引起急性和慢性苯中毒，长期吸入会侵害人的神经系统。沸点随相对分子质量增加而升高。熔点除与相对分子质量有关外，还与结构有关，通常对位异构体由于分子对称，熔点较高。一些单环芳香烃的物理常数见表 6-2。

表 6-2　一些单环芳香烃的物理常数

化合物	熔点/℃	沸点/℃	相对密度 d_4^{20}	折射率 n^{20}
苯	5.333	80.1	0.8765	1.5001
甲苯	−94.991	110.625	0.8669	1.4961
乙苯	−94.975	136.286	0.8670	1.4959^{10}
邻二甲苯	−25.158	144.411	0.8802	1.5055
间二甲苯	−47.872	139.103	0.8642	1.4972
对二甲苯	13.263	138.351	0.8611	1.4958
异丙苯	−96.035	152.392	0.8618	1.4915
正丙苯	−99.5	159.2	0.8620	1.4920
苯乙烯	−30.628	145.14	0.906	1.5468
苯乙炔	−44.8	142.1	0.9281	1.5485

6.4 单环芳香烃的化学性质

扫一扫 6-3 苯的化学性质

苯分子的结构说明苯环相当稳定，虽然苯环的电子云密度比较大，但一般不发生亲电加成和氧化反应，而容易发生亲电取代反应。此外，苯环与侧链之间的相互作用对其性质也有影响。

6.4.1 亲电取代反应

苯环具有离域的 π 电子，是富电子体系，可以与亲电试剂发生亲电取代反应(electrophilic substitution reaction)，这是苯环的典型反应。苯环的亲电取代反应主要有硝化、卤代、磺化和傅瑞德-克拉夫茨反应，这些反应的历程基本相同：

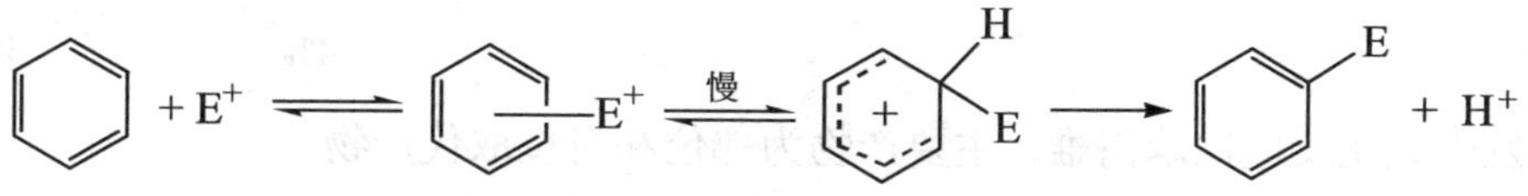

π-络合物 σ-络合物

从上可以看出，苯环的亲电取代反应实质是先加成后消除的过程，其中 σ-络合物的生成是苯环亲电取代反应的关键，是整个反应的速率决定步骤。σ-络合物的表达可以用离域式，也可以用共振式。

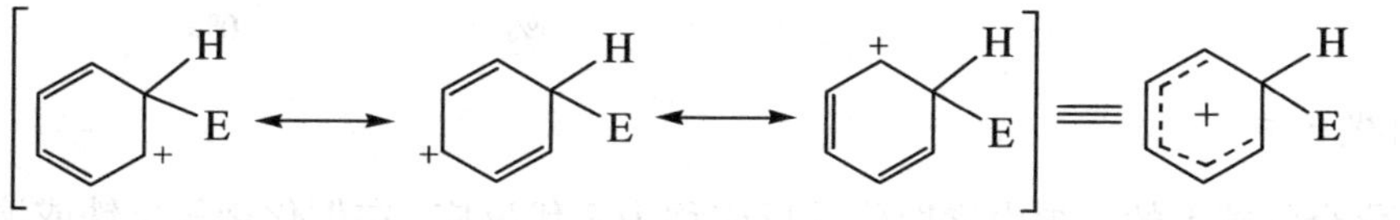

1. 硝化反应

有机化合物碳上的氢被硝基取代的反应称为硝化反应。苯在浓硝酸和浓硫酸形成的混酸作用下发生硝化反应，硝基取代苯环上的氢原子得到硝基苯。

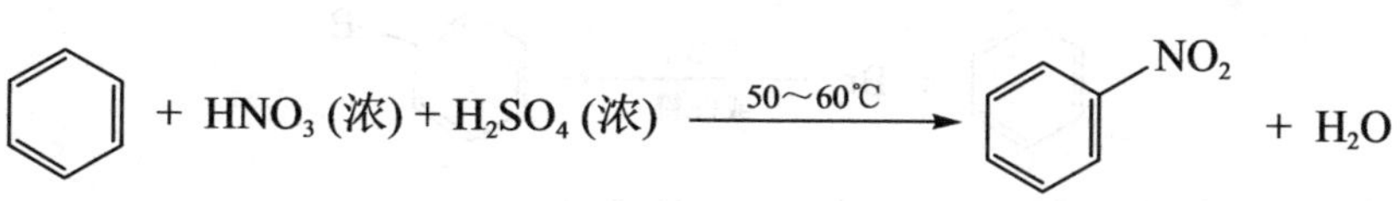

反应中，浓硫酸的作用是与浓硝酸反应生成亲电试剂硝基正离子 NO_2^+，反应历程为

$$2H_2SO_4 + HNO_3 \rightleftharpoons NO_2^+ + 2HSO_4^- + H_3O^+$$

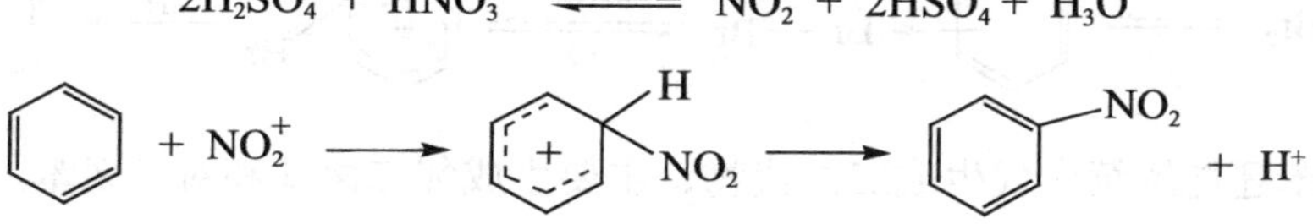

硝基苯发生硝化反应比苯困难，要用发烟硝酸和浓硫酸的混合物作硝化剂，才能导入第二个硝基，主要生成间二硝基苯。

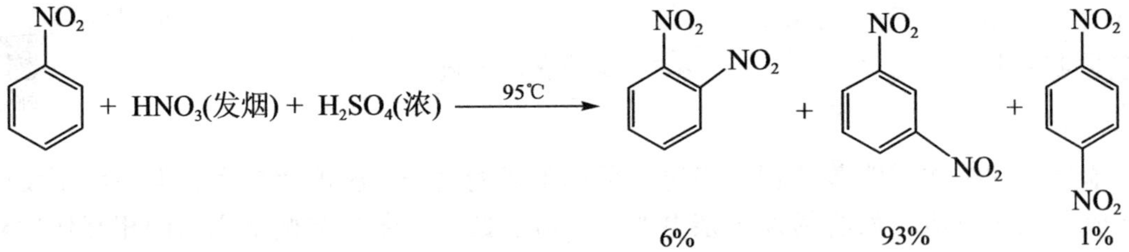

烷基苯发生硝化反应比苯容易，主要产物为邻位和对位取代产物。

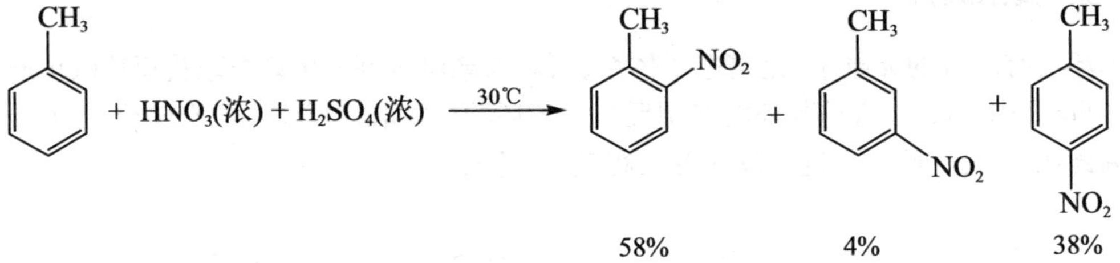

卤苯发生硝化反应比苯稍难，主要产物为邻位和对位取代产物。

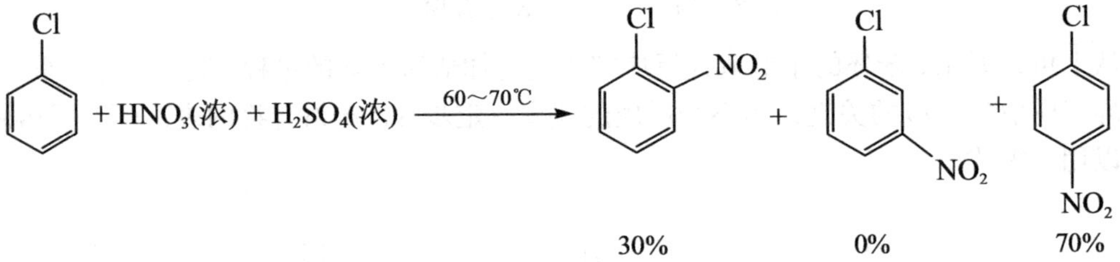

2. 卤代反应

有机化合物碳上的氢被卤素取代的反应称为卤代反应。在催化剂氯化铁或溴化铁的存在下，苯与氯或溴作用生成氯苯或溴苯，也可用铁粉作催化剂。

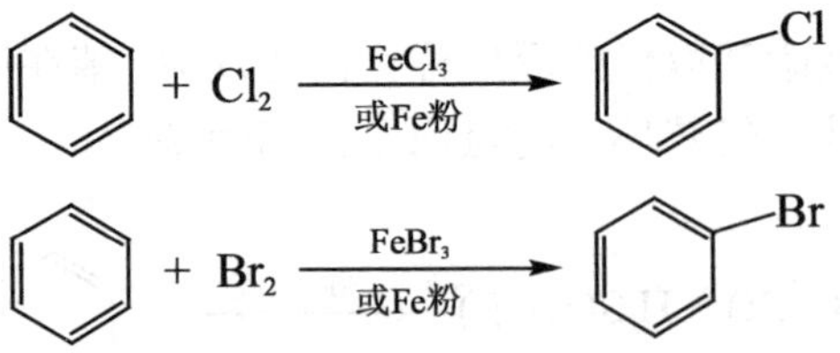

卤素分子在这一反应中是亲电试剂，反应历程为

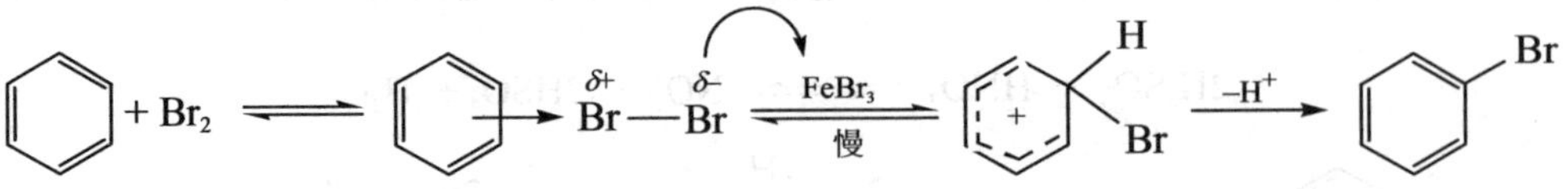

氯苯或溴苯还能继续卤代生成二卤代物，主要生成邻二卤苯和对二卤苯。

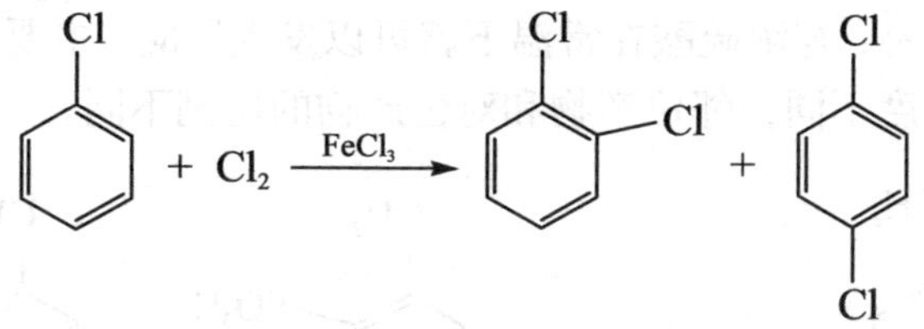

甲苯和卤素作用，主要得到邻位和对位卤代产物。

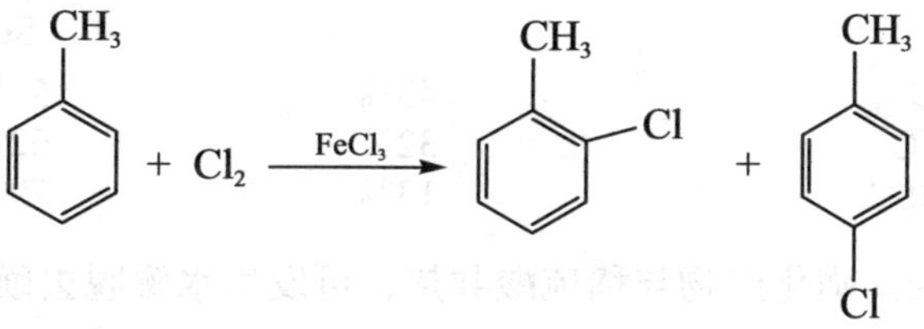

硝基苯卤代比苯难，主要得到间位卤代产物。

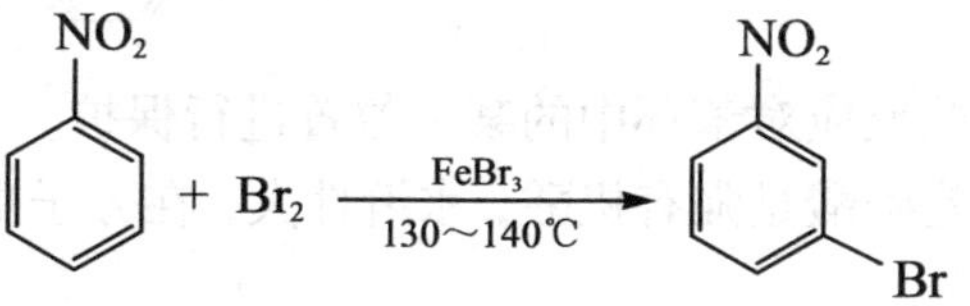

3. *磺化反应*

苯环上的氢被磺酸基（—SO_3H）取代的反应称为磺化反应。苯与浓硫酸在加热的条件下或与发烟硫酸在室温下发生磺化反应生成苯磺酸。

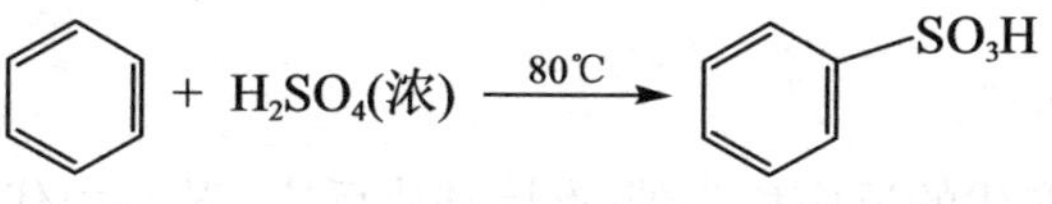

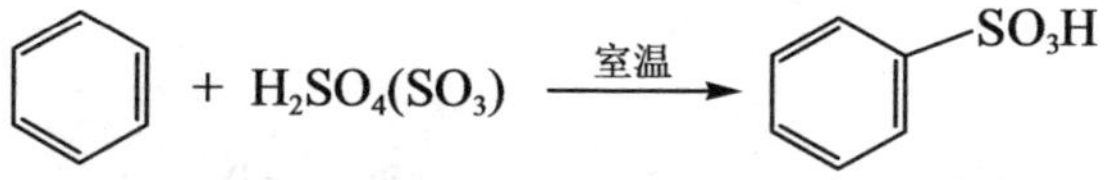

目前认为此反应的亲电试剂是三氧化硫，反应历程为

$$2H_2SO_4 \longrightarrow SO_3 + HSO_4^- + H_3O^+$$

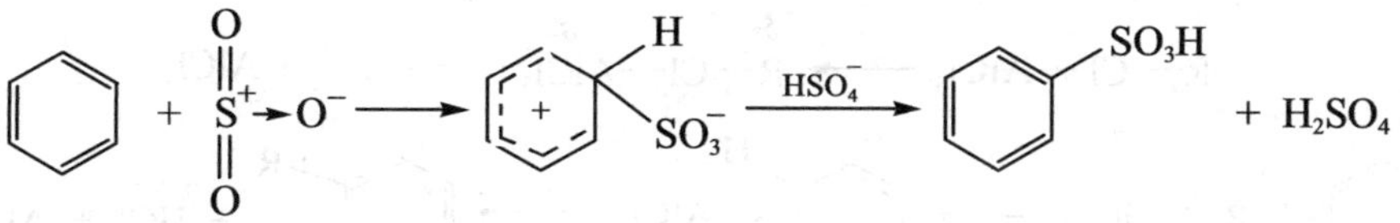

苯磺酸在更高的温度下可继续磺化，生成间二苯磺酸。

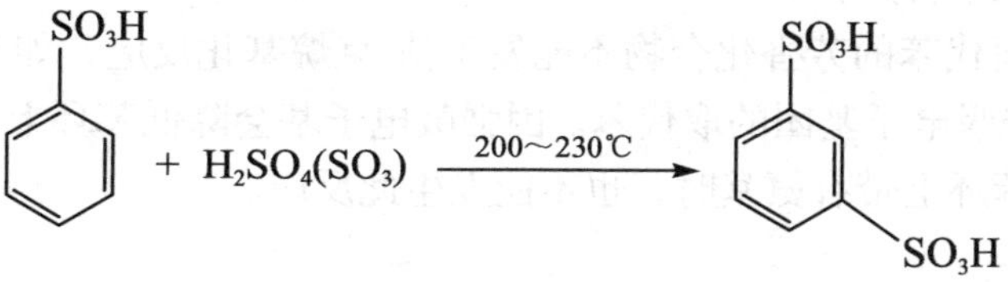

甲苯的磺化比苯容易，与浓硫酸在常温下就可以发生反应，主要产物是邻甲苯磺酸和对甲苯磺酸，且随反应温度不同，邻位产物和对位产物的比例不同。

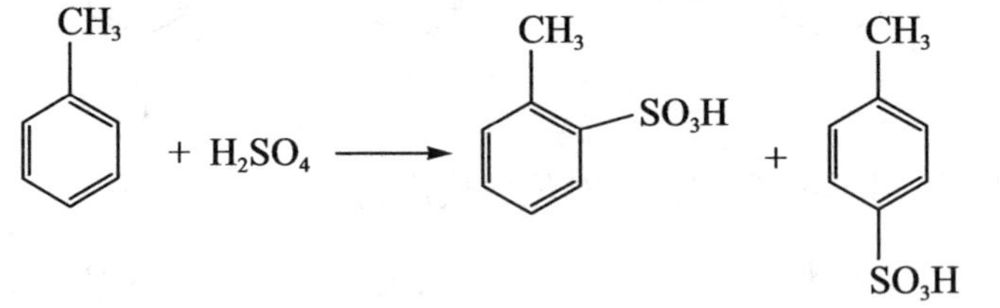

0℃	43%	53%
25℃	32%	62%
100℃	13%	79%

磺化反应是可逆的。磺化产物与稀硫酸共热，可发生水解脱去磺酸基。

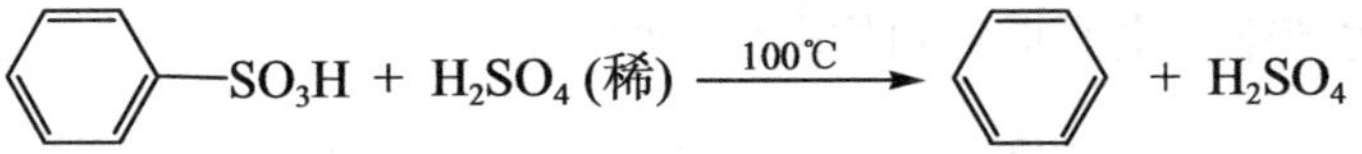

在有机合成中，常用此反应对苯环中的某一位置进行保护。

磺化反应的另一作用是磺酸是强有机酸，水溶性大，在分子中引入磺酸基可增加化合物在水中的溶解度。

4. 傅瑞德-克拉夫茨反应

傅瑞德-克拉夫茨(Friedel-Crafts)反应，简称傅-克反应，由法国化学家傅瑞德(Friedel)和美国化学家克拉夫茨（Crafts）共同发现。该反应主要分为两类：烷基化反应和酰基化反应。

1）傅-克烷基化反应

苯环上的氢被烷基取代的反应称为傅-克烷基化反应。苯与卤代烃在无水 $AlCl_3$ 的催化下反应生成烷基苯。

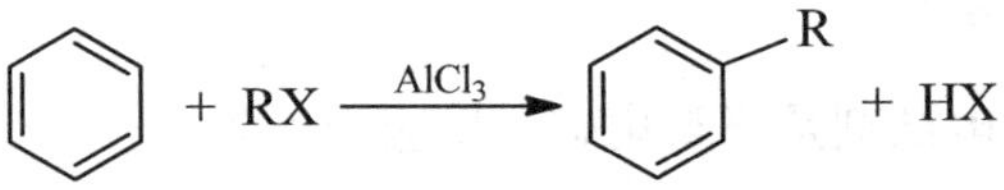

RX 在 $AlCl_3$ 的作用下形成烷基碳正离子，作为亲电试剂发生反应，反应历程为

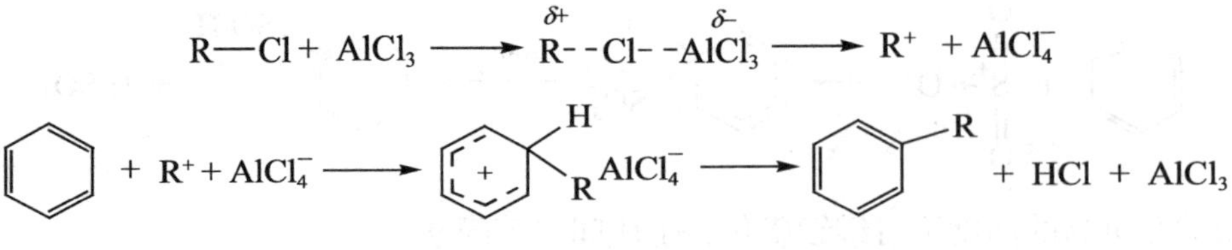

此反应有以下几个特点：

（1）活性低于卤代苯的芳香化合物不能发生傅-克烷基化反应，如苯环上有硝基、磺酸基、羧基、酰基等强吸电子基团的取代苯。因强吸电子基会降低苯环上的电子云密度，使亲电取代不易发生。苯环上带有氨基时，也不能发生此反应。

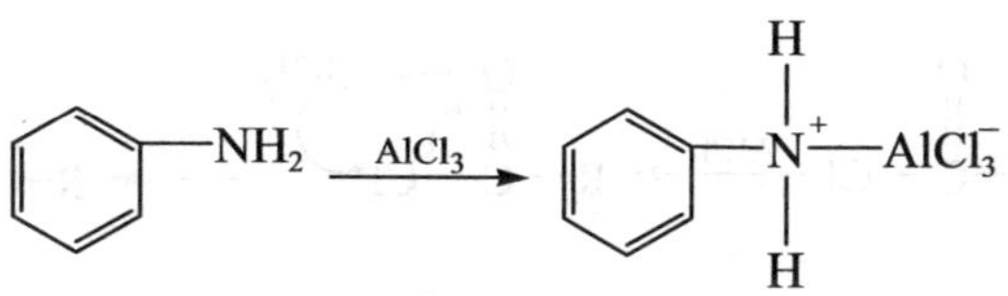

（2）卤代烃的活性次序为 RCl＞RBr＞RI，$CH_2{=}CHCH_2X$，$C_6H_5CH_2X$＞3° RX＞2° RX＞1° RX。乙烯式卤代烃和卤代苯不能用作烷基化试剂。

烯烃、醇或环氧化物也可作烷基化试剂，这时常用硫酸或氢氟酸等质子酸作催化剂。

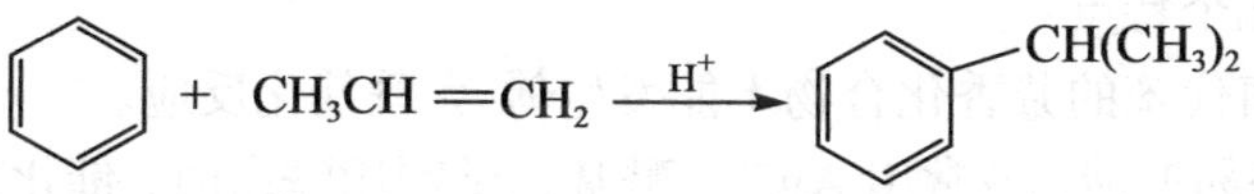

（3）常用的催化剂有路易斯酸（如无水 $AlCl_3$、$FeCl_3$、BF_3、$SnCl_4$、$ZnCl_2$ 等）和质子酸（如 HF、H_3PO_4、H_2SO_4 等）。

（4）生成的活性中间体碳正离子易重排，故不宜用此反应制备长的直链烷基苯。

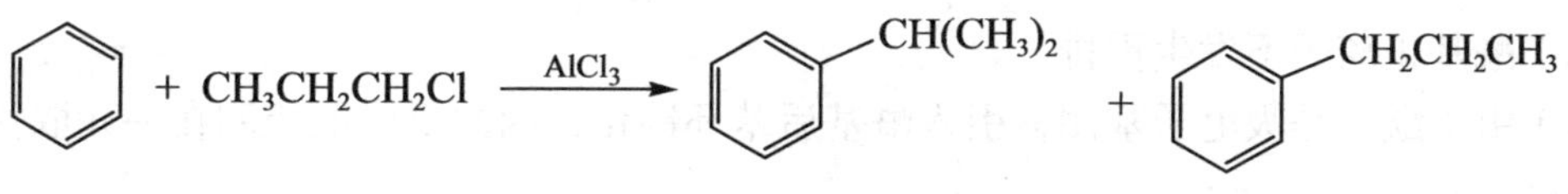

异丙苯65%～69%　　正丙苯31%～35%

（5）反应不易控制在一元取代阶段，常得到一元、二元、多元取代产物的混合物。要得到纯的一元取代产物，应使用过量的苯。

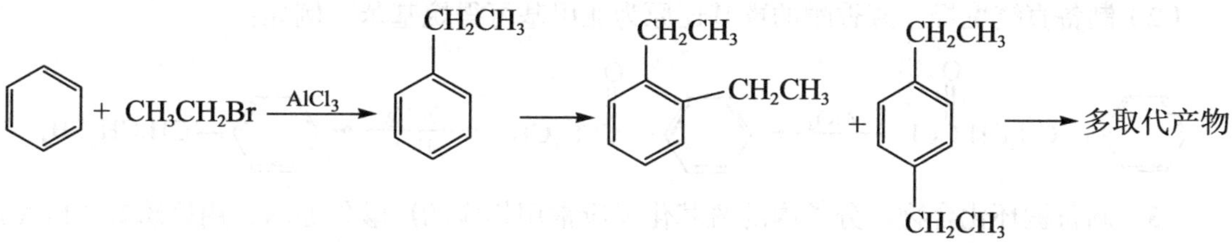

（6）反应是可逆的，因此常发生烷基移位，或从一个环转移到另一个环上。

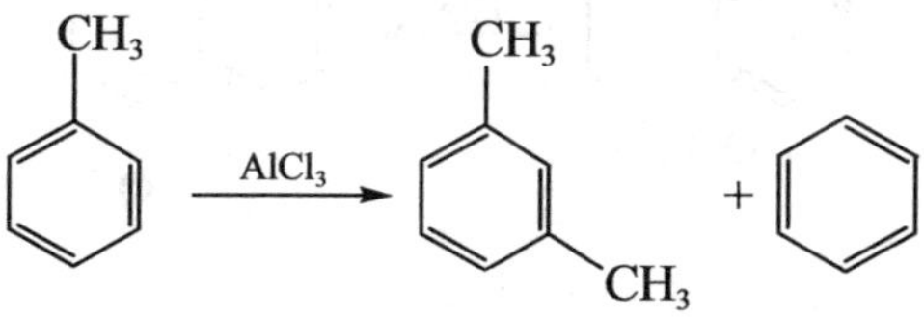

2）傅-克酰基化反应

苯环上的氢被酰基取代的反应称为傅-克酰基化反应。苯与酰卤或酸酐在路易斯酸的催化下反应生成芳酮。

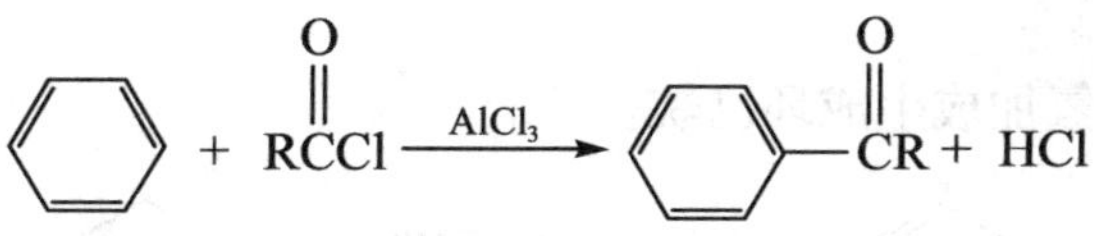

酰卤在 $AlCl_3$ 的作用下形成酰基正离子，作为亲电试剂发生反应，反应历程为

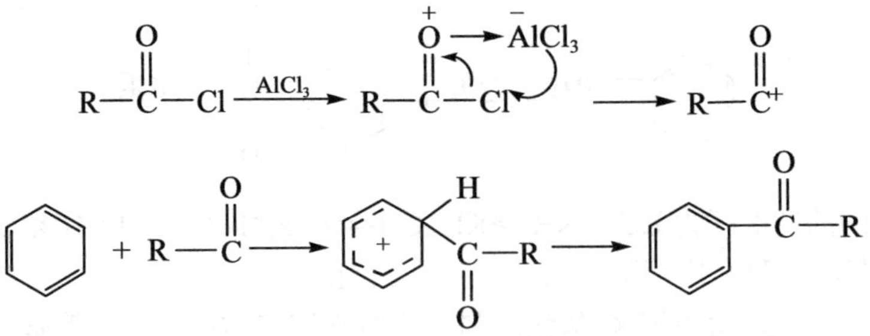

此反应有以下几个特点：

（1）活性低于卤代苯的芳香化合物不能发生傅-克酰基化反应。

（2）催化剂为路易斯酸，最常用 $AlCl_3$。酰基化试剂用酰卤时，催化剂用量要大于 1 mol；用酸酐时，催化剂用量要大于 2 mol。

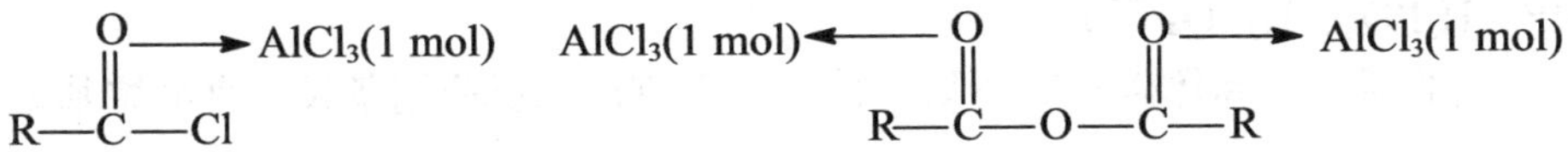

（3）酰基正离子不发生重排。

（4）由于酰基是吸电子基团，引入酰基后苯环钝化，因此反应能控制在一元取代阶段，产率很高。

（5）反应不可逆，不会发生取代基的转移反应。

傅-克酰基化反应的应用：

（1）制备芳香酮。傅-克酰基化反应的产物即是芳香酮。

（2）制备直链烷烃。芳香酮的羰基还原为亚甲基可得烷基苯。例如：

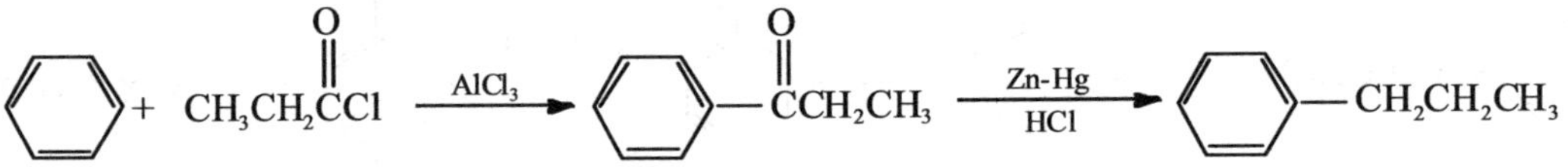

（3）制备稠环化合物。分子内的酰基化反应常用相应的羧酸作原料，用聚磷酸（PPA）作催化剂，用于制取稠环化合物。例如：

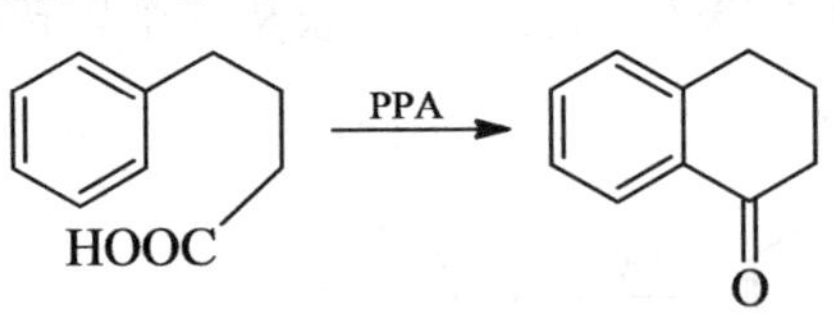

6.4.2　加成反应

苯具有特殊的稳定性，一般不发生加成反应，但在特殊的条件下仍可与氢、卤素等发生加成反应。

1. 催化加氢

高温高压下，苯与氢加成生成环己烷。

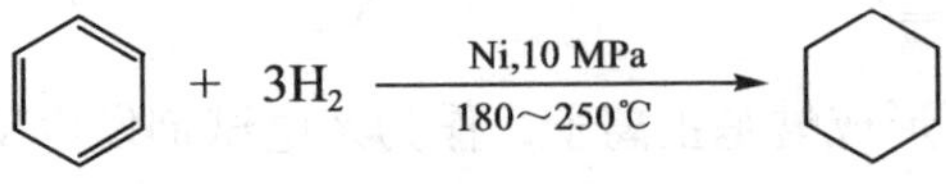

2. 伯奇还原

金属钠溶解在液氨中可得到一种蓝色的溶液，它在醇的存在下，可将芳香化合物还原成环己-1, 4-二烯化合物，该还原反应称为伯奇（Birch）还原。

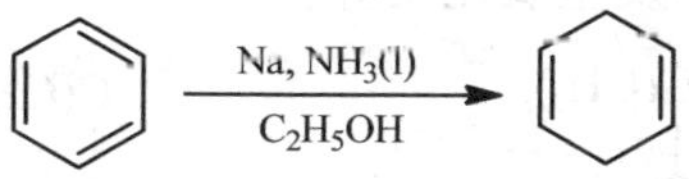

在伯奇还原中，环上连有吸电子基团时，反应速率加快，氢加在1, 4-位上；环上连有给电子基团时，反应速率减慢，氢加在2, 5-位上。

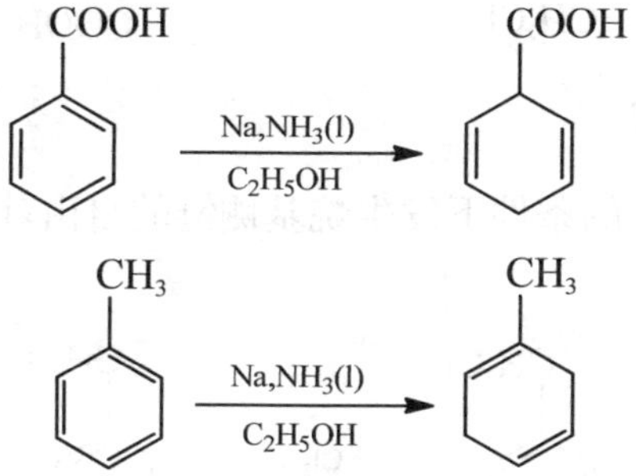

3. 光照加氯

苯在漫射光照射下通入氯气，发生自由基加成反应，生成六氯环己烷（六六六）。

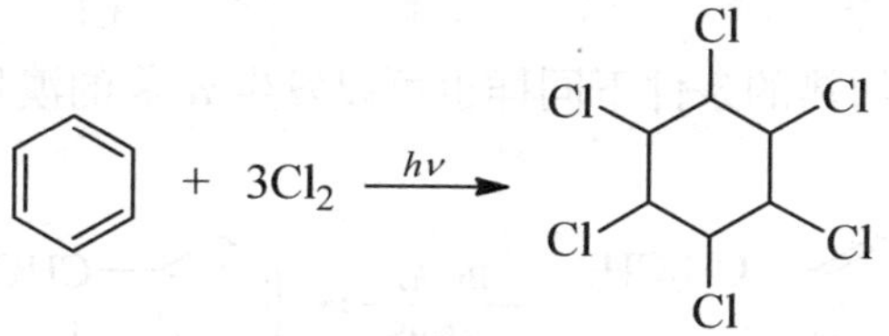

6.4.3 氧化反应

苯一般不易被氧化，即使在高温下与高锰酸钾等强氧化剂也不会反应，但在特定激烈的条件下，苯可被氧化破坏。

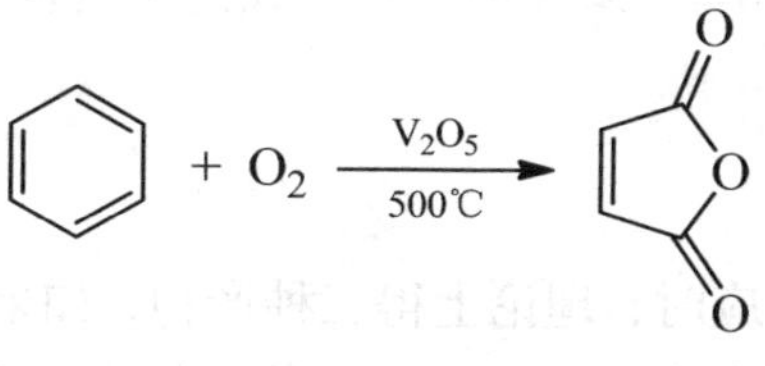

烷基苯用 $K_2Cr_2O_7$-H_2SO_4、$KMnO_4$-H_2SO_4 等强氧化剂氧化时，大多数情况是苯环不变，烷基侧链被氧化成羧基，且无论侧链多长，只要有 α-氢，都被氧化成只含一个碳的羧基。

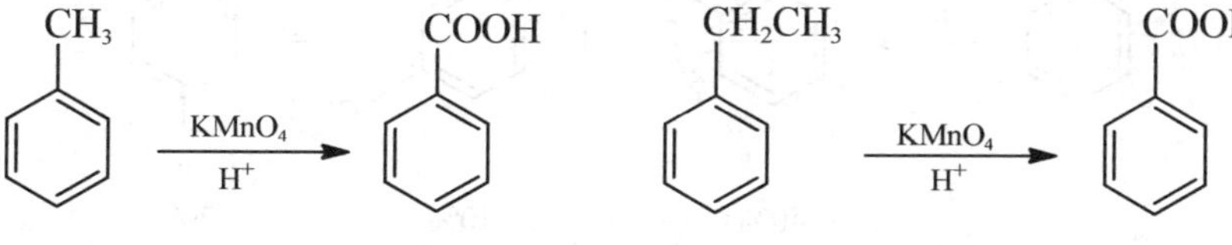

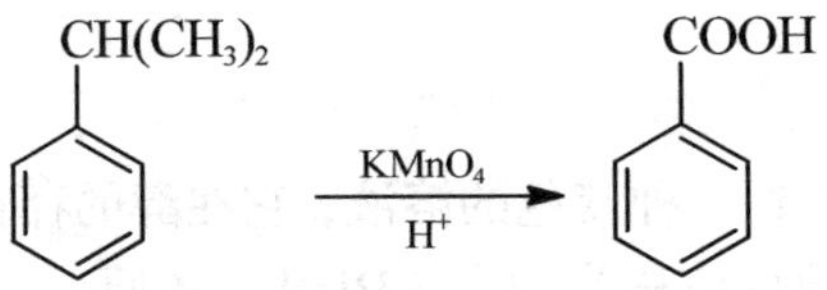

苯环的侧链上无 α-氢时，不发生氧化反应。

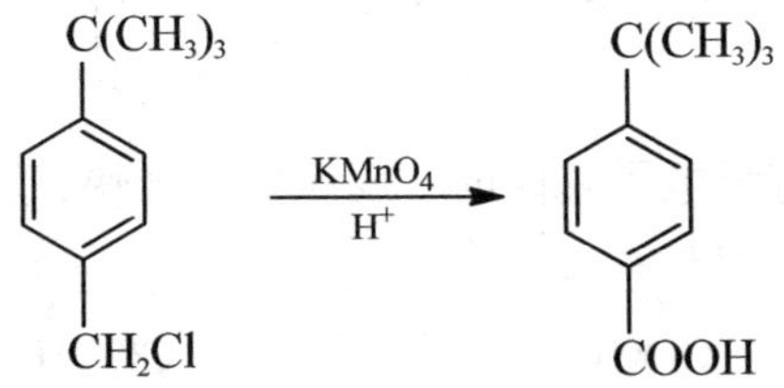

6.4.4　烷基苯侧链的卤代反应

烷基苯与氯在光照或加热的条件下发生烷基侧链的自由基卤代反应，氯取代 α-氢，反应不发生在苯环上。

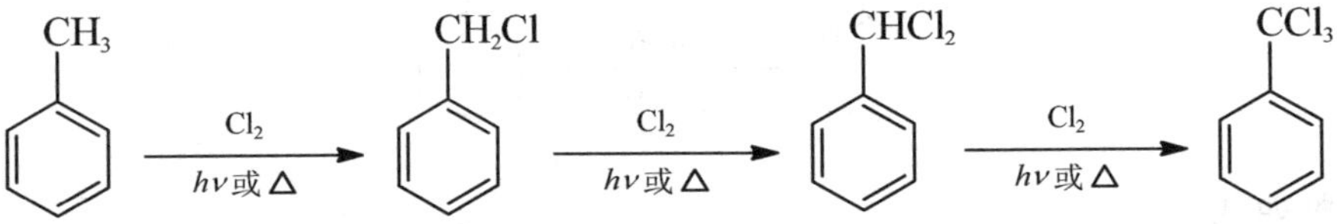

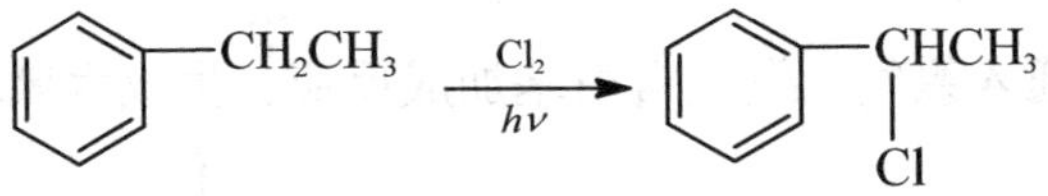

烷基苯与溴在光照或加热的条件下同样也可以发生 α-氢的溴代反应，也可以用 NBS 作溴代试剂。

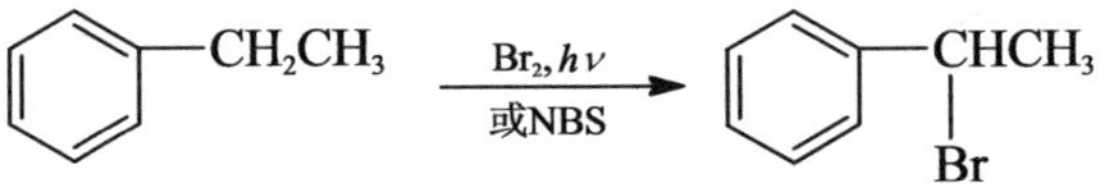

6.5　苯环的亲电取代定位效应及反应活性

扫一扫　　6-4　苯环的亲电取代定位效应

6.5.1　定位效应

一取代苯进行亲电取代反应时，理论上得三种产物，如果不考虑取代基的影响，仅从统计规律的角度来分析，邻对位产物应为 60%，间位产物为 40%。

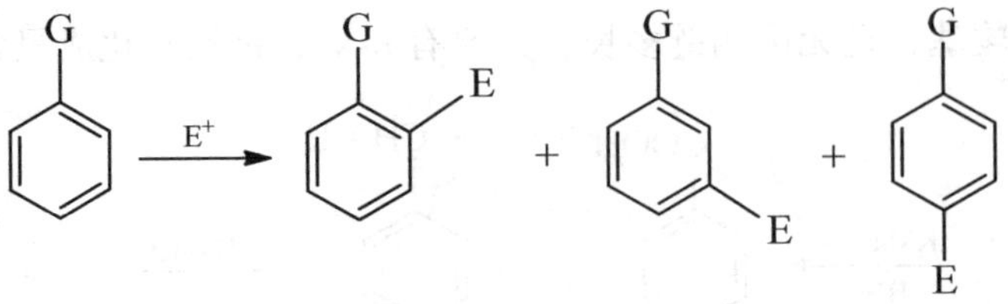

40%　　40%　　20%

实际反应结果并非如此，如硝化反应，硝基苯比苯难硝化，主要得间位产物，邻、对位产物极少；甲苯比苯容易硝化，主要得邻、对位产物；氯苯比苯难以硝化，主要得邻、对位产物。由前面所讲的亲电取代反应可以看出，当芳环上有取代基时，新基团是否容易引入，进入苯环哪个位置，主要由原来取代基的性质决定。芳环上原有的取代基称为定位基，定位基制约新基团进入苯环的位置和定位能力大小称为定位效应或定位规律。

定位基影响新基团进入苯环的位置，据此分为两类：

（1）使邻、对位产物＞60%，称为邻、对位定位基。

（2）使间位产物＞40%，称为间位定位基。

定位基对亲电取代反应的活性也有影响：

（1）使取代苯的亲电取代反应速率比苯快，称为对苯环具有活化作用，此定位基称为活化基团。

（2）使取代苯的亲电取代反应速率比苯慢，称为对苯环具有钝化作用，此定位基称为钝化基团。

综上，可以将定位基分为两类：

（1）邻、对位定位基，又称第一类定位基。结构特点是与苯环直接相连的原子都是饱和的且有孤对电子或带负电荷（—R 和—C_6H_5 除外）。

按定位能力由强到弱，常见的基团有

—O^-, —NR_2, —NHR, —NH_2, —OH，—OR, —NHCOR, —OCOR, —C_6H_5, —R, —X

除卤素对苯环有较弱的钝化作用，其他基团都对苯环有活化作用。

（2）间位定位基，又称第二类定位基。结构特点是与苯环直接相连的原子有极性不饱和键或带有正电荷（—CF_3、—CCl_3 除外）。

按定位能力由强到弱，常见的基团有

—$\overset{+}{N}H_3$, —NO_2, —CF_3, —CCl_3, —CN, —COOH, —SO_3H, —CHO, —COR, —COOR, —$CONH_2$

这些基团都对苯环有钝化作用。

定位基的定位效应主要与定位基的电子效应有关，此外还受到空间效应的影响。空间效应又称空间位阻效应，是指分子中原有基团对新引入基团产生的空间阻碍作用。当苯环上原有的定位基与新引入基团有空间位阻时，会对产物异构体的分布产生一定影响。

6.5.2 活化与钝化

取代基分为活化基团和钝化基团。苯环上连有活化基团会使苯环的亲电取代反应活性提高，反应速率加快。反之，苯环上连有钝化基团会使苯环的亲电取代反应活性降低，反应速率变慢。如何解释取代基对苯环活性的影响？在此主要考虑取代基的电子效应。

与苯相比，如果取代基对苯环有给电子作用，则苯环的电子云密度增大，发生亲电取代反应的活性升高；如果取代基对苯环有吸电子作用，则苯环的电子云密度降低，发生亲电取代反应的活性降低。

取代基对苯环是给电子还是吸电子，主要从诱导效应、共轭效应及超共轭效应几方面综合考虑。取代基的综合电子效应可以从取代苯的偶极矩大小和方向上表现出来。

1. 烷基的作用

烷基是活化基团，是给电子基团。

以甲苯为例，甲基碳是 sp^3 杂化，苯环碳是 sp^2 杂化，电负性是 $C(sp^2) > C(sp^3)$，甲基对苯环有给电子诱导效应（+I）；烷基与苯环不发生共轭作用，但烷基的 C—H 中 σ 电子与苯环的 π 电子能发生 σ-π 超共轭作用，烷基的超共轭作用有微弱的给电子能力。无论是诱导效应还是共轭效应，甲基都表现为供电子性，使苯环上电子云密度增加，更有利于亲电试剂的进攻。因此，甲基能使苯环活化，但甲基总体给电子能力比较弱，是弱活化基团。

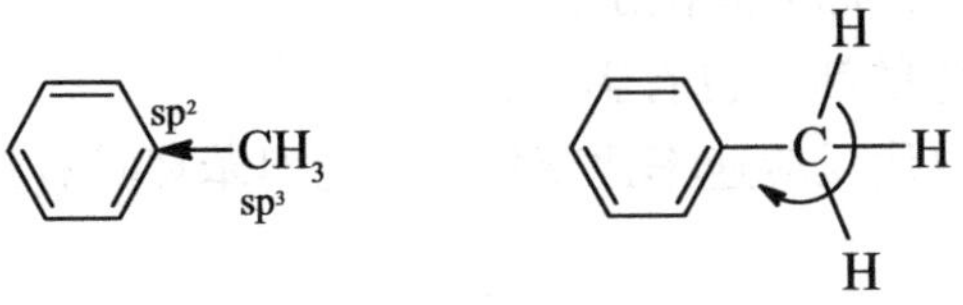

+I　　　　+C

2. 具有孤对电子的取代基的作用

含 N 原子的氨（胺）基和含 O 的羟基、烷氧基等取代基都是较强或强的活化基团。

以苯甲醚为例，电负性 O>C，甲氧基对苯环有吸电子诱导效应（–I）；O 有未共用电子对，与苯环发生 p-π共轭，甲氧基对苯环又有给电子共轭效应（+C）。由于+C>–I，且共轭效应比较强，因此甲氧基总的电子效应为给电子，导致苯环上电子云密度增加较多，是较强的活化基团。

–I　　<　　+C

3. 卤素的作用

卤素对苯环有较弱的钝化作用。

以氯苯为例，电负性 Cl>C，氯对苯环有吸电子诱导效应（–I）；氯原子的 p 轨道有成对电子，与苯环的 π 电子发生 p-π 共轭作用，氯原子的孤对电子离域到苯环上，发生给电子共轭效应（+C）。由于+C<–I，总的结果是吸电子作用，使苯环的电子云密度降低，但差值不是很大，因此氯是较弱的钝化基团。

–I　　>　　+C

4. 间位定位基的作用

所有的间位定位基都是较强或强的钝化基团，对苯环有强的吸电子作用。

以硝基苯为例，由于电负性 O>N>C，硝基对苯环有强的吸电子诱导效应（–I）；从共轭效应看，硝基与苯环相连时，含有的 N═O 不饱和键与苯环发生π-π共轭，在这个共轭体系中，由于氧的电负性较大，共轭体系中电子云向硝基偏移，硝基表现为吸电子共轭效应（–C）。总的结果是吸电子诱导效应和吸电子共轭效应叠加，使苯环电子云密度大大降低，硝基是强钝化基团。

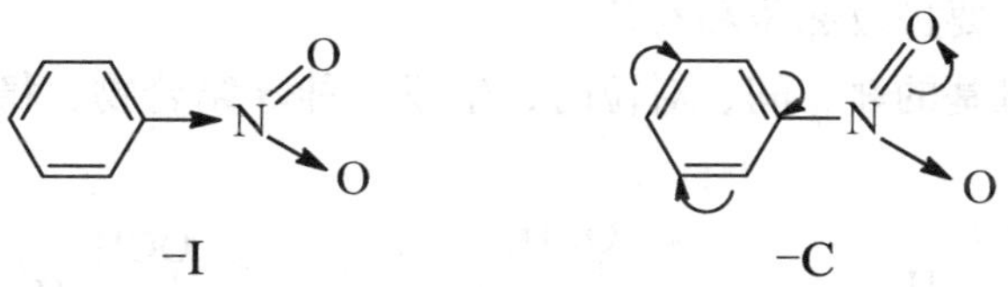

6.5.3 定位效应的解释

亲电取代反应的定位效应可从取代基的电子效应和σ-络合物的稳定性两方面解释。

对苯来说，环上电子云密度是平均分布的。但当引入一个取代基后，由于取代基电子效应的影响，苯环上电子云密度分布发生变化。通过苯环共轭链的传递作用，电子云密度出现交替分布的现象。结果造成苯环各位置上发生亲电取代反应的难易程度不同。

亲电试剂进攻取代苯，可能形成三种σ-络合物，σ-络合物稳定，过渡态就稳定，反应活化能越低，在反应中越容易形成。可以用共振论解释σ-络合物的稳定性。

1. 邻、对位定位基

1）烷基

以甲苯为例，甲基是给电子基团，使苯环上电子云密度增加，相对邻、对位增加得更多，因此亲电试剂主要进攻邻位和对位。

亲电试剂进攻甲基的邻、间、对位时，生成三种σ-络合物，稳定性不同。

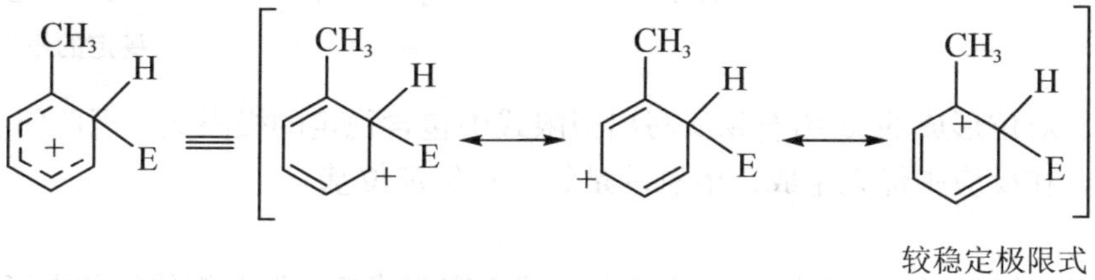

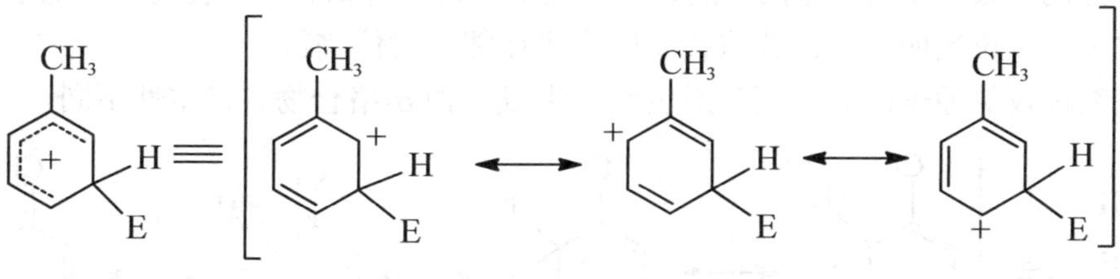

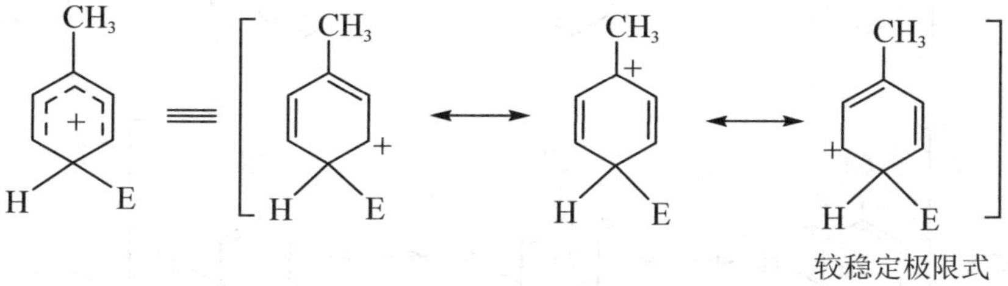

其中，邻、对位形成的σ-络合物所写出的极限式中包含较稳定的极限式，因此邻、对位

σ-络合物较稳定，在反应中优先生成，甲基是邻、对位定位基。

2）—OH、—NH_2、—OR 等具有孤对电子的取代基

以苯甲醚为例，甲氧基是给电子基团，使苯环上电子云密度增加，相对邻、对位增加的更多，因此亲电试剂主要进攻邻位和对位。

亲电试剂进攻甲氧基的邻、间、对位时，生成三种 σ-络合物，稳定性不同。

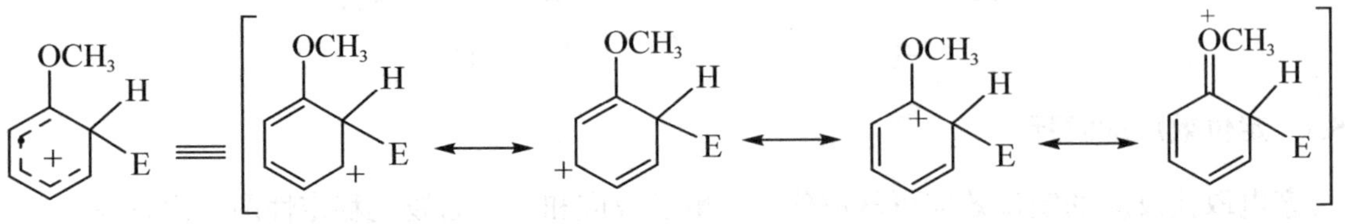

稳定的极限式

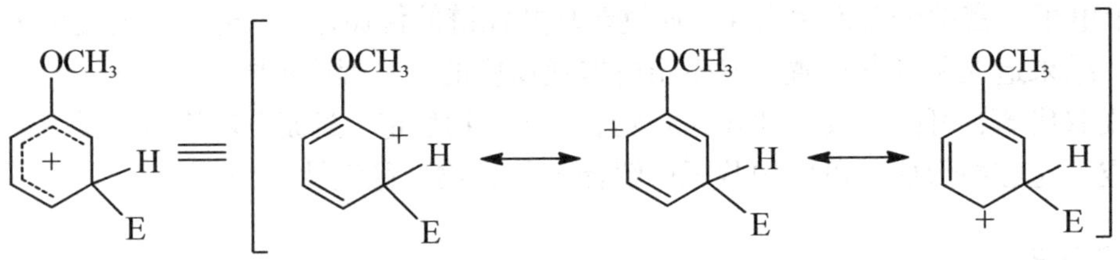

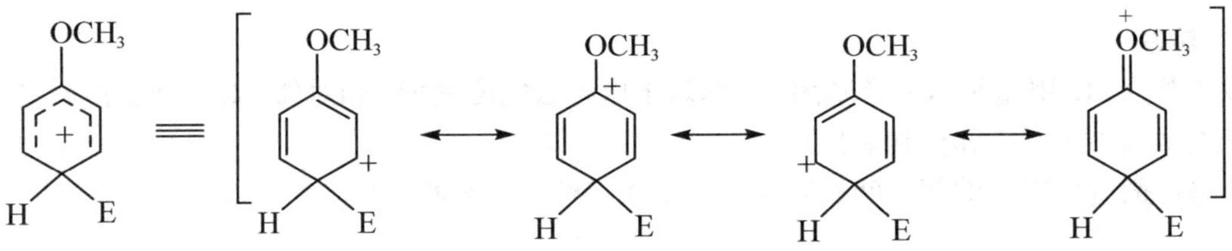

稳定的极限式

其中，邻、对位形成的 σ-络合物所写出极限式中包含稳定的极限式，因此邻、对位 σ-络合物较稳定，在反应中优先生成，甲氧基是邻、对位定位基。

3）卤素

以氯苯为例，氯是吸电子基团，使苯环上电子云密度降低，但共轭使间位电子云密度降低的程度比邻、对位更明显，因此取代反应主要在邻、对位进行。

亲电试剂进攻氯原子的邻、间、对位时，生成三种 σ-络合物，稳定性不同。

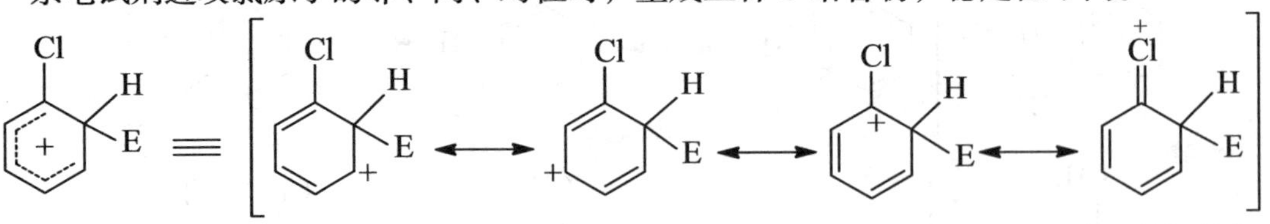

稳定的极限式

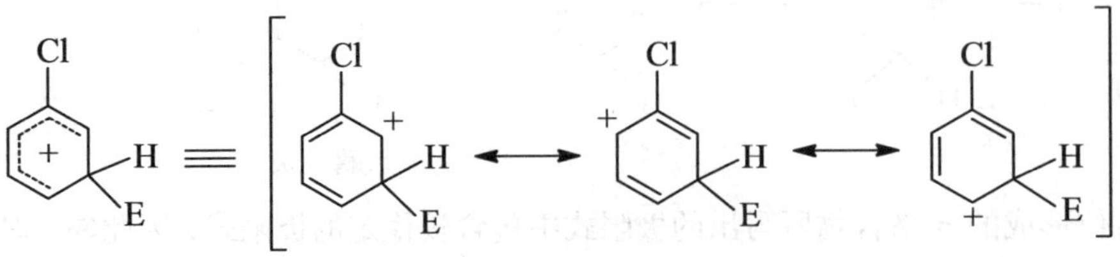

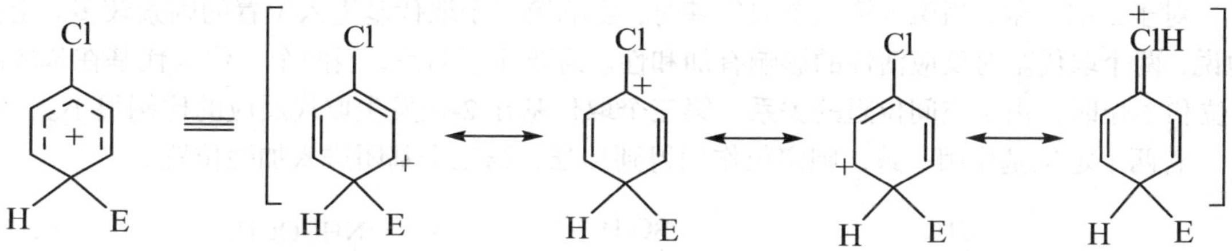

稳定的极限式

其中，邻、对位形成的σ-络合物所写出的极限式中包含稳定的极限式，因此邻、对位σ-络合物较稳定，在反应中优先生成，氯是邻、对位定位基。

2. 间位定位基

以硝基苯为例，硝基是强吸电子基团，它使苯环的电子云密度有较大程度的下降，但邻、对位相对降低得更明显，这样间位的电子云密度最大，因此亲电试剂进攻间位。

亲电试剂进攻硝基的邻、间、对位时，生成三种σ-络合物，稳定性不同。

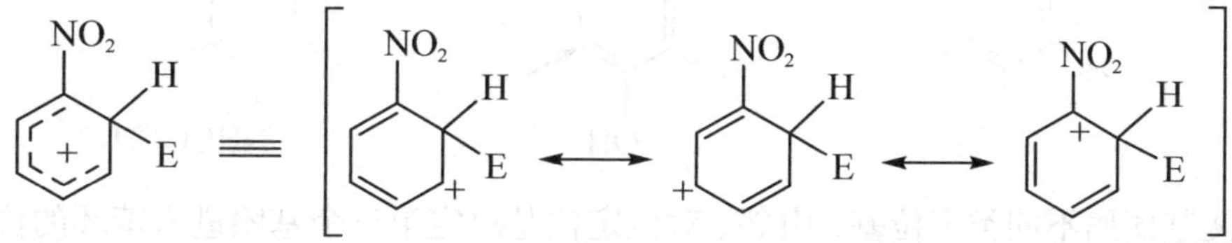

不稳定的极限式

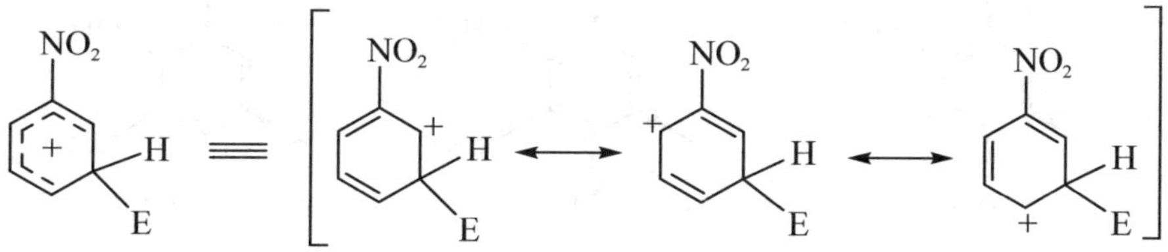

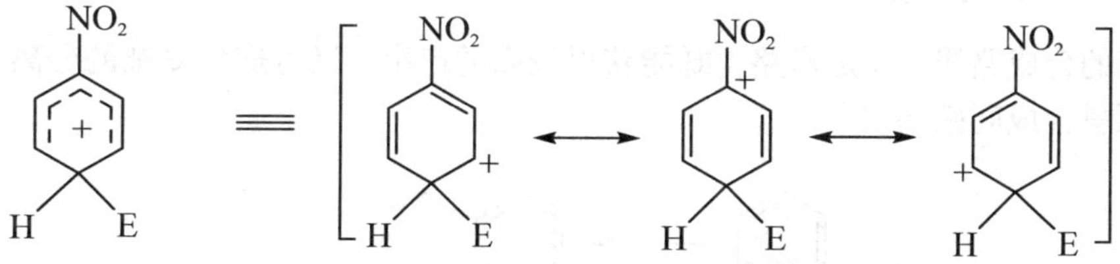

不稳定的极限式

其中，邻、对位形成的 σ-络合物所写出的极限式中包含不稳定的极限式，因此间位 σ-络合物较稳定，在反应中优先生成，硝基是间位定位基。

6.5.4　定位效应在合成中的应用

1. 预测反应主要产物

对于单取代苯，依据定位效应可确定第二个基团进入苯环的位置。

对于二取代苯，当引入第三个取代基时，影响第三个取代基进入位置的因素较多。定性地说，两个取代基对反应活性的影响有加和性。需要注意的是，当两个定位取代基在苯环的1-位和3-位时，由于空间位阻的关系，第三个取代基在2-位发生取代反应的比例很小。

若两个定位基作用一致，则定位作用得到加强，第三个基团进入加强位置。

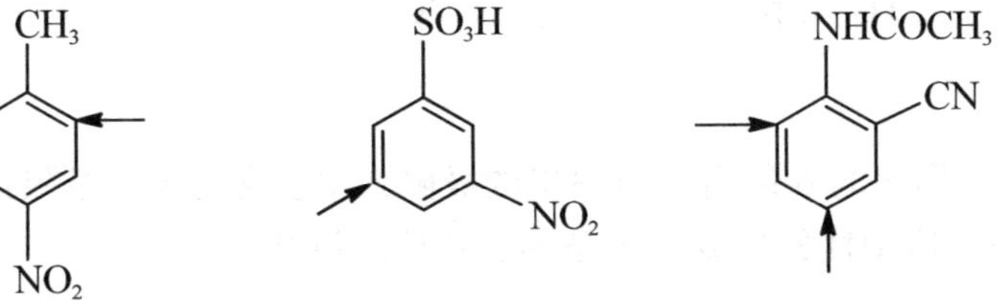

若两个基团的作用不一致，主要有以下两种情况：

（1）两基团属同一类定位基，由强定位基决定第三个基团进入苯环的位置。例如：

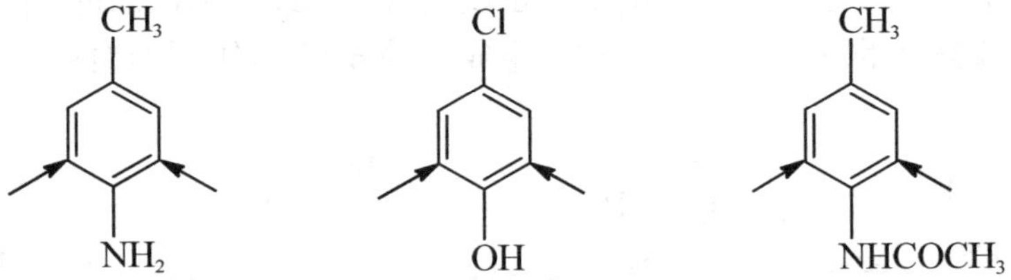

（2）两基团属不同类定位基，由邻、对位定位基决定第三个基团进入苯环的位置。例如：

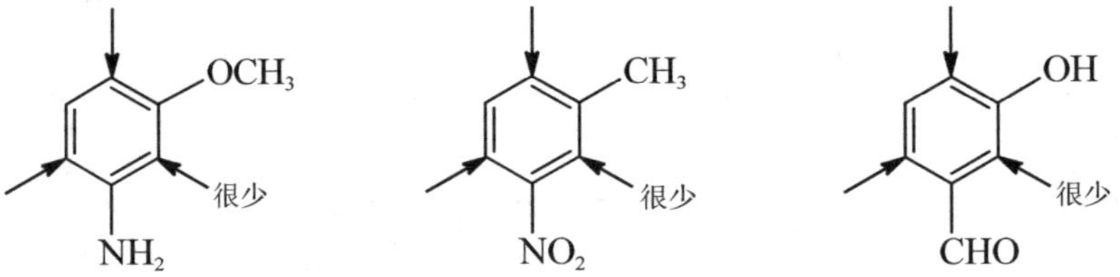

2. 选择适当的合成路线

选择适当的合成路线，少走弯路，既能获得较高的产率，又可避免复杂的分离手续。例如，以苯为原料合成间硝基溴苯：

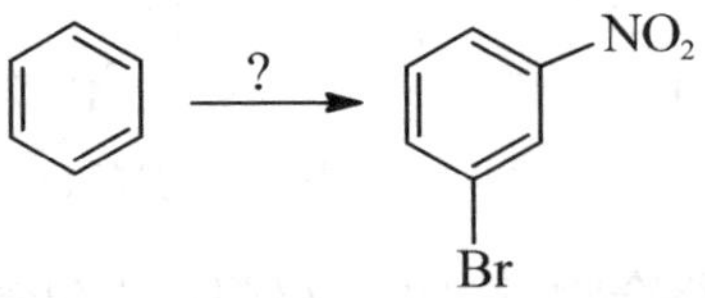

硝基可通过硝化反应引入苯环，溴通过溴代反应引入苯环，是先硝化再溴代，还是先溴代再硝化？根据定位效应，硝基是间位定位基，溴是邻、对位定位基，则合成路线应为

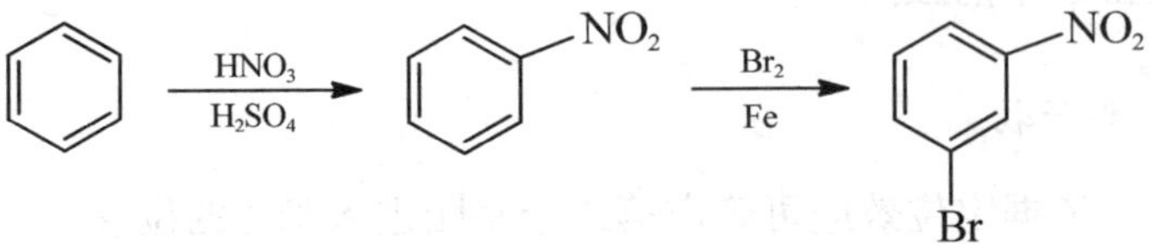

6.6　多环芳香烃

6.6.1　联苯

两个或多个苯环以单键直接相连的化合物称为联苯类化合物。联苯是最简单的联苯类化合物。

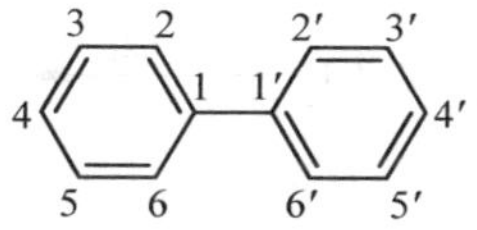

联苯（分子式为 $C_{12}H_{10}$）为白色或略带黄色鳞片状结晶，具有独特的香味。不溶于水、酸及碱，溶于醇、醚、苯等有机溶剂。存在于煤焦油、原油和天然气中，可通过苯热解等化学合成法和煤焦油馏分的分离提取法制备。联苯是重要的有机原料，广泛用于医药、农药、染料、液晶材料等领域，可以用来合成增塑剂、防腐剂，还可以用于制造燃料、工程塑料和高能燃料等。

联苯可以看作是苯环上的一个氢原子被另一个苯环取代，因此每一个苯环与单独苯环的行为类似，苯基是邻、对位定位基。

6.6.2　稠环芳香烃

两个或多个苯环共用两个邻位碳原子的化合物称为稠环芳香烃，如两环的萘，三环的蒽和菲，四环的芘、苯并蒽和苯并菲，五环的苯并芘、二苯并蒽和二苯并菲等。

1. 萘

萘（分子式为 $C_{10}H_8$）为白色、易挥发并有特殊气味的晶体，熔点 80.6℃，沸点 217.9℃。易升华，不溶于水，溶于乙醇和乙醚等。从炼焦的副产品煤焦油中大量生产得到，主要用于生产邻苯二甲酸酐、染料中间体、橡胶助剂和杀虫剂等。

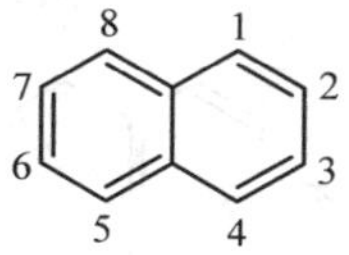

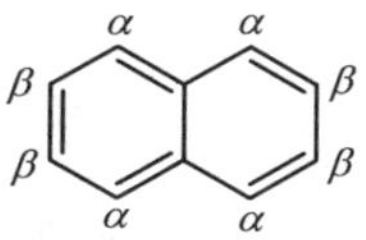

1）萘的结构

萘分子中的碳原子都是 sp^2 杂化，为平面结构，p 轨道侧面交叠形成大的共轭 π 键，但 π 电子云并非均匀分布，键长不均等，因此不能用一个完美的结构式来表达，一般用最稳定的极限式表达。

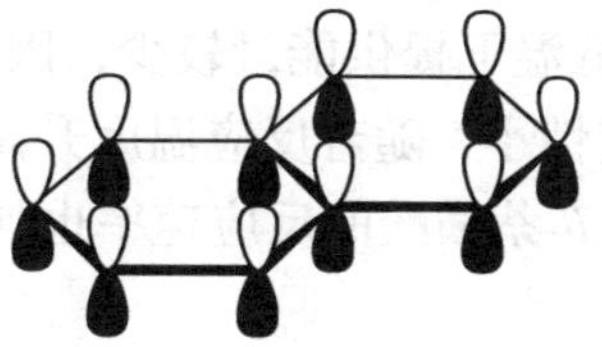

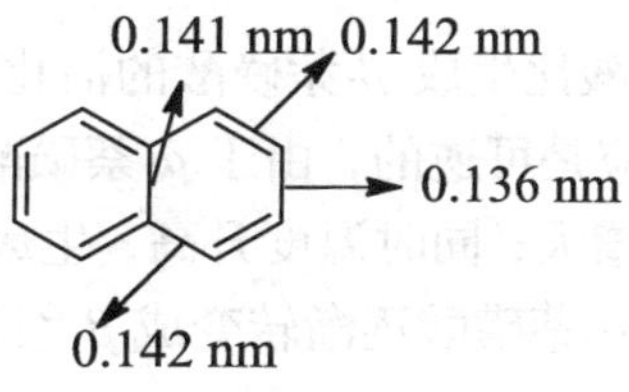

2）萘的化学性质

（1）亲电取代反应。

萘主要发生亲电取代反应，活性比苯强，取代反应主要发生在 α-位上。

萘十分活泼，溴代反应不用催化剂就可进行，氯代反应也只需在弱催化剂作用下就能发生。反应主要发生在 α-位上。

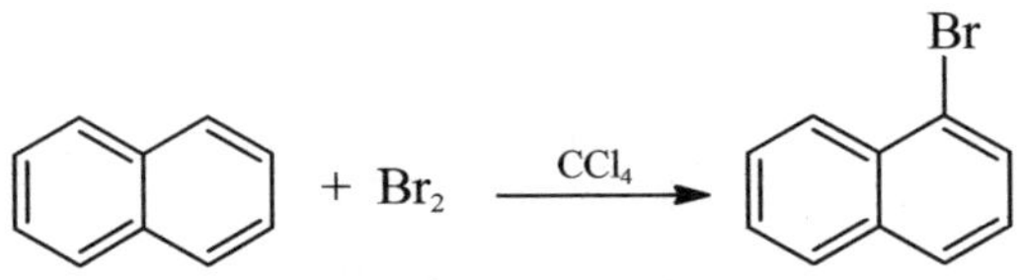

α-溴萘

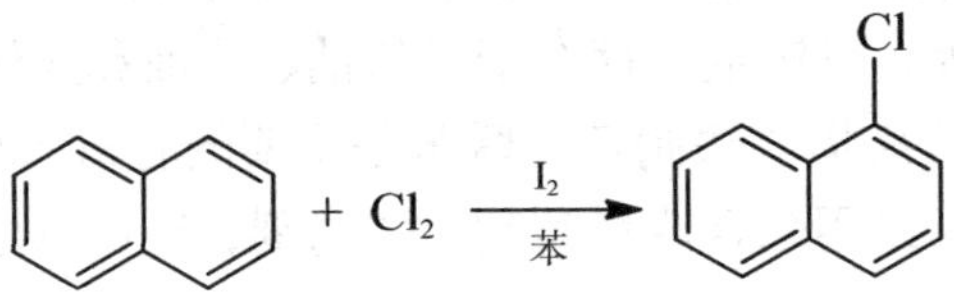

α-氯萘

硝化反应同样主要发生在 α-位上。

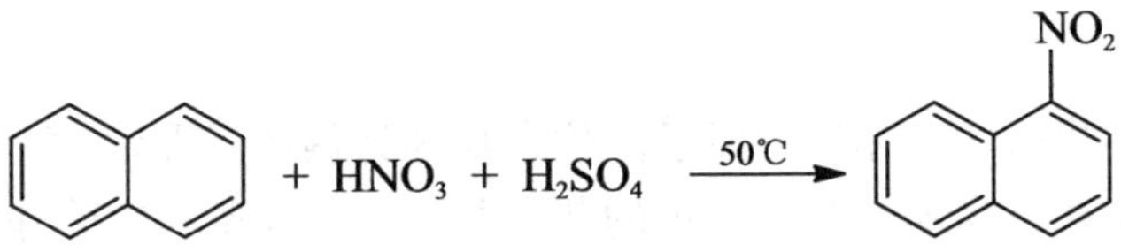

α-硝基萘

发生磺化反应时，在较低温度下主要生成 α-萘磺酸，在较高温度下则主要产物为 β-萘磺酸。反应表明 α-萘磺酸的生成是受动力学控制即速率控制，β-萘磺酸的生成是受热力学控制即平衡控制。

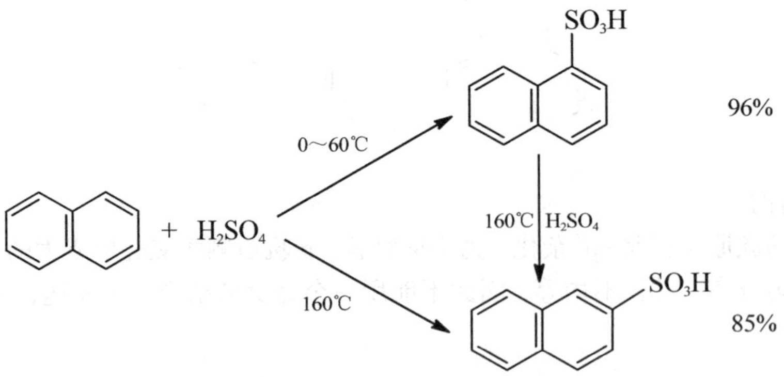

生成 α-萘磺酸比生成 β-萘磺酸的活化能低，低温下提供能量较少，因此主要生成 α-萘磺酸。但磺化反应是可逆的，由于 α-萘磺酸的稳定性小，随着反应温度升高，α-磺化反应的逆反应速率逐渐增大；同时温度升高，生成稳定的 β-萘磺酸的反应速率也加大，而其逆反应速率很慢，因此 α-萘磺酸逐渐转变成 β-萘磺酸。

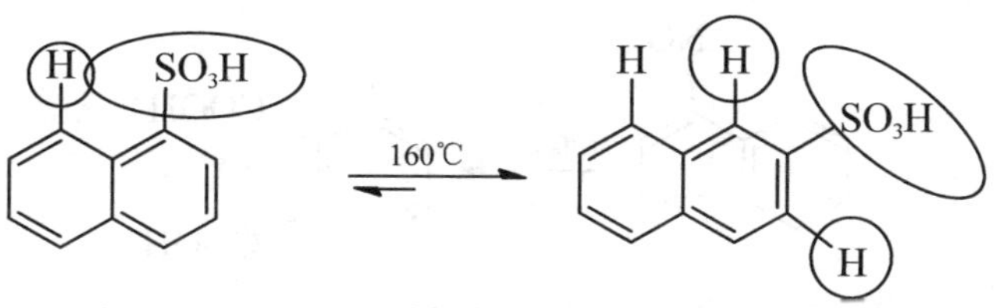

β-萘磺酸之所以比 *α*-萘磺酸稳定，主要是因为空间作用力的影响。*α*-萘磺酸的 1-磺酸基和 8-氢距离近，存在较大的斥力，分子能量较高。*β*-萘磺酸的 2-磺酸基与 1-氢和 3-氢相距较远，斥力小，分子能量低。

萘的酰基化反应既可以发生在 *α*-位，也可以发生在 *β*-位，反应产物与温度和溶剂相关。例如：

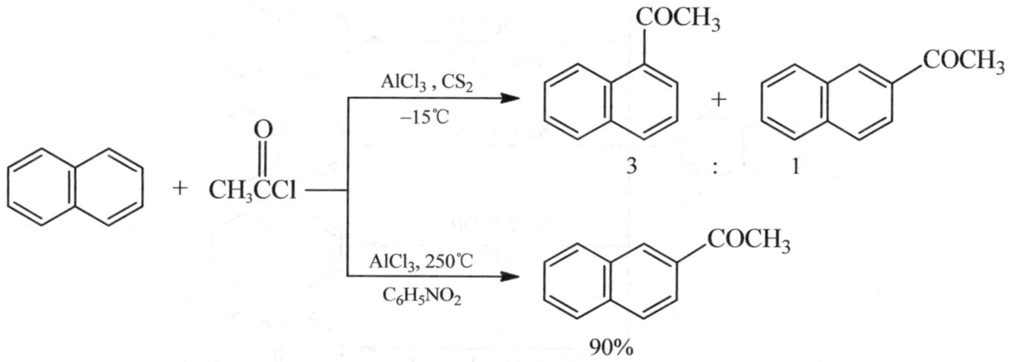

（2）氧化反应。

萘比苯易氧化。室温下用三氧化铬的乙酸溶液处理得 1, 4-萘醌。在高温和五氧化二钒的催化下被空气氧化，得到重要的有机化工原料邻苯二甲酸酐。

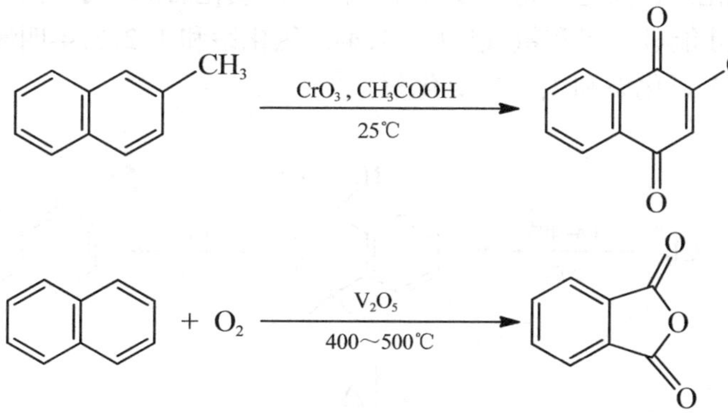

当萘环上有取代基时，活化基团使氧化反应在同环发生，而钝化基团使氧化反应在异环发生，即电子云密度高的环易被氧化。例如：

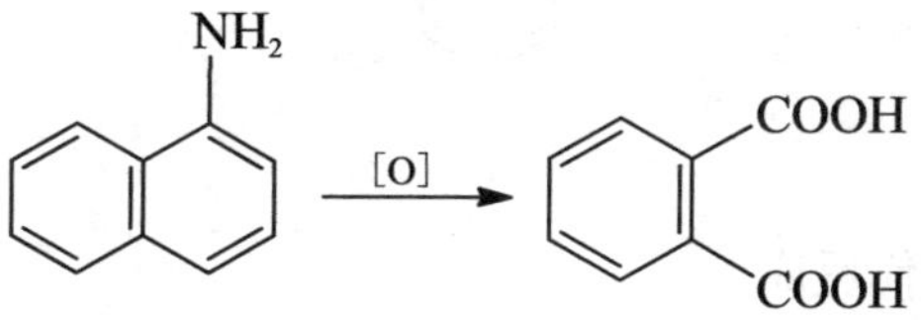

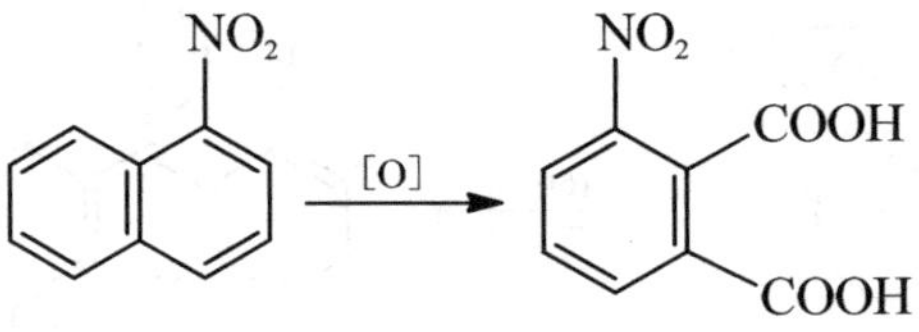

萘环比烷基侧链更易被氧化，因此不能用侧链氧化法制萘甲酸。

（3）还原反应。

萘在不同的条件下还原，得到不同的还原产物。

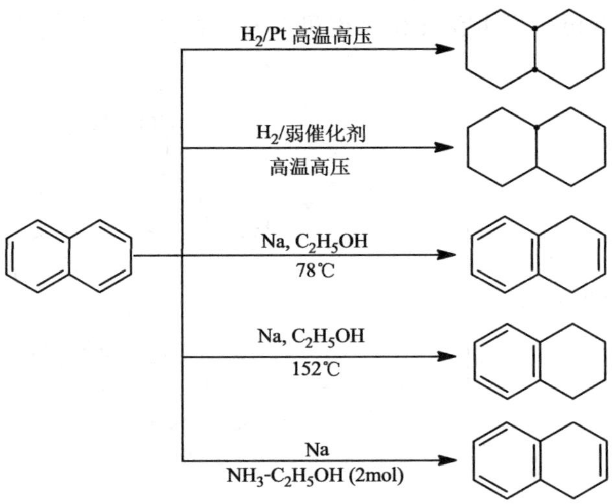

（4）加成反应。

萘比苯容易发生加成反应。例如，萘和一分子氯气加成得 1, 4-二氯化萘，后者可继续加氯气得 1, 2, 3, 4-四氯化萘，反应在这一步停止，因为四氯化后的分子剩下一个完整的苯环，必须在催化剂作用下才能进一步和氯气反应。1, 4-二氯化萘和 1, 2, 3, 4-四氯化萘加热可以失去氯化氢，分别得到 1-氯化萘和 1, 4-二氯化萘。

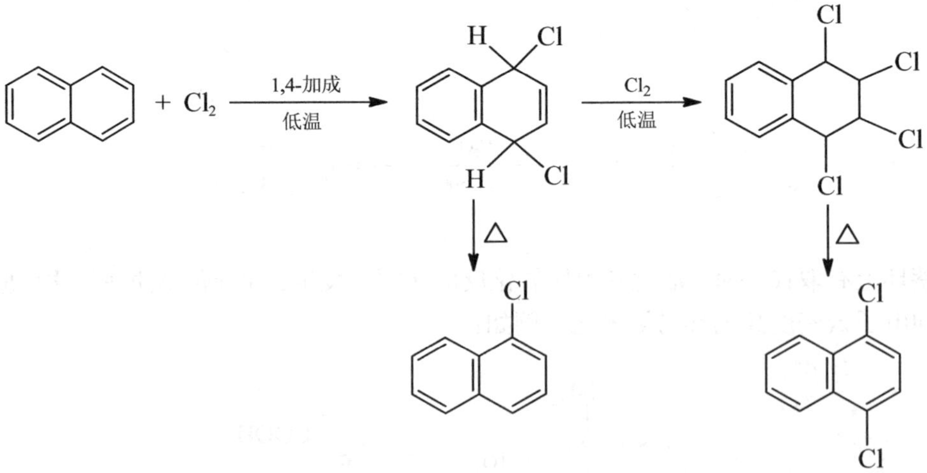

3）一取代萘的亲电取代反应

一取代萘进行亲电反应时，取代基（G）也有定位效应。

取代基为卤素以外的邻、对位定位基时，G 使同环活化，取代反应主要在同环发生。

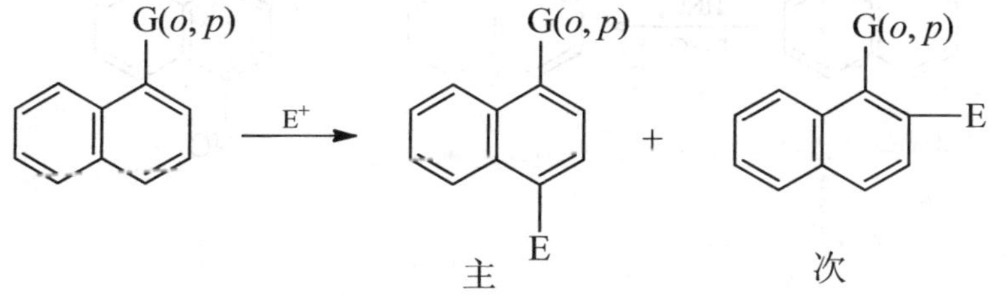

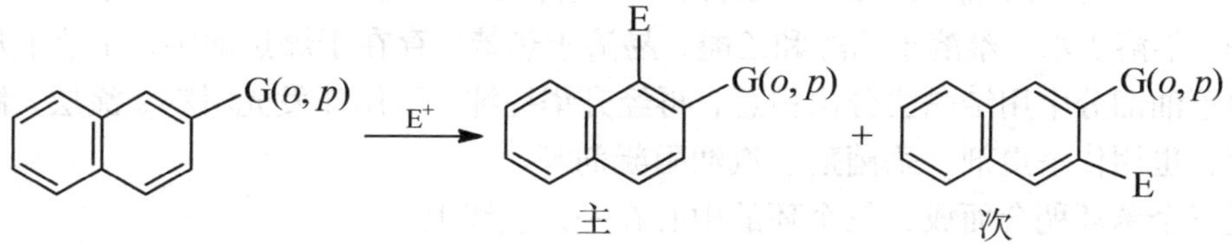

取代基为间位定位基时，G 使同环钝化，取代反应主要发生在异环的 α-位。

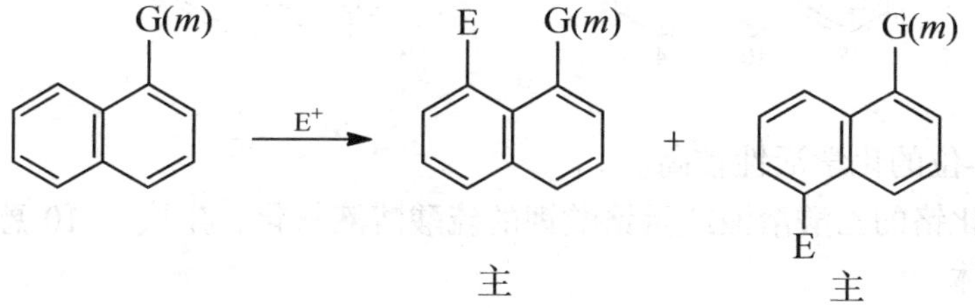

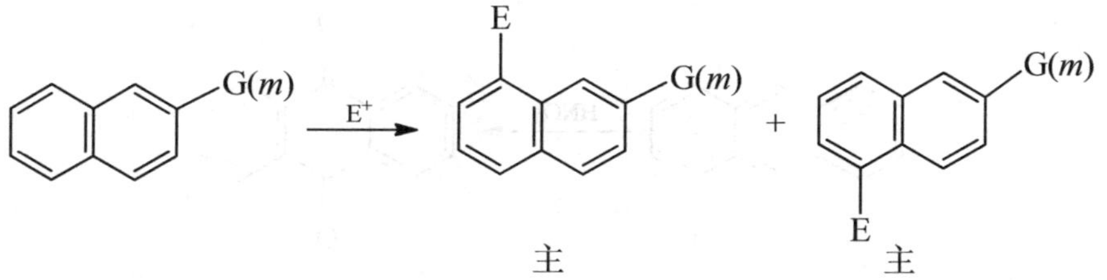

反应实例如下：

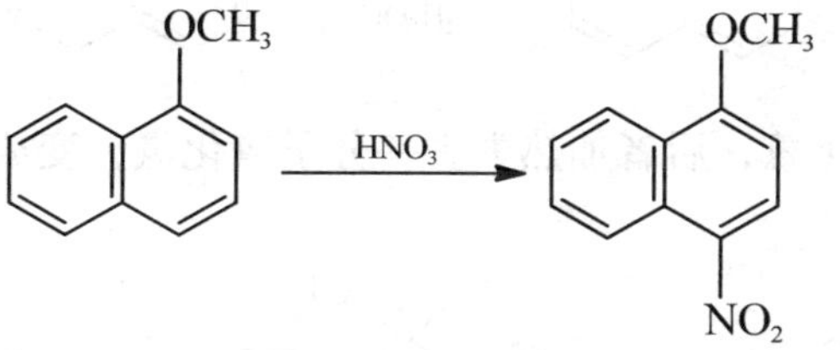

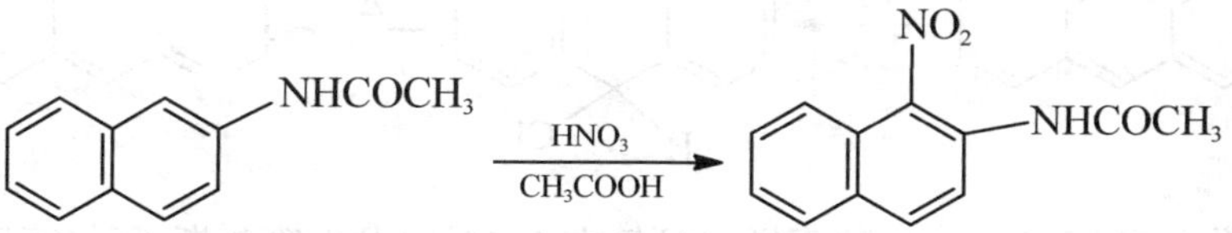

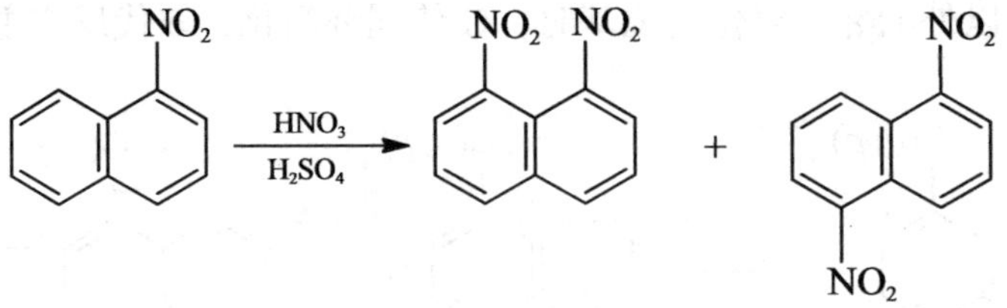

2. 蒽

蒽（分子式为 $C_{14}H_{10}$）为无色片状晶体，熔点 216℃，沸点 340℃，相对密度为 1.283，容易升华，不溶于水，难溶于乙醇和乙醚，易溶于热苯。存在于煤焦油中，工业上从分馏煤焦油所得蒽油馏分中用结晶法分出粗蒽，再经升华提纯。可用作发光材料、涂层、制造蒽醌和染料等，也用作杀虫剂、杀菌剂、汽油阻凝剂等。

蒽是三个苯环稠合而成，三个环的中心在一条直线上。

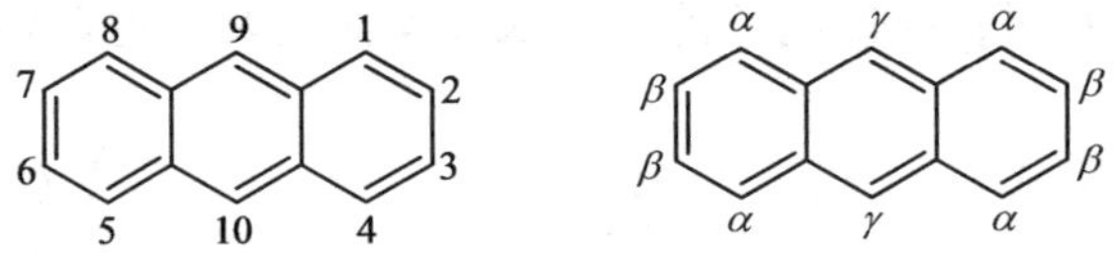

蒽分子中 9, 10-位的化学活性较高。

用硝酸或三氧化铬的乙酸溶液或重铬酸钾的硫酸溶液氧化，生成 9, 10-蒽醌，是合成蒽醌染料的重要中间体。

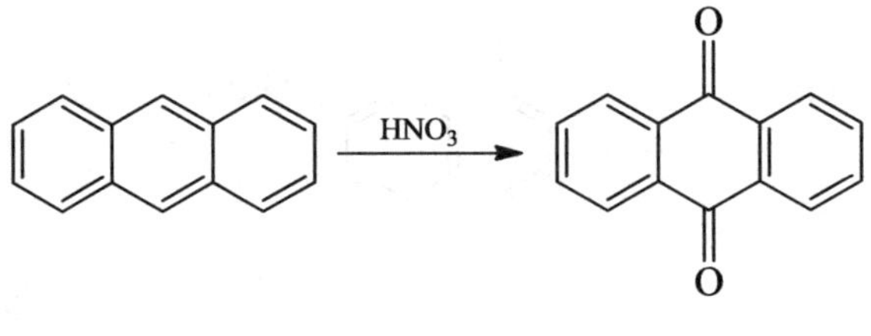

用钠和乙醇还原，生成 9, 10-二氢化蒽。

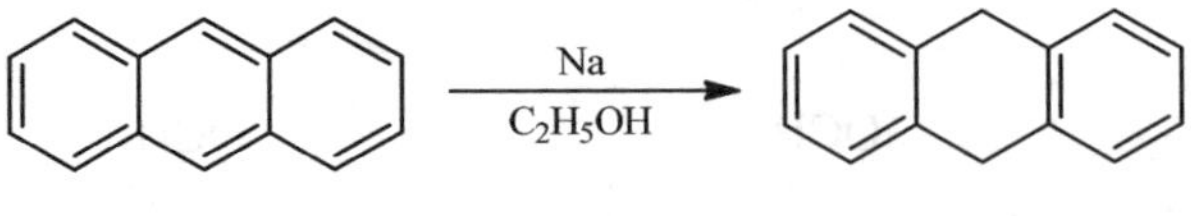

加氯生成 9, 10-二氯化蒽，后者加热失去一分子氯化氢，变成 9-氯化蒽。

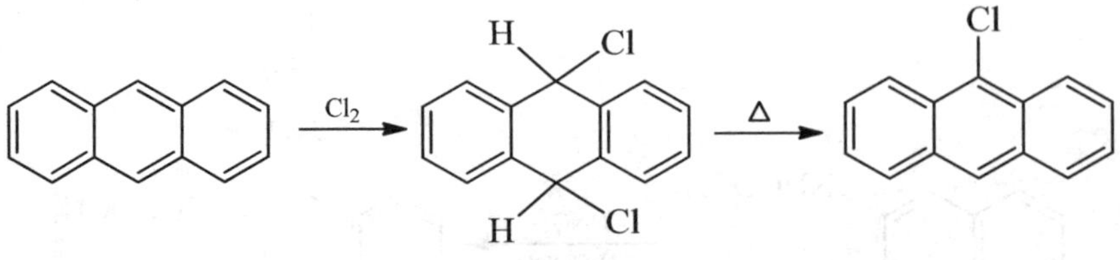

蒽还可以作为共轭二烯，与顺丁烯二酐等在 9, 10-位发生第尔斯-阿尔德反应。

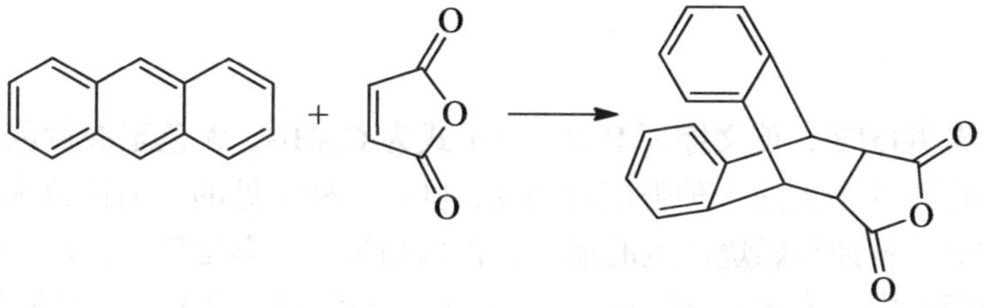

3. 菲

菲（分子式为 $C_{14}H_{10}$）为有光泽的无色晶体，熔点 101℃，沸点 340℃，相对密度为 1.179。不溶于水，溶于乙醇、苯和乙醚，溶液有蓝色的荧光。菲可由煤焦油的蒽油中分离出来。用于合成树脂、植物生长激素、还原染料、鞣料等方面，并用作无烟火药的稳定剂。菲经氢化制得全氢菲，可用于生产喷气式飞机的燃料。

菲是蒽的同分异构体，三个苯环不在一条直线上。

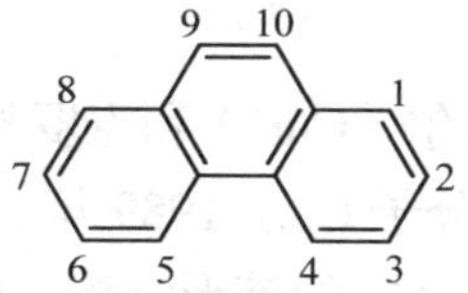

菲的化学性质介于萘和蒽之间，但没有蒽那么容易。菲的 9, 10-位的化学活性高，反应首先发生在 9, 10-位。

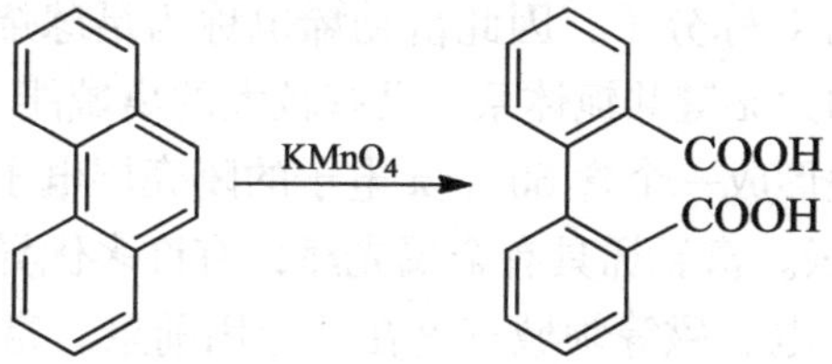

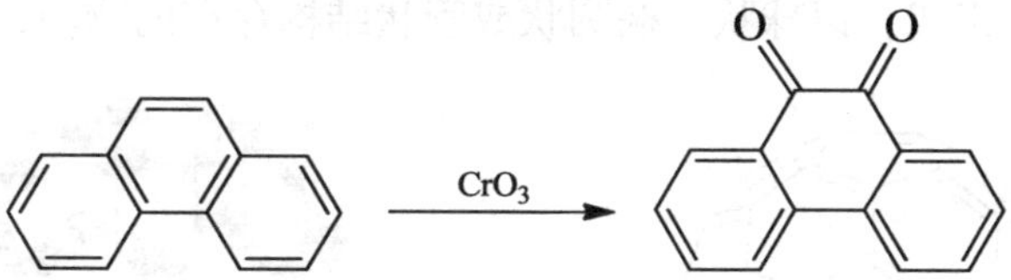

4. 芘

芘（分子式为 $C_{16}H_{10}$）为淡黄色晶体（纯品为无色），可燃，不溶于水，易溶于乙醇、乙醚、二硫化碳、苯、四氢呋喃等有机溶剂。具有芳香性，可进行亲电取代反应，如卤代、硝化、磺化等。芘主要存在于煤焦油、沥青的蒸馏物中。芘为有机合成原料，经氧化可制得 1, 4, 5, 8-萘四甲酸，用于染料、合成树脂、分散性染料和工程塑料。酰化后可制得还原染料艳橙 GR 及其他多种染料，还可制杀虫剂、增塑剂等。

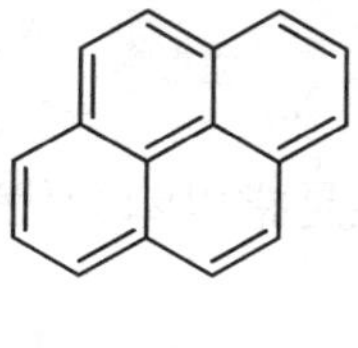

5. 苯并芘

苯并芘又称苯并[a]芘，英文缩写 BaP，分子式为 $C_{20}H_{12}$，无色至淡黄色针状晶体。苯并芘是多环芳香烃中毒性最大的一种强烈致癌物，也是一种常见的高活性致癌物。存在于煤焦油、各类炭黑和煤、石油等燃烧产生的烟气、香烟烟雾、汽车尾气中，以及焦化、炼油、沥青、塑料等工业污水中。苯并芘释放到大气中以后，与大气中各种类型微粒所形成的气溶胶结合在一起，经呼吸道吸入肺部，进入肺泡甚至血液，导致肺癌和心血管疾病。苯并芘在工业上无生产和使用价值，一般只作为生产过程中形成的副产物随废气排放。

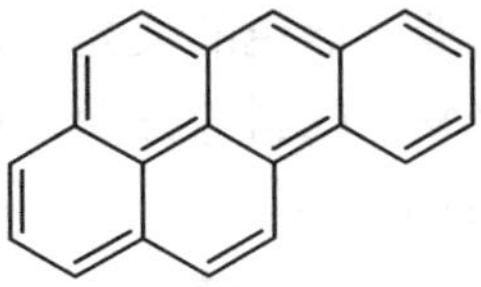

6. 富勒烯

1985 年，斯莫利（Smalley）、科尔（Curl）和克罗托（Kroto）在氦气流中用激光激发石墨时，发现了由 60 个碳原子组成的分子 C_{60}。1989 年，德国科学家哈夫曼（Huffman）和克拉策门（Kraetschmer）的实验证实了 C_{60} 的笼形结构，C_{60} 的结构和建筑师富勒（Fuller）的代表作相似，因此称为富勒烯（Fullerene）。通过质谱分析、X 射线分析证明，C_{60} 的分子结构为球形 32 面体，它是由 60 个碳原子通过 20 个六元环和 12 个五元环连接而成的具有 30 个碳碳双键的足球状空心对称分子，因此富勒烯也称为足球烯。

富勒烯是高度离域的大 π 键共轭体系，具有较大的离域能。碳原子近似为 sp^2 杂化，每个碳原子的 p 轨道互相重叠形成一个含 60 个 π 电子的闭壳层电子结构，因此在近似球形的笼内和笼外都围绕着 π 电子云。富勒烯具有金属光泽，有许多优异性能，如超导、强磁性、耐高压、抗化学腐蚀，在光、电、磁等领域有潜在的应用前景。富勒烯是一种碳的同素异形体，现在任何由碳一种元素组成，以球状、椭圆状或管状结构存在的物质，都可以称为富勒烯。

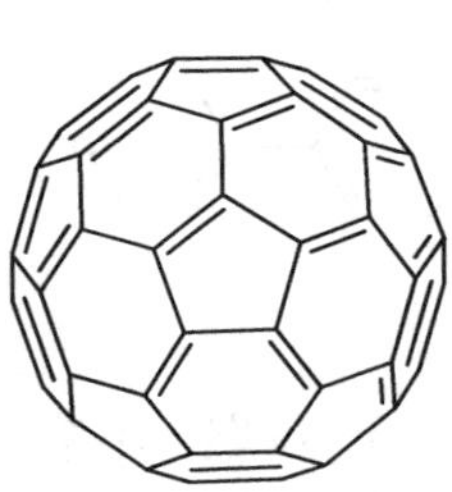

6.7 非苯系芳香烃

6.7.1 芳香性的几个特征及休克尔规则

1. 芳香性的特征

芳香族化合物具有芳香性，芳香性是指以苯为代表的芳香族化合物的特性，表现在形成环状共轭体系而产生的特殊的稳定性。

分子具有芳香性的特征是：

（1）C∶H 的比例高，具有高度不饱和性。但不易发生加成和氧化反应，而容易进行亲电取代反应。

（2）键长平均化，分子具有平面或接近平面的环状结构。

（3）由于芳环在磁场中能产生感应磁环流，用核磁共振谱进行测定时，环外氢的化学位移明显移向低场，环内氢的化学位移明显移向高场。

2. 休克尔规则

什么样的分子具有芳香性？1931 年，休克尔（Hückel）用简单的分子轨道计算了单环多烯烃的 π 电子能级，提出了一个判断芳香性体系的规则，称为休克尔规则。

休克尔提出，单环体系要有芳香性，必须满足以下三个条件：

（1）成环原子共平面或接近于平面（平面扭转不大于 0.1 nm）。

（2）成环原子是环状闭合共轭体系。

（3）环上共轭 π 电子数为 $4n+2$（$n=0, 1, 2, 3, \cdots$）。

休克尔规则又称 $4n+2$ 规则。

6.7.2　非苯芳香烃

在休克尔规则的启示下，近几十年合成了许多芳香体系的化合物，出现了一些不含苯环但具有芳香性的烃，称为非苯芳香烃。

1. 芳香离子

1）环丙烯正离子

环丙烯没有芳香性，形成环丙烯正离子后，环上的三个碳原子都是 sp^2 杂化，为平面结构，π 电子数为 2，符合休克尔 $4n+2$（$n=0$）规则，具有芳香性。

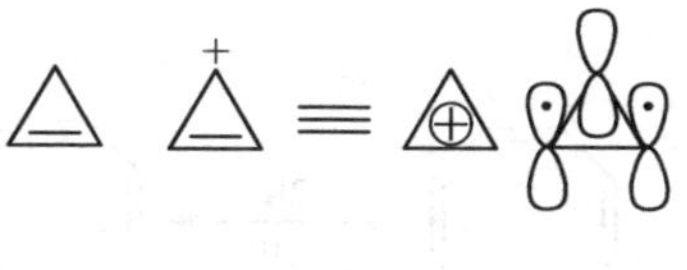

现在已经合成出三苯基取代的环丙烯正离子，具有较一般碳正离子更强的稳定性。

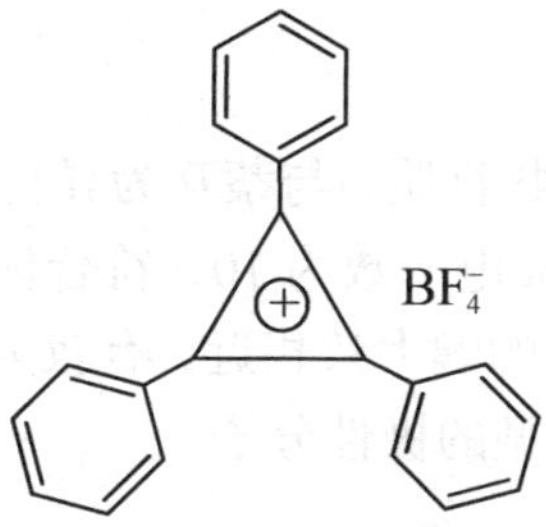

2）环丁烯双正离子

环丁烯的 π 电子数为 4，没有芳香性。环丁烯双正离子，环上的四个碳都是 sp^2 杂化，为平面结构，π 电子数为 2，符合休克尔 $4n+2$（$n=0$）规则，具有芳香性。

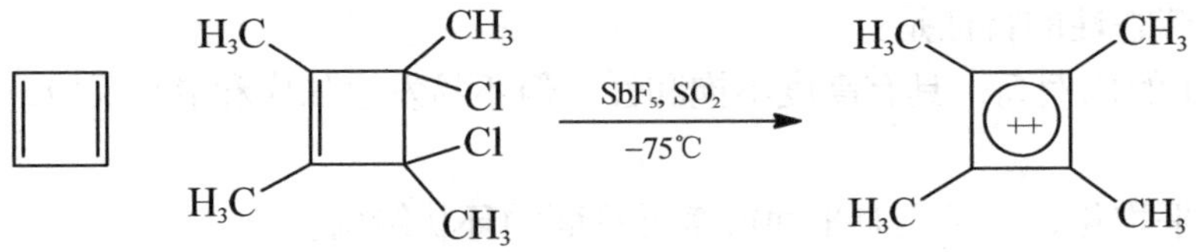

3）环戊二烯负离子

环戊二烯没有芳香性，是性质活泼的烯烃。环戊二烯与悬浮于苯中的金属钠或镁作用时形成环戊二烯负离子。环戊二烯负离子的五个碳都是 sp^2 杂化，为平面结构，π 电子数为 6，符合休克尔 $4n+2$（$n=1$）规则，具有芳香性。

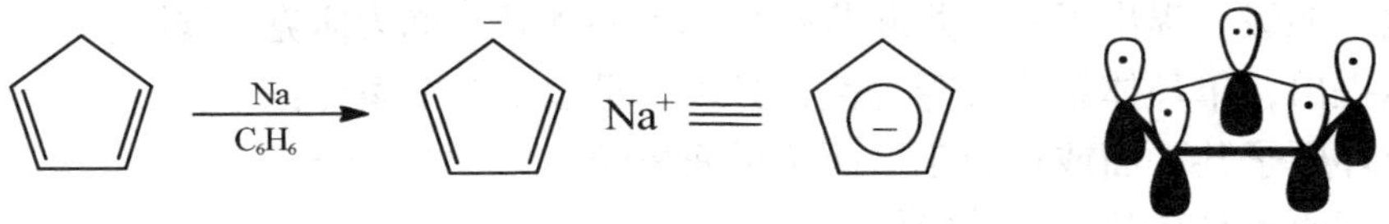

4）环庚三烯正离子

环庚三烯正离子中的碳都是杂化的，有空的 p 轨道，为平面环状结构，π 电子数为 6，符合休克尔 $4n+2$（$n=1$）规则，具有芳香性。

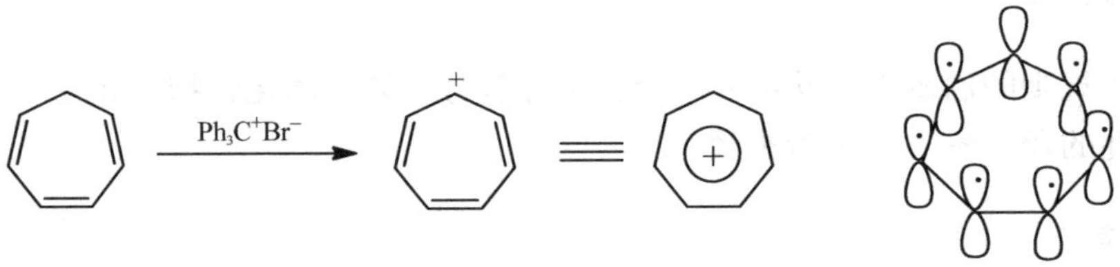

5）环辛四烯双负离子

环辛四烯是活泼的共轭烯烃，为澡盆形非平面结构。在环辛四烯的四氢呋喃溶液中加入金属钾，环辛四烯变成双负离子，转变为平面八边形，π 电子数为 10，符合休克尔 $4n+2$（$n=2$）规则，具有芳香性。

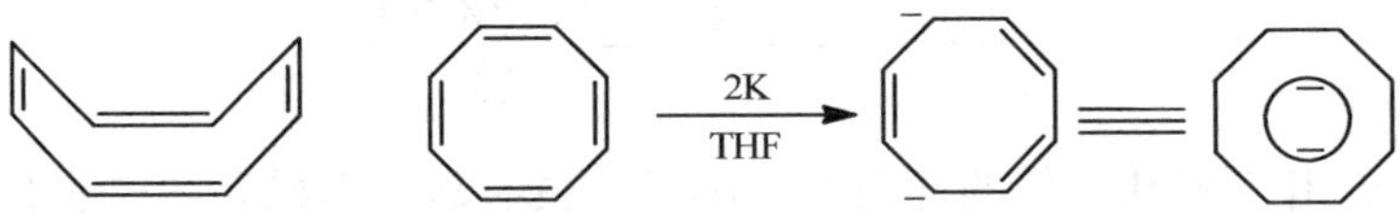

2. 薁

薁又名蓝烃，是一种蓝色的片状物质，与萘互为异构体。它是由一个五元环的环戊二烯和七元环的环庚三烯稠合而成的。π 电子数为 10，符合休克尔 $4n+2$（$n=2$）规则，具有芳香性。经 X 射线和电子衍射法测量它的键大致相近，有较大的偶极矩（1.08 deb），七元环带正电荷，五元环带负电荷，是一个典型的极性分子。

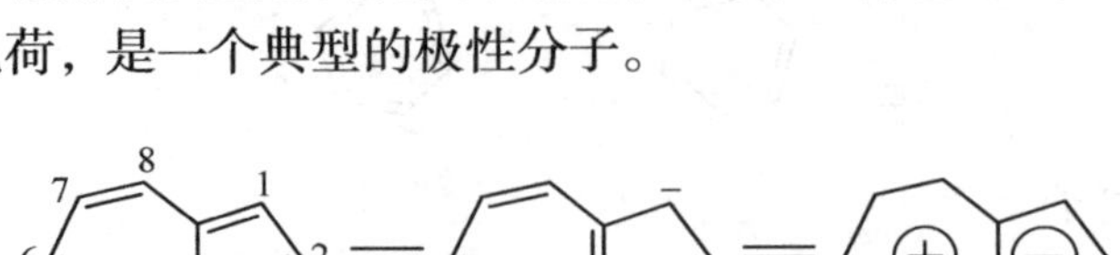

薁可以发生亲电取代反应，取代主要发生在五元环上，1, 3-位易被取代。

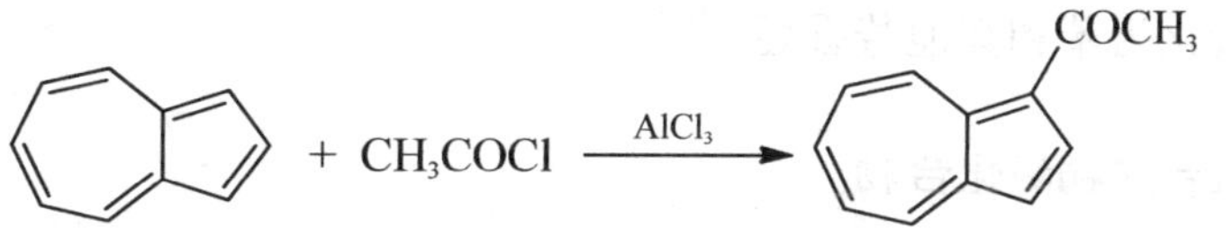

3. 轮烯

单、双键交替的大环共轭多烯烃称为轮烯，通式为 C_nH_n（$n \geqslant 10$）。轮烯命名时，以轮烯作为母体名，将环内碳原子总数用带方括号的阿拉伯数字标在母体名称前，如[18]轮烯。当环内氢原子没有或很少有空间排斥作用，成环碳原子共平面，π 电子数目符合休克尔 $4n+2$ 规则时，该轮烯具有芳香性，属于非苯芳香烃。

[10]轮烯和[14]轮烯的 π 电子数分别为 10 和 14，符合 $4n+2$ 规则，但由于环比较小，环内的氢具有强烈的排斥作用，环不能在同一平面上，因此几乎无芳香性。[18]轮烯中有 18 个 π 电子，符合 $4n+2$ 规则，分子基本处于同一平面上，具有芳香性。

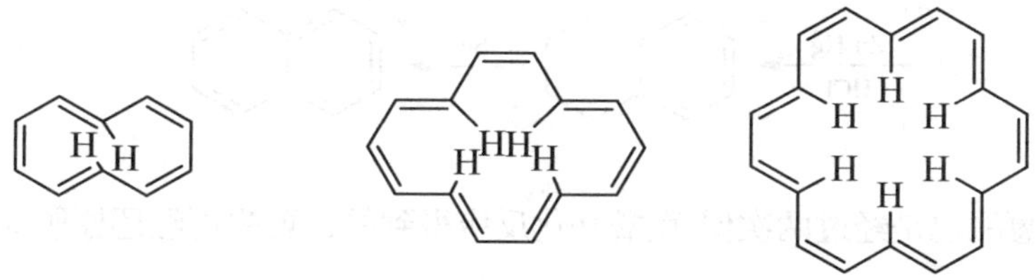

[10]轮烯　　[14]轮烯　　[18]轮烯

休克尔规则不适用于含三个以上环的稠环芳香烃体系。例如，芘含 16 个 π 电子，不符合 $4n+2$ 规则，但仍具有芳香性。

6.8 芳香烃的制备

6.8.1 芳香烃的来源

一些简单芳香烃如苯、甲苯等可以从煤焦油和石油中提取，这些简单芳香烃又是制备其他高级芳香族化合物的基本原料。

煤在无氧条件下加热至 1000℃，通过热分馏产生煤焦油。从煤焦油中可以提取苯、甲苯、二甲苯、萘和其他芳香化合物。煤焦油中含有大量的苯，蒸馏后得到粗苯，粗苯经过精制可得到工业级苯，这是最初生产苯的方法。但这种方法得到的苯纯度较低，而且环境污染严重，工艺比较落后。

石油中含有大量烷烃和少量芳香化合物。石油的馏分主要是环烷烃和链烃，可通过芳构化和重整将它们转化为芳香烃。芳构化是指含六元环的脂环族化合物在铂、钯、镍等催化剂存在下，加热脱氢生成芳香族化合物的过程。重整是指使脂肪烃成环、脱氢形成芳香烃的过程。重整一般都是在催化剂作用下进行的，常用的催化剂有铂、铜等。石油工业化学中一个重要的反应称为脱氢重整（或称铂重整），就是在氢存在下，以铂为催化剂使分子结构重新安排。例如，在 500～525℃、8～50 atm 下，各种沸点为 60～200℃的脂肪烃经铂-铼催化剂，通过脱氢、环化转化为苯和其他芳香烃。

6.8.2 哈沃斯反应合成稠环化合物

傅-克酰基化反应和脱氢反应可用于稠环化合物的合成。

例如，萘的合成过程中要使用两次傅-克酰基化反应，苯与丁二酸酐发生傅-克酰基化反应生成 *γ*-氧代-*γ*-苯基丁酸，将羰基还原为亚甲基生成 *γ*-苯基丁酸后，进行第二次酰化关环，再经一次羰基还原及硒脱氢后得萘。

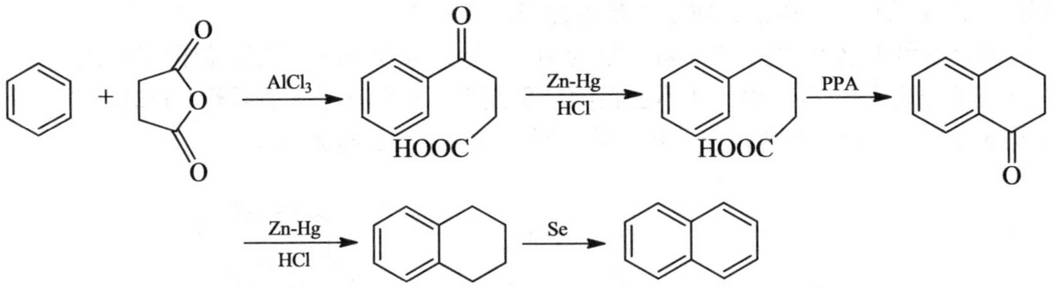

工业上合成蒽醌也是经过两次傅-克酰基化反应得到的，蒽醌再经还原脱氢后得到蒽。

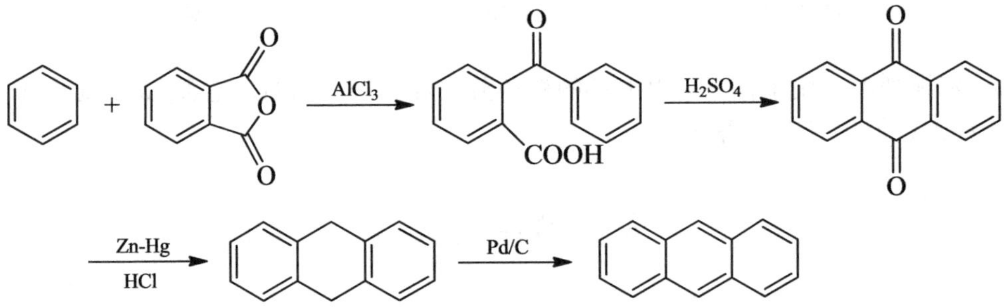

菲的合成是通过萘和丁二酸酐发生傅-克酰基化反应，然后经还原、关环、还原、脱氢得到。

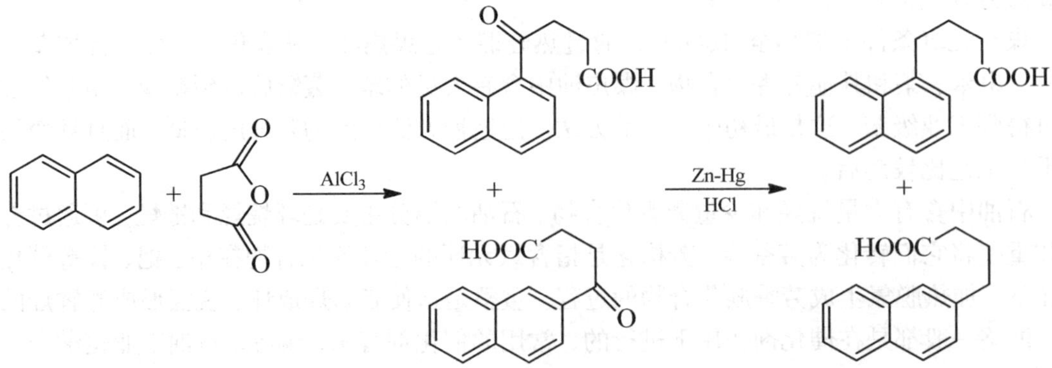

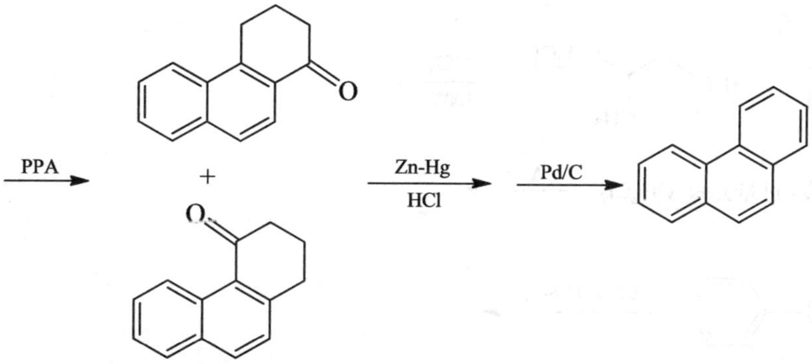

γ-芳基丁酸在多聚磷酸或H_2SO_4作用下环化成六元环酮，环酮经克莱门森还原后，再用硒加热脱氢得到稠环芳香族化合物的方法称为哈沃斯（Haworth）反应。由苯合成萘、由萘合成菲的反应实例说明，哈沃斯反应在合成稠环化合物中十分重要。

扫一扫 6-5 芳香烃拓展阅读材料

习 题

1. 写出分子式为C_9H_{12}的单环芳香烃的所有同分异构体并命名。
2. 写出下列化合物的构造式。

（1）3, 5-二溴-2-硝基甲苯 （2）3-甲氧基-2, 6-二硝基甲苯
（3）4-甲基-2-硝基苯磺酸 （4）三苯甲烷
（5）反二苯基乙烯 （6）环己基苯
（7）3-苯基戊烷 （8）间溴苯乙烯
（9）对溴苯胺 （10）*p*-氨基苯甲酸
（11）8-氯萘甲酸 （12）（*E*）-1-苯基丁-2-烯

3. 命名下列化合物。

（1）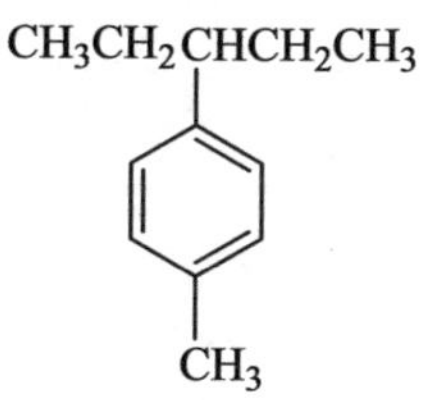

（2）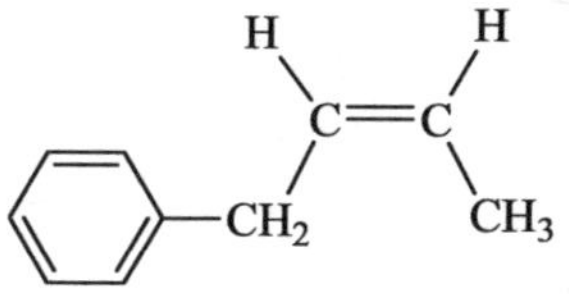

（3）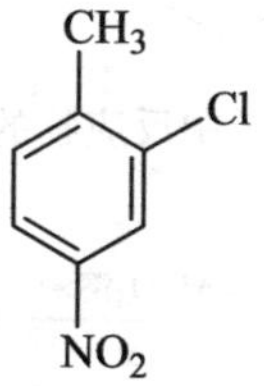

（4）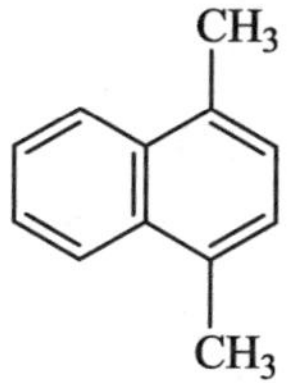

（5）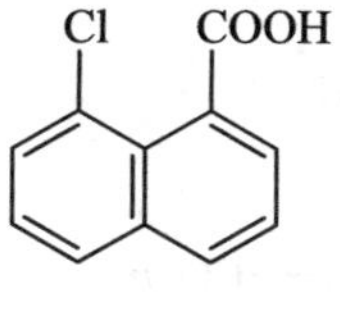

（6）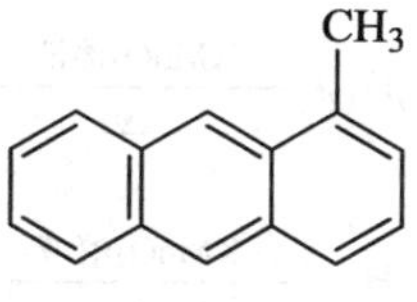

（7）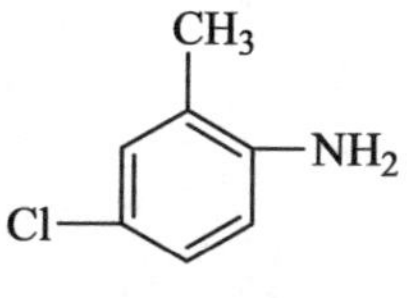

（8）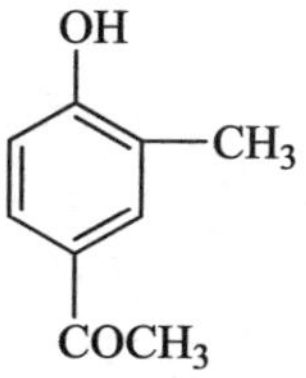

（9）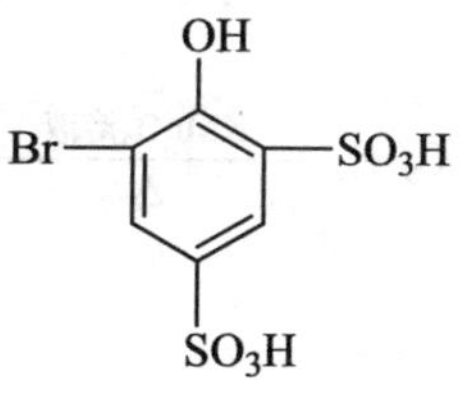

4. 完成下列反应式。

（1）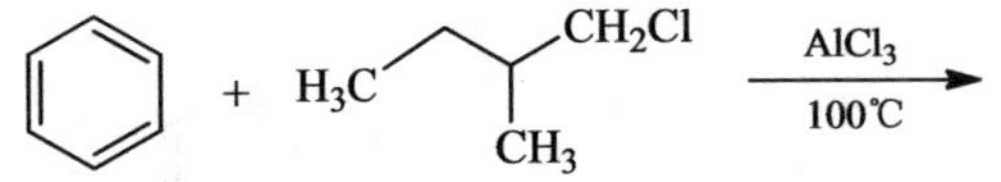

（2）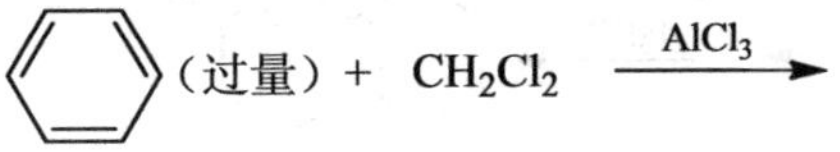

（3）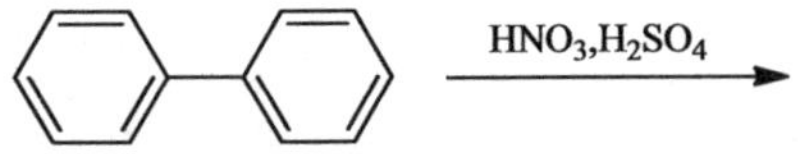

（4）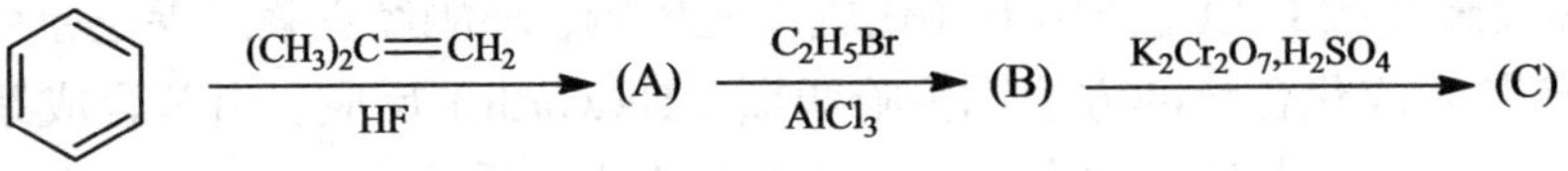

（5）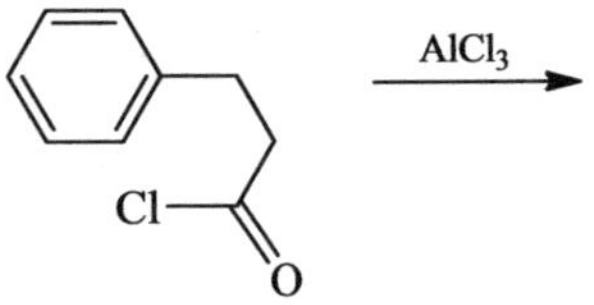

（6）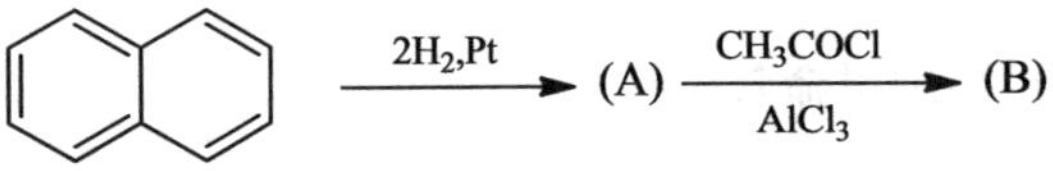

（7）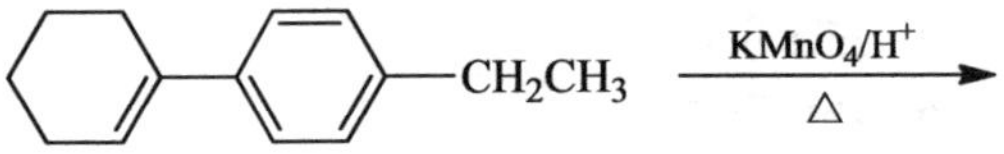

（8）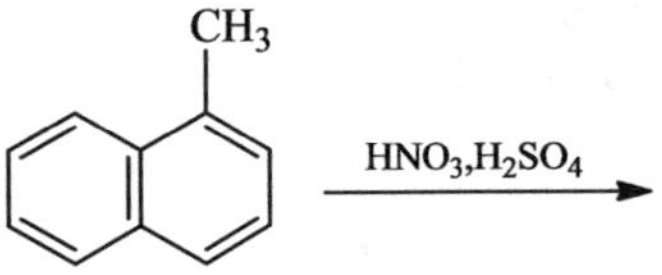

5. 写出下列反应式中反应物的构造式。

（1）

（2）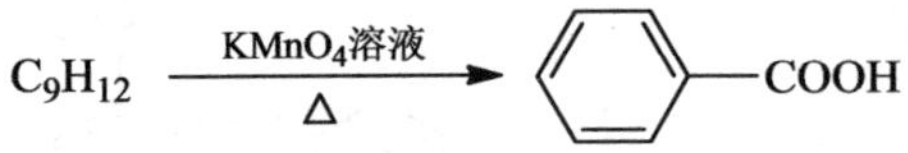

（3）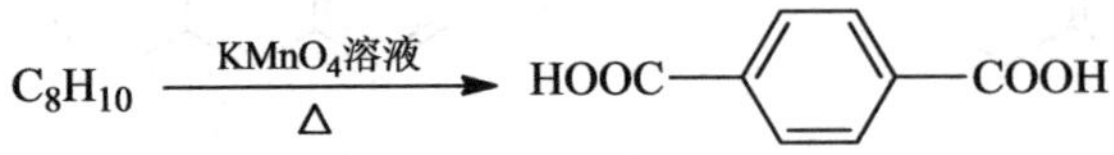

（4）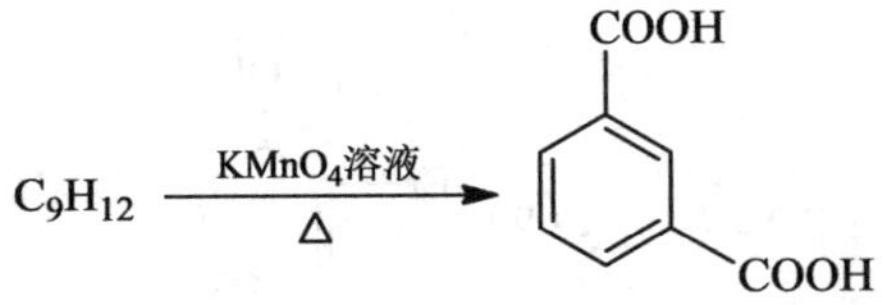

6. 用化学方法区别下列各组化合物。

（1）环己烷、环己烯和苯　　　　　（2）苯和己-1, 3, 5-三烯

7. 写出下列各反应的机理。

（1）$C_6H_6 + C_6H_5CH_2OH + H_2SO_4 \longrightarrow (C_6H_5)_2CH_2 + H_3O^+ + HSO_4^-$

（2）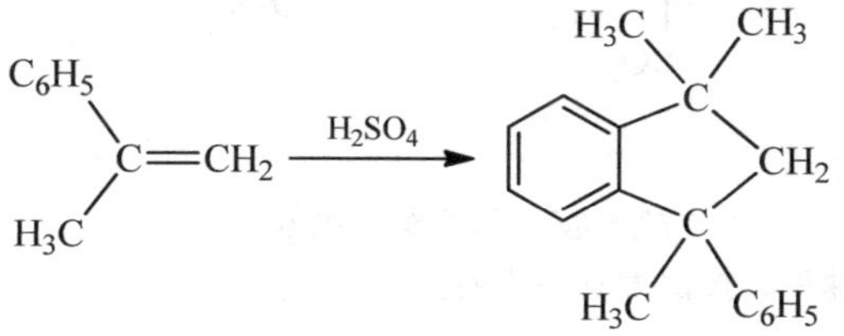

8. 将下列化合物进行一次硝化，试用箭头表示硝基进入的位置（指主要产物）。

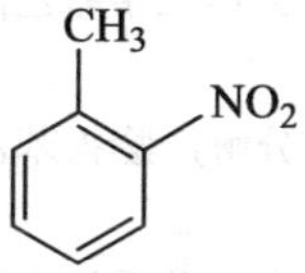
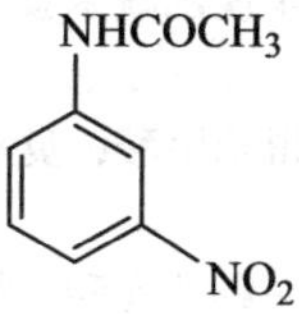

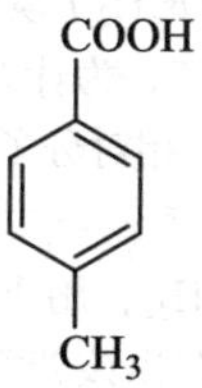

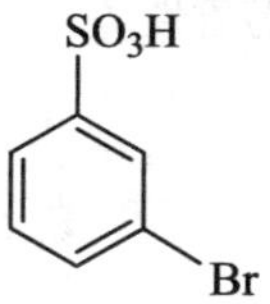
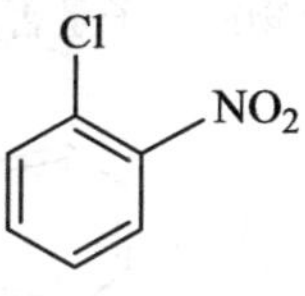
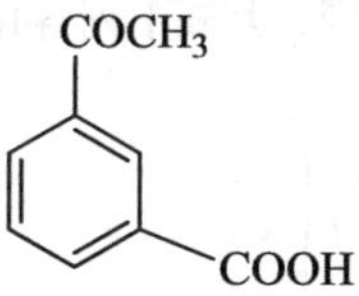

9. 以苯、甲苯或萘等有机化合物为主要原料合成下列化合物。

（1）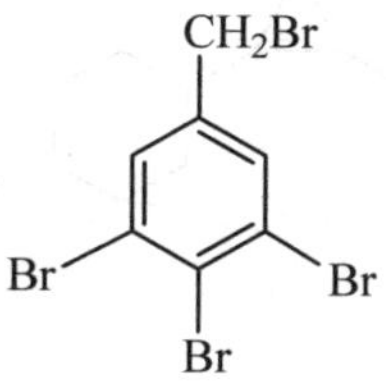

（2）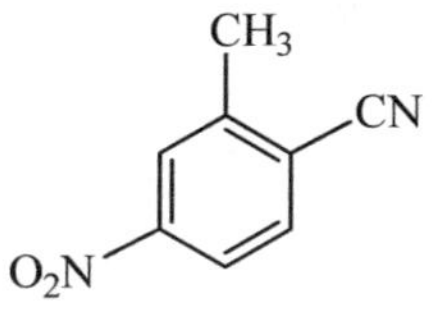

（3）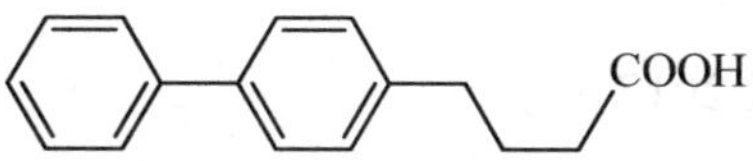

（4）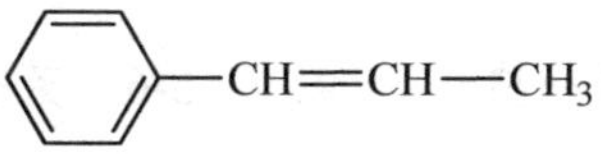

（5）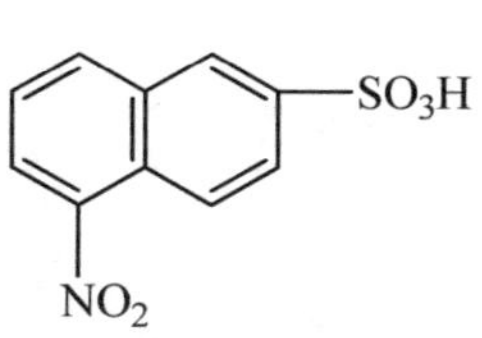

（6）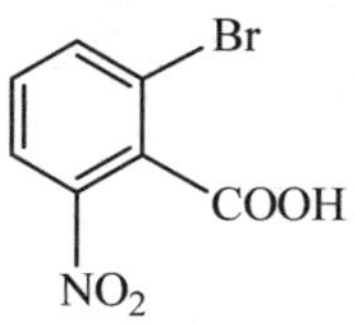

（7）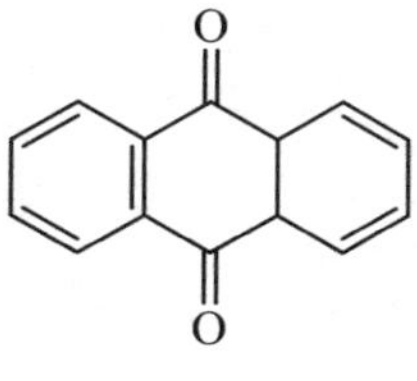

（8）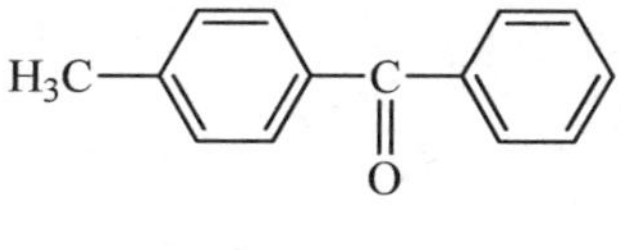

10. 利用什么二取代苯，经亲电取代反应制备纯的下列化合物？

（1）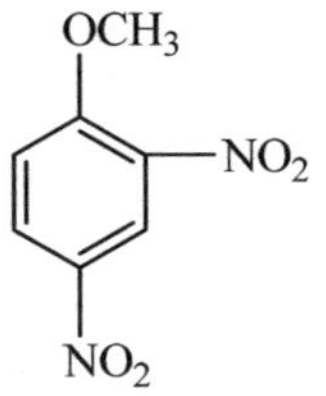
（2）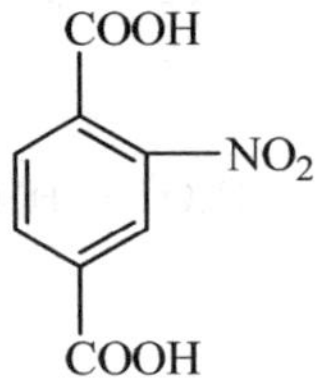
（3）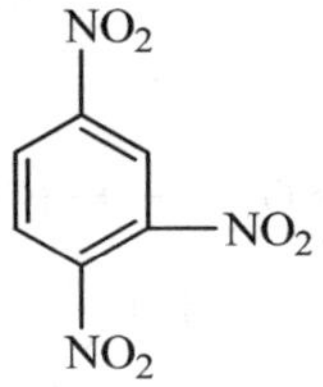
（4）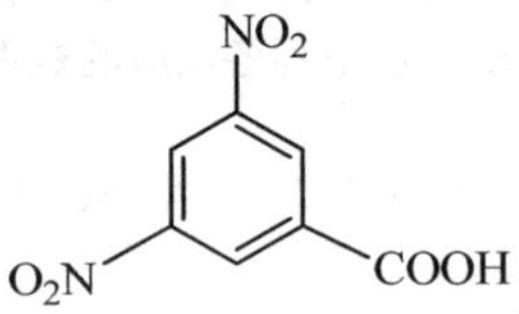

11. 将下列各组化合物按其进行硝化反应的难易次序排列。

（1）苯、间二甲苯、甲苯　　（2）乙酰苯胺、苯乙酮、氯苯

12. 比较下列各组化合物进行一元溴化反应的相对速率，按由大到小排列。

（1）甲苯、苯甲酸、苯、溴苯、硝基苯。

（2）对二甲苯、对苯二甲酸、甲苯、对甲基苯甲酸、间二甲苯。

13. 乙酰苯胺（$C_6H_5NHCOCH_3$）溴化时，主要得到 2-和 4-溴乙酰苯胺，但 2, 6-二甲基乙酰苯胺溴化时，则主要得到 3-溴乙酰苯胺，为什么？

14. 某烃的实验式为 CH，相对分子质量为 208，强氧化得苯甲酸，臭氧化分解产物得苯乙醛，试推测该烃的结构。

15. 某芳香烃分子式为 C_9H_{12}，用重铬酸钾氧化后，可得一种二元酸。将原来的芳香烃进行硝化，所得一元硝基化合物有两种。写出该芳香烃的构造式和各步反应式。

16. 按照休克尔规则，判断下列各化合物或离子是否具有芳香性。

（1）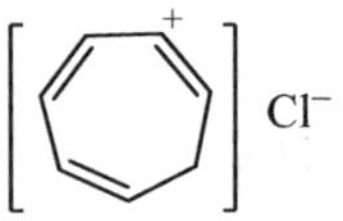
（2）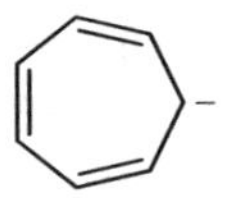
（3）环壬四烯负离子
（4）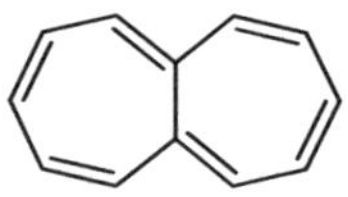
（5）
（6）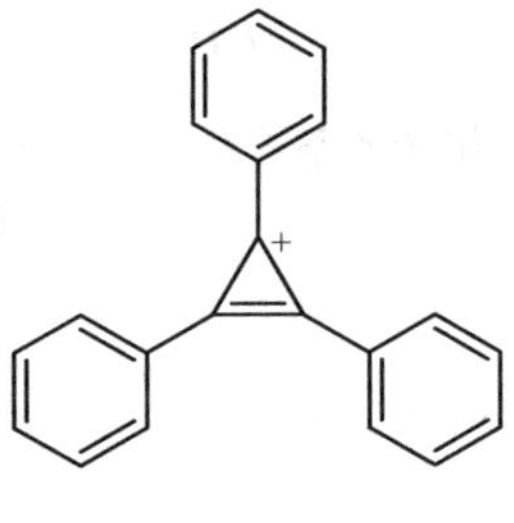
（7）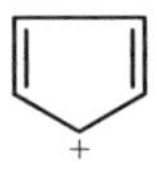
（8）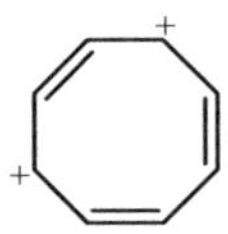

扫一扫　6-6　芳香烃命名习题答案（2017 版）

第 7 章 对 映 异 构

扫一扫　7-1 对映异构 目标导图+知识地图

同分异构现象在有机化合物中极为常见，按照同分异构的不同特点主要可以分为构造异构和立体异构。构造异构按异构体间的组成特点又可以分为碳链异构（碳干异构）、官能团异构（包括碳碳双键和三键的位置异构及互变异构等）。立体异构主要包括构型异构和构象异构两种形式。

- 同分异构
  - 构造异构
    - 碳干异构
    - 官能团异构
      - 官能团位置异构
      - 互变异构
  - 立体异构
    - 构型异构
      - 顺反异构
      - 对映异构
      - 非对映异构
    - 构象异构

本章主要讨论构型异构中的对映异构现象。首先对研究对映异构的几个基本概念作简单的介绍。

7.1　旋光性和比旋光度

7.1.1　平面偏振光和旋光性

按照光的波粒二象性，光是一种电磁波。光是横波，即光的振动方向与光的传播方向垂直，其传播方向和振动方向可以用图 7-1 表示。

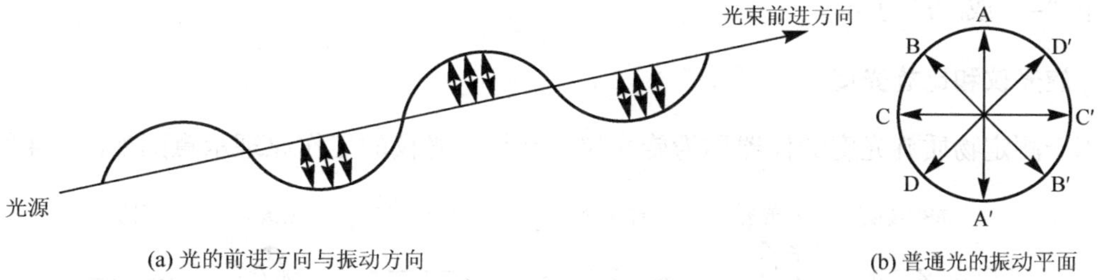

(a) 光的前进方向与振动方向　　(b) 普通光的振动平面

图 7-1　光的传播

当一束光通过尼科耳（Nicol）棱镜后，只有振动方向与晶轴平行方向的光可以通过，光只在一个平面上振动，这种在一个方向振动的光称为平面偏振光（plane-polarized light）（图 7-2）。

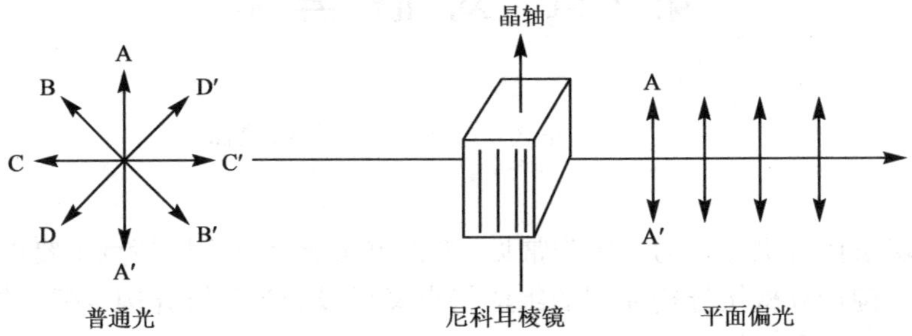

图 7-2　平面偏振光的产生

平面偏振光通过没有旋光性的溶液时，光的振动方向不发生改变，而通过具有旋光性的溶液时，随着光的前进，其振动方向会发生一定角度的偏转（图 7-3），偏转的角度称为旋光度，通常用 α 表示。

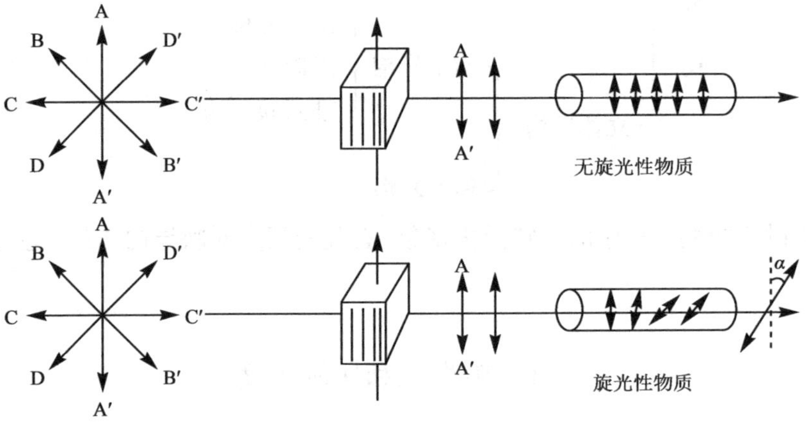

图 7-3　物质的旋光性

使偏振光振动平面向右旋转（顺时针旋转）的物质称为右旋（dextrorotatory）体，用“+”或“*d*”表示；使偏振光振动平面向左旋转（逆时针旋转）的物质称为左旋（levorotatory）体，用“−”或“*l*”表示。

7.1.2　旋光仪和比旋光度

用于测定物质旋光度的仪器称为旋光仪。常见旋光仪的工作原理示意图如图 7-4 所示。

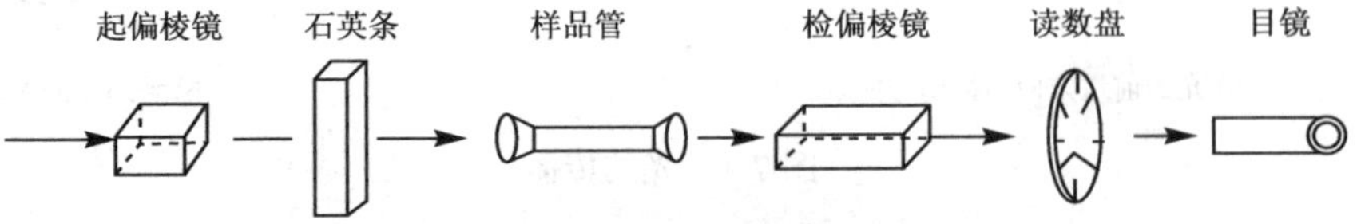

图 7-4　旋光仪的工作原理示意图

旋光仪主要由光源、起偏棱镜、样品管、检偏棱镜、读数盘和目镜组成。其中，起偏棱镜通常是固定不动的，检偏棱镜和读数盘可以以一定的角度向左或向右旋转。一定波长的光（通常使用钠光，波长 589.3 nm，用 D 表示）通过起偏棱镜得到平面偏振光，该偏振光通过石英滤色器后进入样品管，然后进入检偏棱镜，如果样品管中的样品没有旋光性，那么当起偏棱镜和检偏棱镜晶轴方向平行时，目镜视野是明亮的，此时读数盘刻度为 0。

测定具有一定旋光度的溶液时，首先用没有旋光性的溶液（通常用蒸馏水）标定。将旋光度为 0 的溶液加入样品管，调整检偏棱镜使目镜中视野明亮，并调整此时刻度盘读数为 0。然后加入待测样品溶液，调整检偏棱镜使视野明亮，读出刻度盘的刻度，即为该溶液的旋光度。如果通过待测溶液使光的振动平面发生了向左的偏转，则该溶液为左旋性物质，反之为右旋性物质。

物质的旋光度与溶液浓度、样品管长度、温度、光的波长等因素有关。为便于比较，通常用比旋光度表示物质的旋光性。比旋光度是指在 10 cm 样品管中，样品浓度为 1 g · mL^{-1}，使用钠光 D，在 20℃时测得的旋光度，用$[\alpha]_D^{20}$表示。旋光度和比旋光度的关系可以用下面的公式表示：

$$[\alpha]_\lambda^t = \frac{\alpha}{Lc}$$

式中，t 为测定时的温度，℃；λ为波长，通常使用钠光 D；α 为旋光度，即旋光仪上的读数；L 为样品管长度，dm；c 为样品溶液的浓度，g · mL^{-1}。

7.2 对映异构现象与分子结构的关系

从 19 世纪开始，人们发现许多化合物具有旋光性。1848 年，法国化学家巴斯德发现从酿酒的容器中获得的酒石酸盐可以使平面偏振光旋转，但是使用其他来源的酒石酸盐却无法测定出此性质。1874 年，范特霍夫和勒贝尔成功用碳的正四面体构型假说（又称范特霍夫-勒贝尔模型），即一个碳原子连接四个不同的原子或基团，初步解释了物质的旋光性与结构的关系。

7.2.1 分子的手性

不同途径得到的乳酸具有不同的旋光性，两种不同旋光性乳酸的分子结构如下：

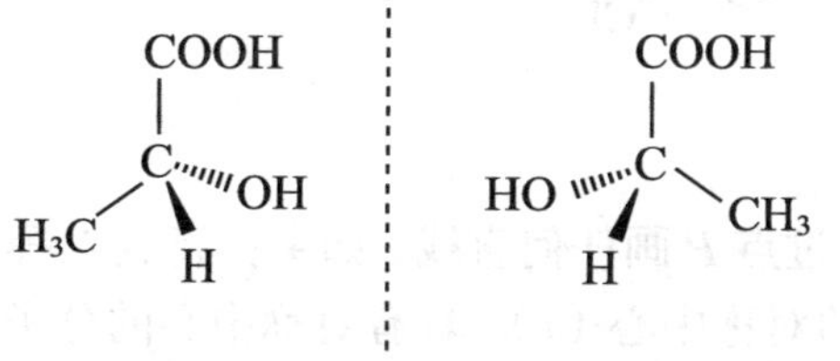

D-(+)-乳酸　　L-(−)-乳酸

上述左旋和右旋乳酸分子之间互为实物和镜像关系，又彼此不能完全重叠的特性称为手性（chirality）。具有手性的分子称为手性分子（chiral molecule）。与四个互不相同的基团相连的碳原子称为手性碳原子（chiral carbon），或称手性中心，在构造式中用“*”标出，如上述乳酸分子中 2 号碳原子为手性碳原子。

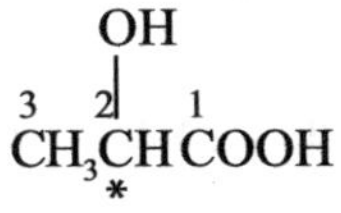

7.2.2　对称因素和手性分子判据

扫一扫　　7-2　手性分子的判据

判断一个分子有没有手性，简单的分子可以通过实物和镜像能否重合来判断，但复杂的分子则很难比较。复杂分子一般可通过考察它是否有对称面、对称中心、对称轴等对称因素，判断其是否有手性。

1. 对称面

假设分子中有一平面能把分子切成互为镜像的两半，该平面就是分子的对称面（σ）。

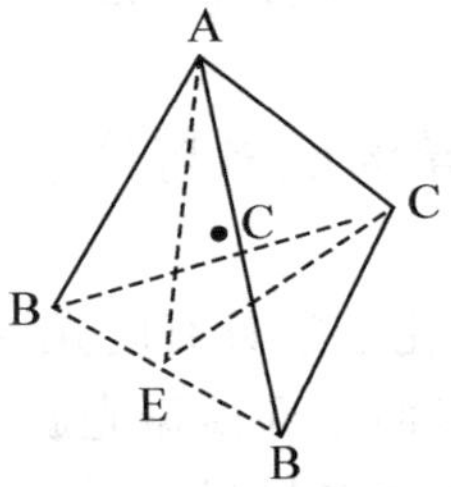

对于上述 CAB_2C，通过中心碳原子的平面 ACE 即为上述分子的对称面。具有对称面的分子没有手性，如下面的两个分子有对称面，都没有手性。

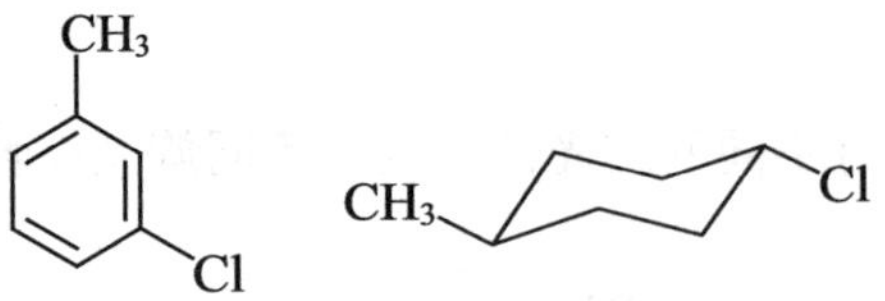

2. 对称中心

若分子中有一点 P，通过点 P 画任何直线，如果在离点 P 等距离直线两端有相同的原子或基团，则点 P 称为分子的对称中心（i）。具有对称中心的分子没有手性，如下面的分子均有对称中心，没有手性。

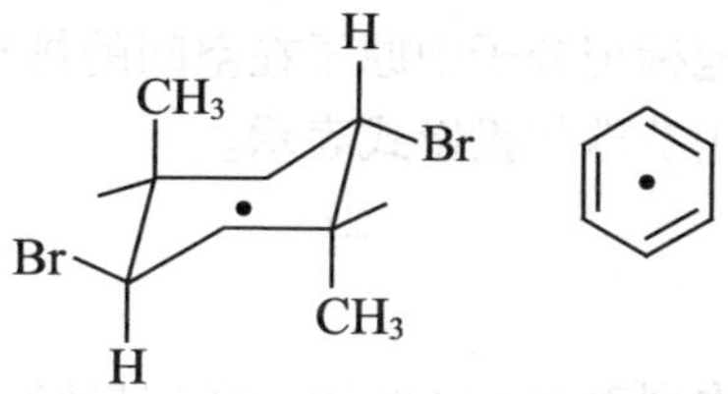

3. 对称轴

通过分子画一条直线，分子以它为轴旋转一定角度后可与原分子重合，这条直线即为分子的对称轴（C_n）。具有对称轴的分子不一定没有手性，如果分子中只有对称轴而没有其他对称因素（如对称面、对称中心等），则该分子具有手性。

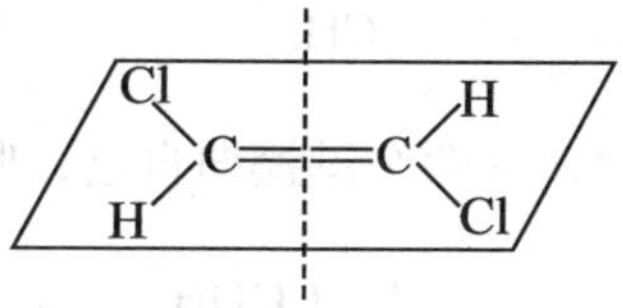

具有二重对称轴(C_2)，也有对称面，无手性

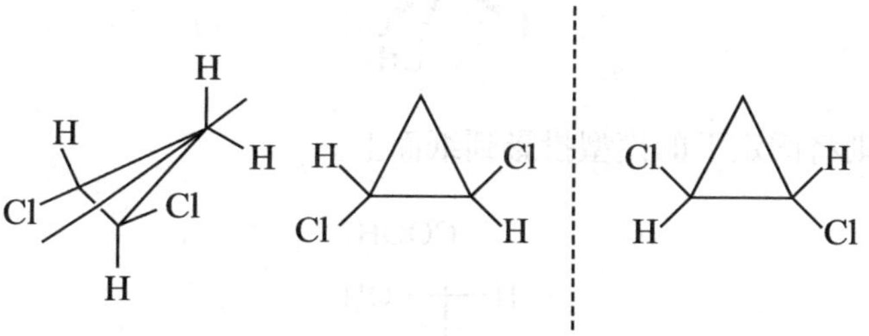

具有二重对称轴 (C_2)，无其他对称因素，有手性

7.3　构型的标记方法及 *R*/*S* 命名

对映异构体不同于其他的构造异构体，分子中除原子（团）的空间排布方向不同外，碳链的结构和顺序都完全相同，因此构型的表示方法对立体化学的研究非常重要。对映异构体的构型标记方法通常用立体结构式（楔形透视式）和费歇尔（Fischer）投影式表示。

1. 立体结构式

左、右旋乳酸的立体结构式可表示如下：

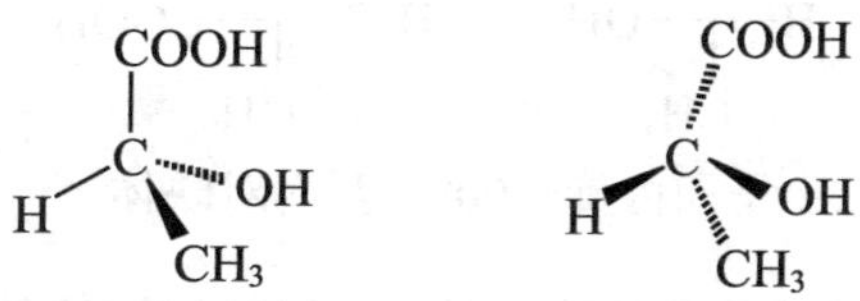

两种表示方式都能够清晰地标记分子中原子在空间的排布，但书写起来不太方便。在立体化学中，对映体的结构更常用费歇尔投影式表示。

2. 费歇尔投影式

为了便于书写，对映体的构型表示方法常用费歇尔投影式。以右旋乳酸为例，费歇尔投影式的书写方法如下：

（1）将碳链纵向排列（编号最小的碳原子在上端）。

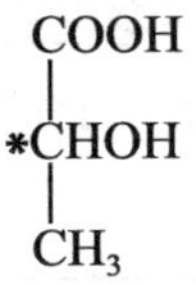

（2）将与手性碳原子结合的横向的两个键摆向自己，竖向的两个键摆向纸后。

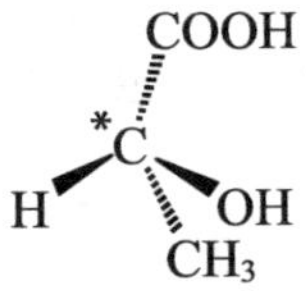

（3）按上述规则将固定下的模型投影到纸面上。

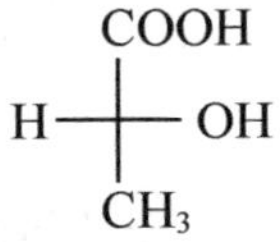

两条直线的交叉即为手性碳原子（碳原子不标出），横向的两个键摆向自己，竖向的摆向纸后。

由于费歇尔投影式是将一个立体构型的分子用平面构型来表示，因此投影式中各原子（团）的位置不能随意移动，分子中原子（团）位置的改变将导致分子空间构型的改变。例如，投影式中离开平面旋转 180°或在平面内旋转 90°，就会变为它的对映体。

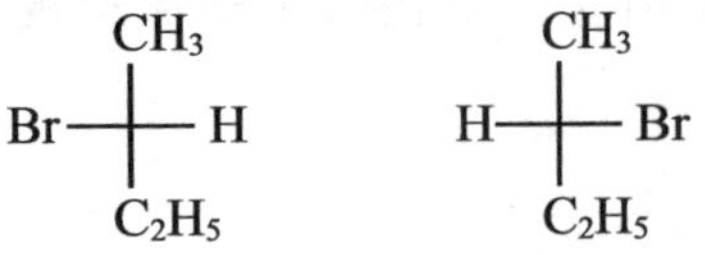

离开平面旋转180°，互为对映体

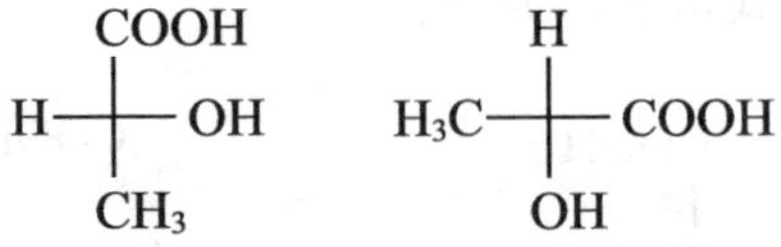

平面内旋转90°，互为对映体

上述费歇尔投影式虽然能够简单地表示构型，但如何搞清楚复杂的异构体分子之间的相互关系仍然是个棘手的问题。为了表明分子在空间的绝对构型，1970 年国际上根据 IUPAC 的建议，构型的命名采用 *R*/*S* 命名法。

3. 构型的 *R*/*S* 命名规则

IUPAC 的 *R*/*S* 命名规则如下：

（1）将手性碳原子连接的四个原子（原子团）排序（大到小），排序的原则同烯烃的 *Z*/*E* 命名法中的排序规则相同，如下列左旋乳酸：

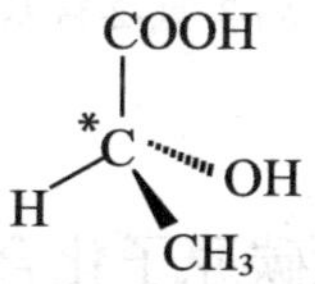

与手性碳原子连接的四个原子（团）的排序为 OH＞COOH＞CH_3＞H。

（2）构型的 *R*/*S* 命名规则。将最小的基团放在远离观察者眼睛的地方，其他三个基团从大到小排列，顺时针为 *R* 型（*R* 是拉丁文 rectus 的字头，右的意思），逆时针为 *S* 型（sinister，左的意思）。

根据上面的原则，左旋乳酸的构型为 *S* 型。

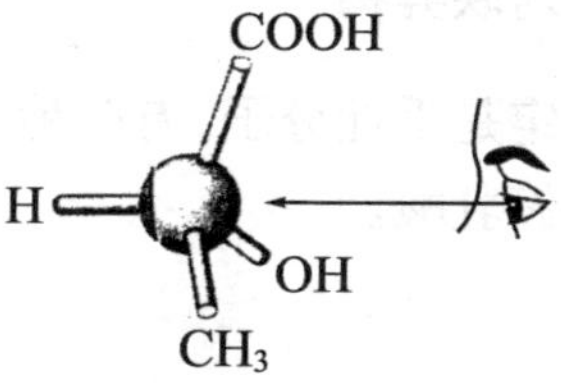

（3）*R*/*S* 命名规则应用于费歇尔投影式。

手性碳原子连接四个不同的原子（团）a、b、c、d，且其优先顺序为 a＞b＞c＞d。

d 在竖线，远离观察者，构型与实际方向相同。

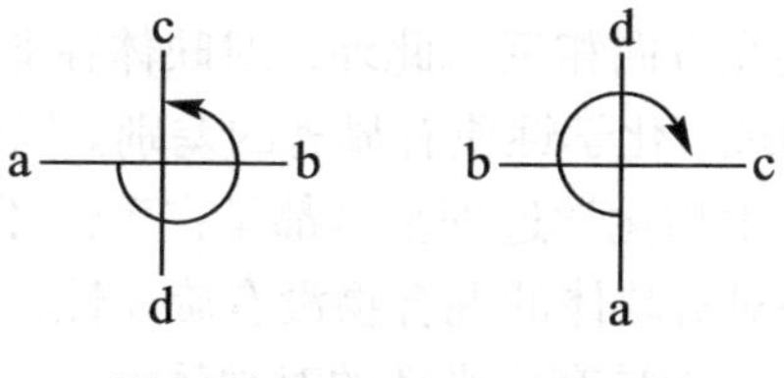

S (逆时针)　　*R* (顺时针)

d 在横线，靠近观察者，构型与实际方向相反。

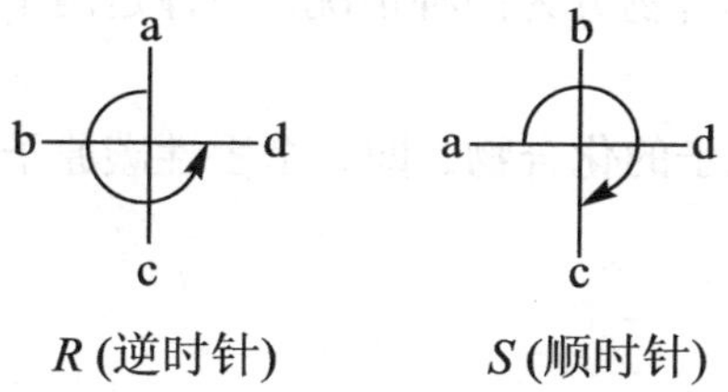

R (逆时针)　　*S* (顺时针)

（4）含两个以上手性碳原子化合物的构型或投影式，也用同样方法对每一个手性碳进行 *R*/*S* 标记，然后注明各标记的是哪一个手性碳原子。

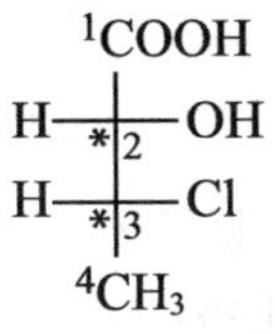

(2*S*, 3*R*)-3-氯-2-羟基丁酸

7.4　含有手性碳原子化合物的对映异构

手性化合物都具有不同的不对称因素，鉴别一个化合物是否有手性，除前面所述的根据该化合物的对称因素（对称面、对称中心、对称轴等）外，简单的化合物也可以根据该化合物中的手性碳原子来判断。本节将讨论含有不同个数手性碳原子的对映异构现象。

7.4.1　含一个手性碳原子化合物的对映异构

含一个手性碳原子的化合物一定是手性分子，有两种立体异构体，互为物体与镜像关系，称为对映异构体，如左旋乳酸和右旋乳酸。

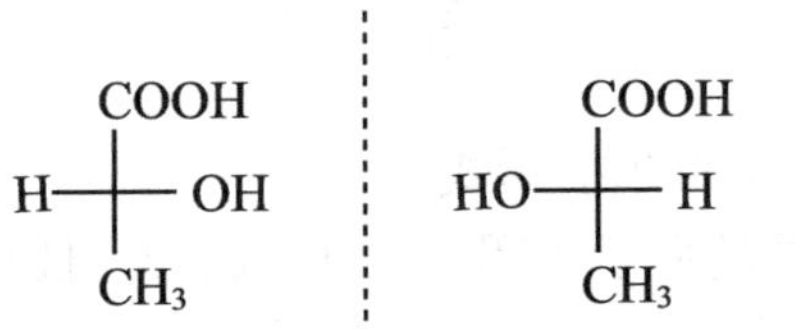

D-(+)-乳酸　　L-(−)-乳酸

对映体旋光度相同，但旋光方向相反。此外，对映体在非手性环境中具有相同的物理、化学性质，但在手性环境中物理、化学性质有显著的差别。同时，对映体之间具有不同的生理活性，这是因为生命体中的生物化学过程基本都是在手性环境中进行的。

另外，相同物质的量的一对对映体的混合物没有旋光性，称为外消旋体。外消旋体是混合物，在一定的条件下可以拆分为具有旋光性的对映体。

7.4.2　含两个手性碳原子化合物的对映异构

含有两个手性碳原子的化合物分为两种情况，一种是两个手性碳原子相同，另一种是两个手性碳原子不同。

（1）含两个不同手性碳原子的化合物，即每个手性碳原子连接的四个原子（团）不完全相同，如下面的化合物：

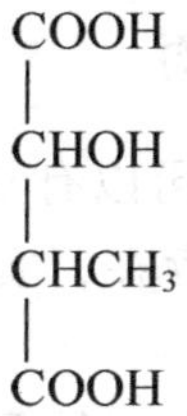

2-羟基-3-甲基丁二酸

有四种立体异构体，分别如下：

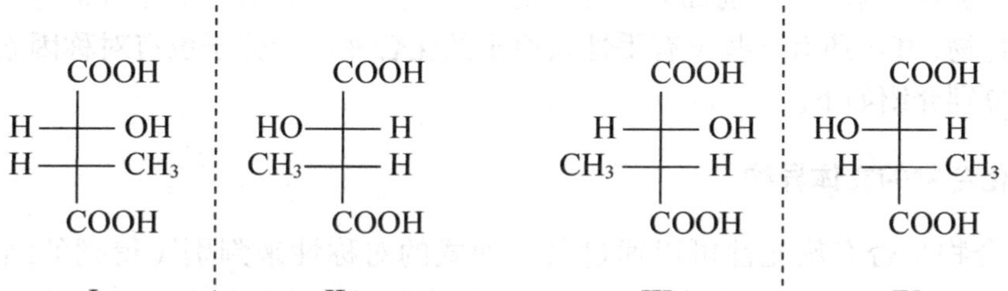

I　　II　　III　　IV

四种异构体中，Ⅰ和Ⅱ、Ⅲ和Ⅳ分别为对映体。Ⅰ、Ⅱ和Ⅲ、Ⅳ为非对映体的关系，其中等物质的量的Ⅰ和Ⅱ、Ⅲ和Ⅳ可以混合得到外消旋体。也就是说，含有两个不同手性碳原子的化合物具有两对对映体，可形成两种外消旋体。

非对映体是指不呈物体与镜像关系的立体异构体。分子中有两个或两个以上手性中心时，就会产生非对映异构现象。非对映体的物理及光学性质不同，化学性质相似。

（2）含两个相同手性碳原子的化合物，即每个手性碳原子连接的四个原子（团）完全相同，如下面的化合物：

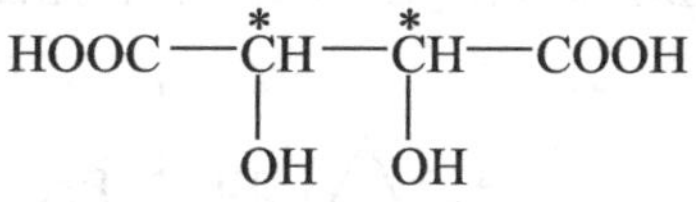

酒石酸

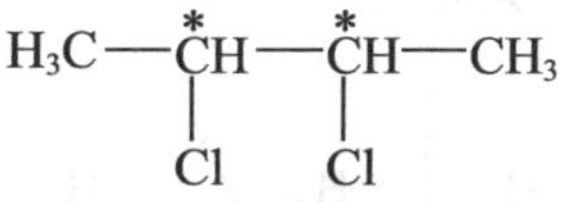

2, 3-二氯丁烷

以酒石酸为例，其立体异构体有以下三种：

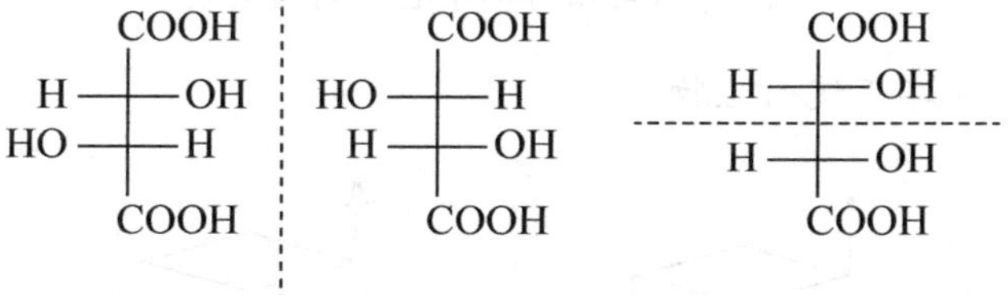

I　　II　　III

三种异构体中，Ⅰ和Ⅱ为对映体。Ⅲ有一个分子内的对称面，因此没有手性，像这样虽然有手性碳原子，但由于分子内存在对称因素导致分子没有手性的现象称为内消旋。内消旋体为单一化合物。Ⅰ、Ⅱ和Ⅲ为非对映体的关系，其中等物质的量的Ⅰ和Ⅱ可以混合得到外消旋体。也就是说，含有两个相同手性碳原子的化合物具有一对对映体和一个内消旋体，一对对映体等量混合可形成外消旋体。

7.4.3 含多个手性碳原子化合物的对映异构

理论上含有 n 个手性碳原子的化合物可以有 2^n 个异构体，最多可以组成 2^{n-1} 个外消旋体。但由于分子内对称因素（内消旋）的存在，实际的对映异构体数量可能要少得多。

7.5 其他立体异构现象

有机化合物种类繁多，除前面介绍的含有手性碳原子的链烃外，还有某些具有手性碳原子的环状化合物，甚至还有某些没有手性碳原子的化合物由于分子没有对称因素也具有对映异构现象，分别介绍如下。

7.5.1 环状化合物的立体异构

单环化合物是否有旋光性可以通过其平面式的对称性来判别（得到的结果与采用其最稳定构象判别结果相同）。凡是有对称中心或对称面的单环化合物无旋光性，反之则有旋光性。

1. 三元环化合物（环丙烷衍生物）

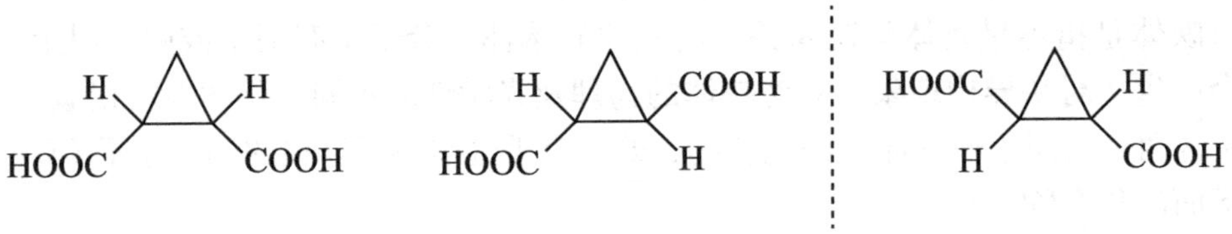

有对称面，无旋光性　　无对称面 (C_2对称轴)，有旋光性

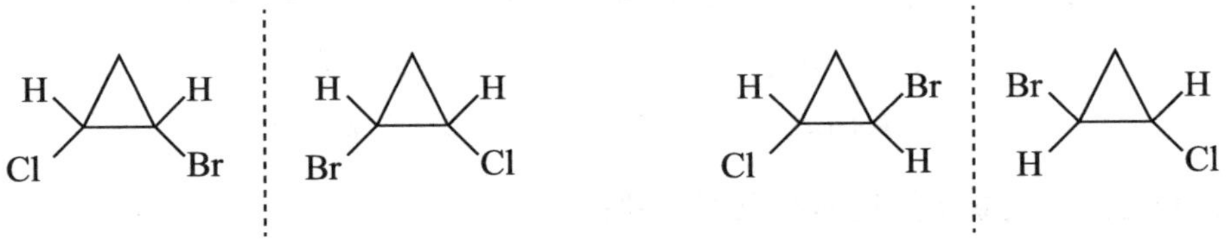

无对称面和对称中心，有旋光性

2. 四元环化合物（环丁烷衍生物）

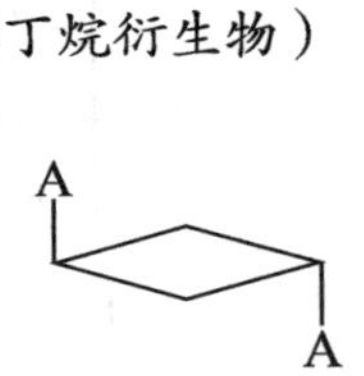

无旋光性 (对称中心)

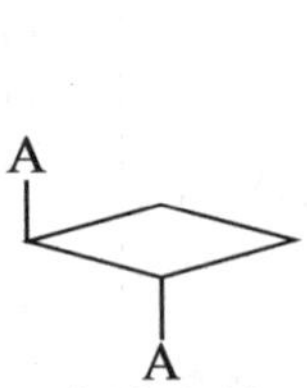

有旋光性

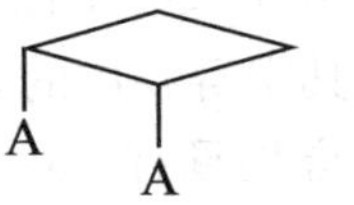

无旋光性 (对称面)

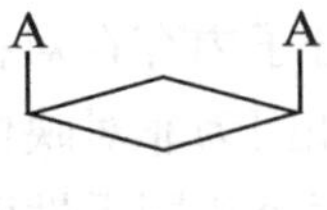

无旋光性 (对称面)

3. 五元环化合物（环戊烷衍生物）

无旋光性 (对称面)

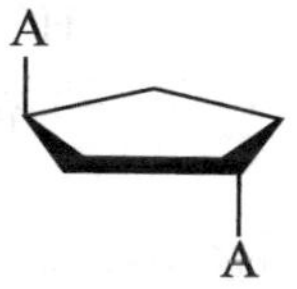

有旋光性

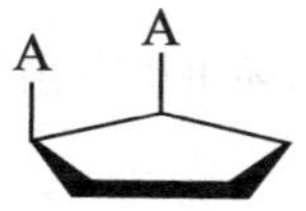

无旋光性 (对称面)

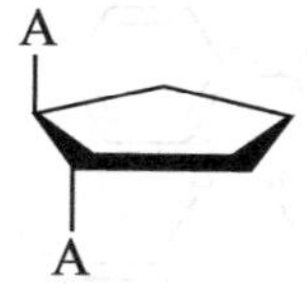

有旋光性

4. 六元环化合物（环己烷衍生物）

以邻二取代的环己烷为例，如果两个取代基相同，则有以下两种情况：

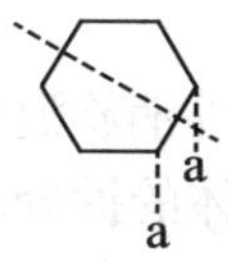

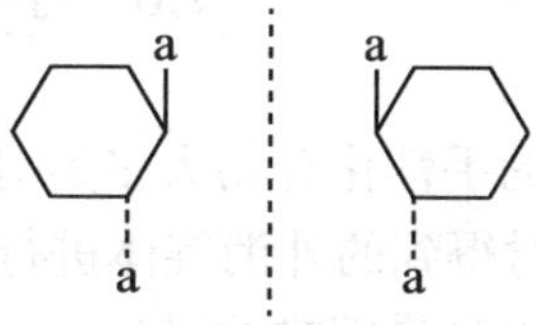

顺式取代，有对称面，无旋光性　　反式取代，无对称面及对称中心，有旋光性

对于多取代的环状化合物，其对映异构体要复杂一些，相应的数量也要多。判断时只要依据分子的对称因素即可。

7.5.2 不含手性碳原子化合物的对映异构

还有一类化合物，虽然分子中没有手性碳原子，但由于没有对称因素，分子仍然具有手性，如丙二烯型化合物和联苯类化合物等。

1. 丙二烯型化合物

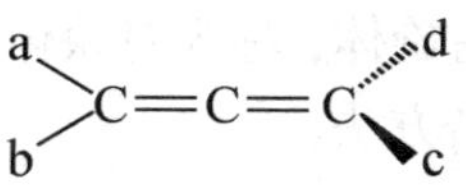

上述化合物中，平面 aCb 和平面 dCc 相互垂直，因此当 a≠b 且 c≠d 时，分子中没有对称面和对称中心，分子具有手性，如

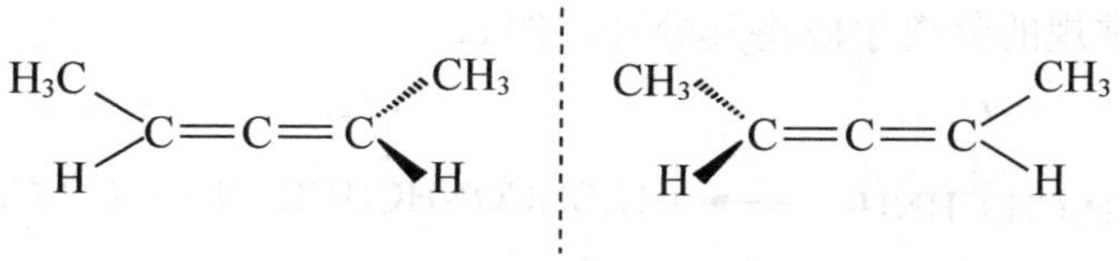

无对称面和对称中心，有手性

但当 a=b 或 c=d 时，分子中有对称面，无手性，如

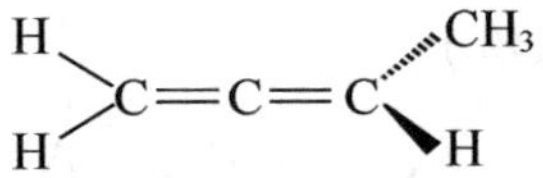

有对称面，无手性

2. 联苯类化合物

当联苯类化合物中两个苯环上连接较大的基团时，苯环的旋转受阻，就可能产生旋光性。

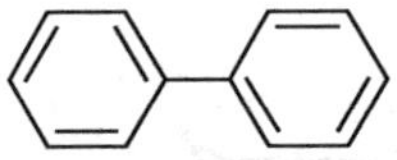

联苯，两个苯环可以自由旋转

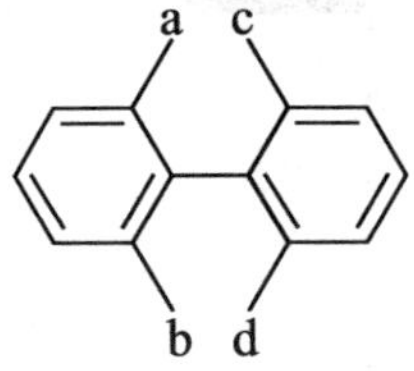

受阻联苯，当a≠b且c≠d时，分子中没有对称面和对称中心，具有手性

7.6　手性化合物的制备

有机合成得到的手性化合物大多是对映异构体的混合物，即外消旋混合物。想得到纯的光学异构体，需要对得到的外消旋体进行分离，通常称为外消旋体的拆分。拆分过程是手性化合物制备最重要也是最困难的过程。

7.6.1　光学纯度

光学纯度是立体化学研究中的重要概念，指对映体过量的百分数，通常用下式计算：

$$\mathrm{e.e} = \frac{[R]-[S]}{[R]+[S]} \times 100\% = R\% - S\%$$

式中，$[R]$为过量对映体的量；$[S]$为另一种对映体的量。

7.6.2　对映体的拆分

将一对对映体拆分为左旋体和右旋体，称为对映体的拆分。当前拆分对映体一般有三种方法，即化学方法、生化方法和色谱方法。

1. 化学方法

将一对对映体与某种具有光学活性的物质反应，得到两种非对映体，由于非对映体的物理性质不同，可用常规的分离手段将其分开。例如：

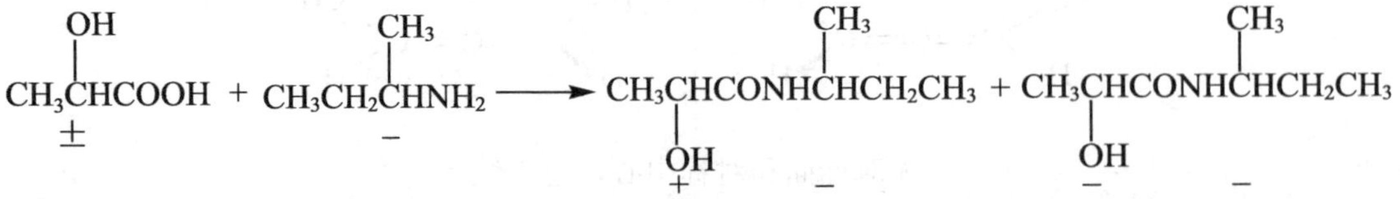

左右旋的乳酸和左旋的丁-2-胺反应得到两个酰胺的非对映体，将两种对映体分离后，水解就可以得到纯的左旋乳酸和右旋乳酸。

2. 生化方法

某些酶能够专一地催化某个反应，使对映体中的某一个发生转化，另一个不变，从而得到高光学纯度的对映体。

3. 色谱方法

近年来，手性色谱柱用于分离对映体得到了越来越广泛的应用。其原理是对映体在手性色谱柱上的保留时间不同。采用合适的手性固定相，就能够很方便地分离一对对映体，具有操作简便、分离效率高等优点。但手性色谱柱一般比较昂贵，也不太适合大规模分离。

扫一扫　　7-3　对映异构拓展阅读资料

习　　题

1. 下列化合物各有多少种立体异构体？

（1）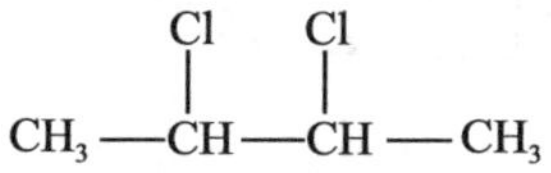　（2）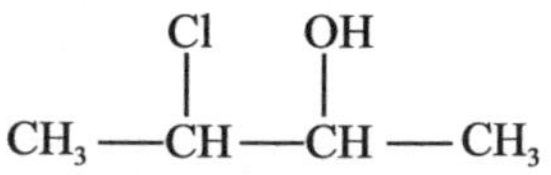

（3）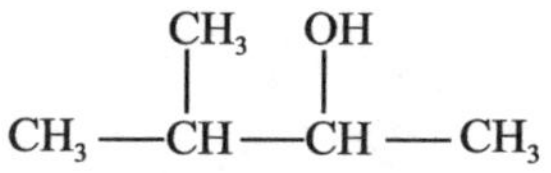　（4）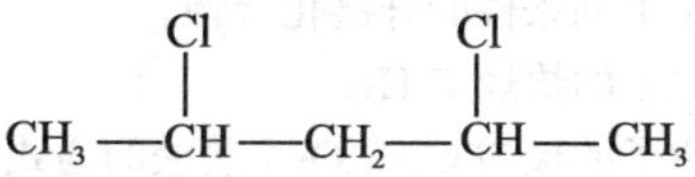

2. 写出下列化合物所有立体异构体。指出其中哪些是对映体，哪些是非对映体。

（1）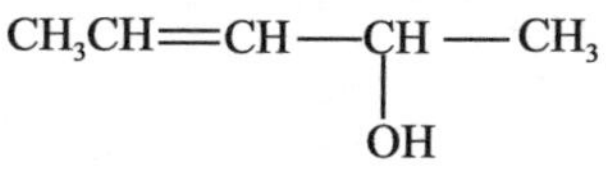　（2）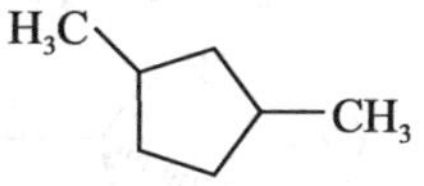

（3）2, 3-二苯基丁二酸　（4）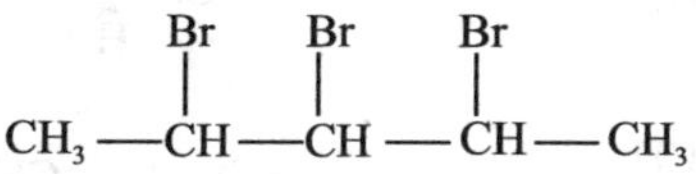

3. 判断下列结构式是同一化合物、对映异构体还是非对映异构体。

（1）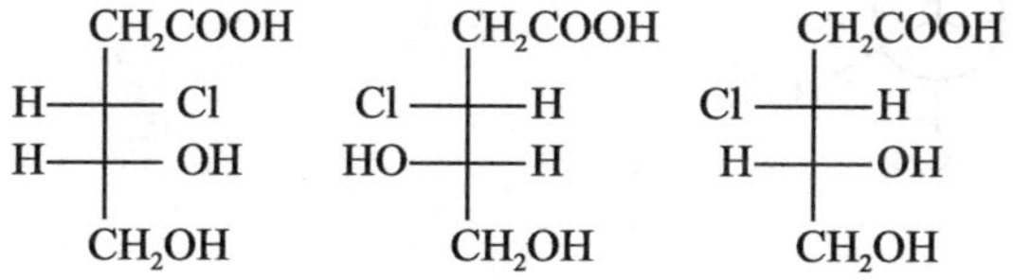

A　B　C

（2）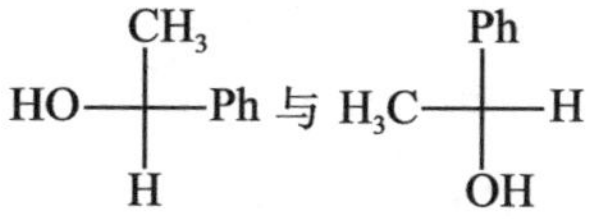

（3）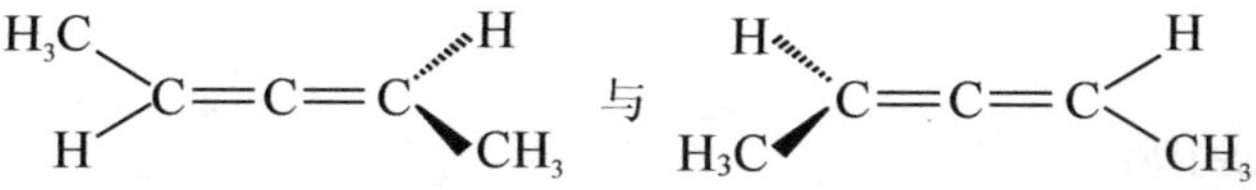

（4）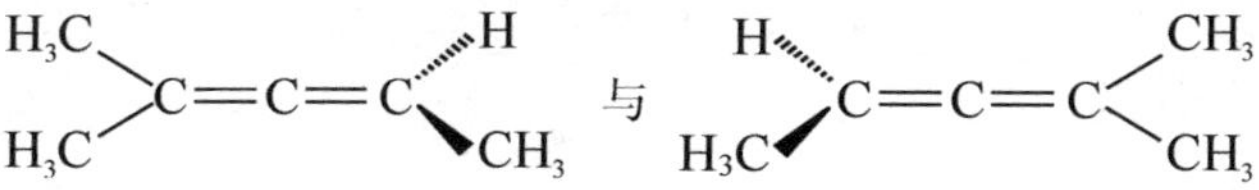

4. 下列各对化合物，哪些属于对映体、非对映体、顺反异构体、构造异构体或同一化合物?

（1）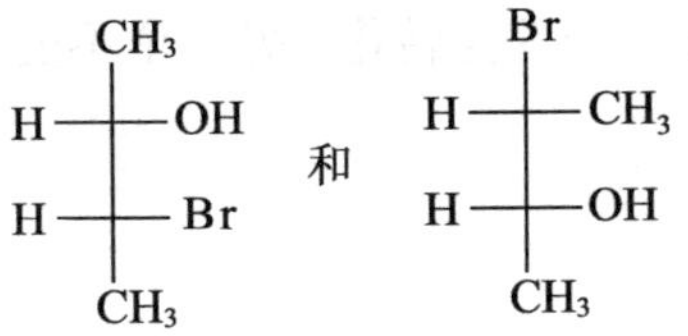

（2）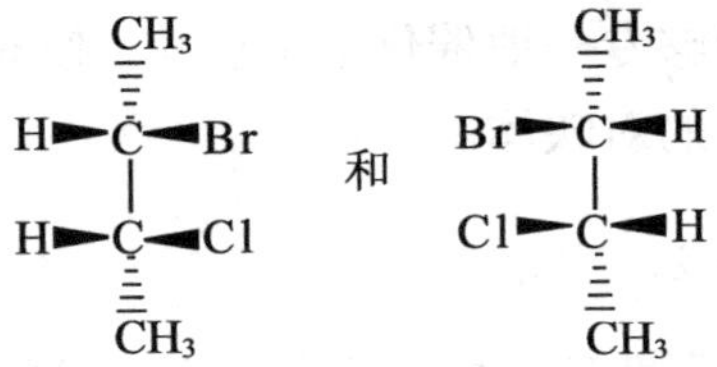

（3）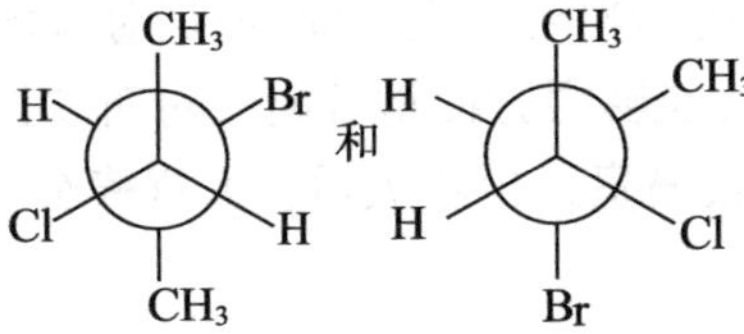

（4）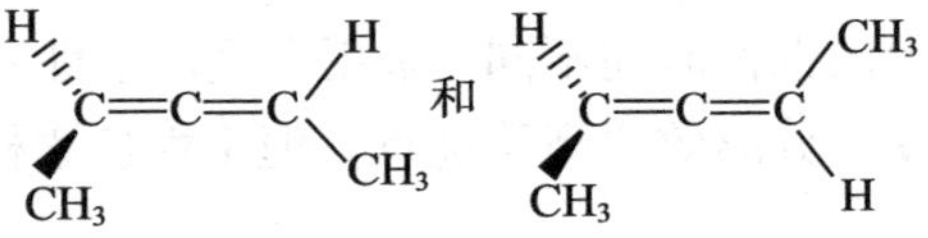

（5）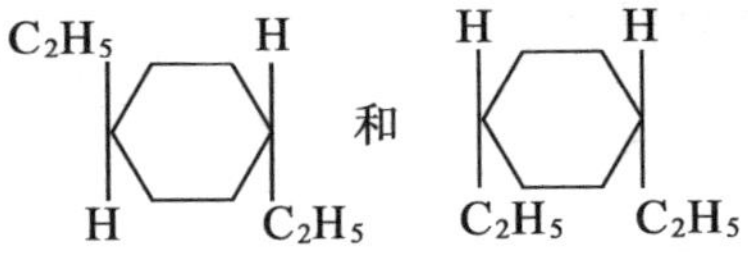

（6）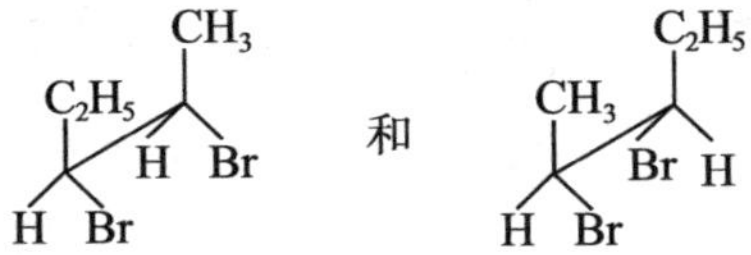

（7）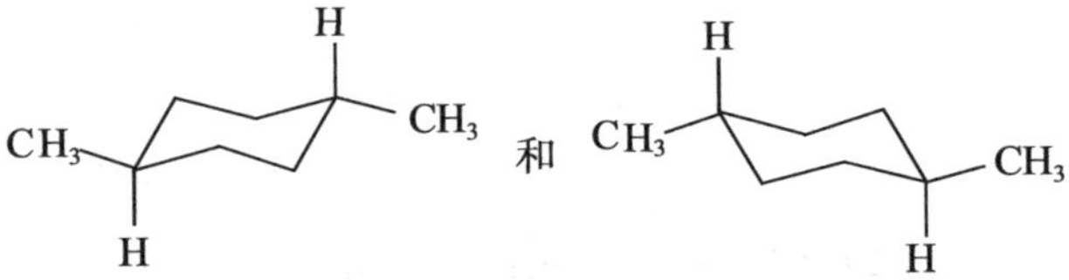

（8）

5. 各写出一个能满足下列条件的开链化合物。

（1）具有手性碳原子的炔烃 C_6H_{10}。

（2）具有手性碳原子的羧酸 $C_5H_{10}O_2$（羧酸的通式为 $C_nH_{2n+1}COOH$）。

6. 写出下列化合物的费歇尔投影式。

（1）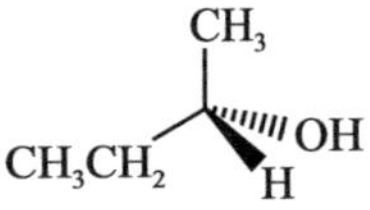

（2）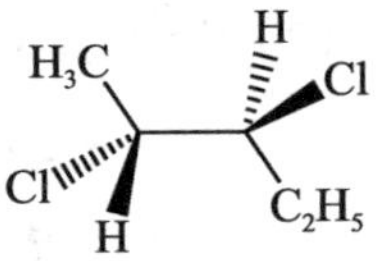

（3）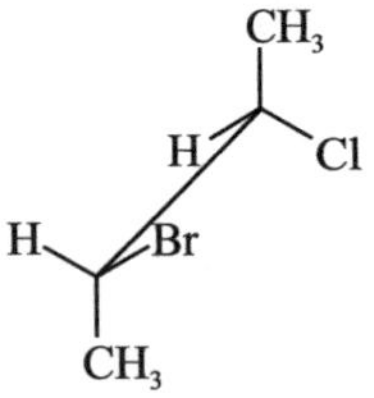

（4）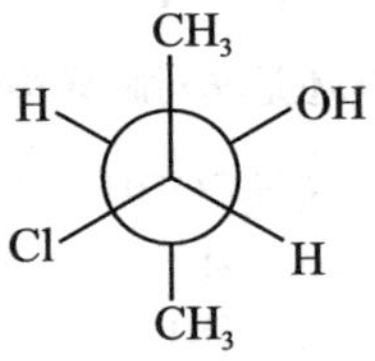

7. 画出下列化合物的构型。

（1）CHClBrF（*R* 构型）

（2）$CH_3CH_2—\underset{\displaystyle Cl}{\underset{|}{CH}}—CH═CH_2$（*S*构型）

（3）Ph—CH(OH)—CH_3（*R*构型）

（4）$C_2H_5—\underset{\displaystyle Br}{\underset{|}{CH}}—\underset{\displaystyle Br}{\underset{|}{CH}}—CH_3$（2*R*, 3*S*构型）

8. 费歇尔投影式 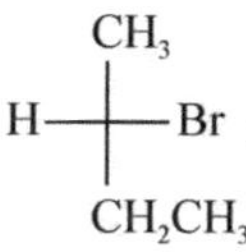 是 R 型还是 S 型？下列各结构式，哪些与这个投影式是同一化合物？

（1）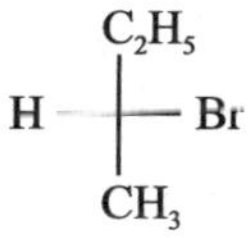　（2）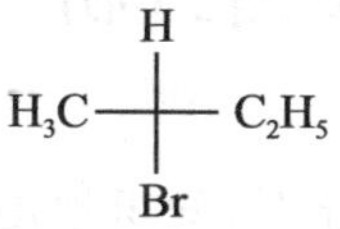　（3）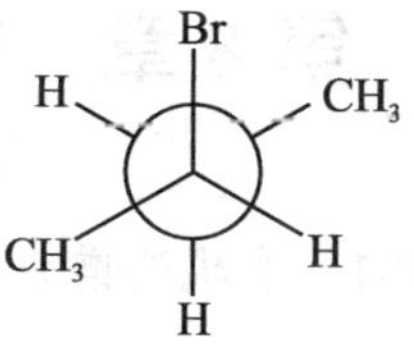　（4）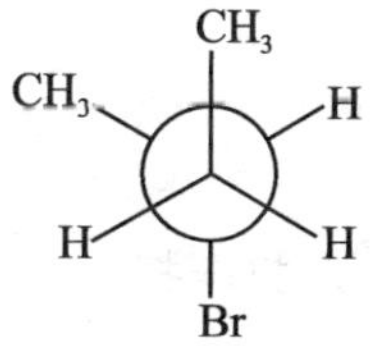

9.（1）丙烷氯化已分离出二氯化物 $C_3H_6Cl_2$ 的四种构造异构体，写出它们的构造式。

（2）各二氯化物进一步氯化后，可得的三氯化物（$C_3H_5Cl_3$）的数目已由气相色谱法确定。从 A 得到一个三氯化物，B 得到两个，C 和 D 各得到三个。试推出 A、B 的结构。

（3）通过另一种合成方法得到有旋光性的化合物 C，那么 C 的构造式是什么？D 的构造式是什么？

（4）有旋光性的 C 氯化时，所得到的三氯丙烷化合物中有一个 E 有旋光性，另两个无旋光性，它们的构造式是什么？

10. 化合物 A（C_8H_{12}）有光学活性，在 Pt 催化下加氢得 B（C_8H_{18}），无光学活性，将 A 在林德拉催化剂催化下小心加氢得 C（C_8H_{14}），有光学活性，若将 A 在 Na-NH_3（l）小心还原得 D（C_8H_{14}），但无光学活性。试推测 A、B、C、D 的结构。

11. 某旋光性化合物 A 和 HBr 作用后，得到两种分子式均为 $C_7H_{12}Br_2$ 的异构体 B 和 C。B 有旋光性，而 C 无旋光性。B 和一分子叔丁醇钾作用得到 A。C 和一分子叔丁醇钾作用，得到的是没有旋光性的混合物。A 和一分子叔丁醇钾作用，得到分子式为 C_7H_{16} 的 D。D 经臭氧化再在锌粉存在下水解得到两分子甲醛和一分子环戊-1, 3-二酮。试写出 A、B、C、D 的立体结构式及各步反应式。

12. C_6H_{12} 是一个具有旋光性的不饱和烃，加氢后生成相应的饱和烃。C_6H_{12} 不饱和烃是什么？生成的饱和烃有无旋光性？

13. 将 3-甲基戊烷进行氯化，写出所有可能得到的一氯代物。哪几对是对映体？哪些是非对映体？哪些异构体不是手性分子？

14. 写出 3-甲基戊-1-炔分别与下列试剂反应的产物。

（1）Br_2，CCl_4　（2）H_2，林德拉催化剂　（3）H_2O，H_2SO_4，$HgSO_4$

（4）HCl（1 mol）　（5）$NaNH_2$，CH_3I

15. 环戊烯与溴进行加成反应，将得到什么产物？

16. 完成下列反应式，产物以构型式表示。

（1）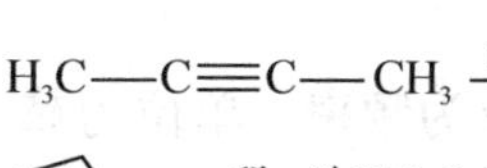

（2）$H_3C—C\equiv C—CH_3 \xrightarrow{HCl} ? \xrightarrow{Br_2}$

（3）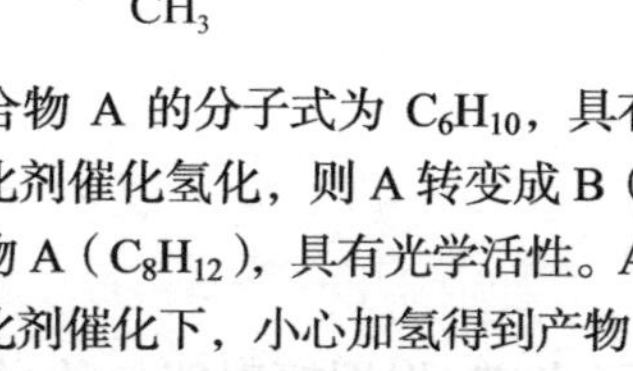

17. 某化合物 A 的分子式为 C_6H_{10}，具有光学活性。可与碱性硝酸银的氨溶液反应生成白色沉淀。若以 Pt 为催化剂催化氢化，则 A 转变成 B（C_6H_{14}），B 无光学活性。试推测 A 和 B 的结构式。

18. 化合物 A（C_8H_{12}），具有光学活性。A 在 Pt 催化下加氢生成 B（C_8H_{18}），B 无光学活性。A 在部分毒化的钯催化剂催化下，小心加氢得到产物 C（C_8H_{14}），C 具有光学活性。试写出 A、B 和 C 的结构式。

19. 开链化合物 A 和 B 的分子式都是 C_7H_{14}。它们都具有旋光性，且旋光方向相同。分别催化加氢后都得到 C，C 也有旋光性。试推测 A、B、C 的结构式。

第 8 章　有机波谱分析

扫一扫　　8-1　有机波谱分析 目标导图+知识地图

8.1　电 磁 波 谱

8.1.1　光的频率与波长

光是电磁波，有波长和频率两个特征。电磁波按其波长可分为不同区域（图 8-1）。

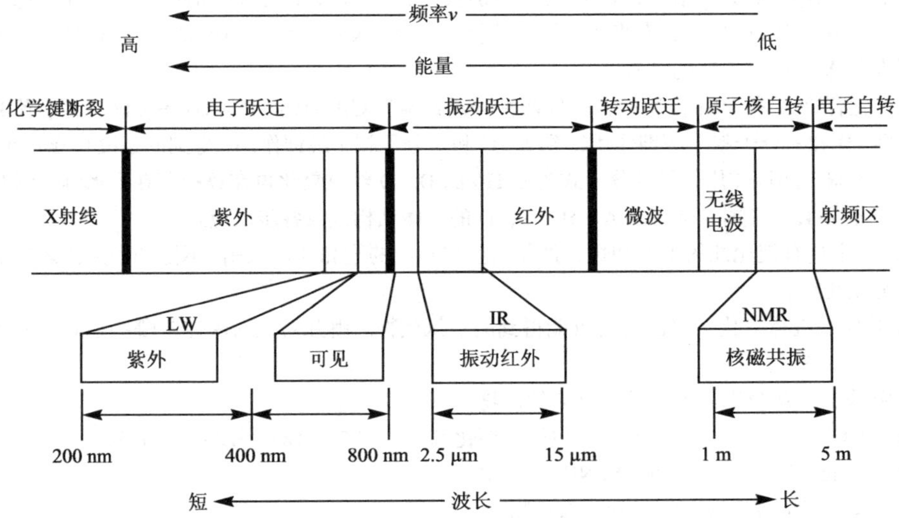

图 8-1　电磁波谱

每种波长的光频率不一样，波长与频率的关系为

$$\nu = c/\lambda$$

式中，c 为电磁波在真空中的传播速度（3×10^{10} cm · s^{-1}）；ν 为频率，单位为赫（Hz）；λ 为波长，表示波长的单位很多，如 1 nm=10^{-3} μm=10^{-7} cm=10^{-9} m。

频率的另一种表示方法是波数 σ，单位为 cm^{-1}，即在 1 cm 长度内波的数目。例如，波长为 300 nm 的光的波数 $\sigma=1/\lambda=1/(300\times10^{-7})=33\ 333\ cm^{-1}$。

每种波长的电磁波辐射时都伴随着能量

$$E = h\nu = hc/\lambda$$

式中，h 为普朗克常量（6.626×10^{-34} J · s）。

根据电磁辐射的本质，光谱方法可分为分子光谱和原子光谱；根据辐射能量传递的方式，光谱方法又可分为发射光谱、吸收光谱、荧光光谱和拉曼光谱等。

8.1.2　分子吸收光谱

分子内部的运动可分为价电子运动、原子在平衡位置附近的振动和分子绕重心的转动，因此分子具有电子(价电子)能级、振动能级和转动能级。双原子分子的能级图如图 8-2 所示。

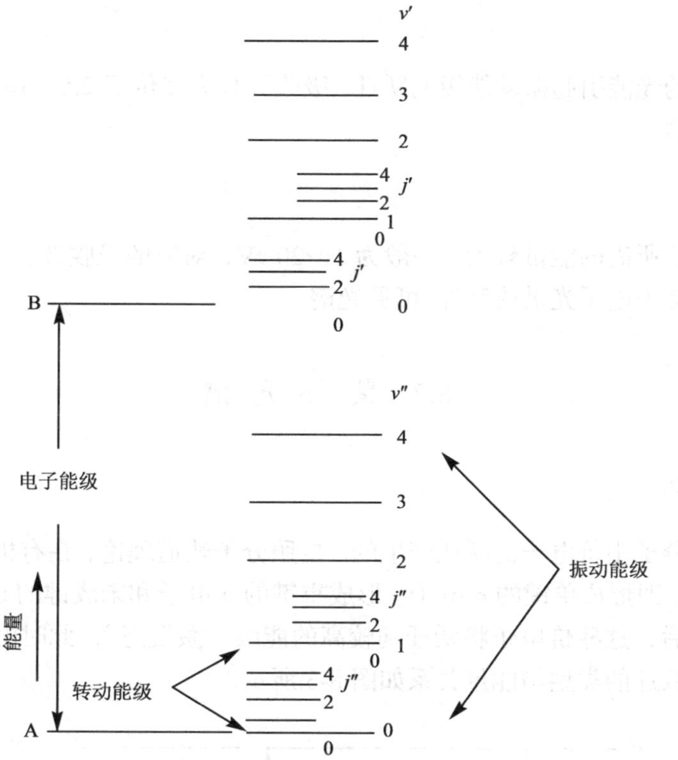

图 8-2　双原子分子的三种能级跃迁示意图

分子吸收辐射就获得能量，可以增加原子的转动或振动，或者激发电子到较高的能级。但分子吸收辐射具有量子化特征，即只有光子的能量恰等于两个能级之间的能量差（ΔE）时才能被吸收。由于三种跃迁所需能量不同，因此需要不同波长的电磁辐射使它们跃迁（表 8-1），对应的分子吸收光谱可分为三类。

表 8-1　电磁波谱激发的分子运动情况与对应的分析方法

光谱名称	波长范围	跃迁类型	分析方法
X 射线	0.1～100 nm	K 和 L 层电子	X 射线光谱法
远紫外光	10～200 nm	中层电子	真空紫外光谱法
近紫外光	200～400 nm	外层电子	紫外光谱法
可见光	400～760 nm	外层电子	可见光谱法
近红外光	0.75～2.5 μm	分子振动	近红外光谱法
中红外光	2.5～5.0 μm	分子振动	中红外光谱法
远红外光	5.0～1000 μm	分子转动和振动	远红外光谱法
微波	0.1～100 cm	分子转动	微波光谱法
无线电波	1～1000 m	核的自旋	核磁共振波谱法

1. 转动光谱

分子所吸收的光能只能引起分子转动能级的跃迁，转动能级之间的能量差很小，位于远红外及微波区内，在有机化学中用途不大。

2. 振动光谱

分子所吸收的光能引起振动能级的跃迁，吸收波长大多位于 2.5～16 μm（中红外区内），因此称为红外光谱。

3. 电子光谱

电子能级跃迁所需的能量较大，一般为 1～20 eV，对应的吸收波长为 200～760 nm，因此这种分子光谱称为电子光谱或紫外-可见光谱。

8.2 紫 外 光 谱

8.2.1 紫外光谱的产生

紫外吸收是分子中价电子的跃迁产生的。按照分子轨道理论，在有机化合物分子中有三种类型的价电子，即形成单键的 σ 电子、形成重键的 π 电子和未成键的 n 电子（孤对电子）。吸收一定的能量后，这些价电子将跃迁到较高的能级（激发态），此时电子所占的轨道称为反键轨道。电子跃迁的类型与能量关系如图 8-3 所示。

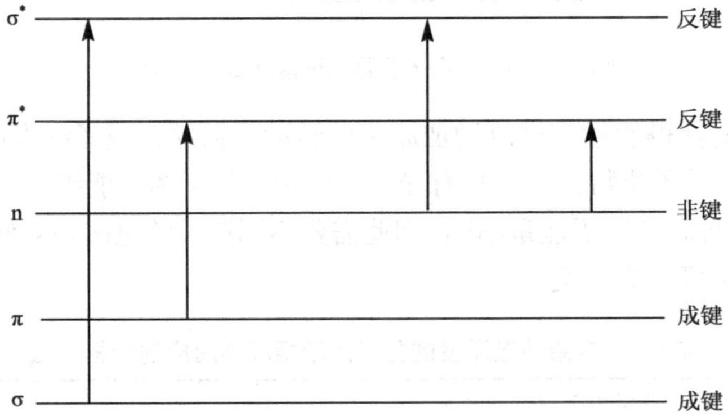

图 8-3　电子跃迁能级示意图

由此可见，有机化合物价电子可能产生的跃迁主要为 σ→σ*、π→π*、n→σ*、n→π*。

饱和单键碳氢化合物只有 σ 键电子，最不易激发，只有吸收很大的能量后才能产生 σ→σ* 跃迁，因而在远紫外区才有吸收带。含有不饱和键的化合物除 σ→σ*外，还会产生 π→π*和 n→π*等类型的跃迁，紫外吸收可以发生在近紫外区，在有机结构的鉴定中有重要的作用。电子跃迁类型、吸收能量波长范围和相应的有机物见表 8-2。

表 8-2　常见电子跃迁类型、吸收能量波长范围和相应的有机物

跃迁类型	吸收能量的波长范围	有机物
$\sigma \to \sigma^*$	~150 nm	烷烃
$n \to \sigma^*$	低于 200 nm	醇、醚
$\pi \to \pi^*$（孤立）	低于 200 nm	乙烯（162 nm）、丙酮（188 nm）
$\pi \to \pi^*$（共轭）	200~400 nm	丁二烯（217 nm）、苯（255 nm）
$n \to \pi^*$	200~400 nm	丙酮（275 nm，295 nm）、乙醛（292 nm）

可以看出，电子跃迁前后两个能级的能量差值 ΔE 越大，跃迁所需要的能量也越大，吸收光波的波长就越短。

8.2.2　紫外光谱图

物质对紫外光的吸收强度遵守朗伯-比尔（Lambert-Beer）定律：

$$A=kbc$$

式中，A 为吸光度；c 为溶液的物质的量浓度（$mol \cdot L^{-1}$）；b 为液层的厚度（光程长度）；k 为吸收系数（吸光系数）。

若化合物的相对分子质量已知，则用摩尔吸光系数 $\varepsilon=kM$ 来表示吸收强度，上式可写为

$$A=\varepsilon cl=-\lg\frac{I}{I_0}$$

以波长（单位 nm）为横坐标，以吸光度 A 或摩尔吸光系数 ε 为纵坐标作图得紫外光谱吸收曲线。分子吸收光能使电子发生能级的跃迁经常伴随着振动和转动能级的变化，因此紫外光谱图由吸收带组成。

在一般文献中，有机物的紫外光谱数据多表现最大吸收峰的波长位置 λ_{max} 及摩尔吸光系数 ε，如图 8-4 所示。

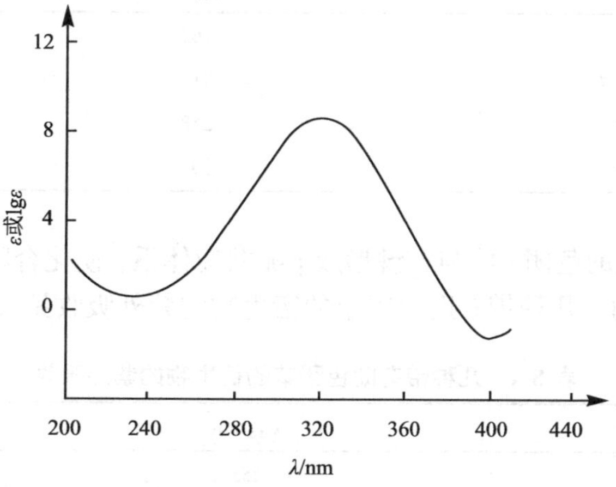

图 8-4　有机化合物紫外光谱图

例如，丙酮在环己烷溶液中的紫外光谱数据为

$$\lambda_{\max}^{\text{环己烷}} = 280\ \text{nm} \qquad \varepsilon=13$$

在紫外光谱图中经常见到 R、K、B、E 等字样，分别表示 R 吸收带、K 吸收带、B 吸收带和 E 吸收带。

R 吸收带为羰基、硝基等单一生色团中孤对电子 $n\rightarrow\pi^*$跃迁产生的吸收带，其特点是吸收强度弱，$\varepsilon_{max}<100$。吸收峰在 200～400 nm。

K 吸收带多为由含有共轭双键（如丁二烯、丙烯醛）的化合物 $\pi\rightarrow\pi^*$跃迁引起的吸收带，其特点为吸收峰很强，$\varepsilon_{max}>10\,000$。共轭双键增加，$\lambda_{max}$向长波方向移动，$\varepsilon_{max}$也随之增大。

B 吸收带为芳香族化合物的 $\pi\rightarrow\pi^*$跃迁引起的特征吸收带，为一宽峰，其波长为 230～270 nm，中心在 254 nm，ε 约为 204。B 吸收带的精细结构常用来判断芳香族化合物。但当苯环上有取代基且与苯环共轭或在极性溶剂中测定时，这些精细结构会简单化或消失。

E 吸收带也是芳香族化合物的特征谱带，是将苯环看成乙烯键和共轭乙烯键 $n\rightarrow\pi^*$跃迁引起的吸收带。E 吸收带可分为 E_1 带和 E_2 带，E_1 带出现在 185 nm 处，为强吸收；E_2 带出现在 204 nm 处，为较强吸收。当有生色团与苯环共轭时，E_2 带与 E_1 带合并，吸收峰向长波方向移动。

8.2.3　紫外光谱在有机结构解析中的应用

一般紫外光谱是指 200～400 nm 的近紫外区，只有 $n\rightarrow\pi^*$及 $\pi\rightarrow\pi^*$跃迁才有实际意义，即紫外光谱适用于分子中具有不饱和结构，特别是共轭结构的化合物。

（1）孤立重键的 $n\rightarrow\pi^*$跃迁发生在远紫外区，如

$$>C=C< \qquad \lambda_{max}=162\ \text{nm} \qquad \varepsilon_{max}=15\,000$$

$$>C=O \qquad \lambda_{max}=190\ \text{nm} \qquad \varepsilon_{max}=1860$$

（2）形成共轭结构或共轭链增长时，吸收向长波方向移动（红移），见表 8-3。

表 8-3　几种烯烃的紫外吸收波长及摩尔吸光系数

化合物	λ_{max}/nm	ε_{max}
乙烯	162	15 000
丁-1, 3-二烯	217	20 900
己三烯	258	35 000
辛四烯	296	52 000

（3）在 π 键上引入助色团（能与 π 键形成 p-π 共轭体系，使化合物颜色加深的基团）后，吸收带向长波方向移动。几种带有助色团苯的衍生物的紫外吸收见表 8-4。

表 8-4　几种带有助色团苯的衍生物的紫外吸收

化合物	λ_{max}/nm	ε_{max}
苯	255	215
苯酚	270	1450
硝基苯	280	1000

根据化合物在近紫外区吸收带的位置，可以大致估计可能存在的官能团结构。

（1）在小于 200 nm 无吸收，则可能为饱和化合物。

（2）在 200～400 nm 无吸收，大致可判定分子中无共轭双键。

（3）在 200～400 nm 有吸收，则可能有苯环、共轭双键、$>C=O$ 等。

（4）在 250～300 nm 有中强吸收是苯环的特征。

（5）在 260～300 nm 有强吸收，表示有 3～5 个共轭双键，如果化合物有颜色，则含五个以上的双键。

紫外光谱在有机结构解析中主要用于分析确定或鉴定可能的结构。以鉴别单烯烃与共轭烯烃为例：

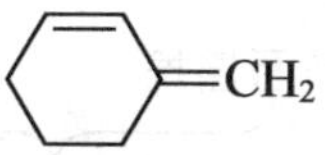

共轭体系
在近紫外区 (232 nm)
有强吸收

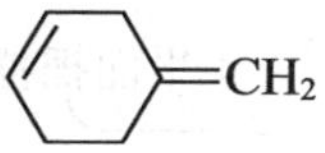

孤立烯烃
在近紫外区
无吸收

$CH_3CH{=}CH{-}NH_2$

p-π 共轭体系
在近紫外区（225 nm）
有强吸收

$CH_2{=}CH{-}CH_2NH_2$

孤立体系
在近紫外区
是透明的（无吸收）

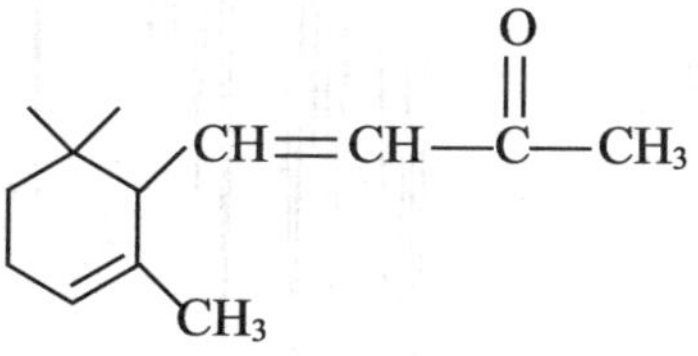

紫罗兰A
λ_{max}=227 nm

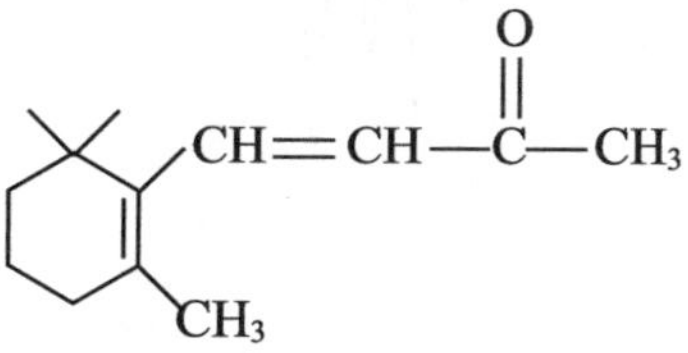

紫罗兰B
λ_{max}=299 nm

两者结构十分相似，用化学方法无法判断

8.3　红 外 光 谱

扫一扫　8-2　红外光谱

几乎所有的有机化合物在红外光谱区内都有吸收，因此红外光谱（infrared spectroscopy，IR）的应用广泛。在有机化合物的结构鉴定中，红外光谱是一种非常有用且重要的手段，用它可以确定两个化合物是否相同，也可以确定一个新化合物中某一特殊键或官能团是否存在。

8.3.1　红外光谱图的产生及表示方法

红外光谱是分子的振动能级跃迁而产生的，分子中原子的振动可以分为两大类：

（1）伸缩振动。成键原子沿着键轴伸长或缩短。振动时键长发生改变，键角不变。

（2）弯曲振动。成键原子离开键轴而上下左右弯曲。振动时键角改变，键长不变。

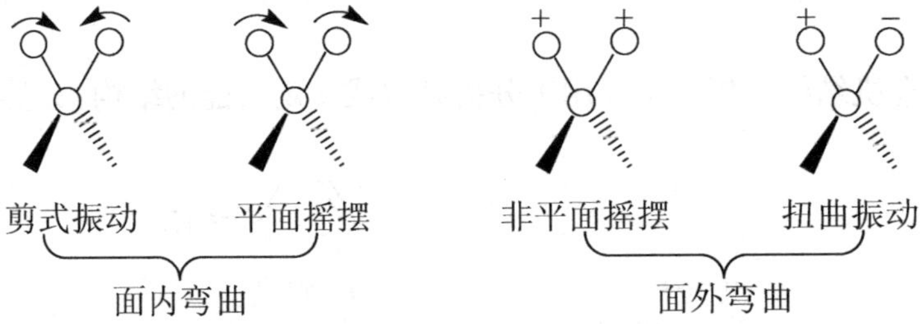

红外光谱图多用波数为横坐标表示吸收带的位置，用透光率 T（%）为纵坐标表示吸收强度。图 8-5 为 2, 6-二甲氧基嘧啶胺的红外光谱图。

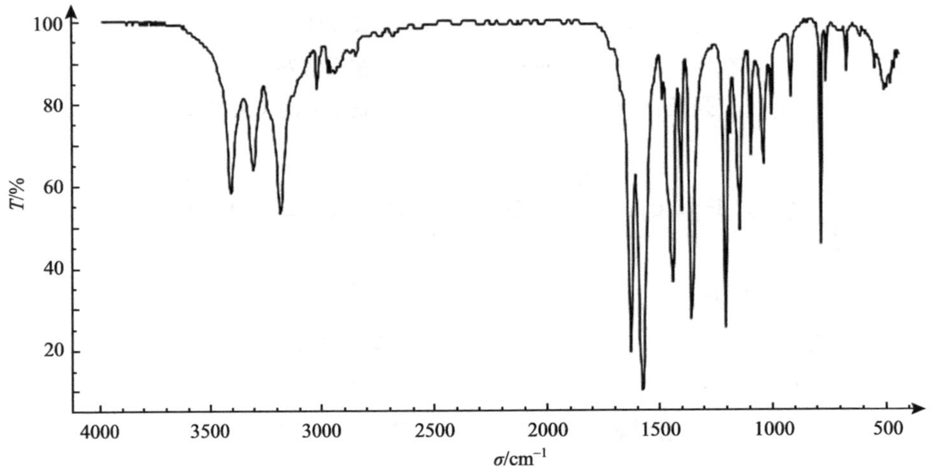

图 8-5　2, 6-二甲氧基嘧啶胺的红外光谱图

8.3.2　主要官能团的红外光谱吸收简介

1. 特征吸收峰

红外光透过有机物，当振动频率和入射光频率一致时，入射光被吸收，因此同一基团基本上总是相对稳定地在某一特定波数范围内出现吸收峰。红外光谱中波数在 3800～1400 cm^{-1}（波长 2.50～7.00 μm）高频区域的吸收峰主要是化学键和官能团的伸缩振动产生的，故称为特征吸收峰区（或官能团区）。例如，由于 C—H 键的伸缩振动，在波数 2670～3300 cm^{-1} 将出现吸收峰；O—H 键的伸缩振动，在 2500～3650 cm^{-1} 出现吸收峰。大量有机化合物的红外光谱研究结果已大体上可以确定在一定频率范围内出现的谱带是哪种键的振动产生的（表 8-5 和表 8-6）。

表 8-5　烃红外光谱的特征吸收

化合物	C—H 伸缩振动/cm^{-1}	C—H 弯曲振动/cm^{-1}
—CH_3	2850～2960（强）	～1380
—CH_2—		～1460
—**CH**$(CH_3)_2$		～1385、～1368（两个吸收峰，强度接近）
—**C**$(CH_3)_3$		～1395（弱峰）、～1368（强峰）
—$(\mathbf{CH_2})_n$— ($n\geqslant4$)		722～724
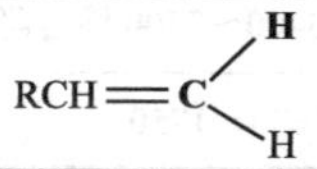	3100	905～910、985～995
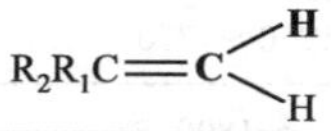		885～895（强）
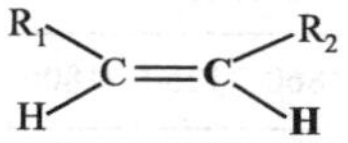		650～730（弱且宽）
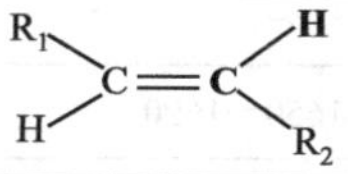		965～980（强）
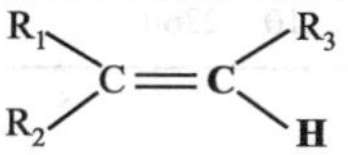		790～840（强）
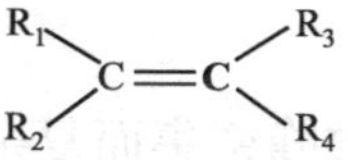		无
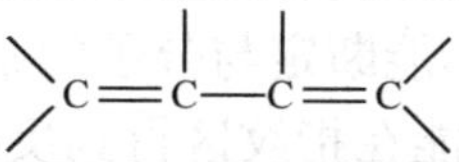	与单烯烃相同	与单烯烃相同
—C≡C—	3310	600～700
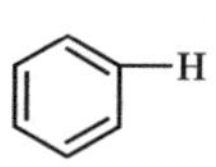	3110	无取代：670（弱）、1650～2000（倍频）； 一取代芳香烃：730～770、690～710（强）； 邻二取代芳香烃：735～770（强）； 间二取代芳香烃：750～810、690～710（中）； 对二取代芳香烃：810～833（强）

表 8-6　常见官能团的红外特征吸收

化合物	官能团	伸缩振动/cm^{-1}
炔烃	—C≡C—	2100～2250（中强～弱，对称炔烃无峰）
芳香烃	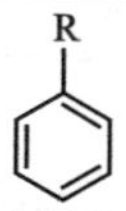	～1600（中），～1580（弱） ～1500（强），～1450（弱～无）
卤代烃	C—F	1100～1350
	C—Cl	700～750
	C—Br	500～700
	C—I	610～685

续表

化合物	官能团	伸缩振动/cm^{-1}
醇、酚、醚	O—H	3000～3600（氢键使吸收峰变宽）
	C—O	酚：1200～1300 醇：1000～1200 醚：1020～1275
胺	N—H	一级胺：游离 3300～3500 缔合降低 100 二级胺：游离 3400～3500 缔合降低 100
醛、酮	C═O	1680～1750
羧酸		1750～1770
酰卤		～1800
酸酐		1800～1860，1750～1800
酯		～1735
酰胺		1650～1690
腈	C≡N	2210～2260

2. 指纹区

红外光谱波数在 650～1400 cm^{-1}（波长 7.00～15.75 μm）区域吸收峰密集而复杂，像人的指纹一样，称为指纹区。在指纹区内，吸收峰的位置和强度并不能断定与分子的某个结构特点相对应，很多峰的归属无法解释。但分子结构的微小差异都能在指纹区得到反映。同系物中可能官能团特征吸收峰相似，但指纹区有很大的不同。指纹区在确认有机化合物时用处也很大。如果两个化合物有相同的光谱，即指纹区也完全相同，则它们应该是同一化合物。

3. 相关峰

一种基团可以有数种振动形式，每种振动形式都产生一个相应的吸收峰，通常将这些互相依存而又可以互相佐证的吸收峰称为相关峰。

确定有机化合物中是否有某种基团，要先看特征峰，再看有无相关峰来确定。例如，C—H 2800～3000 cm^{-1}（伸缩振动），1300～1475 cm^{-1}（弯曲振动），不同结构的饱和 C—H 稍有差别：

$—CH_3$	1375 cm^{-1}	有一特征峰
$—CH(CH_3)_2$	1370 cm^{-1} 1385 cm^{-1}	有等强的双峰
$—C(CH_3)_3$	1370 cm^{-1} 1395 cm^{-1}	有一强一弱两个峰，前强后弱

8.3.3 红外光谱解析

例 8-1　分子式为 C_6H_{14} 的化合物的红外光谱图如下所示，试确定该化合物。

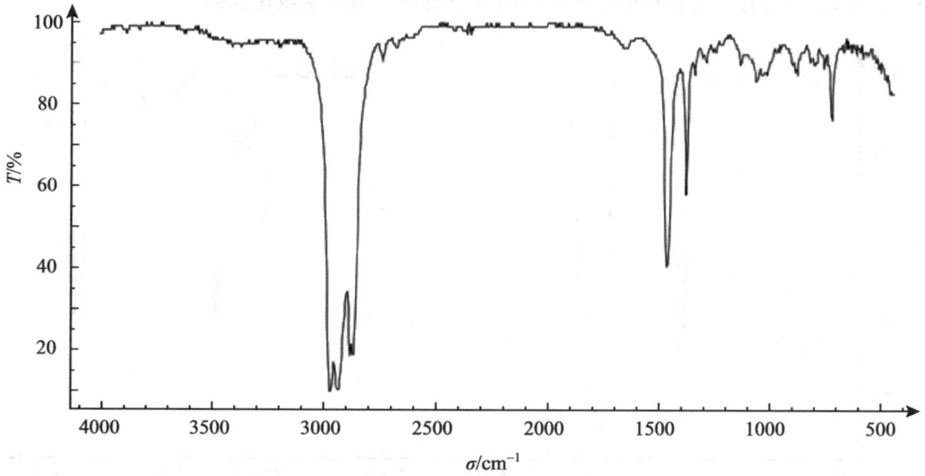

解　分析如下：

分子式为 C_6H_{14}，按其不饱和度分析应该为烷烃。

在 2850～2960 cm^{-1} 的吸收峰，对应饱和 C—H 的伸缩振动吸收。

在 1370 cm^{-1} 和 1460 cm^{-1} 的两个吸收峰，对应 CH_3—和—CH_2—的 C—H 弯曲振动吸收。

在 720 cm^{-1} 的吸收峰为—$(CH_2)_4$—在指纹区的特征弯曲振动吸收。

因此，可确定此化合物为正己烷。

例 8-2　分子式为 C_5H_{10} 的化合物的红外光谱图如下所示，试确定该化合物。

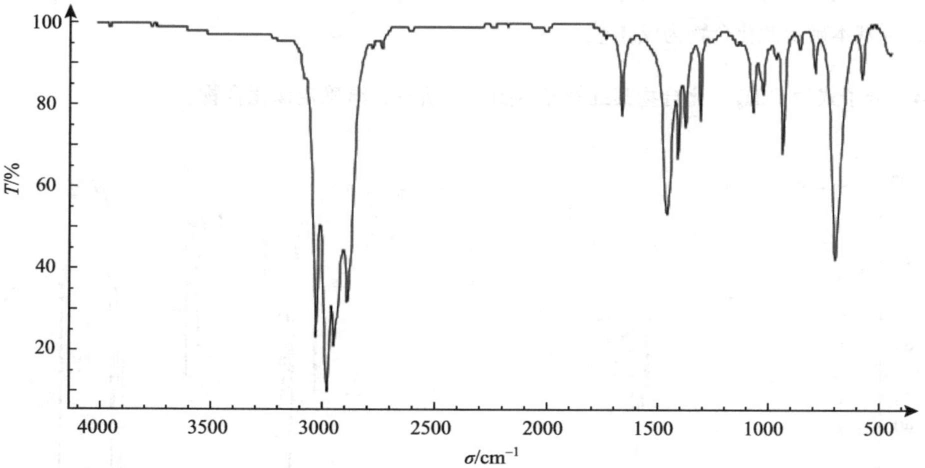

解　分析如下：

分子式为 C_5H_{10}，按其不饱和度分析应该为单烯烃。

在 3030 cm^{-1} 的吸收峰，对应═C—H 的伸缩振动吸收。

在 2830～2960 cm^{-1} 的吸收峰，对应饱和 C—H 的伸缩振动吸收。

在 1370 cm^{-1} 和 1460 cm^{-1} 的两个吸收峰，对应 CH_3—和—CH_2—的 C—H 弯曲振动吸收。

在 680 cm^{-1} 的吸收峰为顺式烯烃在指纹区的特征吸收峰。

因此，可基本确定此化合物为顺戊-2-烯。

例 8-3 分子式为 C_5H_8 的化合物的红外光谱图如下所示，试确定该化合物。

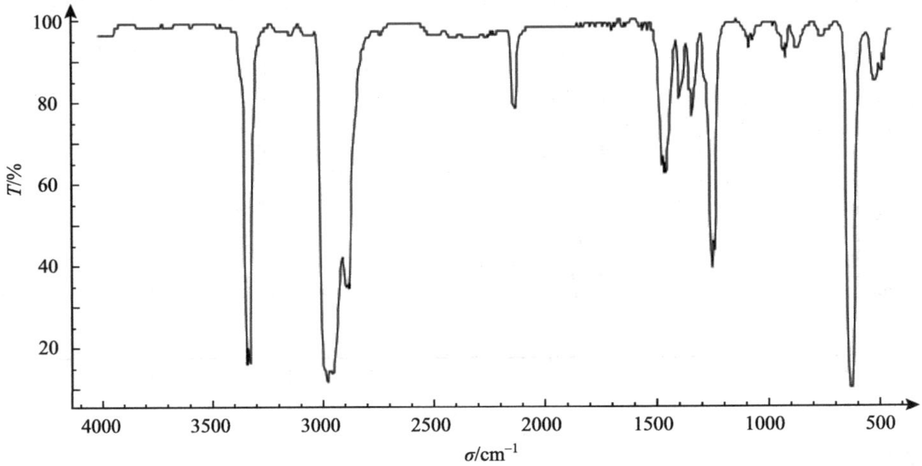

解 分析如下：

分子式为 C_5H_8，按其不饱和度分析应该为二烯烃、炔烃、含一个环的烯烃或二环烷烃。

在 3310 cm^{-1} 的吸收峰，对应≡C—H 的伸缩振动吸收。

在 2830～2960 cm^{-1} 的吸收峰，对应饱和 C—H 的伸缩振动吸收。

在 2160 cm^{-1} 的吸收峰，对应 C≡C 的伸缩振动吸收。

在 1370 cm^{-1} 和 1460 cm^{-1} 的两个吸收峰，对应 CH_3—和—CH_2—的 C—H 弯曲振动吸收。

在 640 cm^{-1} 的吸收峰为 C≡C 的弯曲振动吸收峰。

因此，可基本确定此化合物为戊-1-炔。

例 8-4 分子式为 C_7H_8 的化合物其红外光谱图如下所示，试确定该化合物。

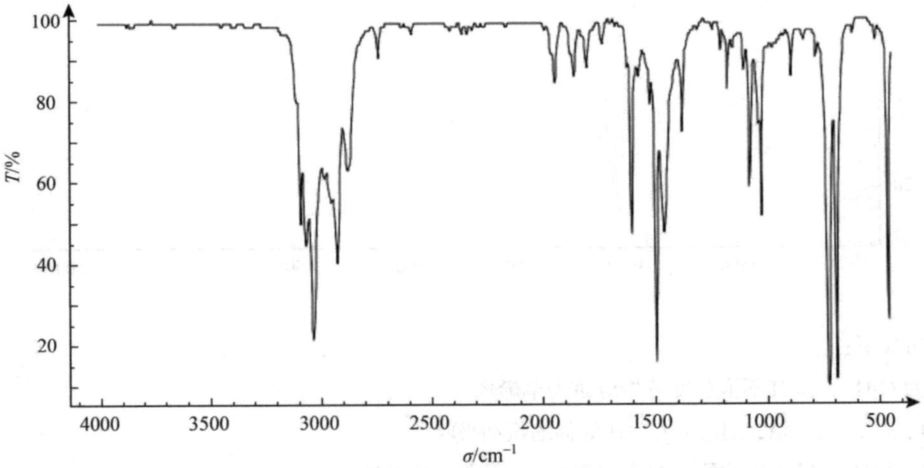

解　分析如下：

分子式为 C_7H_8，按其不饱和度很可能是芳香烃。

在 3028 cm^{-1} 有吸收峰，为 Ar—H 的伸缩振动吸收峰。

在 1640～1450 cm^{-1} 有三个吸收峰，为苯环的骨架伸缩振动吸收峰。

在 2960～2870 cm^{-1} 的吸收峰为 CH_3—的 C—H 伸缩振动吸收峰。

在 1380～1375 cm^{-1} 的吸收峰为 CH_3—的特征峰。

因此，可确定此化合物为甲苯。

例 8-5　分子式为 $C_5H_{10}O$ 的化合物的红外光谱图如下所示，试确定该化合物。

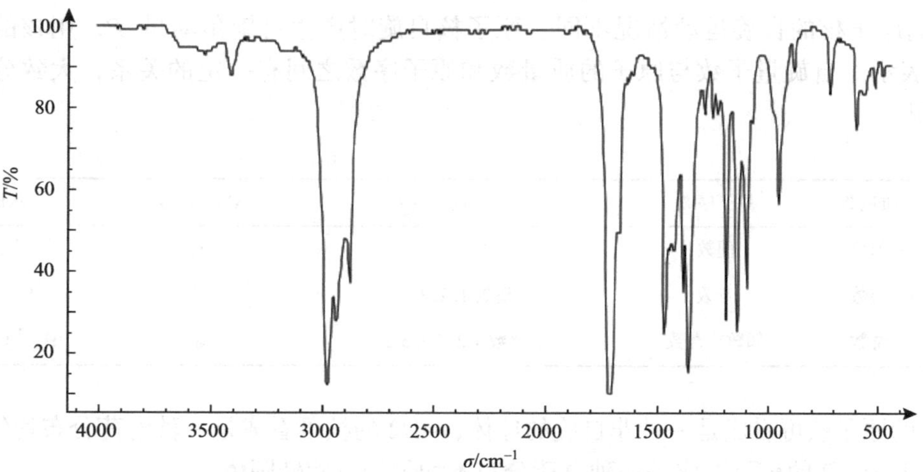

解　化合物分子只有一个不饱和度，且 1716 cm^{-1} 的吸收峰为羰基，判断化合物为含羰基的化合物（醛或酮），1375 cm^{-1} 为甲基的面外弯曲振动，1359 cm^{-1} 和 1384 cm^{-1} 为异丙基的吸收峰，可以初步判断为甲基异丙基甲酮。

虽然红外光谱能够给出有机化合物官能团的特征信息，但要准确地判断一个复杂有机化合物的结构，红外光谱手段还是有限的，需要其他波谱分析手段配合。

8.4　核磁共振谱

扫一扫　8-3　核磁共振谱

核磁共振（nuclear magnetic resonance，NMR）是近几十年发展的一门新学科，是指处于外磁场中的物质原子核受到相应频率（兆赫兹数量级的射频）的电磁波作用时，在其磁能级之间发生的共振跃迁现象。检测电磁波被吸收的情况就可以得到核磁共振波谱。就本质而言，核磁共振波谱是物质与电磁波相互作用而产生的，属于吸收光谱（波谱）范畴。1945 年，以瑞士裔美国物理学家布洛赫（Bloch）和美国物理学家珀塞尔（Purcell）为首的两个研究小组分别观测到水和石蜡中质子的核磁共振信号，为此他们荣获 1952 年诺贝尔物理学奖。自应用于测定有机化合物的结构以来，核磁共振经过几十年的研究和实践，发展十分迅速，目前已成为测定有机化合物结构的有力工具。

8.4.1　核磁共振谱的基本原理

核磁共振研究的对象是具有磁矩的原子核。原子核是由质子和中子组成的带正电荷的粒子，其自旋运动将产生磁矩。但并非所有同位素的原子核都具有自旋运动，只有存在自旋运动的原子核才具有磁矩，如 ^{1}H、^{13}C、^{15}N、^{17}O、^{19}F、^{29}Si、^{31}P 等。^{1}H 的天然丰度较大（99.985%），磁性较强，易于观察到比较满意的核磁共振信号，因而用途最广。^{13}C 丰度较低，只有 ^{12}C 的 1.1%，灵敏度只有 ^{1}H 的 1.59%。早期的核磁共振碳谱（^{13}C NMR）应用较少，但现代核磁技术的发展使 ^{13}C NMR 在有机结构分析中起着越来越重要的作用。

不同原子核的自旋运动情况不同。原子核自旋时产生自旋角动量 P，用核的自旋量子数 I 表示。自旋量子数与原子的质量数和原子序数之间有一定的关系，大致分为以下三种情况：

分类	质量数	原子序数	自旋量子数 I	NMR 信号	示例
Ⅰ	偶数	偶数	0	无	^{12}C
Ⅱ	偶数	奇数	整数 1, 2, 3,⋯	有	^{2}H，^{14}N
Ⅲ	奇数	偶数或奇数	半整数 1/2, 3/2, 5/2,⋯	有	^{1}H，^{13}C，^{15}N

I=0 的原子核可看成是一种非自旋的球体；I=1/2 的核可看成是一种电荷分布均匀的自旋球体；I 大于 1/2 的核可看成是一种电荷分布不均匀的自旋椭圆体。

1. 核磁共振现象

原子核是带正电荷的粒子，能自旋的核有循环电流，产生磁场，形成磁矩。核磁矩用 μ 表示，μ 与自旋角动量有以下关系：

$$\mu = \gamma P = \gamma \frac{h}{2\pi} I = \gamma \hbar I$$

式中，γ 为磁旋比（旋磁比），是自旋核的磁矩和角动量之比，是各种核的特征常数；h 为普朗克常量（6.626×10^{-34} J · s）。

原子的磁矩在无外磁场影响下，取向是紊乱的，在外磁场中，它的取向是量子化的，只有两种可能的取向。

当 m_s=+1/2 时，取向方向与外磁场方向平行，为低能级（低能态）。

当 m_s=−1/2 时，取向方向与外磁场方向相反，则为高能级（高能态）。

两个能级之差为 ΔE：

$$\Delta E = \gamma \frac{h}{2\pi} H_0$$

式中，H_0 为外加磁场强度。

外磁场作用下原子核自旋磁矩的分布示意图如图 8-6 所示。

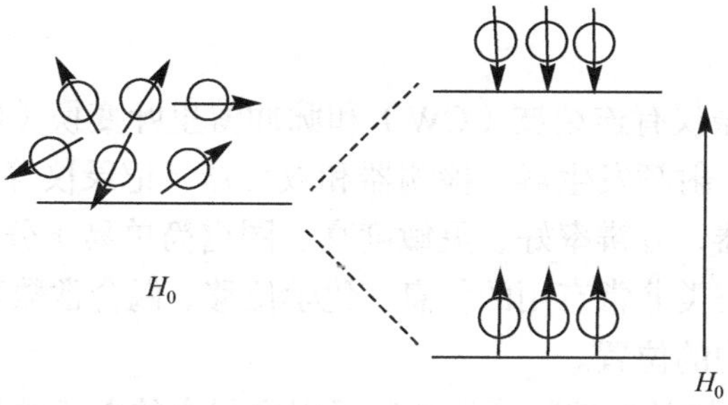

图 8-6　外磁场作用下原子核自旋磁矩的分布示意图

ΔE 与外加磁场强度（H_0）成正比。给处于外磁场的质子辐射一定频率的电磁波，当辐射所提供的能量恰好等于质子两种取向的能量差（ΔE）时，质子就吸收电磁辐射的能量，从低能级跃迁至高能级，这种现象称为核磁共振。

核磁共振的基本方程为

$$\nu_{跃迁} = \nu_{辐射} = \nu_0 = \frac{\gamma}{2\pi} H_0$$

对 ^{1}H 核：H_0=14 092 G 时，ν= 60 MHz；H_0=23 490 G 时，ν=100 MHz；
H_0= 46 973 G 时，ν= 200 MHz；H_0=140 920 G 时，ν= 600 MHz。

对 ^{13}C 核：H_0=14 092 G 时，ν=15.08 MHz。

对 ^{19}F 核：H_0=14 092 G 时，ν= 66.6 MHz。

即一个特定的核在一定强度的外磁场中只有一种共振频率，而不同的核在相同外磁场 H_0 时其共振频率不同。

通常发生共振吸收有两种方法：①扫场：外加电磁波的频率一定，改变磁场强度 H_0；②扫频：磁场强度固定，改变电磁波频率 ν。目前的核磁共振仪器一般采用扫场法，当改变 H_0 至一定值，刚好满足共振方程时，能量被吸收，产生电流，当 $\nu_{辐射} \neq \frac{\gamma}{2\pi} H_0$ 时，电流计的读数降至水平，从而得到核磁共振能量吸收曲线，如图 8-7 所示。

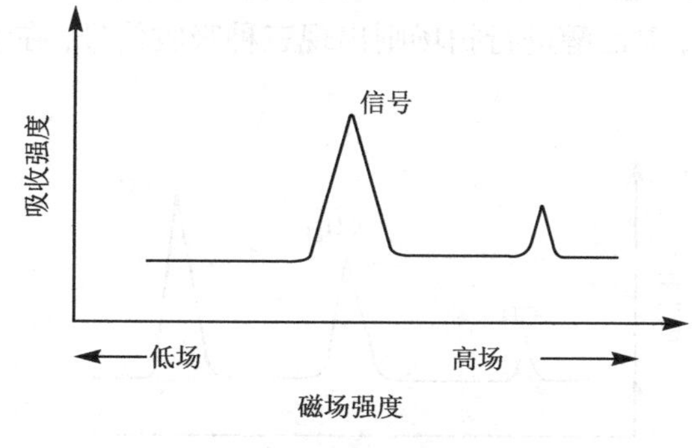

图 8-7　核磁共振能量吸收曲线

若固定 H_0，改变 ν，称为扫频；固定 ν，改变 H_0，称为扫场。现多用扫场方法得到谱图。

2. 核磁共振仪

目前使用的核磁共振仪有连续波（CW）和脉冲傅里叶变换（PFT）两种形式。连续波核磁共振仪主要由磁铁、射频发生器、检测器和放大器、记录仪等组成。磁铁有永久磁铁、超导磁铁。频率大的仪器，分辨率好、灵敏度高、图谱简单易于分析。

核磁共振谱提供了三类非常有用的信息：化学位移、偶合常数和积分曲线。应用这些信息，可以推测氢在分子中的位置。

如图 8-8 所示，装有样品的玻璃管放在磁场强度很大的电磁铁的两极之间，用恒定频率的无线电波照射通过样品。在扫描发生器的线圈中通直流电流，产生一个微小磁场，使总磁场强度逐渐增加。当磁场强度达到一定的值 H_0 时，样品中某一类型的质子发生能级跃迁，这时产生吸收，信号接收器收到信号，由记录器记录下来，得到核磁共振谱。

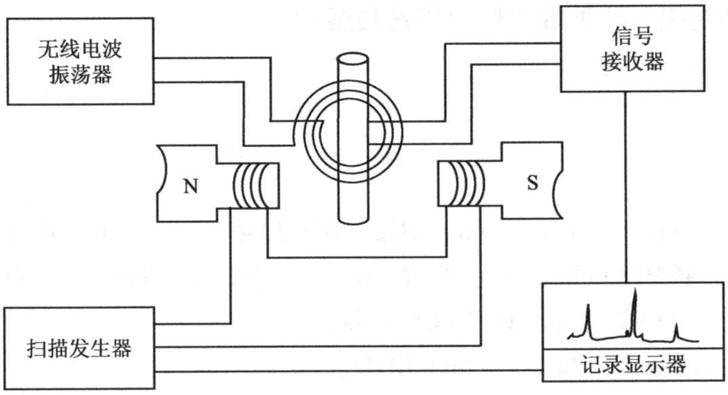

图 8-8　核磁共振仪示意图

8.4.2　核磁共振氢谱

1. 化学位移

氢质子（^{1}H）用扫场的方法产生的核磁共振，理论上都在同一磁场强度（H_0）下吸收，只产生一个吸收信号。实际上，分子中各种不同环境下的氢在不同 H_0 下发生核磁共振，给出不同的吸收信号。例如，对乙醇进行扫场则出现三种吸收信号，在谱图上就是三个吸收峰，如图 8-9 所示。

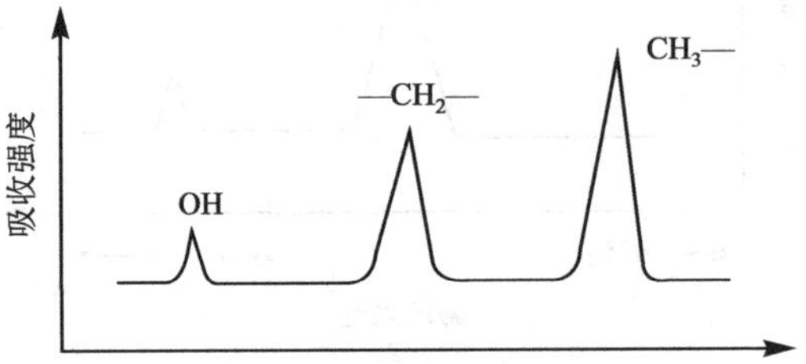

图 8-9　乙醇分子的核磁共振氢谱示意图

由于氢原子在分子中的化学环境不同，因此在不同磁场强度下产生吸收峰，峰与峰之间的差距称为化学位移。

2. 屏蔽效应——化学位移产生的原因

分子中的磁性核并不是完全裸露的，质子被价电子所包围。有机物分子中不同类型质子的周围电子云密度不一样，在外加磁场作用下，引起电子环流，电子环流围绕质子产生一个感应磁场（H'），这个感应磁场使质子所感受到的磁场强度减弱了，即实际上作用于质子的磁场强度比 H_0 小。

这种由于电子产生的感应磁场对外加磁场的抵消作用称为屏蔽效应（图 8-10）。

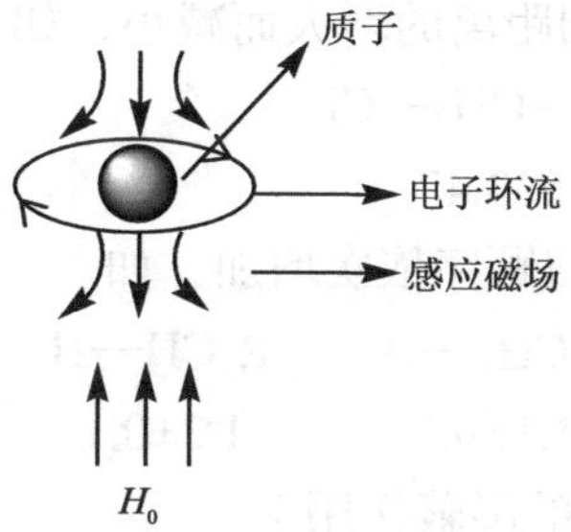

图 8-10　电子对质子的屏蔽效应

有感应磁场（H'）时，氢核实际受到的外磁场强度（$H = H_0 - H'$）未达到跃迁的能量，不能发生核磁共振。要使氢核发生核磁共振，则外磁场强度必须再加一个 H'，即

$$H_{共振} = H_0 + H'$$

也就是说，氢核要在较高磁场强度中才能发生核磁共振，故吸收峰发生位移，在高场出现。氢核周围的电子云密度越大，屏蔽效应也越大，要在更高的磁场强度中才能发生核磁共振，出现吸收峰。

3. 化学位移值

化学位移值的大小可用以下方法测量：采用一个标准化合物为原点（一般以四甲基硅烷为标准物，简称 TMS），测出峰与原点的距离，就是该峰的化学位移值（$\Delta\nu = \nu_{样品} - \nu_{TMS}$）。

化学位移是依赖于磁场强度的。不同频率的仪器测出的化学位移值不同。例如，测乙醚时，用频率 60 MHz 的核磁共振仪测得不同质子的 $\Delta\nu$，CH_3—为 69 Hz，—CH_2—为 202 Hz；用频率 100 MHz 的核磁共振仪测得不同质子的 $\Delta\nu$，CH_3—为 115 Hz，—CH_2—为 337 Hz。

为了使在不同频率的核磁共振仪上测得的化学位移值相同（不依赖于测定时的条件），通常用 δ 来表示，δ 的定义为

$$\delta = \frac{\nu_{样品} - \nu_{TMS}}{\nu_{仪器所用频率}} \times 10^6$$

其中，标准化合物 TMS 的 δ 值为 0。

由此可得：

60 MHz 时乙醚中 CH_3—的 H 的 δ 值为 $69\times10^6/(60\times10^6)=1.15$，—$CH_2$—的 H 的 δ 值为 $202\times10^6/(60\times10^6)=3.37$。

100 MHz 时乙醚中 CH_3—的 H 的 δ 值为 $115\times10^6/(100\times10^6)=1.15$，—$CH_2$—的 H 的 δ 值为 $337\times10^6/(100\times10^6)=3.37$。

这样，就得到各种不同结构的 H 的 δ 值。

4. 影响化学位移的因素

1）诱导效应

吸电子诱导效应使 H 核周围的电子云密度降低，在较低的外加磁场下就可以产生共振，δ 值随着邻近原子或原子团的电负性的增加而增加，如

	CH_3—H	CH_3—Br	CH_3—Cl	CH_3—NO_2
δ 值	0.23	2.69	3.06	4.29

δ 值随着 H 原子与电负性基团距离的增大而减小，如

	CH_3—	CH_2—	CH_2—Cl
δ 值	1.06	1.81	3.47

烷烃中 H 的 δ 值按伯、仲、叔顺序依次增加，如

	CH_3—H	RCH_2—H	R_2CH—H	R_3C—H
δ 值	0.2	1.1±0.1	1.3±0.1	1.5±0.1

2）电子环流效应（次级磁场的屏蔽作用）

烯烃、醛、芳香环等分子中，π 电子在外加磁场作用下产生环流，使氢原子周围产生感应磁场，其方向与外加磁场相同，在较低的外加磁场下就发生能级的跃迁，因而它们的 δ 值很大（δ = 4.5～12）。如图 8-11 所示，氢原子位于产生的感应磁场与外加磁场相同方向的去屏蔽区，因此在外加磁场强度还未达到 H_0 时，就发生能级的跃迁。故吸收峰移向低场，δ 值增大。

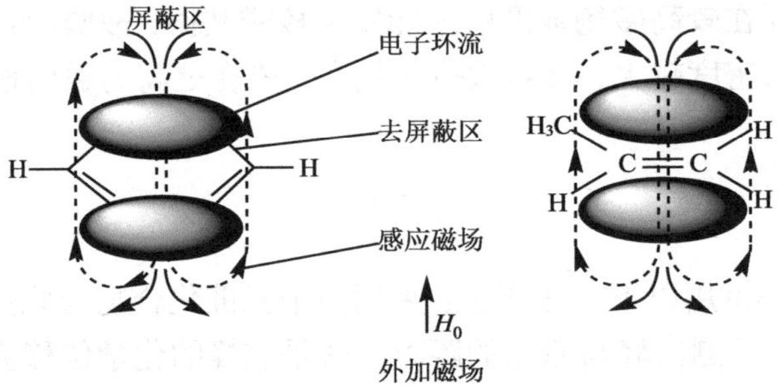

图 8-11　电子环流引起的去屏蔽效应示意图

乙炔也有 π 电子环流，但炔氢的位置不同，处在屏蔽区（感应磁场与外加磁场对抗区），如图 8-12 所示，因此炔氢的 δ 值较小。

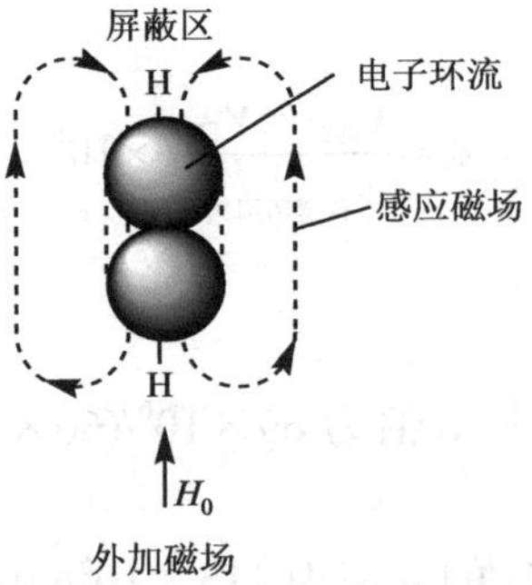

图 8-12　乙炔 π 电子环流的屏蔽效应示意图

H 处于 π 电子环流产生的感应磁场对抗外加磁场的区域，故质子受到了屏蔽，在较低的

能级就能发生跃迁，吸收峰移向高场，δ 值减小。

3）氢键效应的影响

氢键的生成使质子周围的电子云密度降低，产生强的去屏蔽作用，吸收峰移向低场，δ 值增大。例如：

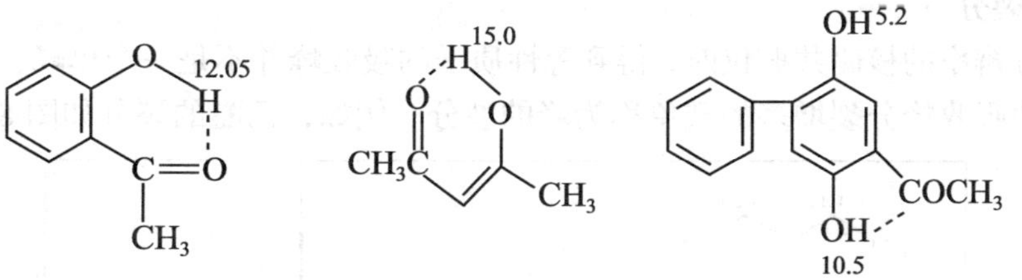

4）范德华效应

当两原子非常接近时，带负电荷的电子云互相排斥，使质子周围的电子云密度减小，从而降低了对质子的屏蔽，使信号向低场位移，δ 值增大。例如：

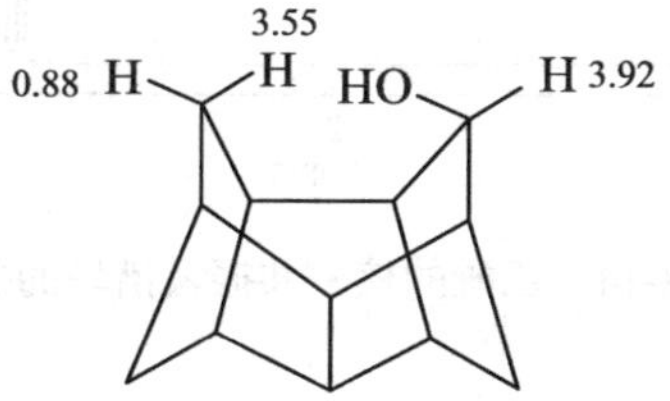

5）溶剂效应

由于各种溶剂对质子的影响不同，化学位移值发生变化。因此，在报道核磁共振数据或与文献值进行比较时必须注意所用的溶剂。

5. 峰面积与氢原子数目

在核磁共振谱图中，每一组吸收峰都代表一种氢，每种共振峰所包含的面积不同，其面积之比恰好是各种氢原子数之比。丁酮的核磁共振氢谱如图 8-13 所示。

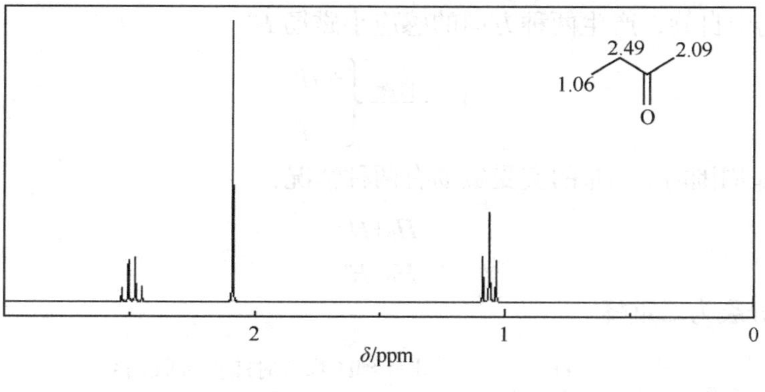

图 8-13　丁酮的核磁共振氢谱

核磁共振谱不仅揭示了各种不同 H 的化学位移，并且表示了各种不同氢的数目。共振峰的面积大小一般用积分曲线高度法测出，是核磁共振仪上带的自动分析仪对各峰面积进行自动积分。

例如，$(CH_3)_4C$ 中 12 个 H 是相同的，因而只有一个峰；$CH_3CH_2OCH_2CH_3$ 有两种 H，就有两个共振峰，其面积比为 3∶2；CH_3CH_2OH 有三种 H，就有三个共振峰，其面积比为 3∶2∶1。

6. 峰的裂分和自旋耦合

1）峰的裂分

应用高分辨率的核磁共振仪时，得到等性质子的吸收峰并不是一个单峰，而是一组峰的信息。这种使吸收峰分裂增多的现象称为峰的裂分。例如，乙醚的裂分如图 8-14 所示。

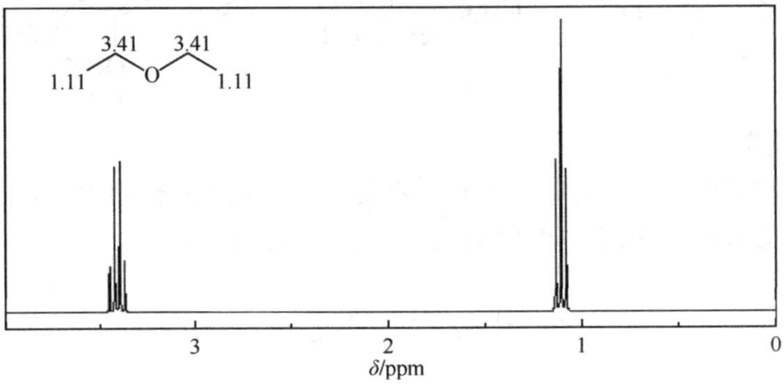

图 8-14　乙醚的核磁共振氢谱峰的裂分

2）自旋耦合

裂分是相邻两个碳上质子之间的自旋耦合（自旋干扰）产生的。这种由于邻近不等性质子自旋的相互作用（干扰）而分裂成几重峰的现象称为自旋耦合。

自旋耦合的产生以溴乙烷为例。

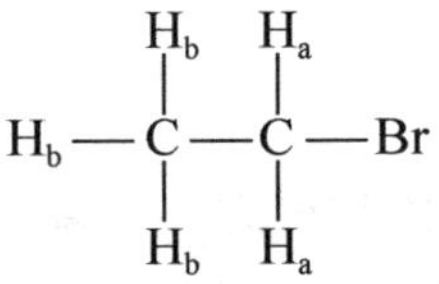

两个 H_a 为等价氢，三个 H_b 为等价氢，讨论 H_a、H_b 的相互耦合情况。

H_a 在外磁场中自旋，产生两种方向的感应小磁场 H'：

$$H_a \xrightarrow{\text{自旋}} \begin{cases} +H' \\ -H' \end{cases}$$

H'作用于 H_b 周围时，H_b 的实受磁场有两种情况：

$$H_0+H'$$
$$H_0-H'$$

使得 H_b 的信号分裂为二重峰

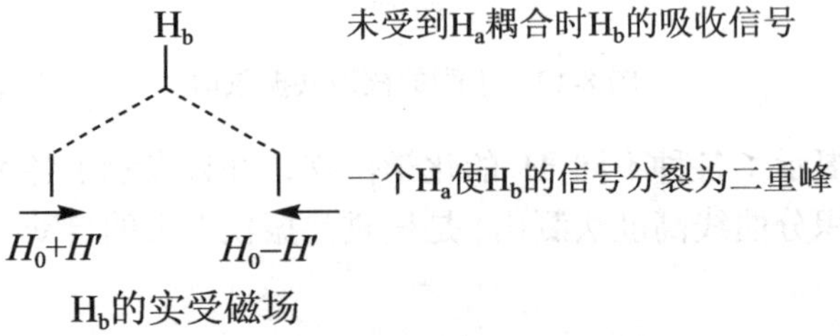

当两个 H_a 的自旋磁场作用于 H_b 时，其耦合情况为

$$H_b\text{的实受磁场为}\begin{cases} H_0+H'+H'=H_0+2H' & (\uparrow\uparrow) \\ H_0+H'-H'=H_0 & (\uparrow\downarrow) \\ H_0-H'+H'=H_0 & (\downarrow\uparrow) \\ H_0-H'-H'=H_0-2H' & (\downarrow\downarrow) \end{cases}$$

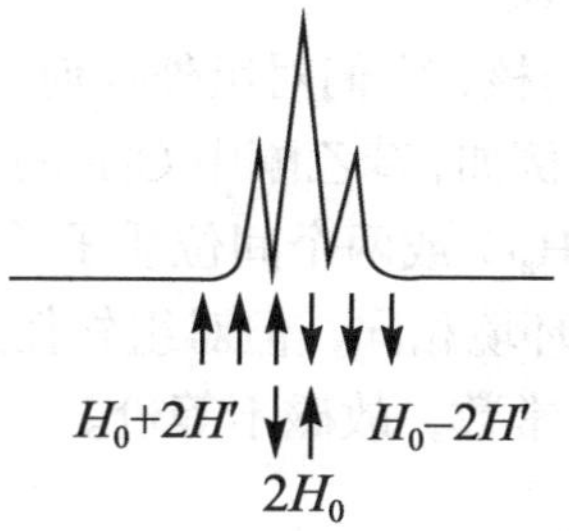

两个 H_a 对 H_b 的耦合作用使 H_b 的信号分裂为三重峰，其面积比为 1：2：1。

同上讨论，三个 H_b 对 H_a 的耦合作用可使 H_a 分裂为四重峰，其面积比为 1：3：3：1，耦合情况如下：

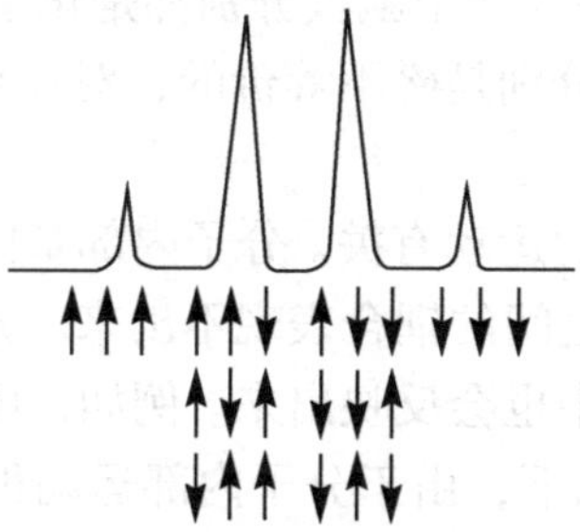

耦合使吸收信号裂分为多重峰，多重峰中相邻两个峰之间的距离称为耦合常数（J），单位为赫兹（Hz）。

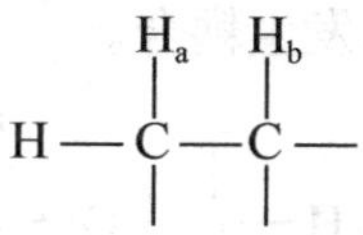

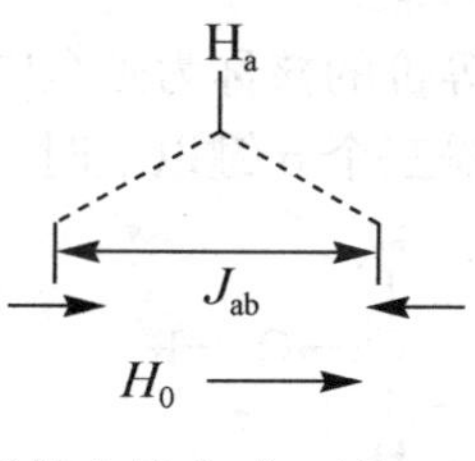

J 的数值大小表示两个质子间相互耦合（干扰）的大小。当 H_a 和 H_b 化学位移之差（$\Delta\nu$）与耦合常数（J_{ab}）之比大于 6 时，可用上述方法分析自旋裂分的信号，当 $\Delta\nu$ 接近或小于 J_{ab} 时，则出现复杂的多重峰。等性氢之间不产生信号的自旋裂分。

自旋耦合的限度（条件）主要有：

（1）自旋-自旋耦合。

自旋核与自旋核之间的相互作用称为自旋-自旋耦合，简称自旋耦合。1, 1, 2-三氯乙烷的 ^{1}H NMR 谱，δ =3.95 ppm、5.77 ppm 处出现两组蜂，二者积分比（2：1）等于质子数目比，分别对应 CH_2Cl、$CHCl_2$。CH_2 为二重峰，CH 为三重峰，峰间距为 6 Hz。

（2）核的等价性。

化学等价核：分子中有一组氢核，它们的化学环境完全相等，化学位移也严格相等，则这组核称为化学等价核。例如，反-1, 2-二氯环丙烷中，H_a与H_b、H_c与H_d分别为等价质子。

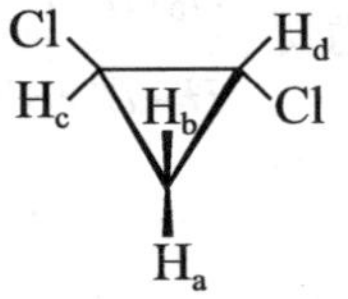

磁等价核：分子中有一组化学位移相同的核，它们对组外任何一个核的耦合相等，只表现出一种耦合常数，则这组核称为磁等价核。例如，苯乙酮中CH_3的三个氢核既是化学等价，又是磁等价的。苯基中两个邻位质子（H_a，$H_{a'}$）或两个间位质子（H_b，$H_{a'}$）分别是化学等价的，但不是磁等价的，虽然H_a与$H_{a'}$化学环境相同，但对组外任意核H_b，H_a与其是邻位耦合，而$H_{a'}$与其是对位耦合，存在两种耦合常数，故磁不等价。

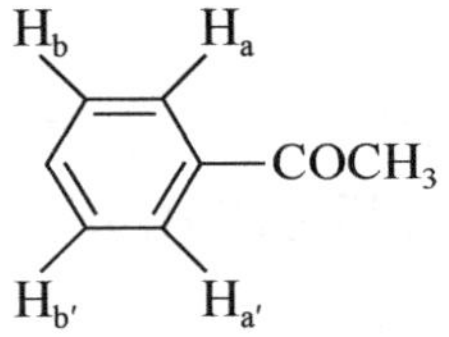

在1, 1-二氟乙烯中，两个氢核和两个氟核分别都是化学等价的，在化学性质上毫无区别，具有相同的化学位移。但它们又分别是磁不等价的，对任意一个氟核（F_a），H_a与其顺式耦合，而H_b与其反式耦合。

核的等价性与分子内部基团的运动有关。分子内部基团运动较快，使本来化学等价但磁不等价的核表现出磁等价，它们之间的耦合表现不出来。分子内部基团运动较慢，即使化学等价的核，其磁不等价性在谱图中也会反映出来。例如，环己烷中十二个氢核为两种不同环境的氢（直立氢和平伏氢），常温下，由于分子内部运动很快，直立氢和平伏氢相互变换也很快。H_a与H_b处于一种平均环境中，从而出现一个单峰。当温度降低到–100℃时，随着分子内部运动速度降低，环的翻转速度明显变慢，H_a与H_b的不等价性表现出来，^{1}H NMR谱中出现双峰，对应于H_a与H_b。

既是化学等价又是磁等价的核称为磁全同核，磁全同核之间的耦合不必考虑。

两个磁不等价质子相隔三个σ键以上时，则不发生耦合。

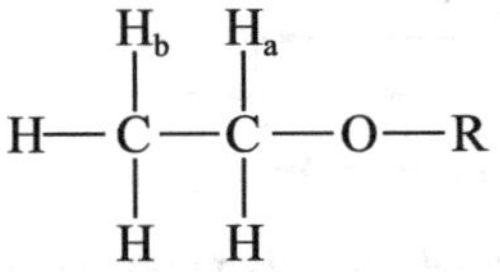

H_a与H_b可耦合裂分

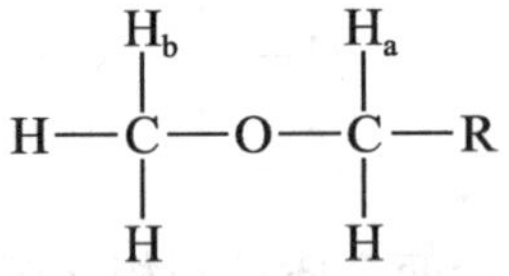

H_a与H_b不能耦合裂分

同碳上的磁不等价质子可耦合裂分。

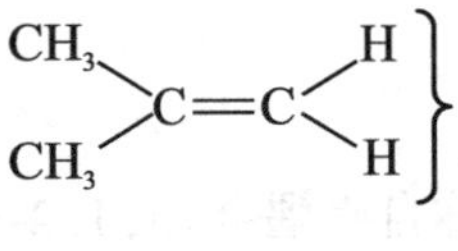

磁等价质子
不耦合裂分

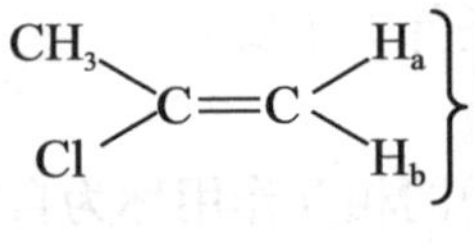

磁不等价质子
可耦合裂分

（3）裂分峰数的计算。

裂分峰数用n+1规则计算（n为邻近等性质子个数；n+1为裂分峰数）。例如：

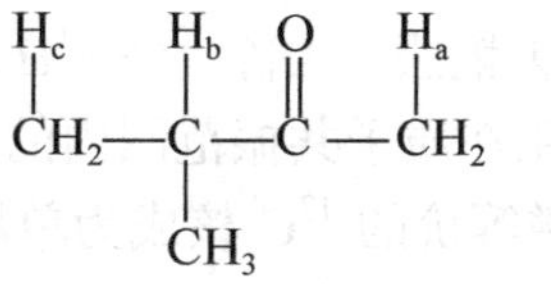

H_a　单峰

H_b　6+1=7重峰

H_c　1+1=2重峰

当邻近氢原子有几种磁不等价氢时，裂分峰数为（n+1）（n'+1）（n''+1）。例如：

$$\mathrm{Br-\overset{c}{C}H_2-\overset{b}{C}H_2-\overset{a}{C}H_2-Cl}$$

H_a　2+1=3重峰

H_b（2+1）(2+1）= 9重峰

H_c　2+1=3重峰

在仪器分辨率不高的情况下，只用 n+1 计算，则上述 H_b 只有 n+1=5 重峰。

邻近质子数与裂分峰数和峰强度的关系：

n+1 的情况：	邻近质子数	裂分峰数	裂分峰强度
	0	1	1
	1	2	1∶1
	2	3	1∶2∶1
	3	4	1∶3∶3∶1
	4	5	1∶4∶6∶4∶1
	5	6	1∶5∶10∶10∶5∶1

（1+1）（1+1）的情况：四重峰，具有相同的强度。

（2+1）（2+1）的情况：强度比为 1∶2∶1∶2∶4∶2∶1∶2∶1，特征不明显，通常不易分辨出来。

8.4.3　核磁共振碳谱简介

^{13}C 的天然丰度很低，在自然界中，它仅为 ^{12}C 的 1.1%。另外，^{13}C 核的磁旋比约为 ^{1}H 核的 1/4，则 ^{13}C NMR 的相对灵敏度仅为 ^{1}H NMR 的 1/5600。因此，^{13}C 核的测定是十分困难的。此外，^{13}C 核的纵向弛豫时间（10^{-8}～10^{3} s）明显大于质子，使得 ^{13}C 的谱线易于饱和。因此，^{13}C 核磁共振谱的发展较其他核（如 ^{19}F、^{31}P、^{15}N 等）缓慢得多。随着傅里叶变换核磁共振仪的出现和发展，^{13}C 核磁共振技术才逐渐发展成为可进行常规测试的手段。

与 ^{1}H NMR 相比，^{13}C NMR 有其优越性，^{1}H NMR 只能提供分子“外围”结构信息，而 ^{13}C NMR 可以获得有机化合物分子骨架的结构信息。例如，^{13}C NMR 可直接得到羰基（C═O）、氰基（C≡N）和季碳原子等信息。另外，^{1}H NMR 的化学位移范围约为 20 ppm，而 ^{13}C NMR 的化学位移范围达 200 ppm 以上，比 ^{1}H 大 10 倍以上，因此在 ^{13}C NMR 中，峰重叠的可能性较小。例如，对于相对分子质量为 200～400 的化合物，往往可以观测到各个碳的共振峰。

1. 质子去耦

在有机化合物中，C—C 及 C—H 都是直接相连的。由于 ^{13}C 的天然丰度仅为 1.1%，^{13}C—^{13}C 自旋耦合通常可以忽略。而 ^{13}C—^{1}H 之间的耦合常数很大，可到几百赫兹。对于结构复杂的化合物，因耦合裂分峰数目太多，导致图谱复杂，难以解析，同时随着裂分峰数目的增多，信噪比降低。为了克服这一缺点，最大限度地得到 ^{13}C NMR 谱的信息，一般选用 ^{1}H 宽带去耦（broad band decoupling）、偏共振去耦（off-resonance decoupling）和选择性质子去耦（selective proton decoupling）三种质子去耦法，去除 $^{13}C—^{1}H$ 之间的耦合。

^{1}H 宽带去耦法是在测定 ^{13}C 核的同时，用在质子共振范围内的另一强频率照射质子，以除掉 ^{1}H 对 ^{13}C 的耦合。质子去耦法使每个磁等价的 ^{13}C 核成为单峰，这样不仅图谱大为简化，容易对信号进行分别鉴定并确定其归属，而且去耦时伴随有核欧沃豪斯（Overhauser）效应也使吸收强度增大。缺点是完全去除了与 ^{13}C 核直接相连的 ^{1}H 的耦合信息，因而也失去了对结构解析有用的有关碳原子类型的信息，这对分析图谱是不利的。为此，又发展了偏共振去耦法，以作为 ^{1}H 宽带去耦法的补充。

偏共振去耦法是使用弱射频能照射 ^{1}H 核，使与 ^{13}C 核直接相连的 ^{1}H 和 ^{13}C 之间还留下部分自旋耦合作用。通常从偏共振去耦法测得的裂分峰数，可以得到与碳原子直接相连的质子数。例如，对 sp^3 碳原子有下列裂分峰数：

—CH_3　四重峰
—CH_2—　三重峰
—CH—　二重峰
—C—　单峰

通常 ^{13}C NMR 为宽带去耦谱图，为区分碳原子的级数需作偏共振去耦谱。选择性质子去耦法是用某一特定质子共振频率的射频照射该质子，以去掉被照射质子对 ^{13}C 的耦合，使 ^{13}C 成为单峰，从而确定相应 ^{13}C 信号的归属。

2. 化学位移

^{13}C 化学位移所使用的内标化合物的要求与质子相同，近年来也采用 TMS 作为 ^{13}C 化学位移的零点。绝大多数有机化合物的碳核化学位移都出现在 TMS 低场，因而它们的化学位移都为正值。结构因素对 ^{13}C NMR 化学位移的影响与 ^{1}H NMR 类似。碳上缺电子，使碳核显著去屏蔽，处于低场。化学位移与碳原子的杂化类型有关，sp^3 杂化的碳在高场共振，sp^2 杂化的碳在低场共振。此外，^{13}C NMR 的化学位移还受试剂、pH、温度等影响（表 8-7）。

表 8-7　几种不同碳原子的化学位移范围

化合物类型	碳	δ /ppm	化合物类型	碳	δ /ppm
链烷	R_4C	0～82	硝基化合物	C—NO_2	60～80
炔烃	R—C≡C—R	65～100	腈	R—C≡N	117～126
链烯	R_2C=CR_2	82～160	酮和醛	R'_2—C=O	174～225
醇	C—OH	40～90	羧酸衍生物	R'—COX	150～186
醚	C—O—C	55～90	芳环		82～160

注：R=烷基、芳基或 H；X=OR、NR_2、卤素

3. ^{13}C NMR 在结构测定中的应用

与 ^{1}H NMR 一样，^{13}C NMR 最重要和最广泛的应用是确定有机化合物和生物化学物质的结构。与 ^{1}H NMR 不同的是，^{13}C NMR 主要应用化学位移值确定结构，而较少用自旋-自旋数据。

为了解释某些复杂的 NMR 谱，可采用二维核磁共振谱（2D-NMR）。它是通过对两个时间函数自由感应衰减（FID）的两次傅里叶变换，将通常挤在一维 NMR 谱中的一个频率轴上的 NMR 谱在二维空间展开，从而较清晰地提供了更多的信息。2D-NMR 简化了谱图

的解析，使 NMR 技术成为研究生物大分子在溶液中结构和动力学性质有效而重要的手段。^{13}C NMR 还可用于测定固体试样。

8.4.4　核磁共振谱在有机结构解析中的应用

核磁共振谱图主要可以得到以下信息：①由吸收峰数可知分子中氢原子的种类；②由化学位移可了解各类氢的化学环境；③由裂分峰数目大致可知各种氢的数目；④由各种峰的面积比可知各种氢的数目。因此，核磁共振谱在有机分子结构解析中具有重要的作用。表 8-8 给出了几种常见化学环境质子的化学位移。

表 8-8　常见化学环境质子的化学位移

质子类型	δ/ppm	质子类型	δ/ppm
RCH_3	0.9	RCH_2Br	3.5～4
R_2CH_2	1.3	RCH_2I	3.2～4
R_3CH	1.5	ROH	0.5～5.5
环丙烷	0.2	ArOH	4.5～7.7
$=CH_2$	4.5～5.9	C=C—OH	10.5～16，15～19（分子内缔合）
$R_2C=CHR$	5.3	RCH_2OH	3.4～4
$C=C—CH_3$	1.7	$R—OCH_3$	3.5～4
—C≡CH	1.7～3.5	RCHO	9～10
Ar—C—H	2.2～3	CHR_2COOH	10～12
ArH	6～8.5	H—C—COOR	2～2.2
RCH_2F	4～4.5	$RCOO—CH_3$	3.7～4
RCH_2Cl	3～4	RNH_2	0.5～5（不尖锐，常呈馒头状）

例 8-6　某化合物 A 分子式为 C_8H_{10}，^{1}H NMR 为：δ_H 1.2 ppm（三重峰，3H）、2.6 ppm（四重峰，2H）、7.0～7.5 ppm（多重峰，5H）。推测 A 的结构。

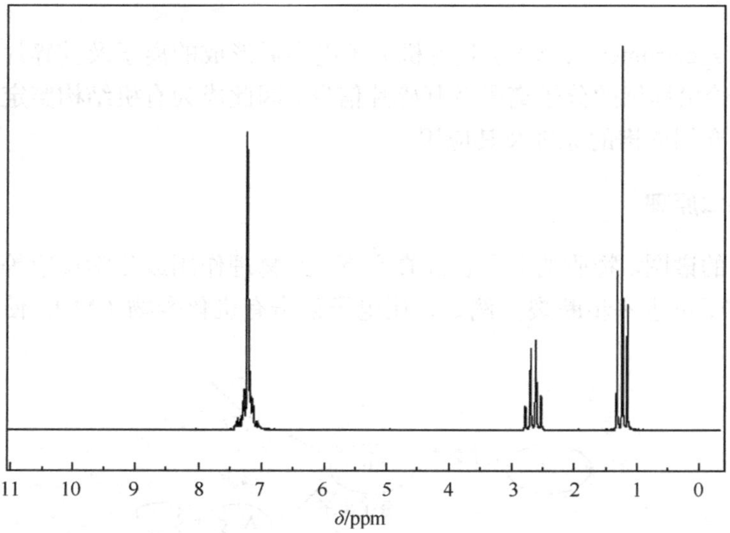

解　由分子式计算不饱和度为 4，可能有苯环。

1.2 ppm（三重峰，3H）说明 CH_3 相邻的基团为 CH_2；

2.6 ppm（四重峰，2H）说明 CH_2 相邻的基团为 CH_3；

7.1 ppm（多重峰，5H）说明苯环上为 5 个 H。

因此，A 的结构为

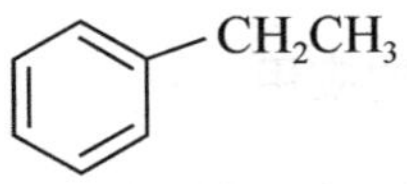

例 8-7　某化合物 A 分子式为 C_6H_{14}，^{1}H NMR 为：δ_H 0.8 ppm（二重峰，12H）、1.4 ppm（多重峰，2H）。推测 A 的结构。

解　由分子式计算不饱和度为 0。

0.8 ppm（二重峰，12H）说明每个碳上最多连 3 个 H，12 个 H 可能是 4 个 CH_3；

1.4 ppm（多重峰，2H）说明相邻的基团为 CH，可能为两个 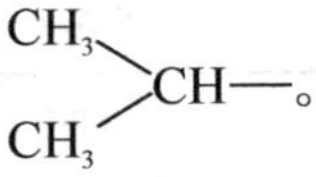。

因此，A 的结构为

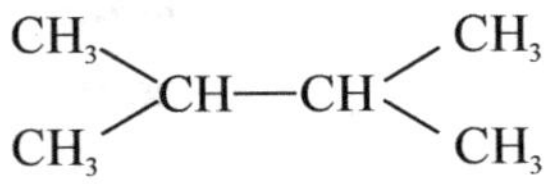

例 8-8　有一化合物分子式为 $C_9H_{12}O$，^{1}H NMR 为：δ_H 1.2 ppm（三重峰，3H）、3.4 ppm（四重峰，2H）、4.3 ppm（单峰，2H）和 7.2 ppm（多重峰，5H），推测结构。

解　由分子式计算不饱和度为 4，可能含有苯环。

δ_H 1.2 ppm（三重峰，3H）、3.4 ppm（四重峰，2H）判断分子中含有 CH_3CH_2—；4.3 ppm（单峰，2H）处为—CH_2—，且周围没有含质子的碳原子；7.2 ppm（多重峰，5H）为单取代的苯环。因此，可以判断分子的结构为

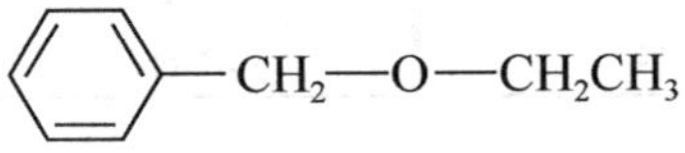

8.5　质　　谱

质谱（mass spectrometry，MS）是有机分子电离后形成的离子及其碎片离子分离后给出的质量谱图，其给出详细的分子离子及其碎片信息，因此成为有机结构鉴定最重要的手段之一。本节将简单介绍质谱的原理及其应用。

8.5.1　质谱的基本原理

质谱即质量的谱图。物质的分子在高真空下，经物理作用或化学反应等途径形成带电粒子，某些带电粒子可进一步断裂。例如，用电子轰击有机化合物（M），使其产生离子的过程如图 8-15 所示。

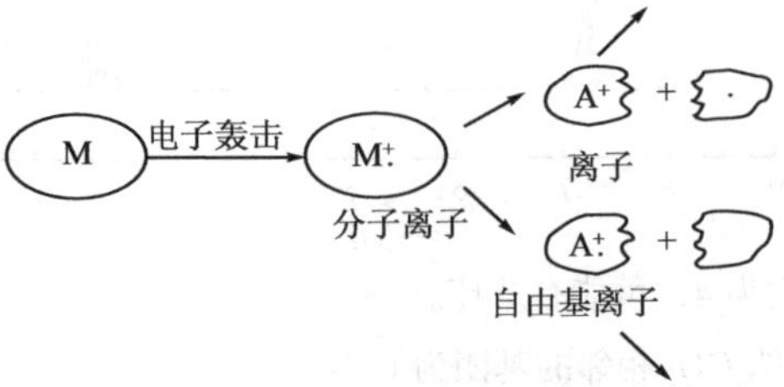

图 8-15　电子轰击有机化合物产生离子的过程

离子的质量与所带电荷的比称为质荷比（*m/z*，曾用 *m/e*）。不同质荷比的离子经质量分离器分离后，由检测器测定每一离子的质荷比及相对强度，由此得出的谱图称为质谱。

8.5.2　质谱图

质谱图一般用线条图表示，每一条线表示一个峰。谱图的横坐标表示质荷比，纵坐标表示峰的相对丰度，其中丰度最大的峰称为基峰，并规定其丰度为 100%，其他峰的丰度均是与它相比较得到的百分数。图 8-16 是乙醚的质谱图，其基峰的质荷比为 31。

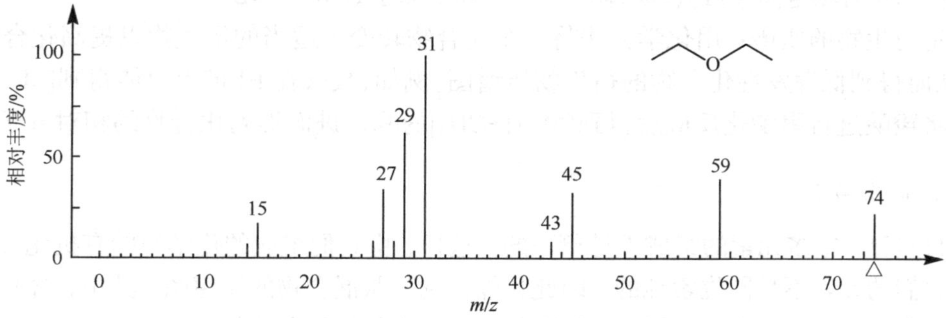

图 8-16　乙醚的质谱图

8.5.3　离子的主要类型

1. 分子离子

化合物分子失去一个电子后形成分子离子。一般来说，从分子中失去的电子应该是分子中束缚最弱的电子，如双键或三键的 π 电子，杂原子上的非键电子等。失去电子的难易顺序为

$$\xrightarrow[\text{易}\qquad\qquad\qquad\qquad\qquad\qquad\text{难}]{\text{杂原子} > C{=}C > C{-}C > C{-}H}$$

分子离子的丰度主要取决于其稳定性和分子电离所需要的能量。易失去电子的化合物，如环状化合物、双键化合物等，其分子离子稳定，分子离子峰较强；而长碳链烷烃、支链烷烃等与此相反。有机化合物在质谱中的分子离子稳定性有以下次序：

芳环＞共轭烯＞烯＞环状化合物＞羰基化合物＞醚＞酯＞胺＞酸＞醇＞高度分支的烃类

通常，化合物的相对分子质量用其所含元素的最大丰度质量来计算。如果一个纯化合物的电子轰击（EI）质谱图中有分子离子，那么它应该出现在谱图的最高质荷比区。但是，质谱图上质荷比最高的离子不一定就是分子离子，仍需进一步检验确定，以便排除各种干扰。分子离子峰的识别很重要，因为它能够直接给出相对分子质量。判断分子离子峰时要注意：分子离子峰的质量数要符合氮规则（nitrogen rule），即不含氮或含偶数氮的有机物的相对分子质量为偶数，含奇数氮的有机物的相对分子质量为奇数。

对于不易出现分子离子的化合物，可采用其他辅助分析手段。

低能电子：通常 EI 谱的电子轰击能量为 70 eV，逐步降低轰击电子的能量，可以减少分

子的平均能量，使其断裂概率相应降低，由此提高分子离子的相对丰度。但需要注意的是，降低轰击电子能量，也就降低了所有离子的绝对丰度，仪器灵敏度随之下降。能量过低，对辨别分子离子峰同样是不利的。

化学电离等软电离技术：在化学电离条件下，样品分子与“反应气”离子在离子源中发生离子-分子反应。通常样品分子得到一个氢或失去一个氢，得到质荷比为[M±1]的偶电子离子（EE）$^+$，这些偶电子离子一般具有较低的能量。因此，用EI得不到分子离子的化合物，大多数在化学电离（CI）条件下，可以产生能指明相对分子质量的离子。除CI外，常用的软电离技术还有场电离（FI）、场解吸（FD）和快原子轰击（FAB）等。

测定衍生物的质谱：用化学方法将一个化合物转变为适当的衍生物以提高化合物的蒸气压,从而得到低挥发性化合物的衍生物质谱图。例如,羧酸在EI谱上只能得到[M−COOH]的峰，将羧酸进行甲酯化反应后得到[M−H+CH_3]的峰，进而推测化合物的相对分子质量。

2. 同位素离子

在自然界，很多元素的组成不是单一的。这样，由它们组成的化学纯的有机化合物，由于组成它们的元素不是同位素纯的，因此只能得到一张混合物的质谱图。其中，含有丰度较小的同位素的离子称为同位素离子。它的丰度与离子中存在该元素的原子数目及该同位素的天然丰度有关，据此可以推测分子离子或碎片离子的元素组成。

表8-9中列举了组成有机化合物的常见元素在自然界中存在的同位素及其丰度。这些化合物被分为三类：只有一个天然丰度的同位素；有两个同位素的元素，其中第二个同位素比丰度最大的同位素重一个质量单位；有两个同位素的元素，这类元素含有比丰度最大同位素重两个质量单位的同位素。

表8-9　一些同位素的天然丰度

重同位素	^{2}H	^{13}C	^{15}N	^{17}O	^{18}O	^{33}S	^{34}S	^{36}S	^{37}Cl	^{81}Br
丰度/%	0.015	1.107	0.366	0.037	0.204	0.76	4.22	0.014	24.47	49.46

从表8-9可知，含一个溴原子的有机化合物，其 *m*：（*m*+2）的丰度比为1：1，含两个溴原子时，*m*：（*m*+2）：（*m*+4）=1：2：1。溴甲烷的质谱图如图8-17所示，其分子离子峰（*m/z* 94）与同位素峰（*m*+2）的相对丰度几乎相同。

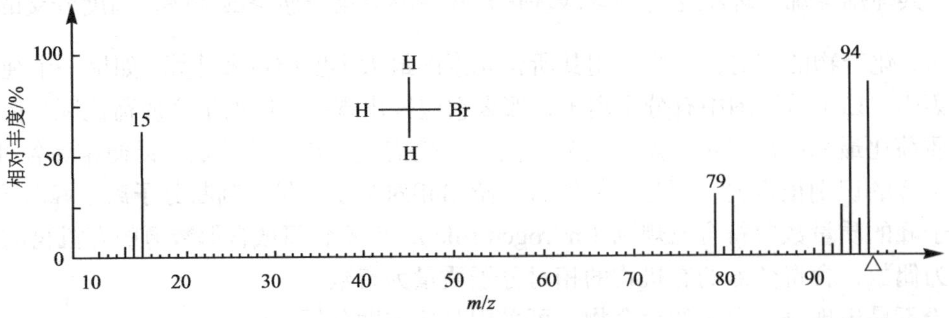

图8-17　溴甲烷的质谱图

3. 碎片离子

碎片离子的质荷比及其丰度在质谱数据中占很大比例。碎片离子的相对丰度与分子结构有密切关系，高丰度的碎片峰代表分子中易于裂解的部分，如果有几个主要碎片峰，并且代表分子的不同部分，则由这些碎片峰就可以粗略地将分子骨架拼凑起来。质谱解析的大量工作就是分析碎片离子的形成过程。

质谱反应属于单分子反应，离子源中的样品蒸气压通常低到足以忽略双分子（离子-分子）或其他碰撞反应的程度，所形成的分子离子具有范围较宽的能量。那些足够"冷"的离子不会在被收集前分解，在质谱图上以分子离子的形式出现；而处于高激发态的分子离子将进一步分解，产生一个离子和中性碎片。如果这个初级产物的离子有足够的能量，还可以进一步分解。

碎片离子的丰度主要取决于该离子的稳定性。主要的离子稳定形式是杂原子中未成键轨道的电子共享和共振稳定。此外，丰度与离子的电离能有关。电离能低的碎片离子形成概率高。

例如，羰基化合物的 α-裂解：

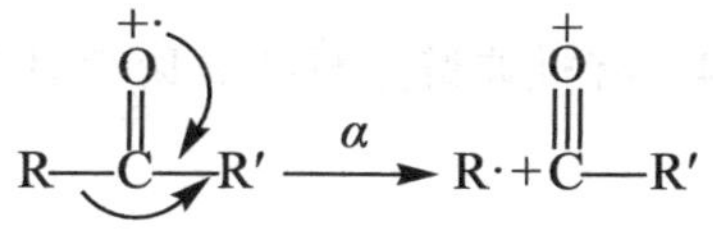

图 8-18 为丙酮的质谱图。

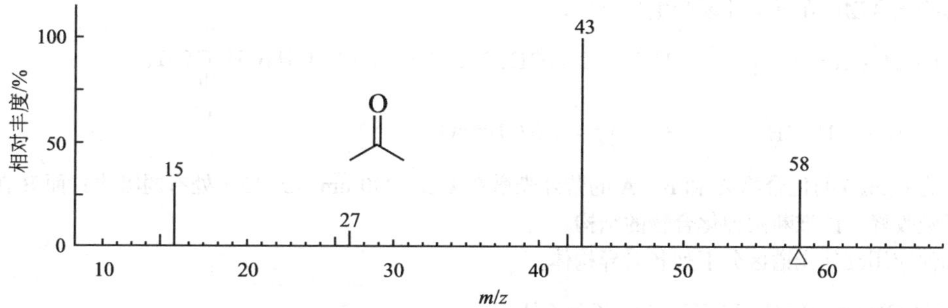

图 8-18　丙酮的质谱图

4. 亚稳离子及多电荷离子

1）亚稳离子

在质谱图中，有时可以看到峰形较宽的峰，这是亚稳离子形成的。

质量为 m_1 的离子若在电离室中进一步裂解，生成质量为 m_2 的离子及一个中性碎片。

$$m_1 \longrightarrow m_2 + \text{中性碎片}$$

如果裂解不是在电离室中发生，而是在磁场之前的无场漂移区中飞行时发生的，那么离子的质量虽然仍为 m_2，但由于一部分动量被中性碎片带走，故在较低的质荷比处出现一个低矮的宽峰。这个低动量的离子称为亚稳离子（m^*），它与 m_1 及 m_2 有以下关系：

$$m^* = m_2^2/m_1$$

根据上式，可以利用出现的 m^*离子找到对应的 m_1 及 m_2，同时也可以计算失去的中性碎片的质量。这样，就可以辨认母离子（m_1）及子离子（m_2）的亲缘关系。

质谱图中出现的亚稳峰有各种形态，最常见的是弧形或丘形的，有时也见到不尖锐的等腰三角形。它的相对丰度一般很小，呈发散状，能跨几个质量数；往往以其中心为准计算亚稳离子的质荷比，多为非整数。

亚稳离子在探讨有机分子的裂解途径方面意义重大。它与离子的精确质量测定和质量位移技术相互验证、相互补充，将看上去很复杂的质谱排列成一系列有“亲缘关系”的家族，辨认出反应物、中间体及产物，从而可以准确地写出裂解方式和裂解途径，获得分子结构的重要资料。

2）多电荷离子

有机分子受到电子流冲击，有时被打掉两个电子，生成二价离子，如黄酮类、双苄基四氢异喹啉类和蒽醌类化合物常出现双电荷离子，其质荷比为 $m/2z$，在质谱图上出现在其质量数一半的地方。如果这个离子质量数为奇数，质荷比就不是整数，这样的二价离子比较容易发现。但一般的二价离子质荷比为整数，而且离子峰很小，因此不容易被发现。

扫一扫　　8-4　有机波谱分析拓展阅读材料

习　　题

1. 指出哪些化合物可在近紫外区产生吸收带。

(1) $CH_3CH_2CH{=}CH_2$　　(2) $CH_3CH_2CH(OH)CH_3$　　(3) $CH_3CH_2C(=O)CH_3$

(4) $CH_3CH_2OCH_2CH_3$　　(5) $CH_2{=}CHCH{=}O$

2. 分子式为 C_2H_4O 的化合物 A 和 B，A 的紫外光谱在 λ_{max}= 290 nm（ε=15）处有弱吸收；而 B 在 210 nm 以上无吸收峰。试推断两种化合物的结构。

3. 指出如何应用红外光谱区分下列各对异构体。

(1)　$CH_3CH{=}CHCHO$ 和 $CH_3C{\equiv}CCH_2OH$

(2) 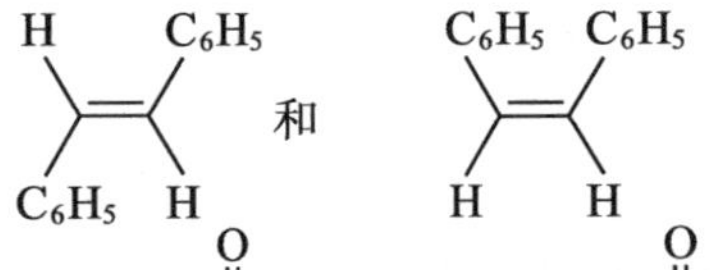

(3) 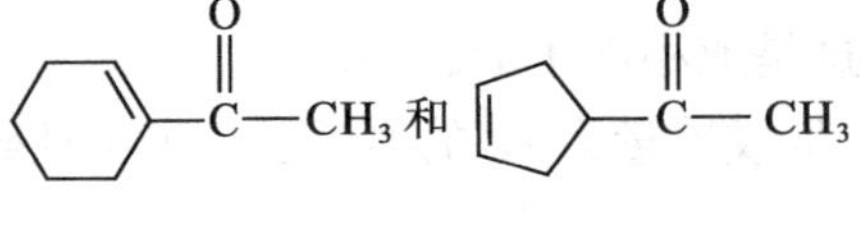

(4) 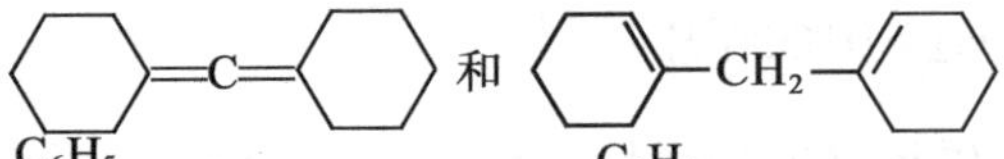

(5) 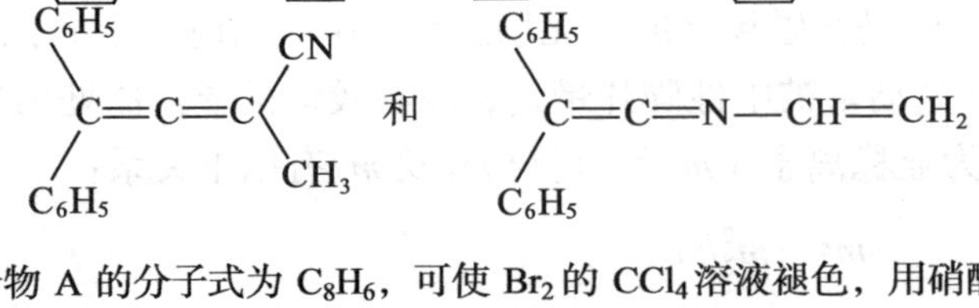

4. 化合物 A 的分子式为 C_8H_6，可使 Br_2 的 CCl_4 溶液褪色，用硝酸银氨溶液处理，有白色沉淀生成。A 的红外光谱如下所示，推测 A 的结构。

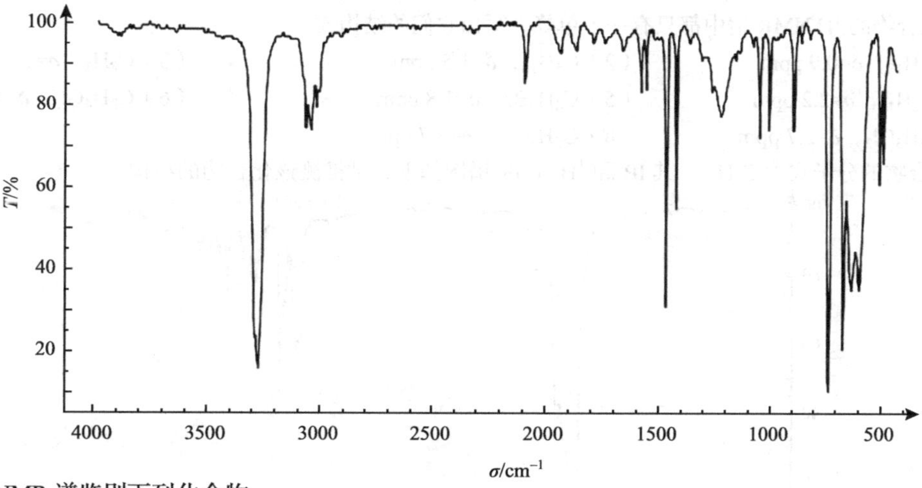

5. 用 ^{1}H NMR 谱鉴别下列化合物。

（1）（A）$(CH_3)_2C{=}C(CH_3)_2$　　（B）$(CH_3CH_2)_2C{=}CH_2$

（2）（A）$ClCH_2OCH_3$　　（B）$ClCH_2CH_2OH$

（3）（A）$BrCH_2CH_2Br$　　（B）CH_3CHBr_2

（4）（A）$CH_3CCl_2CH_2Cl$　　（B）$CH_3CHClCHCl_2$

6. 预计下列每个化合物有几个核磁共振信号。

（1）$CH_3CH_2CH_2CH_3$　（2）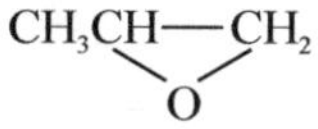　（3）$CH_3{-}CH{=}CH_2$　（4）反丁-2-烯

（5）1, 2-二溴丙烷　（6）CH_2BrCl　（7）$CH_3-\overset{O}{\overset{\|}{C}}-OCH(CH_3)_2$　（8）2-氯丁烷

7. 下列化合物中 H_a、H_b 和 H_c 是否化学等价，为什么？不等价者试分析它们的自旋-自旋耦合裂分情况。

（1）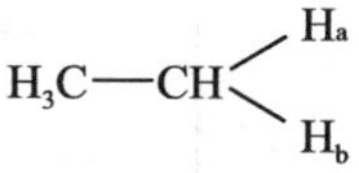　（2）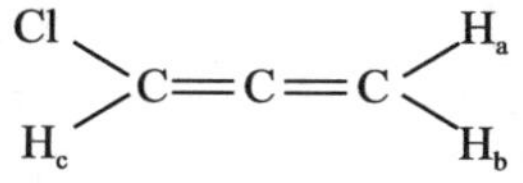　（3）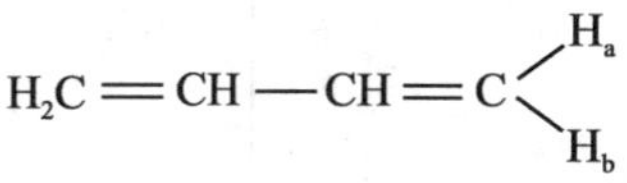

（4）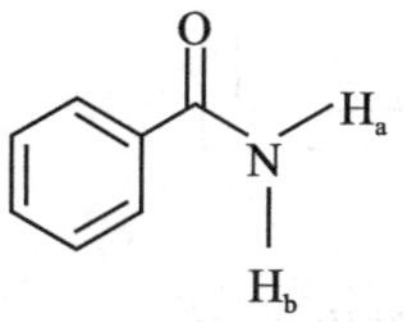　（5）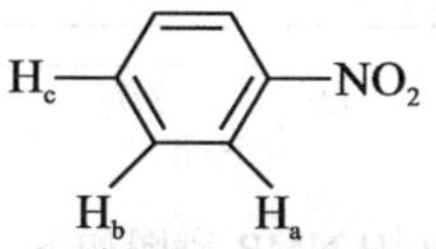

8. 化合物的分子式为 $C_4H_8Br_2$，其 ^{1}H NMR 谱如下，试推断该化合物的结构。

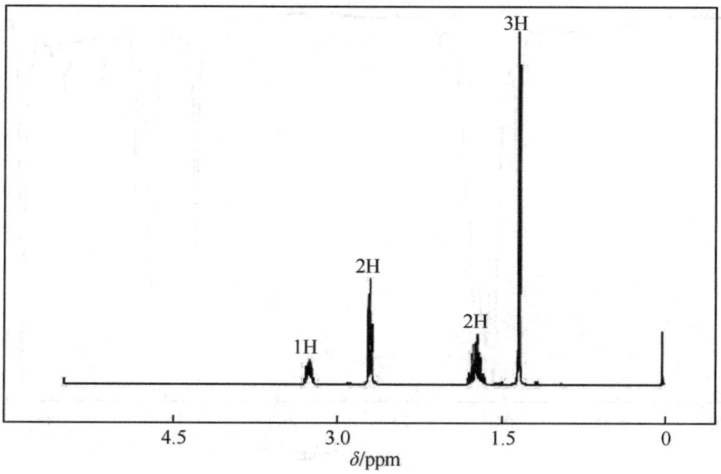

9. 下列化合物的 ^1H NMR 谱中都只有一个单峰，写出它们的结构式。

（1）C_8H_{18}，δ=0.9 ppm （2）C_5H_{10}，δ=1.5 ppm （3）C_8H_8，δ=5.8 ppm
（4）$C_{12}H_{18}$，δ=2.2 ppm （5）C_4H_9Br，δ=1.8 ppm （6）$C_2H_4Cl_2$，δ=3.7 ppm
（7）$C_2H_3Cl_3$，δ=2.7 ppm （8）$C_5H_8Cl_4$，δ=3.7 ppm

10. 某化合物的分子式为 C_8H_{16}，其 IR 和 ^1H NMR 谱图如下，试推测该化合物的结构。

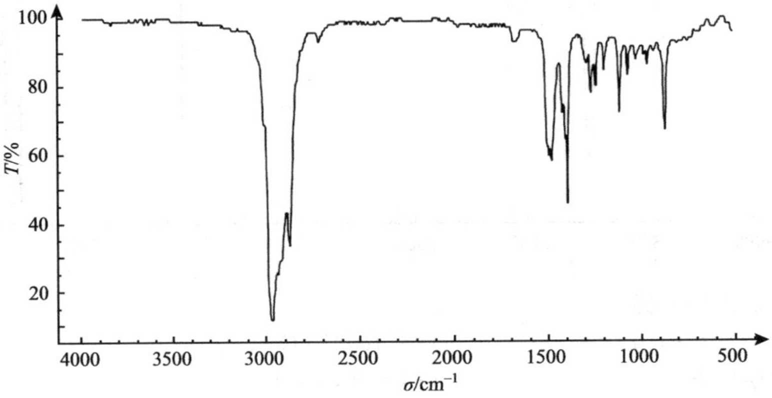

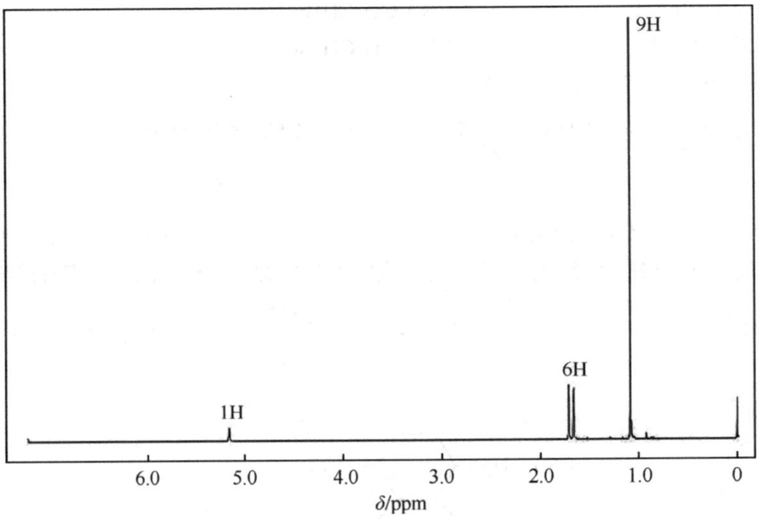

11. 已知化合物 A 的分子式为 C_5H_{10}，其 IR 和 ^1H NMR 谱图如下，试推测 A 的结构。

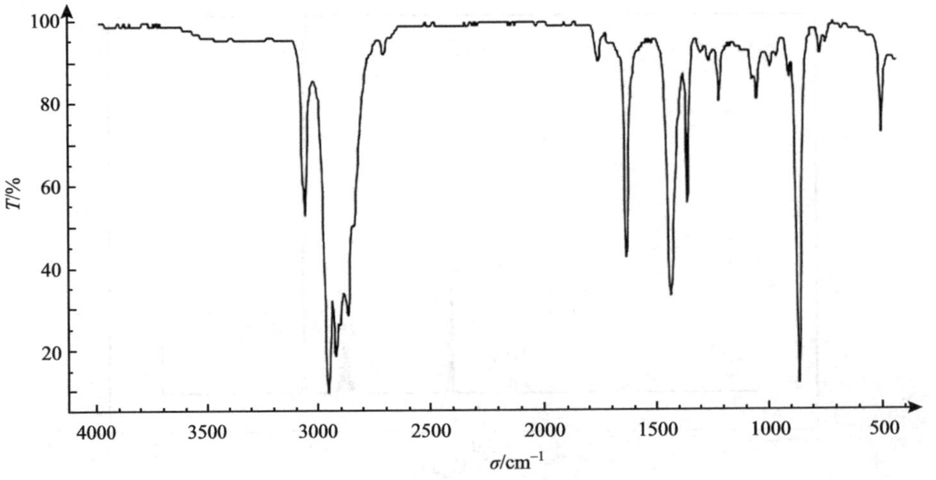

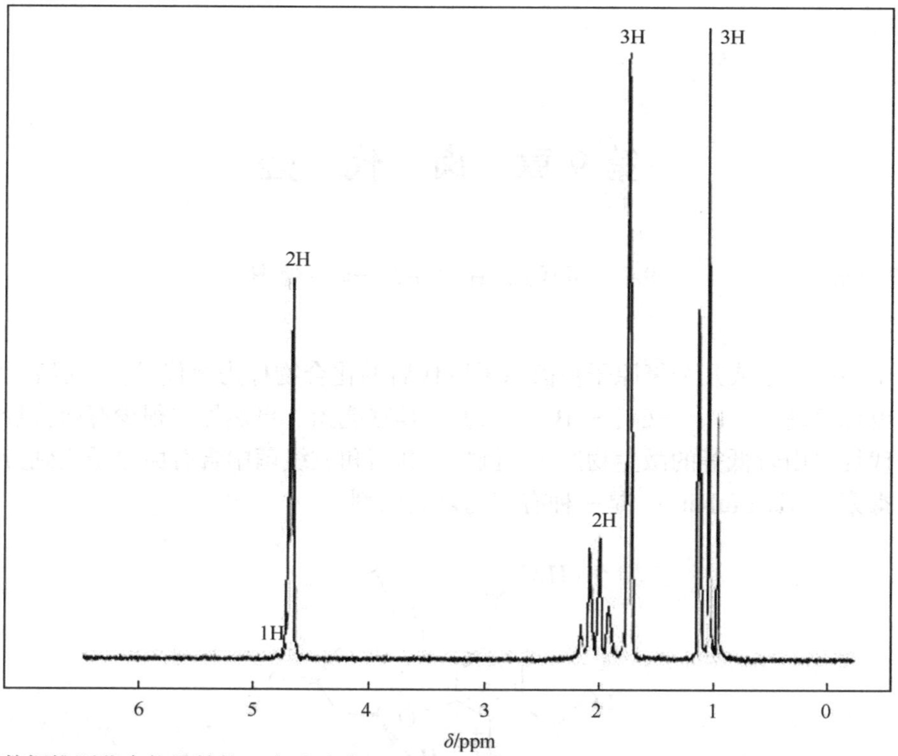

12. 从以下数据推测化合物的结构。实验式为 C_3H_6O。NMR：δ=1.2 ppm（6H）单峰，δ=2.2 ppm（3H）单峰，δ=2.6 ppm（2H）单峰，δ=4.0 ppm（1H）单峰。IR：在 1700 cm^{-1} 及 3400 cm^{-1} 处有吸收带。
13. 有 1 mol 丙烷和 2 mol Cl_2 进行自由基氯化反应时生成氯化混合物，小心分馏得到四种二氯丙烷 A、B、C、D，从这四种异构体的核磁共振谱的数据推定 A、B、C、D 的结构。化合物 A：沸点 69℃，δ=8.4 ppm（6H）单峰；化合物 B：沸点 82℃，δ=1.2 ppm（3H）三重峰，1.9 ppm（2H）多重峰，5.8 ppm（1H）三重峰；化合物 C：沸点 96℃，δ=1.4 ppm（3H）二重峰，3.8 ppm（3H）二重峰，4.1 ppm（1H）多重峰；化合物 D：沸点 120℃，δ=2.2 ppm（2H）五重峰，3.7 ppm（4H）三重峰。
14. 化合物 A 分子式为 C_5H_8，催化反应后生成顺-1, 2-二甲基环丙烷。
（1）写出 A 的结构式。
（2）已知 A 在 890 cm^{-1} 处没有红外吸收，A 的可能结构又是什么？
（3）A 的 NMR 谱图在 δ 为 2.2 ppm 和 1.4 ppm 处有共振信号，强度比为 3：1，A 的结构如何？
（4）在 A 的质谱中，发现基峰是 m/z=67，这个峰是什么离子造成的，如何解释它的光谱？
15. 间三甲苯的 ^{1}H NMR 谱图：δ=2.3 5ppm（9H）单峰，δ=6.70 ppm（3H）单峰。在液态 SO_2 中，用 HF 和 SbF_5 处理间三甲苯，在 ^{1}H NMR 谱图中看到的都是单峰：δ=2.8 ppm（6H），δ=2.9 ppm（3H），δ=4.6 ppm（2H），δ=7.7 ppm（2H），这个谱是什么化合物产生的？标明它们的吸收峰。
16. 在碘甲烷的质谱中，m/z=142 和 m/z=143 两个峰是什么离子产生的峰？各命名为什么峰？而 m/z=143 的峰的相对丰度为 m/z=142 的 1.1%，如何解释？
17. 某化合物 A 为无色液体，是由化合物 B 与二甲胺反应而得，将该反应产物进行减压蒸馏纯化，收集沸点为 43～45℃/11 mmHg 的化合物 A 的样品进行分析。
质谱分析得到其分子离子峰为：m/z=131。
元素分析结果如下：C（54.98%）；H（9.99%）；N（10.68%）；O（24.35%）。
A 的 IR 在 1730 cm^{-1} 处有一强吸收峰。
A 的 ^{1}H NMR 数据如下：δ=1.3 ppm（三重峰，3H，J=7.2 Hz），δ=1.3 ppm（三重峰，3H，J=7.2 Hz），δ=2.4 ppm（单峰，6H），δ=3.2 ppm（单峰，2H），δ=4.2 ppm（四重峰，2H，J=7.2 Hz）。
试根据以上数据推导出化合物 A、B 的结构，并对 A 的 ^{1}H NMR 谱进行归属。

第9章　卤　代　烃

扫一扫　　9-1　卤代烃 目标导图+知识地图

烃分子中的一个或几个氢原子被卤原子取代后的化合物称为卤代烃，一般表示为 RX。卤原子（也称卤基，—F、—Cl、—Br、—I）是其官能团。自然界中很少有卤代烃存在，仅极少数卤代烃可由较低等的微生物产生。例如，真菌和放线菌中含有卤原子连到芳环上的化合物灰黄霉素（griseofulvin），是一种有用的杀真菌剂。

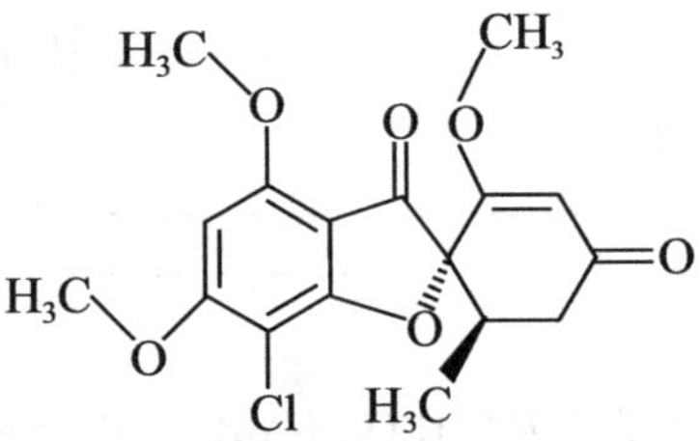

灰黄霉素

个别真菌所含的抗生素也含有类似的卤原子。研究发现，很多微生物以放出卤代烃为生物武器来保护自己不受其他微生物的伤害。卤代烃可用作农药、医药、防腐剂、麻醉剂、制冷剂等，与工农业生产和日常生活关系密切，是一类重要的有机化合物。通过本章的学习，我们将看到极性 C—X 键是如何控制卤代烃的反应活性，以及卤素原子是怎样转变为其他官能团的。

9.1　卤代烃的分类和命名

9.1.1　卤代烃的分类

卤代烃是由烃基和卤素原子组成的，其种类很多。

根据卤代烃分子中所含卤素原子的种类，可分为氟代烃、氯代烃、溴代烃和碘代烃。

根据卤代烃分子中所含卤素原子的数目，可分为一卤代烃和多卤代烃。

根据卤代烃分子中烃基的不同类型，可分为饱和卤代烃、不饱和卤代烃和卤代芳香烃。

$R—CH_2—X$　　$R—CH═CH—X$　　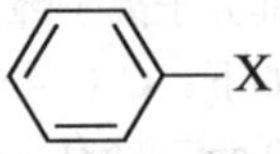

饱和卤代烃　　不饱和卤代烃　　卤代芳香烃

根据与卤素原子直接相连的碳原子的级数，卤代烃又可分为三种，即与卤素直接相连的碳原子是一级、二级、三级碳原子时，分别将这些卤代烃称为一级卤代烃（伯卤代烃）、二级卤代烃（仲卤代烃）、三级卤代烃（叔卤代烃）。

1°	2°	3°
RCH_2X	R_2CHX	$R_3C—X$
一级卤代烃	二级卤代烃	三级卤代烃

9.1.2　卤代烃的命名

扫一扫　9-2　卤代烃的命名（1980 版）

1. 普通命名法

普通命名法是按与卤素相连的烃基名称来命名，称为“某基卤”。例如：

$CH_3CH_2CH_2CH_2Cl$

正丁基氯

$CH_2=CH—CH_2—Br$

烯丙基溴

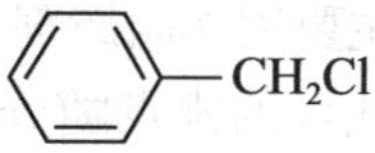

苄基氯

也可以看作是烃基的卤代物。例如：

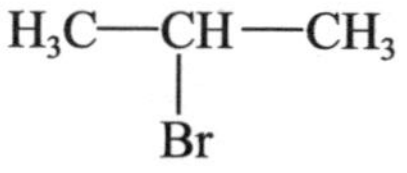

溴异丙烷

$CH_2=CH—Cl$

氯乙烯

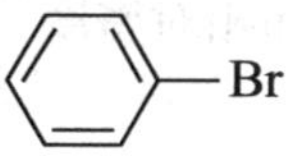

溴苯

2. 系统命名法

对于较复杂的卤代烃，必须采用系统命名法。它是以相应烃为母体，将卤原子作为取代基，基团列出顺序按字母顺序。命名的基本原则、方法与一般烃类的相同。例如：

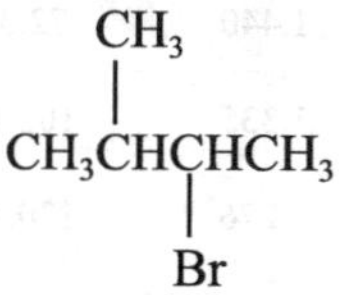

2-溴-3-甲基丁烷
2-bromo-3-methylbutane

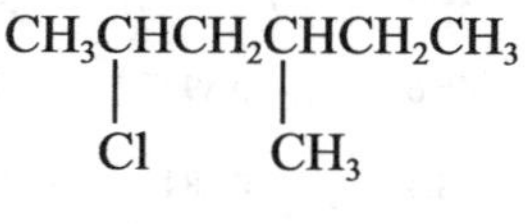

2-氯-4-甲基己烷
2-chloro-4-methylhexane

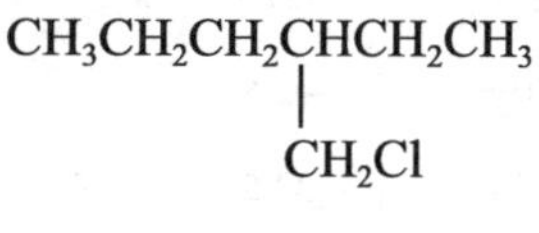

3-氯甲基己烷
3-chloromethylhexane

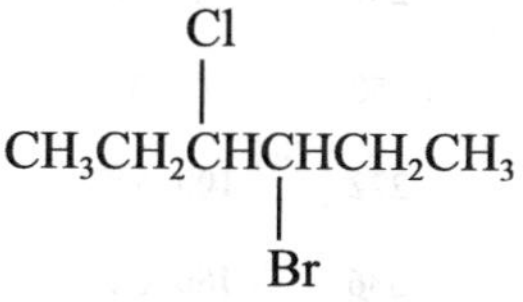

3-溴-4-氯己烷
3-bromo-4-chlorohexane

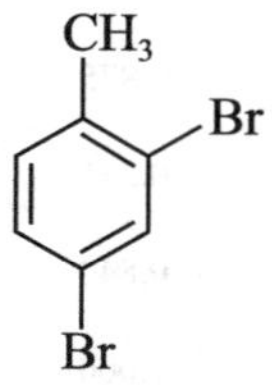

2,4-二溴甲苯
2,4-dibromotoluene

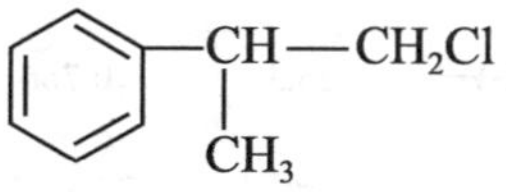

1-氯-2 苯基丙烷
1-chloro-2-phenylpropane

有些多卤代烃常给以特别的名称。例如，$CHCl_3$ 称氯仿，CHI_3 称碘仿。

9.2　卤代烃的物理性质

在卤代烃（氟代烃除外）中，只有氯甲烷、氯乙烷、溴甲烷、氯乙烯和溴乙烯是气体，其余均为无色液体或固体。但碘代烷和溴代烷，尤其是碘代烷，长期放置因分解产生游离碘和溴而有颜色。

一卤代烷有令人不愉快的气味，其蒸气有毒。氯乙烯对眼睛有刺激性，有毒，能引起肝癌，应注意防护。一卤代芳香烃具有香味，但苄基卤具有催泪性。

卤代烃均不溶于水，而溶于弱极性或非极性的乙醚、苯和烃等有机溶剂，某些卤代烃本身即是很好的有机溶剂，如二氯甲烷、氯仿和四氯化碳等。

在卤代烃分子中，随着卤原子数目增多，化合物的可燃性降低。例如，甲烷可作为燃料，一氯甲烷有可燃性，二氯甲烷则不燃，而四氯化碳可作为灭火剂；氯乙烯、偏二氯乙烯可燃，而四氯乙烯不燃。某些含氯和含溴的烃或其衍生物还可作为阻燃剂，如含氯量约为 70%的氯化石蜡主要用作阻燃剂，可作为合成树脂的不燃性组分及不燃性涂料的添加剂等。

卤代烃的沸点随分子中碳原子数的增加而升高。烃基相同的卤代烃，其沸点是：碘代烃＞溴代烃＞氯代烃。在异构体中则是支链越多，沸点越低。

一氯代烷的相对密度小于 1，一溴代烷和一碘代烷的相对密度大于 1。在同系列中，卤代烷的相对密度随碳原子数的增加而下降。卤代芳香烃的相对密度均大于 1。一些常见卤代烃的沸点和相对密度等物理常数见表 9-1。

表 9-1　一些常见卤代烃的沸点（℃）和相对密度（d_4^{20}）

烷基	氟代物		氯代物		溴代物		碘代物	
	沸点	相对密度	沸点	相对密度	沸点	相对密度	沸点	相对密度
CH_3—	−78.4		−24.2		3.6		42.4	2.279
CH_3CH_2—	−37.7		12.3		38.4	1.440	72.3	1.933
$CH_3CH_2CH_2$—	−2.5		46.6	0.890	71.0	1.335	102.4	1.747
$CH_3(CH_2)_2CH_2$—	32.5	0.779	78.4	0.884	101.6	1.276	130.5	1.617
$CH_3(CH_2)_3CH_2$—	62.8		107.8	0.883	129.6	1.223	157	1.517
$(CH_3)_2CH$—	−9.4		34.8	0.859	59.4	1.310	89.5	1.705
$(CH_3)_2CHCH_2$—	25.1		68.8	0.875	91.4	1.261	120.4	1.605
$CH_3CH_2CH(CH_3)$—	25.3	0.766	68.3	0.871	91.2	1.258	120.33	1.595
$(CH_3)_3C$—	12.1		52.0	0.840	73.1	1.222	100 分解	
环 C_6H_{11}—			143	1.000	166.2	1.336	180 分解	

在卤代烃分子中，由于卤原子的电负性比碳原子的大，C—X 键具有一定的极性，多数分子产生一定的偶极矩（μ）。例如：

	CH_3—Cl	CH_3—Br	CH_3—I
$\mu/(10^{-30}\,C\cdot m)$	6.47	5.97	5.47
	CH_3CH_2—Cl	CH_2=CH—Cl	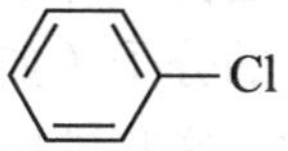
$\mu/(10^{-30}\,C\cdot m)$	6.84	4.84	5.64

因此，许多卤代烃分子具有极性，但其极性较弱。卤代烃分子之间主要通过偶极-偶极相互作用聚集在一起。

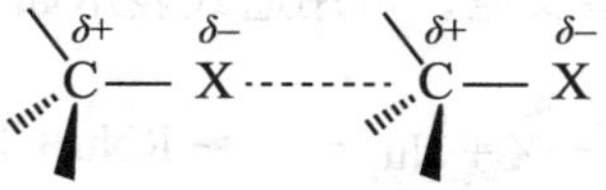

但由于卤原子的体积较大，对其分子之间的偶极-偶极相互作用产生不利的影响，因此卤代烃虽然比相应的烃（如 CH_3X 与 CH_4 相比）的沸点高，但与相对分子质量相近和碳骨架相当的烃的沸点大致接近。即卤代烃虽有极性，但与烃类相似，具有较低的沸点，也不溶于极性较强的水中（不能与水形成氢键）。同理，由于卤代烃的极性弱而与水不同，不能使离子溶剂化，因此不能溶解盐类。

9.3　卤代烷烃的化学性质

扫一扫　　9-3　卤代烷烃的化学性质

在卤代烷烃分子中，碳原子为 sp^3 杂化，它利用一个 sp^3 杂化轨道与卤原子的一个轨道在两个原子核连线之间相互交盖，形成一个碳卤键（C—X）。碳卤键（C—X）是极性共价键，与极性试剂作用时，C—X 键在试剂电场的诱导下极化，并且 C—X 键的键能（C—F 键除外）都比 C—H 键小（C—I：218 kJ · mol^{-1}；C—Br：285 kJ · mol^{-1}；C—Cl：339 kJ · mol^{-1}；C—H：414 kJ · mol^{-1}），因此 C—X 键容易异裂而发生各种化学反应。

9.3.1　亲核取代反应

卤代烷可以与许多试剂作用，使分子中的卤素原子被其他基团取代。在卤代烷的取代反应中，卤素原子常以卤负离子的形式被其他基团取代。卤代烷被 HO^-、RO^-、HS^-、RS^-、CN^-、$RCOO^-$、NH_3 等取代后，分别生成醇、醚、硫醇、硫醚、腈、酯、胺等各类有机化合物。

$$HO^- + RX \longrightarrow X^- + ROH \text{（醇）}$$
$$R'O^- + RX \longrightarrow X^- + ROR' \text{（醚）}$$
$$HS^- + RX \longrightarrow X^- + RSH \text{（硫醇）}$$
$$R'S^- + RX \longrightarrow X^- + RSR' \text{（硫醚）}$$
$$CN^- + RX \longrightarrow X^- + RCN \text{（腈）}$$
$$R'COO^- + RX \longrightarrow X^- + R'COOR \text{（酯）}$$

$$\ddot{N}H_3 + RX \longrightarrow X^- + R\overset{+}{N}H_3 \text{（铵盐）}$$

上述反应都是试剂的负离子部分（如 HO^-、RO^-、HS^-、RS^-、CN^-等）或具有未共用电子对的分子（如 $:NH_3$ 等）进攻卤代烷分子中电子云密度较小、带部分正电荷的碳原子引起的。这些进攻的离子或分子都能提供一对电子与缺电子的碳原子形成共价键，它们具有亲核的性质。这些能产生以上负离子的试剂（如 NaOH、NaOR、NaCN 等）和具有未共用电子对的分子（如 $:NH_3$ 等）称为亲核试剂。由亲核试剂引起的取代反应称为亲核取代（nucleophilic substitution）反应。

亲核取代反应是卤代烷的典型反应，可用通式表示如下：

$$R—X + Nu^- \longrightarrow RNu + X^-$$

式中，Nu^-为亲核试剂；X^-为离去基团。

1. 水解

卤代烷与强碱的水溶液共热，则卤原子被羟基（—OH）取代生成醇，称为水解反应。例如：

$$NaOH + C_5H_{11}Cl \xrightarrow[\triangle]{H_2O} C_5H_{11}OH + NaCl$$

　　　　混合物　　　　混合物

这是工业上生产戊醇的方法之一。混合戊醇可作为工业用溶剂。由于卤代烷一般比相应的醇价格高，因此通常不用此法制备醇，而是由醇制备卤代烷。当一些复杂分子难引入羟基时，可通过先引入卤原子再水解的方法实现。

2. 与醇钠作用

卤代烷与醇钠在相应醇溶液中反应，卤原子被烷氧基（—OR）取代生成醚。例如：

$$CH_3CH_2CH_2CH_2ONa + CH_3CH_2CH_2CH_2Cl \xrightarrow[\triangle,\ 60\%]{CH_3(CH_2)_3OH} (CH_3CH_2CH_2CH_2)_2O + NaCl$$

这是制备醚，尤其是混合醚的一种常用方法，称为威廉姆森（Williamson）合成法。反应中通常采用伯卤代烷，因为仲卤代烷的产率通常较低，而叔卤代烷主要得到烯烃。此反应在无水条件下进行，醇钠通常由醇与金属钠作用而得。

对于不同的卤代烷，卤原子被取代的难易顺序为 RI＞RBr＞RCl≫RF。在下面讨论的其他取代反应中，卤代烷的活性顺序也是如此。

3. 与氰化钠作用

卤代烷与氰化钠或氰化钾作用，则卤原子被氰基（—CN）取代生成腈（R—CN）。例如：

$$Br(CH_2)_5Br + 2KCN \xrightarrow[\text{回流8 h, 75\%}]{C_2H_5OH,\ H_2O} NC(CH_2)_5CN + 2KBr$$

卤代烷转变为腈后，分子中增加了一个碳原子，这是有机合成中增长碳链的方法之一。此反应不仅可用于合成腈，而且可通过氰基转变为其他官能团，如羧基（—COOH）、氨基甲酰基（—$CONH_2$）等，用于合成其他化合物（如羧酸、酰胺等）。但由于氰化钠（钾）有剧毒，应用受到很大限制。

4. 与氨作用

卤代烷与氨作用，卤原子被氨基（—NH_2）取代生成伯胺。例如：

$$ClCH_2CH_2Cl + 4NH_3 \xrightarrow[115\sim120℃,\ 5\ h]{封闭容器} \underset{一级胺}{NH_2CH_2CH_2NH_2} + 2NH_4Cl$$

5. 卤离子交换反应

在丙酮中，氯代烷和溴代烷分别与碘化钠反应，则生成碘代烷。这是由于碘化钠溶于丙酮，而氯化钠和溴化钠不溶于丙酮，从而有利于反应的进行。例如：

$$CH_3\underset{\underset{Br}{|}}{C}HCH_3 + NaI \xrightarrow[25℃]{丙酮} CH_3\underset{\underset{I}{|}}{C}HCH_3 + NaBr\downarrow$$

氯代烷和溴代烷的活性顺序是 1°＞2°＞3°。此反应可用于检验氯代烷和溴代烷，还可用此方法在实验室制备碘代烷。

6. 与硝酸银作用

卤代烷与硝酸银的乙醇溶液反应，生成卤化银沉淀。

$$RX + AgNO_3 \longrightarrow \underset{硝酸酯}{RONO_2} + AgX\downarrow$$

不同的卤代烷，其活性顺序也是 RI＞RBr＞RCl；当卤原子相同而烷基结构不同时，其活性顺序为 3°＞2°＞1°，其中伯卤代烷通常需要加热才能使反应进行。此反应可用于卤代烷的定性分析。

7. 卤代烷作为烷基化试剂的反应

卤代烷进行亲核取代反应的结果是烷基导入各种官能团或碳干骨架中。例如：

$$CH_3C\equiv CNa + (CH_3)_2CHCH_2I \longrightarrow CH_3C\equiv CCH_2CH(CH_3)_2 + NaI$$

9.3.2　消除反应

卤代烷与氢氧化钠（或氢氧化钾）的醇溶液作用时，卤原子常与 *β*-碳原子上的氢原子脱去一分子卤化氢而生成烯烃。

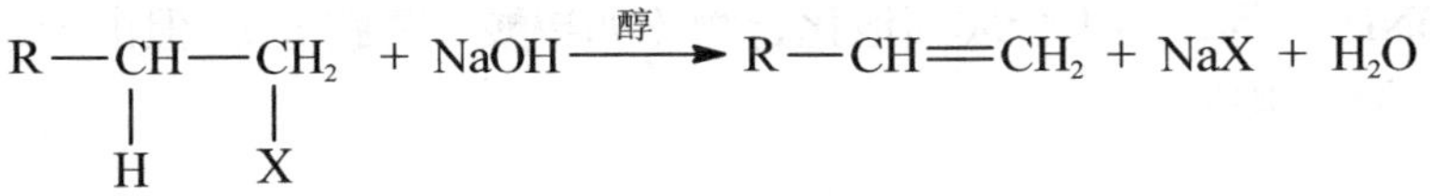

卤代烷分子在碱的作用下脱去一分子卤化氢生成烯烃，这种类型的反应称为消除反应，是制备烯烃的一种重要方法。

三级卤代烷最容易脱去卤化氢，二级卤代烷次之，一级卤代烷最难。二级卤代烷和三级卤代烷在消除卤化氢时，反应有时可以在碳链的两个不同方向进行，因此可能得到两种不同的产物。例如：

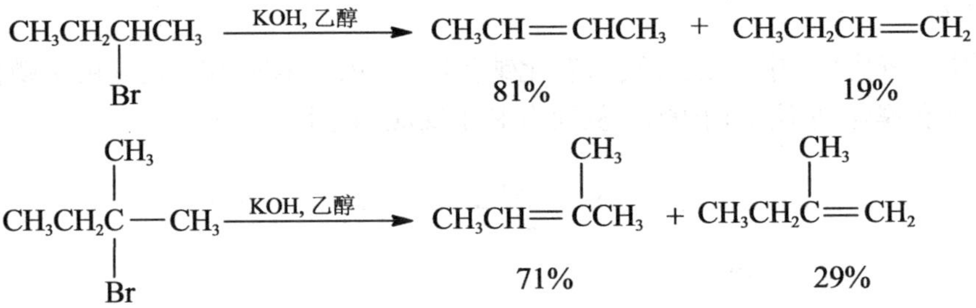

实验证明，消除反应的主要产物是双键碳上烃基较多的烯烃，称为札依采夫规则。

卤代烷的消除反应在大多数情况下是与取代反应同时进行的，而且是相互竞争的。究竟哪一个反应占优势，则与反应物的结构和反应条件有关，将在以后的内容中讨论。

9.3.3　与金属的反应

卤代烷能与 Li、Na、K、Cu、Mg、Zn、Cd、Hg、Al 和 Pb 等金属作用，生成一类分子中含碳—金属（C—M，M 代表金属）键的化合物。这类含有金属和有机部分的化合物称为有机金属化合物或金属有机化合物，可用 R—M 表示。

由于金属的电负性一般比碳原子小，因此 C—M 键一般是极性共价键，金属原子带有部分正电荷，而与之相连的碳原子带有部分负电荷（$\overset{\delta-}{C}—\overset{\delta+}{M}$），C—M 键比较容易断裂，显示出活泼性。与金属的反应是卤代烷的重要反应之一，本节只讨论卤代烷与金属镁及碱金属锂、钠的反应。

1. 与金属镁的反应

在常温下，将镁屑放在无水乙醚中，滴加卤代烷，卤代烷与镁作用生成有机镁化合物，该产物不需分离即可直接用于有机合成反应。这种有机镁化合物称为格利雅（Grignard）试剂，简称格氏试剂，其结构式可表示为 RMgX。

$$R—X + Mg \xrightarrow{\text{乙醚}} RMgX$$

乙醚的作用是与格氏试剂络合生成稳定的溶剂化物，这样格氏试剂较稳定。

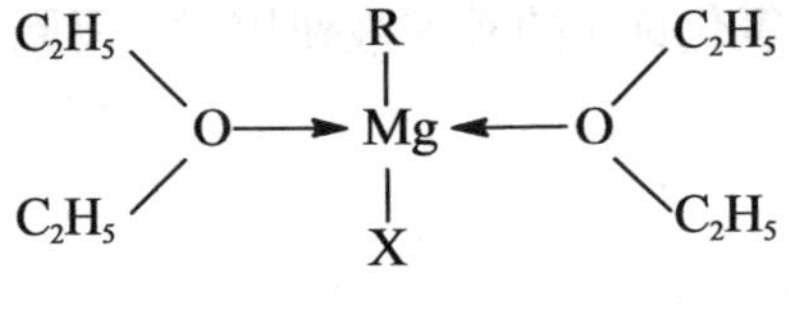

此外，苯、四氢呋喃（THF）和其他醚类也可作为制备格氏试剂的溶剂。

一卤代烷生成格氏试剂的活性顺序是 RI＞RBr＞RCl＞RF，通常用一溴代烷制备格氏试剂。

格氏试剂的性质非常活泼，能与多种含活泼氢的化合物作用，生成相应的烃。

$$RMgX \xrightarrow{HX} RH + MgX_2$$

$$RMgX \xrightarrow{HOH} RH + Mg(OH)X$$

$$RMgX \xrightarrow{HOR'} RH + Mg(OR')X$$

$$RMgX \xrightarrow{HNH_2} RH + Mg(NH_2)X$$

$$RMgX \xrightarrow{HC\equiv CR'} RH + R'C\equiv CMgX$$

上述反应说明卤代烷通过生成格氏试剂，可以制备相应的烷烃。此外，该反应还可用来测知某化合物中所含活泼氢的数目。用定量的甲基碘化镁（CH_3MgI）与一定数量的含活泼氢的化合物作用，便可定量地得到甲烷，通过测定甲烷的体积，可以计算化合物所含活泼氢的数量，称为活泼氢测定法。通过此法还可得到用常规方法得不到的炔基格氏试剂（$RC\equiv CMgX$）。

由于格氏试剂遇水就分解，因此在制备格氏试剂时必须用无水溶剂和干燥的反应器，操作时也要采取隔绝空气中湿气的措施。其他含活泼氢的化合物在制备和使用格氏试剂过程中都必须注意活泼氢对格氏试剂的破坏作用。

格氏试剂是有机合成中用途极广的一种试剂，可用来合成烷烃、醇、醛、羧酸等各类化合物，这将在以后的章节中分别讨论。

2. 与碱金属反应

卤代烷可与金属钠反应，生成的有机钠化合物立即再与卤代烷反应生成烷烃。

$$RX + 2Na \xrightarrow{醚} RNa + NaX$$

$$RNa + RX \xrightarrow{醚} R—R + NaX$$

例如：

$$2CH_3CH_2CH_2Br + 2Na \xrightarrow{醚} CH_3CH_2CH_2CH_2CH_2CH_3 + 2NaBr$$

这类反应可以用来从卤代烷（主要是伯卤代烷）制备含偶数碳原子、结构对称的烷烃，称为伍兹（Wurtz）反应。但此反应产率低，合成中较少使用。

卤代烷也可与金属锂作用生成有机锂化合物。例如：

$$CH_3CH_2CH_2CH_2Br + 2Li \xrightarrow[-10℃]{乙醚} CH_3CH_2CH_2CH_2Li + LiBr$$
$$80\%\sim90\%$$

这类反应常用无水乙醚作溶剂。由于有机锂化合物在较高的温度下能与醚类反应，因此要在低温下制备有机锂化合物。还可以用戊烷或己烷等烷烃作溶剂。

有机锂化合物的性质与格氏试剂相似，反应性能更为活泼，遇水、醇、酸等立即分解，因此溶剂必须彻底干燥，反应最好在氮气或氩气保护下进行。

一卤代烷与金属锂发生反应的活性大小顺序为 RI＞RBr＞RCl＞RF，常用反应活性适中又容易得到的一溴代烷或一氯代烷制备烷基锂。

烷基锂在无水乙醚或四氢呋喃中与碘化亚铜反应生成二烷基铜锂。

$$2RLi + CuI \xrightarrow{乙醚} R_2CuLi + LiI$$

二烷基铜锂的烷基可以是甲基、一级烷基和二级烷基，也可以是烯丙基、苄基、乙烯基、芳基等烃基，故可称为二烃基铜锂或有机铜锂试剂。

二烃基铜锂与卤代烷反应生成烷烃，这是制备烷烃的一种方法，称为科里-豪斯合成。

$$R_2CuLi + R'X \longrightarrow RR' + RCu + LiX$$

R′X 中 R′一般是一级烷烃基，也可以是烯丙基型和乙烯基型的烃基，因此常用二烃基铜锂合成各种高级烷烃、烯烃和芳香烃。例如：

$$[CH_3(CH_2)_3]_2CuLi + 2CH_3(CH_2)_6Cl \xrightarrow[5\ d,\ 0℃,\ 75\%]{纯醚} 2CH_3(CH_2)_3—(CH_2)_6CH_3 + LiCl + CuCl$$

9.3.4 还原

一氯代烷可以用氢化铝锂还原成烷烃，氢化铝锂是一种很强的还原剂，所有类型的卤代烃均可被还原。例如：

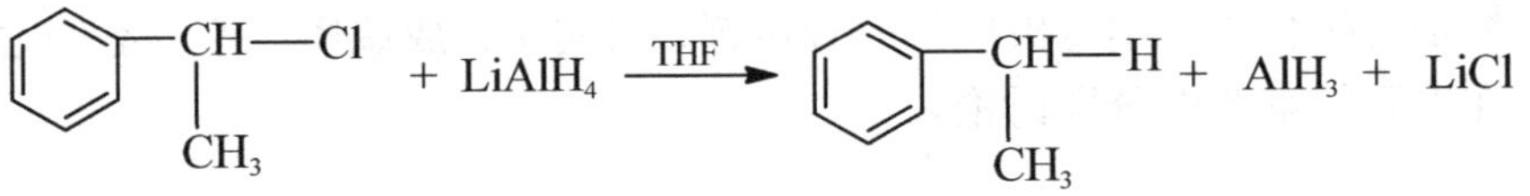

这是制备纯粹烷烃的一种重要方法。

氢化铝锂与水剧烈反应放出氢气，因此用氢化铝锂作还原剂必须用无水溶剂，并在隔绝湿气的装置中进行操作。

9.4 卤代烷烃的亲核取代反应历程

饱和碳原子上的亲核取代反应是指饱和碳原子上的一个原子或基团被另一个带负电荷或中性的原子或基团取代的化学过程。可用通式表示如下：

$$Nu^- + R—L \longrightarrow Nu—R + L^-$$

在此反应中，旧键的断裂和新键的生成可能有两种情况：

（1）原有的旧键断裂后，新的键相继生成，即反应可分两步进行：

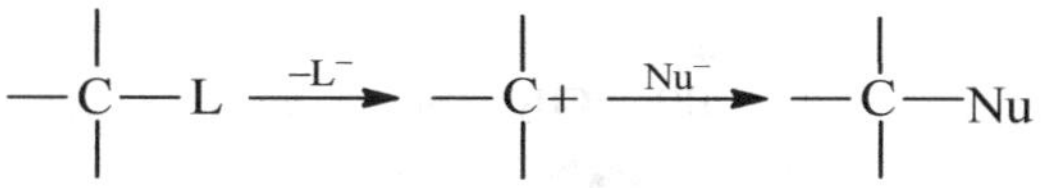

动力学研究发现，这类反应的速率方程为 $v = k_1[\text{R—L}]$，即反应速率只与反应物的浓度有关（最慢的步骤决定了整个反应的速率），称为单分子亲核取代反应。

（2）新键的形成和原有旧键的断裂同时进行，即反应一步完成：

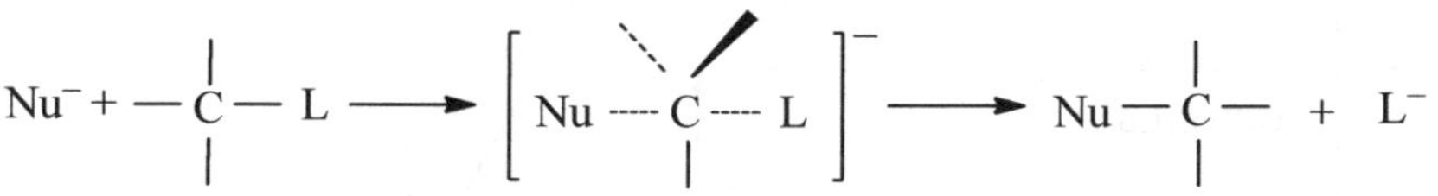

这类反应的速率方程为 $v = k_2[\text{R—L}][\text{Nu}^-]$，即反应速率与反应物的浓度和亲核试剂的浓度均有关，称为双分子亲核取代反应。

在饱和碳原子上的亲核取代反应中，许多立体化学现象也表明，反应历程存在上述两种极限情况。

根据化学动力学和立体化学等许多实验结果，卤代烷（以及其他脂肪族化合物）的亲核取代反应通常按两种反应历程进行：双分子亲核取代反应历程（S_N2 历程）和单分子亲核取代反应历程（S_N1 历程）。1 和 2 分别表示单分子和双分子；N（nucleophilic 的首字母）表示亲核；S（substitution 的首字母）表示取代。下面分别介绍单分子亲核取代和双分子亲核取代的反应历程。

9.4.1 双分子亲核取代反应历程

扫一扫　9-4　双分子亲核取代反应历程

实验表明，溴甲烷在碱水溶液中的水解反应，其反应速率与溴甲烷和碱的浓度都成正比。

$$CH_3Br + OH^- \longrightarrow CH_3OH + Br^-$$

$$v = k[CH_3Br][OH^-]$$

说明 CH_3Br 和 OH^- 都参与了反应速率的控制步骤（慢步骤），因此认为，在离去基团溴原子离开碳原子（也称中心碳原子）的同时，亲核试剂 OH^- 也与中心碳原子发生部分键合，即 C—Br 键的断裂与 C—OH 键的形成是同时进行的。C—Br 键断裂所需的能量部分由 C—O 键形成时所放出的能量供给。当 C—Br 键断裂与 C—O 键形成处于“均势”（Br···C···O）时，体系的能量最高，称为过渡态（图 9-1 中能量曲线上的最高点）。反应继续进行，最后 C—Br 键完全断裂，C—O 键完全形成，反应过程一步完成，生成了产物。其反应进程及反应过程中的能量变化如图 9-1 所示。

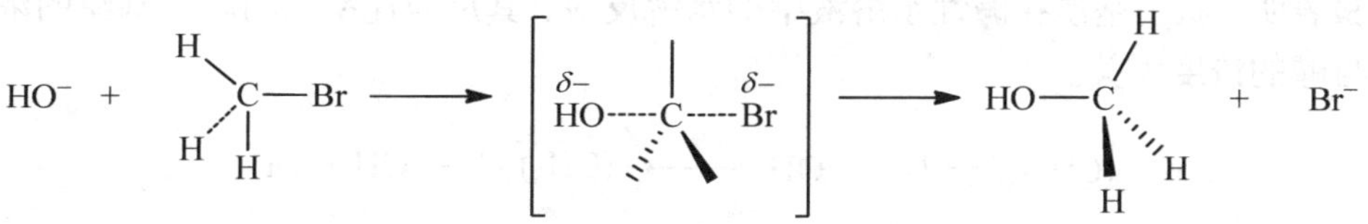

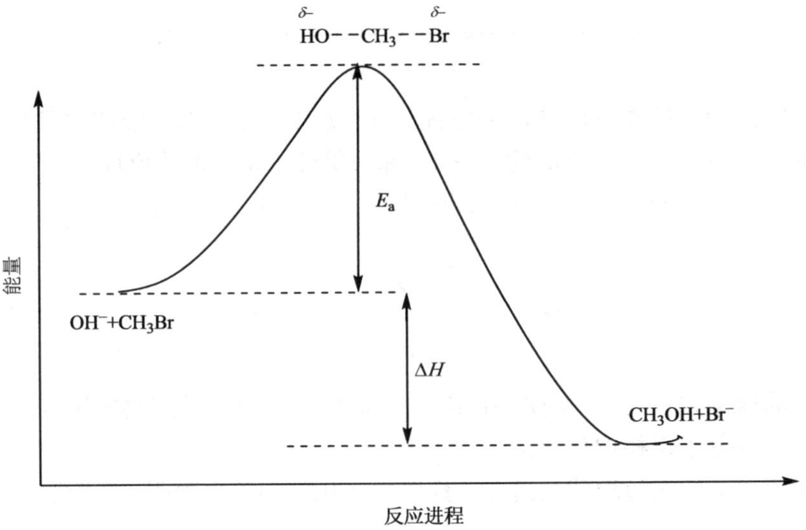

图 9-1 溴甲烷水解反应的能量曲线

在溴甲烷碱性水解反应时，亲核试剂 OH^-进攻中心碳原子的方向，通常认为是从离去基团溴原子的背面沿着碳原子和溴原子连接的中心线进攻中心碳原子，因为这样进攻时，OH^-受溴原子的电子效应和空间效应影响较小。立体化学的研究也证明了这一点。从化合物的构型考虑，亲核试剂 OH^-从离去基团溴原子背面进攻中心碳原子，生成产物后，羟基处于原来溴原子的对面，所得产物甲醇与反应物溴甲烷具有相反的构型，称为构型翻转或构型转化，也称瓦尔登（Walden）翻转。但是，这种构型翻转只有当中心碳原子是手性碳原子时才能观察出来。例如，（*S*）-2-碘辛烷与放射性的 $^{128}I^-$（$Na^{128}I$）作用转变为(*R*)-2-碘（^{128}I）辛烷就是很好的证明。

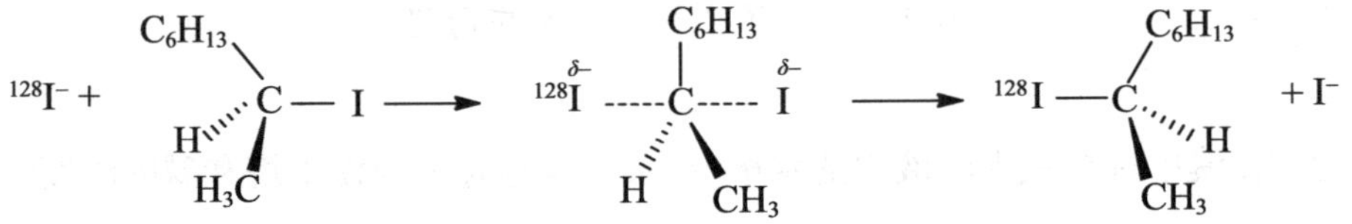

(*S*)-2-碘辛烷　　过渡态　　(*R*)-2-碘(^{128}I)辛烷

像上述反应物和亲核试剂两者都参与了反应速率控制步骤的亲核取代反应称为双分子亲核取代（S_N2）反应。

实验证明，反应按 S_N2 历程进行时，其立体化学特征是进行反应的中心碳原子的构型翻转。

9.4.2 单分子亲核取代反应历程

扫一扫　9-5 单分子亲核取代反应历程

实验表明，叔丁基溴在碱性水溶液中的水解反应，其反应速率只与叔丁基溴的浓度成正比，而与碱的浓度无关。

$$(CH_3)_3C—Br + OH^- \longrightarrow (CH_3)_3C—OH + Br^-$$

$$v = k[(CH_3)_3CBr]$$

说明只有叔丁基溴参与了反应速率的控制步骤。因此，可以认为反应的第一步是叔丁基溴在溶剂中首先解离成叔丁基正离子和溴负离子。在解离过程中，C—Br 键逐渐伸长，C—Br 键之间的电子云也逐渐偏移向溴原子，使碳原子上的正电荷和溴原子上的负电荷逐渐增加，经过渡态（图 9-2）继续解离，直至生成活性中间体叔丁基正离子和溴负离子。

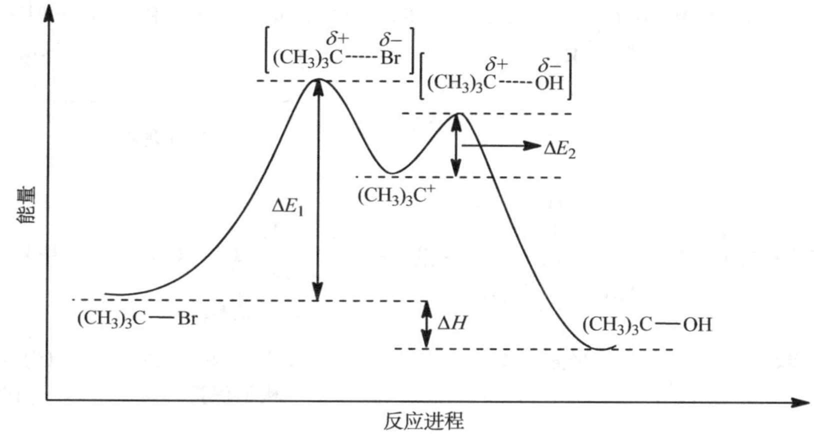

图 9-2　叔丁基溴水解反应的能量曲线

第一步：

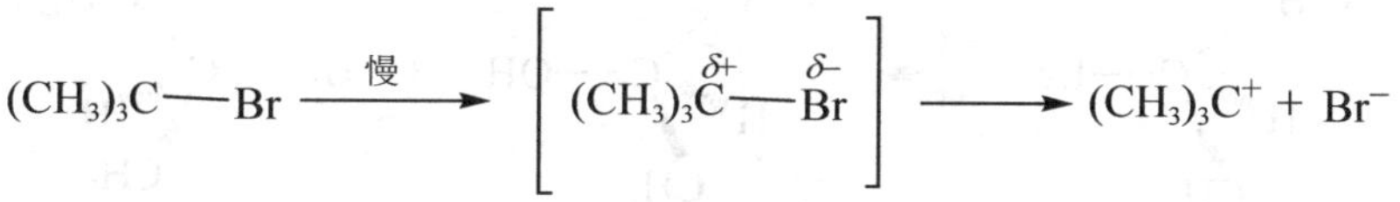

过渡态T_1

由于 C—Br 共价键解离成离子需要的能量较高，故这一步反应是慢的。其解离时所需要的能量可从生成离子的溶剂化能中得到部分补偿，故叔丁基正离子是一个能量较高的活性中间体，但其能量比过渡态 T_1 低。反应的第二步是活性中间体叔丁基正离子与亲核试剂 OH^- 作用，生成产物叔丁醇。

第二步：

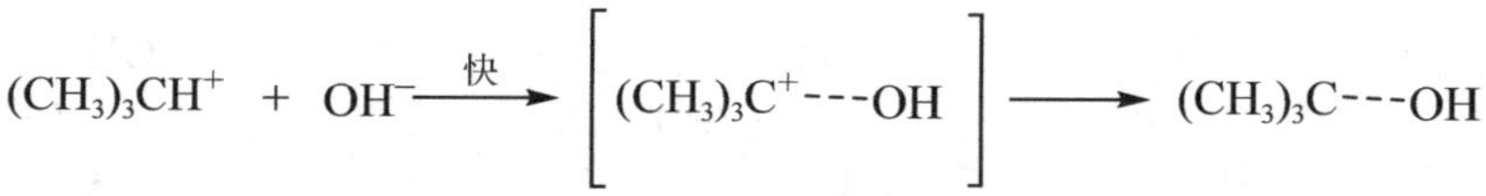

过渡态T_2

由于叔丁基正离子的能量较高而有较大的活性，它与 OH^- 的结合只需较少的能量，而且反应是很快的。叔丁基正离子与 OH^- 的结合也是逐渐进行的，且经过渡态（图 9-2）最后生成叔丁醇。其反应进程中的能量变化如图 9-2 所示。

由图 9-2 可以看出，第一步反应所需的活化能ΔE_1 比第二步反应所需的活化能ΔE_2 大得多，因此第一步是决定反应速率的慢步骤。由于在决定反应速率的慢步骤中只有反应物（如叔丁基溴）参加，因此将按这种历程进行的反应称为单分子亲核取代（S_N1）反应。

S_N1 反应的活性中间体是碳正离子，其中心碳原子为 sp^2 杂化，具有平面构型。当亲核试剂与其反应时，亲核试剂可以从平面的两侧进攻中心碳原子，因此当中心碳原子是手性碳原子、分子具有旋光性时，反应以后，中心碳原子虽然仍为手性碳原子，但所得产物是由两个构型相反的化合物组成的外消旋混合物。与 S_N2 反应的立体化学特征（构型翻转）不同，S_N1 反应的立体化学特征是外消旋化。

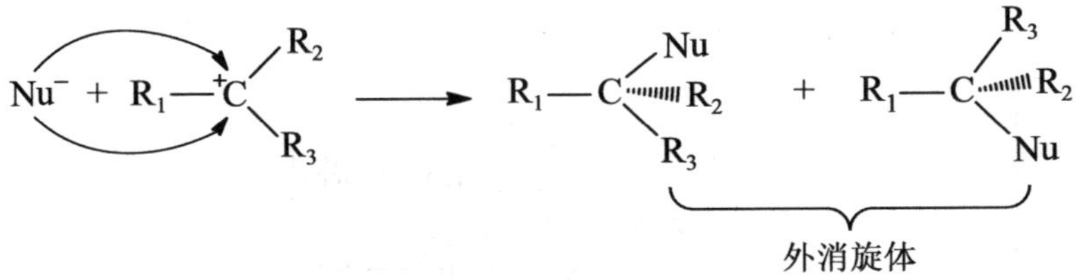

例如：

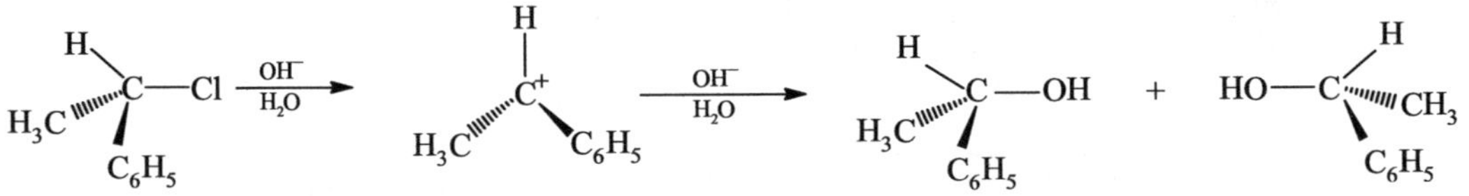

(*S*)-α-氯代乙苯　　平面构型　　(*S*)-α-氯代乙醇 构型保持49%　　(*R*)-α-氯代乙醇 构型翻转51%

值得注意的是，在亲核取代反应中，完全构型翻转和外消旋化的情况并不普遍，多数情况下为部分构型翻转。例如：

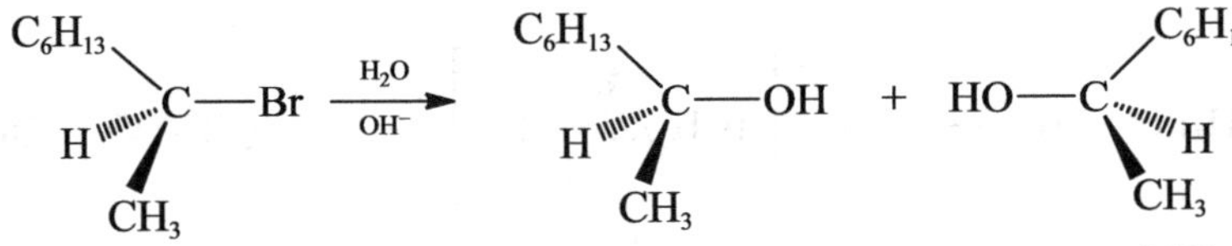

17%　　83%

另外，由于 S_N1 反应生成碳正离子中间体，而越稳定的碳正离子越容易生成，因此反应按 S_N1 历程进行时，常伴有重排反应发生。例如：

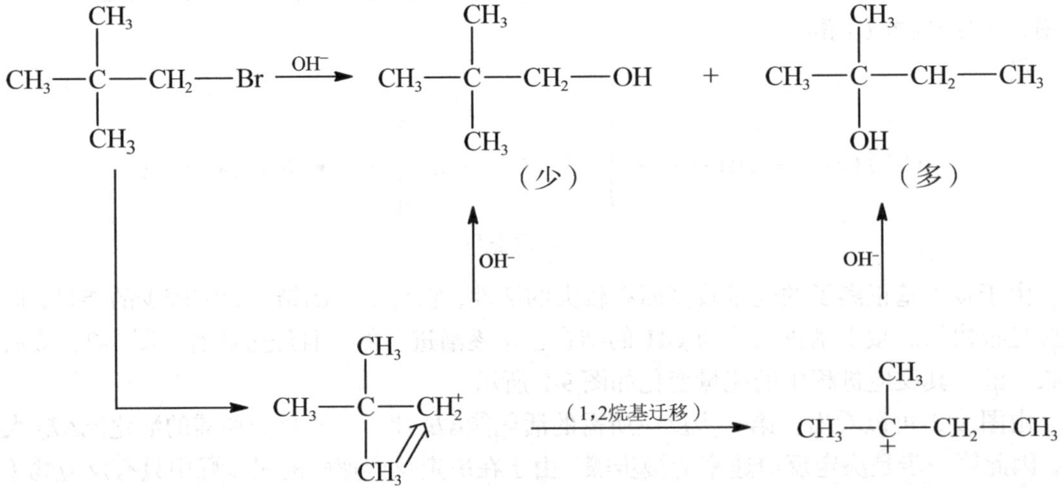

这是 S_N1 反应的另一个特点，而 S_N2 反应不发生重排。

9.4.3　影响亲核取代反应历程及速率的因素

卤代烷的亲核取代反应既可按 S_N2 历程也可按 S_N1 历程进行，但究竟按何种历程进行，则与卤代烷的结构、离去基团、亲核试剂和溶剂的性质等因素有关。现分述如下。

1. 烃基的结构

烃基的结构对 S_N1 和 S_N2 反应的影响都很大。一般来说，烃基的空间效应对 S_N2 反应的影响更显著，烃基的电子效应对 S_N1 反应的影响更大。

在 S_N2 反应中，烃基的空间效应影响占主导地位。α-碳原子或β-碳原子上支链的增加，阻碍了亲核试剂从离去基团的背面进攻，且会造成过渡态拥挤程度增加，降低了过渡态的稳定性，使反应速率明显下降。一些溴代烷按 S_N2 历程反应的相对速率见表 9-2。

表 9-2　一些溴代烷按 S_N2 历程反应的相对速率

溴代烷	S_N2 反应相对速率（$C_2H_5O^-/C_2H_5OH$，55℃，速率比）
CH_3CH_2Br	1
$CH_3CH_2CH_2Br$	0.28
$(CH_3)_2CHCH_2Br$	0.030
$(CH_3)_3CCH_2Br$	0.000 004 2

在 S_N1 反应中，决定反应速率的步骤是碳正离子的生成。具有+I 效应和+C 效应的取代基都可以稳定碳正离子，卤代烃 RX 按 S_N1 的反应活性与其生成的碳正离子的稳定性顺序相似：

$$ArCH_2X > \ce{>C=C(-)-CH_2X} > 3^\circ RX > 2^\circ RX > 1^\circ RX > CH_3X > \ce{>C=C<_X}$$

同时，在 S_N1 反应中，具有四面体结构的反应物变成具有平面结构的碳正离子中间体，空间拥挤程度减小，尤其是叔烃基卤化物生成碳正离子后，基团间空间拥挤程度减小更多，有利于按 S_N1 历程反应。一些溴代烷按 S_N1 历程反应的相对速率见表 9-3。

表 9-3　一些溴代烷按 S_N1 历程反应的相对速率

溴代烷	S_N1 反应相对速率
CH_3Br	1.0
CH_3CH_2Br	1.0
$(CH_3)_2CHBr$	32
$(CH_3)_3CBr$	10^7

如果被取代的基团连接在桥环化合物的桥头碳原子上，则进行 S_N1 和 S_N2 反应都十分困难。例如，在 1-氯-7, 7-二甲基二环[2.2.1]庚烷分子中，氯原子是连接在桥头碳原子上的：

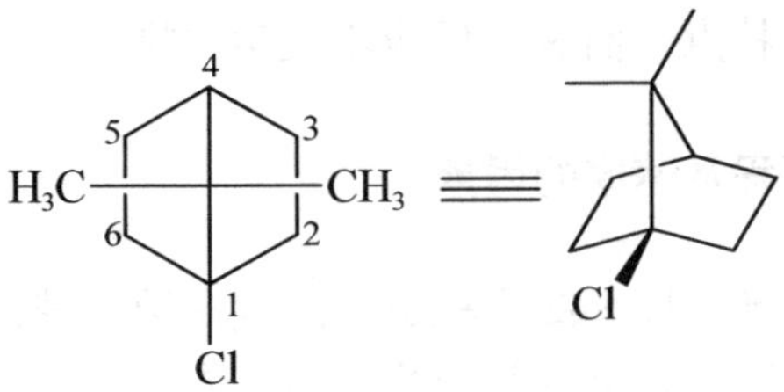

它与硝酸银的醇溶液回流 48 h 或与 30% KOH 的醇溶液回流 12 h，都看不出有氯原子被取代的反应发生。这主要是由于氯原子连在桥头碳原子上时，亲核试剂按 S_N2 历程从背面进攻中心碳原子空间位阻很大，反应很难进行。

若按 S_N1 历程进行，氯化物首先要解离为碳正离子，但桥环系统牵制着桥头碳正离子伸展为平面构型，阻碍了氯化物的解离，因此取代反应也很难进行。

2. 离去基团

在亲核取代反应中，带着一对电子离开中心碳原子的负离子是离去基团（leaving group，L）。

在 S_N1 和 S_N2 反应中，决定反应速率的一步都含有 C—L 键的断裂，离去基团的离去倾向越大，对 S_N1 和 S_N2 反应都有利。

一般来说，断裂键的键能越小，键就越易断裂。离去基团的碱性越弱，形成的负离子越稳定，则越容易离去。卤素离子的碱性大小顺序为 $I^- < Br^- < Cl^- \ll F^-$，则卤素离子的离去倾向为 $I^- > Br^- > Cl^- \gg F^-$。

对于碘负离子，无论作为亲核试剂还是作为离去基团都表现出很高的活性。因此，当一级氯代烷进行 S_N2 水解反应时，常可在溶液中加入少量 I^-，使反应大为加快，而 I^- 自身未消耗掉，可以反复使用直至反应完成。表 9-4 列出一些离去基团在亲核取代反应中的速率比。

$$RCH_2Cl + H_2O \xrightarrow{\text{很慢}} RCH_2OH + HCl$$

$$RCH_2Cl + I^- \xrightarrow{\text{快}} RCH_2I + Cl^-$$

$$RCH_2I + H_2O \xrightarrow{\text{快}} RCH_2OH + HI$$

表 9-4　一些离去基团在亲核取代反应中的速率比

离去基团	F^-	Cl^-	Br^-	H_2O	I^-	$H_3C-C_6H_4-SO_3^-$	$C_6H_5-SO_3^-$
反应物	RF	RCl	RBr	$R\overset{+}{O}H_2$	RI	$H_3C-C_6H_4-SO_3R$	$C_6H_5-SO_3R$
速率比	10^{-2}	1	50	50	150	190	300

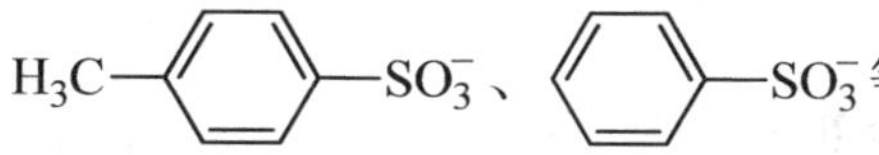
等强酸的酸根都是很好的离去基团。至于碱性很强的基团，如 R_3C^-、R_2N^-、RO^-、HO^-等，则不能作为离去基团进行亲核取代反应。由于 HO^- 和 RO^-具有强的碱性，因此醇（ROH）和醚（ROR）本身都不能直接进行亲核取代反应。它们只有在酸性（包括路易斯酸）条件下形成 $R-\overset{+}{O}H_2$ 和 $R-\overset{H}{\underset{+}{O}}-R$，使离去基团的碱性相应减弱后，才有可能进行亲核取代反应。例如，正丁醇不能被 Br^-取代，但在氢溴酸的酸性条件下，反应能按 S_N2 历程进行。

$$Br^- + CH_3CH_2CH_2CH_2OH \not\longrightarrow CH_3CH_2CH_2CH_2Br + HO^-$$

$$HBr + CH_3CH_2CH_2CH_2OH \longrightarrow CH_3CH_2CH_2CH_2\overset{+}{O}H_2 + Br^-$$

$$\xrightarrow[S_N2]{Br^-} CH_3CH_2CH_2CH_2Br + H_2O$$

3. 亲核试剂

亲核试剂（nucleophilic reagent，Nu）对 S_N1 的反应速率影响不明显，主要是对 S_N2 的反应速率有很大影响。一般来说，进攻的亲核试剂的亲核能力越强，反应经过 S_N2 历程过渡态所需的活化能越低，S_N2 反应趋向越大。

试剂的亲核能力与以下因素有关：

（1）试剂所带电荷的性质。一个带负电荷的亲核试剂比相应呈中性的试剂的亲核能力强。例如，$HO^- > H_2O$，$RO^- > ROH$ 等。

（2）试剂的碱性。亲核试剂都是带有负电荷或未共用电子对的，因此它们都是路易斯碱。一般来说，试剂的碱性越强，亲核能力也越强。亲核试剂的亲核性大致与其碱性强弱顺序相对应。例如，下列亲核试剂由强到弱的顺序为

$$C_2H_5O^- > OH^- > C_6H_5O^- > CH_3COO^- > H_2O$$

$$R_3C^- > R_2N^- > RO^- > F^-$$

要注意碱性和亲核性是两个不同的概念。第一，碱性代表试剂结合氢质子的能力，而亲核性代表试剂与碳原子的结合能力；第二，碱性强弱与碱的解离平衡常数大小有关，而亲核性强弱与反应过渡态的能量高低有关；第三，碱性很少受空间效应影响，而亲核性对空间效应的影响很敏感。实际上，亲核性涉及的范围比碱性广，亲核性不仅与碱性有关，而且与试剂中亲核原子的可极化性、试剂的空间位阻、溶剂的极性有关。

（3）溶剂对亲核性的影响。溶剂对亲核性的强弱也有影响。卤代烷不溶于水，但亲核试剂往往溶于水，而不溶或几乎不溶于非极性有机溶剂中。要使亲核取代反应在溶液中进行，常用醇作溶剂，或者用其他溶剂如丙酮中加水等，使两者都能溶解。

在醇和水等质子溶剂中，亲核试剂与溶剂之间可以形成氢键，即能发生溶剂化作用。带相同电荷的原子、体积小的亲核试剂，形成氢键的能力强，溶剂化作用大。这样就削弱了亲核试剂与中心碳原子之间的作用，其亲核性受到溶剂的抑制最为显著。元素周期表中同一周期的元素能够形成同类型的亲核试剂，其亲核性的强弱与碱性强弱一致，即随着原子序数增

大，碱性减弱，亲核性减弱。例如：

$$H_2N— > OH— > F—$$

$$R_3C— > R_2N— > RO— > F—$$

元素周期表中同族元素所产生的负离子或分子，其亲核性与碱性的强弱顺序不一致，即随着原子序数增大，碱性减弱，亲核性增强。例如：

碱性：　$RO^- > RS^-$　$ROH > RSH$　$F^- > Cl^- > Br^- > I^-$

亲核性：　$RS^- > RO^-$　$RSH > ROH$　$I^- > Br^- > Cl^- > F^-$

这是因为在质子溶剂中，卤素负离子形成氢键的能力为 $F^- > Cl^- > Br^- > I^-$，形成氢键能力强者，溶剂化作用大，亲核性减弱。

在非质子性溶剂中，如二甲亚砜$(CH_3)_2SO$（DMSO）、*N*, *N*-二甲基甲酰胺 $HCON(CH_3)_2$（DMF），周期表中同族元素所产生的负离子的碱性和亲核性的强弱顺序一致，即随着原子序数增大，碱性减弱，亲核性减弱。例如，卤素离子的碱性和亲核性的强弱顺序均为 $F^- > Cl^- > Br^- > I^-$。这主要是在非质子溶剂中，卤素离子没有溶剂化作用的缘故。

试剂的亲核性还受空间因素的影响，空间位阻大的亲核性小。例如，烷氧负离子的亲核性大小顺序为 $CH_3O^- > CH_3CH_2O^- > (CH_3)_2CHO^- > (CH_3)_3CO^-$，与碱性强弱的顺序相反。

4. 溶剂的影响

溶剂的性质对亲核取代反应也有一定的影响，溶剂主要是通过影响过渡态的稳定性，从而影响反应活化能而影响反应速率。

S_N1 反应的决速步是卤代烷的解离，过渡态是高度极化的，碳原子上带部分正电荷，卤素原子上带部分负电荷；溶剂极性的增加能够稳定过渡态，使过渡态的能量降低，因而降低了反应活化能，使反应加速。例如，三级溴代烷的解离随溶剂极性增加而加速。

$$(CH_3)_3CBr + Sol\text{-}OH \xrightarrow{S_N1} (CH_3)_3COSol + HBr$$

溶剂	乙醇	20%水，80%乙醇	50%水，50%乙醇	水
相对速率	1	10	20	1450

溶剂的极性对 S_N2 反应的影响不大。因为在 S_N2 反应中，反应物（$RX+Nu^-$）和过渡态（$\overset{\delta-}{Nu}—R—\overset{\delta-}{X}$）都带负电荷，体系的极性通常没有变化，只是电荷的分散程度不同。反应物中电荷集中，过渡态电荷分散，溶剂对反应物的作用略大于过渡态，对活化能的影响较小。但是，增加溶剂的极性会使极性大的亲核试剂发生溶剂化作用。因此，在极性小的非质子溶剂（如无水丙酮）中，有利于反应按 S_N2 历程进行。

9.5　卤代烯烃和卤代芳香烃

卤素原子取代不饱和烃中的氢原子生成不饱和卤代烃。卤代芳香烃是指卤素原子与芳香环直接相连的化合物。本节仅讨论一卤代烯烃和一卤代芳香烃。

9.5.1　一卤代烯烃

1. 分类

根据卤素原子和不饱和键的相对位置，一卤代烯烃可以分为三类：

（1）乙烯型卤代烃（RCII═CHX）。卤素原子与双键碳原子直接相连，如 CH_2═CHCl。

（2）烯丙型和苄基型卤代烃（RCH═$CHCH_2X$，—CH_2X）。卤素原子与双键相隔一个碳原子，如 CH_2═CH—CH_2Cl、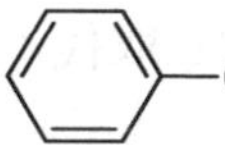—CH_2Br。

（3）孤立型卤代烃［RCH═$CH(CH_2)_nX(n\geqslant 2)$］。这类卤代烃中卤素原子与不饱和键相隔两个或两个以上碳原子。

2. 物理性质

表 9-5 列出一些一卤代烯烃的物理常数。

表 9-5　一些一卤代烯烃的物理常数

烃基	氯化物			溴化物			碘化物		
	沸点/℃	相对密度（20℃）	折射率（20℃）	沸点/℃	相对密度（20℃）	折射率（20℃）	沸点/℃	相对密度（20℃）	折射率（20℃）
CH_2═CH—	−13.37	0.9106	1.3700	15.80	1.4933	1.4410	56	2.037	1.5385
CH_3CH═CH—	32.8	0.9347	1.4055	57.8	1.4291	1.4560			
CH_3CH═$CHCH_2$— 顺	$84.1^{0.1\ MPa}$	0.9426	1.4390						
CH_3CH═$CHCH_2$— 反	$84.8^{0.1\ MPa}$	0.9295	1.4350						
$CH_2{=}CH{-}\overset{\vert}{C}{=}CH_2$	59.4	0.9588	1.4583	$42\sim43^{0.02\ MPa}$	1.397	1.4988	111～113	1.7278	1.5616
C_6H_5—	132	1.1058	1.5241	156	1.4950	1.5593	188.3	1.8308	1.6200
$C_6H_5CH_2$—	179.3	1.1002	1.539	201	1.438	1.575		1.734	1.633

3. 化学性质

烃基的结构对卤代烃的活性有很大影响。烯丙型和苄基型卤代烃活性最大，乙烯型卤代烃最不活泼，孤立型卤代烃的化学性质则与相应的卤代烷相似。

用 $AgNO_3$ 的醇溶液和不同烃基的卤代烃作用，根据卤化银沉淀生成的快慢，可以测得这些卤代烃的活性顺序。

$$RX + AgONO_2 \xrightarrow{\text{醇溶液}} RONO_2 + AgX\downarrow$$

烯丙型卤代烃、苄卤和三级卤代烃在室温下就能与 $AgNO_3$ 的乙醇溶液迅速作用，生成 AgX 沉淀。一级、二级卤代烷一般要在加热下才能发生反应，而乙烯型卤代烃和卤苯即使在加热下也不发生反应，它们的化学活性顺序可归纳如下：

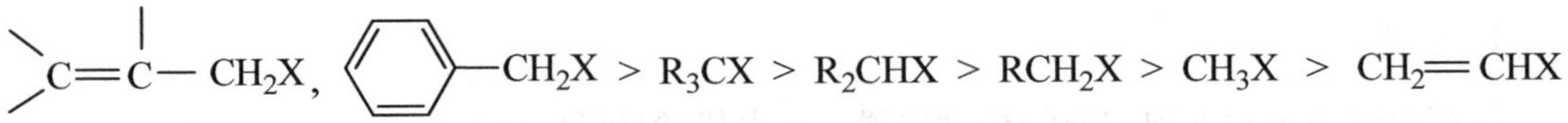

另外，卤代烃与 $AgNO_3$ 的醇溶液发生反应的速率与卤素性质有关（RI>RBr>RCl），碘代烷在室温下就能与 $AgNO_3$ 醇溶液作用生成 AgI 沉淀。

乙烯型卤代烃在一般条件下不发生亲核取代反应。例如，氯乙烯与碱溶液或氨溶液不发生反应，分子中的氯原子不能被—OH 或—NH_2 取代。这主要是因为卤素原子上非键 p 电子对与π键共轭（图 9-3）。

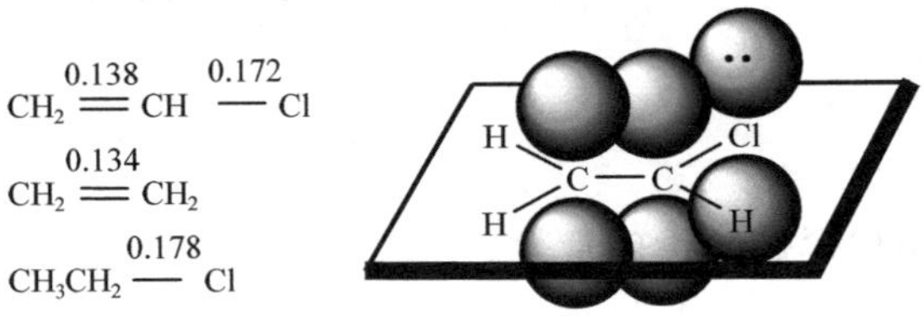

图 9-3　氯乙烯的 p-π共轭体系（单位：nm）

由于共轭氯原子上的非键电子离域，C—Cl 键偶极矩减小，键长缩短，键能升高，Cl^- 不易离去，亲核取代反应难以发生。氯乙烯分子中的电子云转移可表示如下：

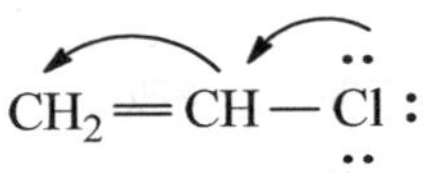

烯丙型和苄基型卤代烃的化学性质却很活泼。当按 S_N1 历程发生反应时，生成的烯丙基碳正离子或苄基碳正离子的空轨道可以与苯环或双键的π轨道形成缺电子的 p-π共轭体系，使正电荷得到分散，体系趋于稳定。因此，烯丙基氯和苄基氯等较易解离生成碳正离子，有利于 S_N1 反应的进行（图 9-4 和图 9-5）。

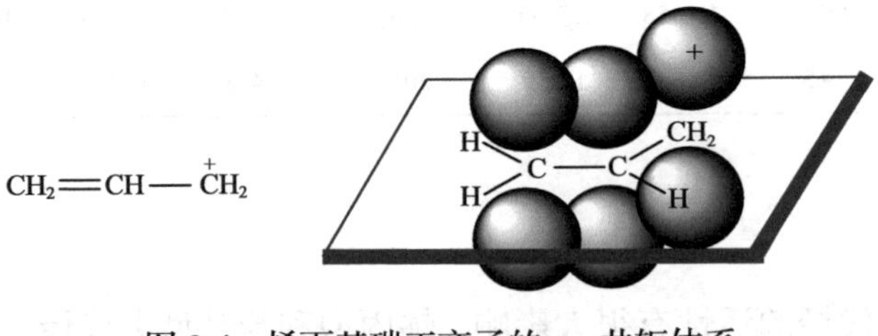

图 9-4　烯丙基碳正离子的 p-π共轭体系

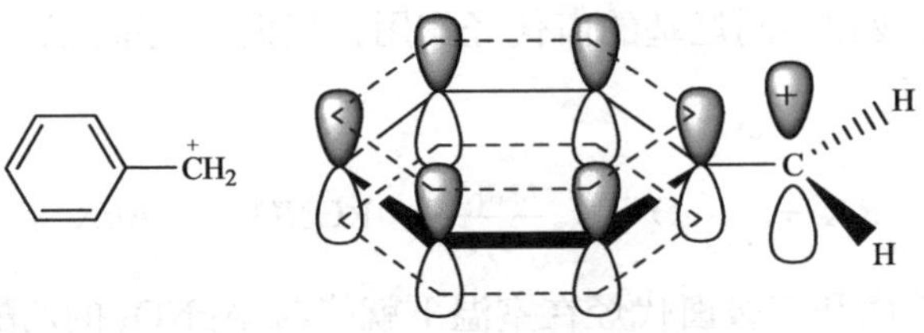

图 9-5　苄基碳正离子的 p-π共轭体系

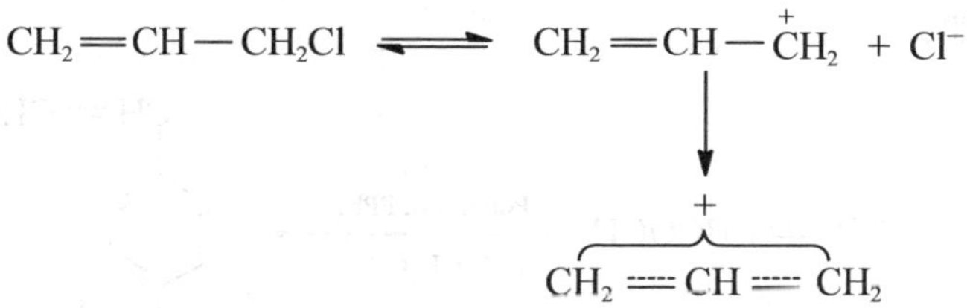

当烯丙型和苄基型卤代烃按 S_N2 历程发生反应时，由于 α-碳原子相邻π键的存在，在形成过渡态时，中心碳原子的 p 轨道可与双键上的 p 轨道发生重叠，使过渡态能量降低，从而有利于 S_N2 反应进行。例如，烯丙基氯的 S_N2 水解反应：

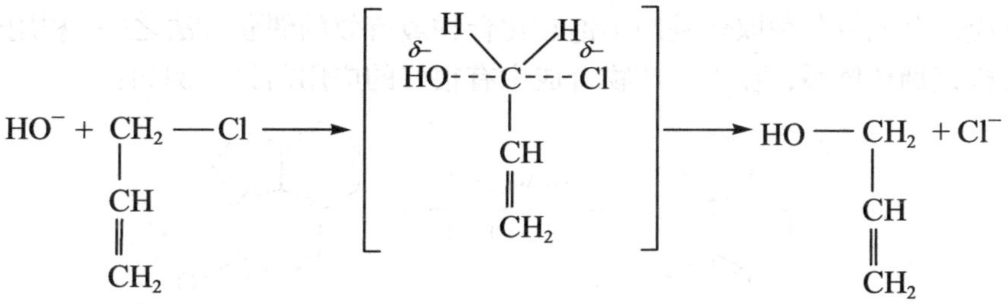

苄基卤的情况与烯丙基氯的相似。

9.5.2 一卤代芳香烃

卤代芳香烃中卤素原子与芳环直接相连，如氯代苯中氯原子上的 p 轨道与苯环的大π键形成共轭体系，情况与氯乙烯相似，不易发生亲核取代反应。卤代芳香烃中碳卤键不易解离，芳基碳正离子又极不稳定，反应不能进行。亲核试剂从卤素原子的背面进攻时，由于受到芳环的阻碍，也不能发生反应。因此，室温下卤代芳香烃与氢氧化钠水溶液或硝酸银的乙醇溶液都不发生反应。

溴苯在乙醚溶液中与金属镁生成格氏试剂，氯苯则需在四氢呋喃溶液中才能与金属镁反应生成格氏试剂。

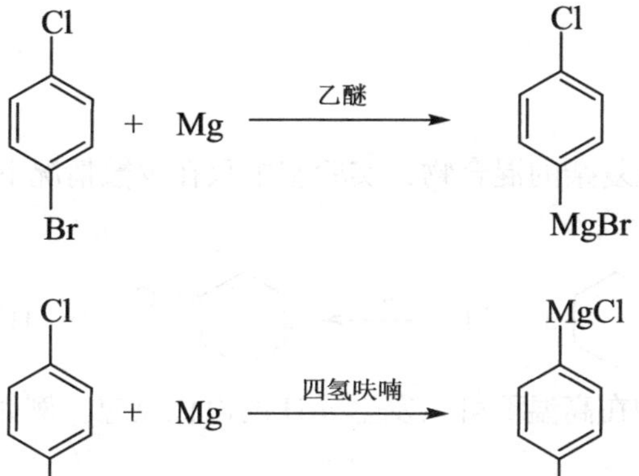

卤代芳香烃或烯烃与乙烯基化合物在过渡金属（如 Pd 等）的催化下，形成碳碳键的偶联反应称为赫克（Heck）反应，这个反应是 20 世纪 70 年代由赫克和沟吕木（Mizoroli）分

别独立发现的。例如：

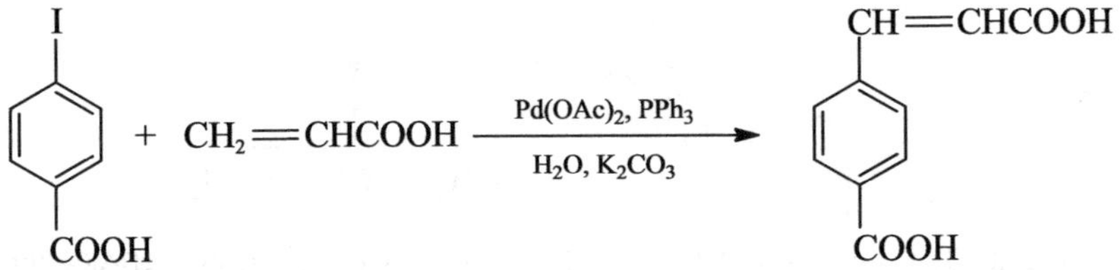

反应通常需要碱参与，碘代芳香烃反应最快，产率也较高，而且反应条件温和，时间短。溴代或氯代芳香烃或烯烃的活性随碳卤键的键能增加而递减，一般不使用氟代芳香烃或氟代烯烃进行赫克反应。

赫克反应是合成带各种取代基的不饱和化合物最有效的偶联方法之一。利用分子内的赫克反应，可构筑稠环体系，在天然产物合成中有很好的应用前景。例如：

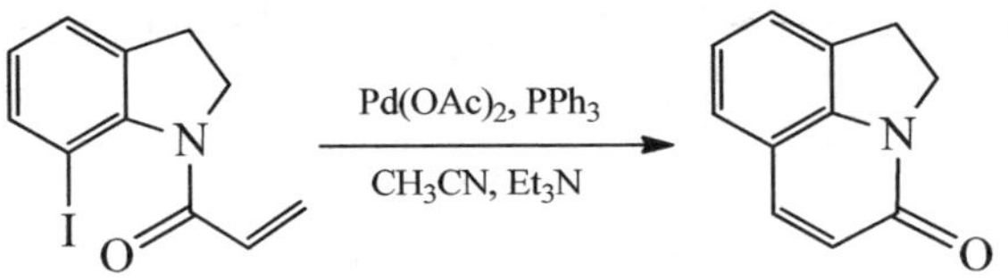

赫克反应可适用于各类底物，对醛基、酯基、硝基等许多官能团都有良好的兼容性，故被广泛应用于制药、燃料及有机发光材料等领域。

赫克反应的特点是反应条件较苛刻，需严格的无氧无水操作，而且钯催化剂的价格昂贵，因而限制了它在工业上的应用。

9.6 卤代烃的制备

卤代烃自然界极少存在，但它们又是有机合成的重要原料，因此卤代烃的制备成为有机化学中的一个重要问题。制备卤代烃一般是向烃分子中直接引入卤素，或将某些有机化合物分子中的官能团以卤素替代而得。

9.6.1 由烃制备

1. 烃的卤代

烷烃的卤代一般生成复杂的混合物，实验室中只在少数情况下用卤化法制备一卤代烷。例如：

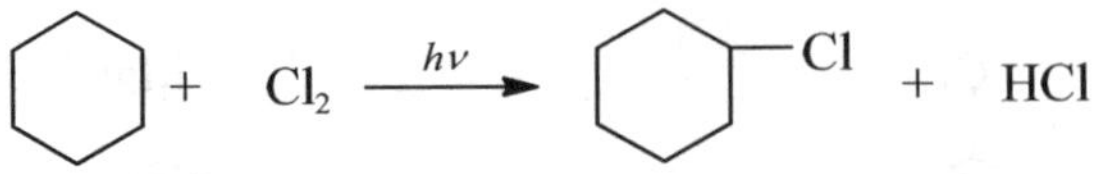

丙烯和甲苯等化合物在高温下可以发生 α-H 的卤代反应。例如：

$$CH_2{=}CHCH_3 \xrightarrow[500℃]{Cl_2} CH_2{=}CHCH_2Cl$$

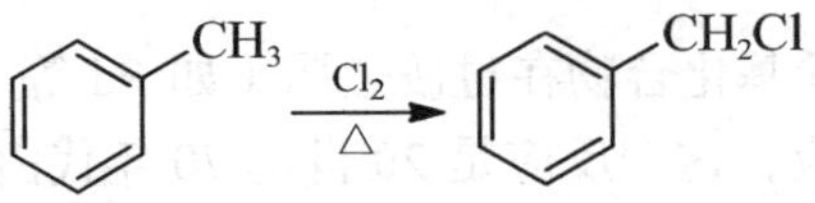

如果需要在较低温度下或在实验室条件下进行反应，常采用 *N*-溴代丁二酰亚胺（NBS）作为溴化剂，反应是在四氯化碳及过氧化苯甲酰（$C_6H_5COOOCC_6H_5$）等引发剂存在下进行的。例如：

$$CH_3CH_2CH{=}CH_2 \xrightarrow{NBS} CH_3\underset{\displaystyle Br}{\underset{|}{C}}HCH{=}CH_2$$

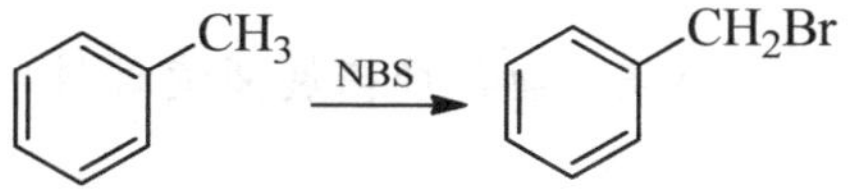

芳香烃的卤代或芳香烃侧链卤代见第 6 章。例如：

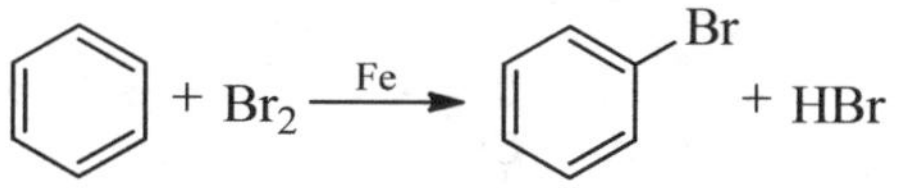

2. 不饱和烃的加成

烯烃或炔烃与卤化氢或卤素加成可以得到卤代烃（见第 3、4 章）。例如：

$$CH_2{=}CH_2 + HI \longrightarrow CH_3CH_2I$$

$$HC{\equiv}CH \xrightarrow[HgCl_2,120℃]{HCl} CH_2{=}CH{-}Cl$$

3. 氯甲基化反应

芳香烃、甲醛及氯化氢在无水氯化锌等存在下进行反应，可以直接在芳香烃上导入氯甲基（$—CH_2Cl$），这个反应称为氯甲基化反应。例如：

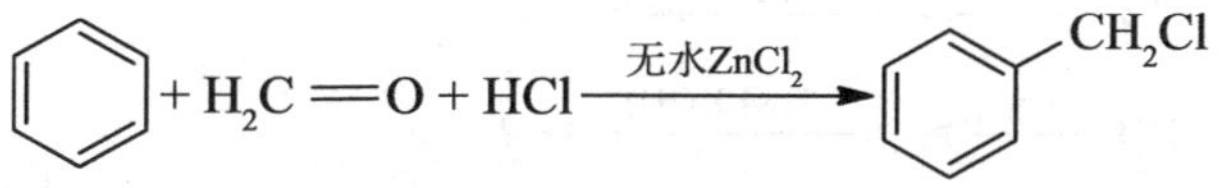

苯环上有第一类定位基时（卤素除外），氯甲基化反应易于进行；有第二类定位基和卤素时，反应难以进行。氯甲基化反应在有机合成上很重要，因为导入的氯甲基可以转化成其他基团。

9.6.2　由醇制备

醇分子中的羟基（—OH）用卤素置换可以得到相应的卤代烃，常用的试剂有氢卤素酸（HX）、卤化磷（PX_3、PX_5）和亚硫酰氯（$SOCl_2$）。因为醇较易得到，卤代烷大多是从醇制备的（见第 10 章）。例如：

$$3CH_3{-}\underset{\displaystyle OH}{\underset{|}{CH}}{-}CH_3 + PBr_3 \longrightarrow 3CH_3{-}\underset{\displaystyle Br}{\underset{|}{CH}}{-}CH_3 + H_3PO_3$$

$$CH_3CH_2CH_2CH_2{-}OH \xrightarrow{SOCl_2} CH_3CH_2CH_2CH_2{-}Cl + SO_2\uparrow + HCl\uparrow$$

9.6.3　卤代物的互换

卤代物的互换见 9.3.1 小节。例如：

$$CH_3\underset{\displaystyle Br}{\underset{|}{C}}HCH_3 + NaI \xrightarrow[25℃]{\text{丙酮}} CH_3\underset{\displaystyle I}{\underset{|}{C}}HCH_3 + NaBr\downarrow$$

扫一扫　　9-6　卤代烃拓展阅读材料

习　　题

1. 命名下列化合物。

（1）$CH_2ClCH_2CH_2CH_2Cl$　（2）$H_2C{=}\underset{\displaystyle CH_3}{\underset{|}{C}}{-}\overset{\displaystyle Cl}{\overset{|}{C}}HCH{=}CHCH_2Br$　（3）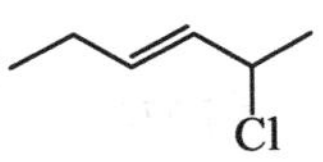

（4）$CH_3CHBr\overset{\displaystyle CH_2CH_3}{\overset{|}{C}}H{-}\underset{\displaystyle CH_3}{\underset{|}{C}}HCH_3$　（5）$F_2C{=}CF_2$　（6）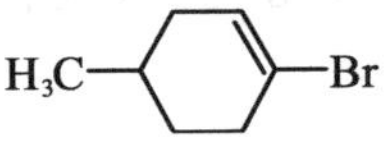

2. 写出下列化合物的结构式。

（1）烯丙基氯　（2）苄溴　（3）5-氯-4-甲基戊-2-炔　（4）一溴环戊烷

（5）1-溴-2-苯基乙烷　（6）偏二氯乙烯　（7）二氯二氟甲烷　（8）氯仿

3. 1, 2-二氯乙烯的（*Z*）-和（*E*）-异构体，哪个熔点较高？哪个沸点较高？为什么？

4. 完成下列反应式。

（1）$CH_3CH{=}CH_2 + HBr \longrightarrow ? \xrightarrow{NaCN} ?$

（2）$CH_3CH{=}CH_2 + HBr \xrightarrow{ROOR} ? \xrightarrow{H_2O(KOH)} ?$

（3）$CH_3CH{=}CH_2 + Cl_2 \xrightarrow{500℃} ? \xrightarrow{Cl_2+H_2O} ?$

（4） $+ Cl_2 \longrightarrow ? \xrightarrow[\text{醇}]{2KOH} ?$

（5）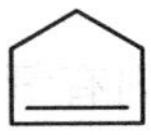 $\xrightarrow{NBS} ? \xrightarrow[CH_3COCH_3]{KI} ?$

（6）$CH_3\underset{\displaystyle CH_3}{\underset{|}{C}}H{-}\underset{\displaystyle OH}{\underset{|}{C}}HCH_3 \xrightarrow{PCl_5} ? \xrightarrow{NH_3} ?$

（7）$CH_3\underset{\displaystyle OH}{\underset{|}{C}}HCH_3 \xrightarrow{PBr_5} ? \xrightarrow{AgNO_3/C_2H_5OH} ?$

（8）$C_2H_5MgBr + CH_3CH_2CH_2CH_2CH{=}CH_2 \longrightarrow ?$

（9）$ClCH{=}CHCH_2Cl + CH_3COONa \xrightarrow{CH_3COOH} ?$

（10）$CH\equiv CH + 2Cl_2 \longrightarrow ? \xrightarrow[(1\,mol)]{KOH(C_2H_5OH)} ?$

（11）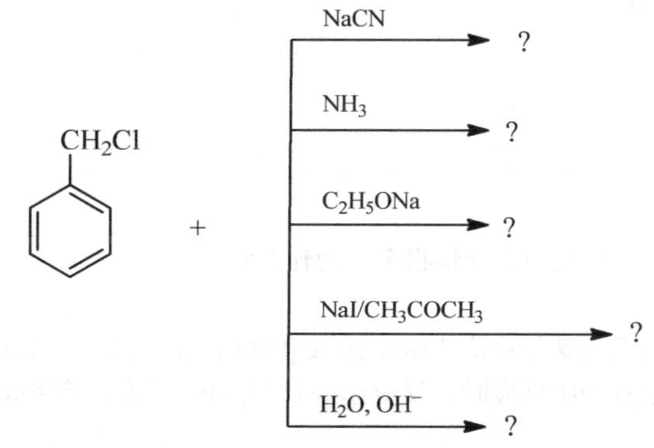

5. 将以下各组化合物按照不同要求排序。

（1）水解速率：

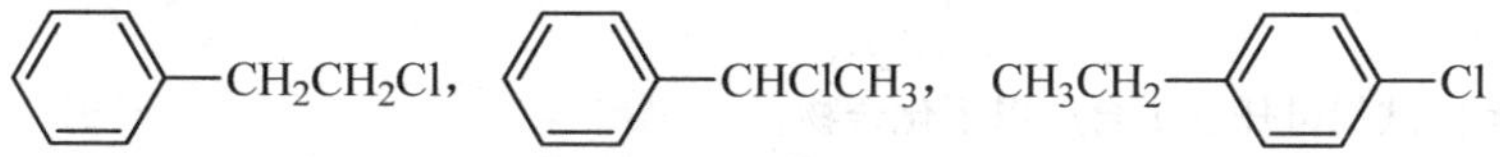

（2）与 $AgNO_3$-乙醇溶液反应难易程度：

$BrCH{=}CHCH_3$，$CH_3CHBrCH_3$，$CH_3CH_2CH_2Br$，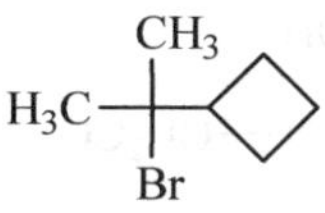

（3）进行 S_N2 反应速率：

（A）1-溴丁烷，1-溴-2, 2-二甲基丁烷，1-溴-2-甲基丁烷，1-溴-3-甲基丁烷

（B）2-溴-2-环戊基丁烷，1-溴-1-环戊基丙烷，溴甲基环戊烷

（4）进行 S_N1 反应速率：

（A）1-溴-3-甲基丁烷，2-溴-2-甲基丁烷，2-溴-3-甲基丁烷

（B）苄基溴，*α*-苯基乙基溴，*β*-苯基乙基溴

（C）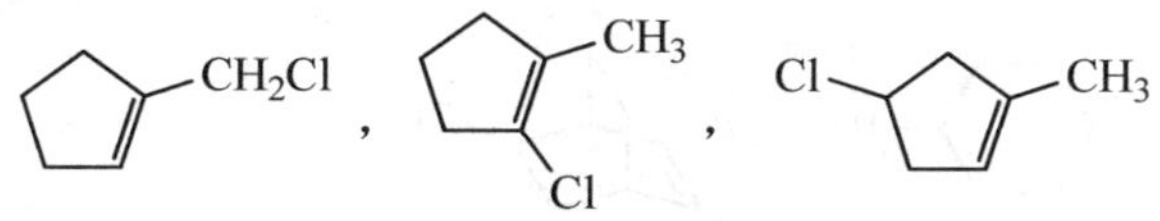

6. 写出下列化合物在浓 KOH 醇溶液中脱卤化氢的反应式，并比较反应速率的快慢。

3-溴环己烯，5-溴环己-1,3-二烯，溴代环己烷

7. 卤代烷与氢氧化钠在水与乙醇混合物中进行反应，试判断下列情况中哪些属于 S_N2 历程，哪些属于 S_N1 历程。

（1）一级卤代烷速率大于三级卤代烷。

（2）碱的浓度增加，反应速率无明显变化。

（3）两步反应，第一步是决速步。

（4）增加溶剂的含水量，反应速率明显加快。

（5）产物的构型 80% 消旋，20% 转化。

（6）进攻试剂亲核性越强，反应速率越快。

（7）有重排现象。

（8）增加溶剂含醇量，反应速率加快。

8. 用简便化学方法鉴别下列化合物。

3-溴环己烯，氯代环己烷，碘代环己烷，甲苯，环己烷

9. 写出下列亲核取代反应产物的构型式，反应产物有无旋光性？并标明 *R* 或 *S* 构型，它们是 S_N1 还是 S_N2 反应？

（1）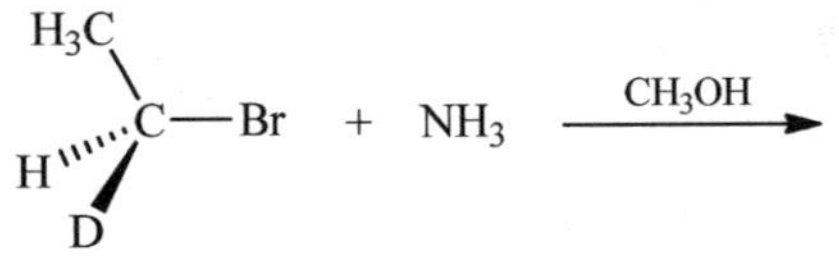

（2）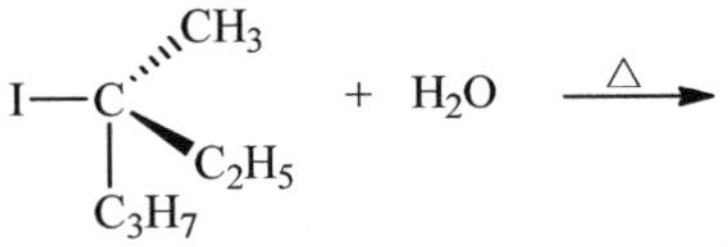

10. 氯甲烷在 S_N2 水解反应中加入少量 NaI 或 KI 时反应会加快很多，为什么？

11. 解释以下结果。

已知 3-溴戊-1-烯与 C_2H_5ONa 在乙醇中的反应速率取决于[RBr]和[$C_2H_5O^-$]，产物是 3-乙氧基戊-1-烯 $CH_3CH_2\underset{OC_2H_5}{\underset{|}{CH}}—CH=CH_2$；但是当它与 C_2H_5OH 反应时，反应速率只与[RBr]有关，除生成 3-乙氧基戊-1-烯外，还生成 1-乙氧基戊-2-烯 $CH_3CH_2CH=CH\underset{OC_2H_5}{\underset{|}{CH_2}}$。

12. 由指定的原料（其他有机或无机试剂可任选）合成以下化合物。

（1）由丙烯开始合成：

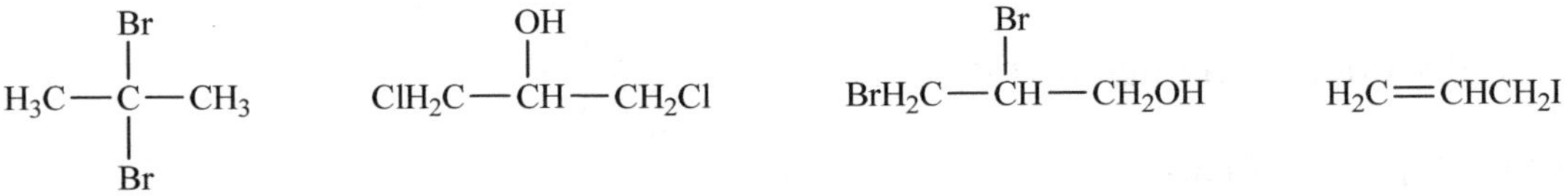

（2）由苯开始合成：

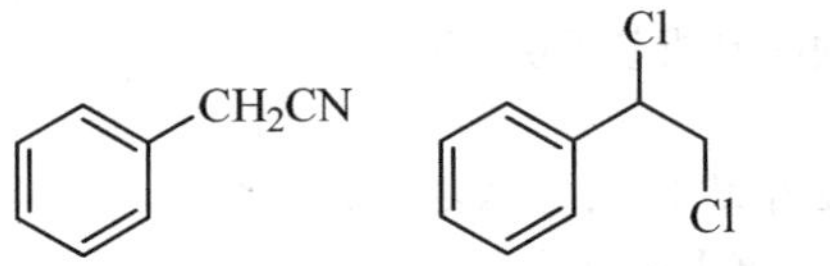

（3）由环己醇开始合成：

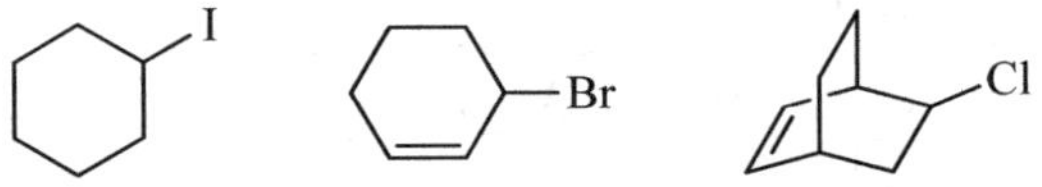

（4）由溴代正丁烷制备：丁-1-醇和丁-2-醇

13. 由 1-溴丙烷制备下列化合物：（1）异丙醇；（2）1, 1, 2, 2-四溴丙烷；（3）2-溴丙烯；（4）己-2-炔；（5）2-溴-2-碘丙烷。

14. 由指定原料合成。

（1）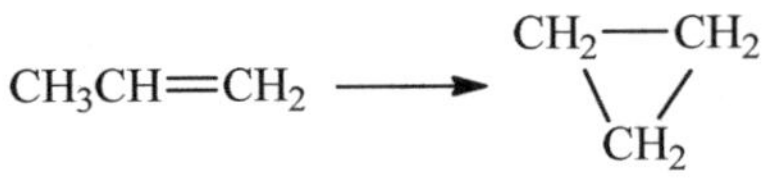

（2）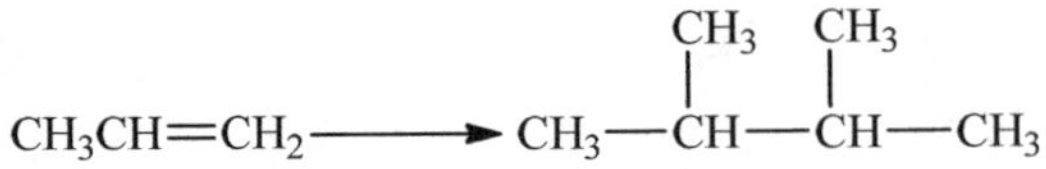

（3）$C_2H_5Br \longrightarrow CH_3CH_2CH=CH_2$

（4）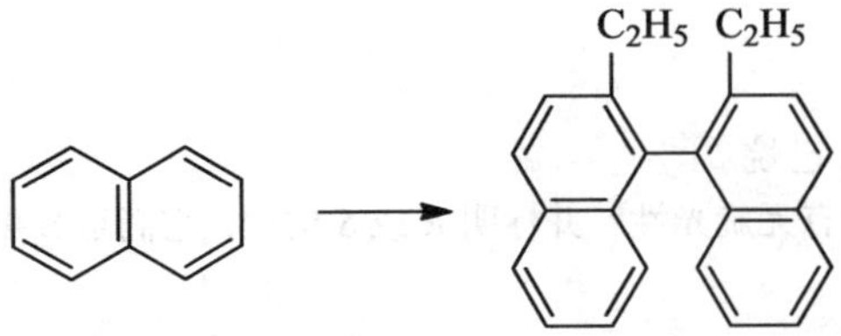

15. 环戊烯与溴加成，预期得到什么产物？

16. 化合物 A（C_5H_9Br）可以吸收 1mol 溴生成 B（$C_5H_9Br_3$），为外消旋体。A 容易与 NaOH 水溶液作用得到互为异构体的两种醇 C 和 D。C 加氢后的产物可以被氧化成酸 E。A 与 NaOH-C_2H_5OH 溶液作用得到 F（C_5H_8）。F 经高锰酸钾氧化后得到丙酮酸。试推测 A～F 的结构式。

17. 1, 2-二（五溴苯基）乙烷（又称十溴二苯乙烷）是一种新型溴系列阻燃剂，其性能与十溴二苯醚相似，但其阻燃性、耐热性和稳定性好。与十溴二苯醚不同，十溴二苯乙烷高温分解时不产生二 英致癌物及毒性物质，现被广泛用来代替十溴二苯醚，在树脂、橡胶、塑料和纤维等中用作阻燃剂。试由下列指定原料（无机原料任选）合成：（1）由苯和乙烯合成；（2）由甲苯合成。

18. 某化合物 A 分子式为 C_5H_{12}，A 在其同分异构体中熔点和沸点差距最小，A 的一溴代物只有一种 B。B 进行 S_N1 或 S_N2 反应都很慢，但在 Ag^+的作用下，可以生成札依采夫烯烃 C。写出化合物 A、B、C 的构造式。

19. 化合物 A 与 Br_2-CCl_4 溶液作用生成一个三溴化合物 B，A 很容易与 NaOH 水溶液作用，生成两种同分异构的醇 C 和 D，A 与 KOH-C_2H_5OH 溶液作用，生成一种共轭二烯烃 E。将 E 臭氧化、锌粉水解后生成乙二醛（OHC—CHO）和 4-氧代戊醛（$OHCCH_2CH_2COCH_3$）。试推导 A～E 的构造。

20. 某化合物 A（$C_9H_{11}Br$）经硝化反应只生成分子式为 $C_9H_{10}NO_2Br$ 的两种异构体 B 和 C。B 和 C 中的溴原子很活泼，易与 NaOH 水溶液作用，分别生成分子式为 $C_9H_{11}NO_3$ 互为异构体的醇 D 和 E。B 和 C 也容易与 NaOH 的醇溶液作用，分别生成分子式为 $C_9H_9NO_2$ 互为异构体的 F 和 G。F 和 G 均能使 $KMnO_4$ 水溶液或溴水褪色，氧化后均生成分子式为 $C_8H_5NO_6$ 的化合物 H。试写出 A～H 的构造式。

21. 用立体表达式写出下列反应的历程，并解释立体化学问题。

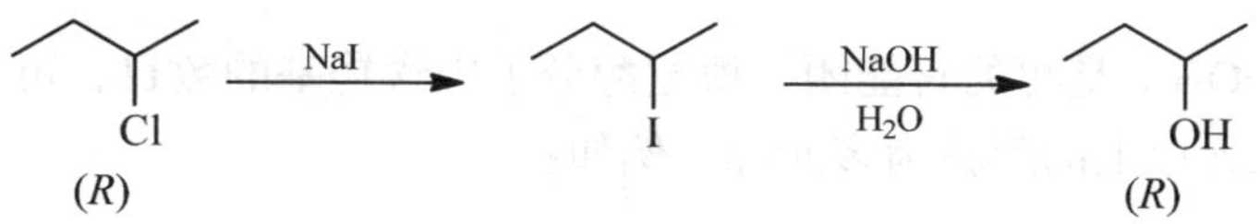

扫一扫　　9-7　卤代烃命名习题答案（2017 版）

第 10 章　醇、酚、醚

扫一扫　　10-1　醇、酚、醚 目标导图+知识地图

醇、酚和醚在结构上可以看作是水分子中的氢被烃基取代的衍生物。水分子中的一个氢被脂肪烃基取代是醇，被芳基取代是酚，如果是两个氢都被烃基取代是醚。

H—O—H	R—O—H	Ph—O—H	R(R',Ar)—O—(Ar,R')R
水	醇	酚	醚

10.1　醇

10.1.1　醇的分类、结构及命名

1. 醇的分类

醇的羟基（—OH）是醇的官能团。根据醇分子中含羟基的数目，可分为一元醇、二元醇及三元醇等，二元以上的醇称为多元醇。例如：

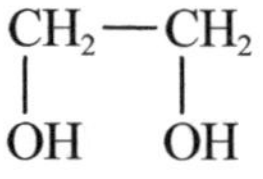

乙二醇

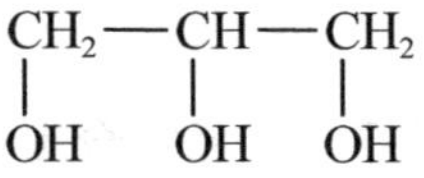

丙三醇

在一元醇分子中，根据羟基所连接的碳原子的种类不同，分为一级醇（伯醇）、二级醇（仲醇）和三级醇（叔醇），分别用1°、2°、3°表示。例如：

$CH_3CH_2CH_2OH$

伯醇

一级醇（1°醇）

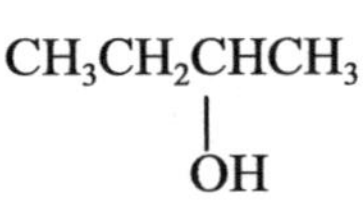

仲醇

二级醇（2°醇）

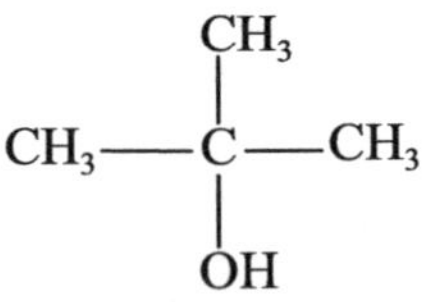

叔醇

三级醇（3°醇）

根据醇分子中烃基的类型，又可分为脂肪醇、脂环醇，或饱和醇、不饱和醇。例如：

$H_3C—OH$

饱和醇

$H_2C═CH—CH_2—OH$

不饱和醇

$CH_3CH_2—OH$

脂肪醇

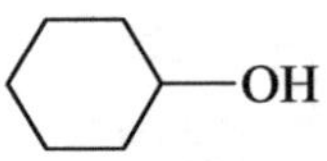

脂环醇

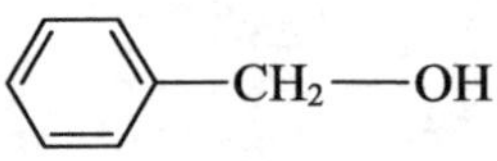

芳香醇

2. 醇的命名

扫一扫 10-2 醇、酚、醚的命名（1980 版）

简单的一元醇可用普通命名法命名，即根据和羟基相连的烃基名称来命名，在“醇”字前面加上烃基的名称。英文名称是在醇的类名“alcohol”前加“基”的名称。例如：

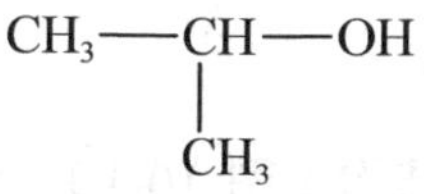

异丙醇

isopropyl alcohol

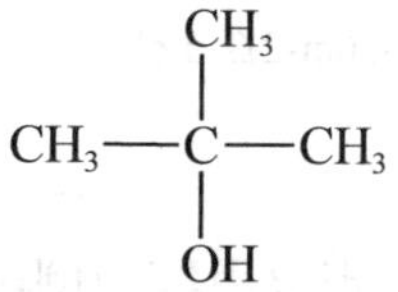

叔丁醇

t-butyl alcohol

结构比较复杂的醇采用系统命名法命名，选择含有羟基的最长碳链作为主链，将支链看作取代基，从离羟基最近的一端开始编号，按照主链所含的碳原子数目称为某醇。命名时，将支链的位次、名称及羟基的位次在名称前依次注明。例如：

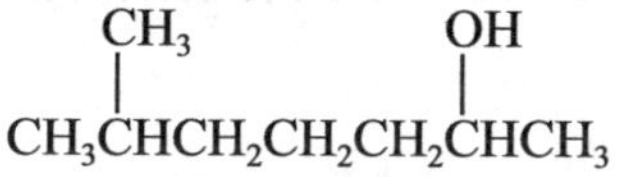

6-甲基庚-2-醇

6-methylheptan-2-ol

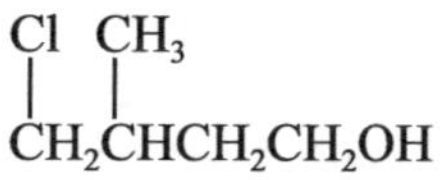

4-氯-3-甲基丁-1-醇

4-chloro-3-methylbutan-1-ol

不饱和醇：在遵循上述规则的基础上，再考虑碳链中含最多数量的碳碳重键。编号从离羟基最近的一端开始，遵循重键位次（组）最低原则。例如：

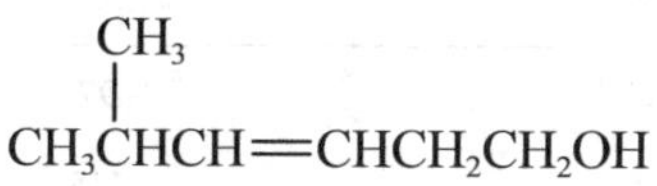

5-甲基己-3-烯-1-醇

5-methylhex-3-en-1-ol

羟基和碳环相连：以环醇为母体命名，从与羟基相连的碳开始编号。例如：

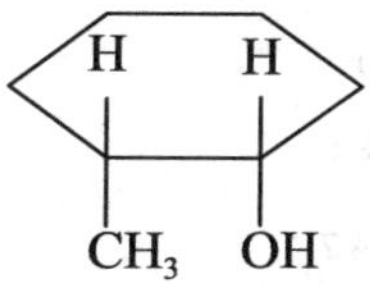

顺-2-甲基环己醇

cis-2-methylcyclohexanol

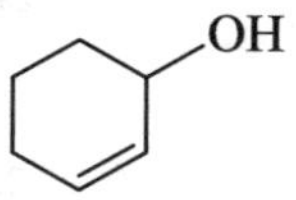

环己-2-烯醇

cyclohex-2-enol

多元醇也是采用系统命名法命名，选取含有尽可能多羟基的碳链作为主链，然后考虑碳链最长原则。编号时优先遵循羟基位次（组）最低原则。根据主链的碳原子数称为某几醇。例如：

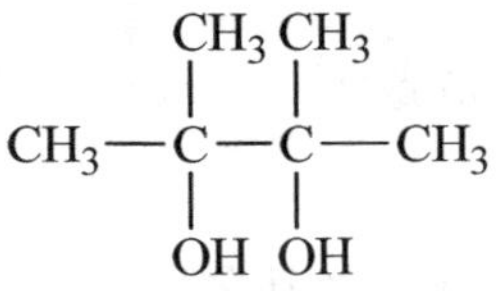

2,3-二甲基丁-2,3-二醇

2,3-dimethylbutan-2,3-diol

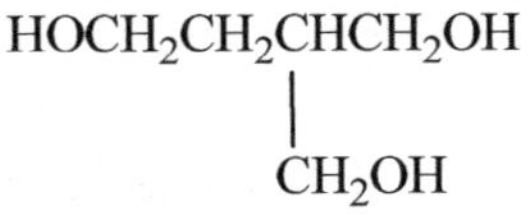

2-羟甲基丁-1,4-二醇

2-hydroxymethylbutan-1,4-diol

3. 醇的结构

最简单的醇是甲醇，现以甲醇为例讨论醇的结构（图 10-1）。在甲醇分子中，碳原子和氧原子均处于 sp^3 杂化状态，氧原子中两对未共用电子对各占据一个 sp^3 杂化轨道，剩下的两个 sp^3 杂化轨道分别与碳原子和氢原子结合，形成碳氧 σ 键和氢氧 σ 键，它们之间的键角约为 109°。由于醇分子中氧原子的电负性比碳原子大，氧原子上的电子云密度较高，因此醇分子具有较强的极性。

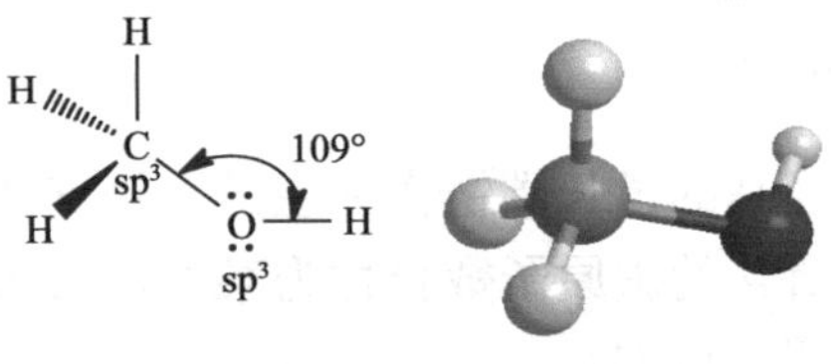

图 10-1　甲醇的结构

10.1.2　醇的物理性质

在直链饱和一元醇中，C_4 以下的醇为有酒味的流动液体，C_5～C_{11} 的醇为具有不愉快气味的油状液体，C_{12} 以上的醇为无臭无味的蜡状固体。一些醇的物理常数见表 10-1。

表 10-1　一些醇的物理常数

名称	沸点/℃	熔点/℃	相对密度（20℃）
甲醇	64.7	−97	0.792
乙醇	78.5	−115	0.7893
正丙醇	97.4	−126.5	0.8035
正丁醇	117.8	−89.5	0.8098
正戊醇	138.0	−79	0.817
正十二醇	255.9	26	0.8309
正十六醇	344	50	0.8716
丙-2-醇	82.4	−88.5	0.7855
丁-2-醇	99.5	−114.7	0.8063
2-甲基丙-1-醇	108.0	−108	0.802
2-甲基丙-2-醇	82.2	25.5	0.7877
戊-2-醇	118.9	—	0.8103

续表

名称	沸点/℃	熔点/℃	相对密度（20℃）
2-甲基丁-1-醇	128	—	0.8193
3-甲基丁-1-醇	131.5	−117	0.8092
2-甲基丁-2-醇	102	−8.4	0.8059
环戊醇	140.85	−19	0.9478
环己醇	161.5	24	0.9624
苯甲醇	205.0	−15.3	1.046
三苯甲醇	380	162.5	1.199
乙二醇	197	−16.0	1.113
丙三醇	290（分解）	18.0	1.2613

直链饱和一元醇的沸点变化情况与烷烃相似，也是随着碳原子数的增加而有规律地上升，每增加一个系差（CH_2），沸点将升高 13～20℃。对于碳原子数相同的醇，含支链越多，沸点越低。例如，正丁醇的沸点为 117.8℃，异丁醇为 108℃，二级丁醇为 99.5℃，三级丁醇为 82℃。但是，低级醇的沸点比与它相对分子质量相近的烷烃高得多，甲醇（相对分子质量 32）的沸点为 64.7℃，而乙烷（相对分子质量 30）的沸点为−88.6℃。这是因为低级醇在液体状态时和水相似，分子间能通过形成氢键而缔合，它们的分子实际上是以缔合体存在的。

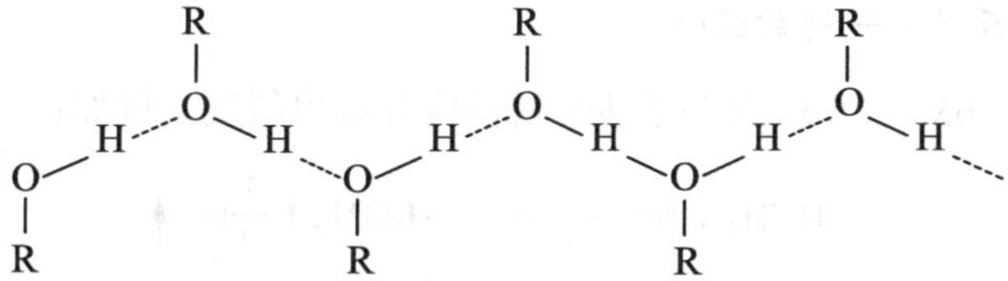

要使液态的醇变为蒸气（单分子状态），不仅要破坏分子间的范德华力，还必须消耗一定能量破坏氢键（O—H---O，氢键键能为 20.9 kJ · mol^{-1}），因而低级醇的沸点比相对分子质量相近的烷烃高得多。

甲醇、乙醇和丙醇能与水以任意比例混溶。从正丁醇起，直链饱和一元醇在水中的溶解度显著降低，从癸醇以上则不溶于水。显然，醇在水中的溶解度随碳原子数的增多而下降。低级醇能与水形成氢键，故能与水混溶。但是，烃基的大小对缔合作用有一定影响，烃基越大，醇羟基形成氢键的能力越弱，醇的溶解度渐渐由取得支配地位的烃基决定。因而，醇在水中的溶解度也就降低以致不溶。高级醇与烷烃极其相似，不溶于水，而溶于汽油中。

饱和一元醇的相对密度虽然比相应的烷烃密度大，但仍比水轻，均小于 1。低级醇还能和一些无机盐类（$MgCl_2$、$CaCl_2$、$CuSO_4$ 等）形成结晶状的分子化合物，称为结晶醇，也称醇化物，如 $MgCl_2 \cdot 6CH_3OH$、$CaCl_2 \cdot 4C_2H_5OH$ 和 $CaCl_2 \cdot 4CH_3OH$ 等。结晶醇不溶于有机溶剂而溶于水。在实际工作中，常利用这一性质使醇与其他有机化合物分开或从反应物中除去醇类。例如，工业用的乙醚中常含有少量乙醇，利用乙醇与 $CaCl_2$ 生成结晶醇的性质，加入 $CaCl_2$ 便可除去乙醚中的少量乙醇。

10.1.3 醇的化学性质

扫一扫 10-3 醇的化学性质

醇的化学性质主要由羟基官能团决定，同时也受到羟基的一定影响。从化学键来看，C—O 键和 O—H 键都是极性键，这是醇易于发生反应的两个部位。O—H 键具有极性，使氢原子带有部分正电荷，故醇有酸性，可与活泼金属和碱反应。C—O 键具有极性，使氧原子带有部分负电荷，故醇也具有碱性，可与无机酸反应。同时，C—O 键的极性，使碳原子带有部分正电荷，在酸的催化下可发生亲核取代反应。

另外，醇的 α-H 也具有一定的活性，可发生氧化反应。当醇发生分子内脱水反应时，β-C—H 键会断裂。醇的结构与性质的关系如图 10-2 所示。

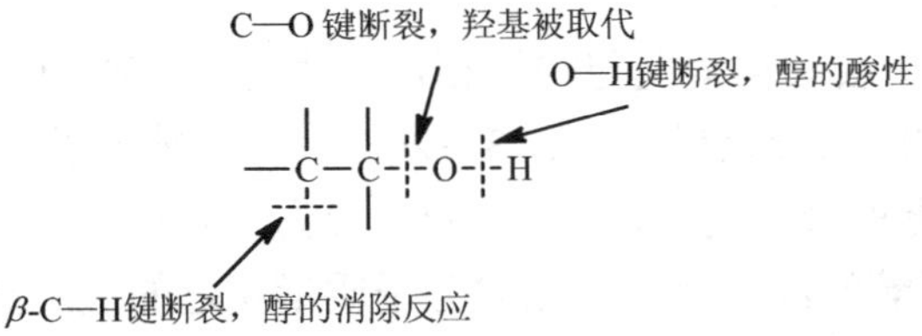

图 10-2 醇的反应类型分析

1. 与活泼金属反应——醇的酸性

醇具有弱酸性（$pK_a \approx 16$），可与活泼金属反应并放出氢气。例如：

$$C_2H_5OH + Na \longrightarrow C_2H_5ONa + \frac{1}{2}H_2 \uparrow$$

生成的乙醇钠溶解在过量的乙醇中。若使反应在无水乙醚中进行，可以得到固态的乙醇钠。

醇与金属钠反应比水与金属钠反应缓和很多，表明醇是比水弱的酸，或者说烷氧负离子 RO^- 的碱性比 HO^- 强，因此当醇钠遇水时立即水解恢复到醇和氢氧化钠。

$$RCH_2O^-Na^+ + H_2O \rightleftharpoons RCH_2OH + NaOH$$

在平衡混合物中醇钠的量很少。随着醇烃基的加大，与金属钠反应的速率也随之减慢。醇与金属钠反应活性是甲醇＞伯醇＞仲醇＞叔醇。

醇钠在有机合成中用作碱性试剂，其碱性比 NaOH 还强。另外，醇钠也常用作分子中引入烷氧基（RO—）的亲核试剂。

叔醇不活泼，常与 KH 作用制备叔丁醇钾：

$$(CH_3)_3C—OH + KH \longrightarrow (CH_3)_3C—OK + H_2 \uparrow$$

商品叔丁醇钾是固体，易溶于四氢呋喃中。

2. 与氢卤酸反应

醇与氢卤酸反应生成卤代烷，这是制备卤代烃的一种重要反应。

$$R—OH + HX \longrightarrow R—X + H_2O$$

其反应速率与氢卤酸的性质和醇的结构有关。氢卤酸的活性顺序是 HI＞HBr＞HCl。醇的活性顺序是烯丙型醇＞叔醇＞仲醇＞伯醇。例如，当伯醇与氢碘酸一起加热就可生成碘代烃；与氢溴酸作用时，必须在硫酸的存在下加热才能生成溴代烃；与浓盐酸作用，必须有氯化锌存在并加热，才能产生氯代烃。烯丙型醇和叔醇在室温下和浓盐酸一起振荡后就有氯化物生成。

$$CH_3CH_2CH_2CH_2OH \xrightarrow[\text{或}NaBr + H_2SO_4,\ \triangle]{HBr,\ H_2SO_4} CH_3CH_2CH_2CH_2Br$$

$$CH_3CH_2CH_2OH \xrightarrow[\triangle]{HCl\ +\ ZnCl_2} CH_3CH_2CH_2Cl$$

$$(CH_3)_3C—OH \xrightarrow[\text{室温}]{\text{浓}HCl} (CH_3)_3C—Cl$$

利用醇和盐酸作用的快慢，可以区别一级、二级和三级醇。所用试剂为无水氯化锌和浓盐酸配成的溶液，称为卢卡斯（Lucas）试剂。低级一元醇（C_6 以下）能溶于卢卡斯试剂中，相应的氯代烷则不溶，从出现浑浊所需的时间可以衡量醇的反应活性。例如，三级醇与卢卡斯试剂很快发生反应，生成的氯代烷立即分层；二级醇则作用较慢，静置片刻才变浑浊，最后分成两层；一级醇在常温下不发生反应。

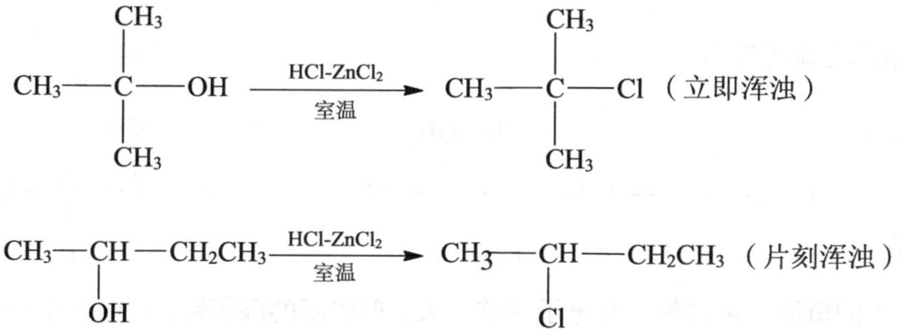

$$CH_3CH_2CH_2CH_2OH \xrightarrow[\triangle]{HCl\text{-}ZnCl_2} CH_3CH_2CH_2CH_2Cl \text{（室温无变化，加热后反应）}$$

醇与氢卤酸的反应是亲核取代反应历程。与卤代烃相比，醇较难进行亲核取代反应。因为醇的离去基团碱性较强（$HO^- > X^-$），所以反应要在酸催化下进行。此时，醇形成锌盐（$R\overset{+}{O}H_2$），离去基团由强碱（HO^-）转变为弱碱（H_2O）。

对伯醇来说，卤素负离子作为亲核试剂从背面向α-碳原子进攻，按 S_N2 历程进行取代反应。

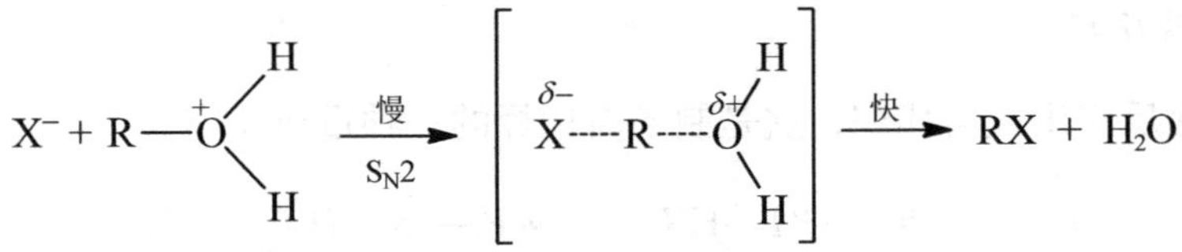

对叔醇来说，则按 S_N1 历程进行，即生成的盐先解离成水和碳正离子，再与卤素负离子结合生成卤代烷。

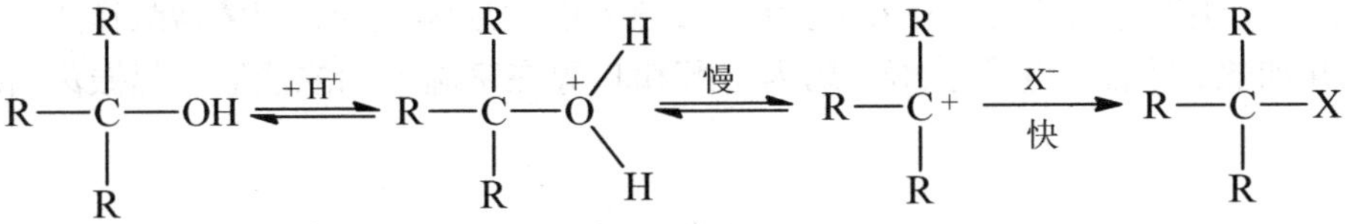

苄醇、烯丙醇及仲醇也易按 S_N1 历程进行亲核取代反应。

醇与氢卤酸按 S_N1 历程反应时，碳正离子中间体有可能发生重排而形成另一个较稳定的碳正离子，因而得到重排产物。例如：

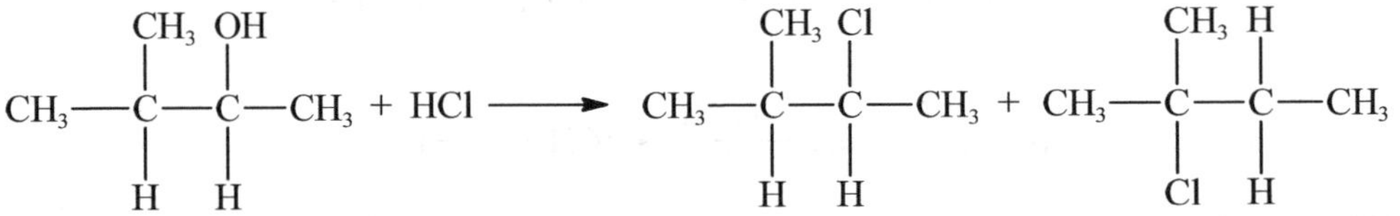

（1）

（重排产物）

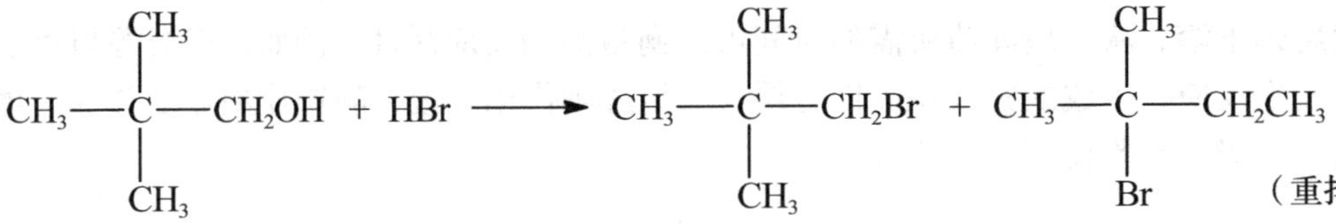

（2）

（重排产物为主）

式（1）的重排反应历程为

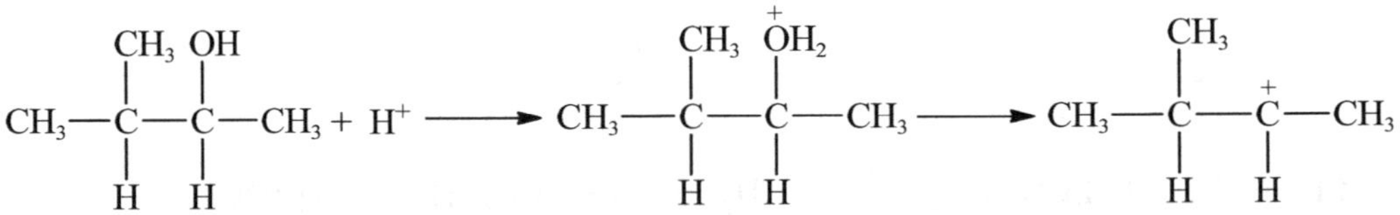

相邻碳原子上的氢原子可以带一对电子转移过来，形成新的碳氢键，同时产生一个更稳定的三级碳正离子：

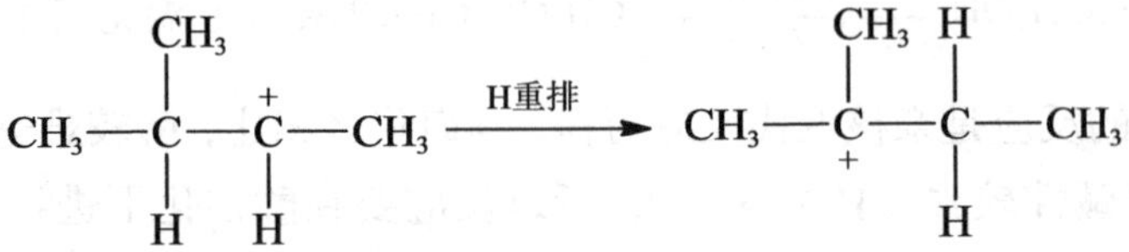

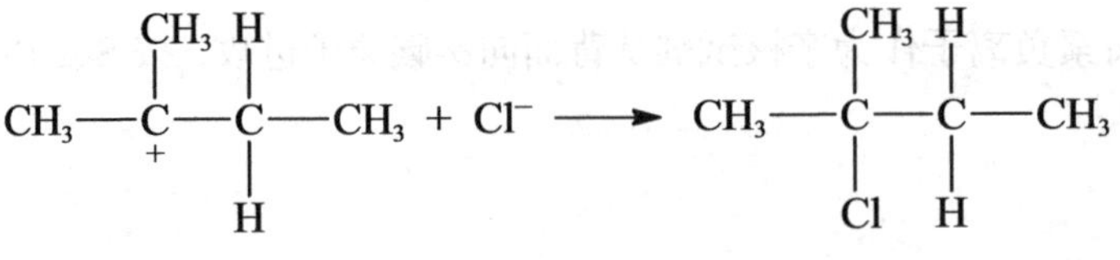

对式（2）来说，反应物是一级醇，由于β-碳原子上连有三个甲基，阻碍了亲核试剂从背面的 S_N2 进攻，因此反应仍按 S_N1 历程进行，也得到重排产物。

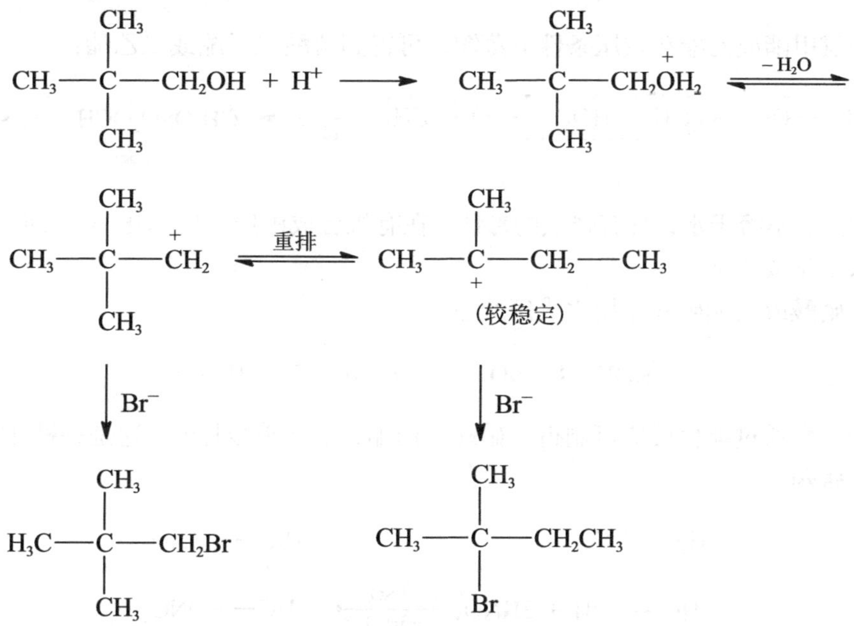

(重排产物为主)

当伯醇或仲醇的β-碳原子上具有两个或三个烷基或芳基时，在酸作用下都能发生分子重排反应，这个重排反应称为瓦格涅尔-麦尔外因（Wagner-Meerwein）重排，是碳正离子的重排反应。

3. 与卤化磷反应

醇与三卤化磷反应，可以得到卤代烃。例如：

$$3CH_3-\underset{OH}{\underset{|}{CH}}-CH_3 + PBr_3 \longrightarrow 3CH_3\underset{Br}{\underset{|}{CH}}-CH_3 + H_3PO_3$$

以上反应常用于制备溴代烷。制备氯代烷的一个好方法是用亚硫酰氯与醇反应，同时反应生成二氧化硫和氯化氢两种气体。在反应过程中，这些气体都离开了反应体系，有利于反应向生成产物的方向进行。该反应速率快、反应条件温和且产率高。例如：

$$CH_3CH_2CH_2CH_2-OH \xrightarrow{SOCl_2} CH_3CH_2CH_2CH_2-Cl + SO_2\uparrow + HCl\uparrow$$

4. 与硫酸、硝酸、磷酸等反应

醇除与氢卤酸作用外，还能与硫酸、硝酸和磷酸等作用，生成的产物总称为无机酸酯。从组成上看，酯可以看作是酸分子中的氢原子被烃基取代生成的产物。醇与酸形成酯的反应称为酯化反应。醇与硫酸作用得到硫酸氢酯。例如：

$$CH_3OH + H_2SO_4 \rightleftharpoons CH_3-O-SO_3H + H_2O$$

硫酸氢甲酯（甲基硫酸）

硫酸氢酯是酸性酯，可以与碱作用生成盐。高级醇的硫酸氢酯的钠盐，如十二醇的硫酸氢酯的钠盐（$C_{12}H_{25}$—O—SO_2ONa）是一种阴离子表面活性剂，具有去污、乳化和发泡的作用。

将硫酸氢甲酯或乙酯在减压条件下蒸馏，可得到硫酸二甲酯或二乙酯：

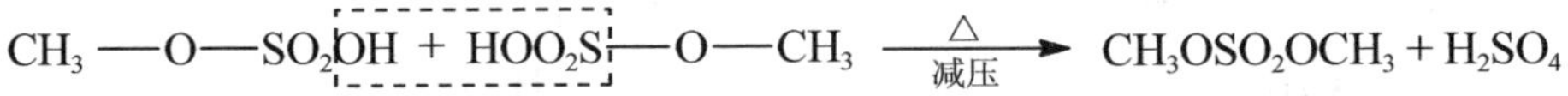

硫酸二甲酯

它们是中性酯，不溶于水，具有强烈的毒性，在有机合成中用作烷基化剂，可向其他化合物分子中引入甲基或乙基。

醇与浓硝酸或发烟硝酸作用生成硝酸酯。

$$ROH + HONO_2 \longrightarrow RONO_2 + H_2O$$

甘油与硝酸通过酯化反应可制得三硝酸甘油酯，俗称硝酸甘油。这是一种炸药，也可用作心血管扩张药。

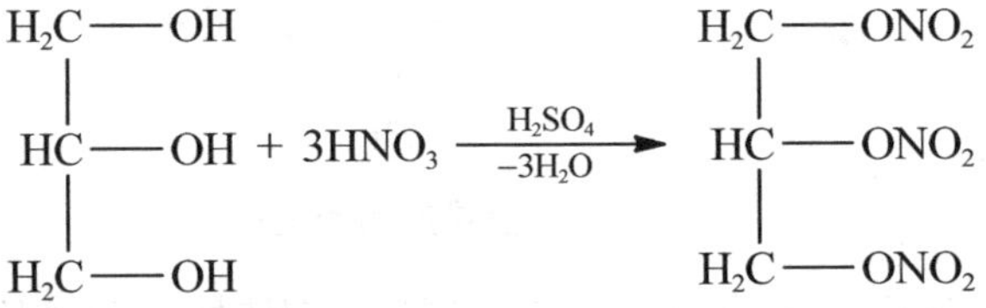

现在认为，在浓硫酸存在下，硝酸和甘油的反应是通过醇分子中的氢氧键断裂而进行的。
醇也能与磷酸作用生成磷酸酯。例如：

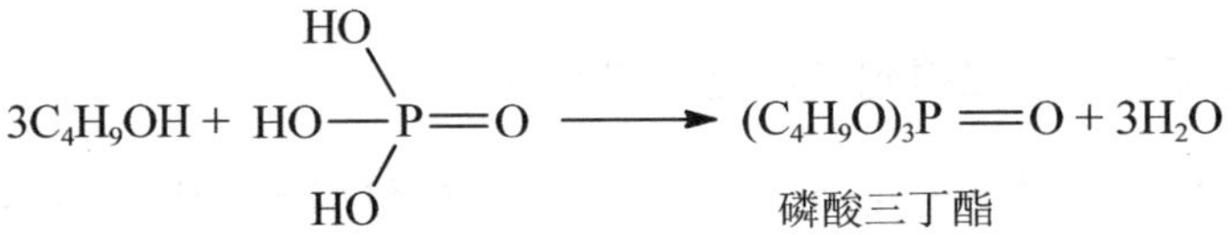

磷酸三丁酯

磷酸三丁酯常用作萃取剂或增塑剂。许多磷酸酯是重要的农药。

醇与磺酰氯反应生成磺酸烷基酯 TsOR。

对甲苯磺酰氯　　　　对甲苯磺酸烷基酯

由于对甲苯磺酸酯中磺酸根负离子（TsO^-）的弱碱性，它成为一个很好的离去基团，因此磺酸烷基酯比醇容易进行亲核取代反应和消除反应。例如：

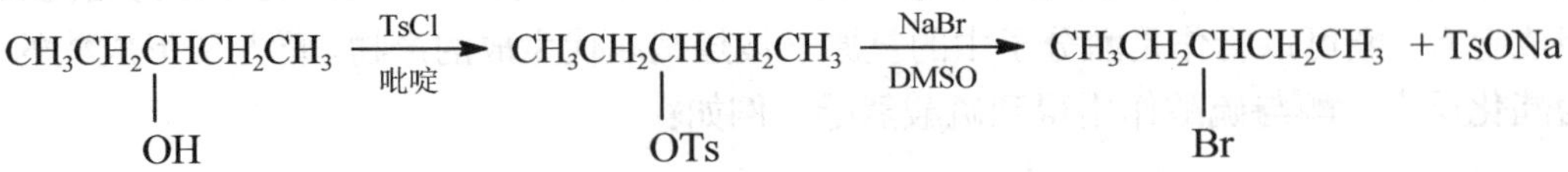

醇与有机酸及其酰卤反应生成有机酸酯，这将在第 12 章中讨论。

$$CH_3COOH + CH_3CH_2OH \underset{}{\overset{H^+}{\rightleftharpoons}} CH_3COOCH_2CH_3 + H_2O$$

5. 脱水反应

醇的脱水反应有两种方式，一种是分子内脱水成烯，另一种是分子间脱水成醚。

$$CH_3CH_2OH \xrightarrow[\text{或}Al_2O_3,\ 360℃]{\text{浓}H_2SO_4,\ 170℃} H_2C{=}CH_2 + H_2O$$

$$CH_3CH_2OH \xrightarrow[\text{或}Al_2O_3,\ 240℃]{\text{浓}H_2SO_4,\ 140℃} C_2H_5OC_2H_5 + H_2O$$

醇在较高温度（400～800℃）下，直接加热可以脱水生成烯烃；有 Al_2O_3 或浓 H_2SO_4 催化剂存在时，脱水可以在较低温度下进行。

不同类型醇的脱水反应难易程度相差很大，其反应活性顺序是 3°＞2°＞1°。

仲醇、叔醇分子内脱水，若有两种不同的取向时，则遵从札依采夫规则，主要生成碳碳双键上烃基较多的比较稳定的烯烃。例如：

$$CH_3CH_2CH(OH)CH_3 \xrightarrow[87℃,\ 80\%]{62\%\ H_2SO_4} CH_3CH{=}CHCH_3 + H_2O$$

有些醇在酸的作用下脱水时，发生重排反应。例如：

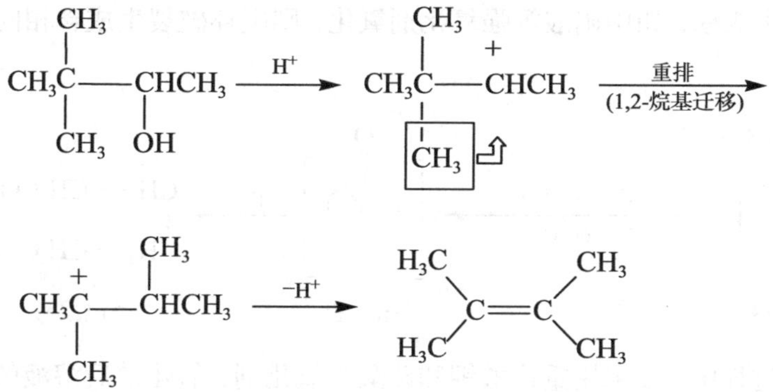

6. 氧化和脱氢

氧化反应是有机化学中较重要和较普遍的反应。广义地说，在有机化合物分子中加入氧原子或脱去氢原子的反应都属于氧化反应。虽然关于醇的氧化反应历程尚不完全清楚，但已确认醇的氧化反应与其羟基相连的碳原子（α-C）上有无氢原子有关。在醇分子中，由于羟基的影响，α-氢原子较活泼，容易被氧化或脱氢。常用的氧化剂为 $K_2Cr_2O_7$-H_2SO_4、CrO_3-HOAc 和酸性 $KMnO_4$ 等。

1）氧化

伯醇在重铬酸钾的硫酸溶液中氧化先生成醛，醛能继续氧化生成酸，生成的醛和酸与原来的醇含有相同的碳原子数。如果要得到醛，就必须把生成的醛立即从反应混合物中蒸馏出去，使其不与氧化剂接触，否则会被继续氧化成酸，但此法只适用于制备低沸点（＜100℃）

醛。仲醇氧化生成碳原子数相同的酮。

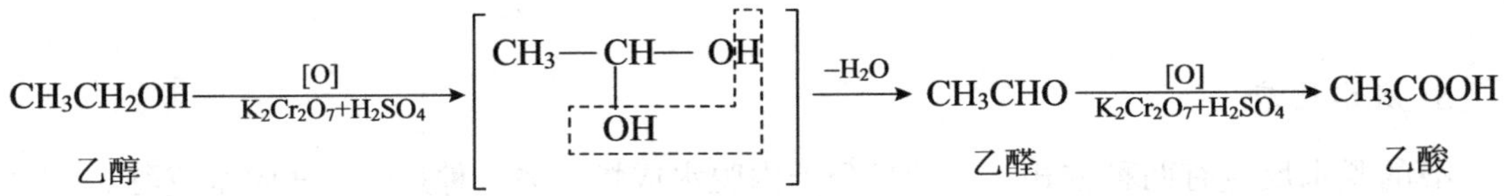

沙瑞特（Sarret）试剂是近年来开发的高选择性氧化剂，它是三氧化铬（CrO_3）和吡啶的络合物$(C_5H_5N)_2 \cdot CrO_3$。它可控制伯醇氧化生成醛而不继续氧化生成酸，且产率较高。例如：

$$CH_3CH_2CH_2CH_2OH \xrightarrow[CH_2Cl_2]{CrO_3\text{-}Py} CH_3CH_2CH_2CHO$$

叔醇分子中不含α-氢原子，在上述条件下不被氧化，但在剧烈条件下与高锰酸钾或重铬酸钾的硫酸溶液一起回流，则氧化生成含有碳原子数较少的产物。例如：

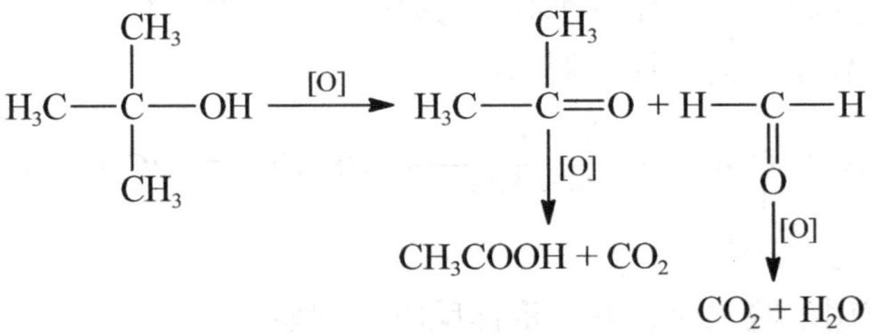

脂环醇氧化生成酮，如用硝酸等强氧化剂氧化，则碳环破裂生成含相同碳原子数的二元羧酸。例如：

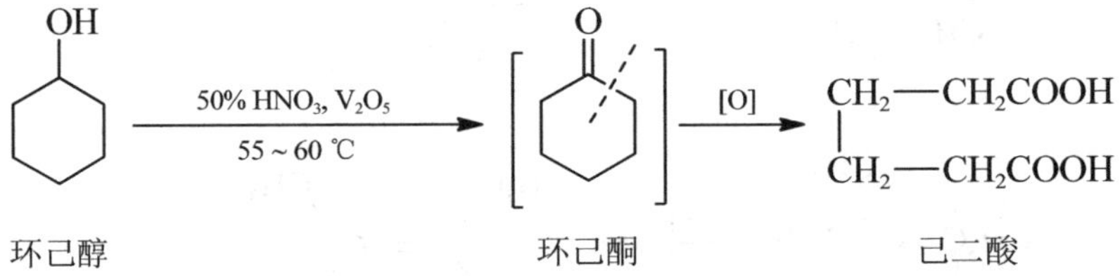

在上述氧化过程中，如采用重铬酸钾和硫酸为氧化剂，氧化前后溶液的颜色将由六价铬（Cr^{6+}）的橙红色还原为三价铬（Cr^{3+}）后而显绿色。

根据氧化的难易、氧化产物的结构及反应过程中溶液颜色的变化可以区别伯、仲及叔醇。

检查司机是否酒后驾车的呼吸分析仪种类很多，其中有的就是根据酒中所含乙醇被氧化后溶液颜色变化的原理设计的。例如，饮酒量致使 100 mL 血液中含有超过 80 mg 乙醇（最大允许量）时，人呼出的气体所含乙醇量就可被呼吸分析仪测定出来。

2）催化脱氢

伯、仲醇的蒸气在高温下通过催化剂活性铜时发生脱氢反应，生成醛或酮。

$$RCH_2OH \underset{325℃}{\overset{Cu}{\rightleftharpoons}} RCHO + H_2$$

$$R_2CHOH \underset{325℃}{\overset{Cu}{\rightleftharpoons}} R_2C{=}O + H_2$$

叔醇无α-氢原子，不能发生脱氢反应。

7. 邻二醇的反应

邻二醇与新生成的$Cu(OH)_2$作用，生成鲜艳蓝色的络合物。这一反应可用来区别一元醇和二元醇。

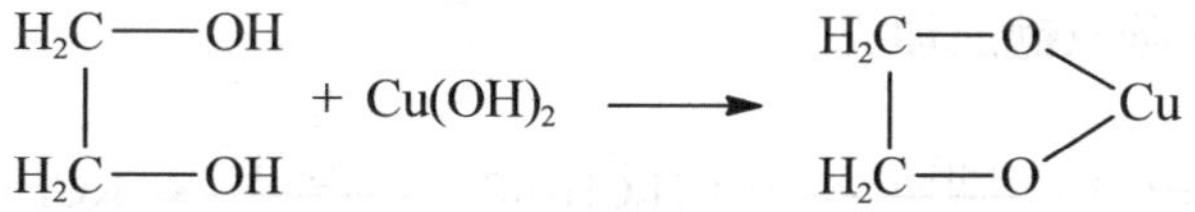

邻二醇还可以用高碘酸等在缓和条件下进行氧化反应。反应时，具有羟基的两个碳原子的 C—C 键断裂而生成醛、酮或羧酸等产物。

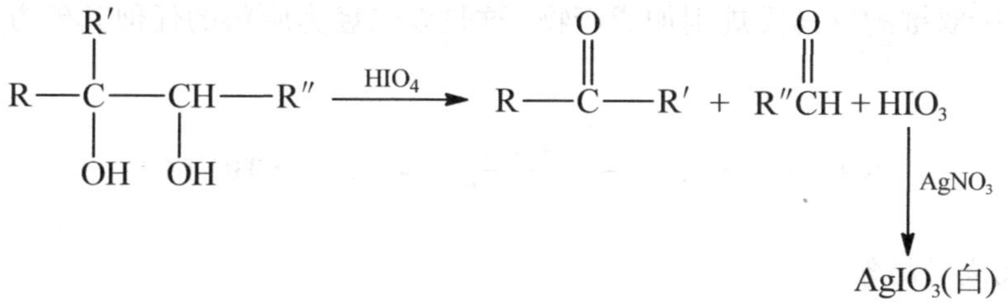

10.1.4　醇的制备

工业上以石油裂解气中的烯烃为原料合成醇。低级醇是某些糖类和蛋白质发酵的产物。实验室制备醇的方法很多，可以看作是在分子中引入羟基的方法。天然的蜡是高级羧酸和高级醇形成的酯。例如，鲸蜡是十六个碳原子的羧酸和正十六醇形成的酯，水解这类酯可获得相应的高级醇和高级羧酸。

1. 卤代烃水解

一般情况下，醇比卤代烃容易得到，通常是用醇合成卤代烃，因此这个方法只在特殊情况下才使用。例如：

$$H_2C{=}CHCH_2Cl + H_2O \xrightarrow{Na_2CO_3} H_2C{=}CHCH_2OH + HCl$$

$$C_6H_5CH_2Br + H_2O \xrightarrow{NaOH} C_6H_5CH_2OH + HBr$$

2. 醛或酮的还原

醛、酮分子中的羰基不仅能与格氏试剂发生加成，也可以在催化剂 Pt、Ni 等存在下加氢。醛加氢后还原成伯醇，酮加氢后还原成仲醇。

$$R_2C{=}O \xrightarrow[\text{或 } H_2,\ Ni]{LiAlH_4} R_2CHOH$$

还原时也可用C_2H_5OH+Na、$LiAlH_4$或$NaBH_4$等化学还原剂。

$$CH_3CH{=\!=}CHCHO \xrightarrow[\text{或 } NaBH_4]{LiAlH_4} CH_3CH{=\!=}CHCH_2OH$$

3. 烯烃的硼氢化-氧化反应

硼氢化反应包括 BH_3 对烯烃双键的加成，生成的烷基硼不需分离，直接在碱存在下通过 H_2O_2 氧化，其中硼原子部分被—OH 取代。因此，经过硼氢化、氧化的两步反应过程，其结果相当于 H—OH 对碳碳双键的加成。

$$RCH{=\!=}CH_2 \xrightarrow{(BH_3)_2} (RCH_2CH_2)_3B \xrightarrow{H_2O_2, OH^-} RCH_2CH_2OH$$

硼氢化反应的特点是步骤简单、副产物少、生成醇的产率高，该反应是实验室制备醇的一种有用的方法。通过硼氢化反应所得的醇恰巧和烯烃直接酸催化与水加成得到的醇相反，相当于水和碳碳双键的反马氏规则加成产物。这是以烯烃为原料的任何其他方法所难以获得的。例如：

$$(CH_3)_2C{=\!=}CH_2 \xrightarrow[\text{②} H_2O_2, OH^-]{\text{①} (BH_3)_2} (CH_3)_2CHCH_2OH$$

4. 由格氏试剂制备

格氏试剂与醛、酮的反应是实验室制备醇常用的方法，也是格氏试剂的重要用途之一。格氏试剂与不同的醛、酮反应，分别生成伯醇、仲醇和叔醇。

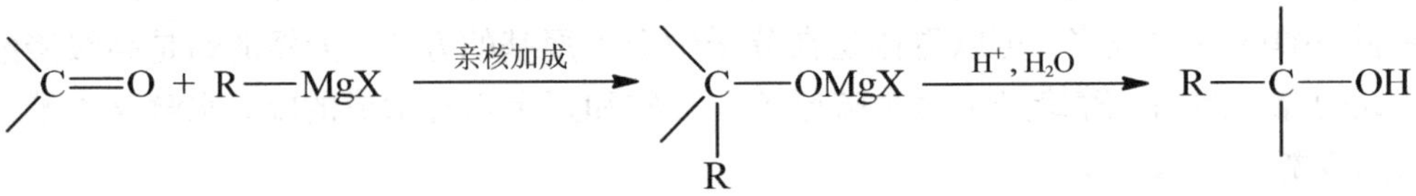

格氏试剂与环氧乙烷作用，可以生成比格氏试剂多两个碳原子的伯醇，这是增长碳链的方法之一。

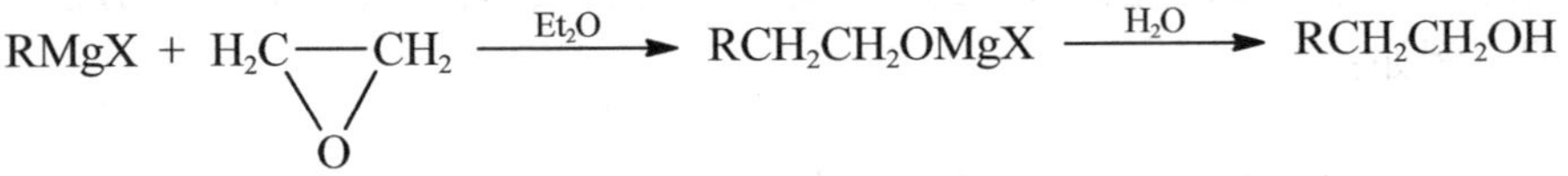

10.2 消除反应

卤代烃的脱卤化氢反应和醇的分子内脱水反应都是消除反应。这类消除反应为 1, 2-消除反应，或称 β-消除反应，也是常见的消除反应。β-消除反应是从反应物的相邻碳原子上消除两个原子或基团，形成一个 π 键的过程。

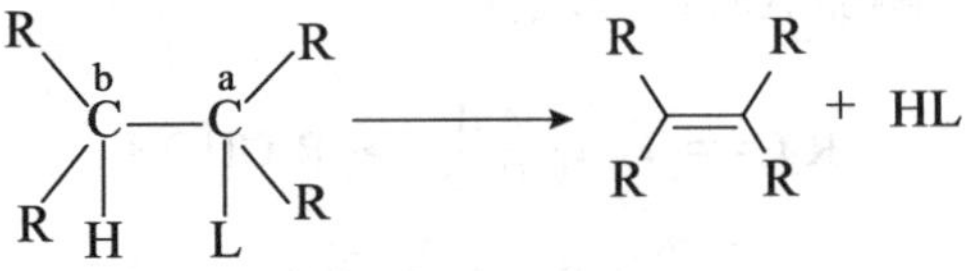

式中，L=卤素、$-\overset{+}{N}R_3$、$-\overset{+}{O}H_2$等。

另一种 1, 1-消除反应是从反应物中同一个碳原子上消去两个原子或基团，形成一个只有 6 个电子活泼的碳烯——卡宾。1, 1-消除反应又称 α-消除反应。例如：

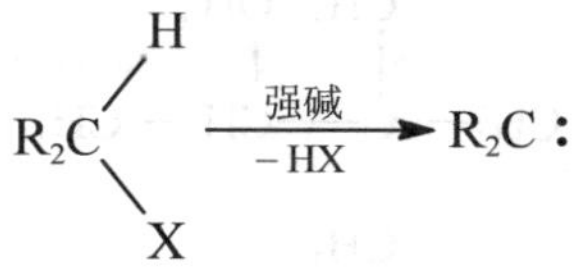

本节重点讨论 β-消除反应。

10.2.1　β-消除反应历程

扫一扫　　10-4　消除反应历程

β-消除反应和亲核取代反应类似，也存在单分子消除（E1）和双分子消除（E2）两种不同的反应历程。

1. 单分子消除（E1）反应历程

E1 反应的速率只与反应物浓度有关，而与碱性试剂浓度无关，与 S_N1 反应有相似的历程，都是通过生成碳正离子进行的。所不同的是在 E1 反应的第二步，即在碱的作用下，碳正离子失去一个 β-H 形成烯烃，故 E1 和 S_N1 反应通常一起发生。

例如，25℃时，叔丁基氯溶于 80%含水乙醇溶液中，同时发生 E1 和 S_N1 反应。

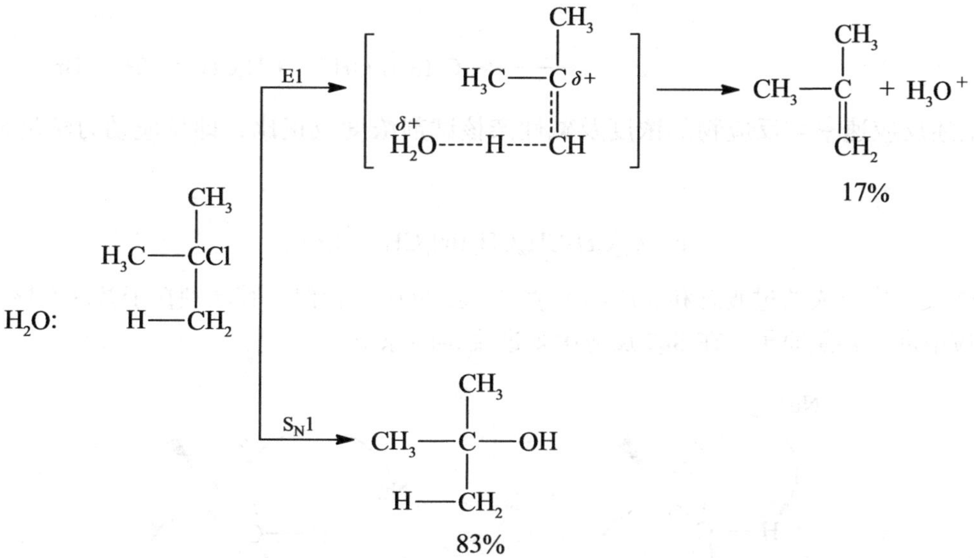

实验证明上述 E1 反应速率只与反应物浓度有关，遵循一级反应动力学，并且表现出和 S_N1 反应中一样的结构和活性关系。

$$v = k_1[(CH_3)_3CCl]$$

醇在酸催化下发生分子内脱水生成烯烃的反应是按 E1 历程进行的。

与 S_N1 反应相似，E1 反应也常发生重排。例如，3, 3-二甲基丁-2-醇用 H_2SO_4 处理时主要生成 2, 3-二甲基丁-2-烯，主产物显然是 E1 反应的重排产物。

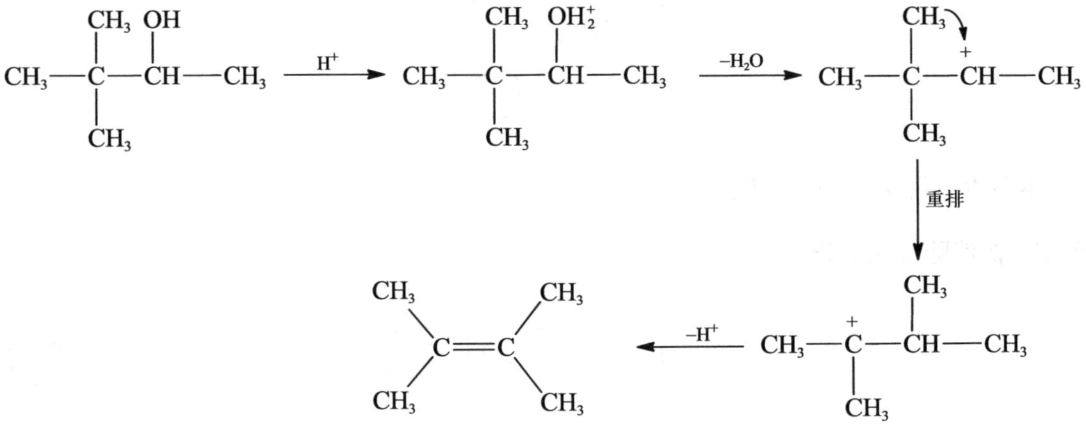

2. 双分子消除反应（E2）历程

碱性亲核试剂（如 HO^-、$C_2H_5O^-$等）进攻 β-氢原子，使这个氢原子成为质子而脱去。与此同时，分子中的离去基团（L）带着共用电子对离去（在溶剂的作用下），在 β-碳原子和 α-碳原子之间形成双键，反应经过一个中间过渡态。例如：

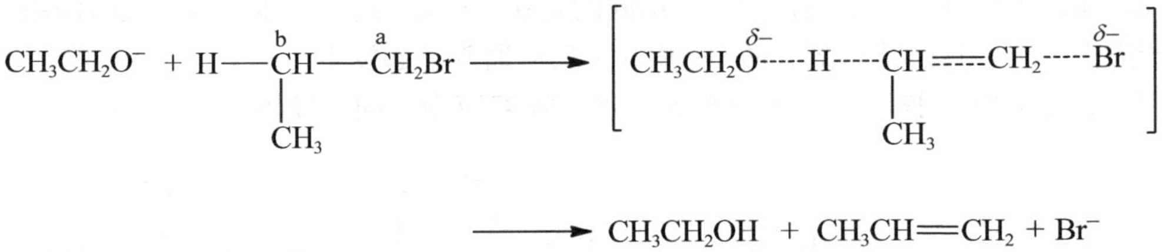

上述反应速率与反应物的浓度及碱性亲核试剂浓度成正比，即反应动力学呈现二级反应。

$$v = k_2[CH_3CH_2CH_2Br][CH_3CH_2O^-]$$

E2 反应中形成的过渡态和反应动力学与 S_N2 反应很相似，其区别在于碱性亲核试剂在 E2 反应中进攻 β-氢原子，在 S_N2 反应中则进攻 α-碳原子。

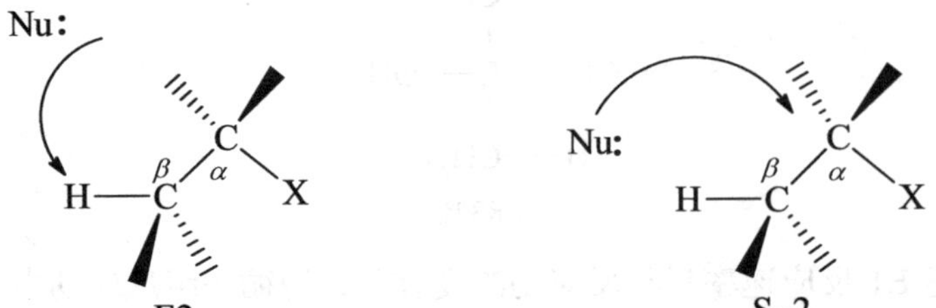

E2　　　　S_N2

因此，消除反应和取代反应是互相竞争的。例如：

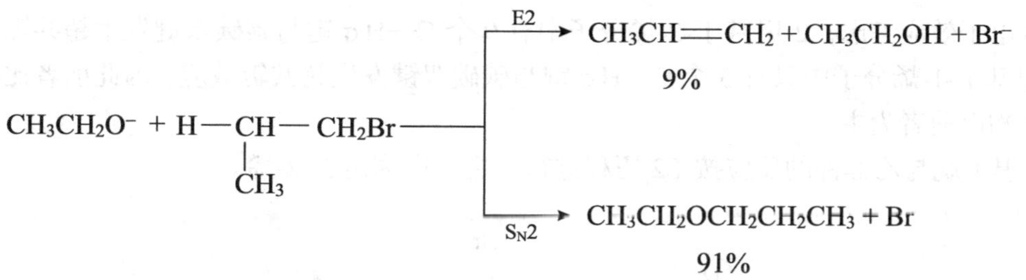

实验证明，伯卤代烷、季铵盐（见第 14 章）等在强碱作用下发生的消除反应主要按 E2 历程进行。

10.2.2　消除反应的取向

当消除反应中可能生成两种烯烃异构体时，究竟哪一个异构体占优势呢？这就涉及消除反应的取向问题，消除反应的取向与反应的历程有关。

卤代烷和醇按 E1 或 E2 历程发生时，均服从札依采夫规则，主要生成双键上连有烷基较多的较稳定的烯烃。其原因可用过渡态的活化能来说明，也可以通过产物的稳定性解释。

在 E1 历程中，生成碳正离子的第一步决定反应速率，碱进攻 β-氢原子的第二步决定反应取向。图 10-3 是 2-溴-2-甲基丁烷发生 E1 反应的能量曲线。由图可见，由碳正离子中间体生成产物 2-甲基丁-2-烯所需的反应活化能较小，其过渡态的能量相对较低，反应速率较快，故产物所占的比例较大。

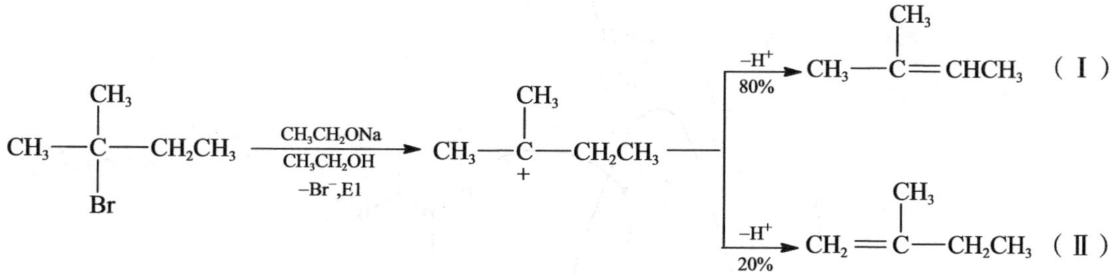

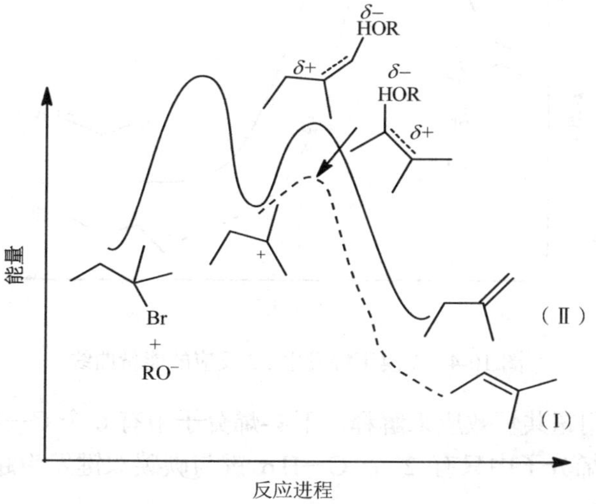

图 10-3　2-溴-2-甲基丁烷发生 E1 反应的能量曲线

从电子效应考虑，2-甲基丁-2-烯分子中有 9 个 C—H σ 键与碳碳双键发生超共轭效应，而 2-甲基丁-1-烯分子中只有 5 个 C—H σ 键与碳碳双键发生超共轭效应，因此前者比后者稳定，产物以前者为主。

2-溴丁烷与乙醇钾的反应按 E2 历程进行，主要产物是丁-2-烯。

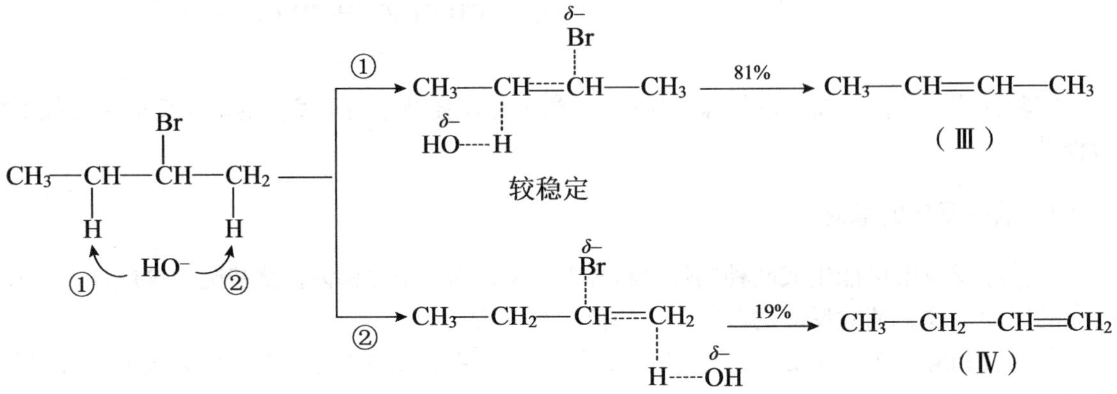

$C_2H_5O^-$进攻不同的 β-氢原子，所生成的过渡态能量变化不同，如图 10-4 所示。由图中能量曲线可知，生成丁-2-烯的过渡态势能较低，所需的活化能就较低，反应容易进行，因此丁-2-烯为主要产物。

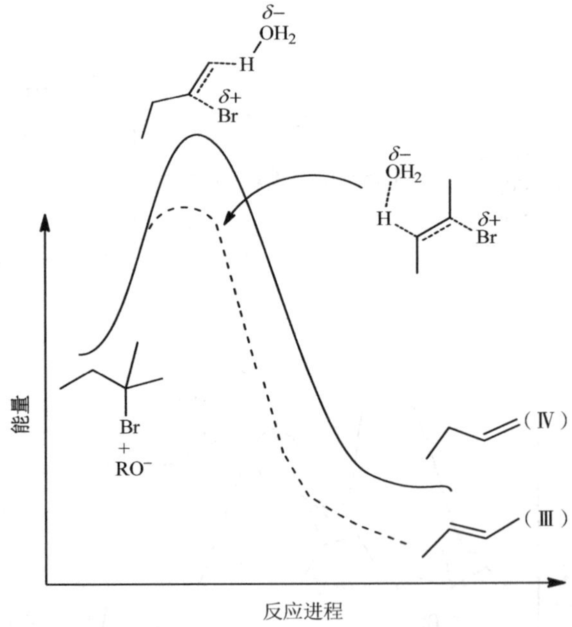

图 10-4　2-溴丁烷发生 E2 反应的能量曲线

这一结果也可以用超共轭效应来解释。丁-2-烯分子中有 6 个 C—H σ 键与碳碳双键发生超共轭效应，而丁-1-烯分子中只有 2 个 C—H σ 键与碳碳双键发生超共轭效应，因此丁-2-烯较稳定，是主要产物。

进一步研究发现，消除反应的取向与离去基团的性质有一定关系。一般来说，离去基团的离去倾向大，有利于札依采夫取向；不易离去的基团，生成双键上取代较少的烯烃比例增大（表 10-2）。

表 10-2 离去基团 L（X）对 E2 反应取向的影响

［反应物$CH_3(CH_2)_3\underset{\substack{|\\X}}{C}HCH_3$，碱$CH_3ONa/CH_3OH$］

L（X）	己-2-烯的含量/%	己-1-烯的含量/%
I	81	19
Br	72	28
Cl	67	33
F	30	70

碱性的强弱及碱的体积也影响消除反应的取向。试剂的碱性增强，碱的体积加大，都将使产物中双键上取代较少的烯烃的比例增大（表 10-3）。

表 10-3 不同碱对 2-氯-2-甲基丁烷的 E2 反应取向的影响

试剂	2-甲基丁-2-烯的含量/%	2-甲基丁-1-烯的含量/%
$C_2H_5O^-$	70	30
$(CH_3)_3CO^-$	27.5	72.5
$C_2H_5(CH_3)_2CO^-$	22.5	77.5
$(C_2H_5)_3CO^-$	11.5	88.5

β-氢原子的空间位阻增加，也会影响消除反应的取向（表 10-4）。

表 10-4 *β*-氢原子的空间位阻对 E2 反应取向的影响

反应物	1 位烯烃的含量/%	2 位烯烃的含量/%
$CH_3CH_2\underset{\substack{|\\Br}}{C}H—CH_3$	19	81
$(CH_3)_3CCH_2\underset{\substack{|\\Br}}{C}(CH_3)_2$	86	14

10.2.3 消除反应中的立体化学

在 E2 反应中，H—C 键和 C—L 键的断裂与 π 键的形成是同时进行的。随着反应的进行，*α*-碳原子、*β*-碳原子逐渐由 sp^3 转变为 sp^2，而与 L 和 *β*-H 相连的碳原子的 sp^3 轨道则逐步变形转变为 p 轨道，并在侧面重叠，生成 π 键。两个 p 轨道的轴互相平行时才能有效地重叠，因此只有 H—C—C—L 四个原子在同一平面时，才能在过渡态中部分生成 π 键。能满足这一几何要求的只有两种情况，一种是分子取反叠构象，进行反式消除；另一种是分子取顺叠构象，进行顺式消除。

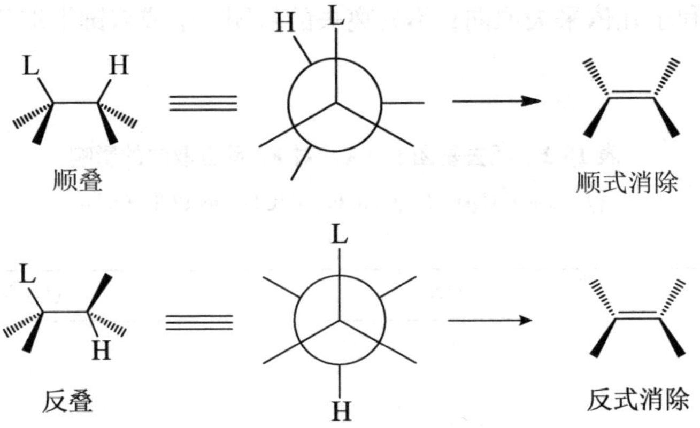

由于反叠构象较稳定，E2 消除是反式消除，因此 E2 反应要求被消除的基团处于反式共平面。

例如，1-溴-1, 2-二苯基丙烷：

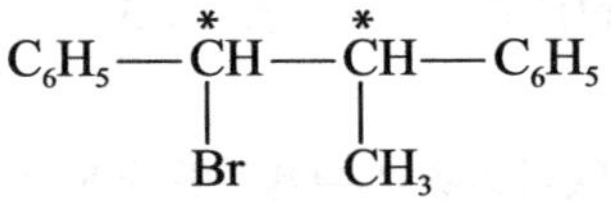

含有两个手性中心，有两对对映体，在 E2 反应中，一对对映体只产生顺式烯烃，而另一对只产生反式烯烃。异构体（1*R*, 2*R*）或它的对映体（1*S*, 2*S*）给出顺式烯烃：

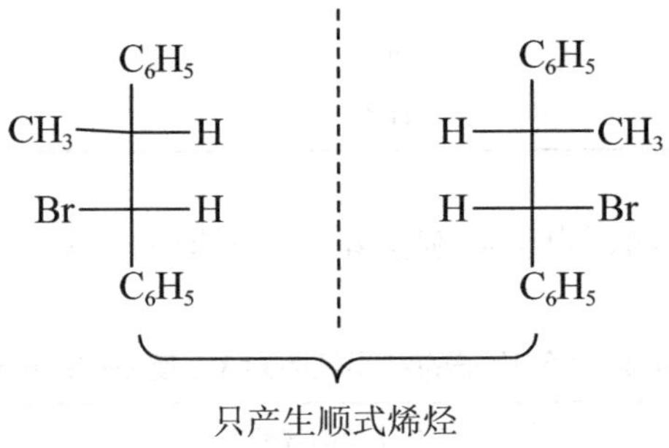

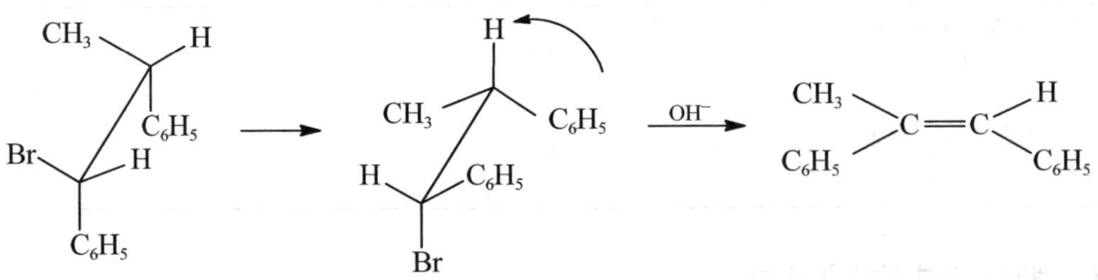

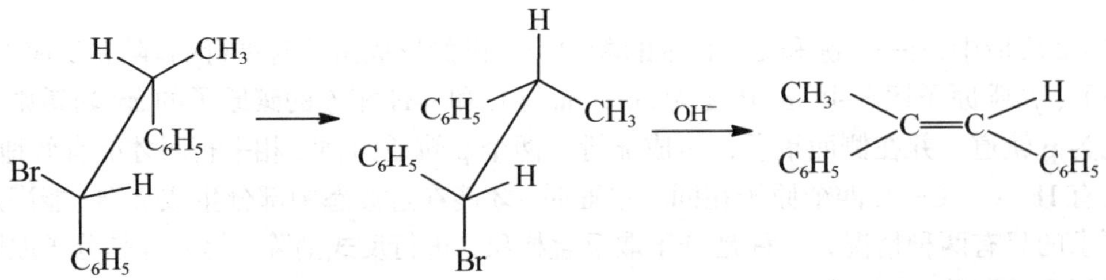

而异构体（1*S*, 2*R*）或它的异构体（1*R*, 2*S*）给出反式烯烃：

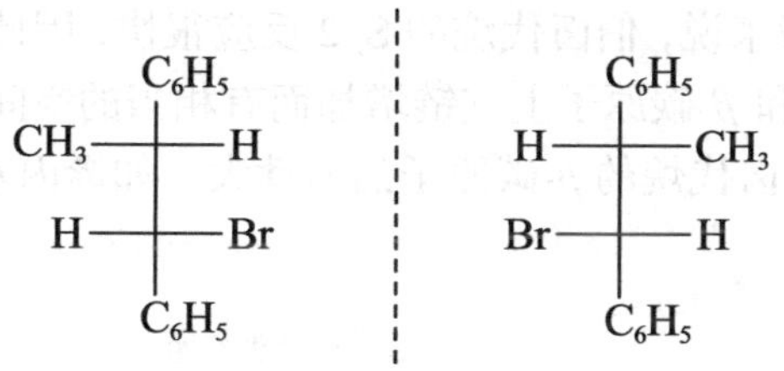

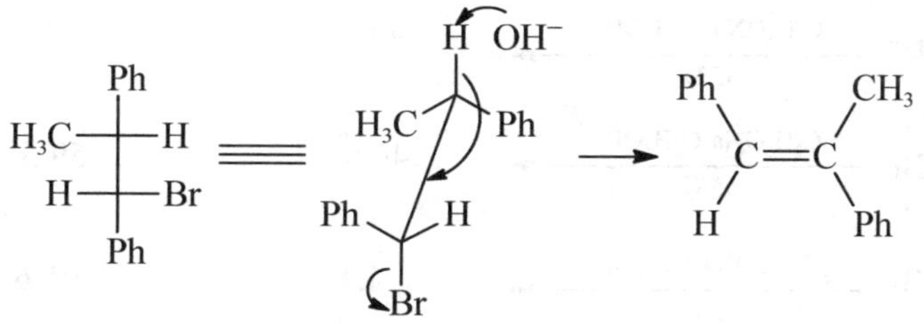

卤代环己烷消除时，卤原子优先与处于反式的 *β*-H 消除，即被消除的基团必须处于反式共平面的位置，产物遵守札依采夫规则。例如：

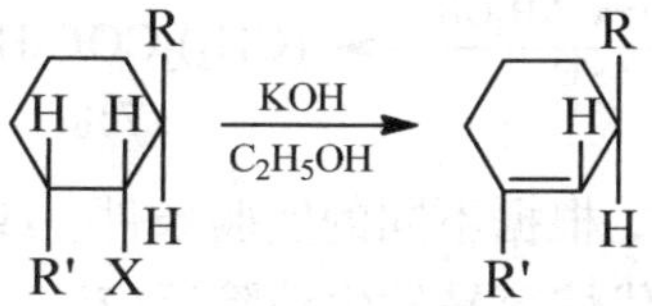

其实大多数 *β*-H 消除都是反式消除，只有在特殊结构条件下才发生顺式消除，如季铵碱的热消除：

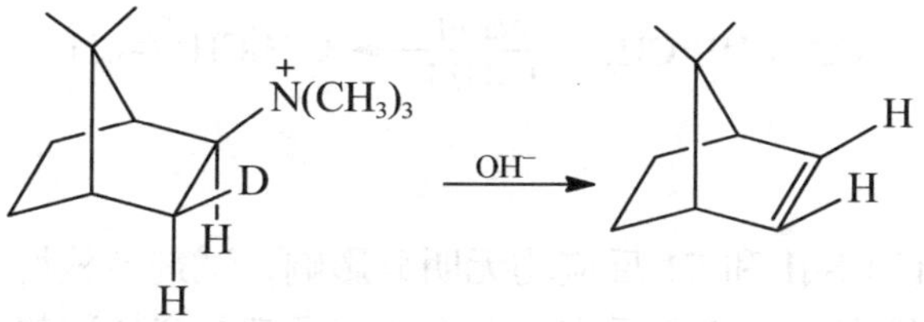

10.2.4　消除反应与亲核取代反应的竞争

消除反应与亲核取代反应都是同一亲核试剂引起的。进攻 *α*-碳原子就引起取代，进攻 *β*-碳原子就引起消除。因此，这两种反应常是同时发生和相互竞争的。

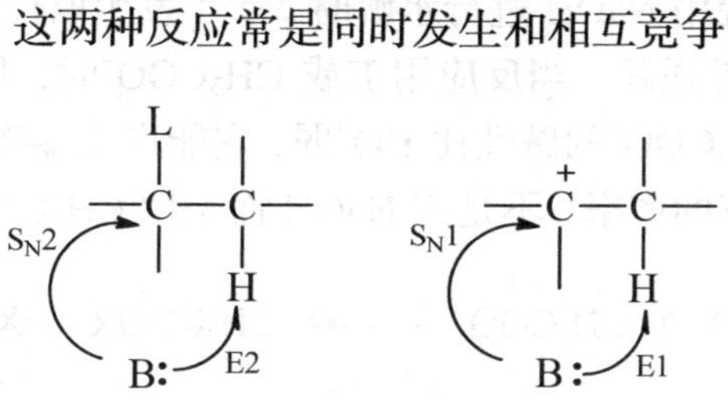

消除产物和取代产物的比例常受反应物的结构、试剂、溶剂和温度等因素的影响。

1. 反应物的结构

在双分子反应中，一般来说，伯卤代烷的 S_N2 反应很快，因此发生消除反应较少。但是，如果伯卤代烷的 α-碳原子和 β-碳原子上支链增加而有相当的空间位阻时，则不利于 S_N2 反应而有利于 E2 反应。若伯卤代烷的 β-碳原子的酸性大（如烯丙基氢），也对 E2 反应有利。例如：

	S_N2产物含量/%	E2产物含量/%
$CH_3CH_2CH_2CH_2Br \xrightarrow[55℃]{C_2H_5ONa\text{-}C_2H_5OH}$	90.2	9.8
$(CH_3)_2CHCH_2Br \xrightarrow[55℃]{C_2H_5ONa\text{-}C_2H_5OH}$	40.5	59.5
$C_6H_5CH_2CH_2Br \xrightarrow[55℃]{C_2H_5ONa\text{-}C_2H_5OH}$	4.4	95.6（β-H的酸性大）

叔卤代烷一般有利于发生单分子反应，常得 S_N1 和 E1 的混合物，但当有强碱存在时，主要发生消除反应。例如：

$$(CH_3)_3CBr \xrightarrow[55℃]{C_2H_5ONa\text{-}C_2H_5OH} \underset{7\%}{(CH_3)_3COC_2H_5} + \underset{93\%}{(CH_3)_2C{=\!=}CH_2}$$

仲卤代烷的情况则比较复杂，根据不同的实验条件，或有利于消除反应，或有利于取代反应，β-碳原子上有支链的仲卤代烷容易发生消除反应。

烯丙型和苄基型卤代烃消除后能生成稳定的共轭烯烃，因此显示出很高的消除反应的活性。例如：

$$C_6H_5CHBrCH_3 \xrightarrow[C_2H_5OH]{NaOH} C_6H_5CH{=\!=}CH_2$$

2. 试剂的碱性

亲核试剂的亲核性对 S_N1 和 E1 反应均无明显影响，试剂亲核性越强、浓度越大，越有利于 E2 反应；反之，则有利于 S_N2 反应。以下负离子都是亲核试剂，其碱性大小顺序为

$$H_2N^- > RO^- > HO^- > CH_3COO^- > I^-$$

例如，当伯或仲卤代烷用 NaOH 进行水解时，除了发生取代反应，还伴随消除反应。因为 HO^-既是亲核试剂，又是强碱。当反应用 I^-或 CH_3COO^-时，则往往不发生消除反应而发生 S_N2 反应。这是因为 CH_3COO^-的碱性比 HO^-弱，它能进攻 α-碳原子，而不进攻 β-碳原子。因此，为了提高卤代烷水解的产率，不是用 NaOH 而是用 CH_3COONa 生成酯，再水解得醇。

$$RX + CH_3COO^- \longrightarrow CH_3COOR + X^-$$

$$CH_3COOR + H_2O \longrightarrow ROH + CH_3COOH$$

又如，$:NH_3$ 有亲核能力，但碱性弱，因此它能发生亲核取代反应，而不能发生消除反

应。若要发生消除反应，则需使用强碱 $H_2N^-(NaNH_2)$。

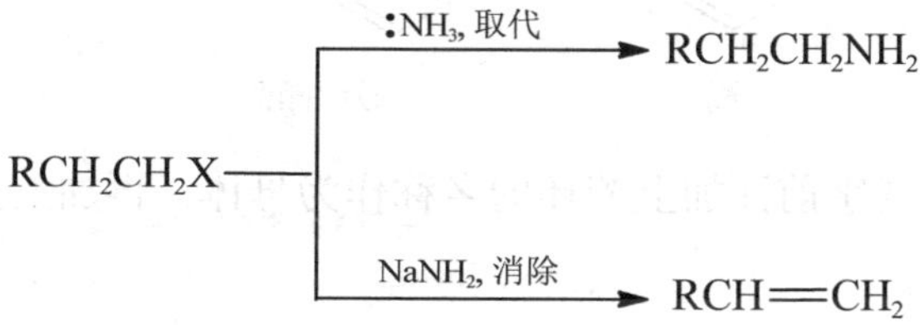

另外，碱性试剂的体积越大，将不易接近 α-碳原子，而容易与 β-碳原子接近，有利于 E2 反应的进行。

3. 溶剂的极性

一般来说，增加溶剂的极性有利于取代反应，不利于消除反应。因此，常用 KOH 的水溶液从卤代烷制醇，而用它的醇溶液制烯烃。溶剂对反应的影响用 S_N2 和 E2 的过渡态中电荷分散情况来解释：

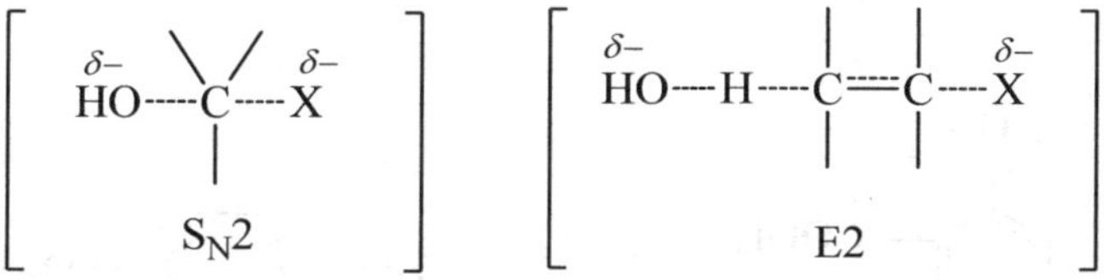

由于 E2 过渡态的电荷分散较 S_N2 过渡态的电荷分散程度大，当溶剂的极性增大时，将不利于电荷较分散的 E2 过渡态的形成，因此对 E2 反应不利，即增加溶剂的极性，生成烯烃的比例减小，而取代产物的比例增大。

溶剂的极性增大，对 E1 和 S_N1 反应均有利。

4. 反应温度

虽然升高温度对取代和消除反应都有利，但两者相比，升高反应温度将更有利于消除反应。由于消除反应的活化过程中需要拉长 C—H 键，而在亲核取代反应中则没有这种情况，即消除反应中形成过渡态所需的活化能较大，升高温度可提高消除反应的产物比例。

10.3 酚

扫一扫　10-5 酚的结构与性质

10.3.1 酚的结构和命名

酚（phenol）是具有 Ar—OH 通式的化合物。酚与醇在结构上的区别就在于它所含的羟基是否直接与芳基相连。例如：

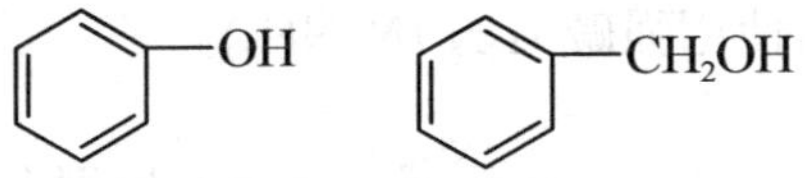

酚　　　　芳香醇

酚的命名一般是在酚字前面加上芳环的名称作为母体，再加上其他取代基的名称和位次。例如：

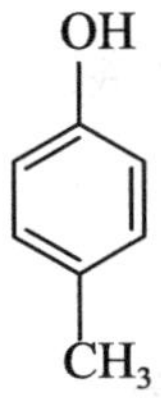

对甲苯酚
p-cresol

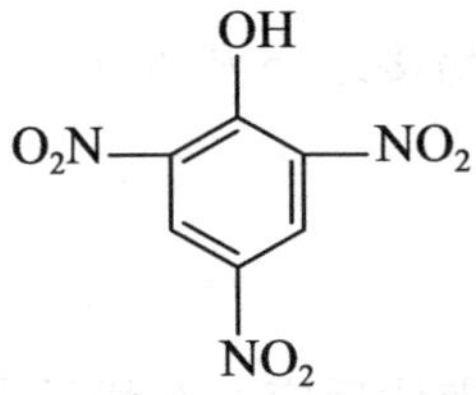

2,4,6-三硝基苯酚
2,4,6 - trinitrophenol

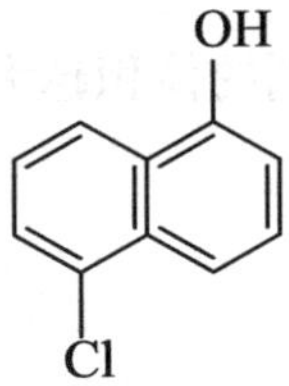

5-氯萘-1-酚
5-chloronaphthalen-1-ol

但是当芳环上某些取代基的顺序优先于酚羟基时，则按照取代基排列顺序的先后选择母体。例如：

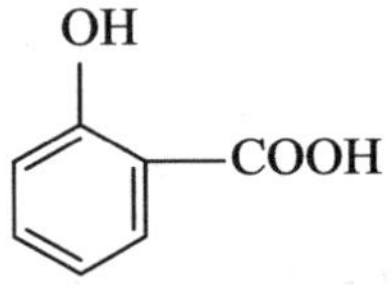

邻羟基苯甲酸（水杨酸）
salicylic acid

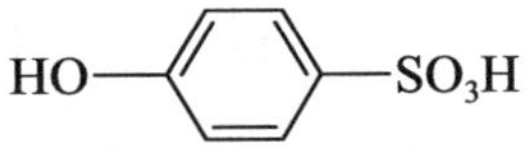

对羟基苯磺酸
4-hydroxyphenyl sulfonic acid

10.3.2　酚的物理性质

酚一般为固体，少数烷基酚为液体。由于分子间形成氢键，因此酚的沸点都很高。酚微溶于水，苯酚在 100 g 冷水中可溶解约 6.7 g，加热时苯酚在水中无限溶解。酚在水中的溶解度随羟基数目的增加而增大。纯酚是无色的，但往往由于氧化而带有红色至褐色。常见酚的物理常数见表 10-5。

表 10-5　常见酚的物理常数

名称	熔点/℃	沸点/℃	溶解度（25℃）/［g·(100 g 水)$^{-1}$］	pK_a（25℃）
苯酚	41	182	9.3	9.89[20]
邻甲苯酚	31	191	2.5	10.29
间甲苯酚	12	202	2.6	10.09
对甲苯酚	35	202	2.3	10.26
邻氯苯酚	9	173	2.8	8.49
邻硝基苯酚	45～46	214	0.2	7.22
间硝基苯酚	97	197[70]	1.4	8.39
对硝基苯酚	114	297（分解）	1.7	7.15

续表

名称	熔点/℃	沸点/℃	溶解度（25℃）/［g·(100 g 水)$^{-1}$］	pK_a（25℃）
2, 4-二硝基苯酚	113	升华	0.6	4.09
邻苯二酚	105	245	45.1	9.4
间苯二酚	111	281	123	9.4
对苯二酚	170	285	8	10.35^{20}
苯-1, 2, 3-三酚	133	309	62	7.0
苯-1, 3, 5-三酚	218～219	升华	1	7.0
α-萘酚	94	279	不溶	9.34
β-萘酚	123	286	0.1	9.51

酚的毒性很大，口服致死量为 530 mg·(kg 体重)$^{-1}$。

许多酚类化合物有杀菌作用，可用作消毒杀菌剂。医院内常用作杀菌剂的来苏尔就是甲酚（甲基酚异构体的混合物）与肥皂液的混合物。医用漱口水中的一种有效成分百里酚也有杀菌作用，五氯酚的钠盐可杀灭血吸虫疫区的钉螺。某些酚类衍生物还可以用作木材或食物的防腐剂。

10.3.3　酚的化学性质

酚类分子中都含有羟基和芳环，由于两者直接相连，相互影响，因此酚羟基在性质上与醇羟基有显著差异，表现出酸性。此外，酚的芳环受羟基的影响，也比相应的芳香烃更易发生亲电取代反应。

1. 酚羟基的反应

1）酸性

酚的酸性较醇强，它能溶于氢氧化钠溶液生成钠盐，而醇不能。

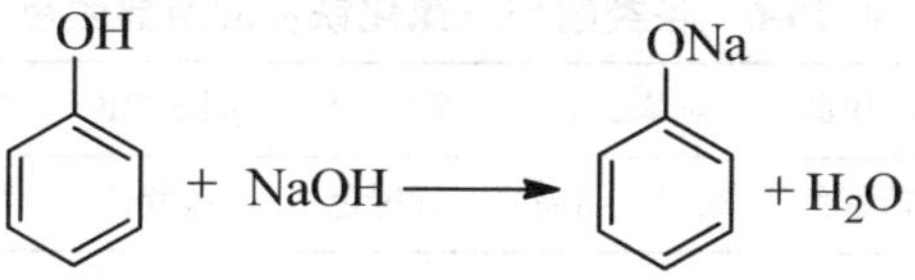

大多数酚的 pK_a 都在 10 左右，但比碳酸弱。将 CO_2 通过酚钠盐的水溶液中，可以使酚重新游离出来。

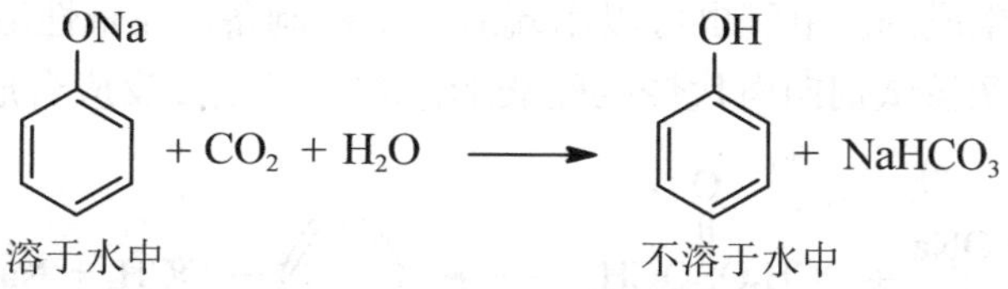

为什么酚具有酸性？这是由于苯酚氧原子上的未共用电子对与苯环上的 π 电子形成共轭，降低了氧原子上的电子云密度，有利于质子的离去。

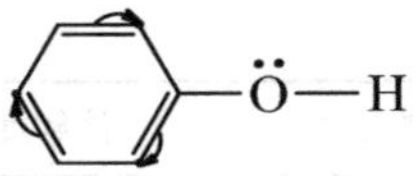

因此，如果苯环上连有吸电子基团，可使酚的酸性增强；如果连有给电子基团，则使酸性减弱。例如：

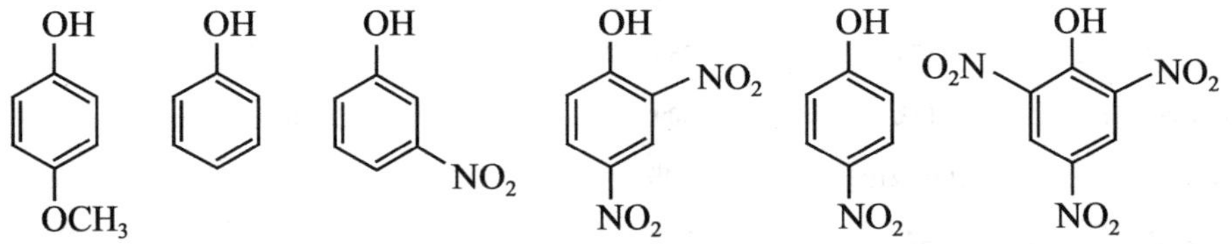

pK_a　10.26　10　8.39　4.09　7.15　0.25（与强无机酸相近）

另外，苯酚解离生成的苯氧负离子可以与苯环形成 p-π 共轭，使负电荷分散到苯环上而得到稳定，故苯酚容易解离。

2）与三氯化铁的显色反应

大多数酚与三氯化铁溶液发生显色反应，不同的酚所产生的颜色也不同（表 10-6），有紫色、蓝色、绿色、棕色等，常利用这个特性鉴定酚。例如：

$$6C_6H_5OH + FeCl_3 \longrightarrow \underset{\text{紫色}}{H_3[Fe(OC_6H_5)_6]} + 3HCl$$

与 $FeCl_3$ 的显色反应并不限于酚，具有烯醇式结构的脂肪族化合物也能发生该反应。

表 10-6　各类酚与三氯化铁反应所显颜色

酚	苯酚	对甲酚	间甲酚	对苯二酚	邻苯二酚	间苯二酚	连苯三酚	α-萘酚	β-萘酚
$FeCl_3$ 显色	蓝紫色	蓝色	蓝紫色	暗绿色结晶	深绿色	蓝紫色	淡棕红色	紫红色沉淀	绿色沉淀

3）醚的生成

酚和醇相似，能够烷基化成醚，但酚不能分子间脱水成醚，因此酚醚一般是由酚在碱性溶液中与卤代烃作用生成的。甲醚也可以用硫酸二甲酯制备。在碱性溶液中，酚以酚氧负离子形式存在，它作为亲核试剂向卤代烃或硫酸酯进攻，经 S_N2 反应合成醚。例如：

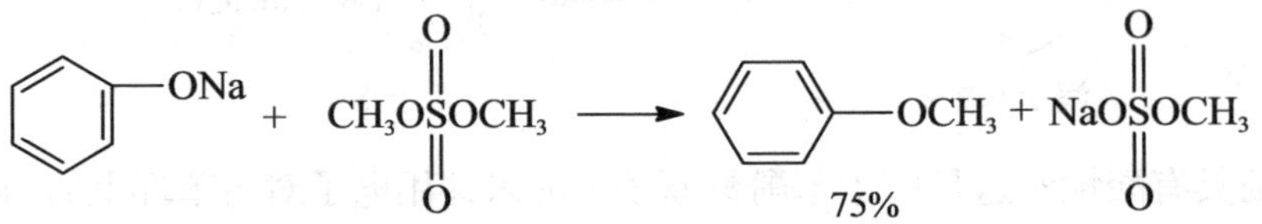

硫酸二甲酯　　75%　苯甲醚

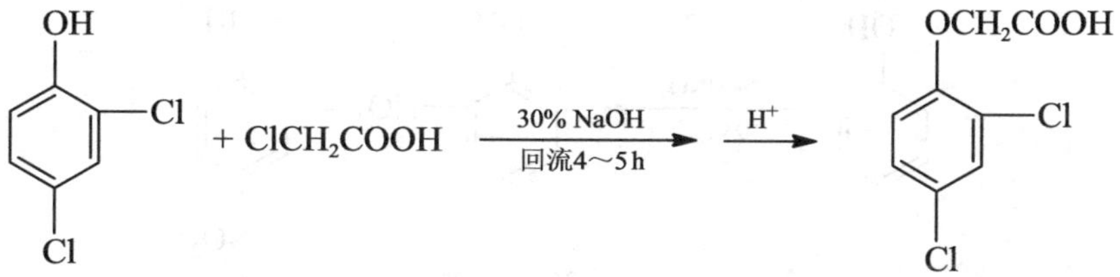

2,4-二氯苯氧乙酸

4）酯的生成

酚也可以生成酯，但比醇困难。一般采用酰氯或酸酐与酚或酚盐作用生成酚酯。例如：

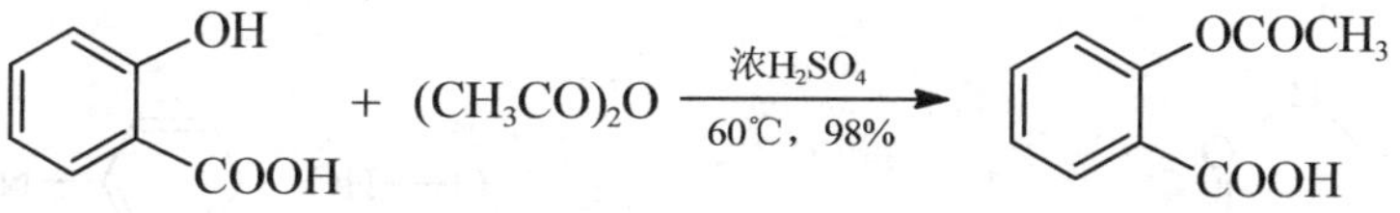

水杨酸　　　　乙酰水杨酸

乙酰水杨酸俗称阿司匹林（aspirin），是常用的镇痛解热药。

2. 芳环上的亲电取代反应

1）卤代

苯酚与过量溴水在常温下可立即反应生成 2, 4, 6-三溴苯酚白色沉淀。

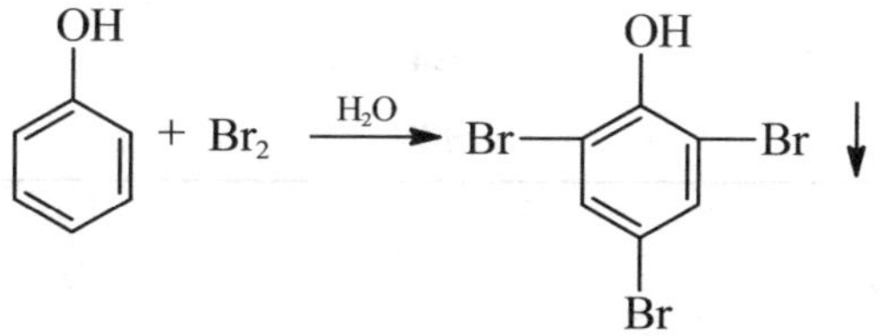

白色沉淀

这个反应很灵敏，极稀的苯酚溶液（10 μg · g^{-1}）也能与水生成沉淀，此反应常用于苯酚的鉴别和定量测定。

如需制一溴代苯酚，则反应要在较低的温度下，在 CS_2、CCl_4 等非极性溶剂中进行，且以对位产物为主。例如：

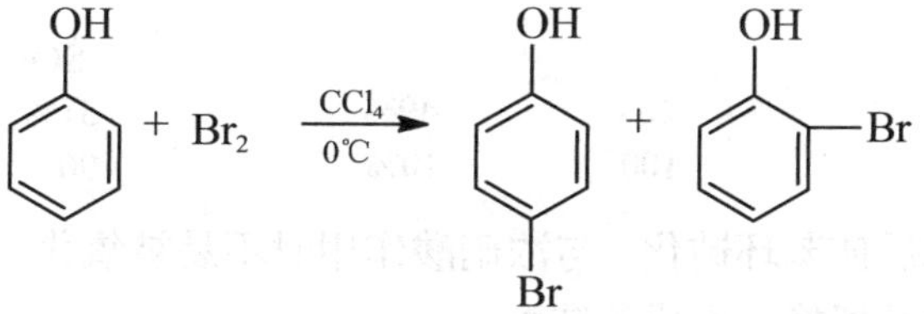

2）硝化

苯酚比苯容易硝化。在室温下，苯酚与稀硝酸作用生成邻硝基苯酚和对硝基苯酚的混合物。

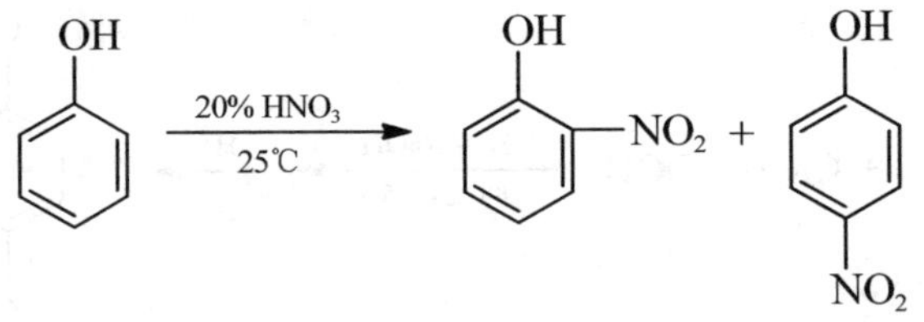

30%～40%　　15%

如何使硝化产物分离？由于邻硝基苯酚易形成分子内氢键，故沸点较低，且在水中的溶解度小（表 10-7），能进行水蒸气蒸馏。对硝基苯酚则形成分子间氢键而缔合，不能进行水蒸气蒸馏。

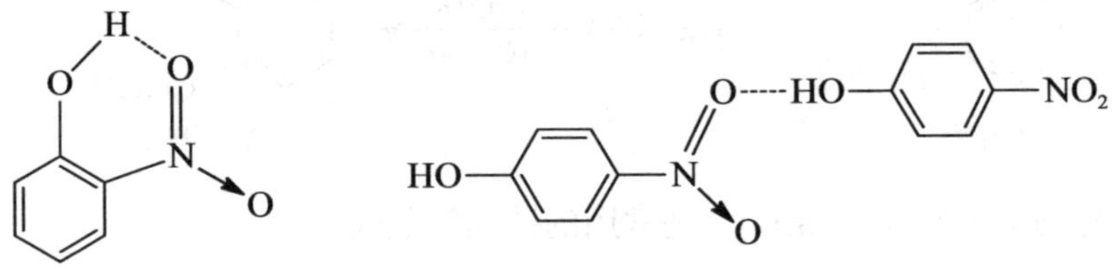

沸点低于216℃　　沸点高于279℃分解

表 10-7　一硝基苯酚的性质

化合物	沸点/℃（0.009 MPa）	溶解度/［g·(100 g 水)$^{-1}$］
邻硝基苯酚	100	0.2
间硝基苯酚	194	1.4
对硝基苯酚	分解	1.7

3）磺化

苯酚与硫酸反应生成邻羟基苯磺酸和对羟基苯磺酸。磺化反应可逆，随着温度升高，稳定的对位异构体增多。

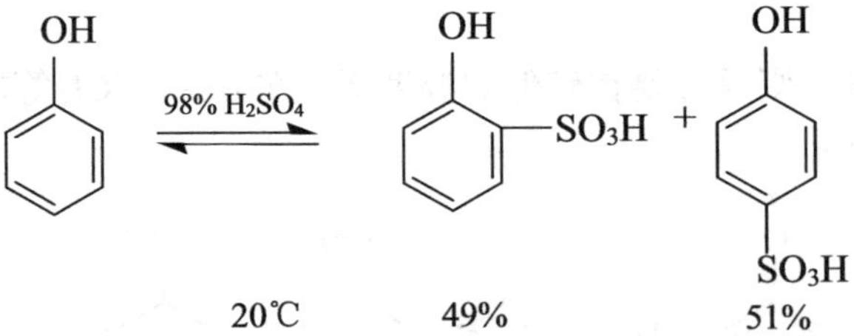

20℃	49%	51%
100℃	10%	90%

在引入两个磺酸基后使苯环钝化，与浓硝酸作用时不易被氧化，同时由于磺化为可逆反应，两个磺酸基能被硝基置换，生成苦味酸。

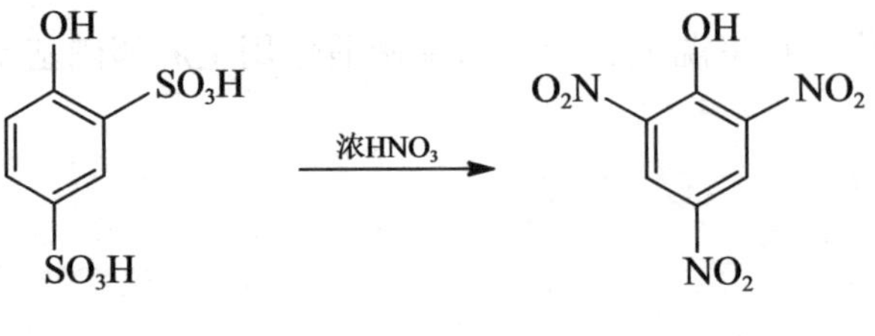

3. 缩合反应

酚羟基邻、对位上的氢还可以与羰基化合物发生缩合反应。例如，在稀碱溶液存在下，苯酚与甲醛作用生成邻或对羟基苯甲醇，进一步生成酚醛树脂（见第 11 章），苯酚与丙酮缩合后可得到双酚 A 及环氧树脂。

4. 氧化反应

酚很容易氧化，因此进行磺化、硝化或卤化反应时必须控制反应条件，尽量避免酚被氧化。酚氧化物的颜色随氧化程度的深化而逐渐加深，由无色而呈粉红色、红色至深褐色。例如，重铬酸钾与苯酚作用，得到黄色的对苯醌：

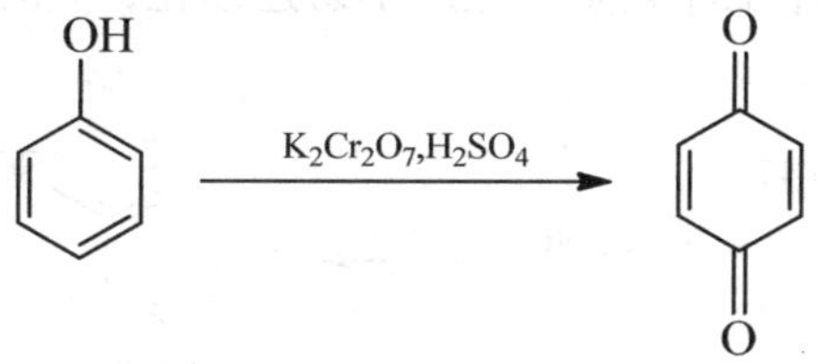

5. 还原反应

酚通过催化加氢将苯环还原，从而生成环己烷衍生物。例如：

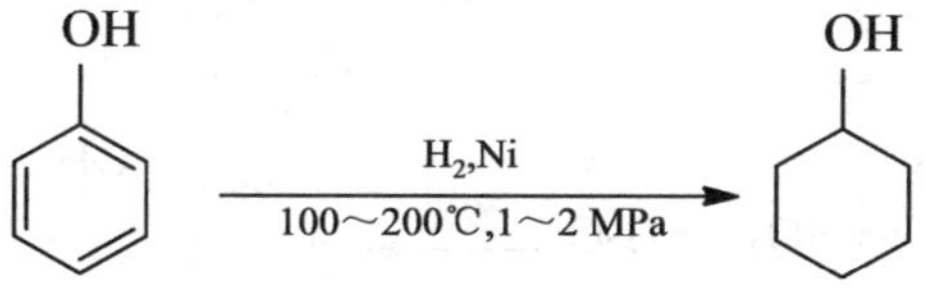

这是工业上生产环己醇的方法之一。

10.3.4　酚的制备

在工业上，苯酚可以从煤焦油中分离得到。煤焦油中除含有苯酚外，还含有甲苯酚及其同系物。由于煤焦油中酚的含量有限，不能满足工业发展的需要，目前苯酚主要用合成方法制取。

1. 异丙苯氧化

异丙苯在液相于 100～120℃通入空气，催化氧化生成氢过氧化异丙苯，在稀 H_2SO_4 或酸性离子交换树脂作用下分解生成苯酚和丙酮。

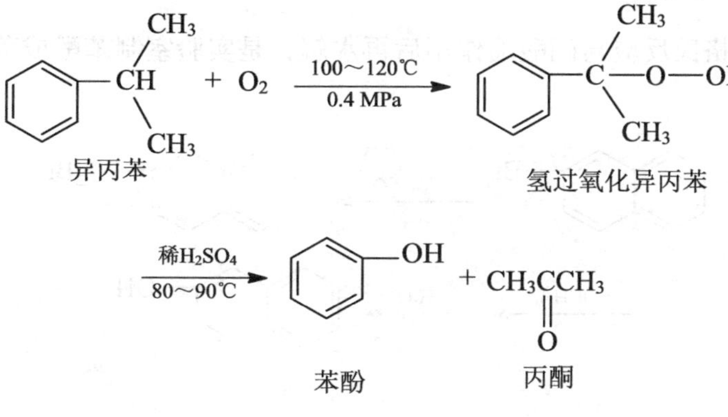

这是目前生产苯酚最主要、最好的方法，其主要优点是原料异丙苯来源于石油化工产品丙烯和苯，价廉易得，可连续化生产，且其副产物丙酮也是重要的化工原料。此法在工业上还可用于制备 α-萘酚和间甲酚。

2. 苯磺酸盐碱熔法

用 Na_2SO_3 中和苯磺酸生成苯磺酸钠，后者与氢氧化钠一起加热熔融生成苯酚钠。将苯酚钠水溶液酸化，即得苯酚。

工业上将苯磺酸钠的生产和酸化操作结合起来，碱熔时的副产物 Na_2SO_3 可用来中和苯磺酸，中和时放出的 SO_2 用来酸化苯酚钠。

碱熔法产率较高，但操作工序繁多，生产不易连续化，同时耗用大量的硫酸和烧碱，因而限制了该反应的应用范围。

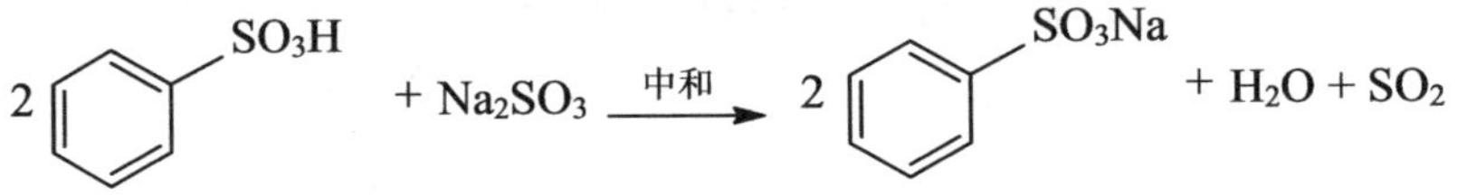

苯磺酸钠

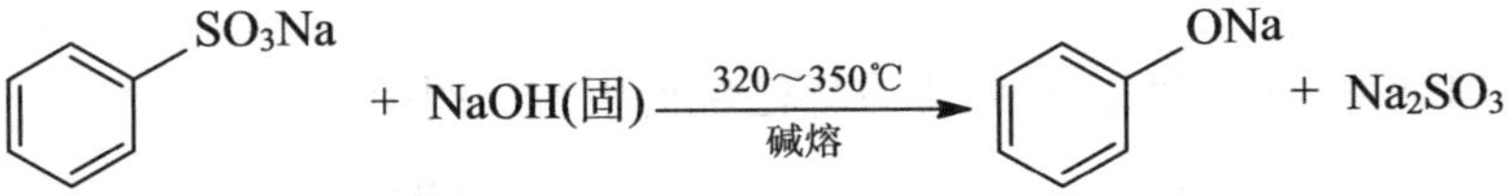

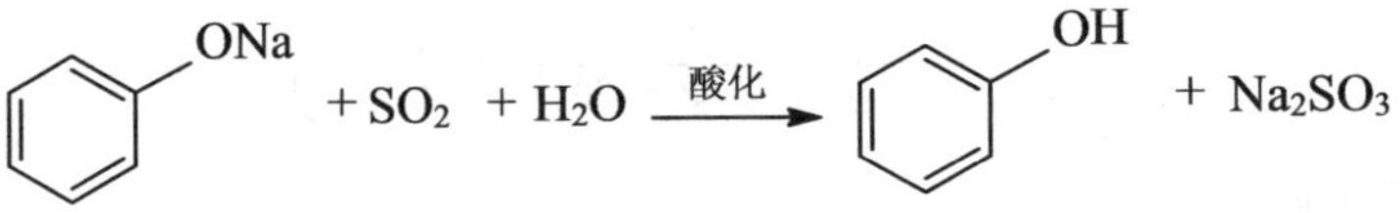

3. 氯苯水解

氯苯在高温、高压和催化剂作用下，可被稀碱溶液（10%的氢氧化钠水溶液或碳酸钠水溶液）水解而得苯酚钠，再经酸化即得苯酚。

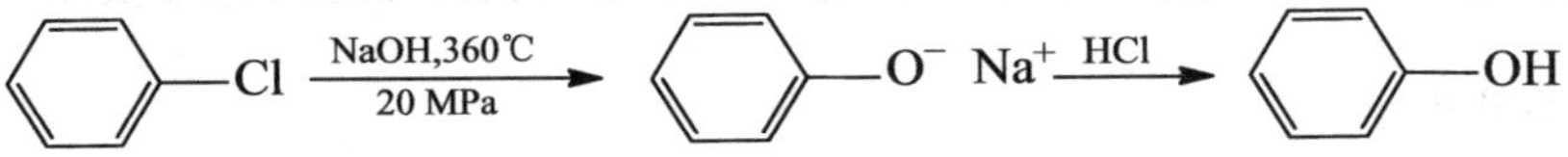

当卤苯的邻、对位有强吸电子基团存在时，水解反应能在较温和的条件下进行。

4. 格氏试剂-硼酸酯法

芳香卤化物经格氏反应与硼酸酯作用后再水解，是实验室制苯酚或萘酚等的一个好方法。例如：

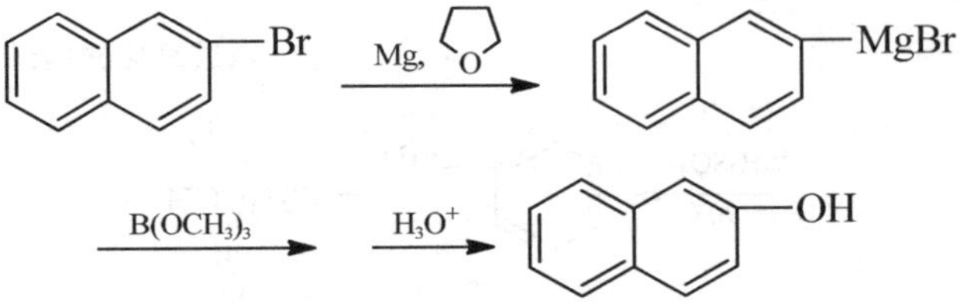

5. 从芳香胺制备

芳香胺重氮化后水解是实验室制备酚的重要方法（见第 14 章中有关内容）。例如：

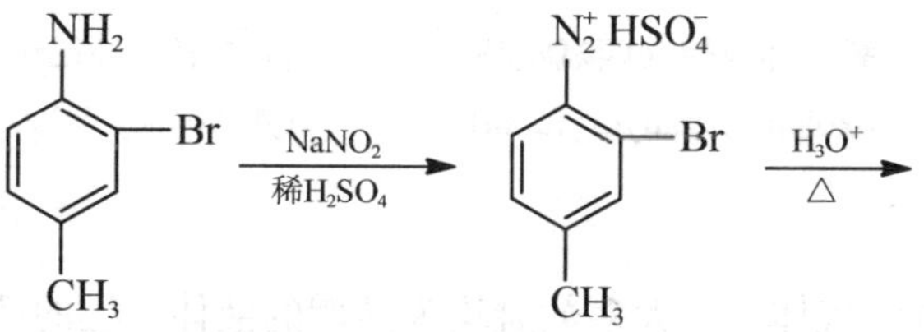

10.4　醚

扫一扫　10-6　醚的结构与性质

10.4.1　醚的分类和命名

醚（ether）的通式是 R—O—R、Ar—O—Ar。当与氧相连的两个烃基相同时，称为简单醚或对称醚，如 CH_3CH_2—O—CH_2CH_3；两个烃基不同时，称为混合醚或不对称醚，如 CH_3—O—CH_2CH_3。醚中的 C—O—C 键俗称醚键，是醚的官能团。

对于结构比较简单的醚，可按其烃基来命名。烃基按英文名称第一个字母的顺序先后列出。醚的英文名为“ether”，此前加上“基”的名称。例如：

$CH_3CH_2OCH_2CH_3$

(二)乙醚
diethyl ether

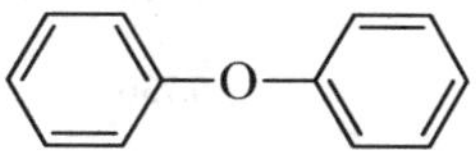

(二)苯醚
diphenyl ether

$CH_3OCH_2CH_3$

乙基甲基醚
ethyl methyl ether

二(2-氯乙基)醚
di(2-chloroethyl)ether

结构比较复杂的醚可以当作烃的烃氧衍生物来命名。例如：

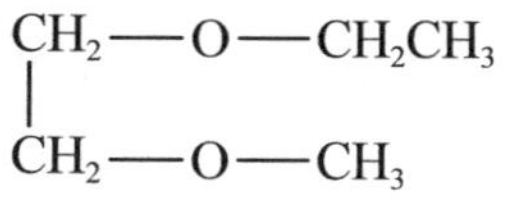

1-乙氧基-2-甲氧基乙烷
1-ethoxy-2-methoxyethane

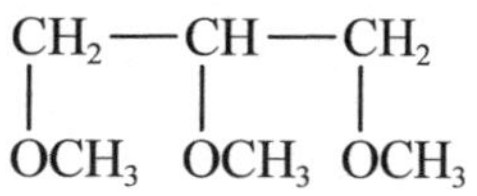

1, 2, 3-三甲氧基丙烷
1, 2, 3-trimethoxypropane

脂环烃的环上碳原子被一个或多个氧原子取代后形成的化合物称为环醚。环醚通常命名为“氧杂环某烃”，或用俗名。含三元环的环醚习惯上又称“环氧某烷”，英文命名时用环氧（epoxy）作词头，写在母体烃之前。例如：

氧杂环丙烷（环氧乙烷）
oxirane(1,2-epoxyethane)

氧杂环戊烷（四氢呋喃）
oxolane(tetrahydrofuran)

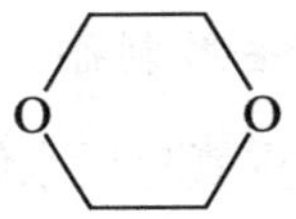

1,4-二氧杂环己烷（1,4-二氧六环）
1,4-dioxacyclohexane(1,4-dioxane)

10.4.2　醚的物理性质

常温下，除甲醚和甲乙醚为气体外，大多数醚均为易燃的液体。醚的沸点与其相对分子质量相同的醇相比低得多。例如，乙醇的沸点为 78.5℃，甲醚为–23℃；正丁醇为 117.8℃，乙醚为 35℃。产生该现象的原因是醚分子之间不能产生氢键而形成缔合分子。但是，醚可与水形成氢键，因此醚在水中的溶解度与具有相同碳原子数的醇相近。例如，乙醚和正丁醇在水中的溶解度都是 100 g 水中约溶解 8 g。常用的四氢呋喃、1, 4-二氧六环都可以与水混溶。

许多有机化合物能溶于醚，醚在许多反应中活性很低，因此醚是良好的有机溶剂。一些醚的物理常数见表 10-8。

表 10-8　一些醚的物理常数

名称	沸点/℃	相对密度（d_4^{20}）	名称	沸点/℃	相对密度（d_4^{20}）
甲醚	–23	0.661	乙烯基醚	35	0.773
甲乙醚	8	0.679	甲基苯基醚	155	0.9961
乙醚	35	0.714	乙基苯基醚	170	0.9666
丙醚	90	0.736	环氧乙烷	11	0.8824（10℃）
异丙醚	69	0.735	四氢呋喃	65	0.888
正丁醚	143	0.769	1, 4-二氧六环	101	1.034
甲丁醚	70	0.744	乙二醇二甲醚	83	0.863

10.4.3　醚的化学性质

醚是一类不活泼的化合物（环醚除外），对碱、催化剂和还原剂都十分稳定。醚在常温下与金属 Na 不发生反应，可以用金属 Na 干燥。但是，醚具有碱性，遇酸可形成鎓盐，并发生醚键的断裂。

1. 鎓盐的形成

醚都能溶于强酸中。由于醚键上的氧原子具有未共用电子对，能接受强酸中的 H^+而生成鎓盐：

$$R-O-R + HCl \longrightarrow \left[R-\underset{\displaystyle H}{O}-R\right]^+ Cl^-$$

鎓盐是一种弱碱强酸形成的盐，仅在浓酸中稳定，在水中分解，醚即重新分出。利用此性质，可以将醚从烷烃或卤代烃中分离出来。

醚还可以与路易斯酸（如 BF_3、$AlCl_3$、RMgX 等）生成𬭩盐。

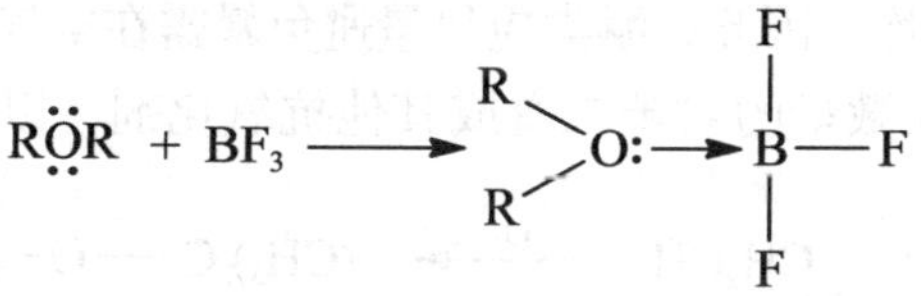

（箭头表示成键电子对都由氧原子提供）

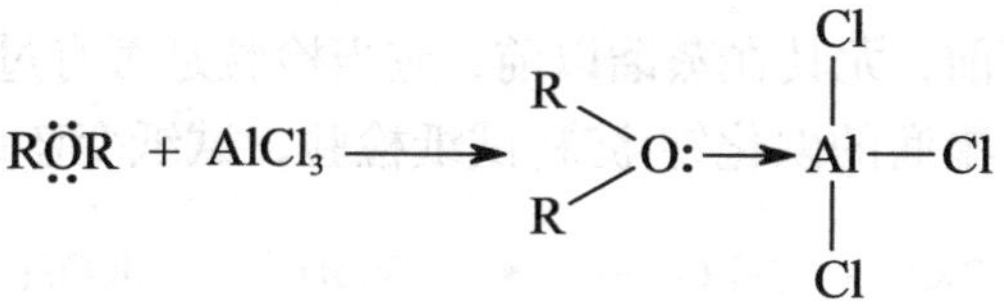

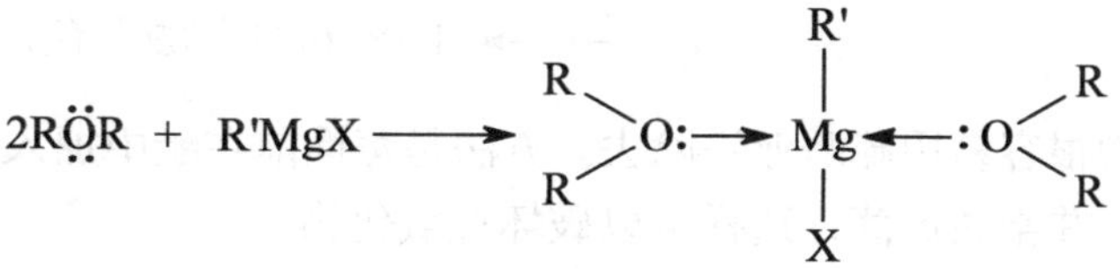

𬭩盐或络合物的生成使醚分子中 C—O 键变弱。因此，在酸性试剂作用下，醚键会断裂。

2. 醚键的断裂

在较高温度下，强酸能使醚键断裂。使醚键断裂最有效的试剂是浓氢卤酸（一般用 HI 或 HBr）。烷基醚断裂是由酸与醚作用先生成𬭩盐，然后根据烷基结构的不同，伯烷基发生 S_N2 反应，叔烷基则有利于发生 S_N1 反应。例如：

$$CH_3CH_2—O—CH_3 + HI \longrightarrow CH_3CH_2—\underset{H}{\overset{+}{O}}—CH_3\ \ I^-$$

$$\longrightarrow CH_3CH_2OH + CH_3I$$

$$CH_3CH_2OH \xrightarrow[\triangle]{\text{HI (过量)}} CH_3CH_2I$$

$$(CH_3)_3C—\underset{H}{\overset{+}{O}}—CH_3 \longrightarrow (CH_3)_3C^+ + CH_3OH$$

$$(CH_3)_3\overset{+}{C} \xrightarrow{I^-} (CH_3)_3CI$$

芳基烷基醚与氢卤酸作用时，总是烷氧键断裂，生成酚和卤代烷。这是因为氧原子和芳环之间的碳氧键由于 p-π 共轭结合得较牢。例如：

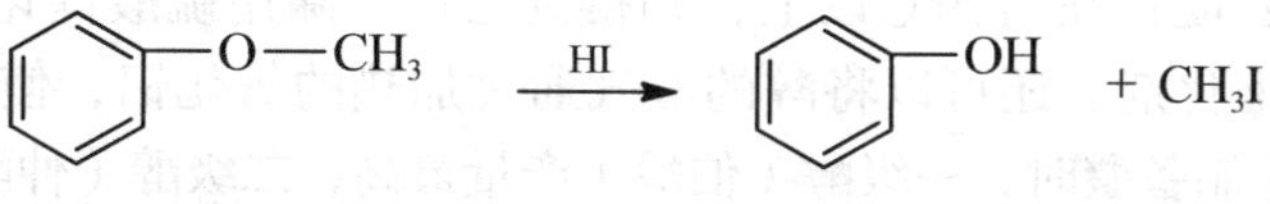

二芳基醚（如二苯醚）的醚键不易断裂。

3. 过氧化物的生成

许多烷基醚在与空气接触下，会生成不易挥发的有机过氧化物。有机过氧化物不稳定，加热时容易分解而发生剧烈的爆炸。因此，醚类应尽量避免暴露在空气中，一般应放在深色玻璃瓶中，避光保存；还可以加入微量的对苯二醚或其他抗氧化剂，以阻止过氧化物的生成。

$$(CH_3)_2CH-O-CH_2CH_3 \xrightarrow{O_2} (CH_3)_2\underset{\underset{OOH}{|}}{C}-O-CH_2CH_3$$

储藏过久的乙醚在使用前，尤其在蒸馏以前，应当检验是否有过氧化物存在。检验过氧化物的方法是将少量的醚用湿润的碘化钾-淀粉试纸检验，试纸变蓝说明有过氧化物存在。

$$ROOR + 2KI + 2H_2O \longrightarrow 2ROH + 2KOH + I_2$$

$$I_2 \xrightarrow{\text{淀粉}} I_2\text{-淀粉络合物(蓝色)}$$

醚中的过氧化物很容易用硫酸亚铁除去。方法是蒸馏前在醚中加入约 0.2 倍体积的新配制的硫酸亚铁溶液，并剧烈振荡，这样可以破坏过氧化物。

$$ROOH + Fe^{2+} \longrightarrow ROH + Fe^{3+}$$

10.4.4　醚的制备

1. 醇的脱水

在浓硫酸作用下，两分子醇之间可以脱去一分子水生成对称醚（简单醚）。例如：

$$2CH_3CH_2OH \xrightarrow[140℃]{\text{浓}H_2SO_4} (CH_3CH_2)_2O$$

$$CH_3CH_2OH \overset{H^+}{\rightleftharpoons} CH_3CH_2-\overset{+}{O}H_2$$

$$CH_3CH_2OH + CH_3CH_2-\overset{+}{O}H_2 \underset{S_N2}{\overset{-H_2O}{\rightleftharpoons}}$$

$$CH_3CH_2\underset{H}{\overset{+}{O}}CH_2CH_3 \overset{-H^+}{\rightleftharpoons} CH_3CH_2OCH_2CH_3$$

反应通过醇羟基质子化形成𨦡盐，再与另一个醇分子脱去一分子水生成𨦡盐，后者脱 H^+得到醚。这是一个平衡反应，为使反应向右进行，可在反应过程中蒸出醚。为防止副产物烯烃的生成，应控制反应温度。例如，乙醇和浓硫酸作用，控制反应温度在 130℃以下，主要产物是乙醚；在 170℃以上，则得到乙烯。除用硫酸催化外，也可用芳香族磺酸、氟化硼等作催化剂。还可以将醇的蒸气通过加热的氧化铝，使醇脱水成醚。

以醇为原料脱水制备醚时，一级醇（伯醇）产量最高，二级醇（仲醇）产量很低，三级醇（叔醇）只能得到烯烃。酚在一般情况下不能脱水生成醚。该法只适合制备低级的简单醚，混合醚和芳香醚需用威廉姆森合成法。

2. 威廉姆森合成法

威廉姆森合成法是制备混合醚的一种简便方法，用卤代烃与醇钠或酚钠作用而得。

$$RX + NaOR' \longrightarrow ROR' + NaX$$

$$RX + NaOAr \longrightarrow ROAr + NaX$$

例如：

$$(CH_3)_3CONa + CH_3CH_2Br \longrightarrow (CH_3)_3C—O—CH_2CH_3$$

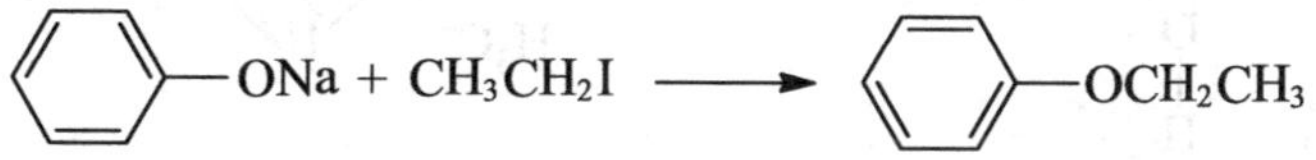

若制备芳香族甲醚或乙醚，也可用硫酸二甲酯或二乙酯代替卤代烃。例如：

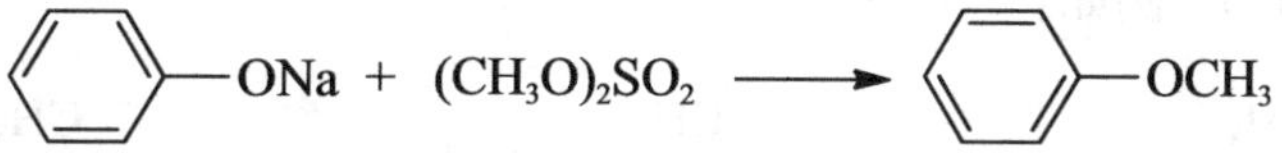

由于酚醚的化学性质比酚稳定，不易氧化，而且酚醚与 HI 作用时又分解得到原来的酚，因此在有机合成上常利用酚生成醚再从醚恢复到酚的反应保护酚羟基。

威廉姆森合成法是卤代烃与醇钠按 S_N2 历程进行的反应，选用伯卤代烷进行该反应时效果好，仲卤代烷次之。而叔卤代烷在强碱（醇钠）作用下，只能得到烯烃。因此，在合成混合醚时，必须选择适当的原料。例如，制备乙基叔丁基醚时，应用下列方法。

$$CH_3CH_2Br + (CH_3)_3CONa \longrightarrow (CH_3)_3COCH_2CH_3$$

用芳香卤制备二苯醚时，需加入铜粉作催化剂，这个反应称为乌尔曼（Ullmann）反应。例如：

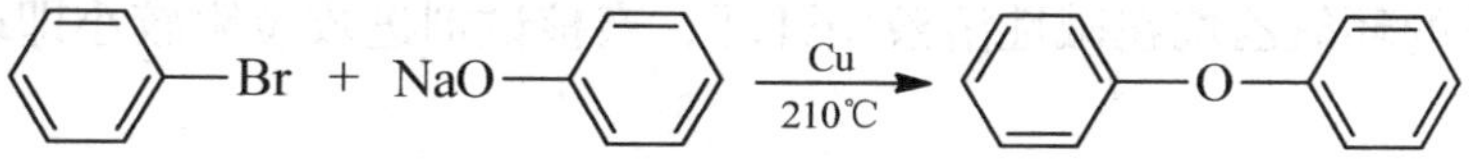

3. 烯烃的烷氧汞化——去汞法

与烯烃的羟汞化反应相似，用醇作溶剂，烯烃进行溶剂汞化反应，然后用硼氢化钠还原成醚。该反应相当于醇与烯烃的马氏加成。该反应适用范围广，且副产物较少。例如：

$$(CH_3)_3CCH{=\!=}CH_2 \xrightarrow[\text{②}NaBH_4,OH^-]{\text{①}Hg(OAc)_2,CH_3OH} (CH_3)_3CCH(OCH_3)CH_3$$

由于空间位阻的影响，这个方法不能用于制备三级丁醚。

10.4.5　环醚

1. 环氧化合物

环氧乙烷是三元环，存在较大的环张力，反应活性远高于开链醚或其他环醚。由于开环后张力缓解，环氧乙烷易与亲核试剂（如水、氢卤酸、醇胺及格氏试剂等）发生亲核取代反应，在碱性、中性和酸性条件下都可以开环。

1）酸催化的开环反应

1, 2-环氧环戊烷在酸性条件下很容易开环，首先氧原子质子化，生成锌盐，然后水或醇分子从反面进攻质子化的 1, 2-环氧环戊烷，水解得到反式邻二醇，醇解得到反式邻羟基醚。其反应历程如下：

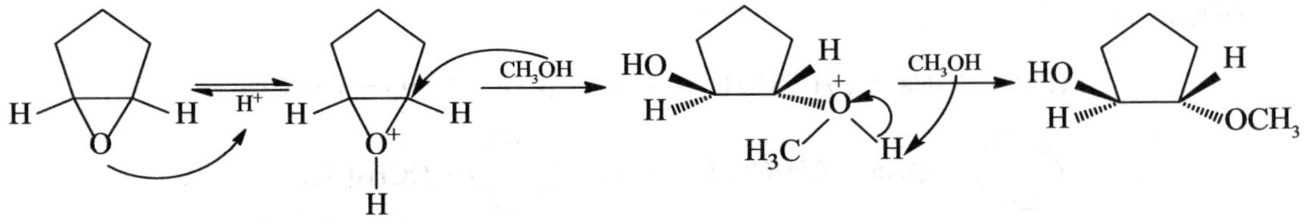

结构不对称的环氧乙烷在酸性溶液中，亲核试剂进攻可生成稳定碳正离子的碳原子（烃基取代较多的碳原子）。例如：

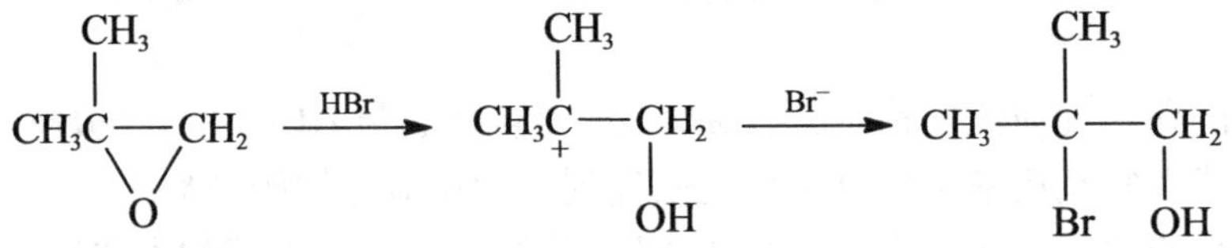

2）碱催化的开环反应

1, 2-环氧环戊烷碱催化水解反应的历程如下：

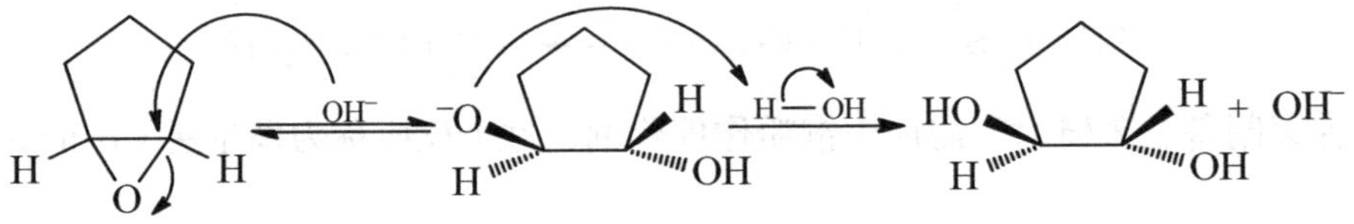

结构不对称的环氧乙烷在碱性溶液中开环，亲核试剂进攻位阻较小即取代较少的碳原子。例如：

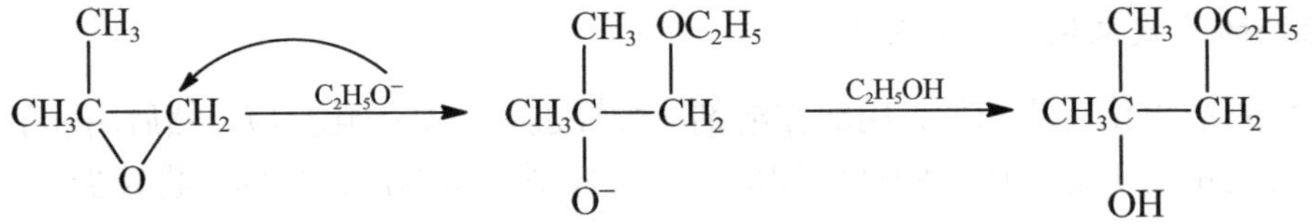

3）环氧化合物与格氏试剂和有机锂试剂的反应

该反应的通式为

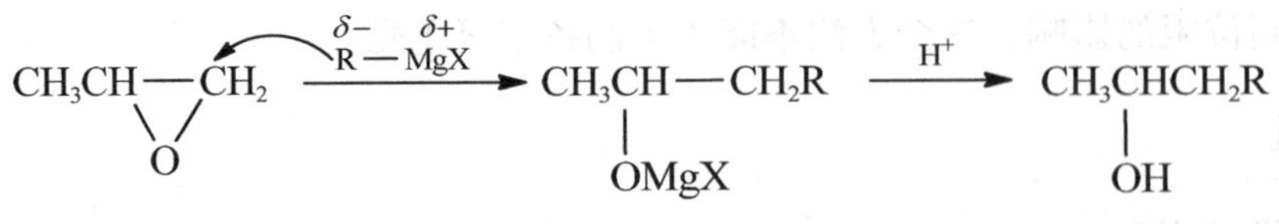

亲核试剂优先进攻位阻较小的环氧碳原子。有机锂化合物更具选择性。除非环氧化合物中的一个碳原子位阻很大，否则与格氏试剂反应一般得到混合物。

4）环氧化合物的制备

烯烃与有机过氧酸作用可得到环氧化合物。为防止在酸性水溶液中生成的三元环醚开环，反应一般将弱的过氧酸溶于非质子溶剂（如 CH_2Cl_2）中。间氯过氧苯甲酸（MCPBA）有良好的溶解性，因此广泛应用于环醚的制备中。例如：

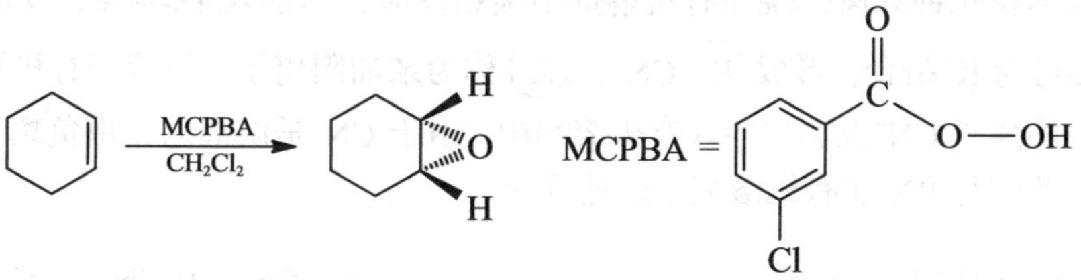

环氧化是协同反应，氧原子以同面方式加到双键的两个碳原子上，发生顺式加成反应，得到立体专一性的产物。

烯烃经过酸环氧化和水解，得到反式二醇，其构型与烯烃用碱性或中性高锰酸钾氧化时相反。例如：

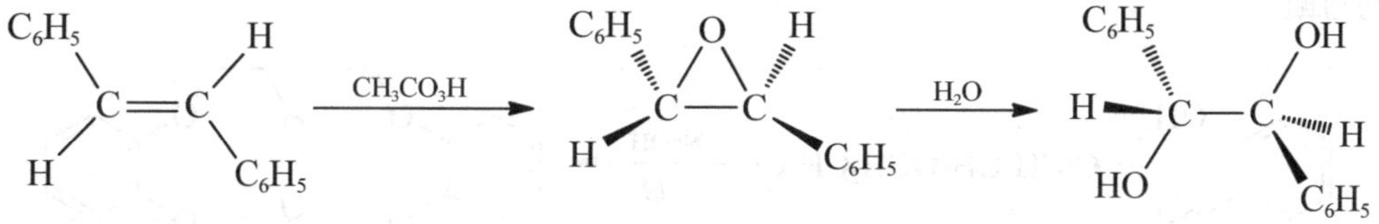

2. 冠醚

冠醚（crown ether）是 20 世纪 70 年代以来发展起来的具有特殊络合物性能的化合物，其结构特征是分子中具有 $-\!\!\left(CH_2CH_2—O\right)_n\!\!-$ 的重复单元。由于它的形状似王冠，故称其为冠醚。

该类化合物的命名为 *x*-冠-*y*，前一个数字 *x* 代表环上原子的总数，后一个数字 *y* 代表氧原子的总数。例如：

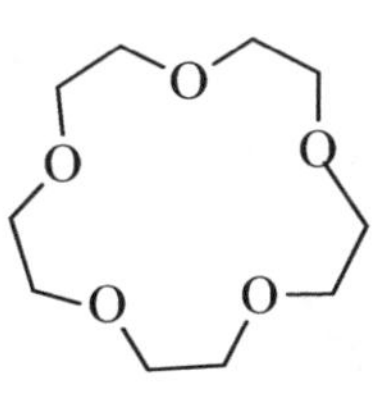

15-冠-5
15-crown-5

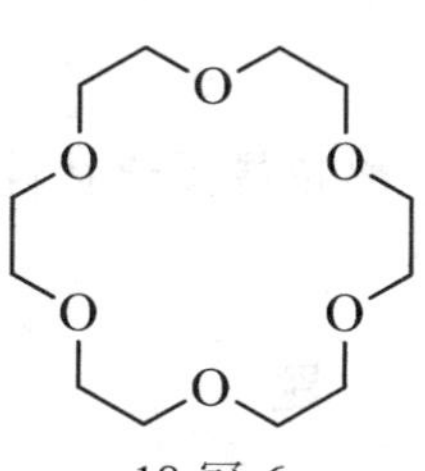

18-冠-6
18-crown-6

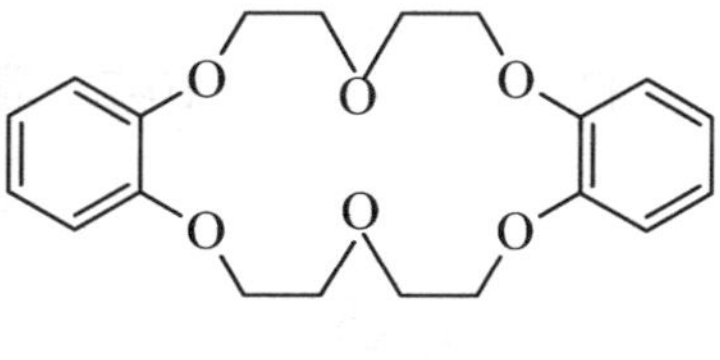

二苯基-18-冠-6
dibenzo-18-crown-6

冠醚的一个主要特点是有许多醚键，分子中有一个空穴，因而可以与很多金属离子络合。不同结构的冠醚，其空穴大小不一样，可络合的金属离子不同。例如，18-冠-6 中的空穴直径为 260～320 pm，与钾离子的直径 266 pm 相仿，故它们之间能形成稳定的络合物，使不溶于有机相的无机物变成络合物而溶解。又如，钠离子直径为 180 pm，15-冠-5 的空穴直径为 170～220 pm，可容纳钠离子；锂离子直径为 120 pm，12-冠-4 空穴直径为 120～150 pm，可以容纳锂离子。因此，冠醚是一种常用的相转移催化剂（PTC）。这对于加快常见的非均相反应的反应速率具有较大的意义。例如，$KMnO_4$ 水溶液对烯烃的氧化效果很差，而冠醚 $KMnO_4$ 的氧化催化性能却很突出。18-冠-6 能与钾离子形成 1∶1 的阳离子，形成 $K^+MnO_4^-$ 络合物转入有机相，这不仅使反应在均相进行，而且提高了阴离子 MnO_4^- 的氧化活性，固体 $KMnO_4$ 能直接与冠醚络合，故反应可以在固液相进行。

又如，固体氰化钾和卤代烷在有机溶剂中很难反应，当加入 18-冠-6，反应即可迅速进行。因为冠醚可与 K^+络合，形成 ⓀCN⁻，Ⓚ称为亲油阳离子，可溶于有机溶剂中，与它形成离子对的阴离子 CN^- 也随之溶入有机溶剂中。由于 CN^- 是游离的自由负离子，没有溶剂化的影响，因此能与 RX 在有机溶剂中迅速反应。

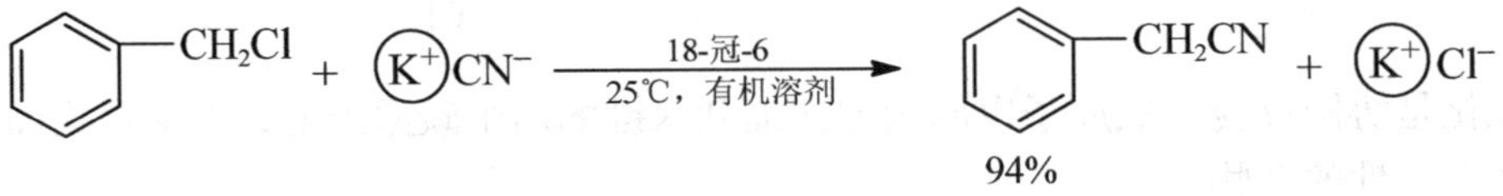

冠醚毒性很大，且合成难度较大，价格高。这都限制了它的应用范围。

常用威廉姆森反应制备冠醚。例如，用邻苯二酚钠盐与$(ClCH_2CH_2)_2O$ 共热，可得到含苯环的冠醚。

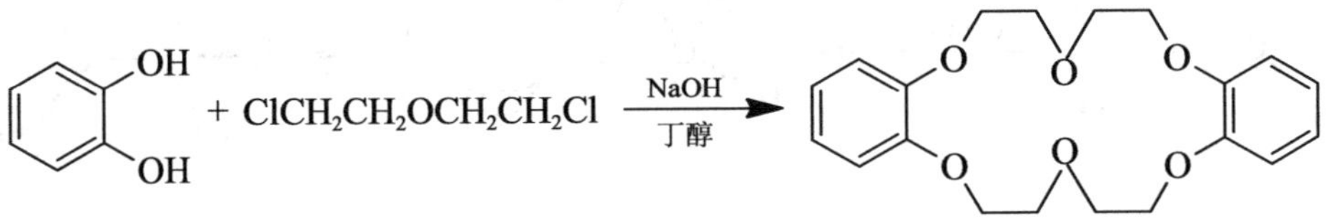

不含苯环的冠醚也可用类似方法合成。例如：

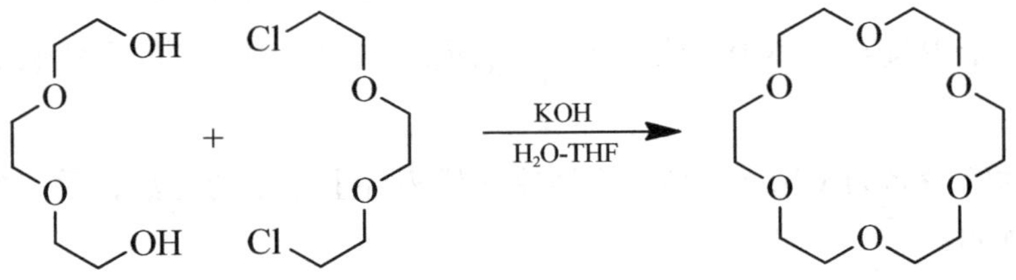

扫一扫　　10-7　醇、酚、醚拓展阅读材料

习　　题

1. 命名下列化合物。

（1）$C_2H_5OCH{=}CHCH_2CH_3$　（2）$CH_3OCH_2CH_2OCH_3$

（3） 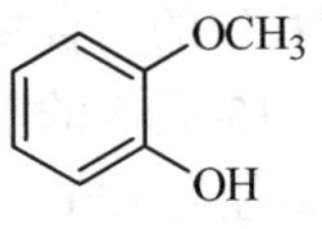

（4） 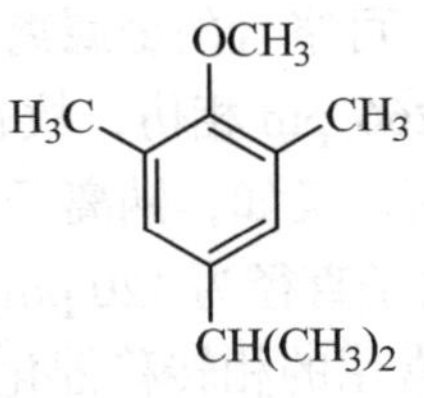

2. 写出戊醇 $C_5H_{11}OH$ 的异构体的构造式，并用系统命名法命名。
3. 写出分子式为 $C_5H_{12}O$ 的所有醚及环氧化合物，并命名。
4. 写出丁-2-醇与下列试剂作用的产物。

（1）H_2SO_4，加热　（2）HBr　（3）Na　（4）Cu，加热　（5）$K_2Cr_2O_7+H_2SO_4$

5. 完成下列反应式。

（1）$HOCH_2CH_2OH + 2HNO_3 \xrightarrow[\triangle]{H_2SO_4}$

（2）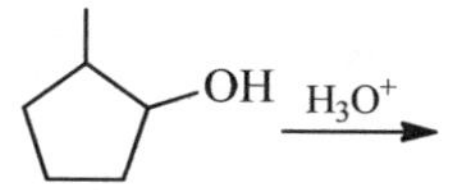

（3）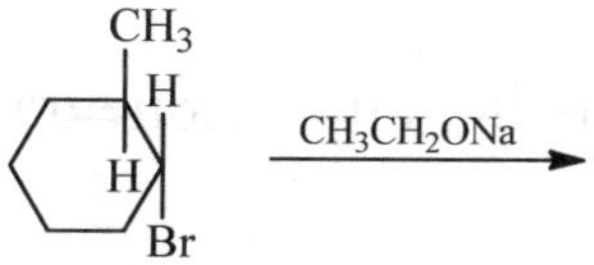

（4）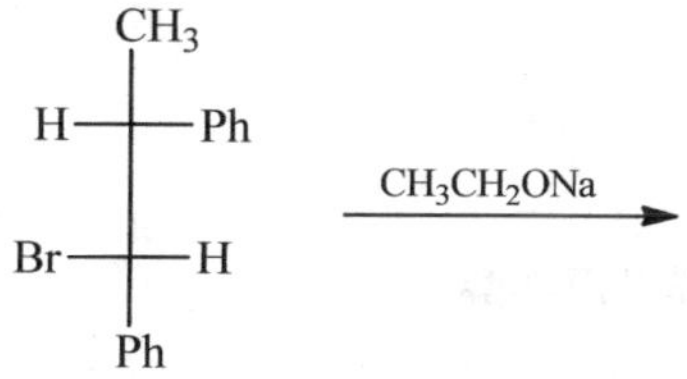

（5）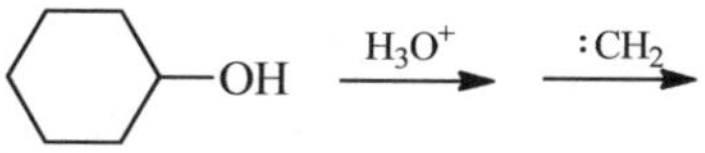

（6）$(CH_3CH_2)_2CHOCH_3 + HI(过量) \xrightarrow{\triangle}$

（7）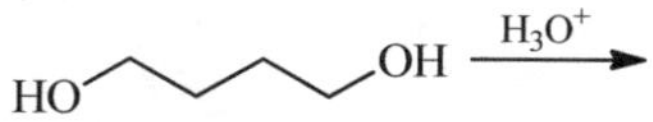

（8）

（9）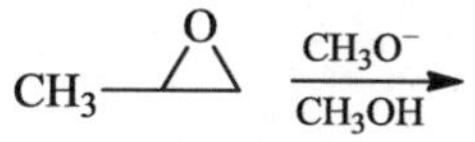

（10）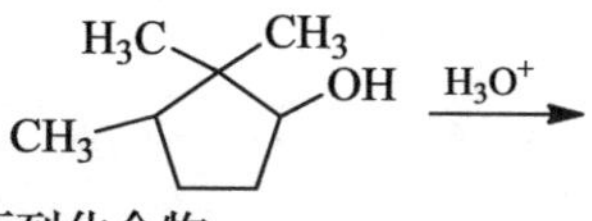

6. 区别下列化合物。

（1）乙醇和正丁醇　（2）仲丁醇和异丁醇
（3）丁-1, 4-二醇和丁-2, 3-二醇　（4）对甲苯酚和苯甲醇
（5）丙-1, 2-二醇、正丁醇、甲丙醚和环己烷　（6）丙醚、溴代正丁烷和烯丙基异丙基醚
（7）2, 4, 6-三甲基苯酚和 2, 4, 6-三硝基苯酚

7.（1）丁-3-烯-2-醇与溴化氢作用可能生成哪些产物？试解释原因。
（2）丁-2-烯-1-醇与溴化氢作用可能生成哪些产物？试解释原因。

8. 完成下列反应式，并用 *R*/*S* 标记法命名所得产物。

（1）(*R*)-己-2-醇 $\xrightarrow[S_N2]{浓HX}$　（2）(*R*)-3-甲基庚-3-醇 $\xrightarrow{浓HX}$

9. 写出下列各题括号中的构造式。

（1）(　) 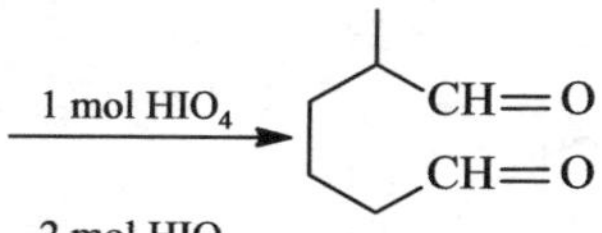

（2）(　) $\xrightarrow{2\ mol\ HIO_4} CH_3CHO + CH_3COCH_3 + HCOOH$

（3）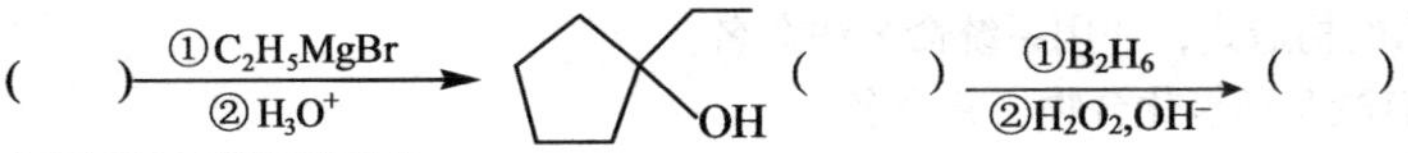

10. 用反应历程解释以下反应。

（1）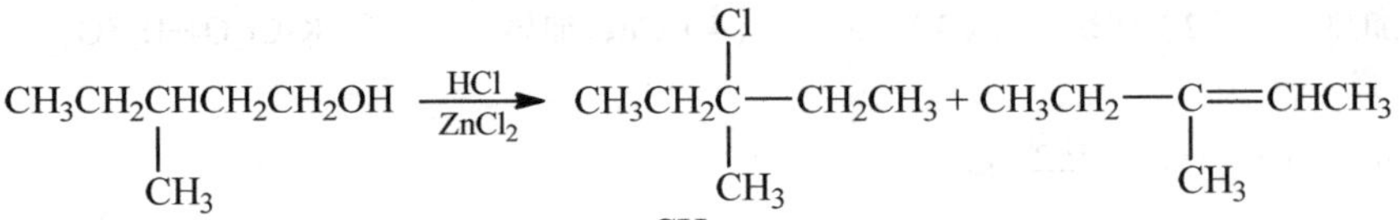

（2）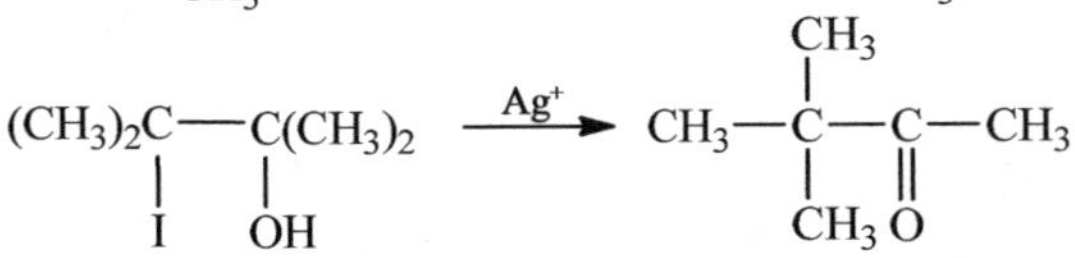

（3）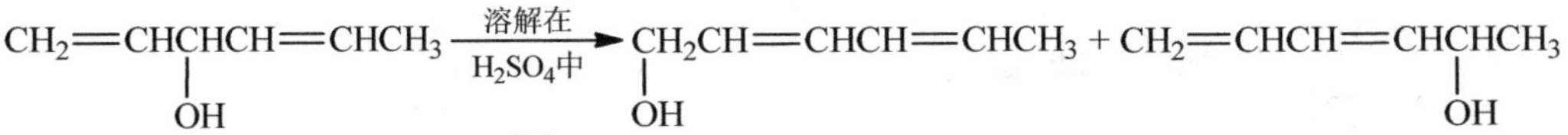

（4）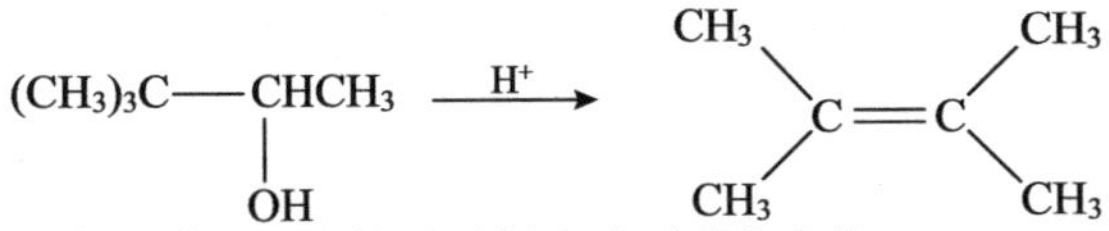

11. 选择适当的醛、酮和格氏试剂合成下列化合物。

（1）3-苯基丙-1-醇　（2）1-环己基乙醇　（3）2-苯基丙-2-醇

（4）2, 4-二甲基戊-3-醇　（5）1-甲基环己烯

12. 完成下列转变。

（1）用丙烯合成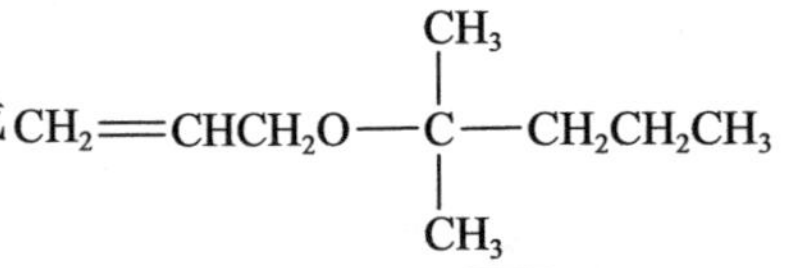

（2）用丙烯和苯合成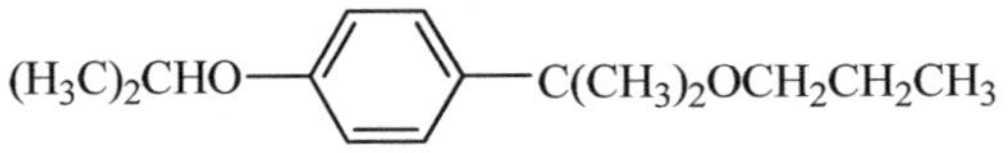

（3）用甲烷合成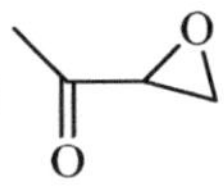

（4）用苯酚合成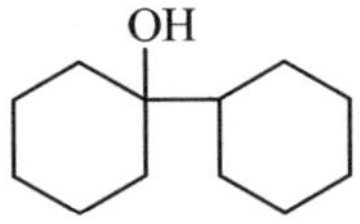

（5）用甲苯合成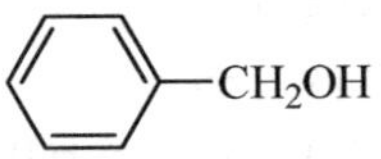

13. 完成下列转变。

（1）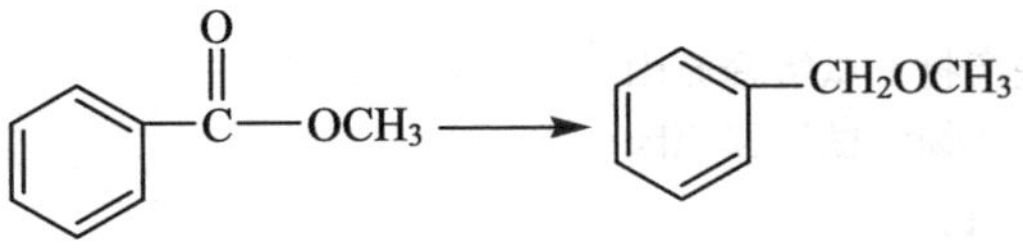

（2）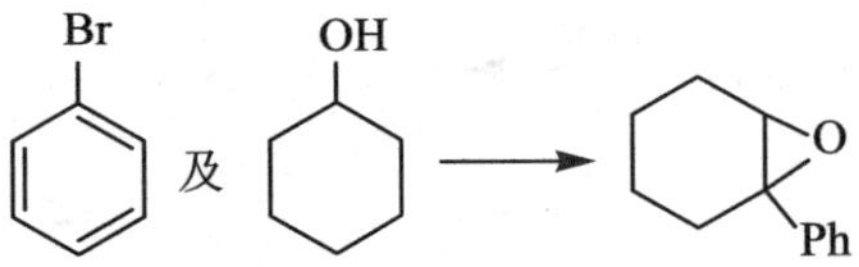

（3）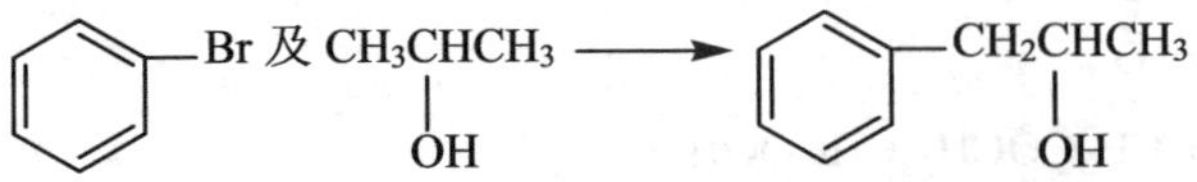

（4）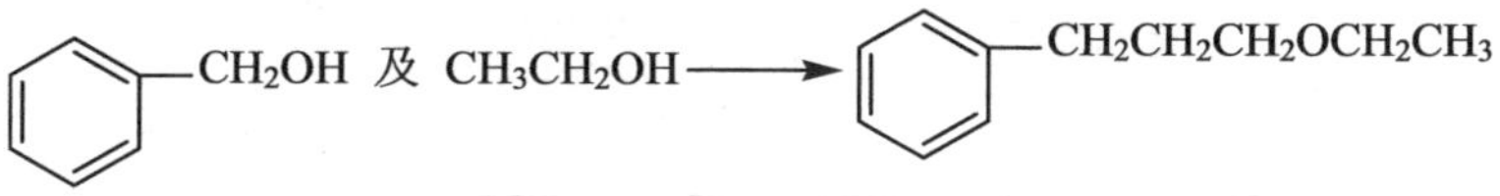

（5）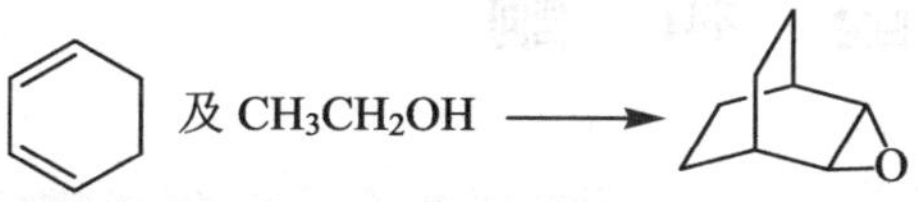

14. 完成下列反应式，并用反应历程解释。

（1）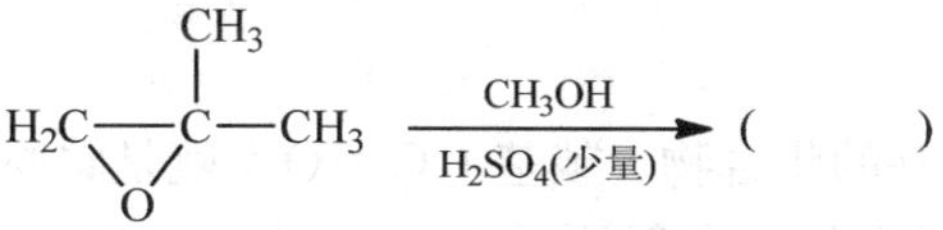

（2）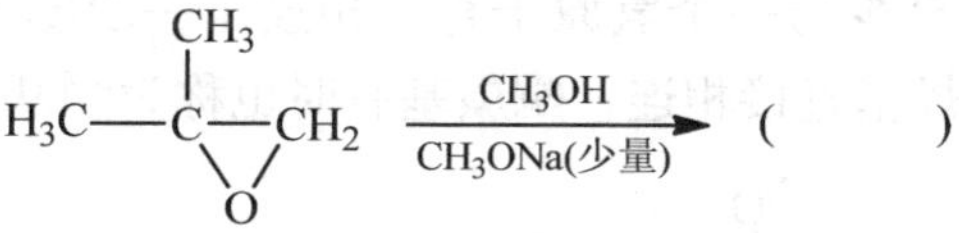

（3）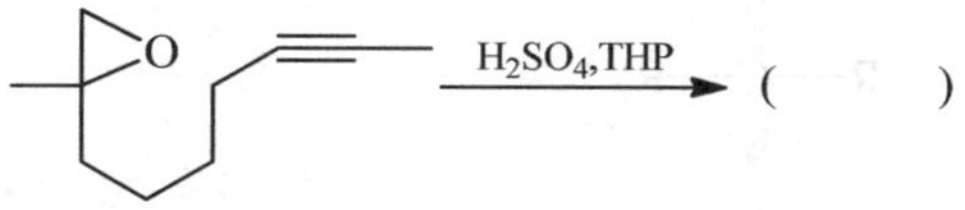

15. 化合物 A 的相对分子质量为 60，含有 60.0% C、13.3% H。A 与氧化剂作用相继得到醛和酸，A 与溴化钾和硫酸作用生成 B；B 与 NaOH 乙醇溶液作用生成 C；C 与 HBr 作用生成 D；D 含有 65.0% Br，水解后生成 E，而 E 是 A 的同分异构体。试写出化合物 A～E 的构造式。

16. 化合物 A 的分子式为 $C_6H_{10}O$，能与卢卡斯试剂反应，也可被高锰酸钾氧化，并能吸收 1 mol Br_2。A 经催化加氢得 B；将 B 氧化得 C，分子式为 $C_6H_{10}O$；将 B 在加热下与浓硫酸作用的产物还原可得到环己烷。试写出 A 的构造式。

17. 化合物 A 的分子式为 $C_9H_{12}O$，不溶于水、稀盐酸和饱和碳酸钠溶液，但溶于稀氢氧化钠溶液。A 不使溴水褪色。试写出 A 的构造式。

18. 化合物 $C_{10}H_{14}O$ 溶于稀氢氧化钠溶液，但不溶于稀的碳酸氢钠溶液。它与溴水作用生成二溴衍生物 $C_{10}H_{12}Br_2O$。它的红外光谱在 3250 cm^{-1} 和 834 cm^{-1} 有吸收峰，它的核磁共振氢谱是：δ=1.3 ppm（9H）单峰，δ=4.9 ppm（1H）单峰，δ=7.6 ppm（4H）多重峰。试写出化合物 $C_{10}H_{14}O$ 的构造式。

19. 两种液体化合物，分子式都是 $C_4H_{10}O$。其中之一在 100℃时不与 PCl_3 反应，但能与浓 HI 反应生成一种碘代烷；另一化合物与 PCl_3 共热生成 2-氯丁烷。写出这两种化合物的结构式。

20. 化合物 A 是液体，沸点为 220℃，分子式为 $C_8H_{10}O$，IR 在 3400 cm^{-1} 和 1050 cm^{-1} 有强吸收，在 1600 cm^{-1}、1495 cm^{-1}、1450 cm^{-1} 有中等强度的吸收峰，^1H NMR：δ=7.1 ppm（单峰）、4.1 ppm（单峰）、3.7 ppm（三重峰）、2.65 ppm（三重峰），峰面积之比为 5∶1∶2∶2。推测 A 的结构。

21. 化合物 A（$C_8H_{14}O$）能使溴的四氯化碳溶液迅速褪色，并能与饱和亚硫酸氢钠溶液发生加成反应，得到白色结晶。A 经酸性高锰酸钾氧化为两个酸性化合物 B 与 C（$C_3H_6O_2$），B 与碘的氢氧化钠溶液反应生成丁二酸钠与碘仿。试推测 A、B、C 的可能结构。

22. 化合物 A 的分子式为 $C_8H_{10}O_2$，其 IR 吸收峰（cm^{-1}）为：3300（宽峰）、2900、1600、1500、1050、810～830；A 的 ^1H NMR 的 δ（ppm）为：3.6（单峰、1H）、3.8（单峰、3H）、4.5（单峰、2H）、7.2（四重峰、4H）。试推测其结构。

扫一扫　10-8　醇、酚、醚命名习题答案（2017 版）

第 11 章　醛　和　酮

扫一扫　　11-1　醛和酮 目标导图+知识地图

醛（aldehyde）和酮（ketone）都是含有羰基的化合物。羰基（C═O）就是碳原子以双键与氧原子相连的官能团。醛的羰基碳原子至少与一个氢原子直接相连（—CHO），因此—CHO 又称醛基。酮的羰基碳原子则与两个烃基直接相连，酮羰基有时也称为酮基。

醛　　　酮

需要注意的是，醛的简式应写成 RCHO，不能写为 RCOH，以避免和醇羟基混淆。

碳原子数相同的饱和一元醛、酮是同分异构体，如丙醛（CH_3CH_2CHO）和丙酮（CH_3COCH_3）。

含有羰基的醛酮类化合物广泛存在于自然界，许多此类化合物因具有浓郁的芳香而用来配制香精。羰基化合物也是动植物体内代谢过程中的一个重要中间体。因为官能团羰基的活性较强，醛酮类化合物能发生许多化学反应，在有机合成中有广泛的用途。

11.1　醛、酮的命名

扫一扫　　11-2　醛、酮的命名（1980 版）

11.1.1　醛、酮的系统命名

醛、酮类化合物的命名以系统命名法为主。

命名时，首先选择含有羰基的最长碳链作为主链。如果是醛类化合物，则醛基碳原子的编号是 1，位置可不必标出。如果是酮类化合物，编号应从靠近羰基碳的一端开始，使羰基碳的位次最小，且位次必须标出（个别例外）。英文名称是将相应烃类名称词尾中的“e”去掉，醛换成“al”，酮换成“one”。例如：

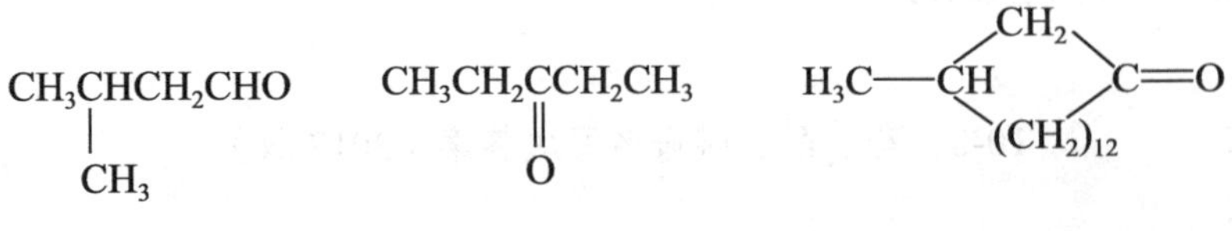

3-甲基丁醛　　戊-3-酮　　3-甲基环十五酮（麝香酮）

3-methylbutanal　　pentan-3-one　　3-methylcyclopentadcanone

简单的醛、酮命名时，英文名称仍然使用俗名。例如：

CH_3CHO 乙醛 acetaldehyde　　CH_3COCH_3 丙酮 acetone

对于含芳环的醛、酮，命名时要把芳基作为取代基。例如：

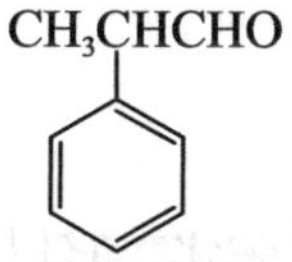

2-苯基丙醛
2-phenylpropanal

若主链上含有不饱和键，编号时依然使羰基编号最小。例如：

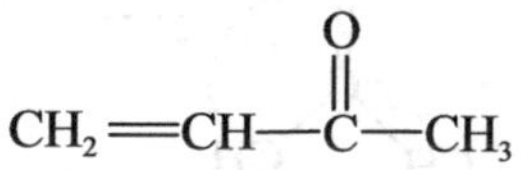

丁-3-烯-2-酮
but-3-en-2-one

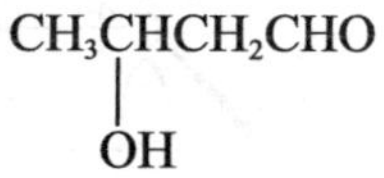

3-羟基丁醛
3-hydroxybutanal

醛作取代基时，用“甲酰基”表示；酮作取代基时，则用“氧亚基”（或“氧代”）表示。当酮羰基和醛基同时出现在一个分子中时，醛基优先于酮羰基。例如：

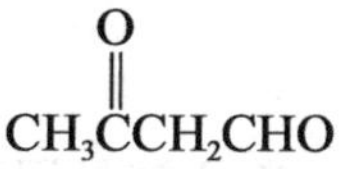

3-氧亚基丁醛（3-氧代丁醛）
3-oxobutanal

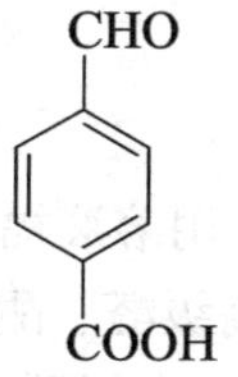

对甲酰基苯甲酸
4-formylbenzoic acid

11.1.2 醛、酮的普通命名

碳原子的编号也可以用希腊字母表示，碳链从羰基碳相邻的碳原子开始，用 α、β、γ、δ、⋯编号。对于醛的名称，英文名称将羧酸中的词尾“ic acid”去掉，加“aldehyde”。例如：

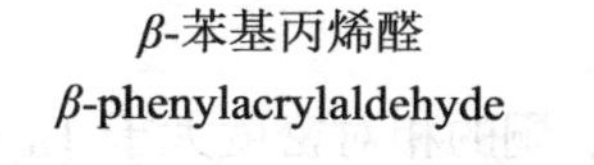

β-苯基丙烯醛
β-phenylacrylaldehyde

$BrCH_2CH_2CH_2CHO$

γ-溴丁醛
γ-bromobutylaldehyde

酮类化合物的命名有时也使用衍生物命名法。这种命名法是将酮看作“甲酮”的衍生物，在“甲酮”前面加上与羰基相连的两个烃基的名称。通常简单烃基在前，复杂烃基在后，而且烃基的“基”和甲酮的“甲”字一般省略。例如：

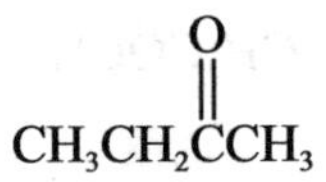

甲(基)乙(基)酮

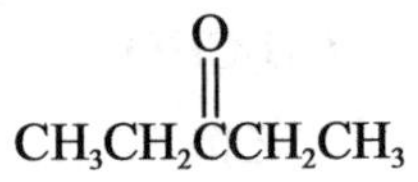

二乙(基)酮

11.2　醛、酮的结构、物理性质和光谱性质

11.2.1　醛、酮的结构

在醛和酮分子中，羰基碳发生 sp^2 杂化，它以三个 sp^2 杂化轨道和氧原子以及另外两个取代基形成三个 σ 键，且与它们处在同一平面上，键角近似 120°。碳原子上未杂化的 p 轨道与氧原子的一个 p 轨道平行重叠形成 π 键，所形成的 π 键垂直于分子骨架所在的平面。

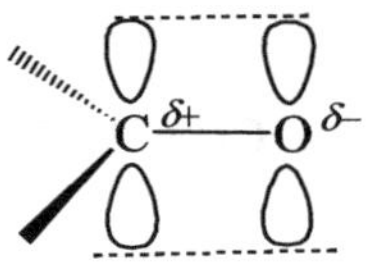

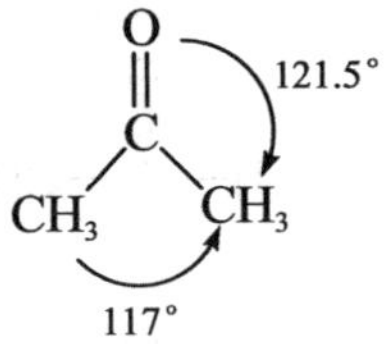

羰基是极性很大的不饱和基团。在羰基中，因为氧原子的电负性（3.5）比碳原子的电负性（2.5）大，且 π 电子云易流动，所以碳氧之间的电子云偏向氧原子，导致氧原子一边的电子云密度增大，碳原子周围的电子云密度降低。因此，在羰基中氧原子带有部分负电荷，而碳原子带有部分正电荷。

11.2.2　醛、酮的物理性质

甲醛在室温下为气体，常用溶液福尔马林（formalin）就是甲醛的 40% 水溶液。其他低、中级醛、酮常温下为液体，高级醛、酮为固体。

低级醛带有刺鼻的气味，中级醛（C_6～C_{12}）则有果香味，因此有些中级醛用于香料工业。

醛、酮的沸点比相对分子质量相近的烷烃和醚高，但比相应的醇低。这是因为羰基的存在使醛、酮成为极性分子，分子之间存在较强的偶极-偶极相互作用，所以醛、酮的沸点比相对分子质量相近的烷烃和醚高。但是醛、酮类化合物分子中缺乏活泼氢，分子间不能形成氢键，故它们的沸点低于相应的醇。

羰基氧原子可以与水分子中的氢原子形成氢键，因此低级的醛、酮，如甲醛、乙醛、丙酮等能与水混溶。但是，随着醛、酮相对分子质量的增加，疏水性的烃基部分增大，其对氢键缔合的阻碍作用增强，导致它们在水中的溶解度逐渐降低。高级醛、酮微溶或不溶于水，而溶于一般有机溶剂中。

脂肪族醛、酮的相对密度小于 1，芳香族醛、酮的相对密度大于 1。部分醛、酮的物理常数见表 11-1。

表 11-1　部分醛、酮的物理常数

名称	熔点/℃	沸点/℃	相对密度（d_4^{20}）	折射率（n_D^{20}）
甲醛	−92	−21	0.815	
乙醛	−121	20.8	0.7834^{18}	1.3316
丙醛	−81	48.8	0.8058	1.3636
正丁醛	−99	75.7	0.8170	1.3843
丙酮	−95.35	56.2	0.7899	1.3602
丁酮	−86.35	79.6	0.8054	1.3788
戊-2-酮	−77.8	102.4	0.8089	1.3902
戊-3-酮	−39.9	101.7	0.8138	1.3922
苯甲醛	−26	178.1	1.0415^{15}	$1.5463^{17.6}$
苯丙酮	−15	216.5	1.0157	

11.2.3　醛、酮的光谱性质

1. 红外光谱

在检测有机化合物中是否存在羰基时，红外光谱非常有用。因为在 1680～1750 cm^{-1} 这一区域内，羰基（C═O）的伸缩振动有一个很强的吸收谱带。其中，醛的吸收谱带在 1730 cm^{-1} 附近，酮的吸收谱带在 1715 cm^{-1} 附近。当羰基与双键或苯环共轭时，吸收向低频方向位移 30～40 cm^{-1}。例如，在苯乙酮的红外光谱中，羰基（C═O）与苯环共轭，在 1680 cm^{-1} 出现强的吸收峰。另外，醛基的 C—H 键在 2720 cm^{-1} 附近有一个非常特征的伸缩振动吸收峰，可用于确定是否有醛基存在。例如，丁-2-酮的红外光谱如图 11-1 所示。其中，1715 cm^{-1} 为C═O键的伸缩振动，2980 cm^{-1} 为甲基 C—H 键的伸缩振动。

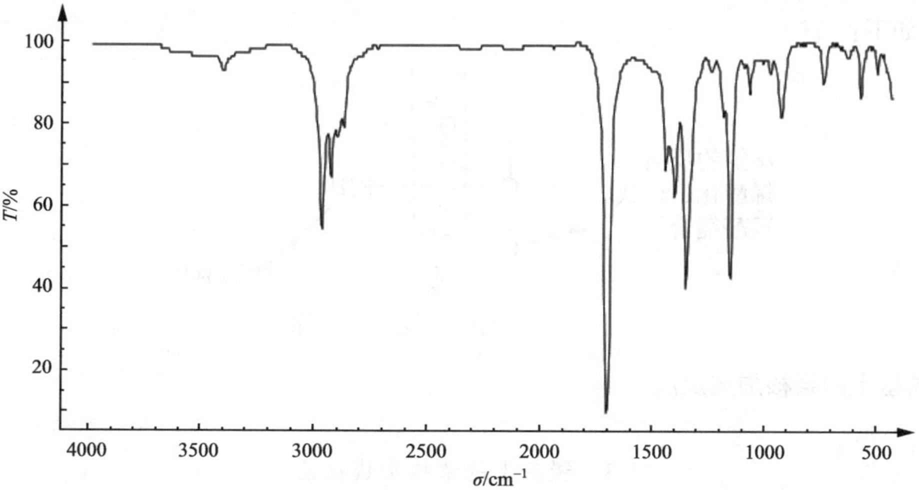

图 11-1　丁-2-酮的红外光谱

2. *核磁共振氢谱*

与羰基相连的氢（醛基氢）的核磁共振在低场出现，化学位移值 δ 为 9～10。这是碳氧双键的磁各向异性效应和氧原子的吸电子诱导效应共同作用的结果。与羰基相连的甲基、亚甲基上氢的化学位移值 δ 为 2.0～2.5。

例如，丙醛的核磁共振氢谱如图 11-2 所示。

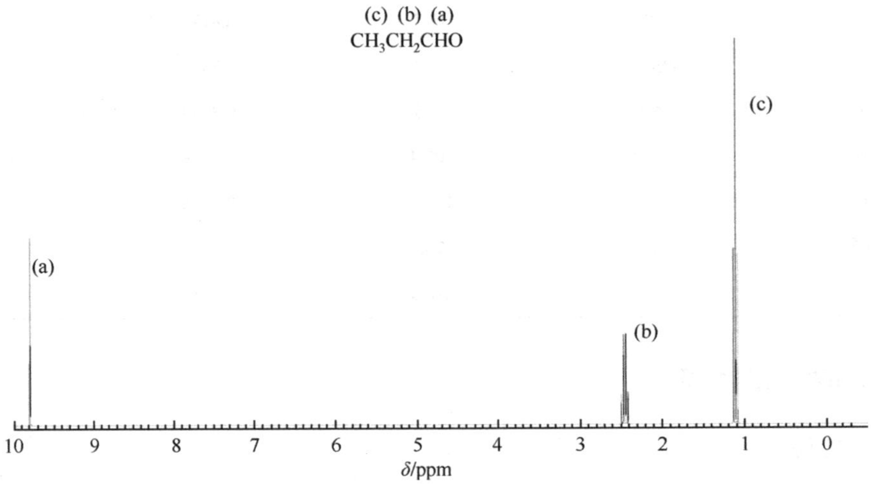

图 11-2　丙醛的核磁共振氢谱

11.3　醛、酮的化学性质

醛和酮的反应主要取决于其官能团羰基。一方面，带部分正电荷的羰基碳原子容易受到富电子的亲核试剂的进攻，从而发生亲核加成反应；另一方面，带部分正电荷的羰基碳原子对 α-H 具有吸电子诱导效应，导致 α-H 变得活泼，因此醛、酮的一部分反应与 α-H 有关。此外，醛和酮处于氧化还原的中间价态，所以它们既可被氧化也可被还原。其主要化学性质可以表示如下：

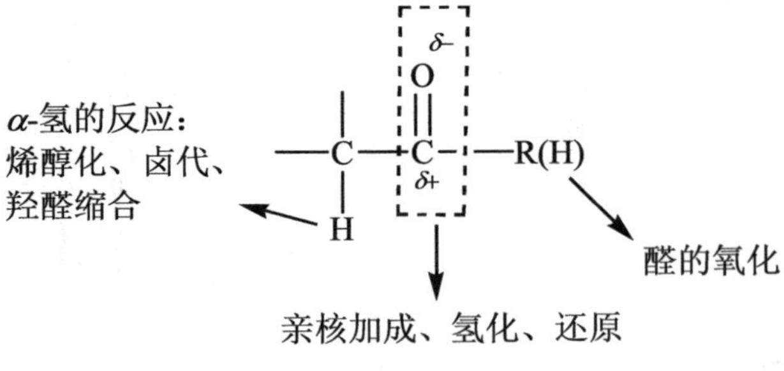

11.3.1　羰基上的亲核加成反应

扫一扫　　11-3　羰基上的亲核加成反应

羰基的加成反应一般分为两步：首先由亲核试剂（带负电荷或具有孤对电子）进攻羰基

上带部分正电荷的碳原子，生成氧负离子中间体；然后该中间体与亲核试剂中带正电荷的部分结合，生成加成产物。这种由亲核试剂进攻所引起的加成反应称为亲核加成反应（nucleophilic addition reaction），反应通式如下：

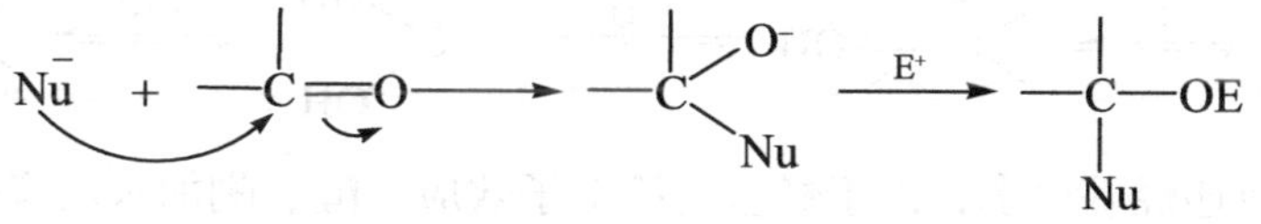

羰基亲核加成反应的活性受到两方面因素的影响，一是亲核试剂的亲核性强弱；二是羰基碳的亲电性强弱。

强的亲核试剂（如金属有机化合物等）与醛、酮发生不可逆的加成反应，弱的亲核试剂与醛、酮的亲核加成反应通常是可逆的。

羰基碳亲电性强弱取决于羰基碳原子上所连接基团的电子效应和空间效应。

空间效应：羰基亲核加成的空间效应一般表现在两个方面，一方面，羰基所连烃基越大，亲核试剂进攻反应中心所受空间位阻越大，不利于反应进行；另一方面，羰基所连烃基越大，形成的氧负离子中间体的稳定性下降，反应活化能升高，也使反应活性下降。

电子效应：羰基上碳原子的正电性因为给电子基团的存在而降低，使得亲核反应不易进行。例如，芳香醛比一般脂肪醛亲核加成反应活性低就是因为芳基和醛基是 p-π 共轭结构，芳基是给电子基团，这种给电子性因为共轭比一般脂肪烃基大，因此芳香醛的羰基碳正电性变小，亲核加成反应活性较低。

反之，吸电子基团可使羰基碳的亲电性增加，使其易与亲核试剂结合，反应活性增加；而且，吸电子基团可以使氧负离子中间体的稳定性增强，导致反应活化能下降，反应活性增大。

综上所述，不同结构的醛、酮进行亲核加成时，反应活性顺序为

$$HCHO > RCHO > CH_3COR > RCOR' > ArCOR$$

与醛、酮进行亲核加成反应的试剂很多，常见的是含 O、S、C 或 N 原子的亲核试剂，分别讨论如下。

1. 与水加成

水分子中的氧原子具有未成键电子，可以作为亲核中心进攻羰基碳原子，最终产物为偕二醇。因为水的亲核性较弱，此反应通常可逆。

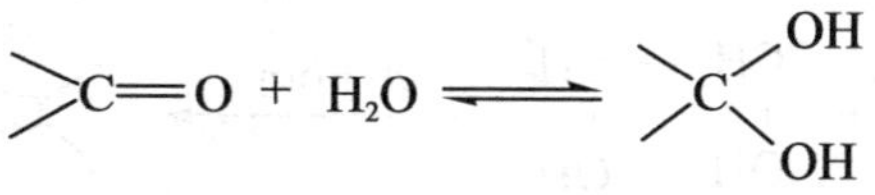

酸或碱对这个反应都有催化作用。

在碱性条件下，氢氧根作为亲核试剂进攻羰基碳，形成羟基烷氧负离子中间体。然后此中间体从水中夺取氢质子，生成产物偕二醇，催化剂氢氧根得以再生。

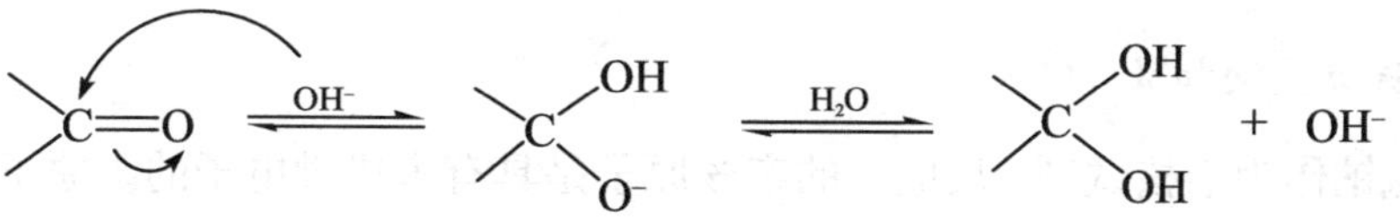

在酸性条件下，羰基氧原子首先被质子化，使羰基碳的正电性增强，使得亲核性较弱的水分子更易发动对羰基的进攻形成中间产物。质子离去，得到产物偕二醇。

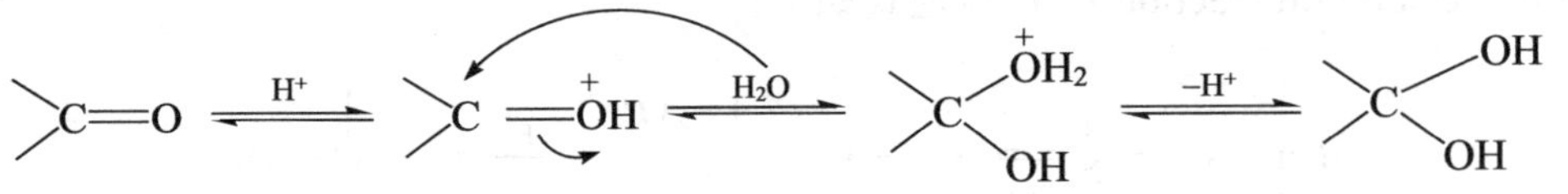

若羰基碳上所连烃基增多，由于烃基的给电子效应，醛、酮加水反应的平衡常数减小。反之，若 *α*-C 上连有吸电子基团，则反应平衡常数增大。通常只有甲醛、乙醛、*α*-多卤代醛或酮的平衡常数大于 1。例如，三氯乙醛分子很容易与水发生水合反应，且水合物非常稳定。

2. 与醇加成

与水类似，醇中的氧原子也可以作为亲核中心进攻羰基碳原子，生成一种称为半缩醛（hemiacetal）的产物。反应需在干燥氯化氢气体或其他无水强酸催化下进行。催化历程与酸性条件下与水的加成相似。

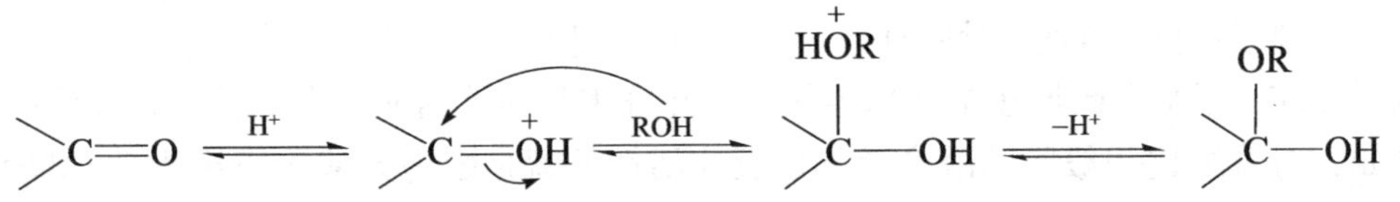

这一步的产物称为半缩醛，是一种 *α*-羟基醚类化合物，很不稳定。在干燥的 HCl 作用下，半缩醛可以与另一分子醇脱水生成缩醛。

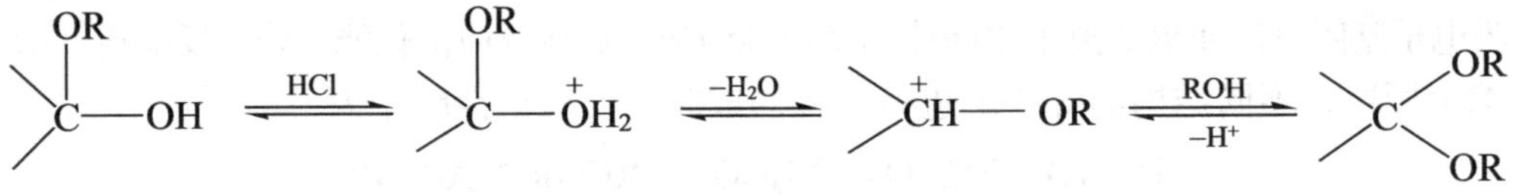

缩醛可看作是同碳二元醇的双醚（胞二醚），性质与醚相似，其对碱、氧化剂、格氏试剂等都是稳定的，但在稀酸中水解，并得到原来的醛或酮。

缩醛的这个性质可以用来保护羰基。在实际应用中，有时不希望羰基参与某种反应。此时，常用乙二醇与醛或酮作用生成环状缩醛或缩酮对羰基予以保护。例如，可先将醛转变成缩醛，再进行分子中其他基团的转化反应（如氧化反应）。最后使缩醛水解而重新获得原来的醛基。

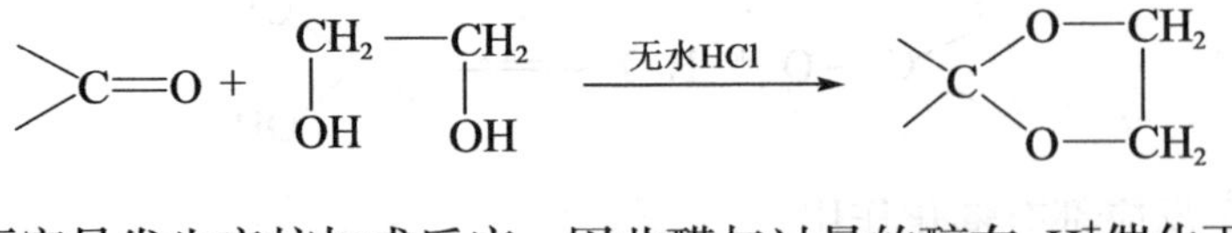

通常醛比酮更容易发生亲核加成反应，因此醛与过量的醇在 H^+催化下生成缩醛的平衡常数较大，而酮和醇生成半缩酮、缩酮反应的平衡常数一般较小，平衡偏向于反应物一边。不断除去反应中生成的水，可使平衡向生成缩酮的方向移动。

3. 与亚硫酸氢钠加成

亚硫酸氢钠作为亲核试剂，反应中的亲核原子是具有未成键电子的硫原子。亚硫酸氢钠亲核性不强，反应为可逆反应，一般只有醛、脂肪族甲基酮、7 个碳以下的环酮可以与亚硫酸氢钠（40%）溶液加成。产物为 α-羟基磺酸钠，该加成产物能溶于水，但不溶于饱和亚硫酸氢钠溶液，以白色晶体析出。此反应可用来鉴别醛、酮。芳香酮难与亚硫酸氢钠反应。

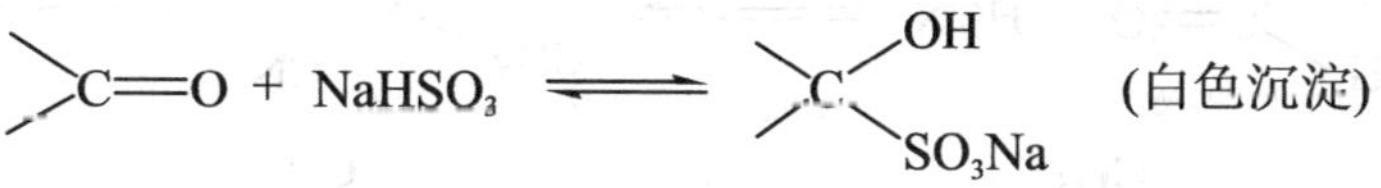

反应历程如下：

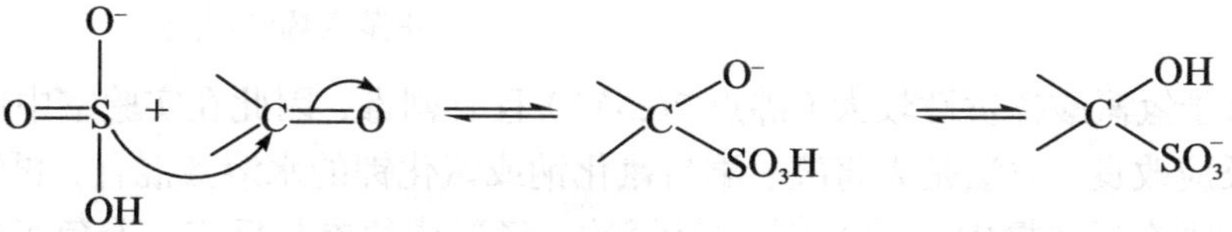

反应产物 α-羟基磺酸钠加酸或碱后又可以得到原来的醛、酮。因此，可用此方法分离或提纯醛、酮。方法是将含有醛、酮的混合物加入饱和亚硫酸氢钠溶液中，过滤、洗涤沉淀，最后将沉淀溶于稀酸中。

4. 与氢氰酸加成

在碱催化下，氰根作为反应中的亲核基团，可以与醛、脂肪族甲基酮、7 个碳以下的环酮加成，最终产物为 α-羟基腈，也称氰醇。

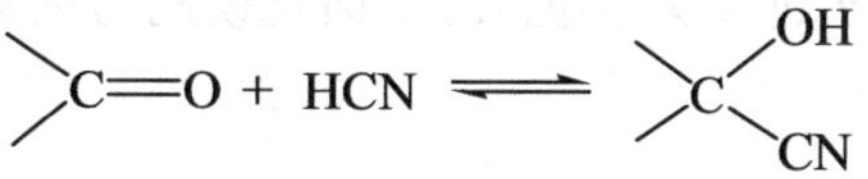

由于 HCN 的亲核性较弱，反应要在碱催化下进行。反应历程如下：

$$HCN + OH^- \rightleftharpoons H_2O + CN^-$$

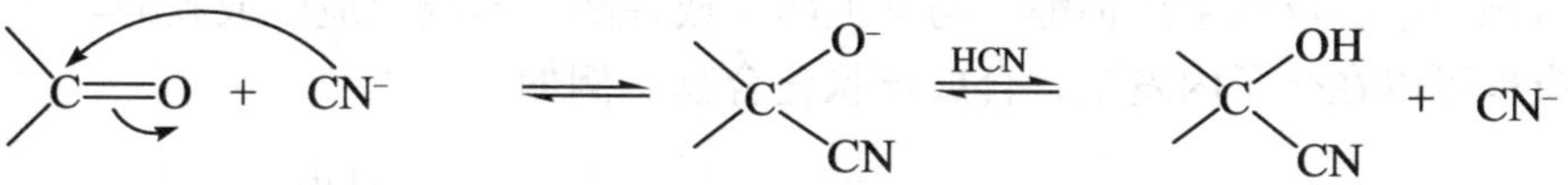

亲核加成历程的证明以丙酮加 HCN 为例：

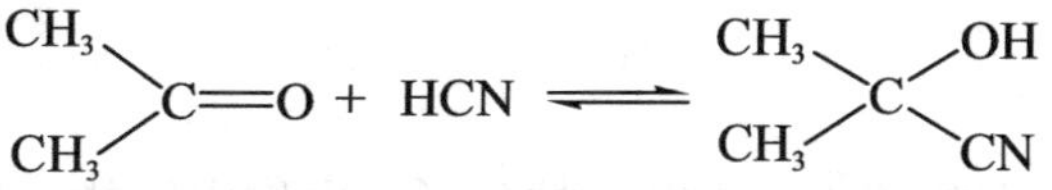

实验发现，在中性（无碱存在时）溶液中，3～4 h 内只有一半原料发生反应。若加 1 滴 KOH 到反应体系中，2 min 内反应即完成。反之，加大量酸到反应体系中，放置几个星期也不反应。可以认为，出现这些现象的原因是：HCN 的电离度很小，中性条件下 CN^-浓度很小，故反应速率慢；加入碱 OH^-则中和了 H^+，CN^-的浓度增大，故反应速率加快；加入 H^+后抑制了 HCN 的电离，CN^-的浓度大大减小，故反应很难进行。这说明，羰基与 HCN 的反应历程是亲核加成历程。

α-羟基腈分子中的氰基可以水解为羧基，也可以还原为氨基，进而转化为许多有用的化合物，因此在有机合成上具有重要的用途。例如，制备有机玻璃的单体 α-甲基丙烯酸甲酯就是利用这种方法合成的。

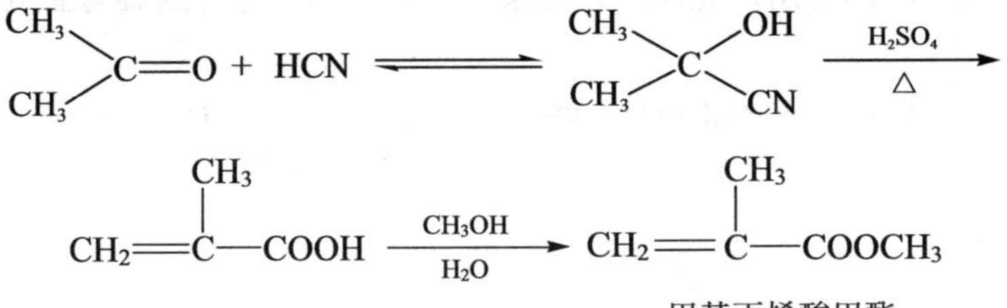

α-甲基丙烯酸甲酯

另外，由于氢氰酸挥发性较大（沸点 26.5℃）且有剧毒，因此在实验室中制备 α-羟基腈时常将上述反应改良。方法是先将醛、酮与氰化钠或氰化钾的水溶液混合，再慢慢往混合液中加酸（操作需在通风橱中进行）。这样氢氰酸一经形成便参与反应，避免了毒性氢氰酸的挥发。

该反应的另一用途是：因为醛、酮与氢氰酸生成的羟基腈比反应物多了一个碳原子，所以可利用此反应增长化合物的碳链。这是有机合成中增长碳链的方法之一。

5. 与格氏试剂加成

在格氏试剂中，碳镁键是高度极化的，因此碳原子带部分负电荷，有很强的亲核性，绝大多数醛、酮都可与其反应，且反应不可逆。格氏试剂与醛、酮进行亲核加成反应时，格氏试剂中带部分负电荷的碳原子进攻羰基碳原子，卤化镁则与羰基氧结合，所得加成产物经水解后生成醇。

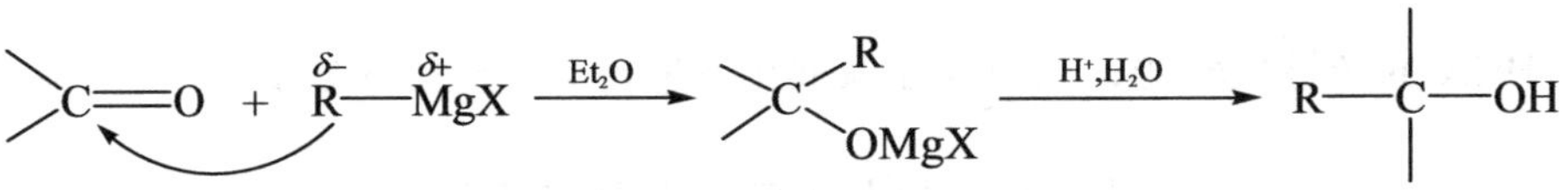

格氏试剂与甲醛反应生成伯醇，与其他醛生成仲醇，与酮反应生成叔醇。

该反应也可以在分子内发生，合成环状化合物。例如：

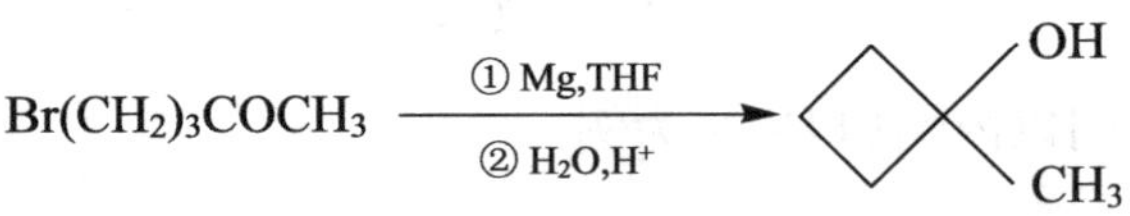

6. 与磷叶立德加成

叶立德（ylide）是具有相邻正、负电荷的分子，也称内𬭸盐。在磷叶立德分子内有一个带正电荷的膦基与带负电荷的碳相邻。1945 年，德国化学家维蒂希（Wittig）发现磷叶立德可将醛、酮变为烯烃。

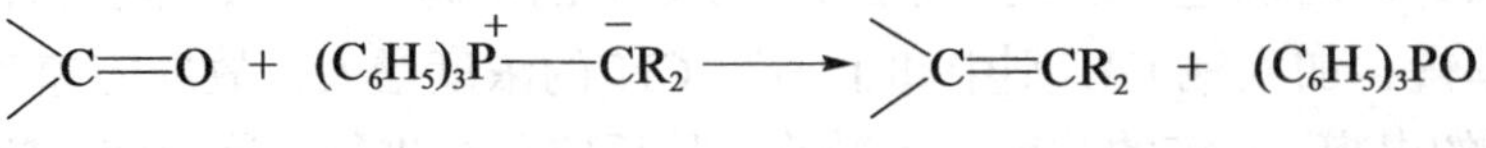

磷叶立德的制备过程通常是：首先，由三苯基膦作为亲核试剂与卤代烃发生亲核取代反应得到𬭸盐，在该盐中带有正电荷的磷原子使邻位的质子变为酸性。然后，在强碱作用

下使邻位的质子失去，得到碳负离子，从而形成具有相邻正、负电荷的叶立德分子。

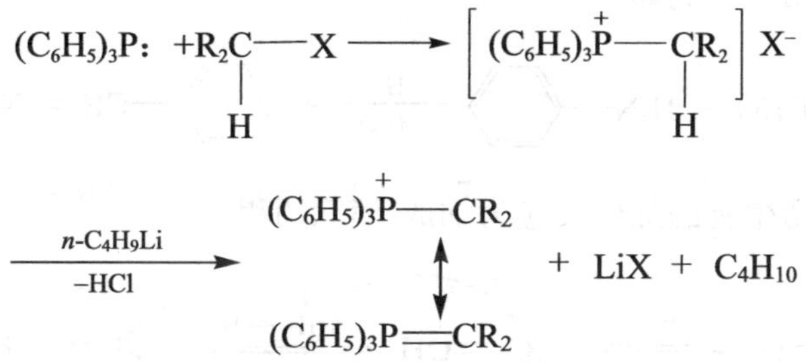

磷叶立德具有极强的亲核性，能与醛、酮发生加成反应。反应首先由试剂中的碳负离子进攻羰基碳，带正电的磷则与羰基氧结合，形成一个环状中间体。此中间体不稳定，进一步分解成氧化三苯基氧膦和烯烃。

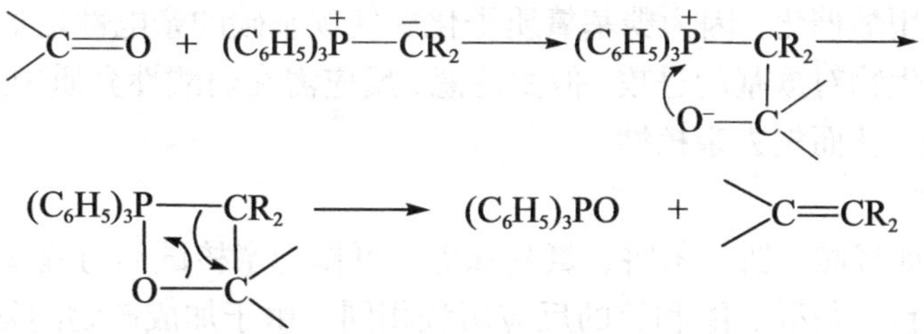

例如：

反应特点：

（1）能合成指定位置的双键化合物，并可用于合成特定结构的烯烃（因卤代烃和醛、酮的结构可以多种多样）。

（2）醛、酮分子中的碳碳不饱和键对反应无影响，分子中的—COOH 对反应也无影响。

（3）维蒂希反应不发生分子重排，产率高。

7. 与氨及其衍生物加成

氨及其衍生物中的氮原子具有未成键电子，可以作为亲核中心进攻羰基碳原子，进而与醛或酮发生加成反应。但是，亲核加成所得到的产物往往不稳定，常进一步脱水生成含有双键的化合物。

1）氨和伯胺

醛或酮与氨、伯胺反应生成羟胺。由于氨基上还有活泼 H，羟胺很不稳定，立即脱水生成含有碳氮双键的亚胺，亚胺也称为席夫（Schiff）碱，在有机合成中有重要用途。

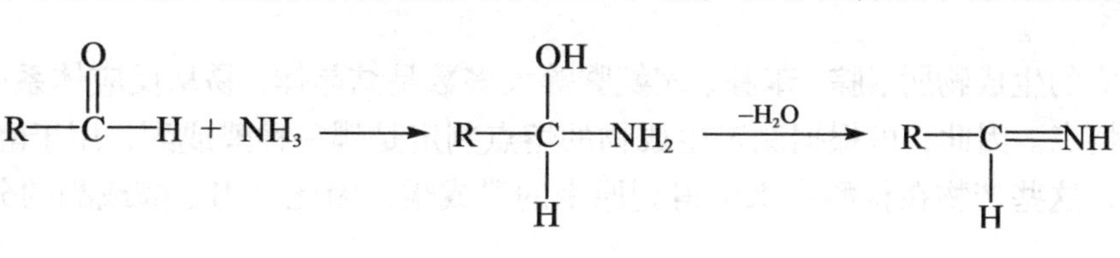

脂肪族亚胺一般不稳定，容易分解；芳香族亚胺由于存在碳氮双键与苯环的共轭作用，相对较稳定，可分离出来。例如：

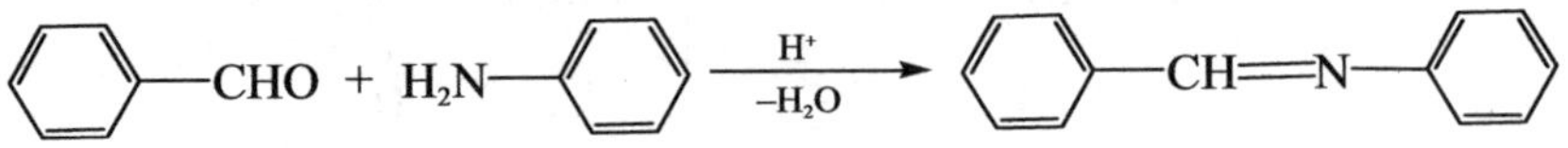

醛、酮与氨及其衍生物的加成反应为加成-消除历程。

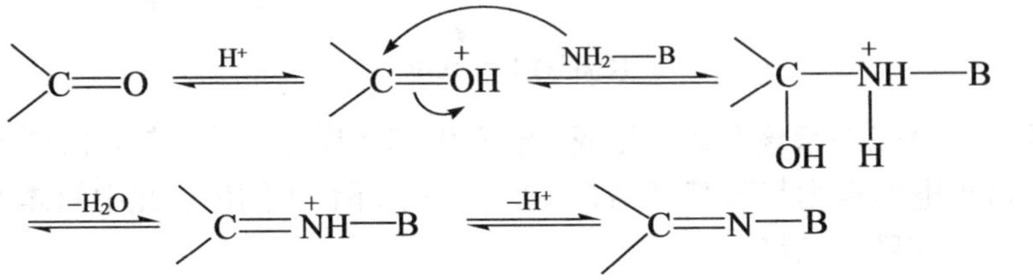

这类反应需要用酸催化，因为羰基氧质子化后使羰基碳的亲电性增加，从而可以推动弱亲核试剂氨及其衍生物对羰基的进攻。但要注意，反应需在弱酸性介质中进行。若酸性过强，氨的衍生物会成盐，从而失去亲核性。

2）氨的衍生物

氨的衍生物，如羟胺、肼、苯肼、氨基脲等，可作为亲核试剂与醛或酮加成，反应一般在弱酸性条件下进行。与醛、酮和氨的反应历程相同，由于加成产物的氨基上还有活泼 H，极不稳定，会立即脱去一分子水，生成相当稳定的 *N*-取代亚胺。醛、酮与氨的衍生物加成缩合产物的名称和构造式表示如下：

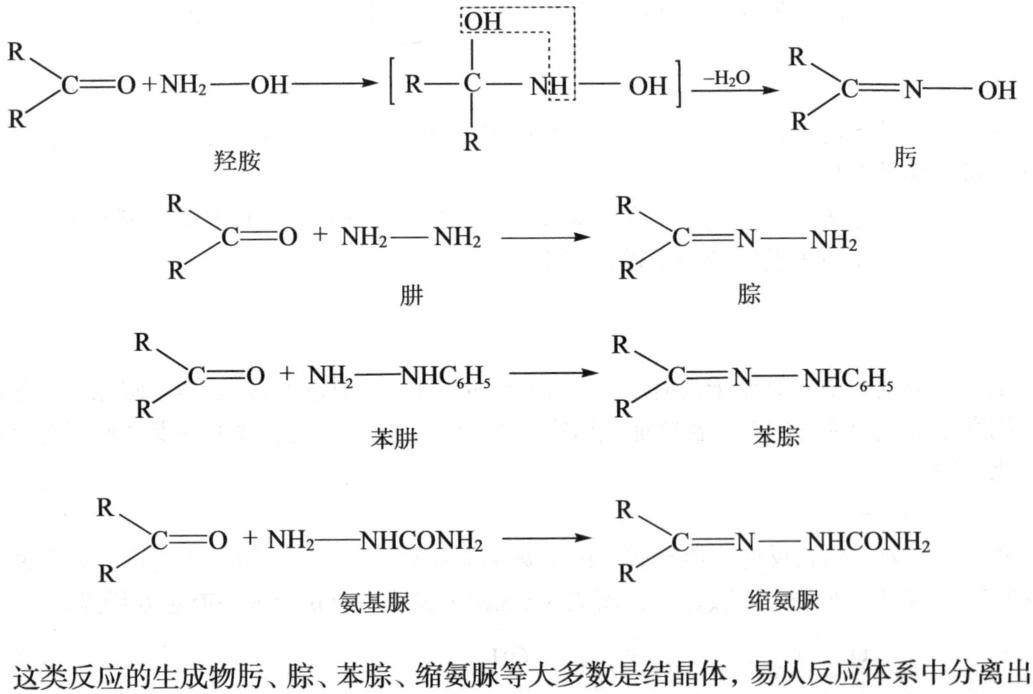

这类反应的生成物肟、腙、苯腙、缩氨脲等大多数是结晶体，易从反应体系中分离出来，且有固定的熔点。因此，可根据测定生成物的熔点判定是哪一种醛或酮，用于醛、酮的定性鉴别。另外，这些产物在稀酸中水解得到原来的醛或酮，因此也用于醛或酮的分离提纯。

3）仲胺

醛或酮与仲胺生成的羟胺，氨基上没有 H，但羟基能与 β-碳上的 H 脱水，形成同时具有烯键和氨基两个基团的产物，称为烯胺。烯胺的碳碳双键和 N 原子上的未共用电子对存在 p-π 共轭，使 β-碳原子具有亲核性，因此烯胺是很有用的烷基化底物。

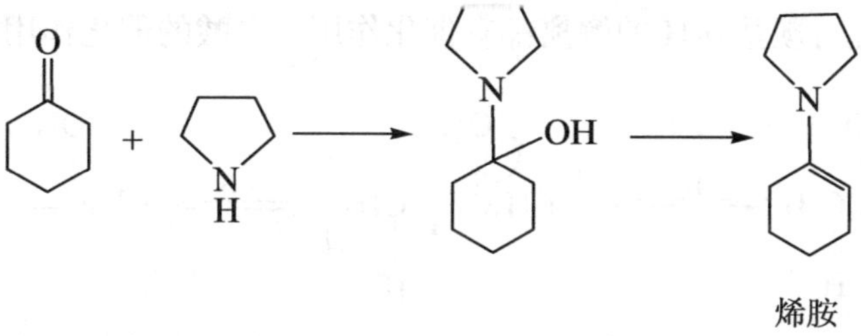

8. 醛的显色反应

品红试剂是将 SO_2 通入品红溶液得到的无色试剂。醛与品红试剂作用显紫红色，再加浓硫酸，甲醛和品红试剂作用所显的紫红色不消失，其他醛所显的颜色褪去。酮与品红试剂不发生反应。反应非常灵敏。因此，常用品红试剂区别甲醛、其他醛和酮。

9. 安息香缩合

在氰根的催化下，两分子苯甲醛可以缩合生成二苯基羟乙酮，后者俗称安息香。

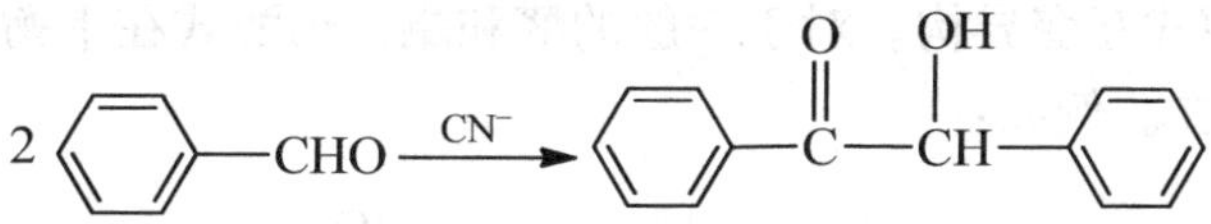

该反应可能的反应历程如下：

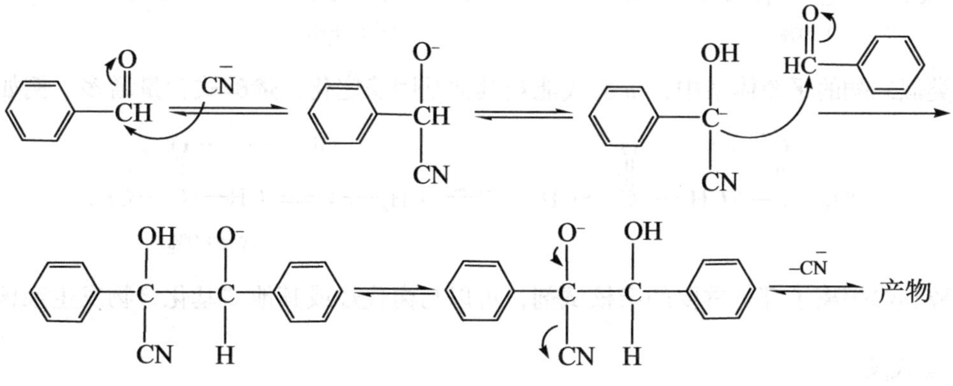

11.3.2　α-氢的反应

1. α-氢的酸性及互变异构

在醛或酮分子中，α-C 上的氢具有一定的活泼性。这是由于 α-H 受到羰基的吸电子效应影响，容易以质子的形式离去。失去 α-H 后，α-C 上的负电荷与羰基发生 p-π 共轭，负电荷可以离域到氧原子上，使形成的烯醇氧负离子趋于稳定。实验表明，α-H 的 pK_a 值为 19～20，比乙炔（pK_a=25）的酸性还要强。

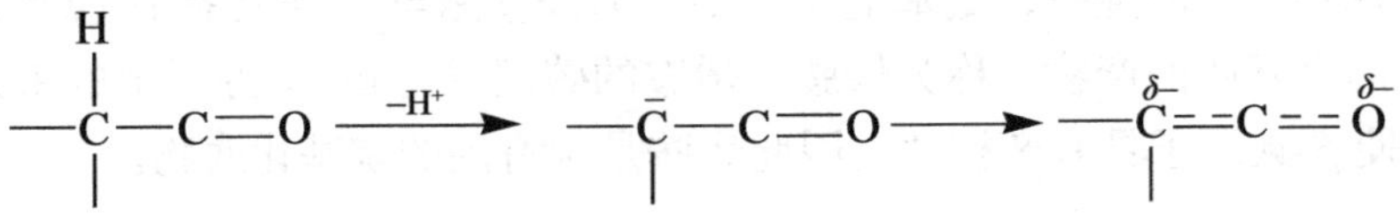

酸性或碱性环境对羰基 α-H 的解离都有催化作用。在酸的催化作用下生成产物烯醇。

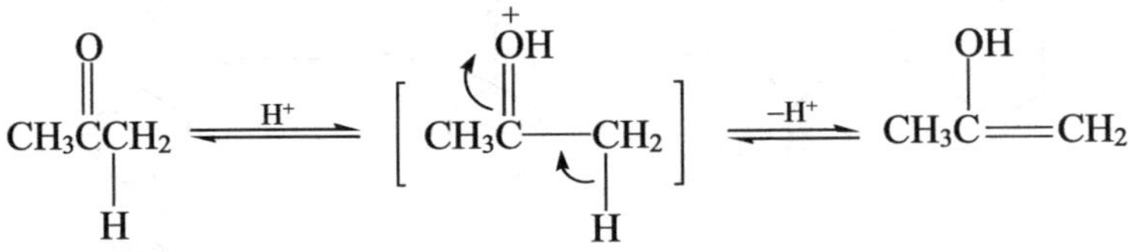

在碱的催化作用下形成碳负离子或烯醇负离子。烯醇负离子中的氧发生质子化形成烯醇。

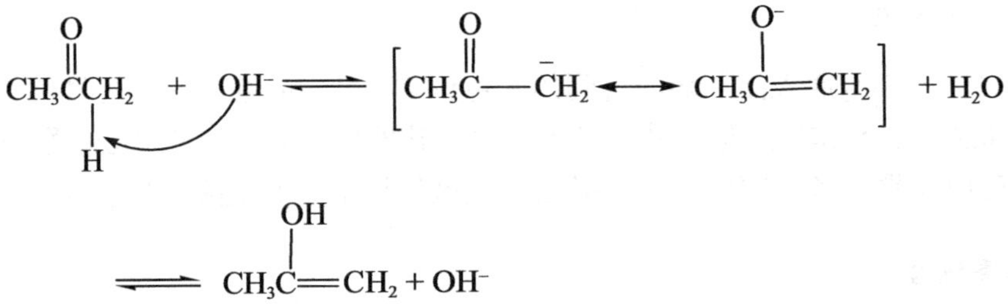

烯醇是醛和酮的不稳定异构体。在溶液中，有 α-H 的醛、酮以酮式和烯醇式互变平衡而存在，存在酮式-烯醇式互变异构。对于一般的醛和酮，烯醇式在平衡体系中的含量极少，主要以酮式异构体存在。例如：

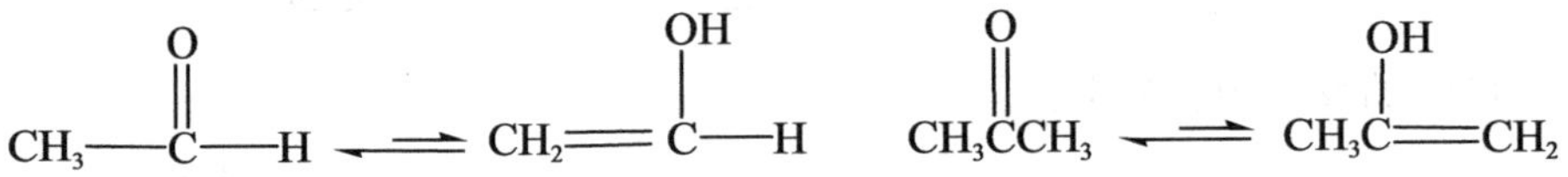

含量～100%　　　　含量> 99%

在类似二酮的平衡体系中，烯醇式能被其他基团稳定化，烯醇式含量增多。例如：

含量80%

烯醇和烯醇离子都是重要的亲核试剂，可以与卤代烃或其他羰基化合物发生亲核反应。

2. 卤代反应

醛、酮的 α-H 可被卤素（Cl、Br 和 I）取代，生成 α-卤代醛、酮。

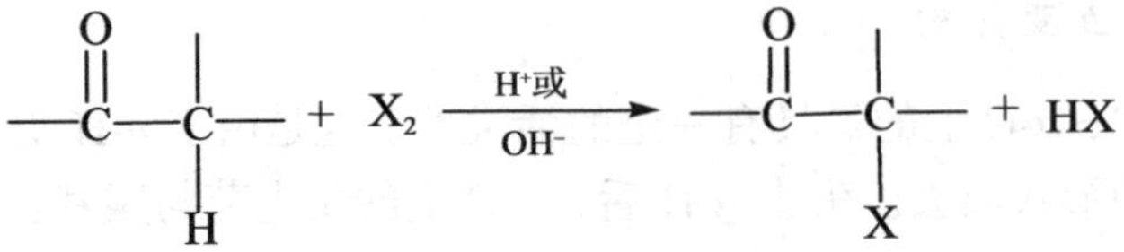

在酸催化下，醛、酮的卤代反应历程如下：

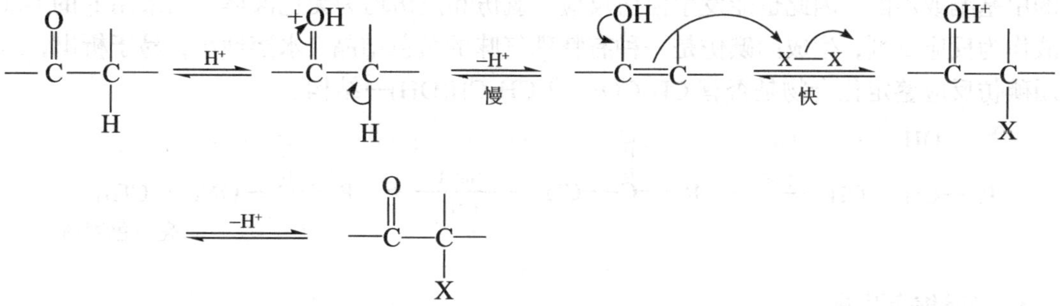

首先，醛或酮在酸性条件下质子化后形成烯醇式，这一步是决定反应速率的一步。然后，卤素快速进攻烯醇式的碳碳双键，形成带正电荷的 *α*-卤代中间体，最后，中间体脱掉质子生成 *α*-卤代醛、酮。

醛、酮发生一元卤代之后，受卤原子吸电子效应的影响，再次发生质子化生成烯醇式变得困难，所以一元卤代醛、酮进一步卤代比较困难。因此，可控制卤素的量，使反应停留在一元阶段。

在碱催化下，醛、酮的卤代反应历程如下：

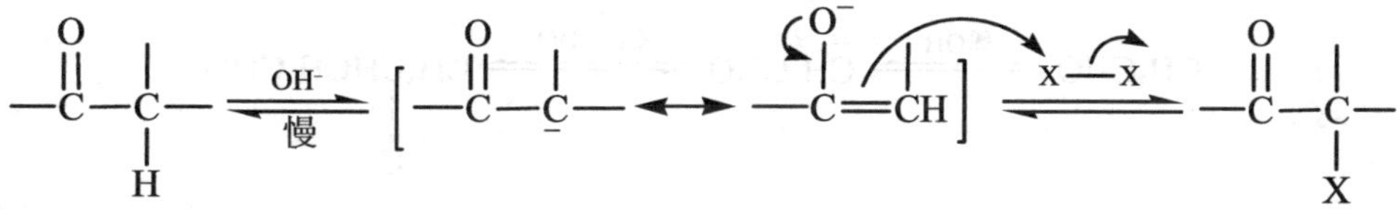

首先，醛或酮在碱性条件下形成烯醇离子，这一步是决定反应速率的一步。然后，卤素快速进攻烯醇离子的碳碳双键，形成一元 *α*-卤代醛、酮。

在碱性溶液中，醛、酮的一个 *α*-H 被卤代后，受卤原子吸电子效应的影响，余下的 *α*-H 的酸性增强，在碱作用下更易离去，有利于进行第二次卤代。若有第三个 *α*-H 存在，则会生成三卤代物。

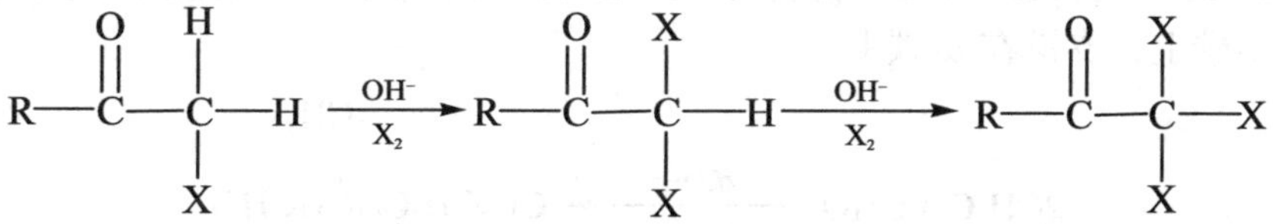

由于受到三个卤原子极强的吸电子诱导效应的影响，*α*-三卤代醛、酮的羰基碳原子的正电性很强，在碱溶液中易受 OH^- 进攻，进而发生碳碳键断裂，生成三卤代甲烷和少一个碳原子的羧酸盐。三卤代甲烷俗称卤仿，因此乙醛或甲基酮的这类反应又称为卤仿反应。进行卤仿反应时，卤素的碱溶液常用次卤酸钠的碱溶液代替。

$$X_2 + 2NaOH \longrightarrow NaOX + NaX + H_2O$$

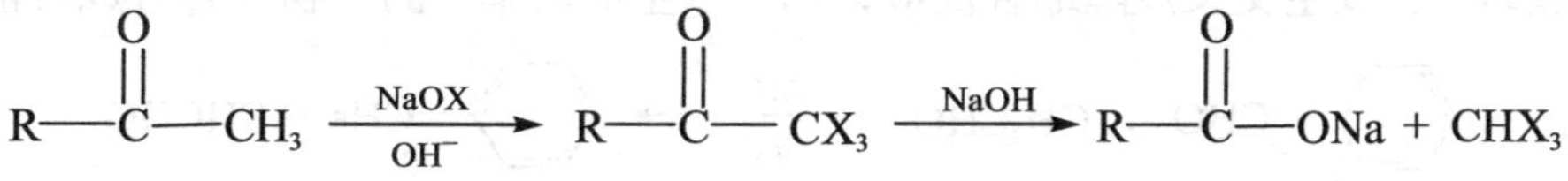

由于次卤酸钠具有氧化性，具有 $CH_3CH(OH)R$ 结构的醇在该反应条件下可被氧化成相应的甲基酮或乙醛，因此也能发生卤仿反应。氯仿和溴仿均为无色液体。如果用 I_2 的 NaOH 溶液作为反应试剂，生成的碘仿是一种有特殊气味的黄色结晶，水溶性小，易于析出，因此常用碘仿反应鉴定化合物是否有 CH_3CO—或 $CH_3CH(OH)$—结构。

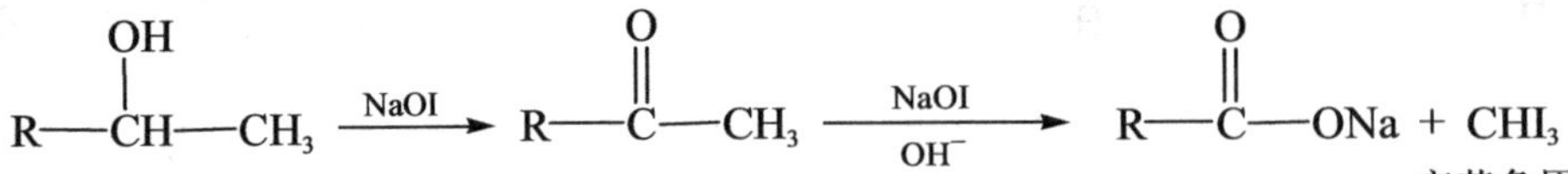

亮黄色固体

3. 羟醛缩合反应

在稀碱催化作用下，醛的 α-H 可以质子的形式离去，从而形成碳负离子。该碳负离子作为亲核试剂进攻另一分子醛中呈电正性的羰基碳原子，生成既含有羟基又含有羰基的化合物 β-羟基醛（羟醛反应）。β-羟基醛加热后失水生成 α, β-不饱和醛（缩合反应）。因为整个反应过程经历生成羟基醛和失水缩合两步，所以该反应称为羟醛缩合反应。

例如，在稀碱溶液中，两分子乙醛缩合生成 β-羟基丁醛，加热时 β-羟基丁醛失去一分子水，变成 α, β-不饱和醛。

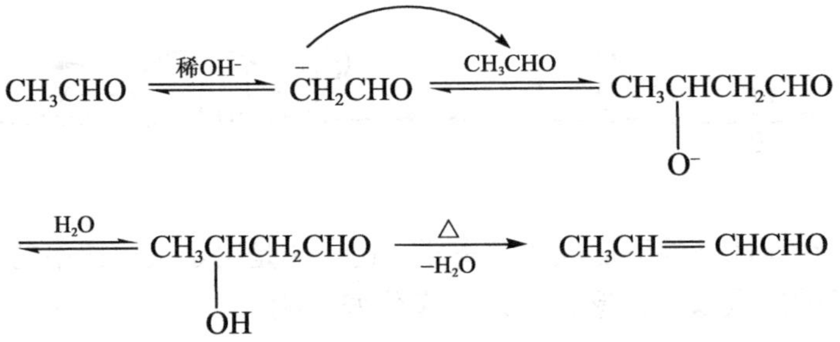

在上述反应过程中，除最后一步脱水外，其他过程都是可逆的。羟醛缩合反应用于制备不饱和醛，而且是一种很好的增长碳链的反应。

除乙醛的羟醛缩合得到直链化合物外，其他醛的羟醛缩合产物都是带有支链的。产物特点：羟基在 β-碳上，支链在 α-碳上。

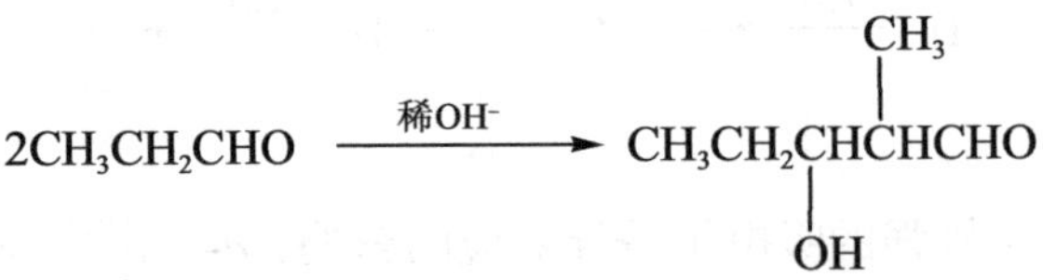

具有 α-H 的酮也可以发生羟醛缩合反应，但较醛的缩合困难，平衡主要偏向反应物一边（环酮除外）。要想得到较好的产率，需不断移去产物才能使平衡向右进行。

如果使用两种带有 α-H 的不同的醛进行羟醛缩合，则产物较复杂，至少有四种产物，分离困难，不适合在合成上应用。但若一种无 α-H 的醛（如甲醛、苯甲醛）和另一种有 α-H 的醛进行羟醛缩合，发生交叉羰醛缩合反应，则可以生成较单一的产物，有合成价值。例如：

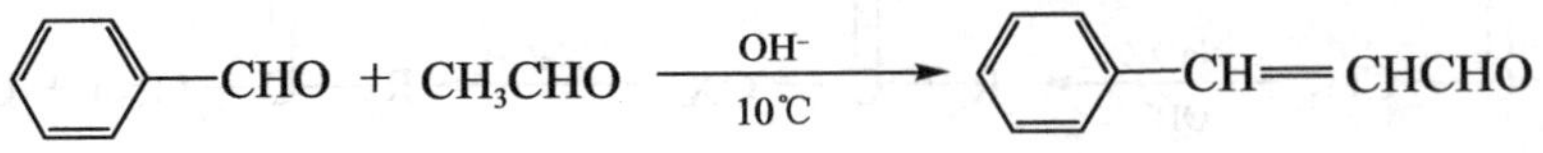

肉桂醛

甲醛无 α-H，乙醛有 α-H，缩合后的产物仍有 α-H，还可以进一步缩合。

$$CH_2O + CH_3CHO \xrightarrow{OH^-} HOCH_2—CH_2—CHO \xrightarrow{CH_2O}$$

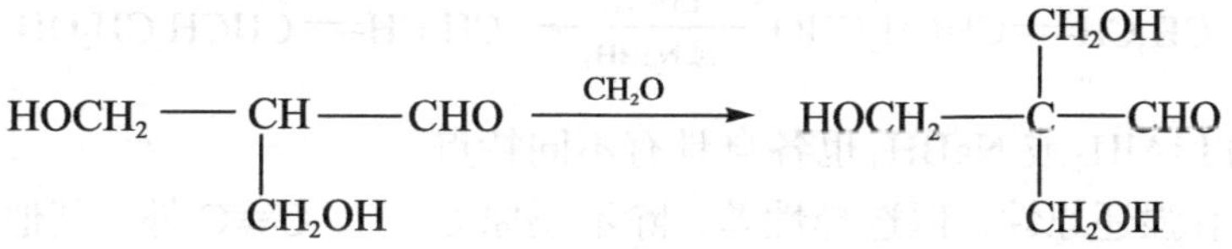

分子内羟醛缩合主要得五、六元环，一般生成脱水产物，是目前合成环状化合物的一种方法。例如：

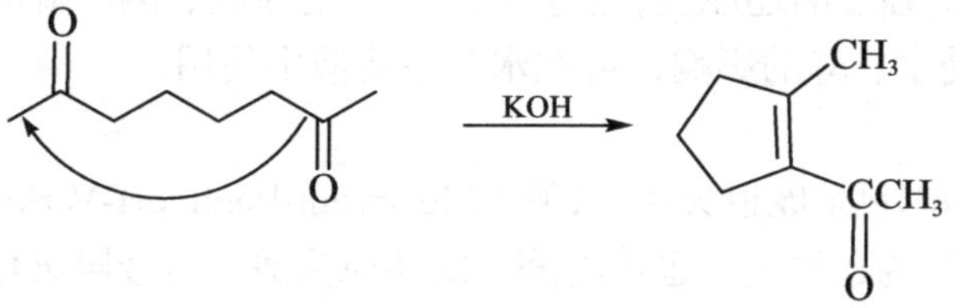

11.3.3　还原反应

不同的还原剂可分别将醛、酮还原为醇或烃，现分述如下。

1. 还原为醇

1）催化氢化

羰基催化加氢往往需要加压和加热，还原产物醇的产率很高。若分子中还有其他碳碳不饱和键，在此条件下也同时被氢化还原。例如：

$$CH_3CH=CHCH_2CHO \xrightarrow{H_2, Ni} CH_3CH_2CH_2CH_2CH_2OH$$

若控制条件，使用适当催化剂（如林德拉催化剂），可以只还原碳碳双键，而保留羰基。例如：

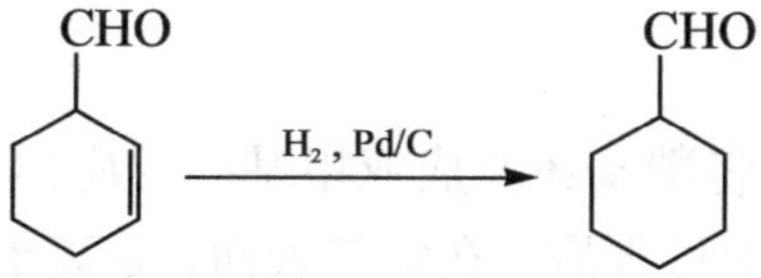

2）用金属氢化物加氢

金属氢化物，如 $LiAlH_4$ 或 $NaBH_4$ 等，可以将羰基还原为醇羟基，反应历程是金属氢化物提供负氢离子对羰基进行亲核加成。

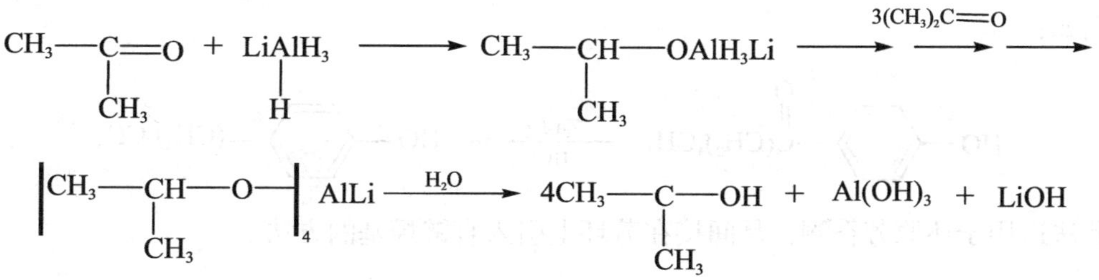

与催化氢化不同的是，$LiAlH_4$ 或 $NaBH_4$ 金属氢化物将羰基还原成羟基，但不影响分子中的碳碳双键和三键。若只要羰基还原而保留碳碳双键，应选用金属氢化物为还原剂。例如：

$$CH_3CH{=\!=}CHCH_2CHO \xrightarrow[\text{或}NaBH_4]{LiAlH_4} CH_3CH{=\!=}CHCH_2CH_2OH$$

金属氢化物 $LiAlH_4$ 或 $NaBH_4$ 也各自具有不同特点：

$LiAlH_4$：具有强还原性，但选择性差，除不还原 C═C、C≡C 外，其他不饱和键都可被还原；而且不稳定，遇水剧烈反应，反应需在绝对无水条件下进行，通常只能在无水醚或四氢呋喃中使用。

$NaBH_4$：具有中等强度的还原性，选择性强（只还原醛、酮、酰卤中的羰基，不还原其他基团）；稳定，不受水、醇的影响，可在水和醇溶液中使用。

3）醇铝还原

醇铝还原也称麦尔外因-庞道夫-维尔莱（Meerwein-Ponndorf-Verley）还原法。在异丙醇铝的催化下，以异丙醇为还原剂，也可将醛、酮还原为醇。与金属氢化物类似，反应中只还原醛或酮的羰基，而不影响分子中的其他基团。

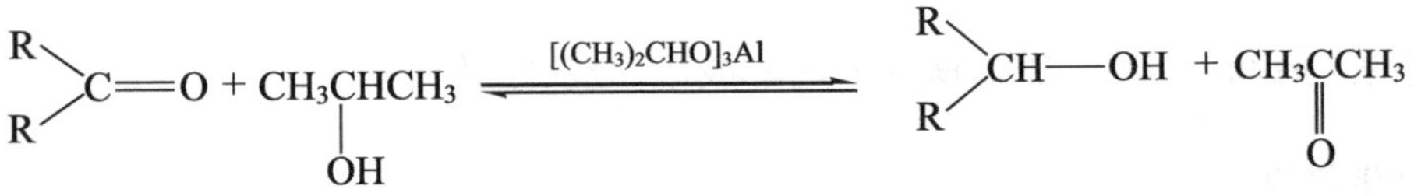

例如：

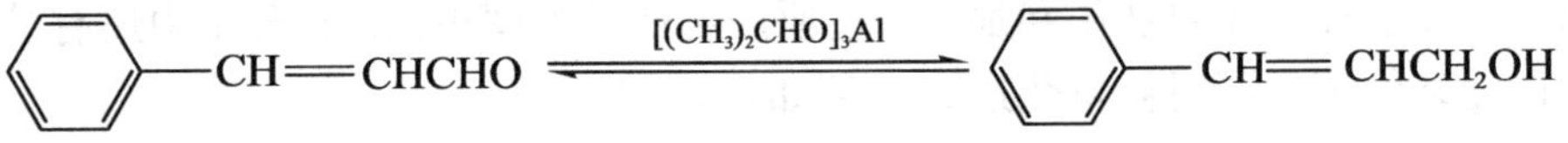

此反应为可逆反应，提高异丙醇的用量或不断蒸出反应中生成的丙酮，可使平衡向右移动。逆反应称为欧芬脑尔（Oppenauer）氧化法。

2. 还原为烃

1）克莱门森还原

在酸性条件下，用锌汞齐将羰基还原成亚甲基的反应称为克莱门森（Clemmensen）还原反应。将锌用氯化汞的水溶液处理后，在锌的表面，汞离子被还原为金属，由此所得的一种汞与锌的合金称为锌汞齐。克莱门森还原法只适合对酸稳定的醛、酮。

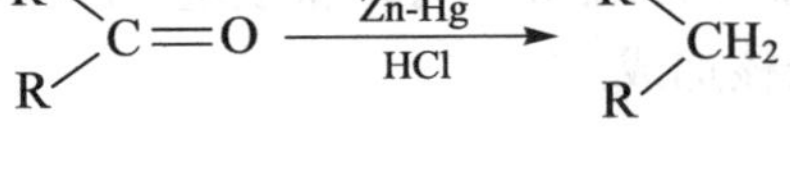

例如：

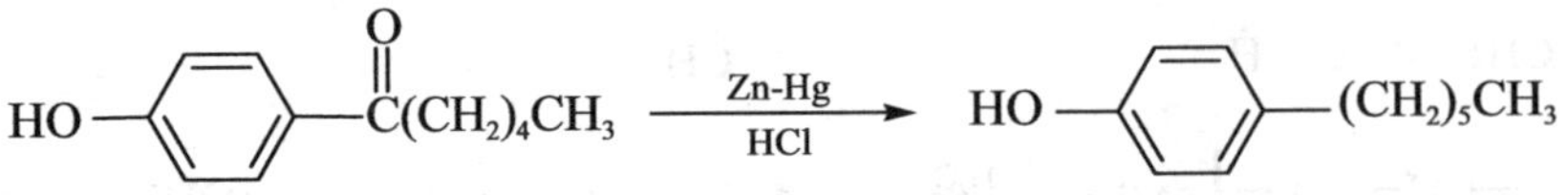

此法适用于还原芳香酮，是间接在芳环上引入直链烃基的方法。

2）沃尔夫-基希纳还原和黄鸣龙改进法

沃尔夫-基希纳（Wolff-Kishner）还原：醛或酮与肼在高温高压下反应生成腙，腙在碱性条件下受热分解，放出氮气，生成烃。该方法的缺点是需要无水肼，高温高压条件，且反应时间长达 100 h。

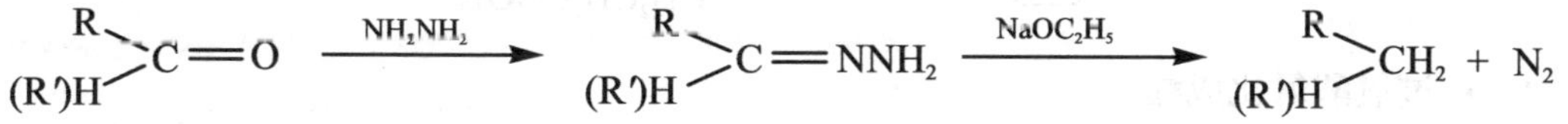

黄鸣龙改进的沃尔夫-基希纳法：1945 年，我国化学家黄鸣龙对上述方法进行了改进，将醛或酮、NaOH、85%水合肼一同放在高沸点水溶性溶剂[如一缩二乙二醇$(HOCH_2CH_2)_2O$，沸点 245℃]中加热回流，反应可在常温常压下进行，时间也大大缩短（回流 3～4 h），而且可以使用便宜的水合肼。对酸不稳定但对碱稳定的醛、酮可采用此法还原。

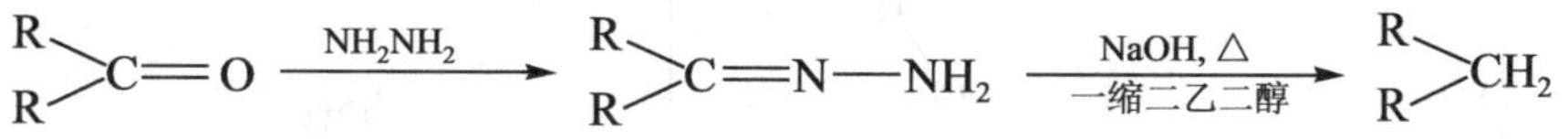

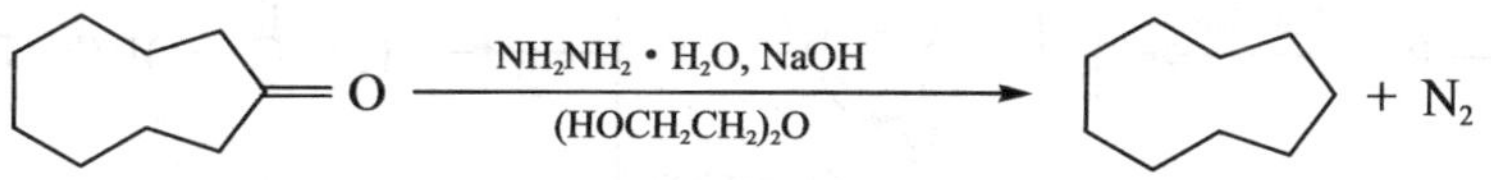

11.3.4　氧化反应

1. 醛的氧化

受羰基的影响，直接连在C═O上的氢原子对氧化剂比较敏感。因此，除强氧化剂外，一些弱氧化剂（如托伦试剂和费林试剂）也可以使醛氧化，生成羧酸。

1）托伦试剂

硝酸银的氨水溶液称为托伦试剂。醛和托伦试剂反应后，生成的银沉淀在洁净的试管壁上可以形成银镜，称为银镜反应。

$$RCHO + Ag(NH_3)_2^+ \xrightarrow{50\sim60℃} RCOONH_4 + Ag\downarrow$$

2）费林试剂

费林试剂是硫酸铜、氢氧化钠和酒石酸钾钠的溶液，其中铜离子可以和酒石酸钾钠形成稳定的配离子。费林试剂和醛反应时将脂肪醛氧化成羧酸，而深蓝色的铜离子被还原成砖红色的氧化亚铜沉淀。

$$RCHO + Cu(OH)_2 \xrightarrow[100℃]{NaOH} RCOONa + Cu_2O\downarrow$$

酮不能被这些弱氧化剂氧化，这是醛与酮化学性质最主要的差别之一，因此这两个反应常用来鉴别醛、酮。另外，由于芳香醛不能与费林试剂作用，因此可利用费林试剂鉴别脂肪醛和芳香醛。

2. 酮的氧化

1）被氧化为羧酸

酮比较稳定，很难被氧化。但在强氧化剂（酸性 $KMnO_4$ 或浓 HNO_3）长时间作用下会发生碳链的断裂而生成复杂的氧化产物，无制备价值。个别的环酮因结构对称，断裂产物只有一种而有合成意义。例如：

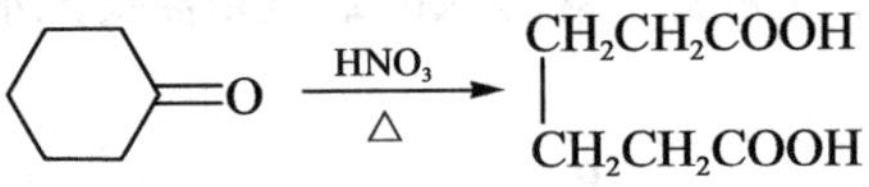

2）被过氧酸氧化成酯

此反应称为拜尔-维利格（Baeyer-Villiger）反应，是利用过氧酸将酮氧化成酯。其反应历程为：首先过氧酸对羰基进行亲核加成，然后这个不稳定的加成产物发生分解，加成产物中的过氧键断裂，酮的一个烃基带着电子从羰基碳原子迁移到氧原子上，得到质子化的酯，最后失去质子得到产物酯。

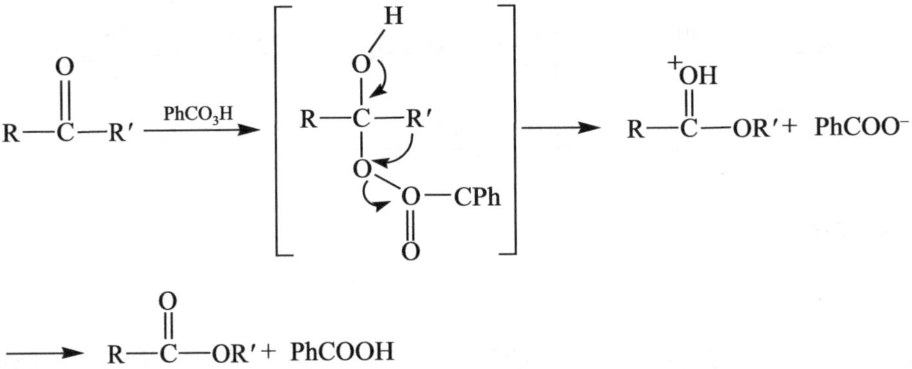

例如：

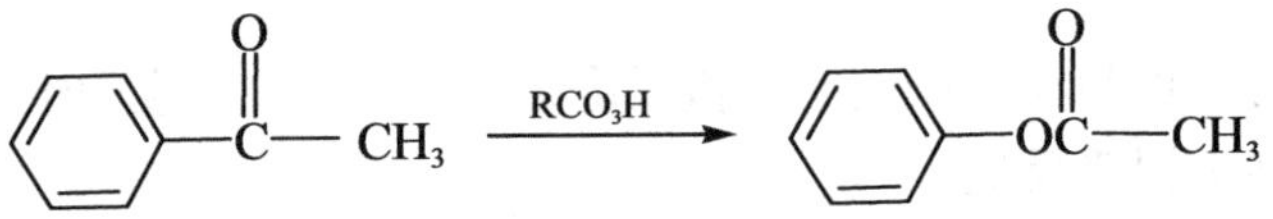

不对称酮与过氧酸反应时，理论上可能生成两种酯。但是，由于基团迁移的难易程度不同，产物通常只有一种。实验证明，烷基迁移能力大致为 $R_3C—>R_2CH—>Ph—>RCH_2—>CH_3—$。这个顺序显示，在重排反应的过渡态中发生迁移的碳带有碳正离子的性质。例如：

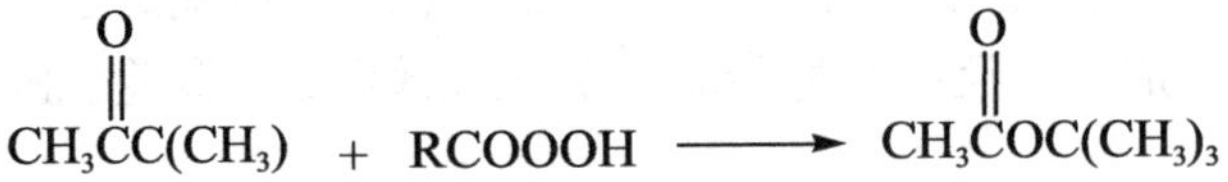

11.3.5　歧化反应

没有 α-H 的醛和强碱的浓溶液（40% NaOH）共热，发生自身氧化还原反应，即一分子醛被氧化成羧酸，另一分子醛被还原成醇，这一反应称为康尼查罗（Cannizzaro）反应。

$$2HCHO \xrightarrow{\text{浓NaOH}} HCOONa + CH_3OH$$

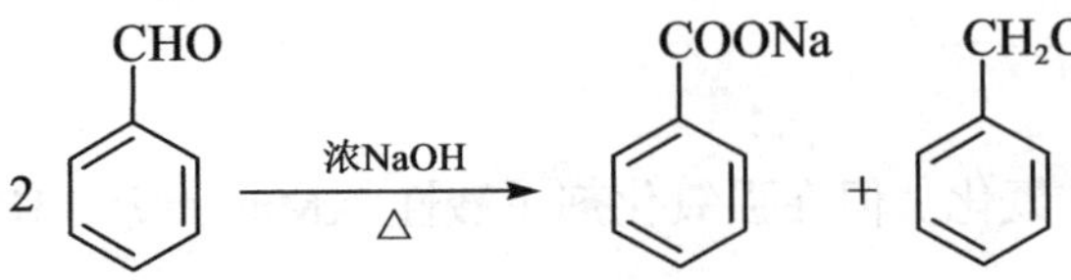

若将两种不同的不含 α-H 的醛混合在一起与强碱的浓溶液共热，会发生交错康尼查罗反应，一般可得四种产物，无利用价值。但是，若选甲醛和另一无 α-H 的醛反应，总是甲醛被氧化成羧酸，另一种醛被还原成醇，因而有实用价值。例如，工业上先将甲醛、乙醛进行羟醛缩合，然后在浓碱下将前一步产物与甲醛发生歧化反应合成季戊四醇。

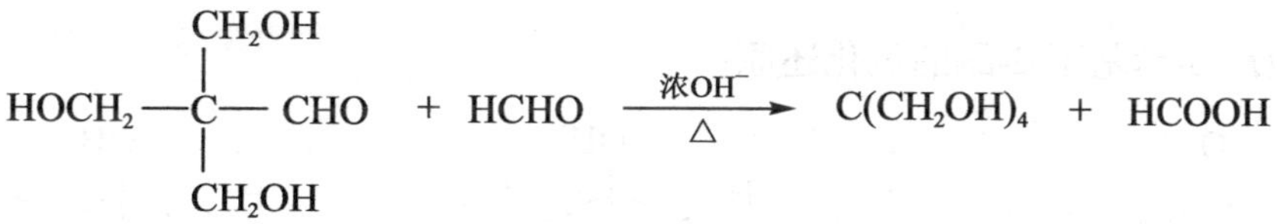

季戊四醇是塑料工业的重要原料，还可用于制备扩张冠状动脉和防治心绞痛的药物（季戊四醇四硝酸酯）。

11.3.6　羰基加成的立体化学

在对羰基的加成反应中，由于羰基具有平面结构，亲核试剂可以从羰基所在平面的上方或下方进攻。

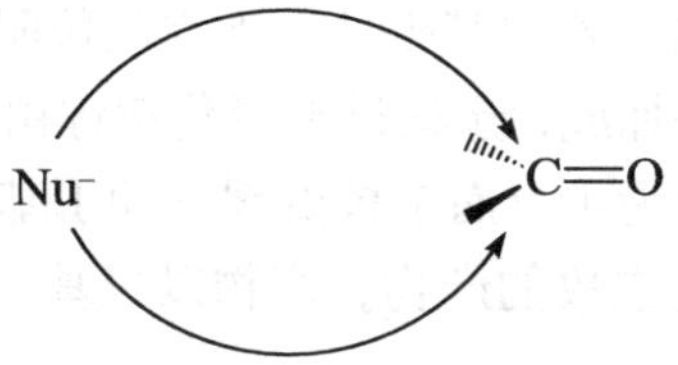

当羰基碳所连两个基团相同时（R=R′，如甲醛或对称酮），亲核试剂无论从羰基所在平面的上方还是下方进攻，所得加成产物都为同一物质。

但对于其他醛、酮（R≠R′），亲核加成的产物不同，所得产物的产率也不尽相同。

1. 羰基两边位阻不同

如果羰基一边的位阻很大，则亲核试剂容易从位阻小的一边进攻。例如：

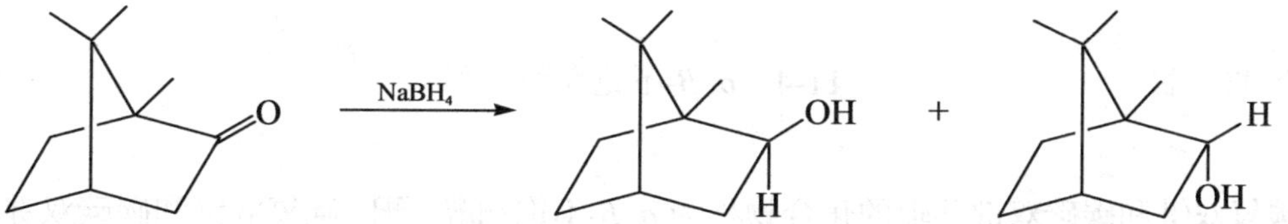

樟脑　　86%　　14%

2. 羰基与手性碳原子直接相连

当羰基与手性碳原子相连时，亲核试剂的进攻方向主要取决于 α-手性碳原子上各原子（原子团）体积的相对大小。加成方向遵守克拉姆（Cram）规则。

克拉姆规则：将与羰基相连的手性碳连接的三个基团分别用 L、M、S 代表其大、中、小。反应时，两个较小的基团（S、M）在羰基两侧呈邻位交叉式，较大基团（L）与羰基氧呈反式共平面。亲核试剂容易从 S 的一边进攻羰基。

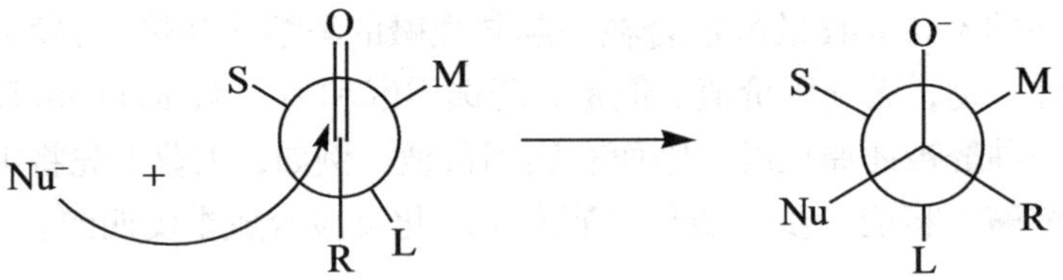

例如，(*R*)-3-苯基丁-2-酮的氢化还原：

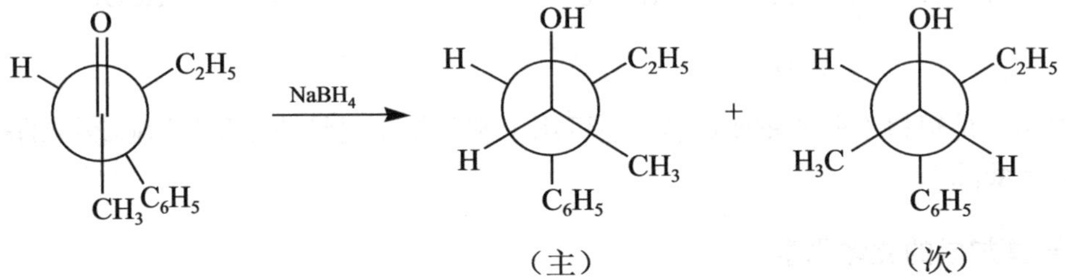

3. 亲核试剂的体积不同

当亲核试剂的体积较大时，若羰基平面上下空间位阻差别大，主要得到从位阻小的方向进攻的产物，不一定是稳定产物。若羰基平面上下空间位阻差别不大，主要得到稳定产物。例如，对环己酮类化合物的羰基加成，亲核试剂氢化铝锂由于体积较小，从平面上下进攻概率相差不大，产物以羟基在 e 键为主。而亲核试剂三仲丁基硼氢化锂[$LiBH(s\text{-}Bu)_3$]由于体积较大，主要得到从位阻小的方向进攻的产物，产物以羟基在 a 键为主。

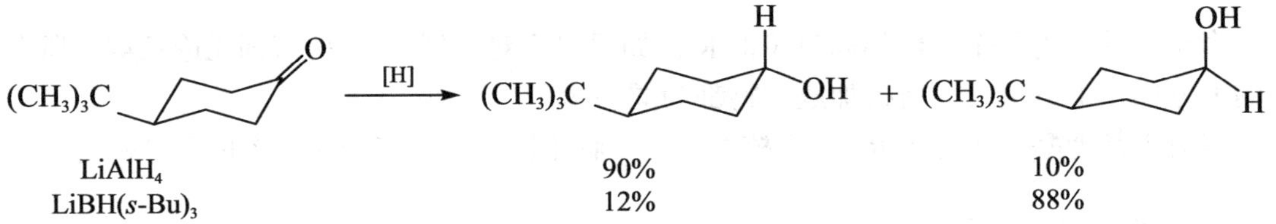

11.4　α, β-不饱和醛、酮

扫一扫　　11-4　α, β-不饱和醛、酮

碳氧双键和碳碳双键共轭的化合物称为 *α*, *β*-不饱和醛、酮。碳氧双键和碳碳双键两个官能团相互影响，使其具有一些特殊性质。

11.4.1　亲电加成

α, *β*-不饱和醛、酮的亲电加成发生在碳碳双键上。首先，由于羰基吸电子效应的影响，碳碳双键的电子云密度降低，此时碳碳双键的亲电加成活性比烯烃低得多。其次，碳氧双键和碳碳双键共轭，π 键电子离域，使碳碳双键的 *α*-C 带有部分负电荷，*β*-C 带有部分正电荷。因此，亲电加成时，试剂的正电部分（如 H^+）常加到 *α*-C 上，得到的加成产物一般为反马氏规则的产物。

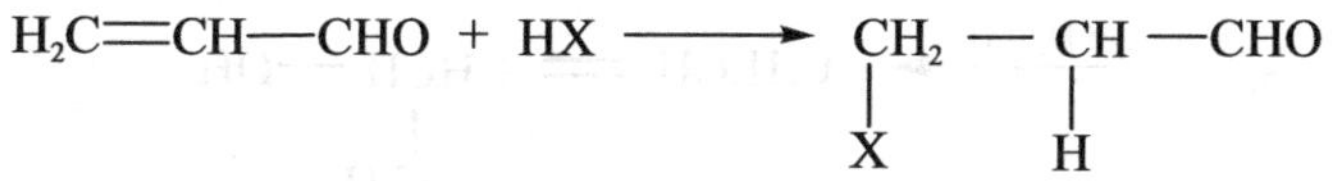

11.4.2 亲核加成

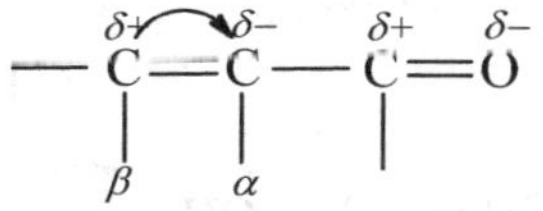

由于羰基的极化和共轭π键离域，羰基碳和β-C均显示正电性，因此C═C与C═O两个双键都可以受到亲核试剂的进攻发生加成反应。与丁-1, 3-二烯相似，共轭的两个双键可以发生1, 2-加成或1, 4-加成。

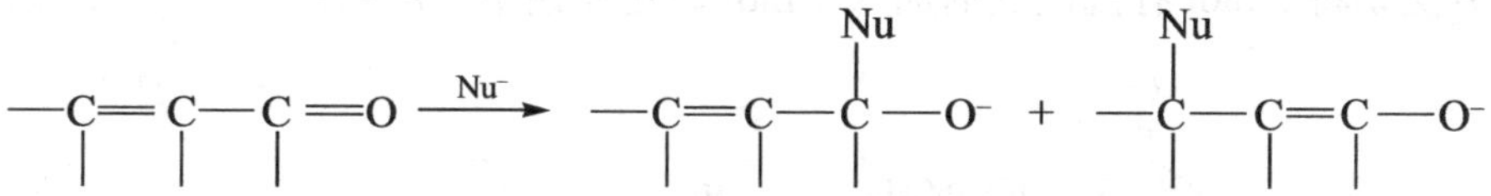

反应为1, 2-加成还是1, 4-加成取决于三个方面：①亲核试剂的强弱，弱的亲核试剂主要进行1, 4-加成，强的亲核试剂主要进行1, 2-加成；②反应温度，低温进行1, 2-加成，高温进行1, 4-加成；③立体效应，羰基所连的基团大或试剂体积较大时，有利于1, 4-加成。

（1）与HCN、$NaHSO_3$、ROH等较弱亲核试剂作用时，一般生成1, 4-加成产物。例如：

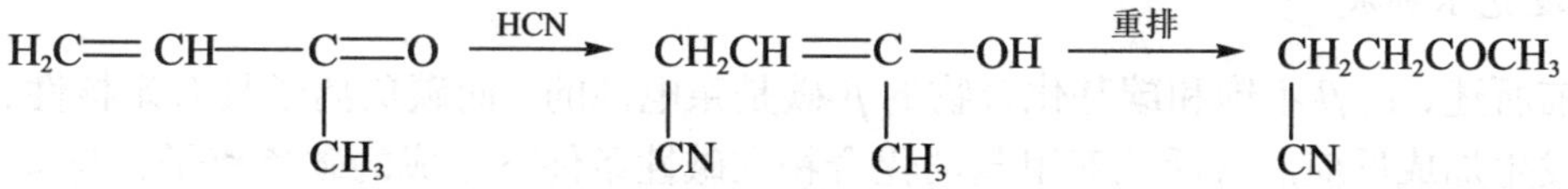

当带有H原子的试剂对α, β-不饱和醛、酮进行1, 4-加成时，所得产物是烯醇式结构，会发生互变异构，H从O原子转移到C_3原子上。这时，从形式上看，1, 4-加成产物的最终产物相当于3, 4-加成，即亲核试剂对C═C的加成，而羰基未变。

（2）与金属有机试剂加成时，既可发生1, 2-加成，也可生成1, 4-加成产物。

α, β-不饱和醛、酮与烃基锂加成主要生成1, 2-加成产物。例如：

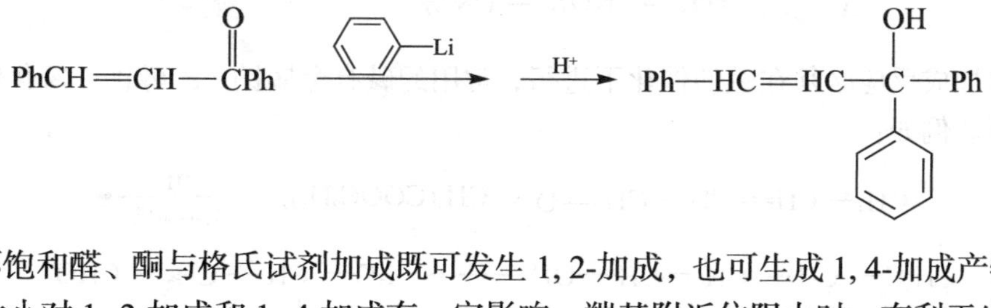

α, β-不饱和醛、酮与格氏试剂加成既可发生1, 2-加成，也可生成1, 4-加成产物。羰基上的取代基大小对1, 2-加成和1, 4-加成有一定影响。羰基附近位阻大时，有利于生成1, 4-加成产物。例如：

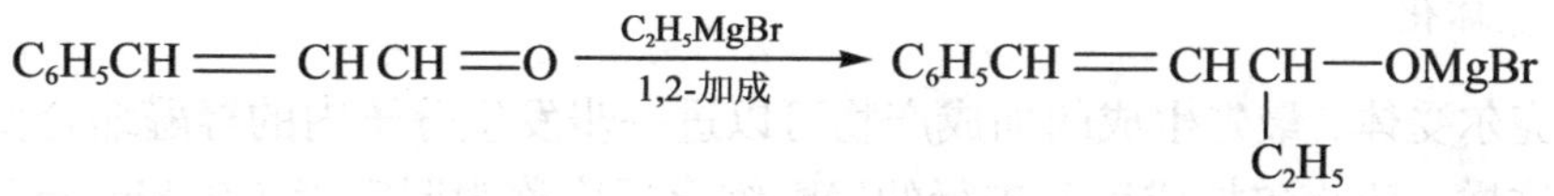

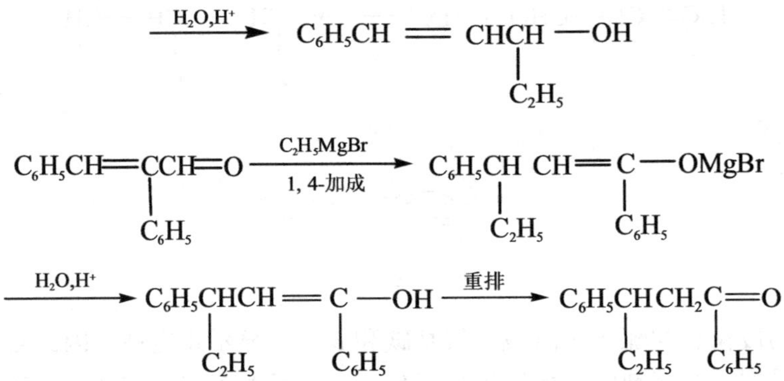

α,β-不饱和醛、酮与二烃基铜锂（R_2CuLi）加成主要生成 1, 4-加成产物。二烃基铜锂试剂的制备方法是将 2 mol 有机锂试剂加入 1 mol 卤化亚铜中。例如：

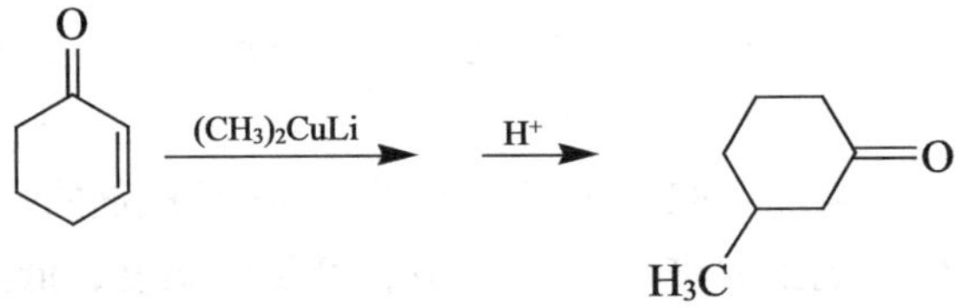

11.4.3　迈克尔加成与罗宾森环化

1. 迈克尔加成

如前所述，α,β-不饱和羰基化合物的 β-碳是亲电性的，而碳负离子具有亲核性，二者之间可以发生加成反应。含活性亚甲基的化合物在碱性条件下生成的碳负离子，与 α，β-不饱和醛、酮或 α,β-不饱和腈等的共轭加成（1, 4-加成）称为迈克尔（Michael）加成。该反应于 1887 年由迈克尔首先发现，是有机合成中增长碳链的常用方法之一。迈克尔加成反应可用下列通式表示：

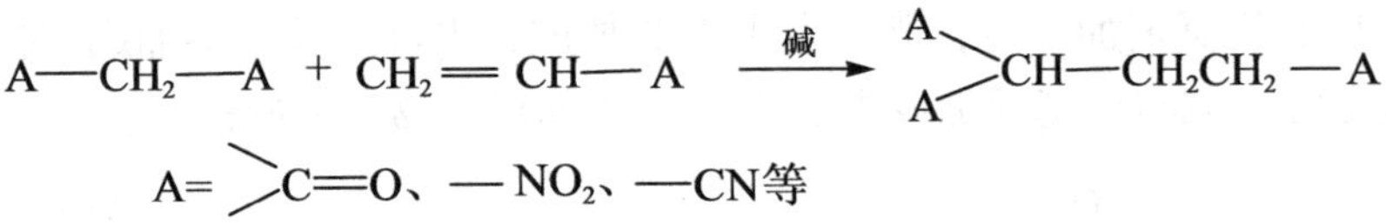

迈克尔加成反应必须在碱的催化下进行，常用的碱有金属钠、乙醇钠、氢化钠、氨基钠和有机碱等。例如：

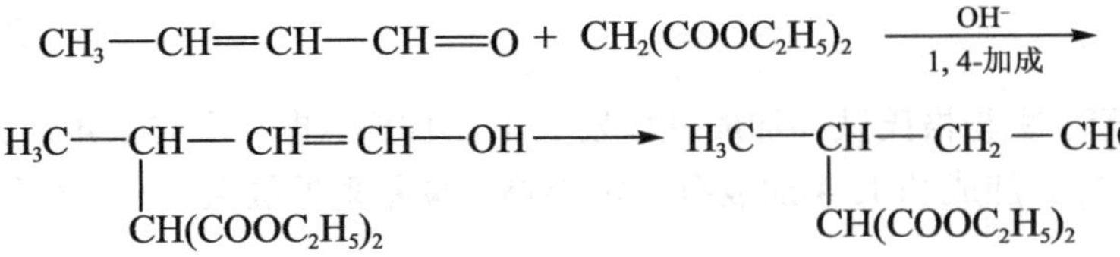

2. 罗宾森环化

有些迈克尔受体，最先生成的加成产物可以进一步发生分子内的羟醛缩合反应，从而形成新环。像这样，迈克尔加成后又进行的羟醛缩合反应称为罗宾森（Robinson）环化反应。罗宾森环化在多环体系的合成中有广泛应用。例如：

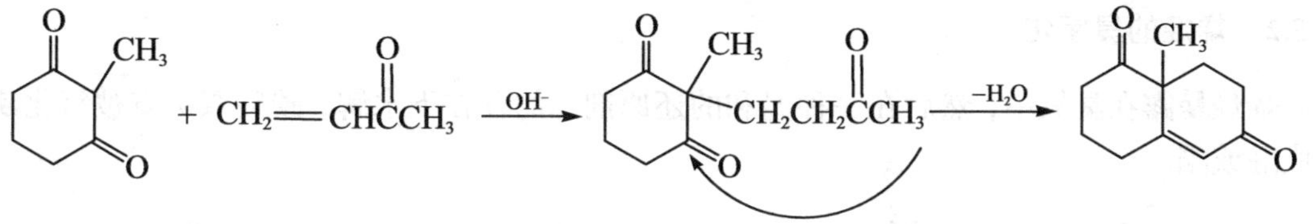

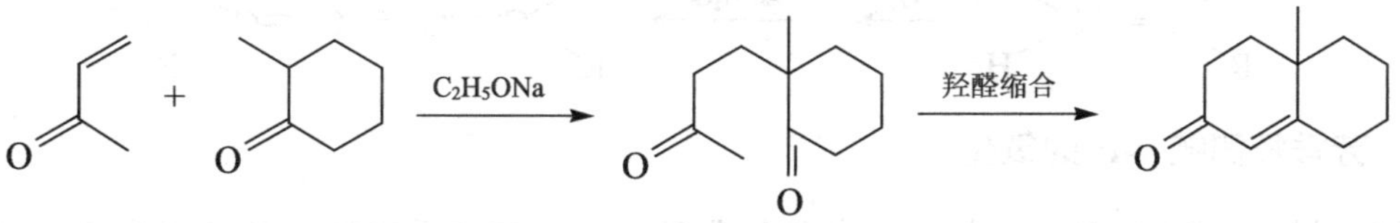

11.5　醛、酮的制备

由于羰基的高反应活性，醛、酮在天然产物中的存在并不多。精油中发现了许多痕量的醛类，这是由于它们具有芳香气味，如肉桂醛、芫荽醛和香草醛。工业中，酮多通过烃类氧化制备，氧化剂一般是空气中的氧气。例如，每年产量 10^9 kg 的环己酮即是通过环己烷被空气氧化而制备的；丙酮则是通过异丙苯氧化法制备的；醛的大量合成则通过氧化醇获得，过程中氧气同样被选为氧化剂。实验室制备醛、酮的方法主要有以下几种。

11.5.1　炔烃的水合和偕二卤代物的水解

1. 炔烃的水合

将乙炔通入含硫酸汞的稀硫酸溶液中，加一分子水生成烯醇并异构化为乙醛，其他炔烃加水生成酮。

$$CH\equiv CH + H_2O \xrightarrow{HgSO_4,\ H_2SO_4} CH_3CHO$$

2. 偕二卤代物的水解

通常把这一方法看成是：偕二卤代物先水解生成 R(OH)XR，该产物再脱去 HX 而生成醛或酮。

$$R-\underset{X}{\overset{X}{C}}-R \xrightarrow[H^+或OH^-]{H_2O} R-\overset{O}{\overset{\|}{C}}-R$$

例如：

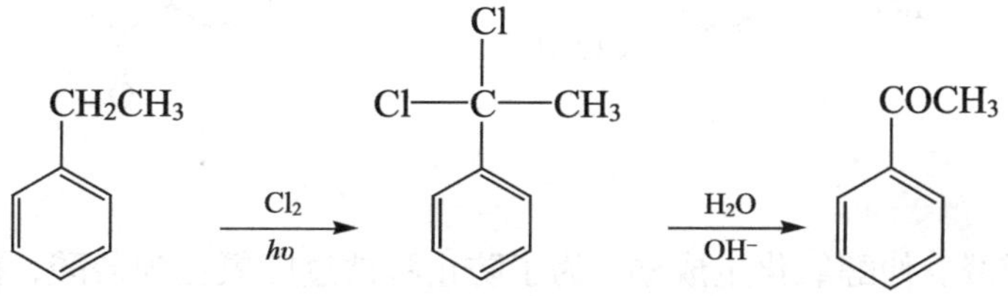

11.5.2 烯烃的臭氧化

烯烃暴露在臭氧中，然后在一种温和的还原剂锌的存在下水解，碳碳双键就被氧化断裂生成醛或酮。

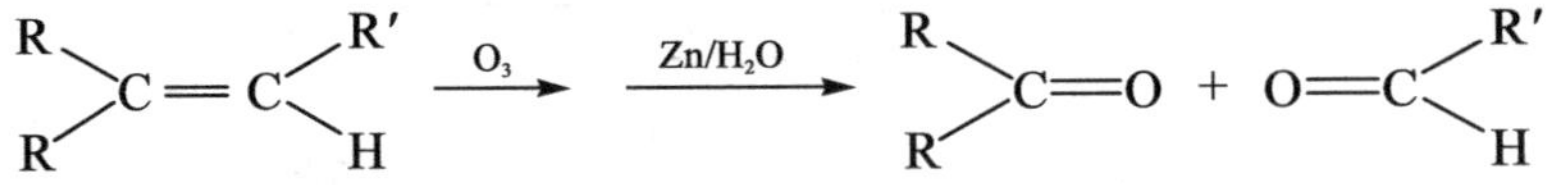

11.5.3 芳香烃侧链 *α*-H 的氧化

苯环对氧化剂比较稳定，但控制条件氧化具有 *α*-H 的芳香烃的侧链可制取芳香醛、酮。由于芳香醛易氧化为羧酸，因此要选择适合的氧化剂，且需在迅速搅拌下分批加入。例如：

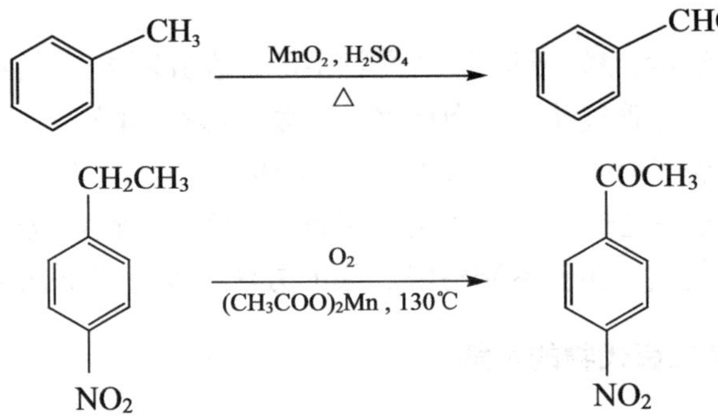

11.5.4 傅-克酰基化

傅-克酰基化反应是一种亲电取代反应，优点是不发生重排，产物单一且产率高，是制备芳香酮的重要方法。常用催化剂是氯化铝等强路易斯酸，用以增加羰基碳原子的正电性，使其进攻芳环的能力加强。

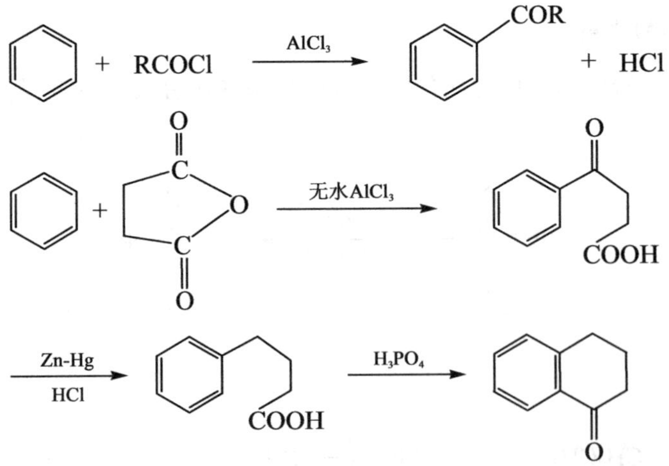

11.5.5 醇的氧化

伯醇氧化生成醛，仲醇氧化生成酮。为了防止醛被过度氧化为羧酸，在实验室中常用的是温和并具有专一性的氧化剂，如沙瑞特试剂、琼斯试剂或 MnO_2。

$$RCH_2OH \xrightarrow{MnO_2} RCHO$$

$$R_2CHOH \xrightarrow{K_2Cr_2O_7,\ H_2SO_4} R_2C=O$$

11.5.6　伽特曼-科赫反应——芳环甲酰基化

伽特曼-科赫（Gattermann-Koch）反应可以看成一种特殊的傅-克酰基化反应。反应中 CO 及 HCl 可能先形成不稳定的甲酰氯，再发生反应。例如：

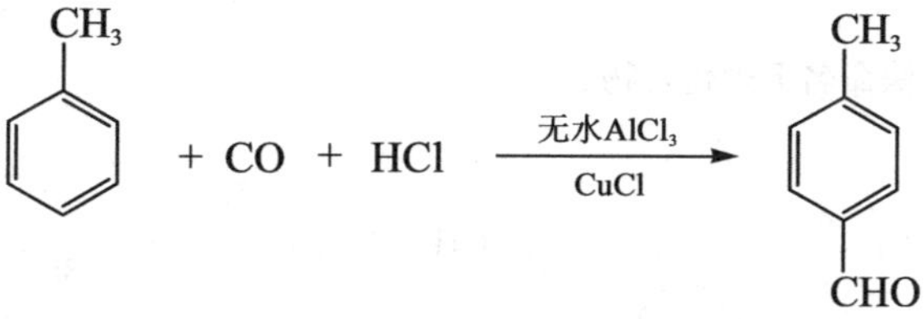

11.5.7　罗森孟德还原——制备醛

该方法是用毒化过（降低活性）的钯催化剂对酰氯选择性还原，可使其只还原为醛，而不会进一步还原为醇。

$$RCOCl \xrightarrow[Pd\text{-}BaSO_4]{H_2} RCHO$$

与罗森孟德（Rosenmund）还原法类似的是，将氢化铝锂做成三叔丁氧基氢化铝锂这样的衍生物，使其还原能力降低后，在还原酰氯时，也只能将其还原到醛这一步，而不能进一步将其还原为醇。

$$RCOCl \xrightarrow{LiAlH(t\text{-}BuO)_3} RCHO$$

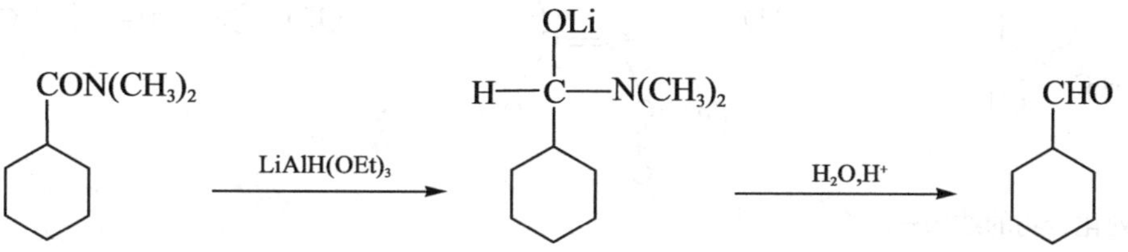

11.5.8　酰氯与金属有机化合物反应——制备酮

酰氯与格氏试剂反应可以生成酮，但格氏试剂较活泼，反应不容易停留在酮的阶段。可先将格氏试剂与 $CdCl_2$ 作用，生成活性较低的有机镉化合物，再将其与酰氯在低温下反应。这样生成酮的产率较高。

$$R—MgCl + CdCl_2 \xrightarrow[0℃]{Et_2O} R—CdCl + MgCl_2$$

$$R'—\overset{\overset{\displaystyle O}{\|}}{C}—Cl + R—CdCl \xrightarrow{Et_2O} R—\underset{\underset{\displaystyle R'}{|}}{\overset{\overset{\displaystyle OCdCl}{|}}{C}}—Cl$$

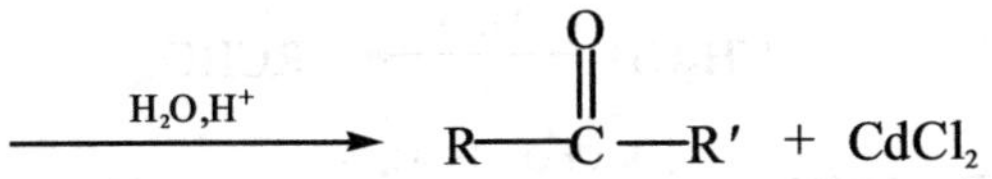

扫一扫　　11-5　醛和酮拓展阅读材料

习　题

1. 用普通命名法和 IUPAC 法命名下列化合物。

(1) 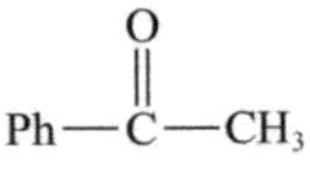　(2) 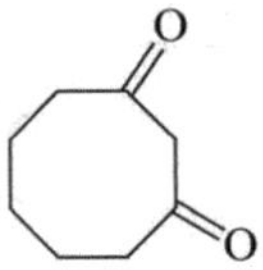　(3) $(CH_3)_3CCHO$　(4) 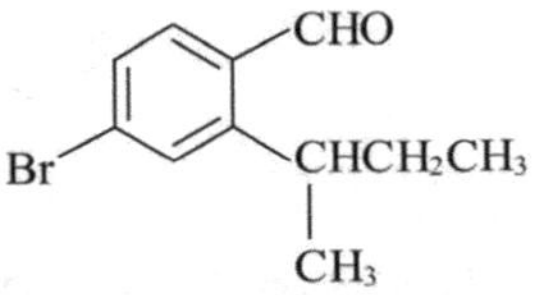

(5) Cl_3CCHO　(6) 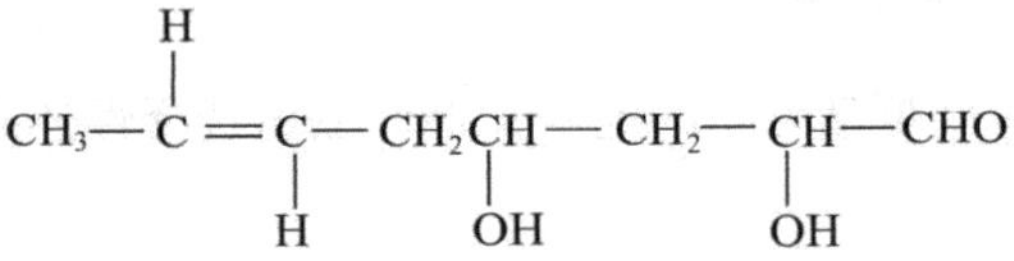

(7) 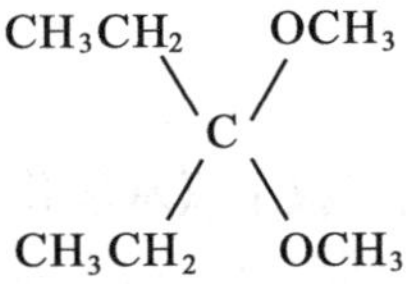　(8) 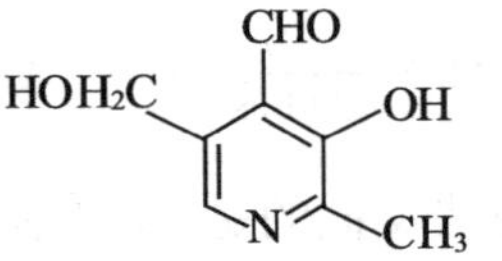　(9) 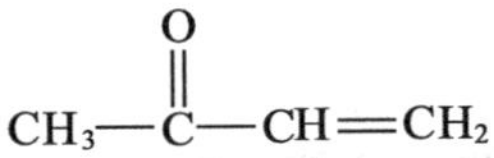

(10) 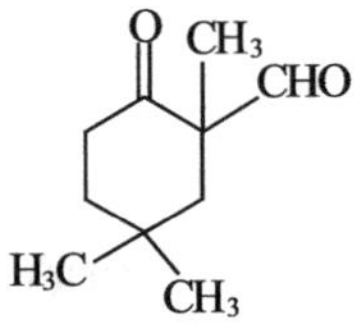　(11) 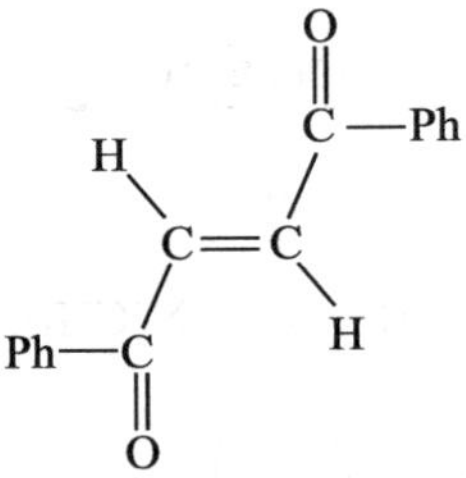　(12) 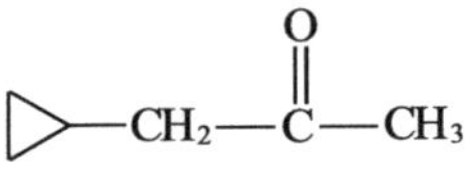

2. 写出下列化合物的结构式。
   (1) 苯乙醛　　(2) 4-异丁基-2-甲基苯甲醛
   (3) 丙基苯基酮肟　　(4) 己-2-酮的苯腙
3. 将下列各组化合物按其羰基的活性排序。
   (1) CH_3CHO, CH_3COCH_3, $CH_3COCH_2CH_3$, $(CH_3)_3CCOC(CH_3)_3$
   (2) $C_2H_5COCH_3$, CH_3COCCl_3
4. 如何区别下列各组化合物?
   (1) 环己烯，环己酮，环己醇
   (2) 己-2-醇，己-3-醇，环己酮
   (3) 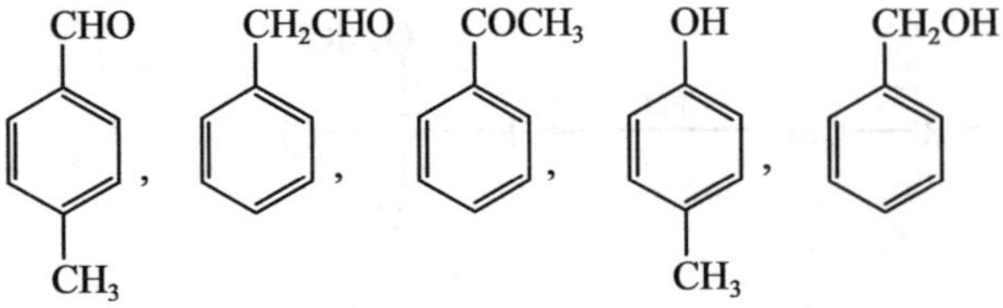

5. 试写出下列反应可能的历程。

（1） 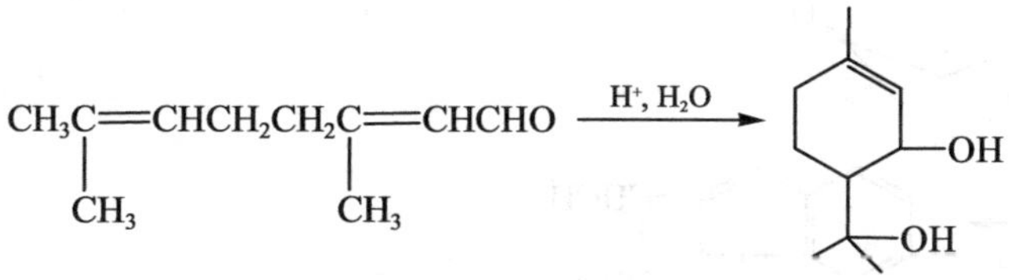

（2） 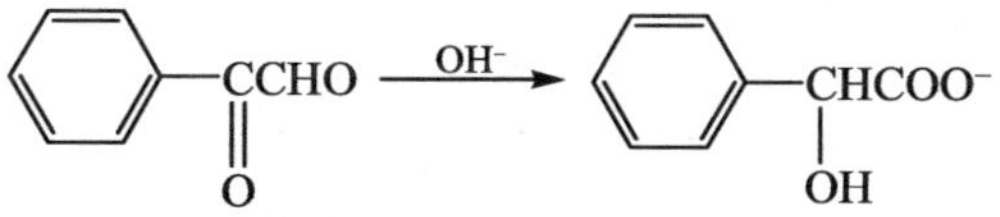

6. 由指定原料及必要的有机、无机试剂合成。

（1）从乙醛合成丁-1, 3-二烯

（2）由环己酮合成己二醛

（3）由丙醛合成 $CH_3CH_2CH_2CH(CH_3)_2$

（4） 从乙醛合成 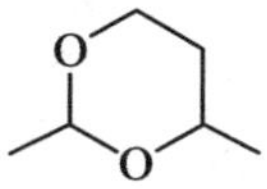

（5） 从乙醛合成 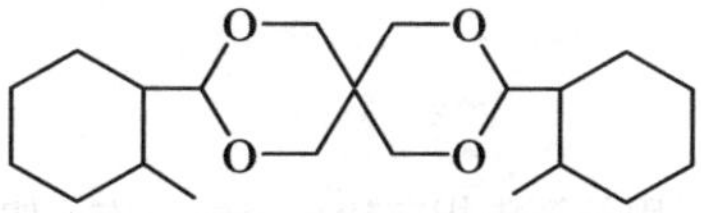

7. 完成下列转变（必要的无机试剂及有机试剂任选）。

（1） 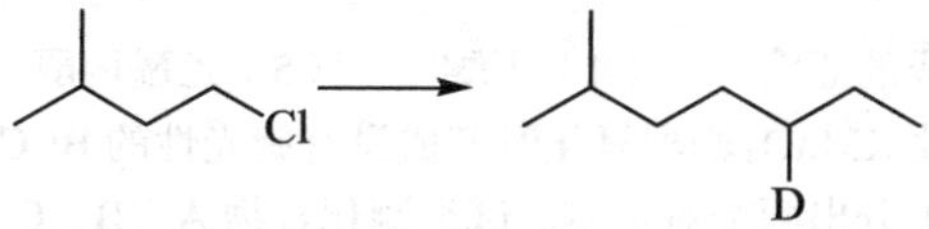

（2） 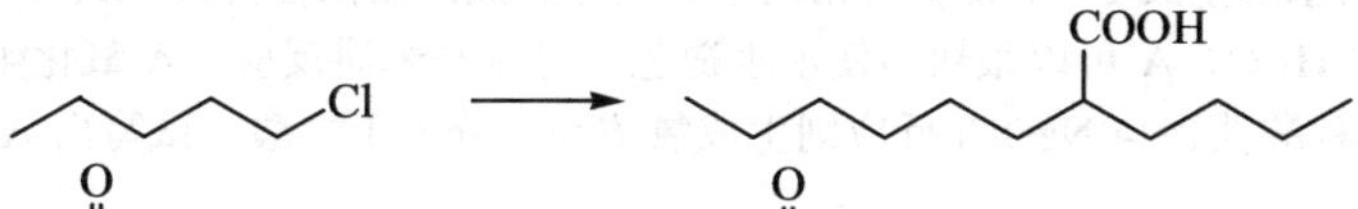

（3） 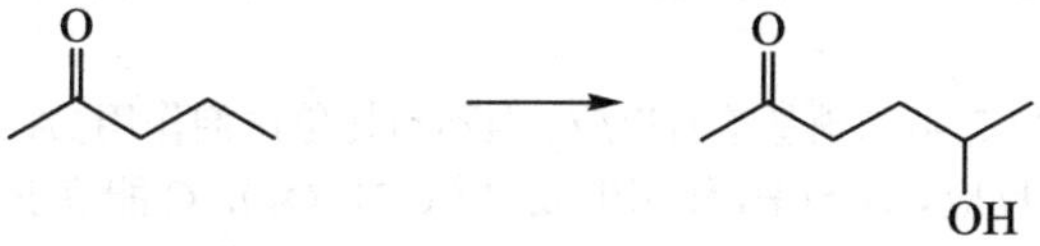

（4） 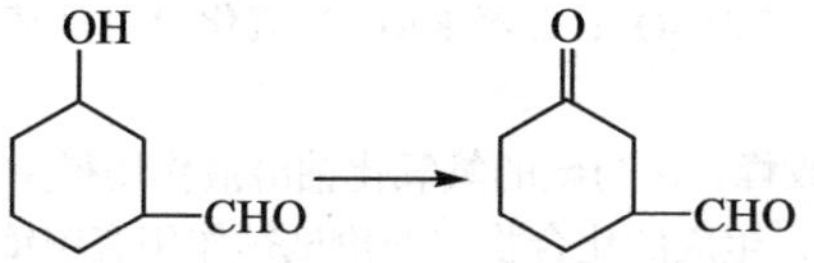

（5） 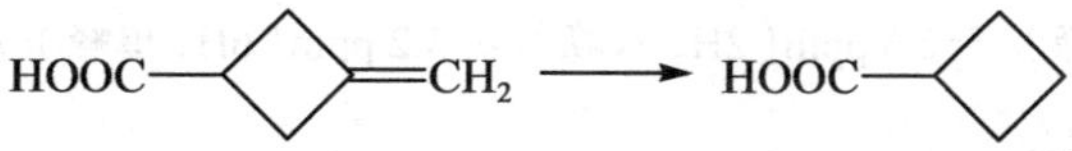

（6） 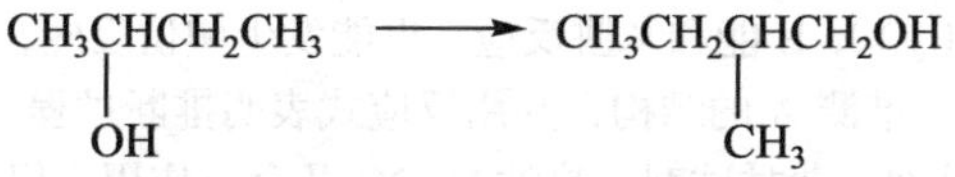 (用维蒂希试剂)

（7） $CH_3CH{=}CH_2 \longrightarrow CH_3CH_2CH_2CHO$

（8） 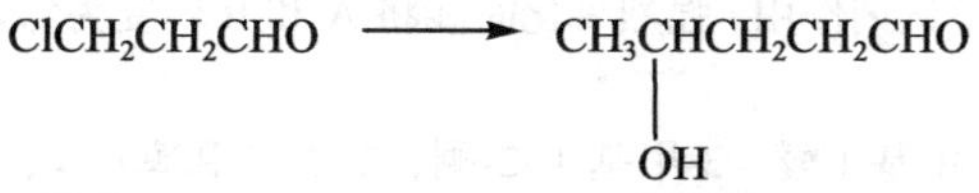

（9） 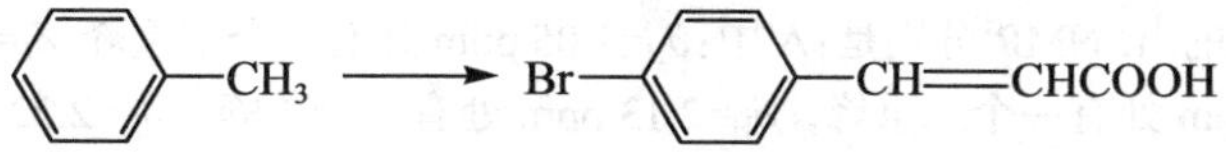

（10）CH_3COCH_3 ⟶ 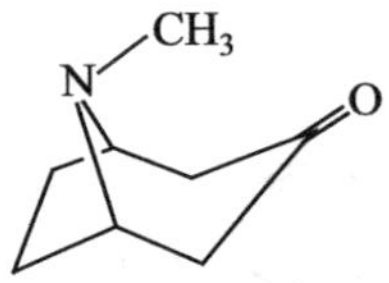

（11）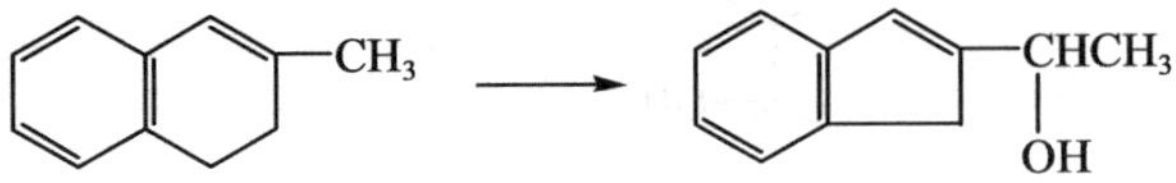

（12）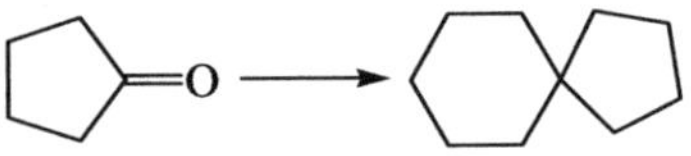

（13）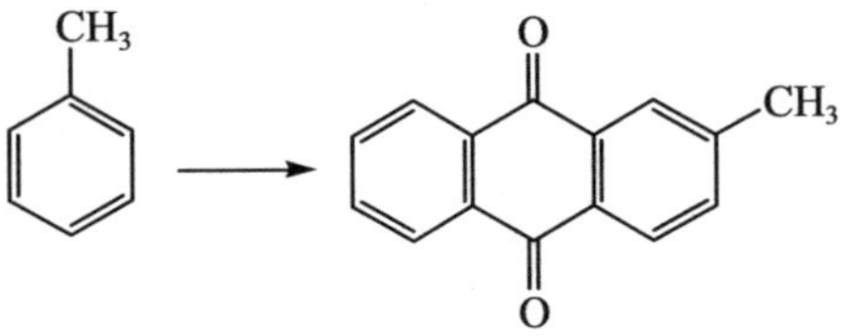

（14）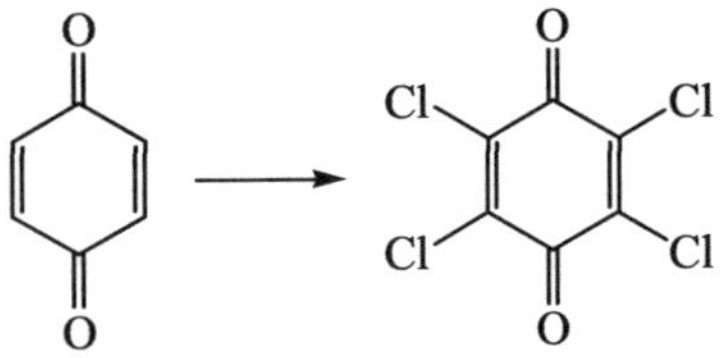

8. 写出下列各化合物存在的酮式-烯醇式互变异构，用长箭头指向较稳定的一方（如有两个或两个以上的烯醇式，指出哪一个较稳定）。
（1）乙醛　（2）苯乙酮　（3）乙醛与甲胺形成的亚胺　（4）丁酮　（5）乙酰丙酮
9. 化合物 A 的分子式为 $C_5H_{12}O$，有旋光性，当它被碱性 $KMnO_4$ 剧烈氧化时变成没有旋光性的 B（$C_5H_{10}O$）。化合物 B 与正丙基溴化镁作用后水解生成 C，C 能拆分出两个对映体。试推测化合物 A、B、C 的结构。
10. 有一个化合物 A，分子式是 $C_8H_{14}O$，A 可以很快地使溴水褪色，可以与苯肼反应，A 氧化生成一分子丙酮及另一化合物 B。B 具有酸性，与 NaOCl 反应则生成氯仿和一分子丁二酸。试写出 A 与 B 可能的构造式。
11. 化合物 A（$C_{10}H_{12}O_2$）不溶于 NaOH 溶液，能与 2, 4-二硝基苯肼反应，但不与托伦试剂作用。A 经 $LiAlH_4$ 还原得 B（$C_{10}H_{14}O_2$）。A 和 B 都能发生碘仿反应。A 与 HI 作用生成 C（$C_9H_{10}O_2$），C 能溶于 NaOH 溶液，但不溶于 Na_2CO_3 溶液。C 经克莱门森还原生成 D（$C_9H_{12}O$）；C 经 $KMnO_4$ 氧化得对羟基苯甲酸。试写出 A～D 可能的构造式。
12. 化合物 A 的分子式为 $C_6H_{12}O_3$，在 1710 cm^{-1} 处有强吸收峰。A 与碘的氢氧化钠溶液作用得黄色沉淀，与托伦试剂作用无银镜产生。但 A 用稀 H_2SO_4 处理后，生成的化合物与托伦试剂作用有银镜产生。A 的 ^1H NMR 数据如下：δ=2.1 ppm（3H，单峰）；δ=2.6 ppm（2H，双峰）；δ=3.2 ppm（6H，单峰）；δ=4.7 ppm（1H，三重峰）。写出 A 的构造式及反应式。
13. 某化合物 A 分子式为 $C_5H_{12}O$，氧化后得 B（$C_5H_{10}O$），B 能和苯肼反应，也能发生碘仿反应，A 和浓硫酸共热得 C（C_5H_{10}），C 经氧化后得丙酮和乙酸。推测 A 的结构，并用反应式表明推断过程。
14. 某一化合物 A 分子式为 $C_{10}H_{14}O_2$，它不与托伦试剂、费林试剂、热的 NaOH 及金属作用，但稀 HCl 能将其转变成分子式为 C_8H_8O 的产物 B。B 与托伦试剂作用。强烈氧化时能将 A 和 B 转变为邻苯二甲酸。试写出 A 的结构式，并用反应式表示转变过程。
15. 有三个化合物，分子式都是 $C_5H_{10}O$，可能是 3-甲基丁醛、3-甲基丁-2-酮、2, 2-二甲基丙醛、戊-2-酮、戊-3-酮、戊醛中的三个化合物，它们的 ^1H NMR 分别是：A 中：δ_H=1.05 ppm 处有一个三重峰，δ_H=2.47 ppm 处有一个四重峰。B 中：δ_H=1.02 ppm 处有一个二重峰，δ_H=2.13 ppm 处有一个单峰，δ_H=2.22 ppm 处有一个七重峰。C 中有两个单峰。试推测 A、B、C 的结构。
16. 化合物 A 和 B 的分子式均为 C_9H_8O，它们的 IR 光谱在 1715 cm^{-1} 附近都呈现一强的吸收峰，它们用热的碱性 $KMnO_4$ 氧化后再酸化都得到邻苯二甲酸。A 的 ^1H NMR 为：δ_H=7.3 ppm 处有一个多重峰，

δ_H=3.4 ppm 处有一个单峰。B 的 ^{1}H NMR 为：δ_H=7.5 ppm 处有一个多重峰，δ_H=3.1 ppm 处有一个三重峰，δ_H=2.5 ppm 处有一个三重峰。试推测 A、B 的结构式。

17. 化合物 A 的分子式为 $C_6H_{12}O_3$，它的 IR 光谱在 1710 cm^{-1} 处有一强的吸收峰，A 能发生碘仿反应，但不与托伦试剂发生反应。如果 A 事先用稀酸水溶液处理，然后加入托伦试剂，则在试管中有银镜生成，化合物的 ^{1}H NMR 为：δ_H=2.1 ppm 处有一个单峰，δ_H=2.6 ppm 处有一个二重峰，δ_H=3.2 ppm（6H）处有一个单峰，δ_H=4.7 ppm 处有一个三重峰。试推测 A 的结构。

18. 某化合物 A（$C_6H_{12}O$），与羟胺反应但不发生碘仿反应，A 催化加氢得 B（$C_6H_{14}O$），B 脱水得 C（C_6H_{12}），C 经臭氧化后还原水解得 D 和 E，D 能发生碘仿反应但不与托伦试剂反应，E 不发生碘仿反应但与托伦试剂反应。推测 A～E 的结构。

19. 化合物 A（$C_9H_{10}O$），碘仿反应呈阴性，其 IR 光谱在 1690 cm^{-1} 处有强吸收；^{1}H NMR 在 δ=1.2 ppm 处三重峰（3H），δ=3.0 ppm 处四重峰（2H），δ=7.7 ppm 处多重峰（5H）。推测化合物 A 的结构。

扫一扫　　11-6　醛和酮命名习题答案（2017 版）

第 12 章 羧 酸

扫一扫 12-1 羧酸 目标导图+知识地图

羧酸属于最常见的有机酸，是带有羧基的有机化合物，通式为 R—COOH。羧基的化学式为—COOH 或—CO_2H，它是由一个羰基（C═O）和一个羟基（—OH）组成。羧酸是质子（H^+）给予者，是质子酸。

12.1 羧酸的分类与命名

12.1.1 羧酸的分类

羧酸按羧基所连接烃基的种类可以分为脂肪族羧酸和芳香族羧酸。例如：

$CH_3CH_2CH_2COOH$ 丁酸 脂肪族羟酸

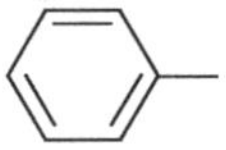
COOH 苯甲酸 芳香族羟酸

羧酸按所含羧基的多少可以分为一元羧酸、二元羧酸和多元羧酸。例如：

CH_3COOH 乙酸 一元羟酸

COOH
|
COOH 乙二酸 二元羟酸

羧酸按烃基的饱和情况可分为饱和羧酸和不饱和羧酸。例如：

$CH_3CH_2CH(CH_3)COOH$ 2-甲基丁酸 饱和羧酸

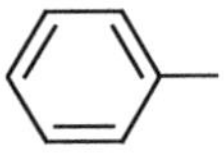
CH═CH—COOH 肉桂酸 不饱和羧酸

12.1.2 羧酸的命名

扫一扫 12-2 羧酸的命名（1980 版）

1. 俗名

羧酸在自然界中存在很多，某些天然来源的羧酸常根据其来源命名。例如：

$HCOOH$　　　　CH_3COOH

蚁酸　　　　醋酸

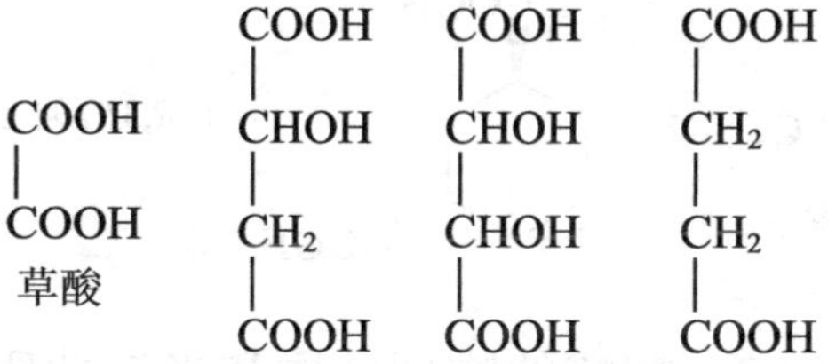

草酸　　苹果酸　　酒石酸　　琥珀酸

2. 羧酸的系统命名

结构复杂的羧酸通常使用系统命名，命名的原则是：选择含羧基最长的碳链作为主链，编号以羧基碳原子为 1 位。根据主链上碳原子数目称为某酸，标出取代基的名称及位次。一元羧酸的英文名称用“oic acid”代替相应烃中的词尾“e”。对于不饱和酸，还是选择含羧基的最长碳链作为主链，当不饱和键在主链中时，则称为某烯（炔）酸。将不饱和键的位次标于母体名称烯（炔）前，将双键的构型标在名称的最前面。对于主链大于十个碳的不饱和羧酸，命名时通常在主链碳原子数目后加一个“碳”字。例如：

$CH_3CH_2CH_2COOH$

丁酸

butanoic acid

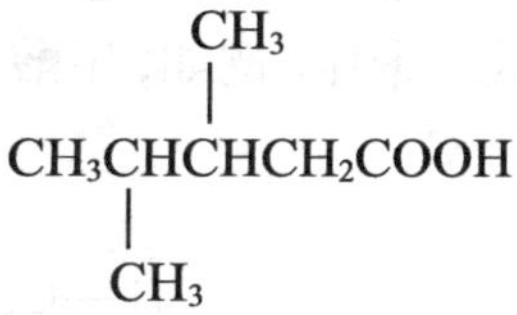

3,4-二甲基戊酸

3,4-dimethylpentanoic acid

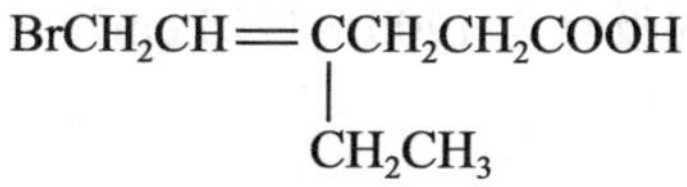

6-溴-4-乙基己-4-烯酸

6-bromo-4-ethylhex-4-enoic acid

$CH_3(CH_2)_7CH{=}CH(CH_2)_7COOH$

十八碳-9-烯酸（油酸）

octadeca-9-enoic acid (oleic acid)

芳香族羧酸可以作为脂肪酸的芳基取代物命名。例如：

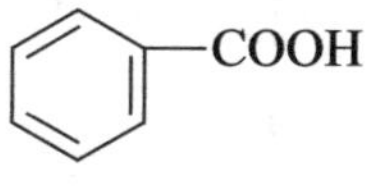

苯甲酸

benzoic acid

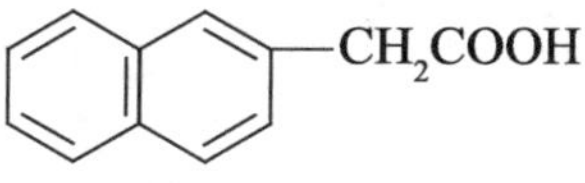

β-萘乙酸

β-naphthaleneacetic acid

羧酸中的碳原子常用希腊字母来标明位次，即与羧基直接相连的碳原子为 α，其余位次为 β、γ、…，距羧基最远的为 ω 位。例如：

$CH_3CH{=}CHCOOH$

α-丁烯酸

二元羧酸选取包括两个羧基在内的主链，称二酸。例如：

$HOOCCH_2CH_2COOH$

丁二酸

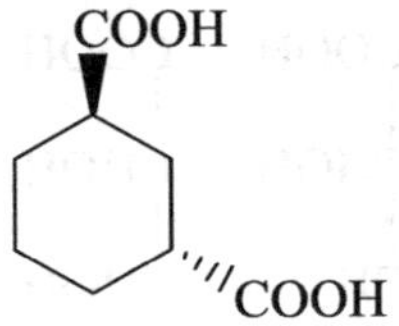

(1*R*,3*R*)-环己烷-1,3-二甲酸

12.2　羧酸的物理性质和光谱性质

12.2.1　羧酸的物理性质

羧酸中羧基的存在导致分子的极性较强。一元羧酸中，C_1～C_3 的羧酸为有刺激性酸味的液体，溶于水；C_4～C_9 的羧酸为有酸腐臭味的油状液体，难溶于水；大于 C_9 的羧酸为蜡状固体，无气味。

一元羧酸的熔点变化有一定规律，随着分子中碳原子数目的增加呈锯齿状变化。乙酸的熔点为 16.6℃，当室温低于此温度时，立即凝成冰状结晶，故纯乙酸又称为冰醋酸。

羧酸的沸点高于相对分子质量相近的烃、醚、卤代烃、醛、酮、醇。其主要原因是羧酸通过氢键形成二聚体。例如，甲酸的相对分子质量与乙醇相近，甲酸的沸点为 100.7℃，乙醇的沸点为 78.5℃。

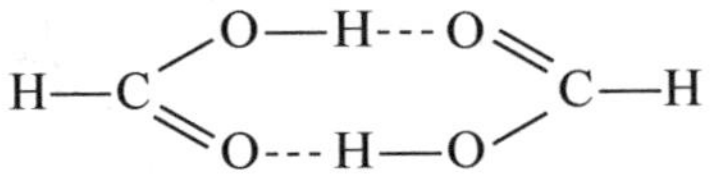

12.2.2　羧酸的光谱性质

（1）红外光谱。羧酸中的羧基反映出—C＝O 和—OH 的两个官能团，由于氢键的存在，羧基中羟基的吸收为 2500～3000 cm^{-1}；羧基中羰基的吸收为 1700～1725 cm^{-1}。丙酸的红外光谱如图 12-1 所示。

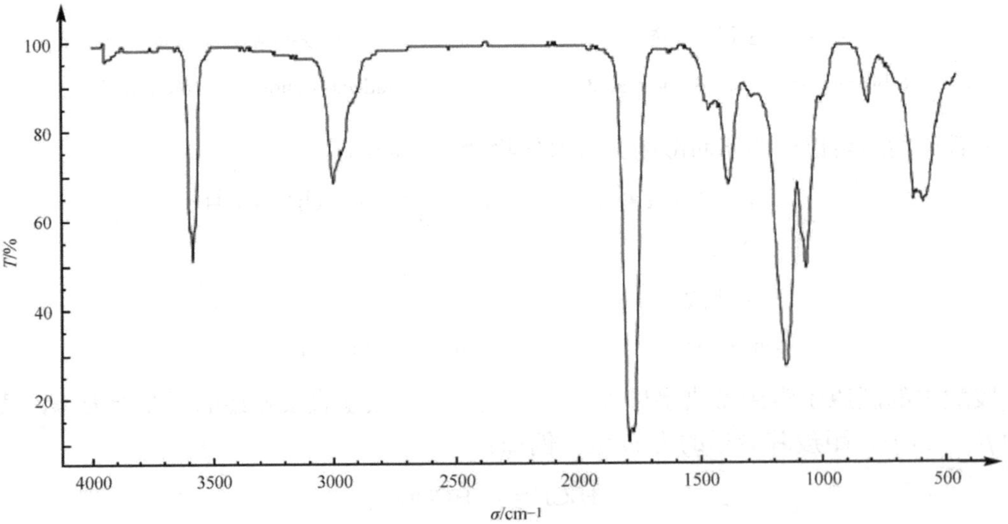

图 12-1　丙酸的红外光谱

（2）核磁共振。羧基的去屏蔽效应使得羧酸氢核磁共振在极低场出现，—COOH 的化学位移为 10.5～12 ppm，在羧酸的结构鉴定中有重要的作用。由于羧基的吸电子诱导效应，α-C 上氢的化学位移也向低场方向移动，—CH_2COOH 的化学位移为 2～2.6 ppm。丙酸的核磁共振氢谱如图 12-2 所示。

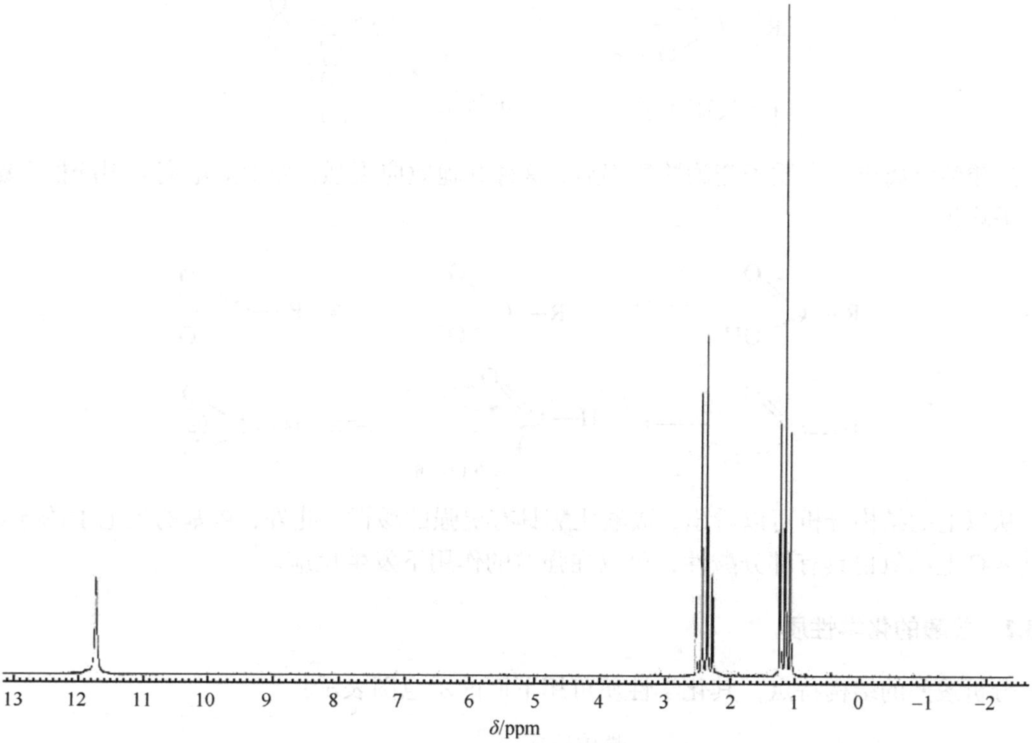

图 12-2　丙酸的核磁共振氢谱

12.3　羧酸的化学性质

扫一扫　12-3　羧酸的化学性质

12.3.1　羧基的结构

从形式上看，羧基由一个羰基（C═O）和一个羟基（—OH）组成，羧酸应表现出羰基和羟基两种官能团的性质，但实际上并非两种官能团的简单组合。三种结构的化学键长数据如下：

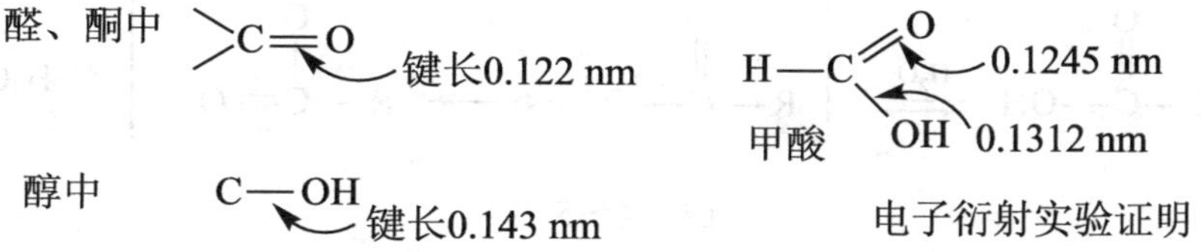

从上面的数据可以看出，羧基中羰基 C═O 键的键长比醛、酮中 C═O 键的键长长，而羧基中羟基 C—O 键的键长比醇中短。这是羧基中存在的 p-π 共轭导致键长的平均化，分子中不存在典型的羰基和羟基。

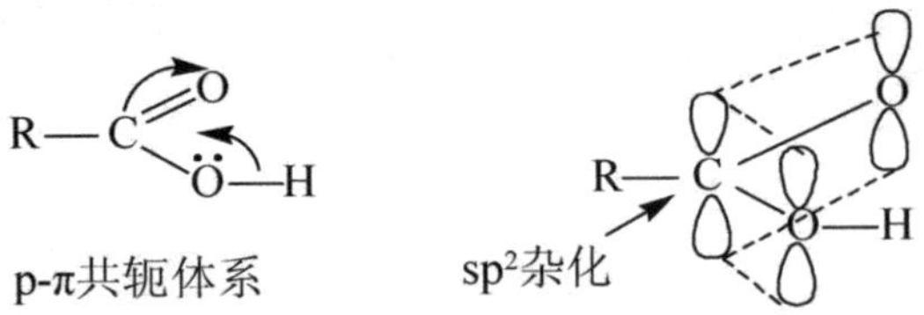

当羧酸电离出一个质子变为羧酸根后，这种共轭效应更强，如甲酸电离为甲酸根后键长完全平均化。

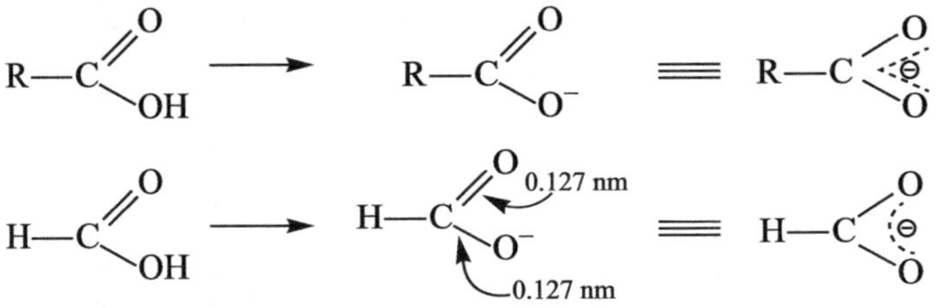

从以上的结构分析可以看出，羧酸比醇具有更强的酸性。此外，羧基的吸电子诱导效应使其 α-C 上的氢也具有部分酸性，可以在强碱的作用下发生反应。

12.3.2　羧酸的化学性质

分析羧酸的结构特点，其化学性质可用下面的示意图表示：

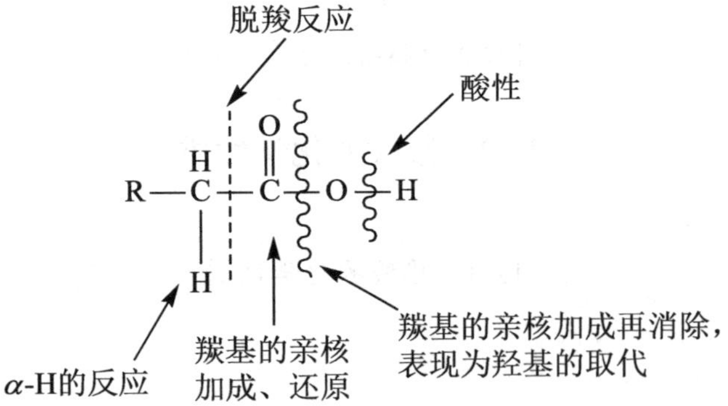

1. 酸性

羧酸具有弱酸性，在水中存在以下电离平衡：

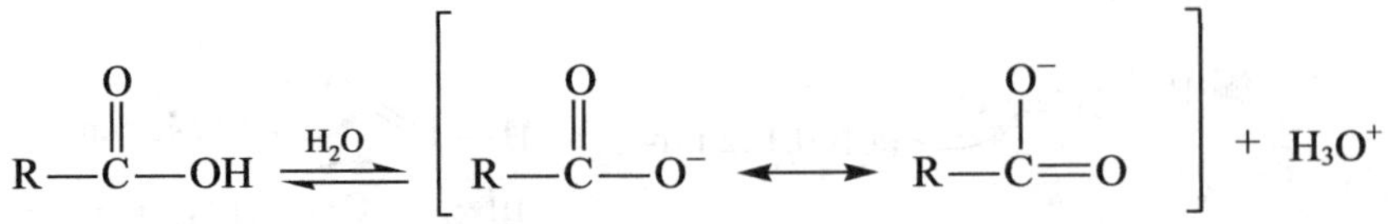

$$pK_a=4\sim5$$

羧酸的酸性介于无机强酸及其他具有弱酸性的有机物之间：

无机酸 > RCOOH > H_2CO_3 > 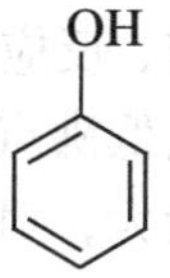 > H_2O > ROH

pK_a　1～2　　4～5　　6.41(pK_{a_1})　　9～10　　15.7　　16～19

与羧基相连的其他基团对羧酸酸性有较大的影响。由于羧酸根是含有负离子的基团，因此与羧基相连的基团为吸电子基时，羧酸根的负电荷可以得到分散，有利于羧酸的电离，羧酸酸性增强，反之减弱。共轭效应对羧酸酸性也有较大的影响。

对于脂肪族羧酸，酸性强弱主要考虑取代基诱导效应。例如：

	$CH_3CH_2CH_2COOH$	CH_3COOH	$HCOOH$
pK_a	4.82	4.76	3.77

	$ClCH_2CH_2CH_2COOH$	$CH_3CH(Cl)CH_2COOH$	$CH_3CH_2CH(Cl)COOH$
pK_a	4.70	4.40	2.82

但芳香族羧酸间位只考虑诱导效应，对位同时考虑共轭效应和诱导效应，邻位取代比较特殊。例如：

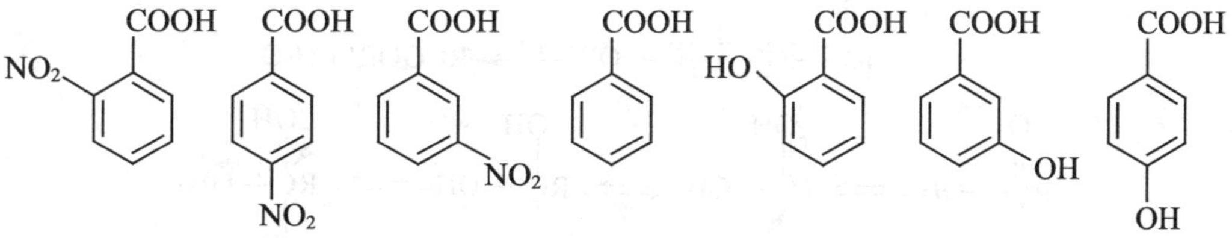

pK_a　2.21　　3.42　　3.49　　4.20　　2.98　　4.08　　4.57

邻位效应：邻位取代苯甲酸，无论是给电子基团还是吸电子基团，酸性均较间位和对位强。

总的来说，对于芳香族羧酸，如果取代基具有吸电子共轭效应，则酸性强弱顺序为邻>对>间；如果取代基具有给电子共轭效应，则酸性强弱顺序为邻>间>对。

2. *羧基上羟基的取代反应*

羧基的羟基可以被许多其他基团取代生成一系列化合物，称为羧酸的衍生物，如被卤素取代生成酰卤，被烷氧基取代得到酯等。常见的四种羧酸衍生物如下：

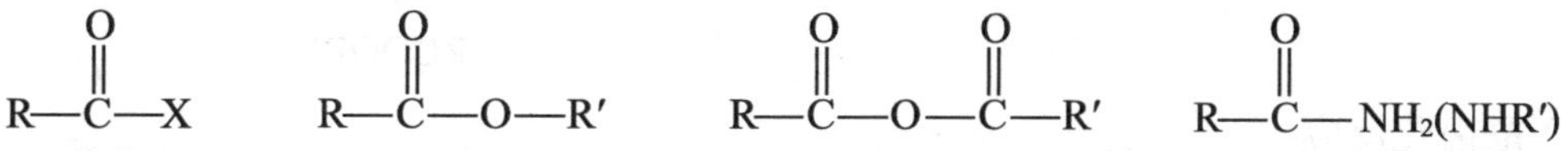

酰卤　　酯　　酸酐　　酰胺

1）酯化反应

羧酸在强酸的催化下与醇反应，失去一分子水生成羧酸酯的反应称为酯化反应。

$$RCOOH + R'OH \xrightarrow{H^+} RCOOR' + H_2O$$

羧酸的酯化反应为可逆反应，反应不能进行到底。为了提高酯的产率，可以增加反应物浓度（如加入过量的醇）或移去低沸点的产物水（或酯）。

酯化反应受空间位阻影响较大，对于相同的羧酸，不同醇的反应活性为

$$CH_3OH > RCH_2OH > R_2CHOH > R_3COH$$

对于相同的醇，不同酸的活性为

$$HCOOH > CH_3COOH > RCH_2COOH > R_2CHCOOH > R_3CCOOH$$

另外，羧酸与醇反应成酯时，键的断裂有两种方式：

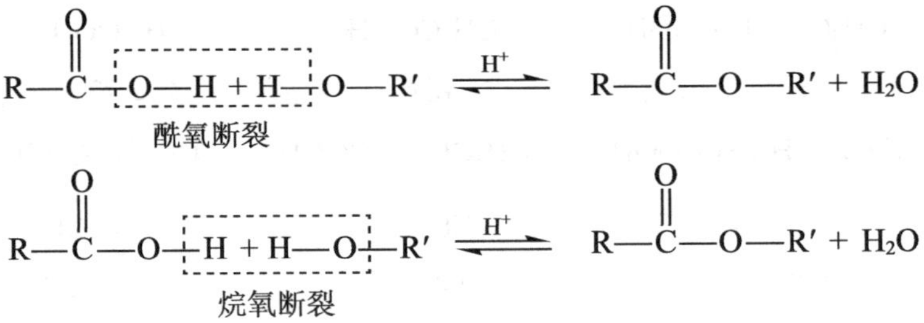

第一种断裂的反应历程为

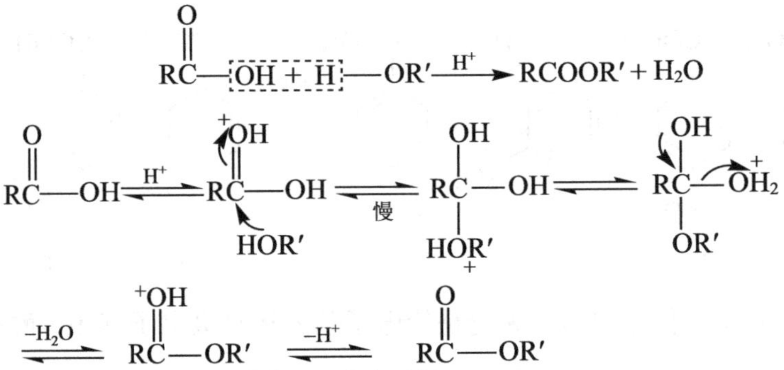

亲核加成-消除历程

当酯化反应的醇为叔醇时，酯化反应以第二种方式断裂，历程为

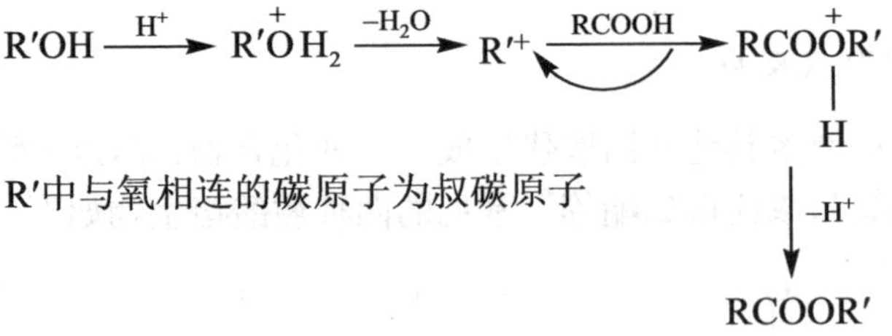

2）酰卤化反应

羧酸中的羟基被卤素取代生成酰卤的反应称为酰卤化反应。一般用三卤化磷、五卤化磷与羧酸反应制备酰卤。$SOCl_2$ 与羧酸反应是制备酰氯的常用方法之一。

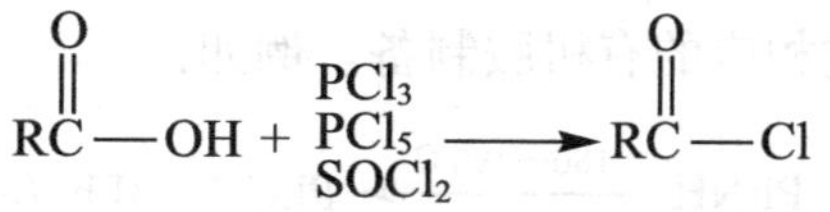

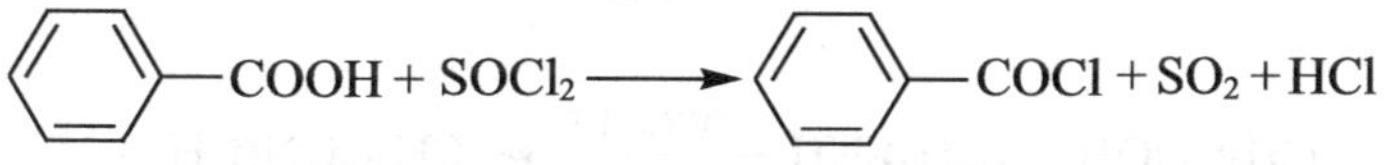

79℃ 197℃

$$CH_3COOH + PCl_5 \longrightarrow CH_3COCl + POCl_3 + HCl$$

166℃ 51℃ 107℃

$$CH_3CH_2CH_2COOH + PCl_3 \longrightarrow CH_3CH_2CH_2COCl + H_3PO_3$$

75℃ 100℃ 200℃

利用反应物及生成物的沸点不同，可以得到比较纯净的酰卤。

3）成酸酐反应

两分子羧酸脱去一分子水得到酸酐，常用的脱水剂有 P_2O_5。

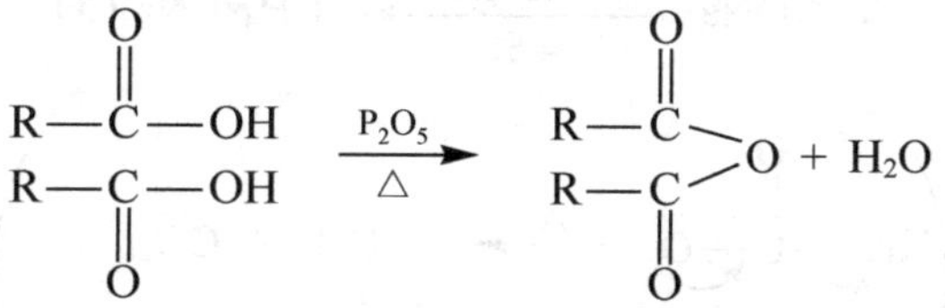

乙酸酐（醋酐）能较迅速地与水反应，且价格便宜，生成的乙酸又易除去，因此常用乙酸酐作为制备酸酐的脱水剂。

1, 4-和 1, 5-二元酸不需要任何脱水剂，加热就能脱水生成环状（五元或六元）酸酐。例如：

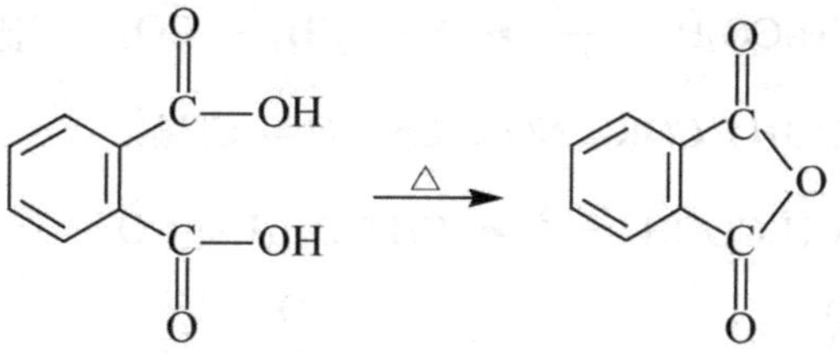

4）酰胺化反应

在羧酸中通入氨气或加入碳酸铵，可得到羧酸铵盐，铵盐热解失水而生成酰胺。

可能的反应历程为

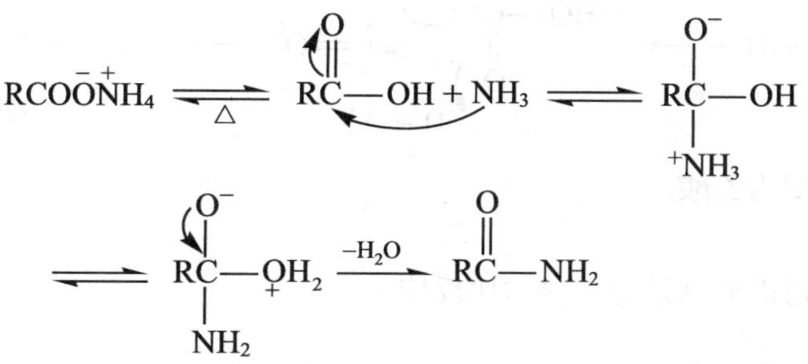

N-烷基取代的酰胺也可以通过相应的有机胺制备。例如：

$$PhCOOH + PhNH_2 \xrightarrow[-H_2O]{180\sim190℃} PhCONHPh\ (84\%)$$

$$CH_3COOH + (CH_3)_2NH \xrightarrow[0℃]{DCC/THF} CH_3CON(CH_3)_2$$

3. 脱羧反应

羧酸受热或在其他条件下脱去羧基的反应称为脱羧反应。

1）加热脱羧

$$RCOOH \xrightarrow{\triangle} R—H$$

加热脱羧一般难以进行。但羧酸转变为盐后，脱羧相对容易。例如：

$$CH_3CONa\ (\text{C=O}) \xrightarrow[熔融]{NaOH/300℃} CH_4 + Na_2CO_3$$

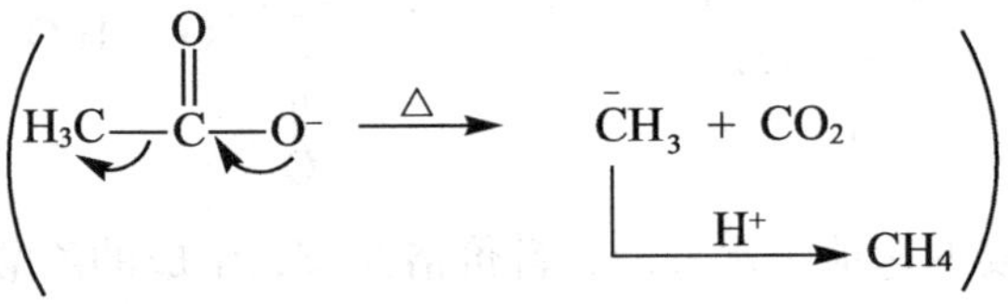

当羧基 α-C 上连有吸电子基团时，脱羧相对容易。

$$Y—CH_2CO_2H \xrightarrow{\triangle} Y—CH_3 + CO_2 \quad 比较容易脱羧$$

$(Y{=}COOH、COR、NO_2、CN、C{=}CH_2)$

$$HOOCCH_2COOH \xrightarrow{\triangle} CH_3COOH + CO_2$$

$$CH_3—\overset{O}{\overset{\|}{C}}—\overset{O}{\overset{\|}{C}}—O—H \xrightarrow[-CO_2]{\triangle} CH_3—\overset{O}{\overset{\|}{C}}—H$$

$$Cl_3C—\overset{O}{\overset{\|}{C}}—O—H \xrightarrow{\triangle} CHCl_3 + CO_2$$

上述丙二酸的脱羧实际上是经过了环状过渡态的历程：

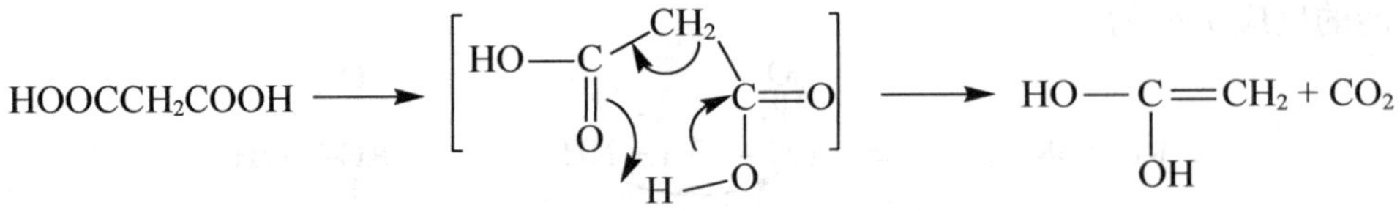

得到的烯醇式重排变为乙酸。

2）电解脱羧

羧酸电解脱羧可以得到烷烃（科尔比反应）。

$$2RCOONa + 2H_2O \longrightarrow \underset{阳极}{R—R} + 2CO_2 + \underset{阴极}{H_2} + 2NaOH$$

3）脱羧卤化

羧酸的银盐在溴或氯存在下脱羧生成卤代烷的反应称为亨斯狄克（Hunsdiecker）反应。

$$RCOOAg + Br_2 \xrightarrow{\triangle} RBr + CO_2 + AgBr$$

亨斯狄克反应可用于以羧酸为原料制备少一个碳原子的卤代烷，但羧酸的银盐比较昂贵且难以制备。例如：

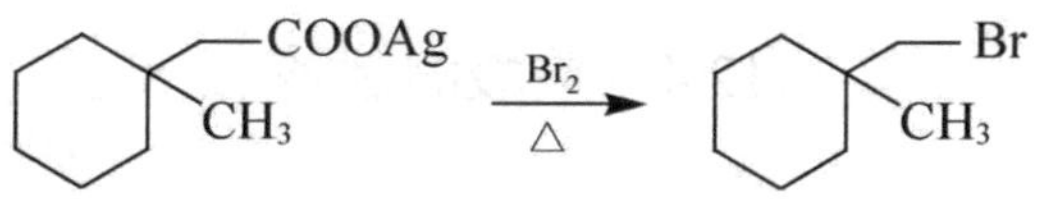

4. α-H 的卤代反应

在三氯化磷或三溴化磷等催化剂的作用下，卤素取代羧酸 α-H 的反应称为赫尔-乌尔哈-泽林斯基（Hell-Volhard-Zelinsky）反应。

$$RCH_2COOH + Br_2 \xrightarrow[\text{或}PBr_3]{P} \underset{\displaystyle Br}{RCHCOOH}$$

生成的 α-卤代羧酸可以进一步发生二取代，但保持羧酸过量可以得到一卤代物。生成的卤代羧酸可以与亲核试剂反应得到其他 α-取代的羧酸。例如：

$$\underset{\displaystyle X}{RCHCOOH} \xrightarrow{OH^-} \underset{\displaystyle OH}{RCHCOOH}$$

可能的反应历程：

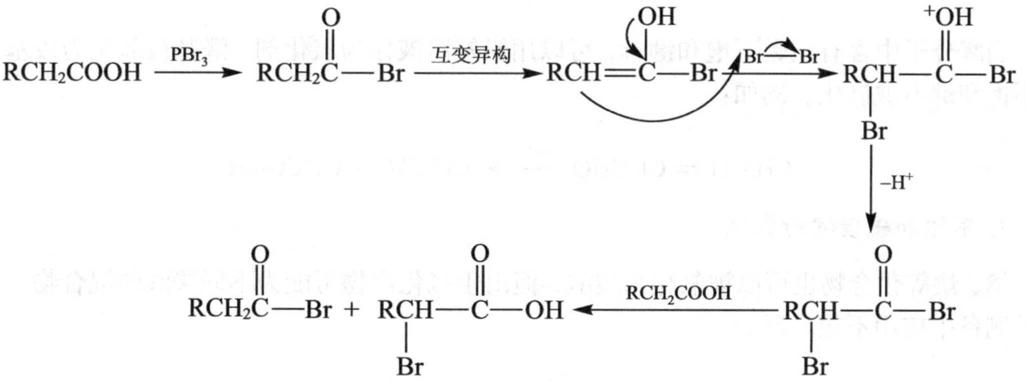

5. 还原反应

羧基可以被还原成伯醇，常用的还原剂为 $LiAlH_4$、BH_3 等。有机化学中常见的还原剂 $NaBH_4$ 通常不能用于羧基的还原。

$$RCOOH \xrightarrow[\text{或}BH_3]{LiAlH_4} \xrightarrow{H_2O} RCH_2OH$$

当分子中存在碳碳不饱和键时，$LiAlH_4$不能还原碳碳不饱和键，但硼烷可以。例如：

$$CH_2{=}CH{-}CH_2{-}COOH \xrightarrow{LiAlH_4} \xrightarrow{H_2O} CH_2{=}CH{-}CH_2{-}CH_2OH$$

$$CH_2{=}CH{-}CH_2{-}COOH \xrightarrow{B_2H_6} \xrightarrow{H_2O} CH_3CH_2CH_2CH_2OH$$

$Li\text{-}CH_3NH_2$可以将羧酸还原为醛。

$$RCOOH \xrightarrow[CH_3NH_2]{Li} RCH{=}NCH_3 \xrightarrow[H_2O]{H^+} RCHO$$

12.4 羧酸的制备

羧酸广泛存在于自然界中，因此常见的羧酸几乎都有俗名。自然界的羧酸大多以酯的形式存在于油、脂、蜡中。油、脂、蜡水解后可以得到多种羧酸的混合物。实验室可以通过醇、醛、不饱和化合物的氧化等方式制备羧酸。

12.4.1 氧化

1. 醇的氧化

伯醇氧化得到羧酸，常用的氧化剂为酸性高锰酸钾溶液等。

$$RCH_2OH \xrightarrow[H^+]{KMnO_4} RCOOH$$

2. 醛的氧化

醛氧化得到羧酸，常用的氧化剂为中性或酸性高锰酸钾等。

$$RCHO \xrightarrow[H^+]{KMnO_4} RCOOH$$

当醛分子中含有碳碳不饱和键时，可以用银氨溶液作为氧化剂，醛基被氧化为羧基，碳碳不饱和键不被氧化。例如：

$$CH_3CH{=}CHCHO \xrightarrow{Ag_2O} CH_3CH{=}CHCOOH$$

3. 不饱和碳碳键的氧化

烯、炔等化合物也可以被氧化为羧酸，但由于氧化产物可能为不同羧酸的混合物，在羧酸的制备中应用不很广泛。

$$RCH{=}CHR \xrightarrow[H^+]{KMnO_4} RCOOH + R'COOH$$

$$RC{\equiv}CR' \xrightarrow[H^+]{KMnO_4} RCOOH + R'COOH$$

4. 取代芳香烃的氧化

含 α-H 的取代芳香烃或 α 位上有不饱和碳碳键的芳香烃可以被氧化为苯甲酸。氧化剂可以是高锰酸钾或重铬酸钾的酸性溶液。例如：

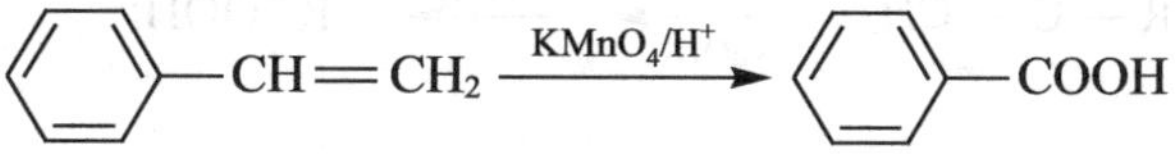

$$Ar-\overset{|}{\underset{|}{C}}-H \xrightarrow{[O]} Ar-COOH$$

12.4.2　水解

1. 腈的水解

在酸或碱的催化下腈基水解转化为羧基。

$$RCN \xrightarrow[H_3O^+]{OH^-} RCOOH$$

$$ArCN \xrightarrow[H_3O^+]{OH^-} ArCOOH$$

2. 油脂的水解

自然界存在大量的油脂，水解后得到羧酸和醇，通常是丙三醇（甘油）。

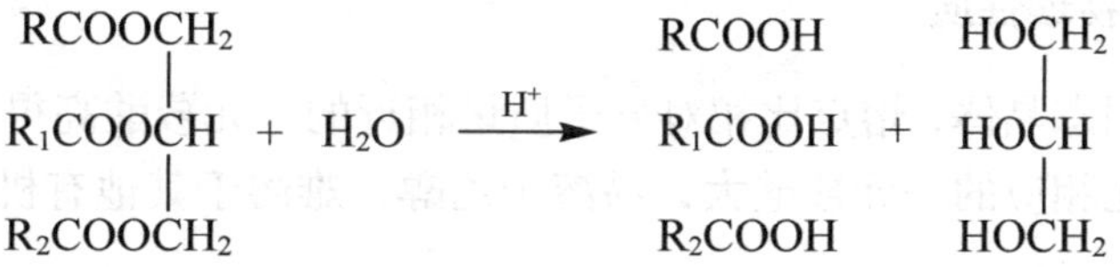

12.4.3　格氏试剂与二氧化碳的反应

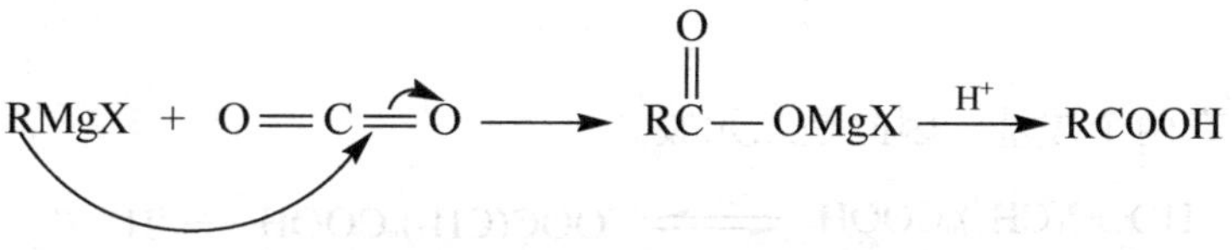

该反应用于制备比原格氏试剂多一个碳原子的羧酸，R 可以是烷基也可以是芳基。例如：

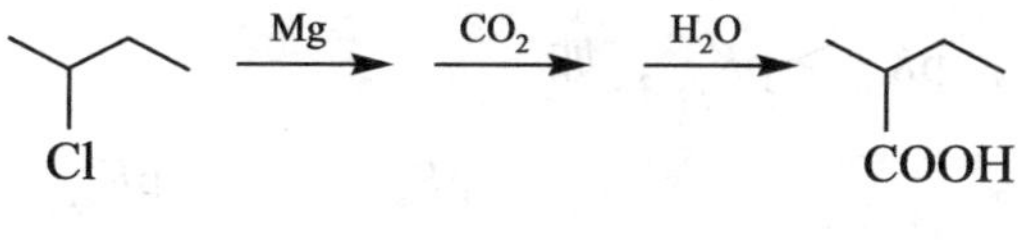

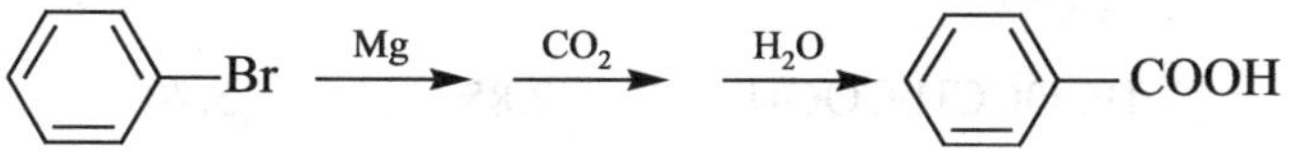

12.4.4　卤仿反应

甲基酮（或有类似结构的醇）可以与 X_2/NaOH 反应得到少一个碳原子的羧酸，这是制备少一个碳原子羧酸的好方法。

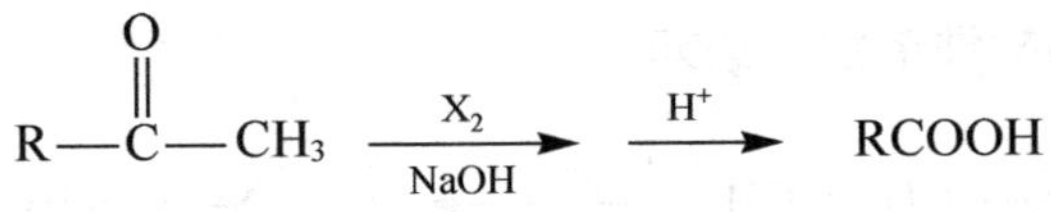

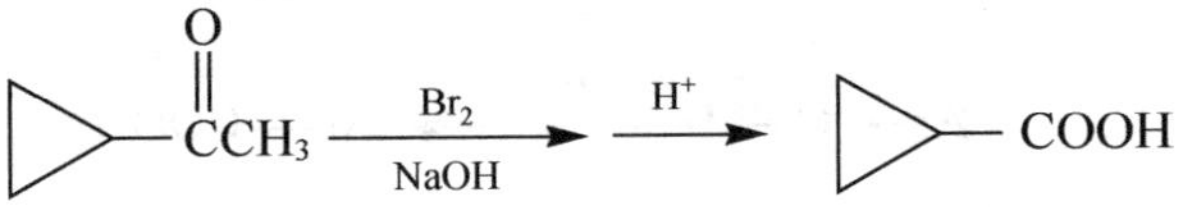

12.5 二 元 羧 酸

分子中含有两个羧基的羧酸称为二元羧酸。二元羧酸除具有一元羧酸的性质外，由于两个羧基相互影响，还表现出其独有的一些物理化学性质。

乙二酸（草酸）

$HOOCCH_2COOH$

丙二酸

$HOOC(CH_2)_4COOH$

己二酸

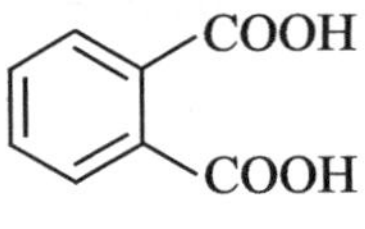

邻苯二甲酸

12.5.1 二元羧酸的物理性质

二元羧酸都是固态晶体，熔点比相对分子质量相近的一元羧酸高得多。由于分子中含有两个羧基，溶解度比相应的一元羧酸大，易溶于乙醇，难溶于其他有机溶剂。

12.5.2 二元羧酸的化学性质

1. 酸性

二元羧酸含有两个羧基，因此是二元酸。

$$HOOC(CH_2)_nCOOH \rightleftharpoons {}^{-}OOC(CH_2)_nCOOH + H^+ \quad K_{a_1}$$

$$^{-}OOC(CH_2)_nCOOH \rightleftharpoons {}^{-}OOC(CH_2)_nCOO^{-} + H^+ \quad K_{a_2}$$

对于二元酸的酸性而言，$pK_{a_1} > pK_{a_2}$，如

	pK_{a_1}	pK_{a_2}
HOOCCOOH	1.27	4.27
$HOOCCH_2COOH$	2.85	5.70

2. 热解反应

一元羧酸受热后可以脱羧，二元羧酸根据结构不同反应比较复杂，有的二元羧酸受热脱羧，有的受热脱水，有的受热后既脱羧又脱水变成环酮。

乙二酸和丙二酸受热脱羧。

$$\begin{array}{c}COOH\\|\\COOH\end{array} \xrightarrow{\triangle} CO_2 + HCOOH$$

$$HOOCCH_2COOH \xrightarrow{\triangle} CH_3COOH + CO_2$$

丁二酸和戊二酸受热脱水变为环状酸酐。

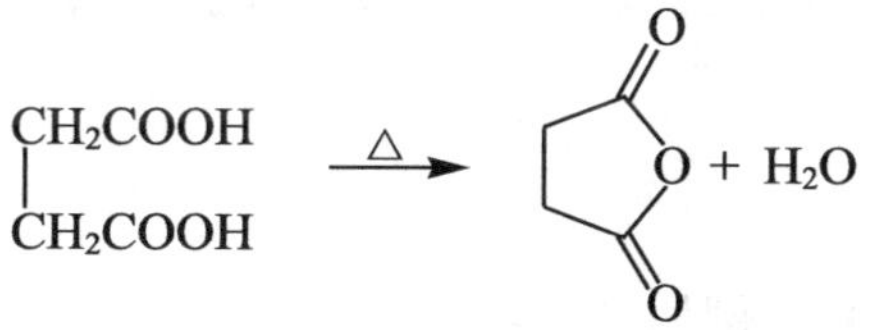

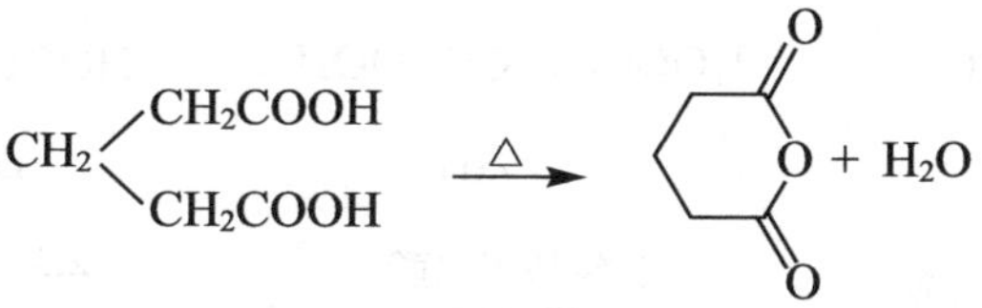

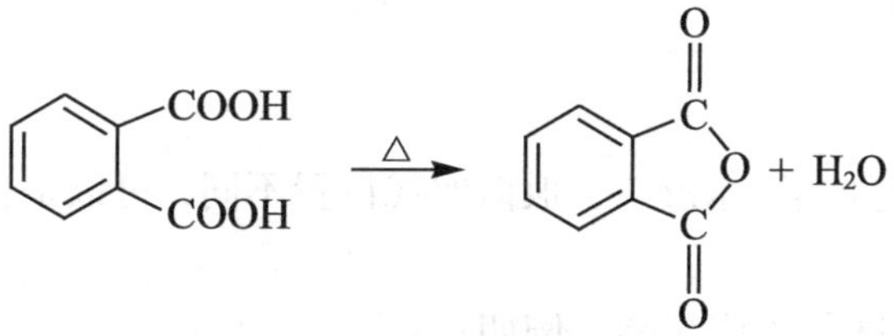

布朗克（Blanc）规则：在可能形成环状化合物的条件下，总是比较容易形成五元或六元环状化合物（五元、六元环容易形成）。

已二酸和庚二酸受热既脱羧又脱水生成环酮。

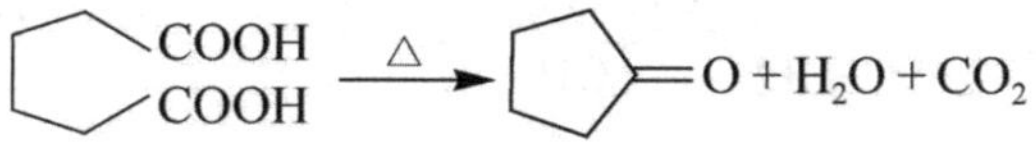

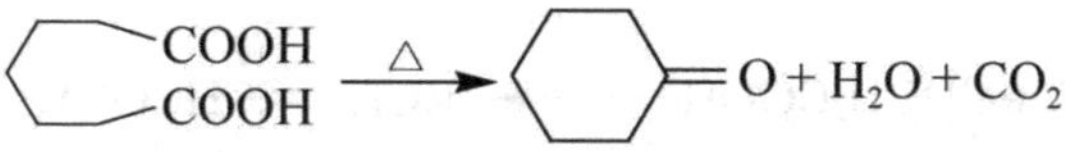

3. 与二元醇的反应

二元酸与二元醇反应可生成环酯（但仅限于五元环或六元环），也可以生成聚酯。

12.5.3　二元酸的合成

二元酸一般通过氰化物的水解制备。例如：

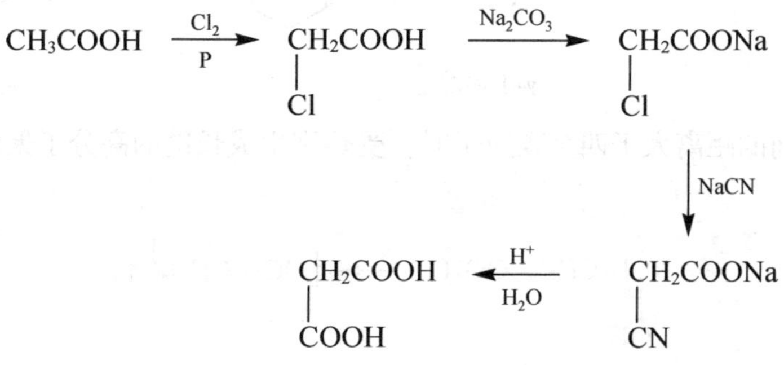

12.6　取代羧酸

羧酸分子中烃基上的氢原子被其他原子或原子团取代后形成的化合物称为取代酸。取代酸有卤代酸、羟基酸、氨基酸、羰基酸等，本节主要介绍羟基酸。

12.6.1　羟基酸

1. 醇酸

醇酸为含有羟基的脂肪酸。例如：

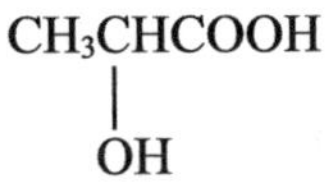

2-羟基丙酸（α-羟基丙酸）
乳酸

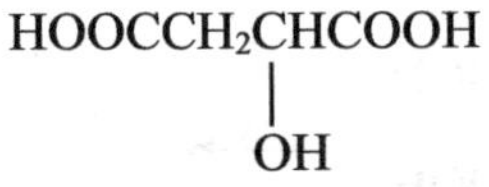

2-羟基丁二酸
苹果酸

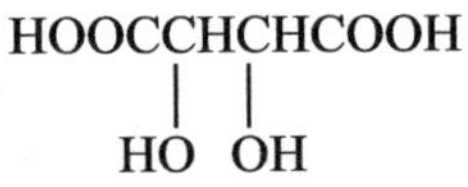

2,3-二羟基丁二酸
酒石酸

2. 醇酸的性质

醇酸的性质主要是加热脱水反应，根据取代位置不同，可以是分子间脱水，也可以是分子内脱水。

α-羟基酸受热分子间脱水成交酯。例如：

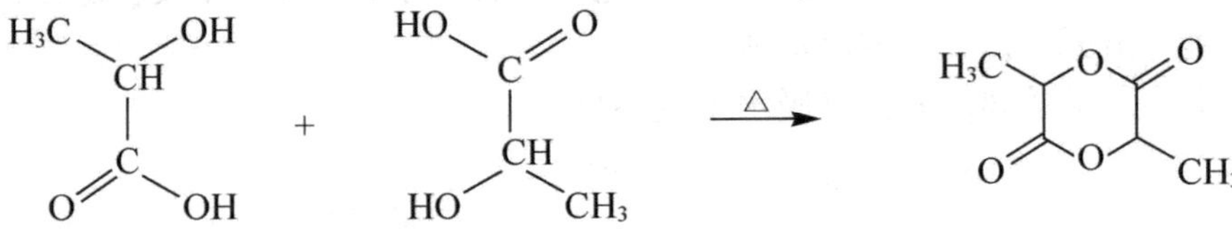

β-羟基酸受热分子内脱水成 α, β-不饱和酸。

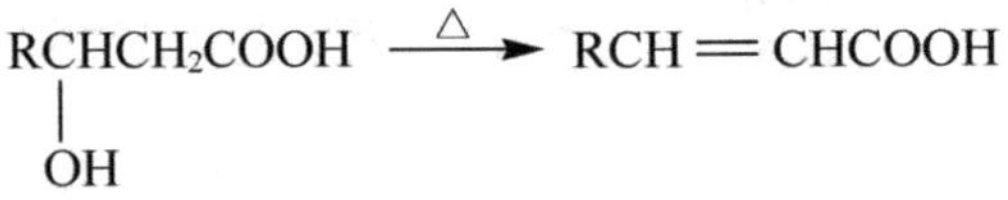

γ-和 δ-羟基酸受热分子内脱水成内酯。例如：

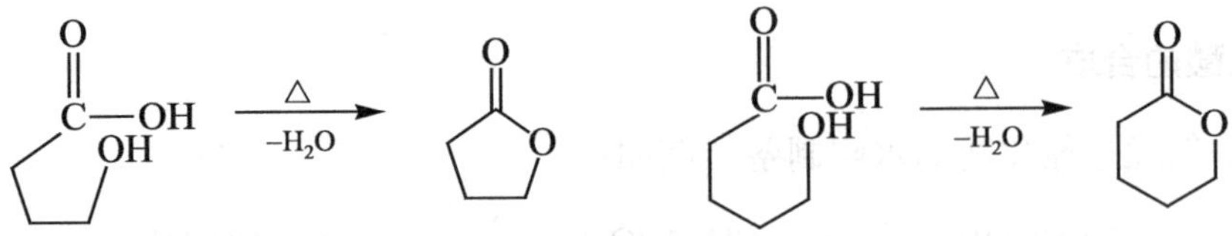

γ-丁内酯　　δ-戊内酯

羟基与羧基间的距离大于四个碳原子时，受热则生成长链的高分子聚酯。

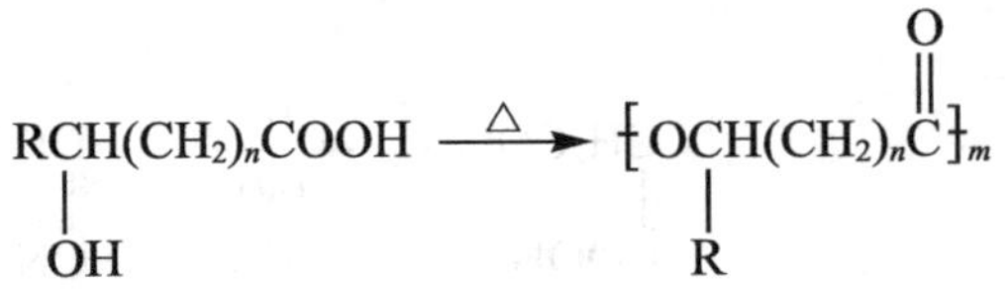

3. 醇酸的合成

醇酸可以通过卤代酸水解或 α-羟基腈水解制备。

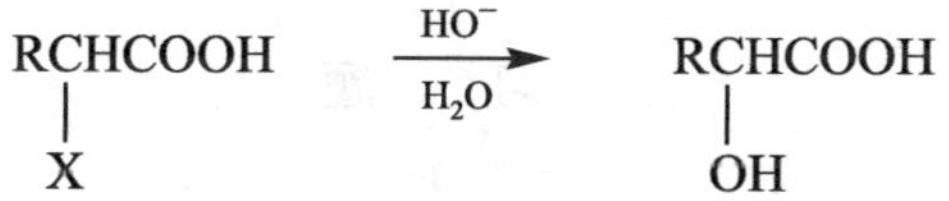

卤代酸水解

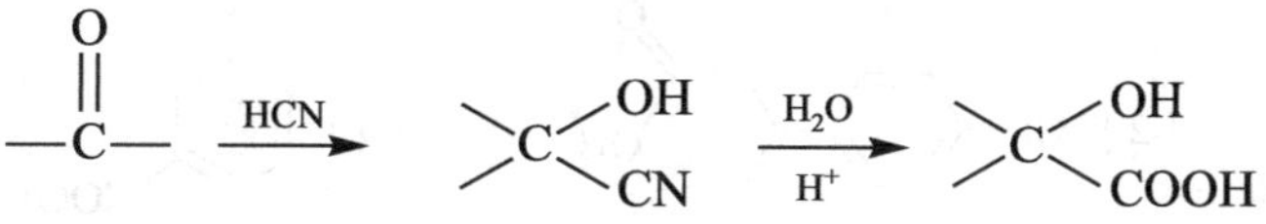

α-羟基腈水解

以 α-卤代酸酯为原料，在锌粉的存在下与醛、酮反应生成 β-羟基酯，β-羟基酯水解得到 β-羟基羧酸，这是制备 β-羟基羧酸的重要方法，称为雷佛马茨基（Reformatsky）反应。

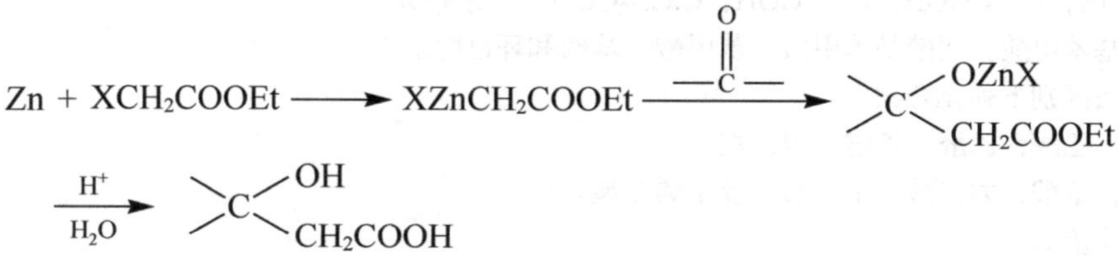

中间体酯的有机锌化合物反应活性不高，只能与醛、酮的羰基发生亲核加成，而不能与酯中的羰基反应。

12.6.2　酚酸

苯环上既连有羟基又连有羧基的酸称为酚酸，最常见的酚酸为水杨酸。

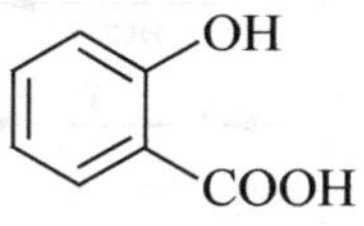

邻羟基苯甲酸（水杨酸）

水杨酸的羟基、羧基都可以发生衍生化反应，得到一系列重要的衍生物。例如：

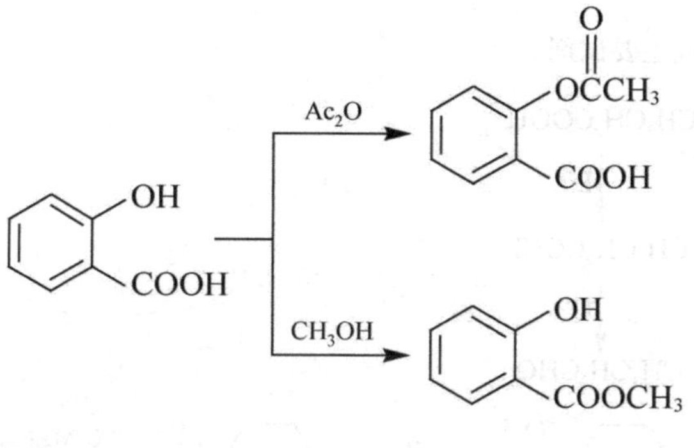

乙酰水杨酸（阿司匹林）

水杨酸甲酯（冬青油）

扫一扫　　**12-4　羧酸拓展阅读材料**

习　题

1. 命名下列化合物或写出结构式。

（1）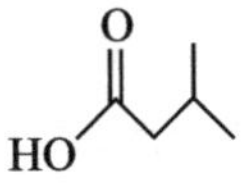　（2）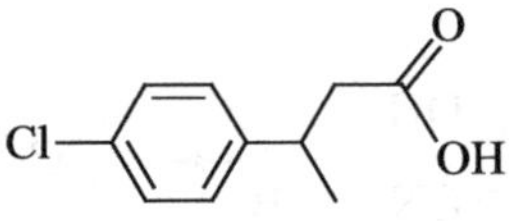　（3）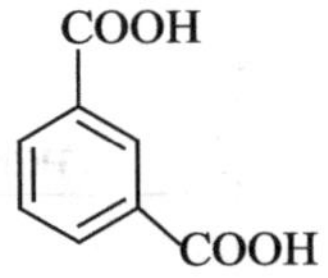

（4）$CH_3(CH_2)_4CH=CHCH_2CH=CH(CH_2)_7COOH$　（5）4-甲基己酸

（6）2-羟基丁二酸　（7）2-氯-4-甲基苯甲酸　（8）3, 3, 5-三甲基辛酸

2. 比较下列各组化合物的酸性大小。

（1）乙酸，丙二酸，草酸，苯酚和甲酸。

（2）C_6H_5OH，CH_3COOH，F_3CCOOH，$ClCH_2COOH$，C_2H_5OH。

（3）对硝基苯甲酸，间硝基苯甲酸，苯甲酸，苯酚和环己醇。

3. 用化学方法区别下列化合物。

（1）乙酸，乙醇，乙醛，乙醚，溴乙烷。

（2）甲酸，草酸，丙二酸，丁二酸，反丁烯二酸。

4. 完成下列反应式。

（1）$HOOCCH_2CH=CHCH_2CHO \xrightarrow{LiAlH_4} ?$

$\xrightarrow{NaBH_4} ?$

$\xrightarrow[Ni]{H_2} ?$

（2）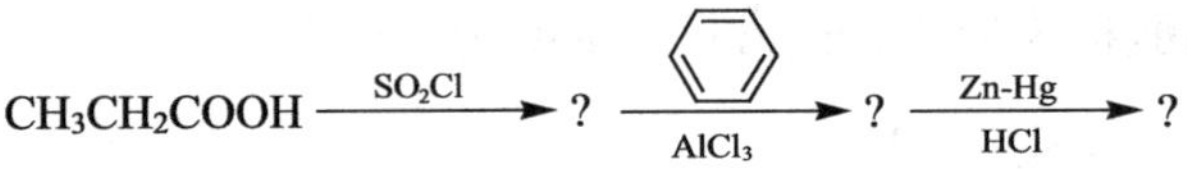

（3）$(CH_3)_3CH + Br_2 \xrightarrow{300℃} ? \xrightarrow[Et_2O]{Mg} ? \xrightarrow{CO_2} \xrightarrow{H_3O^+} ?$

（4）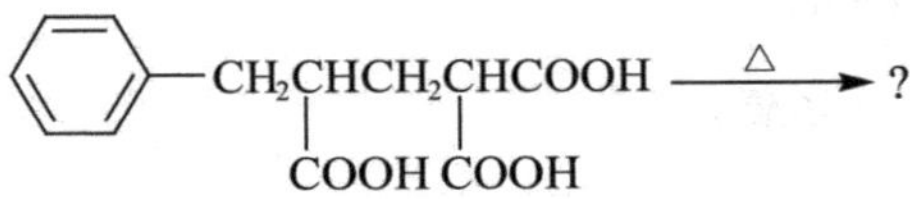

（5）

5. 完成下列反应式（写出主要产物或主要试剂）。

（1）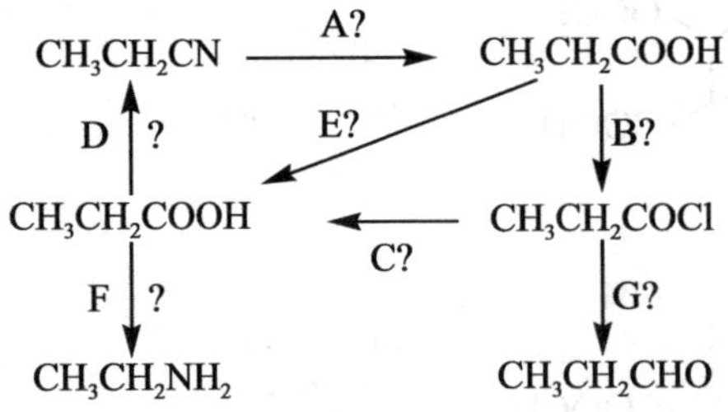

（2）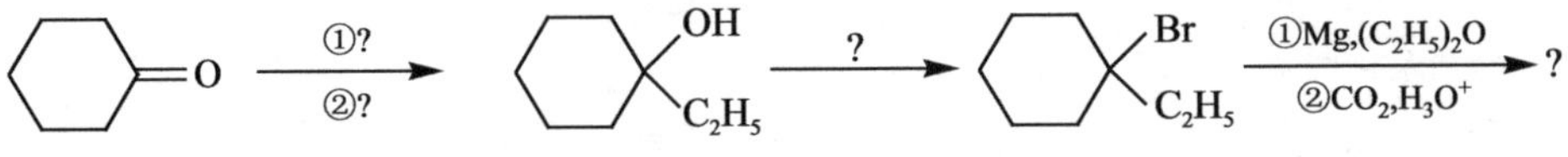

（3）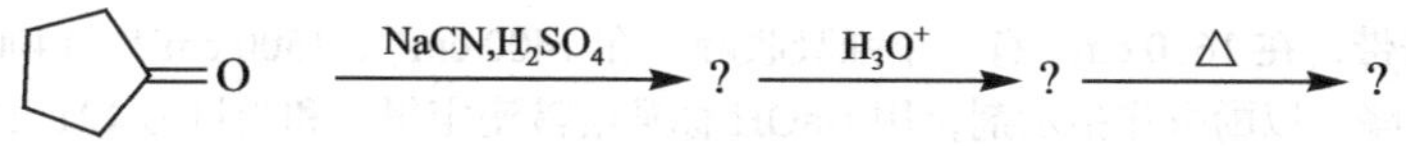

6. 完成下列转变。

（1）$CH_3CH_2COOH \longrightarrow CH_3CH_2CH_2COOH$

（2）$CH_3CH_2CH_2COOH \longrightarrow CH_3CH_2COOH$

（3）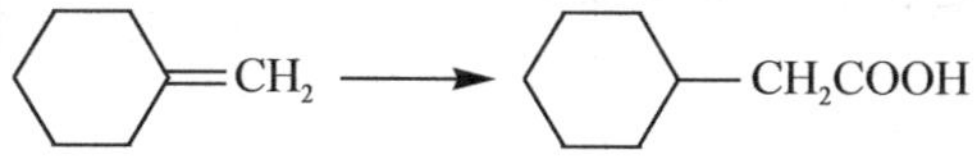

（4）$CH_3COCH_2CH_2CBr(CH_3)_2 \longrightarrow CH_3COCH_2CH_2C(CH_3)_2COOH$

（5）溴苯⟶苯甲酸乙酯

7. 用反应式表示如何将丙酸转变为下列化合物。

（1）丁酸　　（2）乙酸　　（3）3-羟基-2-甲基戊酸乙酯

8. 由指定原料合成下列化合物，无机试剂任选。

（1）由 $CH_3CH_2CH{=}CH_2$ 合成 $CH_3CH_2CH(CH_3){-}CH(NH_2)COOH$。

（2）由不超过三个碳的有机物合成 $CH_3CH_2CH{=}C(CH_3)COOH$。

（3）由乙烯合成丙烯酸。

（4）由乙炔和苯合成 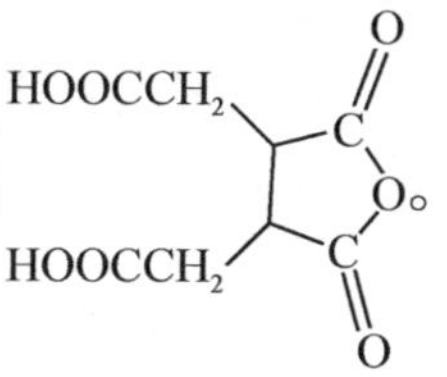。

9. 化合物甲、乙、丙的分子式都是 $C_3H_6O_2$，甲与碳酸钠作用放出二氧化碳，乙和丙不能，但在氢氧化钠溶液中加热后可水解，在乙的水解液中蒸馏出的液体能发生碘仿反应。试推测甲、乙、丙的结构。

10. 化合物 A 的分子式为 $C_3H_5O_2Cl$，其中 ^1H NMR 数据为：δ_1=1.73 ppm（双峰，3H），δ_2=4.47 ppm（四重峰，1H），δ_3=11.2 ppm（单峰，1H）。试推测其结构。

11. 化合物 A 的分子式为 $C_4H_6O_2$，它不溶于氢氧化钠溶液，与碳酸钠没有作用，可使溴水褪色。它有类似于乙酸乙酯的香味。A 与氢氧化钠溶液共热后变为 CH_3COONa 和 CH_3CHO。另一化合物 B 的分子式与 A 相同。它和 A 一样，不溶于氢氧化钠，与碳酸钠不作用。可使溴水褪色，香味与 A 类似，但 B 和氢氧化钠水溶液共热后生成醇、羧酸盐，这种盐用硫酸酸化后蒸馏出的有机物可使溴水褪色。试写出 A 和 B 的构造式。

12. 某二元酸 A（$C_8H_{14}O_4$），受热时转变成中性化合物 B（$C_7H_{12}O$），B 用浓 HNO_3 氧化生成二元酸 C（$C_7H_{12}O_4$）。C 受热脱水成酸酐 D（$C_7H_{12}O_3$）；A 用 $LiAlH_4$ 还原得 E（$C_8H_{18}O_2$）。E 能脱水生成 3, 4-二甲基己-1, 5-二烯。试推导 A～E 的构造式。

13. 一个具有旋光性的烃类，在冷、浓硫酸中能使高锰酸钾溶液褪色，并且容易吸收溴。该烃经过氧化后变成一个中和当量为 66 的酸。此酸中的碳原子数目与原来的烃中相同。求该烃的结构。

14. 马尿酸为白色固体（熔点为 190℃），它可由马尿中提取，其质谱给出分子离子峰 m/z=179，分子式为 $C_9H_9NO_3$。将马尿酸与 HCl 回流，得到两个晶体 D 和 E。D 微溶于水，熔点为 120℃，它的 IR 光谱在

3200～2300 cm^{-1}有一个宽谱带，在 1680 cm^{-1}有一个强吸收峰，在 1600 cm^{-1}、1500 cm^{-1}、1400 cm^{-1}、750 cm^{-1}和 700 cm^{-1}有吸收峰。以酚酞作指示剂，用 NaOH 标准溶液滴定得中和当量为 121±1。D 不使 Br_2的 CCl_4溶液和 $KMnO_4$溶液褪色，但与 $NaHCO_3$作用放出 CO_2。E 溶于水，用 NaOH 标准溶液滴定时，分子中有酸性和碱性基团，元素分析含 N，相对分子质量为 75。求马尿酸的结构。

扫一扫　　12-5　羧酸命名习题答案（2017 版）

第 13 章　羧酸衍生物

扫一扫　13-1　羧酸衍生物 目标导图+知识地图

羧酸分子中羧基的羟基被其他基团取代后得到的化合物称为羧酸衍生物，一般是酰卤、酰胺、酯和酸酐的统称。这些化合物分别是羧基中的羟基被卤素原子、氨基（$—NH_2$）或取代氨基（—NHR、$—NR_2$）、烷氧基（—OR）、酰氧基（—OCOR）取代后形成的。在某些情况下，腈由于可以水解为羧酸，也被当作羧酸衍生物讨论。

酰卤　　　酸酐　　　酯　　　酰胺

13.1　羧酸衍生物的命名及光谱性质

13.1.1　羧酸衍生物的命名

扫一扫　13-2　羧酸衍生物的命名（1980 版）

1. 酰卤

酰卤的命名为酰基名称后加卤素的名称。英文命名是将羧酸的词尾“ic acid”用“yl”代替表示酰基，隔开后加上卤素的名称 chloride（氯）、bromide（溴）、iodine（碘）。例如：

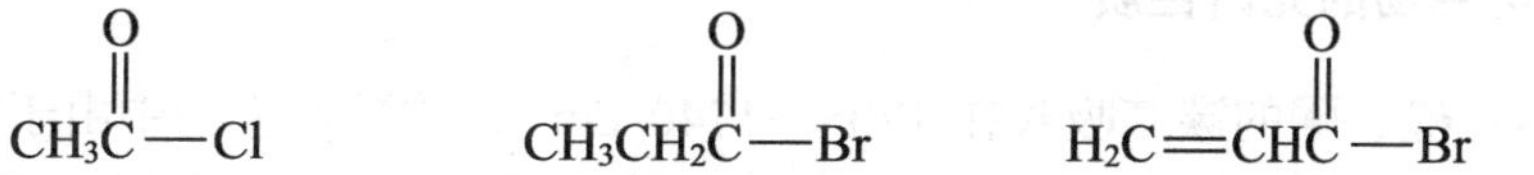

乙酰氯　acetyl chloride　　丙酰溴　propionyl bromide　　烯丙酰溴　acryloyl bromide

2. 酸酐

单一酸酐（两种相同羧酸脱水形成的酸酐）命名时，在羧酸的名称后加“酐”字；混合酸酐（两种不同羧酸脱水得到的酸酐）命名时，将形成酸酐的两种羧酸的名称按英文字母顺序排列，再以“酸酐”结尾；环状酸酐命名时，在二元酸的名称后加“酐”字。英文命名将羧酸的基本名称去掉“acid”，后面隔开加“anhydride”。例如：

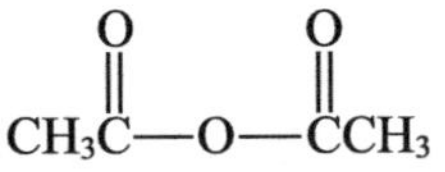
乙酸酐（醋酐）
acetic anhydride

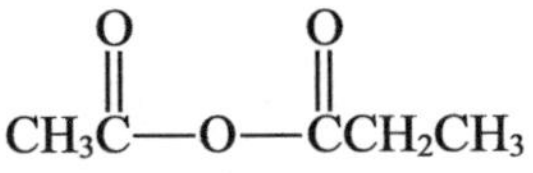
乙（酸）丙（酸）酐
acetic propanoic anhydride

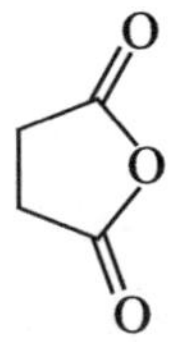
丁二酸酐
butanedioic anhydride

3. 酯

酯命名时，将羧酸名称放在前面，醇中烃基的名称放在后面，再加一个“酯”字，称为“某酸某酯”。内酯命名时，用“内酯”二字代替“酸”字，并标明羟基的位置。英文名称是将羧酸的词尾“ic acid”改为“ate”，将烃基的名称放在它前面并隔开。例如：

乙酸乙酯
ethyl acetate

乙酸苯甲酯
benzyl acetate

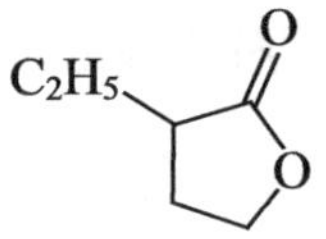
2-乙基丁-4-内酯
2-ethylbutano-4-lactone

4. 酰胺

酰胺命名时，将羧酸的“酸”字改为“酰胺”即可。英文名称是将羧酸的词尾“ic acid”改为“amide”。例如：

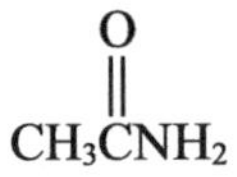
乙酰胺
acetamide

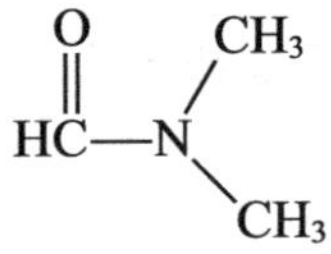
N, *N*-二甲基甲酰胺
N, *N*-dimethyl formamide (DMF)

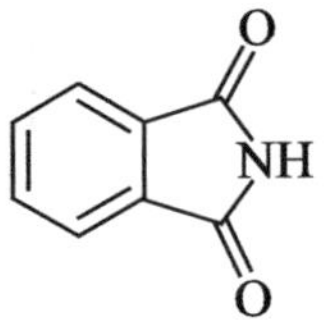
邻苯二甲酰亚胺
phthalimide

13.1.2 羧酸衍生物的光谱性质

红外光谱：醛、酮的羰基吸收在 1705～1740 cm^{-1}，羧酸衍生物中由于羰基碳原子连接的基团存在吸电子诱导效应和给电子共轭效应，因此吸收与醛、酮有较大不同。不同羧酸衍生物羰基的红外吸收会发生红移或蓝移，具体分析如下：

（1）酰卤。C═O 伸缩振动吸收在 1800 cm^{-1}，如与不饱和基共轭，吸收在 1750～1800 cm^{-1}。

（2）酰胺。C═O 伸缩振动吸收在 1630～1690 cm^{-1}，N—H 伸缩振动吸收在 3050～3550 cm^{-1}。

（3）酯。C═O 伸缩振动吸收在 1735～1750 cm^{-1}，C═C—COOR、ArCOOR 在～1720 cm^{-1}，—COOC═C、—COOAr 在～1760 cm^{-1}，在 1050～1300 cm^{-1} 有两个 C—O 伸缩振动吸收。

（4）酸酐。C═O 在 1800～1850 cm^{-1} 和 1740～1790 cm^{-1} 有两个伸缩振动吸收峰，两峰相隔 60 cm^{-1}。对于线形酸酐，高频峰吸收强度大于低频峰，而环状酸酐反之。在 1045～

1310 cm^{-1} 有 C—O 伸缩振动吸收。

核磁共振（氢谱）：酯、酸酐、酰卤、酰胺 α-H 的化学位移类似，δ_H 为 2～3 ppm。

13.2 羧酸衍生物的化学性质

羧酸衍生物的化学性质与其结构密切相关，典型的化学性质是发生在羰基上的亲核加成-消除反应和由 α-H 酸性引起的化学反应。

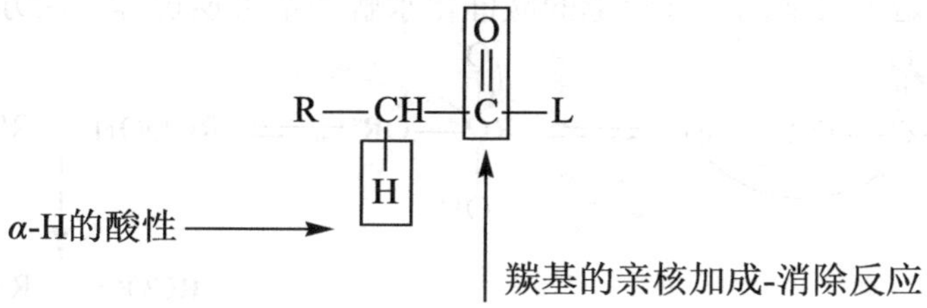

13.2.1 羰基的亲核加成-消除反应

羰基的亲核加成-消除反应是羧酸衍生物的重要化学性质，其反应过程可用方程式表示如下：

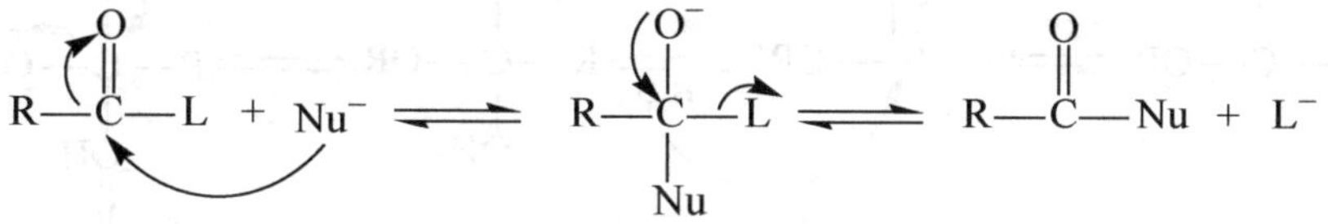

影响反应活性的因素：电子因素、立体因素和离去基团 L 的离去能力。对于四种常见的羧酸衍生物，在羧酸烷基相同的情况下，离去基团的离去能力为

$$X^- > RCOO^- > RO^- > H_2N^-$$

因此，羧酸及其衍生物发生亲核加成-消除反应的活性顺序为

$$R\overset{\overset{O}{\|}}{C}X > R\overset{\overset{O}{\|}}{C}O\overset{\overset{O}{\|}}{C}R > \begin{matrix}RCOOR\\ \\RCOOH\end{matrix} > R\overset{\overset{O}{\|}}{C}NH_2$$

根据亲核试剂的种类不同，羧酸衍生物的亲核加成-消除反应主要有水解、醇解、氨（胺）解等。

1. 羧酸衍生物的水解

1）酰卤和酸酐

酰卤的水解在低温下就可以迅速进行，不需要酸碱催化。酸酐的水解在没有酸碱催化的情况下一般需要加热，碱能够促进酸酐的水解。例如：

$$CH_3\overset{\overset{O}{\|}}{C}—Cl + H_2O \longrightarrow CH_3COOH$$

$$CH_3\overset{\overset{O}{\|}}{C}—O—\overset{\overset{O}{\|}}{C}CH_3 + H_2O \xrightarrow{\triangle} CH_3COOH$$

2）酯

酯在酸或碱催化下，有时需要加热才能水解为羧酸和醇。空间位阻大的羧酸酯，其水解速率较慢。例如：

$$CH_3COOC_2H_5 + H_2O \xrightarrow[\text{或}OH^-]{H^+} CH_3COOH + C_2H_5OH$$

酯的酸和碱催化反应历程稍有不同。碱催化的酯水解，OH^- 作为亲核试剂进攻酯羰基的碳原子发生亲核加成反应，然后烷氧基负离子离去得到羧酸。由于羧酸的酸性比醇强，因此最后一步质子交换是不可逆的，导致酯的碱催化水解为不可逆过程，用方程式示意如下：

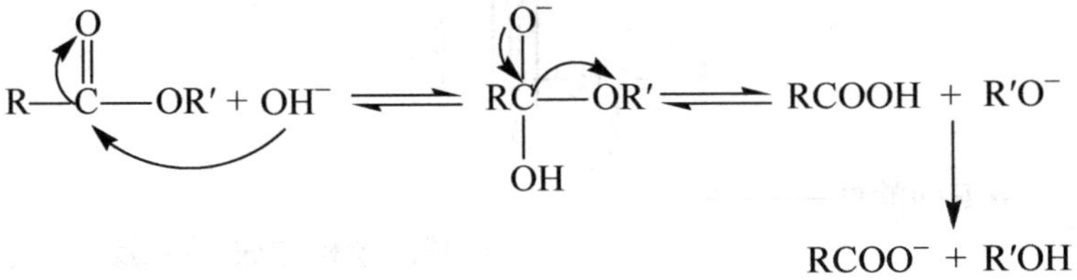

酸催化酯水解时，酯羰基的氧首先质子化，然后水作为亲核试剂进攻羰基碳原子，进而消去一分子醇得到羧酸。由于所有的过程均为可逆，因此酯的酸催化水解为可逆反应。

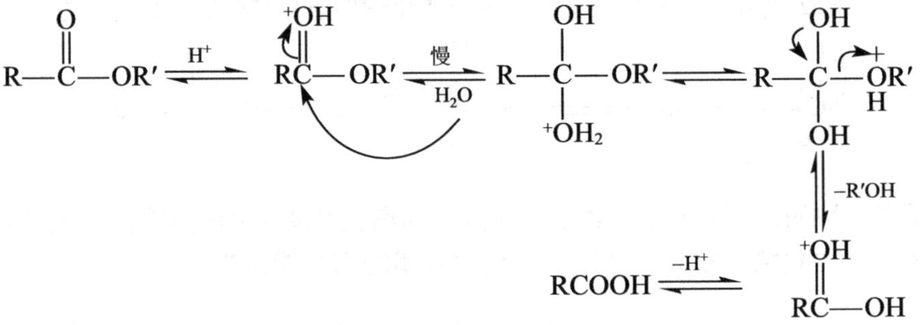

以上羧酸酯的水解均为酰氧键断裂，通常是伯醇或仲醇与羧酸形成的酯遵循这种历程。羧酸与叔醇形成的酯在酸的催化下水解时发生烷氧键断裂，为单分子历程。

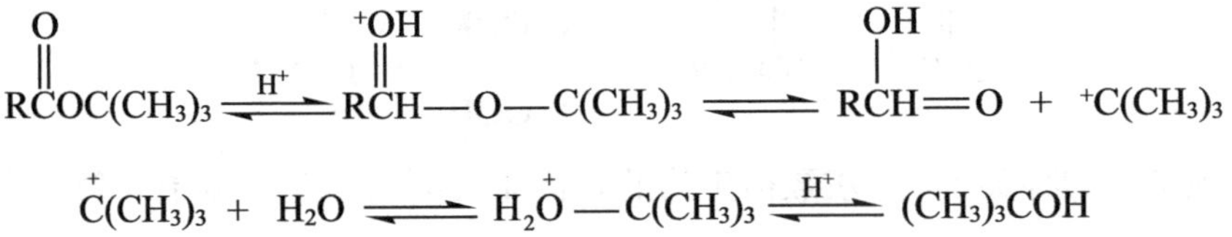

3）酰胺

酰胺的水解则需要在酸或碱的催化下回流才可以进行，反应均不可逆。

$$RCONH_2 + H_2O \xrightarrow[\text{或}OH^-]{H^+} RCOOH + NH_3$$

（1）酸催化，不可逆。

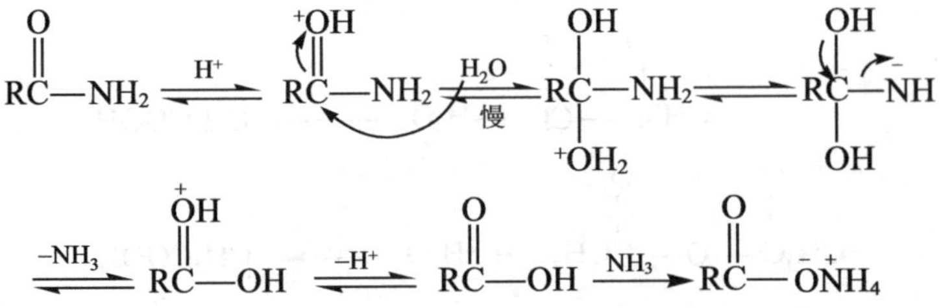

（2）碱催化，不可逆。

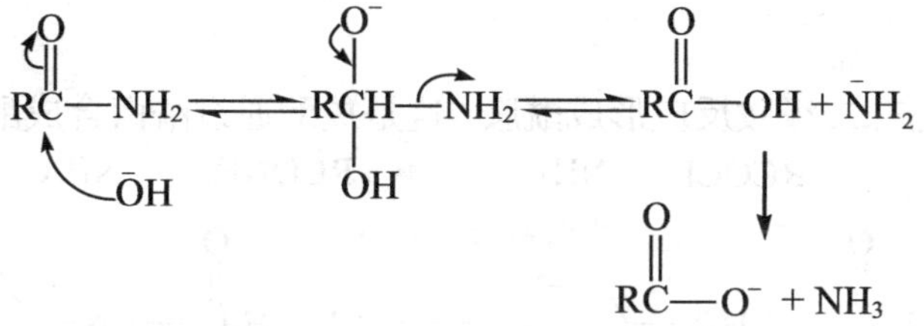

2. 羧酸衍生物的醇解

1）酰卤和酸酐

酰卤和酸酐的醇解一般反应较快，可用于制备羧酸酯，碱可以催化反应进行。

$$RCOCl + R'OH \longrightarrow RCOOR'$$

$$(RCO)_2O + R'OH \longrightarrow R'COOR$$

$$CH_3CH_2COCl + HOCH_2C_6H_5 \xrightarrow{\text{三乙胺}} CH_3CH_2COOCH_2C_6H_5$$

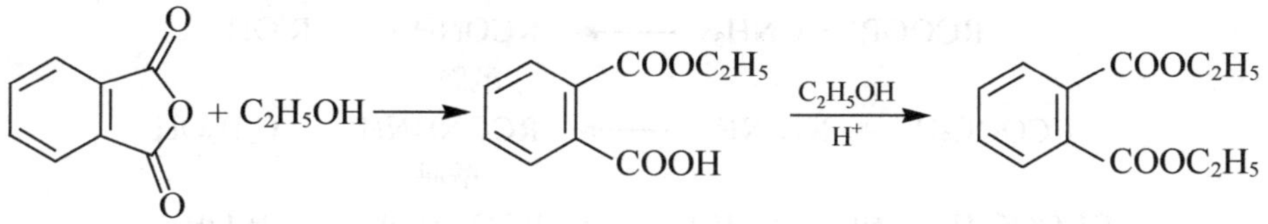

2）酯

酯的醇解也称为酯交换反应，通常用于由低级酯（含碳原子个数较少的醇形成的酯）制备高级酯。例如：

$$RCOOR_1 + R_2OH \xrightarrow[\text{或}R_2\bar{O}Na^+]{H^+} RCOOR_2 + R_1OH$$

$$CH_2{=}CHCOOCH_3 + C_4H_9OH \xrightarrow{TsOH} CH_2{=}CHCOOC_4H_9 + CH_3OH$$

酯交换反应是可逆反应，可以通过蒸馏除去沸点较低的低级醇促进反应向右移动。

3）酰胺

胺的醇解可以由酸碱催化，酸催化为不可逆反应，碱催化为可逆反应，但合成上没有太大用途。

$$RCONH_2 + R_1OH \underset{\text{或}NaOR_1}{\overset{H^+}{\rightleftharpoons}} RCOOR_1 + NH_3$$

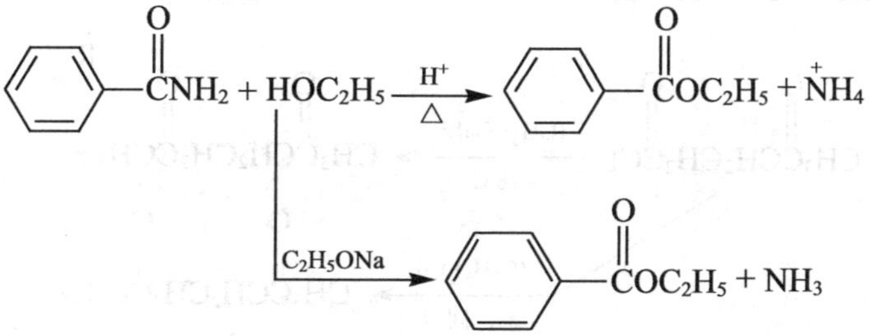

3. 羧酸衍生物的氨（胺）解

1）酰卤

酰卤与氨、一级胺、二级胺反应形成酰胺，这是羧酸通过酰卤合成酰胺的一个常用方法。

$$RCOCl + NH_3 \longrightarrow RCONH_2 + NH_4Cl$$

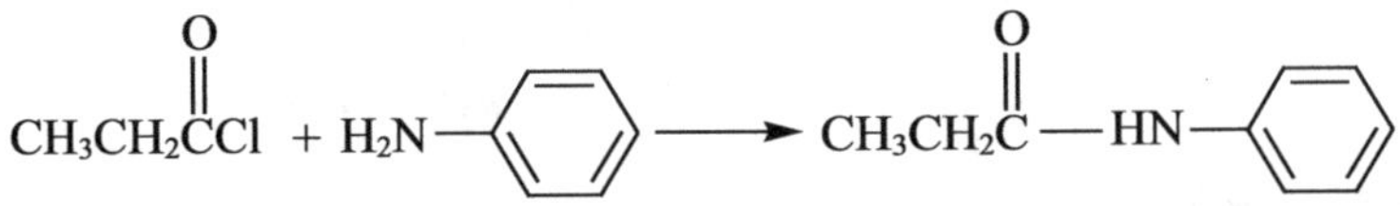

2）酸酐

酸酐与胺的反应得到酰胺，常用乙酸酐与胺反应，特别是芳香一级或二级胺的乙酰化保护氨基，可在中性条件或用少量酸或碱催化。

$$(RCO)_2O + NH_3 \longrightarrow RCONH_2 + RCOOH$$

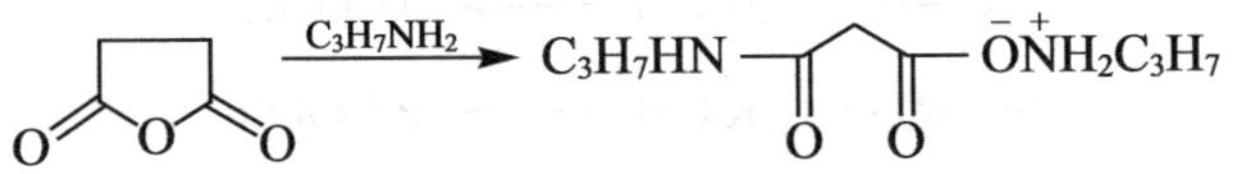

3）酯

酯可与氨或胺反应形成酰胺，也可以与氨的衍生物如肼、羟胺等反应生成酰肼、羟肟酸等。

$$RCOOR' + NH_3 \longrightarrow \underset{\text{酰胺}}{RCONH_2} + R'OH$$

$$RCOOC_2H_5 + NH_2NH_2 \longrightarrow \underset{\text{酰肼}}{RCONHNH_2} + C_2H_5OH$$

$$RCOOC_2H_5 + NH_2OH\cdot HCl \longrightarrow \underset{\text{羟肟酸}}{RCONHOH} + C_2H_5OH$$

羟肟酸与三氯化铁作用生成红色含铁的络合物，这是鉴定酯的一种很好方法。酰卤、酸酐也有类似的反应。

4. 与金属有机化合物的反应

羧酸衍生物可以与格氏试剂、烷基锂、二烷基铜锂等金属有机化合物反应，不同的羧酸衍生物的反应产物也有较大区别。

1）酰卤

酰卤与金属有机化合物的活性很高，与不同的金属有机化合物反应可得到醇或酮。与格氏试剂的反应一般得到叔醇，但如果酰卤过量也可得到酮。二烷基铜锂或二烷基铬与酰卤的反应则只能得到酮。

$$RC(=O)-Cl + R'MgX \longrightarrow RC(=O)-R' \xrightarrow[\text{②}H^+]{\text{①}R'MgX} RC(OH)(R')-R'$$

$$CH_3C(=O)CH_2CH_2C(=O)Cl \xrightarrow[-78^\circ C]{(CH_3)_2CuLi} CH_3C(=O)CH_2CH_2C(=O)CH_3$$

$$CH_3C(=O)CH_2CH_2C(=O)Cl \xrightarrow[\text{苯，回流}]{(C_2H_5)_2Cd} CH_3C(=O)CH_2CH_2C(=O)C_2H_5$$

2）酸酐

酸酐能与金属有机化合物反应，但消耗金属有机化合物较多，一般不用于合成。例如：

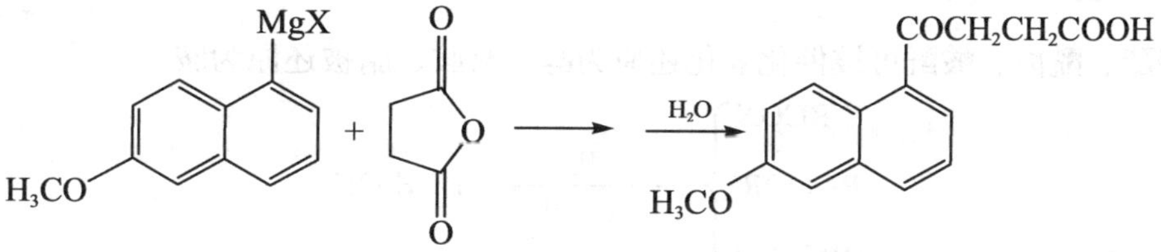

3）酯

酯可与 RMgX、RLi 反应，活性比酰卤、醛、酮低，用于制备醇（仲醇、叔醇），与 R_2CuLi、R_2Cd 不反应。

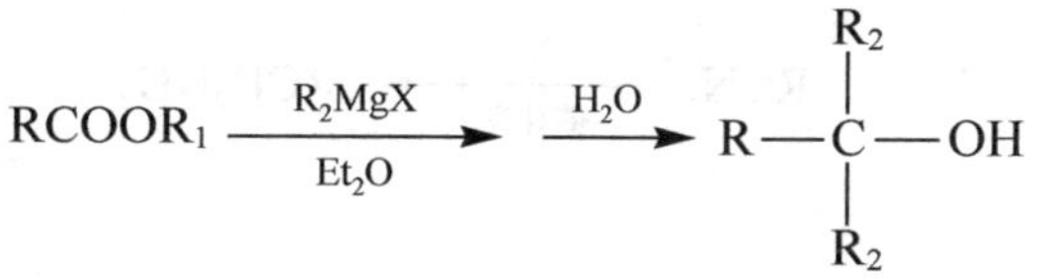

反应历程是格氏试剂首先与酯发生亲核加成反应得到酮，然后第二分子格氏试剂与生成的酮发生亲核加成反应得到叔醇。

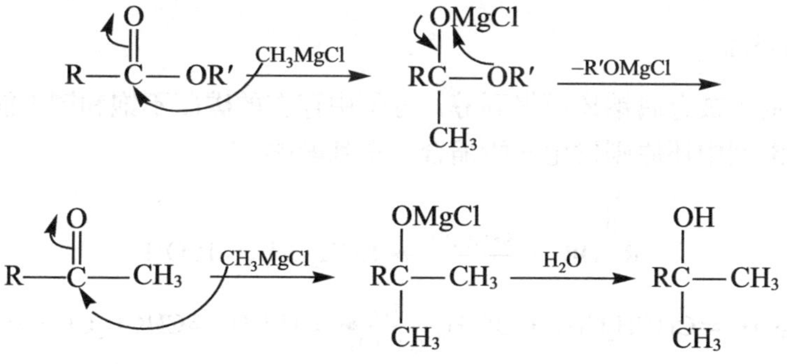

13.2.2　羧酸衍生物的还原

1. 氢化锂铝

酰卤、酸酐和酯可被氢化锂铝还原成伯醇。酰胺和腈被还原成胺。硼氢化钠只能还原酰卤。

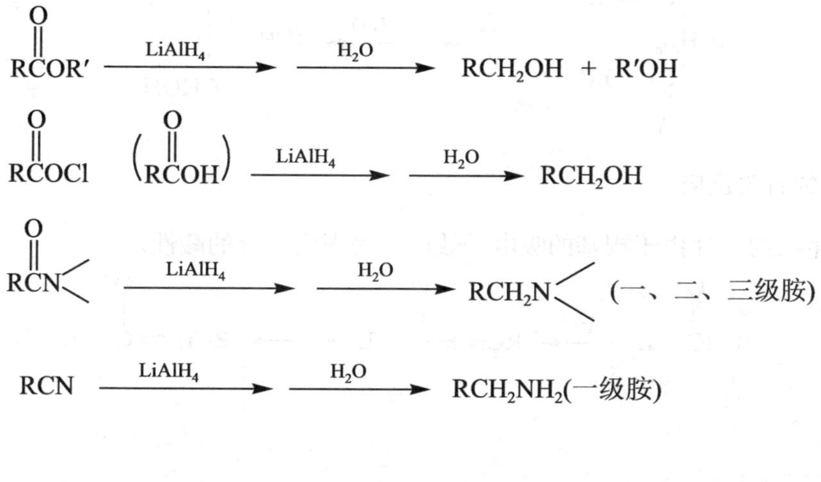

后两个反应也是制备胺的重要方法。

2. 催化氢化

羧酸酯、酰卤、酸酐可被催化氢化还原为醇，酰胺、腈被还原为胺。

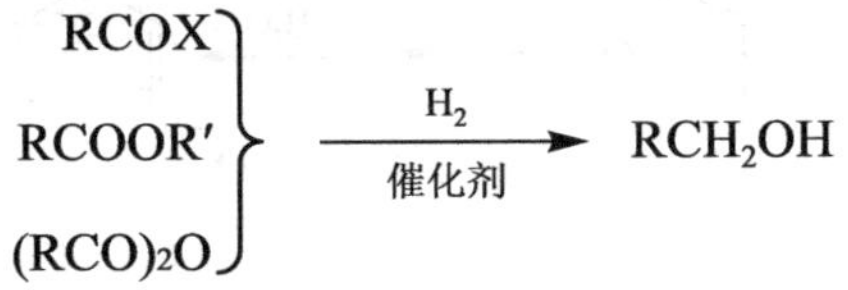

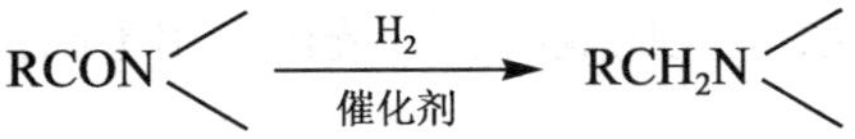

$$RCN \xrightarrow[\text{催化剂}]{H_2} RCH_2NH_2$$

3. 罗森孟德还原

酰氯在吸附在硫酸钡上的钯的催化下可以被氢气还原为醛，这是制备醛的方法之一。

$$RCOCl \xrightarrow{Pd\text{-}BaSO_4,H_2} RCHO$$

4. 金属钠的还原

酯在乙醇溶剂中被金属钠还原得到醇，分子中存在的碳碳不饱和键不能被金属钠还原。在甲苯、二甲苯溶剂中还原则发生醇酮缩合，得到醇酮。

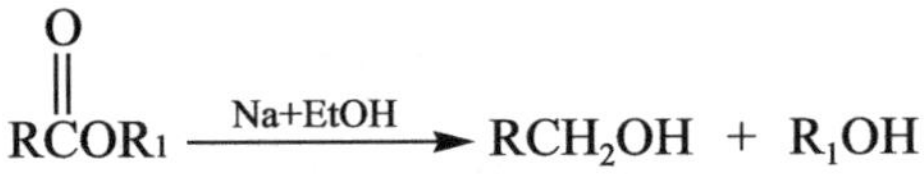

$$CH_3CH{=}CHCH_2CH_2COOC_2H_5 \xrightarrow[C_2H_5OH]{Na} CH_3CH{=}CHCH_2CH_2CH_2OH$$

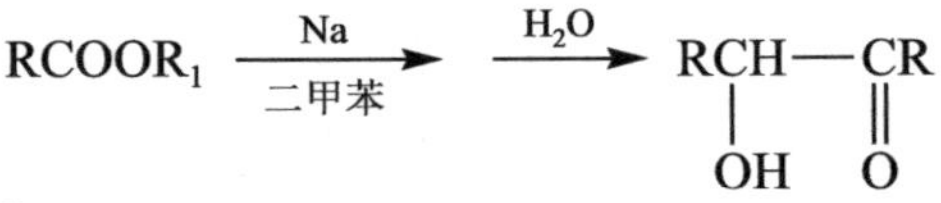

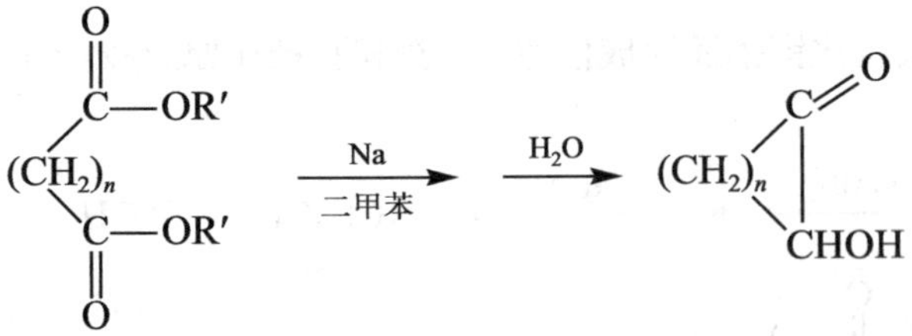

13.2.3 *α*-H 的有关反应

羧酸衍生物的 α-H 由于羰基的吸电子效应，表现出一定的酸性。

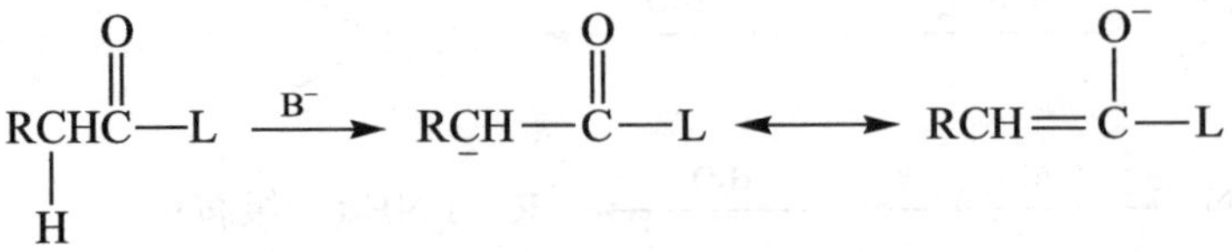

几种常见的具有酸性 α-H 的化合物的 pK_a 值如下：

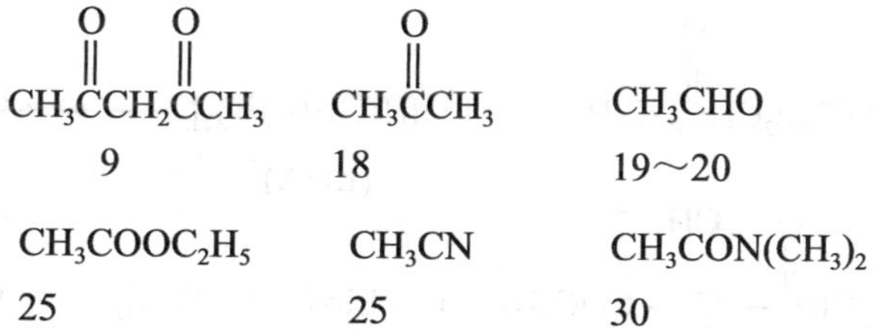

由上可知，酯、腈、酰胺中 α-H 都具有一定的酸性，在强碱的作用下可以失去一个氢变为碳负离子，因此具有亲核性。由 α-H 酸性导致的羧酸衍生物的反应主要有酯的缩合反应和 α-H 的取代反应。

1. 酯的缩合反应

有 α-H 的酯在强碱（一般用乙醇钠）的作用下与另一分子酯发生缩合反应，失去一分子醇生成 β-羰基酯的反应称为酯缩合反应。酯缩合可以分为分子间的酯缩合[克莱森（Claisen）缩合]和分子内的酯缩合[迪克曼（Dickmann）缩合]。

分子间的酯缩合包括两个相同酯分子的缩合和不同酯分子间的缩合，分别表述如下。

含有两个 α-H 的相同酯分子缩合：

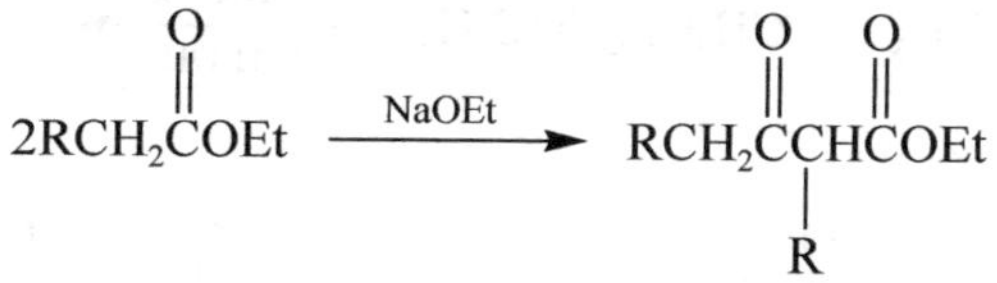

例如，乙酸乙酯缩合生成乙酰乙酸乙酯的反应：

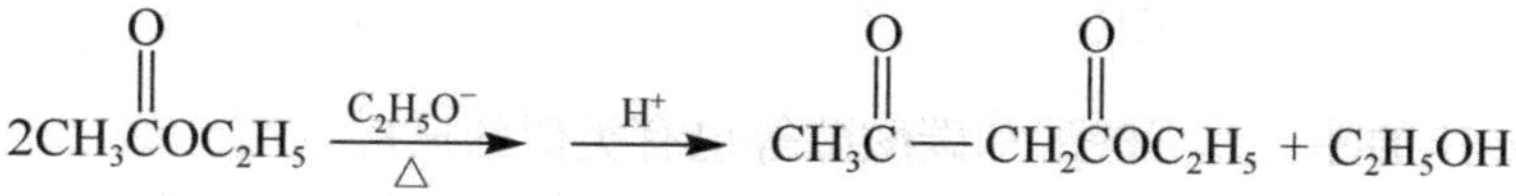

反应历程：

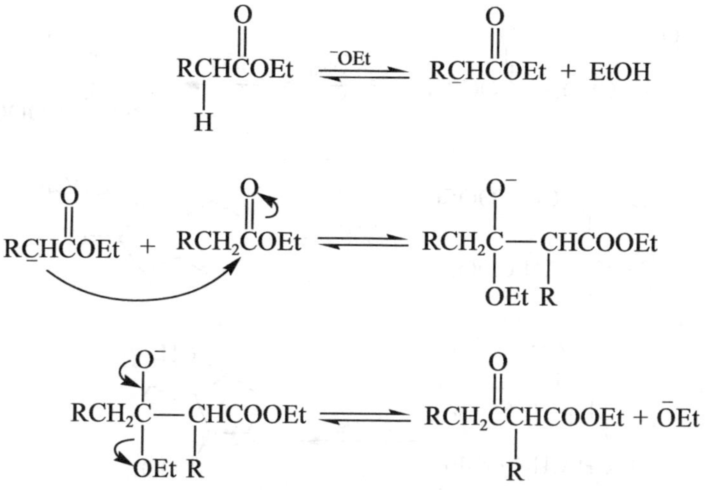

含有一个 α-H 的酯缩合：

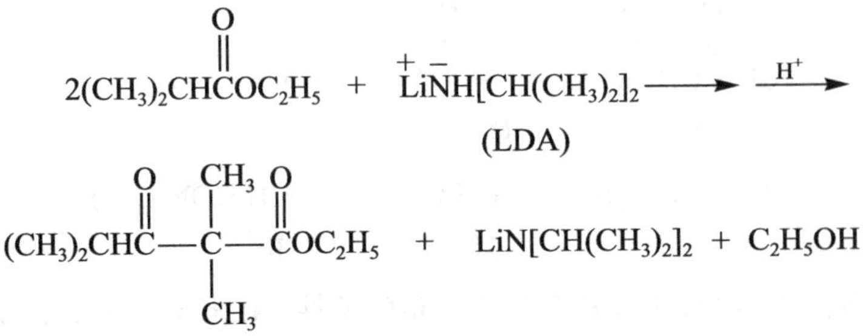

用其他强碱也可催化该反应，如 NaH、Ph_3CLi、$NaNH_2$ 等。

不同酯分子之间缩合得到的产物与羟醛缩合类似，产物为混合物，但当其中一个酯分子没有 α-H 时，缩合反应具有合成价值。例如：

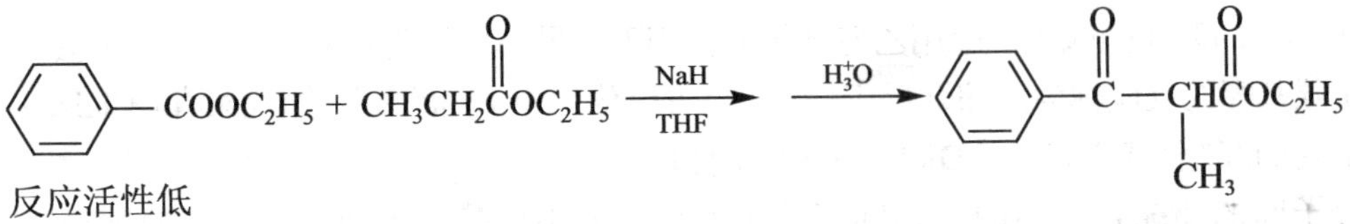

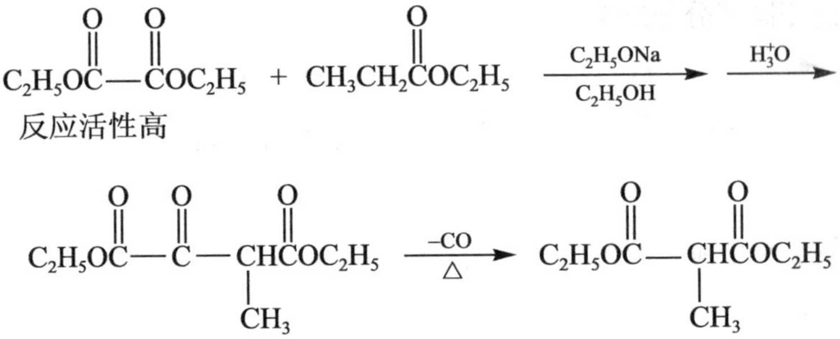

其他没有 α-H 的酯，如甲酸酯和碳酸酯等也有类似的反应。

分子内的酯缩合（迪克曼）反应是指一个分子中具有两个酯基，酯基之间至少相隔四个以上的—CH_2—，在强碱的作用下发生的酯缩合反应，通常用于合成五元环、六元环。例如：

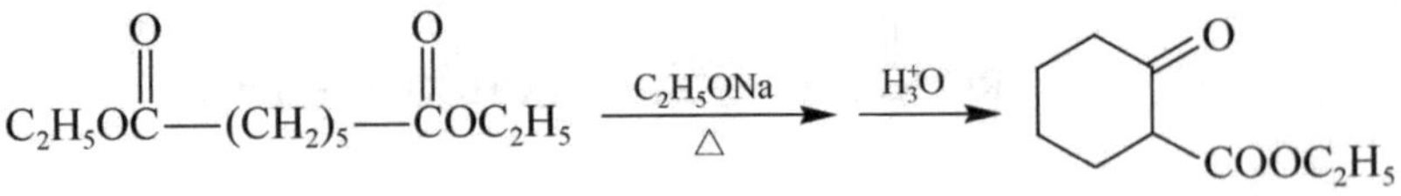

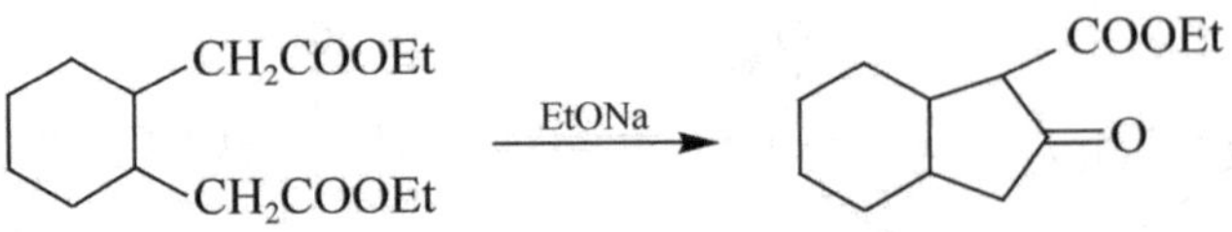

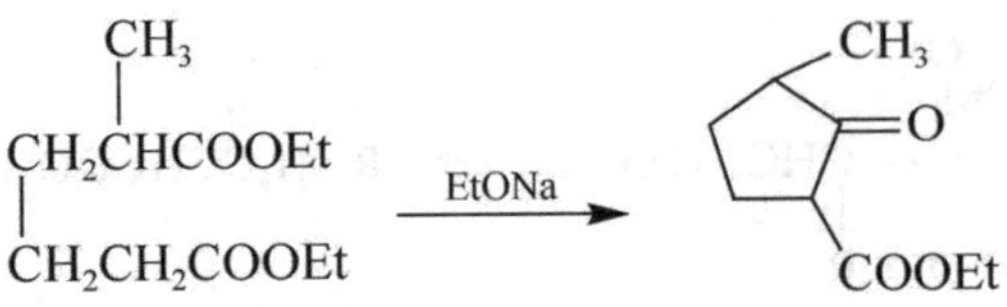

2. α-H 的取代反应

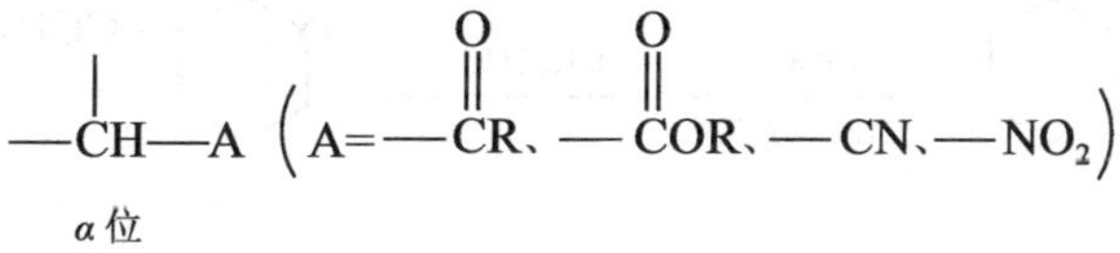

具有酸性α-H的化合物（如酮、酯、腈和硝基化合物等）可与强碱作用生成碳负离子，因而具有强亲核性，与卤代烃、酰卤等化合物发生烷基化和酰基化等亲核取代反应。

烷基化：

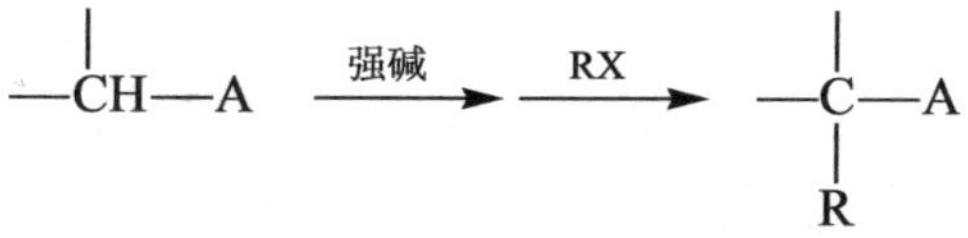

强碱：$NaNH_2$、LDA、Ph_3CNa、NaH、BuLi
RX：一级、烯丙型、苯甲型

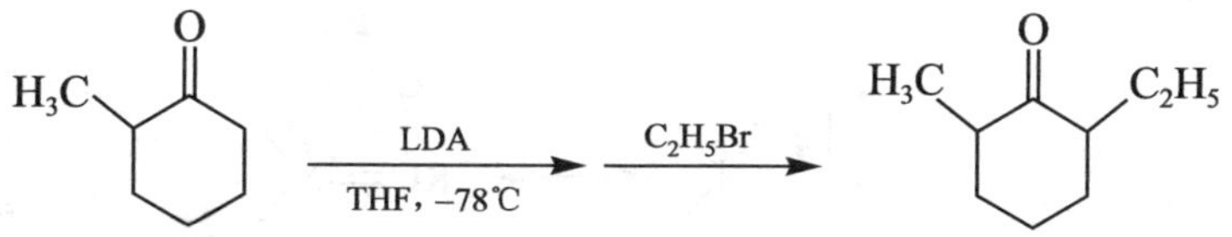

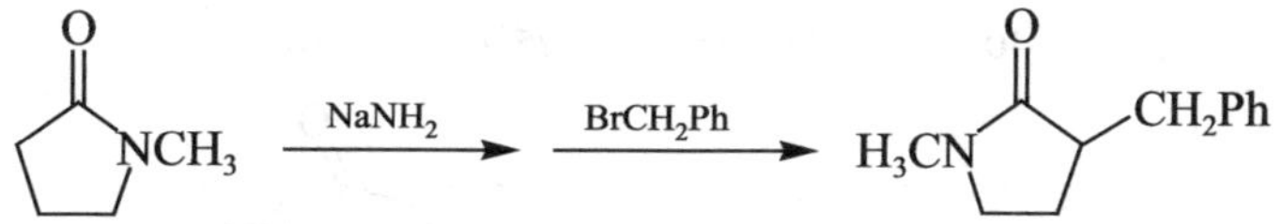

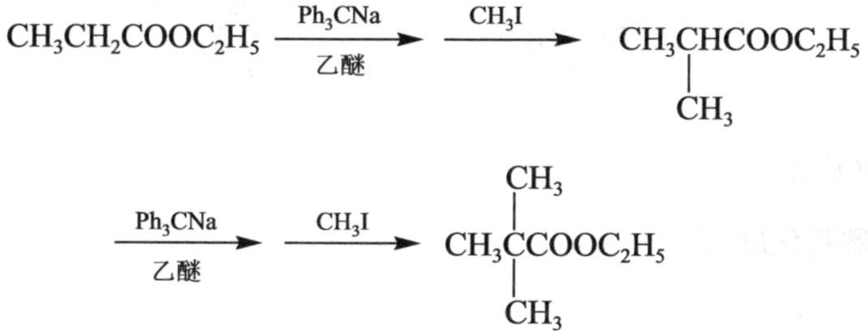

酰基化：

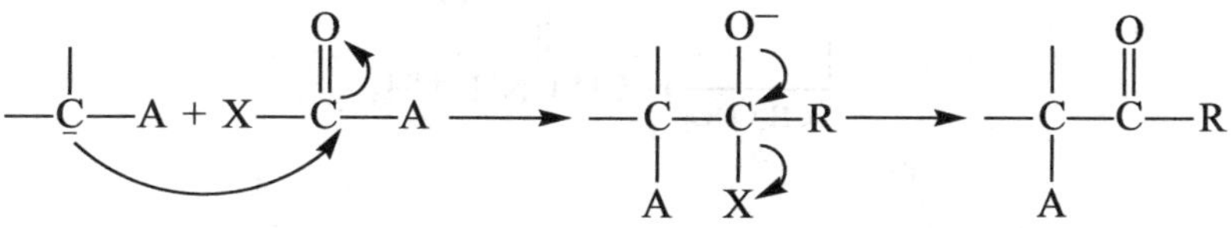

X：卤素、烷氧基、羧基等

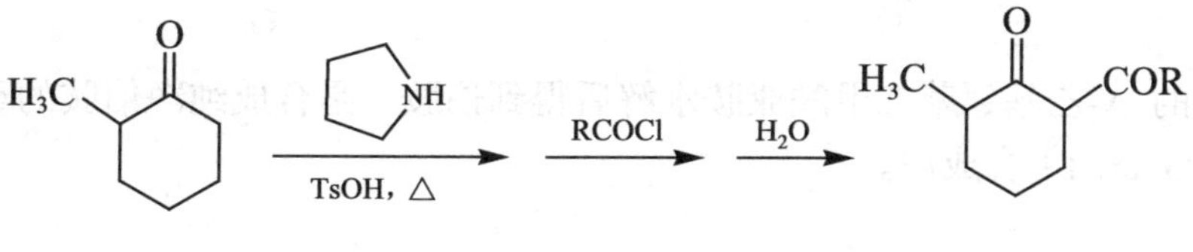

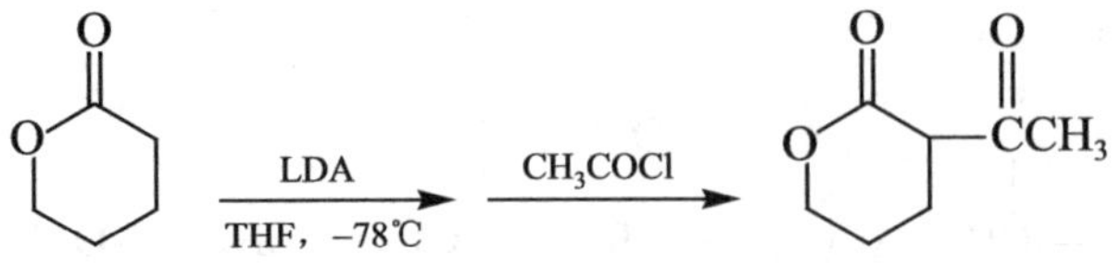

13.2.4　酰胺的特征反应

1. 酰胺的酸碱性

酰胺氮原子具有弱碱性，由于其孤对电子与羰基共轭，因此碱性比氨和胺弱得多。另外，在强碱的作用下，氮原子上的氢也能表现出一定的酸性。由于碱性很弱，与强酸生成的盐不稳定，遇水即分解。

	$CH_3—CH_3$	$CH_2=CH_2$	NH_3	$CH\equiv CH$	C_2H_5OH	H_2O	CH_3CONH_2
pK_a	50	40	34～35	25	16		15.7～15.1

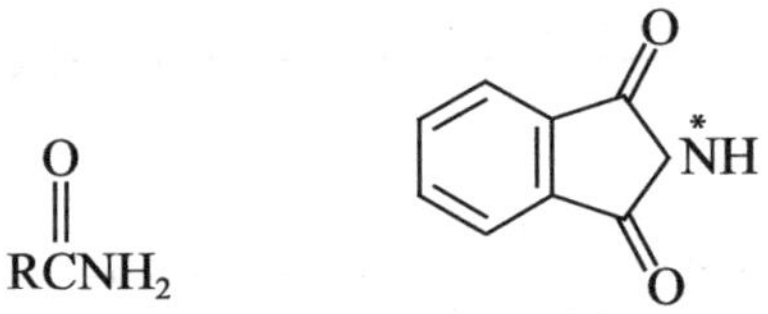

pK_a　　17　　6.3

2. 酰胺的特征反应

1）烷基化和酰基化反应

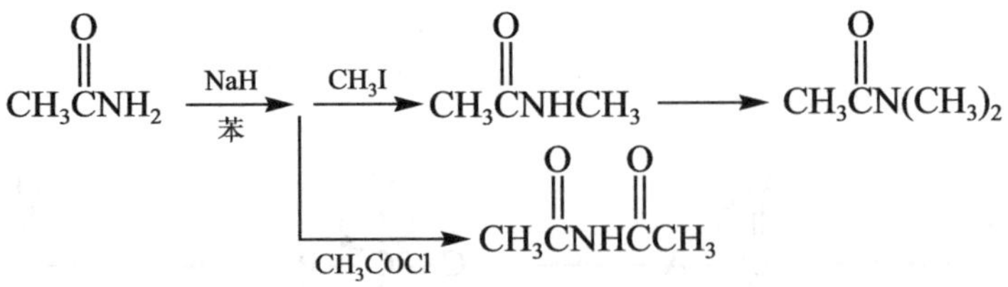

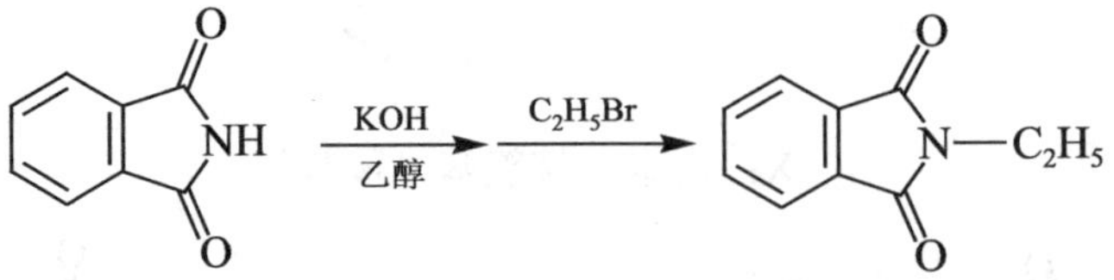

反应生成的 *N*-乙基邻苯二甲酰亚胺水解后得到伯胺，是合成纯净伯胺的重要方法，称为盖布瑞尔（Gabriel）合成法。

2）脱水反应

酰胺在脱水剂（如 P_2O_5）的作用下脱水生成腈，是制备腈的方法之一。

$$RCONH_2 \xrightarrow{P_2O_5} RCN$$

例如：

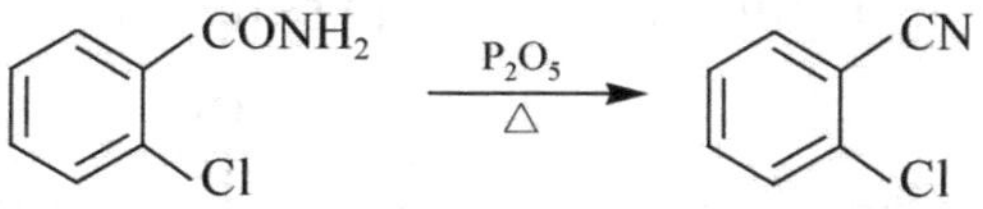

3）霍夫曼降解反应

酰胺与卤素的碱溶液（或次卤酸钠）反应，产物是少一个碳原子的伯胺。

$$RCONH_2 \xrightarrow[\text{或NaOH}]{X_2+NaOH} RNH_2$$

$$CH_3(CH_2)_4CONH_2 \xrightarrow[NaOH/H_2O]{Br_2} CH_3(CH_2)_4NH_2$$

反应历程：

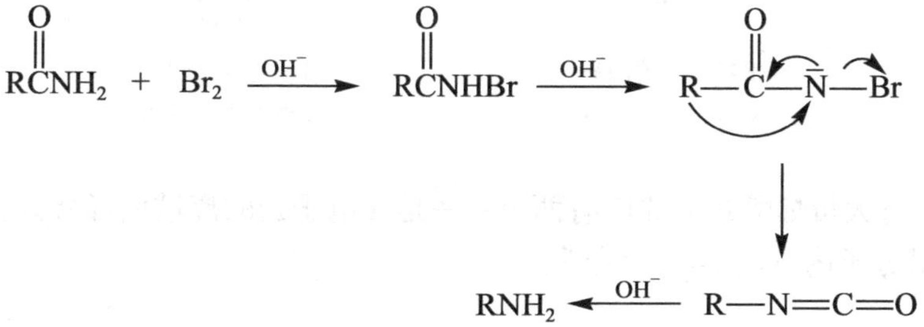

该方法是制备比酰胺少一个碳原子伯胺的重要方法。

13.3　乙酰乙酸乙酯和丙二酸酯在有机合成中的应用

扫一扫　13-3　乙酰乙酸乙酯和丙二酸酯

13.3.1　互变异构现象

互变异构（tautomerism）是一类特殊的同分异构现象。其特点是含有杂原子（如氮、氧或硫）的两个同分异构体，其结构差异仅在于质子和相应双键的迁移，且这两个异构体共存于一个平衡体系中，以相当高的速率互相变换，相应的异构体称为互变异构体。大多数互变异构都涉及氢原子或质子的转移，以及单键向双键的转变。互变异构体在平衡中的分布与具体的条件有关，包括温度、溶剂和 pH 等。酮式-烯醇式互变异构是较普遍的现象，它可以被酸或碱催化。凡含有 α-H 的羰基化合物都有酮式-烯醇式互变异构。酮式与烯醇式的比例与其分子构造及介质等有关。在醛或酮中也有酮式-烯醇式互变异构平衡存在，羰基的 α-H 作为质子转移，不过在平衡混合物中，烯醇式所占的比例太小。例如：

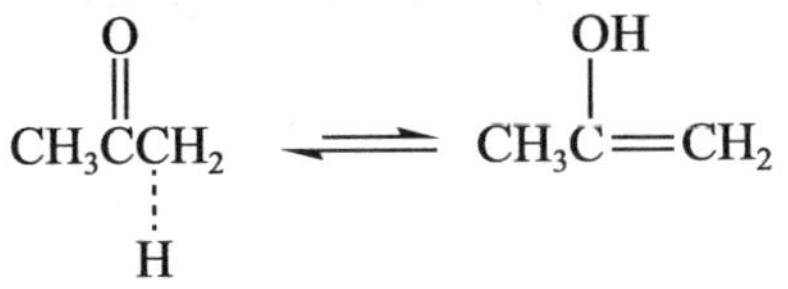

(～100%)　　(2.5×10⁻⁴%)

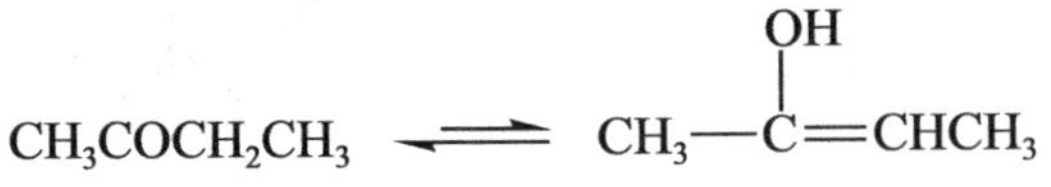

(99.88%)　　(0.12%)

在 1, 3-二羰基化合物中，烯醇式的比例大大增加。例如，戊-2, 4-二酮（乙酰丙酮）的水溶液中含 16%的烯醇，而其己烷溶液中，烯醇式占 92%。

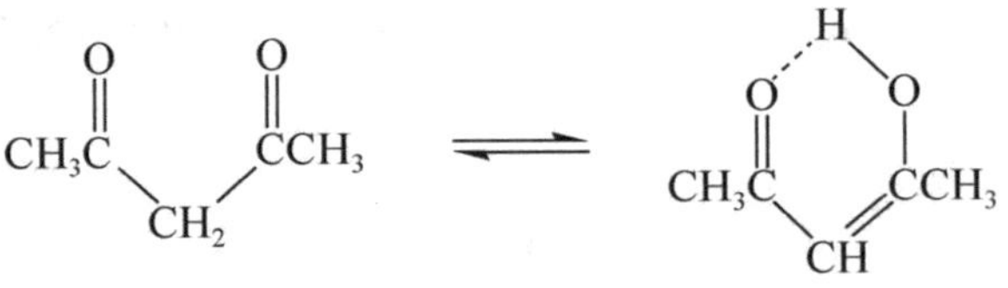

84%(水溶液)　　16%(水溶液)
8%(己烷溶液)　　92%(己烷溶液)

1, 3-二酮含有大量烯醇式的原因有两个：一是 π 电子云的离域使烯醇式比较稳定；二是生成的烯醇能借分子内氢键形成六元环。

13.3.2　乙酰乙酸乙酯

乙酰乙酸乙酯是一种重要的有机合成原料，在医药上用于合成氨基吡啉、维生素 B 等，也用于偶氮黄色染料的制备，还用于调和苹果香精及其他果香香精。在农药生产上用于合成有机磷杀虫剂蝇毒磷的中间体，α-氯代乙酰乙酸乙酯、嘧啶氧磷的中间体，杀菌剂恶霉灵，除草剂咪唑乙烟酸，杀鼠剂杀鼠醚、杀鼠灵等，也是杀菌剂新品种嘧菌环胺、氟嘧菌胺、呋吡菌胺及植物生长调节剂杀雄啉的中间体。此外，乙酰乙酸乙酯也广泛用于医药、塑料、染料、香料、清漆及添加剂等行业。

乙酰乙酸乙酯（$CH_3COCH_2COOC_2H_5$）是 β-酮酸——乙酰乙酸的酯。它不同于 β-酮酸，比较稳定。乙酰乙酸乙酯是无色有香味的液体，沸点 180.4℃，微溶于水，易溶于乙醇、乙醚及大多数有机溶剂。

乙酰乙酸乙酯具有酮和羧酸酯的基本性质，能与 HCN、$NaHSO_3$、羟胺及苯肼反应，用稀 NaOH 水解为乙酰乙酸和乙醇。此外，乙酰乙酸乙酯能使溴溶液褪色，与金属钠作用放出氢气，与 $FeCl_3$ 反应呈紫红色。这些性质表明乙酰乙酸乙酯还应具有烯醇式的构造。

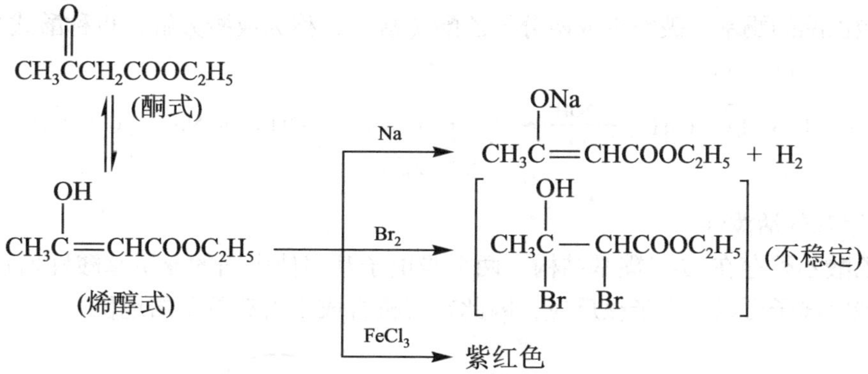

实际上，乙酰乙酸乙酯是其酮式构造与烯醇式构造的平衡混合物。在水溶液中，酮式占优势。若将此平衡混合物溶解在石油醚中，冷却至−78℃可以得到酮式的晶体。若将平衡混合物与金属钠反应生成烯醇钠，在−78℃可以得到烯醇式的晶体。但是，将酮式的晶体或烯醇式的油状液放置一定时间，或用适当溶剂溶解后再放置，都将成为酮式与烯醇式的平衡混合物。

乙酰乙酸乙酯的酮式与烯醇式是互变异构体，属于构造异构体，二者的差别仅在于一个双键及一个质子的位置不同。在酮式中是 C═O 键，质子连在羧酸酯基的 *α*-碳上；在烯醇式中是 C═C 键，质子连在羧酸酯基的 *β*-碳所连的羟基中。酮式与烯醇式之间很容易相互转化，只要有痕量的酸或碱，甚至玻璃容器的器壁，都能促其转变，建立平衡。

乙酰乙酸乙酯的烯醇式也能形成分子内氢键，同时与羧酸酯基中的羰基形成共轭体系，因而也有较多的烯醇式。由于酮基对 *α*-H 的作用强于羧酸酯基中的羰基，因此 *α*-H 移向酮基而不移向羧酸酯基。

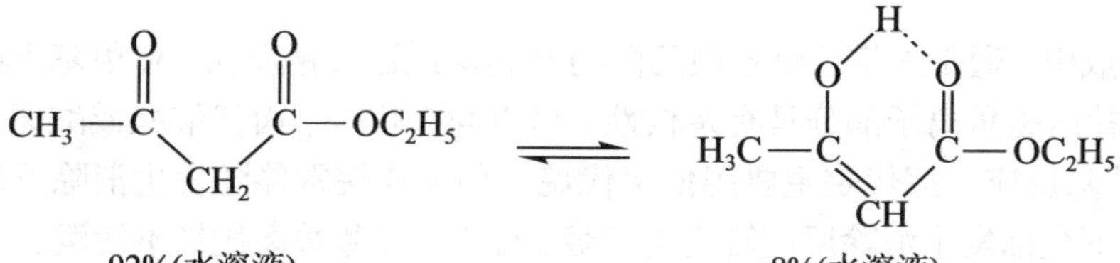

1. 乙酰乙酸乙酯的性质

1）酮式分解

乙酰乙酸乙酯在稀碱（5% NaOH）或稀酸中加热，可以分解脱羧生成丙酮，称为成酮分解，也称酮式分解。

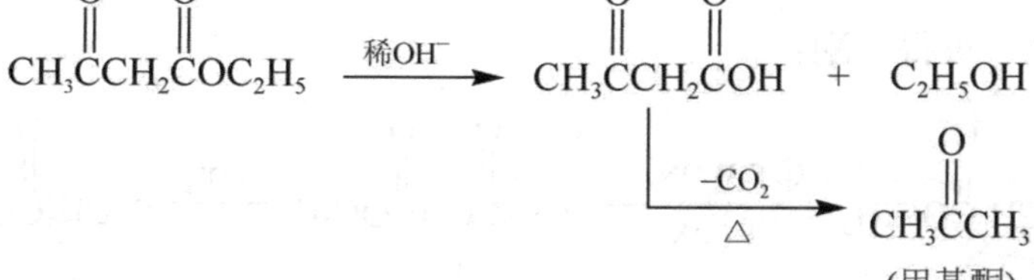

2）酸式分解

乙酰乙酸乙酯在浓碱（40% NaOH）中加热，因为 OH^- 浓度高，除和酯作用外，还可以使乙酰乙酸乙酯的酮基处破裂生成两分子乙酸（盐），称为成酸分解，也称酸式分解。

3）亚甲基的活泼性

乙酰乙酸乙酯存在 β-二羰基结构，两个吸电子基团使中间的亚甲基酸性增强，与碱作用生成的碳负离子可以发生亲核反应，因此在有机合成中占有重要的地位。

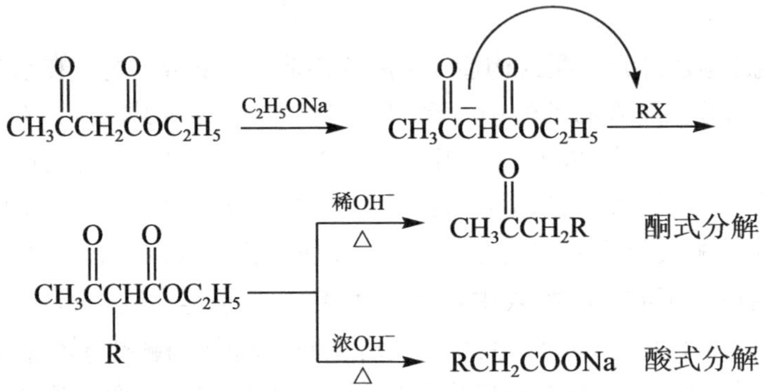

由于酸式分解时往往伴随着一些酮式分解，因此在合成反应中一般不用酸式分解合成羧酸，而主要利用酮式分解制备甲基酮。

2. 乙酰乙酸乙酯在有机合成中的应用

在有机合成中，通常先将乙酰乙酸乙酯与金属钠或乙醇钠反应，亚甲基上的氢被钠取代生成钠盐，此盐的碳负离子部分具有亲核性，可以与卤代烷、卤代酸酯或酰卤发生亲核取代或亲核加成-消除反应。卤代烷主要用伯卤代烷，仲卤代烷常伴随发生消除反应，叔卤代烷在此强碱条件下全部发生消除反应转变为烯烃，乙烯式和芳香卤代烃不活泼，不发生此反应。烷基、酯基或酰基引入乙酰乙酸乙酯的亚甲基上，再经过酮式分解就可以得到不同结构的甲基酮、二酮或酮酸。

用卤代烃作试剂，可得甲基酮：

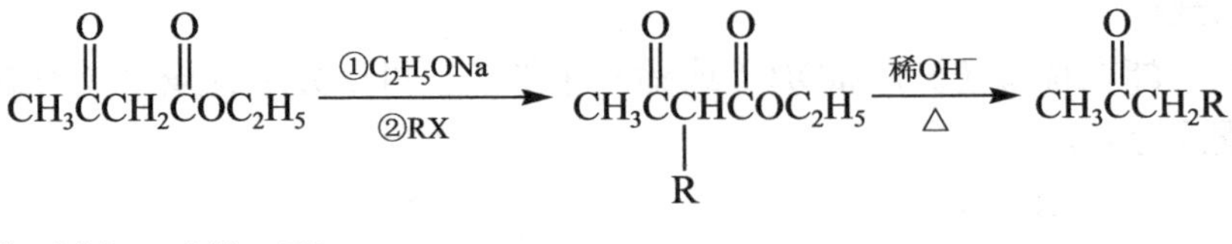

用酰卤作试剂，可得二酮：

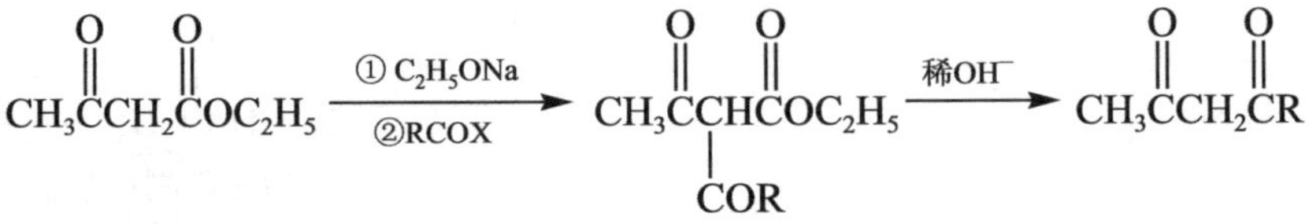

用卤代酸酯作试剂，可得酮酸：

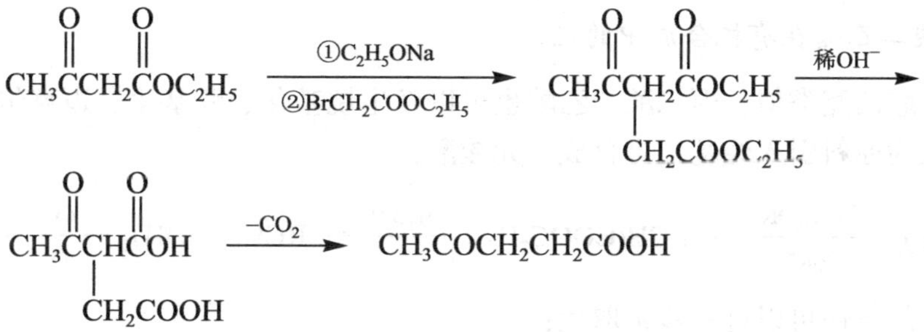

乙酰乙酸乙酯活泼亚甲基上的两个氢都可以被取代，从而生成二取代产物。下面以二取代烃基的合成为例进行说明。

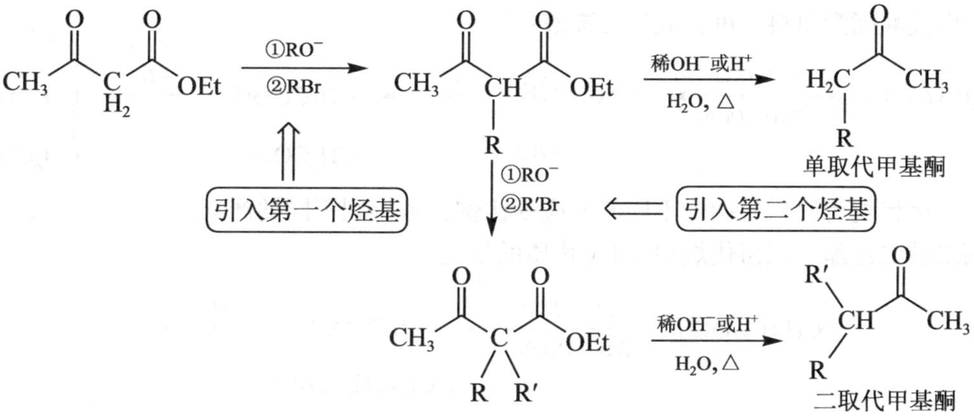

13.3.3 丙二酸二乙酯

丙二酸二乙酯（DEM）是丙二酸的二乙醇酯，为无色有苹果味的液体，天然存在于葡萄和草莓中。与乙酰乙酸乙酯类似，都属于 β-二羰基化合物，用作有机合成和药物合成的中间体，可以合成巴比妥酸、维生素 B_1、维生素 B_6 和人工香料等。

1. 制备

丙二酸二乙酯可由一氯乙酸合成，合成反应如下：

2. 性质

丙二酸二乙酯在酸性或碱性条件下发生水解生成丙二酸，该二元酸不稳定，加热易脱羧生成一元酸——乙酸。

$$CH_2(COOC_2H_5)_2 \xrightarrow[H^+或OH^-]{H_2O} CH_2(COOH)_2 \xrightarrow[\triangle]{-CO_2} CH_3COOH$$

丙二酸二乙酯与乙酰乙酸乙酯类似，位于两个酯基中间的亚甲基上的氢也可被钠取代，作为亲核试剂使用。

$$CH_2(COOC_2H_5)_2 \xrightarrow{C_2H_5ONa} \overset{-}{C}H(COOC_2H_5)_2$$

3. 丙二酸二乙酯在有机合成中的应用

与乙酰乙酸乙酯类似，丙二酸二乙酯也可以发生烷基化、酰基化、迈克尔加成等反应。以卤代烃为原料引入烃基，可合成一元羧酸：

$$CH_2(COOC_2H_5)_2 \xrightarrow[②RX]{①C_2H_5ONa} RCH(COOC_2H_5)_2 \xrightarrow{H_2O,H^+} RCH(COOH)_2 \xrightarrow[\triangle]{-CO_2} RCH_2COOH$$

亚甲基上的氢还可以进一步被取代：

$$RCH(COOC_2H_5)_2 \xrightarrow[②\ RX]{①C_2H_5ONa} R_2C(COOC_2H_5)_2 \xrightarrow{H_2O,\ H^+} R_2C(COOH)_2 \xrightarrow[\triangle]{-CO_2} R_2CHCOOH$$

以卤代酸酯为原料，可合成二元羧酸：

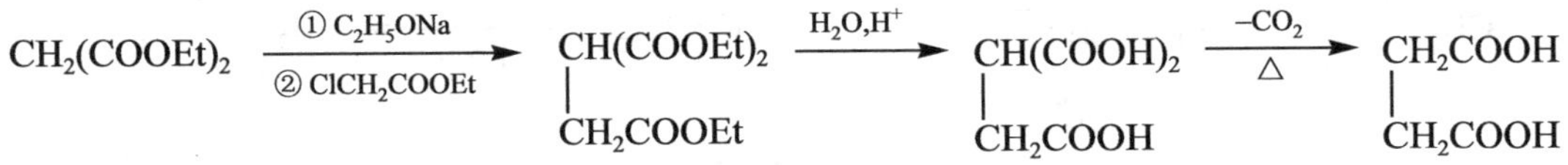

以二卤代烷为原料，调配不同的反应物比例，可得到不同的产物。

丙二酸二乙酯：二卤代烷=1：1（物质的量比）：

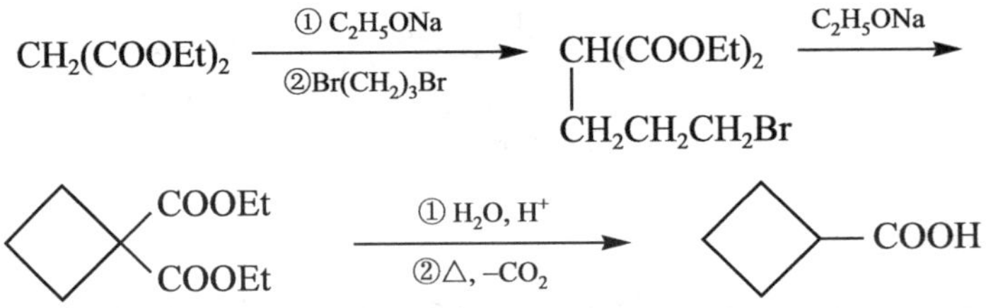

丙二酸二乙酯：二卤代烷=2：1（物质的量比）：

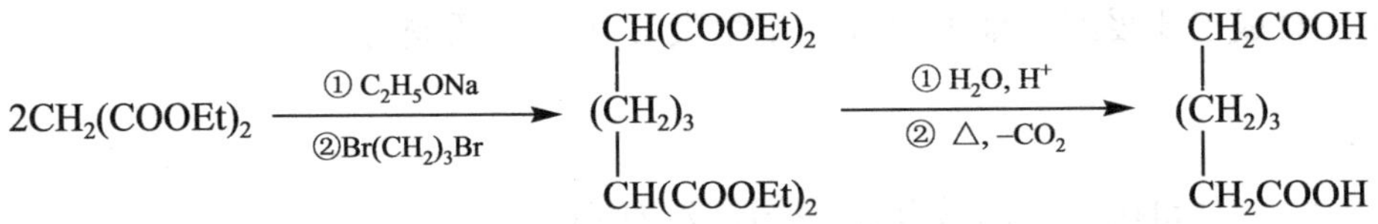

合成螺环化合物：

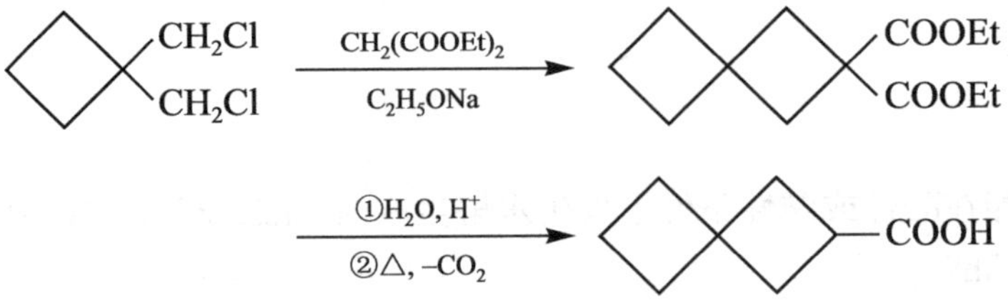

乙酰乙酸乙酯和丙二酸二乙酯不仅在碱性条件下可以与卤代烃发生亲核取代反应，其生成的碳负离子还可以作为亲核试剂与羰基发生亲核加成反应，如诺文葛尔（Knoevenagel）缩合反应和迈克尔加成反应。

诺文葛尔缩合反应是在弱碱（六氢吡啶、乙二胺等）催化下，含有活性亚甲基的化合物与醛或酮发生类似羟醛缩合的反应。

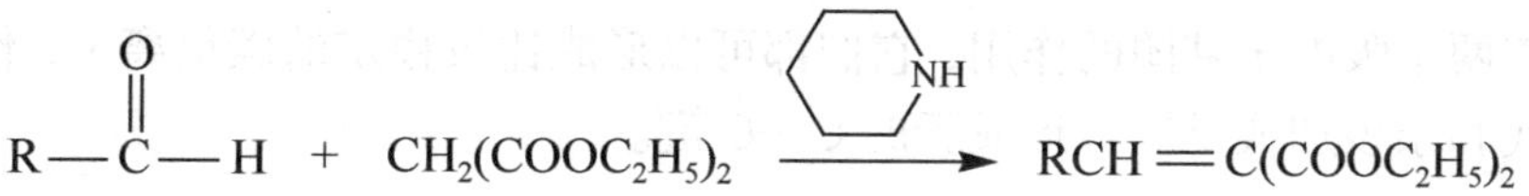

反应历程：

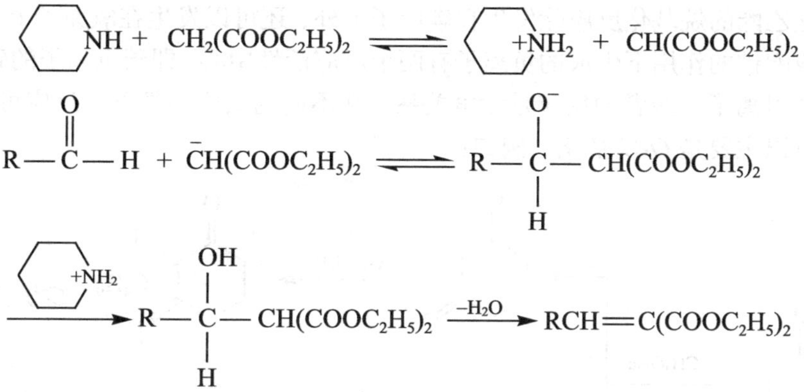

迈克尔反应是含活性亚甲基的化合物在碱性条件下与 α, β-不饱和醛、酮或酯进行的共轭加成反应。

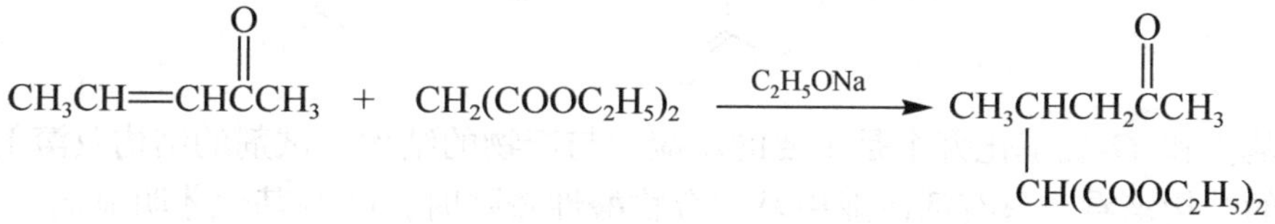

反应历程：

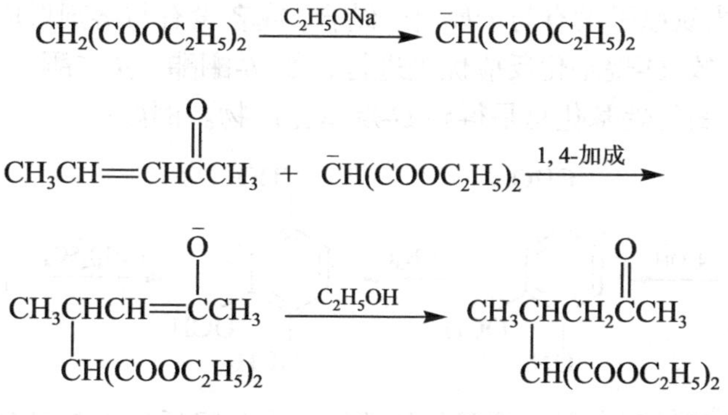

从上面的例子可以看出，与两个吸电子基团（如硝基、氰基、羰基、酯基等）相连的亚甲基都是活性亚甲基。例如：

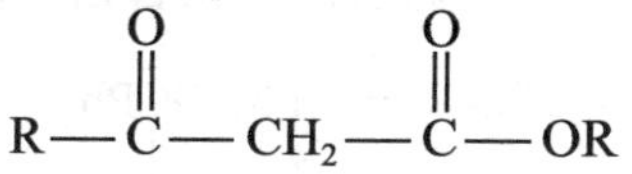

β-羰基酸酯

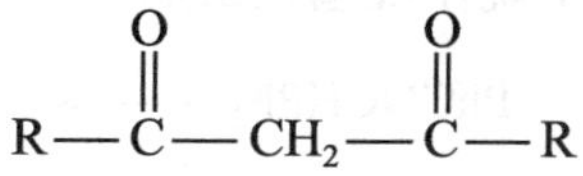

β-二酮

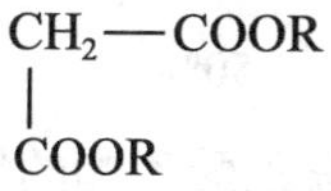

丙二酸酯

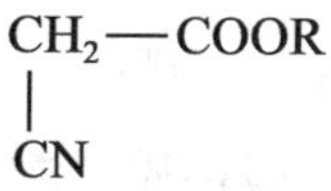

氰基乙酸酯

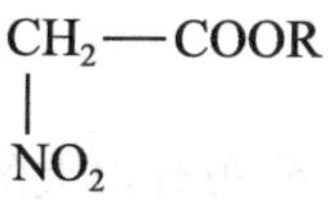

硝基乙酸酯

因为相邻两个吸电子基团的作用，它们都可以形成比较稳定的碳负离子，作为亲核试剂发生亲核取代和亲核加成反应，形成新的 C—C 键。

13.3.4　*C*-烷基化和 *O*-烷基化

乙酰乙酸乙酯的烷基化反应除发生在碳原子上外，还可以发生在氧原子上。因为乙酰乙酸乙酯在钠或醇钠的作用下生成的负离子有两个反应活性中心，即碳负离子的碳和烯醇负离子的氧，是两可离子，两者的反应是竞争关系。在不同的反应条件下，反应可以主要是 *C*-烷基化，也可以主要是 *O*-烷基化。例如：

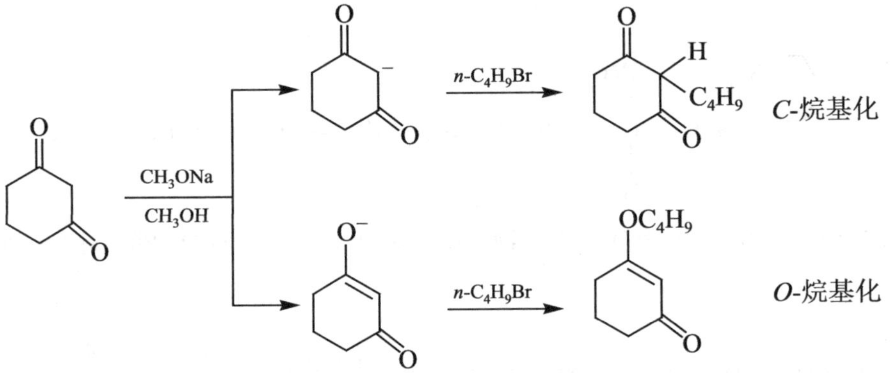

C-烷基化和 *O*-烷基化哪个是主要的反应，与产物的结构、试剂的结构及溶剂等有关。从反应物的结构来看，只有活泼亚甲基化合物酸性较强时，*O*-烷基化才明显地与 *C*-烷基化相比较。实验表明，如果选择的反应条件允许存在最大的游离烯醇负离子，则这种趋势进一步加强。也就是说，当氧原子没有与金属离子结合，或者没有与溶剂形成氢键而受到屏蔽时，它的高负电性必然导致 *O*-烷基化反应优先进行，如 β-酮酯、β-二酮、酚等。酚的负离子就是烯醇负离子，因此酚的烷基化总是得到 *O*-烷基化产物。例如：

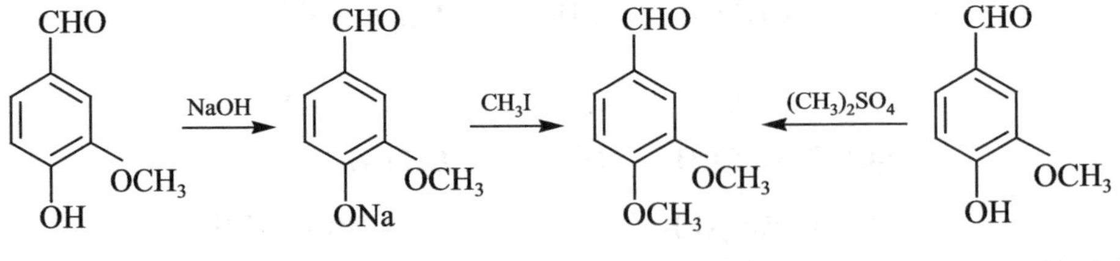

当烷基化试剂的活性很高时，烷基化的选择性大为降低，*O*-烷基化和 *C*-烷基化产物的比例大致接近。例如，二苯基苯乙酮以 CH_3I 为烷基化试剂进行烷基化，*C*-烷基化产物为 96%，改用高活性的重氮甲烷作烷基化试剂，*C*-烷基化和 *O*-烷基化产物各占 50%。

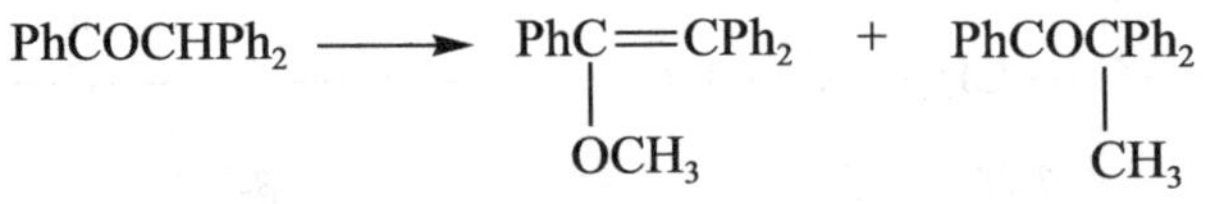

CH_3I	4%	96%
CH_2N_2	50%	50%

溶剂对产物的分布有很大的影响。在极性质子溶剂中乙酰乙酸乙酯的烷基化反应主要发

生在碳原子上。这是因为氧原子的电负性大于碳原子，氧原子上的负电荷较多，更容易与质子溶剂相互作用，从而使氧原子强烈地被溶剂化，*O*-烷基化的活性降低。

但在极性非质子溶剂中，*O*-烷基化较容易发生。*N*, *N*-二甲基甲酰胺（DMF）、二甲基亚砜（DMSO）、六甲基磷酰胺（HMPA）等是常见的极性非质子溶剂。它们与极性质子溶剂不同，都具有很强的极性，但不易放出质子。

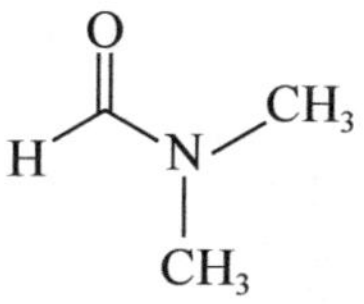
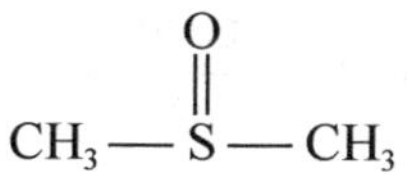
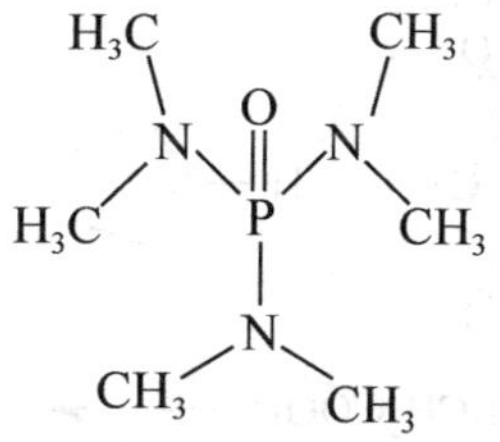

例如，*N*, *N*-二甲基甲酰胺的结构中，带负电荷的氧暴露在外，可以将正离子溶剂化，而带部分负电荷的氮在甲基的掩护下不易与外界发生作用，因此不能将负离子溶剂化。也就是说，在极性非质子溶剂中，带正电荷的金属离子（如 Na^+）发生强烈的溶剂化作用，而氧负离子不被溶剂化，呈裸露状态，成为反应的活性中心，使 *O*-烷基化容易发生。

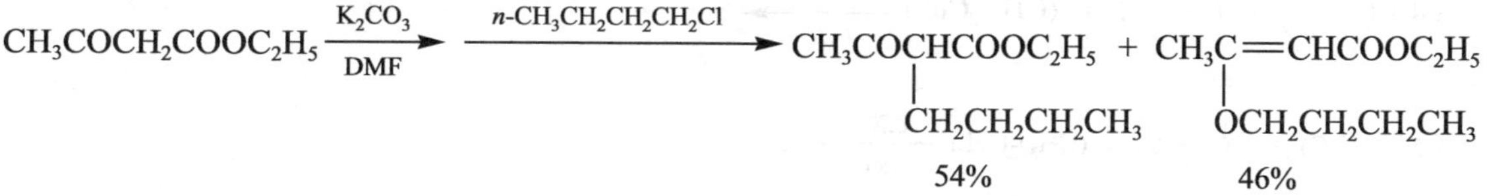

扫一扫　13-4　羧酸衍生物拓展阅读资料

习　题

1. 命名下列化合物。

（1）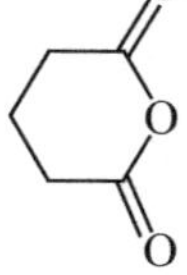

（2）$ClCH_2CH_2COOC_6H_5$

（3）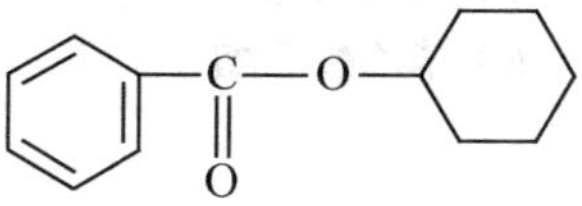

（4）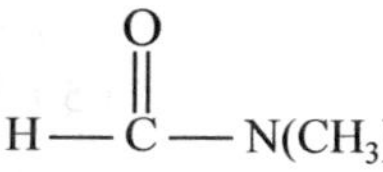

（5）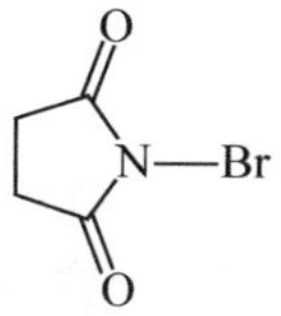

（6）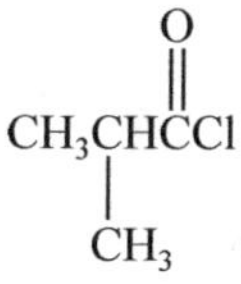

（7）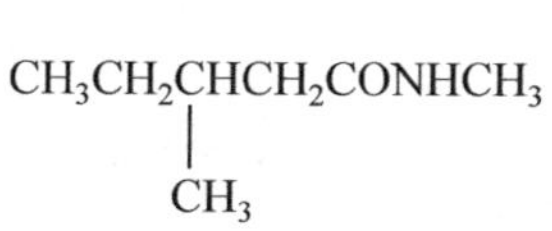

（8）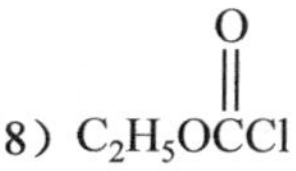

2. 用化学方法区别下列各组化合物。

（1）$CH_3CHClCOOH$ 和 CH_3CH_2COCl　　（2）丙酸乙酯和丙酰胺

（3）$CH_3COOC_2H_5$ 和 CH_3OCH_2COOH　　（4）CH_3COONH_4 和 CH_3CONH_2

（5）$(CH_3CO)_2O$ 和 $CH_3COOC_2H_5$　　（6）乙酸、乙酰氯、乙酸乙酯、乙酰胺

3. 完成下列反应式。

（1）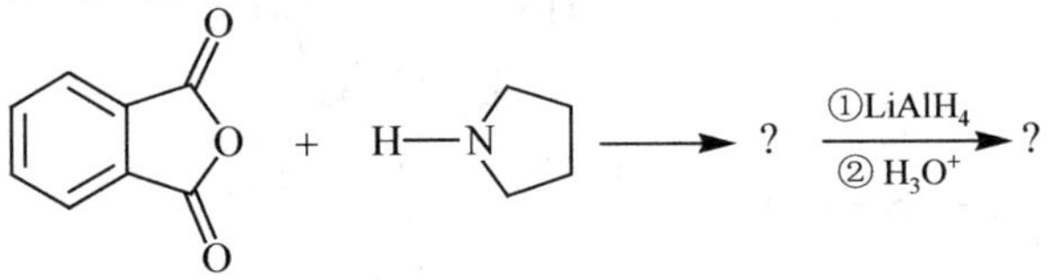

（2）$HOCH_2CH_2CH_2COOH \xrightarrow{\triangle} ? \xrightarrow{Na,\ C_2H_5OH}$

（3）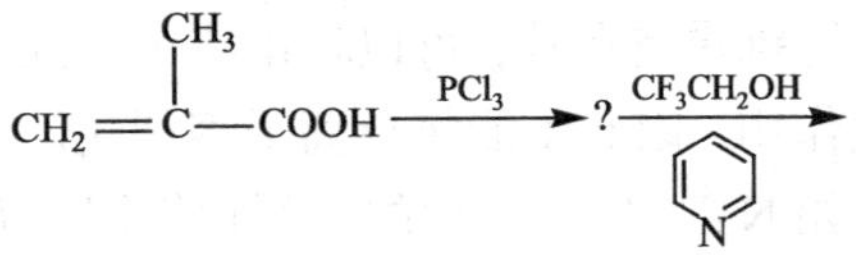

（4）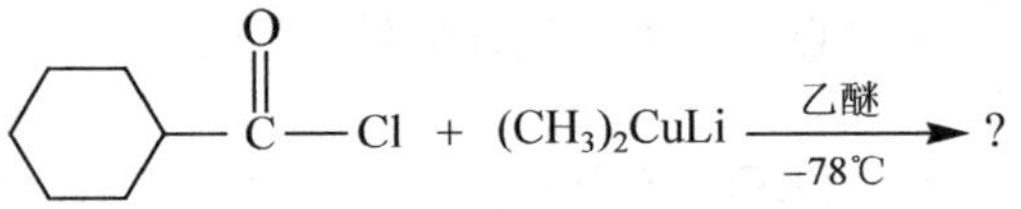

（5）$I(H_2C)_{10}—\overset{O}{\overset{\|}{C}}—Cl + (CH_3)_2CuLi \xrightarrow[-78℃]{乙醚} ?$

（6）$C_2H_5O—\overset{O}{\overset{\|}{C}}—(CH_2)_8—\overset{O}{\overset{\|}{C}}—Cl + (CH_3CH_2)_2Cd \xrightarrow[\triangle]{苯}$

（7）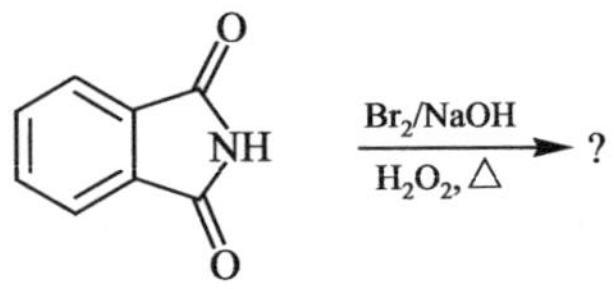

（8）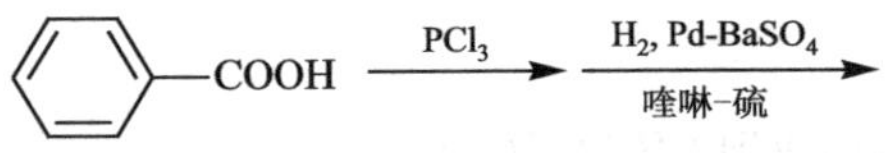

4. 下列羧酸酯中，哪些能发生酯缩合反应？写出其反应式。

（1）甲酸乙酯　　（2）乙酸正丁酯　　（3）丙酸乙酯

（4）2, 2-二甲基丙酸乙酯　　（5）苯甲酸乙酯　　（6）苯乙酸乙酯

5. 完成下列转变。

（1）$CH_3COOH \longrightarrow ClCH_2COCl$

（2）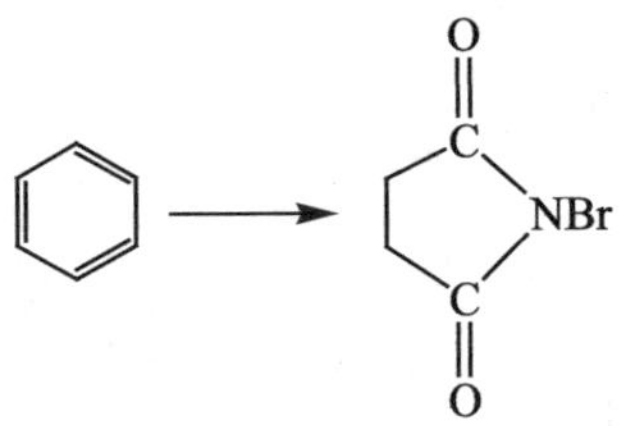

（3）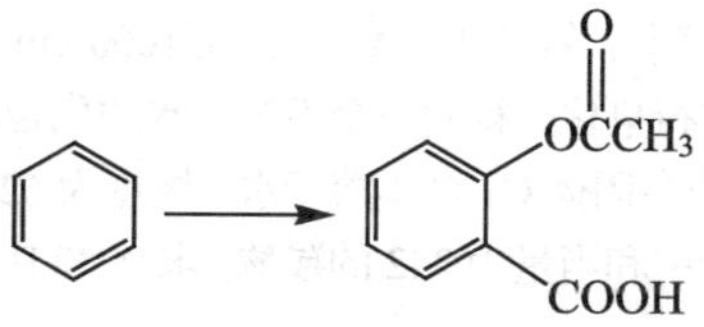

（4）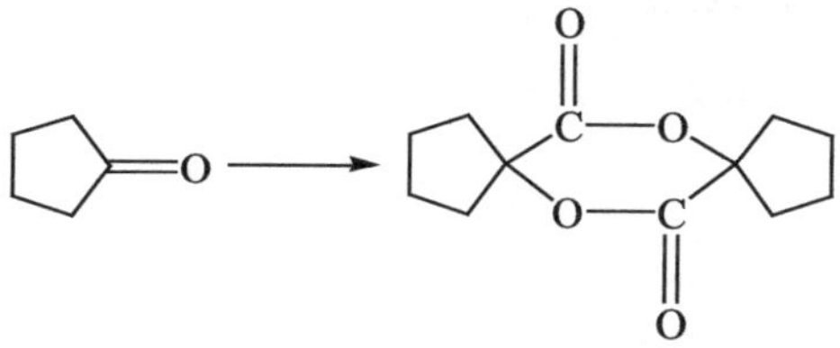

（5）$CH_3CH{=}CH_2 \longrightarrow CH_3CH(CH_3)CONH_2$

（6）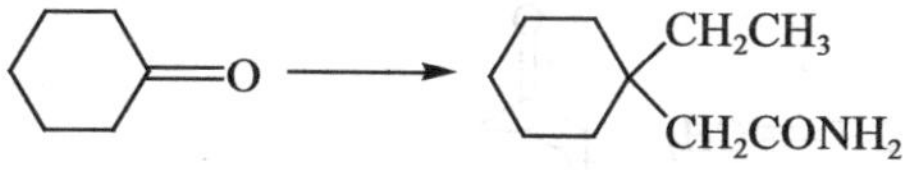

6. 按指定原料合成下列化合物，无机试剂任选。

（1）由丙酮合成$(CH_3)_3CCOOH$。

（2）由 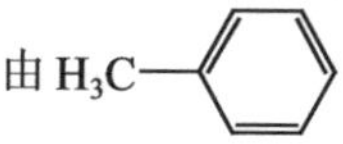 合成 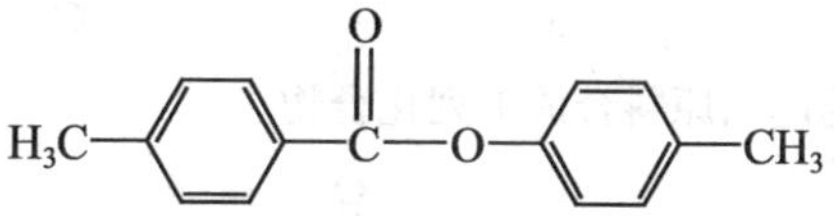。

（3）以C_4以下的有机物为原料合成 $CH_3CH_2CH(CH_3)—C(=O)—NHCH_2CH_2CH_2CH_3$。

（4）以 C_3 以下的羧酸衍生物为原料合成乙丙酸酐。

（5）由 $CH_2{=}CH(CH_2)_8COOH$ 合成 $H_5C_2OOC(CH_2)_{13}COOC_2H_5$。

（6）由己二酸合成 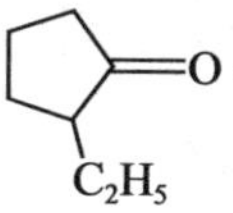。

（7）由 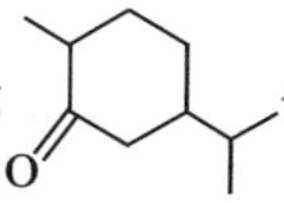 合成 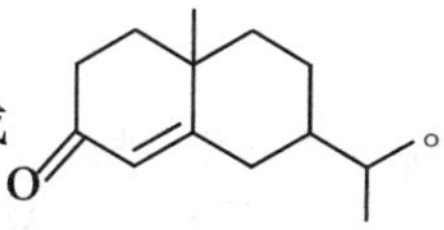。

（8）由苯合成 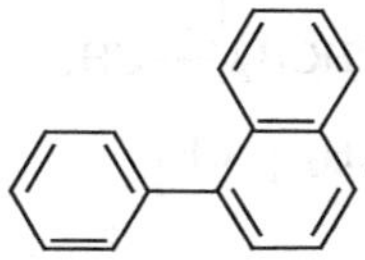。

7. 某化合物的分子式为 $C_4H_8O_2$，其 IR 光谱和 ^1H NMR 数据如下。IR 光谱：在 2850～3000 cm^{-1}、2725 cm^{-1}、1725 cm^{-1}（强）、1160～1220 cm^{-1}（强）、1100 cm^{-1} 有吸收峰。^1H NMR：δ=1.29 ppm（双峰，6H），δ=5.13 ppm（七重峰，1H），δ=8.0 ppm（单峰，1H）。试推测其构造。

8. 有两个酯类化合物 A 和 B，分子式均为 $C_4H_6O_2$。A 在酸性条件下水解成甲醇和另一个化合物 C（$C_3H_4O_2$），C 可使 Br_2-CCl_4 溶液褪色。B 在酸性条件下水解成一分子羧酸和化合物 D，D 可发生碘仿反应，也可与托伦试剂作用。试推测 A～D 的构造。

9. 某化合物 A 的熔点为 85℃，MS 分子离子峰 *m/z* 为 480，A 不含卤素、氮和硫。A 的 IR 在 1600 cm^{-1} 以上只有 2900～3000 cm^{-1} 和 1735 cm^{-1} 有吸收峰。A 用 NaOH 水溶液进行皂化，得到一个不溶于水的化合物 B，B 可用有机溶剂从水相中萃取出来。萃取后水相用酸酸化得到一个白色固体 C，C 不溶于水，熔点为 62～63℃，B 和 C 的 NMR 证明它们都是直链化合物。B 用铬酸氧化得到一个中和当量为 242 的羧酸。求 A 和 B 的结构。

10. 写出下列负离子的共振结构式。分别比较两对负离子的碱性。

（1）$CH_3C(=O)\ddot{C}HC(=O)CH_3$，　$CH_3CH{=}CH\ddot{C}HC(=O)CH_3$

（2）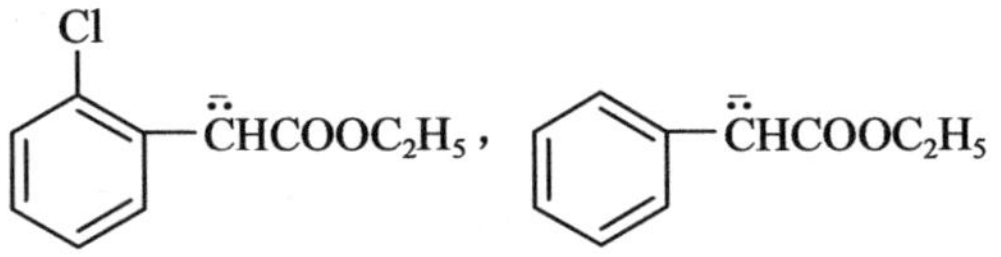

11. 按生成烯醇式的难易程度排列下列化合物。

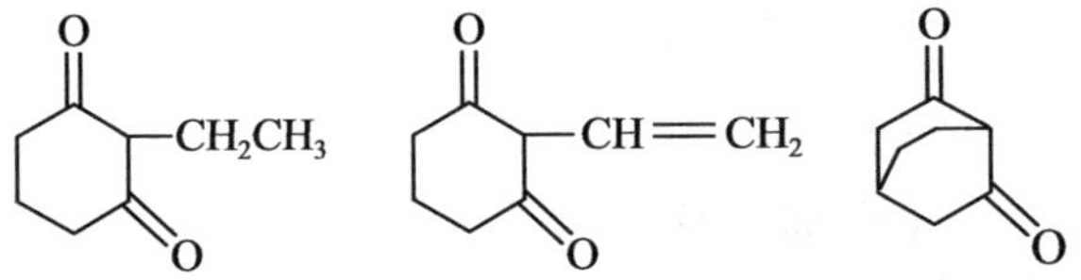

A　　B　　C

12. 由丙二酸二乙酯或乙酰乙酸乙酯为起始原料合成下列化合物。

（1）$CH_2{=}CHCH_2CH(CH_3)COOH$

（2）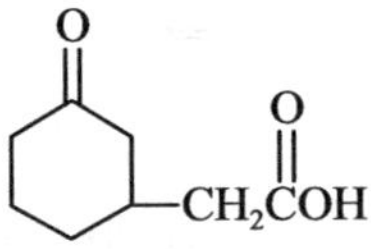

（3）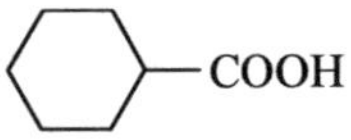

（4）$CH_3C(=O)CH_2CH_2CH_2COOH$

（5）$CH_3C(=O)CH(CH_3)CH_2CH_2CH(CH_3)C(=O)CH_3$

（6）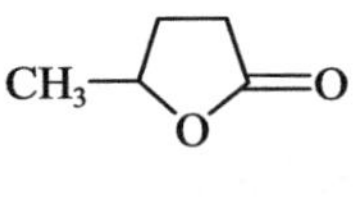

13. 由乙酰乙酸乙酯、丙二酸二乙酯和不超过四个碳的原料合成下列化合物。

（1）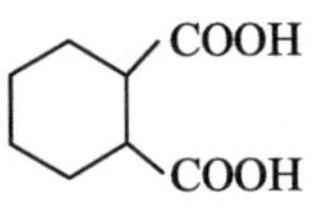

（2）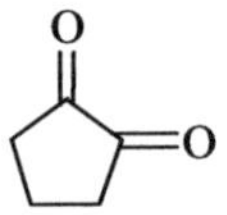

（3）$CH_3CH(OH)CH(CH_2CH_3)CH_2C(OH)(CH_3)-CH_3$

扫一扫　　13-5 羧酸衍生物命名习题答案（2017 版）

第 14 章　含氮有机化合物

扫一扫　14-1　含氮有机化合物 目标导图+知识地图

在有机化合物中，除 C、H、O 三种元素外，N 是第四种常见元素。含氮有机化合物的种类很多，范围也很广，它们的结构特征是含有碳—氮（C—N、C═N、C≡N）键，有的还含有 N—N、N═N、N≡N、N—O、N═O 及 N—H 键等。正如将醇、酚、醚看作是水的衍生物一样，许多含氮有机化合物也可以看作是某些无机氮化合物的衍生物（表 14-1）。

表 14-1　某些含氮的无机物与有机物

无机氮化合物		相应的有机氮化合物	
名称	结构式	结构式	名称
氨	NH_3	RNH_2、$ArNH_2$ R_2NH、$(Ar)_2NH$ R_3N、$(Ar)_3N$	胺
氢氧化铵	NH_4OH	$R_4N^+OH^-$	季铵碱
铵盐	NH_4Cl	$R_4N^+Cl^-$	季铵盐
联氨（肼）	H_2NNH_2	$RNHNH_2$ $ArNHNH_2$	肼
硝酸	$HO—NO_2$	$R—NO_2$、$Ar—NO_2$	硝基化合物
亚硝酸	HO—NO	R—NO、Ar—NO	亚硝基化合物

除以上化合物外，还有许多其他含氮有机化合物，如偶氮化合物（Ar—N═N—Ar）、重氮化合物（$Ar—N_2^+Cl^-$）、叠氮化合物（RN_3）、亚胺（RCH═NH）、腈（RC≡N）等。本章主要讨论硝基化合物、胺、重氮和偶氮化合物。

14.1　硝基化合物

扫一扫　14-2　含氮有机化合物的命名（1980 版）

14.1.1　硝基化合物的命名和结构

硝基化合物可看作是烃分子中的一个或多个氢原子被硝基（$—NO_2$）取代后生成的衍生物。按烃基的不同，可以分为脂肪族硝基化合物（$R—NO_2$）和芳香族硝基化合物（$Ar—NO_2$）。与脂肪族硝基化合物相比，芳香族硝基化合物应用较为广泛。

和卤代烃相似，硝基化合物命名时也是以烃作为母体，硝基作为取代基。例如：

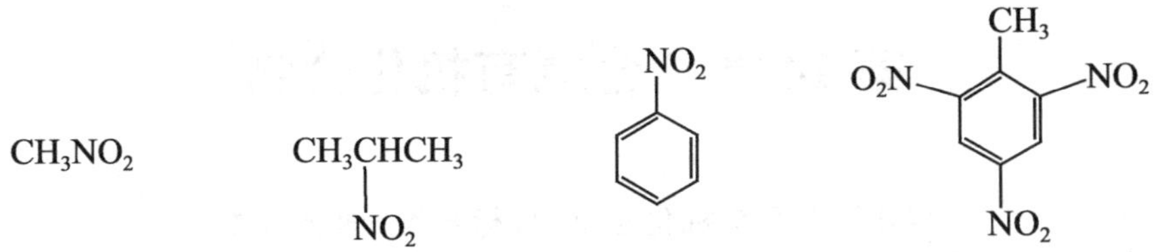

硝基甲烷　　2-硝基丙烷　　硝基苯　　2, 4, 6-三硝基甲苯

电子衍射实验证明，硝基具有对称结构，两个氮氧键的键长相同，都是 0.121 nm（处于 N—O 键和 N═O 键之间），因此硝基中的两个氮氧键是等同的，既不是一般的氮氧单键，也不是一般的氮氧双键。从价键理论的观点看，氮原子采取 sp^2 杂化，在 p 轨道上未参与杂化的一对孤对电子与两个氧原子的 p 轨道平行而相互交盖形成共轭体系。

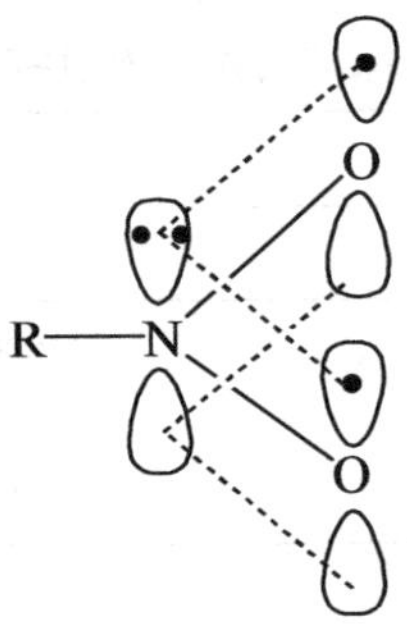

也可以用共振式表示硝基的结构：

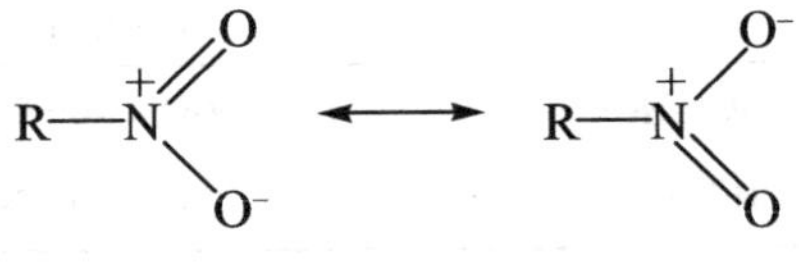

14.1.2　硝基化合物的性质

1. 物理性质

由于硝基是很强的吸电子基团，硝基化合物的偶极矩、极性和分子间吸引力大，其沸点比相应的卤代烃高。脂肪族硝基化合物是无色而具有香味的液体，难溶于水，易溶于醇和醚。芳香硝基化合物中，除一硝基化合物为高沸点的液体外，其余大部分为淡黄色固体。硝基化合物的相对密度都大于 1，不溶于水，溶于有机溶剂。多硝基化合物在受热时一般易分解而发生爆炸。芳香族硝基化合物都有毒性。

2. 脂肪族硝基化合物的化学性质

1）α-H 的酸性

脂肪族硝基化合物最显著的化学性质是酸性。由于硝基是强吸电子基团，脂肪族硝基化合物的 α-H 具有一定的酸性，可溶于碱，与氢氧化钠（钾）作用生成盐。例如，硝基甲烷、硝基乙烷和 2-硝基丙烷的 pK_a 值分别是 10.2、8.5 和 7.8。

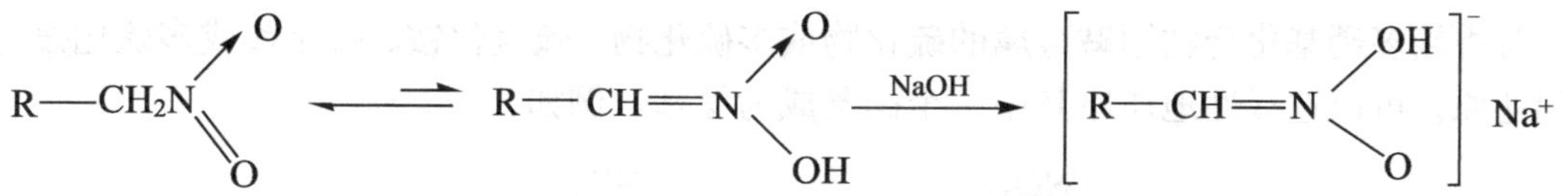

硝基式　　　　　　　　　　酸式

由于硝基式的热力学稳定性很大，因此在上述平衡中占绝对多数。但当碱存在时，酸式的酸性氢与碱生成盐，使平衡向右移动。

2）与羰基化合物的反应

具有 α-H 的伯和仲硝基化合物在碱催化下能与某些羰基化合物发生缩合反应。例如：

$$CH_3CHO + CH_3NO_2 \xrightarrow{KOH} CH_3\underset{\displaystyle OH}{\underset{|}{C}}HCH_2NO_2$$

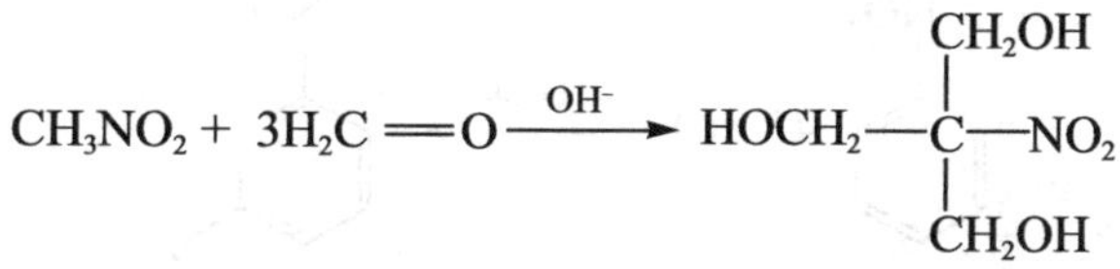

3. 芳香族硝基化合物的化学性质

芳香族硝基化合物没有 α-H，因此它的性质与脂肪族硝基化合物的性质有许多不同的地方。芳香族硝基化合物最重要的性质是还原反应。

1）还原反应

硝基化合物与还原剂（如铁、锡和盐酸）作用，可以得到胺类化合物，这是工业上由硝基化合物制备胺的重要方法。例如：

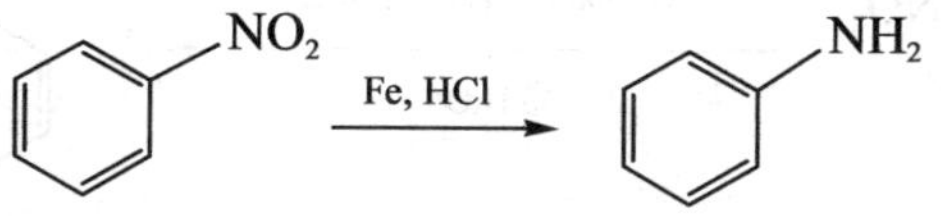

硝基苯还原时，在不同的介质（酸性、中性或碱性）中可以得到不同产物。

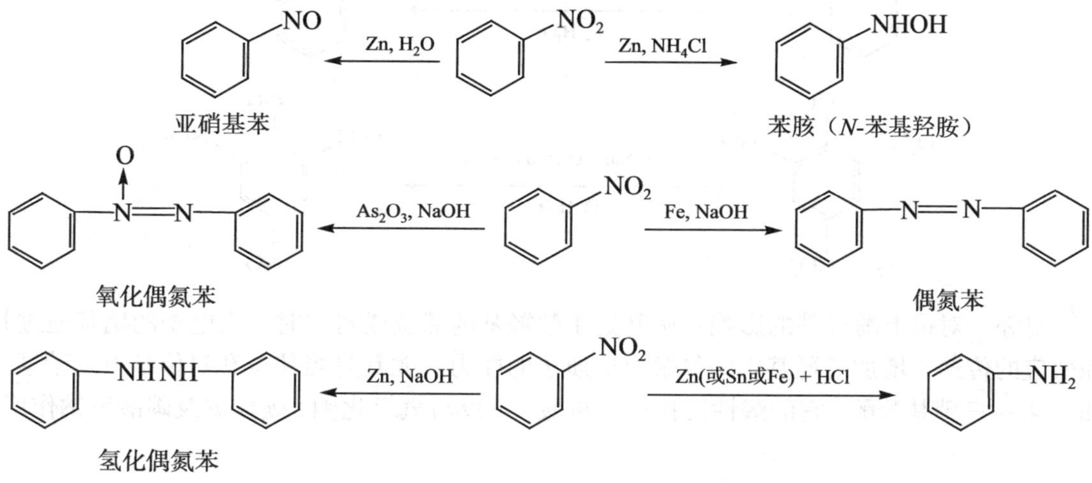

芳香族多硝基化合物用碱金属的硫化物或多硫化物、硫氢化铵、硫化铵或多硫化铵为还原剂还原，可以选择性地还原其中一个硝基成为氨基。例如：

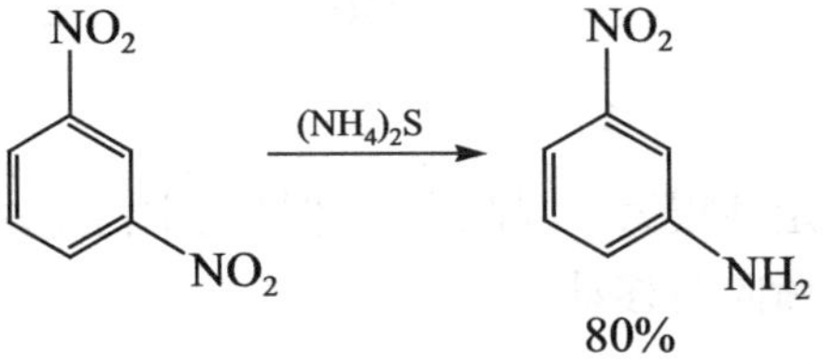

2）硝基对苯环及邻、对位上取代基的影响

芳环上的亲核取代反应：芳香烃的特征反应是亲电取代反应，当芳环上的氢被硝基取代后，由于硝基是强吸电子基团，苯环上的电子云密度降低，不利于亲电试剂的进攻，而使亲核取代的活性增加。例如，硝基苯不发生傅-克反应。硝基苯亲电取代反应发生在间位。

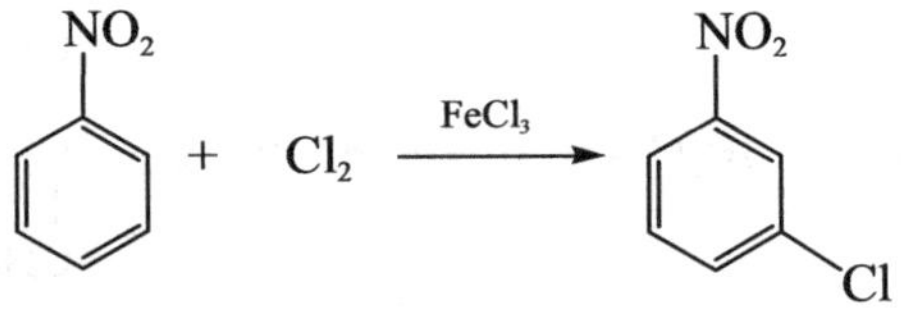

对邻、对位上卤原子的影响：当硝基的邻、对位被卤素取代时，这些位置容易发生亲核取代反应。氯苯中的氯原子不活泼，它不容易水解为羟基，由氯苯制取苯酚时，需要高温、高压的条件，还需要催化剂；但 2, 4-二硝基氯苯则很容易水解，只要与碳酸钠水溶液煮沸，即可水解为 2, 4-二硝基苯酚。这是由于硝基极强的吸电子作用，苯环上电子云密度降低，这样与氯相连的碳易受亲核试剂 OH^- 的进攻而发生取代反应。

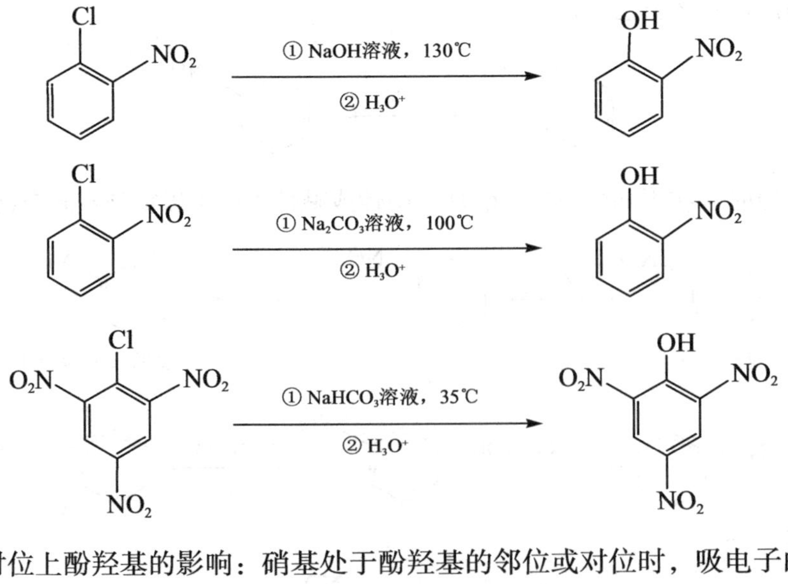

对邻、对位上酚羟基的影响：硝基处于酚羟基的邻位或对位时，吸电子的硝基通过共轭效应的传递，增加了羟基中的氢解离成质子的能力。尤其是当邻位和对位都引入硝基，如 2, 4, 6-三硝基苯酚，它的酸性已接近无机酸，可以与氢氧化钠、碳酸钠及碳酸氢钠作用。

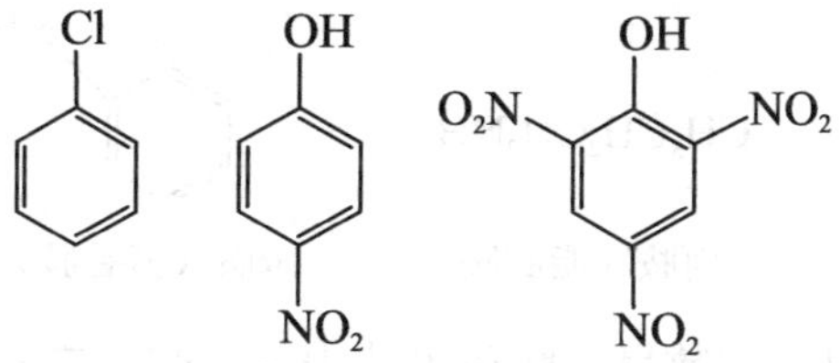

pK_a　9.89　7.15　0.38

14.2 胺

氨（NH_3）分子中的氢原子部分或全部被烃基取代后的化合物统称为胺（amine）。胺是一类重要的含氮有机化合物，广泛存在于生物界。腐败蛋白质的臭味认为是细菌的作用释放出胺的关系，但是橄榄油的特殊香味也归功于胺。胺的许多衍生物具有多种生理活性，如蛋白质、核酸、许多激素、抗生素和生物碱等都是胺的复杂衍生物。目前临床上使用的大多数药物也是胺或胺的衍生物。胺类和染料的关系十分密切，是制备染料的重要原料之一。

14.2.1 胺的分类和命名

1. 分类

根据胺分子中与氮原子相连的烃基的数目，胺可分为伯胺、仲胺、叔胺和季铵。

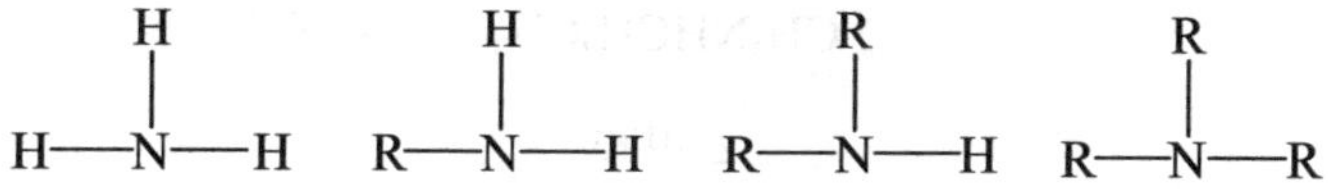

氨　伯胺　仲胺　叔胺

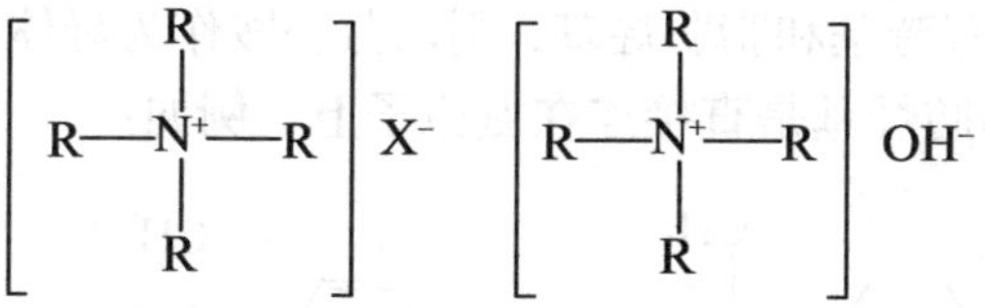

季铵盐　季铵碱

应注意的是，胺的分类与卤代烃和醇不同，后两者均以官能团（卤素和羟基）所连接的碳分为伯、仲、叔卤代烃或醇，胺则是以氮上所连接的烃基个数为分类标准。例如，异丙醇为仲醇，异丙基溴为仲卤代烃，而异丙胺却为伯胺，结构式如下：

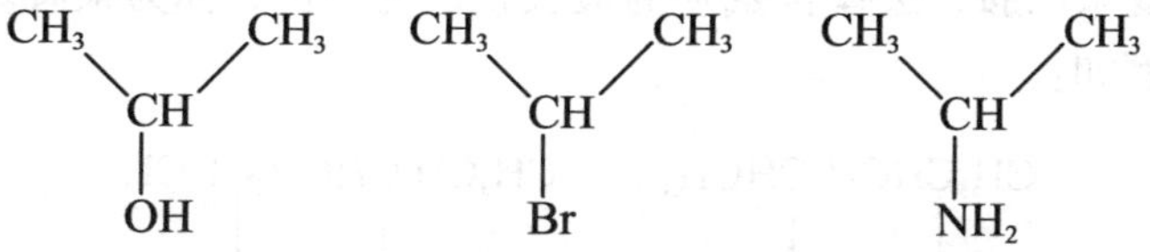

仲醇　仲卤代烃　伯胺

根据胺分子中与氮原子相连的烃基种类的不同，胺可分为脂肪胺和芳香胺。例如：

$CH_3CH_2CH_2NH_2$　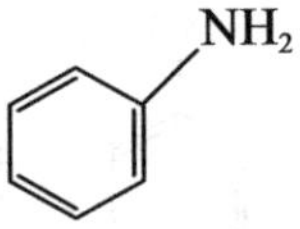

丙胺（脂肪胺）　苯胺（芳香胺）

根据胺分子中所含氨基的数目，胺还可分为一元胺、二元胺、多元胺。例如：

$CH_3CH_2NH_2$　$H_2NCH_2CH_2NH_2$　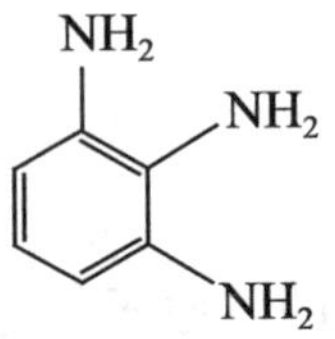

乙胺　乙二胺　苯-1,2,3-三胺

2. 命名

简单胺的命名将胺作为母体，在氨基前加上烃基的名称和数目，称为“某胺”。氮原子上连接两个或三个相同的烃基时，应用汉字“二”或“三”标明烃基的数目。例如：

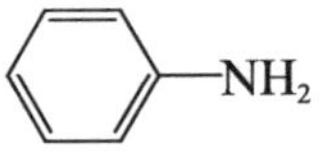　$(CH_3)_3N$　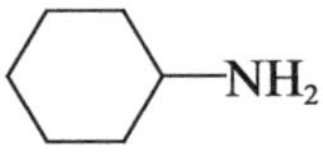　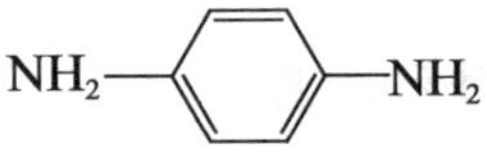

苯胺　三甲胺　环己胺　对苯二胺

当胺中氮原子所连的烃基不同时，按其英文名称字母顺序列出。例如：

$CH_3NHCH_2CH_3$

乙甲胺

ethylmethylamine

如果氮原子上同时连有芳基和脂肪烃基，则以芳香胺作为母体，命名时在脂肪烃基前面加上字母“*N*”，表示该脂肪烃基是直接连在氮原子上。例如：

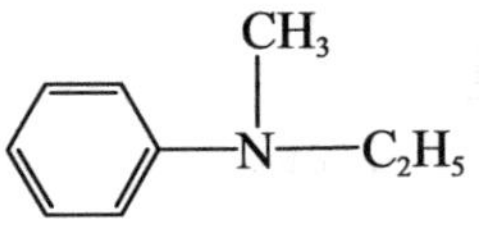　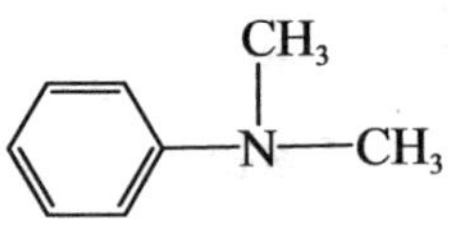

N-乙基-*N*-甲基苯胺　*N*, *N*-二甲基苯胺

N-ethyl-*N*-methylaniline　*N*, *N*-dimethylaniline

对于结构比较复杂的胺，选择含氨基的最长碳链为主链，称为某胺。从靠近氨基的一端开始对主链编号。例如：

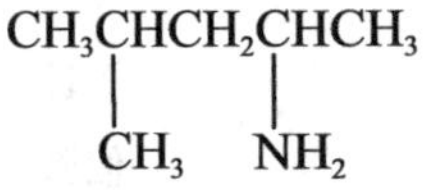　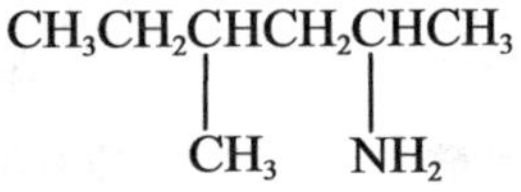

4-甲基戊-2-胺　4-甲基己-2-胺

4-methylpentan-2-amine　4-methylhexan-2-amine

铵盐、季铵类化合物作为铵的衍生物命名，将阴离子和取代基的名称放在“铵”字之前。例如：

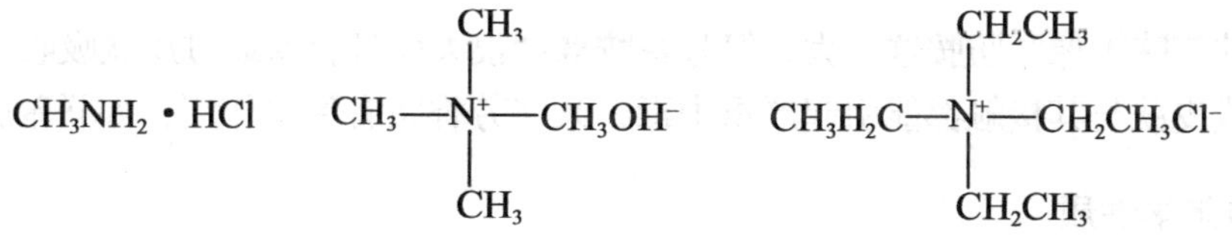

甲胺盐酸盐　　氢氧化四甲基铵　　氯化四乙基铵

命名时要注意“氨”、“胺”和“铵”字的用法，将—NH_2当作取代基时，用“氨”字；当胺作为母体时，用“胺”字；季铵类化合物则用“铵”字。

14.2.2　胺的物理性质

胺分子中氮原子上的未共用电子对能与水形成氢键，因此低级脂肪胺在水中溶解度都很大。伯胺或仲胺分子间可以通过氢键缔合，但由于氮的电负性不如氧强，因此伯胺或仲胺分子间的氢键不如醇分子间的氢键强，从而伯胺或仲胺的沸点比相对分子质量相近的醇低。叔胺由于氮原子上没有氢而没有缔合作用，它们的沸点与相对分子质量相近的烷烃相近。例如，相对分子质量为 59 的正丙胺、乙甲胺和三甲胺的沸点分别为 47.8℃、35℃和 2.87℃，而相对分子质量为 60 的正丙醇的沸点为 97.4℃，丁烷（相对分子质量 58）的沸点为−0.5℃。表 14-2 列出一些胺的物理常数。

表 14-2　一些胺的物理常数

名称	沸点/℃	熔点/℃	pK_b
甲胺	−6.3	−93.5	3.25
二甲胺	7.4	−93	3.27
三甲胺	2.87	−117.2	4.22
乙胺	16.6	−81	3.29
二乙胺	56.3	−48	3.00
三乙胺	89.3	−114.7	3.25
正丙胺	47.8	−83.0	3.39
正丁胺	77.8	−49.1	3.32
乙二胺	116.5	−8.5	
丁二胺	158	27	
苯胺	184.1	−6	9.28
N-甲基苯胺	196.3	−57	9.15

气味往往也是鉴别物质的标志之一。胺有令人不愉快或很难闻的臭气，特别是低级脂肪胺有臭鱼一样的气味。腌鱼的臭味就是某些脂肪胺引起的。动物肌肉腐烂能产生极臭且剧毒的丁-1, 4-二胺及戊-1, 5-二胺。

$NH_2CH_2CH_2CH_2CH_2NH_2$　　　$NH_2CH_2CH_2CH_2CH_2CH_2NH_2$

丁-1,4-二胺（腐胺）　　　戊-1,5-二胺（尸胺）

芳香胺的气味不像脂肪胺这样大，但芳香胺毒性很大而且容易通过皮肤吸收。因此，吸入它们的蒸气或皮肤与其接触都能引起严重中毒，某些芳香胺有致癌作用，如联苯胺、萘胺等。

14.2.3 胺的化学性质

扫一扫　14-3　胺的化学性质

胺分子的官能团是氨基，它决定了胺的化学性质，包括与它相连的烃基受到氨基的影响而表现出的一些性质。胺的化学性质在很大程度上与氮原子上的未共用电子对有关。

1. 碱性

胺与氨相似，由于氮原子上有一对未共用电子对，容易接受质子形成铵离子，因此呈碱性。胺能与大多数酸作用生成盐。

$$RNH_2 + H_2SO_4 \longrightarrow R\overset{+}{N}H_3H\overset{-}{SO_4}$$

$$RNH_2 + HCl \longrightarrow R\overset{+}{N}H_3\overset{-}{Cl}$$

胺与酸形成的盐都是结晶形固体，易溶于水和乙醇。由于胺是弱碱，因此伯、仲胺的盐与氢氧化钠或氢氧化钾等强碱溶液作用时，可释放出游离的胺。利用这个性质可以将胺与其他不溶于酸的有机物分离，因为胺可与酸形成盐而溶于稀酸中，再利用强碱由盐中置换出胺。

$$\underset{\text{溶于水}}{R\overset{+}{N}H_3\overset{-}{Cl}} + NaOH \longrightarrow \underset{\text{不溶于水}}{RNH_2} + NaCl + H_2O$$

胺的碱性强弱可由其解离常数 K_b 或解离常数的负对数 pK_b 表示，碱性越强，K_b 越大，pK_b 越小；也可以用它的共轭酸 RNH_3^+ 的解离常数 K_a 或其负对数 pK_a 表示，碱性越强，它的共轭酸就越弱，K_a 越小，pK_a 越大。在 25℃时有 $pK_a + pK_b = 14.00$，$pK_b = 14.00 - pK_a$。

$$RNH_2 + H_2O \xrightleftharpoons{K_b} RNH_3^+ + OH^-$$

$$K_b = \frac{[RNH_3^+][OH^-]}{[RNH_2]} \qquad pK_b = -\lg K_b$$

$$RNH_3^+ + H_2O \xrightleftharpoons{K_a} RNH_2 + H_3O^+$$

$$K_a = \frac{[RNH_2][H_3O^+]}{[RNH_3^+]} \qquad pK_a = -\lg K_a$$

一些胺的 pK_b 值列于表 14-3 中。

表 14-3　一些胺的 pK_b 值（在水溶液中，25℃）

化合物	pK_b	化合物	pK_b	化合物	pK_b
CH_3NH_2	3.38	$(CH_3)_2NH$	3.27	$(CH_3)_3N$	4.21
$C_2H_5NH_2$	3.36	$(C_2H_5)_2NH$	3.06	$(C_2H_5)_3N$	3.25
$PhNH_2$	9.40	$PhNHCH_3$	9.60	$PhN(CH_3)_2$	9.62
对硝基苯胺	～13	间硝基苯胺	11.55	邻硝基苯胺	14.26
对氯苯胺	10.02	间氯苯胺	10.48	邻氯苯胺	11.35
对甲苯胺	8.90	间甲苯胺	9.28	邻甲苯胺	9.56

从电子效应考虑，烷基是给电子基团，使氮原子上的电子云密度增加，因此烷基越多，脂肪胺的碱性应该越强。这在气体状态是正确的。例如，气态下脂肪胺的碱性强弱顺序为

$$(C_2H_5)_3N > (C_2H_5)_2NH > C_2H_5NH_2 > NH_3$$

但从表 14-3 中可以看出，水溶液中上述脂肪胺的碱性强弱顺序为

$$(C_2H_5)_2NH > (C_2H_5)_3N > C_2H_5NH_2 > NH_3$$

这是因为脂肪胺在水溶液中呈现碱性的强弱还与溶剂化效应有关，它取决于生成的铵正离子是否容易溶剂化。如果胺中氮相连的氢原子越多，溶剂化的程度越大，则铵正离子越稳定，胺的碱性就越强。

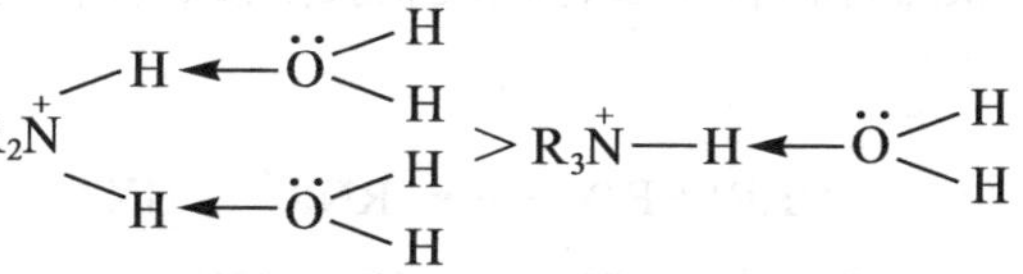

此外，还有立体效应的影响，因而胺的碱性强弱是电子效应、溶剂化效应和立体效应共同影响的结果。

芳香胺的碱性比脂肪胺弱，这是由于氮原子上的孤对电子与苯环发生 p-π 共轭效应，氮原子的电子云密度减小，与质子结合的能力降低，碱性减弱。因此，苯胺的碱性比氨弱得多，不能用石蕊试纸检验其碱性。

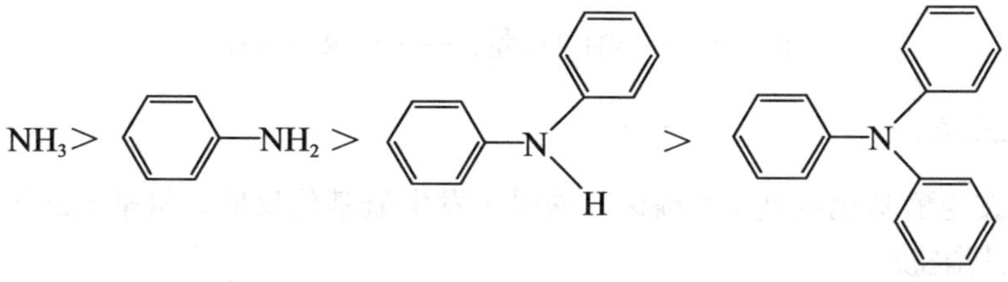

季铵碱的碱性与苛性碱相当，某些其他性质也与苛性碱相似。例如，它有很强的吸湿性，能吸收空气中的水分，并能吸收二氧化碳，其浓溶液对玻璃有腐蚀性。

与铵盐不同，季铵盐是强酸、强碱生成的盐，它和 NaCl 一样，与强碱作用不会置换出游离的季铵碱，而是建立以下平衡：

$$R_4N^+Cl^- + Na^+OH^- \rightleftharpoons R_4N^+ + OH^- + Cl^- + Na^+$$

2. 酸性

伯胺和仲胺中的氮原子上连有氢，能失去一个质子而显酸性。例如，二异丙胺与丁基锂反应得到 *N, N*-二异丙基锂（lithium diisopropylamide，LDA），由于氮原子的空间位阻大，LDA 只能夺取活泼氢而不发生亲核反应，是一种不亲核碱。这种试剂在有机合成上非常有用。

二异丙胺　　丁基锂　　*N, N*-二异丙基锂（LDA）

3. 烷基化反应

胺分子的氮原子上有未共用电子对，具有亲核性，可以与卤代烃发生 S_N2 反应，结果是与氮相连的氢被烷基取代，这个反应称为胺的烷基化反应。

$$RNH_2 + R'X \longrightarrow RNHR' + HX$$

生成的仲胺可继续与卤代烃反应，生成叔胺，叔胺再与卤代烃反应，则生成季铵盐。因此，胺的烷基化反应一般很难停留在生成仲胺或叔胺阶段，往往得到伯、仲、叔胺的盐和季铵盐的混合物。

$$RNHR' + R'X \longrightarrow RNR'_2 + HX$$
$$RNR'_2 + R'X \longrightarrow [R_3'N^+R]X^-$$

伯胺与卤代烃反应，若卤代烃过量，可使季铵盐成为主要产物。例如：

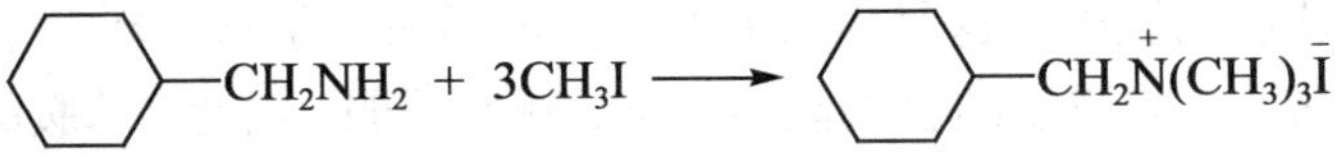

卤代烷与过量的氨反应，可制取伯胺。

$$R—X + NH_3(\text{过量}) \longrightarrow R—NH_2$$

4. 酰基化反应

伯胺或仲胺与酰基化试剂（如酰卤、酸酐）发生酰基化反应，氨基上的氢原子被酰基取代而生成 *N*-烷基酰胺。

$$RNH_2 \xrightarrow[\text{或 }(R'CO)_2O]{R'COCl} R'—\overset{\overset{\displaystyle O}{\|}}{C}—NHR$$

$$R_2NH \xrightarrow[\text{或 }(R'CO)_2O]{R'COCl} R'—\overset{\overset{\displaystyle O}{\|}}{C}—NR_2$$

叔胺的氮原子上没有可以被取代的氢原子，因此不发生酰化反应。

N-烷基酰胺经还原又得到胺。因此，利用胺的酰基化和酰胺还原反应，可以一种胺为原料制取另一类胺化合物。

在有机合成上，由于芳香胺容易被氧化，通常将氨基保护起来，先将芳香胺酰化变成酰胺，进行其他反应后再将酰胺水解变为胺。例如：

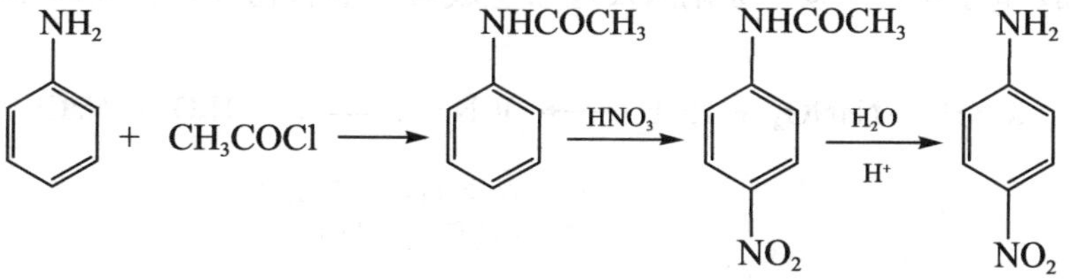

伯、仲、叔胺与苯磺酰氯（或对甲苯磺酰氯 p-$CH_3C_6H_4SO_2Cl$，TsCl）作用生成苯磺酰胺的反应称为兴斯堡（Hinsberg）反应。兴斯堡反应可以在碱性条件下进行。伯胺生成的苯磺酰胺，由于氮上的氢原子受磺酰基的影响呈弱酸性，可溶于碱变成盐；仲胺生成的苯磺酰胺，由于氮上没有氢原子，不溶于碱；在碱存在下，叔胺与苯磺酰氯不反应，但叔胺可溶于酸。

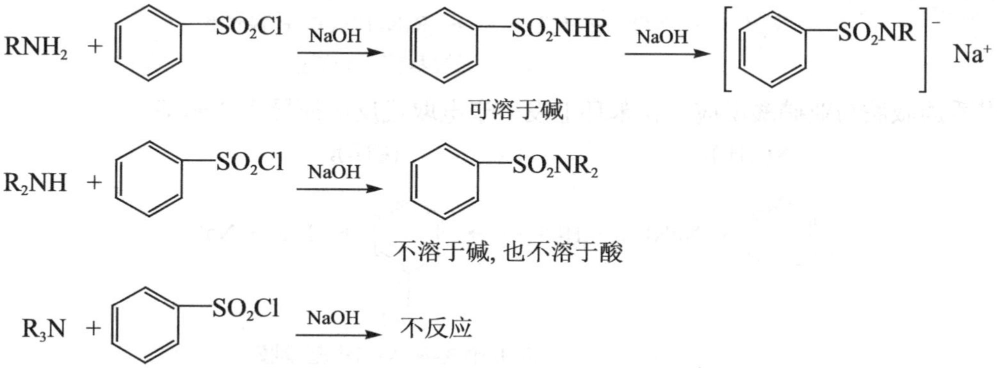

利用这个反应既可以鉴别伯、仲、叔胺，也可以分离三种胺的混合物。与苯磺酰氯不反应的叔胺可通过蒸馏的方法蒸出；将剩下的溶液过滤，可将不溶于碱性溶液的仲胺的苯磺酰胺滤出；滤液经酸化后沉淀出伯胺的苯磺酰胺，分别将苯磺酰胺与强酸共沸水解即可得到原来的胺。

5. 与亚硝酸反应

用亚硝酸处理伯、仲、叔三种胺时可得到不同的产物，因而此反应也可以用来鉴别这三类胺。由于亚硝酸不稳定，故在反应时一般用亚硝酸钠与盐酸或硫酸作用产生。

脂肪族伯胺与亚硝酸反应生成极不稳定的脂肪族重氮盐，它甚至在低温下也立即分解为醇或烯等混合物，因此没有合成上的价值。但基于放出的氮气是定量的，故可用于氨基的定量分析。

$$R—NH_2 + NaNO_2 + HCl \xrightarrow{0\sim5℃} \text{醇、烯、卤代烃等混合物} + N_2\uparrow$$

芳香族伯胺在强酸溶液中很容易与冷的亚硝酸（0～5℃）反应，形成非常活泼的芳香族重氮盐，且不放出氮气。

$$Ar—NH_2 + NaNO_2 + HCl \xrightarrow{0\sim5℃} [ArN\equiv N]^+Cl^- + H_2O + NaCl$$

芳香族重氮盐的水溶液在低温下是稳定的，但在室温即可分解成酚类和放出氮气。它们在有机合成上是很有用的化合物，在 14.3 节中将继续讨论。

脂肪族仲胺和芳香族仲胺与亚硝酸反应后生成黄色油状物或黄色固体 *N*-亚硝基胺，反应式为

$$R_2NH + NaNO_2 + HCl \longrightarrow R_2N—N{=}O + H_2O + NaCl$$

N-亚硝基二烷基胺
（黄色油状物）

N-亚硝基胺类是强致癌物质。食物中若有亚硝酸盐，它能与胃酸作用，产生亚硝酸，后者与机体内一些具有仲胺结构的化合物作用，生成亚硝基胺，能引起癌变。因此，在制作罐头和腌制食品时，若用亚硝酸钠作防腐剂和保色剂，则有可能对人体产生危害。

脂肪族叔胺与亚硝酸形成水溶性胺的亚硝酸盐。该盐不稳定，易水解，与强碱作用则重新析出叔胺。

$$R_3N + NaNO_2 + HCl \longrightarrow R_3NH^+NO_2^- + NaCl$$

三烷基胺亚硝酸盐

芳香族叔胺与亚硝酸反应，在苯环上发生亲电取代反应而导入亚硝基。

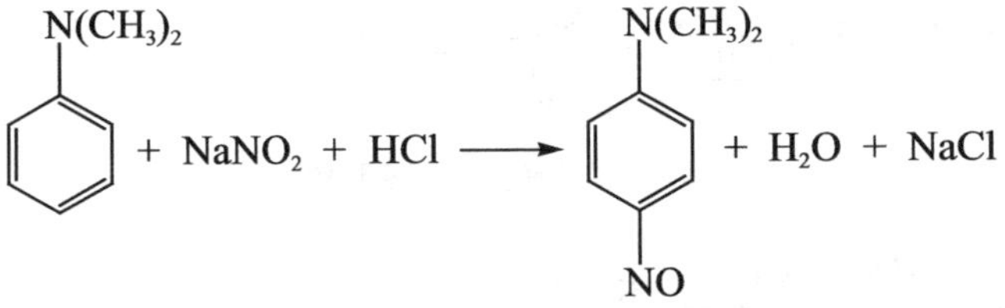

对亚硝基-*N*, *N*-二甲基苯胺
（草绿色固体）

由于三种胺与亚硝酸的反应产物不同，故可以用此反应鉴别三种胺，但不如兴斯堡反应明显。

6. 氧化反应

芳香胺，尤其是芳香族伯胺，极易氧化。苯胺放置时，就能因为空气氧化而颜色变深，由无色透明液体逐渐变为黄色、浅棕色至红棕色。苯胺的氧化反应很复杂。例如，苯胺遇漂白粉溶液即呈明显的紫色（含有具醌型结构的化合物），可用此法检测苯胺。苯胺用重铬酸钠或三氯化铁等氧化剂氧化可得黑色染料——苯胺黑，它也是具有复杂醌型结构的化合物。如果将苯胺用二氧化锰及硫酸氧化，则主要生成苯醌。

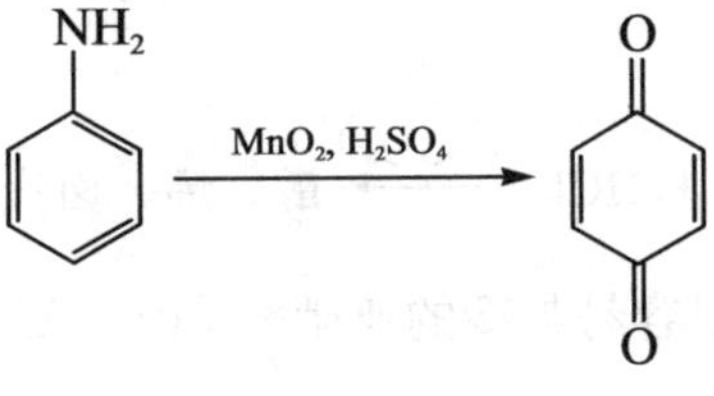

叔胺用过氧化氢或过氧酸氧化生成叔胺氧化物，具有 β-H 的叔胺氧化物加热时发生消除反应生成烯烃。例如：

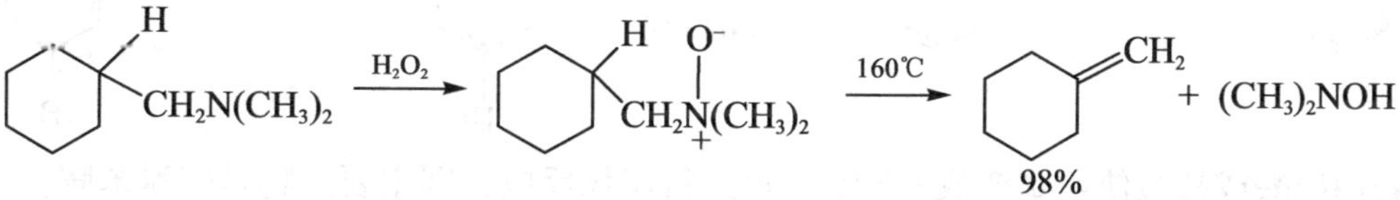

将叔胺氧化物加热分解为烯烃和羟胺的反应称为柯普（Cope）消除反应，它是一种热消除反应，副反应少且无重排产物。柯普消除反应要求氨基和 β-H 处于同侧（顺式消除），反应通过形成一个分子内的平面五元环状过渡态进行，氧化胺的氧作为进攻的碱，不需要另外的碱作为催化剂，也无需将叔胺氧化物分离出来。

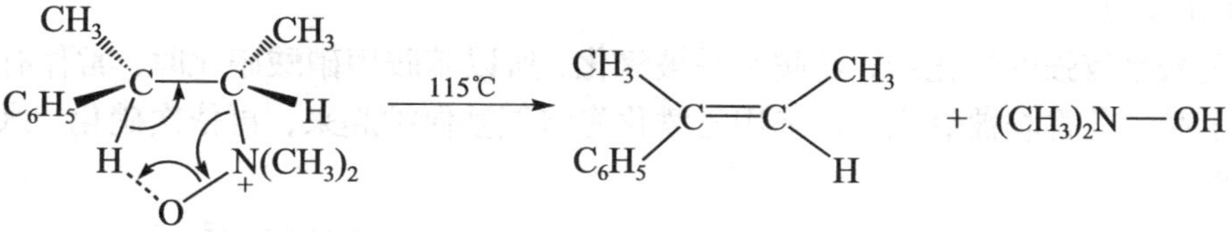

如果有两种 β-H 存在，柯普消除反应得到的是混合物，主产物为取代少的烯烃，即遵循霍夫曼（Hofmann）规则。例如：

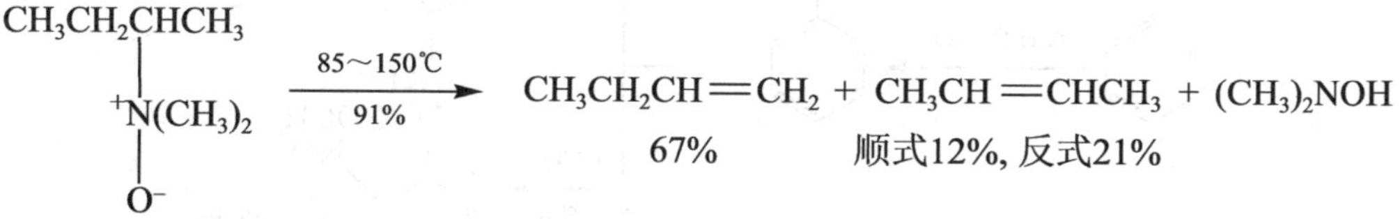

7. 芳香胺环上的亲电取代反应

由于氨基是很强的给电子基团，因此芳香胺环的邻、对位很容易发生亲电取代反应。

1）卤代反应

与苯酚相似，苯胺遇溴的水溶液反应立即生成 2, 4, 6-三溴苯胺的白色沉淀，反应很难停留在一元取代的阶段。

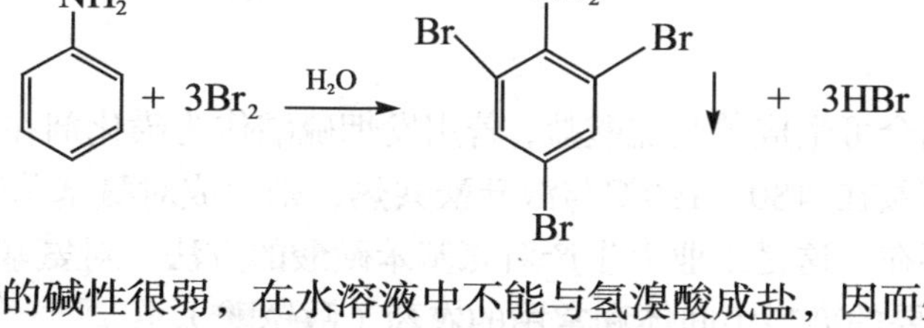

2, 4, 6-三溴苯胺的碱性很弱，在水溶液中不能与氢溴酸成盐，因而生成白色沉淀。这个反应常用来检验苯胺的存在，也可用于苯胺的定量分析。

要制备苯胺的一溴化物，必须使苯环的活性降低。例如，先将苯胺乙酰化，生成的乙酰苯胺再溴化，可得主要产物对溴乙酰苯胺，然后水解即得对溴苯胺。

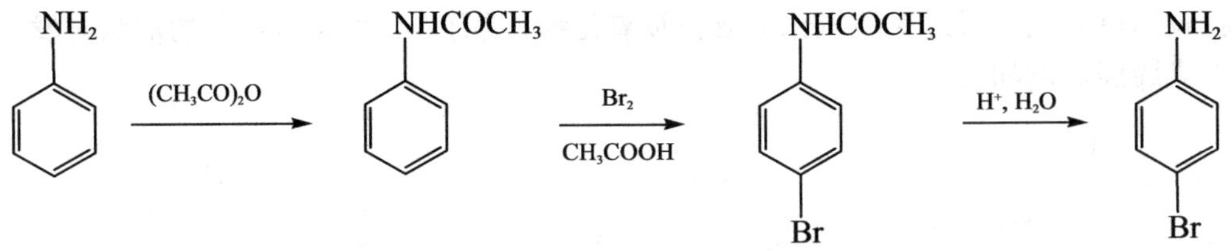

若用硫酸或盐酸使氨基变成—NH_3^+，再进行溴代反应，则主要产物是间溴苯胺。

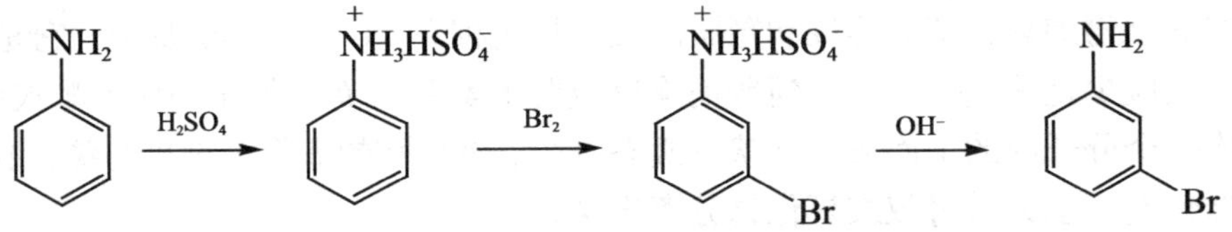

2）硝化反应

因为硝酸是较强的氧化剂，而胺又易被氧化，所以苯胺用硝酸硝化时，常伴有氧化反应发生。为了避免芳香胺被氧化，可采用乙酰化先将氨基保护起来，再依次硝化、水解，得到硝基苯香胺。

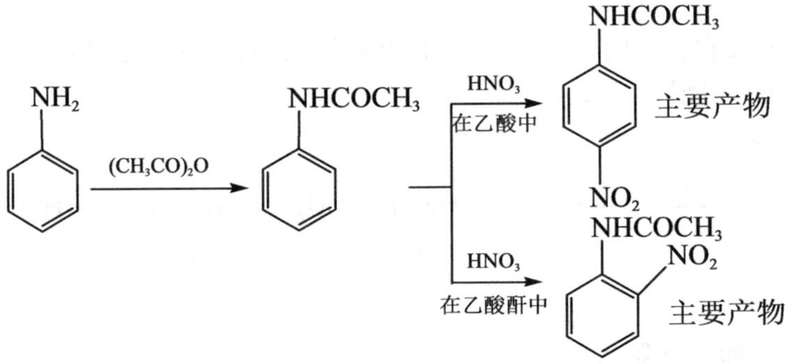

将苯胺溶于浓硫酸后再用浓硝酸硝化，则主要产物是间硝基苯胺。

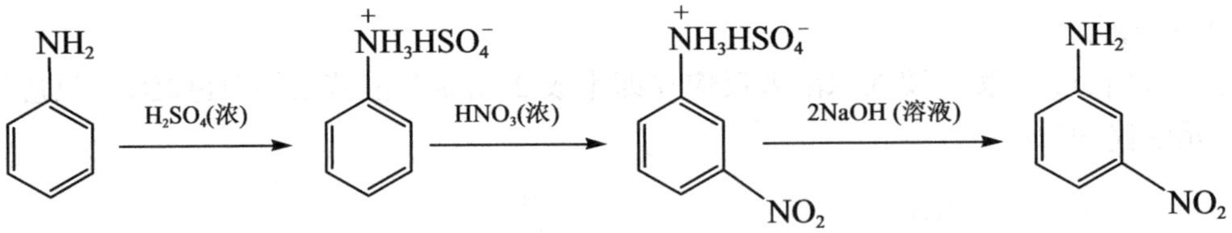

3）磺化反应

苯胺与浓硫酸混合可生成苯胺硫酸盐，若用发烟硫酸作为磺化剂在室温进行反应，主要得间位取代物；若苯胺在 180～190℃与浓硫酸共热，则生成对氨基苯磺酸。对氨基苯磺酸通常以内盐的形式存在。这是工业上生产对氨基苯磺酸的方法。对氨基苯磺酸是白色晶体，熔点为 288℃，是重要的染料中间体和常用的农药（敌锈酸）。

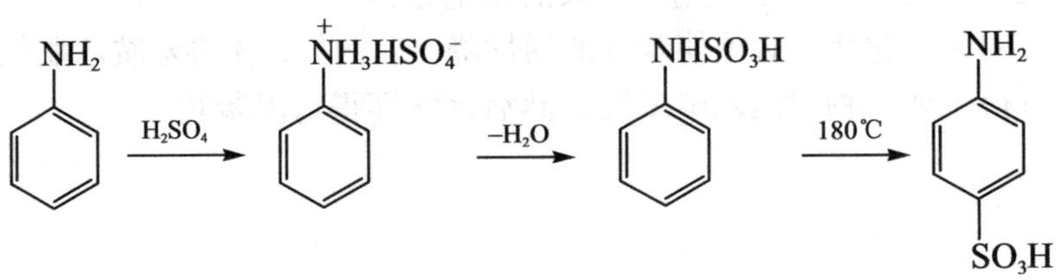

8. 季铵盐与季铵碱

叔胺与卤代烃反应生成季铵盐。例如：

氯化三乙基苄基铵

季铵盐是结晶固体，它具有盐的性质，溶于水，而不溶于非极性的有机溶剂。季铵盐在加热时分解，生成叔胺和卤代烃。具有长碳链的季铵盐可作为阳离子型表面活性剂。例如，十二烷基二甲基苄基溴化铵$[n\text{-}C_{12}H_{25}N(CH_3)_2CH_2Ph]^+Br^-$是具有去污能力的表面活性剂，也是具有强杀菌能力的消毒剂，商品名为新洁尔灭。

季铵盐与伯、仲、叔胺的盐不同，它与强碱作用时，不能使胺游离出来，而是得到含有季铵碱的平衡混合物。

$$R_4N^+X^- + KOH \rightleftharpoons \underset{\text{季铵碱}}{R_4N^+OH^-} + KX$$

用湿的氧化银（相当于氢氧化银）与季铵盐作用可制备季铵碱。

$$R_4N^+I^- \xrightarrow{Ag_2O,\ H_2O} R_4N^+OH^- + AgI\downarrow$$

季铵碱是强碱，其碱性与氢氧化钠、氢氧化钾相当。它易吸潮、易溶于水，并能吸收空气中的二氧化碳，加热容易分解。没有β-H 的季铵碱加热分解生成醇和叔胺。例如：

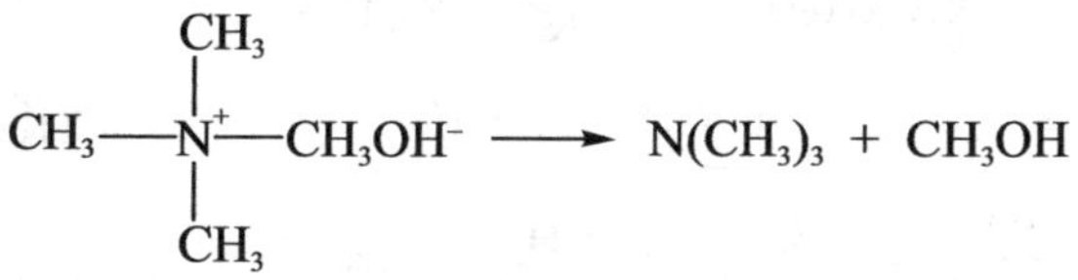

有β-H 的季铵碱加热则分解为叔胺、水和烯烃。如果有两种或两种以上的β-H，消除反应遵循霍夫曼规则，取代少的烯烃为主要产物。例如：

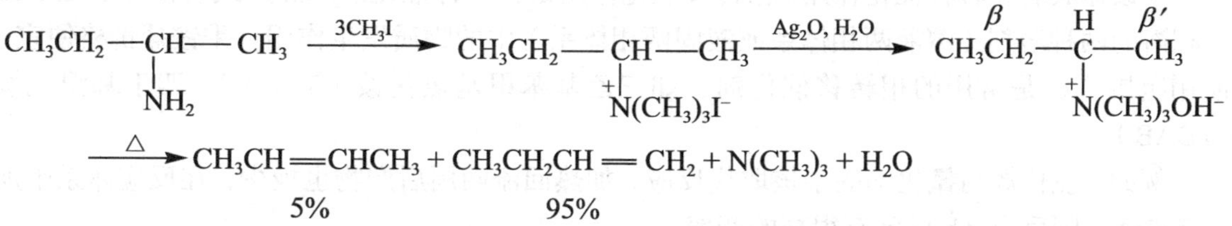

导致季铵碱按霍夫曼消除的原因有两个：

（1）β-H 酸性。季铵碱按 E2 消除反应进行热分解时，由于带正电荷的氮具有很强的吸电子能力，β-H 的酸性增加，容易受到碱性试剂（OH^-）的进攻。当β-C 上连有烃基等给电子基团时，将降低β-H 的酸性，不容易被碱性试剂进攻，因而碱主要进攻烷基少的β-H，而生成取代少的烯烃。

但当β-C 上有苯基、乙烯基、羰基等吸电子基团或能形成大 π 键共轭体系时，反应不遵循霍夫曼规则。例如：

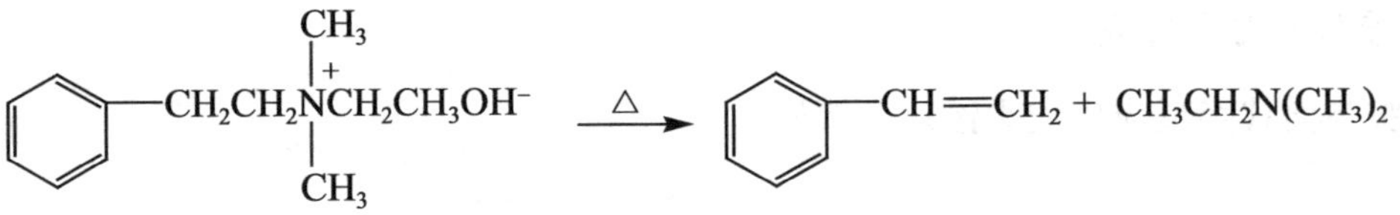

（2）立体因素。这个反应是 E2 消除反应，反应历程的立体化学要求被消除的氢和含氮基团在同一平面上并处于对位交叉的位置，以氢氧化 2-丁基三甲铵为例：

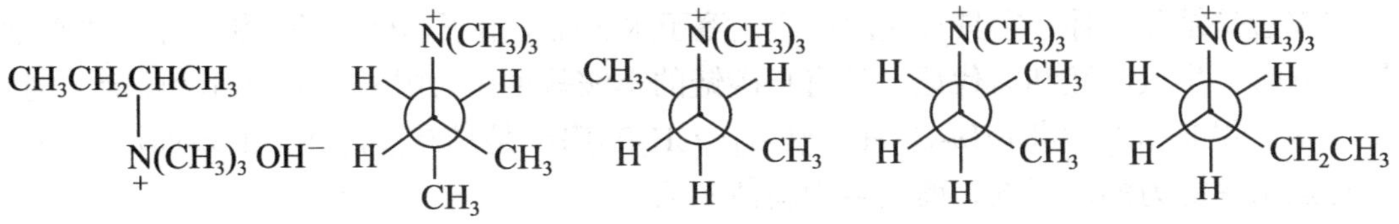

1　　2　　3　　4

从 C_2—C_3 的纽曼投影式来看，最稳定的构象 1 中氮的反式位置上没有氢，无法消除；构象 2 和 3 虽然有反式氢，但由于甲基和三甲氨基处于邻位交叉式，不稳定，因此这两种构象很少；只有构象 4（C_2—C_1 的纽曼投影式）在 C_1 有反式氢，能量又不是很大，在 C_1 上发生消除反应生成的丁-1-烯是主要产物。

胺与过量碘甲烷反应生成季铵盐，再与湿的氧化银反应得到季铵碱，然后加热消除生成烯烃，这一过程称为霍夫曼彻底甲基化反应或霍夫曼降解，可用于制备烯烃。从反应过程中消耗碘甲烷的物质的量和生成烯烃的结构，可推测原来化合物是几级胺和碳的骨架结构。例如：

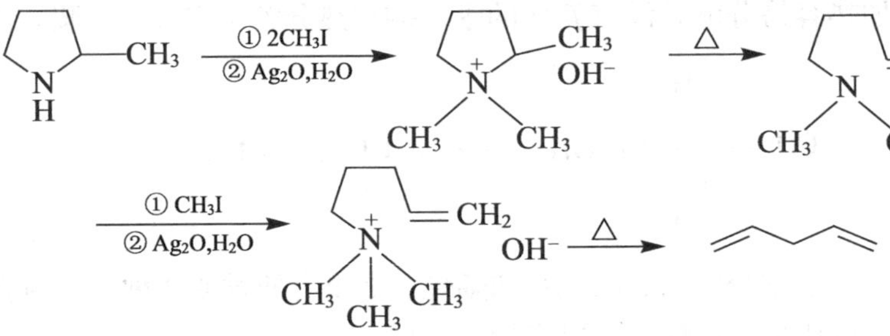

季铵盐具有相转移催化作用。相转移催化作用是指一种催化剂能加速或者使分别处于互不相溶的两种溶剂（溶液两相体系或液固两相体系）中的物质发生作用。季铵盐价格便宜、使用范围广，是常用的相转移催化剂，如三乙基苯甲基氯化铵（TEBA）、四丁基溴化铵（TBAB）。

例如，氯代烃与氰化钠的亲核取代反应，加热回流两周后产物也极少，在反应体系中加入 TEBA，则反应 2 h 后已有很高的产率。

$$CH_3(CH_2)_7Cl + NaCN \xrightarrow[\triangle]{H_2O} CH_3(CH_2)_7CN + NaCl$$

相转移催化剂具有在两相之间运送离子的作用。

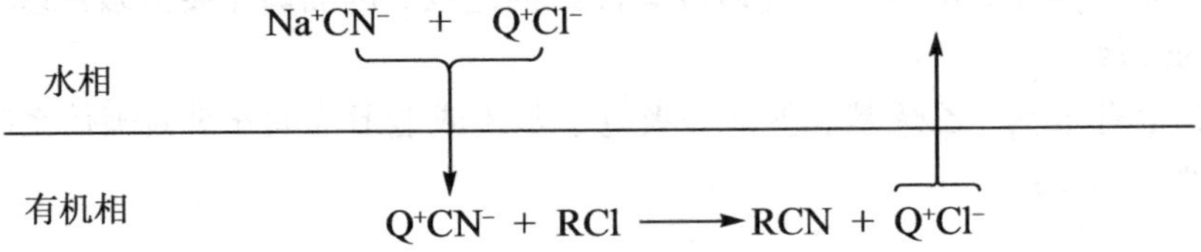

14.2.4　胺的制备

制取胺的方法主要有两种：一种是用氨作亲核试剂进行亲核取代反应；另一种是含氮化合物的还原。此外，还有制取伯胺、仲胺的特殊方法。

1. 氨或胺的烷基化

氨和胺都是亲核试剂，在一定条件下可以与卤代烃通过亲核取代反应直接烃化。卤代烃与氨的反应，在氨过量的情况下可以得到伯胺，反应按照 S_N2 的历程进行。

$$RX + NH_3(\text{过量}) \longrightarrow R\overset{+}{N}H_3X^- \longrightarrow RNH_2$$

2. 卤代芳香烃的氨解

卤素直接连在苯环上的芳香族卤代烃很难被氨基取代，若芳环上卤原子的邻、对位上连有硝基等强吸电子基团，则没有催化剂存在也可以发生亲核取代反应（相关内容见 14.1.2 小节中“芳香族硝基化合物的化学性质”）。

在一般条件下，卤代芳香烃（如氯苯和溴苯）不能与亲核试剂发生 S_N2 反应，但是在液氨中它们能与强碱 KNH_2（或 $NaNH_2$）作用，卤原子被氨基负离子（NH_2^-）取代生成苯胺。

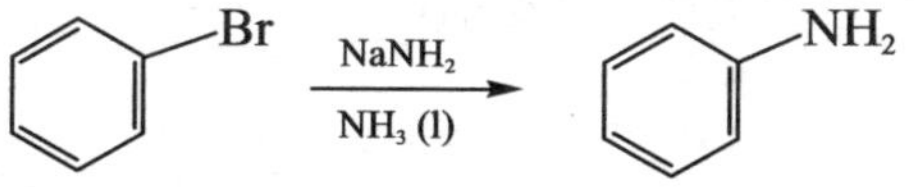

这个反应不是亲核取代反应，而是通过消除-加成反应历程，经历苯炔（benzyne）中间体实现的。反应的第一步是由强碱氨基负离子引起的消除反应，消除一分子卤化氢后生成一个极不稳定的非常活泼的苯炔中间体；第二步苯炔和氨基负离子发生加成反应生成碳负离子，然后碳负离子从氨分子中接受一个质子生成苯胺。反应历程为

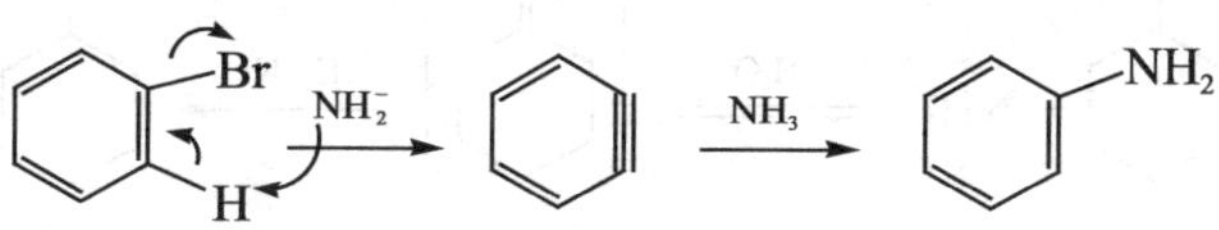

苯炔是活泼的中间体，利用波谱技术及化学方法“捕捉”，已经证明其存在。苯炔的结构为

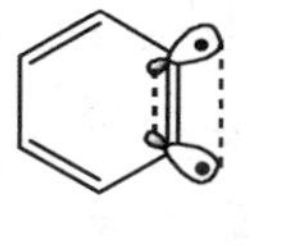

在苯炔分子中新形成的键是相邻两个碳原子的 sp^2 杂化轨道以侧面重叠的方式形成，它与苯环的大 π 键体系互相垂直。由于重叠小，这个新形成的键很弱且有张力，因此苯炔很活泼，容易发生反应，苯炔及其衍生物是有机合成的重要中间体。

3. 含氮化合物的还原

硝基化合物、腈、肟、酰胺等含氮化合物都可以还原生成胺。

与脂肪族硝基化合物不同，芳香族硝基化合物容易得到，因此芳香族伯胺除可以通过芳

环的亲核取代反应制备外，很重要的合成方法就是将芳香族硝基化合物还原成胺。

最常用的还原方法有两种：一种是铁、锡、锌或氯化亚锡加盐酸（或硫酸、乙酸）；另一种是催化氢化。例如：

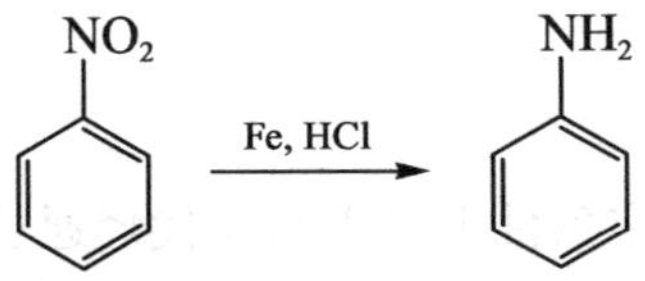

腈和肟可以还原为伯胺，酰胺则可以还原成伯、仲、叔胺。

腈在高温、高压下用镍催化氢化，可生成胺，也可用钠和醇作还原剂。

$$RC \equiv N \xrightarrow[\text{或 } H_2,\ Ni]{Na,\ C_2H_5OH} RCH_2NH_2$$

$$RCH = N - OH \xrightarrow{Na,\ C_2H_5OH} RCH_2NH_2$$

$LiAlH_4$是常用的还原剂，反应通常在无水乙醚或四氢呋喃中进行，将反应产物水解即可得到胺。

$$RCONHCH_3 \xrightarrow[\text{② } H_2O]{\text{① } LiAlH_4} RCH_2NHCH_3$$

4. 醛或酮的还原氨化

将醛或酮与氨、伯胺或仲胺反应，在氢和催化剂的存在下转变为伯、仲、叔胺的反应称为还原氨化。从产物形式上看，反应中羰基被还原，而氨基被烷基化，因此称为还原烷基化或还原氨化。例如：

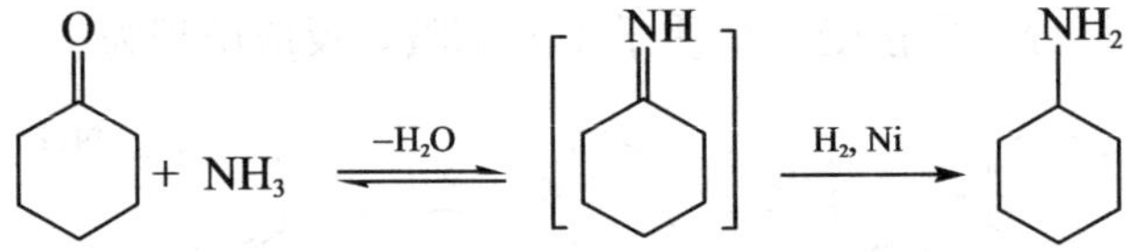

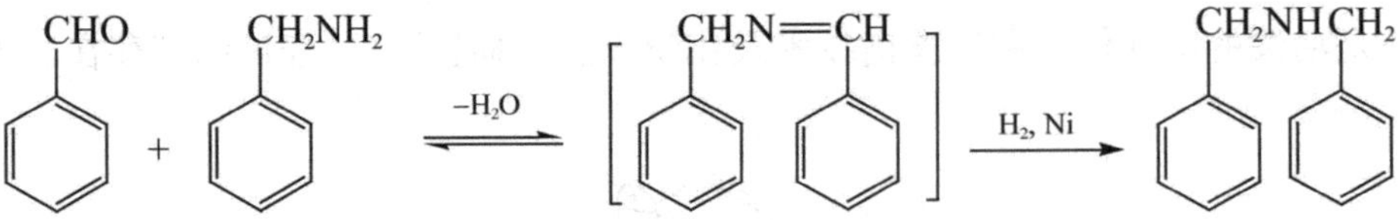

5. 盖布瑞尔合成法

盖布瑞尔合成法是制备伯胺的好方法。反应的第一步是将邻苯二甲酰亚胺钾与伯(或仲)卤代烷发生 S_N2 反应，生成的 *N*-烷基邻苯二甲酰亚胺在碱性条件下水解即可得到伯胺。

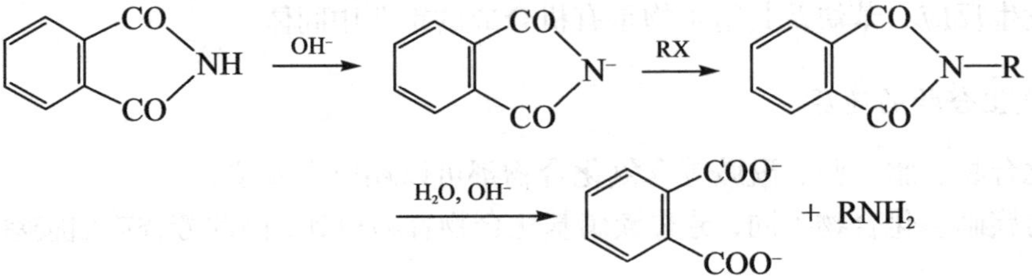

6. 霍夫曼降级反应

伯酰胺在氯或溴的碱性溶液中，腈重排和水解后得到比原来酰胺少一个碳原子的伯胺，称为霍夫曼降级反应（详见 14.4 节）。

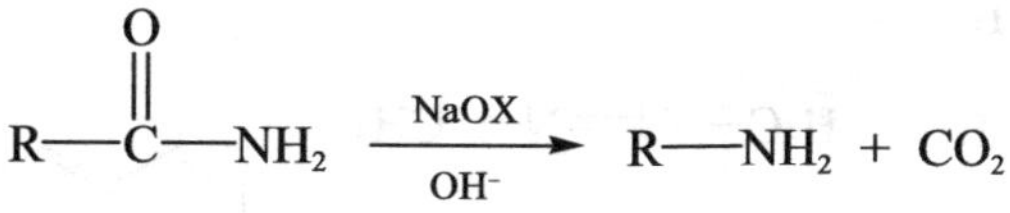

14.2.5　烯胺

氨基直接与双键碳相连的化合物称为烯胺。稳定的烯胺 N 上无 H，由醛或酮与仲胺缩合得到。例如：

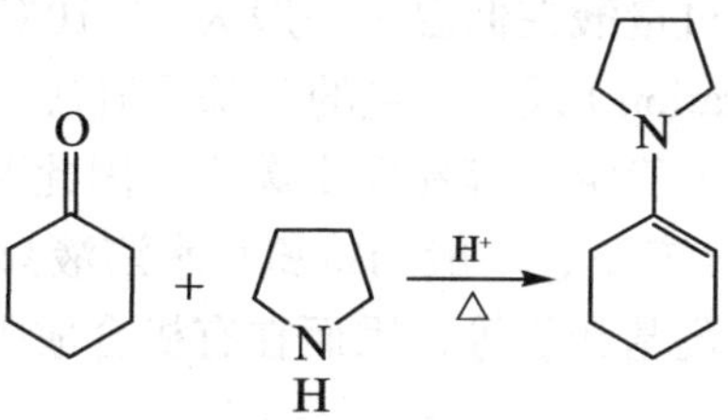

烯胺与活泼的卤代烃反应，所得烷基化的烯胺经酸性水解后得到 α-取代酮。

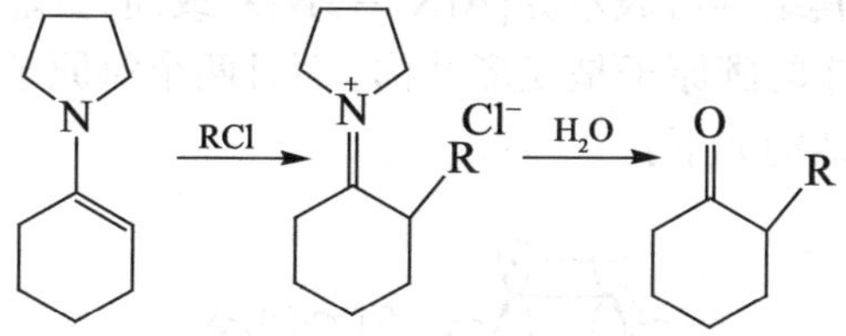

14.3　重氮和偶氮化合物

扫一扫　14-4　重氮和偶氮化合物

重氮和偶氮化合物分子中都含有氮氮重键（—N═N—）官能团。其中，官能团的一端与烃基相连，另一端与非碳原子相连的化合物称为重氮化合物。例如：

$CH_2{=}N{\equiv}N$　　　$N{\equiv}N{=}CHCOOC_2H_5$

重氮甲烷　　　重氮乙酸乙酯

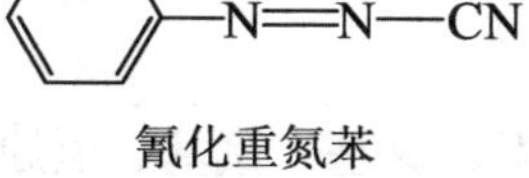

氰化重氮苯

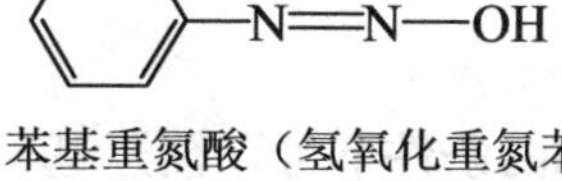

苯基重氮酸（氢氧化重氮苯）

官能团的两端都与碳原子相连的化合物称为偶氮化合物。例如：

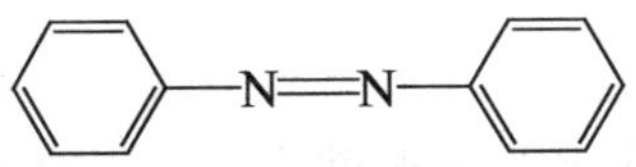

偶氮苯

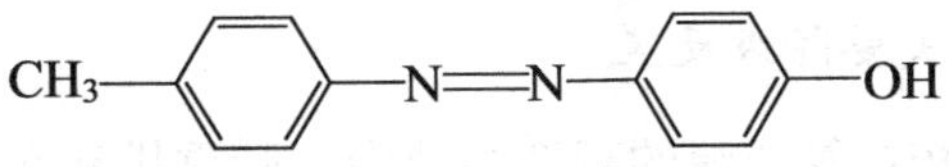

4-甲基-4′-羟基偶氮苯

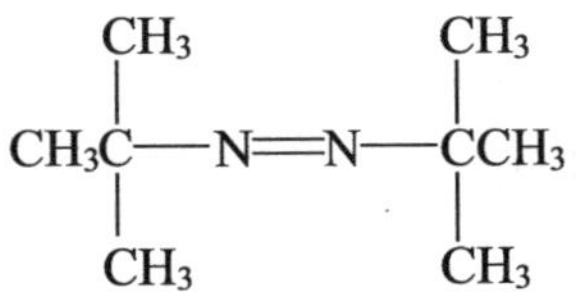

偶氮二异丁腈

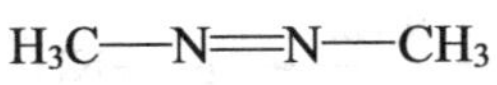

偶氮甲烷

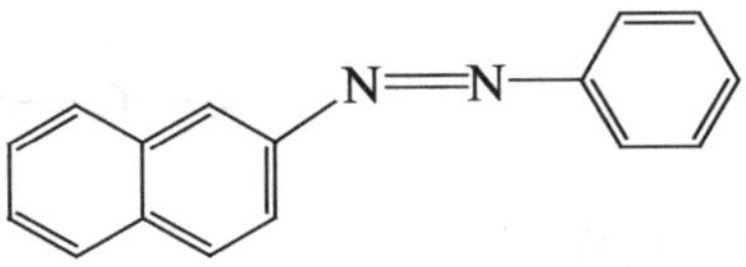

萘-2-偶氮苯

14.3.1　芳香族重氮化合物的制备和结构

芳香族伯胺与亚硝酸盐和过量酸在低温（一般为 0～10℃）下作用，生成芳基重氮盐，这个反应称为重氮化（diazotization）反应。纯的芳基重氮盐是无色结晶，易溶于水，但不溶于有机溶剂，在干燥情况下极不稳定，容易发生爆炸，因此通常不将它从溶液中分离出来，而是直接用于下一步反应。在 0℃下，一般的重氮盐水溶液只能保持数小时。芳基重氮盐的重氮基可转化为卤素、氰基、羟基和氢等，因而在有机合成中具有重要用途。

$$ArNH_2 + 2HCl + NaNO_2 \xrightarrow{0\sim5℃} ArN_2^+Cl^- + NaCl + 2H_2O$$

重氮盐和铵盐相似，其结构可表示为$[ArN^+\equiv N]X^-$或简写成$[ArN_2^+]X^-$。已知重氮正离子的两个氮原子与苯环相连的碳原子是线形结构，而且两个氮原子的 π 轨道和苯环的 π 轨道形成离域的共轭体系，其结构如下：

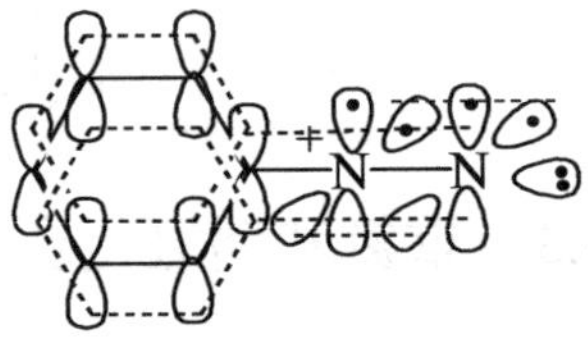

14.3.2　芳香重氮盐的性质

重氮盐是非常活泼的化合物，可发生多种反应，生成多种化合物，在有机合成上非常有用。归纳起来，主要反应分为以下两类：

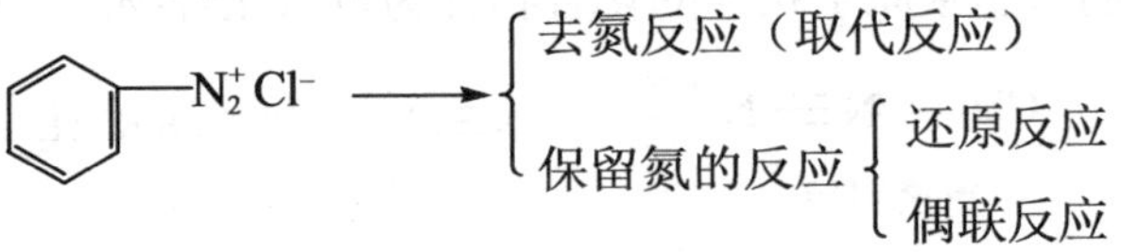

1. 取代反应

重氮离子在较温和的条件下可以被羟基、卤素、氨基、氰基、氢原子等取代，因此在有机合成上非常有用。

1）被羟基取代

重氮盐和酸液共热时发生水解生成酚并放出氮气，反应实际上是重氮盐的分解。

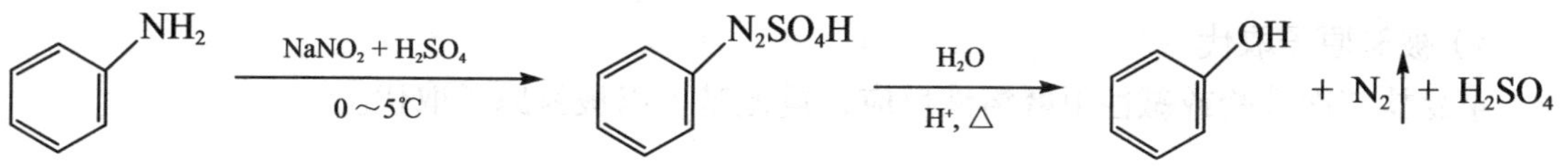

利用这个反应可以在苯环的某个指定位置的碳原子上引入一个羟基，这在有机合成中很有用。

2）被卤素、氰基、硝基取代

重氮正离子是很好的离去基团。例如，重氮盐的水溶液与碘化钾一起加热，重氮基可被碘取代，生成碘代芳香烃。

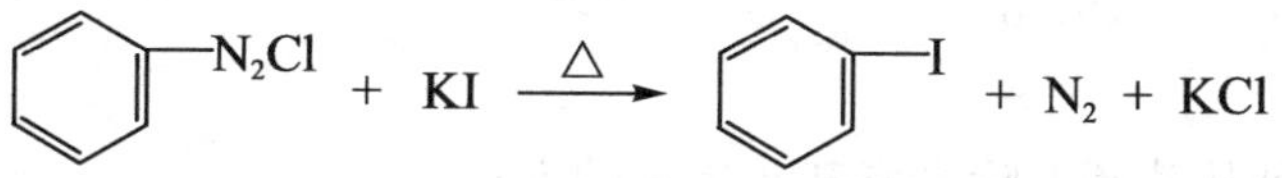

氯离子和溴离子的亲核能力较弱，因此用上述方法难以将重氮基转化为氯和溴。但在氯化亚铜或溴化亚铜催化下，重氮盐在氢卤酸溶液中加热，重氮基可被氯或溴取代，这个反应称为桑德迈尔（Sandmeyer）反应。

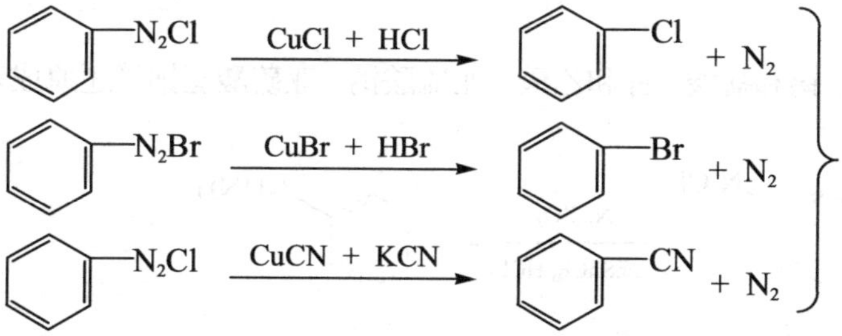

芳基重氮盐与氟硼酸作用，生成溶解度较小的氟硼酸盐，后者加热分解，生成氟代芳烃，这个反应称为席曼（Schiemann）反应，它是由芳香胺制备氟代芳香烃的常用方法。

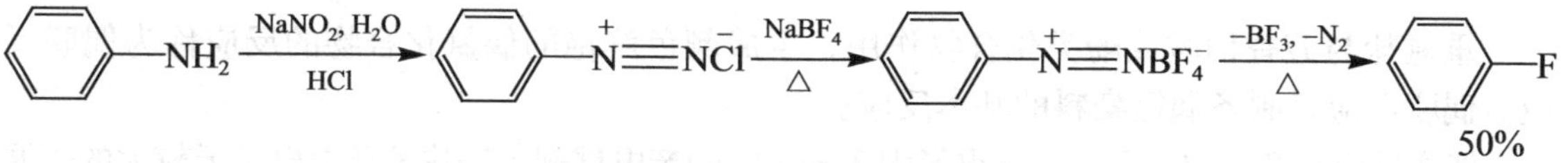

若用氰化亚铜催化，重氮基可被氰基取代，生成芳香腈。

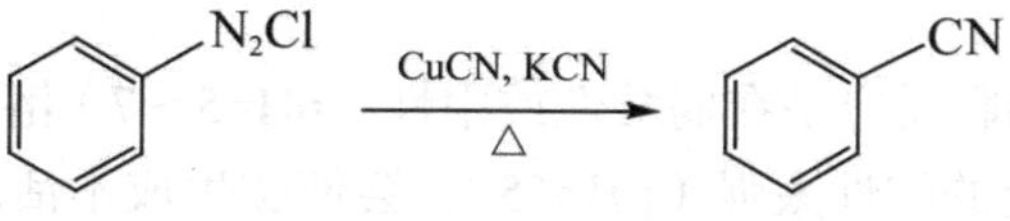

芳基重氮盐悬浮于亚硝酸盐的水溶液中，在金属铜催化下，重氮基可转化为硝基，此反应称为伽特曼（Gattermann）反应。例如：

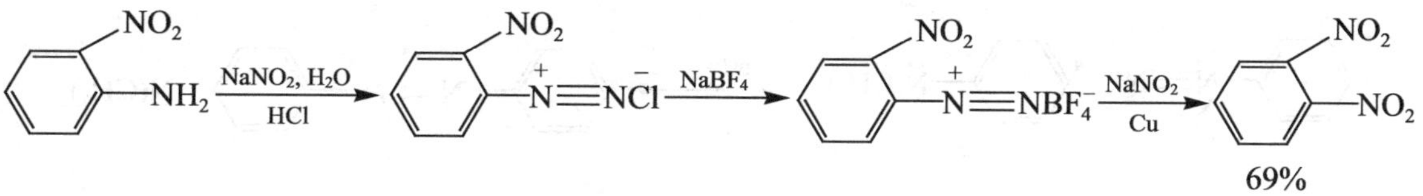

3）被氢原子取代

重氮盐与次磷酸或碱性甲醛溶液反应，重氮基可以被氢原子取代。

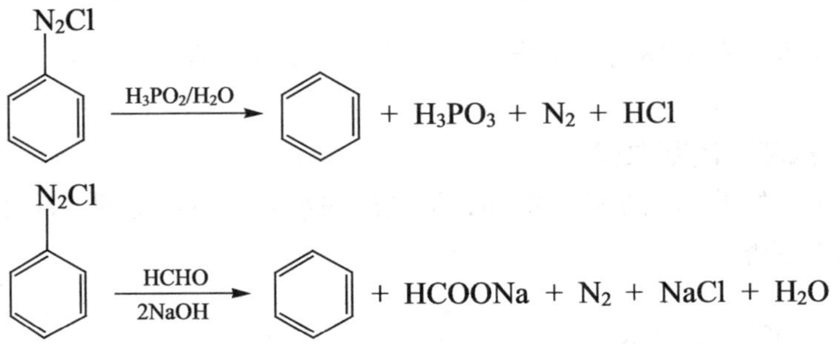

这个反应提供了一种从芳环上除去氨基或硝基的方法。

上述反应可以制备一般不能用直接方法制取的化合物。

在药物和有机合成中可利用硝基或氨基的定位将所需基团引入特定位置，然后将硝基或氨基除去或转化为所需基团，用来合成不能由芳环直接取代法合成的化合物。

2. 还原反应

重氮盐可被氯化亚锡、锡和盐酸、锌和乙酸、亚硫酸钠、亚硫酸氢钠等还原成苯肼。例如：

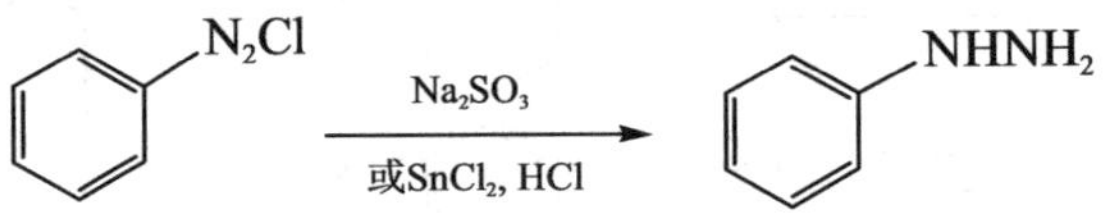

生成的苯肼在酸性条件下以盐的形式存在，苯肼盐用碱处理可释放出苯肼。

3. 偶联反应

重氮盐与芳香伯胺或酚类化合物作用，生成颜色鲜艳的偶氮化合物的反应称为偶联反应。偶联反应是制备偶氮染料的基本反应。

偶联反应是亲电取代反应，是重氮阳离子（弱的亲电试剂）进攻苯环上电子云较大的碳原子而发生的反应。参加偶联反应的重氮盐称为重氮组分，与其偶联的酚和芳胺称为偶联组分。

1）与芳香胺偶联

重氮盐与芳香胺的偶联反应是在弱酸性或中性（pH=5～7）溶液中进行的，而不宜在强酸性溶液中进行。若溶液的酸性太强（pH＜5），会使胺生成不活泼的铵盐，则偶联反应难以进行或很慢。在中性或弱酸性溶液中，重氮离子的浓度最大，且氨基是游离的，不影响芳香胺的反应活性。

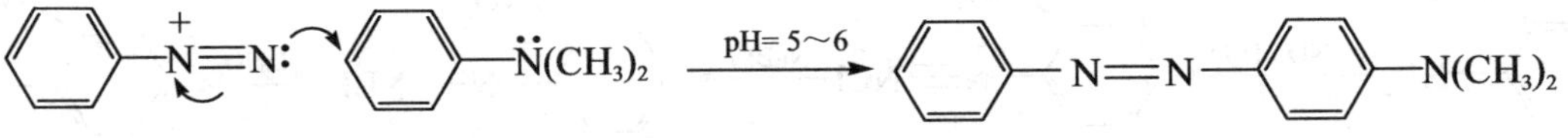

偶联反应总是优先发生在对位，若对位被占，则在邻位上反应，间位不能发生偶联反应。

2）与酚偶联

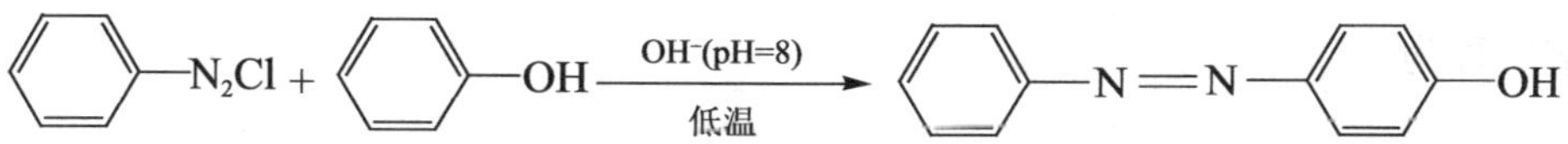

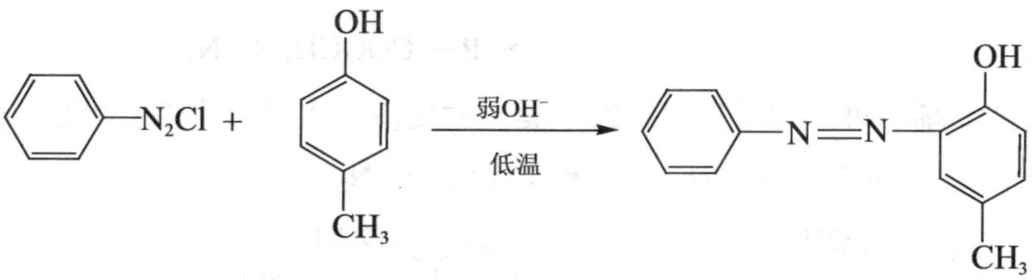

重氮盐和酚的偶联反应一般在弱碱性溶液中进行，因为在弱碱性条件下酚生成酚盐负离子，苯环更活化，有利于亲电试剂重氮阳离子的进攻。但碱性不能太大（pH 不能大于 10），因为碱性太强，重氮盐会转变为不活泼的苯基重氮酸或重氮酸盐离子。而苯基重氮酸或重氮酸盐离子都不能发生偶联反应。

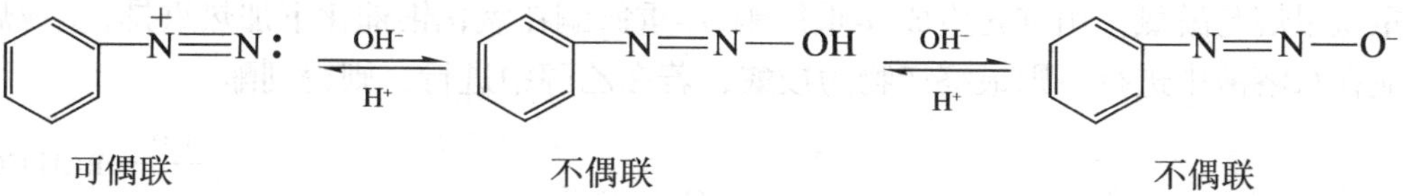

重氮阳离子是一个弱亲电试剂，只能与活泼的芳环（酚、胺）偶合，其他芳香族化合物不能与重氮盐偶合。当重氮基的邻、对位连有吸电子基团时，对偶联反应有利。

因此，在进行偶联反应时，要考虑多种因素，选择最适宜的反应条件，才能达到预期的效果。

14.3.3　重氮甲烷

重氮甲烷（CH_2N_2）是最简单、最重要的脂肪族重氮化合物。重氮甲烷为黄色有毒气体（沸点–24℃），容易爆炸。它能溶于乙醚中，其乙醚溶液比较稳定。

重氮甲烷是线形分子，共振论用以下几个极限式表示：

从上面的极限式中可以看出，重氮甲烷的碳原子既具有亲核性质又具有亲电性质，是一个偶极离子，所以它的反应是多种多样的。

重氮甲烷由 *N*-亚硝基酰胺或 *N*-亚硝基胺与碱反应制备。

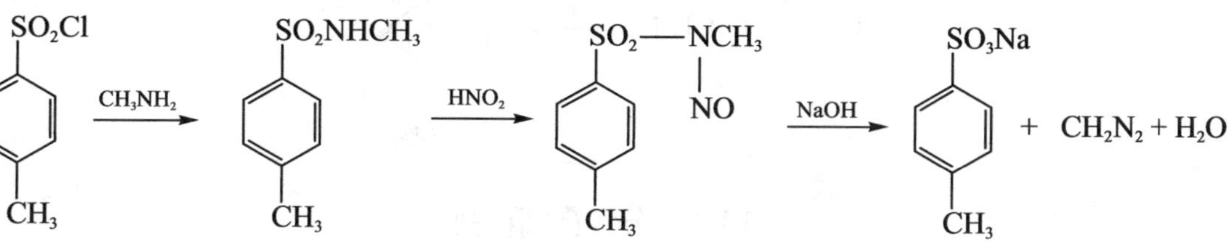

重氮甲烷是很重要的甲基化试剂，它和酸反应生成羧酸甲酯。

$$R{-}COOH + CH_2N_2 \longrightarrow R{-}COOCH_3 + N_2$$

反应历程为

$$R{-}COOH + CH_2{=}N{\equiv}N \longrightarrow R{-}COO^- + CH_3{-}\overset{+}{N}{\equiv}N$$
$$\longrightarrow R{-}COOCH_3 + N_2$$

其他的酸、酚、烯醇可以和重氮甲烷发生类似的反应，生成卤代烷、酚醚、烯醇醚。

$$HCl + CH_2N_2 \longrightarrow CH_3Cl + N_2$$

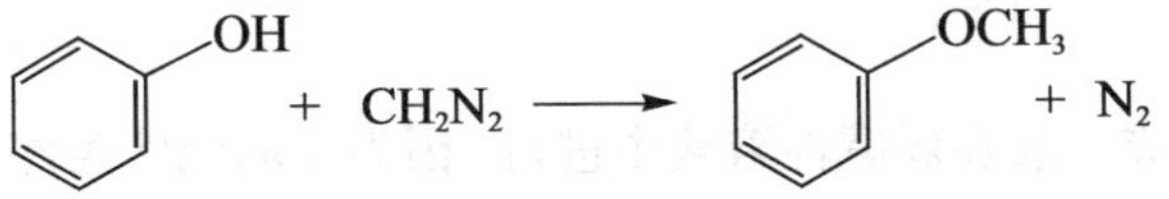

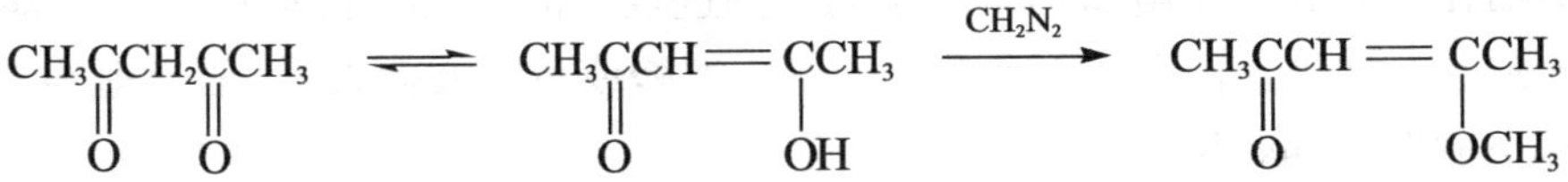

重氮甲烷与酰氯作用首先生成 α-重氮酮，α-重氮酮在氧化银催化下加热重排，生成烯酮。若反应在水溶液中进行，则最终产物为羧酸；若在乙醇中进行，则得到酯。

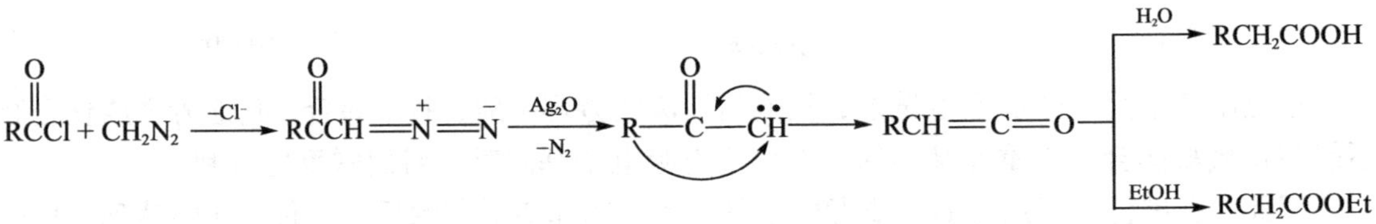

用这一反应可以将羧酸变成增加一个碳原子的羧酸，称为阿恩特-艾斯特尔特（Arndt-Eistert）反应。

重氮化合物的另一个重要性质是在光照或加热时生成卡宾，又称碳烯。

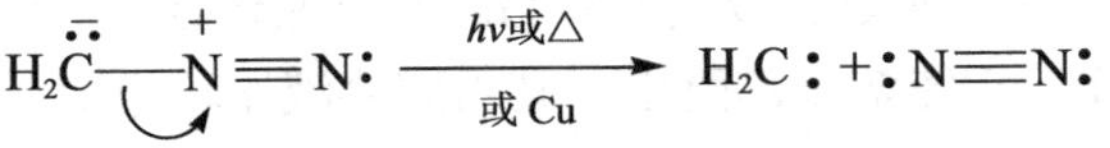

亚甲基卡宾

卡宾是重要的有机合成活性中间体，可用通式 R_2C: 表示，其中碳原子以 σ 键与两个原子或基团相连，另外还有一对非键电子。由于碳原子周围只有 6 个价电子，因此它具有强的亲电性能，一旦生成，可立即与反应体系中存在的烯烃加成，生成环丙烷类化合物。环丙烷化反应的立体化学为顺式加成。例如：

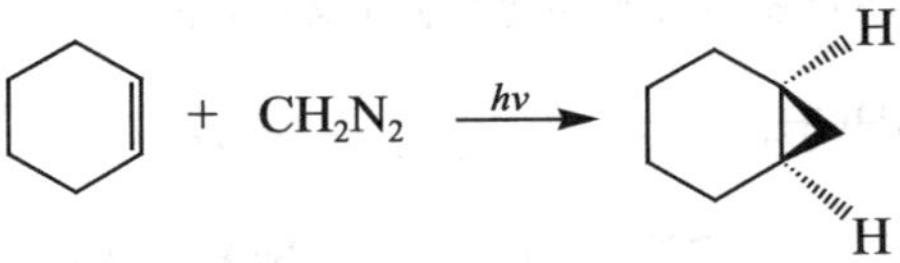

40%

14.4　分 子 重 排

分子重排（molecular rearrangement）又称重排反应，是指某种化合物在试剂、温度或其他因素的影响下，发生分子中某些基团的转移或分子内碳原子骨架的改变的反应。这种改变可导致重键位置的转移、官能团的转移、扩环/缩环或基本碳架的改变等。

按照重排发生在分子内或分子间，重排反应可分为分子间重排和分子内重排。在重排中，迁移原子或基团完全游离并脱离原来的分子，然后与其他部分连接，这种重排称为分子间重排；分子内重排则与其他分子无关，迁移基团始终没有脱离原来的分子，仅从分子的一部分迁移到另一部分。

按照迁移基团的电性分类，可将分子重排分为亲核重排、亲电重排和自由基重排。

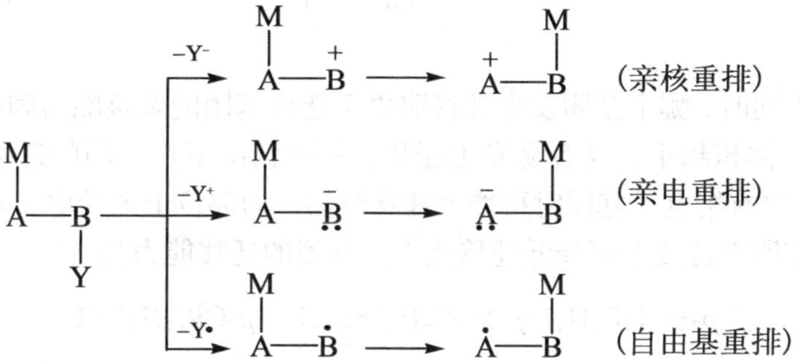

14.4.1　亲核重排

亲核重排的一般步骤是：第一步，缺电子中心的创建；第二步，迁移基团带着一对电子迁移至缺电子中心，同时迁移的始点成为缺电子中心；第三步，满足迁移始点外层 8 电子的结构（消除或与亲核试剂结合）。

反应中，迁移基团可以看成亲核试剂，基团的迁移往往发生在相邻的原子上，称为 1, 2-迁移。

1. 重排到缺电子的碳原子

1）片呐醇重排

片呐醇（pinacol）重排是邻二醇在酸作用下发生重排生成不对称酮的反应。首先是醇羟基结合一个质子得到质子化醇，质子化醇随后脱水生成碳正离子，含碳正离子的中间产物发生重排，生成不对称的质子化酮，该质子化酮脱去质子，生成重排产物。反应历程如下：

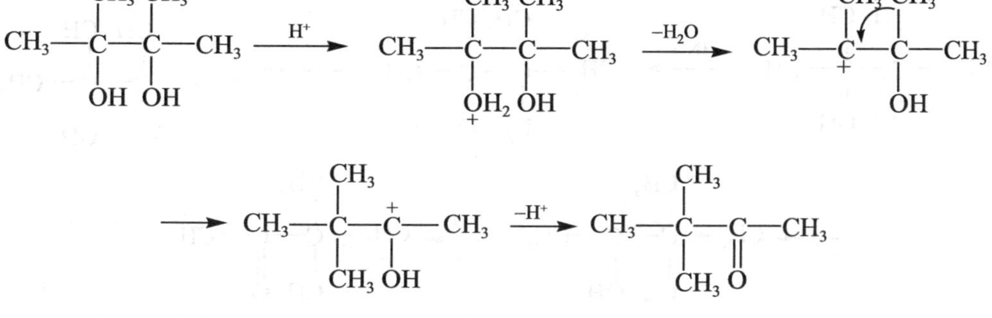

结构不对称的邻位二醇发生片呐醇重排时，能生成稳定碳正离子一边的羟基优先离去。例如：

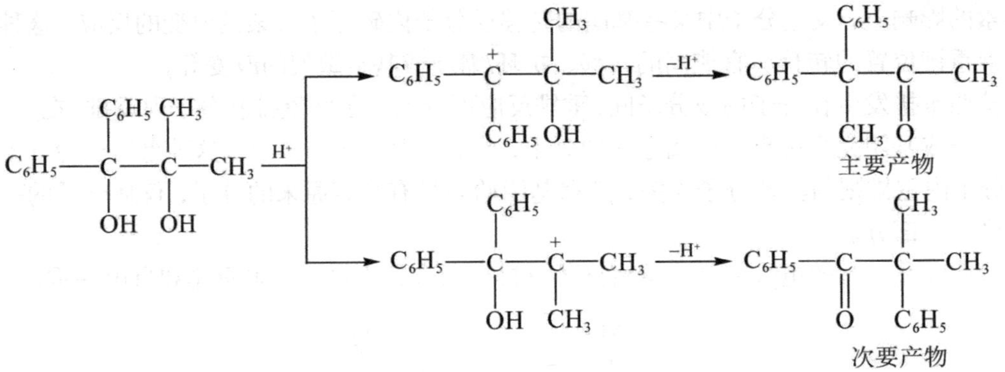

当迁移基团不同时，哪个基团发生迁移取决于迁移基团的亲核能力和可极化性，基团的电子云密度越大、体积越小，越容易发生迁移。一般情况下，基团的迁移顺序是芳基＞烷基＞H。在芳基对位有给电子基团时可增大迁移倾向，而邻位上的给电子基团则减小迁移倾向，吸电子基团在所有位置上都降低迁移能力。基团的迁移能力为

$$p\text{-MeOC}_6\text{H}_4 > p\text{-MeC}_6\text{H}_4 > \text{C}_6\text{H}_5 > p\text{-ClC}_6\text{H}_4 > \text{R}$$

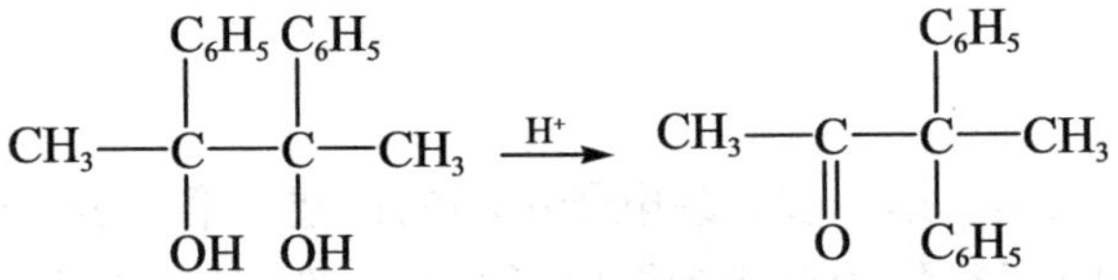

邻卤代醇在硝酸银作用下，能发生类似片呐醇的重排反应。例如：

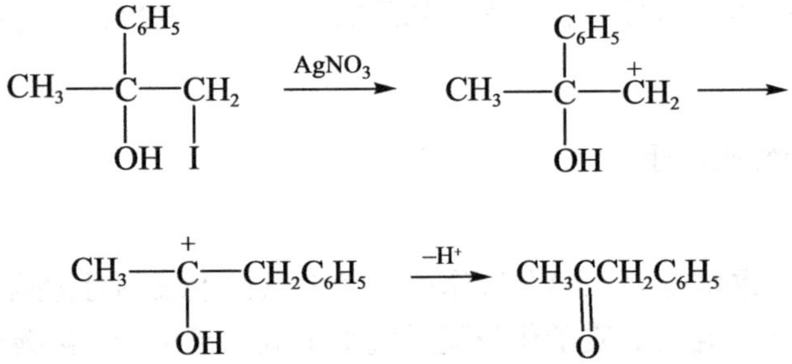

邻氨基醇在亚硝酸作用下，也能发生类似片呐醇的重排反应。例如：

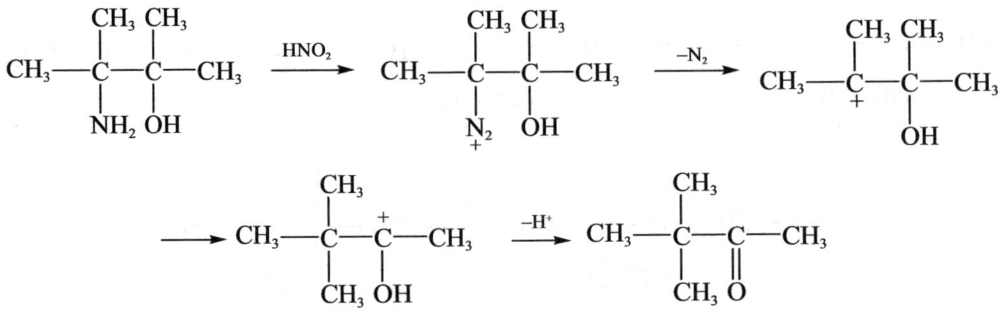

2）瓦格涅尔-麦尔外因重排

瓦格涅尔-麦尔外因重排是典型的碳正离子重排反应，其范围很广，最常见的是醇在酸

性条件下发生的重排。例如：

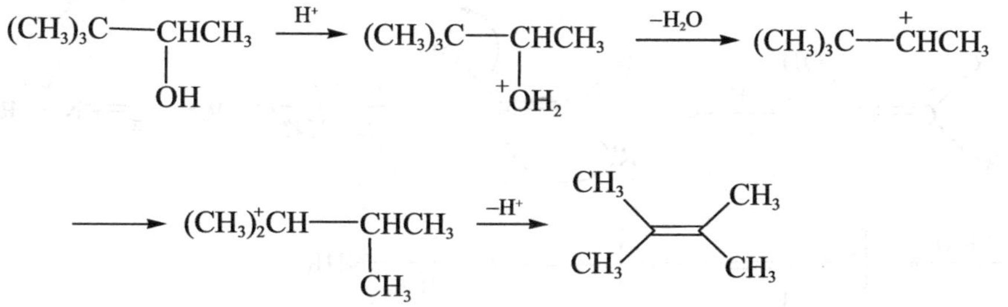

反应时，羟基质子化脱水后生成仲碳正离子，然后相邻碳原子上的甲基带着一对电子迁移到缺电子的碳正离子上生成更稳定的叔碳正离子，与碳正离子相连的碳原子上的氢原子在碳正离子的影响下以质子形式消去，形成一个非预期的经过重排的烯烃。

3）捷米扬诺夫重排

脂肪族重氮盐非常不稳定，容易分解，生成的碳正离子经重排得到醇，这一重排反应称为捷米扬诺夫（Demjanov）重排。例如，丙胺在亚硝酸作用下经过重氮化，分解放出氮气，再与水反应得到丙醇和异丙醇的混合物。

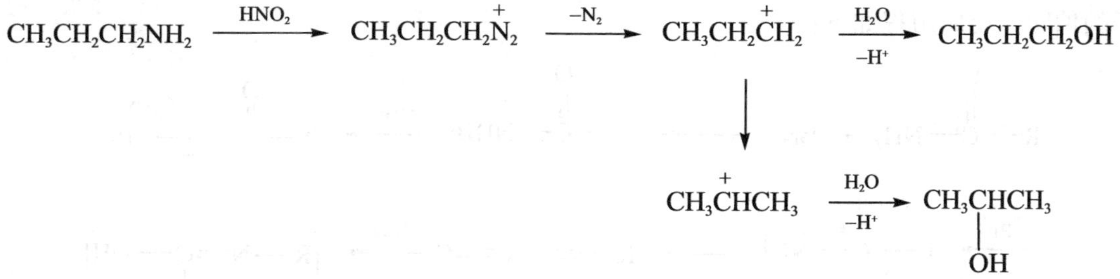

如果反应物为脂环伯胺，可以得到环扩大或缩小的产物，合成上可用于制备三元环到八元环的化合物。例如：

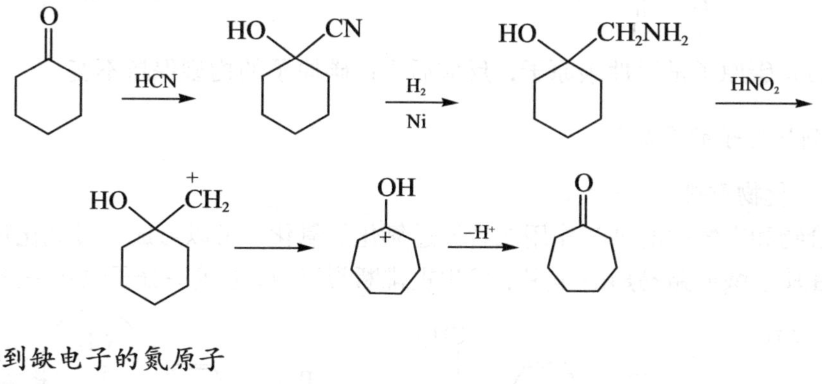

2. 重排到缺电子的氮原子

1）贝克曼重排

在催化剂的作用下，酮肟转变为酰胺的重排反应称为贝克曼（Beckmann）重排。

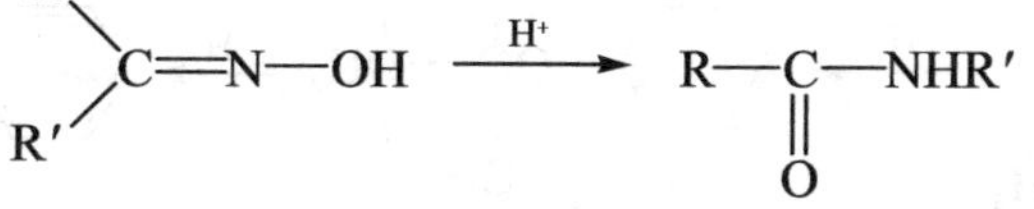

反应历程如下：

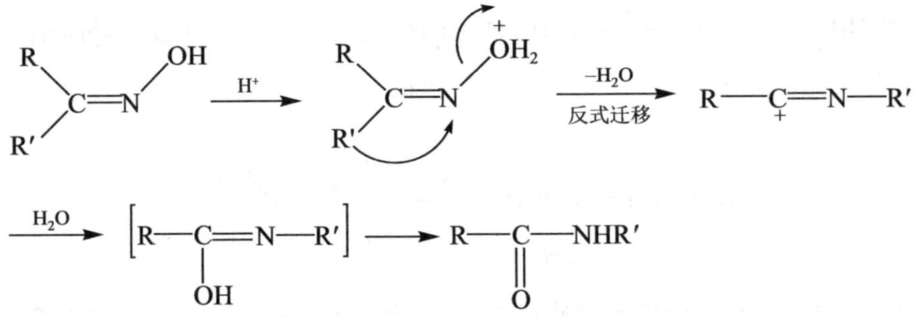

在重排过程中，迁移基团只能通过羟基的背面进攻缺电子的氮原子，也就是说贝克曼重排为反式重排。如果迁移基团为手性碳原子，其构型在迁移前后保持不变。

2）霍夫曼重排

在碱性溶液中，用氯或溴与伯酰胺作用生成少一个碳的伯胺，这个反应称为霍夫曼重排。

$$RCONH_2 \xrightarrow{NaOBr} RNH_2 + CO_2$$

霍夫曼重排又称霍夫曼降级反应，从羧酸出发经霍夫曼重排可以合成比羧酸少一个碳原子的伯胺。反应历程如下：

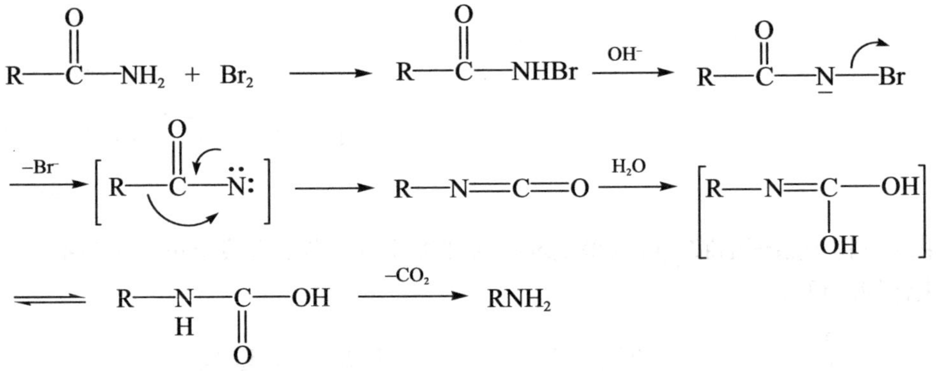

若酰胺的 α-碳原子是手性碳原子，反应后手性碳原子的构型保持不变。

3. 重排到缺电子的氧原子

1）氢过氧化物重排

烃类化合物和空气中的氧气作用或者被过氧化氢氧化，可以形成氢过氧化物（ROOH）。氢过氧化物在质子酸或路易斯酸作用下发生重排断裂反应，生成一分子酮和一分子醇。例如：

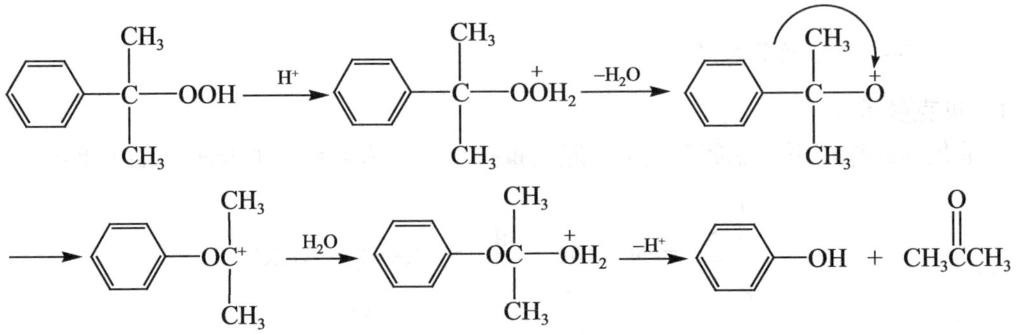

重排过程中基团迁移能力的顺序一般为

芳基＞叔烷基＞仲烷基＞正丙基≈H＞乙基＞甲基

2）拜尔-维利格重排

酮与过氧酸作用，在分子中插入氧生成酯的反应称为拜尔-维利格重排。常用的过氧酸有 $C_6H_5CO_3H$、CH_3CO_3H、CF_3CO_3H，其中三氟过氧乙酸性能最好。过氧酸与羰基化合物的加成产物中 O—O 键的异裂是整个反应的关键步骤。反应历程如下：

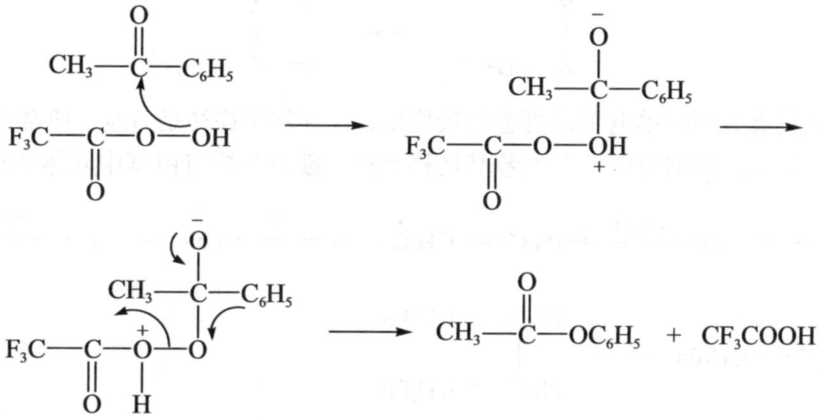

在不对称酮中，亲核性越大的基团，其迁移的倾向性也越大。基团迁移的一般顺序为

叔烷基＞仲烷基＞苯基＞伯烷基＞甲基

14.4.2　亲电重排

迁移基团以正离子的形式迁移到相邻的带负电荷原子上的重排反应称为亲电重排。重排过程一般分两步完成：第一步，分子中脱去一个正离子，留下碳负离子或具有未共用电子对的活泼富电子中心；第二步，相邻的基团以正离子形式迁移过来，该迁移基团所遗留的一对电子可以吸取一个质子。

史蒂文斯（Stevens）重排是含有活泼 α-H 的季铵盐或锍盐在强碱作用下，α-H 以质子形式离去形成碳负离子，烃基从氮原子或硫原子迁移到相邻的碳负离子上而生成叔胺或硫醚的反应。例如：

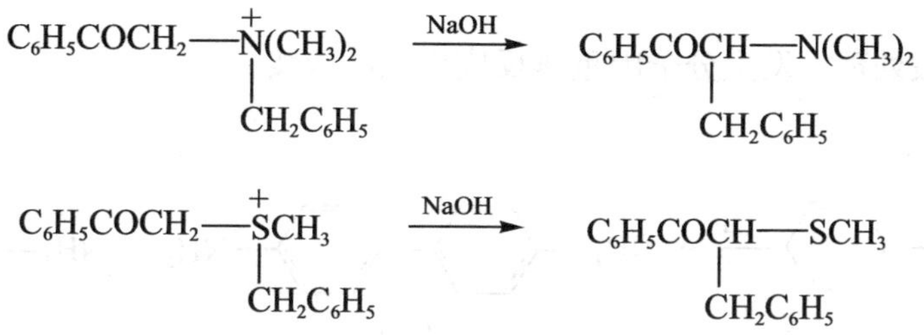

反应历程如下：

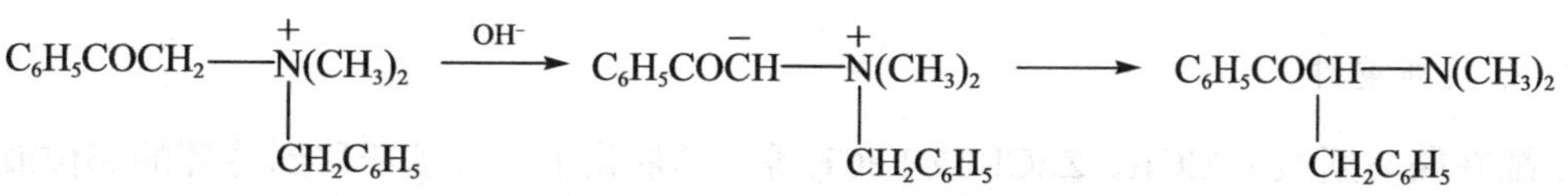

在反应过程中，迁移基团的构型不变，这说明碳氮键的破裂和碳碳键的生成是协同进行的。

14.4.3　自由基重排

自由基重排反应少得多。当发生自由基重排时，一般都是先生成自由基，再发生基团的迁移，而迁移基团也必须带有单个电子。

因为形成具有芳环的单电子过渡态比较稳定，迁移基团往往是芳基。通常情况下，烷基不发生迁移。例如，醛的分解，发生苯基迁移重排，涉及苯桥自由基中间体或过渡态。

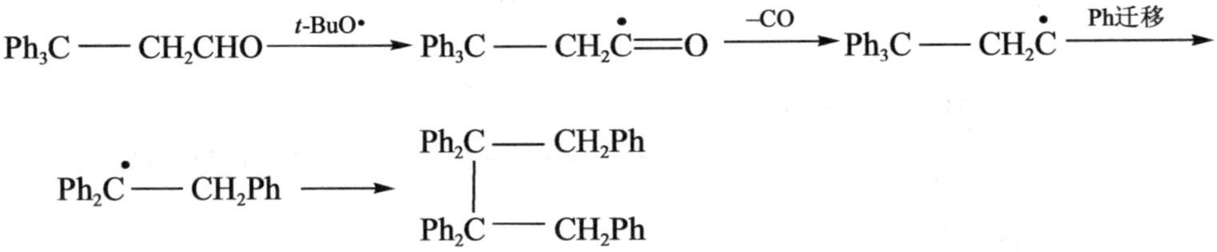

或

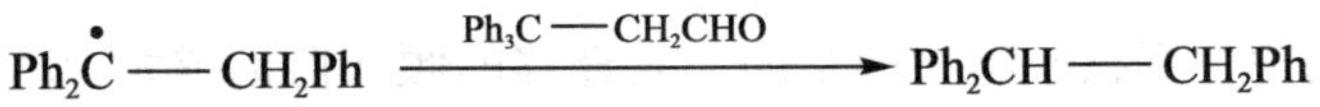

14.4.4　芳香族重排

与 X 取代基相连的原子或原子团在酸的作用下迁移到芳环的邻位或对位。这种重排涉及芳环，因此称为芳环上的重排。

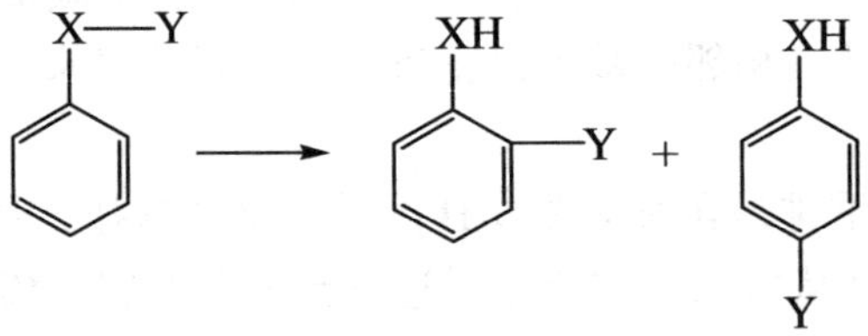

1. 联苯胺重排

二苯肼用强酸处理，发生分子内重排反应生成联苯胺。

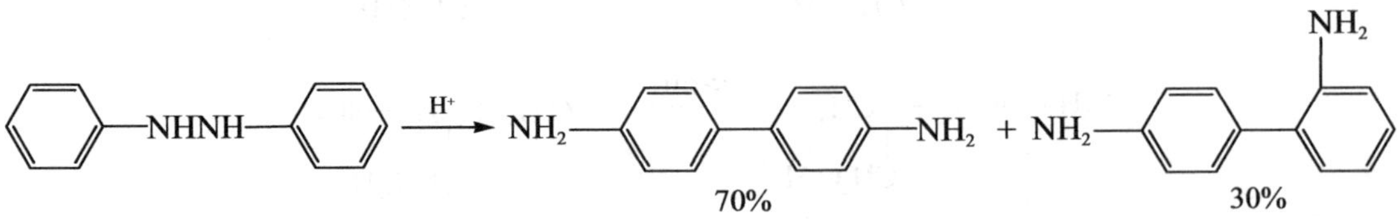

联苯胺及其衍生物的重排反应在偶氮染料的合成中有广泛的应用。

2. 弗莱斯重排

酚酯在路易斯酸（$AlCl_3$、$ZnCl_2$ 或 $FeCl_3$ 等）的催化下，酰基迁移到芳环的邻位或对位，生成邻、对位酚酮的混合物。这种重排称为弗莱斯（Fries）重排。

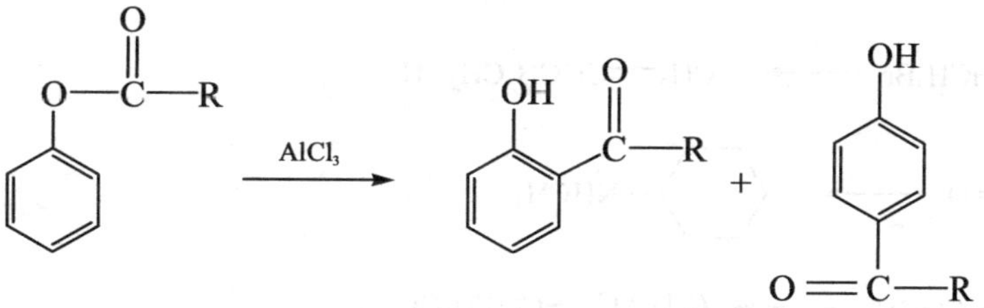

这是一种重要的合成酚酮的方法。低温（如室温）有利于形成邻位产物（动力学控制）；高温有利于形成对位产物（热力学控制）。

扫一扫　14-5　含氮有机化合物拓展阅读材料

习　题

1. 给出下列化合物的名称或写出构造式。

（1）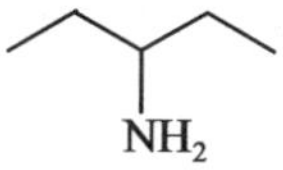

（2）$(CH_3)_2CHNH_2$

（3）$(CH_3)_2NCH_2CH_3$

（4）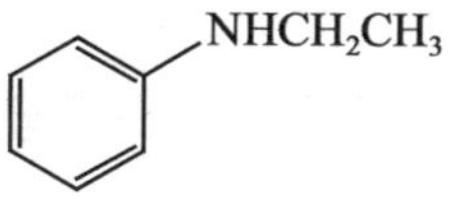

（5）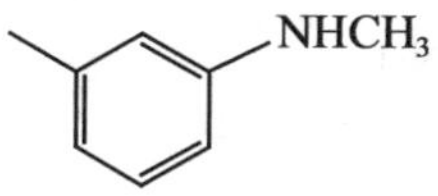

（6）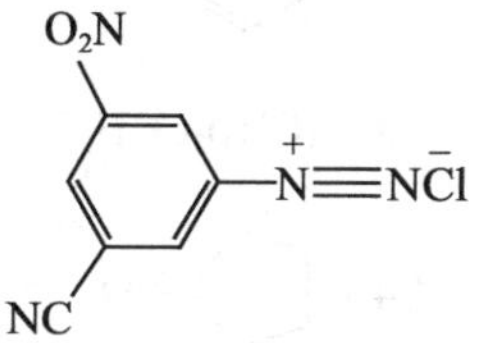

（7）对硝基氯化苄

（8）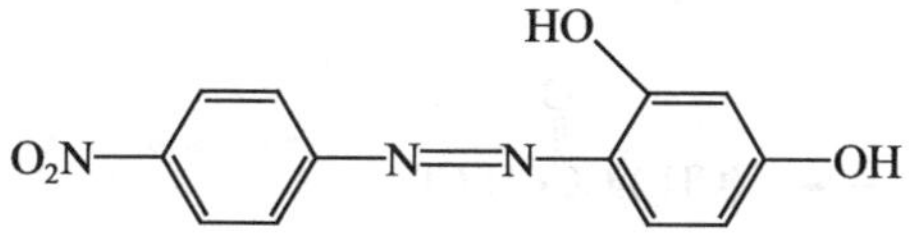

（9）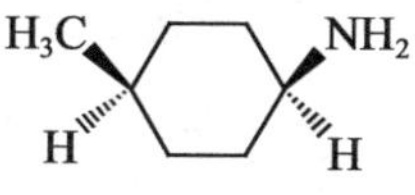

（10）苦味酸

2. 将下列化合物按碱性增强的顺序排列。

（1）a. CH_3CONH_2；b. $CH_3CH_2NH_2$；c. H_2NCONH_2；d. $(CH_3CH_2)_2NH$；e. $(CH_3CH_2)_4N^+OH^-$。

（2）a. 甲胺；b. 氨气；c. 乙酰胺。

（3）a. 苯胺；b. 对硝基苯胺；c. 对甲苯胺。

3. 试分别写出正丁胺、苯胺与下列化合物作用的反应式。

（1）稀盐酸　（2）稀硫酸

（3）乙酸　（4）稀 NaOH 溶液

（5）乙酸酐　（6）异丁酰氯

（7）苯磺酰氯+KOH（水溶液）　（8）溴乙烷

（9）过量的 CH_3I，然后加湿 Ag_2O　（10）（9）的产物加强热

（11）$CH_3COCH_3+H_2+Ni$　（12）HONO（$NaNO_2$+HCl），0℃

（13）邻苯二甲酸酐　　（14）氯乙酸钠

4. 完成下列转变。

（1）$CH_2{=}CHCH_2Br \longrightarrow CH_2{=}CHCH_2CH_2NH_2$

（2）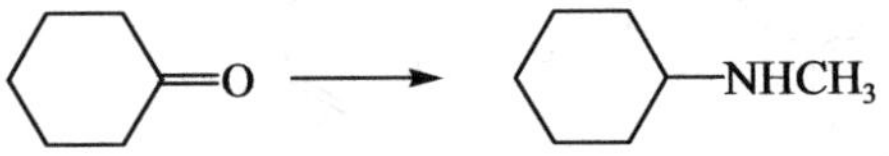

（3）$(CH_3)_3C{-}COOH \longrightarrow (CH_3)_3C{-}COCH_2Cl$

（4）$CH_3CH_2CH_2CH_2Br \longrightarrow CH_3CH_2{-}CH(NH_2){-}CH_3$

5. 完成下列转变。

（1）丙烯 ⟶ 异丙胺　　（2）正丁醇 ⟶ 正戊胺和正丙胺

（3）3, 5-二溴苯甲酸 ⟶ 3, 5-二溴苯甲胺　　（4）乙烯 ⟶ 丁-1, 4-二胺

（5）乙醇，异丙醇 ⟶ 乙基异丙基胺　　（6）苯，乙醇 ⟶ α-乙氨基乙苯

6. 如何完成下列反应?

（1）$CH_3CH_2CH_2Br \longrightarrow CH_3CH_2CH_2CH_2NH_2$

（2）

（3）$(CH_3)_3CCH_2Br \longrightarrow (CH_3)_3CCH_2NH_2$

（4）

（5）$(CH_3)_3CC(=O)Cl \longrightarrow (CH_3)_3CC(=O)CH_2Cl$

（6）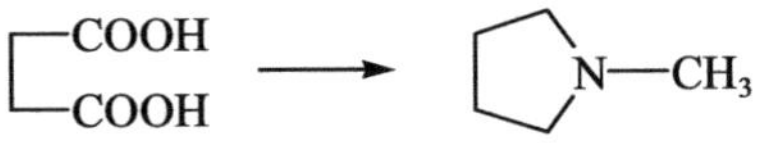

（7）$CH_3CH_2NO_2 \longrightarrow H_2NCH(CH_3){-}CH(OH){-}C_2H_5$

（8）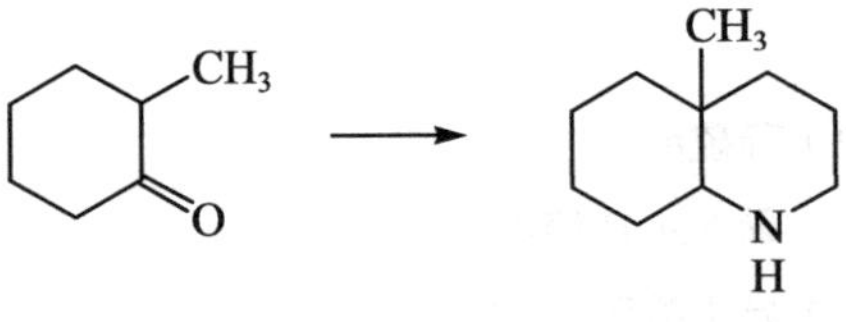

（9）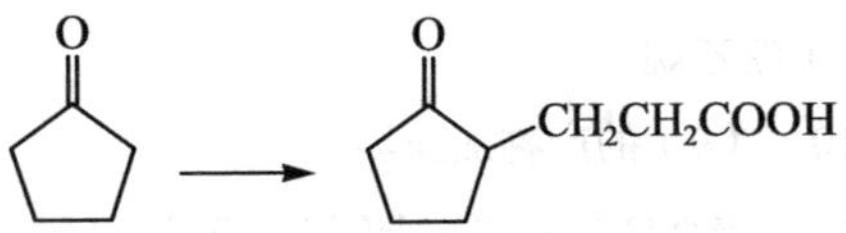

7. 完成下列反应式。

(1) 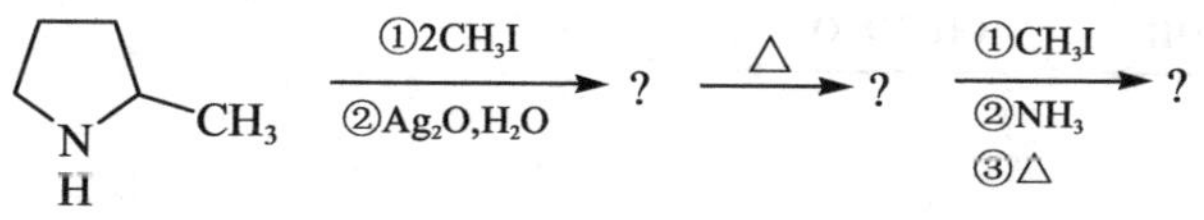

(2) 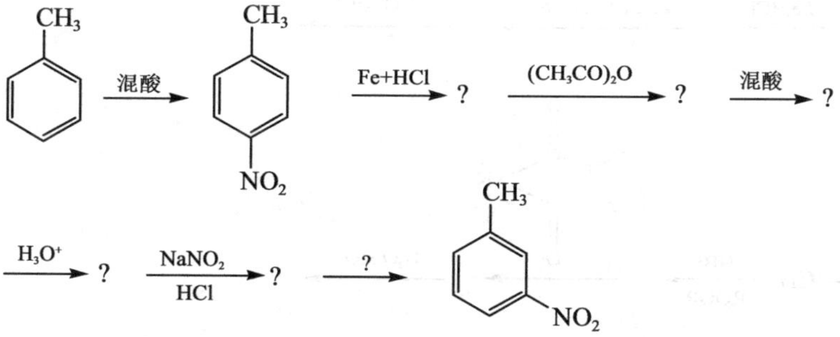

(3) 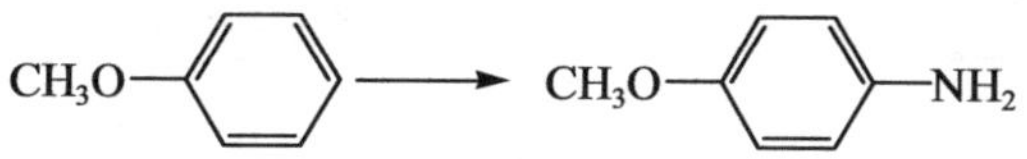

(4) 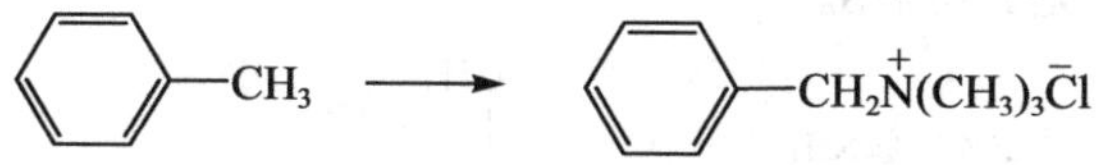

(5) 

(6) 

(7) 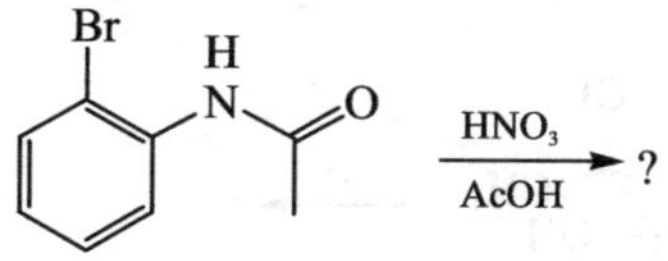

(8) 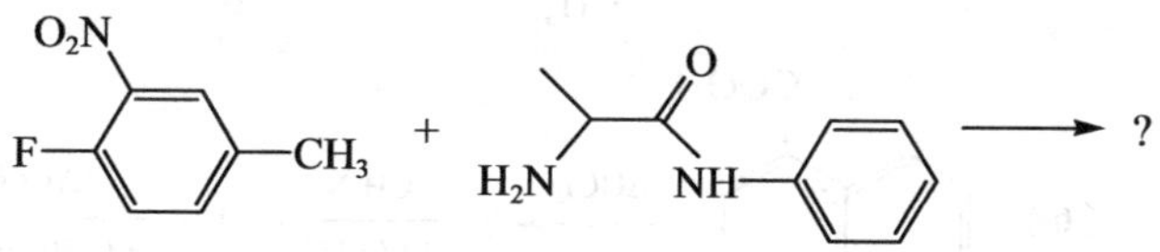

(9) 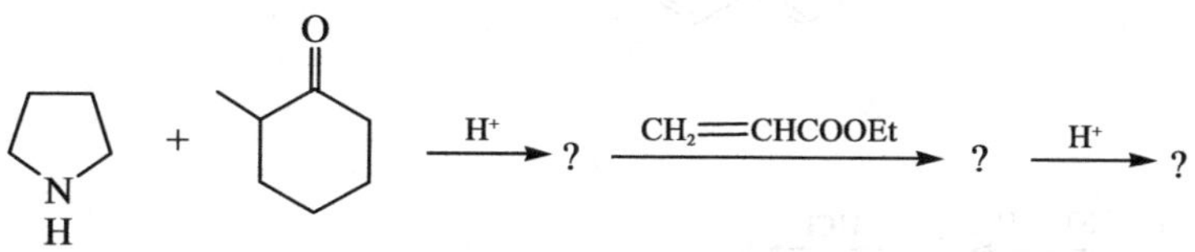

(10) 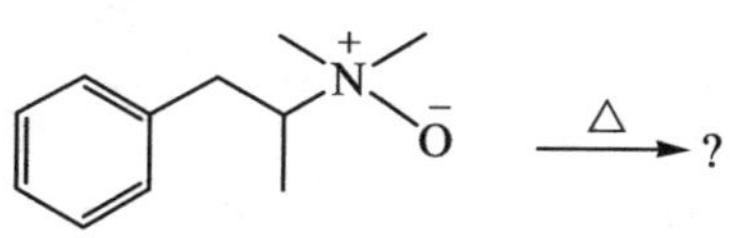

8. 写出下列反应的最终产物。

（1） 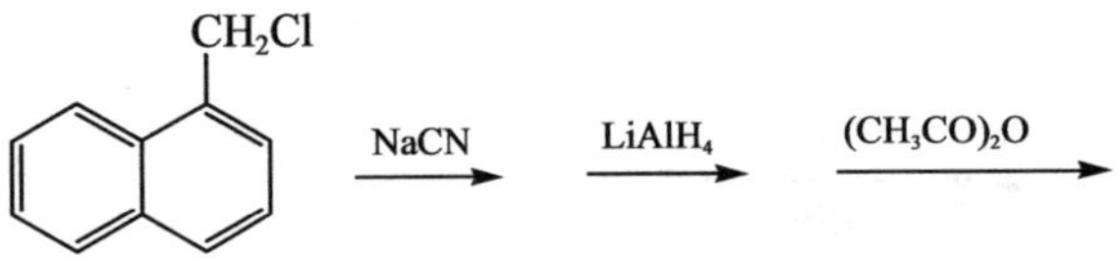

（2） 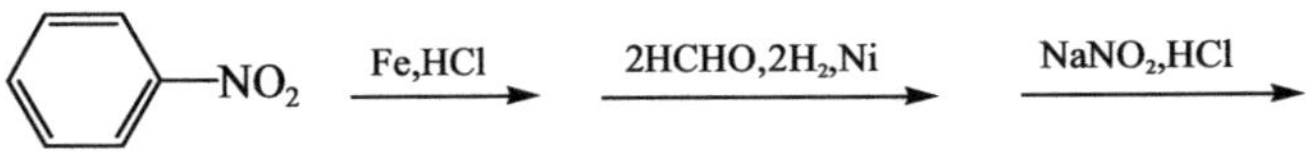

（3） 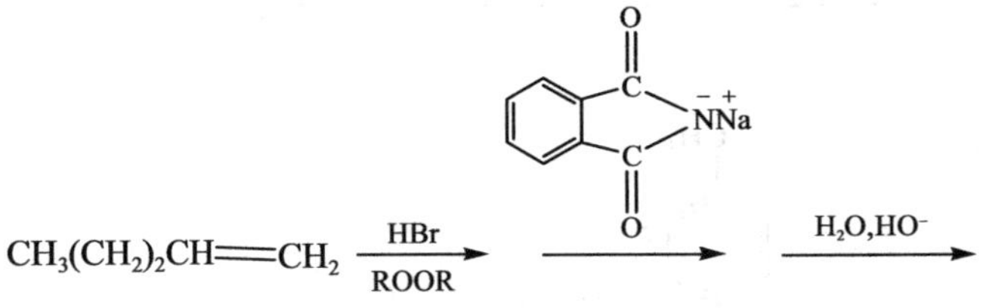

（4） 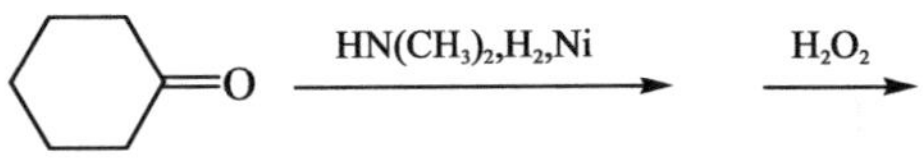

9. 完成下列各步反应，并指出最后产物的构型是 *R* 还是 *S*。

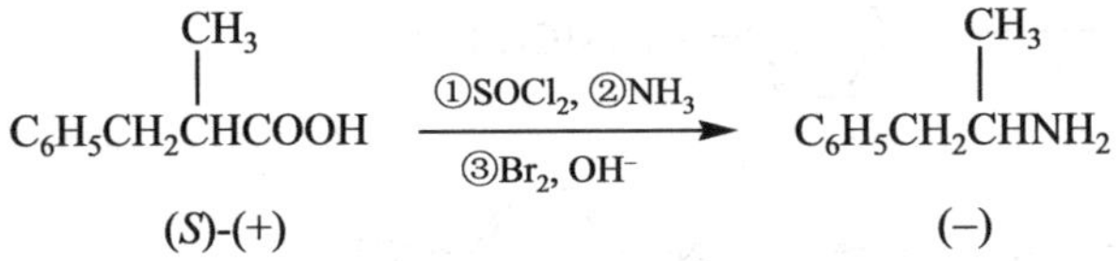

10. 写出下列重排反应的产物。

（1） 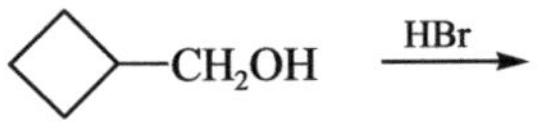

（2） 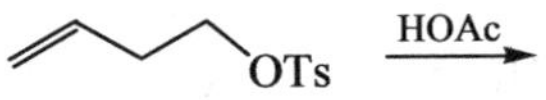

（3） 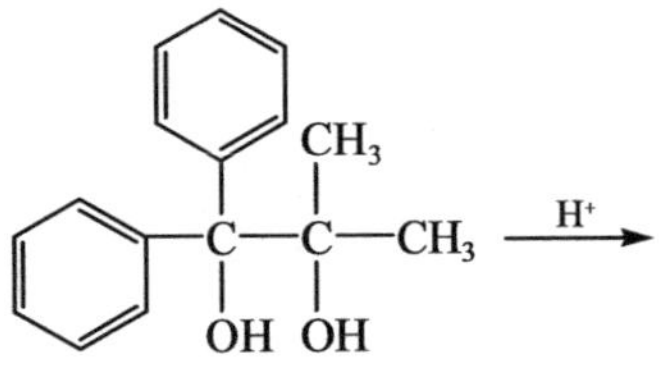

（4） 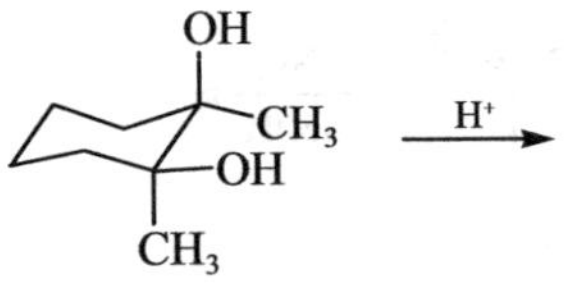

（5） 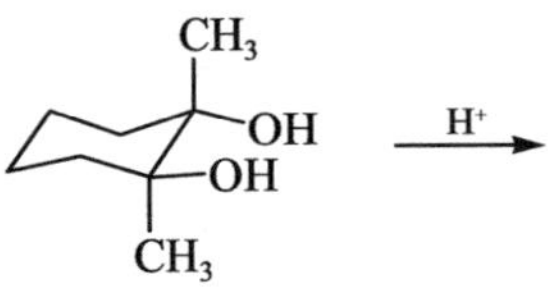

（6） 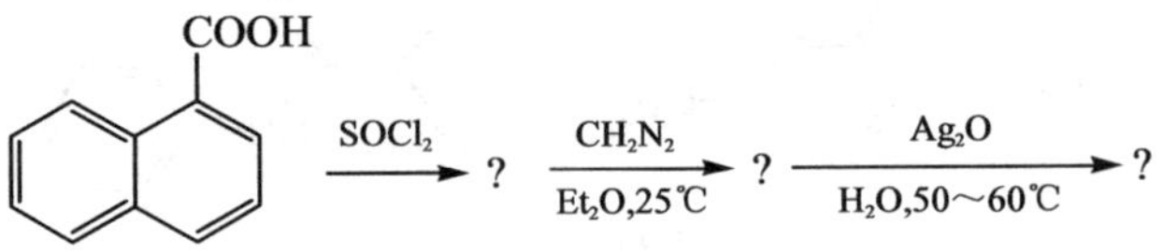

（7） 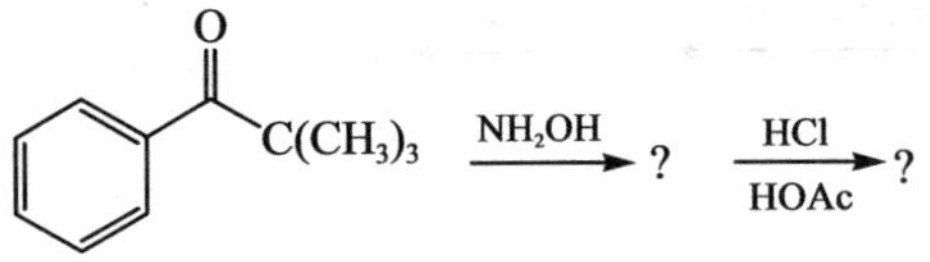

（8） $C_6H_5COOCH_3 \xrightarrow{CH_3CO_3H} ?$

11. 两种异构体 A 和 B，分子式都是 $C_7H_6N_2O_4$，用发烟硝酸分别将它们硝化，得到同样的产物。将 A 和 B 分别氧化得到两种酸，它们分别与碱石灰加热，得到同样的产物 $C_6H_4N_2O_4$，后者用 Na_2S 还原，则得间硝基苯胺。写出 A 和 B 的构造式及各步反应式。

12. 由苯、甲苯或萘合成下列化合物（其他试剂任选）。

（1）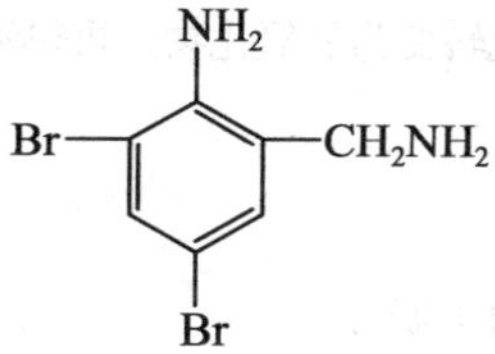

（2）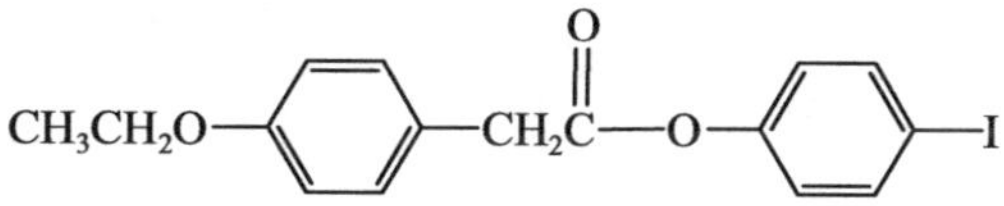

（3）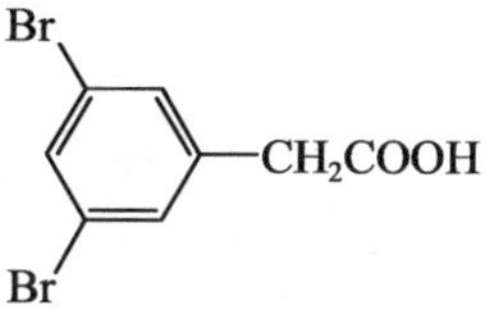　（4）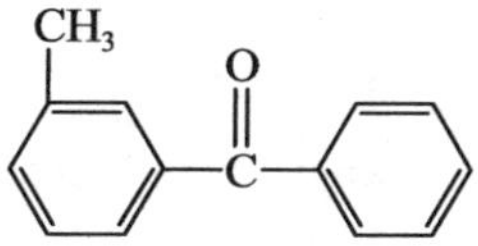

（5）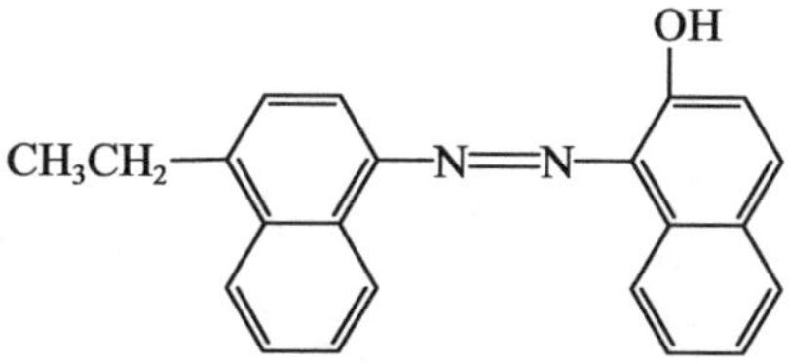

（6）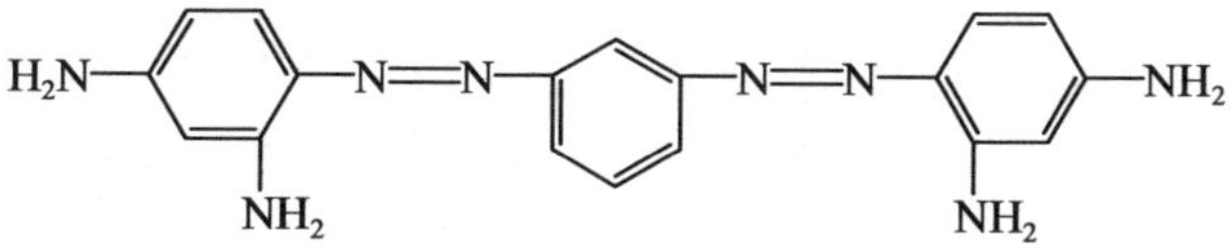

（7）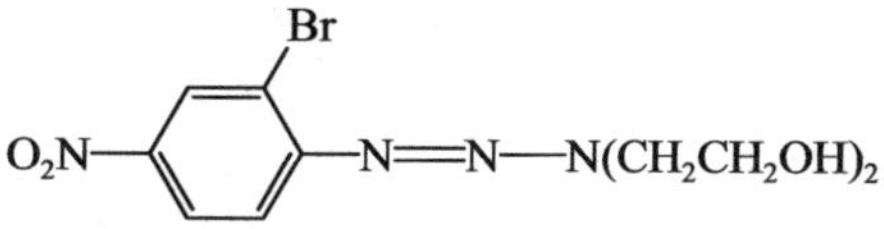

13. 化合物 A 是一个胺，分子式为 C_7H_9N。A 与对甲苯磺酰氯在 KOH 溶液中作用，生成清亮的液体，酸化后得白色沉淀。A 用 $NaNO_2$ 和 HCl 在 0～5℃处理后再与 *α*-萘酚作用，生成一种深颜色的化合物 B。A 的 IR 光谱表明在 815 cm^{-1} 处有一强的单峰。试推测 A、B 的构造式并写出各步反应式。

14. 化合物 A 的分子式为 $C_{15}H_{17}N$，用对甲苯磺酰氯和 KOH 处理后无明显变化。这个混合物酸化后得澄清的溶液。A 的 ^1H NMR 谱图如下所示。写出 A 的构造式。

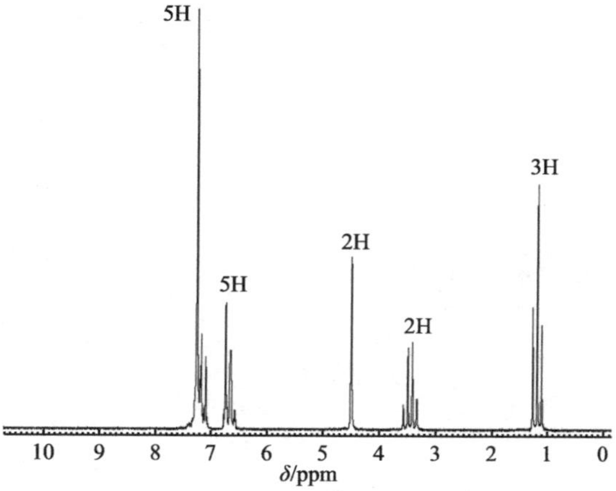

15. 毒芹碱（coniine，$C_8H_{17}N$）是毒芹的有毒成分，毒芹碱的核磁共振氢谱没有双峰。1 mol 毒芹碱与 2 mol CH_3I 反应，再与湿 Ag_2O 反应，热解产生中间体 $C_{10}H_{21}N$，后者进一步甲基化转变为氢氧化物，再热解生成三甲胺、辛-1, 5-二烯和辛-1, 4-二烯。试推测毒芹碱和中间体的结构。

扫一扫　14-6　含氮有机化合物命名习题答案（2017 版）

第 15 章　杂环化合物

扫一扫　　15-1　杂环化合物 目标导图+知识地图

杂环化合物是指成环的原子中含有除碳以外的原子（杂原子常见的是 N、O、S 等）的环状化合物。杂环化合物是一大类有机物，占已知有机物的三分之一。杂环化合物在自然界分布很广、功用很多。例如，中草药的有效成分（主要是各种生物碱）大多是杂环化合物；动植物体内起重要生理作用的血红素、叶绿素、核酸的碱基都是含氮杂环；部分维生素、抗生素，一些植物色素、植物染料、合成染料都含有杂环。虽然杂环化合物种类很多，但具有生理活性的重要杂环化合物大多具有芳香性，因此本章主要介绍具有芳香性的杂环化合物。

15.1　杂环化合物的分类和命名

15.1.1　杂环化合物的分类

（1）按杂环化合物有无芳香性可分为芳香杂环和非芳香杂环。

芳香杂环，如

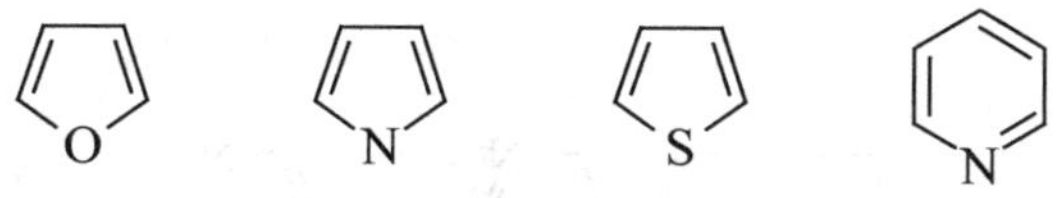

非芳香杂环，如

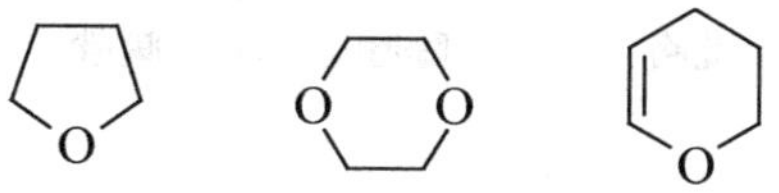

（2）按组成杂环化合物的结构可分为单杂环和稠杂环。

单杂环，如

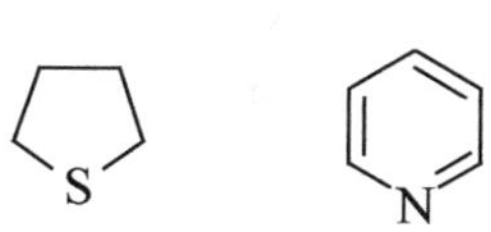

稠杂环，如

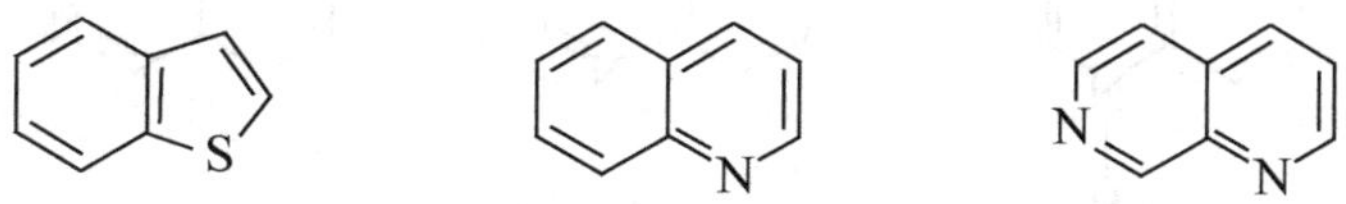

杂环化合物不包括极易开环的含杂原子的环状化合物，如

　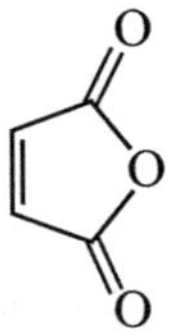　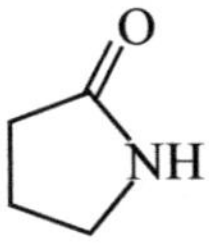

15.1.2　杂环化合物的命名

扫一扫　15-2　杂环化合物的命名（1980 版）

杂环化合物的命名主要用音译法，将对应英文音译名的汉字加“口”字旁。例如：

pyrrole
吡咯

furan
呋喃

thiophene
噻吩

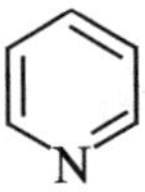

pyridine
吡啶

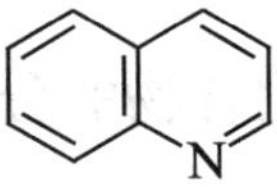

quinoline
喹啉

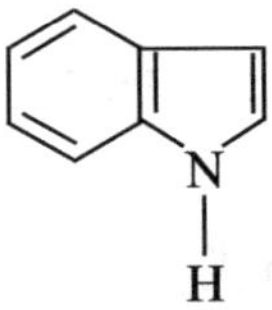

indole
吲哚

常见杂环化合物的英文音译名如下：

（1）五元杂环，如

呋喃

噻吩

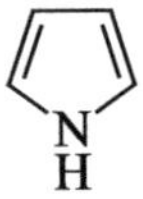

吡咯

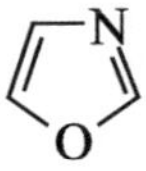

噁唑

噻唑

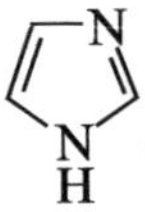

咪唑

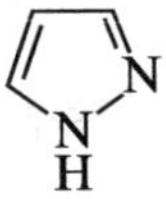

吡唑

（2）六元杂环，如

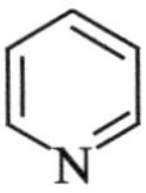

吡啶

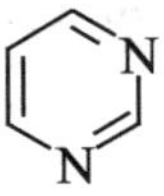

嘧啶

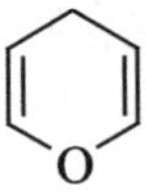

吡喃（无芳香性）

（3）苯并杂环，如

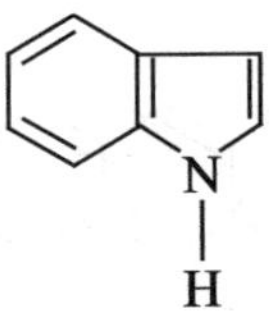

吲哚

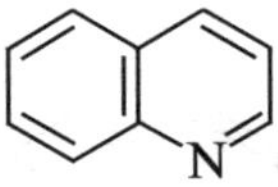

喹啉

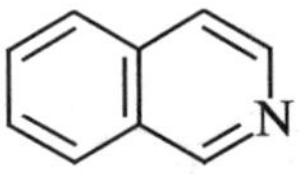

异喹啉

（4）杂环并杂环，如

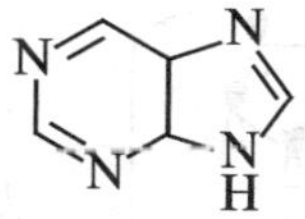

嘌呤

当杂环上有取代基时，需对构成杂环的原子编号，编号时从杂原子开始编起。例如：

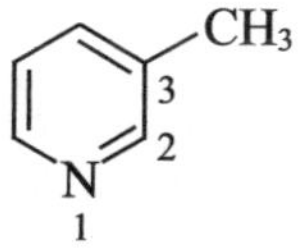

3-甲基吡啶

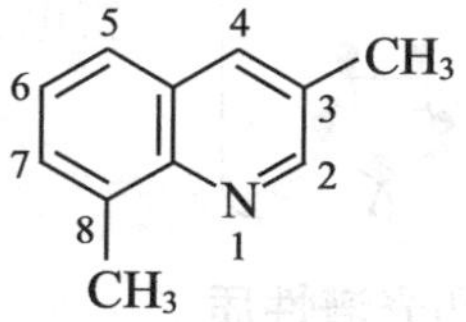

3,8-二甲基喹啉

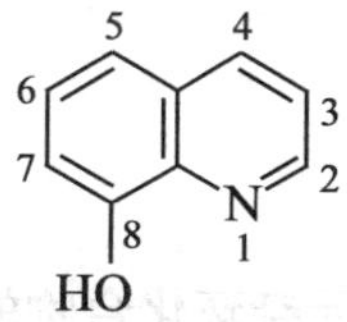

8-羟基喹啉

如果环内含有不止一种杂原子时，编号的先后顺序是 O、S、N，分别使化合价小的、原子序数小的原子的编号尽可能小。例如：

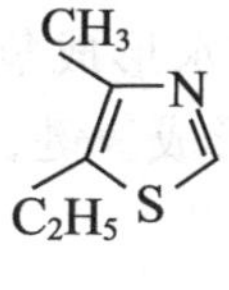

5-乙基-4-甲基噻唑

有时杂环也作为取代基，如

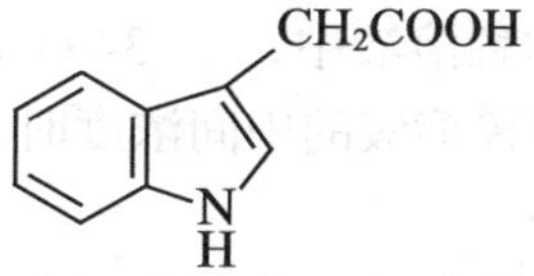

β-吲哚乙酸

15.2　五元杂环化合物

具有芳香性的五元杂环包括含有一个杂原子和两个及以上杂原子的杂环。本节主要介绍含有一个杂原子的五元杂环，主要是含氧的呋喃及其衍生物、含氮的吡咯及其衍生物和含硫的噻吩及其衍生物。

15.2.1　五元芳香杂环的结构

呋喃、噻吩、吡咯的结构具有共同点，即构成环的五个原子都为 sp^2 杂化，故成环的五个原子处在同一平面，杂原子上的孤对电子参与共轭形成共轭体系，其 π 电子数符合休克尔规则（π 电子数 $=4n+2$），因此它们都具有芳香性。与苯环不同，由于组成芳环的原子只有五个，但 π 电子数有六个，因此三种芳香杂环都是五中心六电子体系，芳环上的电子云密度比苯环大。另外，由于杂原子的电负性比碳原子大，因此杂环上的电子云分布也不均匀，杂原子的邻位电子云密度比间位大。

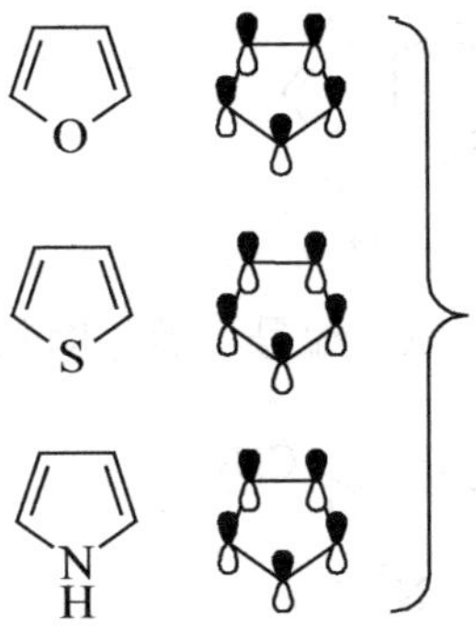

为Π_5^6共轭体系
π电子=6
符合4*n*+2规则
具有芳香性
富电子芳环

15.2.2　五元杂环化合物的物理性质和光谱性质

1. 物理性质

三种五元杂环都难溶于水。其原因是杂原子的 p 电子（孤对电子）参与形成大 π 键，杂原子上的电子云密度降低，与水缔合能力减弱。但由于三种原子的电负性不同，它们的水溶性仍有差别，吡咯氮上的氢可与水形成氢键，呋喃环上的氧与水也能形成氢键，但相对较弱，而噻吩环上的硫不能与水形成氢键，因此三种杂环的水溶解度顺序为吡咯＞呋喃＞噻吩。

2. 光谱性质

红外光谱：杂环上碳氢的伸缩振动在 3003～3077 cm^{-1}，吡咯中氮氢键的伸缩振动在 3200～3500 cm^{-1}（在非极性溶剂的稀溶液中，于 3495 cm^{-1} 有一尖峰；在浓溶液中，则于 3400 cm^{-1} 有一宽谱带；在浓溶液和稀溶液的中间浓度时，两种谱带都有），杂环伸缩振动在 1300～1600 cm^{-1}（有 2～4 个谱带）。

核磁共振：三种五元杂环化合物与苯环类似形成封闭的芳香封闭体系，在核磁共振谱上，由于外磁场的作用而诱导出一个绕环转的环电流，此环电流可产生一个与外界磁场方向相反的感应磁场，环外的质子处在感应磁场回来的磁力线上，与外界磁场方向一致，处于去屏蔽区域，故环上氢吸收峰移向低场。化学位移一般在 7 ppm 左右。例如，呋喃：α-H δ=7.42 ppm，β-H δ=6.37 ppm；噻吩：α-H δ=7.30 ppm，β-H δ=7.10 ppm；吡咯：α-H δ=6.68 ppm，β-H δ=6.22 ppm。

15.2.3　五元杂环化合物的化学性质

1. 亲电取代反应

从如上所述的杂环结构分析，五元杂环有芳香性，但其芳香性不如苯环（电子云分布不完全平均化），因环上的 π 电子云密度比苯环大，且分布不匀，它们的亲电取代反应速率也比苯的亲电取代反应速率快得多。若以苯环上碳原子的电荷密度为标准（作为零），则五元杂环化合物的有效电荷分布为

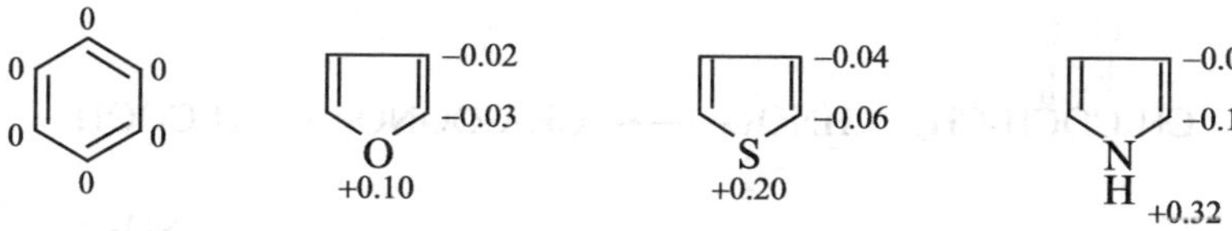

从以上三种杂环的电子云分布分析其亲电取代反应的活性为吡咯＞呋喃＞噻吩＞苯，三种杂环的一取代主要进入 α-位。

1）卤代反应

三种五元杂环的卤代反应剧烈，易得多卤代物。为了得到一卤代（Cl、Br）产物，常采用低温、溶剂稀释等温和条件。碘代反应不活泼，要用催化剂才能反应。

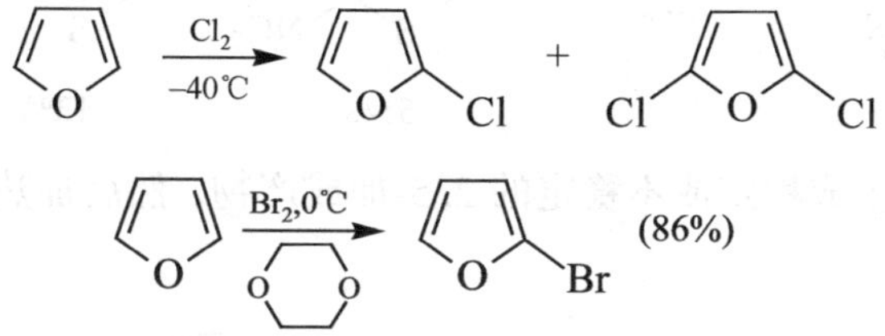

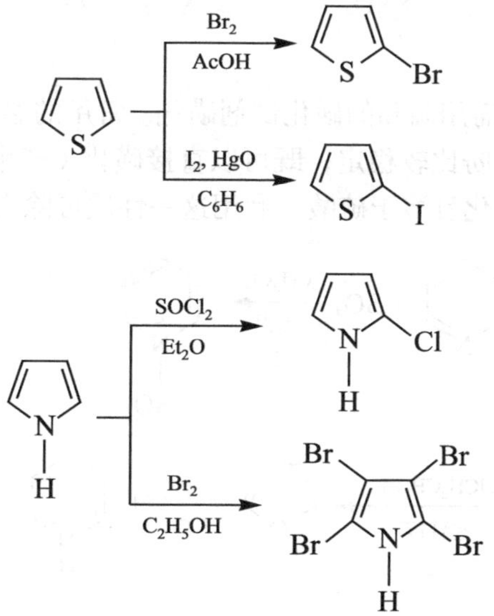

要得到吡咯的一溴代物，可以使用 NBS 试剂。

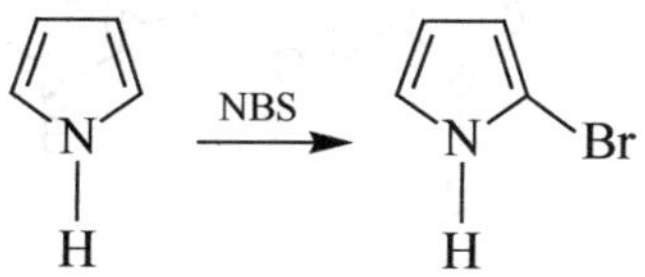

2）硝化反应

呋喃、噻吩和吡咯易氧化，一般不用硝酸直接硝化，通常用比较温和的非质子硝化试剂如硝酸乙酰酯。反应在低温下进行。

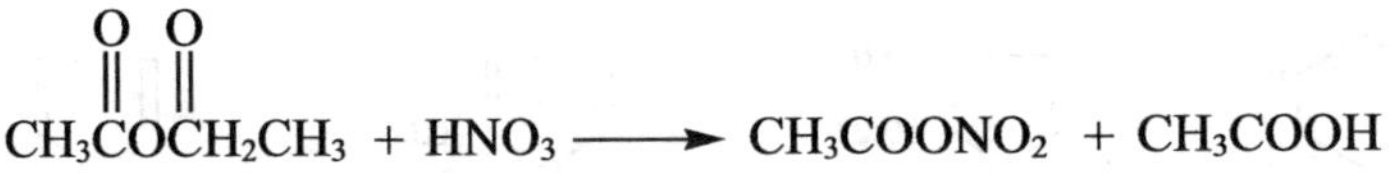

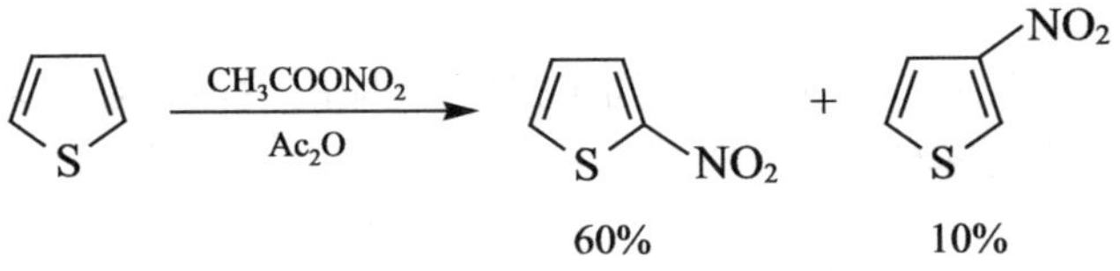

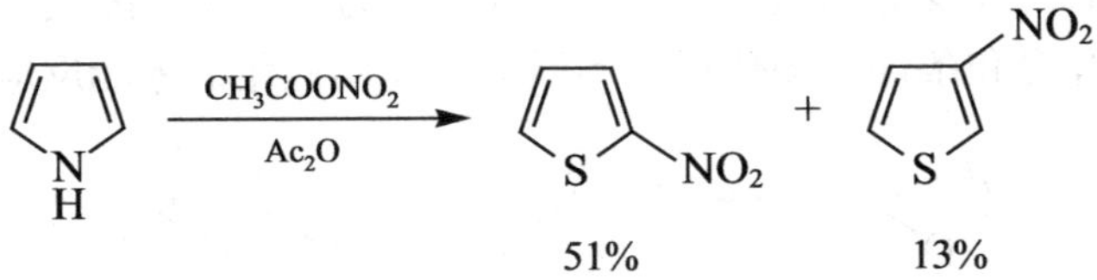

呋喃比较特殊，先生成稳定或不稳定的 2, 5-加成产物，然后加热或用吡啶除去乙酸，得到硝化产物。

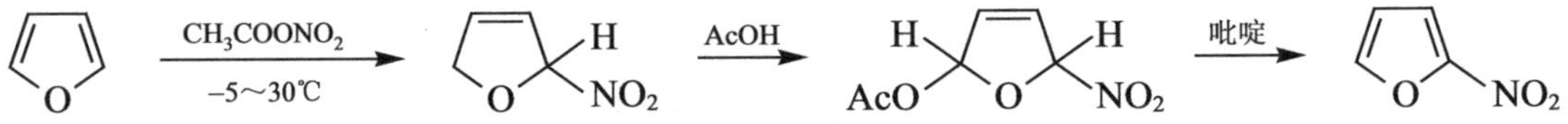

3）磺化反应

吡咯、呋喃不太稳定，需用温和的磺化试剂磺化。常用的温和非质子磺化试剂有吡啶与三氧化硫的加合化合物。噻吩比较稳定，既可以直接磺化（产率稍低），也可以用温和的磺化试剂磺化。噻吩比苯易磺化且溶于硫酸，利用这一性质可除去苯或汽油中的噻吩。

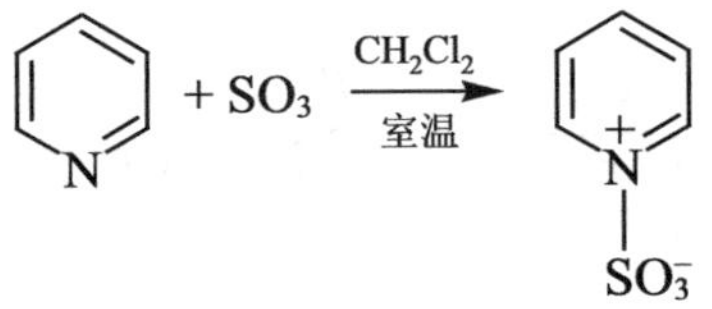

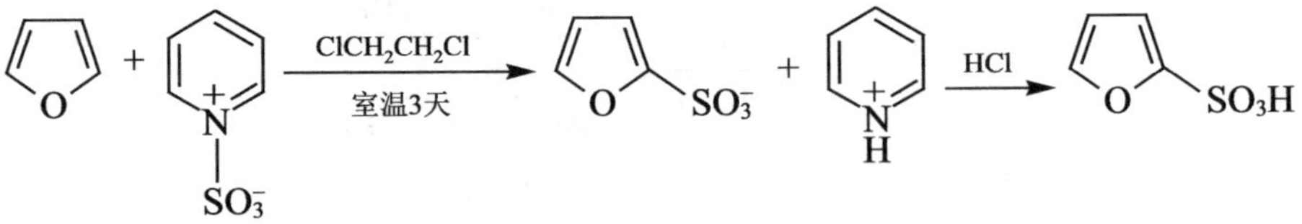

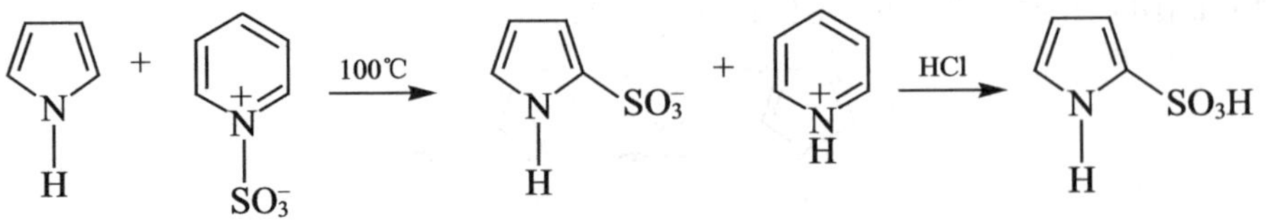

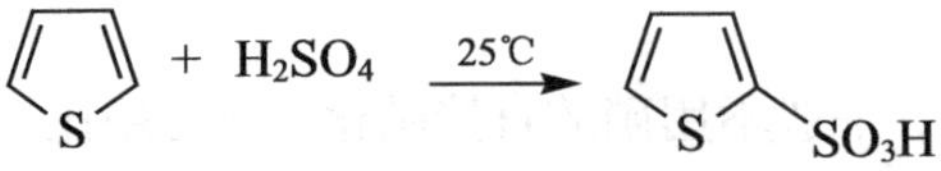

4）傅-克酰基化反应

三种五元杂环在不同的反应条件下都可以与乙酸酐反应，得到 α-位取代的乙酰基化合物。

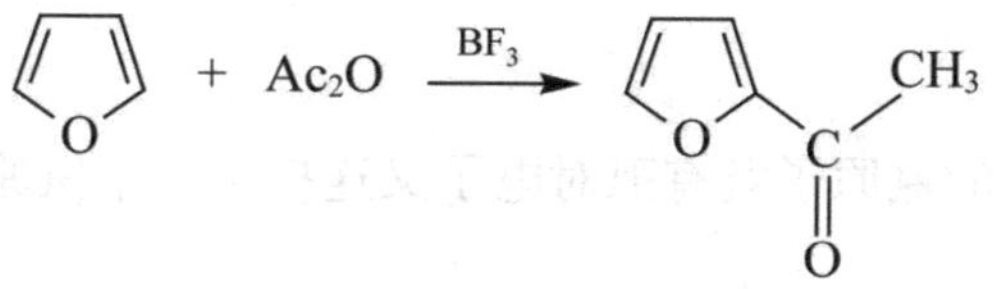
2-乙酰基呋喃

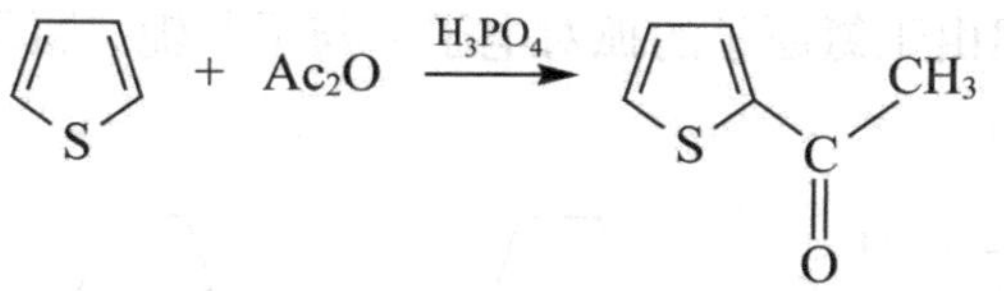
2-乙酰基噻吩

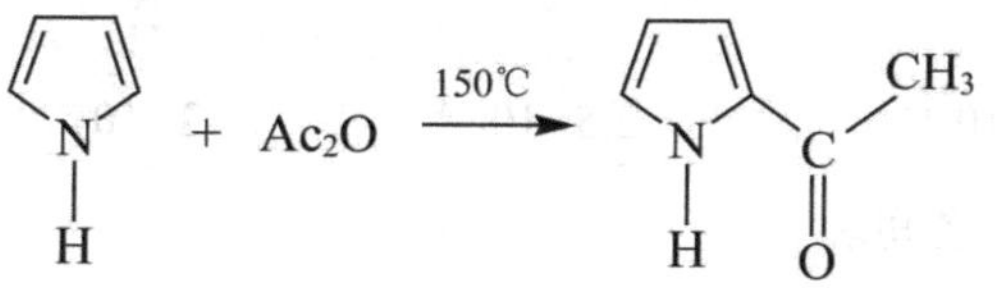
2-乙酰基吡咯

2. 催化氢化

三种五元杂环都可以在催化剂的作用下催化加氢得到四氢化物，其中四氢呋喃是优良的有机溶剂。催化氢化时因噻吩可以使钯催化剂中毒，所以一般使用镍催化。

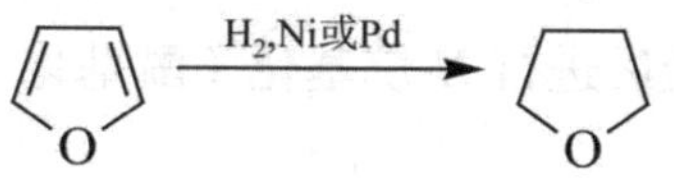
四氢呋喃

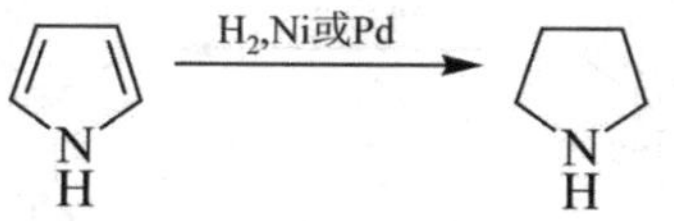
四氢吡咯

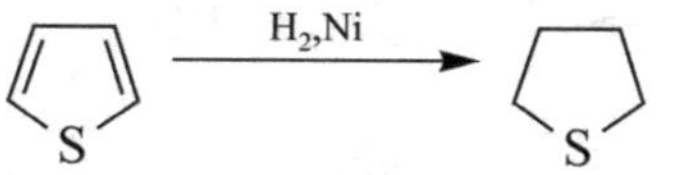
不能用Pd催化
因噻吩能使Pd中毒

3. 第尔斯-阿尔德反应

三种常见的五元杂环中呋喃最易发生第尔斯-阿尔德反应。例如，呋喃与丁炔二酸二乙酯共热。

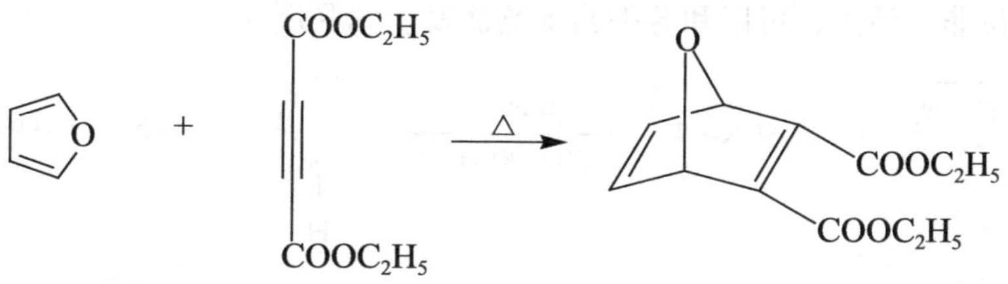

吡咯可以发生类似的反应，噻吩基本上不发生双烯加成，即使在个别情况下也是生成一个不稳定的中间体，直接失硫转化为其他产物。

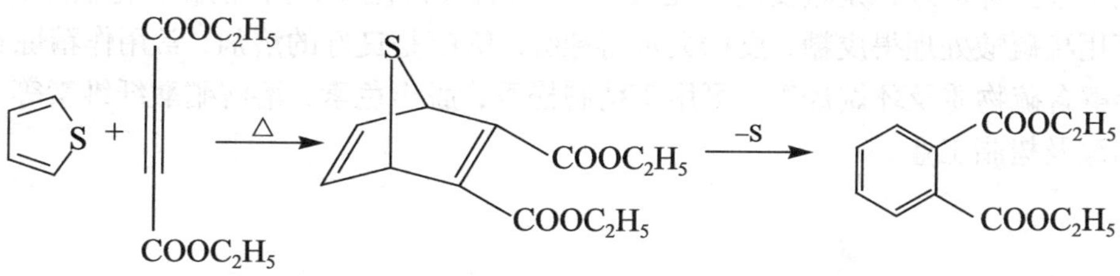

4. 吡咯的特征反应

与呋喃和噻吩不同，吡咯中的氮原子既有孤对电子又连接了一个氢原子，因此吡咯具有弱碱性，同时也具有酸性。

吡咯虽然形式上是仲胺，但由于氮原子的孤对电子参与了共轭，减弱了与 H^+的结合，因此其碱性比一般的仲胺弱。

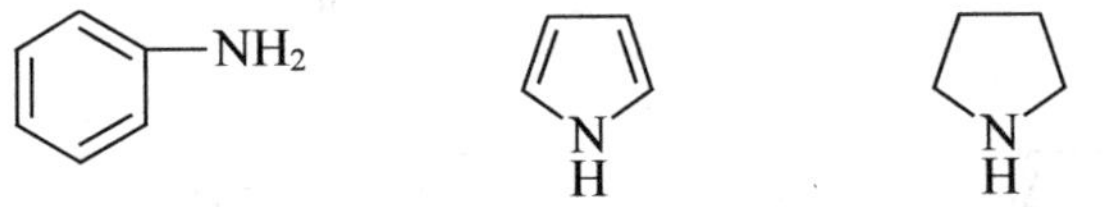

K_b　3.8×10^{-10}　　2.5×10^{-14}　　2×10^{-4}

吡咯的酸性介于乙醇和苯酚之间。

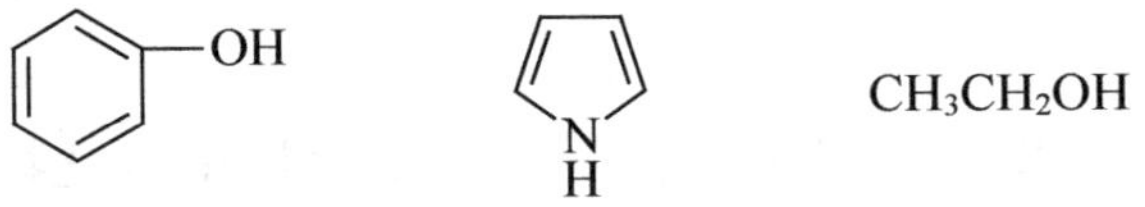

K_a　1.3×10^{-10}　　1×10^{-15}　　1×10^{-18}

利用吡咯的酸性可以将吡咯转变成盐后进行 *N*-烷基化（酰基化）。

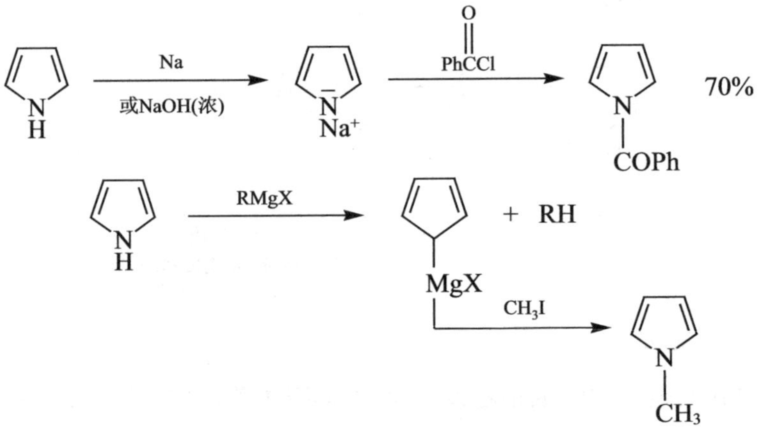

吡咯的 α-位非常活泼，可以和芳香族重氮盐发生偶联反应。

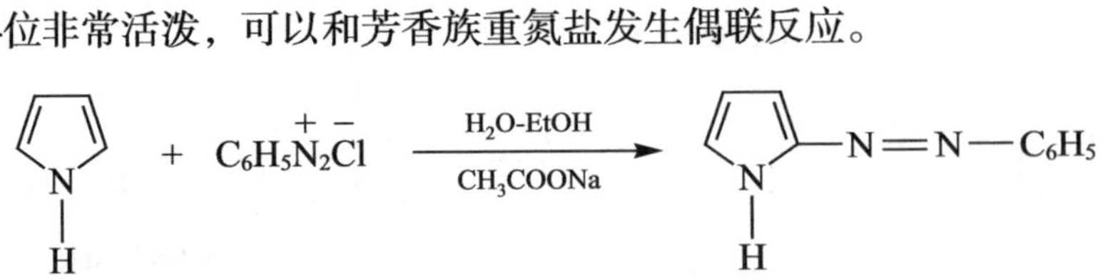

15.2.4　糠醛

呋喃甲醛又称糠醛，是重要的五元杂环衍生物，可将玉米芯、稻糠、花生壳、大麦壳、高粱秆等用稀硫酸处理得戊糖，戊糖失水得糠醛。糠醛是良好的溶剂，常用作精炼石油的溶剂，以溶解含硫物质及环烷烃等。可用于精制松香，脱出色素，溶解硝酸纤维素等。糠醛广泛用于油漆及树脂工业。

1. 糖醛的制备

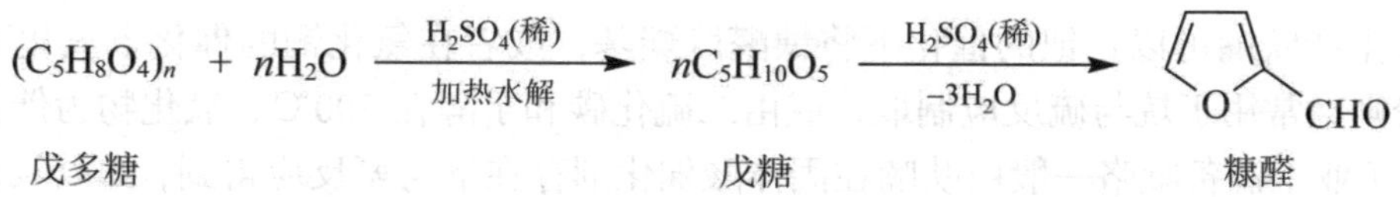

2. 糠醛的部分化学性质

1）氧化还原反应

糠醛的醛羰基可以被还原为醇，也可以被弱碱性（中性）高锰酸钾氧化为羧酸。另外，在强烈的条件下，呋喃环可以被氧化为顺丁烯二酸酐。

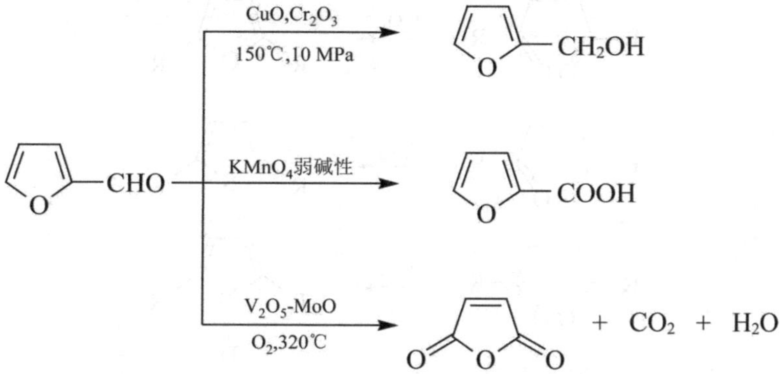

2）歧化反应

由于糠醛的醛羰基没有 α-H，因此在浓碱的作用下加热，糠醛可以发生歧化反应形成糠醇和呋喃甲酸。如果与简单的醛（如甲醛）共热，则糠醛被还原成糠醇。

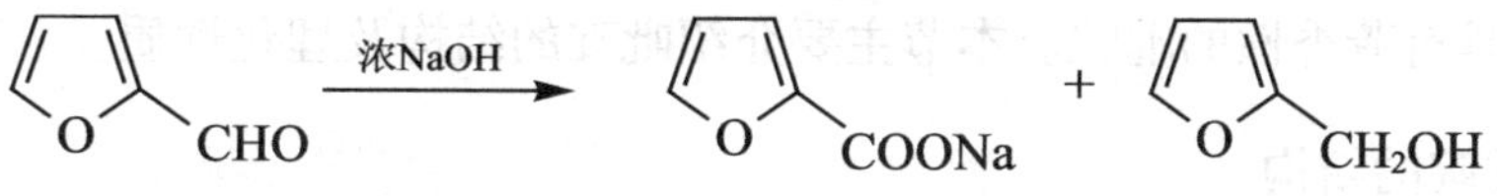

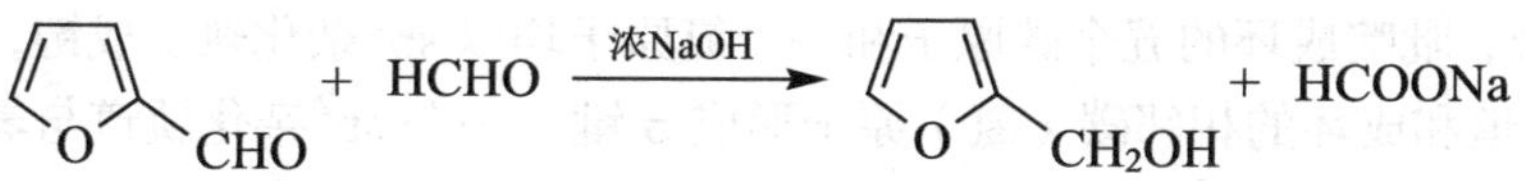

3）羟醛缩合反应

糠醛可以与具有 α-H 的醛（酮）在碱的催化下发生羟醛缩合反应，生成 α, β-不饱和醛（酮），反应历程与苯甲醛类似。

4）安息香缩合

与苯甲醛类似，在稀碱的催化下，糠醛也可发生类似的缩合反应生成呋喃。

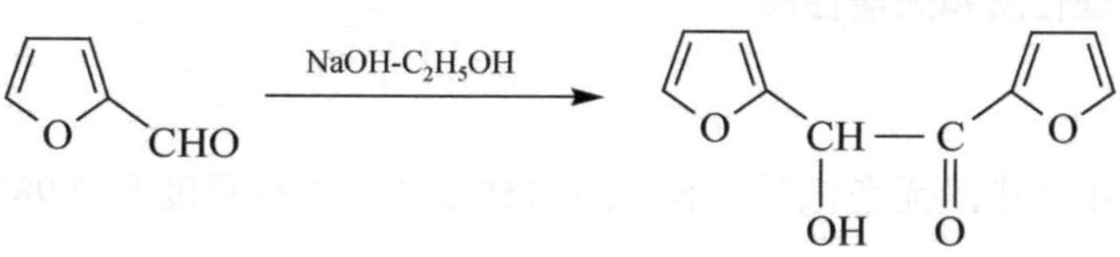

15.2.5　呋喃、噻吩、吡咯的合成

工业生产呋喃可以在钯的催化下将糠醛脱羰基，或者在氯化铜的催化下氧化丁-1,3-二烯；噻吩则经常用丁烷与硫反应制取，或由二硫化碳和丁醇在500℃、氧化物为催化剂作用下得到。工业上制备吡咯一般由呋喃在固体酸催化剂存在下与氨反应得到，如以氧化铝为催化剂，在氨的作用下可由呋喃和噻唑合成吡咯。这个反应称为佑尔耶夫（Yurev）合成，可实现吡咯、呋喃、噻吩环系的互变。

实验室合成以上三种杂环则主要通过帕尔-克诺尔（Paal-Knorr）合成。原料在无水酸性条件下失水生成呋喃环系，与氨或伯胺反应生成吡咯环系，与硫化物（如十硫化四磷）反应生成噻吩环系。

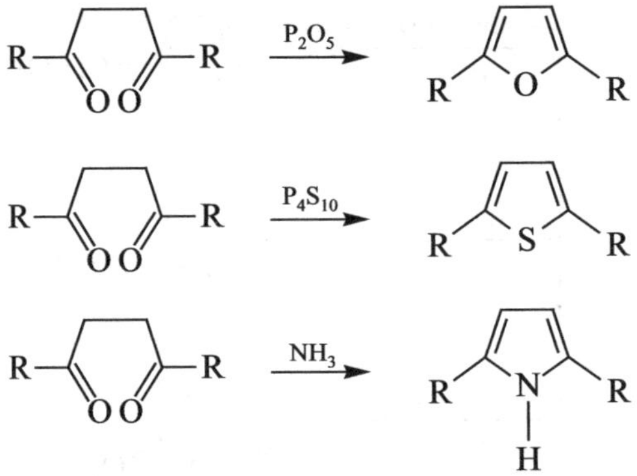

15.3　六元杂环化合物

六元杂环化合物包括具有芳香性的吡啶、嘧啶和无芳香性的吡喃、噻喃等，其中最具代表性的是具有芳香性的吡啶。本节主要介绍吡啶的结构及理化性质。

15.3.1　吡啶的结构

与苯的结构类似，吡啶成环的五个碳原子和一个氮原子均以 sp^2 杂化轨道成键，其中碳原子的两个 sp^2 杂化轨道和成环的相邻碳（氮）原子形成σ键，一个 sp^2 杂化轨道与氢原子形成一个碳氢σ键，氮原子的两个 sp^2 杂化轨道与成环的碳原子形成两个碳氮σ键，另一个 sp^2 杂化轨道被孤对电子占据。碳和氮原子未杂化的p轨道互相肩并肩重叠形成 π_6^6 共轭体系。

由于氮的吸电子作用，吡啶环的碳原子的电子云密度降低，发生亲核取代的反应活性比苯低，类似硝基苯。吡啶的结构如下：

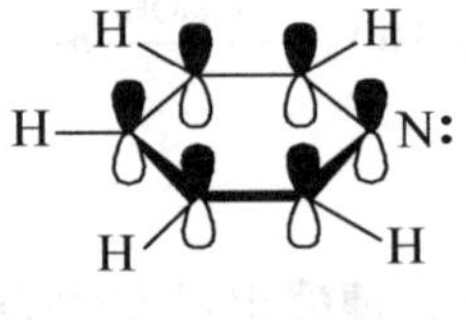

15.3.2　吡啶的物理性质和光谱性质

1. 物理性质

吡啶为有特殊臭味的无色液体，沸点为115.5℃，相对密度为0.982，溶于水和醇、

醚等多数有机溶剂。吡啶与水能以任意比例互溶，又能溶解大多数极性和非极性的有机化合物。

2. 光谱性质

红外光谱：3020～3070 cm^{-1} 有吡啶环上 C—H 伸缩振动（和苯相似），1500～1600 cm^{-1} 有芳环的伸缩振动（骨架谱带），700～900 cm^{-1} 还有芳氢的面外弯曲振动。

核磁共振：吡啶的氢核化学位移与苯环氢（δ=7.27 ppm）相比处于低场，化学位移大于 7.27 ppm，其中与杂原子相邻碳上的氢的吸收峰更偏向低场。当杂环上连有给电子基团时，化学位移向高场移动，连有吸电子基团时化学位移则向低场移动。

15.3.3　吡啶的化学性质

1. 碱性和成盐

吡啶的环外有一对未共轭的孤对电子，具有碱性，易接受亲电试剂而成盐。吡啶的碱性比吡咯的碱性强得多，但还是弱碱。吡啶的碱性小于氨，大于苯胺。

CH_3NH_2　　NH_3

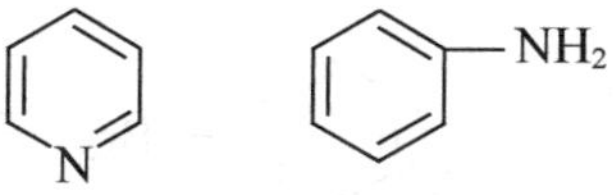

pK_b　3.38　4.76　8.80　9.42

吡啶的弱碱性和亲核性（孤对电子）使其容易与酸和卤代烃成盐，而吡啶与卤代烃形成的盐受热后烷基迁移到吡啶环上，可以用于制备烷基取代的吡啶。例如：

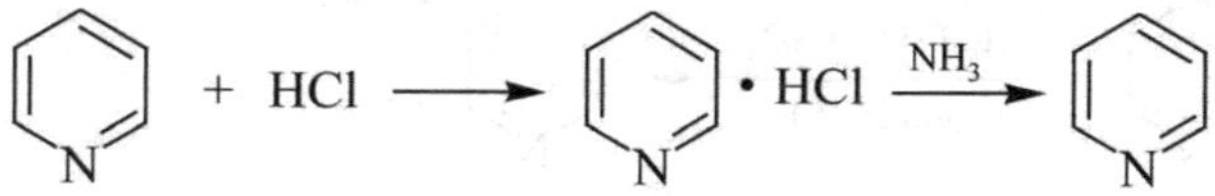

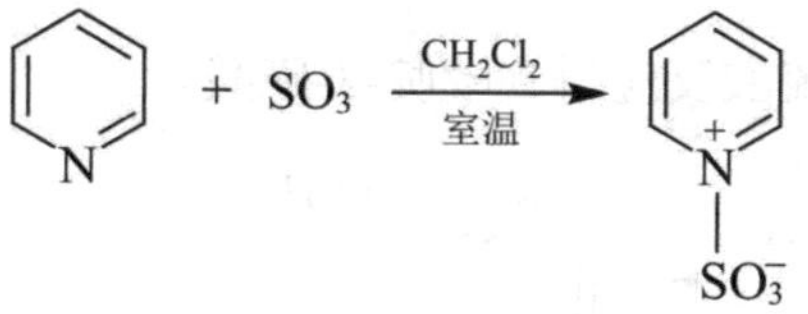

吡啶三氧化硫是缓和的磺化剂

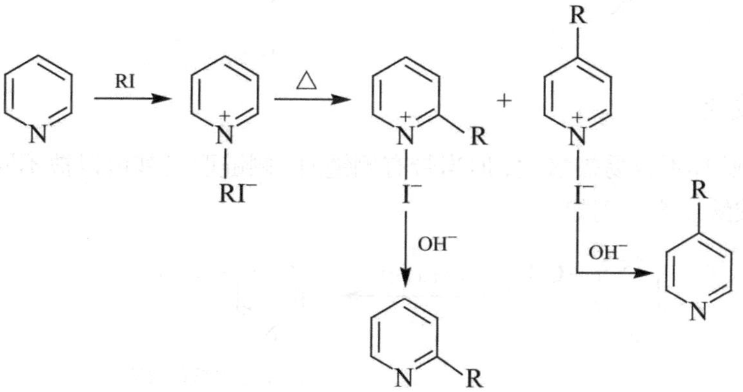

2. 吡啶环上的亲电取代反应

吡啶环上氮原子为吸电子基团，故吡啶环属于缺电子的芳香杂环，与硝基苯相似。其亲电取代反应很不活泼，反应条件要求很高，不发生傅-克烷基化和酰基化反应。亲电取代反应主要发生在β-位，这从吡啶环上电荷的分布可以看出。当吡啶环上有给电子基团时，可以使环上的亲电取代反应加快。

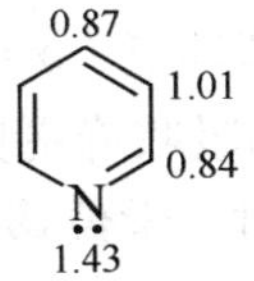

卤代：与卤素（主要是氯、溴）反应生成3-位取代的吡啶。

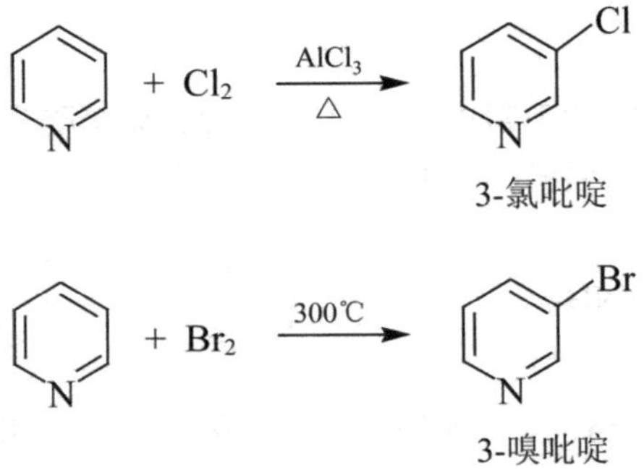

硝化：在较高的温度下吡啶和混酸反应得到3-硝基吡啶。

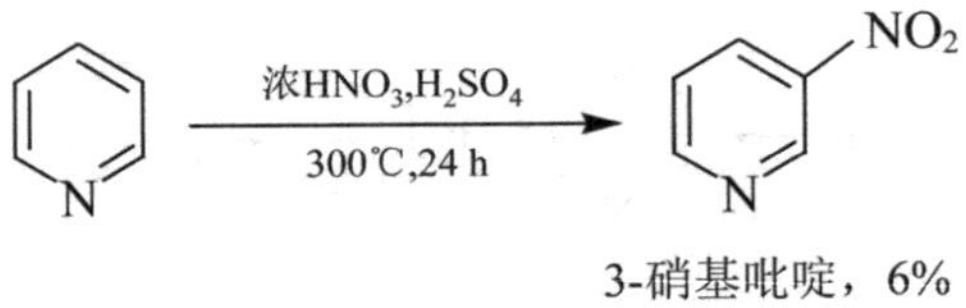

磺化：高温下在汞盐的催化下吡啶和浓硫酸反应得到吡啶-3-磺酸。

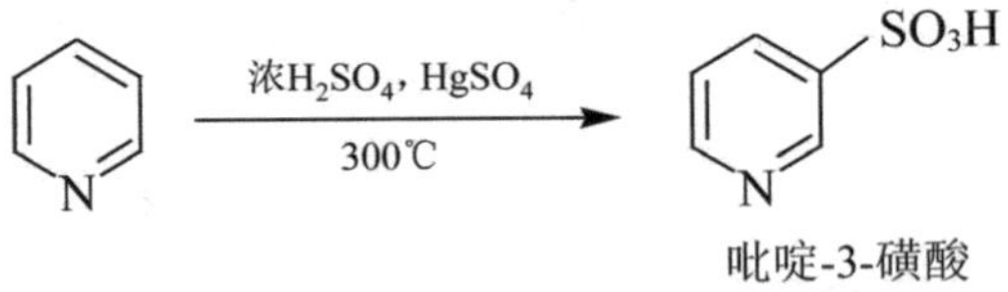

3. 氧化还原反应

氧化反应：吡啶环不容易被氧化，但当带有侧链时，侧链取代基可以被不同的氧化剂（氧化条件）氧化为羧酸或醛。例如：

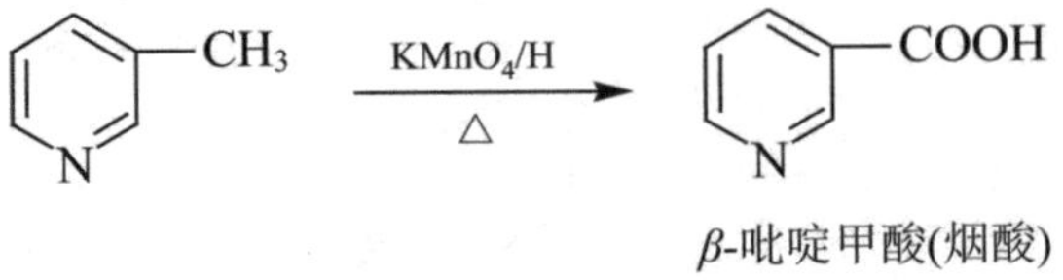

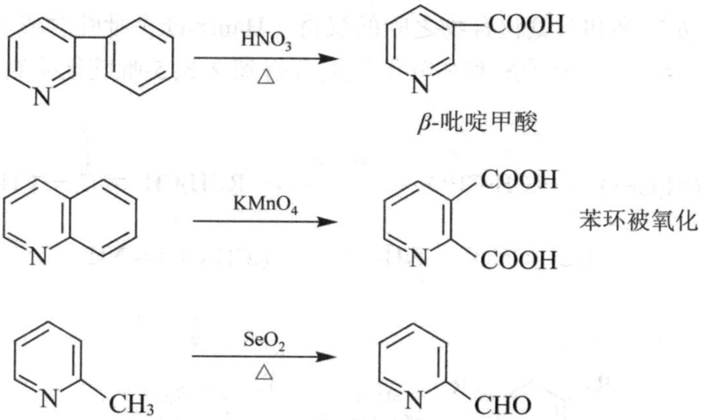

还原反应：吡啶比苯容易还原，Na-乙醇或催化加氢都可以将吡啶还原为六氢吡啶（胡椒啶）。

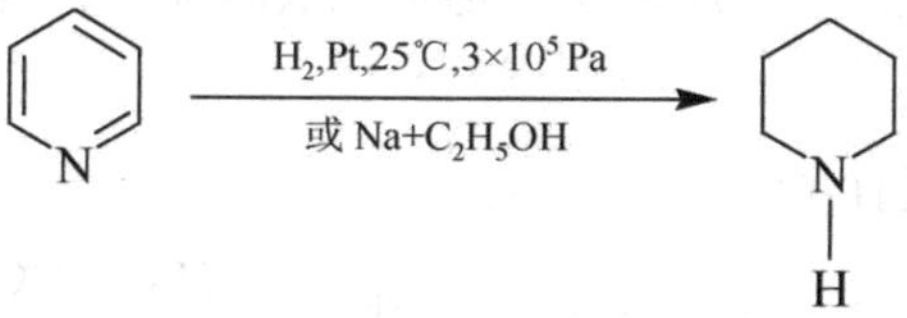

4. 亲核取代反应

吡啶易发生亲核取代反应，亲核取代优先在 α-位上发生，如果 α-位上有取代基，则反应在 γ-位上发生。

齐齐巴宾（Chichibabin）反应：

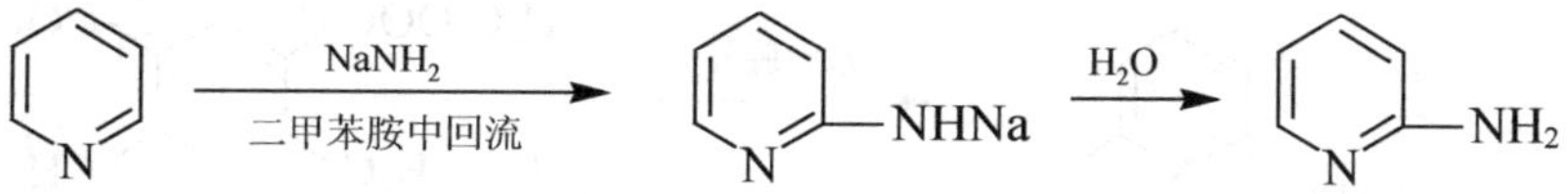

与苯基锂反应：

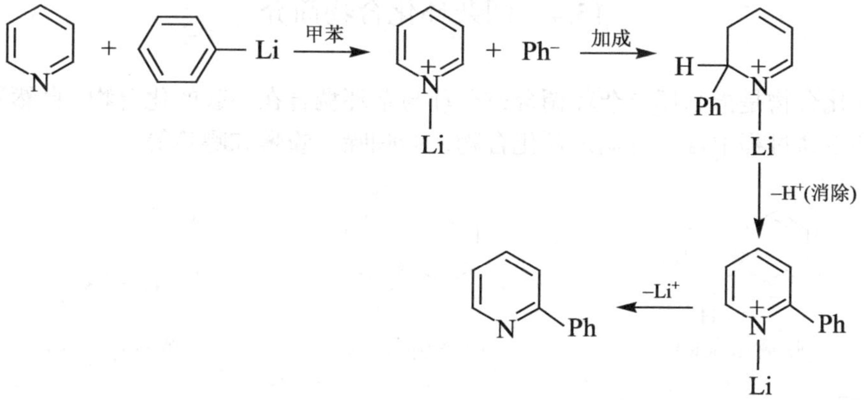

15.3.4　吡啶的合成

工业上吡啶可从天然煤焦油中获得，但煤焦油中吡啶含量很低（约 0.1%），因此吡啶及其衍生物主要通过化学方法合成。合成吡啶及其衍生物的方法主要有：乙醛和氨通过齐齐巴宾吡啶合成；醛、β-酮酯和含氮化合物之间的汉奇（Hantzsch）吡啶合成等。

齐齐巴宾吡啶合成：三分子醛和一分子氨缩合得到 2, 3, 5-吡啶衍生物。

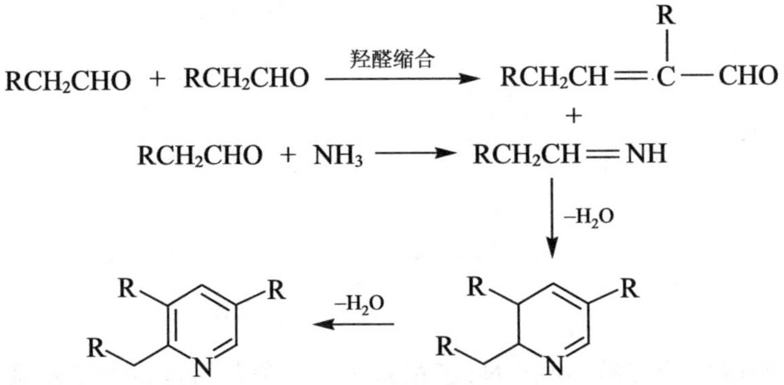

汉奇吡啶合成：醛（如甲醛）、两分子 β-酮酯（如乙酰乙酸乙酯）和含氮化合物（如乙酸铵或氨）之间的多组分反应。反应最初产物是二氢吡啶类，然后将二氢吡啶氧化，再水解脱羧即得吡啶衍生物。

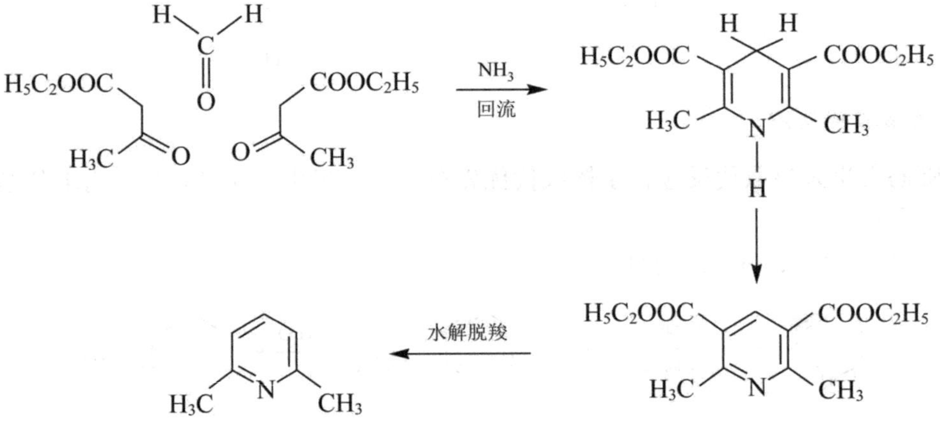

15.4　稠杂环化合物简介

稠杂环化合物是指苯环与杂环稠合或杂环与杂环稠合在一起的化合物。自然界中很多天然化合物和生命过程中常含有稠杂环化合物，如吲哚、喹啉和嘌呤等。

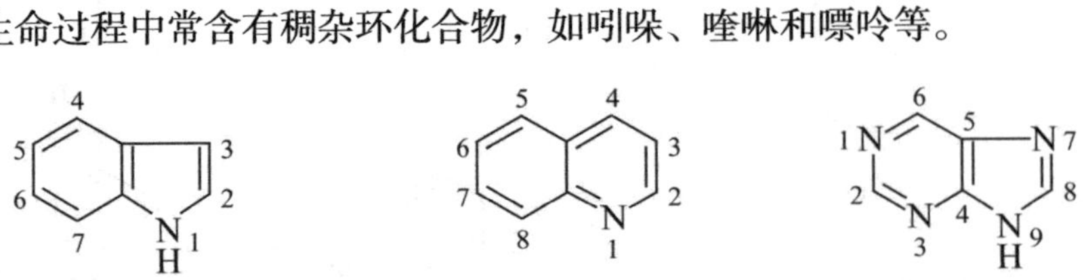

吲哚 (indole)　　喹啉 (quioline)　　嘌呤 (purine)

15.4.1　吲哚

吲哚是由苯环和吡咯稠合形成的二元杂环，为白色结晶固体，初熔点为 52.5℃。吲哚的极稀溶液有香味，可用作香料，自然界的很多花中都含有微量吲哚而具有淡或浓的花香，如素馨花、柑橘花等，但浓的吲哚溶液有粪臭味。吲哚环的衍生物广泛存在于动植物体内，与人类的生命、生活有密切的关系。吲哚的性质与吡咯相似，也可发生亲电取代反应，取代基进入β-位。

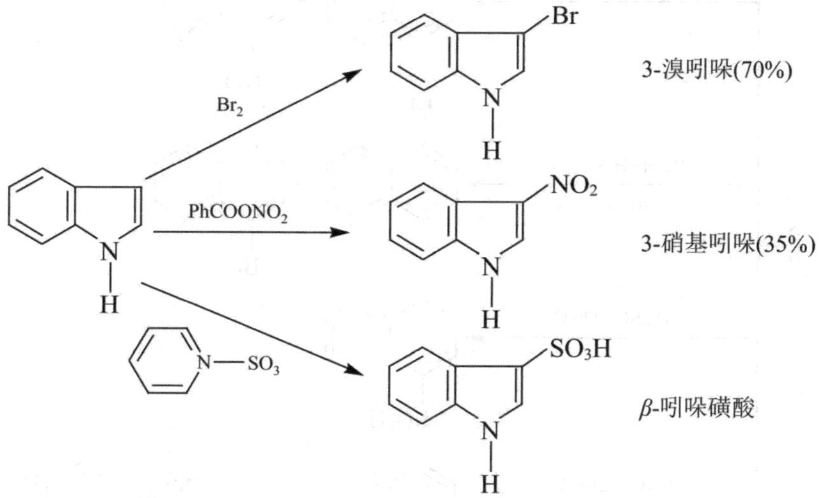

自然界中存在的含有吲哚结构单元的化合物还有很多，如色氨酸和褪黑素等。

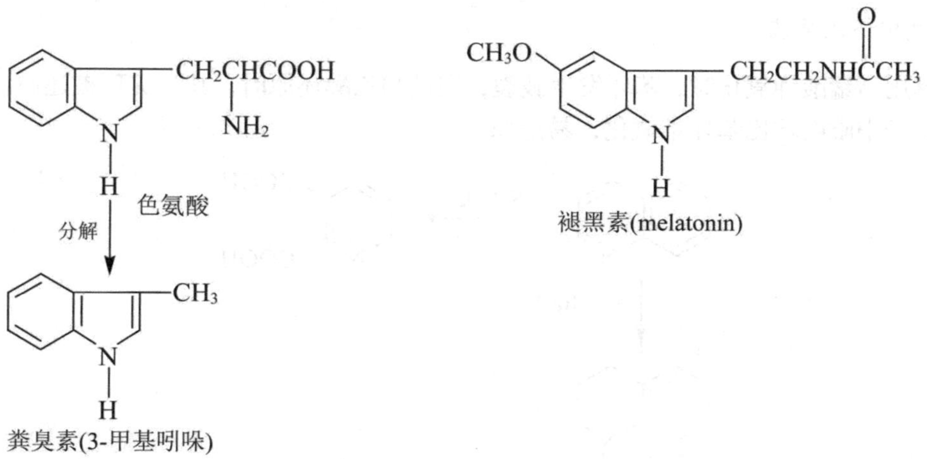

15.4.2　喹啉

喹啉是苯和吡啶稠合而成的二元杂环，存在于煤焦油中，新鲜制备的喹啉为无色油状液体，置于空气中逐渐变成淡黄色。喹啉的沸点为 238.05℃，有恶臭味，难溶于水，能与大多数有机溶剂混溶，是一种高沸点溶剂。喹啉环上的电荷分布如下：

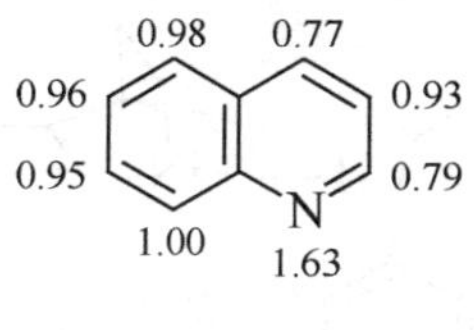

1. 取代反应

从喹啉两个环上的电荷分布可以看出，喹啉也可以发生取代反应，取代主要发生在 5, 8-位，但发生亲核取代时则在吡啶环上的 2-位或 4-位。

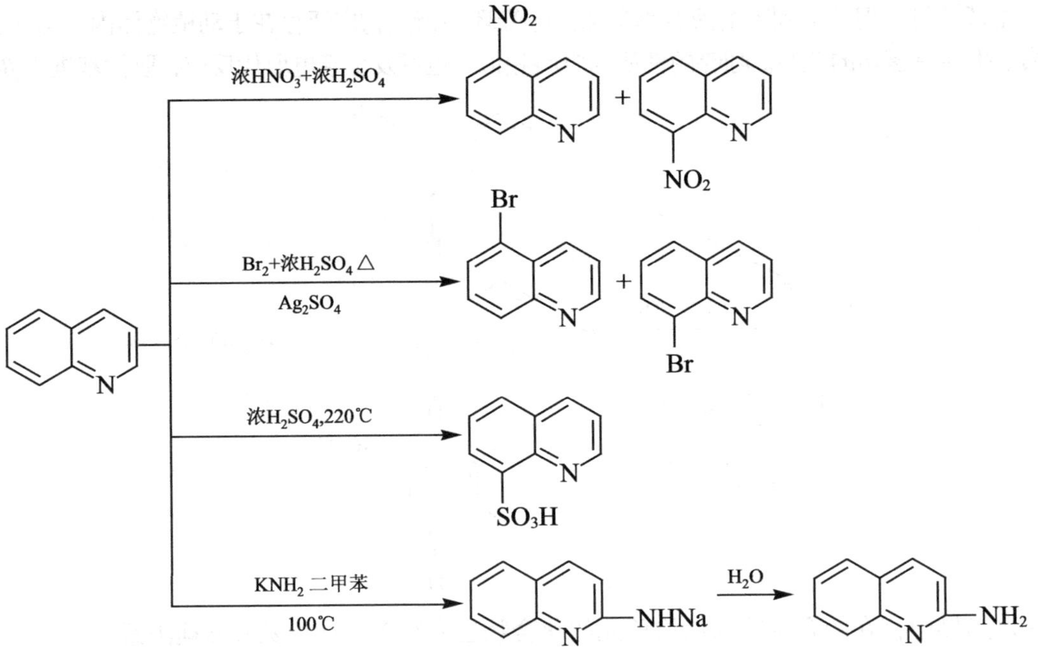

2. 氧化还原反应

喹啉用高锰酸钾氧化时，苯环发生破裂，用钠和乙醇还原时，其吡啶环被还原，这说明在喹啉分子中吡啶环比苯环难氧化，易还原。

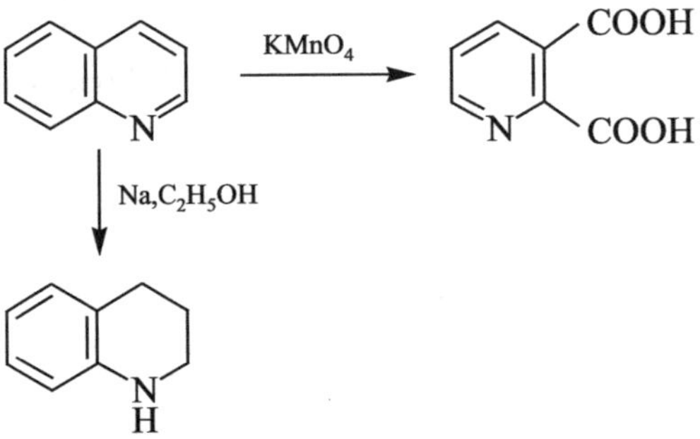

和吲哚相似，喹啉的衍生物在自然界中也广泛存在，很多喹啉的衍生物具有较强的生理活性。例如，奎宁是从金鸡纳树的树皮中提取的具有良好疗效的抗疟疾药物，后来人们合成了含有喹啉环的副作用更小且疗效更佳的氯喹。另外，从鸦片中提取出的罂粟碱也是一种含有异喹啉环的生物碱。

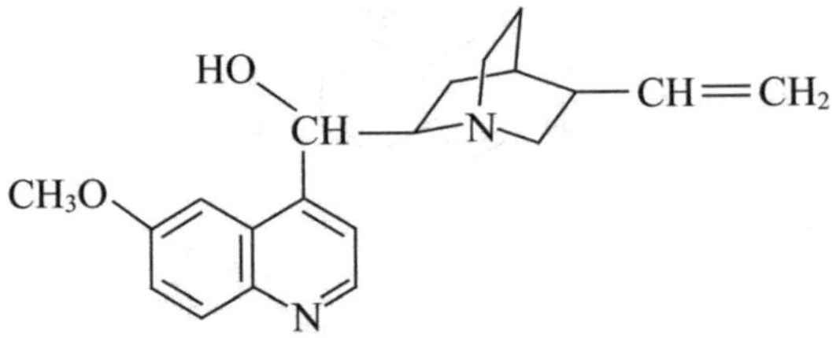

奎宁(金鸡纳碱，存在于金鸡纳树的树皮中，抗疟疾药)

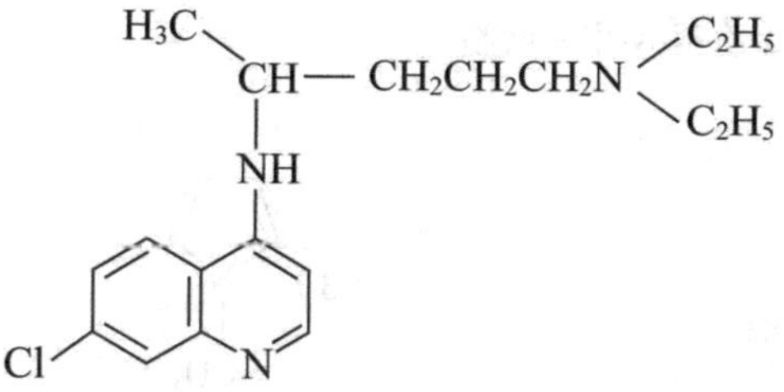

氯喹(人工合成的抗疟疾药)

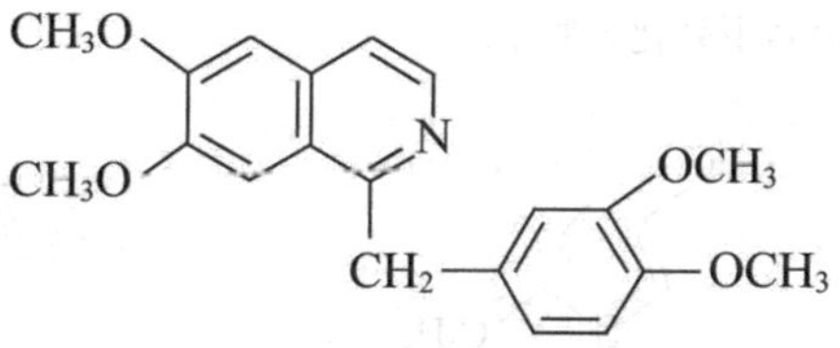

罂粟碱(一种兴奋剂)

15.4.3　嘌呤

纯的嘌呤在自然界中并不独立存在，人工合成的嘌呤为无色晶体，初熔点为216～217℃，易溶于水，水溶液虽然呈中性，但能与酸或碱成盐。嘌呤的衍生物广泛存在于动植物体内，如鸟类和爬虫类动物粪便中存在的尿酸、黄嘌呤等。

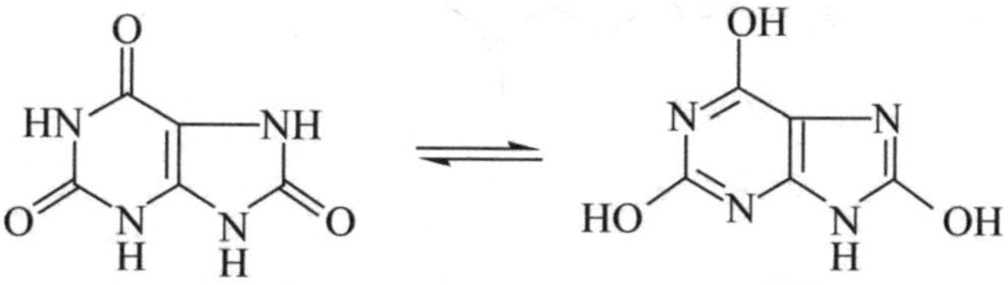

尿酸

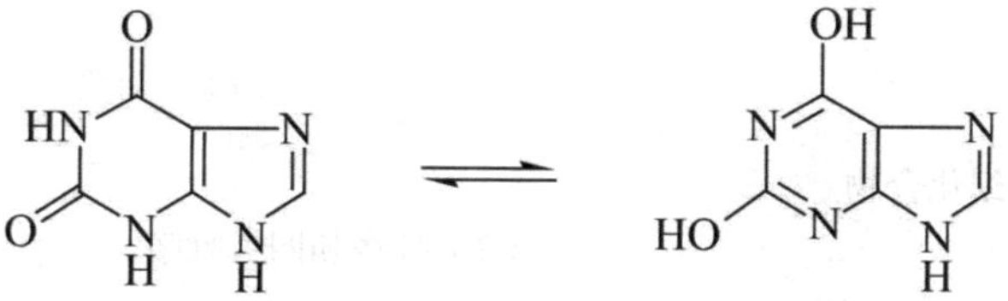

黄嘌呤

另外，咖啡因、茶碱和可可碱都是黄嘌呤的甲基衍生物，存在于茶叶、咖啡和可可中，它们有兴奋中枢的作用，其中以咖啡因的作用最强。其结构式如下：

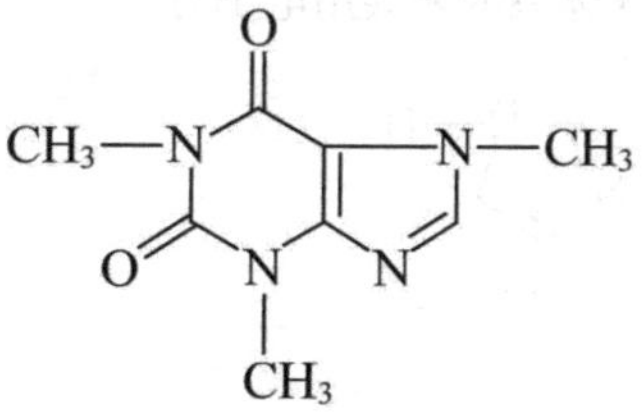

咖啡因

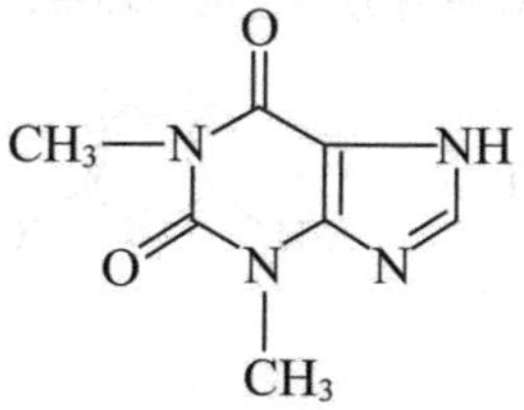

茶碱

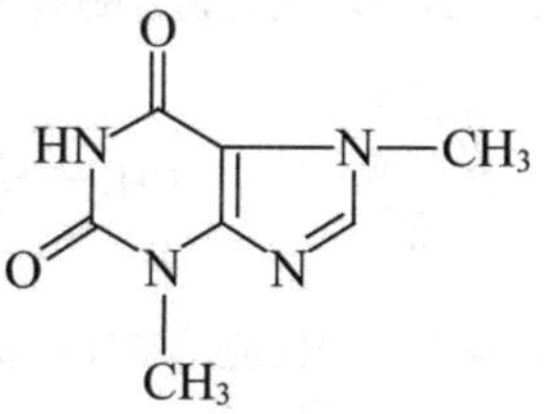

可可碱

扫一扫　　15-3　杂环化合物拓展阅读材料

习　　题

1. 写出下列化合物的构造式。

（1）*α*-呋喃甲醇　　（2）*α*, *β*′-二甲基噻吩

（3）溴化 *N*, *N*-二甲基四氢吡咯　　（4）5-乙烯基-2-甲基吡啶

（5）2, 5-二氢噻吩　　（6）2-乙基-*N*-甲基吡咯

2. 命名下列化合物。

（1）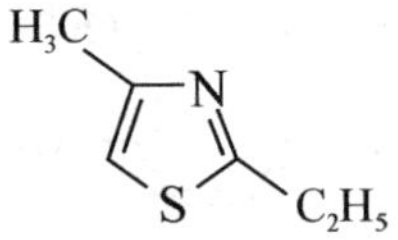

（2）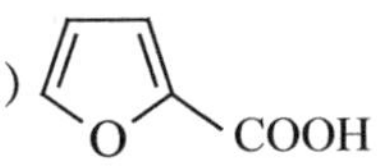

（3）

（4）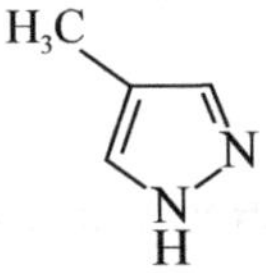

（5）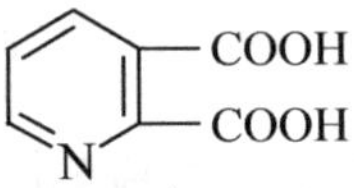

（6）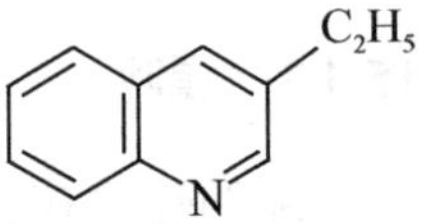

（7）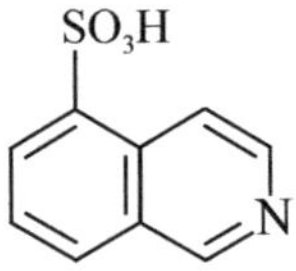

（8）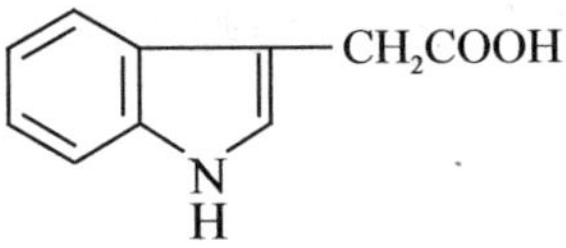

（9）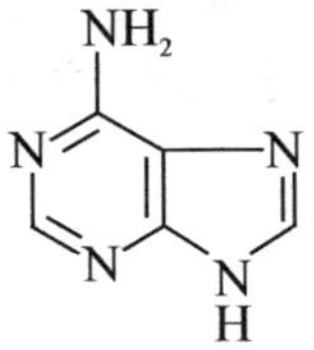

（10）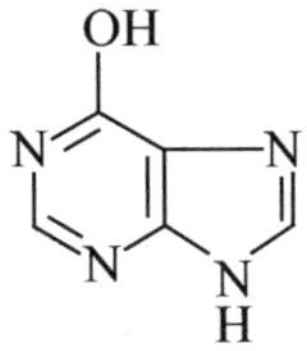

3. 用化学方法区别下列各组化合物。

（1）苯、噻吩和苯酚　　（2）吡咯和四氢吡咯

（3）苯甲醛和糠醛

4. 用化学方法将下列混合物中的少量杂质除去。

（1）苯中混有少量噻吩　　（2）甲苯中混有少量吡啶

（3）吡啶中混有少量六氢吡啶

5. 下列杂环化合物，哪些具有芳香性？在具有芳香性的杂环中，指出参与π体系的未共用电子对。

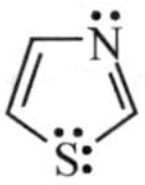

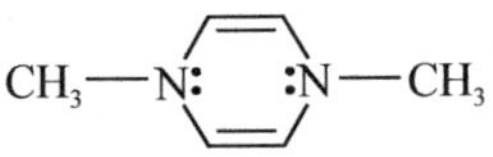

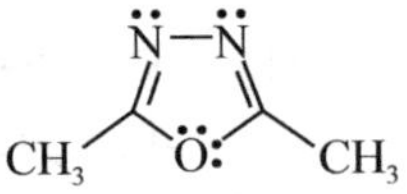

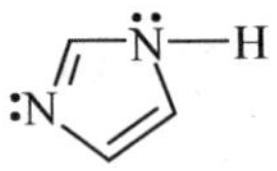

6. 写出下列反应的主要产物。

（1）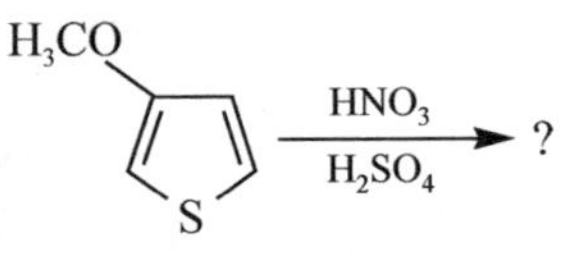

（2）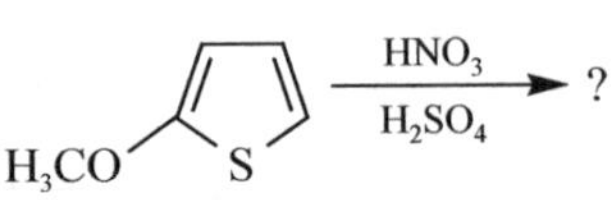

（3）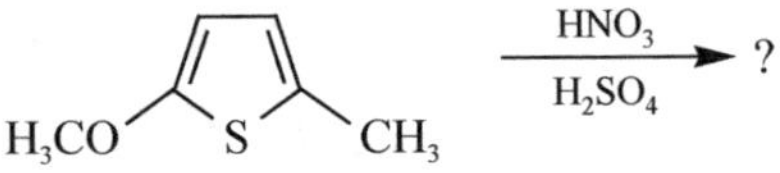

（4）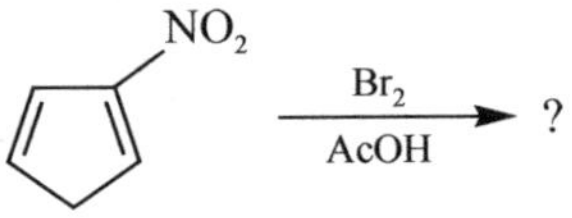

（5）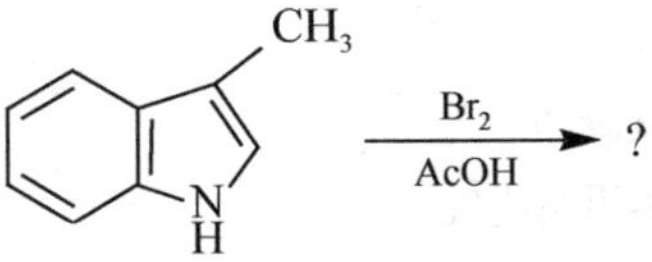

（6）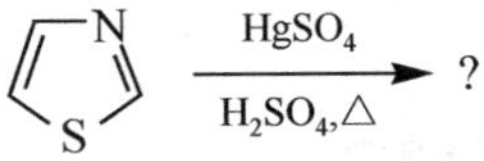

(7) 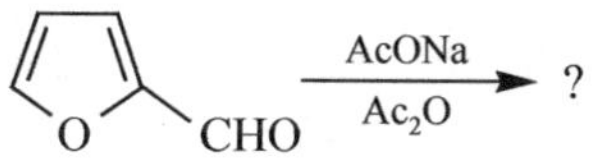　　(8) 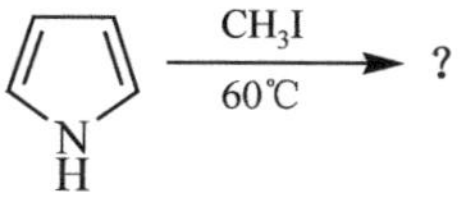

(9) 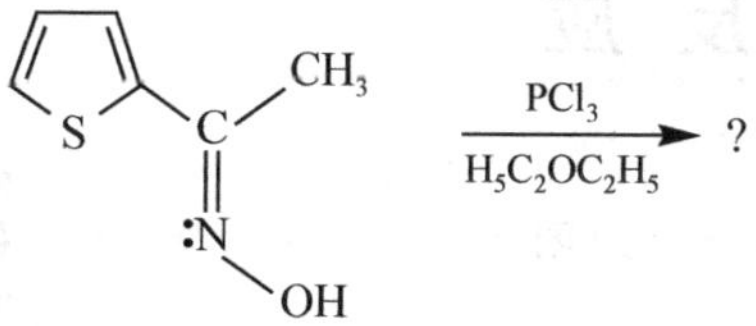　　(10) 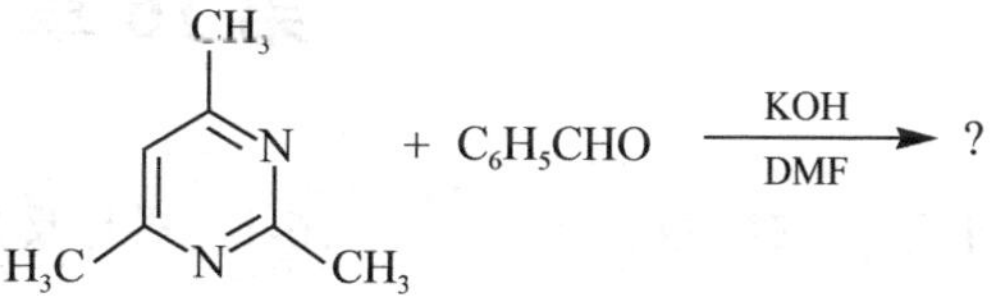

(11) 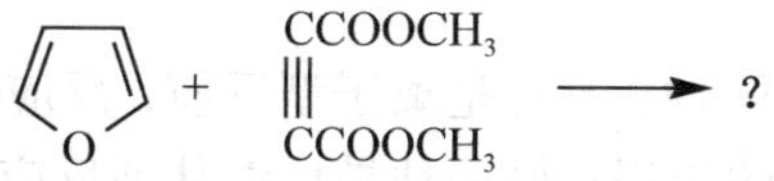

(12) 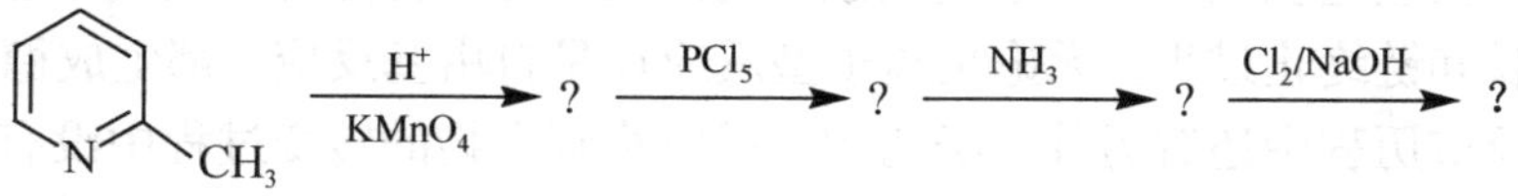

(13) 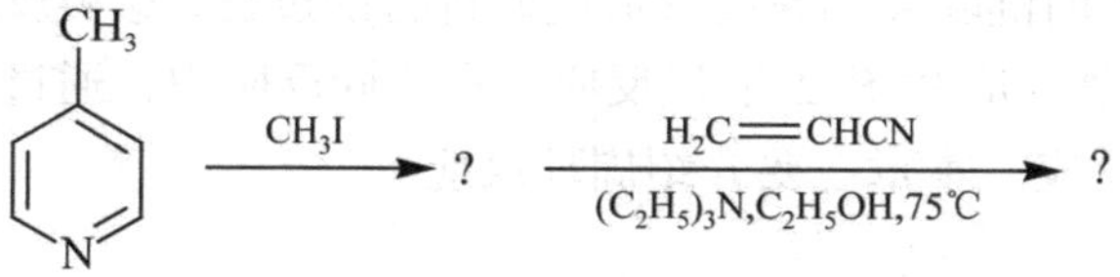

7. 由苯胺、吡啶为原料合成磺胺吡啶 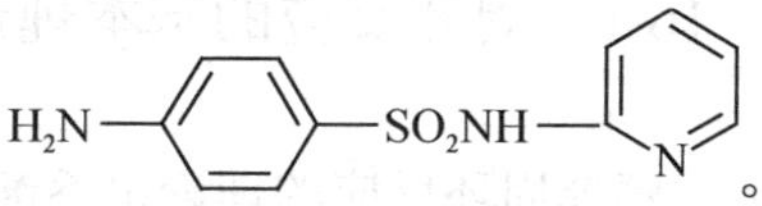。

8. 合成 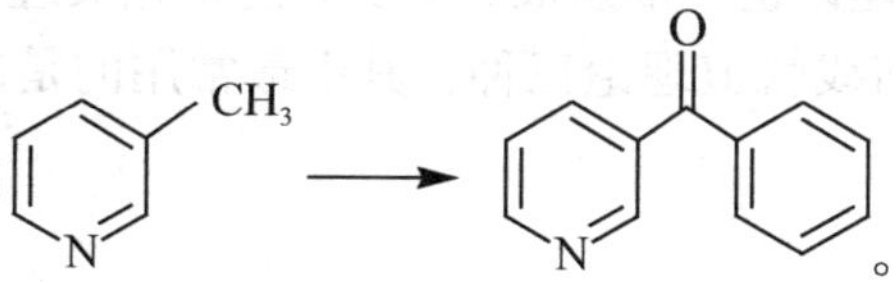。

9. 如何从糠醛制备下列化合物？

(1) 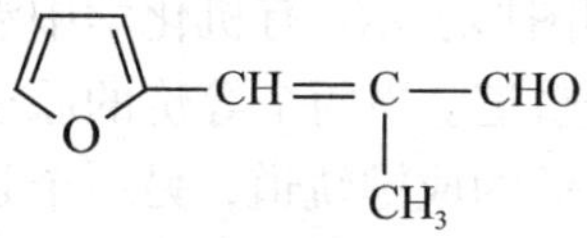　　(2) 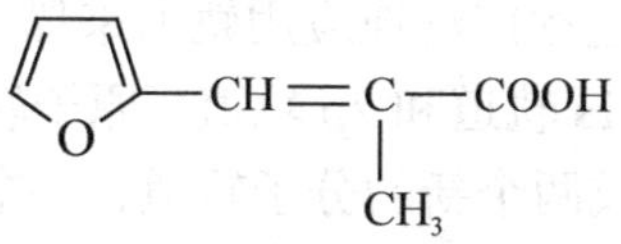

10. 杂环化合物 $C_5H_4O_2$ 经氧化后生成羧酸 $C_5H_4O_3$。将此羧酸的钠盐与碱石灰作用，转变为 C_4H_4O，后者与金属钠不发生反应，也不具有醛和酮的性质。原来的 $C_5H_4O_2$ 是什么？

11. 古液碱 A（$C_8H_{15}NO$）是一种生物碱，存在于古柯植物中。它不溶于氢氧化钠水溶液，但溶于盐酸。它不与苯磺酰氯作用，但与苯肼作用生成相应的苯腙。A 与 NaOI 作用生成黄色沉淀和一个羧酸 B（$C_7H_{13}NO_2$）。B 被 CrO_3 强烈氧化，转变成古液酸 $C_6H_{11}NO_2$，即 *N*-甲基-2-吡咯烷甲酸。写出 A 和 B 的结构式。

扫一扫　15-4　杂环化合物命名习题答案（2017 版）

第 16 章　周 环 反 应

扫一扫　　16-1　周环反应 目标导图+知识地图

前面各章讨论的有机化学反应从历程上看主要有两种：一种是离子型反应，反应的中间体是正离子或负离子，反应过程主要经过亲电或亲核的历程；另一种是自由基型反应，反应历程为链引发、链增长和链终止过程。无论是离子型反应还是自由基反应，都生成稳定或不稳定的中间体。有机反应历程中还有另外一类历程，反应物到产物的转变过程中没有正、负离子或自由基中间体存在，而是经过了旧键断裂和新键形成同时进行的过程，这类反应称为协同反应，如前面学过的第尔斯-阿尔德反应和 S_N2 取代反应。在协同反应中，通过环状过渡态由反应物到产物的反应称为周环反应。本章主要介绍周环反应。

16.1　周环反应的基本理论

随着周环反应研究的深入，解释周环反应的理论也逐渐发展，主要有能量相关理论、芳香过渡态理论（休克尔-莫比乌斯结构理论）和前线轨道理论三种，其中最常用的是前线轨道理论。本节主要就前线轨道理论作简单介绍。

16.1.1　轨道与成键

周环反应的过程广泛地应用轨道来描述，这些轨道往往用图形表示。有机化学中涉及最多的原子轨道为 1s 轨道和 2p 轨道。原子轨道线性组合成分子轨道。当两个等价的原子轨道组合时，总是形成两个新的分子轨道，一个是能量比原子轨道低的成键轨道，另一个是能量比原子轨道高的反键轨道。

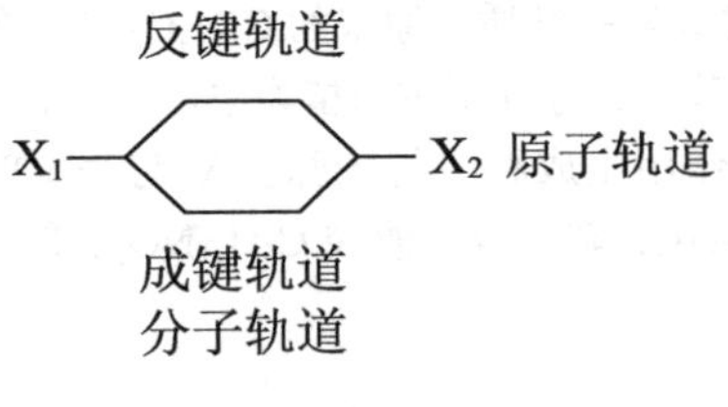

原子轨道组合成分子轨道时，遵守轨道对称性守恒原理，即两个原子轨道的对称性相同（相位相同）的给出成键轨道，两个原子轨道的对称性不同（相位不同）的给出反键轨道。

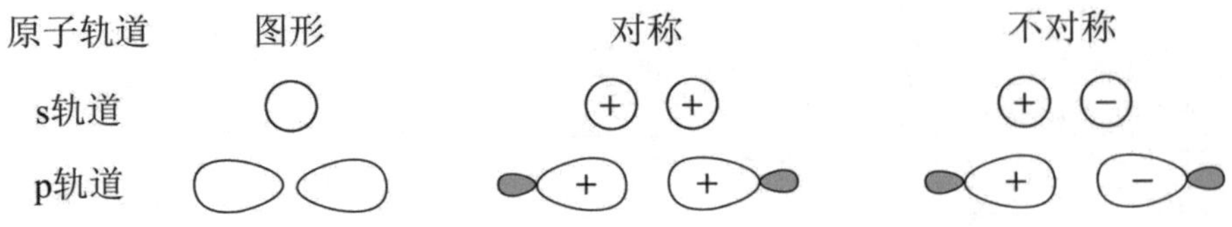

伍德沃德和霍夫曼发现分子轨道对称性是控制反应进程的关键因素。在化学键形成的过程中，只有对称性相符的轨道才可以形成稳定的新的化学键，体系能量降低，对称性不相符的轨道则不能形成有效的共价键。也就是说，化学反应是分子轨道进行重新组合的过程。在一个协同反应中，分子轨道的对称性是守恒的，即由原料到产物，轨道的对称性始终不变，只有这样，才能用最低的能量形成反应中的过渡态，即反应成键由轨道对称性控制。

16.1.2 前线轨道理论

前线轨道理论是日本量子化学家福井谦一于 1951 年正式提出的一种有机反应理论。分子轨道对称性守恒原理和前线轨道理论是近代有机化学的重大成果之一，为此霍夫曼（轨道对称性守恒原理创始人之一）和前线轨道理论的创始人福井谦一共同获得了 1981 年诺贝尔化学奖。

福井谦一将分子周围分布的电子云根据能量细分为不同能级的分子轨道，他认为有电子排布的、能量最高的分子轨道即最高占据分子轨道（highest occupied molecular orbital，HOMO），以及没有被电子占据的、能量最低的分子轨道即最低未占分子轨道（lowest unoccupied molecular orbital，LUMO）是决定一个体系发生化学反应的关键。其他能量的分子轨道对化学反应虽然有影响但是影响很小，可以暂时忽略，HOMO 和 LUMO 便是前线轨道（frontier molecular orbital，FMO）。对分子内反应来说，主要取决于反应物的 HOMO。对分子间反应来说，必然是一种物质的分子提供 HOMO，另一种物质的分子提供 LUMO，电子由 HOMO 流向 LUMO，二者对称性匹配则易于反应，对称性不匹配则难于反应。也就是说，前线轨道对称性相符的可以成键，对称性不相符的不能成键。对于热反应，提供能量的是热，反应只与分子基态有关，为基态反应；对于光反应，提供能量的是光，反应与分子激发态有关，为激发态反应。

丁-1, 3-二烯的 π 电子分子轨道及基态、激发态的前线轨道如图 16-1 所示。

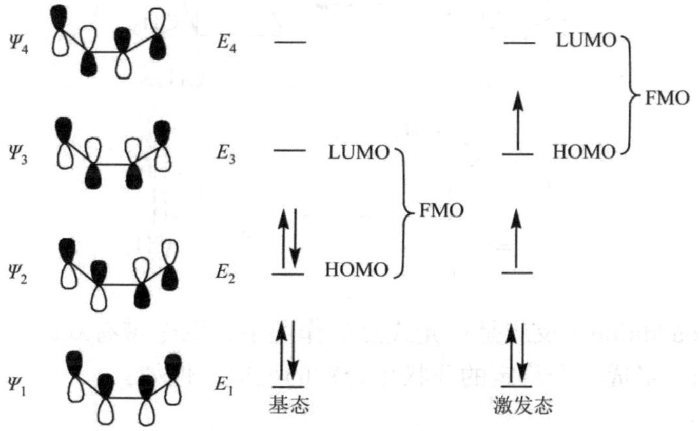

图 16-1 丁-1, 3-二烯 π 电子分子轨道能级示意图

己-1, 3, 5-三烯的 π 电子分子轨道及基态、激发态的前线轨道如图 16-2 所示。

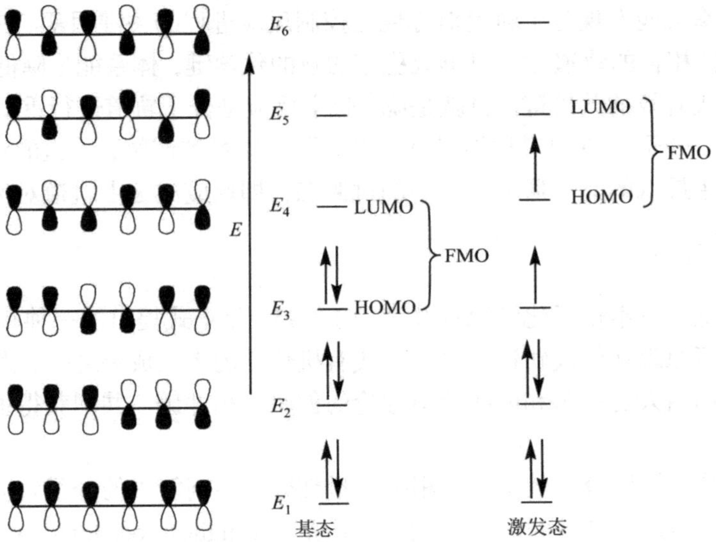

图 16-2　己-1, 3, 5-三烯 π 电子分子轨道能级示意图

16.2　周环反应的分类

离子型反应由反应物到产物的过程是通过正、负离子中间体，周环反应则是通过环状过渡态。周环反应按成键特点可分为电环化反应、环加成反应和 σ-迁移（移位）反应三类。

电环化反应是在光或热的条件下，共轭多烯烃的两端环化成环烯烃及其逆反应——环烯烃开环成多烯烃的一类反应。例如：

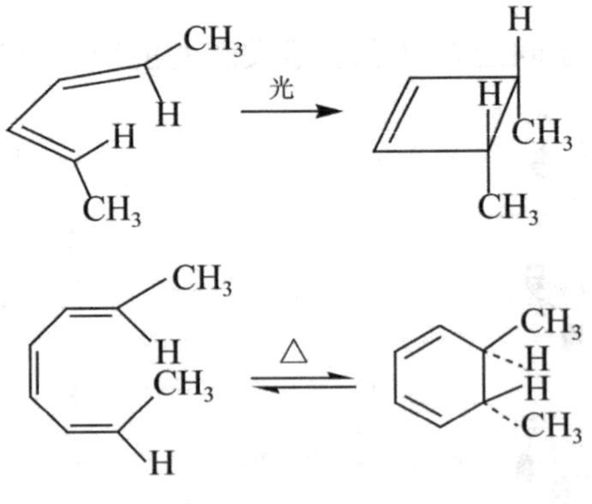

环加成（cycloaddition）反应是在光或热的作用下，两个带有双键、共轭双键或孤对电子的分子相互作用，形成一个稳定的环状化合物的反应。例如：

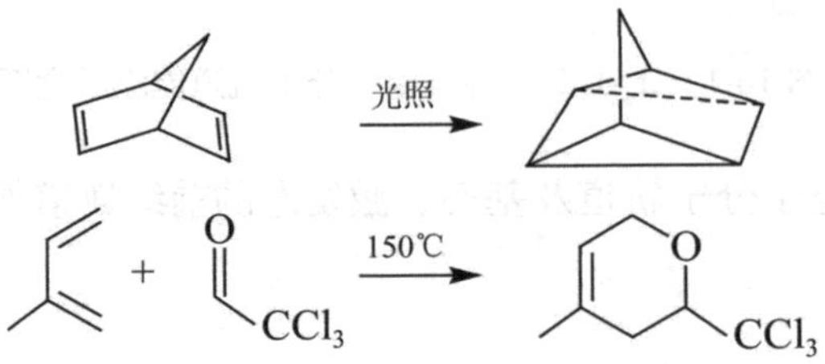

σ-迁移反应也称 σ-移位重排反应，是指在共轭 π 体系中，处于烯丙位的一个 σ 键断裂，在 π 体系另一端生成一个新的 σ 键，同时伴随 π 键的转移。例如：

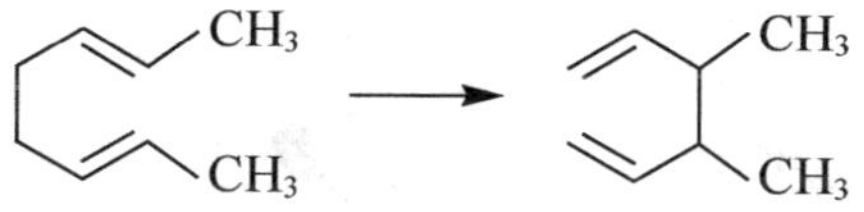

16.2.1 电环化反应

电环化反应是分子内的周环反应，电环化反应的成键过程取决于反应物中开链化合物的 HOMO 的对称性。电环化是共轭多烯烃的两端环化成环烯烃的反应及其逆反应，而共轭多烯烃可以分为 $4n$ 个 π 电子和 $4n+2$ 个 π 电子两大类。两大类共轭烯烃的电环化反应具有不同的特点，分别讨论如下。

1. 具有 $4n$ 个 π 电子的电环化反应

具有 $4n$ 个 π 电子的共轭多烯烃最简单的是丁-1, 3-二烯及其取代衍生物。在加热或光照的情况下，由于分子内电环化的前线轨道不同，可以生成不同的产物。例如，(2*E*, 4*E*)-己-2, 4-二烯光照发生电环化对旋生成顺-3, 4-二甲基环丁烯单一产物，而产物顺-3, 4-二甲基环丁烯受热开环顺旋只生成（2*Z*, 4*E*）-己-2, 4-二烯。

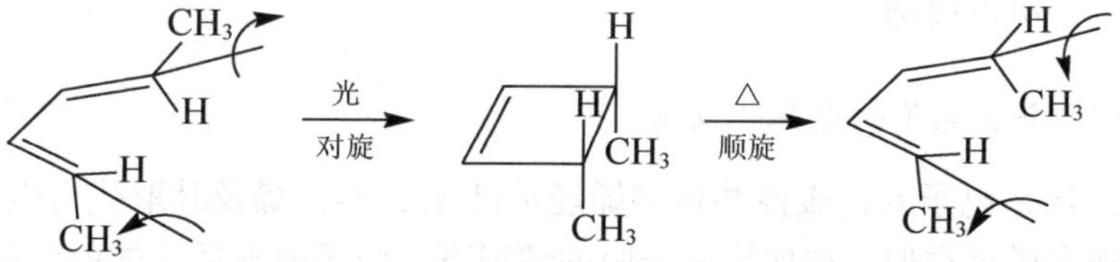

(2*Z*, 4*E*)-己-2, 4-二烯光照发生电环化生成反-3, 4-二甲基环丁烯，而产物反-3, 4-二甲基环丁烯受热开环生成 (2*E*, 4*E*)-己-2, 4-二烯。

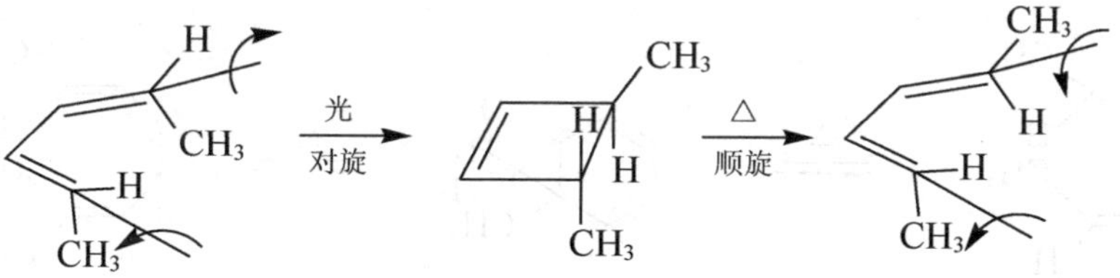

(1*Z*, 3*Z*)-环辛-1, 3-二烯和 (1*Z*, 3*E*)-环辛-1, 3-二烯的电环化具有类似的规律。

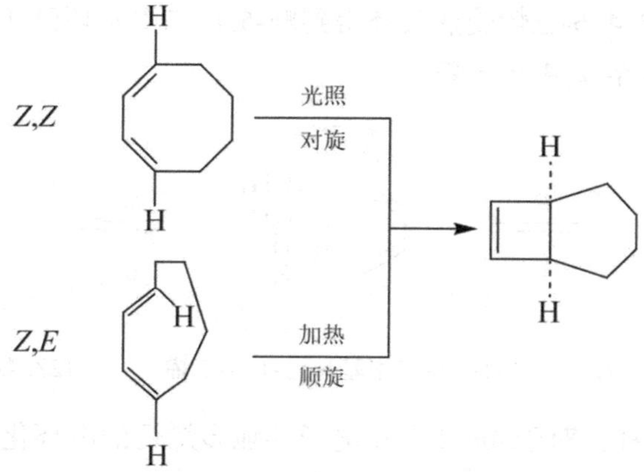

前线轨道理论的解释：对于 4*n* 个 π 电子共轭多烯烃的电环化反应，参照图 16-1，在加热（基态）条件下分子的 HOMO 为 ψ_2，而在光照条件下 HOMO 为 ψ_3，其成键过程的波函数示意图如下所示：

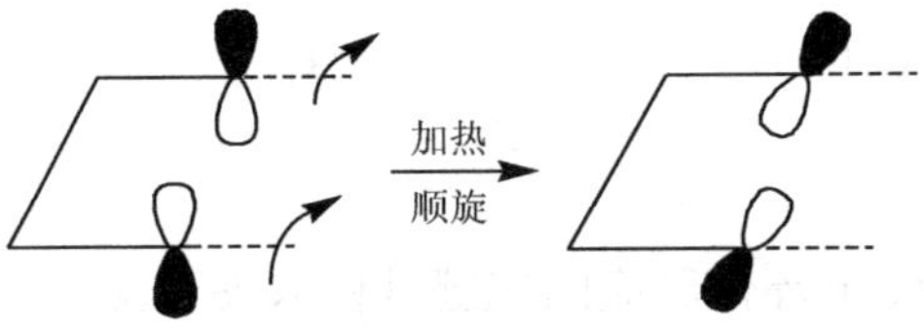

HOMO (加热, ψ_2)

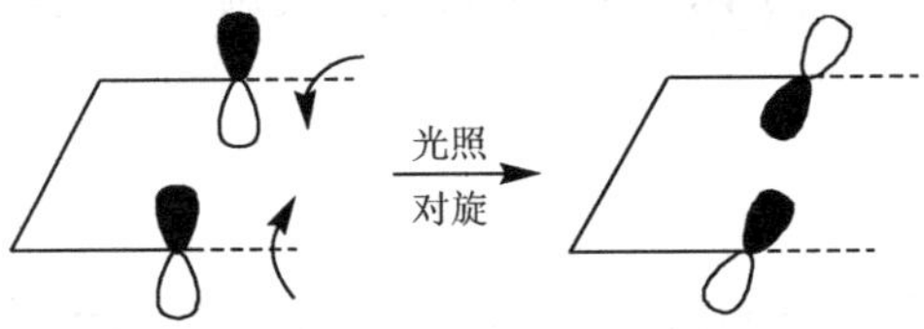

HOMO (光照, ψ_3)

从上面前线轨道的对称性匹配要求可以得出结论，4*n* 个 π 电子的电环化反应加热时，HOMO 两端的轨道顺旋波函数对称性相符，可以成键；而光照时 HOMO 两端的轨道对旋波函数对称性相符，可以成键。

2. 具有 4*n*+2 个 π 电子的电环化反应

具有 4*n*+2 个 π 电子的代表性共轭多烯烃是己-1, 3, 5-三烯及其取代衍生物。和具有 4*n* 个 π 电子的共轭多烯烃类似，在加热或光照的情况下，分子内电环化的前线轨道不同，生成的产物也有区别。(2*Z*, 4*Z*, 6*E*)-辛-2, 4, 6-三烯受热关环得到反-5, 6-二甲基环己-1, 3-二烯，该环烯烃光照开环则得到 (2*E*, 4*Z*, 6*E*)-辛-2, 4, 6-三烯。

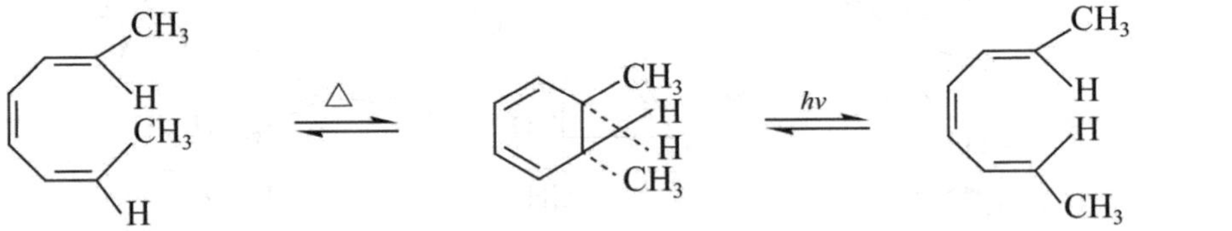

(2*Z*, 4*Z*, 6*E*)-辛-2, 4, 6-三烯　　反-5, 6-二甲基环己-1, 3-二烯　　(2*E*, 4*Z*, 6*E*)-辛-2, 4, 6-三烯

而 (2*E*, 4*Z*, 6*E*)-辛-2, 4, 6-三烯受热关环得到顺-5, 6-二甲基环己-1, 3-二烯，该环烯烃光照开环则得到 (2*Z*, 4*Z*, 6*E*)-辛-2, 4, 6-三烯。

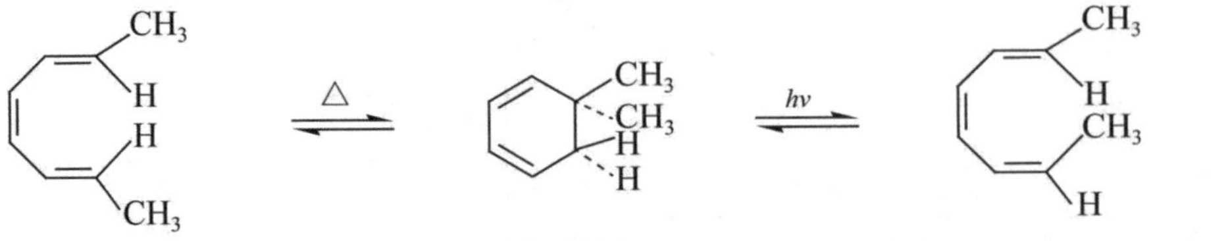

(2*E*, 4*Z*, 6*E*)-辛-2, 4, 6-三烯　　顺-5, 6-二甲基环己-1, 3-二烯　　(2*Z*, 4*Z*, 6*E*)-辛-2, 4, 6-三烯

前线轨道理论的解释：对于 4*n*+2 个 π 电子共轭多烯烃的电环化反应，参照图 16-2，在

加热（基态）条件下分子的 HOMO 为 ψ_3，而在光照条件下 HOMO 为 ψ_4，其成键过程的波函数示意图如下所示：

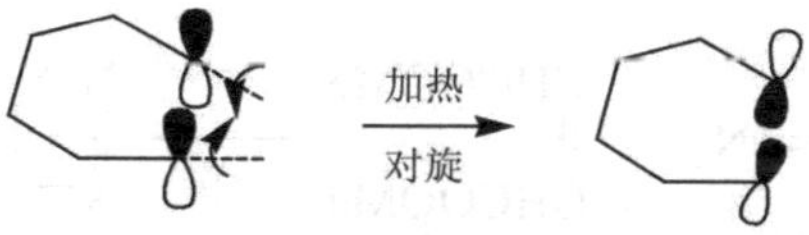

轨道对称性相符

HOMO (加热, 基态 ψ_3)

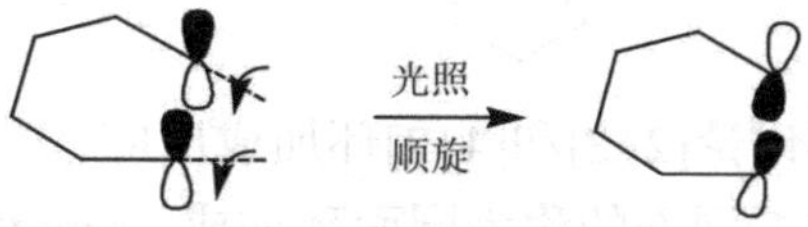

轨道对称性相符

HOMO (光照, 激发态 ψ_4)

从上面的分析可以得出结论，$4n+2$ 个 π 电子的共轭多烯烃电环化的规律与 $4n$ 个 π 电子的共轭多烯烃相反。

综上所述，共轭多烯烃在不同反应条件下（加热或光照）电环化的规律可用表 16-1 表示。

表 16-1　共轭多烯烃的电环化规律

π 电子数	4n+2		4n	
顺旋	加热 禁阻	光照 允许	加热 允许	光照 禁阻
对旋	加热 允许	光照 禁阻	加热 禁阻	光照 允许

16.2.2　环加成反应

环加成反应是指在光或热的作用下，两个带有双键、共轭双键或孤对电子的分子相互作用，经过环状过渡态形成一个稳定的环状化合物的反应。

环加成反应具有以下特点：①环加成反应是分子间的加成环化反应；②由一个分子的 HOMO 和另一个分子的 LUMO 交盖而成。

前线轨道理论认为，环加成反应能否进行，主要取决于一个反应物分子的 HOMO 与另一个反应物分子的 LUMO 的对称性是否匹配，如果两者的对称性是匹配的，环加成反应允许，反之则禁阻。从分子轨道（前线轨道）观点来分析，反应物中一个反应物分子的 HOMO 中已经充满电子，与另一分子的轨道交盖成键时，要求另一轨道是空的，而且能量要与该分子 HOMO 的比较接近，因此另一个分子提供的轨道必然是能量最低的空轨道 LUMO。

按参与环加成的两个反应物的特点，环加成可分为以下几类：

[2+1] 环加成　$CH_2{=}CH_2 + R_2C{:} \longrightarrow$ 

[2+2] 环加成　$CH_2{=}CH_2 + CH_2{=}CH_2 \longrightarrow$ 

[4+1] 环加成 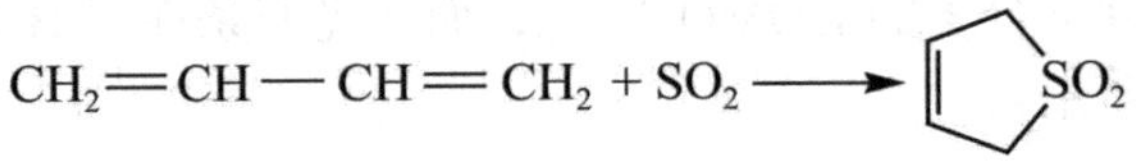

1,3-偶极加成 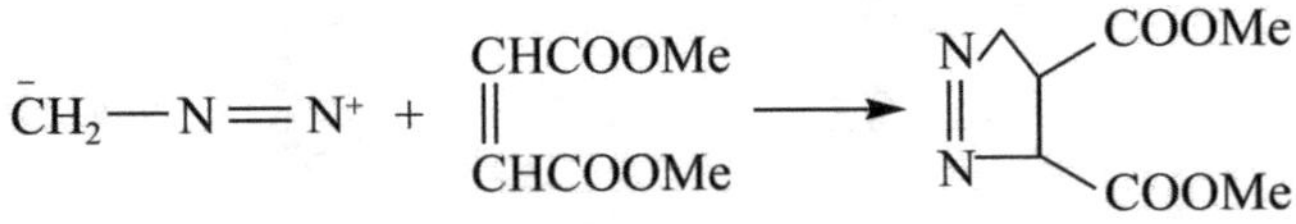

[4+2] 环加成 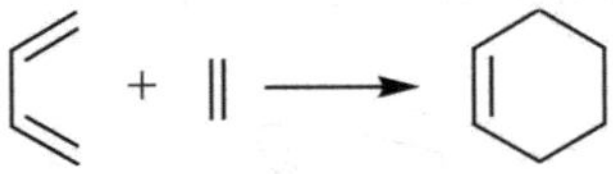

以上几种环加成反应中，本节主要讨论[2+2]和[4+2]环加成反应，重点讨论[4+2]环加成。

环加成反应中，新键生成在反应体系同面的称为同面环加成（suprafacial cycloaddition）；新键的生成在反应体系异面的称为异面环加成（antarafacial cycloaddition），大多数环加成反应为同面环加成反应。

同面环加成：

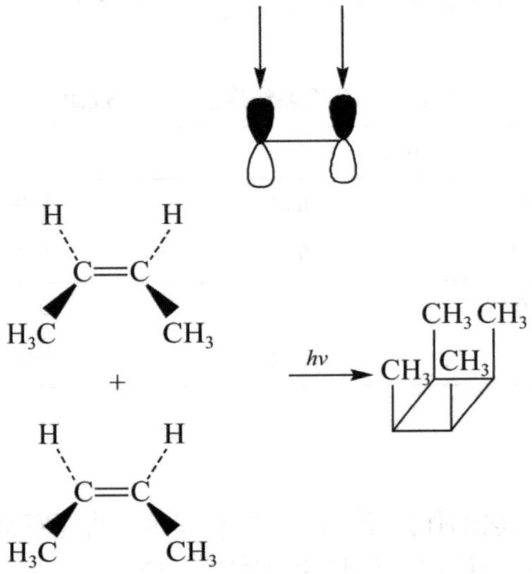

异面环加成：

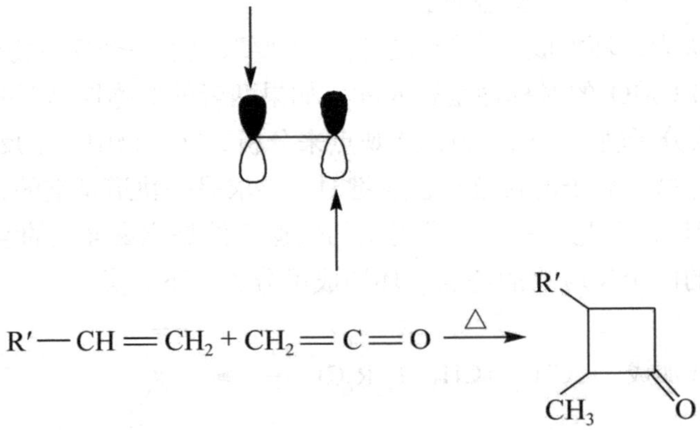

1. [2+2]环加成反应

在光照条件下，两分子单烯烃环合形成环丁烷及其衍生物的反应为[2+2]环加成反应。例如：

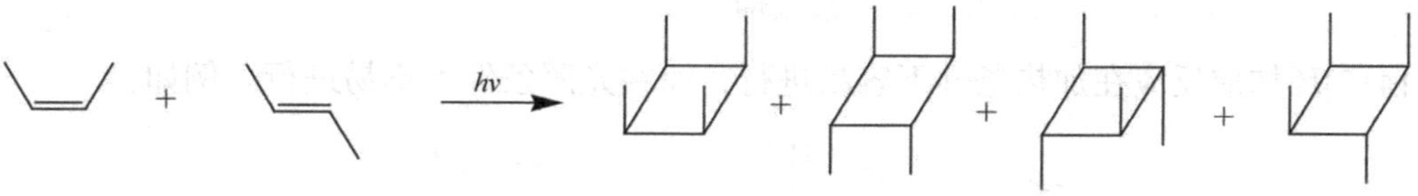

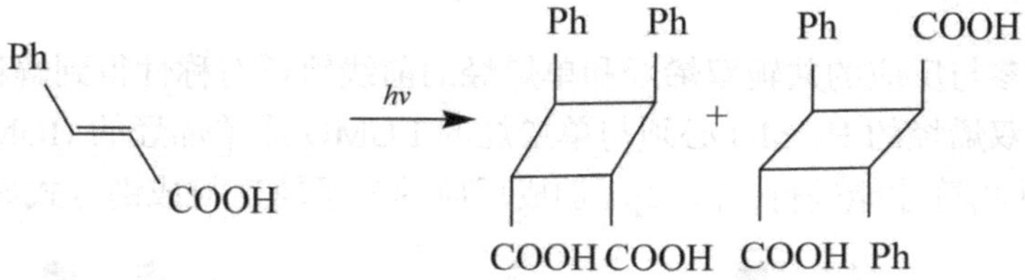

[2+2]环加成反应的分子轨道与成键方式，以乙烯分子为例，在基态和激发态的前线轨道如下：

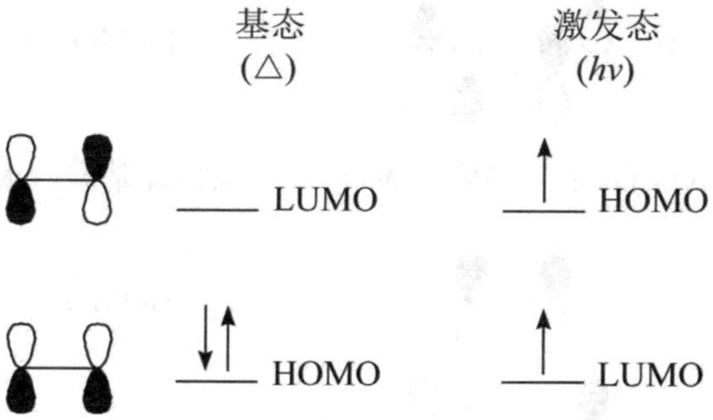

两个乙烯分子在加热条件下，其中一个分子的 HOMO 和另一分子的 LUMO 对称性不符，而光照时一个分子的 HOMO 对称性和另一个分子基态的 LUMO 对称性相符，因此两个乙烯分子在光照条件下可以发生电环化生成环丁烷，而加热条件下不容易反应，如下所示：

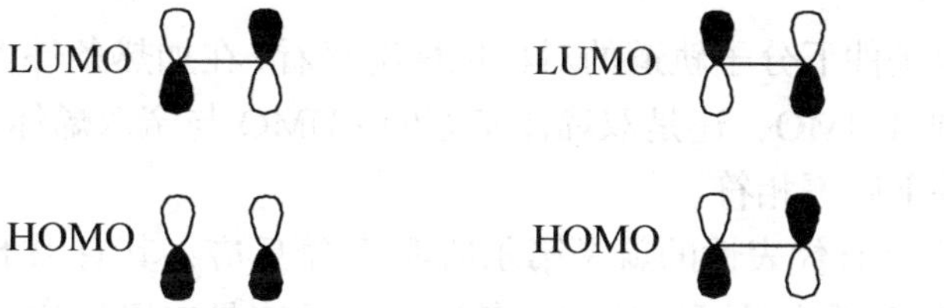

热反应，对称性禁阻　　光反应，对称性允许
(激发态HOMO, 基态LUMO)

2. [4+2]环加成反应——第尔斯-阿尔德反应

共轭二烯烃和单烯烃在加热条件下生成环烯烃的反应称为第尔斯-阿尔德反应。其中，共轭二烯烃常称为双烯体，而单烯烃称为亲双烯体。

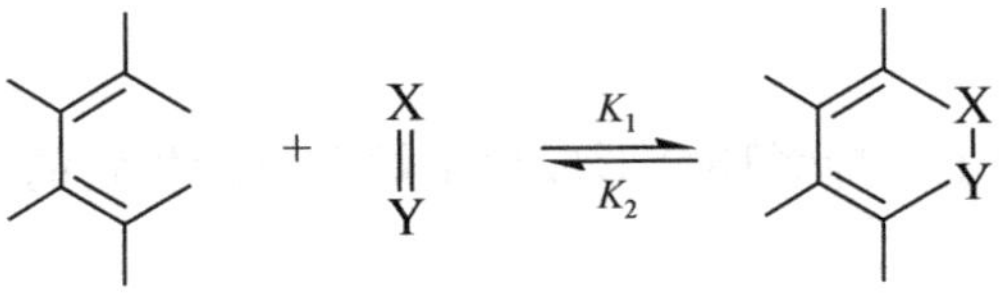

双烯体　　亲双烯体

[4+2]环加成反应在加热条件下容易进行，而在光照条件下不易进行。例如：

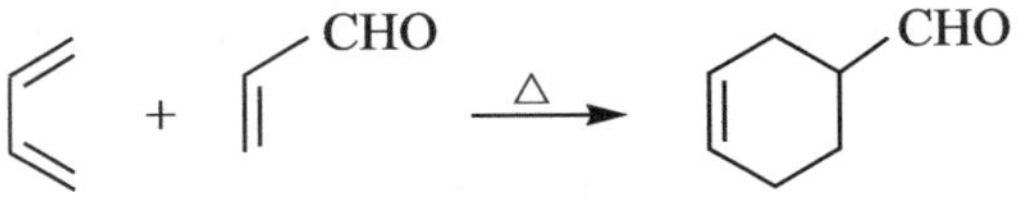

上述现象也可以从参与反应的共轭双烯烃和单烯烃的前线轨道对称性得到解释。发生环加成反应时，反应物中双烯烃的 HOMO 必须与单烯烃的 LUMO 或单烯烃的 HOMO 与共轭双烯烃的 LUMO 对称性相符才能进行，[4+2]环加成反应的分子轨道与成键方式如下：

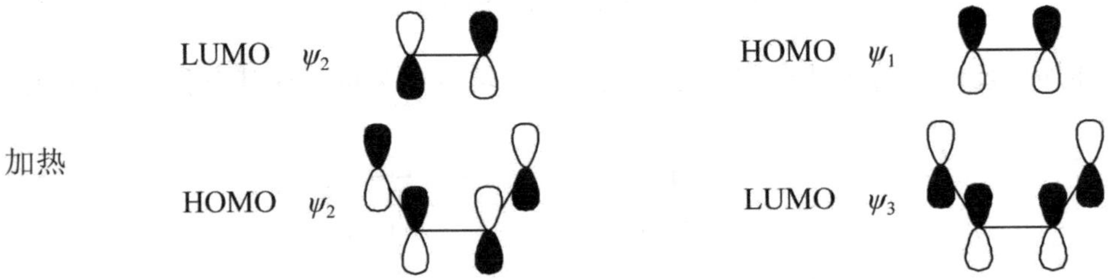

双烯体基态HOMO+亲双烯体LUMO　　双烯体基态LUMO+亲双烯体HOMO

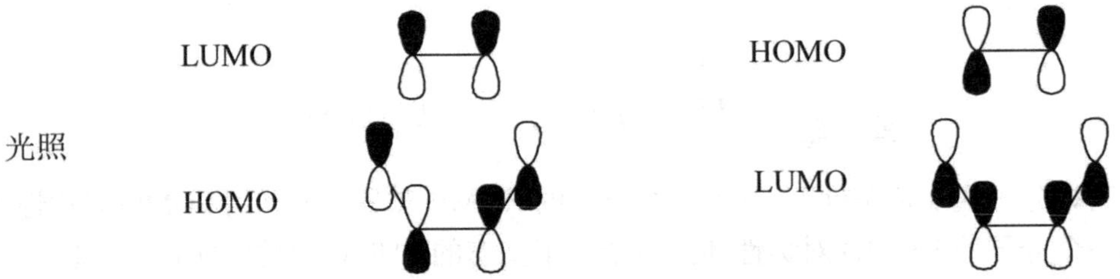

双烯体基态LUMO+亲双烯体HOMO　　双烯体基态LUMO+亲双烯体HOMO

从上面两种反应条件下分子轨道的对称性情况来看，在加热条件下无论是双烯体基态的 HOMO 与亲双烯体的 LUMO，还是双烯体基态的 LUMO 与亲双烯体的 HOMO 都是对称性相符的，而光照条件下则不相符。

[4+2]环加成反应具有代表性的就是第尔斯-阿尔德反应，其有以下特点：

（1）第尔斯-阿尔德反应是可逆反应。其中，正反应是二级反应，反应速率与双烯体和亲双烯体的浓度成正比；逆反应是一级反应，反应速率只与加合物浓度成正比。

（2）双烯体上含给电子取代基、亲双烯体上含吸电子取代基时，有利于反应的发生。例如：

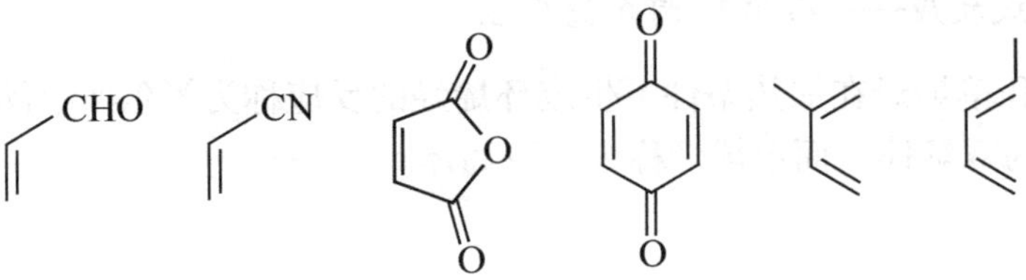

但当双烯体上含有强吸电子基团时，亲双烯体上含有给电子基团反而有利于反应发生。例如：

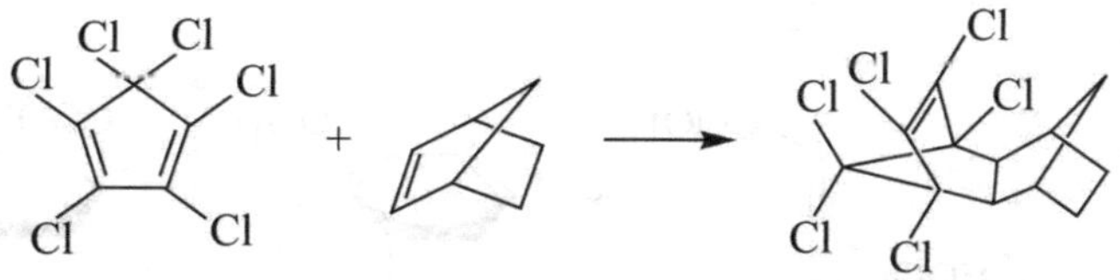

（3）第尔斯-阿尔德反应的定向作用。当反应既可以生成邻位又可以生成间位产物时以邻位产物为主，既可生成对位产物又可生成间位产物时以对位产物为主。例如：

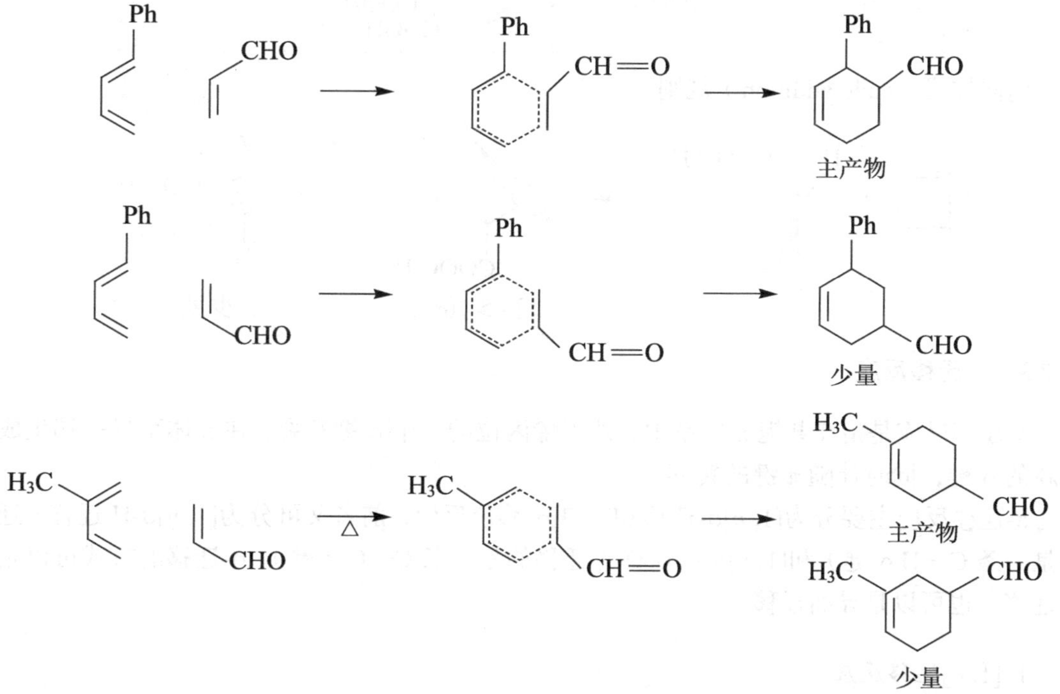

（4）双烯体活性。对双烯体系而言，生成 s-顺式构象是第尔斯-阿尔德反应的先决条件，所有能稳定 s-顺式构象的因素都能加速反应，反之则对反应不利。例如，下列二烯烃都不能进行第尔斯-阿尔德反应。

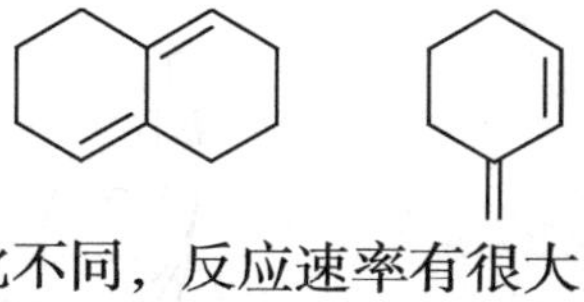

下列二烯烃由于顺式构象占比不同，反应速率有很大的差异。

顺式构象较稳定　　顺式构象不稳定 (甲基导致的空间位阻)

反应速率：　1000　:　1

（5）第尔斯-阿尔德反应的立体化学——顺式同面加成。第尔斯-阿尔德反应实质上是两分子烯烃的顺式加成，即二烯烃与单烯烃的同面-同面加成，且加成以生成内向加成产物为主。

同面-同面加成：

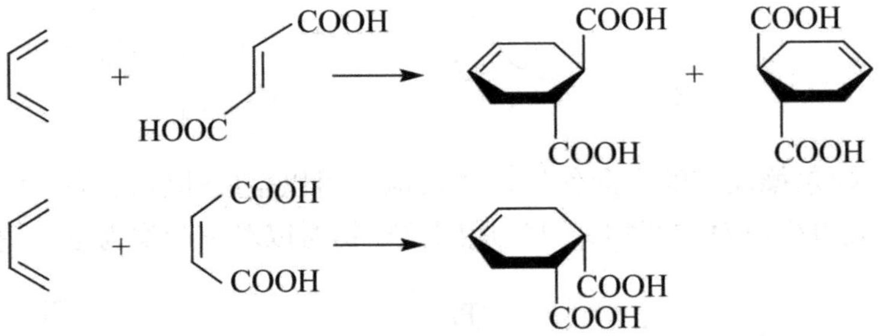

内向加成（endo addition）规则：

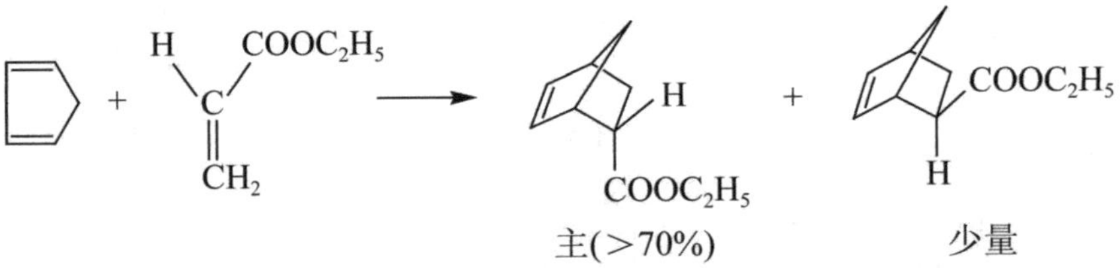

16.2.3　σ-迁移反应

σ-迁移反应是指在共轭 π 体系中，处于烯丙位的一个 σ 键断裂，在 π 体系另一端生成一个新的 σ 键，同时伴随 π 键的转移。

σ-迁移反应主要分为[1, *n*]σ-迁移和[3, 3]σ-移位反应，前者又可分为[1, *n*]σ-H 迁移（迁移的是一条 C—H σ 键）和[1, *n*]σ-C 迁移（迁移的是一条 C—C σ 键）。σ-迁移的方式可以是同面迁移，也可以是异面迁移。

1. [1, *n*]迁移反应

1）氢原子参与的[1, *n*]迁移

氢原子参与的[1, *n*]迁移主要有[1, 3]迁移、[1, 5]迁移、[1, 7]迁移等。迁移可以是同面迁移也可以是异面迁移，取决于发生迁移的位次。

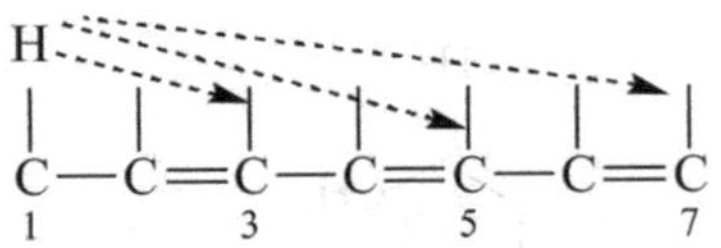

[1, *n*] H同面迁移

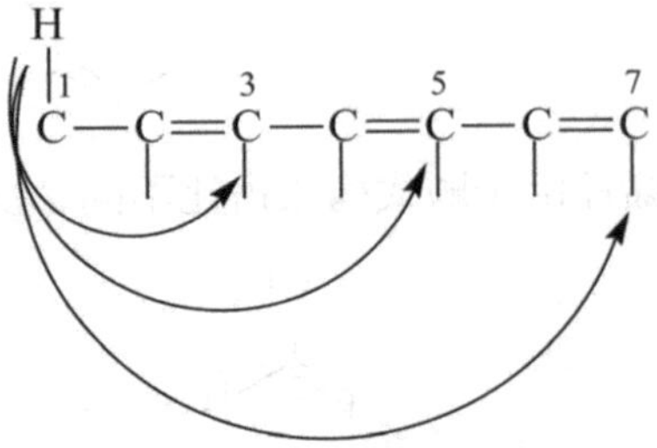

[1, *n*] H异面迁移

根据分子轨道的对称性要求，常见的氢原子参与的[1, *n*]迁移具有以下规律：

（1）[1, 3]和[1, 7]迁移，同面禁阻，异面允许，分子轨道示意图如下：

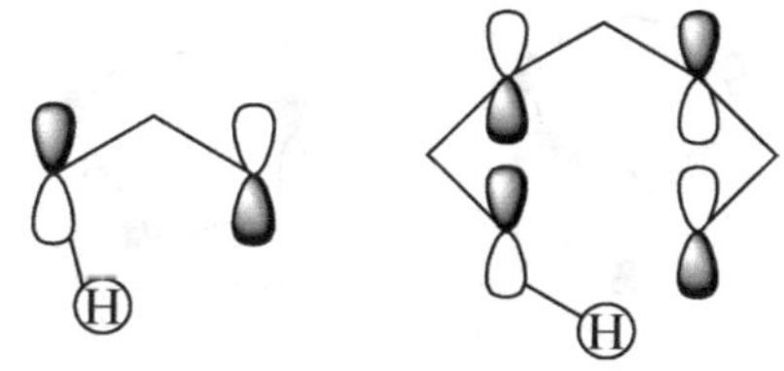

（2）[1, 5]迁移，同面允许，异面禁阻，分子轨道示意图如下：

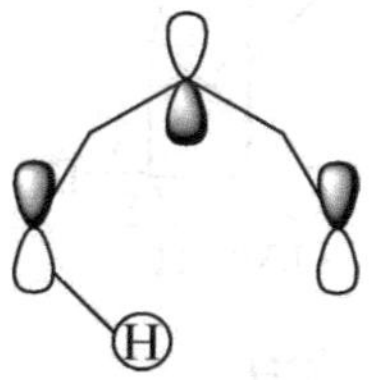

例如：

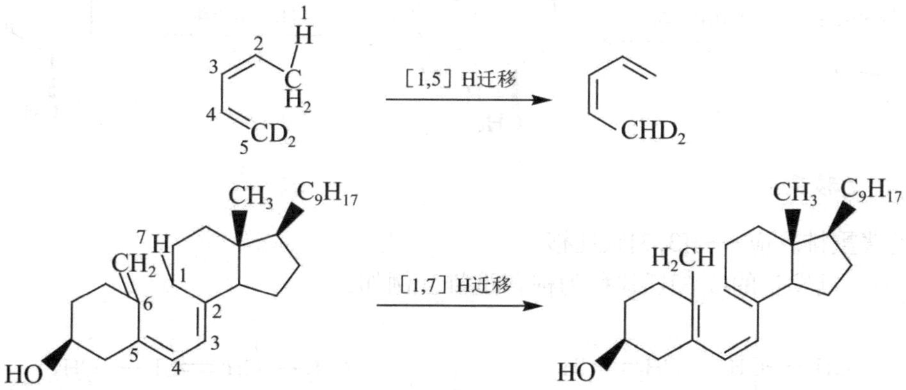

2）碳原子参与的[1, *n*]迁移

[1, *n*]σ 键烷基迁移较 σ 键氢迁移更为复杂，除有同面成键和异面成键外，还由于氢原子的 1s 轨道只有一个瓣，而碳自由基的 p 轨道两瓣的相位是相反的，在迁移时，可以用原来成键的一瓣去交盖，也可以用原来不成键的一瓣去成键，前者迁移保持碳原子的构型不变，而后者伴随着碳原子的构型翻转，分子轨道示意图如下：

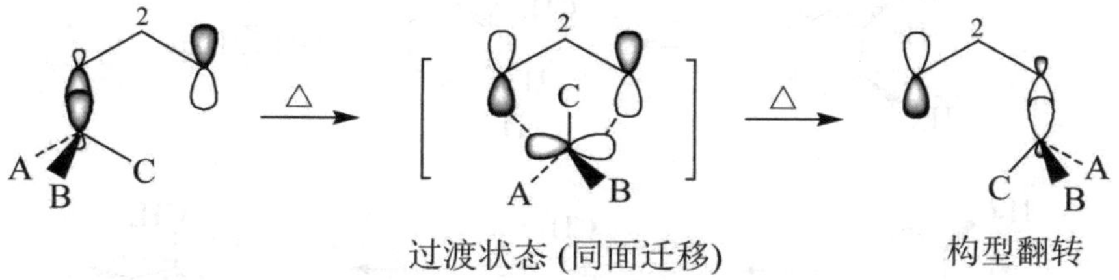

根据分子轨道对称性相符的原则，[1, *n*]σ 键烷基迁移具有以下规律：

（1）[1, 3]迁移，同面允许（构型翻转）。

（2）[1, 5]迁移，同面允许（构型保持），异面允许（构型翻转）。

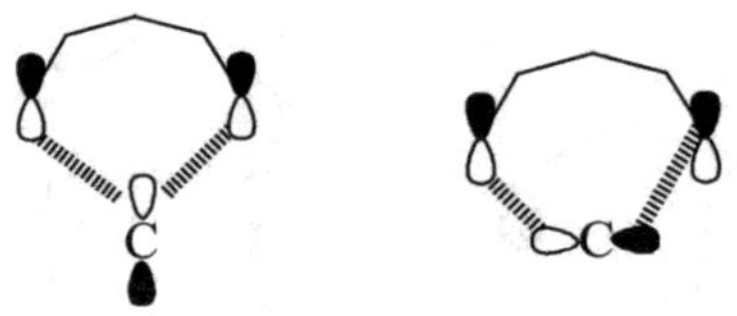

例如：

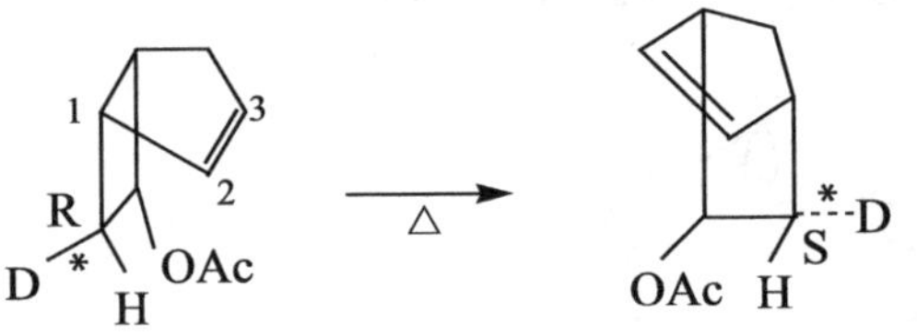

[1, 3] 碳迁移，构型翻转

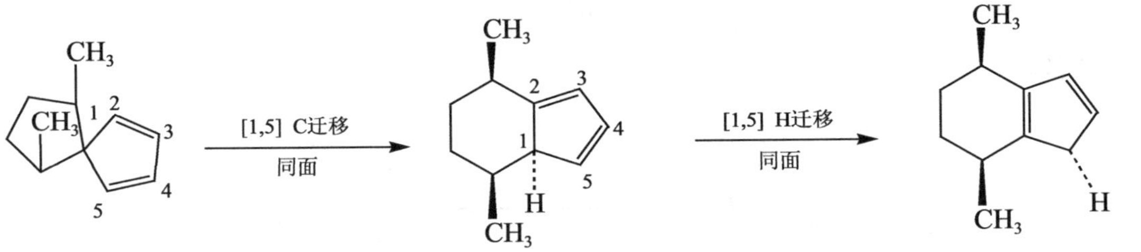

2. [3, 3]迁移反应

1）柯普重排反应——[3, 3]碳迁移

由碳碳 σ 键发生的[3, 3]迁移称为柯普重排。例如：

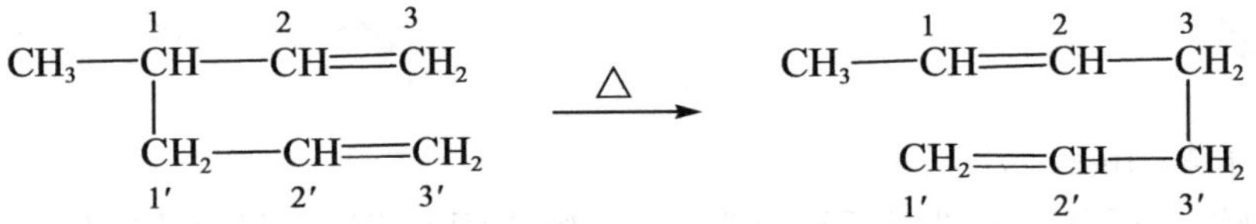

和其他的周环反应一样，柯普重排也具有高度的立体选择性，反应通常认为是通过了六元环状过渡态。

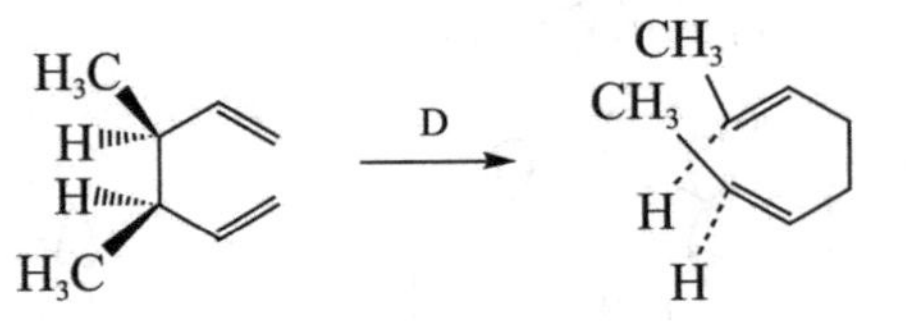

立体选择性高

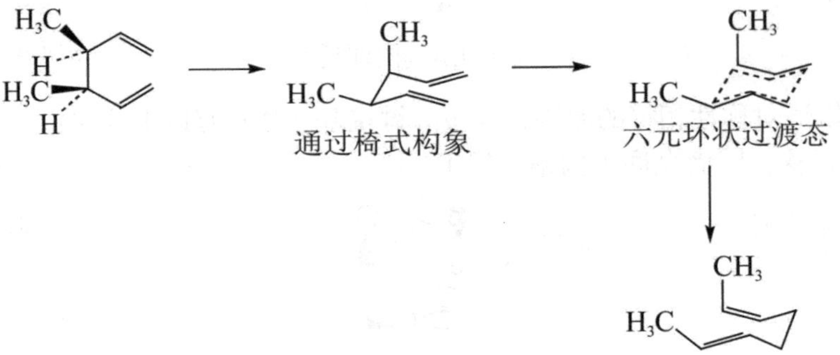

2）克莱森重排反应

克莱森重排是由苯基烯丙基型醚类的碳氧键参加的σ键的[3, 3]迁移反应。例如：

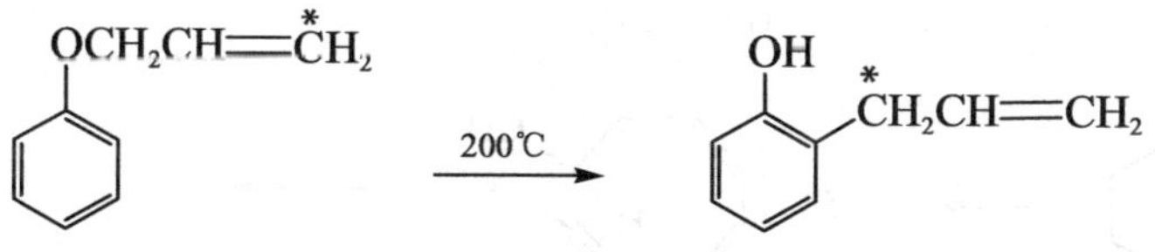

克莱森重排是协同历程的分子内重排，重排反应经过了六元环状过渡态，重排的过程是σ键的[3, 3]迁移反应。

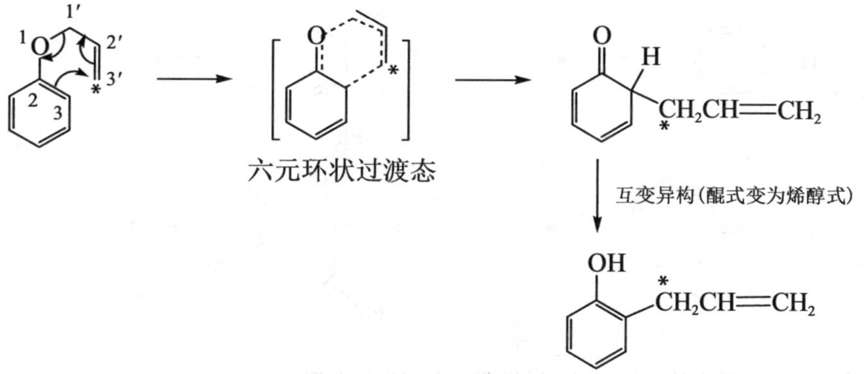

当芳环上邻位有取代基时，酮式结构不能异构化为稳定的芳环，重排反应可以再次发生，取代基转移到对位上。例如：

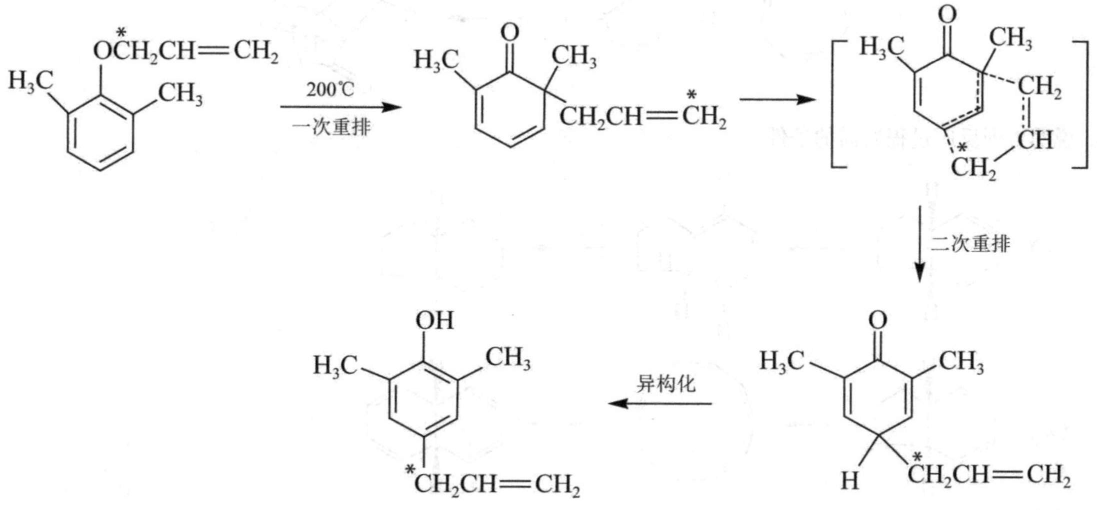

扫一扫　　16-2　周环反应拓展阅读材料

习　　题

1. 推测下列化合物发生电环化时产物的结构。

（1）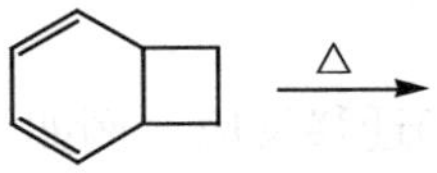　（2）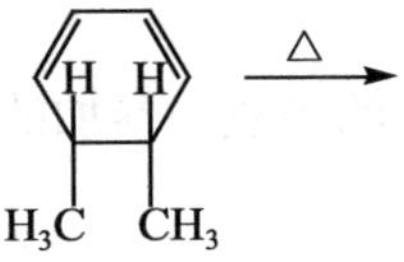　（3）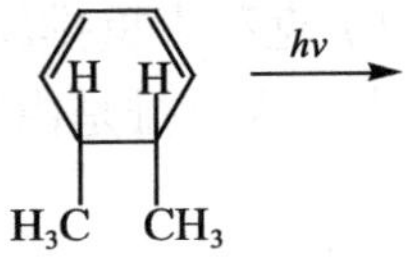

（4）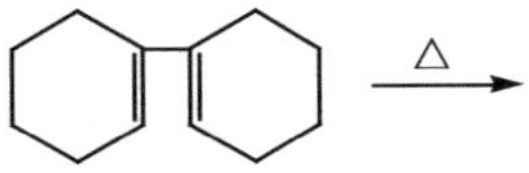　（5）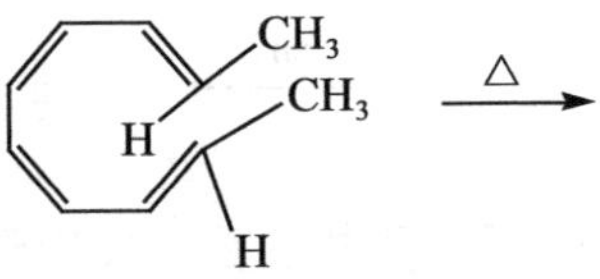

2. 推测下列化合物发生环加成时产物的结构。

（1）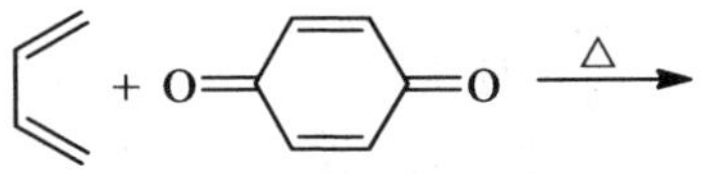　（2）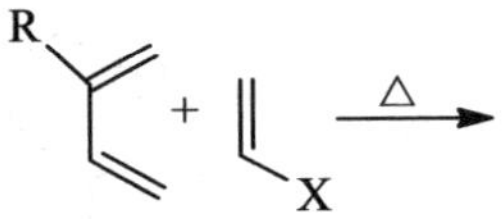

（3）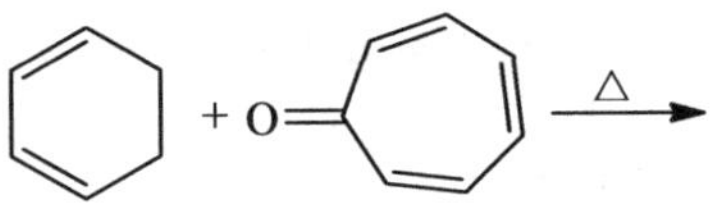　（4）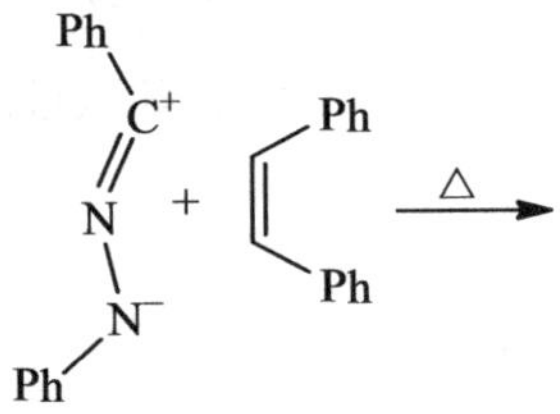

3. 马来酸酐和环庚三烯反应的产物如下，试说明这个产物的合理性。

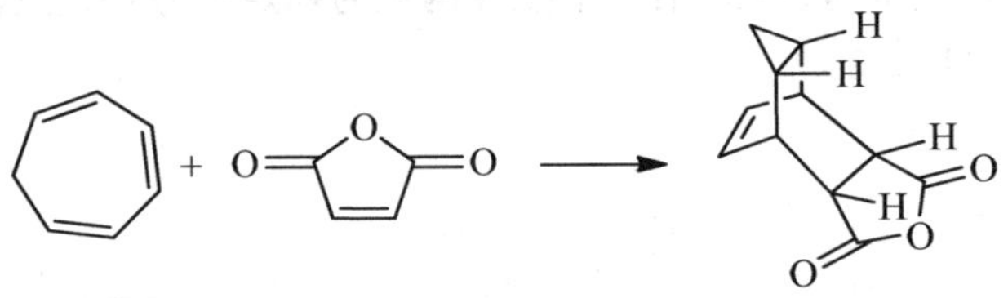

4. 说明下列反应过程所需的条件。

（1）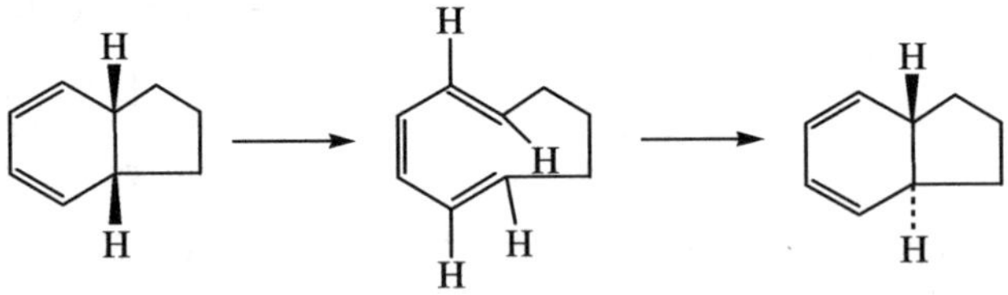

（2）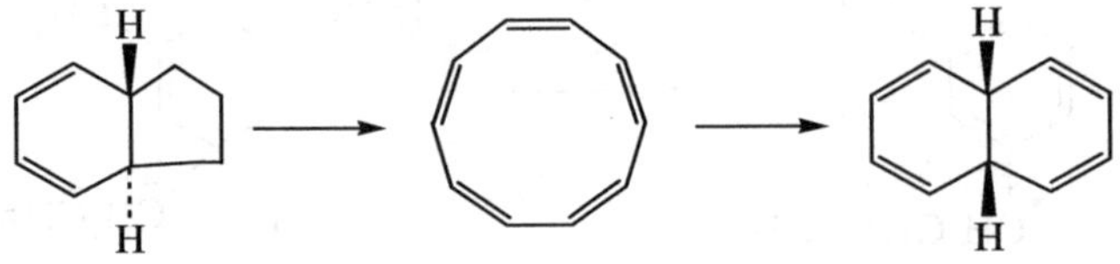

5. 加热下列化合物会发生什么样的变化？

（1）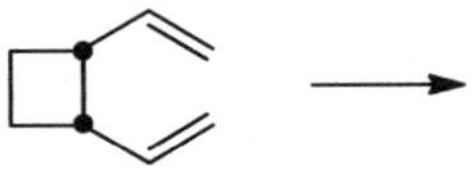

（2）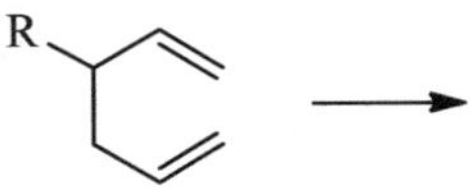

6. 通过什么样的过程和条件，下列反应能得到给出的结果？

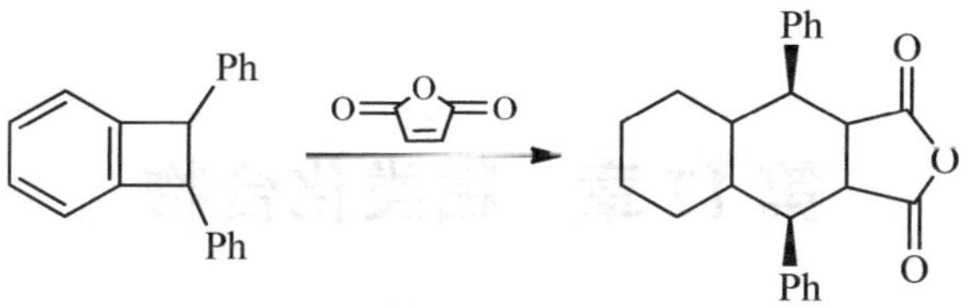

7. 通过什么方法可以将反-9, 10-二氢萘转化为顺-9, 10-二氢萘？

8. 4-溴环戊-2-烯酮在环戊二烯存在下与碱加热反应，其副产物中有两个分子式为 $C_{10}H_{10}O$ 的化合物 A 和 B。写出它们的结构式并用反应式说明。

9. 化合物 A（$C_{10}H_{16}O_2$）在气相热裂得到产物 B 和 C。其中，B 的 IR 光谱在 1725 cm^{-1}、1665 cm^{-1}、968 cm^{-1} 有强的特征吸收。B 的 ^1H NMR 数据为：δ=1.24 ppm（三重峰，3H），δ=1.88 ppm（双峰，3H），δ=4.13 ppm（四重峰，2H），δ=5.81 ppm［单峰（低分辨仪器不裂分），1H］，δ=6.95 ppm（单峰，1H）。写出 B、C 的结构并说明反应历程。

10. 由指定原料合成下列化合物。

（1）由丙烯腈和其他开链化合物合成环己胺。

（2）由苯、丙烯和其他必要试剂合成

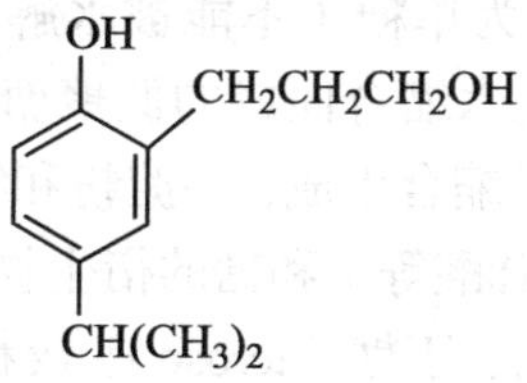

第 17 章　糖类化合物

扫一扫　　17-1　糖类化合物 目标导图+知识地图

糖是多羟基醛或多羟基酮及其缩合物或水解后能产生多羟基醛、酮的一类有机化合物，该类化合物都是由 C、H、O 三种元素组成。大多数糖类都符合 $C_n(H_2O)_m$ 的通式，因此人们常把糖称为碳水化合物。也有的糖不符合碳水化合物的比例，如鼠李糖 $C_5H_{12}O_5$（甲基糖）、脱氧核糖 $C_5H_{10}O_4$。另外，有些化合物的组成符合碳水化合物的比例但不是糖，如甲酸（CH_2O）、乙酸（$C_2H_4O_2$）、乳酸（$C_3H_6O_3$）等。

糖类化合物广泛存在于自然界，是植物进行光合作用的产物。植物在日光的作用下，在叶绿素催化下将空气中的二氧化碳和水转化成葡萄糖，并放出氧气。葡萄糖在植物体内进一步结合生成多糖——淀粉及纤维素。地球上每年由绿色植物经光合作用合成的糖类物质达数千亿吨。它既是构成植物的组织基础，又是人类和动物赖以生存的物质基础，还为工业提供粮、棉、麻、竹、木等众多有机原料。

糖还可根据结构单元的数目分为单糖（不能被水解为更小分子的糖，如葡萄糖和果糖等）、寡糖（由 2～10 个单糖分子脱水缩合而成的低聚糖，常见的二糖如蔗糖和麦芽糖等）、多糖（由几百个乃至几万个单糖分子缩合生成，如淀粉和纤维素等）、结合糖（也称为复合糖、糖缀合物，如糖脂、糖蛋白、糖-核苷酸等）和糖的衍生物（如糖醇、糖酸等）。其中，单糖又可根据碳原子个数分为丙糖（triose）、丁糖（terose）、戊糖（pentose）、已糖（hexose）等。

本章主要介绍单糖的结构及物理化学性质，也对二糖和多糖作简单介绍。

17.1　单　　糖

单糖是指不能继续水解为更小分子糖的一类糖，按其化学结构特点又可分为醛糖和酮糖。下列为常见单糖中的醛糖和酮糖：

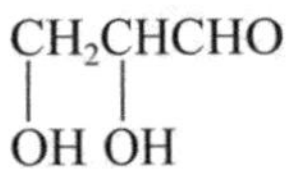

丙醛糖

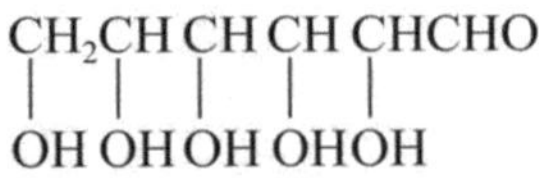

已醛糖

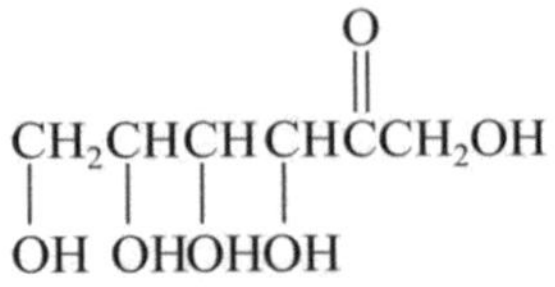

已酮糖

17.1.1　单糖的结构

1. 单糖的构造式

糖是生命过程中的主要能量来源，参与生命中的多种生化反应。糖类结构及性质的研究从

19 世纪下半叶开始不断深入。19 世纪末，被誉为“糖化学之父”的费歇尔（已醛糖的 16 种旋光异构体中，有 12 种是他鉴定的）等化学家通过不懈努力，确定了葡萄糖、果糖等的结构。

确定葡萄糖结构的实验事实：

（1）根据碳氢定量分析，葡萄糖的实验式为 CH_2O。

（2）经相对分子质量测定，确定葡萄糖的分子式为 $C_6H_{12}O_6$。

（3）能发生银镜反应，能与一分子 HCN 加成，与一分子 NH_2OH 缩合成肟，说明它有一个羰基。

（4）能酰基化生成酯，乙酰化后再水解，一分子酰基化后的葡萄糖可得五分子乙酸，说明分子中有五个羟基。

（5）葡萄糖用钠汞齐还原后得已六醇，已六醇用 HI 彻底还原得正已烷，这说明葡萄糖是直链化合物。按照经验，一个碳原子一般不能与两个羟基同时结合，因为这样是不稳定的。根据上述性质，如果羰基是个醛基，则它的构造式应为

醛氧化后得相应的酸，碳链不变。而酮氧化后引起碳链的断裂，应用这一性质就可确定是醛糖或酮糖。葡萄糖用 HNO_3 氧化后生成四羟基已二酸，称为葡萄糖二酸。因此，葡萄糖是醛糖。

（6）确定羰基的位置。德国化学家吉里安尼发现葡萄糖与氢氰酸（HCN）的加成反应，其产物经水解和还原后得到正庚酸，并以此推断出葡萄糖是一种直链的五羟基醛。

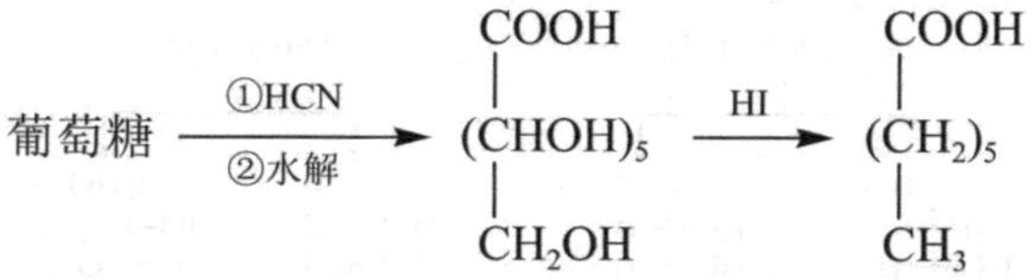

用同样的方法处理果糖，得到的是 2-甲基已酸，因此果糖的羰基应该在 2-位。

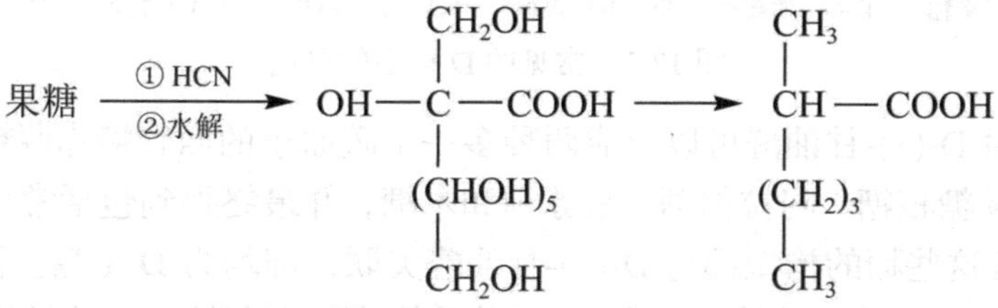

综上所述，葡萄糖和果糖的构造式如下：

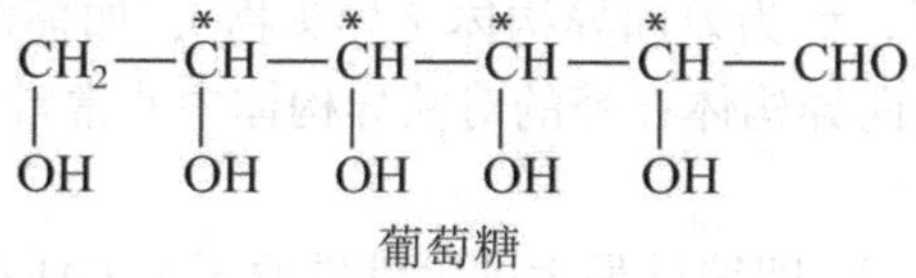

葡萄糖

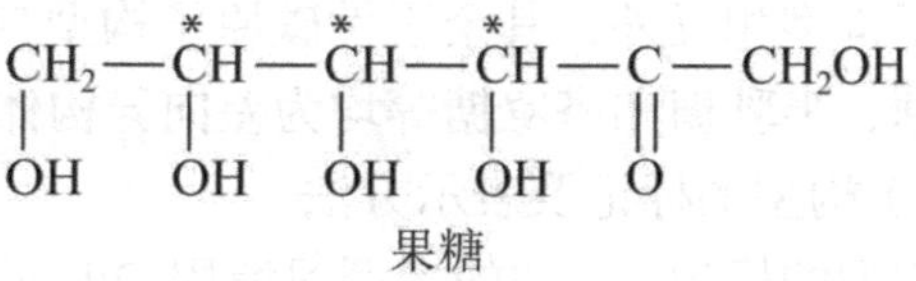

果糖

其中，葡萄糖有 4 个不同类型的手性碳原子，因此有 16 个对映异构体。

2. 单糖的构型

1）相对构型

糖的相对构型（D 系列和 L 系列）是以 D-(+)-甘油醛和 L-(–)-甘油醛作为标准，将其进行与糖类化合物有关联的一系列反应联系得到的。两种甘油醛的费歇尔投影式如下：

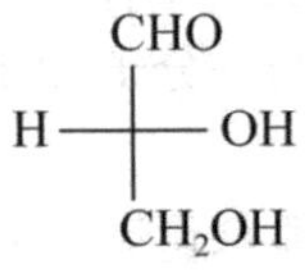

D-(+)-甘油醛

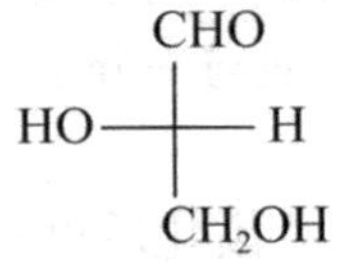

L-(–)-甘油醛

糖中的羰基写在费歇尔投影式的上端，常见的 D 构型的单糖如图 17-1 所示。

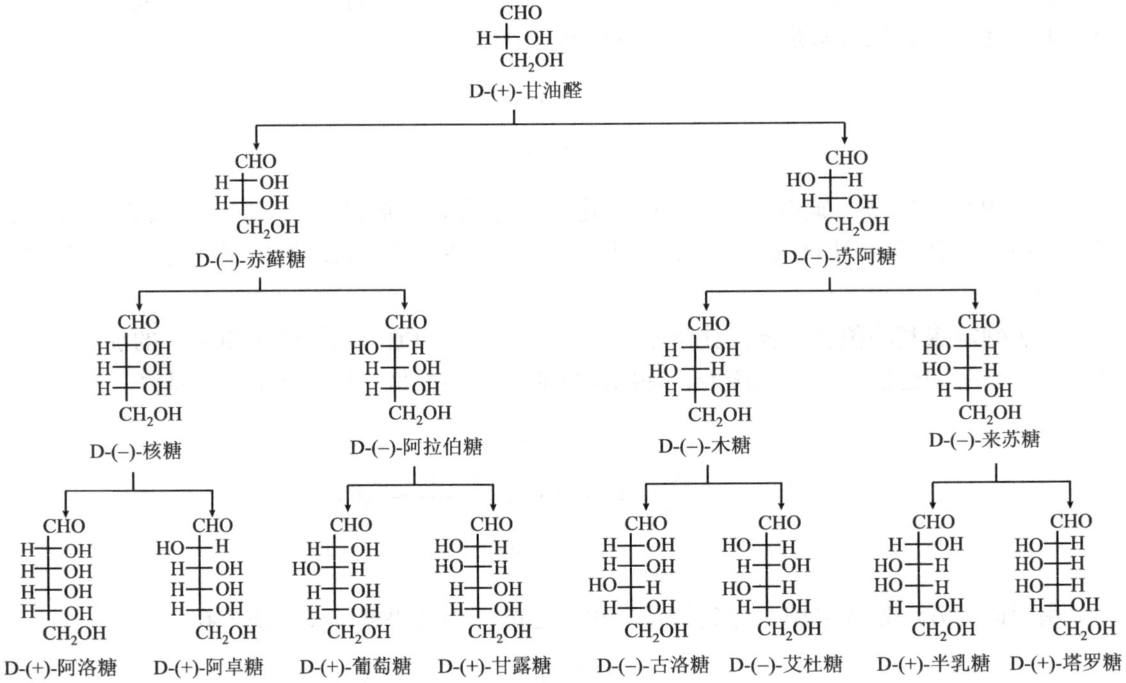

图 17-1　常见的 D 构型的单糖

由上可见，由 D-(+)-甘油醛可以合成两种多一个碳原子的四碳糖赤藓糖和苏阿糖，然后可以合成 4 种五碳糖核糖、阿拉伯糖、来苏糖和木糖，并最终得到包括常见的葡萄糖在内的 8 种六碳糖，所有这些糖的构型都与 D-(+)-甘油醛关联，即均为 D 型糖。同样，从 L-(–)-甘油醛可以合成 8 种 L 型的六碳糖，所有这 16 种糖构成了葡萄糖的对映异构体。

若两种单糖互为立体异构体，分子中含有相同数目的手性碳原子，除第一个相应的手性碳原子构型相反外，其余手性碳原子构型都相同，称为差向异构体（异头物），如葡萄糖和甘露糖、半乳糖和塔罗糖等均为差向异构体。差向异构体在糖的对映异构体中非常常见。

2）构型的标记及表示方法

构型的标记：糖类的构型习惯用 D/L 进行标记，即编号最大的手性碳原子上 OH 在右边的为 D 型［与 D-(+)-甘油醛关联］，OH 在左边的为 L 型［与 L-(–)-甘油醛关联］。此外，也可采用 *R*/*S* 标记法。

构型的表示方法：糖的构型一般用费歇尔式表示，但为了书写方便，也可以写成简式。例如，D-(+)-葡萄糖的几种常见表示方法为

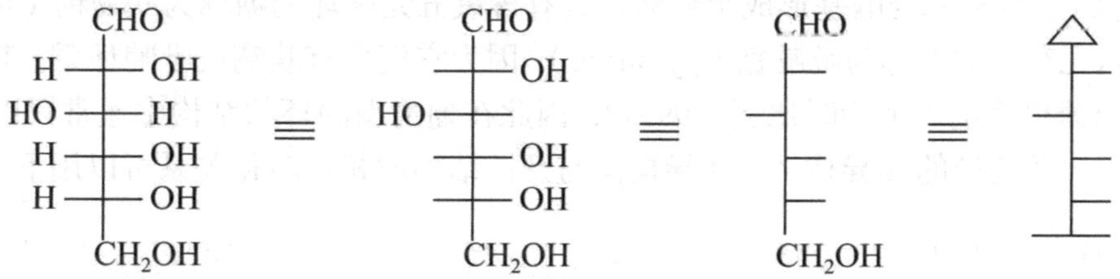

还有一种表示方法是用楔形线表示指向纸平面的键，虚线表示指向纸平面后面的键。不过需要注意的是，碳链上的几个碳原子并不在一条直线上，这可从分子模型看出。将结构式横写更容易看出分子中各原子团之间的立体关系。例如，D-(+)-葡萄糖可表示为

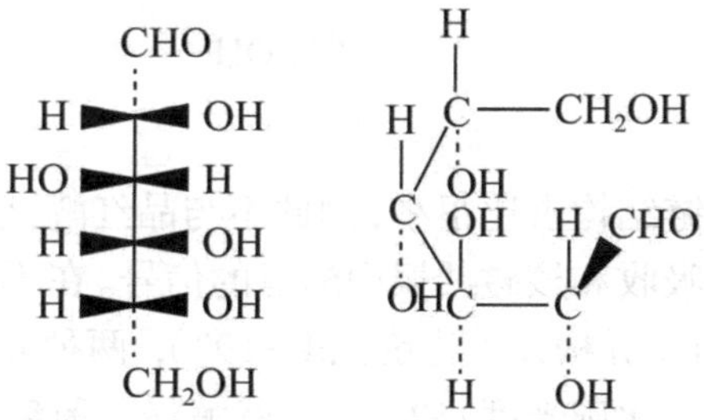

3. 单糖的环状结构

单糖的开链结构是由它的一些性质推导出来的，开链结构能解释单糖的许多化学性质，如单糖中存在醛基，因此能与费林试剂、托伦试剂、NH_2OH、HCN、溴水等发生反应。但开链结构并不能解释单糖的所有性质，如以下几个方面：

（1）变旋现象。很久以前就注意到 D-葡萄糖在水溶液中发生一种特殊的变旋现象，即从水溶液中结晶出来的 D-葡萄糖（无结晶水）熔点为 146℃，用它新制的 D-葡萄糖水溶液比旋光度开始为+112°，经放置后，比旋光度逐渐下降，直到恒定的平衡值，将此溶液浓缩又得到 D-葡萄糖晶体，仍具有原来的熔点；如果用此 D-葡萄糖晶体浓的水溶液在 110℃结晶，或者在乙酸中结晶，则得到另一种 D-葡萄糖，其熔点为 148～150℃，它在水中的比旋光度开始为+18.7°，经放置后，比旋光度逐渐上升，同样也得到恒定的平衡值。根据以上情况推断，D-葡萄糖存在两种异构体，这两种异构体可以通过溶解再结晶过程定量地相互转化。这种具有旋光性的物质受到溶剂或其他外界条件的影响，比旋光度发生变化趋于一平衡值或消失的现象称为变旋现象。

（2）葡萄糖不与品红醛试剂反应，不与 $NaHSO_3$ 反应。

（3）单糖只能与一分子醇生成缩醛（说明单糖是一个分子内半缩醛结构）。

（4）在单糖的红外光谱中没有羰基的伸缩振动。

（5）在核磁共振氢谱中没有醛基质子的吸收。

由单糖的变旋现象及其他实验事实可以说明单糖分子内无典型的醛基，单糖分子除开链式构型外应该还有其他存在形式。以葡萄糖为例，由于糖分子中既存在醛基也存在醇羟基，醛基与羟基可以反应形成环状半缩醛结构，这时原醛基的碳成为手性碳原子，这个手性碳

原子上的半缩醛羟基可以有两种空间取向，形成两个异构体，分别称为 α-异构体与 β-异构体，这两个异构体为端基差向异构体。按照成环规律（五、六元环比较稳定），葡萄糖中一般是 C_4 或 C_5 上的羟基与醛基形成半缩醛，具有含氧五元杂环的糖称为呋喃糖（furanose），具有含氧六元杂环的糖称为吡喃糖（pyranose），因为它们含有呋喃或吡喃环系。其中，以六元环的吡喃糖更稳定（平衡时比例＞99%），因此在葡萄糖的环状结构中通常只以吡喃式葡萄糖为代表。葡萄糖的 α-异构体、β-异构体与开链结构的相互转化关系可以用下式表示：

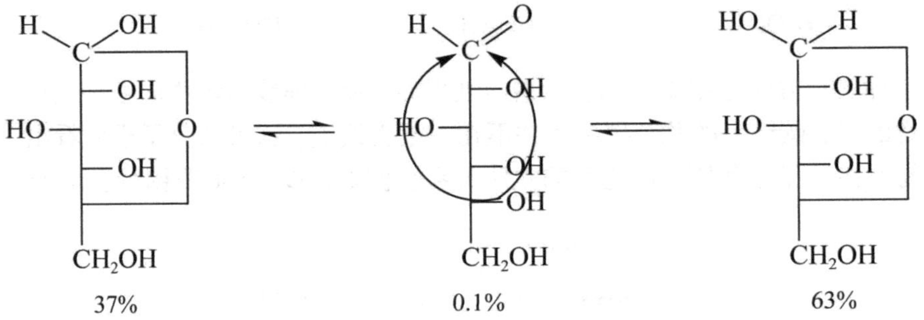

通常情况下葡萄糖的开链结构占比很小，因此不与品红醛试剂反应，不与 $NaHSO_3$ 反应，也检测不到红外光谱羰基的吸收和核磁共振中醛氢的信号。在不同溶剂和条件下分别得到 α-异构体（比旋光度+112°）和 β-异构体（比旋光度+19°），两种异构体在水溶液中通过链式结构互相转化，最后达到平衡（比旋光度+52°），这就解释了葡萄糖产生变旋现象的原因。

由于单糖大多数都以环状结构存在，实际上是半缩醛形式，因此单糖的半缩醛羟基可以和其他基团（如羰基、巯基、氨基等）脱水形成新的化合物，称为糖苷，也称为配糖物。

4. 环状结构的哈沃斯透视式

糖的半缩醛氧环式结构不能反映出各个基团的相对空间位置。为了更清楚地反映糖的氧环式结构，哈沃斯透视式是最直观的表示方法。将链状结构书写成透视式的步骤如下：

（1）将碳链向右放成水平，使原基团处于左上右下的位置。

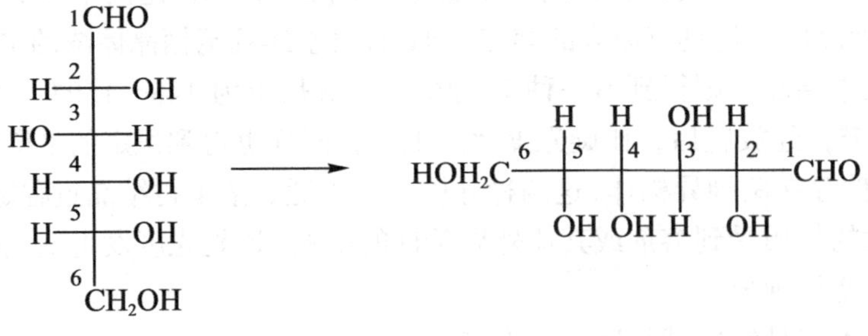

（2）将碳链水平位置弯成六边形状。

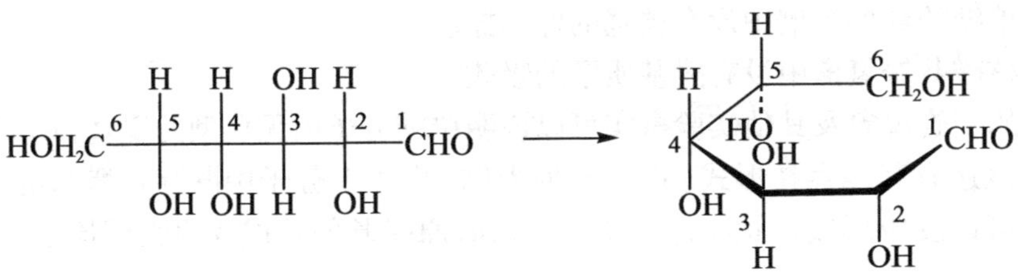

（3）以 C_4—C_5 为轴旋转 120°，使 C_5 上的羟基与醛基接近，然后成环（因羟基在环平面的下面，它必须旋转到环平面上才易与 C_1 成环）。

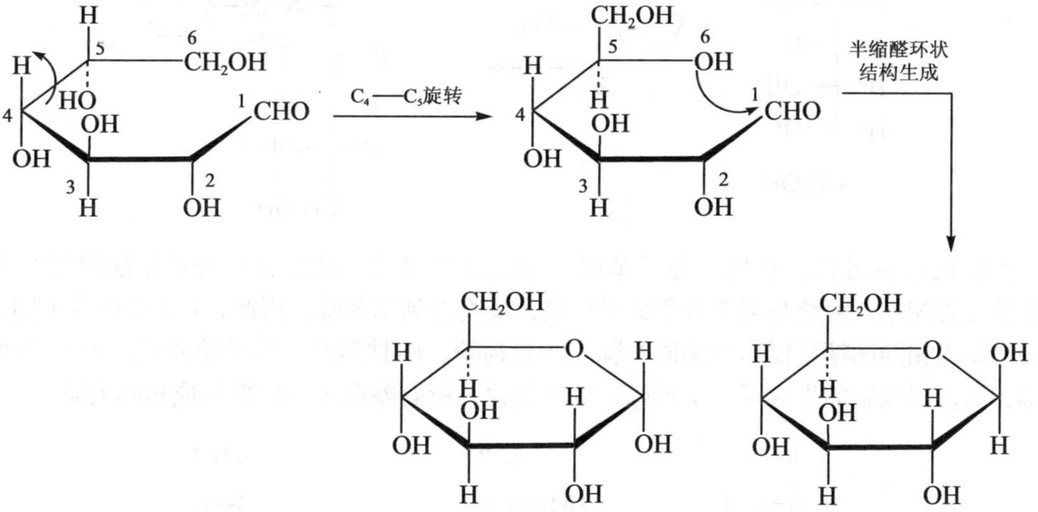

α-D-(+)-吡喃葡萄糖　　　　β-D-(+)-吡喃葡萄糖

5. 单糖的构象

吡喃糖的构象与环己烷类似，椅式构象是其最稳定的构象。两种吡喃式葡萄糖的构象如下：

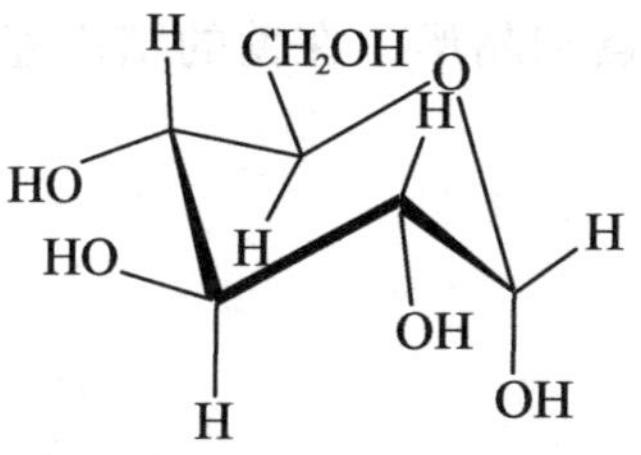

α-D-(+)-吡喃葡萄糖

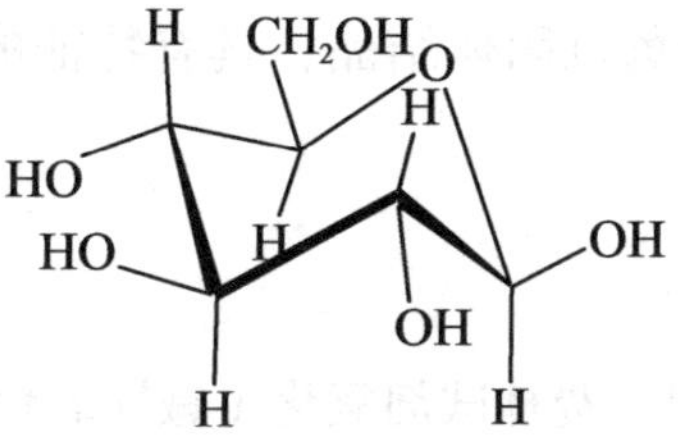

β-D-(+)-吡喃葡萄糖

17.1.2　单糖的化学性质

1. 与苯肼的反应——糖脎的形成

自 1884 年费歇尔发现苯肼和一些单糖能生成不同的晶形以来，利用这种方法区别一些单糖和二糖已成为人们熟知和广泛使用的方法。一分子糖和三分子苯肼反应，在糖的 1, 2-位形成二苯腙[称为脎（osazone）]的反应称为成脎反应。后来，人们研究发现用 2, 4-二硝基苯肼与单糖反应更容易形成沉淀，因此该试剂也作为合成糖脎的常用试剂。例如，葡萄糖与苯肼反应生成葡萄糖脎：

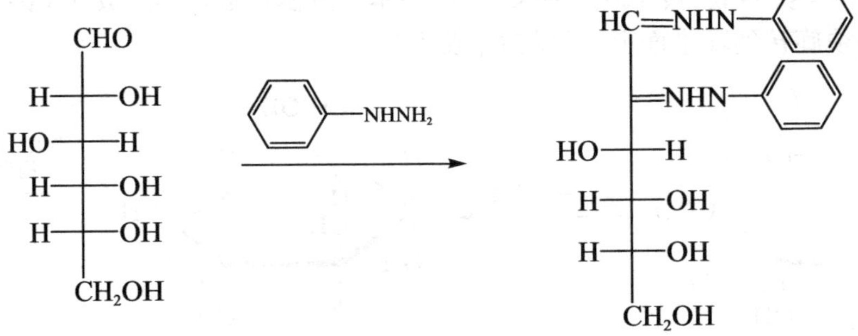

糖脎的形成过程：首先一分子苯肼与糖的羰基成腙，然后另一分子苯肼将腙相邻的羟基氧化为羰基，继续与第三分子苯肼反应，最终得到二苯腙。因此，1, 2-位结构不同，其他位置结构相同的糖可以形成相同的脎。D-葡萄糖、D-甘露糖、D-果糖的 C_3、C_4、C_5 的构型都相同，因此它们生成同一个糖脎。也就是说，所有差向异构的糖形成相同的脎。

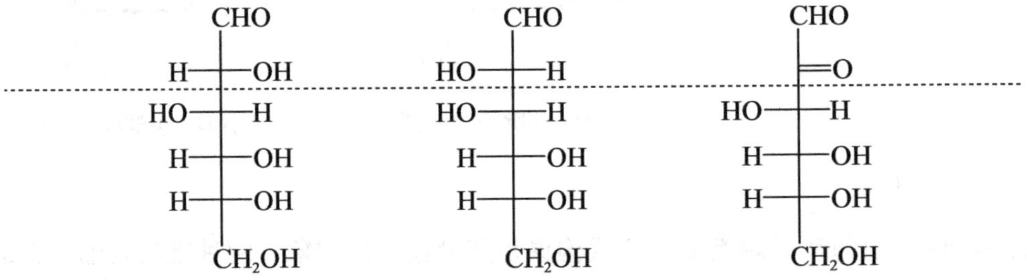

结构相同

糖脎大多为黄色固体结晶，具有特征的熔点和晶形，在糖的结构鉴定中具有重要的作用。

2. 氧化反应

1）托伦试剂、费林试剂氧化（碱性氧化）

单糖及部分多糖可以被托伦试剂、费林试剂等较弱的氧化剂氧化生成糖酸，这些糖称为还原糖，如葡萄糖、果糖等单糖和麦芽糖（二糖）等。

果糖虽然是酮糖，但由于果糖在溶液具有差向异构，因此仍然是还原糖。

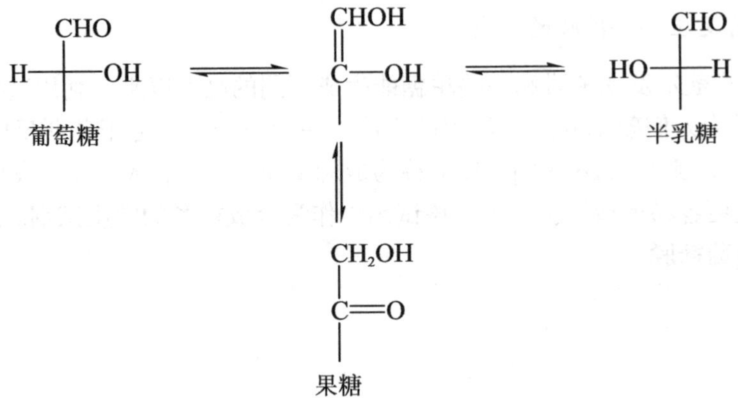

2）溴水氧化（酸性氧化）

溴水能将醛糖氧化成糖酸，但不能氧化酮糖。因为酸性条件下，酮糖分子不能发生异构化作用。可用此反应区别醛糖和酮糖。例如：

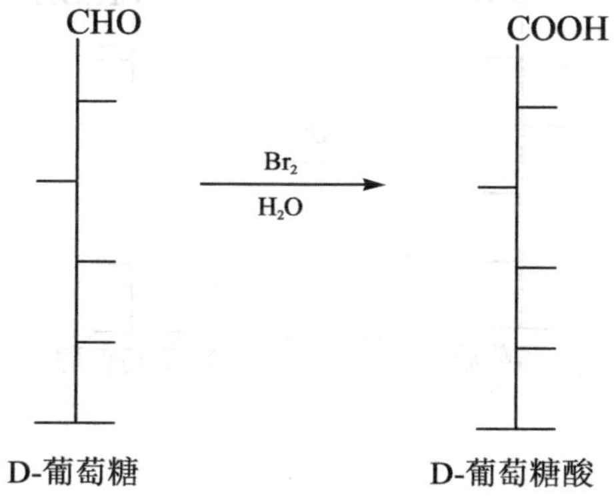

3）硝酸氧化

稀硝酸的氧化作用比溴水强，能使醛糖氧化成糖二酸，在糖的结构鉴定中具有重要的应用。但浓硝酸可以使二级醇的碳碳键氧化断裂，因此不适用于糖的氧化（没有应用价值）。另外，酮糖被稀硝酸氧化时可以引起 C_1—C_2 键断裂，也可用于区别醛糖和酮糖。

4）高碘酸氧化

与其他在相邻碳原子上有两个或更多羟基或羰基的化合物一样，糖也能被高碘酸氧化，碳碳键发生断裂。反应是定量的，每破裂一个碳碳键消耗一分子高碘酸。因此，此反应是研究糖类结构的重要手段之一。例如：

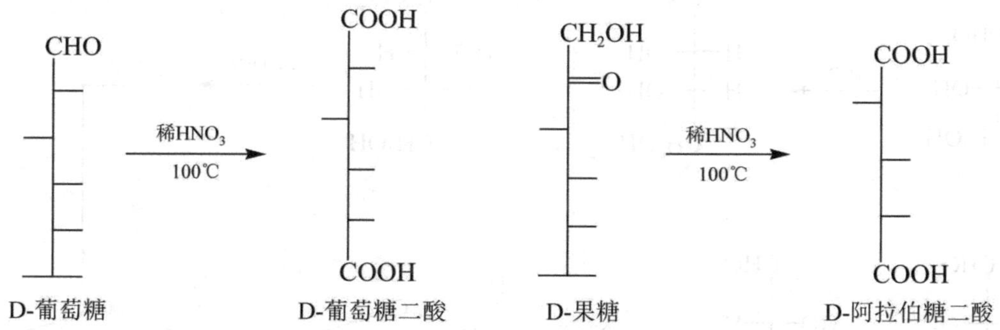

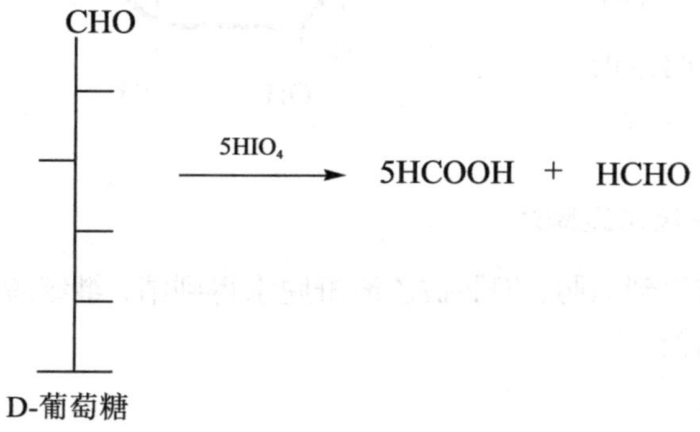

3. 还原反应

糖的羰基可以被常见的还原剂（如硼氢化钠、氢化锂铝等）还原为糖醇。例如：

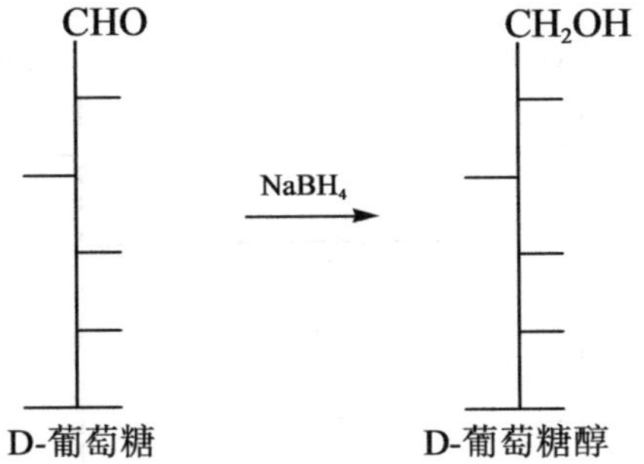

17.1.3 糖的合成

单糖的合成可以通过高级糖的递降或低级糖的递升实现。递升即低一级糖与 HCN 加成而增加一个碳原子，再水解、还原生成高一级糖的方法。而递降即高一级糖减去一个碳原子而成为低一级糖的方法，常用的递降法为沃尔（Wohl）递降法。

1. 单糖的递升——克利安尼氰化增碳法

D-甘油醛与氢氰酸加成后水解得到 γ-丁糖内酯，在酸性条件下用钠汞齐还原得到两种四碳糖 D-赤藓糖和 D-苏阿糖。用同样的方法可以从两种四碳糖得到四种五碳糖，继续递升可以合成八种 D 型六碳糖。

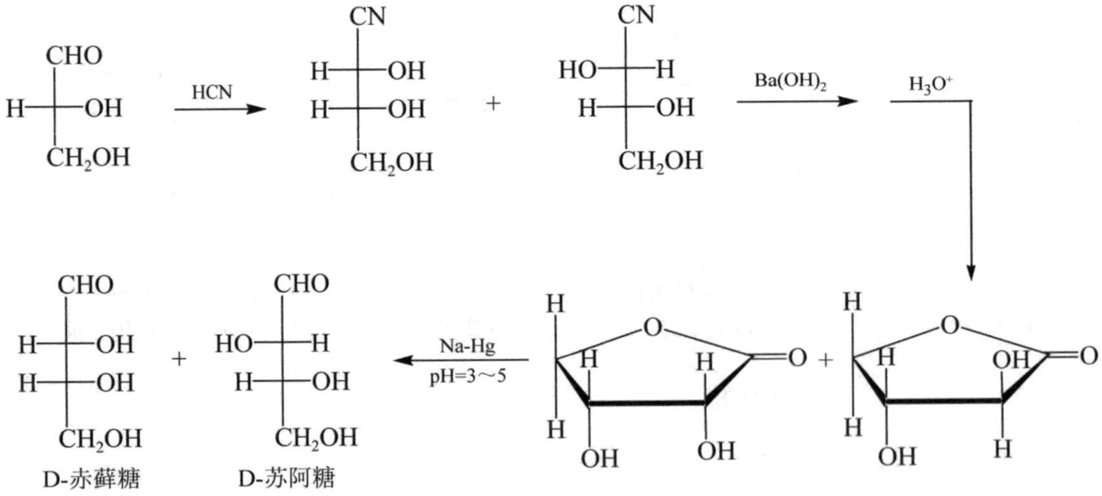

2. 单糖的递降——沃尔递降法

葡萄糖与羟胺反应得到糖肟，糖肟被乙酸酐脱水得到腈，继续脱氢氰酸得到少一个碳原子的五碳糖——阿拉伯糖。

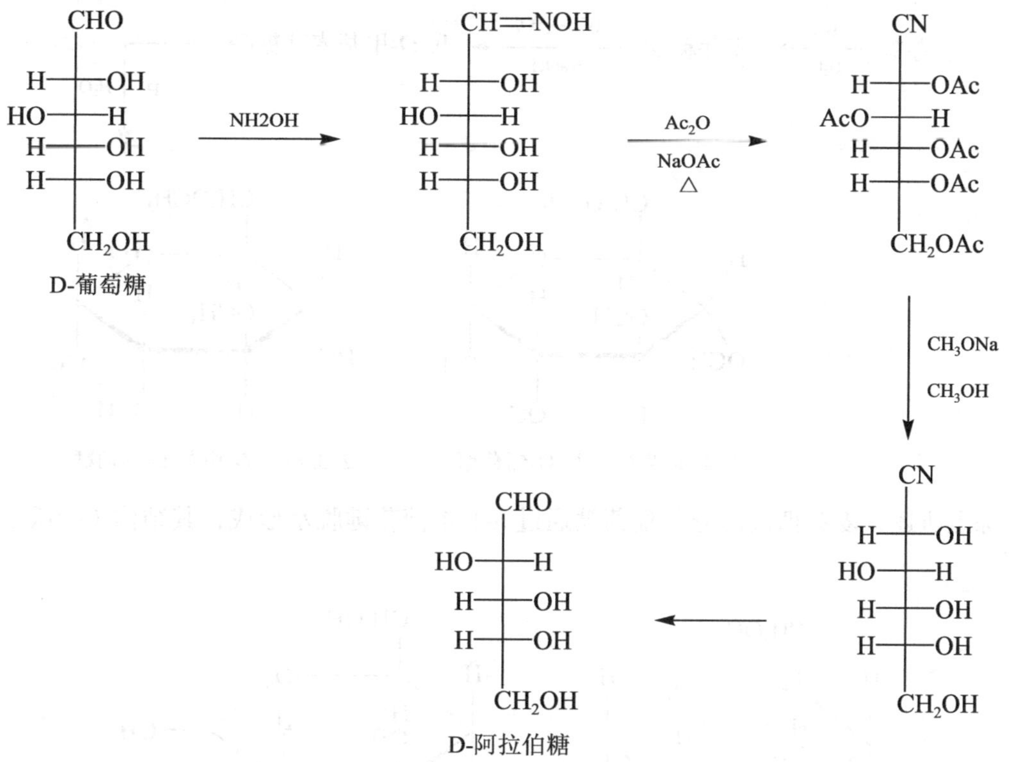

17.2　二　　糖

能够在水解后产生两分子单糖的低聚糖称为二糖（双糖）。二糖通常是一分子单糖中的半缩醛羟基和另一分子单糖中的羟基发生失水反应得到。按照组成二糖的两分子单糖形成糖苷键的位置不同，二糖又可分为还原性二糖和非还原性二糖。

还原性二糖是由两分子单糖通过 1, 4-糖苷键结合形成的二糖。由于这种二糖中含有游离的半缩醛羟基，可异构化成醛基，因此可以与托伦试剂、费林试剂和本尼迪克特试剂发生氧化反应，可以与苯肼成脎，也具有变旋现象。常见的还原性二糖有麦芽糖、纤维二糖和乳糖等。

17.2.1　麦芽糖

麦芽糖通常由淀粉在淀粉酶催化下水解而得。其化学性质与葡萄糖类似，可以被托伦试剂还原，在水溶液中具有变旋现象。

麦芽糖在酸性条件或麦芽糖酶存在下水解时得到两分子葡萄糖，可以推断其由两分子葡萄糖缩合而成。麦芽糖可以被 α-糖苷酶（麦芽糖酶）水解为两分子葡萄糖，但不能被 β-糖苷酶（苦杏仁酶）水解，说明组成麦芽糖的糖苷键位于 α-葡萄糖苷键。麦芽糖可以发生下列转化：

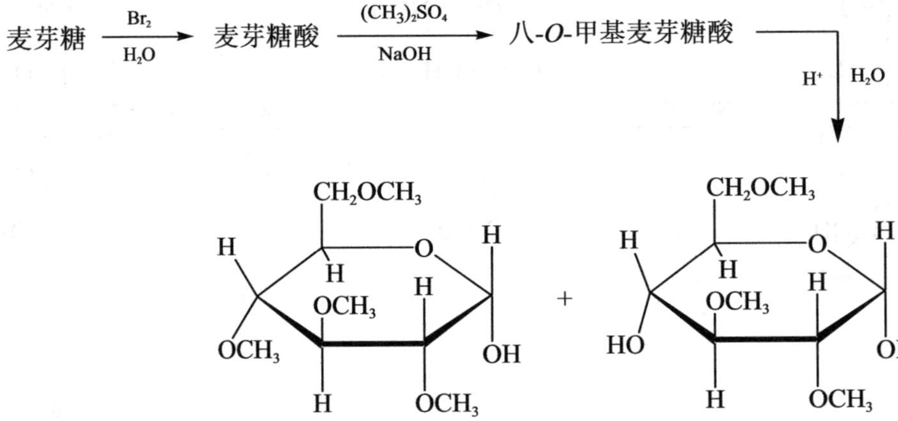

2, 3, 4, 6-四-*O*-甲基-D-葡萄糖　　2, 3, 6-三-*O*-甲基-D-葡萄糖

综上所述，麦芽糖由两分子葡萄糖通过 α-1, 4-糖苷键脱水形成，其结构（哈沃斯式）如下：

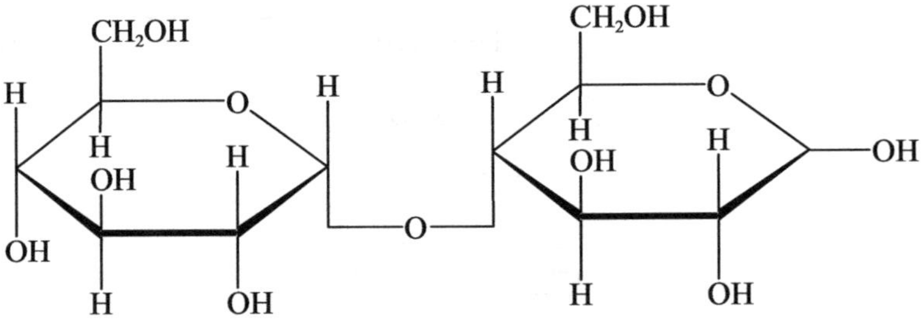

上述结构中，两分子葡萄糖以 α-1, 4-糖苷键结合，因此可以被麦芽糖酶水解；右边的半缩醛羟基可以有 α 和 β 两种构型，因此存在变旋现象。另外，该半缩醛羟基未形成苷键，因此存在醛基的互变异构，具有还原性。

17.2.2　纤维二糖

纤维二糖也是还原糖，化学性质与麦芽糖相似。纤维二糖与麦芽糖的唯一区别是苷键的构型不同，麦芽糖为 α-1, 4-苷键，而纤维二糖为 β-1, 4-苷键（可以被苦杏仁酶水解为两分子葡萄糖，但不能被麦芽糖酶水解）。纤维二糖的结构为

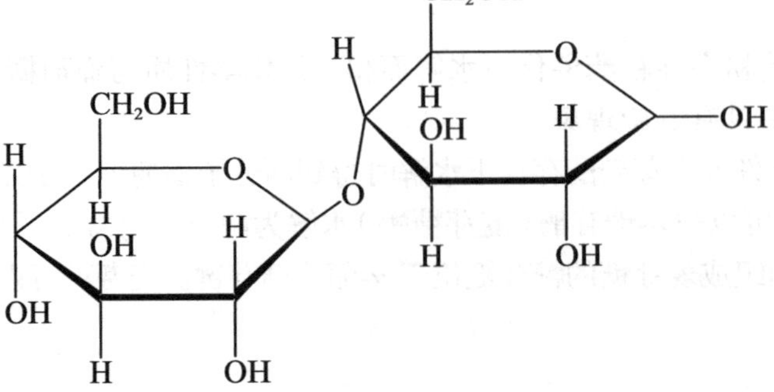

纤维二糖无甜味，可以在动物体内水解后被吸收。

17.2.3　乳糖

乳糖存在于哺乳动物的乳汁中，人乳中含乳糖 5%～8%，牛乳中含乳糖 4%～6%。乳糖的甜味只有蔗糖的 70%。

乳糖为还原性糖。乳糖是由 β-D-吡喃半乳糖的苷羟基与 D-吡喃葡萄糖 C_4 上的羟基缩合而成的半乳糖苷，结构为

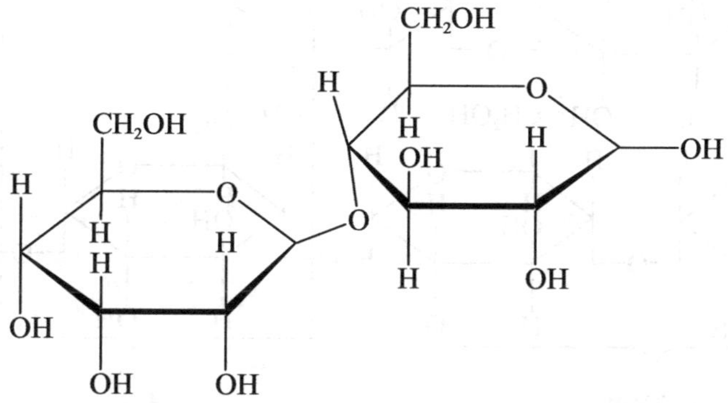

17.3　多　　糖

自然界中植物、动物等生物体内都含有多糖。与二糖类似，多糖也是由单糖通过糖苷键连接起来的，根据苷键的连接方式通常分为直链多糖和支链多糖两种。另外，由相同的单糖通过糖苷键形成的多糖称为纯多糖，由不同的单糖通过糖苷键形成的多糖称为杂多糖。常见的多糖如淀粉、纤维素都是由单糖葡萄糖构成的纯多糖（葡聚糖）。

17.3.1　淀粉

淀粉是绿色植物通过光合作用得到的产物，是动物体糖类营养的主要来源之一。淀粉水解时首先生成麦芽糖，继续水解成葡萄糖。淀粉分为直链淀粉和支链淀粉两大类。

直链淀粉中主要是 α-1, 4-糖苷键，是由 200～300 个葡萄糖形成的链状缩聚物，基本结构是其中存在一个麦芽糖基，其一级结构如下：

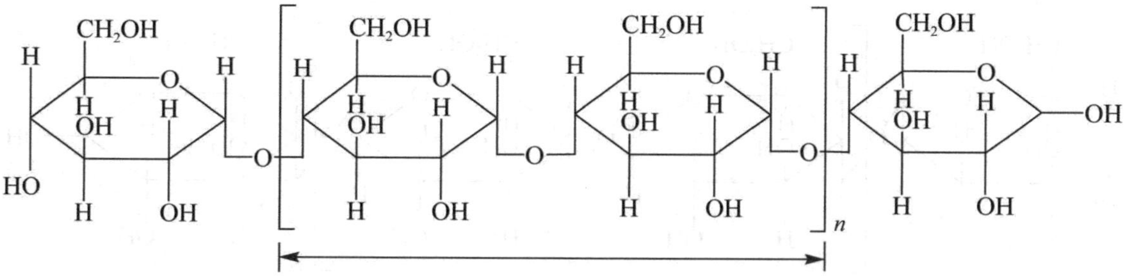

直链淀粉的空间结构并不是直线形，而是靠分子内的氢键折合成螺旋状（二级结构），螺旋状结构进而弯曲成不规则的形状（三级结构）。而两条或多条直链淀粉间通过氢键及分子间作用力结合在一起构成更复杂的直链淀粉结构（四级结构）。

支链淀粉是由多个直链淀粉长链互相连接而成。在支链淀粉中，主链和支链都是由

α-1, 4-糖苷键连接起来的，在其分支点上主链的一个葡萄糖基 6-位上的羟基与支链上的葡萄糖苷羟基形成糖苷键，在分支点上葡萄糖基的 1, 4, 6-位的三个羟基都参与了糖苷键的形成。其一级结构示意图如下：

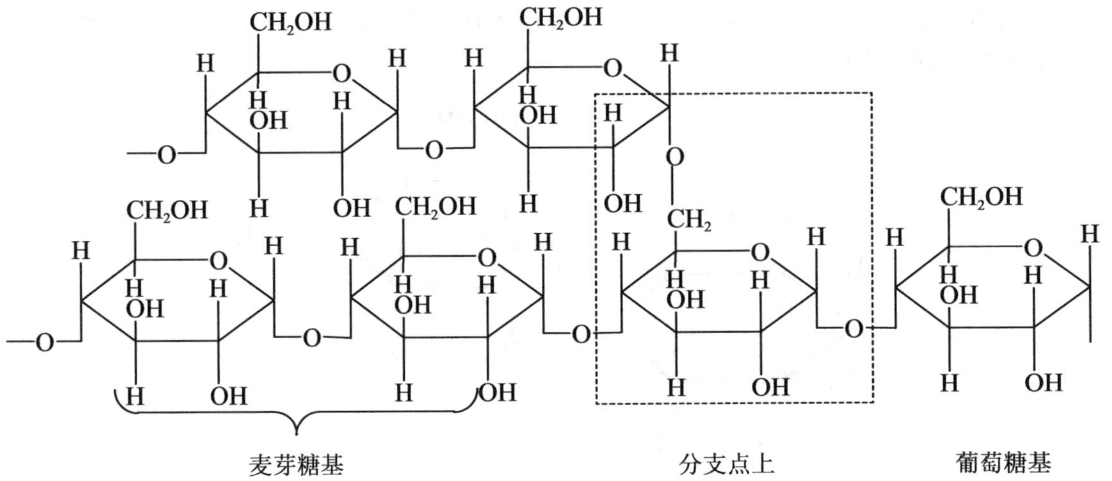

17.3.2 纤维素

纤维素（cellulose）是由 D-葡萄糖以 β-1, 4-糖苷键组成的大分子多糖，相对分子质量为 50 000～2 500 000，相当于 300～15 000 个葡萄糖基。纤维素是植物细胞壁的主要成分，是自然界中分布最广、含量最多的一种多糖，占植物界碳含量的 50% 以上。棉花的纤维素含量接近 100%，为天然的最纯纤维素来源。一般木材中，纤维素占 40%～50%，还有 10%～30% 的半纤维素和 20%～30% 的木质素。

纤维素不溶于水和乙醇、乙醚等有机溶剂，能溶于铜氨 $Cu(NH_3)_4(OH)_2$ 溶液和铜乙二胺 $[NH_2CH_2CH_2NH_2]Cu(OH)_2$ 溶液等。水可使纤维素发生有限溶胀，某些酸、碱和盐的水溶液可渗入纤维结晶区，产生无限溶胀，使纤维素溶解。纤维素加热到约 150℃时不发生显著变化，超过这个温度会由于脱水而逐渐焦化。纤维素与较浓的无机酸发生水解作用生成葡萄糖等，与较浓的苛性碱溶液作用生成碱纤维素，与强氧化剂作用生成氧化纤维素。

纤维素的一级结构示意图如下：

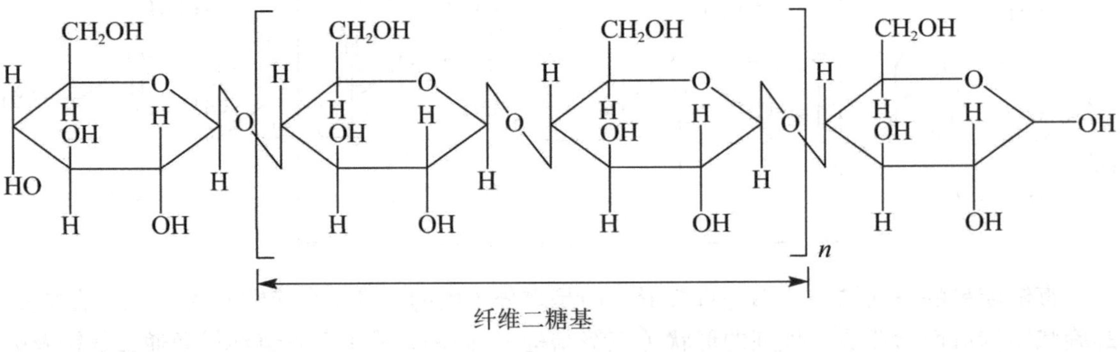

17.3.3 杂多糖

杂多糖是指由两种或两种以上不同单糖分子组成的多糖。自然界存在的杂多糖通常只含有两种不同的单糖，并且大多与脂类或蛋白质结合，构成结构十分复杂的糖脂和糖蛋白，如透明质酸、半纤维素、褐藻酸（海带中提取出的多糖）、肝素等，常见的杂多糖如透明质酸由 D-葡萄糖醛酸和 *N*-乙酰-D-葡萄糖胺组成，分布于连接组织中，具有润滑和在组织中吸收水分的功能。肝素由 D-葡萄糖醛酸和 *N*-硫酸-D-葡萄糖胺组成，存在于肝脏、心脏、淋巴组织和血液中，可作抗凝血剂。两种杂多糖的一级结构示意图分别如下：

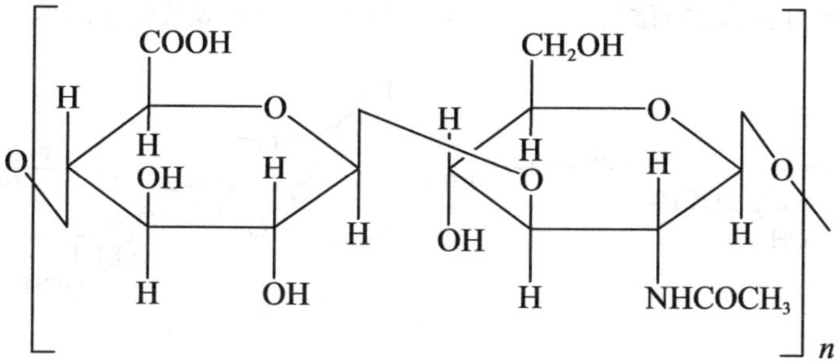

透明质酸

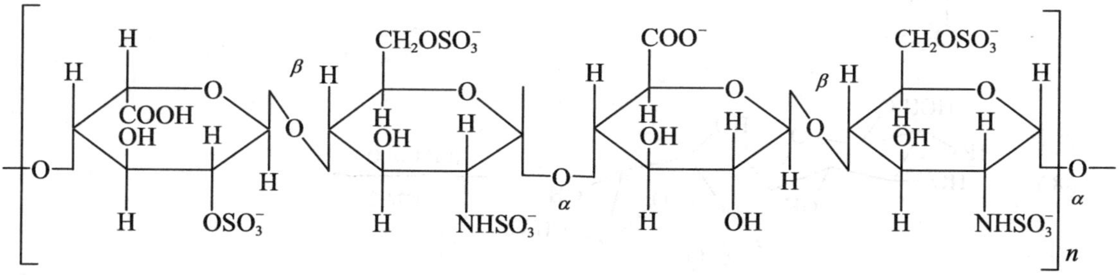

肝素

扫一扫　17-2　糖类化合物拓展阅读材料

习　题

1. 写出 D-(+)-葡萄糖的对映体。α 和 β 的 δ-氧环式 D-(+)-葡萄糖是否是对映体？为什么？
2. 写出下列化合物立体异构体的投影式（开链式）。

（1）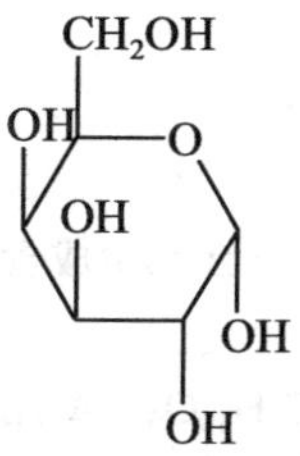　（2）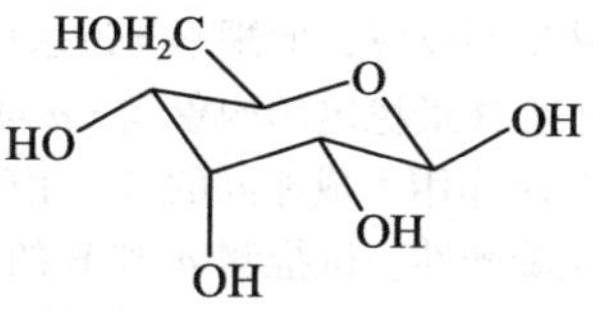　（3）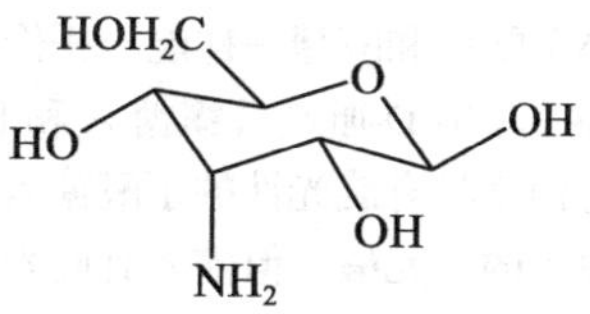

3. 如何证明 D-葡萄糖、D-甘露糖、D-果糖这三种糖的 C_3、C_4 和 C_5 具有相同的构型？
4. 完成下列反应式。

（1）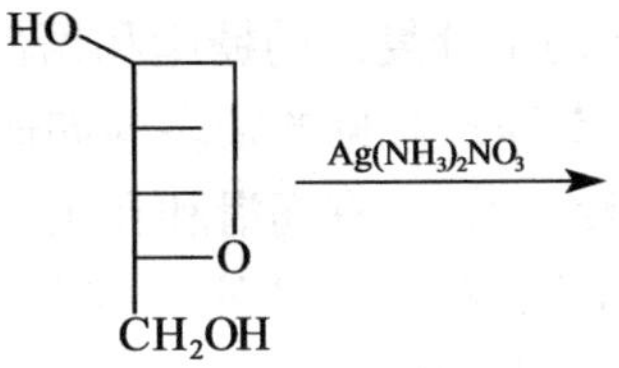　（2）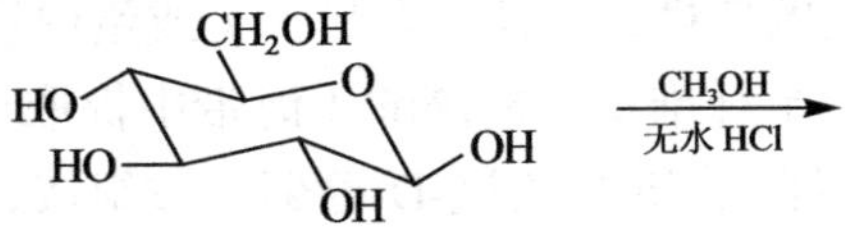

（3）(A) $\xrightarrow{HNO_3}$ 内消旋酒石酸　（4）(B) $\xrightarrow{NaBH_4}$ 旋光性丁四醇

（5）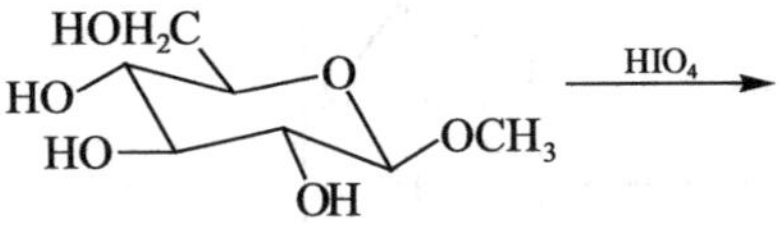　（6）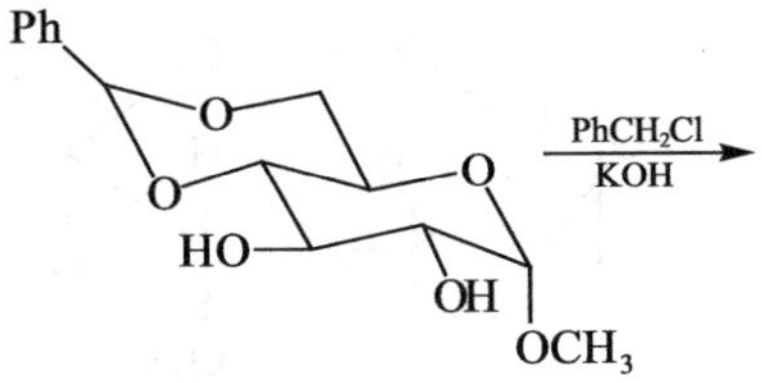

（7）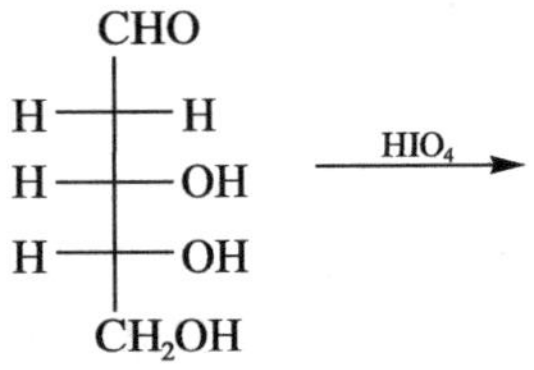

（8）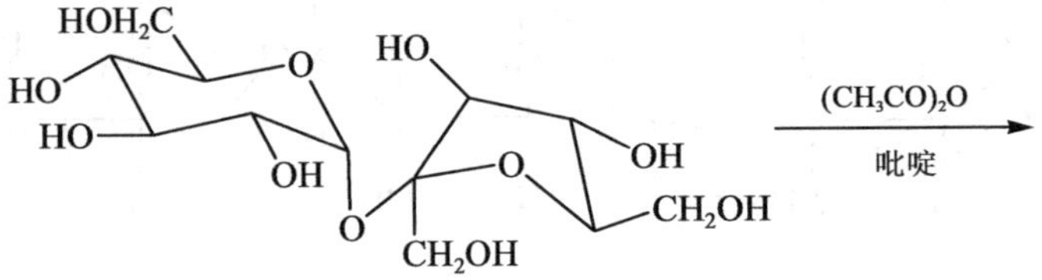

5. 回答下列问题：

（1）单糖是否均是固体？都溶于水？都不溶于有机溶剂？都有甜味？都有变旋现象？

（2）下列两个异构体分别与苯肼作用，产物是否相同？

（A）OHC—CH_2—CH(OH)—CH(OH)—CH(OH)—CH_2OH

（B）CH_2(OH)—CH(OH)—CH(OH)—CH_2—CH(OH)—CHO

（3）糖苷既不与费林试剂作用，也不与托伦试剂作用，且无变旋现象，试解释。

（4）什么是差向异构体？它与异头物有无区别？

（5）酮糖和醛糖一样能与托伦试剂或费林试剂反应，但酮不与溴水反应，为什么？

（6）写出 D-吡喃甘露糖 A 和 D-吡喃半乳糖 B 最稳定的构象式（α-或 β-吡喃糖）。

6. 有两个具有旋光性的丁醛糖 A 和 B，与苯肼作用生成相同的脎。用硝酸氧化，A 和 B 都生成含有四个碳原子的二元酸，但前者有旋光性，后者无旋光性。试推测 A 和 B 的结构式。

7. 化合物 A（$C_5H_{10}O_5$），与乙酸酐作用给出四乙酸酯，A 用溴水氧化得到一种酸 $C_5H_{10}O_6$，A 用碘化氢还原给出异戊烷。写出 A 可能的结构式（提示：碘化氢能还原羟基或羰基成为烃基）。

8. 有两种化合物 A 和 B，分子式均为 $C_5H_{10}O_4$，与 Br_2 作用得到分子式相同的酸 $C_5H_{10}O_5$，与乙酸酐反应均生成三乙酸酯，用 HI 还原 A 和 B 都得到戊烷，与 HIO_4 作用都得到一分子 HCHO 和一分子 HCOOH，与苯肼作用 A 能生成脎，而 B 则不生成脎。推导 A 和 B 的结构，写出上述反应过程。找出 A 和 B 的手性碳原子，写出对映异构体。

9. 有三种 D 型己醛糖 A、B 和 C，其中 A 和 B 经催化加氢生成光学活性的相应醇；用苯肼处理，A 和 B 生成不同的脎，而 B 和 C 生成相同的脎；但 B 和 C 经催化加氢生成的相应醇不同。试写出 A、B 和 C 的结构式并命名。

第 18 章　有机合成路线设计

扫一扫　　18-1　有机合成路线设计 目标导图+知识地图

有机化学是研究有机化合物的结构、性质和制备的学科。1828 年，德国化学家维勒在实验室中首次成功合成尿素后，人们改变了有机化合物只能由生物（有机体）制造的观点，有机合成开始发展起来。有机合成是在有机化学结构理论的指导下，应用各种类型的有机化学反应，合成某种特定结构化合物的过程。人们通过有机合成，合成了许多自然界存在或不存在的具有优良性能的产品。这是一件非常有趣而艰巨的工作。它需要有正确的合成路线和纯熟的实验技巧。在合成中所采用的合成路线是以各类有机物反应特性为依据。在合成有机化合物时，既要考虑如何建立分子骨架结构，又要考虑在碳骨架指定部位引入各种官能团，有时还要满足该分子的立体化学要求。

从有机合成的角度，可以将有机合成的基本反应归为四类：

（1）碳骨架的形成。

（2）官能团的引入及相互转换。

（3）官能团的保护。

（4）立体构型的要求。

18.1　碳骨架的形成

在合成有机化合物时，原料和目标产物的碳骨架往往不同，这时就需要在原料碳骨架的基础上，通过不同的反应构建新的碳骨架结构，如增长或缩短碳链、增加支链、改变碳骨架、环化等。

18.1.1　碳链的增长

在碳链上增加一个碳原子，可以通过氰化反应、格氏试剂的反应等。例如，卤代烃与 NaCN 的亲核取代反应，可以在卤代烃的烷基上增加一个碳原子。

$$R—X + NaCN \longrightarrow R—CN$$

醛、酮与 HCN 的亲核加成反应，可以在醛、酮的羰基碳上增加一个碳原子。

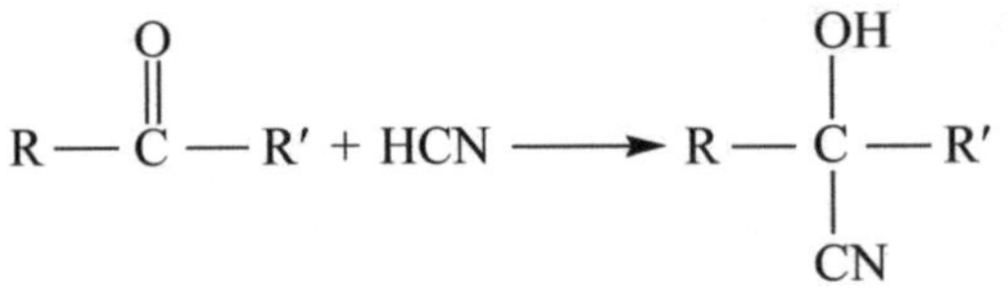

格氏试剂与甲醛反应，可以在格氏试剂的烷基上增加一个碳原子，生成增加一个碳原子的伯醇。

$$RMgX + HCHO \longrightarrow RCH_2OH$$

格氏试剂与 CO_2 作用，水解后生成增加一个碳原子的羧酸。

$$RMgX + CO_2 \longrightarrow RCOOMgX \xrightarrow{H_2O} RCOOH$$

增长碳链就意味着要形成新的碳碳键，其中最重要的方法是通过具有亲核性的碳负离子与卤代烃等发生亲核取代反应，或者与醛、酮等羰基化合物发生亲核加成反应。

1. 碳负离子的亲核取代

乙酰乙酸乙酯钠盐或丙二酸二乙酯钠盐（碳负离子）与卤代烃的亲核取代反应是增长碳链应用最广泛的反应之一。这类反应可以得到具有不同碳链结构的有机化合物。

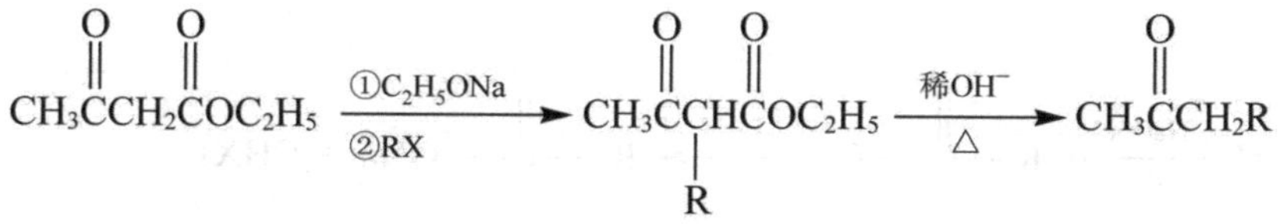

$$CH_2(COOC_2H_5)_2 \xrightarrow[\text{② RX}]{\text{① }C_2H_5ONa} RCH(COOC_2H_5)_2 \xrightarrow{H_2O,H^+} RCH(COOH)_2 \xrightarrow[\triangle]{-CO_2} RCH_2COOH$$

此外，炔化钠、二烷基铜锂试剂与卤代烃的反应也是增长碳链的有效方法。

$$RC\equiv \overset{-+}{C}Na + R'X \longrightarrow RC\equiv CR' + NaX$$

$$RX + R'_2CuLi \longrightarrow R{-}R' + R'Cu + LiX$$

2. 碳负离子对羰基亲核加成

这类反应很多，如金属有机化合物（格氏试剂、有机锂化合物、有机锌化合物等）与羰基发生亲核加成、羟醛缩合、酯缩合等反应。在分子中的固定位置上引入双键时，维蒂希反应有特殊的地位。

格氏试剂与羰基化合物的反应：

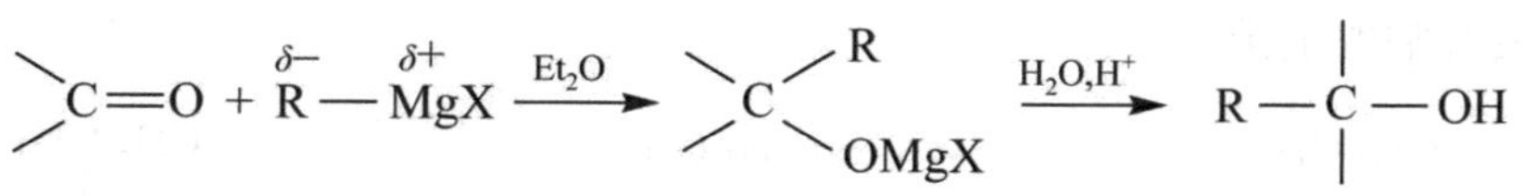

羟醛缩合反应：

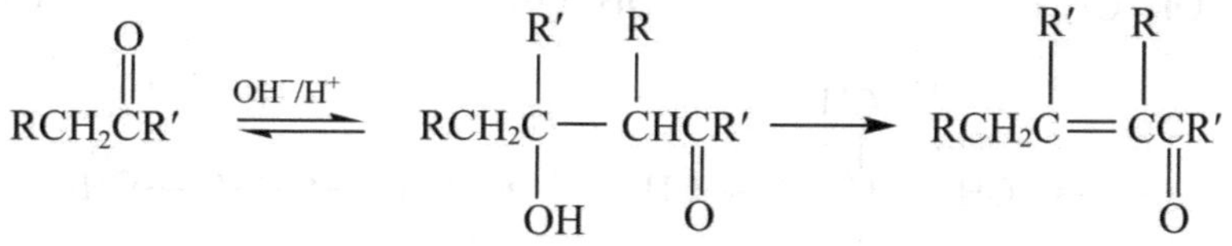

交叉酯缩合反应：

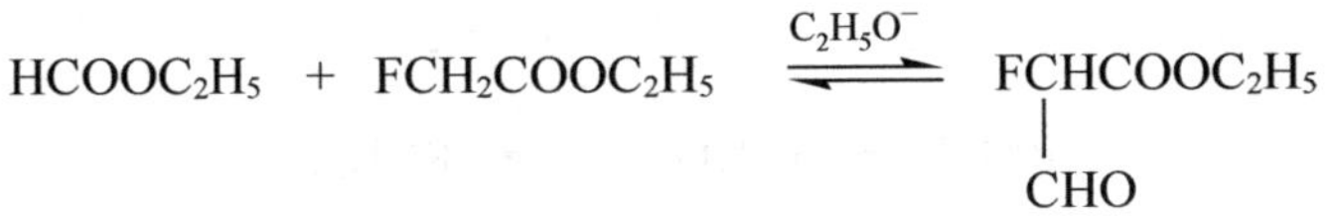

诺文葛尔反应：

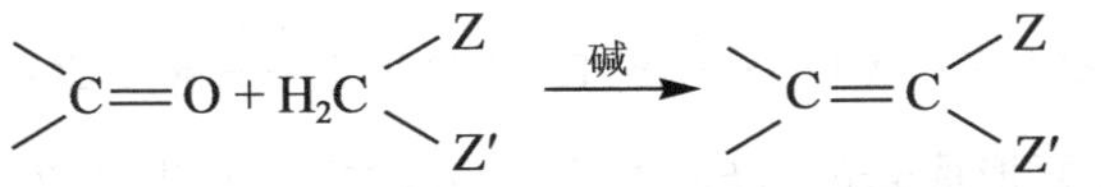

Z,Z′ = CHO, COR, COOR, CN, NO_2, SOR, SO_2OR

18.1.2　碳链的缩短

减少一个碳原子的方法有甲基酮卤仿反应、酰胺的霍夫曼降级反应、羧酸或羧酸衍生物的脱羧反应。

甲基酮卤仿反应：

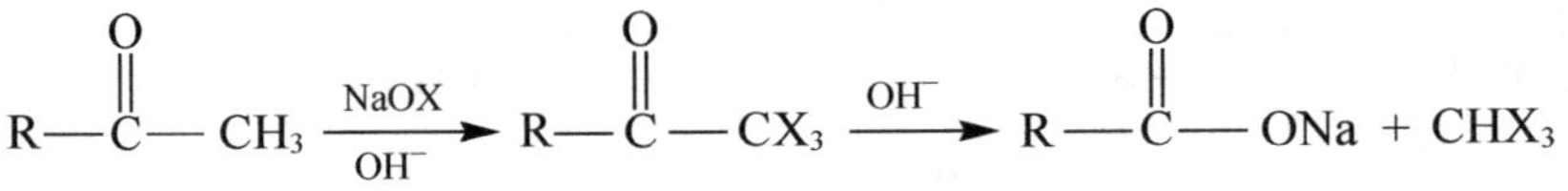

酰胺的霍夫曼降级反应：

$$R{-}CONH_2 \xrightarrow{NaOX, OH^-} R{-}NH_2$$

羧酸的脱羧反应：

不饱和键的氧化断键和邻位二醇用高碘酸氧化断键可以得到碳原子数较小的化合物。

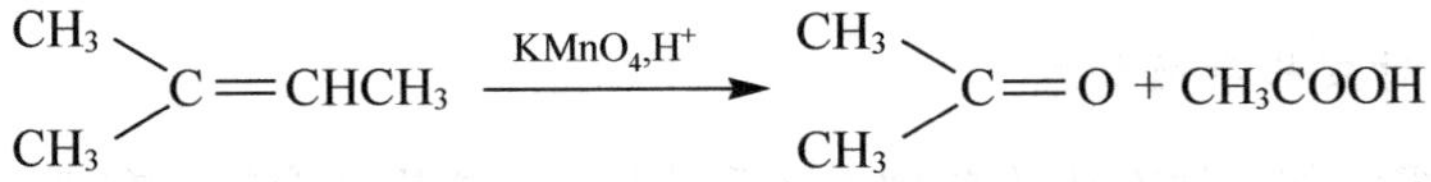

18.1.3　碳链结构的改变

分子重排反应可以改变原有化合物的碳骨架结构，如碳正离子的重排、邻二醇的片呐醇重排、醛肟或酮肟的贝克曼重排等。

邻二醇的片呐醇重排：

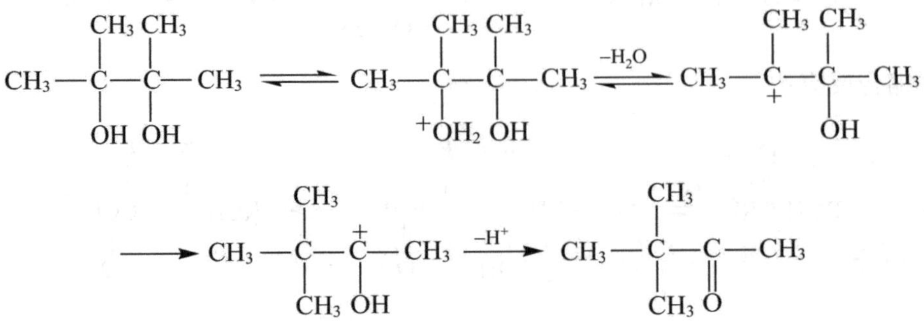

贝克曼重排：

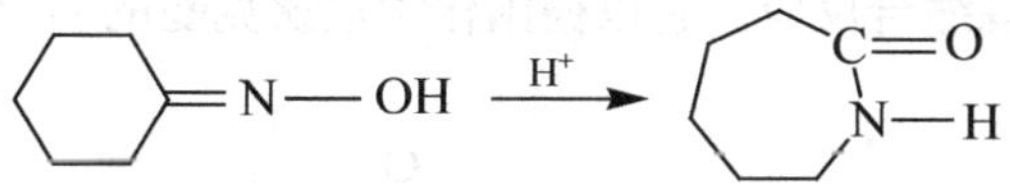

18.1.4　碳环的合成

1. 小环（三元环、四元环）的合成

由于小环有张力，比合成无张力环困难，因此不能采用完全可逆反应。常用分子内碳负离子烷基化反应和在碱存在下 γ-消除或 δ-消除合成三元环或四元环。

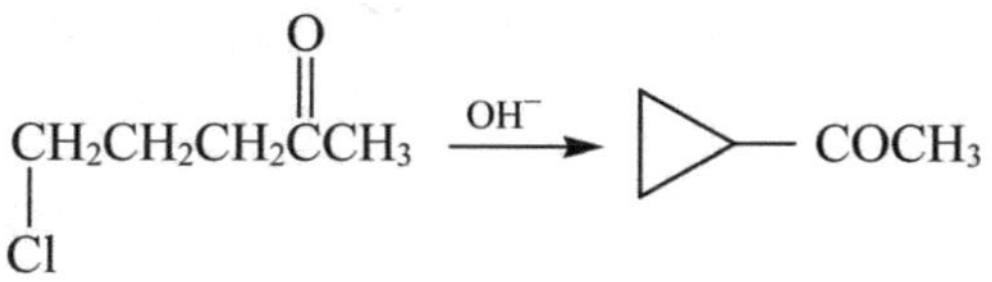

四元环还可由丙二酸二乙酯合成。

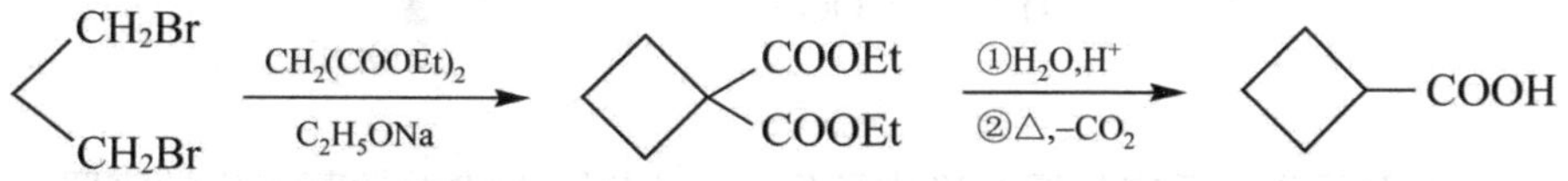

2. 五元环、六元环的合成

五元环、六元环为无张力环，常使用的成环反应有傅-克反应、羟醛缩合、狄克曼反应、双烯合成等。

分子内的傅-克反应：

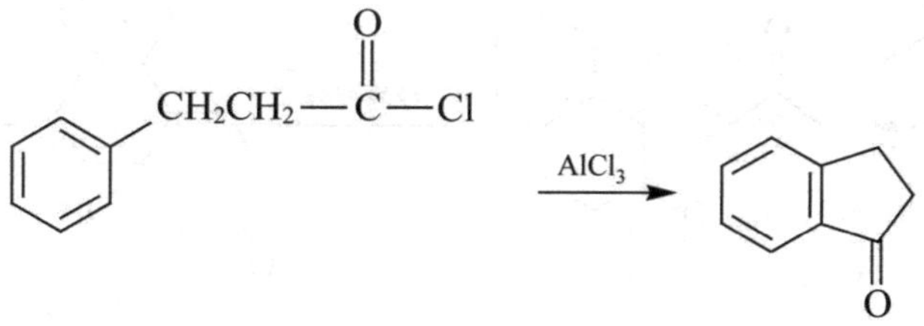

分子内的羟醛缩合反应：

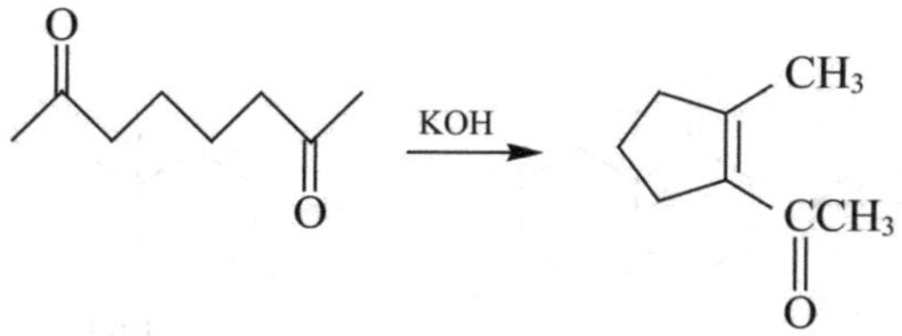

狄克曼（Dieckmann）反应（或狄克曼缩合）是二酯在碱作用下发生分子内缩合生成β-酮酯的反应，即分子内的克莱森缩合反应。它以德国化学家狄克曼的名字命名。

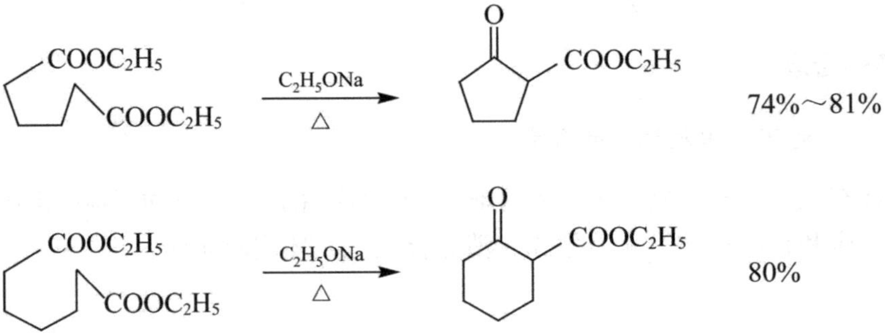

双烯合成：

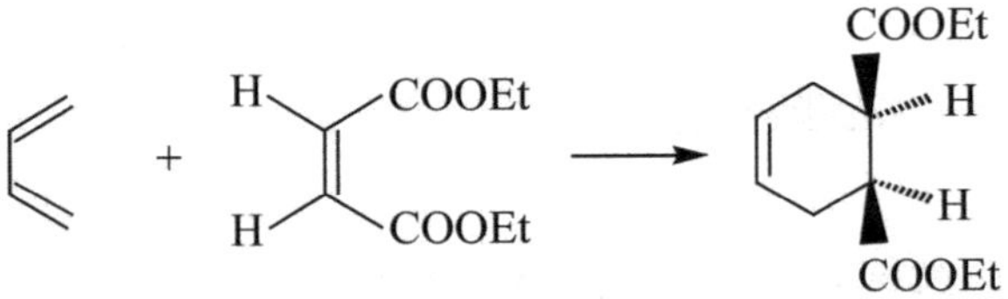

另一种形成六元环的反应是罗宾逊成环反应，是英国牛津大学著名化学家罗宾逊爵士发明的合成方法，在萜类化合物的人工合成中有很重要的意义。从现代有机合成的观点看，罗宾逊成环反应实际上属于一种串联反应，是由一个迈克尔加成与羟醛缩合相串联而成的反应。在反应开始时，由一个羰基化合物生成的烯醇盐亲核进攻一个α,β-不饱和酮，发生迈克尔加成。产物随即进行分子内羟醛缩合，得到罗宾逊成环反应产物。

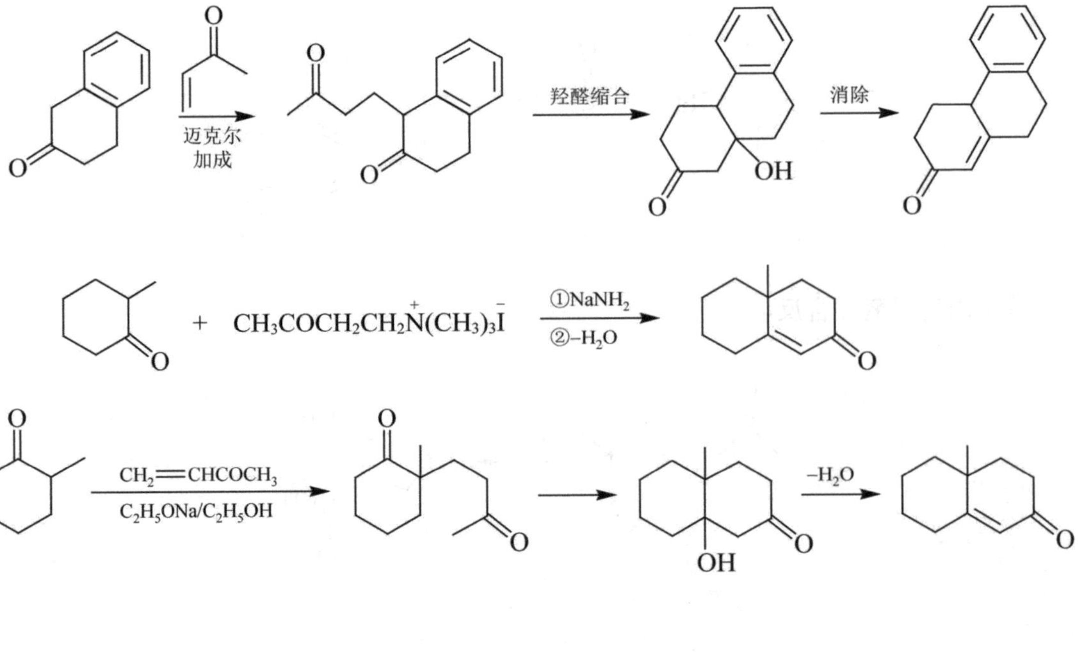

3. 大环的合成

虽然七元以上的中环、大环属于无张力烷，但当使用开链分子关环的方法合成这些环时，由于碳链较长，分子两端相遇的机会比较小，因此不容易成环。但二元酯在金属钠作用下的酮醇缩合可得到 60%～70% 的较好产率，是合成大环的常用方法。

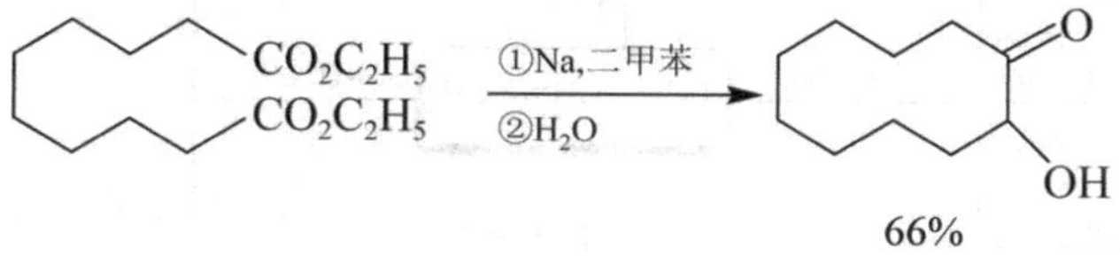

18.2　官能团的引入及相互转换

官能团是决定有机分子主要反应性质的关键部位，也是进行有机反应的场所和根据。一般来说，大多数合成都是通过引入适当的官能团和官能团之间的相互作用而实现的。在引入官能团时除了要考虑在合适的位置引入合适的官能团外，还要使用一些合成技巧，如应用选择性反应、官能团保护及潜在官能团等手段。

选择性反应可以控制反应主要在某一部位进行。例如，烯烃不对称合成时主要产物遵循马氏规则，消除反应遵循札依采夫规则等。

18.2.1　官能团的引入

1. 在烷烃上引入官能团

烷烃对亲电试剂和亲核试剂都不活泼，但是在自由基反应中，特别是在卤化反应中，烷烃却很活泼。因为难以控制这些反应，所以它们的合成应用受到限制。

氯自由基（Cl·）的活性比溴自由基（Br·）的活性高，因此氯化反应的选择性比溴化反应的选择性差。例如，300℃时叔烷基与溴反应，几乎专一地生成 2-溴-2-甲基丙烷，而与氯反应则得到 2∶1 的 1-氯-2-甲基丙烷和 2-氯-2-甲基丙烷的混合物。

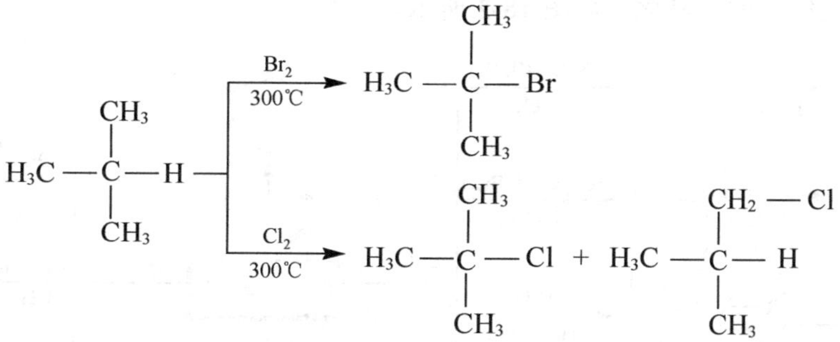

2. 在烯烃上引入官能团

烯烃的官能团化集中表现在碳碳双键及双键的邻位——烯丙位两个位置上。现以丙烯为例，将烯烃在合成上应用价值较大的反应整理如图 18-1 所示。

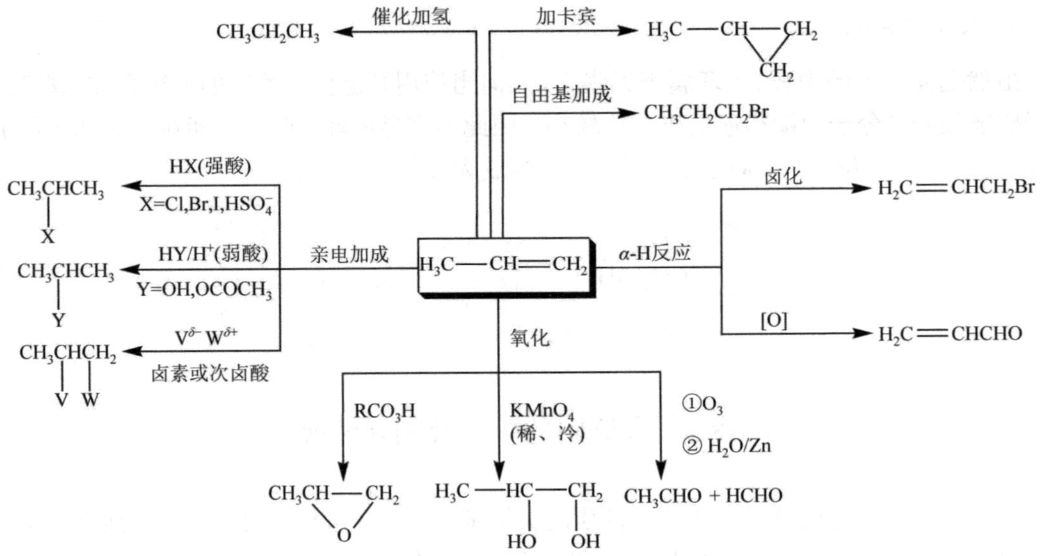

图 18-1　丙烯官能团化反应

N-溴代丁二酰亚胺（NBS）常用于烯丙位和苄位的卤代反应。

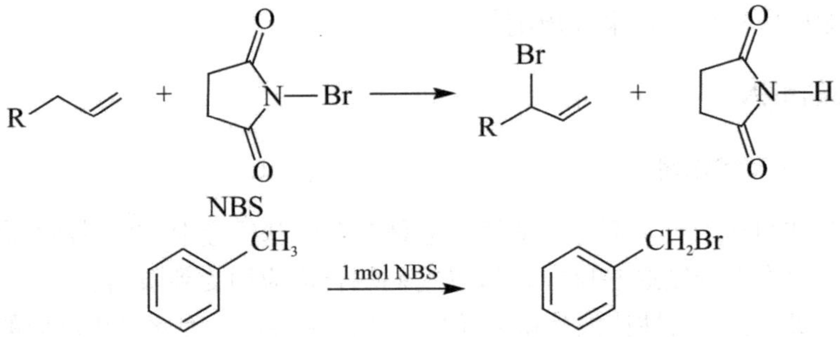

3. 在炔烃上引入官能团

炔烃的官能团化主要是碳碳三键和炔氢的反应。碳碳三键的反应主要包括亲电加成反应、亲核加成反应和催化氢化，如图 18-2 所示。

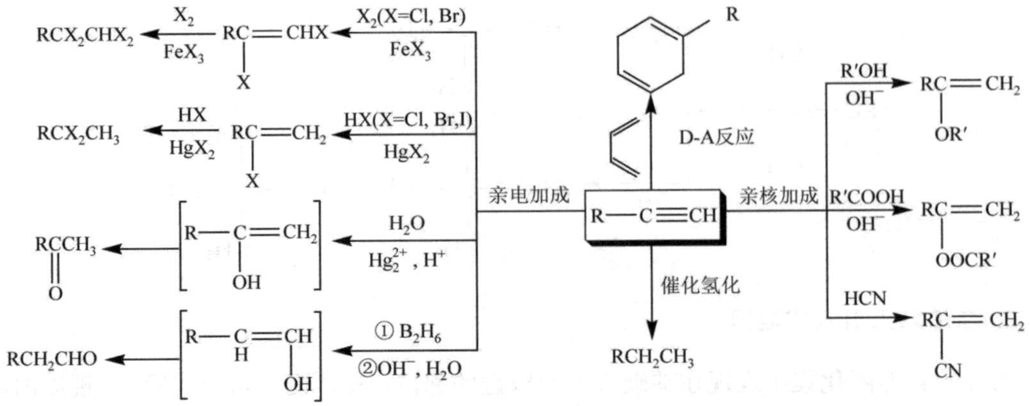

图 18-2　炔烃官能团化反应

4. 在芳香烃上引入官能团

以苯为代表的芳香化合物的主要反应是芳环上的亲电取代反应，这是苯环上引入官能团应用最广的方法。苯的官能团化反应如图 18-3 所示。

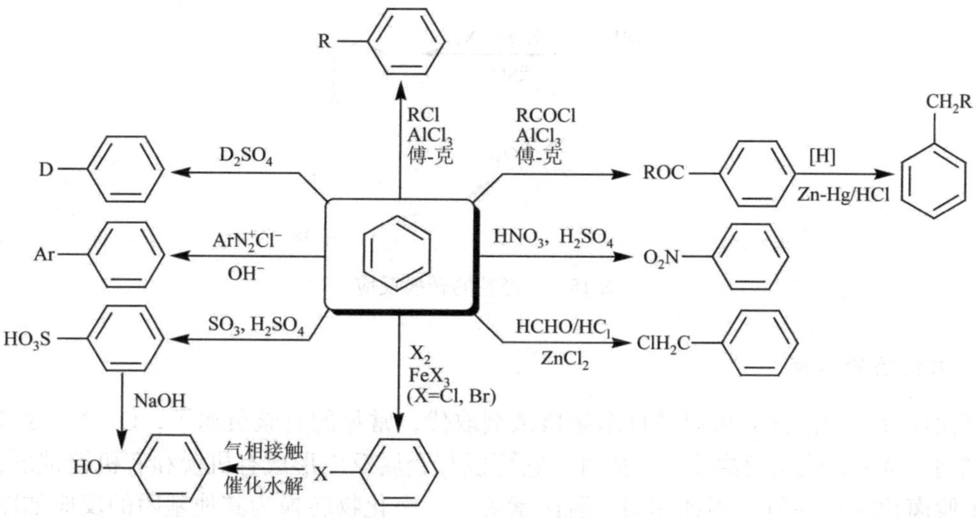

图 18-3　苯的官能团化反应

烷基苯的侧链也可以引入官能团，主要表现为苄基碳的卤化和氧化。

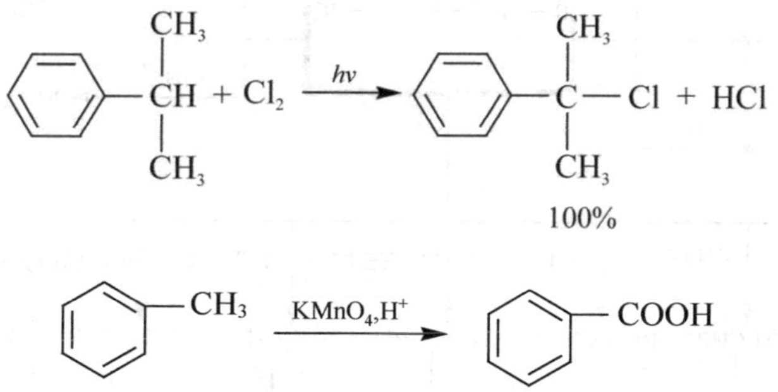

18.2.2　官能团的转换

在有机合成中，通过官能团之间的转换实现目标分子的合成具有普遍意义。官能团的互相转换涉及很多类化学反应，主要的转换类型如下。

1. 羟基的转换

羟基可经氧化生成醛、酮等化合物，也可脱水形成烯烃。醇羟基的卤代，经典的方法是用醇与氢卤酸作用。但该方法常伴有消除、重排等副反应而使其应用受到一定的限制。用三卤化磷、五卤化磷和卤化亚砜副反应少，酚羟基可用酰卤或酸酐进行酯化，如图 18-4 所示。

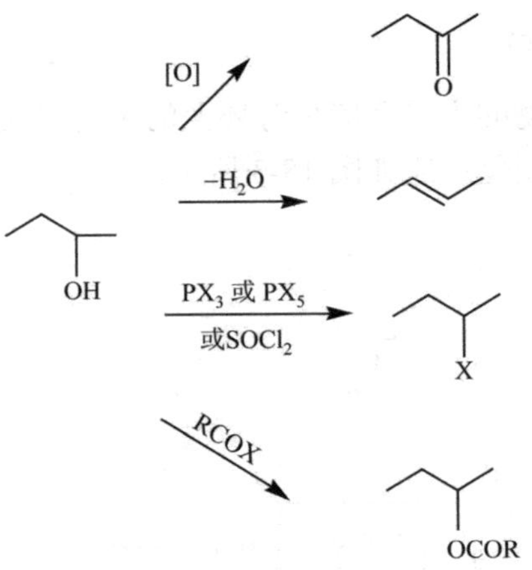

图 18-4　羟基的转换反应

2. 卤化物的转换

卤代烃分子内的卤素可以被许多亲核试剂取代，常见的有碳负离子，O、N、S 等中心亲核试剂，氰根，炔基负离子等。此外，它可以与金属反应形成有机镁和有机锂试剂；在碱作用下脱卤化氢；在氢化铝锂作用下脱卤素等。由卤化物转换为其他基团的反应如图 18-5 所示。

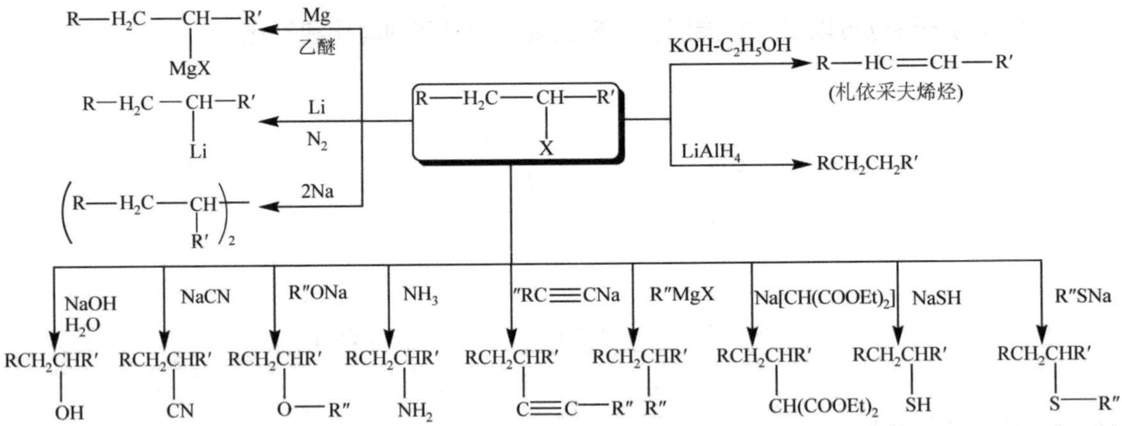

图 18-5　脂肪族卤化物的转换反应

3. 硝基的转换

脂肪族硝基化合物的合成意义不大，芳香族硝基化合物容易生成又容易转换成其他含氮官能团，在合成上有重要的应用价值，如图 18-6 所示。

4. 氨基的转换

氨基是碱性基团，它作为亲核试剂与卤代烷发生反应得到胺和铵盐，与酰卤和酸酐作用得到酰胺。在氨基转换反应中，芳香伯胺转换为重氮盐的反应在合成上有重要意义。氨基的转换反应如图 18-7 所示。

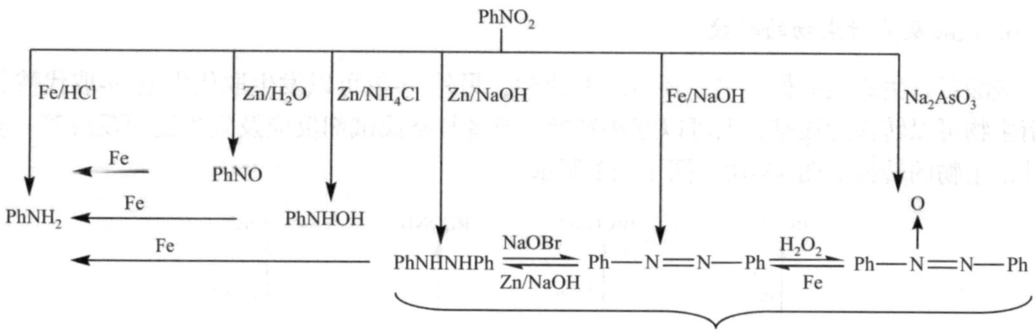

图 18-6　芳香族硝基化合物的转换反应

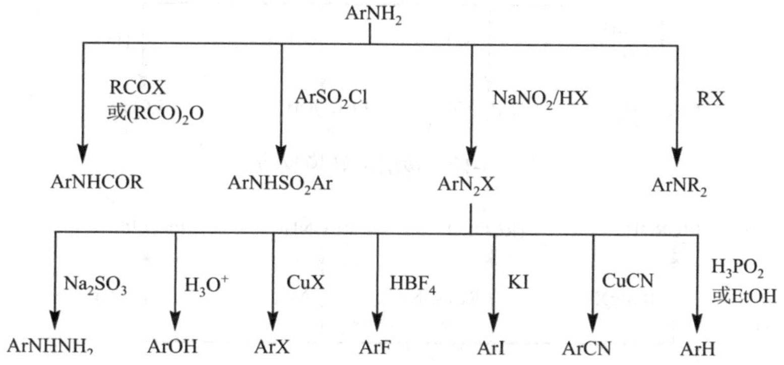

图 18-7　氨基的转换反应

5. 羰基的转换

醛、酮的羰基可以发生缩合反应、亲核加成反应和还原反应等，生成各种化合物，在合成上具有重要的应用价值。由羰基转换为其他官能团如图 18-8 和图 18-9 所示。

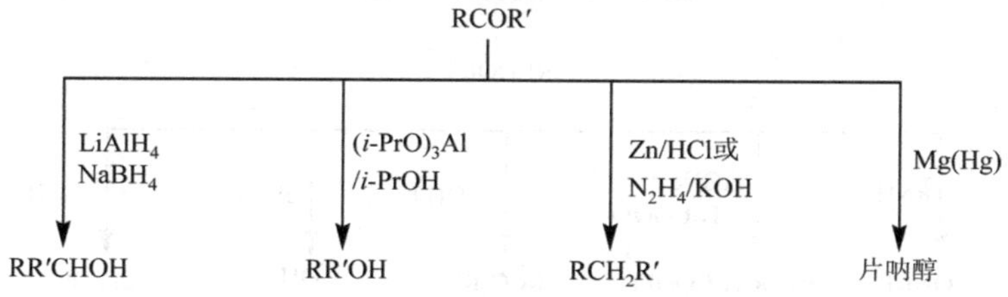

图 18-8　羰基的还原反应

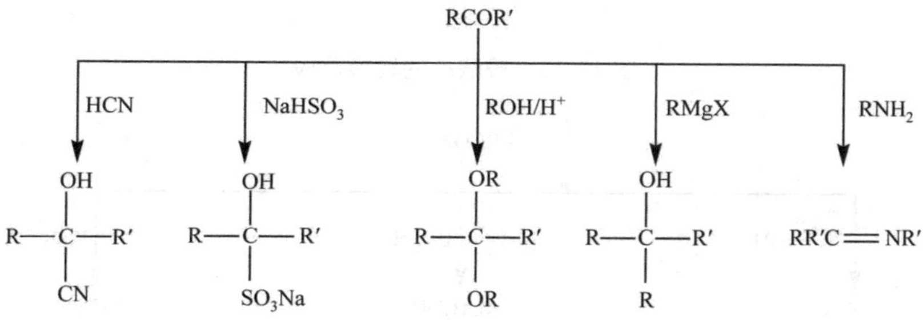

图 18-9　羰基的亲核加成反应

6. 羧酸及其衍生物的转换

羧酸可以生成羧酸衍生物，还可还原成醇，另外 α-氢可以发生取代生成 α-取代酸。羧酸衍生物可以转换为羧基，也可以互相转换，或者与格氏试剂反应及发生还原反应等。羧酸及其衍生物的转换如图 18-10～图 18-13 所示。

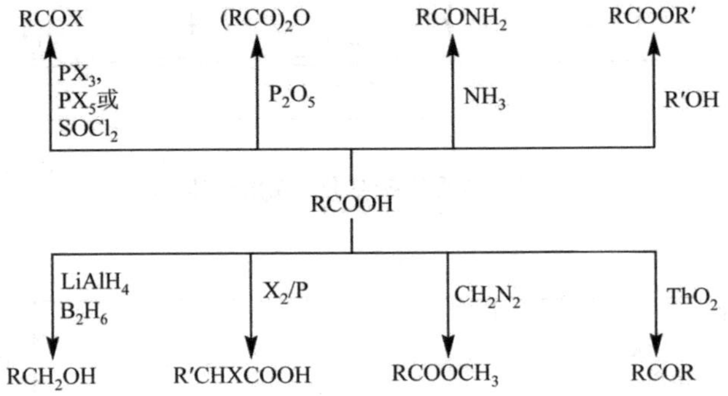

图 18-10　羧酸的转换反应

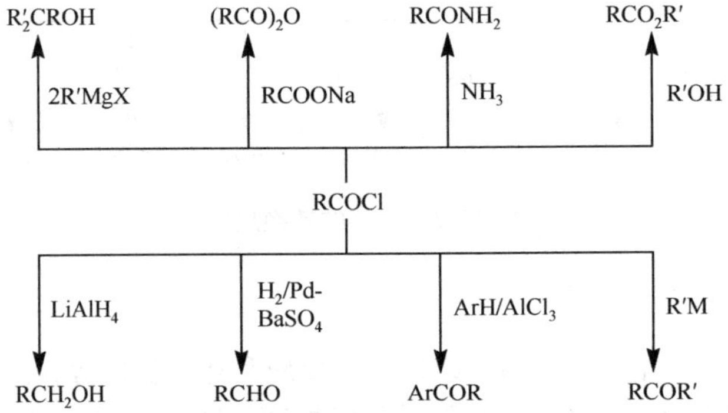

图 18-11　酰氯的转换反应

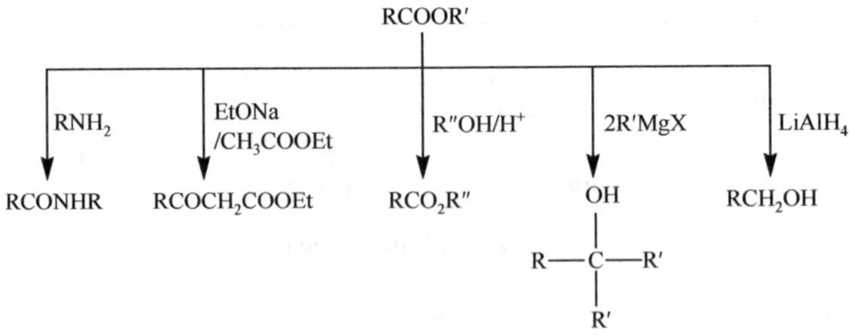

图 18-12　羧酸酯的转换反应

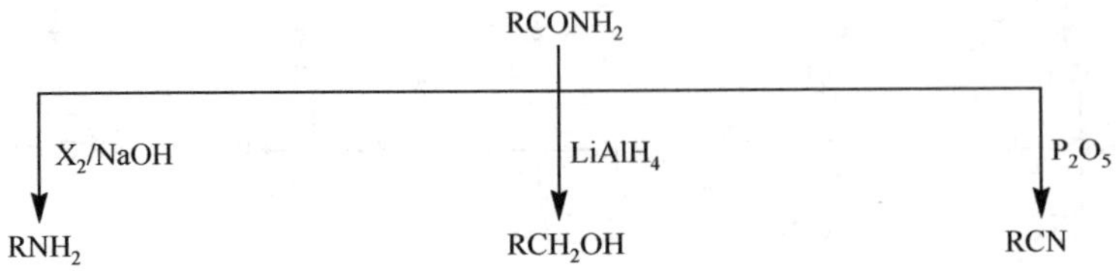

图 18-13　酰胺的转换反应

18.3　官能团的保护

在有机合成中，常遇到的问题是反应的选择性，包括化学选择性、区域选择性和立体选择性。在有机化学反应中，有些选择性可以通过选择不同的试剂或合适的反应条件来实现。例如，使用硼氢化钠可以在碳碳双键不受影响的情况下还原羰基。但是对于多官能团化合物，有时难以控制其化学选择性或区域选择性，这时需要对可能发生副反应的官能团进行保护。例如，含有醛或酮羰基的酯，如果要选择性还原酯基而不是羰基，在一般情况下难以做到，这时就需要保护羰基后再进行酯基的还原。

基团保护后还需要去保护，而去保护时不应使分子发生其他不必要的变化。因此，一个好的基团保护方法必须符合以下三方面的要求：①易与保护基团反应，且对其他基团不产生影响；②保护基团必须经受得起在保护阶段的各种反应条件；③保护基团在特定条件或试剂作用下易被除去。

18.3.1　羟基的保护

保护羟基的方法很多，其中一个广泛使用的方法是羟基与 2, 3-二氢吡喃作用形成四氢吡喃醚。四氢吡喃醚对碱、格氏试剂、烃基锂、催化加氢及一些氧化剂稳定。由于它是缩醛，因此容易被稀酸分解而除去。

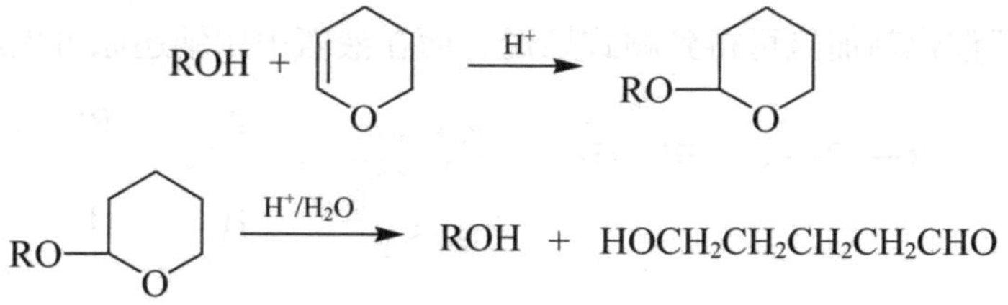

18.3.2　氨基的保护

氨基的保护有多种方法，其中形成酰胺是主要的保护方法。一般情况下，可以采用乙酸酐使氨基形成乙酰胺达到保护目的，反应后再通过水解去保护。在多肽合成中，一般采用氯代甲酸叔丁酯与氨基在弱碱（如吡啶）作用下形成特定的酰胺而达到保护目的。氨基甲酸酯的水解在酸性条件下进行，先水解为取代氨基甲酸，进一步脱羧得到胺。

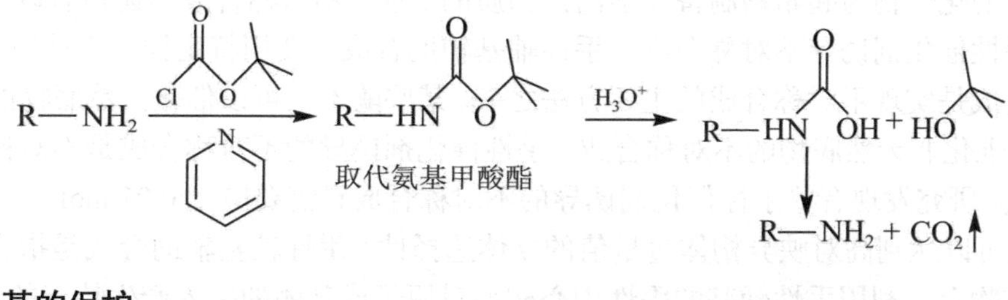

18.3.3　羰基的保护

羰基是活泼基团，在有机合成中常采用的保护羰基的方法是形成缩醛或缩酮。

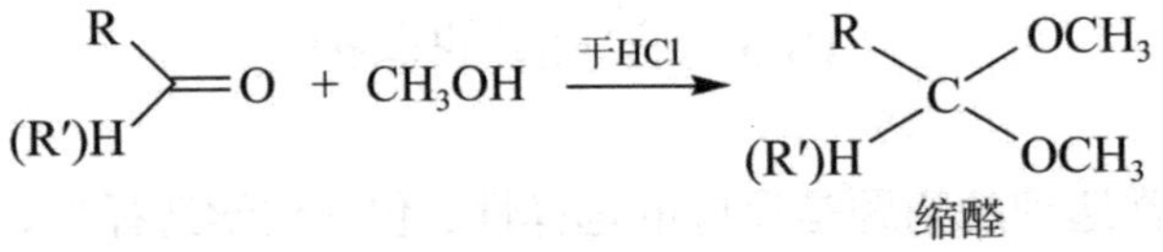

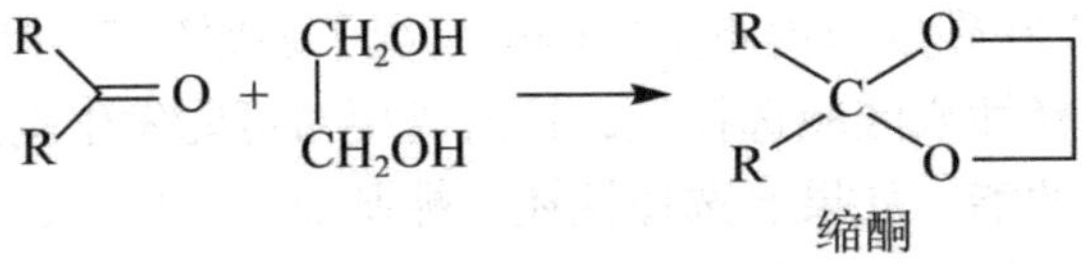

缩醛和缩酮在中性和碱性条件下是稳定的，对于亲核试剂、有机金属化合物和氢化物等还原剂也是稳定的，但在含水的酸性条件下很快分解，恢复为原来的羰基。

18.4　立体构型的要求

在有机合成中，产物常具有立体构型的要求，如顺式、反式及手性中心的构型等。合成具有特定构型要求的化合物是非常复杂的工作，是有机合成中的一个重要课题。这里仅作初步介绍。

18.4.1　合成顺式或反式烯烃

炔烃用林德拉催化剂加氢可得到顺式烯烃，而在液氨中用钠还原可生成反式烯烃。

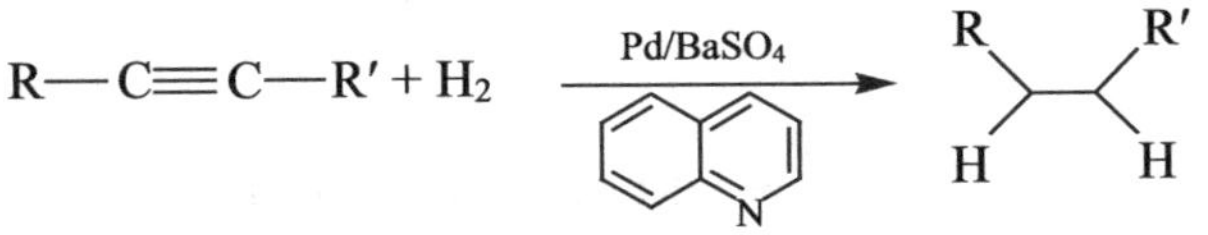

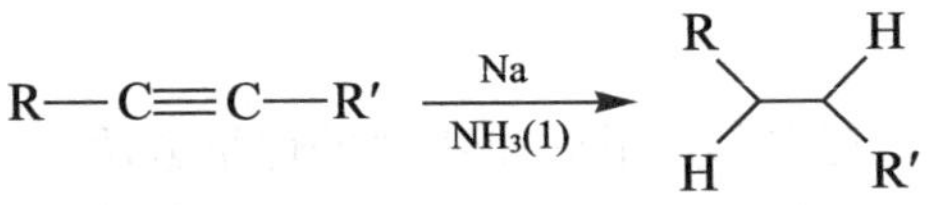

18.4.2　不对称合成

立体选择性合成的一个重要方面是不对称合成。不对称合成（asymmetric synthesis）是指以非手性的化合物为起始物制备光学活性物质的反应。不对称合成的途径有以下四种：酶法合成、手性催化剂诱导不对称合成、手性辅基辅助合成、使用特定构型手性原料。

酶法合成是实现不对称合成的主要方法之一。某些酶不仅可以催化天然底物的不对称合成，还可以催化非天然底物的不对称合成。手性催化剂诱导的不对称合成是不对称合成常用的重要方法。研究发现有些手性催化剂诱导的不对称合成只需要应用 0.01 mol 或更低的催化剂用量，就可以达到高对映异构体过量值的立体选择性。手性辅基辅助合成是指将手性辅基连接于反应物上，利用手性辅基的手性中心构型对原子或基团的引入产生特定的方向位阻，从而达到立体控制。使用特定构型的手性原料，将它们结构中的手性中心直接转化为产物中的某些片段的手性中心也是常用的不对称合成方法之一。

18.5 有机合成路线设计技巧

合成一个特定结构的有机化合物，首先要设计一个合理的合成路线，包括选择合适的起始原料、合适的反应及其反应条件，并选择合适的分离纯化方法等。

在设计合成路线时，需要考虑以下几个基本原则：

（1）起始原料简单易得。

（2）合成步骤尽可能短。

（3）合成反应容易进行，试剂易得，反应条件温和，转化率高。

（4）中间体及产物容易分离纯化。

此外，对于工业产品的合成路线，还要对能耗、试剂的毒性以及减少污染物排放等方面进行综合考虑，不断发展对环境友好的绿色合成反应。

合成一个复杂的有机化合物，涉及的反应步骤比较多。如果每一步的反应都获得 90%的产率，则两步反应的总产率为 81%，三步反应则为 73%。实际上，很多有机反应的产率比较低，因此多步骤合成反应的总产率一般都比较低。

如果从化合物 A 出发经过六步反应得到 G，若每步反应产率为 60%，总产率只有 4.7%。这种从起始物出发经过直线形的多步反应合成目标化合物的策略称为逐步合成（stepwise elongation）策略。采用这种策略设计合成复杂化合物，总产率往往很低。

$$A \xrightarrow{60\%} B \xrightarrow{60\%} C \xrightarrow{60\%} D \xrightarrow{60\%} E \xrightarrow{60\%} F \xrightarrow{60\%} G \quad \text{总产率 } 4.7\%$$

与逐步合成策略相比，采用片段组合合成（fragment condensation）策略的总产率可以大大提高。片段组合合成策略是指将复杂化合物的合成分解为若干个片段的合成，最后组装成目标化合物。例如，上述目标化合物 G 的合成均先合成片段 C 和片段 F，然后将两者反应合成目标化合物 G。C、F 则分别从 A、D 出发经过两步反应合成。当每步反应同样是 60% 产率时，C、F 的产率均为 36%，目标化合物 G 的合成总产率可以达到 22%，是逐步合成策略的 4.6 倍。因此，对于多步骤合成来说，采用片段组合合成策略得到的产率更高。

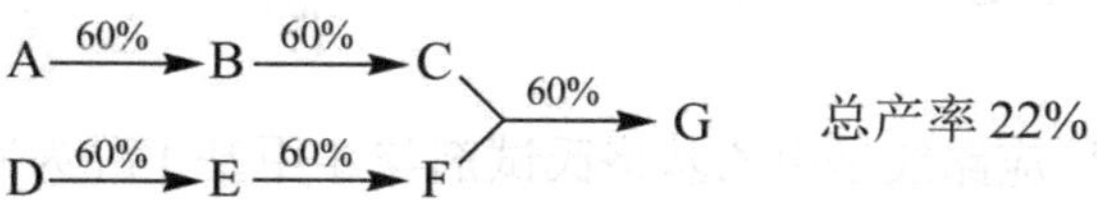

在进行有机合成路线设计时，对于简单的化合物，一般可以根据有机化学反应知识直接推导出所需要的起始原料及合成反应。而对于复杂化合物来说，一般很难直接推导出反应起始物和合适的反应。这时常采用逆合成分析法（retrosynthetic analysis），它是多种有机合成路线设计方法中最简单、最基本的方法，特别是合成具有独特体系的复杂分子的有效方法。

逆合成分析法是将合成目标经过多种逆合成操作转变成结构简单的前体，再将前体按同样方法进行简化，反复进行直到得出与市售原料相同的结构为止。其整个过程可表示如下：

目标分子 $\xRightarrow{\text{官能团转换}}$ 另外的目标分子 $\xRightarrow{\text{逆合成转变}}$ 前体(合成子)

$\xRightarrow{\text{逆合成转变}}$ 前体的前体… $\Longrightarrow$ 原料

如何确定前体是分子拆解的问题。可以分析目标分子的结构，在分子的合适部位将其切断成两部分，再逐步向下拆解，用波纹线表示拆解。一个合理的拆解方式必须使切断后的部分是易得的原料（市售），或者是可以通过尽可能少而简单且产率高的步骤合成得到的。

在拆解分子时，往往局限在与官能团相连的 α-碳原子附近切断。若分子骨架较复杂，则应选择在支链较多的碳原子附近切断。例如，苯乙酮分子的拆解：

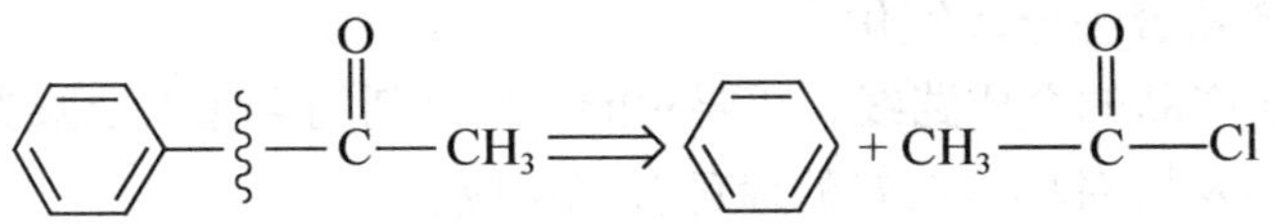

利用逆合成分析法通常可以得出几条可能的合成路线，然后根据有机化学知识及合成路线设计的基本原则进行判断和选择，确定一条相对合理的合成路线。

例如，要合成 5-甲基己-3-醇，根据逆合成分析法，目标化合物结构中含有一个醇羟基，依据可以得到醇的可能反应进行分析，可以写出两种不同的合成途径。

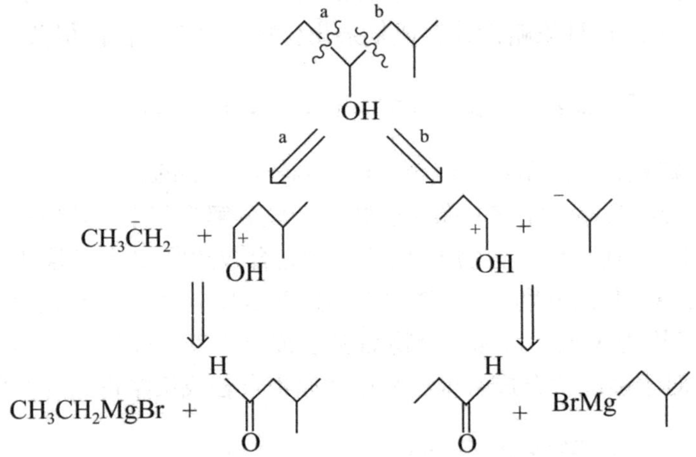

按照 a 切断得到的反应路线是由乙基格氏试剂与 3-甲基丁醛为原料进行合成。乙基格氏试剂容易从溴乙烷得到，但 3-甲基丁醛不是简单的醛，一般还需要再进行逆合成分析设计其合成路线。按照 b 切断得到的是异丁基格氏试剂和丙醛，丙醛是容易得到的简单醛，而异丁基格氏试剂也可以很方便地从异丁基溴进行格氏反应得到。两条合成路线都是利用格氏试剂对醛的亲核加成反应进行合成，但是相比之下，b 的合成原料易得，合成步骤较少，因此可以确定以下合成路线：

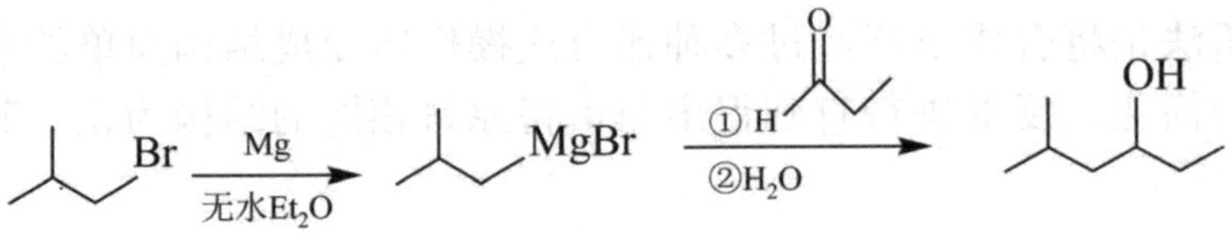

扫一扫　**18-2　有机合成路线设计拓展阅读材料**

习　题

1. 用不超过 3 个碳的原料合成 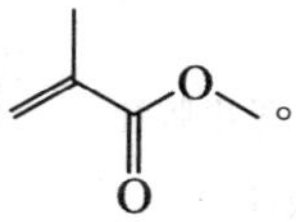。

2. 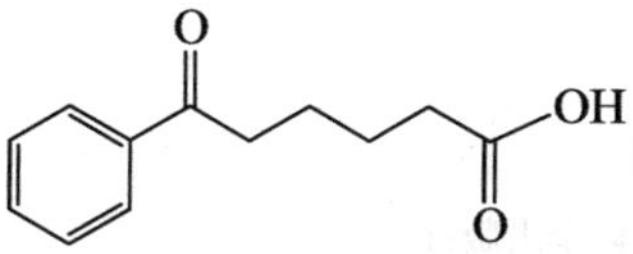 的合成。

3. 由 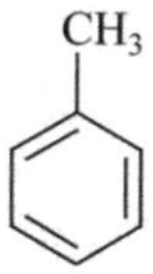 合成 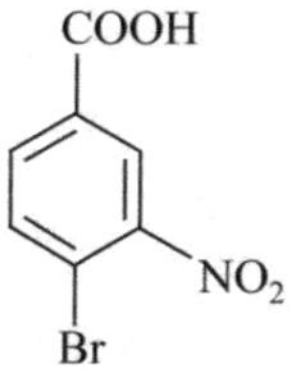。

4. 由 $CH_3CH{=}CH_2$ 合成 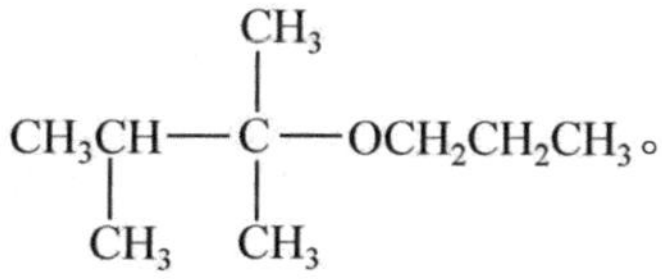。

5. 用不超过 4 个碳的原料合成 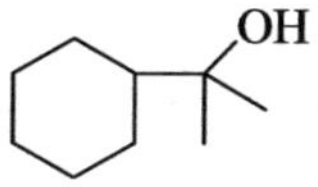。

6. 由 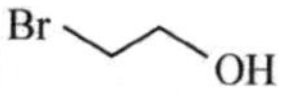 合成 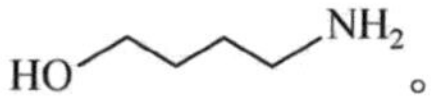。

参 考 文 献

冯骏材, 郑少华, 王少仲. 2019. 有机化学. 2 版. 北京：科学出版社

华东理工大学有机化学教研组. 2019. 有机化学. 3 版. 北京：高等教育出版社

李景宁. 2014. 有机化学. 5 版. 北京：高等教育出版社

裴伟伟. 2008. 有机化学核心教程. 北京：科学出版社

邢其毅, 裴伟伟, 徐瑞秋, 等. 2016. 基础有机化学. 4 版. 北京：北京大学出版社

王彦广, 吕萍, 傅春玲, 等. 2020. 有机化学. 4 版. 北京：化学工业出版社

徐寿昌. 2004. 有机化学. 2 版. 北京：高等教育出版社

赵温涛, 郑艳, 王光伟, 等. 2019. 有机化学. 6 版. 北京：高等教育出版社

中国化学会有机化合物命名审定委员会. 2018. 有机化合物命名原则(2017). 北京：科学出版社

Brown W H, Foote C S, Iverson B L, et al. 2012. Organic Chemistry. 6th ed. California：Brooks/Cole